AF538067

Produktionsplanung und -steuerung mit SAP S/4HANA®

SAP PRESS ist eine gemeinschaftliche Initiative von SAP SE und der Rheinwerk Verlag GmbH. Unser Ziel ist es, Ihnen als Anwendern qualifiziertes SAP-Wissen zur Verfügung zu stellen. SAP PRESS vereint das Know-how der SAP und die verlegerische Kompetenz von Rheinwerk. Die Bücher bieten Ihnen Expertenwissen zu technischen wie auch zu betriebswirtschaftlichen SAP-Themen.

Damit Sie nach weiteren Titeln Ihres Interessengebiets nicht lange suchen müssen, haben wir eine kleine Auswahl zusammengestellt.

Frank-Peter Bauer, Jens Kappauf, Christoph Persich
Warehouse Management mit SAP S/4HANA
Das umfassende Handbuch zu SAP EWM
1276 Seiten, 2023, gebunden
ISBN 978-3-8362-9079-1
www.sap-press.de/5552

Uwe Blumöhr, Andreas Kölbl, Michael Neuhaus, Marin Ukalovic
Advanced Variant Configuration in SAP S/4HANA
615 Seiten, 2023, gebunden
ISBN 978-3-8362-9038-8
www.sap-press.de/5540

Mario Franz, Andrea Langlotz
SAP Projektsystem in SAP S/4HANA
557 Seiten, 2023, gebunden
ISBN 978-3-8362-9074-6
www.sap-press.de/5550

Michael Grafunder, Ferenc Gulyássy, Binoy Vithayathil
SAP Integrated Business Planning
634 Seiten, 2020, gebunden
ISBN 978-3-8362-6324-5
www.sap-press.de/4647

Hans-Christian Damm, Christoph Sting, Alexander Wolf

Produktionsplanung und -steuerung mit SAP S/4HANA®

Liebe Leserin, lieber Leser,

SAP-Landschaften sind komplex, und wir alle wissen, wie schnell sich Technologien und Anforderungen in der IT-Welt ändern. Genau da setzt SAP PRESS an: mit Büchern, die nicht nur Theorie vermitteln, sondern konkret im Alltag helfen.

In diesem Buch finden Sie direkt umsetzbare Ratschläge, praktische Beispiele und Lösungen für drängende Herausforderungen. Unsere Autor*innen sind Profis, die wissen, wo der Schuh drückt – und wie man Probleme effizient löst. Mit ihrer Erfahrung an Ihrer Seite können Sie Ihre SAP-Projekte gezielter angehen, fundiertere Entscheidungen treffen und die vielen Facetten von SAP besser meistern.

Ob Sie gerade erst beginnen oder schon lange im SAP-Umfeld tätig sind: Wir sind davon überzeugt, dass dieses Buch Ihnen hilfreiche Anleitungen und Tipps an die Hand gibt, um Ihre täglichen Aufgaben und Projekte erfolgreich zu meistern.

Wir freuen uns stets über Lob, aber auch über kritische Anmerkungen, die uns helfen, unsere Bücher zu verbessern. Zögern Sie also nicht, sich bei mir zu melden; Ihr Feedback ist jederzeit willkommen.

Wir wünschen Ihnen viele Aha-Momente und eine erfolgreiche Umsetzung mit diesem Buch!

Ihre Eva Tripp
Lektorat SAP PRESS

eva.tripp@rheinwerk-verlag.de
www.rheinwerk-verlag.de
Rheinwerk Verlag · Rheinwerkallee 4 · 53227 Bonn

Auf einen Blick

1 Produktionsplanung mit SAP S/4HANA 25

2 Organisationsdaten in der Produktion 69

3 Stammdaten in der Produktion 87

4 Diskrete Fertigung 151

5 Serienfertigung 229

6 Prozessfertigung 291

7 Absatz- und Produktionsgrobplanung 381

8 Programmplanung 415

9 Materialbedarfsplanung (MRP) 439

10 Kapazitätsplanung 485

11 Produktions- und Feinplanung (Detailed Scheduling, PP/DS) 531

12 Demand-Driven Replenishment (DDR) 595

13 Produktionsnahe Logistik 619

14 Monitoring und Reporting 653

Wir hoffen, dass Sie Freude an diesem Buch haben und sich Ihre Erwartungen erfüllen. Ihre Anregungen und Kommentare sind uns jederzeit willkommen. Bitte bewerten Sie doch das Buch auf unserer Website unter **www.rheinwerk-verlag.de/feedback**.

An diesem Buch haben viele mitgewirkt, insbesondere:

Lektorat Eva Tripp
Korrektorat Claudia Lötschert, Neuss
Herstellung Stefanie Meyer
Typografie und Layout Vera Brauner
Einbandgestaltung Bastian Illerhaus
Coverbilder iStock: 1127292720 © Morsa Images; Shutterstock: 760049206 © Nordroden
Satz SatzPro, Krefeld
Druck Beltz Grafische Betriebe, Bad Langensalza

Dieses Buch wurde gesetzt aus der TheAntiquaB (9,35/13,7 pt) in FrameMaker.

Gedruckt wurde es mit mineralölfreien Farben auf chlorfrei gebleichtem, FSC®-zertifiziertem Offsetpapier (90 g/m²).

Hergestellt in Deutschland.

Bibliografische Information der Deutschen Nationalbibliothek:
Die Deutsche Nationalbibliothek verzeichnet diese Publikation in der Deutschen Nationalbibliografie; detaillierte bibliografische Daten sind im Internet über *http://dnb.dnb.de* abrufbar.

ISBN 978-3-367-10173-3

2., aktualisierte und erweiterte Auflage 2024

Informationen zu unserem Verlag und Kontaktmöglichkeiten finden Sie auf unserer Verlagswebsite **www.rheinwerk-verlag.de**. Dort können Sie sich auch umfassend über unser aktuelles Programm informieren und unsere Bücher und E-Books bestellen.

Inhalt

Einleitung ... 15

1 Produktionsplanung mit SAP S/4HANA 25

1.1 Das Systemumfeld ... 25
1.1.1 Grundlagen von SAP S/4HANA ... 26
1.1.2 Grundlagen der SAP-HANA-Datenbank ... 30
1.1.3 Grundlagen von SAP Fiori ... 32

1.2 Produktionsplanung als End-to-End-Prozess ... 44

1.3 Fertigungsarten und Anwendungsgebiete der Produktionsplanung ... 47
1.3.1 Diskrete Fertigung ... 49
1.3.2 Serienfertigung ... 51
1.3.3 Prozessfertigung ... 55
1.3.4 Projektfertigung ... 58

1.4 Planungswerkzeuge der SAP-Produktionsplanung ... 63
1.4.1 Verfügbarkeitsprüfung oder Available-to-Promise (ATP) ... 64
1.4.2 Absatz- und Produktionsgrobplanung ... 65
1.4.3 Produktionsplanung ... 66
1.4.4 Materialbedarfsplanung ... 66
1.4.5 Bedarfsorientierte Wiederbeschaffung ... 66
1.4.6 Kapazitätsplanung ... 66
1.4.7 Erweiterte Produktions- und Feinplanung ... 67

2 Organisationsdaten in der Produktion 69

2.1 Organisationsebenen ... 69
2.1.1 Grundlagen zu Organisationsebenen ... 70
2.1.2 Finanz-Organisationseinheiten ... 72
2.1.3 Logistik-Organisationseinheiten ... 74

2.2 Rollen ... 79
2.2.1 Disponent ... 81
2.2.2 Kapazitätsplaner ... 83
2.2.3 Fertigungssteuerer ... 84

3 Stammdaten in der Produktion 87

3.1 Auftragsarten ... 89
3.1.1 Innenauftrag konfigurieren ... 90
3.1.2 Fertigungsauftragsart konfigurieren ... 91
3.1.3 Prozessauftragsart konfigurieren ... 92

3.2 Materialstamm ... 93
3.2.1 Materialarten ... 95
3.2.2 Materialstammdatensichten ... 99
3.2.3 Chargenstammsatz ... 108
3.2.4 Fertigungshilfsmittel ... 110

3.3 Produktionsversorgungsbereiche ... 110
3.3.1 PVB anlegen ... 111
3.3.2 Produktionsversorgunsbereiche in verschiedenen Fertigungsarten ... 112

3.4 Stücklisten ... 113
3.4.1 Stücklisten in der Produktionsplanung ... 113
3.4.2 Funktionen auf Positionsebene ... 119
3.4.3 Erweiterte Funktionen von Stücklisten ... 120
3.4.4 Kuppel- und Nebenprodukte ... 122
3.4.5 Mehrfachstücklisten ... 123
3.4.6 Variantenstücklisten ... 124

3.5 Arbeitsplätze und Ressourcen ... 126
3.5.1 Arbeitsplätze der jeweiligen Fertigungsarten ... 127
3.5.2 Konfiguration der Arbeitsplätze ... 129

3.6 Arbeitspläne und Planungsrezepte ... 136
3.6.1 Aufbau eines Arbeitsplans ... 136
3.6.2 Automatische Planalternativenselektion ... 138
3.6.3 Arbeitspläne in der diskreten und der Serienfertigung ... 139
3.6.4 Planungsrezepte in der Prozessfertigung ... 141
3.6.5 XSteps ... 142

3.7 Fertigungsversionen ... 145
3.7.1 Aufbau einer Fertigungsversion ... 145
3.7.2 Fertigungsversion anlegen ... 146

3.8 Steuerungsprofile ... 147
3.8.1 Fertigungssteuerungsprofil (PP, PI) ... 147
3.8.2 Serienfertigungsprofil (REM) ... 149

4 Diskrete Fertigung 151

4.1 Spezielle Stammdaten der diskreten Fertigung 152
4.1.1 Materialarten 154
4.1.2 Materialstammdaten 155
4.1.3 Stücklisten 157
4.1.4 Arbeitsplätze 162
4.1.5 Arbeitspläne 164
4.1.6 Fertigungsversion 167
4.1.7 Fertigungsauftrag 168
4.1.8 Verfügbarkeitsprüfung 175
4.1.9 Terminierung 179
4.1.10 Rückmeldungen 182
4.1.11 Abweichungsermittlung 186
4.1.12 Ereignispunkte 186

4.2 Prozesse der diskreten Fertigung 187
4.2.1 Prozessübersicht 187
4.2.2 Auftragseröffnung 190
4.2.3 Verfügbarkeitsprüfung 205
4.2.4 Auftragsfreigabe 210
4.2.5 Rückmeldung 216
4.2.6 Abschließende Prozesse 223

5 Serienfertigung 229

5.1 Spezielle Stammdaten der Serienfertigung 231
5.1.1 Serienfertigungsprofil 232
5.1.2 Materialstammdaten 242
5.1.3 Stücklisten 243
5.1.4 Planungstableau 244
5.1.5 Materialbereitstellungsliste 245
5.1.6 Globale Einstellungen für die Rückmeldung 247
5.1.7 Arbeitsanweisung 247
5.1.8 Terminierungsparameter für Planaufträge 248
5.1.9 Fertigungslinien 248
5.1.10 Linienplan 253
5.1.11 Fertigungsversion 257
5.1.12 Produktkostensammler 259

5.2 Prozesse der Serienfertigung ... 260
5.2.1 Prozessübersicht ... 260
5.2.2 Planaufträge und Planeinteilungen ... 262
5.2.3 Planungstableau ... 265
5.2.4 Drucken von Arbeitspapieren ... 271
5.2.5 Materialbereitstellung ... 275
5.2.6 Rückmeldung und Warenbewegungen ... 279
5.2.7 Nachgelagerte Prozesse/fortlaufende Prüfungen und Auswertungen ... 288

6 Prozessfertigung 291

6.1 Spezielle Elemente der Prozessfertigung ... 293
6.1.1 Materialstammdaten ... 294
6.1.2 Chargenverwaltung ... 296
6.1.3 Stückliste ... 302
6.1.4 Ressource ... 303
6.1.5 Planungsrezept ... 308
6.1.6 Fertigungsversionen ... 315
6.1.7 Prozessauftrag ... 316
6.2 Prozesskoordination ... 319
6.2.1 Übersicht ... 320
6.2.2 Prozessvorgaben ... 321
6.2.3 XSteps ... 328
6.2.4 Prozessmeldungen ... 333
6.2.5 Steuerrezeptempfänger ... 337
6.2.6 Hintergrundjobs ... 340
6.2.7 Cockpit der Prozessfertigung ... 342
6.3 Prozesse der Prozessfertigung ... 343
6.3.1 Prozessübersicht ... 344
6.3.2 Auftragseröffnung ... 345
6.3.3 Auftragsfreigabe ... 353
6.3.4 Rückmeldung und Warenbewegungen ... 367
6.3.5 Nachgelagerte Prozesse ... 376

7 Absatz- und Produktionsgrobplanung 381

7.1 SAP Integrated Business Planning for Supply Chain 382

7.2 Konfiguration der Absatz- und Produktionsgrobplanung 385

7.2.1 Informationsstrukturen 386
7.2.2 Planungsparameter 388
7.2.3 Planungsebenen 391
7.2.4 Werkzeuge 393

7.3 Prozesse der Absatz- und Produktionsgrobplanung 397

7.3.1 Prozessübersicht 398
7.3.2 Planung anlegen 399
7.3.3 Planung bearbeiten 403
7.3.4 Übergabe der SOP-Daten an die Programmplanung 406
7.3.5 Massenplanung 407
7.3.6 Übergabe der SOP-Daten an die Langfristplanung 410

8 Programmplanung 415

8.1 Planprimärbedarfe 416

8.2 Planungsstrategien 417

8.2.1 Strategien für die Lagerfertigung 424
8.2.2 Strategien für die Kundeneinzelfertigung 429

8.3 Abbau von Planprimärbedarfen 433

8.4 Verfügbarkeitsprüfung 434

9 Materialbedarfsplanung (MRP) 439

9.1 Dispositionsverfahren 440

9.2 Nettobedarfsrechnung und Sicherheitsbestandsplanung 442

9.3 Losgrößenrechnung 445

9.4 Bezugsquellenfindung 450

9.5 Terminierung 452

9.6 Durchführung des Planungslaufs ... 458
9.6.1 Planungslauf in SAP S/4HANA unter Verwendung des klassischen MRP ... 459
9.6.2 Planungslauf in SAP S/4HANA mit MRP Live ... 464
9.7 Optionale Planungsfunktionen ... 471
9.7.1 Leitteileplanung ... 472
9.7.2 Langfristplanung ... 472
9.8 Predictive MRP ... 476
9.9 Steuerung der Werksparameter und Dispositionsgruppen ... 480

10 Kapazitätsplanung 485

10.1 Prozessübersicht ... 486
10.2 Konfiguration ... 487
10.2.1 Profile der Kapazitätsauswertung ... 487
10.2.2 Profile des Kapazitätsabgleichs und der erweiterten Auswertung ... 493
10.2.3 Voraussetzungen der Kapazitätsterminierung ... 504
10.3 Ausführung ... 514
10.3.1 Kapazitätsauswertung ... 514
10.3.2 Kapazitätsabgleich und erweiterte Auswertungen ... 519
10.3.3 Kapazitätsterminierung ... 522

11 Produktions- und Feinplanung (Detailed Scheduling, PP/DS) 531

11.1 Einführung ... 531
11.2 Materialstammdatenintegration und Core Interface ... 535
11.3 Ziele und Ablauf der Planung ... 538
11.3.1 Bedarfsstrategien ... 539
11.3.2 Nettobedarfsrechnung und Losgrößenberechnung ... 540
11.3.3 PP-Heuristiken und Ablaufheuristiken ... 552
11.3.4 Beschaffungsarten und Sonderbeschaffungsarten ... 566
11.3.5 Terminierung ... 567
11.3.6 Werkzeuge der DS-Planung (Reihenfolgeplanung) ... 576

11.4 Der PP/DS-Planungslauf und MRP Live 582
11.4.1 Feinplanung im Rahmen des Planungslaufs 583
11.4.2 Der Planungslauf in SAP S/4HANA PP/DS und MRP Live 588

11.5 Reporting und Monitoring 590
11.5.1 Die Dispoliste 590
11.5.2 Die »Dispoliste« in SAP S/4HANA – die SAP-Fiori-App »Materialdeckung ermitteln« 593

12 Demand-Driven Replenishment (DDR) 595

12.1 Einführung 595
12.2 Buffer Positioning – strategische Entkopplung des Materialflusses 600
12.3 Buffer Sizing – dynamische Berechnung der Puffermengen 611
12.4 Replenishment Planning – Nachschubplanung innerhalb der Entkopplungspunkte 614
12.5 Replenishment Execution – Ausführung und Überprüfung des Nachschubs 616

13 Produktionsnahe Logistik 619

13.1 Synchrone Warenbewegungen (Integration mit Embedded EWM) 620
13.1.1 Warenbewegungen der Serienfertigung 621
13.1.2 Warenbewegungen der diskreten und Prozessfertigung 622
13.1.3 Warenbewegungen der JIT-Produktionsversorgung der nächsten Generation 625
13.1.4 Warenbewegungen mit Kanban 626
13.1.5 Stammdatenaufbau 627

13.2 Produktionsmaterialanforderung 631
13.2.1 Regelkreis für PMA 631
13.2.2 Materialbereitstellung mit PMA 633

13.3 JIT-Produktionsversorgung der nächsten Generation 636
13.3.1 Regelkreis für NJIT 637
13.3.2 Materialbereitstellung mit NJIT 642

13.4 Kanban 645
13.4.1 Regelkreis für Kanban 646
13.4.2 Materialbreitstellung mit Kanban 647
13.4.3 Rückmeldung mit Kanban 649

14 Monitoring und Reporting 653

14.1 Grundlagen zu Reports 654
14.1.1 Standardfunktionen 654
14.1.2 Selektionsbild 656
14.1.3 Standardreports 657
14.2 Informationssysteme 658
14.2.1 Auftragsinformationssystem 659
14.2.2 Auftragsfortschrittsbericht 662
14.2.3 Fertigungsinformationssystem 663
14.3 Frühwarnsystem 669
14.3.1 Konfiguration einer Analyse 670
14.3.2 Ausführung einer Analyse 673
14.4 SAP-Fiori-Apps für das Monitoring 674
14.4.1 Materialdeckung bearbeiten 675
14.4.2 Ungedeckte interne/externe Bedarfe ermitteln 675
14.4.3 Komponentenverbrauch 676
14.4.4 Ausschussursache 677
14.4.5 Materialausschuss 678
14.4.6 MRP-Kennzahlen anzeigen 678
14.4.7 MRP-Stammdatenprobleme anzeigen 679
14.4.8 Arbeitsplatzkapazität verwalten 679
14.4.9 Fertigungsplantafel 680
14.4.10 Verzögerte Fertigungs- oder Prozessaufträge ermitteln 680

Die Autoren 683
Index 685

Einleitung

Ein ERP-System wie SAP S/4HANA ist mehr als nur ein Computerprogramm, und die SAP-Produktionsplanung ist mehr als nur die isolierte Planung von Produktionsvorgängen. Hinter diesen Begriffen verbirgt sich ein eigener betriebswirtschaftlicher und hochtechnologischer Kosmos, den wir in diesem Buch gemeinsam ergründen wollen.

Willkommen in der Welt der SAP-Produktionsplanung mit SAP S/4HANA! Wer SAP bereits kennt, weiß, welchen Umfang das SAP-Produktionsplanungsmodul (PP) hat. Bereits PP-erfahrene Leserinnen und Leser werden in diesem Buch einen Begleiter für die Umstellung auf das neue SAP-S/4HANA-System finden. Alle anderen sind eingeladen, sich hier einen ersten, zweiten und gerne auch dritten Einblick zu verschaffen und mit diesem Buch ihren Weg in die SAP-Welt zu beschreiten. Sie dürfen gespannt sein auf die Möglichkeiten der hochperformanten SAP-S/4HANA-Technologie.

Ziele des Buchs

Das Primärziel dieses Buchs ist es, Ihnen eine Übersicht über die Funktionen der Produktionsplanung mit SAP S/4HANA zu geben. Dabei ist es unerheblich, ob Sie bereits Vorkenntnisse haben. Für diejenigen, die bereits mit der Produktionsplanung in SAP ERP Erfahrung haben, wird dieses Buch Aufschluss darüber geben, was sich verändert und verbessert hat oder was gleich geblieben ist im Vergleich zum Vorgängersystem.

Darüber hinaus ist dieses Buch eine Anleitung zur Benutzung der Produktionsplanungsfunktionalitäten des SAP-S/4HANA-Systems. Es wird erklärt, wie die unterschiedlichen Fertigungsarten (diskrete Fertigung, Serienfertigung und Prozessfertigung) angewendet werden. Auch die SAP-Planungstools wie Sales and Operations Planning (SOP) oder Material Requirements Planning (MRP) und viele weitere wichtige Funktionen werden hier handlungsweisend vorgestellt. Dabei werden auch die Integrationspunkte der Produktionsplanung mit anderen Bereichen des SAP-Systems aufgezeigt.

In zweiter Instanz werden neben den Funktionen aus dem Geschäftsbereich der Produktion auch die Bedeutung und Konfigurationsmöglichkeiten der Stammdaten und des Customizings erklärt. Hierfür werden die Customizing-Transaktionen aus der Produktionsplanung beispielhaft gezeigt. Auch die umfangreichen Konfigurationsmöglichkeiten der produktionsnahen Stammdaten werden anhand eines Beispiels vorgestellt, um Ihnen ein Gefühl für die Optionen des SAP-Standards zu geben.

Natürlich gibt es in der Praxis häufig kundeneigene Entwicklungen. Die gesamte Bandbreite der Erweiterungsmöglichkeiten kann in einem Werk zum SAP-Standard leider nicht vollumfänglich dargestellt werden. Sollten also die umfassenden Standardfunktionen und die ausgeprägten Einstellungsmöglichkeiten einmal nicht genügen, ist es ratsam, sich an einen Modulberater und/oder eine ABAP-Entwicklerin zu wenden. Häufig gelingt so dann doch eine standardnahe und nachhaltige Lösung.

Sie erhalten in diesem Buch darüber hinaus heiß begehrte Informationen zu den Neuerungen mit SAP S/4HANA. Einige Features sind bereits mit dem Vorgängersystem verfügbar gewesen. Dies gilt zum Beispiel für viele SAP-Fiori-Applikationen (SAP-Fiori-Apps). Der wahre Gewinn ist die Kombination dieser Apps mit der neuen Hochleistungs-Datenbanktechnologie von SAP HANA. »Live« ist das Stichwort der Stunde, wenn die Migration auf die neue Datenbank abgeschlossen ist. Echtzeitanalysen und Planungsszenarios in nie dagewesener Geschwindigkeit gehören zu den Vorzügen der neuen Technologien, die wir Ihnen in diesem Buch mit Vergnügen präsentieren werden.

Zielgruppen dieses Buchs

Ohne Frage ist SAP S/4HANA in Zeiten der Transformation von Geschäftsprozessen, Technologien und ERP-Systemen ein spannendes Thema. Das Buch richtet sich daher auch an eine große Bandbreite der Leserschaft. Dieses Buch richtet sich an alle Leserinnen und Leser, die die SAP-Produktionsplanung verwenden oder sich dafür interessieren. Die Abdeckung der drei großen Fertigungsarten (diskrete Fertigung, Prozessfertigung und Serienfertigung) soll dazu beitragen, dass ein möglichst umfassender Gesamteindruck gewonnen werden kann.

Zur Zielgruppe gehören also die folgenden Personengruppen:

Key User und Power User

Diejenigen, die das SAP-System sehr intensiv nutzen, sind im Unternehmen oft generell die Vorhut in Sachen SAP-Anwendungen. Häufig sind sie auf ein SAP-Modul wie zum Beispiel die Produktionsplanung spezialisiert. Dieser Anwenderkreis kennt meist alle Tricks und Kniffe der unternehmenseigenen Anwendungslandschaft. Wenn ein System umgestellt oder optimiert werden soll, führt kein Weg an ihnen vorbei, denn sie wissen am besten, was einen Mehrwert generiert und was im Zweifel eher ein Showstopper sein könnte. Erst wenn Key User oder Power User zufrieden sind, besteht auch eine realistische Chance, dass die Akzeptanz des restlichen Teams für Änderungen gegeben ist. Gerade im Kontext der SAP-Umstellung auf SAP S/4HANA sind Key User und Power User die wichtigsten Informationsquellen für eine erfolgreiche Transformation. Aus diesem Grund ist es uns ein besonderes Anliegen, diesen Anwenderkreis mit diesem Buch zu unterstützen.

Anwenderinnen und Anwender

Natürlich liegen uns auch die SAP-Anwenderinnen und -Anwender am Herzen, die zwar nicht zu den Key Usern gehören, aber dennoch das SAP-System täglich oder gelegentlich für ihre Arbeit benötigen. Sie sind die Zahnräder im Getriebe des Unternehmens. Wenn sie nicht effizient arbeiten können, steht im schlimmsten Fall alles still. Ein ERP-System wie SAP S/4HANA verzahnt alle Bereiche eines modernen Unternehmens und ist darauf ausgelegt, dass Hunderte Personen gleichzeitig darin arbeiten können. In Transformationsprojekten sind Menschen aus logistischen Gründen häufig nicht direkt in den Veränderungsprozess integriert und sehen sich gegebenenfalls sogar vor vollendete Tatsachen gestellt. Dazu, dass das im Fall einer Transformation zu SAP S/4HANA nicht so sein muss, soll dieses Buch einen Beitrag leisten. So bekommen alle schon vorab einen Einblick und finden Antworten auf ihre Fragen zu bekannten und neuen Funktionen.

Modulberatung und Anwendungsberatung

Bei Änderungen und Optimierungsvorhaben in einem SAP-System ist es oft ratsam, sich jemanden mit Prozessverständnis und Kenntnissen der Möglichkeiten des SAP-Standards zur Beratung mit ins Boot zu holen. Oft kennt diese Person Optionen, die bisher noch nicht bedacht wurden und die ein Zugewinn für die Nachhaltigkeit einer systemseitigen Lösung sein können. Aus diesem Grund müssen Beraterinnen und Berater immer auf dem neuesten Stand der Technik sein und idealerweise ein paar Kniffe mehr kennen als ihre Kunden. Mit dem Detailwissen aus den einzelnen Kapiteln und der einen oder anderen Anregung für das Customizing möchten wir daher auch Beraterinnen und Beratern zur Seite stehen.

Projektleitung

Wer hält die Fäden im Projekt zusammen und muss oft auf allen Baustellen gleichzeitig sein? Die Projektleitung muss alles können und alles wissen, und wenn sie das mal nicht leisten kann, wird zumindest von ihr verlangt, dass sie weiß, wo sie Rat findet. Der berufliche Alltag der Projektleitung ist oft lang und anstrengend. Dabei vergessen alle anderen Mitstreitenden gerne mal, dass die Personen in der Projektleitung am Ende des Tages nur Menschen sind und schlicht nicht alles wissen können. Vielleicht können wir diesem geforderten Berufsstand mit unserem Buch zumindest eine Quelle bereitstellen, in der mittels des ausführlichen Index oder über die E-Book-Suchfunktion schneller Rat für den Bereich der SAP-Produktionsplanung mit SAP S/4HANA gefunden werden kann.

Projekt-Stakeholder

Auch die anderen Projektbeteiligten – oder zumindest von den Auswirkungen eines Projekts Betroffenen –, die sogenannten Stakeholder, sind ein Teil der Zielgruppe. Wer mitreden möchte, muss sich zunächst informieren. Wir wollen für alle, die sich für die neue SAP-Produktionsplanung interessieren, eine Informationsquelle bereitstellen. Oft können sich informierte Stakeholder mit positivem Effekt einbringen, auch wenn sie vielleicht zunächst gar nicht so sehr im Fokus standen.

Testerinnen und Tester

Wer schon einmal eine Systemumstellung oder ein Entwicklungsprojekt begleitet hat, kennt das: Ein Meilenstein ist erreicht, und nun soll getestet werden. Doch was soll alles getestet werden, und wann ist das Testergebnis gut und richtig? Das sind leicht gestellte Fragen, die in der Praxis enorm schwer zu beantworten sind. Wir müssen uns eingestehen, dass wir mit diesem Buch keine umfassende Antwort auf diese von Fall zu Fall sehr individuellen Fragen geben können. Wir können aber Ihre Entscheidungsgrundlage sicherlich um die eine oder andere Erkenntnis erweitern und Personen, die PP testen, so etwas entgegenkommen.

SAP-Entwicklungsteams (die fachlichen Kontext suchen)

Als Entwicklerin oder Entwickler hat man oft einen sehr technischen Blick auf die Sachverhalte in einem SAP-System. Wer nun im Bereich der Produktionsplanung programmieren soll, benötigt häufig fachliche Hintergrundinformationen, die für die tägliche Arbeit eigentlich nicht benötigt werden. Für Entwicklerinnen und Entwickler ist ein Fachbuch hilfreich, das den fachlichen Prozess und die Stellschrauben für das Customizing darstellt. Noch hilfreicher ist es jedoch, wenn zu diesem Prozess auch die technischen Anknüpfungspunkte benannt werden. Wir möchten mit diesem Buch zur Kategorie »noch hilfreicher« gehören.

SAP-Supportdienstleister

Houston, wir haben ein Problem! Der Support steht Anwenderinnen und Anwendern allzeit mit Rat und Tat zur Seite. Die meisten Support-Mitarbeitenden haben viele Jahre lang SAP-R/3-Systeme erfolgreich betreut. Damit sich dieser Erfolg auch beim neuen SAP-S/4HANA-System fortsetzen lässt, möchten wir auch SAP-Supportdienstleister zu unserer Zielgruppe zählen.

Business Analysts

Wenn Sie häufig um Rat gefragt werden, wie man Geschäftsprozesse in einem Unternehmen optimieren kann, und dafür ebenso häufig vor der Herausforderung stehen, sich ein Bild von der Ist-Situation und ein Verständnis von einer möglichen Soll-Situation eines Unternehmens erarbeiten zu müssen, dann sind Sie vermutlich ein Business Analyst. Vielleicht ist das nicht Ihre Berufsbezeichnung, aber Sie arbeiten dann zumindest ähnlich. Wir wollen Ihnen mit diesem Buch bei der Einarbeitung behilflich sein, indem wir Ihnen zeigen, wie die Prozesse mit SAP S/4HANA neu gedacht werden können.

Process Owner und Modul-Betreuung

Auch für die Gruppe der Prozessverantwortlichen (Process Owner) und der Modul-Betreuenden gilt, dass sie stets über alle Neuerungen für ihren Bereich im Bilde sein müssen. Sie bringen die Prozesse voran und sind oft der Dreh- und Angelpunkt für alle prozessbezogenen Anliegen. Wir zeigen Ihnen in diesem Buch, was sich hinter den Neuerungen durch SAP S/4HANA verbirgt. Wir würden uns freuen, wenn wir Innovationen für Ihre Prozesse anstoßen können.

Anwendungstraining

Wer etwas vortragen muss oder möchte, ist oft mit der Vorbereitung für gute und stichhaltige Inhalte beschäftigt. Wir würden Ihnen diese mühsame Arbeit gerne etwas erleichtern, indem wir Ihnen in diesem Buch vor allem handlungsweisende Erklärungen liefern. Das ersetzt zwar noch nicht die praktische Auseinandersetzung mit einem SAP-S/4HANA-System, ist aber zumindest ein optimaler Einstieg und Leitfaden.

Aufbau und Struktur der Kapitel

Dieses Buch beginnt mit grundsätzlichen Informationen über die Produktionsplanung mit SAP S/4HANA. Dafür wird in **Kapitel 1**, »Produktionsplanung mit SAP S/4HANA«, ein Blick aus der Vogelperspektive gewählt. Wir veranschaulichen, was SAP S/4 und was SAP HANA ist. Auch die SAP-Fiori-Technologie und das damit verbundene Konzept der Businessrollen wird fachübergreifend vorgestellt. Da wir in diesem Buch drei verschiedene Fertigungsarten fokussieren, werden auch diese gleich zu Beginn skizziert, um ein

Verständnis dafür zu schaffen, in welchen Anwendungsbereichen die jeweilige Fertigungsart einen Mehrwert generieren kann. Wer sich bislang noch nicht mit der Produktionsplanung in SAP auseinandergesetzt hat, profitiert außerdem von der übersichtlichen Vorstellung der verfügbaren Funktionen, bevor es in den nächsten Kapiteln ins Detailwissen geht. Wir wollen dabei immer auch das Customizing im Auge behalten und bauen die meisten Kapitel daher so auf, dass zunächst die Konfigurationen im Customizing erklärt werden, bevor die Prozesse in der Anwendung beschrieben werden. Dabei möchten wir möglichst die Anknüpfungspunkte genau benennen, sodass Sie aus der Anwendung zurück in das Customizing springen können, um direkt an der jeweiligen Stellschraube drehen zu können.

Kapitel 2, »Organisationsdaten in der Produktion«, beschreibt die logischen Ebenen eines SAP-Systems mit dem Fokus auf den fertigungsrelevanten Bestandteilen. Speziell die logistischen Ebenen wie das Werk und die Lagerorte sind hier von Interesse. Es werden zudem auch einige klassische Rollen der Fachabteilung im SAP-Produktionsplanungskontext beschrieben.

In **Kapitel 3**, »Stammdaten in der Produktion«, geben wir Ihnen eine Übersicht über die Elemente, die Sie im Rahmen der Produktionsplanung konfigurieren können. Dabei sind beispielsweise Arbeitspläne, Arbeitsplätze und Materialstammdaten die zentralen Stammdaten, die im Rahmen der darauffolgenden Kapitel zu den Fertigungsarten noch spezieller betrachtet werden.

Grundlagen und praktische Informationen

Kapitel 2 und Kapitel 3 bieten vor allem denjenigen einen wichtigen Einblick in die SAP-Welt, die bisher nur wenige Berührungspunkte mit tiefgehenden Strukturen und übergreifenden Prozessen haben. Profis, die sich vor allem für die Neuerungen in SAP S4/HANA interessieren, finden die für sie relevanten Informationen eher in den Ausführungen der Produktionsplanungsfunktionen ab Kapitel 7, »Absatz- und Produktionsgrobplanung«.

Über die Kapitel hinweg werden die Themen immer spezifischer. So sehen wir uns nach der Betrachtung von Organisations- und Stammdaten die Grundeigenschaften der verschiedenen Fertigungsarten an. In **Kapitel 4**, »Diskrete Fertigung«, zeigen wir Ihnen, wo und wie die Einstellungen vorgenommen werden, um die Produktion in SAP S4/HANA zielgerichtet einsetzen zu können. **Kapitel 5**, »Serienfertigung«, legt hierbei den Fokus auf die Elemente, die Sie benötigen, wenn Sie eine Produktion mit hoher Produktstabilität und repetitiver Massenfertigung realisieren wollen. In **Kapitel 6**, »Prozessfertigung«, werden dagegen die Stellschrauben betrachtet, die für eine chemische und stärker regulierte Fertigung benötigt werden.

Welche Fertigungsart für Ihr Produktionsszenario die richtige ist, können Sie der Gegenüberstellung aus Kapitel 1 sowie den Detailbeschreibungen zu Beginn der Kapitel 4 bis 6 zu den jeweiligen Fertigungsarten entnehmen. Der Aufbau dieser drei Kapitel ist ähnlich gehalten. Wir sehen uns dort zunächst die Konfiguration der Stammdaten speziell im Kontext der jeweiligen Fertigungsart an und gehen dann auf die typischen Bestandteile der Umsetzung der Fertigungsprozesse ein.

Nachdem in den ersten drei Kapiteln die Grundlagen der Produktionsplanung in SAP S/4HANA vorgestellt und in den Kapiteln 4 bis 6 die Verwendung und Eigenschaften der Fertigungsarten erklärt wurden, beginnt nun ein neuer Teil dieses Buchs, in dem die inhaltlich komplexeren Themen behandelt werden. Hier fließen die vorab vorgestellten Informationen zusammen und ermöglichen in ihrer Komposition eine orchestrierte Planung der Fertigung.

Kapitel 7, »Absatz- und Produktionsgrobplanung«, beginnt hierbei mit einem Ausblick auf das neue SAP Integrated Business Planning for Supply Chain, das die bisherige Absatz- und Produktionsgrobplanung in SAP zukünftig ersetzen soll. Es gibt jedoch ein ausführliches eigenes Werk zu diesem Thema. Daher beschreiben wir, wie Sie auch in SAP S/4HANA das bisher bekannte SAP Sales and Operations Planning (SOP) lauffähig bekommen und gegebenenfalls Ihre bestehenden Prozesse in SAP S/4HANA weiterverwenden können.

Kapitel 8, »Programmplanung«, beschreibt die Möglichkeiten der Erstellung eines Produktionsprogramms. Dabei wird entschieden, für welche Erzeugnisse eine Disposition zur Produktion für das Warenlager oder für konkrete Kundenaufträge eingestellt werden soll. Natürlich gibt es hier auch noch feinere Abstimmungen, um jedes Produkt möglichst optimal im Sinne der Marktbedingungen und Produkteigenschaften zu fertigen. Wir betrachten hierfür die einzelnen Planungsstrategien und Bedarfsklassen genauer.

Ein Herzstück der Produktionsplanung ist die Materialbedarfsplanung. **Kapitel 9**, »Materialbedarfsplanung (MRP)«, ist entsprechend eines der zentralen Kapitel für die Produktionsplanung. Hier erfahren Sie alles, was Sie zur Deckung der Produktionsbedarfe in einem SAP-System wissen müssen. Neben der Beschreibung einiger Neuerungen wird hier mit MRP Live sogar eine in SAP S/4HANA ganz neue Planungsoption vorgestellt.

Kapitel 10, »Kapazitätsplanung«, zeigt Ihnen, wie Sie die Kapazitätsbedarfe Ihrer Produktionsmengen und das Kapazitätsangebot Ihrer Fertigungspotenziale auf dem gleichen Weg vergleichen und verwalten können, wie es auch im Vorgänger-SAP-System möglich war. Das kann Ihnen helfen, bereits bestehende Prozesse in einem Brownfield-Ansatz zunächst mit in das neue SAP-S/4HANA-System zu übernehmen.

Ähnlich wie in der Materialbedarfsplanung gibt es auch für die Kapazitätsplanung einen neuen Weg. Dieser wird in **Kapitel 11**, »Produktions- und Feinplanung (Detailed Scheduling, PP/DS)«, beschrieben. Sie lernen hier eine ganz neue Integration der Planungsfunktionalitäten kennen, die die Vorteile der bekannten Planungsmöglichkeiten stärker miteinander verzahnt. Diese Funktionalität ist nun auch direkt in SAP S/4HANA enthalten und stellt keine Zusatzlösung dar. Die Produktions- und Feinplanung ist mit den meisten Neuerungen durch den Einsatz von SAP S/4HANA eines der spannenden Top-Themen in diesem Buch.

Ein ebenfalls neues Thema stellen wir Ihnen in **Kapitel 12**, »Demand-Driven Replenishment (DDR)«, vor. Mit Demand-Driven Replenishment, das mit *DDR* oder häufig auch mit *DDMRP* abgekürzt wird, bietet SAP eine mit SAP S/4HANA neu ausgelieferte Funktionalität zur verbrauchsgesteuerten Materialplanung. Die Besonderheit dieser neuen Funktion liegt in der Berechnung der Verbrauchswerte, die nun durch eine Verrechnung von Vergangenheits- und intelligenten Prognosewerten ermittelt werden können.

Für die Leserinnen und Leser, die sich eine Übersicht über die Optionen der Materialbereitstellung verschaffen möchten, zeigen wir in **Kapitel 13**, »Produktionsnahe Logistik« bewährte Bereitstellungsverfahren wie die Produktionsmaterialanforderung und Kanban und dazu die neue Just-In-Time-Technologie NJIT.

Kapitel 14, »Monitoring und Reporting«, geht abschließend noch auf einige ausgewählte Reports und Analysemöglichkeiten in der Produktion ein. Funktionen mit der neuen User Experience in SAP Fiori dürfen hierbei natürlich nicht fehlen. Wir möchten Ihnen verteilt über das gesamte Buch hinweg einen Einblick geben, was mittels SAP-Fiori-Apps in der Produktionsplanung möglich ist und wo Sie weitere Informationen und Konfigurationsmöglichkeiten zur Verwendung und Individualisierung dieser Apps finden können. Im letzten Kapitel dieses Buchs gehen wir dabei noch einmal gezielt auf die durch SAP-Fiori hinzugewonnenen Monitoring-Möglichkeiten ein.

Sie finden in diesem Buch viele grau hinterlegte Informationskästen, die Ihnen wichtige und interessante Zusatzinformationen bieten. Neben diesen Kästen sehen Sie verschiedene Symbole, die Ihnen die Orientierung erleichtern sollen:

[+] Mit diesem Symbol haben wir Tipps gekennzeichnet, die Ihnen spezielle Empfehlungen zur Arbeitserleichterung geben.

[»] Dieses Symbol steht für weiterführende Themen oder kleine Exkurse.

[!] Dieses Symbol macht Sie auf Themen oder Bereiche aufmerksam, bei denen Sie besonders aufmerksam agieren sollten.

Dieses Symbol finden Sie häufig am Anfang eines Abschnitts zu einem bestimmten Thema. Es zeigt Ihnen, welche Transaktionen und Customizing-Einstellungen für den jeweiligen Abschnitt relevant sind. Die wichtigsten der genannten Transaktionen und Einstellungen werden im darauffolgenden Text vorgestellt. Alle anderen werden analog zu mindestens einer beschriebenen Anwendung bedient. Damit wollen wir Ihnen ermöglichen, die relevanten Transaktionen schnell auf einen Blick nachzuschlagen.

Danksagung

Auf dem Buchcover stehen zwar nur die Autoren, aber an der Entstehung eines Buchs sind viele beteiligt, die wir nicht vergessen wollen. Wir danken dem gesamten Team von SAP PRESS und unserer Lektorin der ersten Auflage Maike Lübbers sowie unserer Lektorin der zweiten Auflage Eva Tripp für die gute Zusammenarbeit.

Und wir möchten uns vor allem auch ganz persönlich bedanken:

Alexander: Ein Fachbuch zu schreiben, ist zeitaufwendig und anstrengend, und damit dies neben meiner hauptberuflichen Tätigkeit als Berater und als Vater einer wunderbaren Tochter gelingen konnte, war die Unterstützung einiger Personen notwendig. Zuallererst möchte ich meiner Frau Ksenija danken, die mir in den Monaten meines Schaffens als Autor immer den Rücken freigehalten und mich in allen Bereichen unterstützt hat. Über viele Monate musste sie sich meine Aufmerksamkeit mit einem sehr großen Berg Arbeit teilen. Mein spezieller Dank gilt zudem Frank Lütjering und Thomas Schick für die zuverlässige und wertvolle Unterstützung auf meinem beruflichen Weg.

Christoph: Neben vielen Personen aus meinem privaten Umfeld, die mich bei der Erstellung meiner Inhalte nach besten Möglichkeiten unterstützt haben, gilt aus fachlicher Sicht ein besonderer Dank meinem langjährigen Kollegen, besten Manager und besten Freund Andreas Steckel. Auf seine Unterstützung kann ich, wie auch in diesem Fall, seit mehr als 20 Jahren immer wieder bauen.

Hans-Christian: Mein tiefster Dank gilt meiner Familie. Eure Liebe, Geduld und unerschütterliche Unterstützung haben mich während des gesamten Schreibprozesses getragen. Ohne Euch wäre dieses Buch nicht möglich gewesen. Mein besonderer Dank gilt auch meinen Kollegen. Eure Inspiration, Ermutigung und wertvollen Rückmeldungen haben mir geholfen, dieses Projekt zu vollenden.

Nun wünschen wir Ihnen aber viel Freude beim Lesen!

Alexander Wolf, Christoph Sting und Hans-Christian Damm

Kapitel 1
Produktionsplanung mit SAP S/4HANA

Ready for SAP S/4HANA? Wir starten unsere Reise durch die SAP-Produktionsplanung mit SAP S/4HANA mit einem Blick aus der Vogelperspektive. In diesem Kapitel lesen Sie, was die SAP-Produktionsplanung ausmacht und was hinter den neuen Technologien steckt.

Dieses Kapitel gibt Aufschluss darüber, welche Funktionen die Produktionsplanung (in diesem Buch auch abgekürzt PP genannt) in SAP S/4HANA bietet. Dafür werfen wir in Abschnitt 1.1, »Das Systemumfeld«, einen kurzen Blick auf die Systemumgebung von SAP S/4HANA mit der HANA-Datenbanktechnologie und dem SAP-Fiori-Konzept für eine intuitive (und auch mobile) Nutzererfahrung. Im Anschluss werden in Abschnitt 1.2, »Produktionsplanung als End-to-End-Prozess«, die Hauptfunktionen kurz vorgestellt. Anschließend wird differenziert, welche Anwendungsgebiete die einzelnen Fertigungsarten abdecken (siehe Abschnitt 1.3). Durch die Erläuterung dieser Grundlagen erhalten Sie einen umfassenden Überblick über die SAP-Produktionsplanung als durchgängigen Prozess. Abschnitt 1.4 beschreibt schließlich noch die SAP-Planungswerkzeuge, die im Kontext der Produktionsplanung zur Verfügung stehen, aus einer übergreifenden und hohen Flugebene.

1.1 Das Systemumfeld

Viele von Ihnen kennen sicherlich das SAP-ERP-System oder SAP S/4HANA aus ihrem beruflichen Alltag. SAP S/4HANA ist nicht einfach nur der Nachfolger der vorangegangenen SAP-Lösungen. Vielmehr liegen Paradigmenwechsel zugrunde, die nicht immer offensichtlich sind, aber in allen Bereichen eines hochmodernen ERP-Systems im Hintergrund wirken. Von der Datenbanktechnologie und der Programmierung über die Systemarchitektur und ihre Funktionen bis hin zur Benutzeroberfläche: Für SAP S/4HANA wurde nahezu alles neu durchdacht und im Laufe der vergangenen Jahre auf dem neuesten Stand der Technik umgesetzt. Dieser Abschnitt befasst sich deshalb zunächst mit der SAP-HANA-Datenbank und dem SAP-Fiori-Designkonzept, das eine zeitgemäße Herangehensweise an die Arbeitsabläufe im SAP-System bietet und große Auswirkungen auf die User Experience (UX) hat.

[»]

Informationen zum Release

Informationen dazu, welche Neuerungen das jeweils aktuelle Release von SAP S/4HANA hervorbringt und welche Veränderungen damit einhergehen, finden Sie unter folgenden Links:

- Public Cloud: *https://help.sap.com/docs/SAP_S4HANA_CLOUD*
- Private Cloud: *https://help.sap.com/docs/SAP_S4HANA_CLOUD_PE*
- On-Premise: *https://help.sap.com/viewer/p/SAP_S4HANA_ON-PREMISE*

1.1.1 Grundlagen von SAP S/4HANA

SAP S/4HANA ist mehr als ein ERP-System. Es handelt sich hierbei um eine völlig neue Systemarchitektur, die sich von der Datenbank über die Anwendungen bis hin zur Benutzeroberfläche erstreckt. Eine nie dagewesene Vielfalt an Möglichkeiten bietet Raum für Zukunftstechnologien und eine visionäre Geschäftsprozessintegration.

Der digitale Kern und die Geschäftsbereiche

SAP S/4HANA setzt sich aus einem *digitalen Kern* und vielen klassischen Erweiterungsmöglichkeiten für Private-Cloud- und On-Premise-Systeme sowie vielen neuen auch für Public-Cloud-Systeme zusammen. Ein zentrales Element für eine nachhaltige Erweiterung von SAP-Prozessen ist hier die *SAP Business Technology Platform* (BTP). Über die SAP BTP können auch Public-Cloud-Prozesse im Sinne des Clean-Core-Konzepts erweitert werden. Zusätzlich bietet die neue SAP-HANA-Datenbanktechnologie neue Hardwareeigenschaften, die in Kombination mit den SAP-S/4HANA-Funktionen eine höchst performante Anwendungslandschaft bereitstellt. Prozesse, die aus dem Vorgängersystem SAP ERP bekannt sind, werden in optimierter Form größtenteils weiterhin zur Verfügung stehen. Zusätzlich gibt es durch die neuen Technologien eine Vielzahl neuer Möglichkeiten für die systemseitige Abbildung der Geschäftsprozesse. Die folgenden End-to-End-Prozesse sind unter anderem im SAP-S/4HANA-Kern abgebildet:

- Procure-to-Pay oder Purchase-to-Pay (P2P): der Einkaufsprozess von der Beschaffung bis zur Zahlung an den Lieferanten
- Plan-to-Produce (Pl2P): der Produktionsprozess von der Planung bis zum fertigen Erzeugnis
- Order-to-Cash (O2C): der Vertriebsprozess vom Kundenauftrag bis zum Zahlungseingang
- Quotation-to-Cash (Q2C): der Vertriebsprozess von der Produktkonfiguration bis zum Zahlungseingang
- Request-to-Service (R2S): der Vertriebsprozess von der Kundenanfrage bis zur Leistungsabrechnung

Darüber hinaus werden auch Kernlösungen für das Personal- und das interne sowie das externe Rechnungswesen im digitalen Kern bereitgestellt.

Auf diesem Kern bauen dann die zusätzlichen Lösungen für die einzelnen *Geschäftsbereiche* auf. Die erweiterbaren SAP-S/4HANA-Geschäftsbereiche sind zum Teil analog zu den Bereichen, die Anwenderinnen und Anwender des SAP-ERP-Systems auf R/3-Basis noch als *Module* kennen. Diese Module und auch das SAP-ERP-System sind in vielen Büchern des Rheinwerk Verlags (SAP PRESS) bereits ausführlich beschrieben worden.

Abbildung 1.1 zeigt den digitalen Kern, der die bereits erwähnten End-to-End-Prozesse abdeckt, sowie die SAP-S/4HANA-Geschäftsbereiche, die noch erweitert werden können. Im Detail handelt es sich dabei um die folgenden Geschäftsbereiche:

- Finanzbuchhaltung und Controlling (Finance)
- Personalwesen (Human Resources)
- Vertrieb (Sales)
- Service (Services)
- Produktion (Manufacturing)
- Lieferkettenmanagement (Supply Chain)
- Einkauf (Sourcing and Procurement)
- Instandhaltung (Asset Management)
- Marketing (Marketing)
- Forschung und Entwicklung (Research and Development)

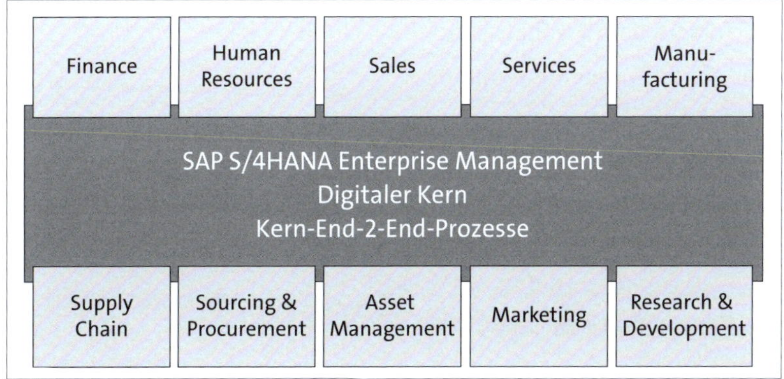

Abbildung 1.1 SAP S/4HANA – digitaler Kern und Geschäftsbereiche

Erweiterbarkeit und Individualisierung

Durch das *Erweiterungskonzept* in SAP S/4HANA können Kunden zunächst mit den allgemeinen Kernanwendungen starten und dann nach individuellem Bedarf die einzelnen Geschäftsbereiche um Geschäftsbereichslösungen aus dem SAP-S/4HANA-

Portfolio erweitern. Das große SAP-Unternehmensnetzwerk stellt zu diesem Zweck einen stetig wachsenden Umfang an Zusatzfunktionen bereit. Durch das neue Konzept sind die Überschneidungen und Wechselwirkungen der früheren Add-on-Lösungen in SAP S/4HANA kein Problem mehr. Für alle kundeneigenen Erweiterungen, die Coding bedürfen, wird empfohlen, Side-by-Side-Entwicklungen über die SAP BTP zu implementieren. Nur wenn der SAP-S/4HANA-Kern frei von Eigenentwicklungen bleibt, kann ein späterer Umzug in die Public Cloud sichergestellt sein.

[+]

Weiterführende Literatur

Eine gute Übersicht über die Verwendung der SAP BTP erlangt man mit diesem Buch: »SAP Business Technology Platform« (Rheinwerk Verlag 2020).

Hier geht es dann deutlich tiefer ins Detail, wenn man sich für die Programmierung im SAP-Cloud-Umfeld interessiert: »ABAP-Entwicklung auf der SAP Cloud Platform« (Rheinwerk Verlag 2020).

Mit SAP S/4HANA wird gleich auch eine Schnittstelle zu hochspezialisierten *Zusatzlösungen* mitgeliefert. So können Sie bei Bedarf ausgereifte Cloud-Lösungen im Handumdrehen für Ihre Geschäftsprozesse implementieren. Verfügbare Lösungen, die große Netzwerkvorteile bieten, sind beispielsweise:

- SAP Ariba für die Beschaffung
- SAP Customer Experience für den Vertrieb
- SAP Analytics Cloud für Business Intelligence
- SAP Asset Intelligence Network für die Instandhaltung
- SAP SuccessFactors für das Personalwesen
- SAP Sales Cloud für die Kundeninteraktion

Auch das Konzept der mobilen Anwendungen in Form von SAP-Fiori-Apps bietet für *SAP Development Partner* die Möglichkeit, Apps zu entwickeln und über die *SAP Fiori Apps Reference Library* bereitzustellen. Auf das neue SAP-Fiori-Konzept gehen wir in Abschnitt 1.1.3, »Grundlagen von SAP Fiori«, genauer ein.

Informationen zu Standard-Fiori-Apps

Über die aktuell verfügbaren SAP-Fiori-Apps können Sie sich über diesen Link informieren: *https://fioriappslibrary.hana.ondemand.com/sap/fix/externalViewer/*

Mithilfe des *SAPUI5 Theme Designers* kann die Darstellung der SAP-Fiori-Apps unternehmensweit konfiguriert werden, sodass alle Mitarbeitenden das gleiche Corporate Design für ihre Anwendungen verwenden können. Das firmeneigene Corporate Design zeichnet sich dadurch aus, dass es die Farben und Logos der Firma trägt und die Identifikation der Anwendungen mit dem eigenen Unternehmen unterstreicht. Im weiteren Verlauf dieses Buchs werden einige SAP-Fiori-Apps vorgestellt.

[+]

Weiterführende Literatur

Wenn Sie tieferes Detailwissen und Best Practices zum Einsatz von SAP Fiori und SAP Screen Personas suchen, sollten Sie einen Blick in das Buch »User Experience mit SAP« werfen (Rheinwerk Verlag 2020).

Verbesserte Performance

Die Plattform SAP S/4HANA basiert auf einem optimierten systemeigenen Code, der speziell für eine verbesserte Performance geschrieben wurde. Gleichzeitig wurden die Datenstrukturen im Vergleich zum Vorgängersystem deutlich optimiert. Dadurch sind hochtechnologische systemeigene Funktionen der SAP-HANA-In-Memory-Datenbank verwendbar, die sich durch algorithmengestützte Analysen, Simulationen und Entscheidungsunterstützung auszeichnen.

Flaschenhälse vermeiden

Die Verbesserte Performance ist nur bedingt nutzbar, wenn alte Schnittstellen, externe Systeme oder aufwendige Zusatzprozesse starken Einfluss auf den für S/4HANA optimierten Prozess haben. Hier gilt wie überall in der IT der Ansatz der Flaschenhals-Problematik.

Die *In-Memory-Technologie* ist die Weiterentwicklung sogenannter relationaler Datenbanken, wie sie in den letzten Dekaden überall auf der Welt verwendet wurden. Die wesentlichen Unterschiede bestehen in der Datenstruktur und der Speichertechnologie. In Abschnitt 1.1.2, »Grundlagen der SAP-HANA-Datenbank«, führen wir das noch genauer aus. Weniger Speicherbedarf bei gleichzeitig stark verbesserter Performance bedeutet einen Quantensprung in der Welt der ERP-Systeme. Unter anderem erwarten Sie mit SAP S/4HANA folgende neue Features:

- Predictive Analytics
- Text Mining
- Machine Learning
- leistungsfähige Simulationen
- Entscheidungshilfen auf Basis von Echtzeitdaten
- responsive Benutzeroberflächen für alle mobilen Endgeräte
- massive Prozessvereinfachungen

Diese Themengebiete werden durch die In-Memory-Technologie zunehmend besser nutzbar und versprechen noch viel Potenzial für die Optimierung von Geschäftsprozessen durch die Verwertung von Daten. Mehr Informationen zu den Möglichkeiten der SAP-HANA-Technologie im optimierten Cloud-Ansatz finden Sie über diesen Link: *https://www.sap.com/germany/products/technology-platform/hana.html*.

Verschlankung der Anwendungen

Mehr Leistungsfähigkeit und neue Technologien sind ein Teil des Erfolgs. Der zweite Teil ist die Optimierung der alten und neuen Prozesse. Für SAP S/4HANA wurden viele Prozesse überarbeitet und verschlankt. Ein Paradebeispiel dafür ist die Materialbedarfsplanung (MRP), der wir mit Kapitel 9, »Materialbedarfsplanung (MRP)«, ein eigenes umfangreiches Kapitel gewidmet haben. Im MRP-Prozess dürfen Sie mit SAP S/4HANA deutliche Prozessverbesserungen erwarten.

Bislang war dies ein sehr zeitintensiver Prozess, der schon aufgrund der Durchführungszeit auf bereits veraltete Daten zurückgreifen musste. Das konnte unter Umständen kleinere Planungsungenauigkeiten oder aber eine leicht eingeschränkte Nutzbarkeit mit sich bringen. In SAP S/4HANA ist die Materialbedarfsplanung endlich als Echtzeitprozess möglich. Diesen Fortschritt haben wir vor allem dem schlankeren Datenmodell und optimierten Programmabläufen mit verbessertem Code zu verdanken. Die Materialbedarfsplanung ist nur ein Beispiel von vielen, die wir im weiteren Verlauf des Buchs noch genauer unter die Lupe nehmen.

Da es im Bereich der SAP Public Cloud die meisten Optimierungen und den größten Zuwachs an KI-Technologie gibt, sind diese Verschlankungen der Anwendungen vor allem dort ein großer Vorteil. On-Premise- und Private-Cloud-Systeme sind aufgrund möglicher Eigenentwicklungen im SAP Core hingegen nicht gleichermaßen zentral durch SAP optimierbar. Diese Optimierungsmöglichkeiten gehören zu den Vorteilen des Public-Cloud-Ansatzes. Daher werden On-Premise- und Private-Cloud-Systeme immer noch bevorzugt dort eingesetzt, wo die Prozesse so komplex sind, dass sie im performanteren und schlankeren Public-Cloud-Umfeld derzeit noch nicht implementierbar sind. Ein klassisches Beispiel für sehr komplexe Anwendungen ist die Produktion in der Automobilindustrie.

1.1.2 Grundlagen der SAP-HANA-Datenbank

Die neue In-Memory-Datenbanktechnologie bricht mit einigen über lange Zeit etablierten Grundfesten in Sachen Datenhaltung und Datenstruktur. Bei konventionellen Datenbanken der letzten Dekaden war es üblich, alle dauerhaft zu speichernden Daten auf Festplatten zu schreiben. Diese Festplatten haben die wichtige Eigenschaft, dass sie Daten dauerhaft halten können, auch wenn beispielsweise einmal der Strom ausfällt.

Der *Hauptspeicher* diente damals allein der Zwischenspeicherung von Daten zu deren Verarbeitung, denn dieser war teuer und somit nur begrenzt verfügbar. Er war allerdings schon damals deutlich schneller in Schreib- und Lesezugriffen als die Festplatten. Wenn nun also große Informationsmengen benötigt wurden, waren diese in der Regel nur teilweise oder gar nicht im Hauptspeicher vorhanden und mussten zunächst von der Festplatte geladen werden. Dieser Vorgang benötigte verhältnismäßig viel Zeit.

Durch immer günstigere Hardware ist es heutzutage möglich, riesige Hauptspeicher kostengünstig zu verbauen. Dadurch können nun ganze Datenbankinhalte, die früher auf Festplatten gespeichert werden mussten, permanent im Hauptspeicher gehalten werden. Spezielle Sicherungskonzepte garantieren dabei die Möglichkeit der Datenwiederherstellung nach einem Stromausfall. Diese Datenbanken, die ihre gesamte Speicherkapazität als Hauptspeicher anbieten können und über ein dementsprechend angepasstes Datenbankmanagement verfügen, nennt man *In-Memory-Datenbanken*. SAP HANA ist eine solche In-Memory-Datenbank, die von SAP selbst entwickelt wurde. Aufgrund dieser Eigenentwicklungsleistung ist diese Technologie eng mit der Software der neuen SAP Business Suite verwoben.

Der Grund, weshalb SAP HANA also stets in einem Atemzug mit der Business Suite genannt wird, ist, dass SAP S/4HANA mehr als nur eine neue Software ist. Es besteht zusätzlich auch aus einer ganz neuen Hardware. Während früher Datenbanken erneuert wurden und das ERP-System auf die neue Datenbank migriert oder ein neues ERP-System auf die alte Datenbank gespielt wurde, ist bei der Umstellung auf SAP S/4HANA beides notwendig.

[+]

Weiterführende Literatur

Es gibt für SAP S/4HANA verschiedene Implementierungsszenarien, die alle einen etwas anderen Weg der Systemumstellung erfordern. Für den jeweiligen Weg zu SAP S/4HANA gibt es verschiedene erprobte Konzepte, die Sie unter anderem im Buch »Migration nach SAP S/4HANA« nachlesen können (Rheinwerk Verlag 2023).

Für die Migration aus Altsystemen in SAP S/4HANA und SAP-Cloud-Lösungen ist auch dieses Werk zu empfehlen: »Datenmigration in SAP-Systeme« (Rheinwerk Verlag 2023).

Weil die neue Business Suite SAP S/4HANA- von Grund auf neu programmiert wurde, um das Potenzial der SAP-HANA-Datenbank vollständig ausschöpfen zu können, ist die SAP-HANA-Datenbank im Umkehrschluss unverzichtbar für die neue SAP-Systemlandschaft. Durch diese Symbiose von Hard- und Software wird eine bestens abgestimmte und zukunftsorientierte Nutzung der leistungsfähigen Anwendungen möglich. Die deutliche Leistungssteigerung durch die neue SAP-HANA-Hardware bringt die folgenden Vorteile für die Software mit sich:

- Die Datenstruktur ist viel schlanker als im Vorgängersystem, was auch schlankere Anwendungsprogramme zur Folge hat.
- Eine geringere Laufzeit wird durch diese schlankeren Programme erreicht.
- Es wird weniger nichtfunktionaler Code zur Performanceverbesserung in den Anwendungsprogrammen benötigt, da die Leistungsfähigkeit keinen Engpass mehr darstellt.
- Eine einfachere Integration neuer Softwarelösungen wird durch den schlankeren Code ermöglicht.
- Es findet eine Reduzierung des Speicherbedarfs statt, da weniger komplexe Datenmodelle benötigt werden.
- Ad-hoc-Aggregate bieten auf SAP HANA sofortige Übersichten über Positionstabellen und müssen nicht vom System permanent vorgehalten werden.
- Beliebig viele Daten-Views sind zu einer Quelltabelle gleichzeitig und in Echtzeit möglich.
- Eine automatische Komprimierung der gespeicherten Daten reduziert den Speicherbedarf zusätzlich.
- Es werden zusätzlich weniger Datenredundanzen benötigt, da Mehrfachzugriffe auf dieselben Daten keine spürbaren Performancenachteile mehr bedeuten.

Die neue SAP-HANA-Technologie kombiniert die Vorteile der In-Memory-Datenhaltung und der optimierten Programmierung, um das Potenzial bestmöglich auszuschöpfen. Aus diesem Grund wurde mit SAP S/4HANA auch mit einem alten SAP-Grundsatz gebrochen. Während bislang Wert darauf gelegt wurde, dass ein SAP-System auf jeder Datenbank lauffähig ist, wird nun eine SAP-HANA-Datenbank benötigt, um alle Potenziale optimal ausschöpfen zu können.

1.1.3 Grundlagen von SAP Fiori

Mobiles Arbeiten ist heutzutage vielerorts ein bereits etablierter Standard. Das *SAP-Fiori-Konzept*, das für intuitive, effiziente und responsive Anwendungen steht, stellt viele nützliche Funktionen als Apps zur Verfügung. Es kommen laufen neue SAP-Fiori-Apps hinzu. Mit SAP S/4HANA haben Sie z. B. jederzeit und überall Zugriff auf den Livebericht auf Ihrem Handy oder Tablet.

Das neue Paradigma der *SAP User Experience* (UX) setzt auf schlanke und intuitive Anwendungsoberflächen. Während die SAP-Transaktionen des klassischen SAP GUI darauf ausgelegt sind, möglichst viel Funktionalität gleichzeitig auf einem Bildschirm darzustellen, bieten die neuen Apps im SAP-Fiori-Design eine geführte und schrittweise Anwendung mit übersichtlichen Darstellungen. Anwenderinnen und Anwender, die SAP nur gelegentlich oder nur für ausgewählte Aufgaben nutzen, sollen durch intuitiv nutzbare SAP-Fiori-Apps möglichst ohne Schulungsaufwand befähigt werden, ihre Aufgaben auf jedem Endgerät auszuführen. Die Verwendung eines beliebigen mobilen Endgeräts wird dabei durch eine automatische Anpassung der Apps an die aktuelle Bildschirmauflösung ermöglicht.

Die bekannten SAP-GUI-Transaktionen gibt es weiterhin, und sie bilden immer noch das Grundgerüst vieler SAP-Anwendungen. Die SAP-Fiori-Apps bieten jedoch eine fast vollumfängliche Alternative zu den SAP-GUI-Transaktionen. Einige neue Funktionen gibt es sogar nur als SAP-Fiori-Apps. Ein Beispiel dafür, die Materialbereitstellung mit NJIT, stellen wir in Kapitel 13, »Produktionsnahe Logistik«, vor. SAP-Fiori-Apps entzerren zudem die oft mit Funktionen und Schaltflächen reichlich gespickten SAP-GUI-Transaktionen und reduzieren die Anwendung je App auf ein überschaubares Maß. Sie müssen dabei auf allen mobilen Endgeräten problemlos laufen und sich mit nur wenigen Klicks und Bildwechseln verwenden lassen – genau wie die vielen Apps, die wir heutzutage vom täglichen Gebrauch auf unseren Smartphones und Tablets her kennen.

Eine SAP-Fiori-App ist jedoch nicht einfach nur das Abbild einer bestehenden SAP-GUI-Transaktion. Oft werden SAP-Fiori-Apps auf einen konkreten Handlungsablauf ausgerichtet und sind somit spezialisiert und rollenbasiert eingerichtet, während SAP-GUI-Transaktionen dank vieler Funktionen auf einer Oberfläche möglichst vielen Rollen gleichzeitig gerecht werden sollen und somit funktionsorientiert ausgelegt sind. Zum Beispiel können Sie die Transaktion MIGO für alle möglichen Funktionen zu Warenbewegungen verwenden, während es für spezielle Anwendungsfälle wie der Fertigungssteuerung eine eigene SAP-Fiori-App gibt. Diese bietet die Möglichkeit, gezielt Warenbewegungen zum Fertigungsauftrag durchzuführen. Anwenderinnen und Anwender müssen dafür nur die nötigsten Informationen kennen oder eventuell sogar nur noch einen Barcode scannen und die Eingabe bestätigen. Fortgeschrittene User der Transaktion MIGO müssen hingegen wissen, in welchen Feldern sie z. B. keine Eingaben tätigen müssen oder dürfen. Zurzeit sind noch nicht alle Funktionen als SAP-Fiori-App verfügbar. Einige sind jedoch bereits an das SAP-Fiori-Design angepasst und zumindest vom Desktop-PC aus verwendbar. Die Bandbreite der verfügbaren Apps wächst stetig und kann auch mit überschaubarem Aufwand individuell erweitert werden.

Weiterführende Literatur

Wir befassen uns im Folgenden noch genauer mit SAP Fiori und ausgewählten Produktionsplanungs-Apps. Für diejenigen, die gerne tiefer in das Thema einsteigen wollen, ist das fast 800 Seiten starke Werk »SAP Fiori« zu empfehlen (Rheinwerk Verlag 2020).

Wenn Sie SAP-Fiori-Apps im Low-Code-Ansatz entwerfen möchten, ist dies hier das Richtige für Sie: »SAP Fiori Elements« (Rheinwerk Verlag 2022).

Einführung in SAP Fiori

Heutzutage sind vor allem Smartphones und Tablets bekannt für benutzerfreundliche und flexible Benutzungsoberflächen. Mit dem Designkonzept *SAP Fiori* werden nun auch die zuvor oft überladenen SAP-Transaktionen in schlanke und intuitive Anwendungen umstrukturiert. Im Vergleich zum früheren Designansatz sollen nun nicht mehr alle Funktionen auf einem Bildschirm zur Verfügung stehen, sondern wenige Funktionen gleichzeitig, dafür aber mit einem geführten Verlauf. Für geübte SAP-Anwenderinnen und -Anwender sind die Transaktionen mit ihrem umfangreichen Funktionsangebot weiterhin verfügbar. Personen, die nur gelegentlich mit SAP arbeiten oder gerne kleinere Aufgaben auch mobil erledigen möchten, können nun auf die SAP-Fiori-Apps zurückgreifen und haben damit eine komfortable Lösung für die wichtigsten Funktionen. Gleichzeitig finden sie eine Nutzeroberfläche vor, die sich an die Skalierung ihres mobilen Endgeräts automatisch anpasst.

Abbildung 1.2 zeigt diese und weitere Vorteile, die SAP-Fiori-Apps in sich vereinen. In erster Linie bringen Sie die mobile Nutzbarkeit von SAP-Anwendungen auf einen neuen und gehobenen Standard. Ohne Web Dynpro oder eigenentwickelte Zusatzlösungen können nun viele Funktionen eines SAP-Systems standardnah implementiert und genutzt werden. Die Oberflächen lassen sich dabei an die Anforderungen jedes Unternehmens anpassen und können darüber hinaus je nach Benutzer oder Rolle gezielt personalisiert werden. Die einzelnen Anwendungen sind intuitiv und durch die geringe Abfolge von Masken und die sinnvoll angepasste Funktionalität einfach zu bedienen, ohne dabei an Nützlichkeit einzubüßen. Nicht zuletzt bieten diese Anwendungen durch ihre SAP-Standard-Integration bei all diesen Vorteilen zusätzlich die bei SAP-Systemen gewohnte und hoch geschätzte Sicherheit gegen unerwünschte Cyberangriffe oder Manipulation von Daten.

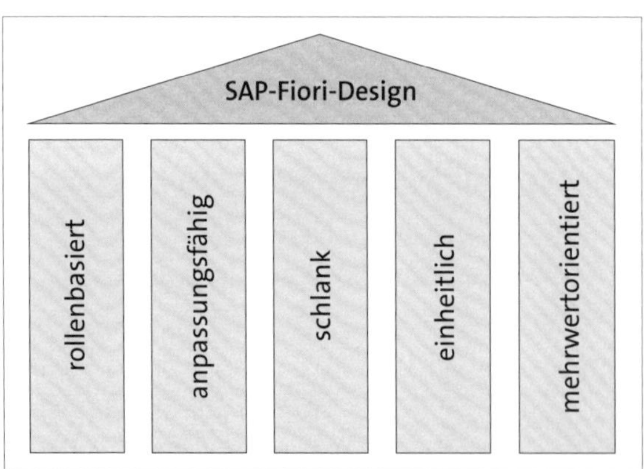

Abbildung 1.2 Die fünf Säulen des SAP-Fiori-Designkonzepts

Abbildung 1.3 zeigt einen schematischen Vergleich zwischen der Verwendung klassischer SAP-GUI-Transaktionen und der Verwendung von SAP-Fiori-Transaktionen. Im oberen Teil der Abbildung sehen Sie, dass Anwenderin 1 mehrere Transaktionen benötigt, um ihren Arbeitsvorgang durchzuführen. Sie kennen sicher das Vorgehen, bei dem man eine Transaktion aufruft, eine Teilaufgabe erfüllt, speichert, die Transaktion schließt und mit der nächsten Transaktion fortfährt. Dadurch fühlt es sich oft an, als würde der Arbeitsfluss durch den Wechsel zwischen den SAP-GUI-Transaktionen unterbrochen werden. Ebenso sind die Transaktionen auf eine möglichst umfassende Funktionalität auf einem Bild ausgelegt. Daher nutzen oft viele verschiedene Anwenderinnen und Anwender die gleiche Transaktion, um dort jedoch jeweils andere Teilaufgaben auszuführen (hier beispielhaft bei Transaktion 3 zu sehen).

Das SAP-Fiori-Konzept (im unteren Teil der Abbildung) trennt nun die Anwenderinnen und Anwender nach Rollen und bietet allen eine jeweils auf ihre Rolle zugeschnittene und funktional abgespeckte Version als App an. Dadurch ist es möglich, sich ein eigenes Startmenü im eigenen SAP Fiori Launchpad einzurichten und von dort mit nur einem Klick in die gewünschte Anwendung zu navigieren. Dort sehen sie dann nur genau die Informationen und Funktionen, die für ihre Teilaufgaben relevant sind. Das Anlernen neuer Anwenderinnen und Anwender fällt auf diese Weise deutlich leichter.

Wenn eine SAP-Fiori-App nicht genügt, kann von einer in die nächste verzweigt werden. Dadurch entsteht ein Flow bei der Erfüllung der Teilaufgabe, da die Unterbrechungen durch den Aufruf neuer Transaktionen mittels einer geführten Abfolge von Apps wegfallen. Zusätzlich können in einer App auch einzelne Funktionen aus mehreren Transaktionen gleichzeitig bereitgestellt werden.

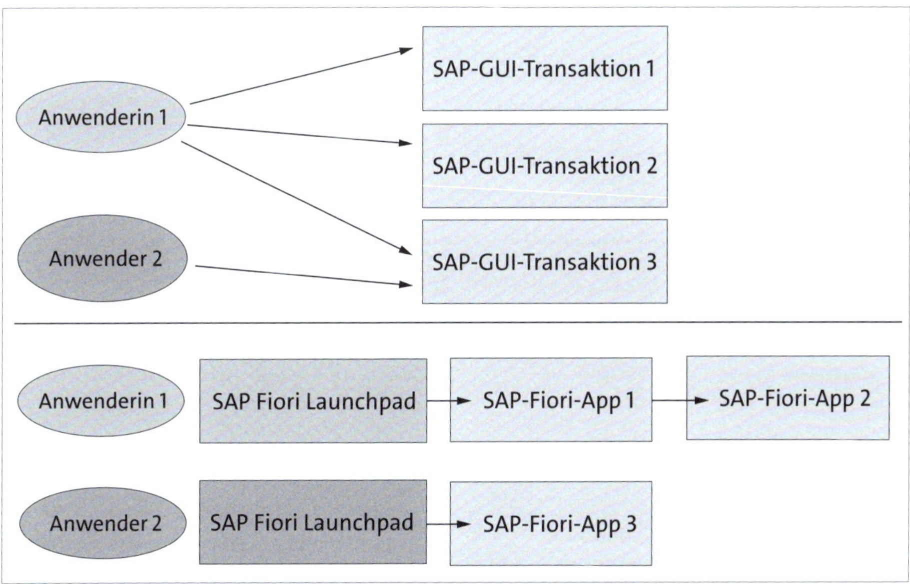

Abbildung 1.3 Vergleich von SAP-GUI-Transaktionen mit SAP-Fiori-Apps

Dies kann sinnvoll sein, wenn beide Funktionen zu einem Arbeitsprozess, jedoch im Kontext der SAP-GUI-Transaktion zu verschiedenen Arbeitsbereichen gehören. In der App können diese Schritte dann in einer Anwendung ausgeführt werden, so wie es der Prozessfluss vorsieht. Dies ist am Beispiel der Anwenderin 1 zu sehen, die oben noch drei Transaktionen brauchte, während sie im unteren Teil mit nur zwei Apps auskommt. Durch diese Anpassungsmöglichkeiten können Launchpads und Apps je nach Bedarf der Anwenderin oder des Anwenders konfiguriert werden.

SAP Fiori Launchpad

Wir wollen nun das SAP Fiori Launchpad als Dashboard für Anwenderinnen und Anwender vorstellen. Damit lassen sich im Handumdrehen anwendergerechte Menüs einrichten, die mobiles und stationäres Arbeiten intuitiv und effizient ermöglichen.

Wie das Rollenkonzept die Arbeit erleichtert und welche Funktionen Ihnen zur Verfügung stehen, erläutern wir in den folgenden Abschnitten zu SAP-Fiori-Rollen und der Implementierung von SAP Fiori.

Das *SAP Fiori Launchpad* ist das zentrale Element für die Verwendung von SAP-Fiori-Apps. Sie können das SAP Fiori Launchpad sowohl von mobilen Endgeräten als auch von Desktop-Geräten aus aufrufen. Die Apps werden auf dem SAP Fiori Launchpad als Kacheln dargestellt. Per Klick auf eine Kachel navigiert man dann in die jeweilige App. Wie in Abbildung 1.4 zu sehen ist, dient das SAP Fiori Launchpad jedoch nicht nur dem Absprung in die individuell hinterlegten Apps.

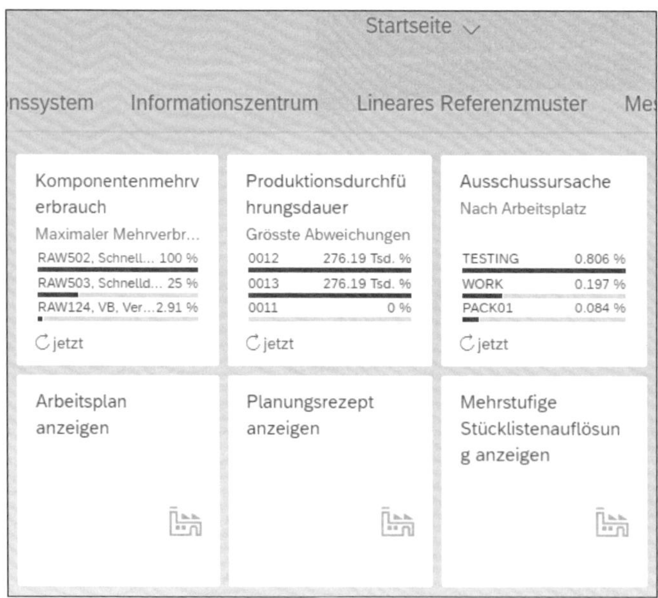

Abbildung 1.4 Ausschnitt der Startseite des SAP Fiori Launchpads

Es gibt auch Kacheln, die bereits vor dem Aufrufen der eigentlichen Apps Informationscharakter haben, indem sie die wichtigsten Informationen in der Kachel in Form von Livedaten anzeigen. Damit kommt dem SAP Fiori Launchpad je nach Konfiguration auch die Funktion eines Dashboards zu.

Die einzelnen Kacheln lassen sich zur besseren Übersichtlichkeit in frei definierbare Gruppen einteilen. Neue Anwendungen und somit auch neue Kacheln können über das Menü mithilfe des *App Finders* zu den Gruppen des SAP Fiori Launchpads hinzugefügt werden.

Abbildung 1.5 zeigt den schematischen Aufbau des SAP Fiori Launchpads. Sie können alle Apps, für die Sie die Berechtigung besitzen, aus dem App-Katalog auswählen und einer Gruppe auf Ihrem SAP Fiori Launchpad hinzufügen. Die Apps können den Gruppen frei zugeordnet und auch innerhalb von Gruppen in beliebiger Reihenfolge angeordnet werden. Ebenso ist die Reihenfolge der Gruppen auf dem Launchpad frei konfigurierbar. Apps können jedoch nicht einzeln stehen, sie müssen immer einer Gruppe hinzugefügt werden. Es gibt jedoch die Möglichkeit, sich die wichtigsten Apps zusammen auf Ihrem Startbild darstellen zu lassen.

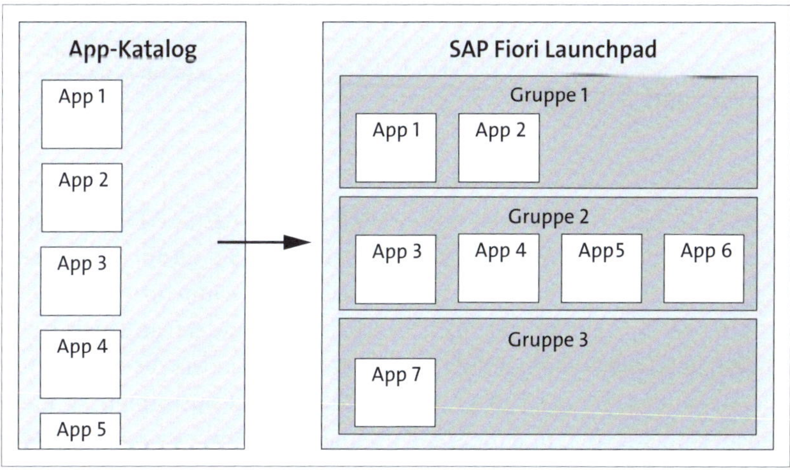

Abbildung 1.5 Zuordnung der SAP-Fiori-Apps in Gruppen auf dem SAP Fiori Launchpad

Den App Finder sehen Sie in Abbildung 1.6. Im Menü auf der linken Seite sehen Sie verschiedene Kategorien, die nach ihrem Anwendungsgebiet sortiert sind. Die Gebiete **Produktionsplanung** und **Fertigung** enthalten hier die für uns interessanten Apps. Wenn Sie einen Eintrag anklicken, erscheinen auf der rechten Seite die diesem Bereich zugeordneten verfügbaren SAP-Fiori-Apps.

In unserem Beispiel haben wir den Themenbereich **Produktionsplanung – MRP Cockpit** ausgewählt, und Sie sehen nun einen Ausschnitt der zugehörigen SAP-Fiori-Apps, etwa **MRP-Kennzahlen anzeigen** oder **Materialdeckung prüfen**.

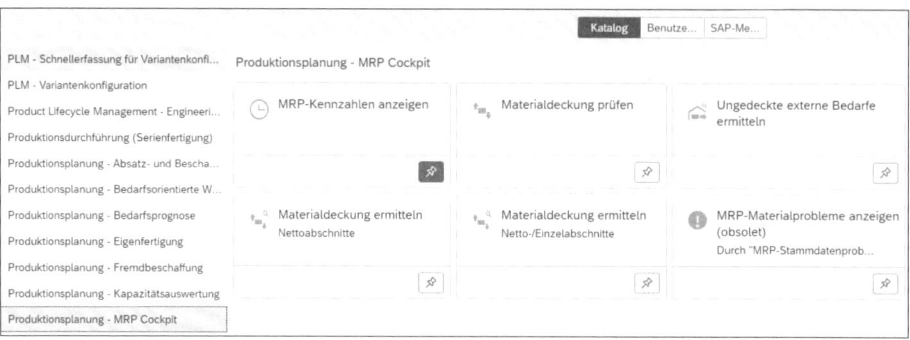

Abbildung 1.6 App Finder im SAP Fiori Launchpad

Verwendung von SAP-Fiori-Apps ohne SAP Fiori Launchpad

Sie können auch einen direkten Link zu einer SAP-Fiori-App verwenden, ohne vorher über das SAP Fiori Launchpad einsteigen zu müssen. Auf einem mobilen Endgerät können Sie beispielsweise den *SAP Fiori Client* als App installieren und dort einen einzelnen Anwendungslink hinterlegen. So können Anwenderinnen und Anwender, die stets die gleiche App verwenden (z. B. zum Scannen und Eingeben von Rückmeldungen zu Aufträgen), direkt in ihr Arbeitsgebiet geleitet werden. Das minimiert den Aufwand und die Zeit, um sie jeweils zum Zugangspunkt ihrer mobilen Anwendung zu führen.

Abbildung 1.7 zeigt einen Ausschnitt der einzelnen Elemente des SAP Fiori Launchpads, die zuvor beschrieben worden. Über die Schaltfläche (**Profil von »Username«**) gelangen Sie in die Ansicht zur Personalisierung Ihres Launchpads. Per Klick auf die Schaltfläche (**App Finder**) gelangen Sie in den App Finder. Die Schaltfläche (**Einstellungen**) leitet Sie zu den Benutzereinstellungen, von wo aus Sie aus den zur Verfügung stehenden Themes und Anzeigeeinstellungen auswählen können. Hier werden auch das Zeitformat und die Sprache eingestellt. Über einen Klick auf (**Startseite bearbeiten**) wechseln Sie in den Änderungsmodus zur Bearbeitung Ihrer Startseite. Auf der rechten Seite sehen Sie einen Ausschnitt der Kachelgruppe **Meine Startseite** mit den einzelnen SAP-Fiori-Apps.

Performance des SAP Fiori Launchpads

Wenn Sie die Berechtigung für sehr viele oder gar alle Apps haben, führt die initiale Anzeige Ihres SAP Fiori Launchpads beim ersten Aufruf nach jeder Anmeldung zu teilweise sehr langen Ladezeiten. Wenn Sie dies nicht über eine Verbesserung Ihrer Infrastruktur abfangen können oder wollen, hilft es, die Menge der gleichzeitig angezeigten und somit gleichzeitig geladenen Kacheln zu reduzieren. Das gelingt z. B., indem

Sie nur die wichtigsten Kacheln auf Ihrer Startseite platzieren und die anderen in jeweils überschaubaren Gruppen einordnen. Öffnen Sie dann über die Schaltfläche ⚙ die Benutzereinstellungen, und wählen Sie unter dem Menüpunkt **Startseite** die Option **Eine Gruppe auf einmal anzeigen** aus. Damit werden immer nur die Apps der gerade angezeigten Gruppe geladen. Über das horizontale Menü oder die Drop-down-Auswahl der Gruppen am rechten oberen Rand können Sie dann die jeweils benötigte Gruppe einzeln laden lassen.

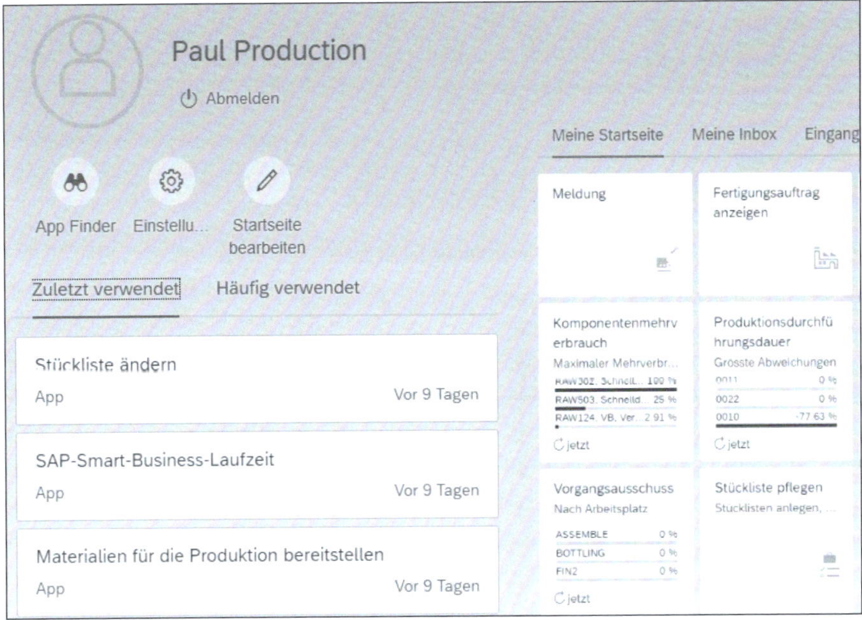

Abbildung 1.7 Menü des SAP Fiori Launchpads

Implementierung von SAP Fiori

Nicht alle SAP-Fiori-Apps stehen sofort in Ihrem System zur Verfügung, da stetig neue hinzukommen. Wenn Sie weitere Apps auf Ihrem System installieren möchten, wenden Sie sich an Ihre IT oder einen Dienstleister, der Sie bei den Implementierungsfragen beraten kann. In der *SAP Fiori Apps Reference Library* finden Sie den aktuellen Stand der zurzeit verfügbaren Apps. Da es sehr viele sind, sollten Sie sich etwas Zeit nehmen, um sich mit den Filter- und Suchoptionen vertraut zu machen. Sie können beispielsweise die für SAP S/4HANA verfügbaren Apps nach Rollen (wie Produktionsplaner oder Fertigungssteuerer) oder nach dem Geschäftsbereich (wie der Produktion) vorfiltern, um die Ergebnisliste etwas einzuschränken. Die Inhalte in der SAP Fiori Apps Reference Library sind auf Englisch. Mit etwas Übung und den modernen Onlineübersetzern ist das jedoch zu managen.

Abbildung 1.8 zeigt die Ansicht im Modus **Detail View**, über den Sie im rechten Bereich die Liste der Apps sehen (hier vorgefiltert nach Apps der Kategorie **Manufacturing**). Wenn Sie eine SAP-Fiori-App anwählen, werden Ihnen auf der rechten Seite die Details zu dieser App angezeigt. Hier gibt es stets zwei nützliche Registerkarten: eine, die die Features beschreibt, und eine zweite, der Sie die notwenigen Schritte und Voraussetzungen zur Implementierung der SAP-Fiori-App in Ihrem System entnehmen können.

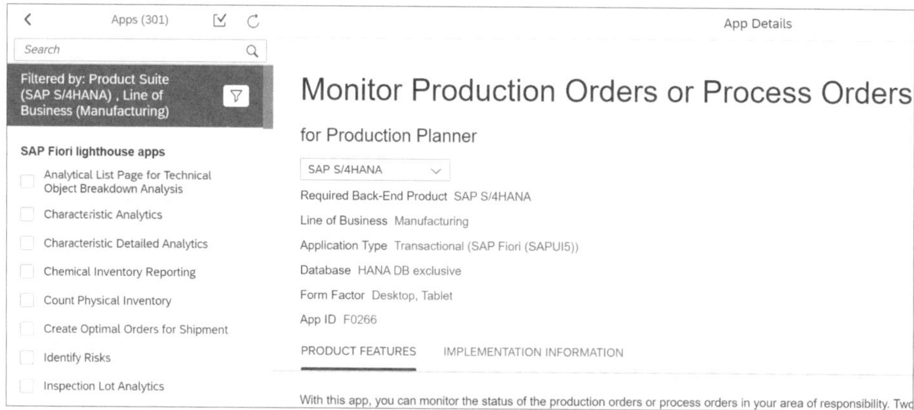

Abbildung 1.8 SAP Fiori Apps Reference Library – Detail View

Eine weitere Möglichkeit, einen schnellen Überblick über die verfügbaren Apps zu erhalten, hält die Ansicht **List View** bereit. Abbildung 1.9 zeigt beispielhaft zwei Apps in der eigentlich viel längeren Liste. Das Gute an dieser Übersicht ist, dass man direkt erkennt, welche Technologie hinter der SAP-Fiori-App steckt und ob eine beliebige Datenbank oder nur eine SAP-HANA-Datenbank für die Verwendung zulässig ist (**HANA DB exclusive**). Dazu gibt es jeweils eine kurze Beschreibung der Funktion und einen kleinen Screenshot der Anwendung. So können viele Apps vor der Betrachtung der Details bewertet werden.

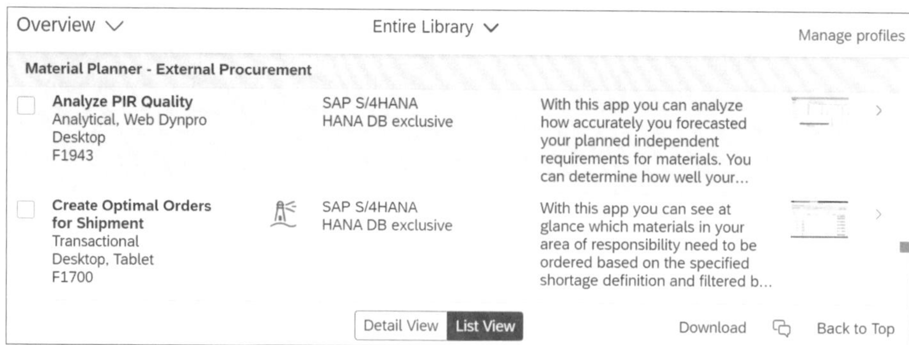

Abbildung 1.9 SAP Fiori Apps Reference Library – List View

Rollen in SAP Fiori

Um SAP-Fiori-Apps nutzen zu können, müssen zwei entscheidende Faktoren erfüllt sein. Zum einen muss die App überhaupt auf Ihrem SAP-System vorhanden und aktiviert sein (technische Voraussetzung). Zum anderen müssen die Apps in Ihrem Rollen- und Berechtigungskonzept berücksichtigt werden (Sicherheitsaspekt). Denn auch wenn eine App technisch bereit zur Nutzung ist, müssen Sie erst über bestimmte Rollen zur Nutzung der einzelnen Apps verfügen. Darüber hinaus lassen sich noch tiefer greifende Einschränkungen über die üblichen Berechtigungsobjekte implementieren. Sie finden die wichtigsten Informationen zur Rollenvergabe und Implementierung der SAP-Fiori-Apps in der SAP Fiori Apps Reference Library unter diesem Link: *https://fioriappslibrary.hana.ondemand.com/sap/fix/externalViewer/*.

Weiterführende Literatur

Da die Thematik der Rollen und Berechtigungen sehr komplex werden kann und das Thema eine hohe Sicherheitsrelevanz hat, gibt es hierfür sogar ein eigenes Buch, das im Detail die hohe Kunst beschreibt: »Berechtigungen in SAP S/4HANA und SAP Fiori« (Rheinwerk Verlag 2023).

Wenn Sie die SAP-Fiori-App Ihrer Wahl gefunden und die Implementierung erfolgreich abgeschlossen haben, müssen Sie noch sicherstellen, dass Ihre Anwenderinnen und Anwender die Apps auch verwenden können. Hierzu unterteilt SAP die Anwendungen zunächst in Zuständigkeitsbereiche, die an die tatsächliche Nutzung von Rollen der Anwenderinnen und Anwender angelehnt sind. Abbildung 1.10 verdeutlicht diese anhand eines Beispiels: Hier ist exemplarisch die SAP-Fiori-App **Manage Production Orders** ausgewählt.

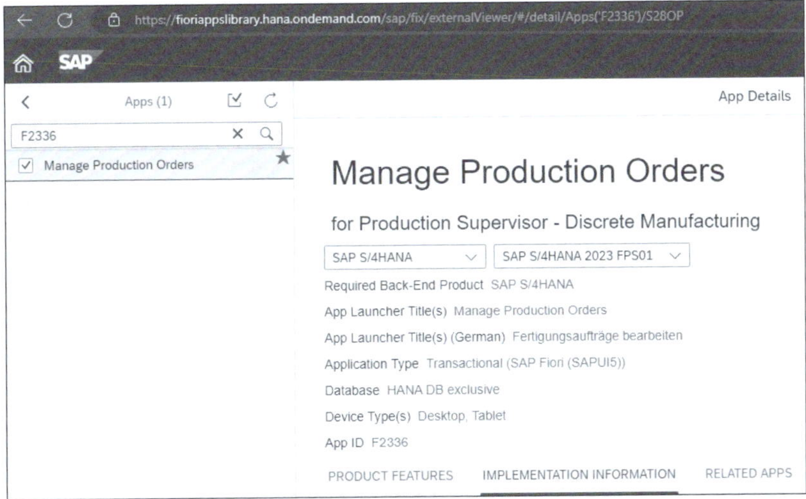

Abbildung 1.10 SAP Fiori Apps Reference Library – Fertigungsaufträge bearbeiten

Wir sehen links im Suchfeld, dass die Nummer **F2336** eingegeben wurde. Das ist die *App-ID*. Damit findet man eine konkrete App am schnellsten und sichersten. In den beschreibenden Informationen finden wir auch den deutschen Titel der App, nämlich **Fertigungsaufträge bearbeiten**.

Wenn Sie auf **IMPLEMENTATION INFORMATION** klicken, findet Sie allerhand technische Informationen zur Implementierung der App. Recht weit unten kommt dann der Abschnitt **Business Role(s)**. Abbildung 1.11 zeigt diesen Bereich exemplarisch für die SAP-Fiori-App zur Bearbeitung der Fertigungsaufträge.

Business Role(s) — Extend Apps Selection

Business Role	Business Role Description	Business Role Description (German)
SAP_BR_PRODN_SUPERVISOR_DISC	Production Supervisor - Discrete Manufacturing	Fertigungssteuerer - diskrete Fertigung

Abbildung 1.11 SAP Fiori Apps Reference Library – Rolle »Fertigungssteuerer«

Sie können den Informationen entnehmen, dass die Business-Rolle SAP_BR_PRODN_SUPERVISOR_DISC (Fertigungssteuerer – diskrete Fertigung) an die entsprechenden User vergeben werden muss, die diese SAP-Fiori-App benutzen möchten. Sie können auch eigene Rollen anlegen und diese SAP-Fiori-App dort aufnehmen. Das sollte jedoch Personen vorbehalten sein, die die Verantwortung für die Rollen- und Rechtekonzepte im Unternehmen tragen. Wird die entsprechende Rolle an eine Anwenderin oder einen Anwender vergeben, so findet diese Person die Rolle und die dazu gehörenden Apps in ihrem SAP Fiori Launchpad (siehe Abbildung 1.12).

Abbildung 1.12 SAP Fiori Launchpad – Rolle »Fertigungssteuerer«

Die Ansicht lässt sich natürlich stark individualisieren. So können häufig verwendete Apps auch auf **Meine Startseite** platziert oder mit bevorzugten Einstellungen und Filtern für den schnellen Zugriff direkt als individuelle Kachel gespeichert werden. Die Flexibilität der Anwenderoberfläche ist eine der großen Stärken des SAP Fiori Launchpads, wenn man es erst einmal richtig eingestellt hat.

Tabelle 1.1 zeigt eine unvollständige Liste der gängigen SAP-Fiori-Rollen für die in diesem Buch beschriebenen Funktionen.

Business Rolle	Bezeichnung
SAP_BR_PRODN_ACCOUNTANT	Produktionscontroller
SAP_BR_PRODN_ENG_DISC	Produktionsingenieur – diskrete Fertigung
SAP_BR_PRODN_ENG_PROC	Produktionsingenieur – Prozessfertigung
SAP_BR_PRODN_OPTR_DISC	Werker – diskrete Fertigung
SAP_BR_PRODN_OPTR_LEAN_MFG	Werker – Lean Manufacturing
SAP_BR_PRODN_OPTR_PROC	Werker – Prozessfertigung
SAP_BR_PRODN_OPTR_RPTV	Werker – Serienfertigung
SAP_BR_PRODN_PLNR	Produktionsplaner
SAP_BR_PRODN_PLNR_LEAN_MFG	Produktionsplaner – Lean Manufacturing
SAP_BR_PRODN_SUPERVISOR_DISC	Fertigungssteuerer – diskrete Fertigung
SAP_BR_PRODN_SUPERVISOR_PROC	Fertigungssteuerer – Prozessfertigung
SAP_BR_PRODN_SUPERVISOR_RPTV	Fertigungssteuerer – Serienfertigung
SAP_BR_PRODN_SUPVR_LEAN_MFG	Fertigungssteuerer – Lean Manufacturing
SAP_BR_WAREHOUSE_CLERK	Lagerist
SAP_BR_WAREHOUSE_CLERK_EWM	Lagerist (EWM)

Tabelle 1.1 SAP-Fiori-Rollen im Kontext der Produktionsplanung

Wir können dem Aufbau der Business-Rollen-Bezeichnung schon einige Informationen entnehmen. SAP_BR steht für eine Business-Rolle. PRODN lässt schon den Zusammenhang mit der Produktion erahnen. Am Ende finden wir oft einen Hinweis auf die Spezialisierung der Rolle auf eine der Fertigungsarten wie DISC für die diskrete Fertigung oder PROC für die Prozessfertigung. Die restlichen Zeichen dazwischen stehen für die Rolle selbst, so ist der SUPERVISOR z. B. der Fertigungssteuerer.

SAP UI5 Themes

Das SAP Fiori Launchpad bildet die Basis für das Arbeiten mit den SAP-Fiori-Apps. Hier können Sie für Ihr Unternehmen ein Design implementieren, das den Anforderungen der Corporate Identity zu 100 % entspricht. Damit können Sie die SAP-Anwendungsoberfläche so frei gestalten wie nie zuvor. Das Standard-Theme ist *Belize*.

Sie können es als Vorlage nehmen, indem Sie es kopieren und nach Ihren Vorstellungen ändern. Hierfür steht Ihnen der *SAP UI5 Theme Designer* zur Verfügung (Transaktion /UI5/THEME_DESIGNER).

Wenn Sie die Transaktion aufrufen, werden Sie in eine Browseranwendung weitergeleitet. Hier können Sie bestehende Themes ändern, kopieren und anpassen oder ganz neu definieren. Auch einige Standard-Themes stehen zur Auswahl.

Richten Sie die Anwendungsoberfläche in den Farben Ihrer Firma aus, und fügen Sie Ihr Logo oder treffende Hintergrundbilder ein. Es steht hierfür ein vielfältiges Menü zur Verfügung, sodass Sie mit einiger Übung in der Konfiguration völlig ohne Programmierkenntnisse auskommen. Für die fortgeschrittenen Theme-Designer stehen darüber hinaus die Optionen der CSS-Programmierung bereit. Mithilfe der Transaktion /UI5/THEME_TOOL können Sie schließlich sogar ganze Themes exportieren und in andere SAP-Systeme importieren, sodass Sie die Konfigurationen schnell auch auf eine große Systemlandschaft ausrollen können.

1.2 Produktionsplanung als End-to-End-Prozess

Die Produktionsplanung als *End-to-End-Prozess* ist auch als *Plan-to-Produce-Prozess* (Pl2P) bekannt. Doch bevor der Prozess für sich allein betrachtet werden kann, sollte man sich ein Bild davon machen, welche unmittelbaren Wechselwirkungen zu anderen Bereichen bestehen. Aus Abbildung 1.13 geht hervor, dass die Produktion nicht ohne Schnittstellen in alle anderen Bereiche auskommt. Es kann nur dann ein Produkt mittels Planung und Steuerung in der Produktion gefertigt werden, wenn auch die Ressourcen durch die Arbeitskraft aus dem Personalwesen und die Rohstoffe aus dem Einkauf bereitgestellt werden. Ebenso bedarf es Abnehmer für die Fertigungserzeugnisse aus den Vertriebsaktivitäten, ohne die eine Produktion zwecklos wäre. Die Kundenzufriedenheit hängt dabei unter anderem mit der Güte der Produkte zusammen. Für die Gewährleistung der Qualität sind Qualitätsprüfungen und gut gewartete Maschinen notwendig. Der Transport innerhalb der Werke sowie die Lagerhaltung sind für ein produzierendes Unternehmen unverzichtbar. Und nicht zu vergessen sind die internen Auflagen zur Kontrolle und Optimierung der Wirtschaftlichkeit aus dem Controlling sowie die externen Auflagen aus der Finanzbuchhaltung.

Die Produktionsplanung ist also eng in die Landschaft der SAP-Kernprozesse integriert. Wie der End-to-End-Prozess der Produktion aussieht und wo die Integrationspunkte zu den anderen Geschäftsbereichen liegen, stellen wir im Folgenden anschaulich vor.

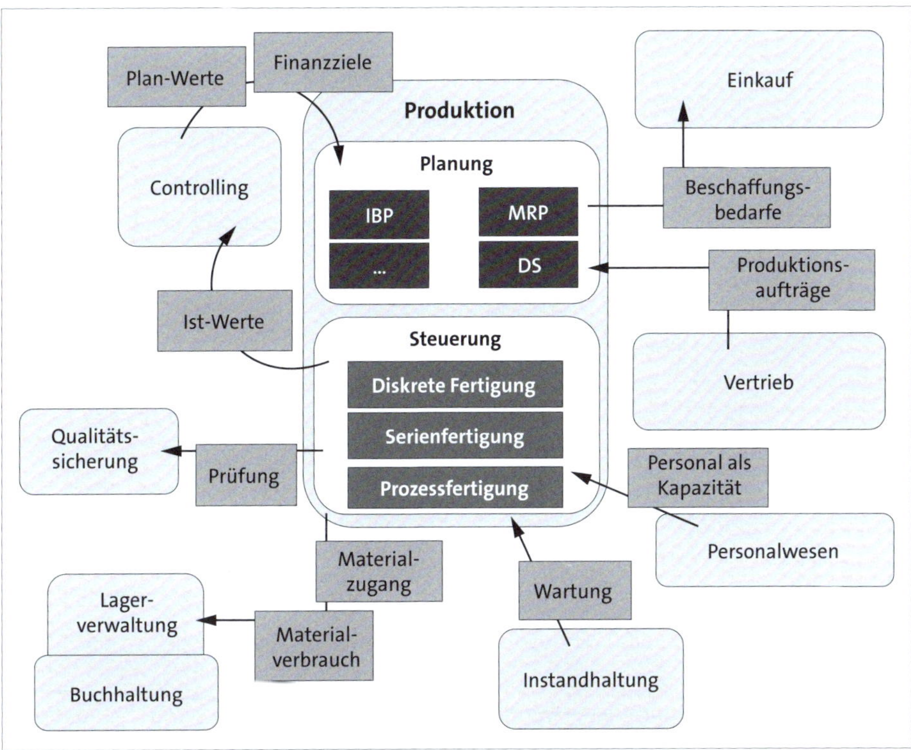

Abbildung 1.13 Integrationspunkte der Produktionsplanung

Der Plan-to-Produce-Prozess (Pl2P) beginnt mit der Ermittlung und Planung der Soll-Werte für Produktionsmengen und endet mit dem Wareneingang der tatsächlich hergestellten Fertigungserzeugnisse. Abbildung 1.14 zeigt eine Übersicht der Einzelschritte des Pl2P. Wir können dabei die planerischen Tätigkeiten von den Steuerungstätigkeiten unterscheiden. Innerhalb der Planung selbst gibt es dann noch die Abstufung der Grob- und Feinplanung.

In der *Grobplanung* geht es primär darum, die lange und mittlere Frist zu planen. Man möchte dadurch eine beständige und effiziente Auslastung der Ressourcen und folglich eine möglichst hohe Wirtschaftlichkeit sicherstellen. Je weiter in der Zukunft Fertigungsmengen geplant werden können, desto besser kann gegenüber dem Kunden eine Aussage zur Verfügbarkeit seiner Aufträge getroffen werden. Allerdings nehmen auch die Unsicherheitsfaktoren mit der Reichweite des Planungshorizonts zu. Nicht immer können alle Faktoren korrekt vorhergesagt werden. Im Gegenteil, die Prognose zukünftiger Absätze und daraus resultierender Produktionsmengen ist sogar der schwierigste Teil im Rahmen der Produktionsplanung.

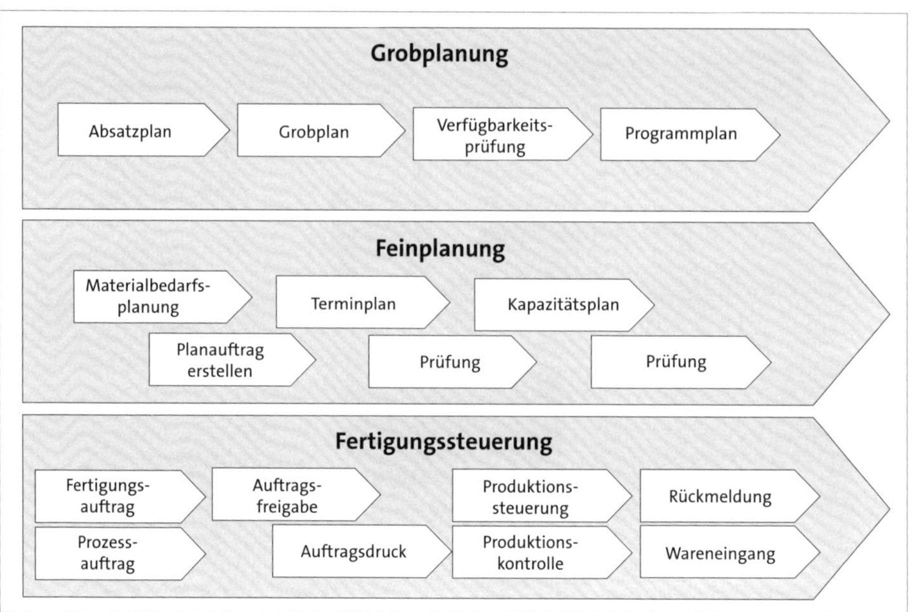

Abbildung 1.14 Übersicht des End-to-End-Prozesses der Produktion

Im Rahmen der Grobplanung verwendet SAP S/4HANA die *Vertriebs- und Produktionsplanung*, die die *Absatz- und Produktionsgrobplanung* ersetzen wird. Ihr Ziel ist es, aus historischen Werten, Simulationen von Absatzszenarien der *Langfristplanung*, aus intelligenten Algorithmen und Finanzvorgaben des Controllings einen *Absatzplan* für die Fertigungserzeugnisse herzuleiten. Auf Basis dieser Absatzzahlen wird dann ein *Grobplan* für die Fertigung erstellt. Die Ressourcen werden daraufhin über die Logik der *Verfügbarkeitsprüfung* geprüft. Sind die Verfügbarkeiten gegeben, fließen die *Planprimärbedarfe* aus dem Grobplan in die Programmplanung ein. Die *Programmplanung* berücksichtigt neben den Planzahlen aus dem Grobplan auch Bedarfe aus Kundenaufträgen. Der daraus resultierende *Produktionsprogrammplan* ist schließlich die Ausgangsbasis für die Feinplanung.

Die *Feinplanung* beinhaltet als ersten Schritt die *Materiabedarfsplanung*. Hier werden die zur Fertigung benötigten Mengen an Materialien (also die *Bedarfe*) errechnet. Dieser Prozess ist komplexer, als man es zunächst vermuten möchte. Auf Basis der Bedarfe können dann *Planaufträge* erstellt werden. Auf die Materialbedarfsplanung folgt die *Terminierung*, die nach den Mengen nun auch die Bereitstellungszeitpunkte der einzelnen Materialien und Komponenten bestimmt. Diese sind wiederum die Grundlage für den zweiten Schritt der Feinplanung, die *Kapazitätsprüfung*. Hier werden Termine und Kapazitäten in Kombination mit den notwendigen Mengen abgeglichen. Die Schritte der Feinplanung können dabei mehrfach durchlaufen werden, bis ein bestmögliches Ergebnis vorliegt. Dieser Prozessabschnitt der Feinplanung ist dabei auf einen deutlich kürzeren Zeithorizont ausgelegt als die Grobplanung. Darum können aus den Bedarfsmengen, den Terminen und Kapazitäten auch verbindliche Fertigungs- oder Prozessaufträge (je nach Fertigungsart) erzeugt werden. Dieses Verfahren der Feinplanung kann bei der Umsetzung von Plan- in Fertigungsaufträge weitgehend im Hintergrund ausgeführt werden.

Ist die Planung abgeschlossen, können die *Fertigungsaufträge* als Grundlage für die *Fertigungssteuerung* abgearbeitet werden. Mit der Auftragsfreigabe erfolgt eine ganze Reihe von zumeist automatisierten Ereignissen. Es werden z. B. Dokumente gedruckt, die zur Herstellung benötigt werden, und konkrete Ressourcen dem Auftrag zugeordnet. Es folgt die Bereitstellung der zur Produktion benötigten Materialien. Entsprechend dazu werden später Warenausgänge für verbrauchte Materialien verbucht. Die *Produktionssteuerung* ist ein sehr komplexer Prozess, über den ein eigenes Buch geschrieben werden könnte. Die Anbindung von Shopfloor- und Produktionsleitsystemen im Sinne der großen Technologietrends wie IoT und Industrie 4.0 wird von SAP über Zusatzkomponenten gelöst.

Die Kontrolle und Überwachung der Produktionsschritte ist je nach Erzeugnis und Fertigungsart unterschiedlich stark ausgeprägt und kann sich von einzelnen Stichproben auf einen erheblichen Teil der Produktionsschritte ausdehnen. Die einzelnen Produktionsvorgänge werden schließlich rückgemeldet. So weiß das System stets, welchen Stand ein Fertigungsauftrag hat und welche Materialien verbraucht oder produziert worden sind. Sind die Fertigungserzeugnisse schließlich hergestellt, so werden sie per Wareneingang in die Finanzbücher des Unternehmens gebucht.

1.3 Fertigungsarten und Anwendungsgebiete der Produktionsplanung

Die Steuerung der Produktion in SAP S/4 HANA wird maßgeblich durch die Verwendung der *Fertigungsart* geprägt. Hierbei sind die Häufigkeit, Komplexität und Stabilität eines zu fertigenden Produkts die Hauptkriterien für die Einordnung der Herstellung in eine der Fertigungsarten:

- Wird in einem Unternehmen beispielsweise Einzelfertigung nach Kundenaufträgen betrieben, so ist es sinnvoll, die *diskrete Fertigung* zu implementieren.
- Bei Produkten, die in großer Zahl und mit geringem Aufwand für Umrüstung sowie einer immer ähnlichen Produktstruktur gefertigt werden, bietet sich dagegen die *Serienfertigung* an.
- Handelt es sich um ein Produkt, das in einem chemischen Verfahren hergestellt wird, das fließt oder in flüssiger Form vorliegt, ist die *Prozessfertigung* die richtige Wahl.

Neben diesen drei Hauptfertigungsarten beschreiben wir in diesem Abschnitt zudem noch die *Projektfertigung*. In den folgenden Kapiteln wird der Fokus auf den drei Hauptfertigungsarten liegen.

Anhand Abbildung 1.15 können Sie sehen, wie sich die Verwendung der Fertigungsart anhand der Komplexität und der Stabilität eines Erzeugnisses bestimmen lässt. Die *Produktstabilität* gibt Auskunft darüber, ob ein Produkt immer exakt gleich ist und somit auch immer gleich gefertigt wird (wie es z. B. bei Zahnstochern der Fall wäre) oder ob es verschiedene Versionen oder Individualisierungen geben kann (wie z. B. bei einer Medaille mit Gravur). Die *Produktkomplexität* gibt Aufschluss darüber, wie aufwendig ein Produkt konstruiert ist und wie aufwendig es dementsprechend gefertigt werden muss. Eine Zahnbürste wäre eher weniger komplex, während beispielsweise ein Kreuzfahrtschiff deutlich mehr Arbeitsschritte und Planungsvorgänge in der Herstellung erfordert. Auch die *Produktionsart* ist ein Auswahlkriterium für die Fertigungsart. Sollen große Mengen für das Lager produziert werden, um von dort einfach abverkauft zu werden, oder werden nur Einzelstückzahlen im Kundenauftrag hergestellt?

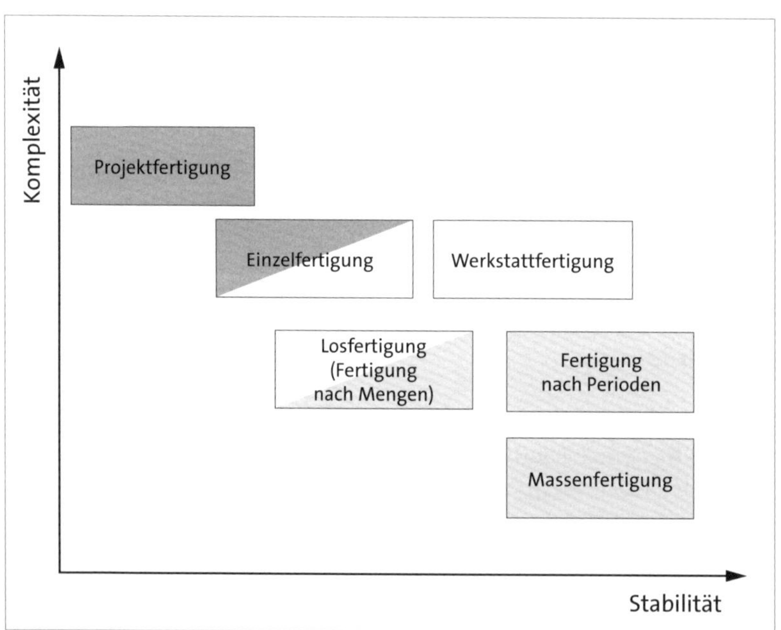

Abbildung 1.15 Fertigungsarten nach Produktkomplexität und Produktstabilität

Diese Fragen lassen sich noch deutlich weiter fassen. Ein sehr komplexes Produkt, das nur einmal hergestellt wird (wie z. B. ein Kreuzfahrtschiff) würde der *Projektfertigung* zugesprochen. Etwas weniger komplexe Erzeugnisse, die zwar einzeln, aber mehr als einmal produziert werden, lassen sich dagegen gut als *Einzelfertigung* über die diskrete Fertigung abwickeln. Auch die *Werkstattfertigung*, die die Montage eines Produkts an verschiedenen Stationen vorsieht, sowie die Herstellung von Produkten nach *Losgrößen* kann über die diskrete Fertigung abgewickelt werden. Produkte, die in großer Stückzahl mengen- oder periodenorientiert oder gar in Massenproduktion hergestellt werden, sind dagegen für die Serienfertigung prädestiniert.

Die Prozessfertigung kann nicht allein nach den Kriterien der Produktstabilität und Komplexität von den anderen Fertigungsarten differenziert werden. Das liegt daran, dass die Prozessfertigung sowohl für verhältnismäßig einfache als auch für sehr komplexe Produkte infrage kommt, die wiederum nach Kundenauftrag oder in Massen hergestellt werden können. Hier sind die entscheidenden Differenzierungsmerkmale die Produktionsart und das *Herstellungsverfahren*. Wird ein Erzeugnis in einem chemischen Verfahren hergestellt, so sind die anderen Fertigungsarten im Detail eventuell nicht für die Abbildung der daraus resultierenden Ansprüche geeignet.

1.3.1 Diskrete Fertigung

Die *diskrete Fertigung* (auch Werkstattfertigung genannt) ist eine von drei weit verbreiteten Fertigungsarten in der SAP-Produktionsplanung. Sie wird maßgeblich durch die Verwendung von Fertigungsaufträgen geprägt. Das bedeutet, dass alle planenden Arbeiten in Fertigungsaufträge umgewandelt werden, die diese Planzahlen dann in der Produktion umsetzen. Natürlich können auch Kundenaufträge direkt durch Fertigungsaufträge umgesetzt werden. Der Fertigungsauftrag trägt in der Fertigungsdurchführung die zentralen Fertigungsinformationen und beantwortet damit die folgenden Fragen:

- Was wird gefertigt?
- Zu welchem Termin wird gefertigt?
- Für wen wird gefertigt (wer ist der Kostenträger)?
- Welche Materialien und Methoden kommen zum Einsatz?
- Welche Kosten entstehen dabei (Plan-Kosten und Ist-Kosten)?

Ob die diskrete Fertigung für ein Enderzeugnis die richtige Fertigungsart ist, kann man unter anderem aus den folgenden Charakteristika und den typischen Branchen ableiten.

Charakteristika der diskreten Fertigung

Für die Festlegung auf die diskrete Fertigung als Fertigungsart sprechen diese Charakteristika:

- **Produktstabilität**
  - geeignet für individuelle Erzeugnisse
  - geeignet für Produkte mit unregelmäßigem Nachfragemuster

  - geeignet für häufig wechselnde Herstellungsverfahren oder -varianten
  - geeignet für die Produktion von Losgrößen
- **Produktkomplexität**
  - häufig komplexe Produkte
  - auch für einfache Produkte geeignet
- **Produktionsart**
  - Einzelfertigung (alternativ zur Projektfertigung)
  - auftragsbezogene Losfertigung
  - Sonderfertigung (alternativ zur Projektfertigung)
  - Kundenauftragsfertigung (alternativ zur Projektfertigung)
  - Werkstattfertigung
  - Fertigung oft mit Zwischenlagerung der Halbfabrikate

Die Einordnung der Charakteristika eines Produkts muss dabei immer abgestimmt auf die Eigenschaften und das Produktionsverfahren des jeweiligen Materials abgestimmt erfolgen.

Typische Branchen der diskreten Fertigung

Einige Branchen nutzen die auftragsbezogene Produktion in SAP mithilfe der Abwicklung über Fertigungsaufträge besonders häufig. Typischerweise zählen dazu Unternehmen aus den folgenden Branchen:

- Maschinenbau
- Automobilzulieferer
- Konsumgüterindustrie
- Holzverarbeitung
- Elektroindustrie
- Luftfahrtindustrie

Natürlich kann die diskrete Fertigung auch in allen anderen Branchen eingesetzt werden. Wichtig ist nur, dass die Produktionsprozesse gut mit den in SAP angebotenen Funktionen harmonieren. Es ist in diesem Kontext auch immer besser, zunächst die Verwendung der korrekten Fertigungsart zu überprüfen, bevor man beispielsweise kundeneigene Erweiterungen plant und implementiert.

Bestandteile der diskreten Fertigung

Am Anfang des Produktionsprozesses steht der Fertigungsauftrag. Dieser kann manuell angelegt oder aus einem Planauftrag heraus umgesetzt werden. Rund um diesen Auftrag gibt es die folgenden Bestandteile des Produktionsverlaufs:

- Auftragseröffnung
- Terminierung
- Verfügbarkeitsprüfung
- Kapazitätsprüfung
- Auftragsfreigabe
- Auftragsdruck
- Materialentnahme
- Rückmeldung
- Wareneingang
- Kalkulation und Abrechnung

Die Bestandteile können in Planungs-, Vorbereitungs-, Durchführungs- und Abschlusstätigkeiten eingeteilt werden (siehe Abbildung 1.16). Wie sich diese Schritte genau ausgestalten lassen und welche Funktion ihnen im Einzelnen zukommt, können Sie in Kapitel 4, »Diskrete Fertigung«, nachlesen.

Abbildung 1.16 Übersicht der Bestandteile der diskreten Fertigung

1.3.2 Serienfertigung

Die *Serienfertigung* können Sie zur Produktionsplanung und Fertigungssteuerung im Rahmen der Serien- und Fließfertigung verwenden. Gängig sind dabei die Lager-Serienfertigung und die kundenauftragsorientierte Serienfertigung (z. B. in der Automobilindustrie). Die Fertigung erfolgt dabei häufig weniger auftragsorientiert, sondern eher auf Basis von Mengen und Zeiträumen. Im Folgenden werden die Charakteristika der Serienfertigung sowie die typischen Branchen und Abläufe aufgeführt. Damit gewinnen Sie einen Eindruck, für welche Anwendungsgebiete die Serienproduktion prädestiniert ist.

Charakteristika der Serienfertigung

In der Serienfertigung wird eine bestimmte Menge eines Produkts in einem gesetzten Zeitintervall produziert. Der kontinuierliche Fluss der Produktion und die Gruppierung von Mensch- und Maschinenarbeitsplätzen stehen hier im Vordergrund. Wenn der Produktionsprozess gut automatisierbar ist und mit einer linearen Produktionslinie (also ohne Zwischenlagerung der Halbfabrikate) gearbeitet werden kann, sprechen die Bedingungen für den Einsatz der Serienfertigung. Ein Unternehmen kann auf diesem Weg eine möglichst schlanke Produktion einrichten und im Vergleich zur diskreten Fertigung viele Arbeitsschritte sparen. Das wiederum steigert die Wirtschaftlichkeit. Analog zur diskreten Fertigung sollen nun die Charakteristika der Serienfertigung beschrieben werden:

- **Produktstabilität**
  - geeignet für gleichbleibende Massenerzeugnisse
  - geeignet für gleichbleibende Herstellungsverfahren
  - geeignet für die laufende Produktion mit Zählpunkten
  - Produktionsrate pro Zeitintervall statt Losfertigung
  - geeignet für langfristig konsistente Fertigungsbedingungen
- **Produktkomplexität**
  - für einfache Produkte geeignet
  - für komplexe Produkte mit kleinteiligen Produktionsschritten geeignet
  - Komplexere Produkte können über Zuführungslinien abgebildet werden.
  - Die immer gleiche Abfolge der Arbeitsschritte ist entscheidend.
- **Produktionsart**
  - mengenbasierte Fertigung
  - periodenbasierte Fertigung
  - Massenfertigung ohne Fertigungsauftragsbezug

In manchen Branchen, wie der Automobilindustrie, gibt es die Besonderheit, dass besonders komplexe Produkte mit hoher Variantenvielfalt vorliegen. Gleichzeitig findet eine fortlaufende und taktbasierte Massenfertigung (häufig ohne Fertigungsaufträge) mit Zählpunkten statt. Aufgrund dieser Merkmale liegt eigentlich eine Mischung aus diskreter Fertigung und Serienfertigung vor. In der Regel überwiegen vor allem die Performance-Argumente der Verwendung von schlankeren Planaufträgen (im Vergleich zu den mächtigen Fertigungsaufträgen) und somit zur Verwendung der SAP-Serienfertigung im Kern. Auch die Systemperformance kann hier eine Rolle spielen. Die diskrete Fertigung benötigt durch die Verwendung recht komplexer Fertigungsaufträge bei großen Stückzahlen, im Sinne vieler Aufträge mit Losgröße 1, z. B. viel mehr Systemkapazität als die relativ schlanken Planaufträge der Serienfertigung.

Wir gehen in Kapitel 13 , »Produktionsnahe Logistik«, auf die Materialbereitstellung mit NJIT (Next Generation Just-In-Time) und Kanban ein, da die produktionsnahe Logistik ein eng mit den Fertigungsarten verbundenes Thema darstellt. Gerade im Bereich der Serienfertigung im Sinne einer klassischen Konsumgüterproduktion macht das Kanban-Prinzip oft noch effizientere Prozesse möglich. Dabei geht es hauptsächlich darum, dass jede Fertigungsstation einen *Produktionsversorgungsbereich* (PVB) hat, in dem eine gewisse Anzahl an Komponenten bereitsteht (z. B. drei volle Behälter). Ist ein Behälter leer, so wird er auf »leer« gesetzt, und der Nachschub wird angestoßen. Ein Behälter der Vorgängerstation, der auf »voll« steht, wird gegen den leeren Behälter getauscht.

Durch dieses *Pull-Prinzip* vermeidet man, dass sich vor einer Station volle Behälter stauen, die dadurch die Logistik und somit die Effizienz beeinträchtigen. In der bereits erwähnten Automobilbranche sind hingegen das *Just-In-Time-* und *Just-In-Sequence-Prinzip* weit verbreitet. Das Just-In-Sequence-Prinzip (JIS) ist eine Produktionsstrategie, bei der Komponenten genau in der Reihenfolge und zum Zeitpunkt ihres Einbaus in das Endprodukt an die Produktionslinie geliefert werden.

Abbildung 1.17 zeigt die zentrale SAP-Fiori-App **JIT-Abrufe verwalten**. Diese SAP-Fiori-App gehört zum NJIT-Portfolio, das im Gegensatz zu den Kanban-Anwendungen ausschließlich über SAP-Fiori-Apps zur Verfügung steht. Eine klassische GUI-Ansicht wurde für diese neue Lösung nicht mehr entwickelt.

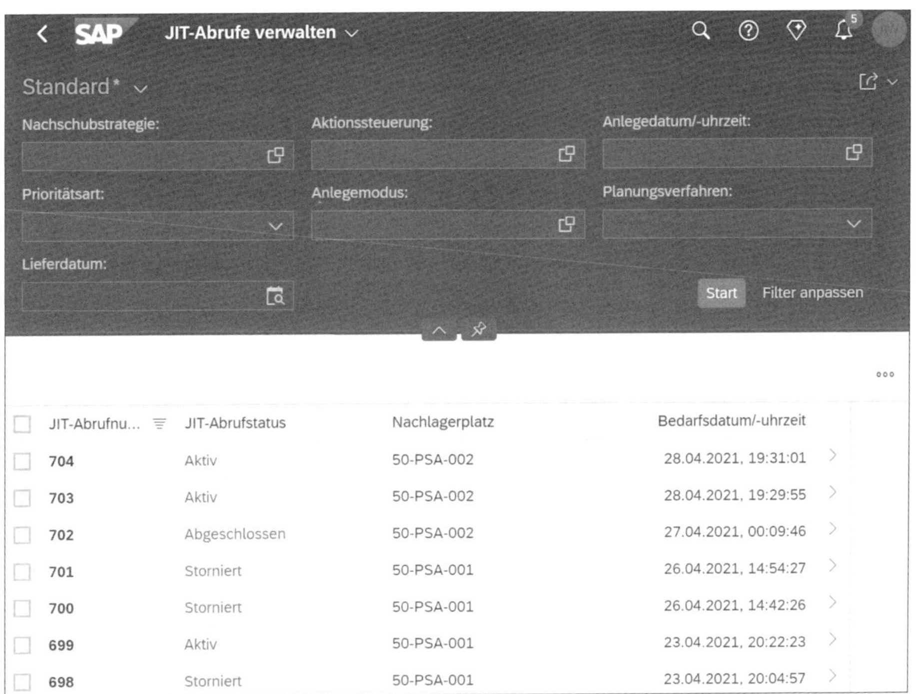

JIT-Abrufnu...	JIT-Abrufstatus	Nachlagerplatz	Bedarfsdatum/-uhrzeit
704	Aktiv	50-PSA-002	28.04.2021, 19:31:01
703	Aktiv	50-PSA-002	28.04.2021, 19:29:55
702	Abgeschlossen	50-PSA-002	27.04.2021, 00:09:46
701	Storniert	50-PSA-001	26.04.2021, 14:54:27
700	Storniert	50-PSA-001	26.04.2021, 14:42:26
699	Aktiv	50-PSA-001	23.04.2021, 20:22:23
698	Storniert	50-PSA-001	23.04.2021, 20:04:57

Abbildung 1.17 Die SAP-Fiori-App »JIT-Abrufe verwalten«

Im JIT-Umfeld besteht die Herausforderung darin, möglichst wenig Bestand in der Produktion vorzuhalten, um mehr Platz für die tatsächliche Fertigung zu haben. Dafür muss jedoch eine sehr genaue Abstimmung der Materialbereitstellung erfolgen, sodass die Produktion trotz geringer Bestände am PVB nicht aufgrund von Materialengpässen zum Stillstand kommt. Durch die hohe Variantenvielfalt der Fahrzeuge kommt zudem die richtige Reihenfolge der jeweils speziell zu einem Fahrzeug passenden Materialien (z. B. Sporträder und Lenkräder, unterschiedliche Antriebsstränge oder Dekorleisten etc.) als eine weitere Herausforderung dazu. Man spricht hier von *Sequenzierung*.

Typische Branchen der Serienfertigung

Für die Serienfertigung mit SAP kommen speziell diese Branchen infrage:

- Konsumgüter
- Eisenwarenhersteller
- Elektroindustrie
- Automobilhersteller
- Zulieferbetriebe

Wenn ein Produkt die Charakteristika für die Serienfertigung erfüllt, ist es immer sinnvoll, über den Einsatz der Serienfertigung nachzudenken. Auch wenn dies eventuell nur auf ein Produkt zutrifft und sonst in der Branche vielleicht unüblich ist. Unternehmen entwickeln sich, und Produkte sowie Herstellungsverfahren müssen Technologie- und Marktfaktoren angepasst werden. Daher kann ein initialer Aufwand zur Konfiguration einer im Unternehmen neu eingesetzten Fertigungsart auch der Grundstein für einen weiteren Ausbau ähnlicher Produkte sein.

Bestandteile der Serienfertigung

Kundenaufträge werden im Rahmen der Serienfertigung häufig aus dem Bestand bedient, der unabhängig davon fortlaufend durch die Produktion wieder aufgefüllt wird (*Make-to-Stock-Prinzip*, MTS). Die Plan-Werte aus der Programmplanung und dem Absatzplan geben hierbei häufig die Produktionsmengen für die Make-to-Stock-Produktion vor. Aber auch Kundenaufträge können Soll-Werte im Rahmen der *Make-to-Order-Produktion* (MTO) vorgeben. Ein Anstoßen der Fertigung aus Kundenaufträgen heraus ist also auch möglich. In der diskreten Fertigung gibt der Fertigungsauftrag die Kennzahlen für die Produktion vor. In der Serienfertigung werden hingegen Mengen eines Materials zur Fertigung in einem definierten Zeitraum bestimmt. Dabei werden Zählpunkte eingerichtet, die die produzierten Mengen rückmelden. Der Verbrauch der Komponenten und die Wareneingänge der Fertigungserzeugnisse erfolgen häufig analog zu diesen Zählpunkten. Die Serienfertigung spart damit einen erheblichen Teil an Dateneingaben im Vergleich zur auftragsbezogenen Fertigung.

Auch der Druck von Fertigungspapieren ist hier deutlich reduziert. Mehr zu diesem Thema finden Sie in Kapitel 5, »Serienfertigung«. Die folgenden Bestandteile sind prägend für den Ablauf in der Serienfertigung:

- fortlaufende Kapazitätsplanung
- fortlaufende Kostenkalkulation
- Anlegen von Planaufträgen (manuell oder aus der Programmplanung heraus)
- fortlaufende Fertigung ohne Bezug zu einem Fertigungsauftrag
- Rückmeldung über Zählpunkte und Meilensteine
- retrograde Materialentnahme
- gesammelte Wareneingänge je Rückmeldepunkt
- Abrechnung über Produktkostensammler

Abbildung 1.18 zeigt die Einteilung der Bestandteile in die Bereiche der Planung, der Durchführung und des Abschlusses der Produktion. Da es zur Kapazitätsplanung und zur Kostenzuordnung keine Fertigungsaufträge gibt, werden diese beiden Bereiche fortlaufend parallel zum Fertigungsfortschritt ausgeführt. Die Kapazität wird statt für die Menge eines Fertigungsauftrags entweder für ein Zeitintervall oder für eine Planmenge berechnet. Die Kosten werden einem Produktkostensammler zugeordnet.

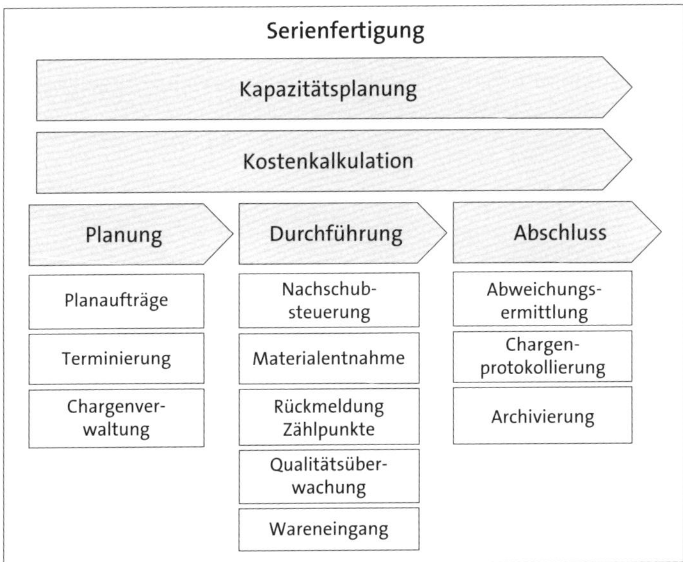

Abbildung 1.18 Übersicht der Bestandteile der Serienfertigung

1.3.3 Prozessfertigung

Die *Prozessfertigung* teilt Spezifika mit den anderen beiden großen Fertigungsarten. So kann der Herstellungsprozess fließend (kontinuierlich) sein wie bei der Serienfertigung oder diskontinuierlich wie bei der diskreten Fertigung. Meistens ist der Herstellungsprozess hier jedoch fließend. Die Prozessfertigung ist speziell für Szenarien geeignet, in denen Produkte in flüssiger oder gasförmiger Form vorliegen oder in homogenen Massen verarbeitet werden. Anders als die diskrete oder die Serienfertigung verwendet die Prozessfertigung jedoch Prozessaufträge, um die Eckdaten der Herstellung zu verwalten.

Charakteristika der Prozessfertigung

Die Prozessfertigung zeichnet sich durch die folgenden Charakteristika aus:

- **Produktstabilität**
  - geeignet für große wie kleine Mengen flüssiger und gasförmiger Erzeugnisse sowie homogener Massen
  - geeignet für beständige Herstellungsverfahren
  - geeignet für eine Vielzahl in sich beständiger Varianten eines Produkts
- **Produktkomplexität**
  - häufig komplexe Produkte durch komplexe Herstellungsverfahren
  - Chargenverwaltung zur Differenzierung von Teilmengen
  - häufig in Kombination mit Kuppel- und Nebenprodukten
  - geeignet für stark regulierte Herstellungsverfahren
  - auch für einfache Produkte mit chemischen Herstellungsverfahren geeignet
- **Produktionsart**
  - Einzelfertigung
  - regulierte Chargenfertigung
  - Massenfertigung
  - Kundenauftragsfertigung

Es müssen nicht immer alle Charakteristika erfüllt sein, um die Entscheidung für eine Fertigungsart zu treffen. Chargen können beispielsweise auch in der diskreten und der Serienfertigung eingesetzt werden. Auch Qualitätsprüfungen sind in allen Fertigungsarten umsetzbar. Für die Prozessfertigung liegt der Fokus der Entscheidung auf dem Herstellungsverfahren, das für ein Produkt notwendig ist. Chemische Prozesse bei der Herstellung lassen sich schlicht am besten mit der Prozessfertigung abbilden.

Typische Branchen der Prozessfertigung

Branchen, die typischerweise die SAP-Prozessfertigung verwenden, stellen homogene flüssige oder gasförmige Massen von Stoffen her. Es sind dabei häufig wichtige Rahmenbedingungen zu beachten, die in SAP mittels Chargenpflicht, Qualitätsstandards und Protokollierungen sichergestellt werden können. Das Verfallsdatum ist

z. B. bei Nahrungsmitteln oder Klebstoffen ein wichtiger Bestandteil dieser Rahmenbedingungen. Auch die Freigabestrategie sowie die Überwachung und Protokollierung der Arbeitsvorgänge und Inhaltsstoffe können bedeutende Regulierungen sein, die strengstens eingehalten werden müssen (speziell im Bereich medizinischer Produkte).

Eine Kombination der Fertigungsarten ist ebenfalls möglich. So kann ein Medikament beispielweise mittels Prozessfertigung hergestellt und über die diskrete Fertigung abgewogen und verpackt werden.

Die auftragsbezogene Produktion mittels Prozessaufträgen in SAP nutzen verstärkt Unternehmen aus den folgenden Branchen:

- Chemie
- Pharmaindustrie
- Nahrungs- und Genussmittel
- Brauereien und Getränkehersteller
- Petrochemie
- Farb- und Lackindustrie
- Kunststoffindustrie
- Baustoffindustrie

Auch für die Prozessfertigung gilt, dass die zu verwendende Fertigungsart stets an den Produkteigenschaften und Herstellungsverfahren ausgerichtet werden sollte. Das Ziel sollte sein, immer eine Fertigungsart zu verwenden, die die Produktionsprozesse während des operativen Betriebs möglichst reibungslos und sicher im System abbildet, auch wenn das eventuell einen einmalig höheren Implementierungsaufwand bedeutet.

Bestandteile der Prozessfertigung

In der Prozessfertigung erfolgt die Herstellung chargen- und rezeptorientiert. Zudem entstehen bei chemischen Verfahren häufig Nebenprodukte, die anders als Abfallprodukte noch einen eigenständigen Nutzen und somit einen eigenen Mehrwert haben. Der Prozessauftrag ist hier das zentrale Medium zur Übergabe der Herstellungsinformationen an die Produktion (analog zum Fertigungsauftrag in der diskreten Fertigung).

Abbildung 1.19 zeigt die Einteilung der Bestandteile der Prozessfertigung in die vier Gruppen Planung, Vorbereitung, Durchführung und Abschluss. Jeder Bestandteil für sich bietet umfangreiche Konfigurationsmöglichkeiten und wichtige Funktionen. Die Herstellung mittels Prozessfertigung sieht dabei einige dieser Funktionen als obligatorisch oder wahlweise obligatorisch vor.

Prozessfertigung

Planung	Vorbereitung	Durchführung	Abschluss
Eröffnung Prozessauftrag	Auftragsfreigabe	Prozessüberwachung	Abweichungsermittlung
Terminierung	Druck der Papiere	Prozessmeldungen	Chargenprotokollierung
Kapazitätsprüfung	Herstellanweisung	Materialentnahme	Archivierung
Ressourcenauswahl	Steuerungsrezept	Rückmeldung	
Chargenverwaltung		Qualitätsüberwachung	
Mengenberechnung		Wareneingang	

Abbildung 1.19 Übersicht über die Bestandteile der Prozessfertigung

Mehr zu den Besonderheiten dieser Fertigungsart finden Sie in Kapitel 6, »Prozessfertigung«. Die folgenden Bestandteile sind für den Ablauf in der Prozessfertigung prägend:

- Erstellen des Prozessauftrags
- Eröffnung des Prozessauftrags
- Terminierung
- Kapazitätsprüfung
- Ressourcenauswahl
- Mengenberechnung
- Freigabe des Prozessauftrags
- Herstellanweisungen
- Steuerungsrezept
- Prozessüberwachung
- Prozessmeldungen
- Rückmeldung
- Qualitätsüberwachung
- Abweichungsberechnung
- Chargenprotokollierung

1.3.4 Projektfertigung

Im Rahmen der Projektfertigung werden Funktionen des Projektmanagements und der Projektsteuerung mit Prozessen der Fertigung kombiniert. Ein Projektfertigung wird typischerweise bei komplexeren Kundeneinzelfertigungsszenarien eingesetzt, z. B. im Anlagen-, Flugzeug- oder Schiffsbau. Aber auch bei kleineren Kundeneinzelfertigungsszenarien, deren Anforderungen über eine reine Standardfertigung (mit oder ohne Variantenkonfiguration) hinausgehen, kann der Einsatz der Projektfertigung sinnvoll sein. In SAP S/4HANA werden Funktionen aus dem Enterprise Portfolio and Project Management (EPPM), insbesondere aus dem SAP-Projektsystem (PS), für die Projektfertigung verwendet. Wesentliche Vorteile einer Projektfertigung in SAP S/4HANA sind unter anderem:

- Unterstützung früher Projektphasen, wie z. B. Angebotserstellung
- Vorabbeschaffung von Material mit langen Wiederbeschaffungszeiten
- Verwendung von Projektstücklisten und Stücklistenübernahme-Funktionen
- Gesamtheitliche Planung, Ausführung und Überwachung von Entwicklungs- und Fertigungsprozessen
- Steuerung von Abhängigkeiten der einzelnen Fertigungsprozesse
- Verwendung von bewerteten oder unbewerteten Projektbeständen
- Gruppierung von Bedarfen innerhalb eines Projekts oder auch projektübergreifend für optimierte Beschaffungsszenarien
- Lieferung von Material aus Projekten
- Fortschrittsermittlung und -reporting
- Einsatz von erweiterten Rechnungswesen-Funktionen, z. B. zur Verkaufspreiskalkulation, aktiven Budget-Verfügbarkeitskontrolle, aufwandsbezogener oder meilensteinbasierter Fakturierung, Ergebnisermittlung oder Projektabrechnung

Voraussetzung für den Einsatz der Projektfertigung ist die Erstellung geeigneter Projektstrukturen im Projektsystem. Ein Projekt besteht dabei typischerweise aus einem Projektstrukturplan (PSP) und einem oder mehreren Netzplänen.

Ein Projektstrukturplan im Projektsystem besteht aus einer Projektdefinition und hierarchisch angeordneten PSP-Elementen. Mithilfe eines PSP gliedern Sie ein Projekt nach organisatorischen, funktionalen oder z. B. phasenorientierten Aspekten. Die hierarchische Struktur eines PSP ermöglicht es Ihnen, Daten zu aggregieren oder auch zu vererben und so auch komplexere Vorhaben effizient zu steuern und zu überwachen.

Ein *Netzplan* besteht aus einem Netzplankopf, Vorgängen und deren Anordnungsbeziehungen. Die Vorgänge repräsentieren dabei einzelne Aktivitäten im Rahmen des Projektverlaufs, die intern von eigenen Ressourcen ausgeführt oder auch fremdbeschafft werden. Die Anordnungsbeziehungen definieren die logische und zeitliche Abfolge der Vorgänge im Rahmen der Terminierung. Technisch sind Netzpläne als Aufträge in SAP S/4HANA realisiert und teilen sich daher verschiedene Funktionen mit Fertigungsaufträgen.

Durch die Zuordnung von Netzplänen und insbesondere der Netzplanvorgänge zu PSP-Elementen verknüpfen Sie diese Strukturen und können so deren jeweilige Funktionen integriert nutzen. Abbildung 1.20 zeigt das Beispiel einer Projektstruktur bestehend aus einem PSP und zugeordneten Vorgängen in einer Gantt-Chart-Darstellung in der SAP-Fiori-App **Projektzeitplan** (App-ID F5611). Sie dient der schnellen Übersicht und bietet dafür viele Funktionen zur optischen Aufbereitung. Die farbliche Unterscheidung der Vorgänge, das Anzeigen von Details der einzelnen Elemente und der zeitlichen Abfolge sowie die hierarchische Anordnung dienen dem klaren Projektüberblick. Zur Verwendung der App wird die Rolle **Technischer Projektleiter** oder **Kaufmännischer Projektleiter** benötigt.

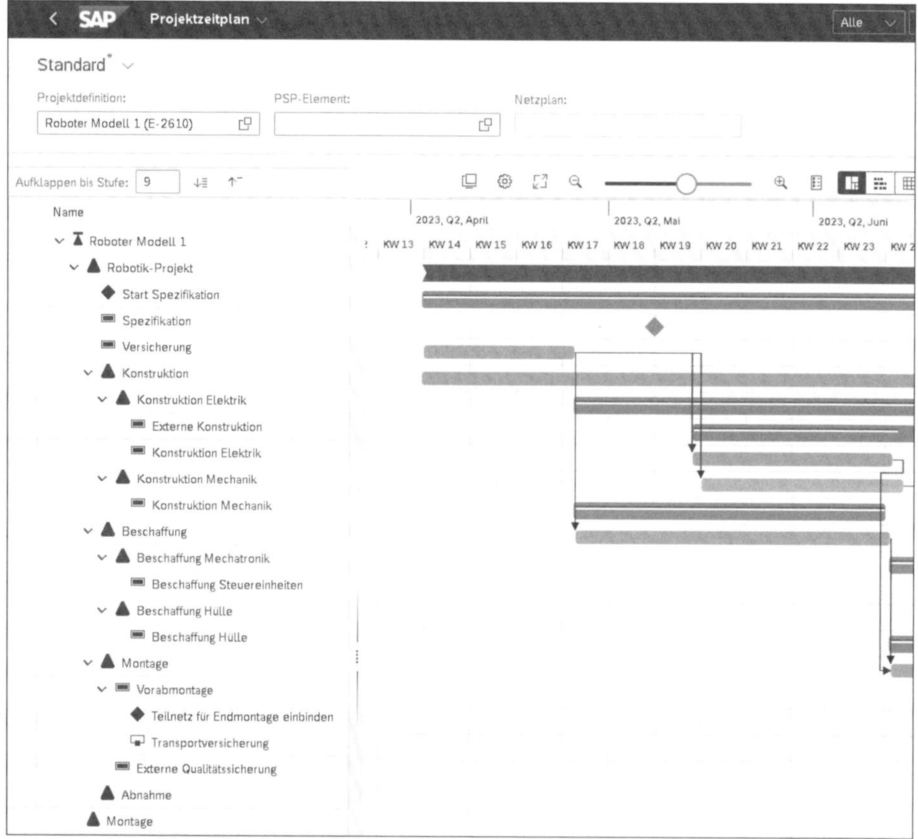

Abbildung 1.20 Beispiel einer Projektstruktur in der SAP-Fiori-App »Projektzeitplan«

Typischerweise werden Projektstrukturen mithilfe von Vorlagen, sogenannten *Standardstrukturen*, erstellt und dann mit Vertriebsbelegen verknüpft. In sehr stark automatisierten Prozessen können Sie geeignete Projektstrukturen auch automatisch z. B. über Kundenaufträge anlegen (Montageabwicklung). Arbeiten Sie mit der Variantenkonfiguration können im Rahmen der Montageabwicklung auch die Netzpläne und indirekt der PSP konfiguriert werden. Über die Verbindung der Vertriebsbelege mit einem Projekt können dann automatisch Informationen zur Preisfindung oder Meilensteinfakturierung ausgetauscht und später Erlöse auf das Projekt fortgeschrieben werden.

Im Rahmen der Projektplanung können Sie nun die Termine und Pufferzeiten für die einzelnen Netzplanvorgänge mithilfe der Terminierung ermitteln, interne und externe Ressourcen für z. B. Konstruktionstätigkeiten, den Bau von Prototypen oder die Endmontage planen sowie Meilensteine oder zusätzliche Plankosten erfassen. Sofern bereits bekannt, können Sie auch die Beschaffung und den Verbrauch von Material im Netzplan spezifizieren. Die Materialplanung in einem Projekt geschieht dabei durch die Zuordnung sogenannter Materialkomponenten zu Netzplanvorgängen. Die Komponenten beinhalten dabei neben der Information, welches Material in welcher Menge wann benötigt wird, auch weitere Details zur Beschaffung und zur Bestandsführung. Die Verfügbarkeitskontrolle für Materialkomponenten unterstützt Sie dabei, etwaige Fehlteile zu identifizieren. Eine häufig in der Projektfertigung verwendete Funktion der Zuordnung von Materialkomponenten zu Netzplanvorgängen ist die Stücklistenübernahme. Dabei können automatisch Positionen von Material-, Projekt- oder auch Kundenauftragsstücklisten Vorgängen basierend auf Referenzfeldern zugeordnet werden. Da im Rahmen der Projektfertigung die Stückliste in der Regel zu Beginn des Projekts noch nicht vollständig ist und erst im Verlauf der Konstruktion fertiggestellt wird, können Sie die Stücklistenübernahme beliebig oft wiederholen, um die Materialplanung in Ihrem Projekt zu aktualisieren.

Bei Freigabe des Vorgangs oder auch zu einem beliebigen späteren Zeitpunkt kann das System basierend auf den Daten der Materialkomponenten Bestellanforderungen für direkt zu beschaffendes Material oder auch Reservierungen für die Materialbedarfsplanung (MRP) erzeugen. Für Material mit langen Wiederbeschaffungs- oder Eigenfertigungszeiten können Sie auch eine Vorabbeschaffung, bei Bedarf noch vor der Freigabe des Vorgangs, erstellen.

Für eigengefertigtes Material erstellt der MRP-Lauf im Rahmen der Produktionsplanung nun Planaufträge passend zu den terminierten Bedarfsterminen aus dem Projekt. Verwenden Sie bei einzelbestandsgeführten Materialien den Projektbestand, sind die Plan- und später auch die entsprechenden Fertigungsaufträge dem Projekt zugeordnet.

Ein Projektbestand bezeichnet dabei ein Einzelbestandssegment im Rahmen der Produktionsplanung mit Bezug zu einem PSP-Element. Je nach Ihren Anforderungen können dabei Bedarfe von Vorgängen eines einzelnen PSP-Elements in einem Projektbestand geführt werden oder auch Bedarfe von Vorgängen unterschiedlicher PSP-Elemente, gegebenenfalls sogar aus unterschiedlichen Projekten. Die Zusammenfassung solcher Bedarfe hat dabei den Vorteil, dass Sie größere Losmengen gemeinsam fertigen oder fremdbeschaffen können.

Wurde Material fremdbeschafft oder eigengefertigt, kann es schließlich im Projekt z. B. für eine Endmontage verbraucht werden. Findet die Endmontage vor Ort, auf der Baustelle oder beim Kunden statt, können Sie spezielle Funktionen im Projektsystem nutzen, um die entsprechenden Lieferungen anzustoßen.

Basierend auf dem Fortschritt Ihres Projekts oder auch den angefallenen Kosten können schließlich im Vertrieb Fakturabelege erstellt werden, die ebenfalls auf dem Projekt kontiert sind.

Alle dem Projekt zugeordneten Belege und Objekte, z. B. Bestellanforderungen, Bestellungen und Rechnungen, Plan- und Fertigungsaufträge, Warenbewegungen und Lieferungen können im Projekt mithilfe verschiedener Berichte und Funktionen überwacht und analysiert werden. Abbildung 1.21 zeigt exemplarisch die Transaktion CNMM (ProMan), in der alle projektbezogenen Beschaffungsdetails zentral analysiert und gesteuert werden können.

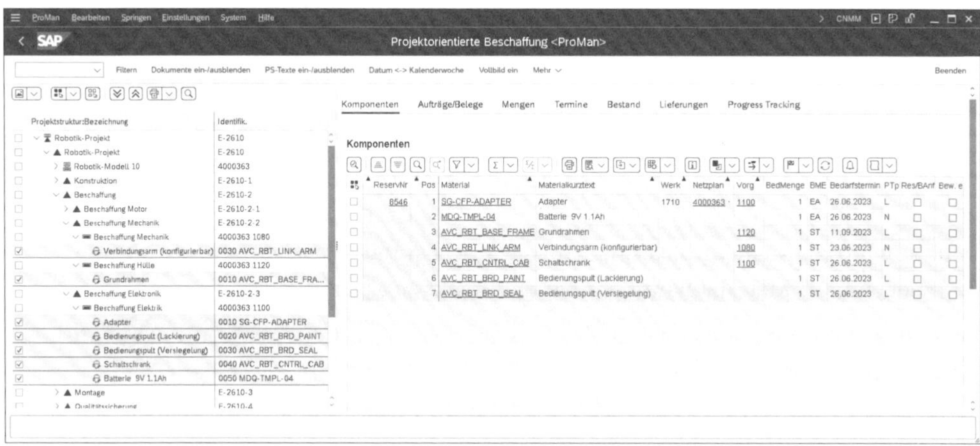

Abbildung 1.21 Transaktion ProMan (CNMM) zur Überwachung projektbezogener Beschaffungen

Aufgrund der Integration in das Rechnungswesen, den Einkauf, die Fertigung, die Bestandsführung sowie den Vertrieb können auch alle Kosten, Obligos und Erlöse auf dem Projekt ausgewertet und mit den Plan- oder Budgetwerten verglichen oder im Rahmen der Ergebnisermittlung neu bewertet und für entsprechende Profitabilitätsbetrachtungen genutzt werden.

Ergänzend zu skizzierten Funktionen des Projektsystems und abhängig von Ihren Anforderungen können Sie für die Projektfertigung in SAP S/4HANA auch Funktionen aus den Applikationen zur Fertigungstechnik und Fertigungsprozesse für die komplexe Montage, SAP Production Engineering and Operations (PEO) oder SAP Project Manufacturing Management and Optimization (PMMO) nutzen.

[+]

Weiterführende Literatur

Wenn Sie mehr zum Projektsystem in SAP lesen möchten, lohnt sich ein Blick in das Buch »SAP Projektsystem in SAP S/4HANA« (Rheinwerk Verlag 2023).

1.4 Planungswerkzeuge der SAP-Produktionsplanung

Die Produktionsplanung mit SAP ist sehr vielschichtig und komplex. Man kann die Vielzahl der Funktionalitäten auf verschiedene Arten kategorisieren und einteilen. Zum Beispiel lässt sich PP in zwei große logische Bereiche einteilen. Der eine Bereich befasst sich mit der Planung und der andere Bereich mit der Steuerung von Produktionsaufgaben. Die Steuerung wird über die einzelnen Fertigungsarten abgewickelt. Diese wurden im vorangegangenen Abschnitt vorgestellt. Die Planungs- und Berechnungsaufgaben folgen nun.

Abbildung 1.22 zeigt eine Übersicht der zentralen Planungstools aus der SAP-Produktionsplanung. Die Absatz- und Produktionsgrobplanung wird durch vorgegebene Finanzziele, Marktdaten, Prognosen, historische Werte und Produktionsszenarien, die auch mittels der Langfristplanung simuliert werden können, mit Ausgangswerten versorgt. Das Ergebnis ist der *Geschäftsplan*, der die Planprimärbedarfe in die Programmplanung übergibt. Die Planprimärbedarfe sind wiederum die Grundlage für die Materialbedarfsplanung, die zusätzlich aus eingehenden Kundenaufträgen bedarfsrelevante Informationen erhalten kann. Mit SAP Integrated Business Planning for Supply Chain kann die Vertriebs- und Produktionsplanung diese Funktion ebenfalls übernehmen.

Aus der Materialbedarfsplanung gehen die Planaufträge hervor, die bei der Umsetzung einer Kapazitätsplanung und Terminierung unterzogen werden. Davon ausgehend werden die Plandaten durch die jeweiligen Fertigungsarten abgebaut, das heißt, es wird produziert. Die Produktions- und Feinplanung verbindet viele Elemente und Planungsebenen in SAP S/4HANA und hat übergreifende Funktionen aus der Programm-, Materialbedarfs- und Kapazitätsplanung. Zusätzlich können moderne Heuristiken zur Optimierung der Produktionsplanung beitragen. Um optimierte Produktionsabläufe sicherzustellen, ist dies alles erforderlich. Wichtige Planungsgrößen wie Absatzmengen, Bedarfsmengen für die Herstellung in der Produktion und Verfügbarkeiten der Produktionskapazitäten müssen vor Produktionsstart berechnet werden. SAP bietet im Rahmen der Produktionsplanung einige umfassende Planungswerkzeuge, die sich im Laufe der Jahre bewährt haben. Mit SAP S/4HANA bekommen diese Werkzeuge zum Teil revolutionäre neue Einsatzmöglichkeiten. Wir gehen in den entsprechenden Kapiteln dieses Buchs jeweils noch genau auf die folgenden Planungswerkzeuge ein.

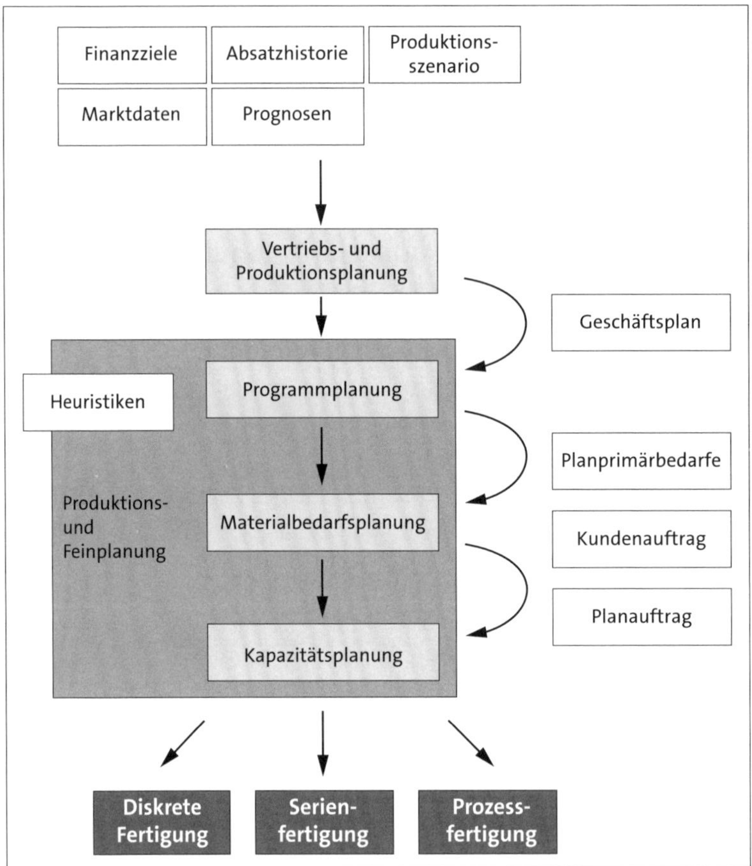

Abbildung 1.22 Produktionsplanung in SAP S/4HANA – Übersicht

1.4.1 Verfügbarkeitsprüfung oder Available-to-Promise (ATP)

Die Verfügbarkeitsprüfung (Available-to-Promise, ATP) ist eine modulübergreifend verwendete Logik, die die Verfügbarkeit der Materialien aus allen zukünftigen Plan- und Ist-Aufträgen berücksichtigt. Dafür werden alle Positionen in einem Auftrag gleichzeitig geprüft und gegebenenfalls durch intelligente Produktsubstitution angepasst. Dank der neuen SAP-HANA-Technologie ist die Verfügbarkeitsprüfung deutlich schneller als zuvor im Vorgängersystem SAP ERP. Auch die Verteilung von Materialien auf wichtige Kunden wird durch Rückstandsbearbeitung und Kontingentierung durch einen intelligenten Algorithmus ermöglicht, wenn für das Material ein Engpass vorliegt (also keine hinreichende Menge verfügbar ist). Das Stichwort Kunde lässt bereits vermuten, dass diese Funktion stark mit dem Vertrieb verbunden ist. Die Logik hinter der Verfügbarkeitsprüfung wird jedoch in der Produktionsplanung immer wieder verwendet. Wir treffen sie bei der Kapazitätsplanung, bei der Bedarfsermittlung und auch bei der kurzfristigen Berechnung der Verfügbarkeiten bei der Umsetzung von Prozess- und Fertigungsaufträgen an. In den Kapiteln zu den Bereichen, die die Logik der Verfügbarkeitsprüfung verwenden, werden wir genauer auf ihre Funktion und die kontextbezogene Anwendung eingehen.

1.4.2 Absatz- und Produktionsgrobplanung

Die *Vertriebs- und Produktionsplanung* oder SAP Integrated Business Planning for Supply Chain ersetzt in SAP S/4HANA die frühere *Absatz- und Produktionsgrobplanung*, die auch als SOP (Sales and Operations Planning) bekannt ist. Sie müssen hierbei berücksichtigen, dass alle bestehenden Kundenerweiterungen im SOP-Kontext mit der Verwendung von SAP Integrated Business Planning for Supply Chain nicht mehr genutzt werden können. Die Planungswerkzeuge der Standard- sowie der flexiblen SOP bleiben jedoch erhalten und bieten die Möglichkeit, die Mengen für die zu verkaufenden Produktarten für einen mittel- bis langfristigen Planungshorizont zu berechnen. Hierfür können historische Absatzzahlen als Ergänzung zur Ergebnisplanung für die Berechnung der neuen Absatzmengen herangezogen werden. Die neue Vertriebs- und Produktionsplanung stellt weiterhin alle Funktionen der SOP bereit und ist dabei zusätzlich auf einen Geschäftsplan für Umsatzwachstum und Steigerung des Marktanteils ausgelegt. Angebot und Nachfrage werden hierfür in Relation zu den Finanzzielen gesetzt. Die Planung erfolgt vernetzter, schneller und flexibler als zuvor mit der SOP. Eine Modellierung des Supply-Chain-Netzwerks vom Kunden über Werke hin zu Lieferanten ist hier möglich. Die Planung aus Vertrieb, Beschaffung und Produktion wird mit SAP Integrated Business Planning for Supply Chain eng verzahnt. Eine zuverlässige Absatzplanung sowie die mittel- und langfristige Planung zur Deckung der Bedarfe sind die Kernaufgaben von SAP Integrated Business Planning for Supply Chain. Leistungsfähige Analysen und ein mehrdimensionales Reporting stützen die neuen Funktionen.

SAP Integrated Business Planning for Supply Chain ist ein sehr komplexes und umfassend einsetzbares Werkzeug, das als Cloud-Lösung dem SAP-S/4HANA-Kern hinzugefügt werden kann. Wir konzentrieren uns daher in Kapitel 7, »Absatz- und Produktionsgrobplanung«, auf die Weiterverwendung der bisherigen SOP, da diese noch im Umfang des SAP-S/4HANA-Systems enthalten ist und nicht jedes Unternehmen bei der Migration auf SAP S/4HANA auch automatisch alle Funktionen auf das neue SAP Integrated Business Planning for Supply Chain als Zusatzlösung umstellen möchte.

[+]

Weiterführende Literatur

Detailwissen und ausführliche Beschreibungen von Funktionen und Implementierungen zum Thema SAP Integrated Business Planning for Supply Chain finden Sie in dem eigenständigen Werk »SAP Integrated Business Planning« (Rheinwerk Verlag 2020).

1.4.3 Produktionsplanung

Der Bereich *Produktionsplanung* (Master Planning, PP-MP) beinhaltet verschiedene Werkzeuge wie Programmplanung (Demand Management, PP-MP-DEM), die Langfristplanung (Long Term Planning, PP-MP-LTP), die Materialprognose (Material Forecast, PP-MP-MF) sowie die Leitteileplanung (Master Production Scheduling, PP-MP-MPS). Auf die Programmplanung werden wir im Detail in Kapitel 8, »Programmplanung«, eingehen. Die Leitteileplanung und die Materialprognose lassen sich dagegen besser im Rahmen der Materialbedarfsplanung in Kapitel 9, »Materialbedarfsplanung (MRP)«, erklären.

1.4.4 Materialbedarfsplanung

Die *Materialbedarfsplanung* (Material Requirements Planning, PP-MRP) ist der zentrale Baustein der Produktionsplanung und verbindet diese mit der Materialwirtschaft. Das äußerst vielseitige Planungswerkzeug unterstützt die Produktionsplanung und die Beschaffung durch die automatisierte Errechnung der benötigten Materialien zur Herstellung der Enderzeugnisse. Hierbei werden Beschaffungsvorschläge aller Dispositionsstufen der Stücklisten unter Berücksichtigung von Losgrößen, Ausschussmengen und Durchlaufzeiten generiert. *MRP Live* ist die mit SAP S/4HANA verbesserte Version der Materialbedarfsplanung. Durch die enorme Leistungssteigerung aufgrund der SAP-HANA-Datenbank und einiger optimierter Prozesse ist mit MRP Live eine Materialbedarfsplanung in kürzester Zeit möglich.

1.4.5 Bedarfsorientierte Wiederbeschaffung

In Kapitel 12, »Demand-Driven Replenishment (DDR)«, dieses Buchs wird auch die *bedarfsorientierte Wiederbeschaffung* (Demand-Driven Replenishment, DDR) vorgestellt. Diese reduziert den Einfluss des sogenannten Peitscheneffekts durch rechtzeitige Anpassungen der Planung des Angebots aufgrund einer veränderten Nachfrage. Die bedarfsorientierte Wiederbeschaffung ist ein SAP-S/4HANA-Novum und basiert auf intelligenten Algorithmen, die die Effizienz aller zuvor verwendeten Wiederbeschaffungsmethoden übertreffen.

1.4.6 Kapazitätsplanung

Neben der Materialverfügbarkeit spielt die Kapazitätsverfügbarkeit eine zentrale Rolle im gesamten Produktionsprozess. Die *Kapazitätsplanung* (Capacity Requirements Planning, PP-CRP) hilft dabei, die Verfügbarkeit der entsprechenden Ressourcen zur richtigen Zeit sicherzustellen, um einen unterbrechungsfreien Produktionsfluss zu gewährleisten. Kapitel 10, »Kapazitätsplanung«, befasst sich mit diesem Thema. Die Kapazitätsplanung besteht aus einer Bewertung der Kapazitätsbedarfe und einem Abgleich zur Kapazitätsauslastung. Die Auswertung der Kapazitäten zeigt die Auslastung und gegebenenfalls die Überlastung an Arbeitsplätzen und Ressourcen auf. Der Kapazitätsabgleich hilft in der Produktionsplanung dabei, die Produktionsprozesse zu optimieren. Die Produktions- und Feinplanung beinhaltet ebenfalls eine noch besser vernetzte Kapazitätsplanung.

1.4.7 Erweiterte Produktions- und Feinplanung

SAP S/4HANA bietet eine neue eingebettete *Produktions- und Feinplanung* (Production Planning and Detailed Scheduling, PP/DS). Wir beschreiben SAP PP/DS in Kapitel 11, »Produktions- und Feinplanung (Detailed Scheduling, PP/DS)«. PP/DS ermöglicht umfangreiche und gleichzeitig sekundengenaue Bedarfsplanung für Just-In-Time-Prozesse (JIT). Dabei werden im Planungslauf auch die Kapazitäten berücksichtigt. Durch die Einbettung der Produktions- und Feinplanung in den SAP-S/4HANA-Kern ergeben sich enorme Vorteile bei der Implementierung und beim Betrieb der Anwendung. So werden beispielsweise die Stammdaten harmonisiert direkt aus dem SAP-S/4HANA-System verwendet, und die Implementierung von SAP Advanced Planning and Optimization (SAP APO) ist für die Verwendung von PP/DS-Funktionen nicht länger notwendig. Neben deutlich schnelleren Planungsläufen sind auch intuitivere Benutzeroberflächen im neuen SAP-Fiori-Design verfügbar. Auch die Verfügbarkeitsprüfung (Available-to-Promise, ATP) ist Bestandteil von SAP S/4HANA und ermöglicht die Planung für Lieferungen in Echtzeit. Dafür wird die tatsächliche aktuelle Verfügbarkeit über die jeweilige Lieferkette betrachtet.

Kapitel 2
Organisationsdaten in der Produktion

Auch die besten Geschäftsprozesse in einem ERP-System benötigen ein Grundgerüst. Mithilfe der Organisationsdaten »gießen« Sie die Struktur Ihres Unternehmens in die Systemstrukturen und schaffen so die organisatorische Basis für Ihre Prozesse.

Um die Prozesse eines Unternehmens sinnvoll abbilden zu können, bedarf es zunächst der Übernahme der Unternehmensstruktur in die *Organisationsdaten* des SAP-Systems. Im Kontext der Produktionsplanung sind speziell das Werk sowie die Lagerorte und Dispositionsbereiche zu betrachten, da über diese *Organisationseinheiten* die Grundeinstellungen für die spätere Abwicklung der Produktionsplanung definiert werden müssen (siehe Abschnitt 2.1). Die Konfiguration der dem Werk übergeordneten Organisationseinheiten wie Mandant und Buchungskreis wird an dieser Stelle vorausgesetzt, zumal diese zum vorangestellten Aufgabenbereich der Finanzbuchhaltung und des Controllings bei der Implementierung eines SAP-S/4HANA-Systems gehören. Darüber hinaus beleuchten wir in Abschnitt 2.2 die klassischen Rollen in der Produktionsplanung genauer, um zu verdeutlichen, welche Aufgaben in welchen Zuständigkeitsbereich fallen.

2.1 Organisationsebenen

Die Konfiguration der *Organisationsebenen* steht am Anfang der Implementierung eines ERP-Systems wie SAP S/4HANA und sollte sehr vorausschauend angegangen werden. Organisationseinheiten sind die konkreten Ausprägungen der Organisationsebenen. Man könnte sagen, dass beispielsweise jedes Werk eines Unternehmens jeweils einer eigenen Organisationseinheit im SAP-System entspricht, während alle Werke des Unternehmens auf derselben Organisationsebene der SAP-Organisationsdaten zu verorten sind. Es bedarf sorgfältiger Überlegungen zur aktuellen und zukünftigen Organisationstiefe sowie zum Detaillierungs- bzw. Aggregierungsgrad der benötigten betriebswirtschaftlichen Informationen. Die Organisationsstruktur ist dabei für alle Fertigungsarten (diskrete, Serien- und Prozessfertigung) gleichermaßen verwendbar.

2.1.1 Grundlagen zu Organisationsebenen

Unternehmen gibt es in den unterschiedlichsten (juristischen) Formen und Größen. Viele sind historisch gewachsen, haben sich durch den Zukauf von Technologie und Know-how zu Konzernen mit eigenständigen Tochtergesellschaften entwickelt oder sind aus der Aufspaltung eines Vorgängers in ein neu strukturiertes Unternehmen übergegangen. Je nachdem, welche Bestandteile eines Unternehmens oder Konzerns rechtlich, steuerrechtlich oder logistisch selbstständig sind, kann die Struktur, die sich daraus ergibt, beliebig komplex sein und unterliegt langfristig gesehen weiteren Veränderungen.

In den meisten Fällen ändert sich diese Struktur jedoch nur selten von Grund auf, sodass bei Veränderungen im Unternehmen keine vollständige Neuinterpretation der Organisationsebenen im ERP-System erfolgt. Damit ist die Implementierung der Organisationsebenen in SAP relativ beständig. Es gibt mehrere Möglichkeiten, die Organisationsebenen eines Unternehmens auf jene im SAP-System zu übertragen. Wichtig ist dabei, dass alle Überlegungen für eine sinnvolle und übertragbare Gliederung der Bestandteile des echten Unternehmens *vor* der Konfiguration der Ebenen im SAP-System angestellt werden. Es sollte ein nachhaltiges Konzept gewählt werden, das auch möglichst allen denkbaren Änderungen in der Zukunft und speziell auch entsprechenden Wachstumsperspektiven standhält.

Die Erweiterbarkeit ist aber nur ein zentraler Faktor bei der Implementierung der Organisationsebenen. Ebenso wichtig ist die Abbildung der Funktionalität. Das bedeutet, dass alle Organisationseinheiten des Unternehmens so interpretiert werden müssen, dass die Geschäftsprozesse des Unternehmens im ERP-System durch *Customizing* und *Stammdatenkonfiguration* abbildbar sind.

In der Vergangenheit haben Unternehmen häufig über Jahrzehnte ein ERP-System, wie zum Beispiel SAP ERP oder SAP R/3, verwendet und es immer wieder ihren Bedürfnissen angepasst. Durch die Entwicklung dieser ERP-Systeme und den stetigen Zugewinn an neuen Modulen und Funktionen sind häufig komplexe Konfigurationen gewachsen. Zudem haben die Übernahme von ERP-Systemen aus Vorgängerunternehmen und ineffiziente Wartungsbedingungen dazu geführt, dass diese Konfigurationen heute nur noch schwer erweiterbar und kostspielig zu betreiben sind. Oft erschweren Unternehmen sich mit althergebrachten Organisationsdaten dann selbst die optimale Nutzung ihres ERP-Systems. Eine Umstellung auf SAP S/4HANA ist in diesem Zusammenhang eine große Herausforderung, aber auch eine große Chance, diese Komplexität durch ein neues Konzept zu verringern.

SAP S/4HANA bringt eine ganze Reihe von Neuerungen mit sich, doch der Bereich der Organisationsebenen ist davon kaum betroffen. Eine Übertragung der bestehenden Strukturen beispielsweise aus SAP ERP ist damit aus technischer Sicht grundsätzlich unproblematisch. Die Frage nach dem Nutzen und dem Optimierungspotenzial bei einer Übernahme der Organisationsdaten sollte jedoch vor dem Projekt geklärt werden. Schließlich kann eine Einführung eines neuen Systems auch genutzt werden, um alte Strukturen zu verwerfen und die Organisationsebenen im neuen SAP-S/4HANA-System zukunftsorientiert neu zu konfigurieren.

Im Umfeld der SAP-Produktionsplanung gibt es Organisationsebenen, deren Organisationseinheiten zentral für die Funktionen in der Fertigung sind. Speziell *Werke*, *Lagerorte* und *Dispositionsbereiche* bilden die Grundlage für die Planungs- und Fertigungsprozesse. Für diese zentralen Ebenen werden wir Ihnen in diesem Buch einige Customizing-Transaktionen zeigen. Damit stellen wir diese Organisationseinheiten aus dem Bereich der Logistik etwas ausführlicher vor als jene, die im Gesamtkontext zwar auch unverzichtbar sind, aber für die Produktion nur eine nebengeordnete Rolle spielen. Für diese nicht zentralen Ebenen (hier als Finanz-Organisationseinheiten gruppiert) beschreiben wir das Customizing nicht explizit, da diese in anderen Teilprojekten einer SAP-Implementierung ausgeprägt werden.

Detaillierte Informationen zur Konfiguration in Finanzbuchhaltung und Controlling finden Sie in dem Buch »SAP S/4HANA Finance – Customizing« (Rheinwerk Verlag 2022). Bei SAP-S/4HANA-Projekten beginnen die Implementierungen in den Finanzbereichen, da die dortigen Organisationsebenen und -einheiten aus datentechnischer Sicht den logistischen Ebenen übergeordnet sind.

Abbildung 2.1 zeigt eine Übersicht des Aufbaus der Organisationsebenen in einem SAP-System. Die Ebene des Mandanten ganz links hält die globalen Stammdaten. Der Ergebnisbereich beinhaltet die globalen Finanzdaten. Der Kostenrechnungskreis und der Buchungskreis sind daneben angeordnet, sie bilden jeweils eine eigene Ebene der Datenaggregation. All diese Ebenen stellen in unserer Zuordnung gemeinsam die *Finanz-Organisationseinheiten* dar.

Die Logistik-Organisationsebenen mit ihren Daten auf Werksebene finden sich rechts daneben. Die Einkaufs- und Verkaufsorganisation sind zwar der Logistik zugeschrieben, gehören aber nicht direkt zur Produktion, sondern eher in die eigenständigen Bereiche des Vertriebs und des Einkaufs, darum sind sie farblich differenziert. Sie werden ebenfalls nur kurz vorgestellt. Die produktionsnahen *Logistik-Organisationseinheiten*, speziell das Werk und der Dispositionsbereich, werden schließlich im Detail vorgestellt. Die Zahlen auf den Verbindungen in der Abbildung stehen für die mögliche Anzahl an Zuweisungen. Beispielsweise kann ein Buchungskreis (1) mehreren Werken zugeordnet sein (n), jedoch nicht umgekehrt. Die Zusammenhänge der jeweiligen Organisationseinheiten werden an geeigneter Stelle mit beschrieben.

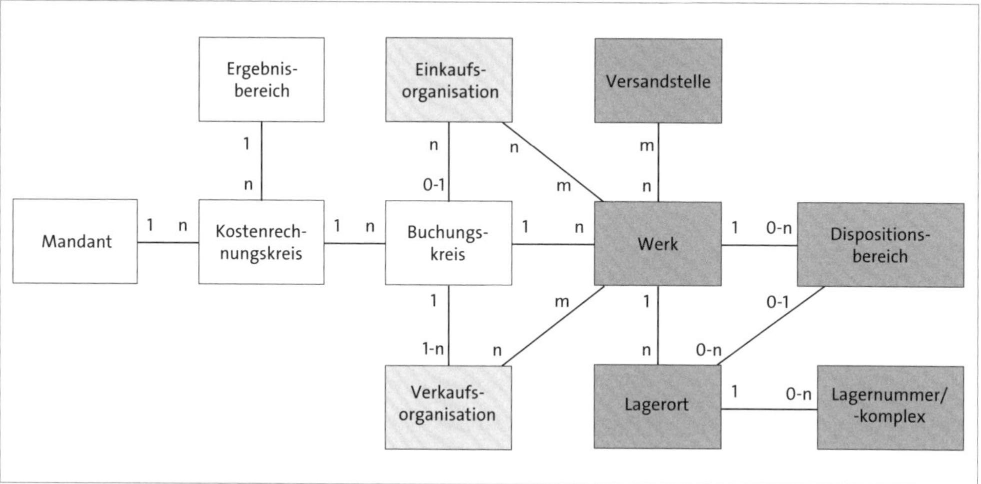

Abbildung 2.1 Schematische Darstellung der Organisationsebenen in SAP

2.1.2 Finanz-Organisationseinheiten

Die folgenden Organisationseinheiten gehören in die Einteilungen nach juristischen und Finanzkriterien, da diese Einheiten durch rechtliche, steuerrechtliche und Controlling-orientierte Bezüge gegeneinander abgegrenzt werden. Auch die Datenebenen sind gegeneinander abgegrenzt. Die hier als Finanz-Organisationseinheiten gruppierten Elemente werden nur oberflächlich erklärt, da der Fokus in diesem Buch auf den produktionsnahen Logistik-Organisationseinheiten liegt.

Mandant

Der *Mandant* ist die oberste Organisationseinheit. Er bildet aus rechtlicher, organisatorischer und auch aus datentechnischer Sicht eine eigenständige Einheit. Damit kann ein Mandant in betriebswirtschaftlicher Hinsicht ein Gesamtunternehmen, wie beispielsweise einen Konzern, darstellen. Daten, die auf Mandantenebene definiert werden, gelten für alle darunterliegenden Organisationseinheiten gleichermaßen. Auch die Berechtigungs- und Benutzerverwaltung erfolgt auf der Ebene des Mandanten. Daher meldet man sich im SAP-Logon auch immer mit den Parametern **Mandant**, **Benutzer** und **Kennwort** an (die **Anmeldesprache** wird darüber hinaus ebenfalls erfragt). Ein Mandant kann einen oder mehrere Kostenrechnungs- und Buchungskreise haben. Ebenso können mehrere Werke zu einem Mandanten gehören.

Ergebnisbereich

SAP S/4HANA kann sämtliche Geschäftsprozesse und Auswertungen eines Unternehmens und sogar eines ganzen Konzerns abbilden. Die oberste Aggregationsebene im Controlling bildet dabei der *Ergebnisbereich*. Hier wird die Ergebnis- und Marktsegmentrechnung durchgeführt (CO-PA). In diesem Bereich bietet die SAP-S/4HANA-Technologie eine Vielzahl an neuen Funktionen für die Darstellung der Werteflüsse, für das Reporting und für die Planungsmöglichkeiten. Es fließen hier über das Produktkosten-Controlling unter anderem auch Informationen aus den Fertigungsaufträgen über Kostenarten und Abweichungskategorien in das Ergebnisschema ein. Diese Ebene ermöglicht einen gesamtheitlichen und übergreifenden Überblick der Werteflüsse aller in einem ERP-System abgebildeten Organisationseinheiten. Dabei sind (steuer)rechtliche Einteilungen dieser Einheiten auf dieser aggregierten Ebene nicht zwingend relevant.

Für den Ergebnisbereich kann es einen oder mehrere Kostenrechnungskreise geben, jedoch gehört ein Ergebnisbereich immer zu genau einem Mandanten.

Weiterführende Literatur

Für eine detaillierte Beschreibung der neuen Ergebnisrechnung in SAP S/4HANA empfiehlt sich ein Blick in das Buch »CO-PA in SAP S/4HANA Finance« (Rheinwerk Verlag 2022).

Details zu FI (Finanzwesen) und CO (Controlling) in SAP S/4HANA finden Sie in den folgenden Büchern »Controlling in SAP S/4HANA« (Rheinwerk Verlag 2020) und »Finanzwesen in SAP S/4HANA« (Rheinwerk Verlag 2021).

Kostenrechnungskreis

Der *Kostenrechnungskreis* bildet die Vorgaben des internen Rechnungswesens ab. Diese Ebene leitet ihre Informationen aus einem oder mehreren Buchungskreisen ab. Dabei können zu den Informationen aus dem Finanzwesen (FI) auch viele Einflussgrößen des Controllings (CO) in die Auswertungen, Prognosen und Planungen einfließen. Der Kostenrechnungskreis konsolidiert mögliche unterschiedliche Währungen der Buchungskreise und vereint deren Informationen in einem Kontenplan.

Buchungskreis

Der *Buchungskreis* ist die kleinste selbstbilanzierende Einheit in den SAP-Organisationsebenen. Es handelt sich also um eine Einheit, in der eine eigenständige Bilanz eines aus steuerrechtlicher Sicht unabhängigen Unternehmens geführt wird. Damit ist der Buchungskreis die zentrale Organisationseinheit im Finanzwesen (FI).

Für die Produktionsplanung ist der Buchungskreis eine wichtige Bezugsebene. Hier werden die buchhalterischen Konten durch die Warenbewegungen, den Verbrauch und die Wertschöpfung aus der Produktion mit wichtigen Informationen versorgt. Da ein Buchungskreis unter Berücksichtigung von steuerrechtlichen Vorschriften, Handelsgesetzen und anderen FI-Kriterien konfiguriert wird, gibt es in internationalen Unternehmen in der Regel mindestens einen Buchungskreis pro Land. Es muss darüber hinaus mindestens ein Buchungskreis pro Mandant angelegt werden. Ein Buchungskreis kann dabei genau einem Kontenplan eines Kostenrechnungskreises zugeordnet werden. Es können jedoch mehrere Werke zu einem Buchungskreis gehören.

2.1.3 Logistik-Organisationseinheiten

Die Logistik-Organisationsebenen sind fachlich gesehen produktionsnah zu verorten. Das Werk ist dabei der Dreh- und Angelpunkt für den Organisationsaufbau im Produktionskontext. Der Dispositionsbereich ist speziell für die planerischen Aspekte in der Produktion ein wichtiger Ausgangspunkt. Die Logistik-Organisationsebenen werden im Folgenden genauer beschrieben.

Werk

Das *Werk* ist die zentrale Organisationseinheit in der Logistik und somit auch in der Produktionsplanung. In Werken werden Produkte hergestellt und vertrieben oder Dienstleistungen angeboten. Ein Werk kann dabei eine Produktionsstätte, ein Zentrallager, eine Zentrale, ein Wartungsstandort oder ein Verkaufsbüro sein. Dies ist abhängig davon, welche Art von Produkten oder Dienstleistungen von einem Unternehmen angeboten werden. Zu den klassischen Aufgaben innerhalb eines Werks gehören die Bestandsführung, Bestandsbewertung und Inventur, die Fertigungsplanung und Fertigungssteuerung sowie die Kalkulation und die Instandhaltung. Ein Werk gehört immer zu genau einem Buchungskreis.

Mit der Customizing-Transaktion OX10 werden die Werke im SAP-Mandanten gepflegt (siehe Abbildung 2.2).

Detail Neue Einträge Kopieren als... Löschen

WerK	Name 1	Name 2
0001	Werk 0001	Walldorf
0003	Plant 0003 (is-ht-sw)	
1010	Werk GOD BS	Werk GOD BS
1710	Plant 1 US	Palo Alto

Abbildung 2.2 Customizing-Transaktion OX10 zum Anlegen und Ändern von Werken

Wenn man eine Zeile auswählt und oben auf die Schaltfläche **Detail** klickt, gelangt man zur Detailansicht des ausgewählten Werks (siehe Abbildung 2.3). Hier werden der Name und die Adresse des Werks gepflegt. Darüber hinaus kann man hier sehen, welche globalen Einstellungen für das Werk bei der Systemimplementierung vorgesehen wurden. Die Angabe im Feld **Länderschlüssel** ist beispielsweise dafür relevant, welche Eingabeprüfungen vorgenommen werden (Länge der Postleitzahl, Schreibweisen einiger Zahlenfelder). Diese Angabe stimmt nicht zwingend mit der Tatsache überein, in welchem Land sich das Werk tatsächlich befindet, da Eingabeprüfungen und Formatierungen in internationalen Unternehmen gerne auch länderübergreifend einheitlich geschaltet werden.

Werk:	1010	
Name 1:	Werk GOD BS	
Name 2:	Werk GOD BS	

Detailinformation

Sprachenschlüssel:	DE	Deutsch
Straße und Hausnr:	Roseliesstr 1	
Postfach:		
Postleitzahl:	38126	
Ort:	Braunschweig	
Länderschlüssel:	DE	Deutschland
Region:	03	Niedersachsen
County Code:		
City-Code:		
Steuerstandort:		
Fabrikkalender:	01	Deutschland (Standard)

Abbildung 2.3 Customizing-Transaktion OX10 mit Details zum Werk

Im Feld **Sprachenschlüssel** wird angegeben, in welcher Betriebssprache Texte angezeigt werden und für welche Sprache das System Druckausgaben erstellt, sofern dies nicht auf Programmebene anders definiert ist. Die Angabe bei **Fabrikkalender** gibt Aufschluss darüber, welche Tage in diesem Werk als Arbeitstage gelten. Dieser Aspekt ist z. B. für die Terminierung von Fertigungsaufträgen und Projekten relevant. Wenn Sie den Fabrikkalender ändern, hat das Auswirkungen auf alle Terminierungen, bei denen nicht explizit ein anderer Kalender in den nachgelagerten Einstellungen angegeben wurde. Der Werkskalender ist somit der Default-Kalender für alle Vorgänge in diesem Werk.

Wie bereits erwähnt, kann ein Werk nur zu genau einem Buchungskreis gehören, während ein Buchungskreis wiederum mehrere Werke umfassen kann. Die Zuordnung von Werken zum Buchungskreis wird per Customizing mit der Transaktion OX18 realisiert.

Da das Werk der logistische Dreh- und Angelpunkt in einem SAP-System ist, hat es auch Datensichten innerhalb der Materialstammdaten. Insbesondere die Materialstammsichten Disposition, Einkauf, Lagerung, Arbeitsvorbereitung, Fertigungshilfsmittel, Prognose, Qualitätsmanagement sowie Vertrieb und Kalkulation werden auf Werksebene gepflegt. Damit haben die Stammdaten der Werksebene eine weitreichende Steuerungsfunktion mit Auswirkungen auf alle logistischen SAP-Geschäftsbereiche. Zu diesen Daten, die hier speziell im Bereich der Produktionsplanung relevant sind, finden Sie weitere Informationen in Kapitel 3, »Stammdaten in der Produktion«.

Lagerort

Der *Lagerort* erleichtert die Differenzierung von Lagermaterialien innerhalb eines Werks. Ein Werk kann mehrere Lagerorte haben. Der Lagerort bildet den Ort ab, an dem die Materialien physisch aufbewahrt werden. Innerhalb eines Werks können mehrere Lagerorte definiert werden, wodurch die Bestandsführung von der Werksebene auf die Lagerorte heruntergebrochen wird. Man kann unterschiedliche Materialien im gleichen Lagerort führen oder für spezielle Materialien spezielle Lagerorte anlegen. In der Praxis werden Lagerorte sowohl aufgrund räumlicher Trennung als auch aus logischen Gründen eingeführt. So kann es beispielsweise sinnvoll sein, einen speziellen Lagerort für Retouren oder den Warenumschlag per Cross-Docking zu implementieren. Sie können einzelne Lager von der Disposition über die Materialbedarfsplanung ausschließen, wenn Sie deren Bestände nicht zur Bedarfsplanung zulassen wollen. Das kann beispielsweise bei einem Lager mit B-Ware mit Beständen minderer Qualität oder mit Materialien ausschließlich zur internen Verwendung der Fall sein. In komplexen Lagern wird ein Lagerort für gewöhnlich mittels eines Lagerverwaltungssystems noch in *Lagernummern*, *Lagertypen* und *Lagerplätze* aufgeteilt.

Die werksspezifische Konfiguration der Lagerorte kann mit der Transaktion OX09 ausgeführt werden. Nachdem Sie ein Werk ausgewählt haben, können Sie hier die Lagerorte zuordnen (siehe Abbildung 2.4). Anschließend können Sie den Lagerorten Adressen zuweisen und Kommunikationswege für Produktionsleitsysteme hinzufügen.

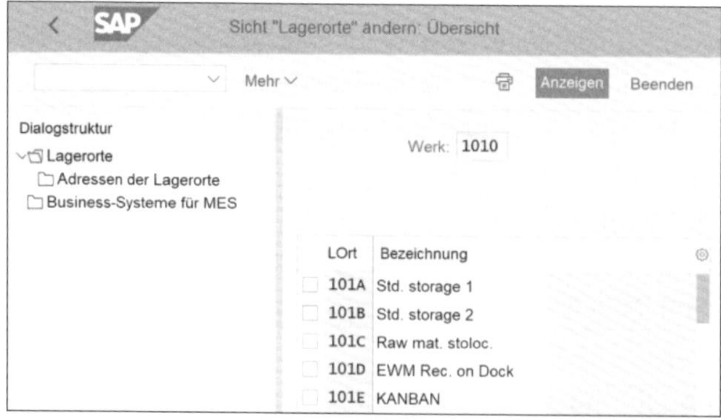

Abbildung 2.4 Customizing-Transaktion OX09 zur Zuordnung der Lagerorte zum Werk

Versandstelle

Über die *Versandstelle* kann der Ort definiert werden, von dem aus Waren verschickt werden. Hierüber wird abgebildet, welche Versandbedingungen für einen Kunden und für die Verladung des Materials eingehalten werden müssen. Zudem wird das Auslieferungswerk bestimmt. Somit kann für jede Kundenauftragsposition eine passende Versandstelle ermittelt werden. Mit der Transaktion OVXC gelangt man direkt zur Zuordnung der Versandstelle zum Werk im Customizing. Hier können Sie per Doppelklick ein Werk und die zugehörigen Versandstellen auswählen (siehe Abbildung 2.5). Dabei können sich mehrere Werke eine oder mehrere Versandstellen teilen.

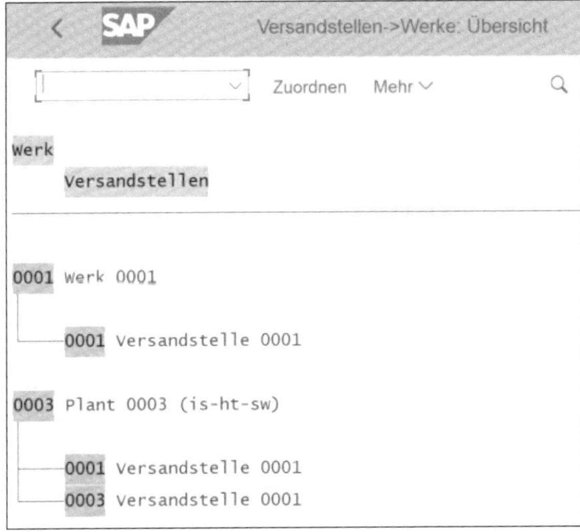

Abbildung 2.5 Customizing-Transaktion OVXC zur Zuordnung der Versandstellen zum Werk

Verkaufsorganisation

Die *Verkaufsorganisation* ist die zentrale Organisationseinheit im Vertrieb. Sie verhandelt die Verkaufsbedingungen mit den Kunden. Eine Verkaufsorganisation kann in Sparten unterteilt werden, die beispielsweise für Produktlinien stehen. In Kombination mit verschiedenen Vertriebswegen werden so Vertriebsbereiche gebildet.

Einkaufsorganisation

Die *Einkaufsorganisation* bildet die Anforderungen des Einkaufs ab. Hier wird der Kontakt zu den Lieferanten gemanagt. Die Beschaffung von Material und Dienstleistungen fällt in die Verantwortung dieser Organisationseinheit. Ein Werk kann einer oder mehreren Einkaufsorganisationen zugeordnet werden und umgekehrt. Es gibt drei Arten der Implementierung von Einkaufsorganisationen:

- Die *werksbezogene Einkaufsorganisation* gehört zu genau einem Werk in einem Buchungskreis.
- Die *werksübergreifende Einkaufsorganisation* wird mehreren Werken parallel innerhalb desselben Buchungskreises zugeordnet.
- Die *buchungskreisübergreifende Einkaufsorganisation* ist mehreren Werken aus verschiedenen Buchungskreisen zugeordnet.

In der Regel ist eine Einkaufsorganisation entweder für alle Buchungskreise eines Unternehmens oder für alle Werke eines Buchungskreises oder für genau ein Werk zuständig. Das ist abhängig von der Realisierung der Einkaufsstrukturen in einem Unternehmen und kann über das Customizing für den Einkauf entsprechend modelliert werden. Es sind jedoch auch Mischformen möglich, die dann durch Referenzeinkaufsorganisationen in SAP realisiert werden. Beispielsweise ist die Einkauforganisation »1000« für alle Werke des Buchungskreises »Deutschland« zuständig. Damit gilt diese Einkaufsorganisation für alle Werke in Deutschland (zum Beispiel Hamburg, Peine und München). Das Werk in Peine kann jedoch auch auf die eventuell günstigeren Einkaufsoptionen der Referenzeinkaufsorganisation »2000« zurückgreifen, die wiederum einem anderen Buchungskreis zugeordnet ist.

Dispositionsbereich

Ein *Dispositionsbereich* (Dispobereich) ist eine selbstständig disponierende Organisationseinheit. Für diese Einheit wird eine eigenständige Bedarfsplanung durchgeführt. Der Vorteil in der Verwendung von Dispobereichen liegt in der Differenzierung in der Materialbedarfsplanung, die zum Beispiel das getrennte Disponieren mehrerer Fertigungslinien ermöglicht. Wenn Sie auf Dispositionsbereiche verzichten, werden dagegen alle Materialbedarfe auf Werksebene disponiert. Die Materialbedarfsplanung mit Dispositionsbereichen müssen Sie auf der Ebene des Mandanten aktivieren. Damit ist diese Aktivierung global für alle zugehörigen Werke gültig. Sie können diese Aktivierung nicht rückgängig machen, da ansonsten Inkonsistenzen in der Datenhaltung auftreten könnten. Es gibt dabei drei verschiedene Typen von Dispobereichen:

- Werksdispositionsbereich
- Lagerort-Dispositionsbereich
- Lohnbearbeiter-Dispositionsbereich

Werksdispositionsbereiche werden bei der Aktivierung der Planung mittels Dispositionsbereichen automatisch angelegt. Sie sind damit die standardmäßig vorgesehenen Dispobereiche. Wenn Sie diese Bereiche nicht weiter unterteilen, gelten sie automatisch jeweils für ein gesamtes Werk. Wenn Sie also ein Werk mit allen Lagerorten und auch die Lohnbearbeitungsbestände in einem Dispositionsbereich vereinen, liegt ein Werksdispositionsbereich vor. Sie können nun einzelne Lagerorte aus diesem Bereich ausgliedern und eigenständig disponieren. Der Werksdispositionsbereich wird um diese ausgegliederten Bereiche reduziert, und es werden zusätzlich Dispobereiche für Lagerorte angelegt.

Lagerort-Dispositionsbereiche werden durch die Zuordnung eines oder mehrerer Lagerorte definiert. Diese werden dann gemeinsam, aber zugleich getrennt vom Rest des Werks disponiert. Sie können einen Lagerort nur genau einem Dispositionsbereich zuordnen, da die Bestände nicht doppelt disponiert werden können.

Lohnbearbeiter-Dispositionsbereiche definieren Sie durch die Zuordnung eines Lohnbearbeiters. Die entsprechenden Komponenten dieses Lohnbearbeiters werden dem Dispobereich zugeordnet. Dabei gilt, dass es einen Lohnbearbeiter-Dispobereich pro Lohnbearbeiter geben muss.

Dispositionsbereiche können mit der Transaktion OMIZ definiert werden (siehe Abbildung 2.6). Hier geben Sie über den Dispositionsbereichstyp (**Dispob-Typ**) an, ob der Dispobereich einem ganzen Werk, einem Lagerort oder einem Lohnbearbeiter entspricht. Beim Typ **Werk** umfasst der Dispobereich das angegebene Werk. Beim Typ **Lagerort** können die relevanten Lagerorte in einem zweiten Schritt zugeordnet werden. Markieren Sie hierfür einen Dispobereich aus der Liste und navigieren Sie dann per Doppelklick im Menü auf der linken Seite über den Eintrag **Lagerorte zuordnen** zum nächsten Eingabebildschirm. Dort findet dann die Zuordnung statt.

Dem Typ **Lohnbearbeiter** wird ebenfalls im zweiten Schritt über den Menüeintrag **Lohnbearbeiter** der jeweilige Lohnbearbeiter zugeordnet.

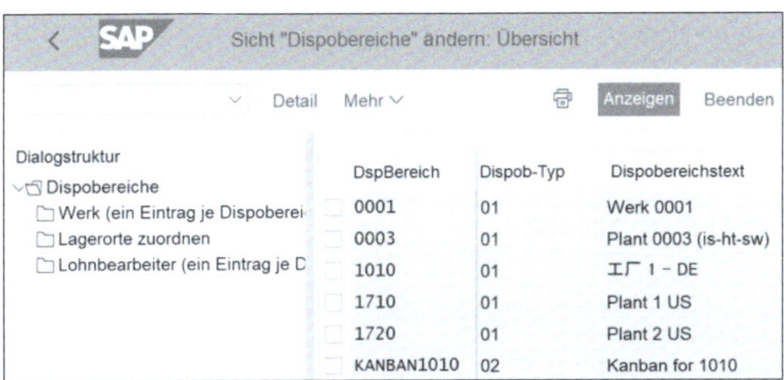

Abbildung 2.6 Customizing-Transaktion OMIZ zur Definition von Dispositionsbereichen

2.2 Rollen

Im Kontext der Produktionsplanung in SAP kann man *Rollen* aus zwei verschiedenen Blickwinkeln betrachten. Zum einen ist da das Rollen- und Berechtigungskonzept, das es bestimmten Usern ermöglicht, verschiedene Anwendungen oder Transaktionen innerhalb des SAP-Systems zu benutzen. Dieses Rollenkonzept ist ein elementarer Bestandteil der Basisarbeit einer SAP-Implementierung.

Auf der anderen Seite gibt es Rollen im Sinne der betriebswirtschaftlichen Arbeitsteilung innerhalb der relevanten Bereiche der Produktion. Diesen Rollen der verschiedenen Aufgabenbereiche sind dann wiederum die jeweiligen Tätigkeiten innerhalb des SAP-Systems zugeordnet. Dabei kann es in jedem Unternehmen andere Verteilungen der einzelnen Aufgaben geben. So können die Rollen im betriebswirtschaftlichen Kontext auch in einer Person vereint sein. Je größer jedoch das Unternehmen oder je komplexer die Produktionsvorgänge, desto mehr wird die Arbeit in der Regel auf verschiedene Personen verteilt.

Mit Blick auf die SAP-Produktionsplanung lassen sich zwei große Aufgabengebiete unterscheiden: die Planung und die Steuerung. Die Planung kann dabei noch feiner in Dispositions- und Kapazitätsplanung unterteilt werden. Die Disposition ist dabei für die lang- und mittelfristigen Bedarfe verantwortlich, während die Kapazitätsplanung sich stärker um die kurzfristige Umsetzung der Bedarfe und die Auslastungen kümmert. Aus diesem Grund betrachten wir die Rollen *Disponent*, *Kapazitätsplaner* und *Fertigungssteuerer* im Folgenden etwas genauer. Diese Rollen können aus Personalsicht fließend ineinander übergehen, weshalb die hier beschriebene Verteilung der einzelnen Aufgabenfelder als Beispiel anzusehen ist.

Der Disponent plant meist die längerfristigen Bedarfe, während der Kapazitätsplaner die feinere und zeitlich kurzfristigere Planung durchführt. Beim Fertigungssteuerer gibt es häufig Überschneidungen mit den Aufgabengebieten des Disponenten, sofern durch ungeplante oder umgeplante Ereignisse in der Fertigung kurzfristig unvorhergesehene Bedarfe auftreten. In unserem Beispiel ist der Disponent für die Produktionsplanung zuständig, der Kapazitätsplaner hat die Übersicht über die Kapazitätsplanung, und der Fertigungssteuerer trägt die Verantwortung für alles rund um den Fertigungsauftrag. Abbildung 2.7 zeigt die Verteilung dieser Aufgabengebiete auf die drei Rollen.

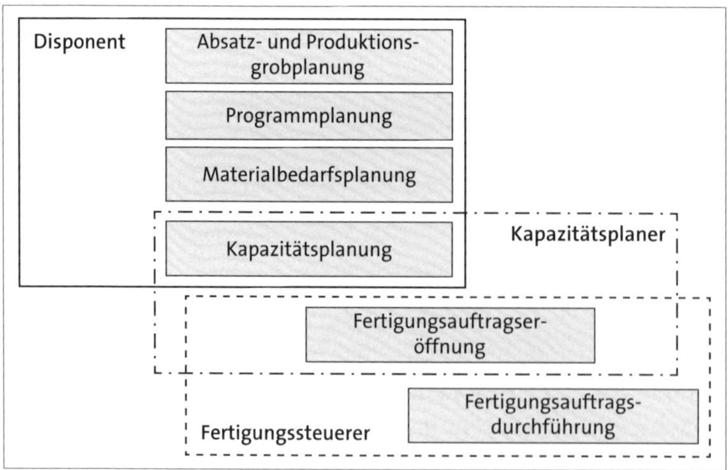

Abbildung 2.7 Schematische Darstellung der Rollen und Aufgabengebiete

In Kapitel 1, »Produktionsplanung mit SAP S/4HANA«, haben wir bereits die Grundlagen von SAP Fiori und die mit der SAP-Fiori-Welt verbundenen Rollen in der Produktionsplanung kennengelernt. Hier wird das Rollenkonzept sogar noch intensiver gelebt, als es bisher der Fall im GUI-Umfeld war.

[+]

Weiterführende Literatur

Wenn Sie weiterführende Literatur zum Thema Rollen und Berechtigungen in SAP S/4HANA suchen, empfehlen wir Ihnen die folgenden Werke:

- »Berechtigungen in SAP S/4HANA und SAP Fiori« (Rheinwerk Verlag 2023)
- »SAP HANA – Sicherheit und Berechtigungen« (Rheinwerk Verlag 2019)
- »SAP Business Technology Platform – Sicherheit und Berechtigungen« (Rheinwerk Verlag 2021)
- »Berechtigungen in SAP. Best Practices für Administratoren« (Rheinwerk Verlag 2019)

2.2.1 Disponent

Die Rolle des *Disponenten* kann von einer oder mehreren Personen ausgeführt werden. Das bedeutet, dass mehrere Anwenderinnen und Anwender im SAP-System über ihren User für eine Planstelle mit der Disponentenrolle versehen werden können. Die Hauptaufgaben des Disponenten sind die Ermittlung und Sicherstellung der Versorgung der Materialbedarfe. Hierbei kann der Arbeitsbereich für unterschiedliche Materialien in Sachgebiete nach Materialart eingeteilt werden. So sind in Unternehmen häufig verschiedene Disponenten beispielsweise für Rohstoffe, (spezielle) Komponenten und Halbfabrikate oder Verpackungsmaterialien zuständig. Welcher Disponent für ein konkretes Material verantwortlich ist, wird in der Sicht **Disposition 1** der Materialstammdaten hinterlegt. Wenn Sie im Materialstamm im Feld **Dispositionsmerkmal** das gewünschte Merkmal einstellen, fragt das System automatisch nach der Angabe des obligatorischen Disponenten im Feld **Disponent**. Der Disponent hat unter anderem die folgenden Aufgaben:

- Definition eines Grobplanungsprofils mit den Transaktionen MC35 und MC36
- Definition der Planungshierarchie mit den Transaktionen MC61 und MC62
- Definition von Ereignissen mit den Transaktionen MC64 und MC65
- Definition der Standardabsatz-/Standardgrobplanung mit den Transaktionen MC81 und MC82 oder MC87 und MC88
- Disaggregation der Standardgrobplanung per Übergabe an die Programmplanung mit der Transaktion MC74 oder MC75

- Definition der flexiblen Absatz-/Grobplanung mit den Transaktionen MC93 und MC94
- Disaggregation der flexiblen Grobplanung per Übergabe an die Programmplanung mit der Transaktion MC90
- einstufige oder mehrstufige Bedarfsplanung mit der Transaktion MD03 oder MD02
- Verwendung der Bedarfs-/Bestandsliste mit den Transaktionen MD04 und MD07
- Verwendung der Dispoliste mit den Transaktionen MD05 und MD06
- Planaufträge anlegen und bearbeiten mit den Transaktionen MD11 und MD12
- interaktive Bedarfsplanung mit der Transaktion MD43
- Planprimärbedarfe anlegen und bearbeiten mit den Transaktionen MD61 und MD62
- Gesamtbedarfe anzeigen mit der Transaktion MD73
- Bedarfsermittlung zu einem Szenario der Langfristplanung mit der Transaktion MS65
- Massenbearbeitung von Fertigungsaufträgen mit den Transaktionen COHV und COMAC
- Verwendung des Auftragsinfosystems mit der Transaktion COOIS

Im Customizing können Sie über den Pfad **Produktion • Bedarfsplanung • Stammdaten** zu jedem Werk einen oder mehrere Disponenten anlegen. Bei der Konfiguration des Disponenten sollten sich die Bereiche Produktionsplanung (PP) und Materialwirtschaft (MM) abstimmen, da beide Bereiche intensiv mit der Disponentenrolle arbeiten.

Aus der Zuordnung des Disponenten zum Werk gelangen Sie per Doppelklick in die Detailansicht des Disponenten. Alternativ können Sie eine Zeile markieren und oben auf die Schaltfläche **Detail** klicken. In der Detailansicht können Sie die Kontaktdaten des Disponenten hinterlegen und einen Geschäftsbereich sowie ein Profitcenter für die Integration in das SAP-Projektsystem (PS) angeben (siehe Abbildung 2.8).

Die Empfängerart legt fest, ob eine Person oder ein Personenkreis eine E-Mail-Benachrichtigung erhält, wenn aus der Dispositionsliste oder der Bedarfs-/Bestandsliste eine E-Mail an den/die Disponenten zum aktuellen Material verschickt werden soll. Im Feld **Empfänger** definieren Sie dann die tatsächlichen Empfänger oder die Organisation zur Empfängerart.

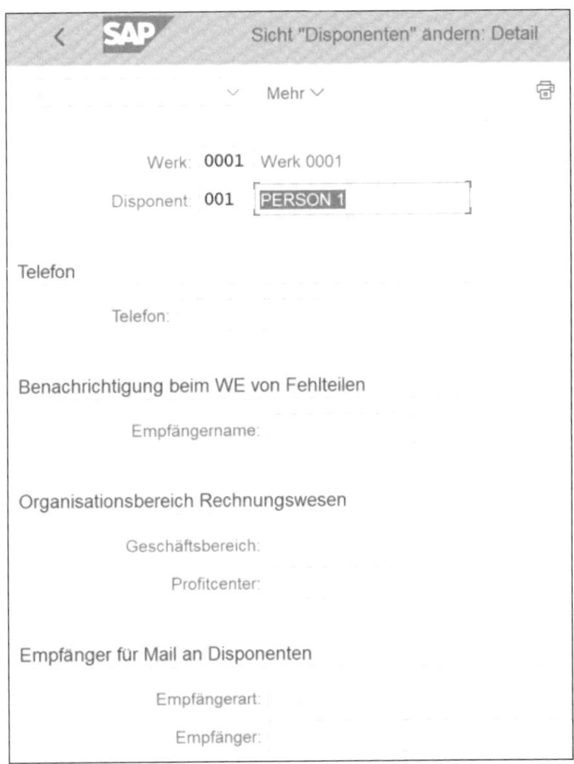

Abbildung 2.8 Customizing: Detailansicht des Disponenten

2.2.2 Kapazitätsplaner

Die Hauptaufgabe des *Kapazitätsplaners* oder einer *Kapazitätsplanergruppe* besteht darin, die Fertigungsvorgänge so einzuplanen, dass Kundenbedarfe möglichst optimal gedeckt werden können. Dafür sollten die verfügbaren Kapazitäten so effizient wie möglich genutzt werden. Zielgrößen sind dabei die Zeit und die Kosten, die aus der Auslastung resultieren.

Der Kapazitätsplaner terminiert die Kapazitäten und Ressourcen per Zuordnung über die jeweiligen Arbeitsplätze. Daher müssen Sie einem Arbeitsplatz stets eine verantwortliche Kapazitätsplanergruppe zuordnen. Die Kapazitätsplaner und Kapazitätsplanergruppen werden in der gleichen Customizing-Konfiguration angelegt und unterscheiden sich nur anhand ihrer Beschreibung als Gruppe oder Einzelperson. Die Begriffe sind damit synonym verwendbar. Kapazitätsauswertungen können über die Angabe des Kapazitätsplaners gefiltert werden, um die Informationen leichter auf die relevanten Ergebnisse einzugrenzen. Der Kapazitätsplaner hat unter anderem die folgenden Aufgaben:

- Kapazitätsauswertung mit den Transaktionen CM01 (Standard), CM02 (Detail), CM03 (Vorrat) und CM07 (variable Sicht)
- grafische Plantafel zum Kapazitätsabgleich mit der Transaktion CM21 und tabellarische Plantafel zum Kapazitätsabgleich mit der Transaktion CM22
- Kapazitätsabgleich per Massenplanung mit der Transaktion CM40
- Kapazitätsauswertung aus Arbeitsplatzsicht mit der Transaktion CM50
- Kapazitätsauswertung aus Auftragssicht mit der Transaktion CM52

Im Customizing finden Sie die Möglichkeit, einen Kapazitätsplaner oder eine Kapazitätsplanergruppe anzulegen, über den Pfad **Produktion • Kapazitätsplanung • Stammdaten • Kapazitätsdaten** (siehe Abbildung 2.9).

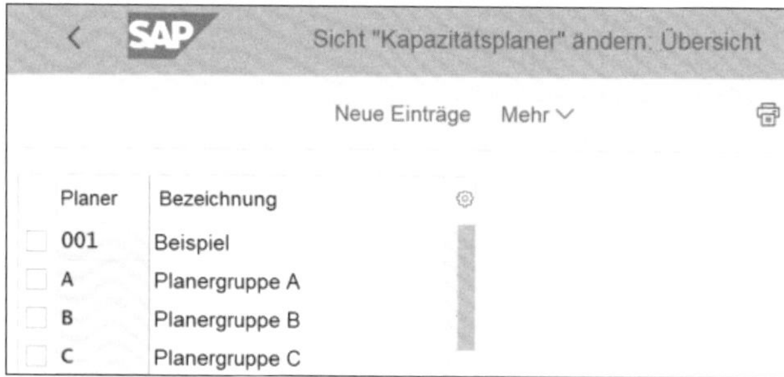

Abbildung 2.9 Customizing: Kapazitätsplaner anlegen/ändern

2.2.3 Fertigungssteuerer

Der *Fertigungssteuerer* ist hauptsächlich dafür verantwortlich, den optimalen Ablauf der Fertigung zu gewährleisten. Er setzt die geplanten Fertigungsaufträge gemäß dem Produktionsplan um und reagiert mit Gegenmaßnahmen auf ungeplante Situationen während der Fertigungsausführung. Für die Auftragsausführung entnimmt er die benötigten Informationen zur Auftragssteuerung aus dem *Fertigungssteuerungsprofil*. Im Bereich der Feinplanung überschneiden sich die Aufgabenbereiche der Fertigungssteuerer und der Kapazitätsplaner teilweise. Der Fertigungssteuerer hat unter anderem die folgenden Aufgaben:

- Verwendung von Fertigungshilfsmitteln mit den Transaktionen CF10 und CF13
- Anlegen und Bearbeiten von Fertigungsaufträgen mit den Transaktionen CO01 und CO02
- Massenbearbeitung von Fertigungsaufträgen mit den Transaktionen COHV und COMAC
- Drucken der Arbeitspapiere mit der Transaktion CO04N
- Freigabe der Fertigungsaufträge mit der Transaktion CO05N

- Eröffnung der Fertigungsaufträge mit der Transaktion CO07
- Erfassung von Rückmeldungen zum Auftrag mit der Transaktion CO15 und Stornierung von Rückmeldungen über die Transaktion CO13
- Verwendung des Fehlteilinfosystems mit der Transaktion CO24
- Kommissionierung mit der Transaktion CO27
- Umsetzung von Planaufträgen mit den Transaktionen CO40 und CO41
- Verwendung des Auftragsinfosystems mit der Transaktion COOIS
- Warenentnahme und Bestandsbuchung zum Fertigungsauftrag mit der Transaktion MIGO

Abbildung 2.10 zeigt die Customizing-Transaktion OPJ9, über die Sie die Fertigungssteuerer anlegen und bearbeiten können. Wenn Sie einen Fertigungssteuerer für die Prozessfertigung anlegen wollen, nutzen Sie stattdessen die Customizing-Transaktion CORU. Sie können für jedes Werk einen oder mehrere Fertigungssteuerer hinterlegen, dem bzw. denen Sie wiederum ein *Fertigungssteuerungsprofil* zuordnen können. Über dieses Profil werden betriebswirtschaftliche Vorgänge definiert, die parallel zum Fertigungs- oder Prozessauftrag ausgeführt werden sollen. Damit lässt sich beispielsweise festlegen, ob Auftragseröffnung und Auftragsfreigabe zeitgleich mit dem Drucken der Arbeitspapiere erfolgen sollen. Bei einer Auftragserstellung wird dieses Profil dann direkt mit in den Fertigungsauftrag übernommen.

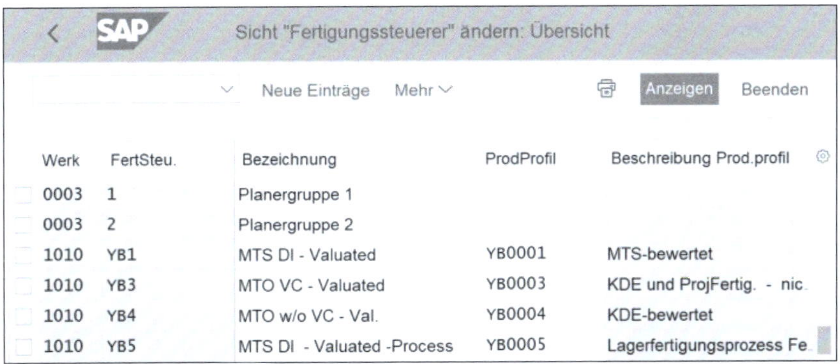

Werk	FertSteu.	Bezeichnung	ProdProfil	Beschreibung Prod.profil
0003	1	Planergruppe 1		
0003	2	Planergruppe 2		
1010	YB1	MTS DI - Valuated	YB0001	MTS-bewertet
1010	YB3	MTO VC - Valuated	YB0003	KDE und ProjFertig. - nic
1010	YB4	MTO w/o VC - Val.	YB0004	KDE-bewertet
1010	YB5	MTS DI - Valuated -Process	YB0005	Lagerfertigungsprozess Fe

Abbildung 2.10 Customizing-Transaktion OPJ9 (Fertigungssteuerer anlegen/ändern)

Konfiguration und Verwendung des Fertigungssteuerungsprofils

Wo Sie ein Fertigungssteuerungsprofil pflegen können, erfahren Sie in Kapitel 3, »Stammdaten in der Produktion«, Abschnitt 3.8, »Steuerungsprofile«. Welche Auswirkungen diese Konfigurationen im Detail haben, erfahren Sie jeweils im Rahmen der Kapitel zu den betroffenen Anwendungsgebieten.

Kapitel 3
Stammdaten in der Produktion

Stammdaten stellen die Weichen für die Prozesse in einem SAP-System. Sie bieten eine große Vielzahl an Steuerungsparametern, die an verschiedenen Stellen gepflegt werden müssen. Alle Elemente der Stammdaten müssen im Gesamtkontext abgestimmt sein. Das ist die Voraussetzung für gut eingestellte Fertigungsprozesse.

Gut gepflegte *Stammdaten* und ein durchdachtes Customizing sind für den reibungslosen Produktionsablauf unverzichtbar. Sie bilden die Grundlage für alle Funktionen eines SAP-Systems. In diesem Buch gehen wir speziell auf die Stammdaten der Produktionsplanung ein, um die Möglichkeiten und Auswirkungen der Stammdatenkonfiguration für die Planung und Ausführung der Fertigung zu erklären. In diesem Kapitel erfahren Sie, welche Stammdaten es im Produktionskontext gibt und wofür sie stehen.

Neben den Materialstammdaten stellen wir auch Stücklisten, Arbeitsplätze, Arbeitspläne sowie Fertigungsversionen und viele weitere Stammdaten vor. Auch auf einige Spezialitäten der Prozess- und Serienfertigung gehen wir ein und grenzen sie von den jeweils anderen Fertigungsarten ab.

Die Grundlagen der Konfiguration sind für alle Fertigungsarten sehr ähnlich, es gibt aber auch einige signifikante Unterschiede. Eine jeweils beispielhafte Konfiguration und weitere Details zu ihren Auswirkungen finden Sie in Kapitel 4, »Diskrete Fertigung«, Kapitel 5, »Serienfertigung«, und Kapitel 6, »Prozessfertigung«, zu den jeweiligen Fertigungsarten. Um Ihnen zunächst ein einheitliches Verständnis von Stammdaten zu vermitteln, erklären wir in diesem Kapitel zunächst die grundlegenden Strukturen und die Verwendung der Stammdaten.

Zur Vereinfachung der Darstellung und zur besseren Unterscheidung verwenden wir folgende Abkürzungen für die jeweilige Fertigungsart:

- Diskrete Fertigung (Production Planning): PP
- Serienfertigung (Repetitive Manufacturing): REM
- Prozessfertigung (Production Planning for Process Industries): PI

Was ist also bei allen Fertigungsarten gleich, und wo liegen die konkreten Unterschiede in den Stammdaten? Zunächst gibt es begriffliche Unterschiede zwischen den Fertigungsarten. Jeder, der sich noch an seine ersten Gehversuche in einem SAP-System erinnern kann, kennt das sicherlich. Es ist wie Vokabeln lernen. Während man in PP z. B. von Arbeitsplätzen spricht, trifft man in PI an dieser Stelle auf Ressourcen, und in REM kann als eine spezielle Art des Arbeitsplatzes eine Fertigungslinie stehen.

Darüber hinaus gibt es funktionale Unterschiede. Der Arbeitsplatz, die Ressource und die Fertigungslinie sind unterschiedliche Begriffe, obwohl sie doch verwandt in ihrer Funktion sind. Sie sind deswegen verwandt, weil sie z. B. alle die Kapazitäten einer für die Fertigung relevanten Station abbilden können. Dennoch sind sie nicht identisch in ihrer Funktion, und genau darin liegen ja die besonderen Vorteile der jeweiligen Fertigungsarten, die durch ihre Spezialisierung eine breite Palette an Fertigungsprozessen abbilden können.

Für die diskrete Fertigung sind vor allem das Material, die Stückliste, der Arbeitsplatz und der Arbeitsplan sowie die Fertigungsversion von besonderer Bedeutung. Die wichtigsten Stammdatenelemente der Serienfertigung sind das Material, die Stückliste, die Fertigungslinie, der Linienplan und die Fertigungsversion. In der Prozessfertigung sind das Material, die Stückliste, das Planungsrezept, die Ressource und die Fertigungsversion unverzichtbar.

Tabelle 3.1 fasst zusammen, welche Begriffe für welche Fertigungsart relevant sind. Anschließend stellen wir Ihnen diese Begriffe und ihre Besonderheiten einzeln genauer vor.

Auftragsart PP	Auftragsart REM	Auftragsart PI
Materialstamm	Materialstamm	Materialstamm
Materialart	Materialart	Materialart
Arbeitsplatz	Arbeitsplatz oder Fertigungslinie	Ressource
Stückliste	Stückliste	Stückliste
Arbeitsplan	Arbeitsplan oder Linienplan	Planungsrezept mit XSteps
Fertigungsversion	Fertigungsversion	Fertigungsversion
Chargenstammsatz	Chargenstammsatz	Chargenstammsatz
Fertigungssteuerungsprofil	Serienfertigungsprofil	Planungsrezeptprofil
Fertigungsauftrag oder Produktkostensammler	Produktkostensammler	Prozessauftrag oder Produktkostensammler

Tabelle 3.1 Stammdaten der Fertigungsarten

3.1 Auftragsarten

Verwendete Customizing-Transaktionen

- KOT2_OPA (Innenauftrag)
- OPJH (Fertigungsauftragsarten)
- CORN (Prozessauftragsarten)

Der Unterschied zwischen den Fertigungsarten wurde bereits in Kapitel 1, »Produktionsplanung mit SAP S/4HANA«, skizziert. Diese Fertigungsarten stehen in Verbindung mit verschiedenen Auftragsarten, die an geeigneter Stelle in einem SAP-System konfiguriert werden müssen.

Bevor wir uns jedoch die Auftragsarten genauer ansehen, ist es wichtig, diese von den Auftragstypen zu unterscheiden. Die *Auftragstypen* werden von SAP vorgegeben und können nicht geändert werden. Es gibt verschiedene Auftragstypen. Dies sind einige davon:

- Fertigungsaufträge aus der Produktionsplanung (PP)
- Prozessaufträge aus der Prozessfertigung (PI)
- Instandhaltungsaufträge aus der Instandhaltung (PM)
- Innenaufträge aus dem Controlling (CO)

Für die Produktionsplanung sind hier vor allen Dingen der Fertigungs- und der Prozessauftrag interessant.

Innerhalb dieser Auftragstypen können schließlich die *Auftragsarten* angelegt werden. Damit lassen sich verschiedene Aufträge mit werksspezifischen Steuerungsparametern implementieren. Die beeinflussbaren Parameter sind:

- Nummernvergabe
- Stammdaten
- Protokollierung
- Chargenfindung
- Fremdvorgänge
- Qualitätsprüfung
- Ausschussbehandlung
- Kalkulation
- Änderungsprotokollierung

Die Auftragsart ist tief verwurzelt in den Konfigurationen Ihres SAP-Systems. Es werden nicht nur die zur Auftragsart definierten Parameter auf dieser Grundlage eingestellt; zusätzlich werden viele weitere Customizing-Einträge mit der Auftragsart in Bezug gesetzt. So sind z. B. auch die Konfigurationen zur Terminierung, zum Auftragsdruck und zur Rückmeldung abhängig von der Auftragsart. Abbildung 3.1 zeigt, dass die Belegart »Auftrag« wiederum in die verschiedenen Auftragstypen wie Fertigungs- oder Prozessaufträge unterteilt wird, die jeweils wiederum in speziell definierte Auftragsarten mit eigenen Nummernkreisen und Sonderverarbeitungen unterteilt werden können. Aus Stammdatensicht sind die Auftragsarten also eine Menge an verschiedenen Auftragskonfigurationen eines Auftragstyps, die wiederum eine Teilmenge der Belegarten darstellen.

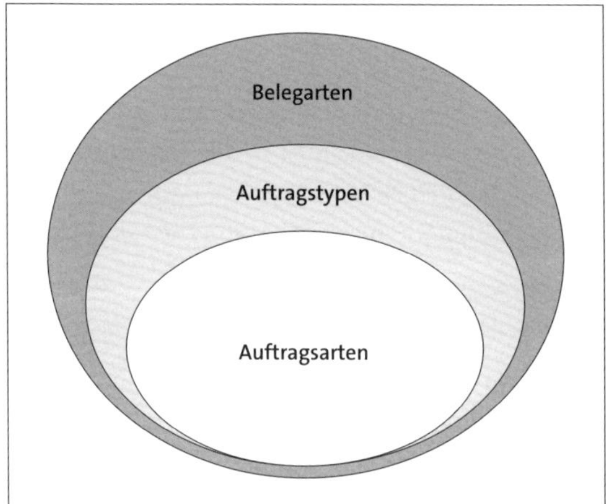

Abbildung 3.1 Die Auftragsarten als Menge der Auftragstypen als Teilmenge der Belegarten

3.1.1 Innenauftrag konfigurieren

Im SAP-System gibt es Standardauftragsarten, die bereits vorkonfiguriert sind. Wenn diese nicht Ihren Anforderungen entsprechen, können Sie mit der jeweiligen Customizing-Transaktion eine eigene Auftragsart anlegen. Hierzu können Sie auch bereits bestehende Auftragsarten kopieren und Ihren Anforderungen anpassen. Dadurch müssen Sie gegebenenfalls nicht alle Einstellungen neu eingeben. Die Auftragsarten haben großen Einfluss auf die Verrechnung von Fertigungskosten. Dieser Teil der Konfiguration ist damit eigentlich im Aufgabengebiet des Controllings zu verorten.

Im Bereich des Controllings können Sie über die Customizing-Transaktion KOT2_OPA unter anderem *Innenaufträge* als *Kostensammler* für die Fertigung definieren (siehe Abbildung 3.2).

Wenn Sie die entsprechende Zeile markieren und auf **Detail** klicken oder alternativ einen Doppelklick auf die Zeile ausführen, gelangen Sie in die Detailansicht des ausgewählten Innenauftrags. Hier können die für das Controlling relevanten Einstellungen für die interne Verrechnung in der Fertigung vorgenommen werden. Auf die Einstellungsmöglichkeiten gehen wir nicht weiter ein, da diese im Hoheitsgebiet des Controllings liegen und in der Regel auch von dort gepflegt oder zumindest vorgegeben werden. Interessant ist es jedoch, zu wissen, dass Sie über die Felder in der Spalte **Typ** zweckgebundene Kostensammler hinterlegen können. Für die Serienfertigung können Sie z. B. Auftragsarten für Produktkostensammler anlegen. Abbildung 3.2 zeigt neben der Customizing-Tabelle mögliche Auftragstypen der [F4]-Hilfe des Felds **Typ**.

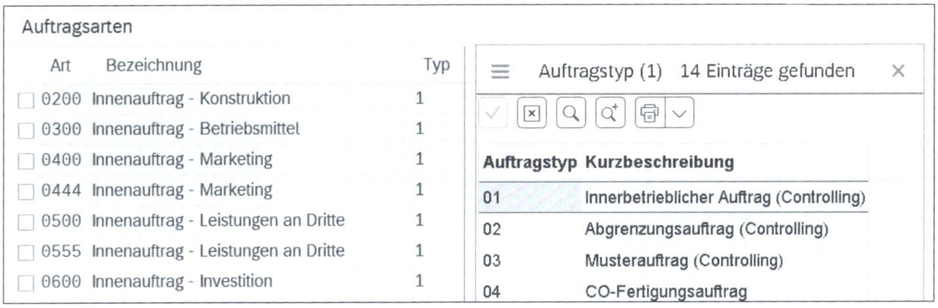

Auftragsarten

Art	Bezeichnung	Typ
0200	Innenauftrag - Konstruktion	1
0300	Innenauftrag - Betriebsmittel	1
0400	Innenauftrag - Marketing	1
0444	Innenauftrag - Marketing	1
0500	Innenauftrag - Leistungen an Dritte	1
0555	Innenauftrag - Leistungen an Dritte	1
0600	Innenauftrag - Investition	1

Auftragstyp (1) 14 Einträge gefunden

Auftragstyp	Kurzbeschreibung
01	Innerbetrieblicher Auftrag (Controlling)
02	Abgrenzungsauftrag (Controlling)
03	Musterauftrag (Controlling)
04	CO-Fertigungsauftrag

Abbildung 3.2 Customizing-Transaktion KOT2_OPA – Pflege von Innenaufträgen

3.1.2 Fertigungsauftragsart konfigurieren

Mit der Customizing-Transaktion OPJH gelangen Sie zur Pflege der *Fertigungsauftragsarten* (siehe Abbildung 3.3).

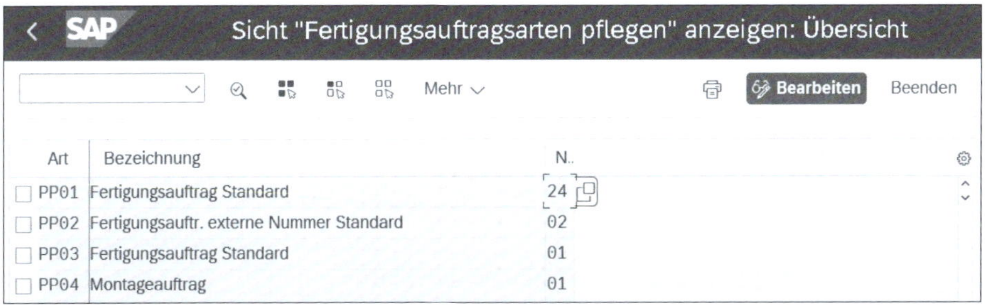

Sicht "Fertigungsauftragsarten pflegen" anzeigen: Übersicht

Mehr Bearbeiten Beenden

Art	Bezeichnung	N..
PP01	Fertigungsauftrag Standard	24
PP02	Fertigungsauftr. externe Nummer Standard	02
PP03	Fertigungsauftrag Standard	01
PP04	Montageauftrag	01

Abbildung 3.3 Customizing-Transaktion OPJH (Fertigungsauftragsarten pflegen)

Sie können hier eine Auftragsart neu anlegen, kopieren, bearbeiten oder löschen. Für das Neuanlegen sind ein selbst definierbarer Schlüssel für die Auftragsart (z. B. ZP01), eine treffende Bezeichnung und die Zuordnung eines Nummernkreises erforderlich. Per Doppelklick oder Selektion einer Zeile und Klicken auf **Detail** gelangen Sie in die Detailansicht der jeweiligen Auftragsart.

In der Detailsicht gibt es *Steuerungskennzeichen*, deren Konfiguration Sie bei der verantwortlichen Person im Controlling erfragen sollten. Sie können hier die Schnittstelle in das Controlling aktivieren, die Klassifizierung zum besseren Auffinden der Aufträge dieser Art im Controlling erlauben und angeben, ob Obligos ausgewiesen und fortgeschrieben werden sollen.

Die *Residenzzeiten* im Abschnitt **Reorganisation** haben Auswirkungen auf die Zeit, nach der ein Fertigungsauftrag gelöscht oder archiviert werden kann. Hierbei handelt es sich um eine Frage der Datenhaltung, die Sie idealerweise mit Ihrer IT-Abteilung abstimmen.

Die *Kostenrechnungssteuerung* wird wieder aus dem Controlling vorgegeben. Das Abrechnungsprofil definiert dabei unter anderem Kostenempfänger, wie z. B. Kostenstellen oder Anlagen. Hier sind auch die Belegart für die Buchhaltung und Vorschlagswerte für das Ergebnisschema hinterlegt. Im Prinzip ist das der Schlüssel zur Verteilung der Kosten je Auftragsart. Im Funktionsbereich können Sie bestimmen, zu welchem Bereich die Zahlen dieser Auftragsart in die Gewinn-und-Verlust-Rechnung der Finanzbuchhaltung nach dem Umsatzkostenverfahren eingehen. Das Kennzeichen **Auftragsnetz mit Warenbewegung** steuert, ob automatische Warenbewegungen zwischen einzelnen Ebenen eines Auftragsnetzes erlaubt sind. Damit ist jedoch noch nicht definiert, ob Produktionsaufträge überhaupt zu einem Auftragsnetz verknüpft sind.

Der Auftragskopf und auch die Auftragsvorgänge können jeweils eine Folge von *Status* durchlaufen. Wenn Sie der Auftragsart ein Statusschema für den Kopf oder die Vorgänge fest zuordnen möchten, können Sie dies im Bereich **Statusverwaltung** tun. In der allgemeinen Statusverwaltung müssen Sie dafür zuvor ein entsprechendes Statusschema angelegt haben. Über die Schaltfläche **Nummernkreis allgemein** gelangen Sie zur Pflege der Nummernkreise und der Gruppen zu Nummernkreisen.

3.1.3 Prozessauftragsart konfigurieren

Über die Customizing-Transaktion CORN gelangen Sie direkt zur Pflege der *Prozessauftragsarten*. Hier erfolgt die Navigation in die Detailsicht analog zur Transaktion OPJH per Doppelklick oder über die Zeilenauswahl und einen Klick auf **Detail**. In der Detailsicht sind die Konfigurationsoptionen ähnlich denen der Fertigungsauftragsarten. Es kann jedoch nur ein Statusschema hinterlegt werden.

Zuordnung der Auftragsart zum Material über das Fertigungssteuerungsprofil

Idealerweise geben Sie im Materialstamm ein Fertigungssteuerungsprofil oder einen Fertigungssteuerer mit passendem Fertigungssteuerungsprofil an. Darüber können Sie einem Material die richtige Auftragsart zuordnen.

[«]

Erweiterung des SAP-Standards per Programmierung

Wenn Sie die Auftragsart in Sonderfällen übersteuern möchten und hierfür keine passende Konfiguration einstellen können, gibt es zu diesem Zweck eine Erweiterungsoption. Sie können in Abstimmung mit dem Fachbereich und Ihrer IT-Entwicklung hierfür einen Customer Exit aktivieren (EXIT_SAPLCOXT_002 der SAP-Erweiterung PPAP0008 zur Übersteuerung der Auftragsart). Holen Sie sich hierzu technische Beratung.

3.2 Materialstamm

Der *Materialstamm* ist die zentrale Verwaltung aller betriebswirtschaftlich relevanten Informationen zu einem Material. Dabei gibt es immer eine *Materialart* und allgemeine Grunddaten zu jedem Material. Welche Materialarten es gibt und welche Auswirkung die Wahl der Materialart auf die weitere Pflege der Materialstammdaten hat, beschreiben wir in Abschnitt 3.2.1, »Materialarten«.

Verwendete Transaktionen

- MM01 (Material anlegen)
- MM02 (Material ändern)
- MM03 (Material anzeigen)
- MM17/MASS (Material Massenänderung)
- MSC1N (Chargenstammsatz anlegen)
- MSC2N (Chargenstammsatz ändern)
- MSC3N (Chargenstammsatz anzeigen)
- CF01 (Fertigungshilfsmittel anlegen)
- CF02 (Fertigungshilfsmittel ändern)
- CF03 (Fertigungshilfsmittel anzeigen)
- OMS3 (Feldauswahl)
- Menüpfad: **Logistik Allgemein • Materialstamm • Feldauswahl**
- Menüpfad: **Logistik Allgemein • Materialart • Materialstamm • Grundeinstellungen • Materialarten • Eigenschaften der Materialarten festlegen**

Darüber hinaus sind für die einzelnen Fachbereiche wie Vertrieb, Einkauf, Disposition und noch viele weitere eigene Sichten auf die Materialstammdaten eingerichtet. Sie zeigen jeweils nur die speziell für einen Fachbereich relevanten Informationen zu einem ausgewählten Material. Diese Form der betriebswirtschaftlichen Gliederung der Informationen erleichtert die Pflege der Materialstammdaten für die jeweiligen

Fachbereiche erheblich. Die einzelnen Sichten werden in Abschnitt 3.2.2, »Materialstammdatensichten«, genauer vorgestellt.

Bei der Einführung eines SAP-Systems liegt die Hauptverantwortung bei der Konfiguration des Materialstamms im Hinblick auf logistische Belange im Bereich der Materialwirtschaft (MM). Einige Aspekte haben jedoch Auswirkungen auf die Produktion, daher ist eine enge Abstimmung der involvierten Bereiche erforderlich. Mit der Transaktion MM01 wird ein neuer *Materialstammdatensatz* angelegt, mit MM02 kann er geändert werden und mit MM03 wird ein Materialstammdatensatz ohne Änderungsmöglichkeit angezeigt. Diese Trennung der Funktionen Anlegen, Ändern und Anzeigen ist typisch für SAP-Anwendungen. Der Hintergrund hierfür ist technisch zu erklären, da es um das Ausschließen von Dateninkonsistenzen geht. Die Sichten sind dabei je nach Materialart in allen drei Transaktionen gleich.

Der Materialstammdatensatz ist sehr zentral in die Steuerungsabläufe nahezu aller SAP-Anwendungen integriert. Aufgrund dieser weitreichenden Auswirkungen ist eine saubere Datenverwaltung hier besonders wichtig. Beim initialen Anlegen eines Materials sind Informationen auf Metaebene erforderlich, die auch Steuerungsfunktionen in Bezug auf die später pflegbaren Sichten und Felder haben.

Abbildung 3.4 zeigt beispielhaft, wie beim Anlegen eines neuen Materials durch die Angabe der Branche und der Materialart die Bildfolge und die Feldauswahl beeinflusst werden. Anstatt einen Materialstammdatensatz neu anzulegen, kann auch ein bestehendes Material als Kopiervorlage verwendet werden.

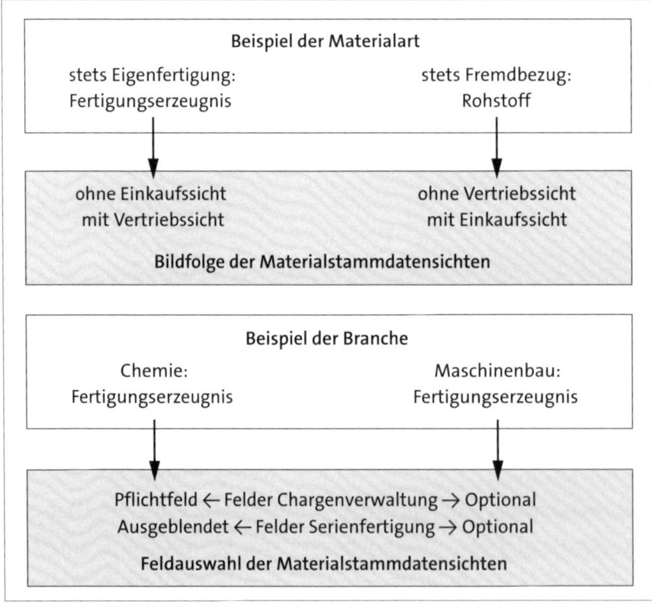

Abbildung 3.4 Beispiel der Auswirkung von Branche und Materialart auf die Bildfolge und Feldauswahl

Zur Bearbeitung der branchenabhängigen Feldauswahl können Sie darüber hinaus die Customizing-Transaktion OMS3 nutzen. Weitere Customizing-Einstellungen zu diesem Thema finden Sie über den Pfad **Logistik Allgemein • Materialstamm • Feldauswahl**.

Die Transaktion MM02 bietet die Möglichkeit, die Informationen eines bereits bestehenden Materials zu ändern. Damit dies möglich ist, muss der Datensatz auf der Datenbank verändert werden. Würden zwei Personen gleichzeitig in Transaktion MM02 dasselbe Material bearbeiten, könnte es geschehen, dass sie gegenseitig ihre Eingaben überschreiben. Es käme zur Dateninkonsistenz. Aus diesem Grund kann immer nur ein einziger User ein bestimmtes Material per Transaktion MM02 bearbeiten. Während er oder sie das tut, sperrt das SAP-System den Datensatz auf der Datenbank, damit niemand parallele Änderungen daran vornehmen kann.

Die Transaktion MM03 zum Anzeigen der Materialien ohne Änderungsfunktion hat den Zweck, dass möglichst alle Mitarbeitenden, die Informationen aus dem Materialstamm benötigen, diese sofort einsehen können, auch wenn sie bereits von einer anderen Person angesehen oder geändert werden. Auf diese Weise lässt sich effizienter arbeiten, weil man nicht warten muss, bis jemand anderes das Fenster wieder schließt.

Im operativen Geschäft werden gleiche Änderungen für mehrere Materialien häufig durch Massenänderungen mit Transaktionen wie MM17 oder MASS durchgeführt, um die Zeit repetitiver Datenpflege zu sparen. Hier ist jedoch besondere Vorsicht geboten, da die Korrektur versehentlicher Fehler bei der Änderung oft sehr kostspielig ist.

3.2.1 Materialarten

Beim Anlegen eines neuen Materialstammdatensatzes (wenn Sie also ein Material im System neu anlegen) müssen Sie das Material einer *Materialart* zuordnen. Darüber werden die damit verbundenen Eigenschaften für das neue Material gültig. Welche Eigenschaften das sind, erklären wir Ihnen in diesem Abschnitt.

Der Einfluss der Materialart auf die zur Verfügung stehenden Sichten des Materialstamms wurde bereits im vorangegangenen Abschnitt erklärt. Doch was bedeutet das konkret für die Stammdaten? Mit der Vergabe einer Materialart für ein Material legen Sie den *Verwendungszweck* für ein Material fest. Dieser konkrete Zweck benötigt auch konkrete Informationen. Ein Fertigungserzeugnis wird z. B. immer selbst produziert, ansonsten würde es den Sinn und Zweck eines zum Verkauf hergestellten Produkts nicht erfüllen. Dann wäre es vielleicht eher ein Halbfabrikat, das nicht verkauft wird, aber eingekauft oder selbst erzeugt werden kann. Auch die zu buchenden Konten sowie die Art und Weise der mengenmäßigen und wertmäßigen Erfassung von Veränderungen eines Materials innerhalb eines Werks werden über den Verwendungszweck festgelegt.

Abbildung 3.5 zeigt die direkte und indirekte Steuerungsfunktion der Materialart. Direkt werden die Eingabeoptionen für Stammdaten und die Materialbewertung beeinflusst, indirekt wird über den Einfluss der Materialdaten bestimmt, wer ein Material pflegen darf und zu welchem Zweck Informationen gepflegt werden können.

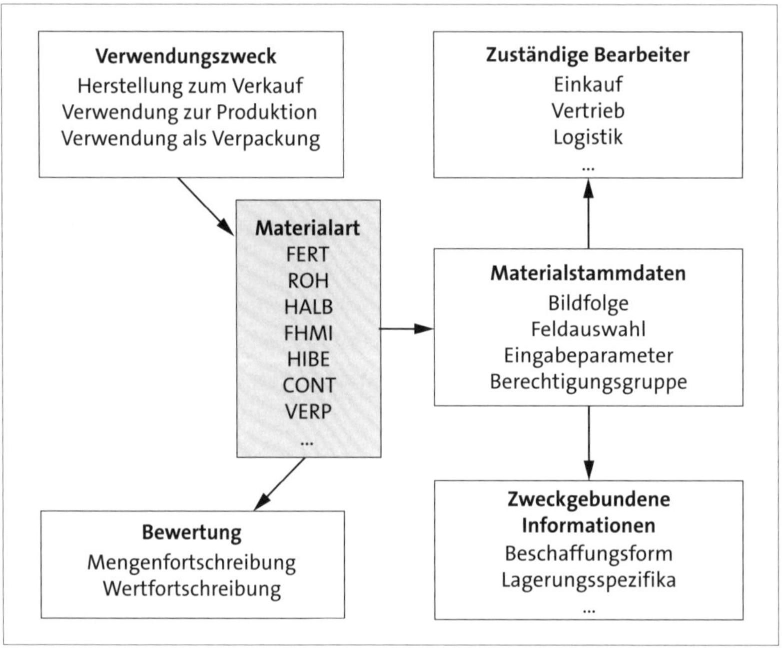

Abbildung 3.5 Direkte und indirekte Steuerungsfunktion der Materialart

Es gibt im SAP-System zahlreiche *Standardmaterialarten*. Diejenigen, die im Bereich der produktionsnahen Logistik relevant sind, werden im Folgenden kurz vorgestellt. Die *ID* der Materialarten steht jeweils in Klammern dahinter. Sie benötigen diese ID, um im Customizing Einstellungen zu den einzelnen Materialarten vorzunehmen. Die Materialart wird im Customizing über diesen Pfad definiert: **Logistik Allgemein • Materialart • Materialstamm • Grundeinstellungen • Materialarten • Eigenschaften der Materialarten festlegen**.

Sie können neue Materialarten auch anlegen, indem Sie eine bestehende Materialart kopieren und nach Ihren Anforderungen anpassen. Sie werden dann aufgefordert, eine neue, noch nicht verwendete ID einzugeben, und können sodann mit den Einstellungen beginnen.

Über das Feld **Produktgruppe** geben Sie an, ob es sich um ein physisches Material oder eine Dienstleistung handelt. Mit der Angabe bei **Feldreferenz** können Sie die Felder aus anderen Materialarten in Ihre übernehmen und bestimmen damit z. B., welche Felder aus- oder eingeblendet werden und welche Felder Pflichtfelder für die Datenpflege sind. Welche Bilder bei der Stammdatenpflege angezeigt werden, legen Sie analog zu anderen Materialarten über das Feld **Bildreferenz** fest. Sie können außerdem die Sichten für die Fachbereiche an- und abwählen. Auch Eigenschaften spezieller Materialarten wie Pipelinematerialien oder konfigurierbare Materialien können Sie hier konfigurieren.

Welche speziellen Eigenschaften die jeweiligen Materialien haben, erklären wir in den folgenden Unterabschnitten genauer.

Fertigerzeugnisse (FERT)

Fertigerzeugnisse werden vom Unternehmen hergestellt und können nicht durch den Einkauf beschafft werden. Daher enthält der Materialstammdatensatz für Fertigungserzeugnisse auch keine Einkaufssicht.

Rohstoffe (ROH)

Rohstoffe definieren sich dadurch, dass sie stets fremdbeschafft und für die eigene Produktion weiterverarbeitet werden. Rohstoffe im Sinne der SAP-Standardmaterialarten werden nicht weiterverkauft, daher haben sie zwar eine Materialdatensicht für den Einkauf, aber keine Sicht für Vertriebsdaten. Wenn ein Unternehmen als Geschäftsfeld Rohstoffe gewinnt und verkauft (z. B. durch die Förderung von Eisenerz), dann sind diese Rohstoffe keine Rohstoffe im Sinne der SAP-Materialarten. In diesem Fall wären die gewonnenen und verkauften Rohstoffe des Unternehmens im SAP-System als dessen Fertigungserzeugnisse zu kategorisieren.

Halbfabrikate (HALB)

Halbfabrikate werden fremdbeschafft oder eigengefertigt. Sie sind jedoch keine Endprodukte und fließen daher immer zur Weiterverarbeitung in die Herstellung von weiteren Halbfabrikaten oder von Fertigungserzeugnissen ein. Die Einkaufssicht ist relevant für Halbfabrikate in Form von Zukaufteilen. Die Sicht der Arbeitsvorbereitung ist für selbst produzierte Teile vorgesehen.

Fertigungshilfsmittel (FHMI) oder Hilfs- und Betriebsstoffe (HIBE)

Fertigungshilfsmittel sowie Hilfs- und Betriebsstoffe werden fremdbeschafft und während der Herstellung der Fertigungserzeugnisse verbraucht. Da diese Materialien verbraucht und nicht veräußert werden, benötigen sie keine Vertriebsdatensicht. Fertigungshilfsmittel werden neben der Produktion auch oft in der Instandhaltung mit verwendet.

Kanban-Behälter (CONT)

Für die Materialart Kanban-Behälter gibt es standardmäßig nur die Grunddatensicht. Durch die Verwendung dieser Materialart lassen sich Kanban-Behälter im System besser von anderen Transportbehältern unterscheiden.

Verpackungsmaterial (VERP)

Verpackungsmaterialien werden wert- und mengenbezogen geführt und dienen dem Transport von Waren und Fertigungserzeugnissen.

Dienstleistungen (DIEN)

Dienstleistungen werden von extern fremdbeschafft oder vom Unternehmen selbst erbracht. Sie können nicht gelagert oder transportiert werden.

Prozessmaterialien (PROC)

Prozessmaterialien sind kein physisches Material, wie z. B. Rohstoffe. Es handelt sich hierbei um Produktionsverfahren oder Prozesse, die als Material repräsentiert werden. Daher werden diese Materialien weder mengen- noch wertmäßig geführt. Es gibt auch keine Option für eine externe Beschaffung. Eingesetzt wird diese Materialart bei der Fertigung von Kuppelprodukten. Sie können Prozessaufträge für das Prozessmaterial und das Kuppelprodukt anlegen. Werte und Mengen werden auf der Ebene des Kuppelprodukts fortgeschrieben.

Pipelinematerialien (PIPE)

Pipelinematerialien fließen direkt aus einer Leitung, einem Rohr oder eben einer Pipeline in den Produktionsprozess ein. Weil diese Materialien immer verfügbar sind (so wie Wasser oder Strom aus der Leitung), werden sie nicht disponiert. Damit können diese Materialien auch nicht mittels der Materialbedarfsplanung geplant werden. Man kann hierfür keine externe oder interne Bestellung ausführen. Zudem werden diese Materialien nicht mengen- oder wertmäßig geführt.

Produktgruppen (PROD)

Über Produktgruppen können Materialien nach frei definierbaren Kriterien zusammengefasst werden. Wenn Sie also Materialien aufgrund einer signifikanten Eigenschaft gruppieren möchten, können Sie das hierüber tun.

Konfigurierbare Materialien (KMAT)

Konfigurierbare Materialien kann es in verschiedenen Versionen geben. So kann ein Material z. B. in unterschiedlichen Formen und Farben existieren. In Stücklisten zu solchen Materialien gibt es Gleichteile, die in jeder Version vorkommen, und Variantenteile, die je Version variabel sein können. Diese werden wiederum über Auswahlbedingungen oder Prozeduren zur Stücklistenposition der jeweiligen Variante bestimmt.

3.2.2 Materialstammdatensichten

Durch die Materialart werden also auch die *Sichten* der Fachbereiche auf die Materialstammdaten für ein Material eingestellt. Welche Sichten das im Detail sind und welche Eigenschaften sie haben, soll im Folgenden erklärt werden. Dafür werden alle Sichten einzeln vorgestellt, im Detail beschreiben wir jedoch nur die für die Produktion relevanten Sichten.

Die Datenhaltung hinter diesen Sichten bedient sich verschiedener Ebenen. Wenn Sie in der Transaktion MM03 die Grunddaten für ein Material anzeigen wollen, müssen Sie z. B. nur ein Material eingeben. Hier handelt es sich um globale (also werksübergreifende) Daten auf Mandantenebene. Wenn Sie jedoch die Sicht der Arbeitsvorbereitung öffnen wollen, werden Sie zusätzlich nach einem Werk gefragt. In dieser Sicht können sich die Informationen in den Stammdaten also für dasselbe Material in jedem Werk unterscheiden. Dies ist nur ein Beispiel von vielen, das deutlich macht, wie wichtig das Werk als zentrale Organisationseinheit für die Materialstammdaten ist. Tabelle 3.2 zeigt, auf welcher Ebene die Daten der jeweiligen Sichten liegen.

Materialstammdatensicht	Datenebene
Grunddaten 1 bis 2	global
Vertrieb: Verkaufsorganisation Daten 1 bis 2	global, Vertrieb
Vertrieb: allgemein/Werk	global, Werk
Einkauf	global, Werk
Disposition 1 bis 4	Werk, Lagerort
Prognose	Werk
erweiterte Planung	global, Werk, Lagerort
Arbeitsvorbereitung	Werk
allgemeine Werksdaten/Lagerung 1 bis 2	global, Werk, Lagerort
Lagerverwaltung 1 bis 2	Werk, Lagernummer
Qualitätsmanagement	Werk

Tabelle 3.2 Datenebenen der Materialstammdaten

Materialstammdatensicht	Datenebene
Buchhaltung 1 bis 2	Werk
Kalkulation 1 bis 2	Werk

Tabelle 3.2 Datenebenen der Materialstammdaten (Forts.)

Grunddaten

In den beiden Sichten **Grunddaten 1** und **Grunddaten 2** werden Informationen zum Material gepflegt, die global (also werksübergreifend) gültig sind. Diese Informationen werden in den anderen Stammdatensichten um werksspezifische Informationen erweitert. Sie erfahren also eine Spezialisierung auf Werksebene (siehe Abbildung 3.6). Wesentliche Angaben zum Material auf den Grunddatensichten sind:

- Basismengeneinheit (z. B. Stück oder Kilogramm)
- werksübergreifender Materialstatus (wird verwendet, um ein Material aus diversen Gründen für die Verarbeitung im System sperren zu können)
- Zuordnung zu einer Warengruppe, um das Material für Auswertungen und Suchhilfen mit Materialien der gleichen Warengruppe zusammenzufassen
- Brutto- und Nettogewicht samt Gewichtseinheit
- Volumen und Abmessungen
- Gefahrengutkennzeichnungen
- Angaben zur Konstruktionszeichnung
- Merkmalszuordnung zur Klassifizierung
- beschreibende Texte
- einige weitere Informationen

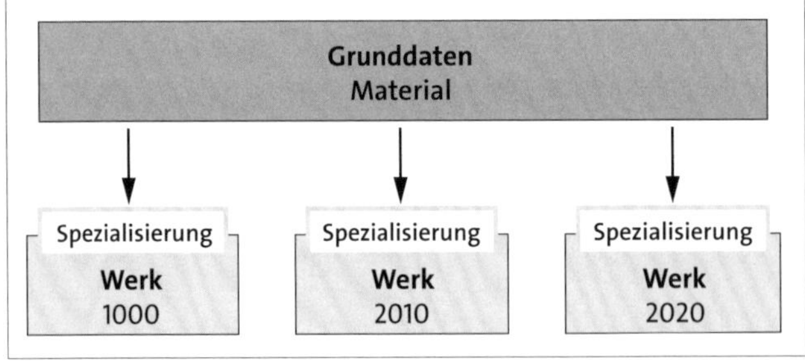

Abbildung 3.6 Grunddaten des Materialstamms, die übergreifend für alle Werke gelten

Klassifizierung

Mit der *Klassifizierung* der Materialien können diese anhand von Merkmalen kategorisiert und zusammengefasst werden. Dadurch können Materialien mit bestimmten

Eigenschaften schneller gefunden werden. Das SAP-Klassifizierungssystem ist fachbereichsübergreifend im Einsatz und wird daher auch in fast allen Modulen verwendet. Sie können ein Material auch mehreren Klassen zuordnen. Da eine Klasse beliebig definiert werden kann, wird das Klassifizierungssystem in der Praxis gerne auch für die Pflege materialspezifischer Informationen verwendet.

Vertrieb

Die Vertriebssichten beinhalten neben der Verkaufsorganisation und dem Vertriebsweg noch allgemeine Daten wie das Auslieferungswerk und die Verkaufsmengeneinheit, in der ein Material verkauft wird. Ist das Feld **Verkaufsmengeneinheit** leer, wird automatisch die Basismengeneinheit als kleine Verkaufsmenge gewählt. Auch Daten zur Besteuerung und der Absprung in die Verkaufskonditionen sind hier zu finden. Ebenso können Mengenvereinbarungen im Sinne von Mindestauftrags- und Mindestliefermengen für die Kombination aus Werk, Verkaufsorganisation und Vertriebsweg hinterlegt werden. Die Vertriebssichten müssen für alle Materialien gepflegt werden, die verkauft werden sollen. Das gilt also auch für die Materialart der Fertigungserzeugnisse. Diese Informationen werden vom Vertrieb gepflegt.

Einkauf

Die Einkaufssicht enthält Informationen zur Einkäufergruppe, zur Bestellmengeneinheit (analog zur Verkaufsmengeneinheit im Vertrieb) und zur Warengruppe. Der Einkaufswerteschlüssel gibt das Profil an, das die Mahntage (Tage bis zur Lieferantenmahnung) und Toleranzgrenzen für Über- und Unterlieferung festlegt. Auch Informationen zum Wareneingang werden in dieser Sicht gepflegt. Dazu gehören die Bearbeitungszeit für ein Material im Wareneingang und ob dieses Material direkt ins Lager oder zunächst in den Prüfbestand der Qualitätssicherung gebucht werden muss. Die Einkaufssicht ist für alle Materialien erforderlich, die fremdbeschafft werden, und wird vom Einkauf gepflegt.

Disposition

In Kapitel 2, »Organisationsdaten in der Produktion«, haben Sie bereits die Rolle des Disponenten kennengelernt und einen Einblick in dessen umfassendes Tätigkeitsfeld erhalten. Der Disponent ist für einen Großteil der planenden Aufgaben in der SAP-Produktionsplanung verantwortlich, entsprechend wichtig sind die Materialstammsichten der *Disposition*. Hier wird hinterlegt, wie ein Material in der Fertigung geplant und gesteuert wird und welche Formen der Beschaffung gelten sollen.

Abbildung 3.7 zeigt die Sicht **Disposition 1** für ein Halbfabrikat. Für andere Materialarten und andere Branchen kann die Feldauswahl anders aussehen. Da es nahezu unmöglich ist, alle Felder in einem angemessenen Rahmen zu zeigen, soll dieses Material zur exemplarischen Darstellung genügen. In dieser Sicht können neben den bereits bekannten allgemeinen Daten auch die Dispositionsgruppe und ein ABC-Kennzeichen eingetragen werden. Die ABC-Einteilung stammt aus dem Einkauf und besagt, wie wichtig ein Teil ist und wie oft es gebraucht wird. Aus dem Beschaffungspreis und der Menge ergibt sich dann die ABC-Klassifizierung von wichtigen Teilen mit hohem Verbrauchswert (A-Teil) bis zu unwichtigeren Teilen mit geringem Verbrauchswert (C-Teile).

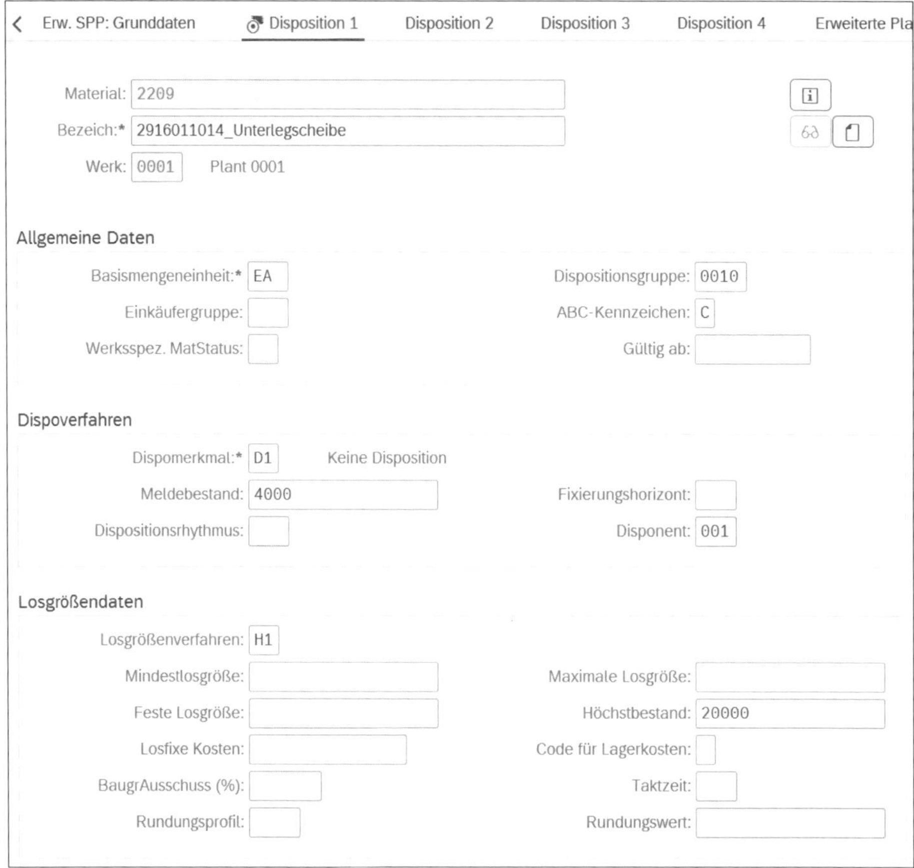

Abbildung 3.7 Transaktion MM02 (Materialstammdaten ändern) – Sicht »Disposition 1«

Im Bereich **Dispositionsverfahren** kann ein Dispositionsmerkmal eingetragen werden. Darüber wird gesteuert, ob ein Material gemäß den Plandaten oder gemäß den Verbrauchsdaten disponiert werden soll. Sie haben hier außerdem die Möglichkeit, in die Pflege der Dispositionsbereiche abzuspringen. Die Konfiguration der Dispositionsbereiche finden Sie in Kapitel 2, »Organisationsdaten in der Produktion«, beschrieben.

Über die Checkbox **Erweiterte Planung** können Sie an dieser Stelle auch die liveCache-basierte Planung und Terminierung aktivieren. Damit werden die Dispositionsdaten im Hauptspeicher des Systems gehalten und sind somit permanent in kürzester Zeit verfügbar, was die Planung und Terminierung enorm beschleunigt. Im Feld **Meldebestand** wird angegeben, ab welcher Schwelle eine Planungsvormerkung für das Material eingestellt werden soll. Über den Dispositionsrhythmus können Sie anhand des Planungskalenders aus dem Customizing der Bedarfsplanung festlegen, an welchen Tagen ein Material disponiert wird.

Diese Funktion ist mit dem Lieferrhythmus verzahnt, der auf der Sicht **Disposition 2** eingestellt werden kann. Denn wenn Sie ein Material bestellen, erfolgt die Lieferung verzögert um die Planlieferzeit. Bei Eigenfertigung trifft dies zwar nicht zu, hier ist dann jedoch die benötigte Eigenfertigungszeit für eventuelle nachgelagerte Prozesse relevant. Die Sicht **Disposition 2** gibt auch Aufschluss darüber, wie ein Material beschafft werden soll (eigengefertigt, fremdbeschafft oder eventuell sogar beides). In Kapitel 9, »Materialbedarfsplanung (MRP)«, gehen wir noch gezielt auf relevante Felder der Dispositionssichten ein.

Auch das Kennzeichen für Schüttgut oder für ein Kuppelprodukt wird auf der Sicht **Disposition 2** gesetzt. Im Feld **Dispositionsgruppe** können Sie die Werksparameter durch spezielle Steuerungsparameter einer Dispositionsgruppe (Dispogruppe) übersteuern. Diese können die Strategiegruppe, den Verrechnungsmodus und den Planungshorizont betreffen. Klassisch sind Dispogruppen für die Fremdbeschaffung, die Eigenfertigung mit oder ohne Primärbedarfe, die Lagerfertigung, die Kundeneinzelfertigung oder für weitere gängige Planungsstrategien eingerichtet.

Auf der Sicht **Disposition 3** wird die Strategiegruppe der Vorplanung angegeben. In Kapitel 8, »Programmplanung«, wird auf diese Strategien noch genauer eingegangen. Im Feld **Verfügbarkeitsprüf.** müssen Sie angeben, auf welcher Basis später die Verfügbarkeitsprüfung ausgeführt werden soll. Wenn Sie dieses Feld nicht pflegen, können Sie für Komponenten z. B. keine Komponentenverfügbarkeit bei der Bearbeitung eines Fertigungsauftrags ausführen.

Die Sicht **Disposition 4** beinhaltet Angaben zur Stücklistenauflösung und zum Umgang mit Sekundärbedarfen. Auch ein Absprung zur Übersicht der Fertigungsversionen ist möglich. Letztlich können hier noch ein Serienfertigungsprofil hinterlegt und die Serienfertigung für das Material freigegeben werden. Der Einflussbereich der Dispositionssichten ist weitreichend. Abbildung 3.8 zeigt eine Übersicht der wichtigsten Bereiche.

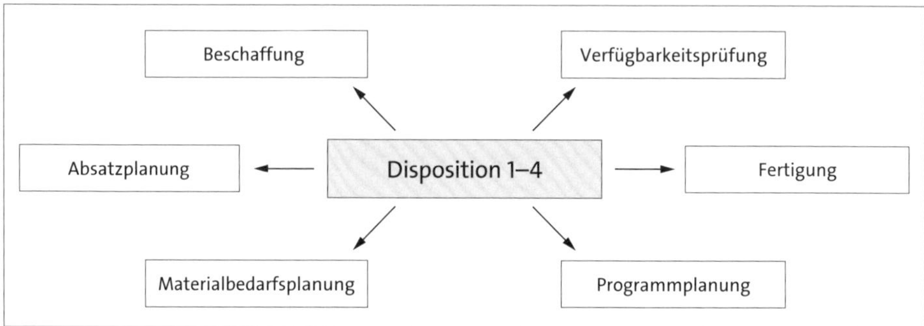

Abbildung 3.8 Einflussbereich der Dispositionsstammdaten

Erweiterte Planung

Die Sicht **Erweiterte Planung** benötigen Sie für Konfigurationen zur Produktions- und Feinplanung (Detailed Scheduling, DS). Ausführliche Informationen hierzu finden Sie in Kapitel 11, »Produktions- und Feinplanung (Detailed Scheduling, PP/DS)«. Diese erweiterte Kapazitätsplanung und Heuristik für die Materialplanung war bislang in SAP Advanced Planning and Optimization (SAP APO) enthalten und ist nun ein integrierter Bestandteil des SAP-Produktionsplanungsmoduls geworden. Es bedarf also keiner separaten Installation, um die DS-Transaktionen nutzen zu können. Sie können ein Material direkt über die Pflege der Stammdaten für die erweiterte Planung freigeben.

Sie können dabei das *Planungsverfahren* einstellen, das produktspezifisch steuert, welche Aktionen bei welchem Ereignis automatisch ausgeführt werden sollen. Auch *Heuristiken* können Sie hier hinterlegen, anhand derer dann die Beschaffungsvorschläge ermittelt werden. Im Rahmen der Bedarfsplanung können Sie Einstellungen vornehmen, welche Bedarfe zuerst gedeckt und welche Materialzugänge dafür verwendet werden sollen. Die Möglichkeiten dieser sogenannten *Pegging-Strategien* werden in Kapitel 11, »Produktions- und Feinplanung (Detailed Scheduling, PP/DS)«, näher erläutert. Die Feinplanung bedarf vieler Informationen zur Terminierung. Dafür können Sie auf der Basis einer Losgrößeneinheit Reichweiten definieren. Der Planungskalender ermittelt dabei, welche Tage effektiv für die Verrechnung verwendet werden. In einem Netzwerk von Lieferanten und Kunden sind neben den Transportzeiten auch eventuelle Bearbeitungszeiten für den Wareneingang und den Warenausgang zu berücksichtigen. Beispielsweise können nach Erhalt einer Lieferung zu einem Material Kommissionierungs- oder Vereinzelungsschritte notwendig sein, bevor das Material zur Weiterverarbeitung bereitsteht.

Ebenso können Sie Reife- und Haltbarkeitszeiten für Zugänge und Bedarfe festlegen. Die *Reifezeit* gibt dabei für Zugänge an, wie lange ein Material noch nach dem Verfügbarkeitstermin reifen muss, bevor es für Bedarfe verwendet werden kann. Die *Haltbarkeit* bestimmt ebenso für Zugänge, wie lange ein Material nach dem Verfügbarkeitszeitpunkt noch haltbar sein muss. Für Bedarfe bestimmt die Angabe im Feld **Geforderte Haltbarkeitszeit**, wie lange ein Material nach dem Bedarfstermin noch mindestens oder höchstens haltbar sein muss. Ihre Angaben in diesem Bereich übersteuern die Einstellungen aus der Sicht **Allgemeine Werksdaten/Lagerung**. Die Produktions- und Feinplanung unterstützt dabei die diskrete sowie die Serien- und Prozessfertigung gleichermaßen. Abbildung 3.9 zeigt eine Übersicht der wichtigsten Einflussbereiche der erweiterten Planung.

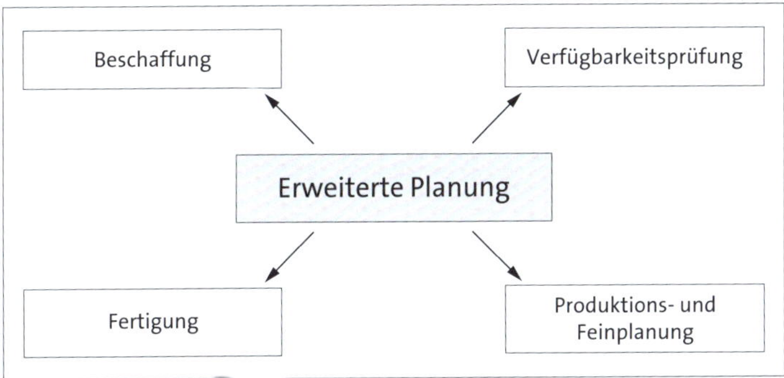

Abbildung 3.9 Einflussbereich der erweiterten Planung

Prognose

Die Verbrauchsprognose dient als Grundlage für die verbrauchsorientierte Wiederbeschaffung und wird in der Sicht **Prognose** definiert. Häufig wird der Verbrauch über Entnahmen aus dem Bestand fortgeschrieben. Dabei kann es geplanten und ungeplanten Verbrauch geben, die zusammen den Gesamtverbrauch ausmachen. Ungeplanter Verbrauch kann z. B. aus Entnahmen ohne Reservierung resultieren oder wenn mehr Material entnommen wurde als vorgesehen, z. B. durch ungeplanten Ausschuss oder aufgrund von defekten Fertigungsanlagen, Irrtümern oder Diebstahl.

In dieser Sicht können Sie Prognoseparameter und Prognosemodelle wie die konstante, saisonale oder trendorientierte Prognose oder die Ermittlung anhand von Durchschnittswerten einstellen. Zusätzlich haben Sie die Option, historische Werte zu berücksichtigen.

Arbeitsvorbereitung

Die **Arbeitsvorbereitung** ist das Territorium des Fertigungssteuerers. In den allgemeinen Daten wird der Fertigungssteuerer zusammen mit dem Fertigungssteuerungsprofil angegeben (siehe Abbildung 3.10).

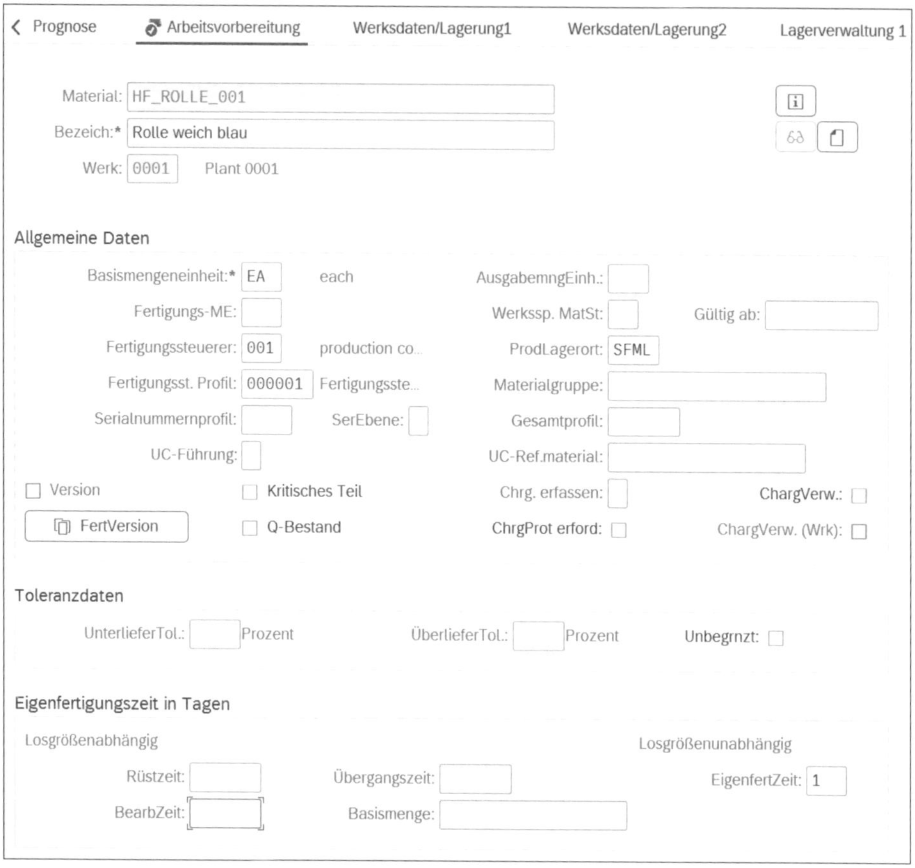

Abbildung 3.10 Transaktion MM02 (Materialstammdaten ändern) – Arbeitsvorbereitung

Die Funktion des Fertigungssteuerers beschreiben wir in Kapitel 2, »Organisationsdaten in der Produktion«, genauer. Detaillierte Informationen zum Fertigungssteuerungsprofil finden Sie hingegen in diesem Kapitel in Abschnitt 3.8, »Steuerungsprofile«.

Im Customizing des Fertigungssteuerers (Customizing-Transaktion OPJ9 oder CORU) können Sie jeweils pro Werk und Auftragsart die Terminierungsparameter festlegen, die Sie dann über dessen Zuordnung zum Material übernehmen. Der Wert im Feld **Fertigungsmengeneinheit** gibt an, wie viele der Materialien zusammen gefertigt werden. Im Spritzguss werden z. B. häufig mehrere Teile in einem Arbeitsgang gleichzeitig gegossen. Ist dieses Feld nicht gefüllt, wird automatisch die Basismengeneinheit verwendet. Aus der Sicht der allgemeinen Daten können Sie über die Schaltfläche **Fertigungsversion** auch in die Details zur hinterlegten Fertigungsversion abspringen. Sie können hier auch die Chargenpflicht mit oder ohne Protokollierung einstellen. Im

Feld **Eigenfertigungszeit** geben Sie die losgrößenabhängige Zeit an, die benötigt wird, um ein Material herzustellen. Alternativ kann hier auch losgrößenunabhängig die Dauer jedes Vorgangs einzeln angegeben werden. Der werksspezifische Materialstatus kann die betriebswirtschaftliche Verwendung eines Materials in einem Werk einschränken. Abbildung 3.11 zeigt die wichtigsten Einflussbereiche der Arbeitsvorbereitung.

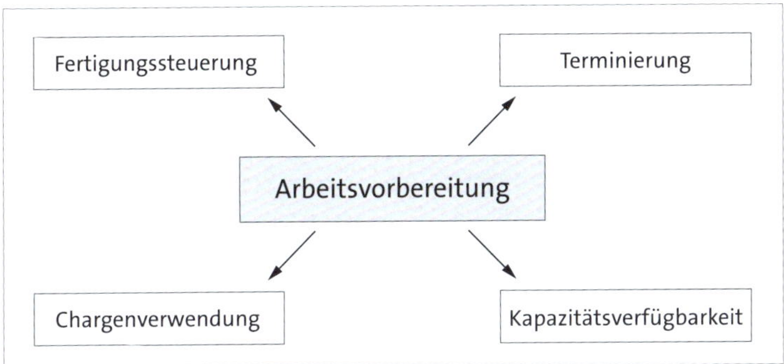

Abbildung 3.11 Einflussbereich der Arbeitsvorbereitung

Allgemeine Werksdaten/Lagerung

Die Sichten zu den allgemeinen Werks- und Lagerungsdaten enthalten die lagerungsrelevanten Informationen zum Material. Sie können einen Lagerplatz vorgeben, der innerhalb eines Lagerorts verwendet werden soll. Auch Temperatur- und Raumbedingungen können hinterlegt werden. Ebenso können Sie die zu verwendenden Behälter vorschreiben. Für chargenpflichtige Materialien können Haltbarkeitsdaten wie die Mindestrestlaufzeit oder Gesamthaltbarkeit und Reifezeiten hinterlegt werden.

Die *Segmentierungsstrategie* besteht aus einer Reihe von Geschäftsregeln, die auf der Zuordnung des Materials zu einem Bestandssegment und einem Bedarfssegment basieren. Diese Geschäftsregeln werden im Kontext der Materialbedarfsplanung sowie der Verfügbarkeitsprüfung verwendet.

Qualitätsmanagement

In der Sicht **Qualitätsmanagement** werden die Prüfarten ausgewählt, die angeben, ob, wie und wann ein Material geprüft wird. Sie können dabei die Prüfung nach Vorgaben des Arbeitsplans, bestimmten Materialspezifikationen oder gemäß Konfigurationen aus dem Fertigungsauftrag vorgeben. Auch die Berechnung von Qualitätskennzahlen und Prüfvorgaben zu Umfang und Dynamisierung der Prüfungen können Sie hier einstellen. Wenn Sie auf dieser Sicht Einstellungen in den Beschaffungsdaten vornehmen, beeinflusst das die Einkaufsabwicklung. Auch die Prüfung von Kaufteilen kann beim Wareneingang veranlasst werden.

Buchhaltung

Die Buchhaltungssicht beinhaltet periodenabhängige Preise und Werte sowie Informationen zur Plankalkulation. Auch die Informationen zur steuer- und handelsrechtlichen Niederwertermittlung sind hier zu finden. Die Buchhaltungssicht liegt in der Verantwortung der Finanzbuchhaltung.

Kalkulation

Die Kalkulationssichten enthalten Informationen dazu, wie das Material in Bezug auf Gemeinkosten behandelt wird und welchem Profitcenter es zugeordnet wurde. Sie haben hier auch die Möglichkeit zum Absprung in die Konfiguration der Plankalkulationen. Über das Kennzeichen **Preissteuerung** können Sie die Bewertung des Materials nach Standardpreis oder gleitendem Durchschnittspreis steuern. Über den Abweichungsschlüssel kann das Material einem Verfahren zum Umgang mit Abweichungen zugeordnet werden. Hierfür sind weitere Konfigurationen zur Ausschussermittlung und zum Kostenträger notwendig, die durch das Controlling vorgegeben werden müssen.

3.2.3 Chargenstammsatz

Chargen können in allen Fertigungsarten verwendet werden, abhängig davon, ob die Funktionalität der Chargenverwaltung im konkreten Fall notwendig ist.

Per Definition ist eine *Charge* eine Teilmenge mit eindeutigen Spezifikationen oder Eigenschaften. Wenn Sie die Menge aller Teile eines Materials nach gewissen Kriterien unterscheiden, z. B. nach dem Zeitraum der Fertigung oder der Verwendung desselben Rohmaterials, dann ist jede dieser Einteilungen eine Charge. Wenn Sie also in einem Presswerk aus einer Rolle Stahlblech (auch *Coil* genannt) zehntausend Teile fertigen und aus einem weiteren Coil wieder zehntausend Teile mit der gleichen Materialnummer, dann können Sie diese jeweiligen zehntausend mittels Chargenverwaltung in zwei Gruppen (also Chargen) aufteilen. Der große Vorteil liegt in der Rückverfolgbarkeit dieser Teile. Fällt zum Bespiel in der Qualitätssicherung auf, dass überdurchschnittlich viele Teile einer Charge einen Defekt aufweisen, könnte der Fehler bereits beim Rohmaterial (Coil) liegen, und man ist gut beraten, diese Charge vorerst einer Komplettprüfung zu unterziehen, bevor sie weiterverarbeitet wird. So müssen wenigstens nicht alle zwanzigtausend Teile geprüft werden, sondern nur diejenigen aus der Charge mit den auffälligen Defekten. In der Bestandsführung werden alle Chargen wieder zusammengeführt.

[»]

Informationen zur Chargenverwaltung

Weil der Chargenverwaltung in der Prozessfertigung eine besondere Relevanz zukommt, beschreiben wir sie ausführlich in Kapitel 6, »Prozessfertigung«, und gehen darauf weder im Rahmen der diskreten Fertigung noch bei der Serienfertigung genauer ein (auch wenn Chargen hier ebenfalls häufig anzutreffen sind).

Zur Definition und Verwaltung einer Charge werden die relevanten Kriterien im *Chargenstammsatz* hinterlegt. Über die Transaktion MSC1N können Chargen angelegt werden. Über die Transaktion MSC2N können Sie bereits existierende Chargen bearbeiten (siehe Abbildung 3.12).

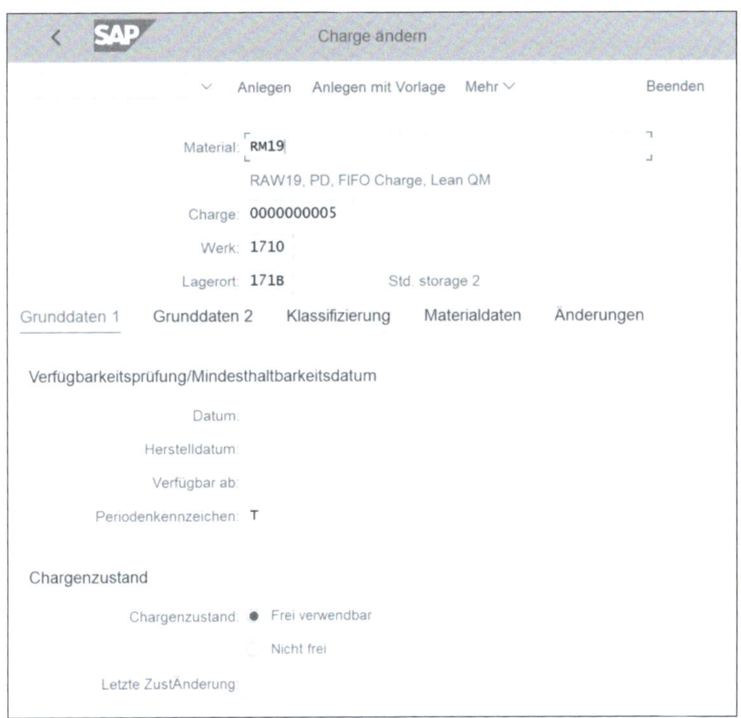

Abbildung 3.12 Transaktion MSC2N (Charge ändern) – Sicht »Grunddaten 1«

Speziell im Bereich der Prozessfertigung spielen Chargen eine sehr bedeutende Rolle, da hier oft gesetzliche Anforderungen zur Chargenpflicht bestehen. Eines der wichtigsten Felder für Materialien, die der Haltbarkeit unterliegen, ist das Feld **Herstelldatum**. Mithilfe dieses Datums wird im System das Verfallsdatum errechnet. Über das Auswahlfeld **Chargenzustand** kann angegeben werden, ob eine Charge im frei verwendbaren Bestand liegt und somit weiterverarbeitet werden kann oder ob sie z. B. als Sperrbestand für eine notwendige Prüfung im Qualitätssicherungsbestand verbleiben muss.

Sie haben im Chargenstammsatz zusätzlich die Option, ein Datum für eine zyklisch wiederkehrende Prüfung einer Charge per Job anzulegen. Auch ein Zertifizierungsdatum, zu dem die Charge durch eine sachkundige Person freigegeben wurde, kann hinterlegt werden. Natürlich können Sie auch Informationen zum Lieferanten und zu der externen Chargenbezeichnung bei diesem hinterlegen, wodurch die Kette der Rückverfolgbarkeit bis zum Lieferanten reicht.

Chargen können zudem klassifiziert werden, damit sie mittels Suchhilfen und Gruppierungen leichter zu finden und auszuwerten sind. Jede Änderung am Chargenstammsatz wird protokolliert und ist auf der Registerkarte **Änderungen** einsehbar. Das gewährleistet die Revisionssicherheit für Chargen, die der Nachweispflicht unterliegen.

3.2.4 Fertigungshilfsmittel

Fertigungshilfsmittel werden zusätzlich zu den für die Produktion benötigten Komponenten verbraucht. Sie fließen nicht direkt in das Enderzeugnis mit ein, werden aber im Produktionsprozess zur Durchführung der Arbeitsschritte benötigt. Ein Beispiel für ein Fertigungshilfsmittel ist Kühlschmierstoff. Diese Emulsion aus Wasser und Öl dient z. B. beim Bohren eines Werkstücks der Kühlung des Bohrers, da sie die Reibung vermindert und die entstehende Wärme abführt. Das Werkstück würde auch ohne dieses Fertigungshilfsmittel gebohrt werden, jedoch wäre der Verschleiß am Bohrer erheblich größer, was auch die Produktionskosten deutlich erhöhen würde. Der Bohrer selbst ist ebenfalls ein Fertigungshilfsmittel.

Über die Transaktion CF01 können Sie Fertigungshilfsmittel anlegen und sie über die Transaktion CF02 ändern. Sie können hier angeben, für welche Plantypen das Hilfsmittel verwendet werden kann und welche Basismengeneinheit zugrunde liegt. Auch die Zuordnung zu einem Werk und zu entsprechenden Fertigungshilfsmittel-Gruppen wird hier vorgenommen. Die Konfiguration dieser Daten ist sehr übersichtlich gehalten.

3.3 Produktionsversorgungsbereiche

Verwendete Transaktionen

- PK05 (Produktionsversorgungsbereich pflegen)
- PK05S (Schnellerfassung PVB)
- F6935 (Produktionsversorgungsbereich verwalten)

Neben den Materialstammdaten gibt es weitere wichtige Stammdaten, die für die produktionsbezogenen Abläufe im SAP-System benötigt werden. Für die Materialbereitstellung von Komponenten und eine retrograde Verbrauchsbuchung ist der *Pro-*

duktionsversorgungsbereich (PVB) ein wichtiges Stammdatum. Das gilt insbesondere für das Zusammenspiel mit Extended Warehouse Management (EWM).

Der PVB dient als Lager in der Fertigung, um Komponenten direkt für die Produktion an der Linie bzw. am Arbeitsplatz bereitzustellen. Im PVB wird das Material bereitgestellt, sodass es direkt für die Fertigung entnommen werden kann. PVBs können Regale, speziell markierte Flächen auf dem Boden oder ähnliches sein. Die Festlegung der PVBs im Betrieb gehört zum vorbereitenden Design des Materialflusses.

3.3.1 PVB anlegen

Ein PVB oder mehrere PVBs werden in der GUI-Transaktion PK05 oder PK05S angelegt. Alternativ können Sie mit den Rollen Werker, Fertigungssteuerer oder Produktionsplaner jeweils mit dem Zusatz Lean Manufacturing die SAP-Fiori-App **Produktionsversorgungsbereiche verwalten** zur Anlage und Änderung verwenden. Abbildung 3.13 zeigt die Transaktion PK05 zur Anlage und Änderung von Produktionsversorgungsbereichen.

Sicht "Produktionsversorgungsbereich" ändern: Übersicht

Neue Einträge | Mehr | Anzeigen | Beenden

Werk	ProduktVersorgBereich	Bezeichnung PVB
P001	AU_PSA_001	AU_PSA_001
P001	AU_PSA_002	AU_PSA_002
P001	AU_PSA_003	AU_PSA_003
P001	AU_PSA_004	AU_PSA_004
P001	AU_PSA_005	AU_PSA_005
P001	AU_PSA_006	AU_PSA_006

Abbildung 3.13 Transaktion PK05 (Produktionsversorgungsbereich pflegen)

Über einen Klick auf die Schaltfläche **Neue Einträge** können Sie neue PVBs anlegen oder mit einem Doppelklick auf einen vorhanden PVB diesen ändern. In Abbildung 3.14 sehen Sie, dass einem PVB ein Werk, ein Lagerort und ein Verantwortlicher zugeordnet werden.

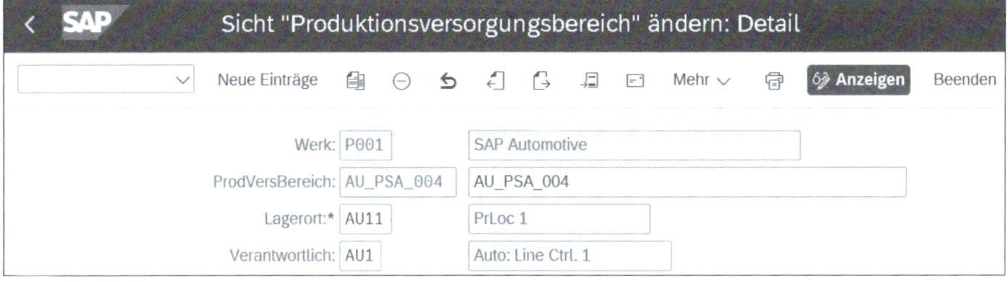

Abbildung 3.14 Produktionsversorgungsbereich anlegen/ändern

Auf den zugeordneten Lagerort erfolgen alle Warenbewegungsbuchungen der dort benötigten Materialien. Bei der Umlagerung von Materialien an den PVB ist der Lagerort das Ziel, bei der Verbrauchsbuchung der abgebende Lagerort.

Einem Lagerort können mehrere PVBs zugeordnet werden, einem PVB jedoch umgekehrt nicht mehrere Lagerorte. Wenn ein Material in mehreren PVBs mit demselben Lagerort produziert oder weiterverarbeitet wird, dann wird in der Bestandsübersicht auf diesem Lagerort die Summe aller Bestände auf den zugeordneten PVBs angezeigt.

3.3.2 Produktionsversorgunsbereiche in verschiedenen Fertigungsarten

Da Produktionsversorgungsbereiche an verschiedenen Stellen beim Stammdatenaufbau hinterlegt werden können, sollten Sie darauf achten, welche Fertigungsart Sie verwenden und ob Embedded EWM im Einsatz ist. Im Folgenden werden die wesentlichen Punkte kurz aufgeführt.

PVBs in der diskreten Fertigung

Beim Anlegen von Fertigungsaufträgen übernimmt das SAP-System den PVB aus den Arbeitsplatzstammdaten. Wenn dort keine Angaben zum PVB vorhanden sind, sucht das System erst in der Stückliste und anschließend im Materialstamm nach dem zugrunde liegenden PVB.

PVBs in der Serienfertigung

Im Gegensatz zur diskreten Fertigung kann der PVB in der Serienfertigung nicht aus dem Arbeitsplatz ermittelt werden. Das SAP-System prüft zuerst die Stücklistenposition der Komponente. Wenn dort kein Eintrag vorhanden ist, wird der PVB aus dem Materialstamm der Komponente ermittelt.

Integration von Extended Warehouse Management

Wird ein Embedded EWM in SAP S/4HANA verwendet, werden die PVBs automatisch in EWM repliziert und die Stammdaten harmonisiert. Mit dem Report /SCWM/PSA_REPLICATE können Sie die Harmonisierung manuell durchführen.

Normalerweise sind einem PVB ein oder mehrere Lagerplätze zugeordnet, an denen Sie die Produkte eines Auftrags bereitstellen. Die Zuordnung von Lagerplätzen kann durch das Anlegen von Regelkreisen erfolgen. Die verschiedenen Arten von Regelkreisen und die Auswirkungen auf die Bereitstellungsmethoden werden in Kapitel 13, »Produktionsnahe Logistik«, näher betrachtet.

3.4 Stücklisten

Verwendete Transaktionen

- CS01 (Stückliste anlegen)
- CS02 (Stückliste ändern)
- CS03 (Stückliste anzeigen)
- OS14 (zulässige Materialarten für Stücklistenpositionen)
- OS15 (Rohteilformel ändern)
- OS20 (Stücklistenverwendung)
- OS23 (Stücklistenstatus ändern)
- OS24 (zulässige Materialarten für die Stückliste)
- OS25 (historienpflichtige Stücklisten)
- OS31 (Prioritätenfolge Stücklistenverwendung)
- OS32 (Stücklistenalternativenauswahl)

Die *Stückliste* ist ein weiteres wichtiges Stammdatum in einem SAP-System. Sie wird in der Produktion und Planung sowie im Vertrieb und in der Kalkulation häufig verwendet. Es gibt im SAP-System noch eine Reihe weiterer Stücklisten, z. B. die Equipmentstückliste aus der Instandhaltung oder die Dokumentenstückliste aus dem Dokumenteninfosatz. An dieser Stelle wollen wir uns auf die Stückliste aus der Fertigung konzentrieren.

3.4.1 Stücklisten in der Produktionsplanung

Eine Stückliste beinhaltet alle *Baugruppen* oder *Komponenten*, die für die Herstellung eines Materials benötigt werden. Komponenten können Rohstoffe, Halbfabrikate oder auch Verpackungsmaterial sein. Für die Stückliste ist es nicht relevant, ob eine Komponente selbst hergestellt oder fremdbezogen wird. Werden Halbfabrikate oder Teile in einer Montagegruppe zusammengebaut, die dann wiederum eine eigene Materialnummer erhält, so spricht man von Baugruppen. Auch diese Baugruppen können Bestandteile einer Stückliste für ein Fertigungserzeugnis sein. Abbildung 3.15 zeigt diesen Sachverhalt exemplarisch. Die Baugruppen 1 und 2 sowie die Komponente 4 gehören unmittelbar zur Stückliste des Fertigungserzeugnisses. Die Komponenten der Baugruppen gehören wiederum zu den jeweiligen Stücklisten der Baugruppen.

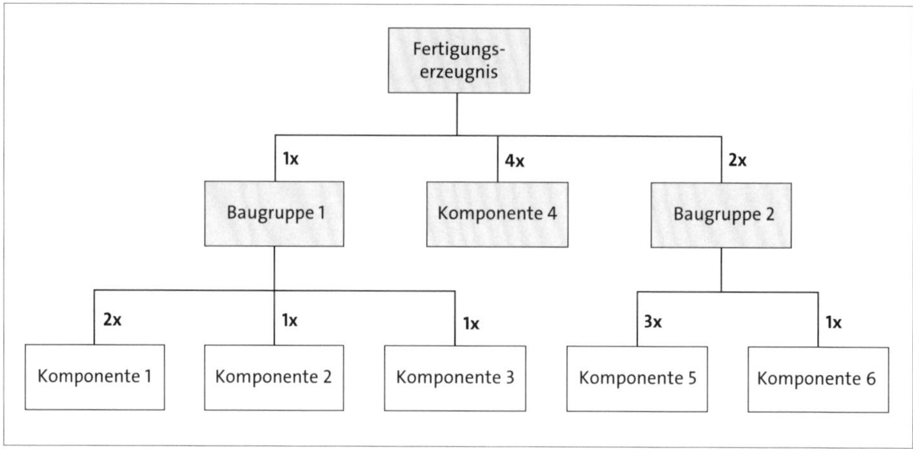

Abbildung 3.15 Aufbau einer Materialstückliste

Tabelle 3.3 zeigt die Gesamtbedarfe aller Baugruppen und Komponenten, die letztlich für ein Fertigungserzeugnis benötigt werden, wenn man das Beispiel aus Abbildung 3.15 zugrunde legt. Die Bestandteile, die hier hervorgehoben sind, werden dabei direkt dem Fertigungserzeugnis zugesprochen.

Bestandteile für 1 Fertigungserzeugnis	
Baugruppe 1	1 Stück
Baugruppe 2	2 Stück
Komponente 1	2 Stück
Komponente 2	1 Stück
Komponente 3	1 Stück
Komponente 4	4 Stück
Komponente 5	6 Stück
Komponente 6	2 Stück

Tabelle 3.3 Komponenten- und Baugruppenbedarfe für ein Erzeugnis

Über Stücklisten lassen sich verschiedene Funktionen abbilden. Sie können verschiedene Stücklisten zur Konstruktion oder zur Kalkulation desselben Materials verwenden. Sie können Vertriebsstücklisten verwenden, um Endprodukte mit Zubehör oder

Kuppelprodukten zu kombinieren, und Sie können natürlich auch *Fertigungsstücklisten* für die Bedarfsermittlung der zu produzierenden Materialien verwenden.

Die Stückliste ist der zentrale Baustein zur Ermittlung der Bedarfe in der Materialbedarfsplanung. Eine Stückliste ist per se immer einstufig. Das bedeutet, sie zeigt die Zusammensetzung für ein Erzeugnis. Sind darin wiederum Erzeugnisse enthalten, die eine eigene Stückliste haben, so kann die *Stücklistenkaskade* als mehrstufige Struktur angezeigt werden. Sie können somit nicht nur die Bedarfe für die Enderzeugnisse ermitteln, sondern auch gleich alle für das Endprodukt benötigten Bedarfe für Komponenten wie Halbfabrikate und Rohstoffe mitberechnen. Welche Funktionen eine Stückliste genau erfüllt, welche Status es für Stücklisten gibt und wie Sie Stücklisten für verschiedene Materialarten verwenden, wird im Folgenden beschrieben.

Sie können eine *Materialstückliste* über die Transaktion CS01 anlegen, über die Transaktion CS02 ändern und mit der Transaktion CS03 anzeigen. Eine Stückliste besteht aus einem *Stücklistenkopf* und den dazugehörenden *Stücklistenpositionen*. Die Einstellungen, die im Stücklistenkopf gepflegt werden, gelten für alle Positionen der gesamten Stückliste. Dabei gibt der Wert im Feld **Basismenge** im Stücklistenkopf an, welche Menge des Enderzeugnisses unter Verwendung der Positionsmengen hergestellt werden soll. Über die Stücklistenverwendung und die Stücklistenstatus geben die nachfolgenden Abschnitte weitere Auskunft.

Die Komponenten werden als Positionen in der Stückliste geführt. Der *Positionstyp* gibt dabei an, welche Funktion die einzelne Position innerhalb der Stückliste hat:

- Die gängigsten Positionen in einer Stückliste sind die *Lagerpositionen*. Das sind Materialien, die im Lager geführt werden und in die Herstellung einfließen.
- Materialien, die direkt auf den Fertigungsauftrag kontiert und nicht im Lager geführt werden, werden als *Nichtlagerpositionen* typisiert.
- *Rohmaßpositionen* werden zusammen mit Rohmaßdaten angegeben. Das können Materialien sein, z. B. eine Blechrolle, die pro Fertigungsauftrag meterweise verbraucht wird.
- Über *Belegpositionen* können beschreibende Belege wie Konstruktionszeichnungen der Stückliste angehängt werden.
- Ebenso können aber auch *Dokumente* oder *Textpositionen* in einer Stückliste aufgeführt sein.
- Zudem gibt es auch auf der Positionsebene *Steuerungsdaten*.

Abbildung 3.16 zeigt noch einmal die Inhalte eines Stücklistenkopfs und der Stücklistenpositionen.

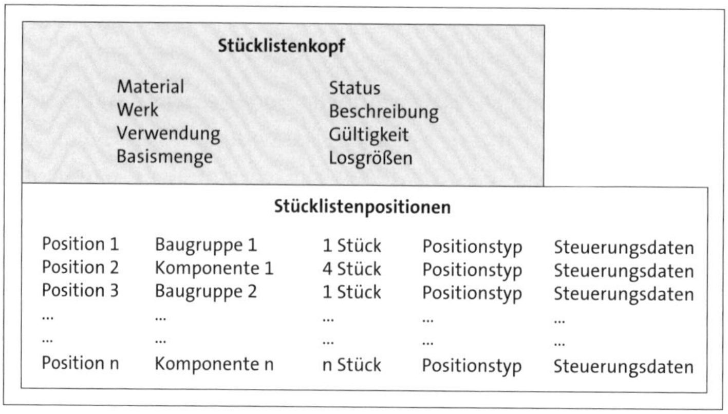

Stücklistenkopf

Material	Status
Werk	Beschreibung
Verwendung	Gültigkeit
Basismenge	Losgrößen

Stücklistenpositionen

Position 1	Baugruppe 1	1 Stück	Positionstyp	Steuerungsdaten
Position 2	Komponente 1	4 Stück	Positionstyp	Steuerungsdaten
Position 3	Baugruppe 2	1 Stück	Positionstyp	Steuerungsdaten
...	...	...	...	...
...	...	...	...	...
Position n	Komponente n	n Stück	Positionstyp	Steuerungsdaten

Abbildung 3.16 Inhalte des Stücklistenkopfs und der Stücklistenpositionen

Stücklistenverwendung

Die *Stücklistenverwendung* gibt an, zu welchem Zweck eine Stückliste eingesetzt werden soll. Sie können auf diese Weise eine Stückliste für alle innerbetrieblichen Verwendungen definieren oder unterschiedliche Stücklisten zu einem Material anlegen und jede für einen anderen Zweck verwenden. Beispielsweise könnten Sie dann getrennte Stücklisten für die Langfristplanung, die Konstruktion und die Fertigung anlegen. Das hat den Vorteil, dass Sie Geschäftsszenarien mit der Langfristplanung simulieren können, während die Fertigung mit der gewohnten Stückliste weiterarbeiten kann.

Sie definieren die Stücklistenverwendung mit der Customizing-Transaktion OS20 (siehe Abbildung 3.17). Mithilfe eines Verwendungsschlüssels geben Sie an, ob alle Positionen der Stückliste für die jeweilige Verwendung relevant sein müssen (+), relevant sein können (.) oder ob eine Bearbeitung in diesem Bereich nicht zugelassen ist (–).

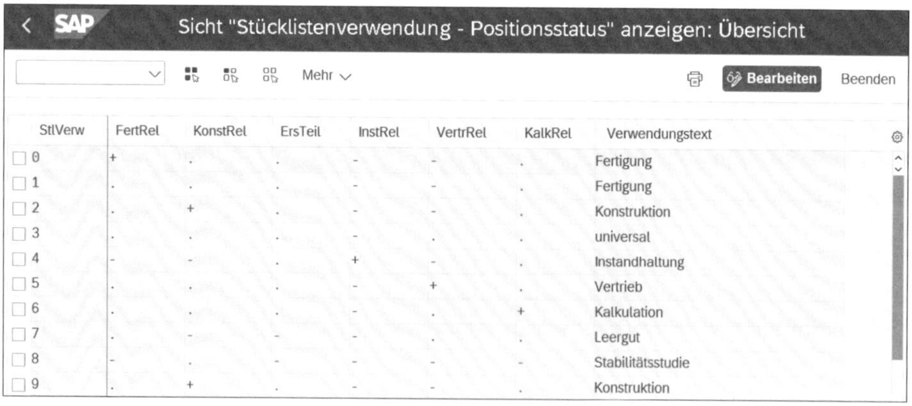

Sicht "Stücklistenverwendung - Positionsstatus" anzeigen: Übersicht

Mehr ∨ | Bearbeiten | Beenden

StlVerw	FertRel	KonstRel	ErsTeil	InstRel	VertrRel	KalkRel	Verwendungstext
0	+	.	.	-	-	.	Fertigung
1	.	.	.	-	-	.	Fertigung
2	.	+	.	-	-	.	Konstruktion
3	.	.	.	-	.	.	universal
4	-	-	.	+	-	.	Instandhaltung
5	.	.	.	-	+	.	Vertrieb
6	.	.	.	-	.	+	Kalkulation
7	.	-	-	-	.	.	Leergut
8	-	.	-	-	-	-	Stabilitätsstudie
9	.	+	.	-	-	.	Konstruktion

Abbildung 3.17 Customizing-Transaktion OS20 (Stücklistenverwendung)

In der Customizing-Transaktion finden Sie bereits verschiedene Standardstücklistenverwendungen. Sie können aber auch neue Einträge anlegen.

Mit der Customizing-Transaktion OS31 definieren Sie *Selektionsszenarien* für die Stücklistenverwendung. Sie geben hierfür eine Selektions-ID an, der Sie die verschiedenen Verwendungsarten der Stückliste zuordnen können. Diese werden dann numerisch priorisiert und später im System bei der Stücklistenauflösung nach ihrer Priorität verarbeitet. Sie können so z. B. eine Selektions-ID anlegen, die Sie in Vertriebsangelegenheiten verwenden. Dabei könnte die Stücklistenverwendung für den Vertrieb die Priorität 1 bekommen, gefolgt von der Verwendung für die Fertigung mit Priorität 2. Sollte dann in der betroffenen Vertriebsanwendung keine Stückliste für den Vertrieb vorliegen, würde automatisch die für die Fertigung zur Berechnung von Verfügbarkeiten verwendet. Erst wenn keine der in der Prioritätenfolge angegebenen Stücklistenverwendungen gefunden werden kann, würde dann auch keine Stücklistenauflösung erfolgen.

Zulässige Materialarten

Über die Customizing-Transaktion OS24 (Abbildung 3.18) können Sie angeben, ob eine Materialart für eine Stücklistenverwendung zulässig ist (+) oder nicht (–). Das bedeutet, dass Sie bestimmen können, für welche Materialien (abhängig von ihrer Materialart) eine Stückliste verwendet werden kann. Wenn Sie bei der Materialart für den Stücklistenkopf einen Asterisk (*) eingeben, bedeutet dies, dass alle Materialarten für den Stücklistenkopf zulässig sind.

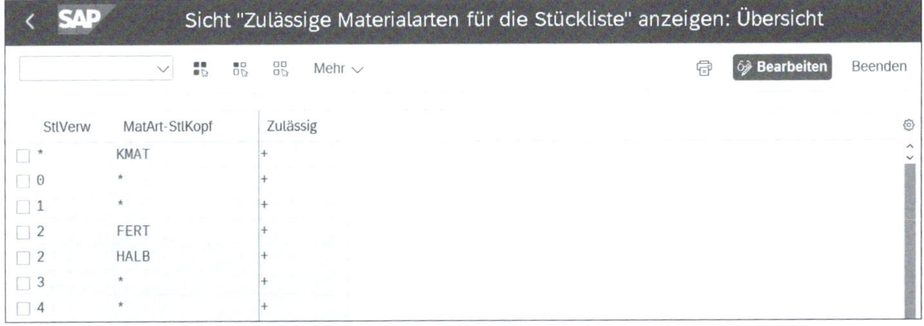

StlVerw	MatArt-StlKopf	Zulässig
*	KMAT	+
0	*	+
1	*	+
2	FERT	+
2	HALB	+
3	*	+
4	*	+

Abbildung 3.18 Customizing-Transaktion OS24 (Zulässige Materialarten für die Stückliste)

Konfiguration der Materialarten auf Positionsebene

Mit der Customizing-Transaktion OS14 können Sie zusätzlich die zulässigen Materialarten für die Positionsebene der Stückliste pflegen.

Stücklistenstatus

Über den *Stücklistenstatus* wird gesteuert, für welche Anwendung eine Stückliste aktiv ist. Wie in Abbildung 3.19 zu sehen ist, kann die Stückliste über die Customizing-Transaktion OS23 z. B. für die folgenden Anwendungen aktiviert werden:

- Ausnahmemeldung der Dispositionsliste oder Bedarfs-/Bestandsliste
- Freigabe der Stückliste für den Planauftrag
- Freigabe der Stückliste für die Kalkulation
- Freigabe der Stückliste für die Arbeitsplanung
- Freigabe der Stückliste für Aufträge
- Sammelentnahme aller Komponenten der Stückliste für die Entnahme aus dem Lager
- Auflösung in Kundenauftrag
- Verteilung der Objektdaten in ALE-Systeme (Application Link Enabling)

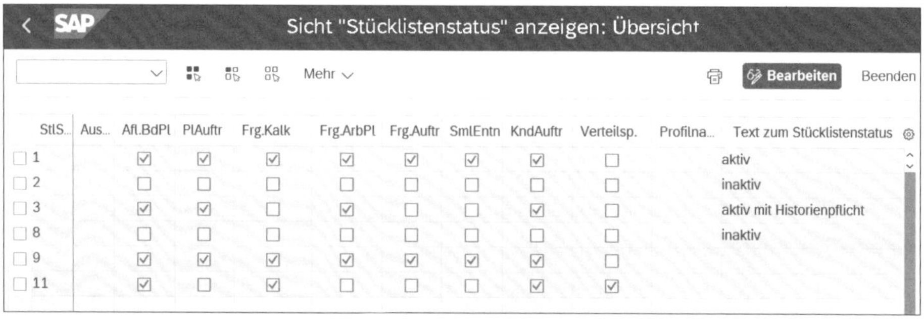

Sicht "Stücklistenstatus" anzeigen: Übersicht

Mehr | Bearbeiten | Beenden

StlS...	Aus...	Afl.BdPl	PlAuftr	Frg.Kalk	Frg.ArbPl	Frg.Auftr	SmlEntn	KndAuftr	Verteilsp.	Profilna...	Text zum Stücklistenstatus
1		☑	☑	☑	☑	☑	☑	☑	☐		aktiv
2		☐	☐	☐	☐	☐	☐	☐	☐		inaktiv
3		☑	☑	☐	☑	☐	☐	☑	☐		aktiv mit Historienpflicht
8		☐	☐	☐	☐	☐	☐	☐	☐		inaktiv
9		☑	☑	☑	☑	☑	☑	☑	☐		
11		☑	☐	☑	☐	☐	☐	☑	☑		

Abbildung 3.19 Customizing-Transaktion OS23 (Stücklistenstatus ändern)

Die dargestellten Aktivierungsmöglichkeiten können pro Status eingestellt werden. Die einzelnen Status sind wie in diesem Beispiel schlicht nummeriert, während der Text in der Spalte **Text zum Stücklistenstatus** beschreibt, wofür der Status jeweils steht. Hier wäre z. B. auch eine Definition der Status wie **Konstruktion**, **Kalkulation**, **Produktion** und **Inaktiv** denkbar. Die Abarbeitung der einzelnen Schritte würde dann von **Initial** bis **Produktion** erfolgen, sodass man jederzeit weiß, in welchem Stadium sich die Stückliste aktuell befindet.

Historienpflichtige Stückliste

Über die Customizing-Transaktion OS25 können Sie angeben, ob für die Stücklistenverwendung in Kombination mit dem Stücklistenstatus eine *Historie* für Änderungen in der Stückliste angelegt werden muss. Dann können Sie die betroffene Stückliste nur noch unter Angabe einer Änderungsnummer verändern. Die Historienpflicht gewährleistet eine Nachverfolgbarkeit von Änderungen an sensiblen Stücklisten.

Rohteilformeln

Für *Rohmaßpositionen*, also Stücklistenpositionen mit dem Positionstyp R, können Sie mit der Customizing-Transaktion OS15 *Formeln* für die Berechnung hinterlegen (siehe Abbildung 3.20). Die Berechnungsmethoden können dann über einen Formelschlüssel (in der Spalte **FrmlSchl**) verwendet werden. Dafür geben Sie zum Schlüssel eine Formel sowie die Dimension (wie Länge, Fläche oder Volumen) des errechneten Ergebnisses an (Spalte **DimErg**). In unserem Beispiel steht **SURFAC** (engl. *surface*) für eine Flächenberechnung.

In der Formel sind die Standardoperatoren für Addition (+), Subtraktion (–), Multiplikation (*) und Division (/) zulässig, und Sie können drei *Rohmaßvariablen* verwenden. Eine Flächenberechnung kommt dabei mit zwei Rohmaßvariablen aus, während eine Volumenberechnung in der Regel drei Variablen zur Berechnung braucht (z. B. für Länge, Breite und Höhe).

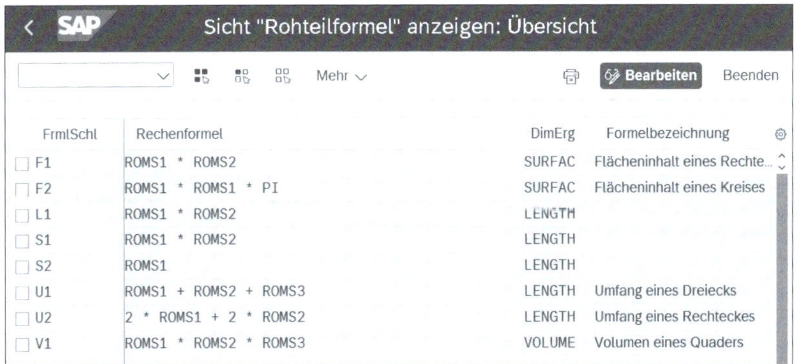

Sicht "Rohteilformel" anzeigen: Übersicht

Mehr Bearbeiten Beenden

FrmlSchl	Rechenformel	DimErg	Formelbezeichnung
F1	ROMS1 * ROMS2	SURFAC	Flächeninhalt eines Rechte...
F2	ROMS1 * ROMS1 * PI	SURFAC	Flächeninhalt eines Kreises
L1	ROMS1 * ROMS2	LENGTH	
S1	ROMS1 * ROMS2	LENGTH	
S2	ROMS1	LENGTH	
U1	ROMS1 + ROMS2 + ROMS3	LENGTH	Umfang eines Dreiecks
U2	2 * ROMS1 + 2 * ROMS2	LENGTH	Umfang eines Rechteckes
V1	ROMS1 * ROMS2 * ROMS3	VOLUME	Volumen eines Quaders

Abbildung 3.20 Customizing-Transaktion OS15 (Rohteilformel ändern)

> **Konfiguration von Dimensionen und Maßeinheiten**
> Über die Customizing-Transaktion CUNI können Sie eigene Dimensionen und Maßeinheiten anlegen und pflegen. Diese können Sie dann auch zur Berechnung Ihrer Rohteilformel verwenden.

3.4.2 Funktionen auf Positionsebene

Auf Positionsebene können weitere steuernde Felder für den Produktions- und Bereitstellungsprozess genutzt werden. Beispielhaft kann auf Positionsebene zur Komponente ein Vorgangsausschuss bzw. ein Komponentenausschuss in Prozent hinterlegt werden. Diese werden dann in der Materialdisposition zur Ermittlung der Einsatzmengen verwendet. In Abbildung 3.21 sehen Sie beispielhaft eine Position mit hinterlegtem Vorgangsausschuss in %.

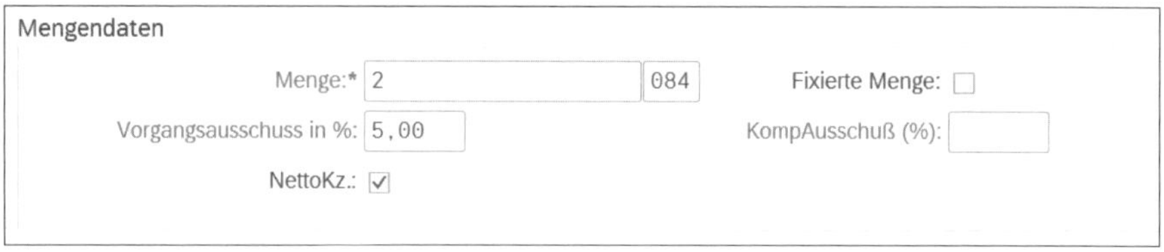

Mengendaten

Menge:* 2 084 | Fixierte Menge: ☐

Vorgangsausschuss in %: 5,00 | KompAusschuß (%):

NettoKz.: ☑

Abbildung 3.21 Mengendaten der Position

Weiterhin kann der Produktionsversorgungsbereich der Komponenten in den Positionsdaten hinterlegt werden. Der PVB wird dann bei Anlage des Auftrags übernommen und danach zur Bereitstellung der Komponenten verwendet.

3.4.3 Erweiterte Funktionen von Stücklisten

Die Stückliste ist vielseitig und wird zentral zur Steuerung und Planung der Komponenten eines Materials eingesetzt. Es kann jedoch durchaus Szenarien geben, in denen die Funktionen einer Stückliste nicht mehr genügen. Um den Verwaltungsaufwand so gering wie möglich zu halten, gibt es daher erweiterte Funktionen, die beim Einsatz von Stücklisten helfen können. Dazu gehören die Dummy-Baugruppen zur Strukturierung von Komponenten sowie die Mehrfach- und Variantenstücklisten zur situationsabhängigen Variation und Wiederverwendung von Stücklisten.

Eine *Dummy-Baugruppe* fasst ihre Komponentenmaterialien zu einer logischen Einheit zusammen. Das bedeutet, dass die Komponenten nicht erst zusammengefügt werden müssen, wie es bei einer normalen Baugruppe der Fall wäre, sondern Materialien zusammenhängend verwaltet werden. Häufig werden Dummy-Baugruppen in der Konstruktion verwendet, um den Administrationsaufwand der einzelnen Positionen in der Produktentwicklung zu reduzieren.

Die Stückliste aus Abbildung 3.22 zeigt wieder die Anzahl der Sekundärbedarfe auf Grundlage eines Beispiels.

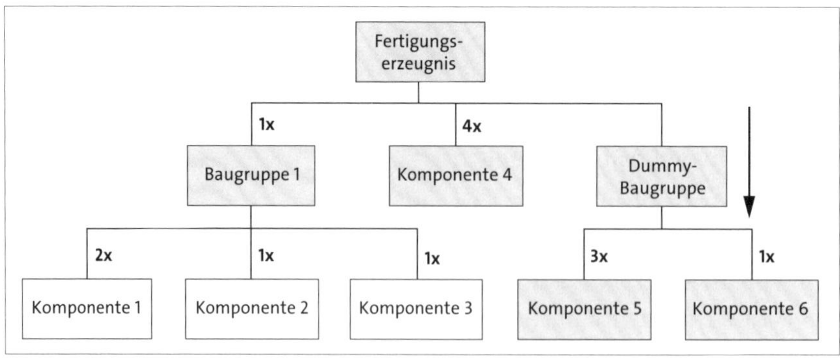

Abbildung 3.22 Aufbau einer Materialstückliste mit Dummy-Baugruppe

Während für Baugruppe 1 eine eigene Stückliste hinterlegt ist, werden die Sekundärbedarfe der Dummy-Baugruppe direkt dem Fertigungserzeugnis zugeschrieben.

Tabelle 3.4 zeigt, wie viele Komponenten für ein Fertigungserzeugnis benötigt werden, wenn man das Beispiel aus Abbildung 3.22 zugrunde legt. Die Bestandteile, die hier hervorgehoben sind, werden dabei direkt dem Fertigungserzeugnis zugesprochen.

Bestandteile für ein Fertigungserzeugnis	
Baugruppe 1	1 Stück
Dummy-Baugruppe	
Komponente 1	2 Stück
Komponente 2	1 Stück
Komponente 3	1 Stück
Komponente 4	4 Stück
Komponente 5	6 Stück
Komponente 6	2 Stück

Tabelle 3.4 Komponenten und Baugruppen für ein Fertigungserzeugnis

Eine Dummy-Baugruppe ist also ein fiktiver Rahmen für die Komponenten des Fertigungserzeugnisses und existiert in diesem Sinne für gewöhnlich nicht in physischer Form. Damit wird sie auch nicht gefertigt oder gelagert. Wenn Sie einem Vorgang eine Dummy-Baugruppe zuordnen, werden ihm automatisch alle Komponenten mit zugeordnet. Bei der Stücklistenauflösung werden dann auch für alle Komponenten Reservierungen angelegt. In der Planung werden damit die Komponenten, nicht aber die Dummy-Baugruppe an sich berücksichtigt.

In der Sicht **Disposition 2** der Materialstammdaten kann ein Material auf Materialstammdatenebene als Dummy-Baugruppe deklariert werden. Dafür tragen Sie im Feld **Sonderbeschaffung** den Wert »50« für »Dummy-Baugruppe« ein. Damit werden zu diesem Material keine Bedarfe ermittelt (denn es liegt ja nicht physisch vor), für dessen Komponenten jedoch schon. Eine Komponente kann in einer Stückliste im Detailbild per Sonderbeschaffung, per Auflösungstyp als normale Position oder als Dummy-Baugruppe konfiguriert werden. Die Einstellung in der Stückliste überschreibt im Zweifel die aus dem Materialstamm.

3.4.4 Kuppel- und Nebenprodukte

Kuppelprodukte fallen in der Fertigung an, wenn ein Hauptmaterial gefertigt wird und dabei zwangsläufig ein zweites Produkt entsteht. Beispielsweise könnte ein Stoff in einem chemischen Verfahren in zwei Stoffe aufgespalten werden. Der eine davon ist das eigentliche wirtschaftliche Ziel des Prozesses und somit das *Hauptprodukt* oder *Hauptmaterial*. Das andere Produkt hat jedoch auch noch einen eigenen Wert (der in der Regel kleiner ist als jener des Hauptprodukts) und wird schließlich als Kuppelprodukt deklariert.

Es gibt neben Kuppelprodukten noch die *Neben-* und die *Abfallprodukte*. Kuppel- und Nebenprodukte erfahren eine Bestandsbewertung. Für Abfallprodukte können Kosten der Entsorgung anfallen. In der Stückliste zum Hauptmaterial werden alle drei parallelen Produktarten als Komponente mit einer negativen Menge angegeben, da sie keine Bedarfe erzeugen, sondern im Umkehrschluss erst generiert werden und damit Zugänge darstellen. Abbildung 3.23 zeigt beispielhaft an drei Vorgängen, wie ein Entstehungsprozess für die Parallelerzeugnisse aussehen kann. In Vorgang 01 werden die Inhaltstoffe hinzugefügt. Durch Zugabe eines Katalysators (hier als Fertigungshilfsmittel definiert) wird in Vorgang 20 eine Reaktion ausgelöst. Dabei entstehen aus den beiden Eingangsmaterialien drei Produkte. Eines wird als Nebenprodukt und eines als Kuppelprodukt abgeführt. Im letzten Vorgang 30 wird dann das Haupterzeugnis (Fertigungserzeugnis) vom Restmaterial abgeschöpft. Der verbliebene Rest könnte dann ein Abfallprodukt sein, das nicht weiterverwendet werden kann.

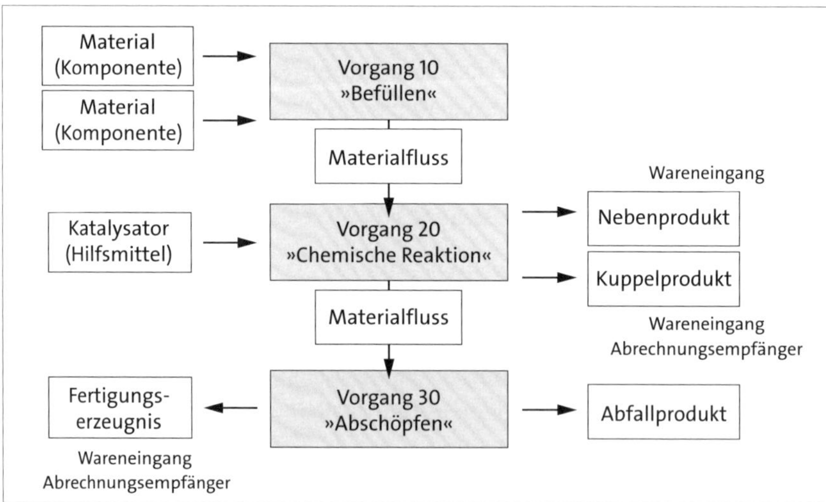

Abbildung 3.23 Beispielhafter Prozess mit Neben-, Kuppel- und Abfallprodukt

Im Folgenden werden die Besonderheiten und Differenzierungsmerkmale der drei Arten von parallelen Produkten gegeneinander abgegrenzt. Das soll helfen, die doch in Teilen recht ähnlich verwendeten Produkte voneinander unterscheiden zu können.

Kuppelprodukte entstehen gemeinsam mit der Fertigung eines Hauptprodukts. In manchen Fällen kann ein Hauptprodukt auch allein gefertigt werden, das Kuppelprodukt verspricht jedoch zusätzlichen Wert und ist als Nebenerzeugnis gewünscht. Kuppelprodukte zeichnen sich durch ihren eigenen Mehrwert aus und werden schließlich auch in der Kostenabrechnung der Fertigung und mit einer eigenen Bestandsbewertung berücksichtigt. Sie sind Teil der Abrechnungsvorschrift. In der Stückliste wird eine entsprechende Komponente mit dem Kennzeichen **Kuppelprodukt** versehen. Beim Anlegen eines Fertigungsauftrags zum Hauptprodukt wird dann automatisch ein Fertigungsauftrag für das Kuppelprodukt angelegt.

Auch ein *Nebenprodukt* wird gemeinsam mit einem Hauptprodukt gefertigt. Es zeichnet sich dadurch aus, dass ein Hauptmaterial nicht gefertigt werden kann, ohne dass eine entsprechende Menge des Nebenprodukts mit erzeugt wird. Nebenprodukte haben eine eigene Bestandsbewertung. Sie werden jedoch nicht für die Kostenabrechnung herangezogen und sind kein Teil der Abrechnungsvorschrift.

Ein *Abfallprodukt* zeichnet sich dadurch aus, dass es keinen eigenen Mehrwert hat, bei der Produktion des Hauptprodukts jedoch nicht vermieden werden kann. Es wird ohne Bestandsbewertung geführt und ist kein Teil der Abrechnungsvorschrift. Bei der Entsorgung können Kosten anfallen. Wie diese Kosten verrechnet werden (fallbezogen oder als Gemeinkosten), ist eine unternehmenspolitische Controlling-Fragestellung.

3.4.5 Mehrfachstücklisten

Mehrfachstücklisten werden verwendet, wenn ein Material in verschiedenen Produktionsprozessen, verschiedenen Losgrößen oder mittels variierender Komponenten oder Komponentenmengen gefertigt werden kann. Das kann auch der Fall sein, wenn Sie ein Material z. B. an unterschiedlichen Anlagen fertigen wollen, die gegebenenfalls unterschiedliche Mengen an Hilfsstoffen benötigen, oder wenn Sie alternative Komponenten verwenden, die z. B. je nach Farbe unter unterschiedlichen Materialnummern geführt werden. Für jede dieser minimalen Änderungen kann dann eine *Stücklistenalternative* verwendet werden. Abbildung 3.24 zeigt zwei Stücklistenalternativen für ein Fertigungserzeugnis, die sich lediglich in der Anzahl der Komponente 3 unterscheiden.

Zum Anlegen von Stücklistenalternativen verwenden Sie die Transaktion CS01 und geben dort zusätzlich zur Kombination von Material, Werk und Verwendung noch eine Zahl für die anzulegende Alternative ein. In der Sicht **Disposition 4** im Materialstamm der alternativen Komponenten wird im Feld **Alternativselektion** die Verfahrensweise für die Stücklistenauswahl angegeben. Hier steht die Auswahl nach Losgröße, Datum der Auflösung und über die Fertigungsversion als Optionen zur Verfügung. Die Losgröße ergibt sich dabei aus der Auftragsgröße, für die Auswahl nach Fertigungsversionen müssen Sie mehrere Versionen für die Komponente hinterlegt haben.

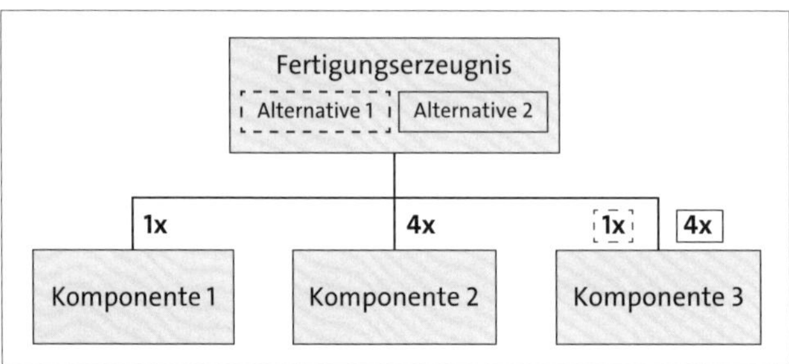

Abbildung 3.24 Struktur einer Mehrfachstückliste

Für die Auswahl nach Gültigkeitsdatum verwenden Sie die Customizing-Transaktion OS32. Hier gelangen Sie zur Alternativenauswahl für Mehrfachstücklisten und stellen für die Kombination der Eingabefelder **Material**, **Werk**, **Stücklistenverwendung** und **Gültigkeitsdatum** eine zu verwendende Stücklistenalternative ein. Variantenstücklisten können nicht für Alternativen einer Mehrfachstückliste verwendet werden.

Über die Stücklistengruppe werden alle Alternativen einer Mehrfachstückliste zusammengefasst. Wie in Abbildung 3.25 zu sehen ist, sind alle Alternativen für dasselbe Material angelegt (hier als Beispiel Z-ABC). Die Stücklistengruppe gilt pro Werk und Stücklistenverwendung (hier beispielhaft Werk 1010 und Verwendung 1 für Fertigung).

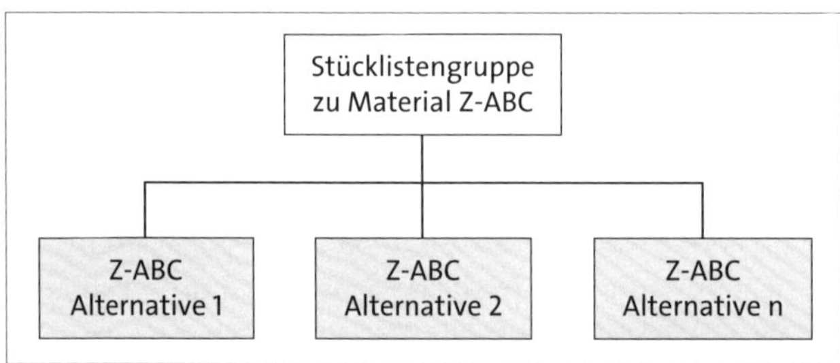

Abbildung 3.25 Stücklistengruppe der Mehrfachstückliste zu Material Z-ABC

3.4.6 Variantenstücklisten

Wenn Sie mehrere ähnliche Produkte fertigen wollen, deren Komponentenzusammensetzungen sich nur geringfügig unterscheiden, können Sie hierfür *Variantenstücklisten* verwenden. Dabei müssen alle Variantenmaterialien dieselbe *Basismengeneinheit* im Materialstammdatensatz aufweisen. Zu jeder Variante gibt es je eine eigene Materialnummer. In Abbildung 3.26 sind drei Fertigungserzeugnisse einer Variantenstückliste zu sehen (hier als Beispiel Z-AB1, Z-AB2 und Z-AB3). Die Komponenten der Stückliste, die alle Varianten gemeinsam haben, sind die *Gleichteile*. Die variierenden Komponenten sind die *Variantenteile*. Hier kann pro Version eine andere Komponente verbaut werden. Eine Stückliste, die alle Komponenten zu jeder Variante beinhaltet, wird *Maximalstückliste* genannt. Diese kommt z. B. bei konfigurierbaren Materialien zum Einsatz, wenn die tatsächliche Auswahl der variablen Komponenten aus dem im Vertrieb definierten Konfigurationsprofil entnommen wird. In unserem Beispiel ist Komponente 1 für alle drei Varianten unterschiedlich. Komponente 3 ist bei den Varianten 2 und 3 gleich, unterscheidet sich jedoch bei Variante 1.

Zum Anlegen einer Variantenstückliste verwenden Sie die Transaktion CS01 und geben dort die Kombination von Material, Werk und Verwendung ein. Dann klicken Sie auf **Variante anlegen zu ...**. Beachten Sie, dass es für das Material, für das Sie eine Variantenstückliste anlegen wollen, noch keine Stückliste geben darf. Das Material, das Sie als Grundlage verwenden möchten und im Dialogfenster nach dem Klick auf **Variante anlegen zu ...** eingeben müssen, benötigt hingegen zwingend eine einfache Materialstückliste. Sonst hätten Sie ja keine Stückliste, zu der Sie eine Variante anlegen könnten. Mehrfachstücklisten können nicht als Ausgangsbasis für Variantenstücklisten verwendet werden.

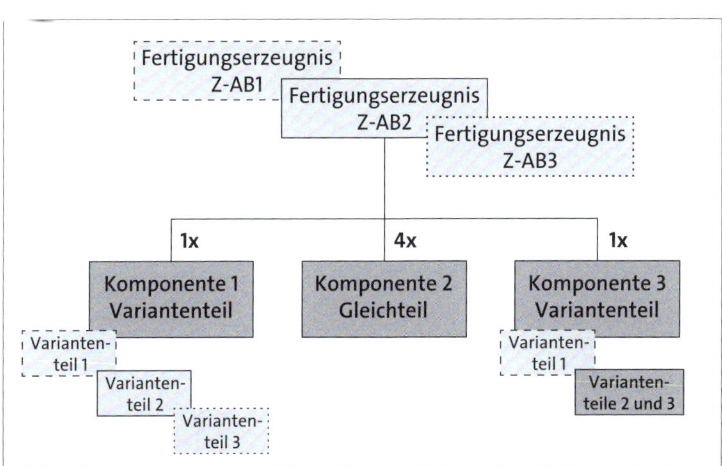

Abbildung 3.26 Struktur einer Variantenstückliste

Über die *Stücklistengruppe* können Sie alle Varianten einer Variantenstückliste zusammenfassen. Wie in Abbildung 3.27 zu sehen, sind alle Varianten für je ein anderes Material angelegt (hier haben wir als Beispiele Z-AB1, Z-AB2 und Z-AB3 gewählt). Die Stücklistengruppe gilt pro Werk und Stücklistenverwendung (hier beispielhaft Werk 1010 und Verwendung 1 für Fertigung). Sie können maximal 99 Varianten zu einer Stücklistengruppe als Variantenstückliste anlegen.

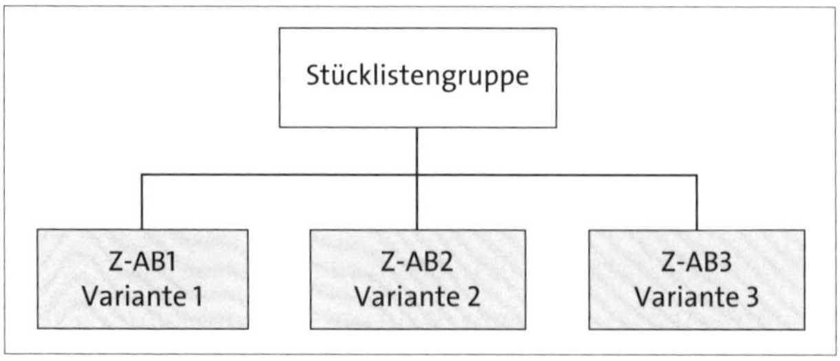

Stücklistengruppe

Z-AB1
Variante 1

Z-AB2
Variante 2

Z-AB3
Variante 3

Abbildung 3.27 Stücklistengruppe der Variantenstückliste zu den Varianten der Materialien Z-AB1, Z-AB2 und Z-AB3

3.5 Arbeitsplätze und Ressourcen

Verwendete Transaktionen

- CR01 (Arbeitsplatz anlegen)
- CR02 (Arbeitsplatz ändern)
- CR03 (Arbeitsplatz anzeigen)
- CRC1 (Ressource anlegen)
- CRC2 (Ressource ändern)
- CRC3 (Ressource anzeigen)
- OP00 (Steuerschlüssel zu Vorgängen ändern)
- OP19 (Vorgabewertschlüssel Formel ändern)
- OP30 (Ortsgruppe ändern)
- OP40 (Arbeitsplatzart ändern)
- OP51 (Parameter ändern)
- OP54 (Formeldefinition ändern)
- OPFA (Feldauswahl für den Arbeitsplatz)

Die Orte der Leistungserbringung im SAP-System sind die Schlüsselstellen zur Kapazitätsplanung. Im Bereich der diskreten Fertigung spricht man hier von *Arbeitsplätzen*. Diese können sowohl durch die Arbeitskraft von Menschen als auch von Maschinen geprägt sein. In der Serienfertigung gibt es darüber hinaus noch die Möglichkeit, ganze *Fertigungslinien* zu definieren. Die Prozessfertigung spricht an dieser Stelle von *Ressourcen*, die sich auch zu einem *Ressourcennetz* verbinden lassen. Die Hintergründe und Konfigurationsmöglichkeiten sind dabei auf die Anforderungen der jeweiligen Fertigungsart spezialisiert.

Im Folgenden werden diese Aspekte noch gesondert betrachtet. Gemeinsam haben diese Orte der Leistungserbringung vor allem eines, nämlich dass sie die Grundlagen für die Terminierung und Kapazitätsplanung auf Basis der einzelnen Vorgänge oder Aktivitäten in einem Werk bereitstellen. Sie werden dafür in *Arbeitsplänen* oder *Planungsrezepten* verwendet. In anderen SAP-Geschäftsbereichen sind auch Arbeitsplätze im Einsatz (z. B. in der Instandhaltung und der Qualitätssicherung).

3.5.1 Arbeitsplätze der jeweiligen Fertigungsarten

Im Bereich der Arbeitsplätze gibt es Differenzierungen zwischen den einzelnen Fertigungsarten. Diese Differenzierung soll ein möglichst genaues Abbild der realen Arbeitsplätze im SAP-System ermöglichen. Während z. B. in der diskreten Fertigung einzelne Stationen die Arbeitslandschaft prägen, kann die Serienfertigung an dieser Stelle Arbeitstakte aufeinanderfolgender Stationen abbilden. Die Prozessindustrie dagegen behandelt häufig Flüssigkeiten oder homogene Massen, deren Bearbeitung spezielle Anforderungen an die Arbeitsumgebung stellt. Wir zeigen Ihnen nun, wie Sie die Arbeitsplatzarten einstellen und welche Unterschiede in der Konfiguration bestehen.

Arbeitsplatzart

Über die *Arbeitsplatzart* werden Steuerungsfunktionen des Arbeitsplatzes festgelegt. So wird festgelegt, in welchen Geschäftsprozessen der Fertigung der jeweilige Arbeitsplatz verwendet werden kann. Mit der Arbeitsplatzart 0001 können Sie z. B. die verfügbaren Anwendungen für die diskrete Fertigung einstellen. Für die Arbeitsplatzart 0007 stehen die Serienfertigung und Linienpläne zur Verfügung und mit der Arbeitsplatzart 0008 die Anwendungen für Rezepte in der Prozessfertigung. Um Arbeitsplatzarten zuzuweisen, markieren Sie eine Zeile und klicken dann doppelt auf **Plananwendung**. Sie können an dieser Stelle auch neue Arbeitsplatzarten anlegen. Die Customizing-Transaktion hierfür lautet OP40 (siehe Abbildung 3.28).

Neben einem Schlüssel (in der Spalte **Art**) und der Bezeichnung müssen Sie auch die Feldauswahl und die Bildfolge für die Stammdatensichten der Arbeitsplanart angeben. Darauf gehen wir im Folgenden noch genauer ein. Außerdem geben Sie in der Spalte **ÄndBeleg** an, ob für diese Art Arbeitsplatz ein Änderungsbeleg erfasst werden muss, wenn Änderungen an den Stammdaten erfolgen. Auch ein Statusschema kann pro Art mitgegeben werden (in der Spalte **StSchema**). Hierbei handelt es sich wieder um Status, die mittels der applikationsübergreifenden *Statusverwaltung* definiert werden können.

Abbildung 3.28 Customizing-Transaktion OP40 (Arbeitsplatzart ändern)

Arbeitsplätze in der diskreten und der Serienfertigung

Der *Arbeitsplatz* als solcher wird in der diskreten und in der Serienfertigung verwendet und repräsentiert einen geografischen Ort in einem Werk, an dem im Herstellungsprozess ein Mehrwert erbracht wird. Dieser Ort kann z. B. eine Maschine, eine Montagestelle oder eine Abteilung sein. Dahinter verbirgt sich immer eine *Kapazität* der Arbeitsleistung. So kann ein Arbeitsplatz eine oder mehrere Maschinen umfassen oder eine oder mehrere Personen. Auch eine Kombination von Mensch- und Maschinenkapazitäten ist möglich. Die konkrete Anzahl der Arbeitsplätze und die dahinterliegende Gruppierung von Maschinen oder Menschen sind Definitionsfragen, die am Anfang einer SAP-Implementierung geklärt und im Nachgang nur bei Umstrukturierungen wieder geändert werden.

Pro Arbeitsplatz können mehrere *Terminierungsformeln* hinterlegt werden. Der wichtigste Punkt für die Festlegung dieser Strukturen ist die Möglichkeit einer sinnvollen Terminierung und Planung der vorhandenen Kapazitäten. Mit der Transaktion CR01 können Sie Arbeitsplätze anlegen, mittels CR02 ändern und über CR03 anzeigen.

Für die Materialbereitstellung und Verbrauchsbuchung in der diskreten Fertigung kann im Arbeitsplatz ein Produktionsversorgungsbereich hinterlegt werden. Der PVB des Arbeitsplatzes wird dann bei der Auftragsanlage berücksichtigt. Der PVB im Arbeitsplatz wird bei der Anlage von Planaufträgen in der Serienfertigung nicht berücksichtigt.

Fertigungslinien in der Serienfertigung

Eine *Fertigungslinie* ist die systemseitige Abbildung einer Fließ- oder Serienfertigung. Dabei besteht eine Fertigungslinie aus mehreren Bearbeitungsstationen, die den Arbeitsablauf in *Takte* unterteilen und mittels *Linienhierarchie* strukturiert sind. Wenn Sie eine Fertigungslinie einrichten wollen, müssen Sie in der Transaktion CR02 in der Sicht **Grunddaten** des Arbeitsplatzes bei **Arbeitsplatzart** die Option **Linie** auswählen oder mit der Transaktion CR01 einen neuen Arbeitsplatz mit dieser Arbeitsplatzart anlegen. Die Fertigungslinie kann in mehrere *Linienabschnitte* unterteilt werden, die wiederum mehrere *Bearbeitungsstationen* gemäß der Taktanzahl des Abschnitts beinhalten können. Für jeden Linienabschnitt kann dann jeweils ein Arbeitsplatz angelegt werden. Das Gesamtkonstrukt lässt sich über die Linienhierarchie abbilden. Sie können aber auch nur einen Arbeitsplatz für eine Fertigungslinie einrichten.

Ressourcen in der Prozessfertigung

Was in der diskreten Fertigung der Arbeitsplatz ist, ist in der Prozessfertigung die *Ressource*. Die Transaktionen zum Anlegen bzw. Ändern oder Anzeigen von Ressourcen sind CRC1, CRC2 und CRC3.

Für eine Ressource kann nur eine *Terminierungsformel* zur Berechnung der Durchführungszeit hinterlegt werden. Mittels dieser Terminierungsformeln werden die Kapazitäten und die Vorgangs- sowie Phasentermine ermittelt. In der diskreten Fertigung gibt es die klassischen Schritte des Rüstens, der Bearbeitung und des Abrüstens. Im Prozessumfeld werden diese Schritte durch *Phasen* ersetzt. Genaueres dazu finden Sie in Abschnitt 3.6.4, »Planungsrezepte in der Prozessfertigung«.

Ressourcen können zu einem *Ressourcennetz* zusammengefasst werden. Damit können physische Verbindungen zwischen einzelnen Ressourcen abgebildet werden, die unter anderem deren Reihenfolge definieren. Mittels *Sekundärressourcen* können zusätzliche Leistungseinflüsse in einer Phase systemseitig abgebildet werden. *Leistungseinflüsse* in diesem Sinne sind dabei alle denkbaren Nebentätigkeiten, die während einer Phase oder eines Vorgangs erforderlich sind (z. B. die Prozessprüfung eines externen Dienstleisters).

Wenn Sie in der Ressource und im Planungsrezept Kriterien zur Auswahl einer *Primärressource* hinterlegen, ermittelt das System eine geeignete Primärressource automatisch über das SAP-Klassensystem. So können Sie bis kurz vor Produktionsbeginn noch entscheiden, welche Ressource tatsächlich verwendet werden soll.

3.5.2 Konfiguration der Arbeitsplätze

Arbeitsplätze bieten eine Vielzahl an Konfigurationsmöglichkeiten. An dieser Stelle sollen schon einmal die grundsätzlichen Stellmechanismen beschrieben werden. Zur

Vereinfachung werden dabei verallgemeinernd Aussagen zu Arbeitsplätzen getätigt, die im Kern aber auch analog für Ressourcen und Fertigungslinien gelten. Die fertigungsartspezifischen Einstellungen werden in den jeweiligen Kapiteln zur diskreten, Serien- und Prozessfertigung noch einmal genauer vorgestellt.

Stammdatensichten für den Arbeitsplatz

Die *Arbeitsplatzstammdaten* werden über die Transaktionen CR01 und CR02 in den Sichten **Grunddaten**, **Vorschlagswerte**, **Kapazitäten**, **Terminierung**, **Kalkulation** und **Technologie** gepflegt (siehe Abbildung 3.29).

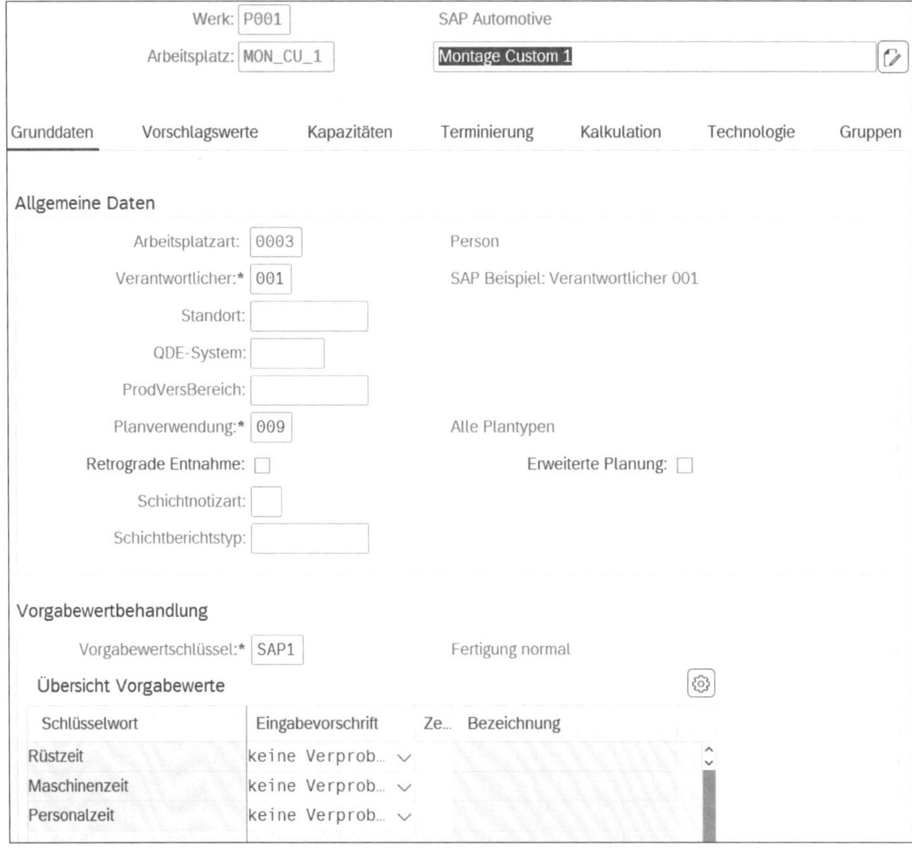

Abbildung 3.29 Transaktion CR02 (Arbeitsplatz ändern) – Sicht »Grunddaten«

Analog zu den Materialstammdaten soll diese Differenzierung die Pflege der Daten erleichtern und die Übersichtlichkeit verbessern. Die Stammdatensichten für den Arbeitsplatz sollen vorrangig die folgenden Sachverhalte festlegen:

- Definition der für die Planung relevanten Vorgabewerte
- Definition der an einem Arbeitsplatz verfügbaren Kapazitäten

- Definition der zur Verfügung stehenden Kapazitätsvolumen
- Festlegung der Kapazitätsart für die Terminierung
- Definition der Dauer der einzelnen Arbeitsschritte je Vorgang
- Definition der Berechnungsbasis für die Kosten je Vorgang

In der Sicht **Vorschlagswerte** werden Daten angegeben, die in den Vorgang eines Arbeitsplans übernommen werden.

Die Sicht **Kapazitäten** dient der Angabe der zum Arbeitsplatz zur Verfügung stehenden Kapazitäten. Über das Feld **Kapazitätsart** können Sie z. B. angeben, ob es sich um einen Maschinen- oder einen Personenarbeitsplatz handelt. Es ist auch möglich, sowohl für Maschinen als auch für Personen Kapazitäten zu hinterlegen. Für beide Optionen können Sie hier auch Formeln für die Beanspruchung des Arbeitsplatzes pro Vorgang für Rüst-, Bearbeitungs- und sonstige Zeiten hinterlegen.

Feldauswahl für den Arbeitsplatz

Über die Customizing-Transaktion OPFA können Sie die *Bildgruppen* (also die Stammdatensichten) und die Felder auf diesen Bildgruppen konfigurieren. In Abbildung 3.30 sehen Sie beispielhaft die Feldauswahl für die Sicht **Grunddaten** für den Arbeitsplatz.

SAP Feldauswahl: Modifizierbare Felder

Modifiziert | Beeinflussend | Bildgruppen | Beeinflussungen | Mehr

Bildgruppe: Grunddaten

Modifizierbare Felder

Modifizierbares Feld	Feldname	Eing	Muß	Anzei	Ausbl	Hell
Eingabevorschrift	RC68A-VGMXX	◉	○	○	○	☐
Lagerort Ressource	P3000-LGORT_RES	◉	○	○	○	☐
Mix Material erlaubt	P3000-MIXMAT	◉	○	○	○	☐
Planverwendung	P3000-PLANV	◉	○	○	○	☐
ProdVersorgBereich	P3000-PRVBE	◉	○	○	○	☐
QDE-System	P3000-SUBSYS	◉	○	○	○	☐
Retrograde Entnahme	P3000-RGEKZ	◉	○	○	○	☐
Standort	P3000-STAND	◉	○	○	○	☐
Verantwortlicher	P3000-VERAN	◉	○	○	○	☐
Vorgabewertbehandlung	BLOCK_VGWTS	◉	○	○	○	☐
Vorgabewertschlüssel	P3000-VGWTS	◉	○	○	○	☐
Zeitgradschlüssel	RC68A-ZGRXX	◉	○	○	○	☐
Übergangsmatrix	P3000-RESGR	◉	○	○	○	☐

Abbildung 3.30 Customizing-Transaktion OPFA (Feldauswahl)

Über diese Transaktion können Sie steuern, welche Felder für die Eingabe optional oder obligatorisch sein sollen. Damit können Sie Mitarbeitende in der Produktionsplanung zwingen, wichtige Eingaben zu tätigen, ohne die sie ihr Ergebnis nicht speichern können. Es ist auch möglich, Felder nur zur Anzeige zuzulassen, sodass sie nicht bearbeitet werden können. Sie können außerdem bestimmen, welche Felder in einer Bildgruppe angezeigt oder ausgeblendet werden sollen, um gegebenenfalls ein schlankeres und übersichtlicheres Eingabefenster bereitzustellen.

Sie können über diese Customizing-Transaktion die Feldwerte inhaltlich verknüpfen. Mit der Beziehung zwischen den verfügbaren Feldern (Liste **Modifizierbare Felder**) und den beeinflussenden Feldern (zu verwalten über die Funktionen **Beeinflussend** und **Beeinflussungen**) können Sie Folgeabhängigkeiten definieren, sodass die Anwenderinnen und Anwender zu einer weiteren Eingabe aufgefordert werden, wenn ihre vorangegangenen Eingaben ein bestimmtes Kriterium erfüllen. So könnten Sie z. B. festlegen, dass bei der Auswahl des Arbeitsplatztyps 0001 (für diskrete Fertigung) stets auch die Retrograde Entnahme aktiviert werden muss.

Verfügbarkeit der Bildgruppen- und Feldsteuerung

Die in diesem Abschnitt beschriebene Methode, Felder für Bildgruppen zu definieren, ist auch für Stücklisten, Arbeitspläne und Rückmeldungen verfügbar.

Formeln für den Arbeitsplatz

Das SAP-System verwendet zur Definition der Formeln für den Arbeitsplatz zuvor festgelegte Parameter. Diese Formeln lassen sich zur Kapazitätsplanung, Kalkulation und zur Terminierung verwenden. Wenn Sie die *Formelparameter* selbst definieren wollen, benötigen Sie die Customizing-Transaktion OP51 (siehe Abbildung 3.31).

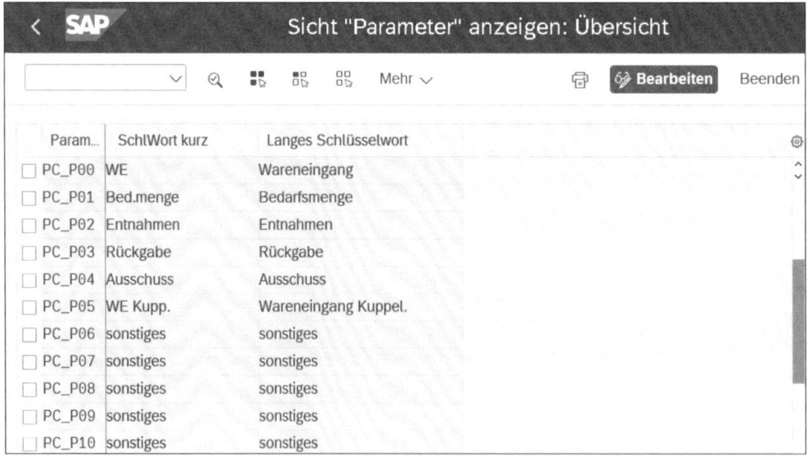

Abbildung 3.31 Customizing-Transaktion OP51 (Parameter ändern)

Hier können Sie bestehende Parameter ändern oder neue Parameter anlegen. Wenn Sie einen Parameter markieren und auf **Detail** klicken, gelangen Sie in die Detailansicht, wo Sie die Beschreibung, die Dimension, einen Vorgabewert, die Einheit und einen Feldnamen zu diesem Parameter pflegen können.

Um mittels dieser Parameter eine eigene Formel zu erstellen, verwenden Sie anschließend die Customizing-Transaktion OP54. Hier können Sie eigene Formeln anlegen, die wiederum Ihre zuvor definierten Parameter verwenden können. Die standardmäßig hier definierten Formeln lassen sich für die Kalkulation, die Disposition und die Terminierung einsetzen. Zur Berechnung des Kapazitätsbedarfs rechnet das System dann beispielweise folgendermaßen:

Kapazitätsbedarf = Vorgabewert × Auftragsmenge / Basismenge

Wenn Sie die Bearbeitungszeit je Vorgang mittels parallel arbeitender Arbeitsplätze verkürzen möchten, verwenden Sie diese Formel:

Dauer = Vorgabewert × Auftragsmenge / Basismenge / Anzahl der Arbeitsplätze

Für die konkrete Berechnung von Formeln für den Arbeitsplatz legen Sie zunächst die zu berechnende Größe fest. Dann sollten Sie überlegen, welche Faktoren diese Größe beeinflussen und in welchem Verhältnis zueinander sie stehen. Aus diesen Überlegungen geht hervor, welche Eingangsgrößen (Parameter) zur Berechnung benötigt werden und welche Rechenoperatoren zu verwenden sind.

Vorgabewertschlüssel

Mit der Customizing-Transaktion OP19 haben Sie die Möglichkeit, einen *Vorgabewertschlüssel* zu definieren. Diesem Schlüssel können Sie Ihre zuvor angelegten oder auch die SAP-Standardparameter zuordnen, die dann wiederum über diesen Schlüssel in der *Vorgabewertbehandlung* eines Arbeitsplatzes in der Sicht **Grunddaten** hinterlegt werden können. Pro Vorgabewertschlüssel lassen sich bis zu sechs Parameter zuordnen, wodurch Sie die Möglichkeit erhalten, die direkte Kostenauswirkung dieser sechs Größen auf den Arbeitsplatz zu überwachen. Auch für die Terminierung und die Kapazitätsberechnung können Vorgabewertschlüssel angewendet werden. Wenn Sie die Vorgabewertschlüssel eingerichtet haben, wird die Anwenderin oder der Anwender, die oder der für einen Arbeitsplatz verantwortlich ist, vom System aufgefordert, Standardverbrauchswerte für die Parameter einzugeben.

Um einen Vorgabewertschlüssel anzulegen, gehen Sie wie folgt vor:

1. Führen Sie die Definition der Parameter über die Transaktion OP7B aus, die die gleichen Parameter bearbeitet wie die zuvor verwendete Transaktion OP51, die Sie natürlich genauso gut verwenden können. Die Trennung der Transaktionen hat organisatorische Hintergründe, die Funktionen sind jedoch identisch.

2. Es folgt die Zuordnung von bis zu sechs Parametern zum Vorgabewertschlüssel über die Transaktion OP19 oder alternativ über Transaktion OPCM.
3. Der letzte Schritt ist das Anlegen einer Formel für den Arbeitsplatz über die Transaktion OP54.

[»]

Kennzeichen »Generierung« (Coding generieren)

Wenn Sie das Kennzeichen **Generieren** setzen, werden die in den Formeln definierten Berechnungen automatisch ausgeführt. Ohne dieses Kennzeichen geschieht das erst zum Zeitpunkt der Erstellung eines Fertigungsauftrags, was die Performance des Systems vergleichsweise stärker beansprucht.

Ortsgruppen

Arbeitsplätze, die räumlich nah beieinanderliegen, können als *Ortsgruppe* zusammengefasst werden. Diese Zuordnung eines Arbeitsplatzes zu einer Ortsgruppe nehmen Sie in der Sicht **Terminierung** des Arbeitsplatzes im Abschnitt **Übergangszeiten** vor. Die Ortsgruppe selbst definieren Sie zuvor in der Customizing-Transaktion OPJR (oder alternativ mit der Customizing-Transaktion OP30). Hier können Sie einer Ortsgruppe auch eine *Transportmatrix* zuordnen, indem Sie eine Ortsgruppe markieren und per Doppelklick auf **Transportmatrix** in die Pflege der Transportmatrix navigieren, wo Sie wiederum Planwerte für Transportzeiten innerhalb einer Ortsgruppe festlegen können.

Steuerschlüssel für Arbeitsplätze

Ein *Steuerschlüssel* steuert, welche betriebswirtschaftlichen Aktionen Anwenderinnen und Anwender an einem Arbeitsplatz durchführen können. Der Steuerschlüssel wird dabei nicht nur in der Produktionsplanung verwendet. Auch Geschäftsbereiche wie die Instandhaltung und das Projektsystem oder das Qualitätsmanagement verwenden diese Schlüssel.

Für die Konfiguration eines Steuerschlüssels benötigen Sie die Customizing-Transaktion OP00. In der Stammdatensicht **Vorschlagswerte** des Arbeitsplatzes können Sie diesen Schlüssel hinterlegen. Wird der Steuerschlüssel in einem Arbeitsplan (für PP) bzw. einem Planungsrezept (für PI) wiederum einem *Vorgang* (im Fall der gewöhnlichen Produktionsplanung, PP) oder einer *Phase* (im Fall der Prozessindustrie, PI) zugeordnet, so gilt der Steuerschlüssel für eben diesen Vorgang oder diese Phase. Sie können über den Steuerschlüssel unter anderem diese Aktionen einstellen:

- Das Kennzeichen **Terminieren** gibt an, ob ein zugeordneter Vorgang oder eine zugeordnete Phase terminierungsrelevant ist. Dazu werden die Vorgabewerte (Start und Ende) aus Vorgang oder Phase und die Formeln aus dem Arbeitsplatz/der Ressource berücksichtigt. Für PP gilt das nur für Vorgänge und Untervorgänge. Für PI gilt das nur für Phasen.

- Das Kennzeichen zur Berechnung der Kapazitätsbedarfe (**KapaBed. ermitteln**) legt fest, ob eine solche Berechnung für Vorgänge (PP) oder Phasen (PI) erfolgen soll. Die Berechnung erfolgt auch wieder auf Grundlage der Vorgabewerte (Dauer) und der Formeln aus dem Arbeitsplatz/der Ressource.
- Das Kennzeichen **Kalkulieren** steuert, ob ein Vorgang (PP) oder eine Phase (PI) für die Kalkulation berücksichtigt werden soll.
- Das automatische Buchen des Wareneingangs kann ebenfalls über ein Kennzeichen aktiviert werden (**Automatischer WE**). Dies geschieht dann zur Rückmeldung der Phase (PI) oder des Vorgangs (PP).
- Die Verwendung von Prüfmerkmalen geben Sie über das Kennzeichen **Prüfmerkmal erforderlich** an. Damit können Sie einer Phase (PI) oder einem Vorgang (PP und PI) sowie Untervorgängen (PP) Prüfmerkmale mitgeben.
- Ob ein Nachbearbeitungsvorgang vorliegt, legen Sie über das Kennzeichen **Nacharbeit** fest. Dieses Kennzeichen ist für die Prozessfertigung nicht zulässig.
- Das Eingabefeld **Fremdbearbeitung** zur Fremd- oder Eigenbearbeitung legt für Vorgänge (PP) und Phasen (PI) fest, ob die Herstellung im eigenen oder einem fremden Werk erfolgt. Bei Fremdbearbeitung werden im Hintergrund Bestellanforderungen erzeugt, während bei der Eigenfertigung gegebenenfalls Kapazitätsbedarfe entstehen.
- Ob eine Terminierung bei Fremdbearbeitung möglich ist, wird ebenfalls über ein entsprechendes Kennzeichen angegeben (**FremdArbVorg. term.**). Damit können Fremdbearbeitungsvorgänge/-phasen anhand der Vorgabewerte (jedoch ohne Formeln aus Arbeitsplätzen oder Ressourcen) terminiert werden.
- Mithilfe des Kennzeichens **Rückmeldung drucken** wird das Drucken eines Rückmeldescheins zur Rückmeldung veranlasst, sofern auch das Kennzeichen **Drucken** gesetzt ist. Das gilt für Vorgangsrückmeldungen in PP und Phasenrückmeldungen in PI.
- Ebenso kann der Druck von Lohnscheinen zur Erfassung von Arbeitsleistungen über das Kennzeichen **Lohnscheine drucken** aktiviert werden. Hierfür ist ebenfalls das Setzen des **Drucken**-Kennzeichens Voraussetzung. Das gilt für Vorgangsrückmeldungen in PP und PI sowie Phasenrückmeldungen in PI.
- Das Eingabefeld **Rückmeldung** gibt an, ob eine Rückmeldung erfolgen muss, kann oder nicht erfolgen darf. Außerdem kann auch eine Meilensteinrückmeldung eingestellt werden.

Der Steuerschlüssel ist mit seinen zahlreichen Einstellungsmöglichkeiten ein gutes Werkzeug, um die betriebswirtschaftlichen Prozesse zentral zu steuern. Stellen Sie sich vor, Ihre Arbeitsplätze sollen in Zukunft in einem der genannten Bereiche umgestellt werden. Dann haben Sie dank des Steuerschlüssels nur noch eine Stelle im System, an der Sie die Änderungen für alle Arbeitsplätze vornehmen müssen.

3.6 Arbeitspläne und Planungsrezepte

Verwendete Transaktionen

- CA01 (Normalarbeitsplan anlegen)
- CA02 (Normalarbeitsplan ändern)
- CA03 (Normalarbeitsplan anzeigen)
- CA11 (Standardarbeitsplan anlegen)
- CA12 (Standardarbeitsplan ändern)
- CA13 (Standardarbeitsplan anzeigen)
- CA21 (Linienplan anlegen)
- CA22 (Linienplan ändern)
- CA23 (Linienplan anzeigen)
- C201 (Planungsrezept anlegen)
- C202 (Planungsrezept ändern)
- C203 (Planungsrezept anzeigen)
- OPEB (Automatische Planalternativenselektion)
- CMXSV (Standard-XSteps-Repository)

In einem *Arbeitsplan* geben Sie die Arbeitsschritte an, die zur Ausführung in der diskreten und Serienfertigung notwendig sind. Die einzelnen Arbeitsschritte sind im SAP-System als Vorgänge definiert. Analog zum Arbeitsplan steht Ihnen in der Prozessfertigung das *Planungsrezept* zur Verfügung, das Vorgänge und Phasen sowie XSteps (Execution Steps, siehe Abschnitt 3.6.5, »XSteps«) beinhalten kann. Wofür diese Begriffe im Detail stehen, erklären wir im Folgenden noch genauer. Was Arbeitspläne und Planungsrezepte in jedem Fall gemeinsam haben, ist die Vorgabe der Reihenfolge der Verarbeitungsschritte in der Produktion. Der Arbeitsplan hat dabei immer einen Bezug zum zu fertigenden Material.

3.6.1 Aufbau eines Arbeitsplans

Der Arbeitsplan hat den klassischen SAP-Aufbau mit einem *Kopf* sowie *Planpositionen*. Im Kopf werden die folgenden Angaben gemacht:

- zu fertigendes Material
- Fertigungswerk

- zugehörige Arbeitsplangruppe
- Plangruppenzähler

Die Planpositionen sind die *Vorgänge* (oder in der Prozessfertigung auch die *Phasen*). Sie werden in der Regel in Zehnerschritten durchnummeriert (0010, 0020, 0030), damit später noch Vorgänge zwischen den bestehenden hinzugefügt werden können (etwa so: 0010, 0011, 0020, 0021, 0022, 0030). Den Vorgängen werden jeweils noch Arbeitsplätze und gegebenenfalls Stücklistenkomponenten zugeordnet. Abbildung 3.32 zeigt beispielhaft die Inhalte des Arbeitsplankopfs und seine Positionen/Vorgänge. Im weiteren Verlauf dieses Abschnitts gehen wir auf die einzelnen Informationen noch genauer ein.

Eine geradlinige Abfolge der einzelnen Vorgänge wird auch *Stammfolge* genannt. Neben den Vorgängen aus der Stammfolge kann es aber auch parallele oder *alternative Folgen* von Vorgängen geben. Aufgrund der Verknüpfung der Vorgänge mit Arbeitsplätzen durch Vorgabewertschlüssel können die arbeitsplatzspezifischen Werte und Formeln für die Kapazität und die Terminierung zur Berechnung des gesamten Arbeitsplans herangezogen werden. Jeder Vorgang kann so auch eine eigene Basismenge haben, die als Grundlage für die Berechnungswerte dieses Vorgangs gilt. Das System verrechnet diese gegebenenfalls unterschiedlichen Basismengen jedoch automatisch. Falls in einem Arbeitsplatz zu einem Vorgang mehrere Kapazitäten hinterlegt sind, wird die Kapazität zur Terminierung über die Terminierungsbasis des Arbeitsplatzes gewählt.

Arbeitsplankopf

Material	Status
Werk	Beschreibung
Arbeitsplangruppe	Gültigkeit
Plangruppenzähler	Losgrößen
Plantyp	

Arbeitsplanpositionen

Vorgang 10	Arbeitsplatz 1010	Vorbereitung	Schlüssel	5 min (fix)
Vorgang 20	Arbeitsplatz 1020	Montage	Schlüssel	1 min/1 Stück
Vorgang 30	Arbeitsplatz 1710	Verkleben	Schlüssel	10 min/2 Stück
...	...	...	...	...
...	...	...	...	...
Vorgang n	Arbeitsplatz n	Beispielvorgang	Schlüssel	x min/y Stück

Abbildung 3.32 Arbeitsplankopf und Arbeitsplanpositionen

In der Fertigung sind viele Bestandteile eng miteinander verzahnt. So können einem bestimmten Arbeitsvorgang im Arbeitsplan neben Arbeitsplätzen auch Stücklistenkomponenten zugeordnet werden. Die Beschaffung der Komponente wird dann zu

Beginn des jeweiligen Vorgangs eingeplant. Alle Stücklistenkomponenten, die keinem Vorgang zugeordnet sind, werden dagegen automatisch dem ersten Vorgang des Arbeitsplans zugeteilt. Neben den Bauteilen, die in einem Arbeitsplan bearbeitet werden sollen, gibt es darüber hinaus auch Hilfsmittel und Hilfsstoffe, die zur Fertigung benötigt werden. Diese *Fertigungshilfsmittel* (z. B. Öle oder Messvorrichtungen) können parallel zu den Komponenten der Stückliste den Vorgängen im Arbeitsplan zugeordnet werden. Innerhalb eines Vorgangs gibt es mehrere Aktivitäten. Die klassischen Aktivitäten sind Rüsten, Bearbeiten und Abrüsten.

3.6.2 Automatische Planalternativenselektion

Im Bereich der Fertigung kann es Situationen geben, die es erforderlich machen, *Planalternativen* auszuwählen. SAP-typisch gibt es daher eine Customizing-Transaktion, um die automatische Auswahl des richtigen Arbeitsplans zu ermöglichen. Abbildung 3.33 zeigt die Customizing-Transaktion OPEB für die automatische Planalternativenselektion.

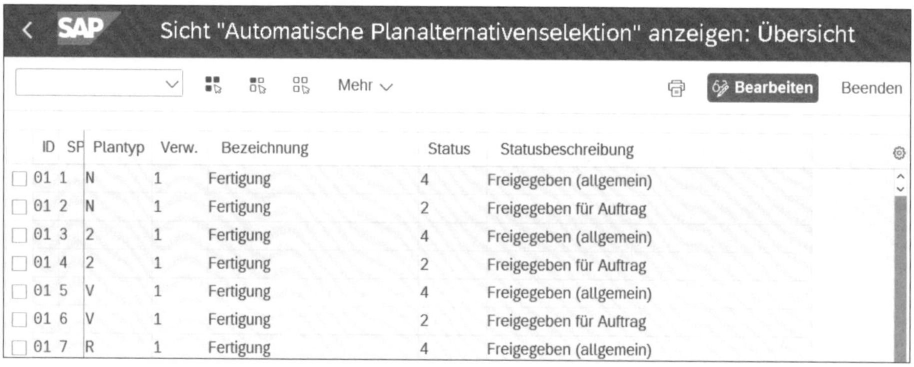

Sicht "Automatische Planalternativenselektion" anzeigen: Übersicht

Mehr Bearbeiten Beenden

ID	SP	Plantyp	Verw.	Bezeichnung	Status	Statusbeschreibung
01	1	N	1	Fertigung	4	Freigegeben (allgemein)
01	2	N	1	Fertigung	2	Freigegeben für Auftrag
01	3	2	1	Fertigung	4	Freigegeben (allgemein)
01	4	2	1	Fertigung	2	Freigegeben für Auftrag
01	5	V	1	Fertigung	4	Freigegeben (allgemein)
01	6	V	1	Fertigung	2	Freigegeben für Auftrag
01	7	R	1	Fertigung	4	Freigegeben (allgemein)

Abbildung 3.33 Customizing-Transaktion OPEB (Automatische Planalternativenselektion)

Sie sehen hier folgende Angaben:

- **SI** steht für die *Selektions-ID* zur Planselektion. Damit wird eine spezielle Selektionsfolge identifiziert.
- **SP** ist die *Selektionspriorität* zur Planselektion und legt die Reihenfolge der unterschiedlichen Selektionskriterien zu einer Selektions-ID fest. **SI** und **SP** ergeben zusammen eine eindeutige Auswahl der Selektionskriterien.
- Der *Plantyp* ist mit der Verwendung zusammen das wichtigste Auswahlkriterium. Er gibt an, welche Art von Arbeitsplan zulässig ist. Im Fertigungsbereich sind das z. B. Plantyp **N** für Normalarbeitspläne, **L** für Linienpläne oder **2** für Planungsrezepte.

- Die *Verwendung* gibt an, für welchen Bereich die Selektion gültig ist. Es können unter anderem **1** für die Fertigung, **2** für die Konstruktion oder **3** für die universelle Verwendung gewählt werden.
- Über den *Status* wird schließlich noch festgelegt, ob die Selektion für den jeweiligen Auftrag oder die Kalkulation oder beides freigegeben ist.

Verwendung der Selektions-ID

Sie können die Selektions-ID mit den folgenden Customizing-Transaktionen für die Terminierung von Plan- oder Fertigungsaufträgen verwenden:

- OPU3 Terminierungsparameter für den Fertigungssteuerer nach Auftragsart
- OPU4 Terminierungsparameter für den Fertigungssteuerer nach Auftragsgruppe
- OPU5 Terminierung für Planaufträge

3.6.3 Arbeitspläne in der diskreten und der Serienfertigung

Der Arbeitsplan wird in der diskreten und in der Serienfertigung verwendet. Gängig ist hier der Normalarbeitsplan, während es für die Serienfertigung noch die Spezialform des Linienplans gibt. Als eine Art Vorlage können zudem die Standardarbeitspläne verwendet werden.

Normalarbeitsplan

Der *Normalarbeitsplan* ist ein universell einsetzbarer Arbeitsplan, der direkt für die Herstellung eines Materials verwendet werden kann. Er gibt den Arbeitsablauf bei der Eigenfertigung von Produkten wieder. Die Arbeitsschritte (Vorgänge) in der Fertigung werden in der Reihenfolge durchgeführt, wie sie der Plan vorgibt. Die Transaktionen zum Anlegen, Ändern und Anzeigen eines Normalarbeitsplans sind CA01, CA02 und CA03.

Für Vorgänge oder Aktivitäten, die immer in derselben Reihenfolge vorkommen, können *Teilarbeitspläne* angelegt werden, die sie zusammenfassen. Das schafft Übersichtlichkeit in großen Strukturen. Für eine mehrstufige Gliederung können mehrere Teilarbeitspläne untereinander angeordnet werden.

Standardarbeitsplan

Ein *Standardarbeitsplan* definiert sich durch eine Vorgangsfolge, die sich häufig wiederholt. Um Standardarbeitspläne anzulegen, zu ändern oder anzuzeigen, nutzen Sie die Transaktionen CA11, CA12 und CA13. Sie können einen Standardarbeitsplan nicht direkt zur Fertigung eines Materials verwenden, da dieser eher als Schablone gedacht ist. Wenn Sie in einem oder mehreren Normalarbeitsplänen eine Referenz auf einen

Standardarbeitsplan anlegen, werden Änderungen in den Vorgängen des Standardarbeitsplans automatisch auch in den Normalarbeitsplänen gültig. Damit können Sie häufig verwendete Vorgangsfolgen in verschiedenen Normalarbeitsplänen zentral pflegen.

Die Referenz lässt sich jedoch auch entsperren, um die Vorgänge des Standardarbeitsplans in den Normalarbeitsplan zu kopieren, ohne dass diese von nachträglichen Änderungen im Standardarbeitsplan berührt werden. Damit hat der Standardarbeitsplan die Funktion einer Vorlage für Normalarbeitspläne. Die Grundstruktur des Standardarbeitsplans ist dem Normalarbeitsplan ähnlich. Es gibt jedoch keine Parallel- oder Alternativfolgen, und es kann auch kein zu fertigendes Material zugeordnet werden.

Linienplan

In der Serienfertigung kann eine spezielle Form des Arbeitsplans verwendet werden, der *Linienplan*. Die Transaktionen zum Anlegen, Ändern und Anzeigen von Linienplänen lauten CA21, CA22 und CA23. Auch hier wird durch den Plan festgelegt, welche Arbeitsschritte in welcher Reihenfolge und in welcher Zeit durchlaufen werden. Ein Linienplan beinhaltet Vorgänge, denen Sie Linienabschnitte zuordnen. Diese *Linienabschnitte* können wiederum mehrere Arbeitsplätze in sich vereinen. Ein Arbeitsplatz steht dabei für einen *Takt*. Im Umkehrschluss kann ein Linienabschnitt also aus mehreren Arbeitstakten bestehen, die jeweils an eigenen Arbeitsplätzen stattfinden. Generell betrachtet besteht Fließbandproduktion aus der (automatisierten) Abfolge verschiedener oft kleinteiliger Arbeitsschritte. Da hier immer dieselben Arbeitsschritte ausgeführt werden, bedarf es keiner Rüstzeiten, es muss ja kein Werkzeug gewechselt werden. Ein immer gleicher Arbeitsschritt wird also immer in der gleichen Zeit erledigt, und das Werkstück wird an die nächste Bearbeitungsstation weitergegeben. Dieses rhythmische Arbeiten bildet den Takt. Wenn der Arbeitsschritt z. B. 5 Minuten benötigt, dann haben Sie auf Stundenbasis eine *Taktzahl* von 12. Den Linienabschnitten können Sie neben den Takten, also den Arbeitsplätzen, auch noch die Fertigungshilfsmittel zuordnen. Sie haben beim Anlegen der einzelnen Vorgänge auch die Möglichkeit, zunächst einen Dummy-Arbeitsplatz zu hinterlegen.

Über die *Linienhierarchie* strukturieren Sie die Linienabschnitte und Takte im Linienplan. Diese kann im *Linienplankopf* angegeben werden. Wenn Sie eine ratenbasierte Fertigung implementieren möchten, benötigen Sie eine Linienhierarchie, in die Sie die Raten eintragen müssen. Einen Linienplan benötigen Sie dafür nur, wenn Sie auch eine Kalkulation ermöglichen möchten.

Vorgangsfolgen, die parallel zur Hauptlinie durchlaufen werden, können über *Zuführungslinien* abgebildet werden. Durch den Einsatz von Zuführungslinien lässt sich die

Durchlaufzeit über Parallelisierung von Arbeitsschritten verkürzen. Dabei gibt es auch schachtelbare Möglichkeiten. Das Anlegen einer oder mehrerer paralleler Folgen als Zuführungslinien ist eine Möglichkeit. Das Anlegen paralleler Folgen zu einer Zuführungslinie, die wiederum eine parallele Folge zur Hauptlinie darstellt, ist eine weitere Möglichkeit. Sie können also auch Zuführungslinien zu Zuführungslinien anlegen. Abbildung 3.34 zeigt diesen Sachverhalt anhand einer Hauptlinie mit vier Vorgängen und zwei Zuführungslinien mit je drei und zwei Vorgängen.

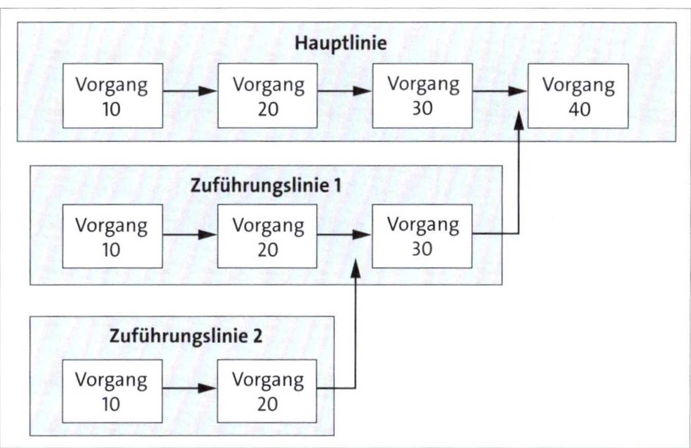

Abbildung 3.34 Hauptlinie mit zwei parallelen Zuführungslinien

3.6.4 Planungsrezepte in der Prozessfertigung

Die Prozessfertigung hat besondere Anforderungen an die Arbeitsabläufe und bedarf daher einer spezialisierten Form der Arbeitsplanung. Für die Definition des Produktionsablaufs und die Zuordnung der Produktionsmittel gibt es in der Prozessindustrie die *Planungsrezepte*. Sie werden über die Transaktionen C201, C202 und C203 angelegt, geändert oder angezeigt.

Die erste Besonderheit im Vergleich zum Arbeitsplan zeigt sich auf der Vorgangsebene. Für Planungsrezepte werden je Prozessschritt *Phasen* angelegt und diese in *Vorgängen* gruppiert. Die zweite Besonderheit zeigt sich in der Verwendung von *Ressourcen*, die im Arbeitsplan analog als Arbeitsplätze bekannt sind. Die einzelnen Phasen eines Vorgangs werden an den zugeordneten Ressourcen durchlaufen. Die Phasen beinhalten die Informationen für die Terminierung und die Kapazitätsberechnung. Wenn Sie z. B. die Herstellung von Teigwaren betrachten, wäre eine am Gesamtprozess beteiligte Ressource der Mischbehälter für die Zutaten. Die einzelnen Phasen an dieser Ressource könnten dann Abwiegen, Befüllen, Temperieren, Vermengen und letztlich die Entnahme sein. Das alles könnte im Vorgang Mischen hinterlegt werden.

Über die jeweiligen für die Berechnung hinterlegten Formeln werden die benötigten Mengen der einzelnen Komponenten ermittelt. Eine zentrale Rolle spielt hier die *Chargenverwaltung* der Komponenten. In der Pharmaindustrie müssten z. B. chargenspezifische Wirkstoffkonzentrationen ermittelt und nachweisbar verwendet werden. Diese starke Integration der Chargenverwaltung in die Herstellung ist die dritte Besonderheit bei Planungsrezepten.

3.6.5 XSteps

Wiederkehrende Produktionsschritte können Sie als sogenannte *XSteps* definieren und in Ihren Planungsrezepten stets wiederverwenden. Im *Standard-XSteps-Repository* (SXS-Repository), das Sie mit der Transaktion CMXSV öffnen, können Sie die Standard-XSteps anlegen und in Versionen verwalten. Die XSteps können dabei ineinander geschachtelt werden, um Prozessschritte zu gruppieren und hierarchisch einzuordnen. Diese Hierarchie bildet den *XStep-Baum*.

Sie fügen XSteps als Referenz in das Planungsrezept ein. Das hat den Vorteil, dass Änderungen an den referenzierten XSteps automatisch auch für das Planungsrezept gelten. Wenn nun ein Prozessauftrag zum Planungsrezept angelegt und aufgelöst wird, werden die referenzierten XSteps in den Prozessauftrag kopiert. Die originalen XSteps im Repository können aufgrund der Referenz durch diesen Vorgang nicht verändert werden. Die Voraussetzung ist, dass die Version der XSteps zuvor geprüft und für die Produktion freigegeben wurde.

Neben den Standard-XSteps, die im Repository anwendungsübergreifend definiert werden, gibt es noch *anwendungsbezogene XSteps*. Diese werden in der jeweiligen Anwendung (**Planungsrezept anlegen** oder **Prozessauftrag anlegen**) direkt angelegt und haben damit auch einen konkreten Bezug zum jeweiligen Objekt. Um im Planungsrezept XSteps anlegen zu können, müssen Sie ein geeignetes Rezeptprofil verwenden, das die Pflege von XSteps erlaubt (z. B. das Standardprofil PI01_XS).

Abbildung 3.35 zeigt einen XStep-Baum in einem Planungsrezept. Dieser Baum beinhaltet zwei anwendungsbezogene (also direkt erstellte) XSteps und eine Referenz auf einen Standard-XStep aus dem Repository. In unserem Fall wurde die Version 3 als Referenz übernommen. Der Standard-XStep beinhaltet weitere geschachtelte XSteps und hat somit einen eigenen XStep-Baum. Beim Auflösen der XSteps werden diese kopiert und mit den konkreten Werten und Ausprägungen belegt. Im Prozessauftrag liegen damit die finalen XSteps vor. Damit wird auch der referenzierte Standard-XStep analog zu den anwendungsbezogenen XSteps nicht mehr durch seine Referenz verändert und trägt nun die Werte der Variablen und Parameter, die speziell für diesen Prozessauftrag gelten.

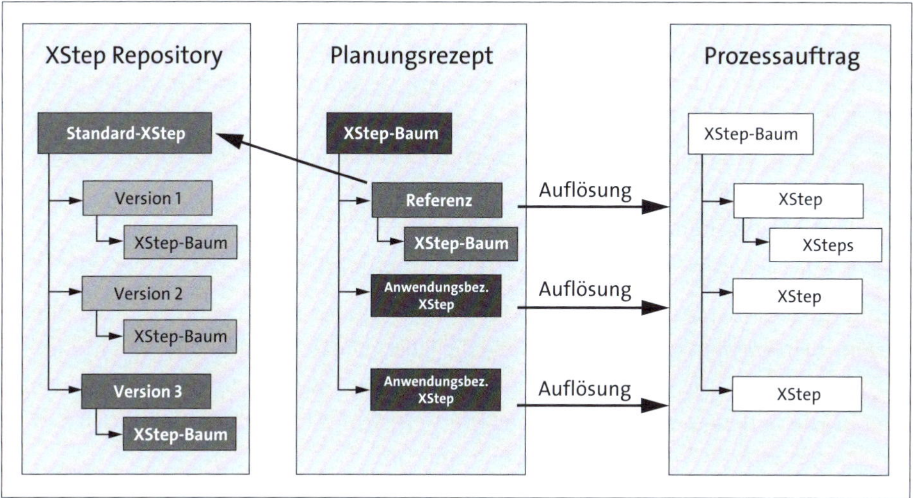

Abbildung 3.35 Verwendung von Standard- und anwendungsbezogenen XSteps

Die Verwendung von XSteps bringt die folgenden Vorteile mit sich:

- Es stehen wiederverwendbare Bausteine zur Verfügung (Standard-XSteps).
- Über variierende XStep-Bäume je Planungsrezept oder je Prozessauftrag können Sie auf Änderungen im Produktionsablauf flexibel reagieren.
- Es können Herstellanweisungen im SXS-Repository simuliert werden.
- Standard-XSteps bringen Standardisierung in die Arbeitsprozesse und damit auch die typischen Standardisierungsvorteile wie mehr Transparenz, geringere Kosten durch effizientere Planung und geringeren Pflegeaufwand.

Mehr zur Verwendung anwendungsbezogener XSteps finden Sie im Kapitel zur Prozessfertigung in Abschnitt 6.2, »Prozesskoordination«. Dort gehen wir auch noch einmal genauer darauf ein, wie Sie anwendungsbezogene und anwendungsübergreifende XSteps verwenden können. Vorab zeigen wir Ihnen hier schon einmal die wichtigsten Stellschrauben für die XSteps.

Allgemeine Angaben

Wenn Sie XSteps anlegen oder bearbeiten, gibt es verschiedene Bereiche, in denen Sie die jeweiligen Einstellungen hinterlegen können. In den allgemeinen Daten finden Sie die Beschreibung, den Empfänger und den Status zum XStep.

Parameter

Über *XStep-Parameter* definieren Sie die Inhalte eines XSteps sowie dessen Datenaustausch unter den XStep-Bausteinen. Über diese Definition der Bausteinschnittstellen ist es möglich, gleichnamige Variablen in unterschiedlichen XSteps desselben Baums zu verwenden, ohne dass diese miteinander in Konflikt geraten. Die Parameter sind die Basis für Bewertungen und Generierungen. Sie können XStep-Parameter definieren, die innerhalb eines XStep-Baums als Variablen gültig sind. Diese Variablen können Sie z. B. in einem Langtext zur Bewertung verwenden. Wird der Langtext dann in einer Herstellanweisung ausgegeben, wird auch die Variable mit dem entsprechenden Wert ausgegeben. Auch für Beschriftungen von Feldern zur Ein- oder Ausgabe oder für das Setzen von Vorschlagswerten können Variablen verwendet werden.

Damit die Parameter innerhalb der XSteps eines Baums übertragbar sind, benötigen Sie *Parameterreferenzen*. Diese erlauben die Übergabe der Parameterwerte innerhalb der XStep-Hierarchie. Bei der Referenz auf Standard-XSteps aus Planungsrezepten oder Prozessaufträgen heraus können Sie die Werte der Parameter individuell bewerten. Die Standard-XSteps bleiben davon unberührt.

Bewertung

Die *Bewertung* erfolgt mit der Generierung der XSteps im Prozessauftrag. Wie diese Bewertung erfolgt, ist abhängig von der *Bewertungsart*. Wenn Sie eine automatische Bewertung zum Zeitpunkt der Erzeugung des Steuerrezepts wünschen, wählen Sie die Bewertungsart **automatisch**. Festwerte können über das Feld **Wert** definiert werden. Mit der Bewertungsart **Referenz** können Sie die Bewertung eines hierarchisch übergeordneten Parameters übernehmen. Treffen Sie im Feld **Bewertung** die Auswahl **keine**, so wird der Parameter gar nicht oder zu einem späteren Zeitpunkt bewertet.

Generierung

Sie können mit der *Generierung* definieren, für welche Objekte ein XStep erzeugt werden soll. Für Standard-XSteps gibt es diese Einschränkungsoption nicht, da sie anwendungsübergreifend verwendet werden können.

Empfänger

Der *Empfängertyp* gibt an, ob der XStep an ein externes System oder eine Herstellanweisung oder einen Steuerrezeptempfänger gerichtet ist. Damit kann festgelegt werden, an welches Prozessleitsystem der XStep versendet wird. Für Standard-XSteps kann noch kein konkreter Empfänger hinterlegt werden, ein Empfängertyp ist jedoch erforderlich. Empfänger werden entlang der Baumhierarchie der XSteps nach unten weitervererbt, bis ein neuer Empfänger gefunden wird.

Anwendungskontext

Über XSteps im Planungsrezept und im Prozessauftrag kann zusätzlich festgelegt werden, ob der XStep für den ganzen Auftrag oder nur für einzelne Vorgänge und Phasen gelten soll. Auch dieser *Anwendungskontext* wird analog zum Empfänger vererbt.

3.7 Fertigungsversionen

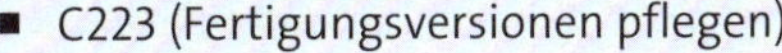

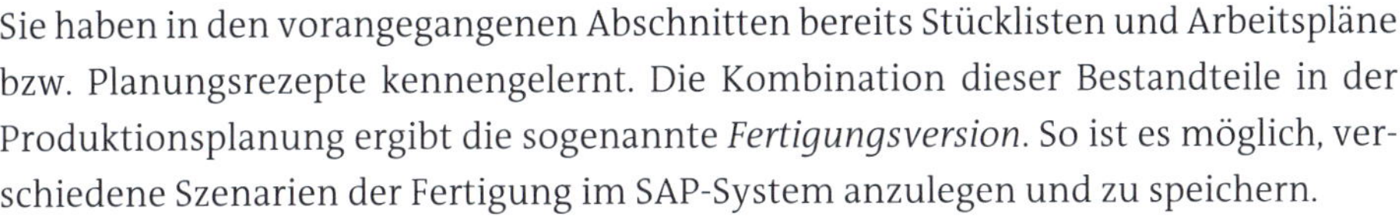

Verwendete Transaktion

- C223 (Fertigungsversionen pflegen)

Sie haben in den vorangegangenen Abschnitten bereits Stücklisten und Arbeitspläne bzw. Planungsrezepte kennengelernt. Die Kombination dieser Bestandteile in der Produktionsplanung ergibt die sogenannte *Fertigungsversion*. So ist es möglich, verschiedene Szenarien der Fertigung im SAP-System anzulegen und zu speichern.

3.7.1 Aufbau einer Fertigungsversion

Die Fertigungsversion definiert die Kombination eines Arbeitsplans mit einer Stückliste zur Herstellung eines Materials. Dabei kann es verschiedene Gründe dafür geben, mehrere Fertigungsversionen anzulegen. Beispielsweise kann ein Material je nach Kapazität unter Umständen an verschiedenen Arbeitsplätzen oder Ressourcen hergestellt werden. Diese können sich in den Details voneinander unterscheiden. Man könnte nun also mehrere Arbeitspläne mit den jeweiligen Arbeitsplätzen oder Ressourcen definieren und jeweils eine Fertigungsversion dazu anlegen. Ebenso kann ein Material (z. B. ein konfigurierbares) in unterschiedlichen, aber parallel gültigen Stücklisten vorliegen. Auch eine differenzierte Arbeitsschrittabfolge könnte daraus resultieren. Auch hier würde sich eine eigene Fertigungsversion anbieten. Nicht zuletzt können Fertigungsversionen auch aus kalkulatorischen Gründen angelegt werden.

Abbildung 3.36 zeigt, dass eine Fertigungsversion zu einem Material aus einer Stückliste und einem Arbeitsplan zu diesem Material besteht. In die Stückliste fließen wiederum die Angaben zu den Komponenten und Baugruppen ein. In den Arbeitsplan fließen die Arbeitsplätze und Fertigungshilfsmittel mit ein. Die Fertigungsversion umfasst damit alle nötigen Informationen zur Fertigung des Materials. Einzig die skalierbaren Informationen wie Mengen- und Terminangaben müssen nun noch durch den Fertigungsauftrag bereitgestellt werden.

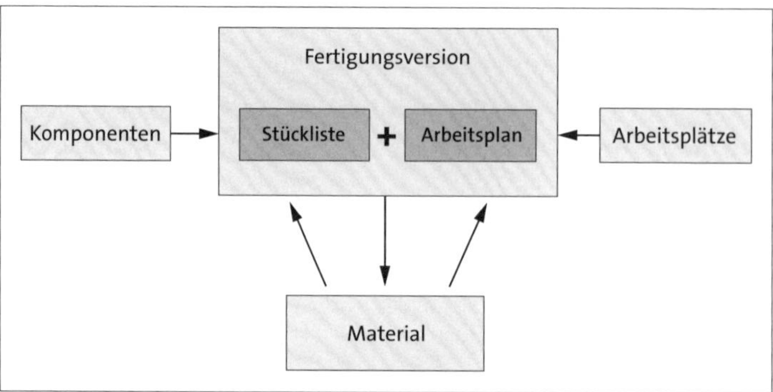

Abbildung 3.36 Bestandteile einer Fertigungsversion zu einem Material

Stücklistenauflösung mit Fertigungsversion

Die Funktionsbeziehung zwischen der Stückliste, dem Arbeitsplan und der Fertigungsversion zieht bei der Ermittlung der Stückliste zum Zeitpunkt der Stücklistenauflösung nur noch solche Stücklisten in Betracht, die in der Fertigungsversion verwendet werden. Damit ist die Datumsgültigkeit der Stücklisten an dieser Stelle nicht mehr relevant. Die korrekte Stücklistenauflösung erfordert also zwingend eine Fertigungsversion. Zur Kontrolle gültiger Stücklistenpositionen verwendet das System dann standardmäßig die Stückliste der zuletzt angelegten Fertigungsversion.

3.7.2 Fertigungsversion anlegen

Über die Transaktion C223 gelangen Sie in die *Massenpflege der Fertigungsversionen*. Hier werden auch alle verfügbaren Fertigungsversionen zur Kombination Werk und Material angezeigt. Sie können die Detailpflege der einzelnen Fertigungsversionen öffnen, indem Sie die gewünschte Version markieren und auf die Schaltfläche **Detailansicht** klicken oder per Doppelklick auf eine Version vorwärts navigieren. Hier können Sie für die jeweilige Fertigungsversion eintragen, für welche Losgrößen und welchen Zeitraum die Version gültig ist. Für die Informationen zum Arbeitsplan benötigen Sie die Eingabefelder **Plantyp** sowie **Plangruppe** und **Plangruppenzähler**. Die Stücklistenalternative und -verwendung wird hier ebenfalls eingegeben. Sie können darüber hinaus die Serienfertigung für diese Version erlauben und eine Fertigungslinie hinterlegen.

3.8 Steuerungsprofile

Verwendete Transaktionen

- OPKP (Profil Fertigungssteuerung)
- OSPT (Serienfertigungsprofil-Assistent)
- OSP2 (Gesamtpflege des Serienfertigungsprofils)

Im Verlauf der ersten Kapitel wurden die *Steuerungsprofile* bereits erwähnt. Wo Sie diese konfigurieren können und welche Einstellungen möglich sind, wollen wir Ihnen nun kurz erklären. An dieser Stelle können jedoch noch nicht alle denkbaren Auswirkungen der Konfigurationen beschrieben werden, da es schlicht zu viele sind. Beachten Sie daher, dass mehr Beschreibungen der Auswirkungen der Konfigurationen in Kapitel 4, »Diskrete Fertigung«, Kapitel 5, »Serienfertigung«, und Kapitel 6, »Prozessfertigung«, zu den einzelnen Fertigungsarten zu finden sind.

3.8.1 Fertigungssteuerungsprofil (PP, PI)

In Kapitel 2, »Organisationsdaten in der Produktion«, wurde bereits die Rolle des Fertigungssteuerers vorgestellt. Diese ist für Ausführung der Fertigung und die reibungslosen Abläufe in der Produktion zuständig. Für den Fertigungssteuerer kann ein *Fertigungssteuerungsprofil* hinterlegt werden. Alternativ kann das Fertigungssteuerungsprofil auch im Materialstamm angegeben werden. In diesem Profil wird hinterlegt, was bei der Umsetzung der Fertigungsaufträge automatisch geschehen soll. Das Fertigungssteuerungsprofil wird über die Customizing-Transaktion OPKP gepflegt. Per Doppelklick auf ein Profil oder über das Markieren und das Klicken auf **Detail** können Sie mittels Vorwärtsnavigation in die Detailansicht eines Profils wechseln. Die konfigurierbaren Schlüsselpunkte des Fertigungssteuerungsprofils sind:

- Fertigungsauftragseröffnung
  - automatische Freigabe
  - Verwendung Material und Stückliste
- Fertigungsauftragsfreigabe
  - Drucksteuerung
  - Terminierung
  - Verwendung Material und Stückliste
  - Steueranweisungen

- kurzfristige Materialbedarfe
- kurzfristige Kapazitätsbedarfe
- Rückmeldung aus der Fertigung
  - automatischer Wareneingang
  - Warenausgang
  - Fortschreibung
  - Über- und Unterdeckung
- Materialtransport
- Verwendung von Default-Auftragsarten
- weitere Details der Fertigungsdurchführung

Mithilfe des Fertigungssteuerungsprofils können Sie verschiedene *Ereignisse* aneinanderkoppeln und automatisch zusammen ausführen lassen. Das kann unter Umständen zu einer erheblichen Vereinfachung und Beschleunigung in der Initialisierung des Produktionsprozesses führen. Die Voraussetzung für diese Vereinfachungen ist jedoch, dass die bestehenden Prozesse sicher sind und die Automatisierungsschritte ohne prüfende Zwischeninstanz auskommen. Wenn Sie diese Interna geklärt haben, können Sie im Fertigungssteuerungsprofil z. B. einstellen, dass die Auftragsfreigabe direkt mit der Auftragseröffnung erfolgt. Mit der Auftragsfreigabe können dann wiederum automatisch der Auftragsdruck und die Terminierung anhand der aktuellen Datenlage ausgeführt werden.

Im Bereich **Materialverfügbarkeitsprüfung** können Sie angeben, wie das System verfahren soll, wenn es auf Unregelmäßigkeiten stößt. Beispielsweise könnte es vorkommen, dass eine Komponente Ihres Fertigungsauftrags nicht in hinreichender Menge verfügbar ist. Sie können dann über das Kennzeichen **Verfügbare Teilmenge bestätigen** festlegen, dass die bestätigte Teilmenge des Engpassmaterials analog als Prozentsatz für die Bestätigung aller anderen Komponenten gesetzt wird, auch wenn diese gegebenenfalls in voller Höhe verfügbar gewesen wären. Zum Bedarfstermin des Fertigungsauftrags bestätigen Sie damit die größtmögliche Menge anhand des knappsten Materials. Sie reservieren damit auch nur die bestätigten Mengen der anderen Materialien. Sie können außerdem festlegen, dass mit der Rückmeldung automatisch der Wareneingang für das hergestellte Material gebucht wird.

Für die Rückmeldung können Sie darüber hinaus angeben, ob *Mehr- oder Minderzugang* aus der Produktion fortgeschrieben werden soll. Wenn Sie diese Fortschreibungen unterdrücken, werden zu viel oder zu wenig produzierte Mengen nicht erfasst. Es werden also keine Abweichungen berücksichtigt. Im Gegensatz dazu können Sie die aus Rückmeldungen erfassten Ist-Daten auch dazu benutzen, die vorherigen Plan-Daten bei Abweichungen zu überschreiben. Das System führt dann im Hintergrund eine Neuterminierung der restlichen (zu dem Zeitpunkt noch nicht rückgemeldeten)

Vorgänge aus und berechnet auf der Basis der Ist-Daten des just rückgemeldeten Vorgangs auch die weiteren Mengen- und Kapazitätsbedarfe. Damit reagieren Sie sehr flexibel auf Änderungen in der Produktion. Die Kalkulation anhand der Plan-Daten wird damit jedoch überholt und kann auch in diesem Kontext nicht neu berechnet werden. Bestellanforderungen können auf der Grundlage veränderter Ist-Daten angepasst werden, Bestellungen jedoch nicht. Das obliegt dem Einkauf.

Sie können im Bereich **Kapazitätsplanung** ein *Gesamtprofil* für den Abgleich hinterlegen. Dieses Profil ist sehr komplex und umfasst weitere Unterprofile. Sie pflegen darin alle Einstellungen für den Kapazitätsabgleich. Mehr zu diesem Thema finden Sie in Kapitel 10, »Kapazitätsplanung«.

Analog zur Bestätigung der kurzfristigen Materialverfügbarkeit können Sie auch die *kurzfristige Kapazitätsverfügbarkeit* über das Kennzeichen **Kapazität bestätigen** steuern. Ist dieses Kennzeichen gesetzt, werden alle Kapazitäten der kapazitiv durchführbaren Vorgänge bei der Sammelumsetzung von Plan- in Fertigungsaufträge und bei der Sammelfreigabe von Fertigungsaufträgen in die Grundlast aufgenommen. Wenn das Zeichen nicht gesetzt ist, umfasst die Grundlast entweder alle kapazitiv durchführbaren Vorgänge oder keinen, sofern auch nur einige nicht durchführbar sind. In diesem Kontext können Sie auch ankreuzen, ob das System mittels einer *Kapazitätsterminierung* automatisch nach Zeiträumen sucht, wann hinreichende Kapazitäten zur Verfügung stehen, um Ihre Fertigungsaufträge auszuführen. Die Details hierfür sind wieder im Gesamtprofil der Verfügbarkeitsprüfung hinterlegt.

Im Bereich **Chargenverwaltung** können Sie angeben, dass jeder neue Fertigungsauftrag automatisch eine neue Charge erzeugt. Außerdem können Sie die Bedingungen für die *Chargenklassifizierung* hinterlegen.

Für die Integration von *SAP Extended Warehouse Management* gibt es zusätzlich Konfigurationsmöglichkeiten im Bereich **Transport**. Informieren Sie sich hier bei der oder dem jeweiligen EWM-Verantwortlichen in der Logistik und in der IT, um die Konfigurationen abzustimmen.

Im Fertigungssteuerungsprofil können zu guter Letzt auch noch die *Fertigungsarten* für die Lager-, Kundeneinzel-, Projekteinzelfertigung und für Fertigungsaufträge ohne Material hinterlegt werden.

3.8.2 Serienfertigungsprofil (REM)

Über das *Serienfertigungsprofil* geben Sie eine Reihe von Daten zur Steuerung der Serienfertigung für ein Material an. Es ist für die Anwendung der Serienfertigung eine zwingende Voraussetzung. Das Serienfertigungsprofil wird über die Customizing-Transaktion OSPT (Serienfertigungsprofil-Assistent) angelegt. Dieser Assistent führt durch die Konfigurationsoptionen und liefert hilfreiche Erklärungen. Zusätzlich wird eine Auswahl an vorkonfigurierten Profilen angeboten, die Sie Ihren Bedürfnissen anpassen können. Das Serienfertigungsprofil muss dann im Materialstamm einem entsprechenden Material in den Dispositionsdaten zugeordnet werden. Der Assistent führt Sie durch die folgenden Einstellungen:

- Fertigungsszenario (Lagerserienfertigung/Kundenauftragsserienfertigung)
- Zählpunkte (Meilensteine im Arbeitsplan, bei deren Erreichung eine Rückmeldung erfolgt)
- automatische Erfassung des Wareneingangs der Fertigungserzeugnisse
- Zählpunkte nach Kanban (bei Setzen eines Kanban-Status »voll«)
- Buchung auf einen Kostensammler
- Entkopplung von Wareneingangs- und Warenausgangsbuchungen
- Retrograde-Entnahme (automatisches Buchen der Warenausgänge der Komponenten bei Wareneingangsbuchung der Fertigungserzeugnisse)
- Fixierungslogik für Planaufträge im Planungstableau (innerhalb eines definierten Fixierungshorizonts werden Bedarfsänderungen vom Planungslauf mengenmäßig nicht mehr angepasst)
- Bestandsfindung (wenn Sie eine Rangfolge der bestehenden Bestände verwenden möchten)
- Verwendung des Chargensuchschemas zum Material (für chargenpflichtige Materialien zum Zeitpunkt der Rückmeldung)
- Produktionsplanabbau bei Rückmeldung (gibt die Reduzierung von Planaufträgen bei Rückmeldungen an)
- Abbauhorizont für Planaufträge (bei einer Abwicklung von Planaufträgen oder Fertigungsaufträgen mit Vorplanung per Materialbedarfsplanung)
- Verhalten bei Stornierung von Rückmeldungen (fehlende Stückzahlen können durch neue Planaufträge kompensiert werden)
- Art der Fehlerkorrektur bei retrograder Entnahme und Rückmeldung
- Verwendung von Nachbearbeitungssätzen
- Vorschlagswerte für (eigene) Bewegungsarten

Über die Customizing-Transaktion OSP2 gelangen Sie zur **Gesamtpflege des Serienfertigungsprofils**. Per Vorwärtsnavigation durch Doppelklick können Sie die Details der einzelnen Profile einsehen. Hier sehen Sie die zuvor genannten Stichpunkte in den Sichten **Steuerungsdaten** und **Bewegungsarten**. Sie können über diese Transaktion auch ein Serienfertigungsprofil ändern oder kopieren.

Kapitel 4
Diskrete Fertigung

Die Mutter der SAP-Fertigungsarten ist die diskrete Fertigung. Wer das Konzept und die Verwendung dieser Fertigungsart kennt, dem fällt es ungleich leichter, auch die anderen Fertigungsarten zu durchdringen. Wir starten nun unsere Tour durch die Werkstattfertigung.

Die *diskrete Fertigung* wird bevorzugt in Betrieben mit werkstattorientierten Prozessen verwendet, deren Erzeugnisse häufig wechseln oder in unregelmäßiger Häufigkeit nachgefragt werden. Man produziert dabei meist in Einzellosen oder mit Auftragsbezug. Daher nennt man diese Fertigungsart auch *Werkstattfertigung*.

Die Basis für die diskrete Fertigung sind die Fertigungsaufträge. Damit diese korrekt verwendet werden können, bedarf es einer entsprechenden Konfiguration der Stammdaten (Materialstamm, Stückliste, Arbeitsplatz, Arbeitsplan etc.). In diesem Kapitel beschreiben wir daher zunächst, wie Sie die Stammdaten für die Verwendung der diskreten Fertigung konfigurieren können. Im Anschluss werden die Prozesse der diskreten Fertigung mit Fertigungsaufträgen in ihrer logischen Abfolge einzeln erklärt. In unserem fiktiven Beispiel sind wir ein Hersteller von Funsportartikeln und wollen mittels der diskreten Fertigung individualisierte Kundenaufträge zum Beispielmaterial für ein Skateboard produzieren. (In Kapitel 5, »Serienfertigung«, produzieren wir dann die nicht individualisierbare Massenware im Rahmen der Lagerfertigung, und in Kapitel 6, »Prozessfertigung«, sehen wir, wie die selbst gefertigten Baugruppen anhand des Beispiels der Kunststoffrollen hergestellt werden.) Die Beschreibung der einzelnen Abfolgen der Aufgaben ist dabei handlungsweisend formuliert.

Abbildung 4.1 zeigt den Versuchsaufbau für unser Beispielunternehmen, die Fun-Sport AG. Wir konzentrieren uns im Sinne der Übersichtlichkeit auf eine einzelne Produktgruppe, die Skateboards. In diesem Kapitel werden wir uns dem Skateboard-Modell *Custom* widmen. Es soll vom Kunden individuell konfiguriert werden können. Man kann verschiedene Komponenten sowie die Rollen kombinieren und dadurch ein Skateboard bestellen, das sich vom Standardmodell abhebt. Da wir im Rahmen dieses Buchs leider nicht noch auf die Besonderheiten von konfigurierbaren Materialien und deren Konfigurationsprofile eingehen können, legen wir für ein schlankes Beispiel die Kombinationsmöglichkeiten so fest, dass wir sie mit mehreren Alternativen eines Fertigungserzeugnisses abbilden können. Dabei ist es unerheblich, ob der Kunde ein Skateboard oder eintausend Skateboards in Auftrag gibt. Unser Beispiel soll damit übersichtlich die Grundlagen der diskreten Fertigung aufzeigen. Aufgrund der Produktkomplexität, die aus der theoretischen Individualisierung resultieren kann, nehmen wir dabei an, dass kein vollständig standardisiertes Herstellungsverfahren möglich ist. Auch ist die Nachfrage nach individualisierten Skateboards aufgrund der starken Abhängigkeit der Beauftragungen nicht wie beim Standardmodell prognostizierbar. Wir entscheiden uns hier also für die Kundenauftragsfertigung im Sinne der diskreten Fertigung.

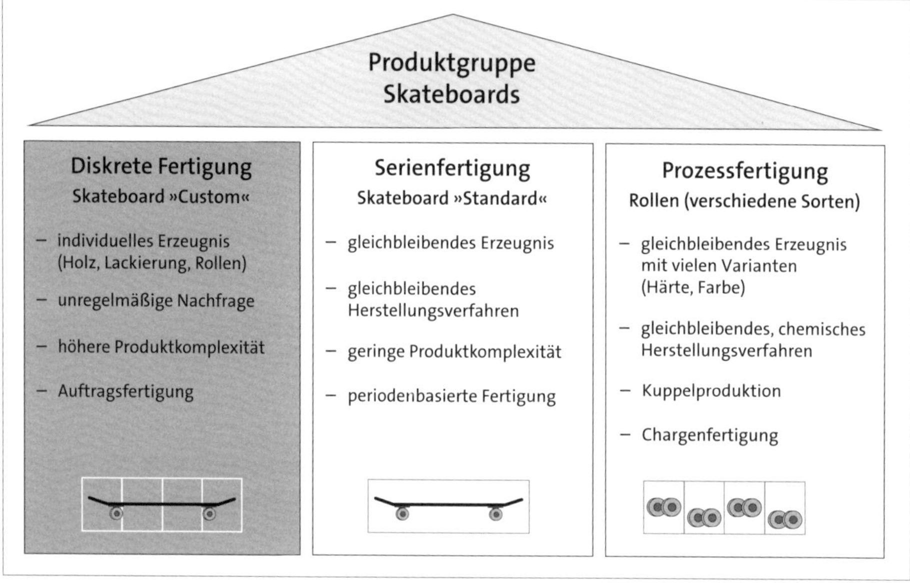

Abbildung 4.1 Beispielunternehmen Fun-Sport AG – diskrete Fertigung für das Skateboard-Modell »Custom«

4.1 Spezielle Stammdaten der diskreten Fertigung

Wenn Sie in Ihrem Unternehmen die diskrete Fertigung (oder auch Werkstattfertigung) im Einsatz haben, dann müssen Sie eine Reihe von Konfigurationen in Ihrem SAP-System durchführen. Nur so können Ihre Geschäftsprozesse effizient abgebildet werden. In einem Implementierungsprojekt sind dabei speziell die Entscheidungen wichtig, die später in den Prozessen automatische Abläufe ermöglichen sollen. Dabei kann es Abläufe geben, die regelmäßig und geplant sind, und solche, die ungeplant sind. Im Produktionskontext sind z. B. die Abläufe zu diesen Ereignissen zu definieren:

- Beispielhafte Ereignisse bei geplanten Geschäftsvorfällen:
  - Es werden automatische Wiederbeschaffungsvorschläge erstellt.
  - Es werden Aktionen automatisch mit der Auftragsfreigabe ausgeführt.
  - Es werden automatische Warenentnahmen gebucht.
  - Es werden automatisch alternative Komponenten gesucht.
- Beispielhafte Ereignisse bei ungeplanten Geschäftsvorfällen:
  - Es liegt ein Kapazitätsengpass vor.
  - Es liegt ein Materialengpass vor.
  - Es liegen ungeplante Materialentnahmen vor.
  - Es wird ungeplanter Ausschuss erzeugt.
  - Es wird über- oder unterliefert.
  - Es ist nicht möglich, einen Auftrag innerhalb der Vorgaben zu terminieren.

Diese Vorfälle können anhand der von Ihnen eingestellten Stammdaten gelenkt werden. Dafür können auch Abstufungen vorgenommen werden. Sie könnten z. B. erlauben, einen Auftrag anzulegen, obwohl nicht alle Komponenten in hinreichender Menge verfügbar sind, die Freigabe dann jedoch bis zur Deckung dieser Komponenten verbieten.

Wir wollen Ihnen nun die Grundlagen zur Konfiguration der Stammdaten für die diskrete Fertigung näherbringen. Damit sind Sie schließlich in der Lage, einen Gesamtprozess zu definieren. Da die Produktionsplanung viele Verzweigungen in die anderen Geschäftsbereiche hat, ist bei einer SAP-Implementierung stets eine enge Abstimmung mit den Prozessverantwortlichen der anderen Bereiche notwendig. Dazu zählen besonders das Controlling, unbedingt auch die Materialwirtschaft, die Qualitätssicherung und die Instandhaltung. Das müssen Sie bei der Konfiguration der Stammdaten immer im Hinterkopf behalten und sich im Zweifel lieber einmal mehr mit den Kolleginnen und Kollegen abstimmen. Gerade in großen Projekten ist die Kommunikation der wichtigste Erfolgsfaktor. Kommunikation ist manchmal sogar noch wichtiger als Fachwissen, denn das kann man zur Not schlicht einkaufen.

Wenn Sie allgemeine Fragen zu den einzelnen Objekten haben (Arbeitsplätze, Fertigungsarten, Stücklisten etc.), finden Sie Ihre Antworten im vorangegangenen Kapitel 3, »Stammdaten in der Produktion«. In diesem Kapitel zeigen wir Ihnen einige Einstellungsschritte speziell im Kontext der diskreten Fertigung. Dabei gehen wir in der Reihenfolge vor, wie sie in Abbildung 4.2 zu sehen ist, und arbeiten uns im Kontext der Konfigurationen mit Material- und Werksbezug von den Materialstammdaten über Stücklisten und von den Arbeitsplätzen über Arbeitspläne bis zur Fertigungsversion vor. Daran schließt sich die Konfiguration der Schritte an, die im Rahmen des Lebenszyklus eines Fertigungsauftrags relevant sind: angefangen bei den Einstellungen zur Auftragseröffnung und Auftragsfreigabe über die Terminierung und Verfügbarkeitsprüfung bis hin zur Drucksteuerung und Rückmeldung. Diese Einstellungsschritte nehmen maßgeblich Einfluss darauf, wie Anwenderinnen und Anwender letztlich bei der Arbeit mit einem Fertigungsauftrag verfahren müssen.

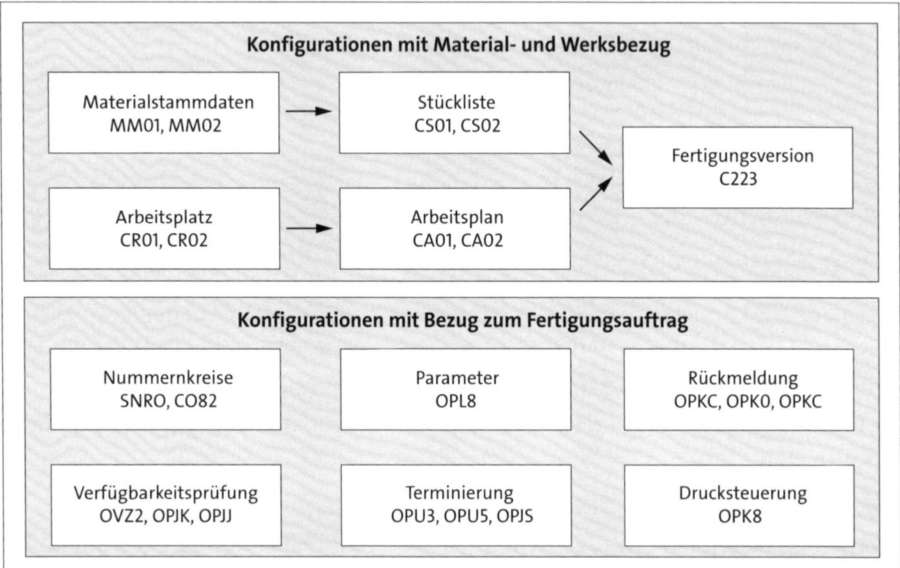

Abbildung 4.2 Stammdatenkonfiguration in der diskreten Fertigung

4.1.1 Materialarten

Verwendete Transaktion

- Menüpfad: **Logistik Allgemein • Materialart • Materialstamm • Grundeinstellungen • Materialarten • Eigenschaften der Materialarten festlegen**

Die Produktion wäre ohne Sinn, wenn sie keine Erzeugnisse hervorbrächte. Die Materialarten, die daher zwingend notwendig sind, sind jene, die hergestellt und bei der Herstellung verbraucht werden. In der diskreten Fertigung benötigen Sie daher mindestens diese Materialarten:

- Fertigungserzeugnisse (FERT)
- Rohstoffe (ROH)
- Halbfabrikate (HALB)
- Fertigungshilfsmittel (FHMI)

Weitere Informationen zu den Materialarten finden Sie in Abschnitt 3.2, »Materialstamm«. Da die Materialarten initial von einer Spezialistin oder einem Spezialisten der Materialwirtschaft angelegt werden, sollen diese Informationen nun für unser praktisches Beispiel genügen.

4.1.2 Materialstammdaten

Verwendete Transaktionen

- MM01 (Material anlegen)
- MM02 (Material ändern)
- MM03 (Material anzeigen)

Wir wollen uns für unser Beispiel die Anforderungen an die *Materialstammdaten* für drei Materialien ansehen. Da für die jeweilige Materialart unterschiedliche Sichten besonders wichtig sind, werden wir diese kontextbezogen einrichten. Anschließend gehen wir noch genauer auf die Stückliste zu unserem Beispielerzeugnis ein. Die drei Bestandteile, die wir uns in den Materialstammdaten ansehen wollen, sind diese:

- Skateboard (Fertigungserzeugnis)
- Holz (Rohstoff)
- Achsen (Halbfabrikat aus Fremdbezug)

Die Materialstammdaten müssen immer mit Blick auf die logistischen Gegebenheiten der vorliegenden Produktionsbedingungen eingestellt werden. Daher können wir hier nur Beispiele zeigen. In Ihrem Unternehmen ist es sinnvoll, wenn Sie sich zunächst ein ganzheitliches Bild von einem neuen Material machen, bevor Sie es anlegen.

Skateboard (Fertigungserzeugnis)

Die Daten der Sicht **Grunddaten** werden initial von der Materialwirtschaft oder einem Datenmanagement gepflegt. Diese Sicht benötigen wir für alle Materialien. Für uns wichtig sind hier:

- Bezeichnung
- Basismengeneinheit

Die Daten der Sicht **Vertriebsdaten** sind elementar für ein Fertigungserzeugnis. Denn ohne Vertrieb müsste auch nicht produziert werden. Entsprechend wird aber diese Sicht auch vom Vertrieb bestimmt und daher hier nur erwähnt.

Die Dispositionssichten sind elementar für die Produktionsplanung. Wir stellen hier folgende Informationen bereit:

- Werk/Dispositionsbereich
- Dispositionsmerkmal
- Disponent
- Losgrößenverfahren
- Beschaffungsart
- Eigenfertigungszeit
- WE-Bearbeitungszeit
- Strategiegruppe
- Verfügbarkeitsprüfung
- Fertigungsversion

Die Sicht **Arbeitsvorbereitung** dient den Angaben zur Ausführung der Fertigungssteuerung und beinhaltet diese wichtigen Informationen:

- Werk
- Fertigungssteuerer
- Fertigungssteuerungsprofil
- Fertigungsversion

Die Kalkulation wird durch das Controlling bestimmt. Hier ist die entscheidende Fragestellung, wie anfallende Kosten verteilt werden sollen. Das ist außerdem auch für die Prognose zukünftiger Kosten relevant.

Die Buchhaltung wird von der Finanz vorgegeben. Hier ist die Preissetzung ein entscheidendes Kriterium. Es gibt vom gleitenden Durchschnittspreis bis zum vorgegebenen Fixpreis für eine Periode verschiedene Möglichkeiten, die zur Bewertung der Erzeugnisse benötigt werden.

Holz (Rohstoff)

Rohstoffe werden stets fremdbeschafft, daher fallen im Vergleich zum Fertigungserzeugnis die Sichten **Vertrieb** und **Arbeitsvorbereitung** weg. Dafür ist die Beschaffungssicht (**Einkauf**) umso wichtiger. Diese wird von der Materialwirtschaft gepflegt und stellt Informationen zu Zeit, Menge, Quelle und Art der Beschaffung bereit. Als Mitarbeitende der Produktionsplanung haben Sie hier nicht viel selbst einzustellen, es gilt jedoch, die Einstellungen zu prüfen.

Achsen (Halbfabrikat aus Fremdbezug)

Halbfabrikate können eigen- oder fremdgefertigt sein. Daher benötigen wir eventuell die Beschaffungsdaten ähnlich denen zu Rohstoffen (falls Fremdbezug eine Option ist) und die Sichten **Disposition** und **Arbeitsvorbereitung** analog zum Fertigungserzeugnis (wenn die Eigenfertigung der Baugruppen eine Option ist).

4.1.3 Stücklisten

Verwendete Transaktionen

- CS01 (Stückliste anlegen)
- CS02 (Stückliste ändern)
- CS03 (Stückliste anzeigen)
- OS20 (Stücklistenverwendung)
- OS24 (Materialarten Stücklistenkopf)
- OS14 (Materialarten Stücklistenpositionen)

Was es generell mit den *Stücklisten* in SAP auf sich hat und wie sich die einzelnen Elemente einer Stückliste definieren, können Sie in Abschnitt 3.4, »Stücklisten«, nachlesen. Die Verwaltung und Pflege von Stücklisten ist in allen Fertigungsarten gleich. Hier sehen wir uns für unser Beispiel das Fertigungserzeugnis Skateboard speziell für das Modell *Custom* an. Die Stückliste enthält die Komponenten Deck, Achsen, Lager und Rollen:

Das *Deck* bezeichnet das Brett, auf dem man beim Fahren steht. Pro Skateboard benötigt man eines davon. In unserem Beispiel handelt es sich hierbei um eine eigengefertigte Baugruppe mit eigener Stückliste. Das Holz soll der Kunde aus verschiedenen Holzarten und in variabler Stärke auswählen können. Die Farbe ist ebenso wählbar. Der Leim hält die Holzschichten zusammen und ist wie das Griptape bei allen Boards gleich. Das Griptape ist ein schleifpapierähnliches Material, das mit der Oberseite eines Skateboards verklebt wird und den Füßen Halt bietet. Alle Komponenten des Decks werden als Rohstoffe eingekauft.

Die *Achsen* sind Metallteile, die die Kugellager und die Rollen tragen und bei entsprechendem Kraftaufwand in sich beweglich sind, um eine Lenkfunktion des Skateboards zu ermöglichen. Sie werden mit dem Deck verschraubt. Um das Modell etwas zu vereinfachen, haben wir diese Komponente als fertig montiertes Halbfabrikat inklusive Verschraubungen in unserem Beispiel fremdbeschafft. Zudem werden in allen Skateboards zwei Achsen des gleichen Materials verbaut.

Die *Lager* werden in die Rollen eingepresst und auf die Achse montiert. Sie gewährleisten, dass sich die Rollen drehen können. Es handelt sich hierbei um Kugellager, von denen jeweils zwei pro Rolle verbaut werden. Ein gutes Kugellager hat weniger Eigenwiderstand und lässt die Rollen schneller drehen als ein weniger gutes. Bei unserem Custom-Skateboard kann der Kunde zwischen langsamen und schnellen Kugellagern wählen. Sie werden als Halbfabrikate fremdbeschafft.

Die *Rollen* sind für unser Custom-Skateboard Komponenten und stammen aus Eigenfertigung. Die Herstellung wird in Kapitel 6, »Prozessfertigung«, noch genauer beschrieben. Der Kunde soll zwischen Rollen unterschiedlicher Farbe und unterschiedlicher Materialzusammensetzung – für individuelles Rollverhalten – wählen können (blau/grün/rot, hart/weich). Es werden vier Rollen je Skateboard verbaut.

Abbildung 4.3 zeigt beispielhaft die einzelnen Bestandteile und Mengen für das Produkt. Die Komponenten der Baugruppe »Deck« sind dunkel hinterlegt, um zu verdeutlichen, dass sie nicht zur Stückliste unseres Fertigungserzeugnisses gehören, aber im Gesamtkontext mitberücksichtigt werden müssen.

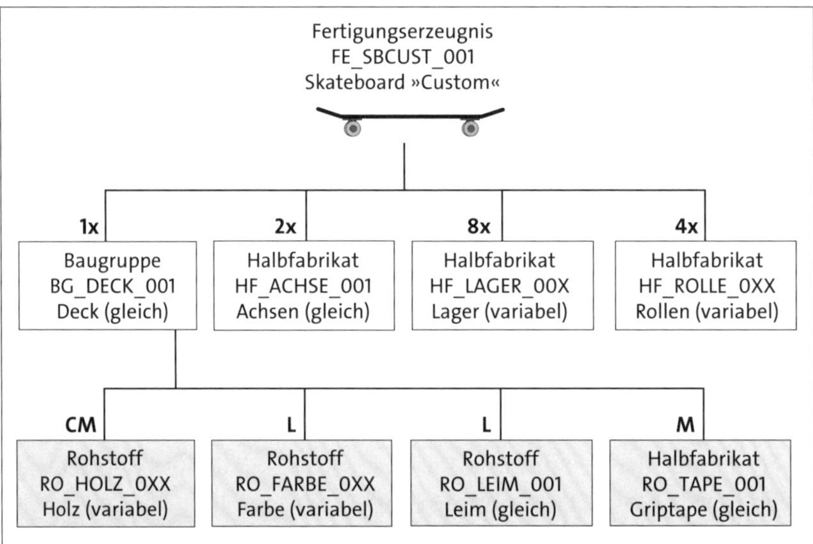

Abbildung 4.3 Stückliste für das Skateboard-Modell »Custom«

Stücklistenverwendungen

Über die *Stücklistenverwendung* stellen Sie die Weichen für die Aktivitäten und Funktionen der Stückliste im Kontext Ihrer Geschäftsprozesse. Über die Customizing-Transaktion OS20 können Sie die Stücklistenverwendung definieren. Wir benötigen hier eine Stücklistenverwendung, die für die Fertigung aktiviert ist. In unserem Beispiel ist das die Stücklistenverwendung (**StlVerw**) mit der Nummer **1** (siehe Abbildung 4.4). Alternativ können Sie hier natürlich auch eigene Verwendungen anlegen. Wichtig ist dabei, dass Sie für die Fertigung den *Verwendungsschlüssel* auf **+** einstellen.

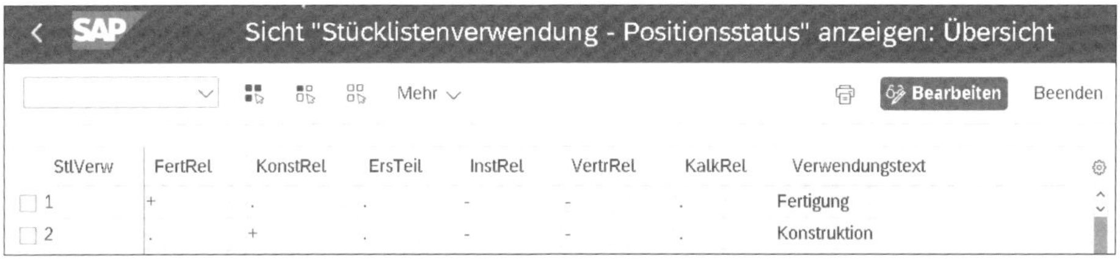

Sicht "Stücklistenverwendung - Positionsstatus" anzeigen: Übersicht

Mehr | Bearbeiten | Beenden

StlVerw	FertRel	KonstRel	ErsTeil	InstRel	VertrRel	KalkRel	Verwendungstext
1	+	.	.	-	-	.	Fertigung
2	.	+	.	-	-	.	Konstruktion

Abbildung 4.4 Transaktion OS20 (Stücklistenverwendung)

Erlaubte Materialarten in der Stückliste

Wir benötigen Stücklisten für Fertigungserzeugnisse (Materialart FERT) und Halbfabrikate (Materialart HALB), die wir aus Zukaufteilen und Rohstoffen selbst herstellen. Aber auch konfigurierbare Materialien können über Stücklisten in Verbindung mit einem Konfigurationsprofil abgebildet werden (Materialart KMAT). Die Halbfabrikate, die wir herstellen wollen, sind dann wiederum Komponenten für unsere Fertigungserzeugnisse. Das Anlegen von Stücklisten für Rohstoffe, also reine Zukaufteile, ist nicht zielführend, da diese Materialien in der Regel als fertige Einheit eingekauft werden. Auch für Verbrauchsmaterialien werden keine Stücklisten benötigt.

Wir benötigen für die diskrete Fertigung eine Materialstückliste für unsere Fertigungserzeugnisse und Halbfabrikate. Die Customizing-Transaktion OS24 erlaubt uns, für den Stücklistenkopf zulässige Kombinationen aus Materialarten und Verwendungen festzulegen. Hier müssen mindestens zur Stücklistenverwendung mit der Nummer **1** (für die Fertigung) FERT und HALB durch den *Verwendungsschlüssel* mit **+** aktiviert sein. Wenn Sie die Verwendung nicht einschränken möchten, können Sie bei der Materialart auch einen Asterisk (*) eingeben. Dann sind Stücklisten für die Fertigung für alle Materialarten zulässig.

Für die Stücklistenpositionen müssen hingegen mindestens die Rohstoffe und Halbfabrikate zulässig sein. Dafür verwenden wir die Customizing-Transaktion OS14 und stellen sicher, dass auch hier für die Stücklistenverwendung **1** (für die Fertigung) mindestens ROH und HALB oder alle Materialarten mittels * in Kombination mit dem Steuerkennzeichen **+** (für »zulässig«) gesetzt sind.

Stückliste anlegen

Wir legen nun über die Transaktion CS01 eine Stückliste an. Dafür geben wir unser Fertigungserzeugnis **FE_SBCUST_001**, das Werk **1010** und den Verwendungszweck **1** für **Fertigung** an. Die Alternative müssen wir bei der ersten Stückliste zum Material nicht angeben, da diese automatisch **1** ist. Später fügen wir beim Anlegen der weiteren Ausprägungen unseres Custom-Modells noch weitere Alternativen hinzu und legen damit eine *Mehrfachstückliste* an. In Abbildung 4.5 sehen Sie das beschriebene Einstiegsbild der Transaktion.

Außerdem legen wir noch eine Stückliste für unsere Baugruppen (»Deck« und »Rollen«) an. Das Anlegen der Stückliste einer Baugruppe erfolgt technisch analog zum Anlegen der Stückliste für ein Fertigungserzeugnis. Das Anlegen der Stücklisten kann in beliebiger Reihenfolge geschehen. Bestätigen Sie die Eingaben mit ↵. Sie gelangen zur Positionsübersicht der Stückliste.

* Material: FE_SBCUST_001

Werk: 1010 Werk DE

* Verwendung: 1 Fertigung

Alternative:

Gültigkeit

Änderungsnummer:

Gültig ab: 17.05.2020

Abbildung 4.5 Einstiegsbild der Transaktion CS01 (Stückliste anlegen)

Klicken Sie hier in der Menüleiste auf **Kopf**, um in die Pflege der Kopfdaten zu gelangen. Im *Stücklistenkopf* geben Sie die Basismenge an. Da wir in diesem Fall ein Custom-Produkt herstellen wollen, übernehmen wir für das Feld **Basismenge** die Angabe **1**. Bei der Stückliste für das Deck tragen wir im Feld **Stücklistengruppe** auch »DECK_CUSTOM« ein.

Klicken Sie nun auf **Position**, um zurück zur Positionsübersicht zu gelangen. Als *Stücklistenpositionen* geben wir nun die Komponenten und Baugruppen für unser Erzeugnis an, die Sie in der ersten Komponentenreihe in Abbildung 4.3 bereits gesehen haben. Sie sehen in Abbildung 4.6, dass die Teile in unserer Stückliste zeilenweise als Positionen dargestellt werden. Wenn man nun mit konfigurierbaren Materialien arbeitet, kann man auch eine *Maximalstückliste* angeben. In dem Fall wären Positionen doppelt vorhanden, da über das Konfigurationsprofil die richtige Ausprägung der Position ausgewählt werden würde. Die Maximalstückliste zeichnet sich also dadurch aus, dass alle Alternativkomponenten in einer Stückliste gehalten werden. Das schnelle und das langsame Kugellager für unser Skateboard hätten dann z. B. beide die gleiche Positionsnummer (hier 0030). Später würde in den Fertigungsauftrag aber nur noch das tatsächlich vom Kunden gewünschte Lager übernommen, und somit wäre nur eine Position 0030 vorhanden. Analog verhält es sich mit der Auswahl an Rollen. In unserem schlanken Beispiel lösen wir die Anforderung verschiedener Ausprägungen eines Materials über eine Mehrfachstückliste.

In Abschnitt 3.4, »Stücklisten«, haben Sie bereits erfahren, welche Eingabefelder es hier zu befüllen gilt und welche Eingabeoptionen wir hier generell haben. Für den Positionstyp (Spalte **PTp**) geben wir für unser Beispiel nun **L** (für Lagerposition) für unsere Halbfabrikate an, weil wir diese Materialien im Lager halten. Für die Stückliste zur Baugruppe würden wir hier für die Komponenten der zweiten Reihe aus Abbildung 4.3 z. B. **R** (für Rohmaßposition) eingeben, da diese Rohstoffe zunächst gesägt, geschnitten oder in korrekter Menge aus einem Tank entnommen werden müssen. Hierfür können auch Rohteilformeln und Parameter zur Berechnung der Komponenten angelegt werden. Diese Informationen werden dann in der Detailansicht der einzelnen Positionen eingetragen. Es folgt die Eingabe der vier zu verbauenden Komponenten für das Deck, die Achsen, die Lager und die Rollen. Dazu geben wir an, wie viele Stück wir jeweils für unsere Basismenge von einem Skateboard benötigen.

Material: FE_SBCUST_001 Skateboard Modell Custom
Werk: 1010 Werk DE
Alternative: 1
Position Gültigkeit Einstieg
Material Dokument Allgemein

Pos.	PTp	Komponente	Komponentenbezeichnung	Menge	ME	BGr	UPs	Gültig ab	Gültig bis
0010	L	BG_DECK_001	Skateboard Deck	1	ST	✓		13.05.2020	31.12.9999
0020	L	HF_ACHSE_001	Skateboard Achse	2	ST			13.05.2020	31.12.9999
0030	L	HF_LAGER_001	Kugellager langsam	8	ST			13.05.2020	31.12.9999
0040	L	HF_ROLLE_001	Rolle weich blau	4	ST	✓		13.05.2020	31.12.9999

Abbildung 4.6 Transaktion CS01 – Positionsübersicht der Stückliste

Abbildung 4.6 zeigt die ausgefüllte Positionsübersicht. Wenn für die Baugruppe bereits eine Stückliste angelegt ist, wird das Häkchen in der Spalte **BGr** (Baugruppe) automatisch gesetzt. Dies geschieht auch nachträglich automatisch, wenn Sie die Stückliste zur Baugruppe erst im Anschluss anlegen. Klicken Sie auf **Speichern**, um die Stückliste im System anzulegen.

Das Anlegen einer Mehrfachstückliste für die Baugruppe erfolgt bis hierher analog zum Anlegen einer normalen Stückliste. Wir wollen diesen Vorgang des Anlegens dann jedoch noch für sämtliche Stücklistenalternativen wiederholen und diese auch wieder der Stücklistengruppe **DECK_CUSTOM** zuordnen. Für die variablen Komponenten setzen wir dabei jedes Mal eine entsprechende andere Kombination in den Stücklistenpositionen ein, bis wir alle Möglichkeiten abgedeckt haben. Dabei müssen wir nur die Bestandteile bearbeiten, die sich zur ersten Stückliste ändern sollen, den Rest können wir komfortabel einfach übernehmen. In Summe erhalten wir durch dieses Vorgehen eine Stückliste zu unserem Material mit verschiedenen Alternativen (also eine Mehrfachstückliste).

4.1.4 Arbeitsplätze

Verwendete Transaktionen

- CR01 (Arbeitsplatz anlegen)
- CR02 (Arbeitsplatz ändern)
- CR03 (Arbeitsplatz anzeigen)

Wir legen nun einen Arbeitsplatz an, an dem unser Custom-Skateboard montiert werden soll. Dafür verwenden wir die Transaktion CR01 und geben das Werk **1010** und eine Bezeichnung für den Arbeitsplatz ein (hier **MON_CU_1** für »Montage-Customizing-1«). Über die Arbeitsplatzart wird festgelegt, welche Bildfolge und welche Eingabefelder der Arbeitsplatz im Folgenden haben wird. Die Konfiguration der Arbeitsplatzart mittels der Customizing-Transaktion OP40 haben Sie bereits in Abschnitt 3.5, »Arbeitsplätze und Ressourcen«, kennengelernt. In unserem Fall wählen wir im Feld **Arbeitsplatzart** den Eintrag **0003**, weil wir hier die Bildfolge und Feldauswahl für einen Personenarbeitsplatz hinterlegt haben. Ein Personenarbeitsplatz soll es deshalb sein, weil wir für unser Beispiel davon ausgehen, dass die Montage des Custom-Produkts durch eine Person und nicht von einer Maschine erledigt werden soll, um Rüstzeiten und somit Kosten der Maschinen zu sparen, die ansonsten unwirtschaftlich kleine Losgrößen fabrizieren müssten. Bestätigen Sie die Eingabe mit [↵], um in die Sicht **Grunddaten** des neuen Arbeitsplatzes zu gelangen.

Im Feld **Vorgabewertschlüssel** wählen wir **SAP1** für »Fertigung normal«. Dieser Vorgabewertschlüssel gibt bis zu sechs Vorgabewerten eine Dimension (wie Stück, Fläche, Zeit), die wir in Formeln zur Berechnung der Durchführungszeit, der Kosten oder der Kapazitätsbedarfe verwenden können. Wir benötigen diese Informationen z. B. später auf der Registerkarte **Kapazitäten**, wenn wir dort Formeln hinterlegen wollen. Vorgabewertschlüssel werden über die Customizing-Transaktion OP19 konfiguriert.

Im Feld **ProdVersBereich** hinterlegen Sie einen PVB für den Arbeitsplatz. Bei Auftragsanlage ermittelt das System den PVB zu den einzelnen Komponenten, die an diesem Arbeitsplatz benötigt werden. An diesem PVB werden alle Materialien bereitgestellt und verbraucht. Wenn Sie Embedded EWM im Einsatz haben, wird der Lagerplatz für die Warenausgangsbuchung über die Material-PVB-Kombination bzw. den Regelkreis ermittelt.

Neben Informationen zu den Grunddaten können Sie beim Arbeitsplatz auch in der Sicht **Vorschlagswerte** allerhand Felder ausfüllen, die bei der Zuweisung des Arbeitsplatzes in einem Arbeitsplan direkt Vorschlagswerte für die zugeordneten Vorgänge mitgeben. Wir können hier z. B. den Steuerschlüssel hinterlegen, der bei Zuweisung eines Arbeitsplatzes zu einem Vorgang eines Arbeitsplans direkt in den Vorgang übernommen wird. Diese Vorschlagswerte können im Arbeitsplan aber wieder manuell geändert werden. Wir wählen im Feld **Steuerschlüssel** den Schlüssel **PP01**, den SAP als Standard-Steuerschlüssel für die diskrete Fertigung bereitstellt. Welche Funktionen im Steuerschlüssel definiert sind, haben wir ausführlich im Unterabschnitt »Steuerschlüssel für Arbeitsplätze« in Abschnitt 3.5.2 beschrieben.

Die nächste Pflichteingabe ist auf der Registerkarte **Kapazitäten** zu finden. Hier müssen wir eine Kapazitätsart angeben und wählen **002** (für »Person«). Damit die Kapazitätsbedarfe der Vorgangsaktivität berechnet werden können, geben Sie im Feld **Formel KB Bearbeiten** noch die Formel **SAP007** (für »Fertigung Bedarf Person« ein. Mit [↵] gelangen Sie direkt in die Kopfdaten der hinterlegten Kapazität. Im Kopf der Arbeitsplatzkapazität muss im Bereich **Allgemeinen Daten** eine *verantwortliche Kapazitätsplanergruppe* angegeben werden. In Abschnitt 2.2.2, »Kapazitätsplaner«, haben Sie bereits gelesen, dass Kapazitätsplaner(gruppen) über den Customizing-Pfad **Produktion • Kapazitätsplanung • Stammdaten • Kapazitätsdaten** angelegt werden können. Wir verwenden für unser Beispiel hier die Gruppe **011**, die wir als Skateboard-Planer eigens angelegt haben.

Die *Basismaßeinheit der Kapazität* geben Sie in **H** (für Stunden) an. Im Bereich **Standardangebot** der Sicht geben Sie nun noch die Arbeitszeiten und die Pausenzeit sowie den Nutzungsgrad mit **100** (für 100 %) an und **5** als Angabe für das Feld **Anzahl Einzelkapaz**. Damit sagen wir (hier für unser Beispiel vereinfacht), dass die Kapazität vollständig zur Verfügung steht und wir fünf Personen an diesem Arbeitsplatz parallel zur Verfügung haben. In der Praxis ist ein Nutzungsgrad von 100 % eher selten, aber leichter zu rechnen, weshalb oft die Kapazität an einen realistischen Erfahrungswert angepasst und der Nutzungsgrad bei 100 % belassen wird. Beim Maschineneinsatz ist häufig ein Nutzungsgrad bekannt, der übernommen werden kann.

Im Bereich **Planungsdetails** setzen Sie zudem das Kennzeichen **Relevant für Kapazitätsterminierung**, damit Sie später eine ausführliche Kapazitätsplanung mit diesem Arbeitsplatz ausführen können. Analog gilt dies für das Kennzeichen **Langfristplanung**. Bestätigen Sie Ihre Eingaben mit [↵], und kehren Sie damit zurück in die Ansicht der Kapazitätsdaten des Arbeitsplatzes. Es gibt die die Möglichkeit, noch eine zweite Kapazitätsart zu hinterlegen, falls an diesem Arbeitsplatz z. B. neben Personen- auch noch Maschinenkapazitäten zur Verfügung stehen. In unserem Fall wollen wir es jedoch bei einer Kapazitätsart belassen.

Wechseln Sie auf die Registerkarte **Terminierung**, wo Sie im Feld **Kapazitätsart** zunächst noch einmal die Kapazitätsart **002** (für »Person«) hinterlegen. Damit geben Sie später bei der Terminierung über Arbeitsplan und Arbeitsplatz die Terminierungsbasis an. Die Vorgabewerte, die Sie für die Aktivitäten Rüsten, Bearbeiten, Abrüsten und gegebenenfalls Liege- oder Pausenzeiten eingeben, können als fixe Zeitelemente oder abhängig von der Losgröße definiert werden. Ebenso können Formeln hinterlegt werden, die Sie selbst definieren können. Falls es an einem Arbeitsplatz mehr als eine Kapazitätsart gibt, geben Sie über die Terminierungsbasis an, welche davon zur Verrechnung der Zeiten in der Terminierung verwendet werden soll. In der Sicht **Kalkulation** hinterlegen Sie schließlich noch die *Kostenstelle*, die durch unseren Arbeitsplatz belastet werden soll.

Gehen Sie nun noch einmal alle Registerkarten durch, um sicherzustellen, dass Sie nichts vergessen haben, und betätigen Sie dann die Schaltfläche **Prüfen**, um sich eventuell noch fehlende Informationen anzeigen zu lassen. Wenn alles in Ordnung ist, klicken Sie auf **Speichern**, um den Arbeitsplatz anzulegen. Zum Anlegen weiterer Arbeitsplätze gehen Sie analog vor.

4.1.5 Arbeitspläne

Verwendete Transaktionen

- CA01 (Arbeitsplan anlegen)
- CA02 (Arbeitsplan ändern)
- CA03 (Arbeitsplan anzeigen)
- OP46 (Planstatus)
- OPEB (automatische Planalternativenselektion)
- OPL8 (auftragsabhängige Parameter)

Nachdem wir Materialien, Stücklisten und Arbeitsplätze angelegt haben, wollen wir nun einen *Normalarbeitsplan* für unser Custom-Skateboard anlegen. Dafür verwenden wir die Transaktion CA01. Im Einstiegsbild der Transaktion geben Sie nun im Feld **Material** das zu fertigende Material an, hier **FE_SBCUST_001**, und im Feld **Werk** entsprechend das Werk **1010**. In der Rubrik **Allgemeine Daten** des *Arbeitsplankopfs* geben Sie unter **Verwendung** die Nummer **1** für die Fertigung an, und bei **Gesamtstatus** verwenden Sie **4** (für **Freigegeben allgemein**).

Für den Fertigungsauftrag stehen standardmäßig wieder vier Planstatus zur Auswahl:

- **1 – Angelegt**
- **2 – Freigegeben für Auftrag**
- **3 – Freigegeben für Kalkulation**
- **4 – Freigegeben allgemein**

Diese Statusverwaltung sichert den Fertigungsauftrag vor unsachgemäßer Verwendung. Ist der Auftrag frisch angelegt und noch nicht fertiggestellt, setzen Sie seinen Status auf **1**, damit er nicht verwendet werden kann. Zur Freigabe nur für Produktionszwecke wählen Sie den Status **2**. Analog wählen Sie für Kalkulationszwecke den Status **3**. Status **4** ermöglicht beide Verwendungen. Über die Customizing-Transaktion OP46 werden die Planstatus gepflegt. Hier können Sie bei Bedarf auch einen eigenen Status anlegen.

Mit einem Klick auf **Speichern** gelangen Sie zum Einstiegsbild zurück. Es wird automatisch eine Plangruppe zugeordnet, in unserem Beispiel die Nummer **50000018**. Sie können diese Nummer auch zur manuellen Vergabe freigeben und dann selbst zu Beginn im Einstiegsbild vergeben. Dann müssen Sie jedoch darauf achten, dass Ihre Nummer innerhalb des eingestellten Nummernkreises liegt. Aus diesem Grund erfolgt die Vergabe in der Regel automatisch. Die Plangruppe enthält alle Arbeitspläne, die Sie zu einem Material angelegt haben. Über die Plangruppe in Kombination mit dem fortlaufenden Plangruppenzähler sind alle Arbeitspläne eindeutig identifizierbar. Um den Pflegeaufwand zu verringern, können Sie mit der Funktion **Zuordnung** im Arbeitsplankopf mehrere Materialien einer Plangruppe zuordnen.

Ihre Eingaben zum Arbeitsplan sind noch in der Eingabemaske hinterlegt, darum können Sie direkt auf **Vorgang** klicken, um ins Menü **Vorgangsübersicht** zu diesem Arbeitsplan zu gelangen. Hier geben Sie nun die einzelnen Vorgänge für den Arbeitsplan an. In unserem sehr schlanken Beispiel sind das Vorgang **0010** (Zusammenstellung der Komponenten) und Vorgang **0020** (Montage der Komponenten). Die Fertigung der Baugruppe (also des Decks) hätte wiederum einen eigenen Arbeitsplan, der wiederum eigene Vorgänge beinhalten könnte, doch diese beiden Pläne sind hier voneinander zu trennen. Bei Dummy-Baugruppen hingegen würden auch die Komponenten der Dummy-Baugruppe mit in die Verarbeitung des Arbeitsplans zu dem Material gehören, das die Dummy-Baugruppe in der Stückliste trägt.

In der Spalte **Arbeitsplatz** geben Sie die entsprechenden, zuvor angelegten Arbeitsplätze für die jeweiligen Vorgänge an. In unserem Beispiel sind das **KOM_CU_001** als Kommissionierarbeitsplatz und **MON_CU_001** als Montagearbeitsplatz. In der Spalte **Steuerschlüssel** geben Sie mit **PP01** noch an, dass es sich jeweils um einen Vorgang im Arbeitsplan zur Eigenfertigung handelt. Der Steuerschlüssel wird direkt mit der Angabe des Arbeitsplatzes aus dessen Vorschlagswerten übernommen. Sie können diesen Steuerschlüssel aber auch noch manuell ändern, z. B. in einen eigens definierten **ZP01**, wenn Sie dort noch abweichende Einstellungen treffen wollen. Dadurch können Sie unter anderem vorgeben, dass Ihr Vorgang rückgemeldet werden muss, dass Kapazitätsbedarfe ermittelt werden und dass der Vorgang terminiert werden kann. Über die Customizing-Transaktion OPJ8 gelangen Sie zur Konfiguration dieser Steuerschlüssel. Für einen einfachen Arbeitsplan genügen unserer Eingaben.

Abbildung 4.7 zeigt die Vorgangsübersicht unseres kleinen Beispiels, damit Sie sich ein Bild davon machen können, wie die eben beschriebenen Angaben in der Vorgangstabelle eingepflegt aussehen.

Über die Auswahl **Mehr • Komponentenallokation** oder über die Taste [F7] gelangen Sie in die Komponentenübersicht. Hier haben Sie die Option, einen Vorgang per Auswahl der Zeile und Drücken der Taste [F5] einem Vorgang neu zuzuordnen. Ohne eine direkte Zuordnung sind alle Komponenten der Stückliste standardmäßig dem ersten Vorgang des Arbeitsplans zugeordnet. Bis zur Auftragsfreigabe kann diese Zuordnung wieder verändert werden. In unserem Beispiel sind alle Komponenten bereits dem ersten Vorgang zugeordnet. Dies entspricht der Default-Zuordnung. Klicken Sie auf **Speichern**, um den Arbeitsplan zu sichern.

Material FE_SBCUST_001 Skateboard Modell CPIGrZ. 1

Folge: 0

Vorgangsübersicht

Vor...	Unt...	Arbeitsplatz	Werk	Ste...	Vorlagens...	Beschreibung
0010		KOM_CU_1	1010	ZP01		Zusammenstellung der Komponenten
0020		MON_CU_1	1010	ZP01		Montage der Komponenten

Abbildung 4.7 Transaktion CA01 – Vorgangsübersicht zum Arbeitsplan

Um die beschriebene Form der Zuweisung zu verdeutlichen, sind die Zuordnungspaare in Abbildung 4.8 jeweils entsprechend eingefärbt, während die allgemeinen Komponenten mit Farbe hinterlegt sind.

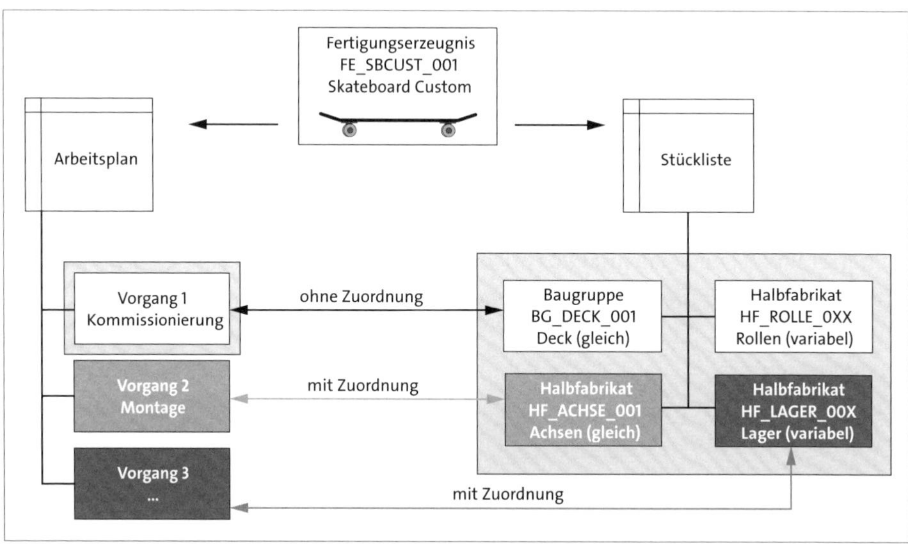

Abbildung 4.8 Komponentenzuordnung im Arbeitsplan

Sie können die automatische Auswahl des richtigen Arbeitsplans beim Erstellen eines Fertigungsauftrags über die Customizing-Transaktion OPEB steuern. Hier geben Sie zu einer Selektions-ID die Selektionspriorität an, den Plantyp, die Planverwendung und den Planstatus. Wenn nun die Selektions-ID im Customizing der auftragsartabhängigen Parameter (Customizing-Transaktion OPL8) für die entsprechende Auftragsart hinterlegt wird, werden alle Optionen nach ihrer Selektionspriorität durchlaufen. Sobald ein Arbeitsplan diesen Kriterien entspricht, wird er dann automatisch zur Erstellung des Fertigungsauftrags herangezogen.

4.1.6 Fertigungsversion

Verwendete Transaktion

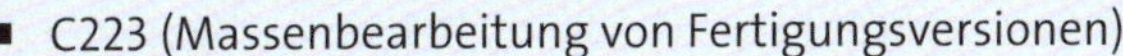

- C223 (Massenbearbeitung von Fertigungsversionen)

Über die Transaktion C223 gelangen Sie in die *Massenpflege für Fertigungsversionen* (siehe Abbildung 4.9) und können hier nun eine Fertigungsversion anlegen. Klicken Sie hierfür auf das Symbol (**Fertigungsversion anlegen**) zum Neuanlegen oder alternativ in eine leere Zeile, und beginnen Sie einfach mit Ihrer Eingabe.

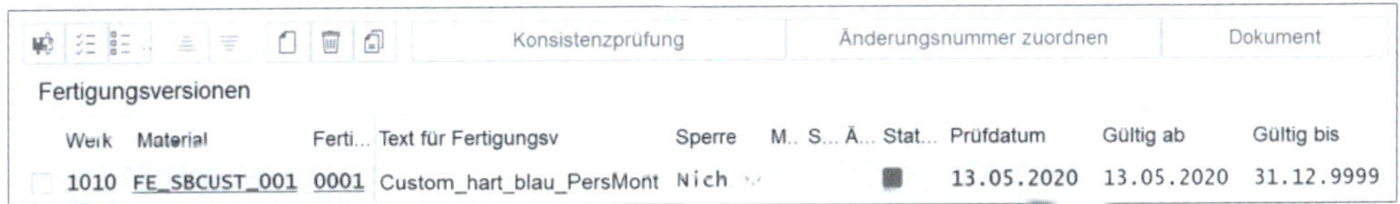

Abbildung 4.9 Transaktion C223 – Verwaltung von Fertigungsversionen

Die Direkteingabe in die leere Zeile kann in der Übersicht abgewickelt werden, während das Klicken auf das Symbol ein eigenes Eingabefenster öffnet, das je nach persönlichem Empfinden als übersichtlicher wahrgenommen werden kann. Eingeben müssen Sie auf beiden Wegen jedoch mindestens das Material (hier **FE_SBCUST_001**) und dazu eine alphanumerische vierstellige Kombination als Schlüssel für die Fertigungsversion zu diesem Material (hier haben wir **0001** gewählt, es ginge aber z. B. auch ABC1). Ebenfalls benötigen Sie einen beschreibenden Text, damit Sie später noch wissen, was diese Fertigungsversion ausmacht.

Wichtig sind auch die Angaben in den Spalten **Gültig ab** und **Gültig bis**, um den Zeitraum der Gültigkeit der Fertigungsversion abzugrenzen. Sie geben hier auch gleich noch die Stücklistenalternative und die Stücklistenverwendung zum Material sowie die Plangruppe, den Plangruppenzähler und den Plantyp zu unserem Arbeitsplan an. Über all diese Informationen verfügen wir bereits aus den vorangegangenen Konfigurationen. Man kann diese Informationen jedoch auch nachpflegen, wenn man sie zum Zeitpunkt des Anlegens einer neuen Fertigungsversion noch nicht kennt.

Im Feld **Statuskonsistenzprüfung** sehen Sie zu diesem Zeitpunkt noch ein Warnsymbol (gelbes Dreieck). Das bedeutet, dass die Fertigungsversion noch nicht geprüft wurde. Per Doppelklick auf die entsprechende Zeile der Fertigungsversion gelangen Sie in die Detailpflege. Rechts neben dem Text zur Fertigungsversion finden Sie die Schaltfläche **Prüfen**. Wenn Sie daraufklicken, prüft das System automatisch, ob Ihre Angaben korrekt und alle angegebenen Daten auch im System vorhanden sind. Wenn Sie z. B. eine Stückliste hinterlegt haben, die nicht existiert, wird der Status einen Fehler anzeigen. Dann haben Sie Gelegenheit, diese Stückliste noch anzulegen, oder Sie können die Eingabe korrigieren, wenn Sie sich vielleicht nur vertippt haben. Darüber hinaus muss der Losgrößenbereich der Fertigungsversion innerhalb des Losgrößenbereichs von Arbeitsplan und Stückliste liegen. Gleiches gilt für den Zeitraum der Gültigkeit, auch dieser muss im Rahmen der Vorgaben aus Arbeitsplan und Stückliste liegen. Zudem darf für die verwendeten Referenzen keine Löschvormerkung gesetzt sein. Sind alle Eingaben korrekt, gibt Ihnen das Feld **Statuskonsistenzprüfung** grünes Licht (es wurden keine Fehler gefunden). Abbildung 4.10 zeigt noch einmal die verschiedenen Daten, die bei der Prüfung über die Fertigungsversion in den Stammdaten des Arbeitsplans und der Stückliste abgeglichen werden.

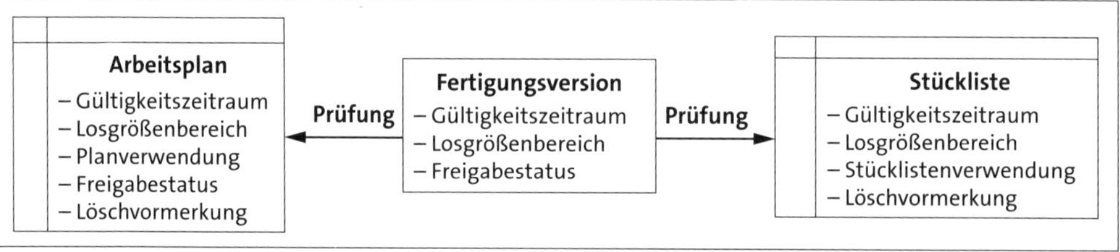

Abbildung 4.10 Prüfung der Stammdaten aus der Fertigungsversion heraus

4.1.7 Fertigungsauftrag

Verwendete Transaktionen

- CO01 (Fertigungsauftrag anlegen)
- CO02 (Fertigungsauftrag ändern)
- CO03 (Fertigungsauftrag anzeigen)
- OPJH (Fertigungsauftragsart)
- SNUM und SNRO (Nummernkreisverwaltung)
- CO82 und KONK (Intervallpflege)
- OPL8 (auftragsabhängige Parameter)
- OPJG (Vorschlagswerte zur Generierung von Vorgängen)

Der *Fertigungsauftrag* ist das zentrale Steuerungsinstrument der diskreten Fertigung. Hier laufen alle Fäden zusammen, und hier münden alle zuvor konfigurierten Stammdaten, Profile und alle errechneten Planwerte in einen Auftrag.

Struktur eines Fertigungsauftrags

Der Fertigungsauftrag hat den klassischen Aufbau mit Kopf-, Positions- und Vorgangsdaten. Im *Auftragskopf* stehen Informationen, die für alle Vorgänge (und die Positionen) übergreifend gültig sind. Das Material, das hergestellt werden soll, wird daher im Auftragskopf definiert. Auch die Fertigungskosten werden in einigen Fällen auf Kopfebene zugeordnet (z. B. bei der auftragsbezogenen Kostenträgerrechnung). Das ist abhängig von Abrechnungsprofil und Abrechnungsempfänger. Dokumente werden über das Dokumentenverwaltungssystem mit dem Fertigungsauftrag verknüpft.

Häufig hat der Auftrag genau eine *Position*, deren Menge und Material mit den Angaben im Auftragskopf übereinstimmen. Es gibt jedoch auch die Möglichkeit, Aufträge mit mehr als einer Position anzulegen. Dazu muss das Kennzeichen **Unabhängige Positionsmenge** in der Konfiguration zur Auftragsart gesetzt sein. So können Sie gleich mehrere Kuppelprodukte mit als Positionen angeben, die in der Kopfsumme dann zusammengefasst werden können. Ein weiterer wichtiger Bestandteil sind die *Vorgänge*, die aus dem Arbeitsplan (oder in der Prozessfertigung aus dem Planungsrezept) stammen. Hier sind weitere Detailinformationen zu finden.

Abbildung 4.11 zeigt die Aufteilung der Informationen, die im Auftragskopf hinterlegt werden, und auch einen Teil der Informationen der Auftragsvorgänge. Aufgrund der Vielzahl an Informationen kann die Abbildung allerdings keine vollständige Auflistung darstellen.

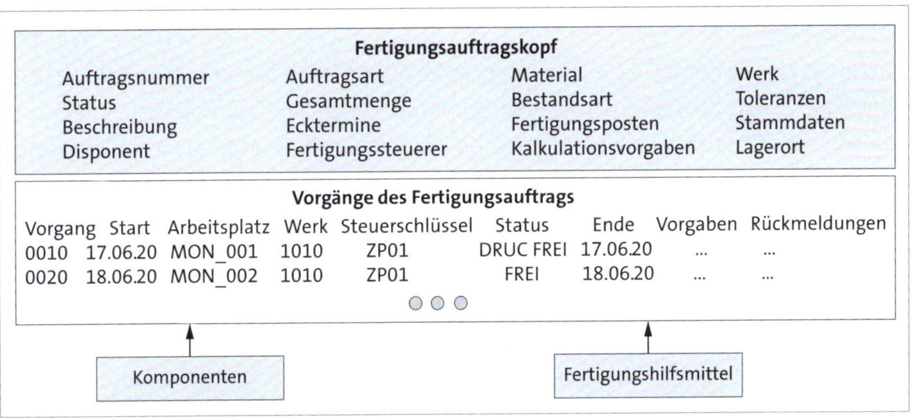

Abbildung 4.11 Struktur eines Fertigungsauftrags

Die *Vorgänge* bilden eine Abfolge von Schritten zur Fertigung des Produkts. Die Basis bildet dabei die sogenannte *Stammfolge*. Sie muss mindestens einen Vorgang beinhalten. Neben der Stammfolge kann es noch weitere parallele und alternative Folgen der Vorgänge geben. Einem Vorgang können Materialkomponenten, Fertigungshilfsmittel und Ereignispunkte zugeordnet werden. Außerdem erfolgt auch die Rückmeldung auf Vorgangsebene. Ein Vorgang kann in weitere Schritte aufgeteilt werden. Dafür werden *Untervorgänge* angelegt. Diesen können jedoch keine Materialkomponenten oder Ereignisse oder Fertigungshilfsmittel zugeordnet werden, da diese Zuordnung nur für Vorgänge zulässig ist.

Konfiguration des Fertigungsauftrags

Die Konfiguration der Auftragsarten wurde generell bereits in Kapitel 3, »Stammdaten in der Produktion«, vorgestellt. Die Customizing-Transaktion hierfür ist OPJH. Nun spielt diese Konfiguration eine wesentliche Rolle für die diskrete Fertigung, weshalb wir noch einmal auf den Fertigungsauftrag im Speziellen eingehen wollen. Der *Auftragsart* kommen diverse Steuerungsfunktionen zu, die eine Anpassung der Systemprozesse an den realen Fertigungsprozess ermöglichen. Die Ausprägungen der Planung, der Vorgaben und der Kontrollfunktionen im Geschäftsprozess eines Unternehmens sind die maßgeblichen Anhaltspunkte für die Entscheidungen über die Konfigurationsausprägungen im SAP-System. Je nach Umfang und Diversität ist es sinnvoll, hier mehrere Auftragsarten für spezifische Zwecke anzulegen. Üblich ist z. B. die Trennung von Fertigungs- und Nacharbeitsaufträgen. Anhand dieser Trennung wird dann z. B. das separate Reporting erleichtert. Auch die Berechtigungsvergabe kann so detaillierter angewendet werden, sofern dies denn notwendig und gewünscht ist.

Es ist immer dann sinnvoll, eine eigene Auftragsart anzulegen, wenn Sie verschiedene Herstellungsverfahren, Auswertungen oder Verwaltungsprozesse für unterschiedliche Produktionsgebiete vorfinden. So könnte es z. B. hilfreich sein, in einem großen produzierenden Unternehmen eine Auftragsart für unterschiedliche Produkte und deren Zwischenstufen zu implementieren. Dabei muss jedoch ein gesundes Mittelmaß gefunden werden, um eine unübersichtliche Menge an Auftragsarten zu vermeiden.

Definition von Nummernkreisen

Ein Fertigungsauftrag hat immer eine Nummer aus einem vorgegebenen *Nummernkreis*, durch die er identifiziert werden kann. Dafür wird die Auftragsart einer Nummernkreisgruppe zugeordnet, und diese erhält wiederum ein Intervall, in dessen Bereich Aufträge dieser Gruppe hochgezählt werden. Über die Customizing-Transaktionen für die Nummernkreisobjektpflege, SNUM oder SNRO, können Sie diese Einstellungen vornehmen. Wenn Sie hingegen nur die Intervalle des Nummernkreisobjekts für Aufträge (wie z. B. Fertigungsaufträge) oder den aktuellen Nummernstand bearbeiten wollen, können Sie auch die Customizing-Transaktion CO82 (oder KONK) verwenden. Hier ist direkt das richtige Nummernkreisobjekt vorbelegt. Die Funktionalität der Transaktion CO82 (KONK) ist die gleiche wie in Transaktion SNRO (oder

SNUM) bei entsprechender Auswahl der Nummernkreispflege für das Objekt **AUFTRAG**. Generell können Änderungen sowohl in der Intervall- als auch in der Nummernkreisobjektpflege über die Schaltfläche **Änderungsbelege** nachvollzogen werden. Doch lassen Sie uns am Anfang starten.

Abbildung 4.12 zeigt das Einstiegsbild der *Nummernkreisobjektpflege*. Sie haben hier folgende Konfigurationsmöglichkeiten, um ein Nummernkreisobjekt anzulegen, zu ändern oder anzuzeigen (Transaktion SNUM oder SNRO):

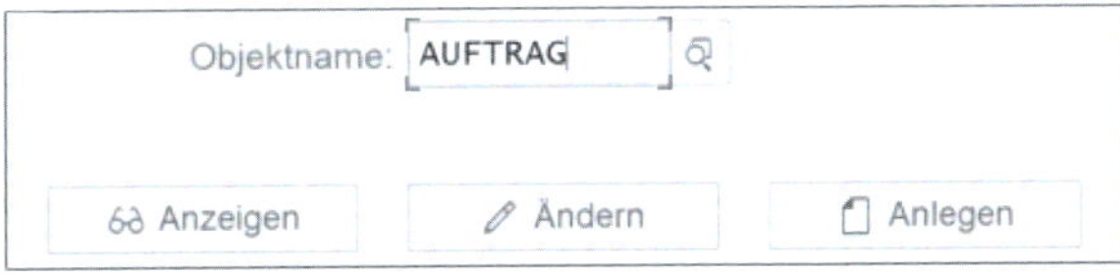

Abbildung 4.12 Customizing-Transaktion SNRO (Nummernkreisobjektpflege)

Für ein *Nummernkreisobjekt* (z. B. AUFTRAG) muss eine Domäne hinterlegt werden. *Domänen* sind technische Feldbeschreibungen aus dem ABAP Dictionary. Das bedeutet, dass es Definitionen für Felder gibt, die zentral in SAP hinterlegt sind. Damit geben Sie an, wie lang ein Feld ist und welche Werte es beinhalten darf. Für das Nummernkreisobjekt AUFTRAG ist hier die Domäne **AUFNR** hinterlegt. Diese Domäne wird systemweit für alle Felder verwendet, in denen Nummern von Fertigungs- (und anderen) Aufträgen angezeigt werden. Fragen Sie im Zweifel bei Ihrer IT-Abteilung nach.

Sie geben hier auch an, ab wie viel Prozent verbliebener Nummern eines Intervalls eine Warnung ausgegeben wird, damit ein Überlaufen des Nummernkreisintervalls rechtzeitig verhindert werden kann. Im Fall von **Auftrag** sind hier 5 % eingestellt. Abbildung 4.13 zeigt die Einstellungsoptionen der Registerkarte **Intervalle**.

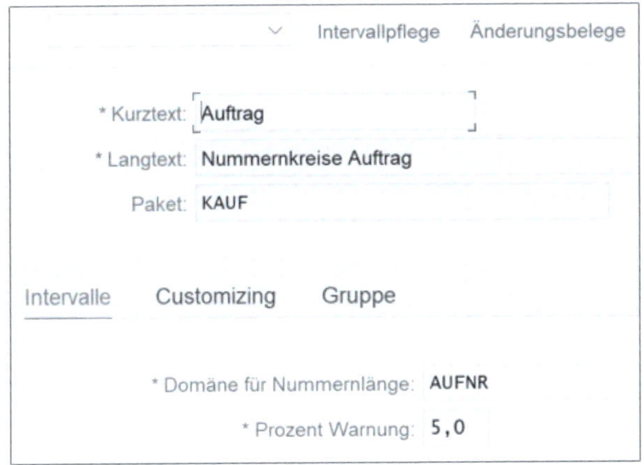

Abbildung 4.13 Customizing-Transaktion SNRO – Nummernkreisobjekt AUFTRAG

Sie können eine *Nummernkreistransaktion* hinterlegen, über die man direkt in die Intervallpflege zum Nummernkreisobjekt gelangt. Im Fall des Objekts **AUFTRAG** ist hier die Transaktion KONK hinterlegt. Es steht aber standardmäßig auch immer die Transaktion CO82 zur Verfügung.

Bei Änderungen der Anzahl der Nummern im Puffer und der *Pufferungsart* befragen Sie am besten vorab Ihre IT-Abteilung. Die Pufferung erlaubt schnelleren Zugriff auf die angegebene Anzahl von Nummern. Es kann durch die Pufferung jedoch Lücken bei der Nummernvergabe im Nummernkreis geben. In der Regel ist das kein Problem, es sollte aber mit der IT abgesprochen werden.

Es wird zudem eine *Tabelle* hinterlegt, die die Nummernkreise und Texte zu einem Nummernkreisobjekt beinhaltet. Hier wird angegeben, in welchem Feld die tatsächlichen Nummern stehen werden und anhand welchen Felds die einzelnen Nummernkreise eines Objekts unterschieden werden.

Über die Schaltfläche **Intervallpflege** gelangen Sie in dieselbe Ansicht wie über die Transaktionen CO82 und KONK. Abbildung 4.14 zeigt das Einstiegsbild der *Intervallpflege*. Sie haben hier ebenfalls verschiedene Optionen, um Intervalle/Intervallgruppen und den Nummernstand anzulegen, zu ändern oder anzuzeigen (Transaktion CO82 oder KONK):

- Die Schaltfläche **Übersicht** öffnet Ihnen eine solche Übersicht zu den *Intervallgruppen* und zeigt, welche Auftragsarten welcher Gruppe und damit welchem Nummernkreis zugeordnet sind. Auch der aktuelle Nummernstand wird mit angezeigt.
- Über **Gruppen ändern** können Sie neue Gruppen anlegen oder bestehende ändern. Sie können auch noch nicht zugeordnete Elemente über **Element einer Gruppe zuordnen** in eine bestehende Gruppe einfügen.
- Die Änderungsschaltfläche für Intervalle (Intervalle) führt Sie dann schließlich zur Konfiguration der Intervalle für die Gruppen. Auch hier wird wieder der aktuelle Nummernstand mit angezeigt.
- Den Nummernstand können Sie bei Bedarf über die Änderungsschaltfläche für den **Nummernstand** (Nummernstand) anpassen. Das kann z. B. sinnvoll sein, wenn Sie alte Aufträge archiviert haben und den *Nummernstand* zurücksetzen wollen.
- Wenn Sie einen Nummernkreis neu anlegen wollen, darf dieser sich nicht mit bestehenden Nummernkreisen innerhalb eines Nummernkreisobjekts überschneiden. Um zu prüfen, welche Intervalle zum Nummernkreisobjekt noch frei sind, klicken Sie in der Anzeige der Nummernintervalle (Schaltfläche Intervalle) auf **Freie Intervalle**.

Abbildung 4.14 zeigt die eben beschriebene Customizing-Transaktion CO82 mit den einzelnen Schaltflächen und Navigationsmöglichkeiten.

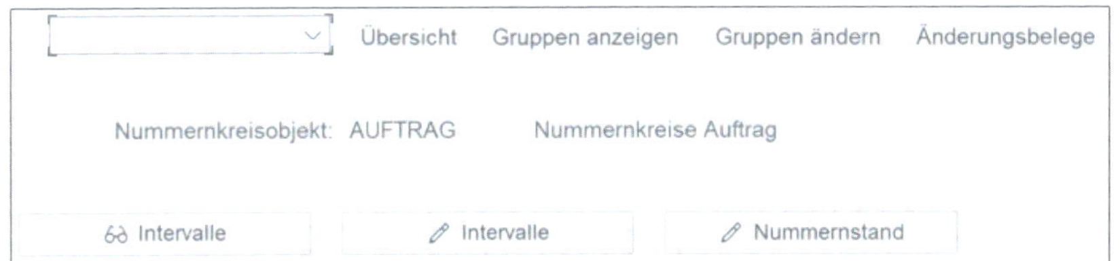

Abbildung 4.14 Customizing-Transaktion CO82 (oder KONK) – Intervallpflege zum Nummernkreisobjekt AUFTRAG (analog zu SNUM und SNRO)

4

[«]

Weitere Nummernkreisobjekte

Für die Bearbeitung der Intervalle zu weiteren Nummernkreisobjekten stehen diese Transaktionen zur Verfügung:

- Rückmeldung (AUF_RUECK) per Transaktion CO80
- Plannummer Auftrag (AUF_PLAN) per Transaktion CO81
- Materialreservierung/Sekundärbedarfe (RESB) per Transaktion CO83
- Kapazitätsbedarfe (KBED) per Transaktion CO84

Definition von auftragsartabhängigen Parametern

Während der Erstellung eines Fertigungsauftrags steuern *auftragsabhängige Parameter*, welche Funktionen wie ausgeführt werden sollen. Es kann z. B. eingestellt werden, ob die Fertigungsversion manuell von der Anwenderin bzw. dem Anwender oder automatisch vom System zugeordnet werden soll. Für chargenpflichtige Materialien kann die Chargenfindungsstrategie eingestellt werden. Auch die Informationsverknüpfung zum Auftragsinformationssystem (AIS) sowie zum Logistikinformationssystem (LIS) wird hier vorgegeben. Nicht zuletzt wird die Kalkulation im Sinne der Kostenstellenrechnung gemäß den Vorgaben aus der Finanz konfiguriert.

Über die Customizing-Transaktion OPL8 gelangen Sie zur Konfiguration dieser Parameter. Hier lassen sich zur Kombination aus Werk und Auftragsart die auftragsabhängigen Parameter pflegen. Sie können an dieser Stelle auch neue Parameter anlegen. Die Registerkarte **Planung** in der Customizing-Transaktion OPL8 beinhaltet diese Einstellungsmöglichkeiten:

- manuelle oder automatische Selektion der Fertigungsversion
- manuelle oder automatische Selektion des Arbeitsplans
- optionale oder obligatorische Wahl eines Arbeitsplans zum Speichern der Auftragsanlage
- Prüfung und Übernahme der Arbeitsplatzdaten aus dem Arbeitsplan
- Übernahme des Texts des Plankopfs in den Fertigungsauftrag

- Auswahl der Stücklistenverwendung
- Auswahl der Strategie zur Chargenfindung
- Zuordnung eines Disponenten und Planers für Aufträge ohne Bezug zum Material oder falls der Disponent in der Materialstammdatensicht **Disposition 1** oder der Fertigungssteuerer in der Materialstammdatensicht **Arbeitsvorbereitung** nicht hinterlegt ist
- Festlegung der Bedingungen für Reservierungen und Bestellanforderungen
- Angabe der Prüfart zur produktionsbegleitenden Qualitätsprüfung

Es gibt in den auftragsabhängigen Parametern noch weitere Konfigurationsmöglichkeiten, über die eine Vielzahl an Einstellungen vorgegeben werden kann, die Einfluss auf die Art und Weise der Bearbeitung der Fertigungsaufträge haben.

Abbildung 4.15 Inhalte der Transaktion OPL8 – Pflege auftragsabhängiger Parameter

Wenn Sie in der Liste der Parameter einen oder mehrere Parameter markieren und auf **Details** klicken, gelangen Sie in die Konfiguration des einzelnen Parameters. Nutzen Sie hier die [F1]-Hilfe, um in der Customizing-Transaktion selbst mehr über den Hintergrund der einzelnen Optionen zu erfahren. Speziell die Einstellungen auf der

Registerkarte **Kostenrechnung** sollten Sie hierbei mit Ihrem Controlling abstimmen. Abbildung 4.15 zeigt eine Übersicht der über die Transaktion OPL8 konfigurierbaren Parameter.

Vorschlagswerte zur Generierung von Vorgängen

Bei der Eröffnung eines Fertigungsauftrags wird automatisch nach einem Arbeitsplan gesucht. Wenn das System keinen findet, kann die Anwenderin bzw. der Anwender zunächst auch keinen Fertigungsauftrag anlegen. Das gilt auch dann, wenn ein Fertigungsauftrag ohne Bezug zu einem Material angelegt werden soll. Der Grund hierfür ist, dass beim Anlegen mindestens ein Vorgang für den Fertigungsauftrag generiert werden muss, der wiederum die Informationen aus dem Arbeitsplan bezieht. Über die Customizing-Transaktion OPJG können Sie Vorschlagswerte für Vorgänge zur Kombination von Werk und Auftragsart definieren. Mithilfe dieser Vorschlagswerte können dann auch Vorgänge in einem Fertigungsauftrag generiert werden, obwohl noch kein entsprechender Arbeitsplan gepflegt ist.

4.1.8 Verfügbarkeitsprüfung

Verwendete Transaktionen

- CO09 (Verfügbarkeitsübersicht)
- OVZ2 (Verfügbarkeitsprüfungsgruppe)
- OPJK (Prüfungssteuerung)
- OPJJ (Prüfungsumfang)
- Menüpfad: **Produktion • Fertigungssteuerung • Vorgänge • Verfügbarkeitsprüfung • Prüfregel definieren**

Über die *Verfügbarkeitsprüfung* stellen Sie fest, ob alle benötigten Mittel zum Zeitpunkt der Produktion bereitgestellt werden können. Die Verfügbarkeitsprüfung kann bei Auftragsanlage und bei Auftragsfreigabe erfolgen. Je nach Konfiguration kann dadurch bei Unterdeckung auch das Anlegen oder die Freigabe des Fertigungsauftrags untersagt werden. Die Verfügbarkeitsprüfung wird manuell oder automatisch beim Anlegen des Auftrags gestartet. Über die Verfügbarkeitsübersicht mit Transaktion CO09 können ebenfalls vorab die Verfügbarkeiten kontrolliert werden. Die Prüfkriterien richten sich nach vier Faktoren:

- Prüfgruppe
- Prüfregel
- Prüfumfang
- Prüfungssteuerung

Abbildung 4.16 zeigt, wie sich der Prüfungsumfang für die *Materialverfügbarkeitsprüfung* zusammensetzt. Zum einen definiert die *Prüfgruppe*, welche Materialien überhaupt geprüft werden sollen. Diese Gruppe kann über die Customizing-Transaktion OVZ2 anhand von Materialarten oder Dispositionsmerkmalen (Dispomerkmalen) definiert werden. Die Zuordnung der Gruppe zum Material erfolgt über den Materialstamm in der Sicht **Disposition 3**.

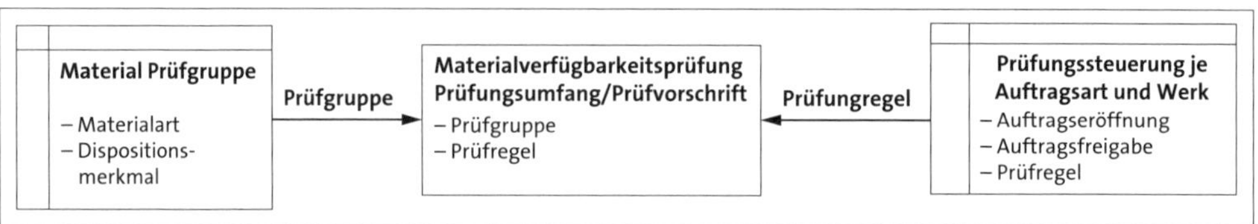

Abbildung 4.16 Prüfungsumfang der Materialverfügbarkeitsprüfung

Die *Prüfungssteuerung* legen Sie in der Customizing-Transaktion OPJK für die Kombination aus Werk und Auftragsart fest. Sie geben hier auch an, ob die Prüfung bei Auftragseröffnung oder Auftragsfreigabe erfolgen soll. Auch die *Prüfregel* wird hier angegeben. Sie definiert die Art der Berechnung der Verfügbarkeit durch die Berücksichtigung von Zu- und Abgängen. Zusammen bilden Prüfgruppe und Prüfregel die *Prüfungsvorschrift* (auch *Prüfungsumfang* genannt). Im Folgenden werden die einzelnen Elemente noch genauer beschrieben. Sie können drei Arten von Verfügbarkeiten prüfen:

- Die *Materialverfügbarkeitsprüfung* prüft die Verfügbarkeit der Komponenten anhand der Bestände oder optional auch unter Berücksichtigung zukünftiger Zugänge.
- Die *Kapazitätsverfügbarkeitsprüfung* analysiert die zur Fertigung benötigten Kapazitäten der Vorgänge und gleicht diese mit den verfügbaren maschinellen und personellen Ressourcen ab.
- Die *Bereitstellung der Fertigungshilfsmittel* wird anhand eines Status des Fertigungshilfsmittels im Materialstamm geprüft. Diese Materialien werden für gewöhnlich wiederkehrend nach Bedarf eingekauft und haben in dieser Hinsicht keinen direkten Bezug zum Fertigungsauftrag.

Wo Sie die Prüfgruppe sowie die Prüfregel, die Prüfungssteuerung und den Prüfungsumfang festlegen können, sehen wir uns im nächsten Abschnitt an.

Definition der Verfügbarkeitsprüfgruppe

Mithilfe der Customizing-Transaktion OVZ2 können Sie eine *Prüfgruppe* definieren. Die Zuordnung eines Materials zu einer Prüfgruppe ist eine zwingende Voraussetzung, damit das Material in der Verfügbarkeitsprüfung geprüft werden kann. Diese Zuordnung der Prüfgruppe erfolgt in der Sicht **Disposition 3** der Materialstammdaten. Im Feld **Verfügbarkeitsprüfung** wird die entsprechende Prüfgruppe hinterlegt. Damit soll ermöglicht werden, dass Materialien gleicher Kriterien auch auf die gleiche Art geprüft werden. Diese Gruppierung könnte man z. B. anhand von Materialarten oder Dispositionsmerkmalen einteilen. Sie können hier zusätzlich einstellen, ob bereits bestätigte Mengen gesperrt werden sollen und ob bei der Prüfung der ATP-Mengen die normale oder die kumulierte Menge zur Prüfung verwendet wird. Abbildung 4.17 zeigt die Customizing-Transaktion OVZ2.

Vf	Bezeichnung	Sum.Verk.	Sum.Lfg.	Sperre Mng	Keine PVP	Kumul.	Rel PrVorP	Erweitertes ATP
01	Tagesbedarf	B	B		☐			Nicht aktiv
02	Einzelbedarf	A	A		☐			Nicht aktiv
CH	Chargen	A	A		☐			Nicht aktiv
DR					☐			Nicht aktiv
KP	Keine Prüfung				☑			Nicht aktiv
NC	Keine ATP-Prüfung				☑			Nicht aktiv
SP	Bstnd u. gepl. Zgnge	A	A		☐	3		Aktiv

Abbildung 4.17 Customizing-Transaktion OVZ2 (Verfügbarkeitsprüfgruppe ändern)

Definition der Prüfregel

Sie haben die Möglichkeit, für verschiedene Geschäftsbereiche unterschiedliche *Prüfregeln* für die Verfügbarkeitsprüfung zu hinterlegen, damit für ein Material unterschiedliche Prüfungen je nach Anwendung durchgeführt werden können:

- Vertrieb
- Disposition
- Fertigungsauftragsabwicklung
- Instandhaltungsauftragsabwicklung
- Serviceabwicklung
- Bestandsführung

Wir wollen sicherstellen, dass es eine passende Prüfregel für die Fertigungsauftragsabwicklung gibt. Verwenden Sie dazu den Customizing-Pfad **Produktion • Fertigungssteuerung • Vorgänge • Verfügbarkeitsprüfung • Prüfregel definieren**. Dort sehen Sie eine Liste der verfügbaren Prüfregeln. **P2** bietet z. B. eine Prüfung bei der Auftragserstellung in der Fertigung an, während **P3** die Prüfung bei der Freigabe des Fertigungsauftrags vorsieht. Wenn für Ihren Bereich (z. B. Fertigung) und die entsprechende Aktivität (z. B. Auftragsfreigabe) keine Prüfregel existieren sollte, können Sie hier eine anlegen.

Definition des Prüfumfangs

Auf Basis der Kombination aus Prüfgruppe und Prüfregel wird nun der *Prüfumfang* konfiguriert. Hier wird festgelegt, welche Zu- und Abgänge berücksichtigt werden sollen (z. B. Bestellanforderungen, Bestellungen, Planaufträge). Auch die anwendbaren

Bestandsarten können hier angegeben werden. Wir verwenden hierfür die Customizing-Transaktion OPJJ. Die Standardkonfiguration sieht vor, dass nur der frei verfügbare Bestand berücksichtigt werden soll. Wenn Ihr Prozess auch andere Bestände, wie z. B. den Qualitätssicherungsbestand, umfassen darf, können Sie dies hier einstellen. Außerdem können Sie angeben, ob Wiederbeschaffungszeiten berücksichtigt werden und ob unabhängig von einem Lagerort in der Reservierung immer auf Werksebene geprüft werden soll.

Definition der Prüfungssteuerung

Sowohl bei der Erstellung als auch bei der Freigabe eines Fertigungsauftrags können mehr oder weniger umfassende und strenge Verfügbarkeitsprüfungen für Komponenten, Fertigungshilfsmittel und Kapazitäten durchgeführt werden. Für die Definition der *Prüfungssteuerung* benötigen Sie die Customizing-Transaktion OPJK.

Es kann verschiedene Anforderungen geben, weshalb Sie eine mehr oder weniger strenge Prüfungssteuerung definieren müssen. Beispielsweise ist es denkbar, dass zwischen den Schlüsselpunkten der Auftragsanlage und der Auftragsfreigabe in der Regel große Zeiträume liegen, sodass Sie bei der Auftragsanlage auch Aufträge mit Unterdeckung zulassen oder die Verfügbarkeiten vielleicht gar nicht vollständig prüfen wollen. Zum Zeitpunkt der Freigabe müssen dann jedoch alle Verfügbarkeiten erneut geprüft und für positiv befunden werden, bevor Sie die Freigabe erlauben. Andersherum könnte es aber auch sein, dass beide Zeitpunkte innerhalb eines bestimmten Prozesses unmittelbar aufeinanderfolgen und einen hohen Automatisierungsgrad aufweisen. Dann möchten Sie vielleicht bereits bei der Anlage des Auftrags umfassende Prüfungen durchführen und die Freigabe direkt im Anschluss automatisch setzen.

Falls Sie Fertigungsaufträge auch bei Unterdeckung freigeben wollen, können Sie statt einer strengen Prüfung mit automatischer Freigabe auch eine manuelle Freigabe einstellen, die selbst dann die Fertigung erlaubt, wenn nicht alle Materialien verfügbar sind. Das kann sinnvoll sein, wenn Sie zwar nicht den gesamten Auftrag bedienen können, aber bereits mit einer Teilfertigung beginnen möchten. Sie geben auch an, ob ein Fertigungs- oder Prozessauftrag bei einer Sammelumsetzung aus Planaufträgen überhaupt umgesetzt werden darf, wenn einer der Prüfpunkte nicht erfüllt wird. Die Verwendung einer Prüfregel ist dabei abhängig von den Parametern Werk, Auftragsart und Vorgang. Sie definieren hier also Folgendes:

- Wann soll die Verfügbarkeitsprüfung erfolgen (Anlage oder Freigabe)?
- Welche Prüfregeln sollen verwendet werden?
- Wie soll das System bei Anlage oder Freigabe mit Unterdeckung umgehen?

Generell ist die Verwendung der Verfügbarkeitsprüfung immer stark vom praktischen Nutzen abhängig. An mancher Stelle ist es zwingend erforderlich, die Verfügbarkeitsprüfung auszuführen, bevor der nächste Schritt (z. B. Auftragsfreigabe) eingeleitet wird. Es kann aber auch mühsam sein, wenn die Prüfung zu streng und die Bestandsführung nicht immer ganz synchron mit der tatsächlichen Situation in der Fertigung in Echtzeit ist.

4.1.9 Terminierung

Verwendete Transaktionen

- OPJN (Terminierungsarten)
- OPU3 (Terminierungsparameter)
- OPU5 (Terminierung von Planaufträgen)
- OPJS (Reduzierungsstrategie)
- Menüpfad: **Produktion • Fertigungssteuerung • Vorgänge • Terminierung • Horizontschlüssel definieren**

Die Terminierung ist ein kompliziertes Feld. Es gibt viele Möglichkeiten, ein Vorhaben zeitlich zu planen, und noch mehr Einflussgrößen, die bei der zeitlichen Ordnung der einzelnen Elemente parallel berücksichtigt werden müssen. Gut, dass es hierfür automatisierte Funktionen gibt. Besser, wenn man diese auch zu konfigurieren weiß. Im Rahmen der Terminierung von Fertigungsaufträgen haben wir verschiedene *Fertigungszeiten*, die teilweise berücksichtigt werden können und teilweise müssen:

- Rüstzeit
- Maschinen- oder Personenbearbeitungszeit
- Abrüstzeit
- Übergangszeit (Liegezeit, Transportzeit)
- Sicherheitszeit

Diese Zeiten können wir pro Vorgang und pro Auftrag definieren, sodass in einem größeren Betrieb unzählige Einzeldaten zur Terminierungsberechnung in einem großen Gesamtkontext berücksichtigt werden müssen.

Kundeneigene Erweiterungen bei der Terminierung

Die Praxis hat gezeigt, dass programmseitige Eingriffe in die Terminierung zum Zweck der Anpassung an kundeneigene Bedürfnisse immer mit Vorsicht zu genießen sind. Die Terminierung ist ein weit verzweigtes Berechnungsprogramm, das ungeahnte Schnittstellen in andere Bereiche hat. Lassen Sie sich zunächst beraten, bevor Sie hier Erweiterungen vornehmen.

In einem SAP-System kann man grob zwischen zwei Terminierungsformen unterschieden:

- Die *Eckdatenterminierung* wird in der Planung verwendet. Hier werden für Planaufträge Ecktermine und für Fertigungsaufträge Eck- und Produktionstermine errechnet. Ecktermine sind dabei tagesgenau, während Produktionstermine uhrzeitgenau sind.
- Die *Durchlaufterminierung* errechnet auch Ecktermine, berücksichtigt dabei durch die Kapazitätsterminierung letztlich aber auch die tatsächlichen Kapazitäten.

Für die Art der Berechnung der Termine gibt es verschiedene *Terminierungsarten*. Über die Customizing-Transaktion OPJN können Sie die Terminierungsarten konfigurieren:

- Die *Vorwärtsterminierung* orientiert sich am frühesten Starttermin des Fertigungsauftrags und errechnet dann fortlaufend die Termine aller Vorgänge, bis schließlich ein Enddatum feststeht.
- Die *Rückwärtsterminierung* orientiert sich analog am spätesten Enddatum des Auftrags oder dem Bedarfsdatum für die Erzeugnisse abzüglich weiterer Versandzeiten und errechnet rückwärts, wann der späteste Start erfolgen muss, um diesen Termin noch einhalten zu können.
- Die Terminierung nach *Tagesdatum* funktioniert wie die Vorwärtsterminierung, die dabei jedoch stets vom aktuellen Datum ausgehend rechnet, anstatt einen Planstart zu verwenden.

Zur Entscheidung über die richtige Terminierungsart sollte man sich immer zunächst überlegen, welcher Schritt oder welches Ereignis das führende in einem Prozess ist. Gibt es einen wichtigen Zieltermin, könnte eine Rückwärtsterminierung sinnvoll sein. Möchte man immer eine gute Auslastung und kann sich häufigeres Terminieren und notfalls auch Umplanen leisten, dann ist eventuell die Terminierung nach Tagesdatum die richtige Wahl. Wenn man festlegen möchte, wann ein Auftrag in der Zukunft gestartet wird, nützt die Vorwärtsterminierung am meisten.

Terminierungsparameter

Über die Customizing-Transaktion OPU3 können Sie die *Terminierungsparameter* konfigurieren. Hier stellen Sie auch die Terminierungsart ein. Über das Feld **Kapazitätsanforderungen generieren** werden Kapazitätsbedarfe bei der Terminierung erzeugt. Sie können auch einstellen, dass Ecktermine angepasst werden, wenn die Durchlaufterminierung Produktionstermine errechnet, durch die die zuvor errechneten Eckdaten nicht eingehalten werden können. Die Ecktermine würden dann bei der Durchlaufterminierung automatisch angepasst. Im Fall der Rückwärtsterminierung gilt das jedoch nicht für den Endtermin. Sie können angeben, wie weit der Start in der Vergangenheit liegen darf. Das erleichtert die Handhabung in der Realität bereits gestarteter Produktionsaufträge, die aus diversen technischen Gründen nicht rechtzeitig im System eingeplant werden konnten.

Horizontschlüssel

In der Sicht **Disposition 1** der Materialstammdaten können Sie den *Horizontschlüssel* zuordnen, den Sie zuvor über den Customizing-Pfad **Produktion • Fertigungssteuerung • Vorgänge • Terminierung • Horizontschlüssel definieren** definiert haben. Dieser gibt Aufschluss über die *Pufferzeiten*, die durch die Terminierung vom Eckstarttermin abgezogen werden und durch die die Auftragseröffnung entsprechend der Anzahl der Puffertage früher eingeplant wird. Der Puffer über die *Vorgriffszeit* dient dem Ausgleich eventueller Lieferungsverzögerungen des Lieferanten. Die Vorgriffszeit wirkt sich auf den Eckstarttermin der Produktion aus. Analog wirkt die *Sicherheitszeit* als Puffer am Ende der Produktion auf den Eckendtermin. Damit können unvorhergesehene Störungen im Produktionsprozess abgedeckt werden.

Die Pufferzeiten sollten anhand von durchschnittlichen Erfahrungswerten eingestellt werden. Es sollte vermieden werden, übermäßige Kosten durch Stillstand zu erzeugen, aber ohne dabei einen von vornherein unmöglichen Zeitplan zu erstellen. Das Gute ist, dass Sie die Einstellungen immer wieder anpassen können, sodass Sie mittels Näherungsverfahren oder auf Basis der Auswertungen Ihres Informationssystems eine effiziente und realistische Terminierung implementieren können. Auch der jeweilige Zeitraum zur Auftragseröffnung und Auftragsfreigabe kann über den Horizontschlüssel eingestellt werden.

Reduzierung der Durchlaufzeit

Wenn ein Auftrag nicht innerhalb der Plandaten durchgeführt werden kann, gibt es Optionen, um die *Durchlaufzeit* zu verkürzen. Über die Customizing-Transaktion OPU5 können Sie bereits für Planaufträge die Reduzierung der Durchlaufzeit konfigurieren. Mittels der Transaktion OPU3 können die Überlappung von Vorgängen, eine Splittung der Produktionslose oder aber auch eine Verkürzung von Übergangs- und Sicherheitszeiten zur Reduzierung der Durchlaufzeit vorgenommen werden. Eine weitere Möglichkeit, einen Auftrag doch noch fristgerecht fertigstellen zu können, bietet die Erhöhung der Kapazitäten durch zusätzliche Arbeitstage oder Schichten, die im Fabrikkalender hinzugefügt werden. Eine Reduzierungsstrategie können Sie über die Customizing-Transaktion OPJS konfigurieren.

4.1.10 Rückmeldungen

Verwendete Transaktionen

- CO11N (Lohn-Rückmeldeschein zum Fertigungsauftrag)
- SM36 (Einplanung von Hintergrundjobs)
- SM37 (Verwaltung von Hintergrundjobs)
- OPKC (Prozesssteuerung der Rückmeldung)
- OPK0 (Konfiguration der Einbilderfassung zur Rückmeldung)
- Menüpfad: **Produktion • Fertigungssteuerung • Vorgänge • Rückmeldung • Rückmeldeparameter festlegen**

Die *Rückmeldung* ist ein wichtiger Schritt in der Fertigungsausführung und sollte möglichst zeitnah geschehen. Dabei kann die Rückmeldung manuell oder automatisiert über z. B. das Scannen von Barcodes erfolgen. Mit der Rückmeldung können eine automatische Warenentnahme der verbrauchten Materialien (die sogenannte *retrograde Entnahme*) und ein automatischer Wareneingang der Erzeugnisse gebucht werden. Dazu werden Kapazitätsbedarfe am Arbeitsplatz abgebaut und Fertigungskosten aktualisiert. Sie können einen Fertigungsauftrag als Ganzes oder in Meilensteinen zurückmelden. Bei einer Rückmeldung werden Gutmengen, Schrottmengen und Mengen zur Nacharbeit erfasst. Auch die Ist-Termine werden aktualisiert und der Auftragsstatus auf **RÜCK** (Endrückgemeldet) gesetzt. Für dispositionsrelevante Materialien werden auf Basis der Ist-Mengen Über- und Unterdeckungen ermittelt. Sie können Prüfungen zur Rückmeldung konfigurieren. Prüfbare Größen sind z. B.:

- Vorgangsreihenfolge
- Rückmeldezeiten
- Mengentoleranzen (Über-/Unterlieferung)
- Warenbewegungen
- Ist-Kosten
- Prüfungen der Ergebnisse zur Qualitätssicherung

Den Bild- und Feldaufbau können Sie konfigurieren, um die optionalen Angaben oder die Pflichtangaben den Prozessen Ihres Unternehmens anzupassen.

Konfigurationsmöglichkeiten zur Rückmeldung

Die Rückmeldung kann an verschiedenen Stellen eingestellt werden. Zuerst prüft das System, ob die Rückmeldung im Arbeitsplan eingestellt ist. Falls dies nicht der Fall ist, wird als Nächstes die Konfiguration im Materialstamm des Fertigungserzeugnisses geprüft. Wenn auch hier keine Einstellungen gepflegt sind, prüft das System noch die

Einstellungen am Arbeitsplatz und letztlich im Fertigungsauftrag. Diese Reihenfolge zeigt Abbildung 4.18 in einer Übersicht.

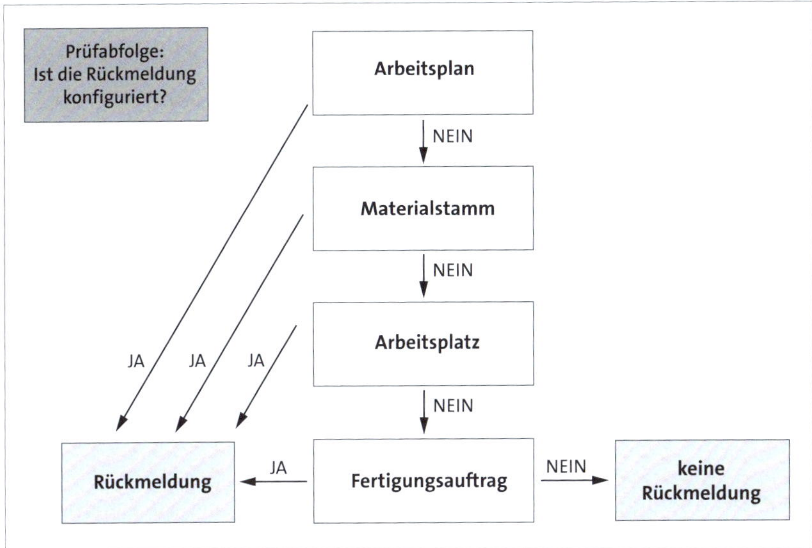

Abbildung 4.18 Prüfabfolge für die Rückmeldung

Parameter für die Rückmeldung

Über den Customizing-Pfad **Produktion • Fertigungssteuerung • Vorgänge • Rückmeldung • Rückmeldeparameter festlegen** können Sie für die Kombination aus Werk und Auftragsart Parameter für die Rückmeldung einstellen. Im Feld **Prozesssteuerung** können Sie einstellen, wann die Berechnung der Ist-Kosten und die Warenbewegungen (WA der Komponenten, WE des Erzeugnisses) erfolgen sollen (per Dialog, per Job oder im Hintergrund). Ohne eine Angabe werden diese Aktivitäten sofort per Dialog ausgeführt. Wenn Sie angeben, dass die Verarbeitung im Hintergrund ausgeführt werden soll, müssen Sie zusätzlich über die Transaktion SM36 einen Hintergrundjob definieren, der das Programm CORUPROC ausführt. Den Prozessschlüssel für dieses Feld können Sie über die Customizing-Transaktion OPKC definieren.

Sie können zudem festlegen, ob Fehleingaben bei der Vorgangsfolge ignoriert werden oder zu Warnungen oder gar Fehlermeldungen führen sollen. Auch die Über- und Unterlieferung kann mit Warnungen oder Fehlern versehen werden. Die Werte hierzu werden bei der Auftragseröffnung aus der Arbeitsvorbereitungssicht der Materialstammdaten entnommen. Die Über- oder Unterlieferung berücksichtigt neben der Gutmenge auch die Teile der Nacharbeit. Wenn Sie hier bei einer zu starken Abweichung eine Fehlermeldung ausgeben lassen, wird das Speichern der Rückmeldung verhindert. Wenn ein Vorgang QM-Prüfergebnisse erfordert und diese nicht vorhanden sind, kann dies je nach Einstellung geprüft und wahlweise ohne oder mit einer Warn- oder Fehlermeldung behandelt werden. Auch hier gilt, dass eine Warn- oder Informationsmeldung nur ein Hinweis ist. Eine Fehlermeldung hingegen verhindert den weiteren Prozess und muss behandelt werden.

Im Abschnitt **Warenbewegungen** können Sie das Kennzeichen **Alle Komponenten** setzen, wenn das System alle Komponenten in der Warenbewegungsübersicht führen soll. Über **WE für Kuppelprodukte** können Sie einstellen, dass auch Wareneingänge für Kuppelprodukte bei der Rückmeldung eines Auftrags mit erfasst werden.

Auf der Registerkarte **Einzelerfassung allgemein** stellen Sie ein, welche **Rückmeldeart** vorgeschlagen werden soll. Bei Auswahl der automatischen Rückmeldung entscheidet das System automatisch anhand der rückgemeldeten Menge, ob eine Teil- oder eine Endrückmeldung vorliegt. Teilrückmeldungen werden ausgeführt, wenn noch nicht alle geplanten Mengen rückgemeldet werden. Endrückmeldungen schließen einen Vorgang in Hinsicht auf die Warenbewegung ab. Hier wird die Gesamtmenge rückgemeldet (als Gutmenge/Ausschuss/gegebenenfalls mit Über- oder Unterlieferung).

Im Bereich **Fehlerhandling/Protokolle** ist es ratsam, einzustellen, dass Fehlerprotokolle eventueller Fehler bei **Istkosten** und **Warenbewegungen** ausgegeben werden, sofern die Rückmeldungen im Dialog ausgeführt werden (im Hintergrund ausgeführt könnte ja niemand mehr eingreifen und die Fehlermeldung bearbeiten). Mit diesen Kennzeichen haben Sie vor dem Speichern noch einmal die Chance, die Fehler zu beheben. Des Weiteren kann eingestellt werden, dass die Rückmeldung gleich ganz abgebrochen wird, wenn Fehler auftreten.

Auf der Registerkarte **Einzelerfassung Vorgang mit Einstiegsbild** können Sie über diverse Kennzeichen festlegen, ob das System in den Feldern **Mengen**, **Leistungen** und/ oder **Termine** direkt diese Informationen bereitstellen soll:

- Vorgaben zur Menge/zu Leistungen/zu Terminen
- bereits rückgemeldete Mengen/Leistungen/Termine
- daraus resultierende Vorschläge noch zu erfassender Mengen/Leistungen/ Termine

Die Konfiguration dieser Parameter je Werk und Auftragsart ist ein zentraler Punkt für die Einstellungen zur Rückmeldung. Bevor Sie hier Änderungen vornehmen, ist es immer ratsam, sich zu erkundigen, warum eine Einstellung in der Vergangenheit einmal so eingestellt wurde. Idealerweise dokumentieren Sie Änderungen in einem geeigneten Medium für Ihr IT-Support-Team. So kann schneller eine Ursache gefunden werden, wenn unvorhergesehene Folgefehler im Rückmeldeprozess nach Änderungen entstehen.

Konfiguration der Eingabemaske für die Rückmeldung

Über die Transaktion CO11N können Sie eine manuelle Rückmeldung erfassen. Die Informationen und Eingabeoptionen auf dieser Anwendung konfigurieren Sie selbst. Über ein Profil kann die *Einzelbilderfassung* für Anwenderinnen und Anwender über ein benutzerdefiniertes Layout angepasst werden. Somit können die einzelnen Felder und ihre Reihenfolge festgelegt werden. Die Eingaben können einzeln oder in Form einer Tabelle erfolgen. Auch Langtexte zur Rückmeldung können hier zur Erfassung eingestellt werden. Mit der Customizing-Transaktion OPKO können Sie die Rückmeldung mit nur einem Dialogfenster konfigurieren. Hier stehen Ihnen ein einstellbarer Kopfbereich und Details zur Verfügung. Über die Schaltfläche **Detail** erhalten Sie eine Vorschau, wie die Einstellung später aussehen wird. Darüber hinaus können Sie eine Konsistenzprüfung ausführen, um eventuelle Daten- und Layoutfehler zu identifizieren. Verwendbare Eingabeoptionen für Ihr Rückmeldungsbild sind:

- Mengenfelder
- Kurztexte
- Langtexte
- HR-Daten
- Termindaten
- externe Rückmeldenummern

Auch den Text der Schaltflächen können Sie selbst anpassen. Eine minimierte Ansicht ermöglicht das Kennzeichen **Geschl.** Hier wird für den Einstieg in die Rückmeldung festgelegt, dass der ausgewählte Bereich zunächst komprimiert dargestellt wird. Es ermöglicht ein übersichtlicheres Dialogfenster, wenn selten verwendete Rückmeldebereiche zunächst minimiert erscheinen.

[+]

Erweiterung der Rückmeldung

Wenn Sie eigene Felder zur Rückmeldung anlegen möchten, um z. B. mehrere Abweichungsgründe angeben zu können, können Sie die Kundenerweiterung CONFPP07 aktivieren und dort entsprechende Anpassungen vornehmen. Sprechen Sie hierzu mit Ihrer IT-Abteilung und einer Entwicklerin bzw. einem Entwickler.

Zeitpunkt der Rückmeldung

Über die Customizing-Transaktion OPKC können Sie einstellen, welche Informationen das System bei der Rückmeldung wie aktualisieren soll. Sie können dabei für die jeweilige Funktion einstellen, ob sie sofort per Dialog, sofort per Programm oder später per Hintergrundjob ausgeführt werden soll. Der Vorteil eines Joblaufs im Hintergrund wäre, dass Sie die Funktionen dann einplanen könnten, wenn das System gerade nicht so stark belastet ist. Das würde die Performance optimieren. Der Vorteil der sofortigen Rückmeldung liegt in der aktuelleren Datenlage im System. Sie können die Zeitpunkte dieser Funktionen einstellen:

- Wareneingang der Erzeugnisse
- Ermittlung der Ist-Kosten
- Retrograde Entnahme

4.1.11 Abweichungsermittlung

Verwendete Transaktionen

- OPK5 (Abweichungsgründe)
- BS02 (Statusschema)

In der Durchführung der geplanten Aufträge läuft nicht immer alles genau so, wie es einmal geplant war. Daher gibt es immer wieder *Abweichungen*, die über die Rückmeldung zur Korrektur der Datenlage im System eingegeben werden müssen. Hierbei ist es besonders interessant, wie es überhaupt zu diesen Abweichungen kommen konnte. Dieses Wissen über den *Abweichungsgrund* kann zukünftige Planungen und Prozesse verbessern.

Geben Sie Abweichungsgründe ein, wenn die Ist-Mengen nicht mit den Soll-Mengen übereinstimmen. Im Fertigungsauftragsinformationssystem können Sie die Informationen dann später wieder aufgreifen, um korrigierende oder präventive Maßnahmen abzuleiten. Über die Customizing-Transaktion OPK5 können Sie die Abweichungsgründe pro Werk definieren. Sie können zusätzlich Anwenderstatus mit diesen Abweichungsgründen koppeln, um darüber die weiteren Abläufe in der Fertigung zu steuern. Mit der Customizing-Transaktion BS02 legen Sie ein entsprechendes Statusschema an oder ändern es.

4.1.12 Ereignispunkte

Über den Customizing-Pfad **Produktion • Fertigungssteuerung • Stammdaten • Ereignispunkt definieren** können Sie *Ereignispunkte* verwalten, die im Fertigungsprozess getriggert werden und dann automatisch ihre Funktionen ausführen. Die Ereignispunktverwendung dient als ID, anhand derer Sie das Ereignis verwenden können.

Anschließend müssen Sie die Ereignispunktverwendung noch einer Gruppe für Ereignispunkte zuordnen. Dies geschieht über den Customizing-Pfad **Produktion • Fertigungssteuerung • Stammdaten • Auslösepunktgruppe für Standard definieren • Auslösepunkte**. Diese Gruppe kann dann einem Vorgang zugeordnet werden.

4.2 Prozesse der diskreten Fertigung

Nachdem nun die Konfigurationen abgeschlossen sind, wollen wir uns mit der Anwendung der Funktionen in der Produktion befassen. Sie werden hierfür die Erstellung und Abarbeitung von Fertigungsaufträgen, die Terminierung sowie die Material- und Kapazitätsverfügbarkeitsprüfung und noch einige weitere wichtige Funktionen kennenlernen. Dafür verwenden wir das zuvor konfigurierte Beispiel unseres Custom-Skateboards in Kombination mit der Kundenauftragsfertigung.

4.2.1 Prozessübersicht

Der End-to-End-Prozess in der Produktion wird als *Plan-to-Produce* (Pl2P) bezeichnet. In Abbildung 4.19 sehen Sie eine Übersicht der Verschmelzung dieses Gesamtprozesses mit dem Lebenszyklus eines Fertigungsauftrags. Im ersten Abschnitt sind die vorbereitenden Planungen zu sehen.

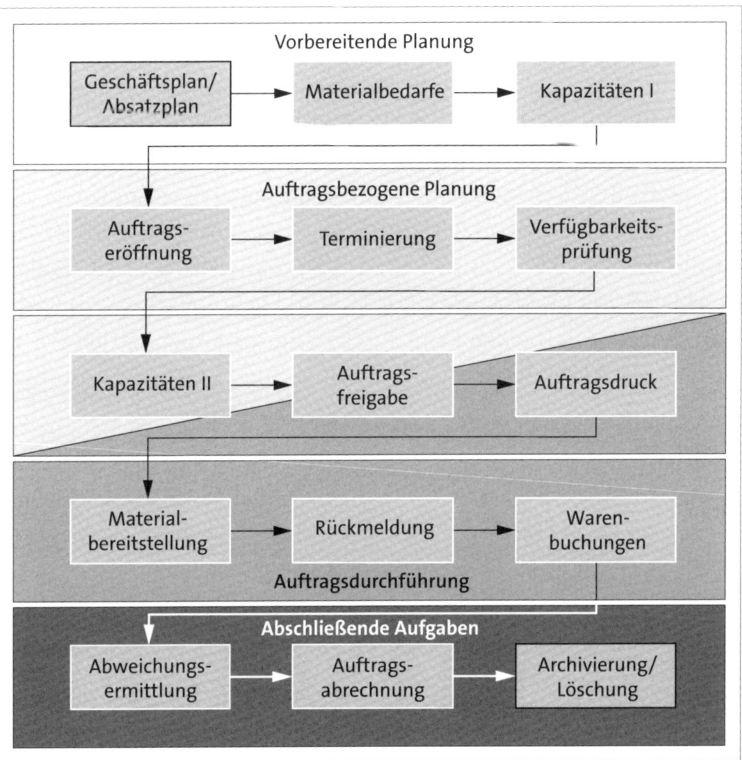

Abbildung 4.19 Plan-to-Produce-Prozess und Lebenszyklus eines Fertigungsauftrags in der diskreten Fertigung

Diese sind im Prinzip für alle Fertigungsarten verfügbar und relevant, daher werden wir sie im Anschluss an die Kapitel zur diskreten, zur Serien- und zur Prozessfertigung in den jeweiligen Themenbereichen noch genauer beschreiben. In der Übersicht haben wir diesen Bereich verhältnismäßig spartanisch dargestellt, bei genauerer Betrachtung verbergen sich dahinter jedoch die folgenden planerischen Aufgabenbereiche:

- Vertriebs- und Produktionsplanung (früher: Absatz- und Produktionsgrobplanung)
- Programmplanung
- Materialbedarfsplanung
- Produktions- und Feinplanung
- Kapazitätsplanung

Da in der diskreten Fertigung zentral mit Fertigungsaufträgen gearbeitet wird, haben wir die Aufgaben mit Bezug zum Fertigungsauftrag in der Übersicht feingranular dargestellt. Mit diesen Aufgaben, die im Prinzip den Lebenszyklus von der Erstellung bis zur Archivierung eines Auftrags darstellen, werden wir uns in diesem Kapitel ausführlich befassen.

Die konkrete Vorbereitung der Produktion anhand der Eröffnung der Fertigungsaufträge haben wir hier als *auftragsbezogene Planung* zusammengefasst. An dieser Stelle werden die Auftragsdaten bereits terminiert und anhand von tatsächlichen und kurzfristigen Verfügbarkeiten der Materialien und Kapazitäten verbindlich reserviert. Auch wenn die Materialbedarfe und Kapazitäten bereits im Vorfeld in der Planung einmal geprüft und eingeplant worden sind, muss man davon ausgehen, dass sich die tatsächliche Situation in der kurzen Frist von der Planungssituation in der mittleren bis langen Frist unterscheiden kann. Es kann immer Ereignisse geben, die auch die beste Planung nicht vorhersehen kann. Beispiele hierfür können sein:

- kurzfristige Erhöhung oder Reduzierung von Auftragsmengen
- kurzfristige Materialengpässe
- Auftragsstornierungen
- Maschinendefekte (ungeplante Instandhaltung)
- Ausfall von Mitarbeitenden (z. B. durch Krankheit)
- höhere Gewalt (z. B. Sturmschäden)

Aus diesen Gründen ist eine exakte und produktionsnahe Planung vor der Auftragsfreigabe erforderlich. Mit der Auftragsfreigabe wird schließlich bestätigt, dass Material und Kapazitäten bereitgestellt werden können und die Produktion beginnen kann. Damit kommt der Auftragsfreigabe eine Schlüsselposition zu, welche die planerischen Tätigkeiten abschließt und die Auftragsdurchführung einleitet. Die Durchführung der Fertigungsaufgaben beginnt dann mit dem Drucken der Auftragspapiere. Das muss nicht zwingend auf Papier geschehen, es kann sich hierbei auch um die elektronische Übertragung von Fertigungsinformationen an Mitarbeitende und/ oder Maschinen handeln.

Die Materialbereitstellung ist eine logistische Herausforderung, die die benötigten Materialien an der Fertigungsstation sicherstellt. Über die Rückmeldung werden die Ergebnisse der Fertigungsschritte an das SAP-System zurück übermittelt. Mittels dieser Informationen werden dann Buchungen im System vorgenommen, die sich auf Warenbestände und Warenbewertungen auswirken. Auch eine Ermittlung der Abweichung rückgemeldeter Ist-Daten zu den Plan-Daten kann auf dieser Informationsgrundlage ausgeführt werden. Mit der Abweichungsermittlung und der finalen Abrechnung des Fertigungsauftrags wird die Auftragsbearbeitung abgeschlossen. Abgeschlossene Aufträge können dann archiviert oder gelöscht werden.

Zwischen der Materialbereitstellung und der Rückmeldung findet die tatsächliche Herstellung der Fertigungserzeugnisse und Halbfabrikate statt. Das sind die Tätigkeiten, die man intuitiv mit der Produktion verbindet. Dennoch wird dieser Teil der Produktion in einem SAP-System (ohne weitere Integration von Fertigungssystemen) als *Blackbox* behandelt. Abbildung 4.20 zeigt die Fertigung als Blackbox, in die Informationen aus der SAP-Produktionsplanung hineingehen und aus der letztlich Informationen wieder zurückgemeldet werden. Die Rückmeldung ist die Basis für die Buchungen in der Finanzbuchhaltung und die Verrechnungen im Controlling. Die eingespeisten Informationen und auch die Informationen der Rückmeldung sind hier beispielhaft benannt. Im weiteren Verlauf dieses Abschnitts werden wir auf diese Punkte noch genauer eingehen.

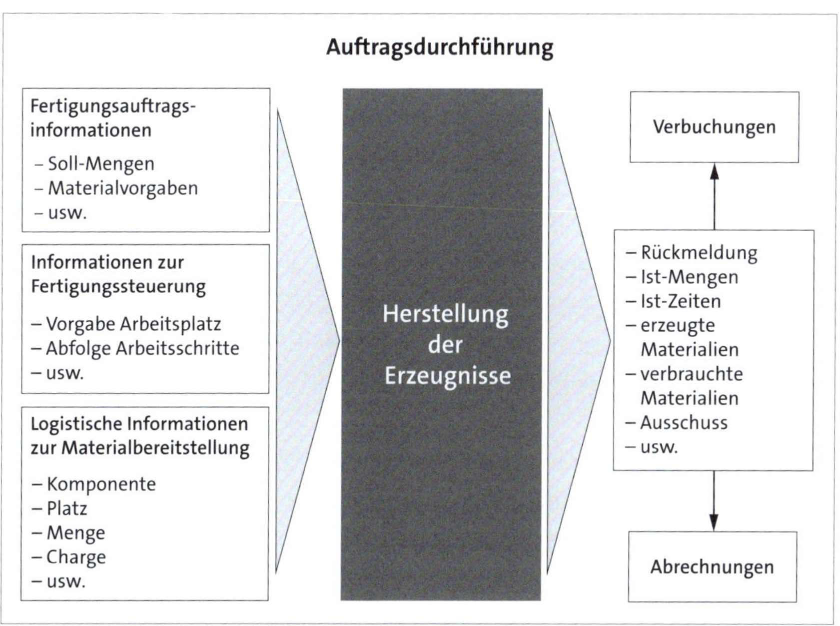

Abbildung 4.20 Die tatsächliche Fertigung der Erzeugnisse als Blackbox

Wer noch keine Erfahrungen mit der Produktionsplanung in SAP hat, mag überrascht sein, dass der Teil der tatsächlichen Fertigungsausführung scheinbar »übersprungen« wird. Das liegt daran, dass ein ERP-System (wie z. B. SAP S/4HANA) die betriebswirtschaftlichen Daten rund um die Produktion verarbeitet und bereitstellt. Die Produktion selbst wird dann über separate Fertigungssteuerungs- oder auch Produktionsleitsysteme abgewickelt. Es gibt hierfür auch Lösungen von SAP. Über SAP Manufacturing Integration and Intelligence (SAP MII) wird eine solche vertikale Integration der Produktionsleitsysteme (oder auch Shop-Floor-Systeme) in das SAP-ERP-System ermöglicht. SAP Manufacturing Execution (SAP ME) bietet dazu eine ausgebaute Funktionalität für die Fertigungssteuerung und Fertigungsüberwachung auf Produktionsleitsystemebene. Diese beiden SAP-Lösungen gehören jedoch nicht in den Kernbereich der Produktionsplanung mit SAP S/4HANA und sind zwar verbreitet, aber darüber hinaus nicht mehr der neuste Stand der Technik. In Kapitel 1, »Produktionsplanung mit SAP S/4HANA«, haben wir bereits die SAP BTP als zentrale Drehscheibe für moderne Erweiterungen und die Anbindung von Schnittstellen erwähnt. In Kombination dazu empfiehlt es sich hier, auf SAP Digital Manufacturing (DM) als cloudbasiertes Manufacturing Execution System (MES) zu setzen. Für diese in sich bereits sehr umfangreichen Themen gibt es eigene Bücher im Rheinwerk Verlag, die sich mit SAP in Bezug auf eine moderne Smart Factory befassen. Daher können wir dieses Themenfeld im Umfang dieses Buchs nicht ausführlicher vorstellen.

4.2.2 Auftragseröffnung

Verwendete Transaktionen und SAP-Fiori-Apps

- CO01 (Fertigungsauftrag anlegen)
- CO02 (Fertigungsauftrag ändern)
- CO03 (Fertigungsauftrag freigeben)
- CO40 (Planauftrag umsetzen)
- CO41 (Planaufträge gesammelt umsetzen)
- CO08 (Fertigungsauftrag zum Kundenauftrag)
- SAP-Fiori-App Fertigungsaufträge bearbeiten (App-ID F2336)
- SAP-Fiori-App Fertigungsvorgänge bearbeiten (App-ID F2335)

Bei der *Auftragseröffnung* wird eine ganze Reihe von Bearbeitungsschritten durchlaufen. Durch die vorangestellten Konfigurationen ist die konkrete Ausführung dieser Bearbeitungsschritte definiert. Für die Reihenfolge der Schritte ist es dabei unerheblich, ob der Auftrag durch das Umsetzen aus einem Planungsauftrag, manuell oder aus einem Kundenauftrag heraus angelegt wird. Der Fertigungsauftrag erhält nach der Eröffnung den Status **EROF** (eröffnet). Typischerweise werden bei der Auftragseröffnung die folgenden, teilweise automatisierbaren Schritte durchlaufen:

- Auftragsart auswählen (Welche Art Auftrag soll verwendet werden?)
- Auftragspositionen eingeben (Was soll gefertigt werden?)
- Arbeitsplan kopieren (Welche Arbeitsschritte sind erforderlich?) – alternativ können vorerst auch Vorschlagswerte zur Generierung von Vorgängen zum Anlegen eines Fertigungsauftrags verwendet werden.
- Stückliste kopieren (Welche Komponenten werden verwendet?)
- Reservierungen für Lagermaterialien anlegen
- Bestellanforderungen für Nichtlagermaterialien und fremdbeschaffte Materialien anlegen
- Plankosten ermitteln
- Kapazitätsbedarfe für relevante Arbeitsplätze erzeugen
- Durchlaufterminierung (Wann wird gefertigt, und sind dann auch alle Kapazitäten vorhanden?)
- Verfügbarkeitsprüfung (Sind alle Komponenten/Fertigungshilfsmittel verfügbar?)
- Anpassungen und eventuelle Ergänzungen vornehmen
- Fertigungsauftrag sichern

Wie in Abbildung 4.21 zu sehen ist, befinden wir uns mit der Auftragseröffnung und den nachgelagerten Bearbeitungsschritten im Rahmen der auftragsbezogenen Planung. (Der Begriff der auftragsbezogenen Planung wird im SAP-S/4HANA-Kontext auch in der Produktions- und Feinplanung verwendet. Was es damit genau auf sich hat, erfahren Sie in Kapitel 11, »Produktions- und Feinplanung (Detailed Scheduling, PP/DS)«.) Die Darstellung hier nutzt diesen Begriff in einer abstrakteren Form und bezieht sich nicht auf den Begriff aus der Produktions- und Feinplanung. Es soll damit schlicht verdeutlicht werden, dass trotz all der vorangegangenen mittel- und langfristigen Planungen kurz vor dem tatsächlichen Produktionsstart noch einmal eine Phase planerischer Tätigkeiten zur Validierung der Vorgänge, Kapazitäten, Termine und Verfügbarkeiten erfolgt. Dafür fächern wir den Plan-to-Produce-Prozess der Fertigung an dieser Stelle gezielt etwas weiter auf, indem wir die Elemente des Lebenszyklus eines Fertigungsauftrags mit hineinnehmen.

Der Fertigungsauftrag ist das zentrale Element für die diskrete Fertigung. Wie er erzeugt wird, hängt davon ab, welche Geschäftsprozesse abgebildet werden sollen. Es gibt folgende Möglichkeiten, das Anlegen eines Fertigungsauftrags zu realisieren:

- Anlegen aus einem Planauftrag heraus
- Anlegen zur Fertigung eines bestimmten Materials

- Anlegen ohne Angabe eines Materials
- Anlegen zu einem Projekt
- Anlegen zu einem Kundenauftrag

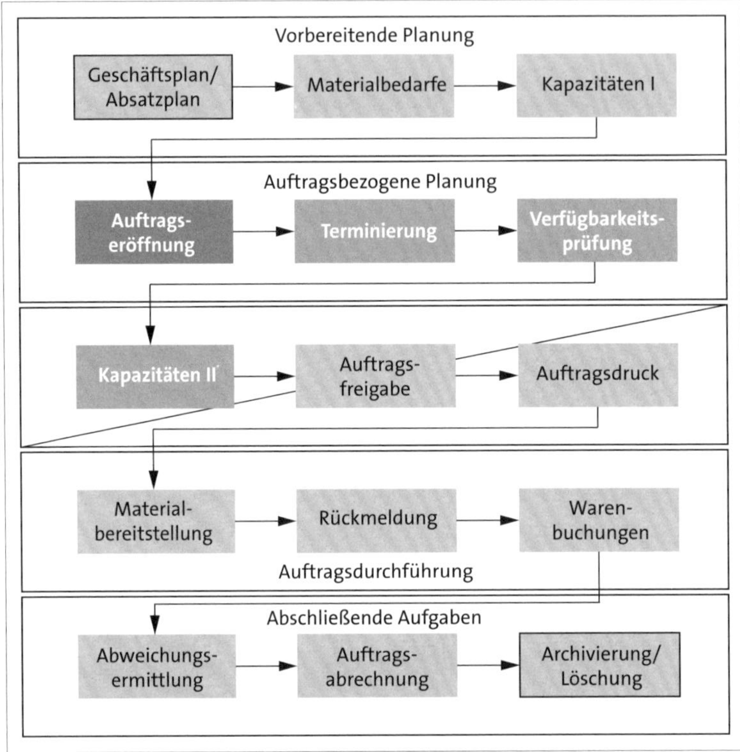

Abbildung 4.21 Gesamtprozess der Planung und Fertigung – Auftragseröffnung

Wir wollen uns im Folgenden ansehen, wie man einen Fertigungsauftrag entweder zum Material, aus einem Planauftrag oder aus einem Kundenauftrag heraus anlegt. Jede Vorgehensweise benötigt dabei die gleichen Informationen, um den Fertigungsauftrag zu befüllen. Die Quelle dieser Informationen ist jedoch jeweils eine andere.

In Abbildung 4.21 haben Sie gesehen, dass einige Planungsaktivitäten der Auftragseröffnung vorangestellt sind. Die Voraussetzungen für das Anlegen eines Fertigungsauftrags auf der Grundlage eines Kundenauftrags sind dort nicht explizit mit aufgeführt. Sie liegen in den Einstellungen des Vertriebs. Dort sind die Bereiche der Pflege der Business Partner, der Vertriebsbelege und die Konfiguration der Abrechnung und Kontierung mit Schnittstellen in das Controlling und die Finanzbuchhaltung wichtige Punkte, die zunächst abgestimmt und eingestellt werden müssen. Dann kann ein Kundenauftrag erstellt werden, um diesen als Bezug für die Produktion verwenden zu können.

Das Anlegen zum Projekt erfolgt dahingegen über die Integration des Projektsystems und bietet PSP-Elemente als Grundlage für die Erstellung eines Fertigungsauftrags. Man sieht hier schnell, dass die Produktionsplanung weitverzweigte Wurzeln in viele andere Bereiche hat. Diese müssen sich bei einer Implementierung eines SAP-S/4HANA-Systems sehr gut abstimmen. Es gibt in der Praxis viele Modelle für Prozesse, die abgestimmt auf das jeweilige Unternehmen dafür eingesetzt werden, dass ein Fertigungsauftrag angelegt werden kann. Es ist leider nicht möglich, alle diese Optionen in nur einem Buch vorzustellen. Wir zeigen hier deshalb eine typische Auswahl von Möglichkeiten. Ist der Auftrag angelegt, so können viele der Schritte analog für alle anders angelegten Aufträge angesehen werden.

Das Anlegen eines Fertigungsauftrags ist demnach die praktische Ausführung der Auftragseröffnung. Bei dieser Eröffnung durchläuft der Auftrag, wie bereits beschrieben, eine Reihe von Aktivitäten zur Validierung der Termine, Kapazitäten und Verfügbarkeiten. Die Durchlaufterminierung besteht dabei aus der Terminierung und dem Kapazitätsabgleich auf Basis der im Fertigungsauftrag hinterlegten Arbeitsplätze. Darauf folgt die Verfügbarkeitsprüfung der Komponenten und Fertigungshilfsmittel. Erst wenn all diese Aktivitäten abgeschlossen sind, erfolgt der nächste große Schritt, die Auftragsfreigabe.

Fertigungsauftrag anlegen

Nachdem wir nun alle Einstellungen für unser Beispiel vorgenommen haben, wollen wir einen Fertigungsauftrag anlegen. Dafür verwenden wir die Transaktion CO01. Geben Sie hier bei **Material** FE_SBCUST_001 sowie bei **Produktionswerk** 1010 ein. Wenn Sie einen Fertigungsauftrag ohne Bezug zu einem Kunden- oder Planauftrag anlegen, müssen Sie die Informationen, die Ihnen ansonsten automatisch bereitgestellt werden würden, erst noch manuell erfassen. Dafür führen Sie folgende Arbeitsschritte aus oder stoßen ihre Ausführung an:

- Auftragsart bestimmen
- Auftragspositionen (Erzeugnisse) bestimmen
- Auftragsmenge festlegen
- Fertigungstermin (Eckstart- oder Eckendtermin) angeben
- gültige Fertigungsversion auswählen
- Stückliste kopieren für Reservierungspositionen
- Auftrag terminieren
- Kapazitätsbedarfe ermitteln
- Verfügbarkeitsprüfung (optional)
- Plan-Kosten berechnen

Anschließend können Sie den Fertigungsauftrag nach der Erfassung und Berechnung der Daten sichern. Nach dem Sichern wird diesem Fertigungsauftrag gemäß der Nummernkreiskonfiguration eine Auftragsnummer zugeteilt (in unserem Beispiel lautet sie 1000460). Dadurch, dass die Auftragsnummern erst nach dem Speichern vergeben werden, wird vermieden, dass Nummern des Nummernkreisintervalls für Aufträge vorbelegt werden, die letztlich vielleicht doch verworfen (also nicht gespeichert) werden. Somit vermeidet man Lücken im Nummernkreisintervall.

Fertigungsauftrag bearbeiten

Natürlich können Sie die klassischen GUI-Transaktionen CO01, CO02 etc. zum Anlegen und Pflegen Ihrer Fertigungsaufträge verwenden. Eine andere Möglichkeit ist die Verwendung der SAP-Fiori-App **Fertigungsaufträge bearbeiten** (App-ID F2336) (siehe Abbildung 4.22). Mit dieser SAP-Fiori-App können Sie innerhalb der Rolle **Fertigungssteuerer – diskrete Fertigung** Fertigungsaufträge erstellen, ändern und verwalten. Sie bietet Funktionen zur Anzeige und Bearbeitung von Auftragsdetails, zur Verwaltung von Arbeitsvorgängen und Materialverfügbarkeiten sowie zur Überwachung des Auftragsstatus in Echtzeit.

Selektieren Sie zunächst nach der Auftragsnummer unter **Auftrag** oder der **Materialnummer** des herzustellenden Fertigungserzeugnisses. Alternativ kann auch nach dem Auftragsstatus unter **Status** gefiltert werden. Die Liste möglicher Status ist lang. dies sind die gängigsten:

- **Eröffnet**
- **Freigegeben**
- **Teilrückgemeldet**
- **Rückgemeldet**
- **Geliefert**
- **Technisch abgeschlossen**

Sie können die App auch wie einen Monitor zur Überwachung verwenden, indem Sie sich **Terminierter Start** und **Verzugsdauer** als Filter einstellen. Nach der Selektion zeigt Ihnen das System in einer tabellarischen Übersicht die passenden Aufträge und deren Status an. Die angezeigten Daten zum Auftrag können frei eingestellt werden. In diesem Beispiel werden der aktuelle Bearbeitungsstand der Vorgänge sowie der geplante Start und das geplante Ende des Fertigungsprozesses angezeigt. Im rechten Bereich der Abbildung wird in der Spalte **Probleme** mittels hilfreicher Symbole auf Missstände im Produktionsfortschritt hingewiesen. Klickt man einmal auf das Symbol zum betroffenen Problem, sieht man eine kurze Detailinformation. Von dort kann man in die Bearbeitung des Auftrags abspringen, um mehr Informationen zu erhalten und das Problem zu beheben. Folgende Probleme werden dabei visualisiert:

- Die hier im Beispiel rot hervorgehobene Uhr zeigt eine *Verzögerung* des Auftrags an. Wie lange der Auftrag genau verzögert ist, sieht man in den Details, beim Anklicken des Symbols.
- Das Symbol steht für *fehlende Komponenten*, wenn es rot angezeigt wird. Klickt man darauf, wird angezeigt, um welche Komponente es sich handelt.
- Ein *Mengenproblem* steht hinter dem roten Zeichen . Klickt man auf das Symbol, wird einem die Abweichung von der geplanten Menge angezeigt.
- Wird rot angezeigt, gibt es ein *Qualitätsproblem*. Durch einen Klick auf das Symbol wird Ihnen eine Prozentangabe zum Ausschuss angezeigt.
- Das Symbol in Rot deutet auf *fehlerhafte Warenbewegungen* hin. Wenn Sie auf das Symbol klicken, können Sie mit der Rolle **Werker -diskrete Fertigung** oder **Fertigungssteuerer – diskrete Fertigung** über einen Klick auf **Fehler anzeigen** in die SAP-Fiori-App **Fehlerhafte Materialbewegungen nachbearbeiten** (App-ID F3100) abspringen.
- Ein rotes bedeutet, dass der Auftrag *zurückgestellt* wurde.

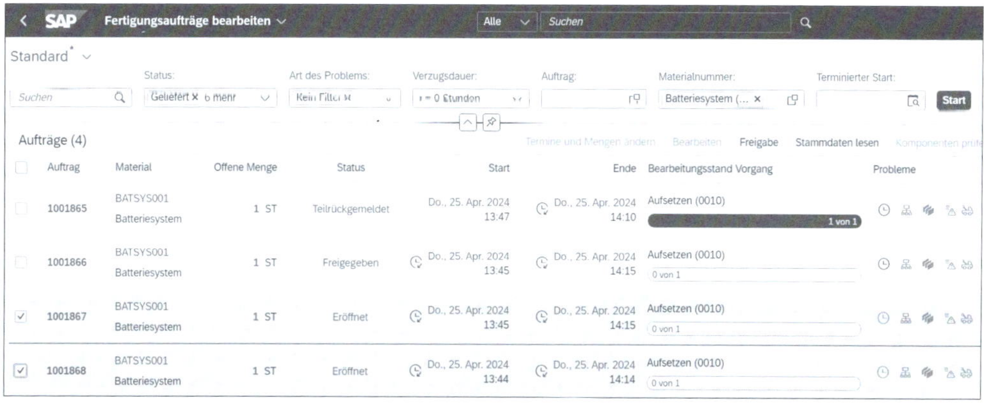

Abbildung 4.22 Die SAP-Fiori-App »Fertigungsaufträge bearbeiten«

Um eines der angezeigten Probleme zu lösen, müssen Sie manchmal auch eine Änderung in der Stückliste oder am Arbeitsplan vornehmen. Dazu benötigen Sie die in Abschnitt 4.1.3, »Stücklisten«, und Abschnitt 4.1.5, »Arbeitspläne«, vorgestellten Transaktionen oder die gleichnamigen SAP-Fiori-Apps. Von einer Änderung dieser Stammdaten können gleich mehrere Fertigungsaufträge im Status **Eröffnet** betroffen sein. In der App **Fertigungsaufträge bearbeiten** können Sie dann für alle markierten Aufträge mit der Funktion **Stammdaten lesen** diese Änderungen aktualisieren.

Mit einem Klick auf einen Auftrag springen Sie in die Details des Auftrags ab. In Abbildung 4.23 sehen Sie die Details zum Auftrag und können mit einem Klick, z. B. auf die Registerkarte **Komponenten**, zu den für Sie relevanten Informationen springen.

1001865

Auftrag bearbeiten | Freigeben | Stammdaten lesen | Auftrag splitten | Anzeigen | Verwandte Apps

Probleme | Auftragsinformationen | Komponenten | Auftragsplan | Rückmeldung | Prüfung

Komponenten

Alle | Fehlende

Material	Menge	Deckung	Retrograde Entnahme	Komponentenausschuss	Bedarfstermin	Lagerort
RAH001 Rahmen	Gesamtmenge: 1 ST Offene Menge: 1 ST	1 ST	Ja	0.00 %	Do., 25. Apr. 2024 13:40	
BATMOD001 Batteriemodul	Gesamtmenge: 6 ST Offene Menge: 6 ST	6 ST	Ja	0.00 %	Do., 25. Apr. 2024 13:50	
DIBO001 Distanzbolzen	Gesamtmenge: 5 ST Offene Menge: 5 ST	5 ST	Ja	0.00 %	Do., 25. Apr. 2024 14:00	

Abbildung 4.23 Komponenten in den Details zum Fertigungsauftrag

In diesem Beispiel sehen Sie Informationen zu den benötigten Komponenten des Auftrags. Zum Beispiel sehen Sie die benötigten und offenen Mengen, ob retrograd entnommen wird und wann der Bedarfstermin ist. Mit der Funktion **Auftrag bearbeiten** können Sie aus der App den Auftrag jederzeit ändern. Dazu springt das System in die SAP-Fiori-Ansicht der Transaktion CO02 ab.

Eine hilfreiche Übersicht über den Auftragsfortschritt bietet der Bereich **Auftragsplan** (siehe Abbildung 4.24). Dort werden Ihnen die Details der einzelnen Vorgänge mit Status, Arbeitsplatz und Terminen gezeigt. Im unteren Bereich der Abbildung sehen Sie Informationen zu einzelnen Auftragsrückmeldungen.

Abbildung 4.24 Details der Vorgänge

Fertigungsvorgänge bearbeiten

Die SAP-Fiori-App **Fertigungsvorgänge bearbeiten** (App-ID F2335) ist eine weitere Möglichkeit, den Fortschritt in der Produktion zu überwachen und zu prüfen. Die App benötigt die Rolle **Fertigungssteuerer – diskrete Fertigung**. In Abbildung 4.25 sehen Sie die Daten zu verschiedenen Vorgängen nach der Selektion. Im Prinzip kann man hier nach einigen gleichen Kriterien filtern wie auch in der zuvor beschriebenen App **Fertigungsaufträge bearbeiten**. Hinzu kommen aber auch vorgangsspezifische

Filter wie **Rückmeldungsrelevant**, **Untervorgänge** und **Folgenart**. Im oberen Bereich der App können Sie über einen Klick auf die Schaltfläche **Filter** (direkt neben der Schaltfläche **Start**) für Sie relevante Daten anzeigen. Beispielweise können Sie nach Arbeitsplätzen sortieren, um so die Abfolge der Aufträge zu prüfen. Wie in der App **Fertigungsaufträge bearbeiten**, sehen Sie in der rechten Spalte **Probleme** die verschiedenen Schwierigkeiten des Vorgangs.

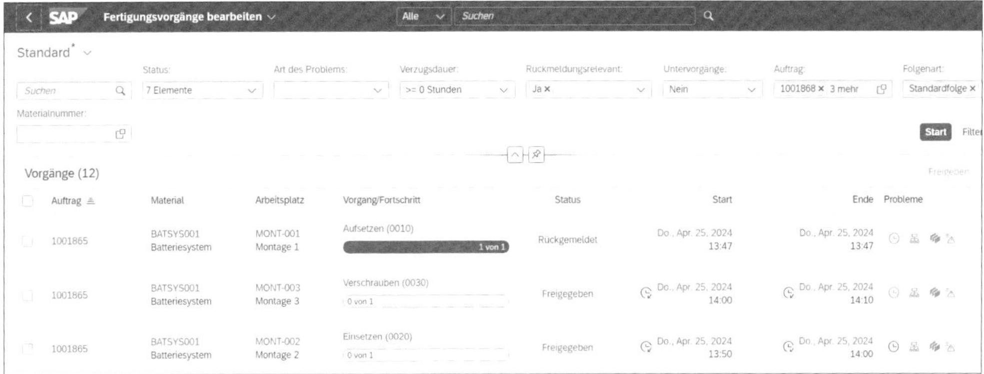

Abbildung 4.25 Die SAP-Fiori-App »Fertigungsvorgänge bearbeiten«

Zur weiteren Prüfung eines Vorgangs können Sie mit einem Klick auf einen Vorgang in dessen Details abspringen. In Abbildung 4.26 sehen Sie die Arbeitsplatzbelegung des Arbeitsplatzes des ausgewählten Vorgangs. Damit haben Sie direkt im Blick, wie der Arbeitsplatz gerade und in Zukunft genutzt wird. Im oberen Bereich der Abbildung unter **Vorgänge in Arbeit** werden die aktuell bearbeiteten angezeigt. Im unteren Bereich **Vorgänge nicht begonnen** sehen Sie die Vorgänge von Fertigungsaufträgen, die noch nicht begonnen wurden.

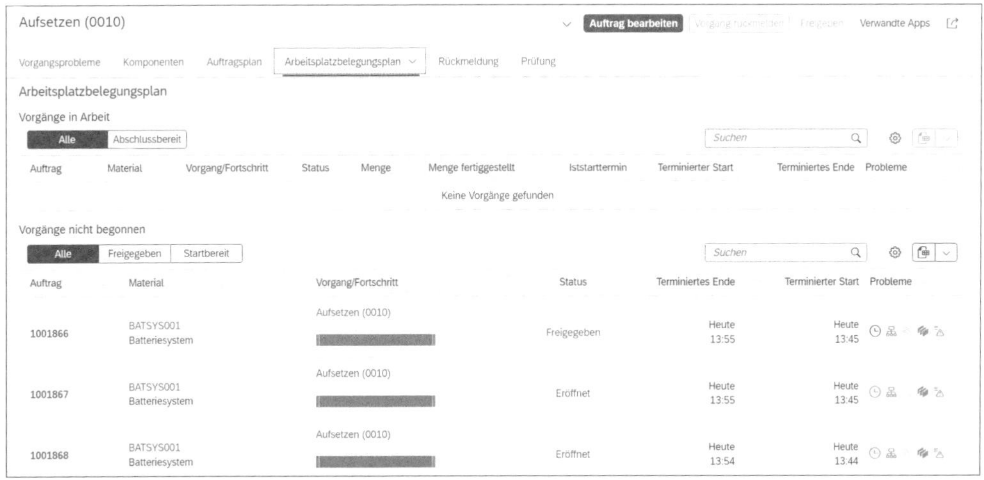

Abbildung 4.26 Arbeitsplatzbelegungsplan

Anhand dieser Informationen können Sie ableiten, ob sich folgende Aufträge verschieben und ein Eingreifen in den Produktionsplan notwendig ist. Sie sehen in den Spalten **Terminierter Start** und **Terminiertes Ende**, welche Zeiten eigentlich geplant sind, und anhand der Liste nicht begonnener Vorgänge zu weiteren Aufträgen, ob ein Ausweichen zur späteren Durchführung möglich ist.

Arbeitsplanselektion

Die *Arbeitsplanselektion* fußt auf einem komplexen Konfigurationskonstrukt. Das System prüft bei der automatischen Ermittlung die Konfigurationsschritte in der Reihenfolge, wie wir sie im Folgenden beschreiben. Über die auftragsartabhängigen Parameter kann zunächst angegeben werden, ob überhaupt ein Arbeitsplan selektiert werden soll oder ob zunächst Vorschlagswerte zur Generierung von Vorgängen verwendet werden. Falls ein Arbeitsplan selektiert werden soll, kann auch noch eingestellt werden, ob dies automatisch geschieht. Wenn nicht, endet die Prüfung des Systems hier, und die Anwenderin bzw. der Anwender muss den Arbeitsplan manuell im Dialog erfassen. Wenn eine automatische Selektion vorgesehen ist, sucht das System zunächst nach allen Arbeitsplänen zum Material. Anschließend wird geprüft, ob die geplante Losgröße und die Ecktermine für den jeweiligen Arbeitsplan zulässig sind.

Zuletzt wird dann ein Arbeitsplan gemäß der konfigurierten Arbeitsplanselektionsreihenfolge ermittelt. Alternativ kann im Materialstamm hinterlegt werden, dass die Stückliste aus einer Fertigungsversion übernommen werden soll. Auch hier werden zunächst Losgröße und Ecktermine geprüft. Wird eine gültige Fertigungsversion gefunden und enthält diese auch einen Arbeitsplan, so wird dieser Arbeitsplan zur Verwendung herangezogen. In diesem Fall wird das Kennzeichen **FertVersion** in den Parametern zur Auftragsart geprüft. Das Kennzeichen bestimmt, ob das System die Fertigungsversion automatisch wählen darf oder ob die Anwenderin bzw. der Anwender diese manuell eingeben muss. Die Selektionsprioritäten bestimmen bei der automatischen Auswahl, nach welchen Prioritäten (Plantyp, Status und Verwendung) die automatische Arbeitsplanauswahl ausgeführt werden soll.

Fertigungsauftrag aus Planauftrag anlegen

Planaufträge werden manuell oder in der Materialbedarfsplanung erzeugt und bilden die geplanten Produktionsmengen ab. Damit diese nun auch tatsächlich gefertigt werden können, müssen die Planaufträge zunächst in Fertigungsaufträge umgesetzt (umgewandelt) werden. Dies kann für einzelne Planaufträge (Transaktion CO40), Teile einzelner Planaufträge (ebenfalls Transaktion CO40) oder gesammelt für mehrere Planaufträge (Transaktion CO41) geschehen. Die *Einzelumsetzung* erfolgt in der Regel über einen Benutzerdialog (also manuell), während man *Sammelumsetzungen* im Allgemeinen automatisiert per Hintergrundverarbeitung ausführt.

Abbildung 4.27 zeigt einige Optionen der Umsetzung von Planaufträgen. Dabei stehen die jeweiligen Transaktionen in Klammern dahinter. Zusätzlich zu den Umsetzungen in Fertigungsaufträge zeigt die Abbildung der Vollständigkeit halber auch die Transaktionen zur Umsetzung von Planaufträgen in Bestellanforderungen für fremdbezogene Materialien.

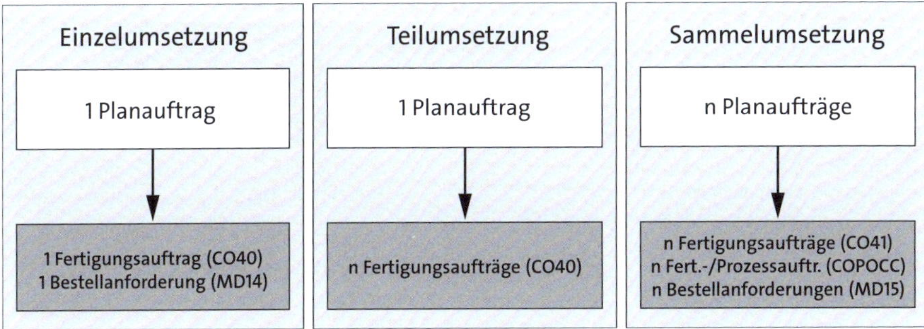

Abbildung 4.27 Verschiedene Optionen der Umsetzung von Planaufträgen

Die Informationen aus dem Planauftrag werden bei der Umsetzung automatisch in den Fertigungsauftrag übernommen. Damit hat der Planauftrag keine weitere Verwendung und wird gelöscht. Die *Komponenten* und *Kapazitätsbedarfe* werden ebenso dem Fertigungsauftrag zugeordnet. Die Bedarfe der Komponenten (Sekundärbedarfe) werden dabei zu Positionen in der Reservierung der Materialien zum Fertigungsauftrag. Falls es noch Änderungen in der Stückliste gab, kann diese auch während der Umsetzung neu ausgewertet werden.

Wenn Sie nur eine *Teilumsetzung* vornehmen, wird der Planauftrag noch nicht gelöscht. Er ist dann jedoch fixiert. Planaufträge haben spezielle Plantermine:

- Planauftragseröffnungstermin
- Planauftragsstarttermin
- Planauftragsendtermin

Für eigengefertigte Materialien wird der Planauftrag zum *Planauftragseröffnungstermin* in einen Fertigungsauftrag umgesetzt. Für fremdbezogene Materialien wird zu diesem Zeitpunkt eine Bestellanforderung erstellt. Die Fertigungsversion wird anhand der Kriterien des Gültigkeitszeitraums sowie des Losgrößenbereichs bereits beim Anlegen des Planauftrags ausgewählt und später in den Fertigungsauftrag übernommen. Falls das System eine falsche Fertigungsversion ausgewählt hat, besteht die Möglichkeit, diese noch manuell zu korrigieren.

Sie sehen in Abbildung 4.28, welche Informationen bei der Auftragseröffnung aus dem Planauftrag und welche aus dem Arbeitsplan übernommen werden. Die Daten aus dem Planauftrag definieren dabei, was wann und in welcher Menge gefertigt wird. Der Arbeitsplan gibt vor, wie, wo und womit die Fertigung ausgeführt werden soll. Zudem kommen die Anforderungen der Kapazitätsbedarfe aus dem Planauftrag, während die verfügbaren Kapazitäten als Gegenposition aus den Vorgängen und Arbeitsplätzen des Arbeitsplans resultieren. Der Fertigungsauftrag führt letztlich all diese Informationen zusammen und ermöglicht so eine präzise und finale Planung für die tatsächliche Umsetzung der vorangegangenen Planungen.

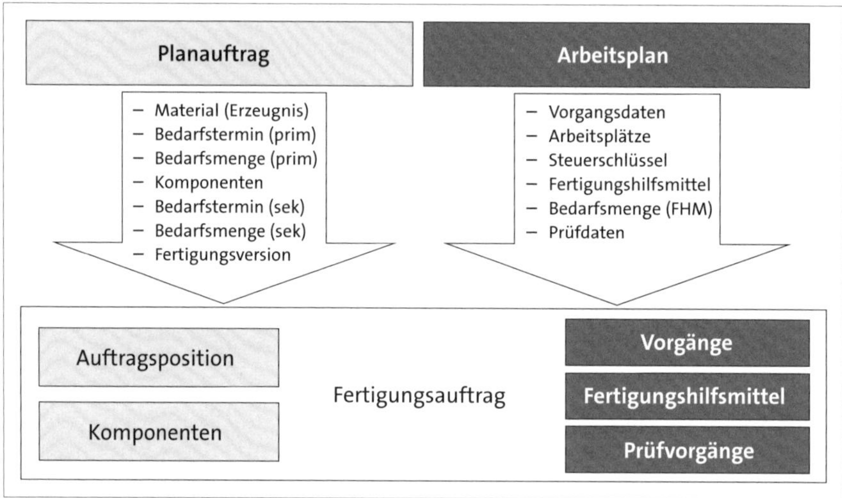

Abbildung 4.28 Datenzusammenführung von Planauftrag und Arbeitsplan

Fertigungsauftrag zum Kundenauftrag anlegen

Über die Transaktion CO08 werden Fertigungsaufträge auf der Basis von *Kundenaufträgen* angelegt. Kundenaufträge beinhalten vom Kunden beauftragte Bestellungen im Sinne der Vertriebssicht. Sie stellen im Rahmen der Kundenauftragsfertigung die Informationen über Primärbedarfe aus deren Auftragspositionen sowie von Lieferdaten abgeleitete Bedarfstermine bereit. Während der Planauftrag also zur Lagerfertigung auf Basis von Absatzprognosen gebildet wird, ist der Kundenauftrag bereits mit einem festen Termin für die Belieferung des Kunden mit einer festgelegten Menge des Fertigungserzeugnisses und der Reservierung der gefertigten Mengen im Kundenauftragsbestand verbunden. Wenn man in Abbildung 4.28 den Planauftrag durch den Kundenauftrag ersetzen würde, ließe sich die Abbildung auch analog für die Datenzusammenführung aus Kundenauftrag und Arbeitsplan verwenden.

Reservierungen

Beim Erstellen eines Fertigungsauftrags werden die benötigten Komponenten reserviert. Eine *Reservierung* hat einen Kopf mit Informationen zur Kontierung sowie Positionen, die Informationen zu Material, Werk, Bewegungsart und Bedarfsmenge sowie zum Bedarfstermin beinhalten. Der *Positionstyp* der zugeordneten Komponenten gibt dabei vor, was auf der Beschaffungsseite geschehen soll. Lagerpositionen und Rohmaßpositionen werden der Reservierung als Positionen hinzugefügt. Für Nichtlagerpositionen werden hingegen automatisch Bestellanforderungen erzeugt. Eine Dokumentenposition kopiert das Dokument in die Dokumentenliste des Fertigungsauftrags. In Abbildung 4.29 sehen Sie diese Aufteilung der Informationen auf Kopf- und Positionsebene noch einmal als schematische Darstellung. Dabei liegen die Informationen der Positionen in ihrer jeweiligen Ausprägung je Position vor, während die Kopfdaten nur einmal zur Reservierung vorhanden sind. Die Nichtlagerpositionen erzeugen direkt eine Bestellanforderung (BAnf).

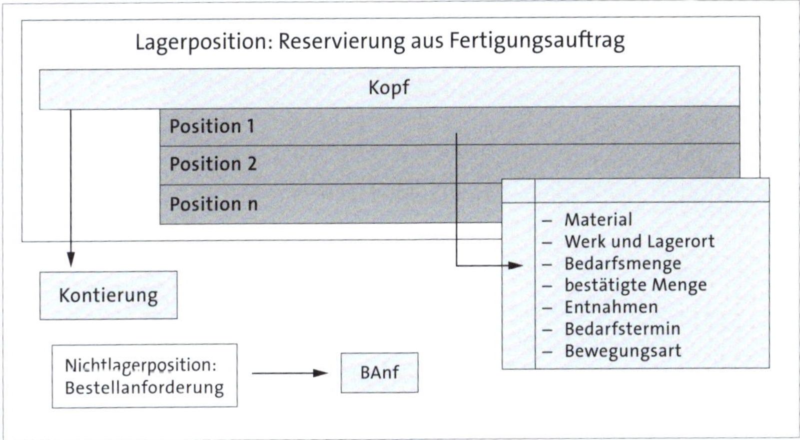

Abbildung 4.29 Informationen einer Komponentenreservierung zum Fertigungsauftrag

Terminierung

Verwendete Transaktionen

- OPJN (Terminierungsarten)
- Menüpfad: **Produktion • Fertigungssteuerung • Terminierung • Terminierungsparameter • Fertigungsaufträge festlegen**

Jeder Fertigungsauftrag wird beim Anlegen terminiert. Dabei wird immer eine *Durchlaufterminierung* angewendet. Die *Terminierungsparameter zur Auftragsart* stammen aus dem Customizing, und weitere relevante Informationen zur Berechnung werden den Vorgängen der Arbeitspläne und Arbeitsplätzen entnommen. Es werden vorgangsbezogene Termine und Kapazitätsbedarfe zusätzlich zu den Eckterminen berechnet.

Tabelle 4.1 zeigt, welche Ergebnisse aus der Terminierung von Plan- und Fertigungsaufträgen hervorgehen. Planaufträge können eine Terminierung der Ecktermine oder Durchlaufterminierung erfahren. Fertigungsaufträge werden dagegen immer per Durchlaufterminierung terminiert.

Planauftrag Ecktermine	Planauftrag Durchlaufterminierung	Fertigungsauftrag Durchlaufterminierung
tagesgenau	sekundengenau	sekundengenau
Ecktermine	Produktionstermine	Ecktermine und Produktionstermine
Eigenfertigungszeit als Berechnungsbasis	Arbeitsplan als Berechnungsbasis	Arbeitsplan als Berechnungsbasis
ohne Berücksichtigung der Kapazitäten	Kapazitätsbedarfe je Vorgang aus Kapazitätsplanung	Kapazitätsbedarfe und Termine je Vorgang

Tabelle 4.1 Terminierungsfaktoren von Plan- und Fertigungsaufträgen

Die Durchlaufterminierung ist eine komplexe Aufgabe. Die vor- und nachgelagerten Termine und Dauern eines Fertigungsauftrags werden um die Termine der Vorgänge und deren Aktivitäten ergänzt. Somit entsteht eine uhrzeitgenau geplante Abfolge der Einzelschritte vom Produktionsstart bis zum Bedarfstermin für die Erzeugnismenge. Solange der Auftrag noch nicht terminiert ist oder terminierungsrelevante Änderungen vorliegen, hat er den Status **NTER** (Termine nicht aktuell).

Abbildung 4.30 zeigt die Zeiten, die bei der Terminierung eines Fertigungsauftrags berücksichtigt werden. Die Abbildung zeigt auch die aus der Terminierung resultierenden Termine. Bei der Terminierung eines Fertigungsauftrags werden diese Termine errechnet:

- **Termine des Fertigungsauftrags**
  - ❶ Eckstarttermin (ES)
  - ❷ Terminierter Start (TS): Zwischen dem Eckstarttermin und dem terminierten Start liegt die Vorgriffszeit als Puffer. Diese kann bei Kapazitätsengpässen gemäß Reduzierungsstrategie verkürzt werden.
  - ❼ Terminiertes Ende (TE)
  - ❽ Eckendtermin (EE): Zwischen dem Eckendtermin und dem terminierten Ende liegt die Sicherheitszeit als Puffer. Diese kann bei Kapazitätsengpässen gemäß Reduzierungsstrategie verkürzt werden.
  - ❾ Wareneingangsdatum (WE): Dieses Datum ist für die Fertigung das Zieldatum, das den frei verfügbaren Bestand erhöht.
- **Vorgangstermine**
  - ❸ Frühester Start (FS): Startzeit mit Puffer. Eine Verschiebung des Termins bis zur Höhe der Wartezeit hat keine Auswirkungen auf nachgelagerte Vorgänge.

❹ Spätester Start (SS) : Startzeit ohne Puffer. Jede Verschiebung dieses Termins hat eine Verzögerung der folgenden Vorgänge zur Folge. Es besteht die Möglichkeit, die Liegezeit zu reduzieren oder Überlast zu fahren, um dem entgegenzuwirken.

❺ Frühestes Ende (FE): Abschluss des Vorgangs mit Puffer.

❻ Spätestes Ende (SE): Abschluss des Vorgangs ohne Puffer.

- **Kundenauftragstermine**

  ❿ Ladedatum (LD)

  ⓫ Warenausgangsdatum (WA)

  ⓬ Wunschlieferdatum (WLD): Dieses Datum ist für die Kundenauftragsfertigung das Zieldatum, von dem ausgehend die Rückwärtsterminierung alle anderen Termine berechnet. Das Wunschlieferdatum aus dem Kundenauftrag abzüglich der Richt-, Lade- und Transitzeiten bestimmt dabei den Endtermin für den Fertigungsauftrag.

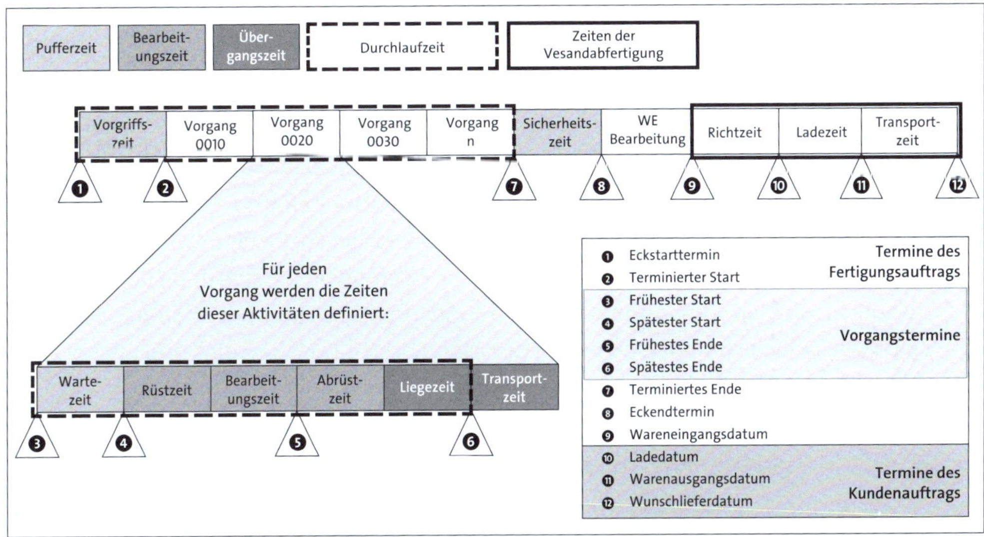

Abbildung 4.30 Übersicht der Termine und Zeiten zur Terminierung eines Fertigungsauftrags

Die *Vorgriffszeit* kann als Puffer genutzt werden, falls es zu Verzögerungen beim Start eines Fertigungsauftrags kommt. Sie liegt zwischen dem Eckstart und dem terminierten Start. Die *Sicherheitszeit* ist analog der Puffer am Ende des Fertigungsauftrags, falls es während der Produktion zu Verzögerungen kommt. Die Sicherheitszeit liegt zwischen dem terminierten Ende und dem Eckende.

Ein Vorgang besteht aus bis zu fünf Aktivitäten:

- Die *Wartezeit* ist analog zur Liegezeit eine Dauer, die benötigt wird, bevor das Material zur weiteren Verarbeitung bereit ist. Die Wartezeit ist vor einem Vorgang, während die Liegezeit nach einem Vorgang liegt.
- Die *Rüstzeit* beschreibt die Dauer, die benötigt wird, um einen Arbeitsplatz für die Bearbeitung eines Materials vorzubereiten oder einzurichten.
- Die *Bearbeitungszeit* ist die Dauer des Fertigungsschritts, also der tatsächlichen Wertschöpfung am Material.
- Die *Abrüstzeit* ist analog zur Rüstzeit die Zeit, die benötigt wird, um den Arbeitsplatz wieder in seinen Ausgangszustand zu bringen.
- Die *Liegezeit* kann ein Abkühlen des Materials oder ein Aushärten von Klebstoffen abbilden. Je nach Anforderung kann sie eventuell reduziert werden, was in der Reduzierungsstrategie berücksichtigt wird.

Zwischen den einzelnen Vorgängen liegen neben den Liege- auch die *Transportzeiten*. Diese definieren die Zeitspannen, die benötigt werden, um ein zu fertigendes Material zum nächsten Vorgang bzw. zur nächsten Bearbeitungsstation zu bringen. Die Transportzeit ist der tatsächliche Weg zum nächsten Bearbeitungsschritt und damit in der Regel nicht reduzierbar.

Über den Arbeitsplatz werden die Angaben und Formeln für die Terminierungsbasis der Vorgänge bereitgestellt. Damit wird die Dauer der Aktivitäten wie Rüsten, Bearbeiten und Abrüsten ermittelt. Auch Pausenzeiten sowie die zugrunde liegenden Kapazitäten spielen hier mit in die Berechnung hinein. Sie können Abbildung 4.31 entnehmen, wie die jeweiligen Dauern der Aktivitäten eines Vorgangs und analog auch deren Kapazitätsbedarfe aus den Informationen des jeweiligen Arbeitsplatzes und der entsprechend dazugehörenden Vorgänge verrechnet werden.

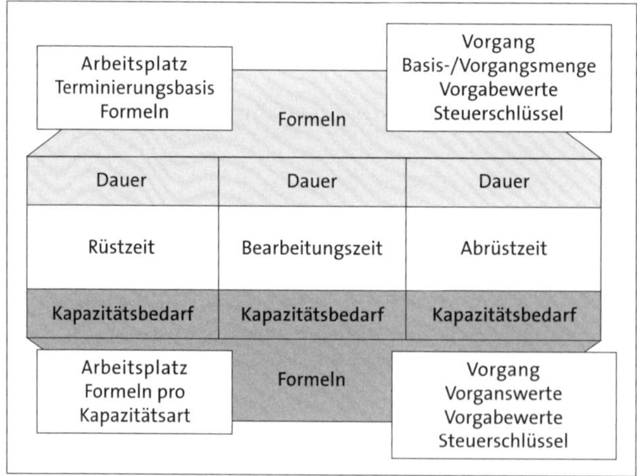

Abbildung 4.31 Formeln der Arbeitsplätze und Vorgänge

Informationen zur Konfiguration dieser Daten können Sie der vorangegangenen Beschreibung im Abschnitt 4.1.4, »Arbeitsplätze«, entnehmen.

Die Terminierungsparameter für die Fertigungsaufträge werden zur Kombination aus Auftragsart, Werk und Fertigungssteuerer im Customizing unter **Produktion • Fertigungssteuerung • Terminierung • Terminierungsparameter • Fertigungsaufträge festlegen** konfiguriert.

Kalkulation

Die Vorgaben zur *Produktkalkulation* liegen im Hoheitsbereich des Controllings. Die Kostenermittlung für die *auftragsbezogene Kostenträgerrechnung* schlägt alle Kosten auf den jeweiligen Fertigungsauftrag. Das ist eine gängige Form der Kostenverrechnung in der diskreten Fertigung. Es werden unter anderem die folgenden Kosten ermittelt und verrechnet:

- **Fertigungskosten**
  - Bewertung der eigenen Kosten
  - Preis bei Fremdbearbeitung
- **Materialkosten**
  - Preis des Lagermaterials gemäß einer Bewertungsvariante
  - Preis des Nichtlagermaterials gemäß dem Einkaufsinfosatz
- **Gemeinkosten**
  - kalkuliert gemäß dem verwendeten Zuschlagschema
- **weitere Kosten**

Weiterführende Literatur

Der Bereich des Controllings steht in diesem Buch nicht im Fokus. Das Gebiet ist in sich sehr groß und bedarf einer ganzheitlichen Sicht zur Erklärung, die wir hier nicht mehr einbinden können. Es gibt bereits ein Buch, das unter anderem auch die hier relevanten Inhalte zum Gemeinkosten-Controlling, zur Kostenstellenrechnung, zur Produktkostenplanung und zur Kostenträgerrechnung enthält: »Controlling in SAP S/4HANA« (Rheinwerk Verlag 2020).

4.2.3 Verfügbarkeitsprüfung

Verwendete Transaktionen

- CO09 (Verfügbarkeitsübersicht)
- CO24 (Fehlteilliste)

Über die *Verfügbarkeitsprüfung* kann festgestellt werden, ob alle benötigten Mittel zum Zeitpunkt der Produktion bereitgestellt werden können. Diese Prüfung kann sowohl für die Komponenten als auch für Kapazitäten und Fertigungshilfsmittel durchgeführt werden. Der Fertigungssteuerer kann damit eventuelle Engpässe und Unterdeckungen erkennen und Gegenmaßnahmen einleiten. Sind Komponenten nicht verfügbar, wird diese Information an das Fehlteilinformationssystem weitergeleitet. Die Verfügbarkeitsprüfung kann bei Auftragsanlage und/oder bei Auftragsfreigabe erfolgen. Je nach Konfiguration kann dadurch bei Unterdeckung auch das Anlegen oder die Freigabe des Fertigungsauftrags untersagt werden. Die Verfügbarkeitsprüfung kann manuell aus dem Bild der Auftragsanlage oder automatisch beim Anlegen des Auftrags gestartet werden. Über die *Verfügbarkeitsübersicht* mit der Transaktion CO09 können ebenfalls Verfügbarkeiten vorab kontrolliert werden.

Sie können drei Arten von Verfügbarkeiten prüfen:

- Materialverfügbarkeitsprüfung
- Kapazitätsverfügbarkeitsprüfung
- Verfügbarkeit der Fertigungshilfsmittel

Diese drei Arten der Verfügbarkeitsprüfung stellen wir Ihnen nun in den folgenden Abschnitten noch genauer vor.

Materialverfügbarkeitsprüfung

Die Verfügbarkeitsprüfung für die Komponenten (*Materialverfügbarkeitsprüfung*) des Fertigungsauftrags wird über die *ATP-Logik* (Available-to-Promise) berechnet. Dabei werden alle verfügbaren Bestände sowie die relevanten und geplanten Zu- und Abgänge innerhalb eines Zeitintervalls miteinander verrechnet. Damit kann zu einem beliebigen Zeitpunkt in der Zukunft eine Aussage zur Verfügbarkeit des Materials getroffen werden. Dieser Zeitpunkt ist der Bedarfstermin, also der Termin, zu dem ein konkreter Bedarf für ein Material besteht. Ist das Material verfügbar, wird es bestätigt. Auch Teilbestätigungen sind möglich.

Durch die Verfügbarkeitsprüfung wird verhindert, dass Fertigungsaufträge freigegeben werden, obwohl diese aufgrund von Unterdeckung nicht ausgeführt werden können. Hier müssten zunächst Disponent oder Fertigungssteuerer eingreifen und die Fehlteile bereitstellen.

In diesem Kapitel haben wir bereits das Customizing betrachtet, das es Ihnen erlaubt, zu einer Kombination aus Auftragsart, Werk und Material verschiedene Einstellungen vorzunehmen. So verhält es sich auch mit der automatischen Verfügbarkeitsprüfung. Denn während eine manuelle Prüfung jederzeit möglich ist, kann eine automatische Prüfung für die Auftragsanlage oder die Auftragsfreigabe oder beide Ereignisse eingestellt werden. Neben Einzelprüfungen können Sie auch Massenprüfungen ausführen. Die Prüfung nach ATP-Logik kann auf den Zeitraum der definierten Wiederbeschaffungszeit oder auf einer größeren gewählten Zeitachse erfolgen.

Wenn die Mengen der Materialien bestätigt werden können, wird der Status **MABS** (Material bestätigt) gesetzt. Können hingegen nicht alle Mengen bestätigt werden, so wird der Status **FMAT** (fehlende Materialverfügbarkeit) gesetzt. Die *Fehlteilliste* wird aktualisiert, und Sie können die fehlenden Materialien über die Transaktion CO24 einsehen und verwalten.

Über dieses Werkzeug kann der Disponent ermitteln, ob alle geplanten Warenausgänge durch Wareneingänge innerhalb eines Zeitintervalls gedeckt werden können und ob noch weitere Warenausgänge für zusätzliche Aufträge möglich wären. Erkennt die Verfügbarkeitsprüfung, dass eine Komponente des Auftrags nicht rechtzeitig bereitsteht, wird der Status des Auftrags um die Angabe **FMAT** (fehlende Materialverfügbarkeit) ergänzt. Dieser Status dient den weiteren Entscheidungen im Prozess als Entscheidungsfaktor für die Auftragsfreigabe. Sie können einstellen, dass Aufträge mit Unterdeckung gar nicht oder nur bis zur bestätigten Menge freigegeben werden dürfen. In der Fehlteilliste sehen Sie die Materialien des Auftrags mit Unterdeckung. Auch das *Fehlteilinformationssystem* (Transaktion CO24) wird mit diesen Daten gespeist, sodass Fehlteile generell von zentraler Stelle überwacht und Kompensationsmaßnahmen eingeleitet werden können. Das Verfügbarkeitsprotokoll dokumentiert unterdessen die Ergebnisse der Prüfungen.

Abbildung 4.32 zeigt beispielhaft eine Verfügbarkeitsprüfung gemäß der ATP-Logik. Dabei sind auf der Zeitachse die Zu- und Abgänge des Materials in chronologischer Reihenfolge aufgereiht. Die Zahl im Dreieck steht jedoch für die Reihenfolge der einzelnen Schritte. Wir starten bei ❶ mit 110 Stück im frei verwendbaren Bestand. Die Zugänge aus einem bereits laufenden Fertigungsauftrag ❷ und aus einem Planauftrag ❸, der zu einem späteren Zeitpunkt noch gefertigt werden soll, sind bereits eingeplant. Nun führen wir eine ATP-Prüfung für 150 Stück aus ❹. Diese sind bei einem Bestand von 160 Stück zu dem Zeitpunkt gedeckt und werden reserviert. Wir erhalten anschließend einen weiteren Bedarfsfall und führen eine erneute ATP-Prüfung durch ❺. Dieses Mal benötigen wir 140 Stück. Es sind jedoch nur noch 110 verfügbar, also wird der Teil bis 110 Stück reserviert, und 30 Stück bleiben als Unterdeckung offen. Letztlich ereilt uns noch ein Bedarf von weiteren 50 Stück ❻. Der Bedarfstermin liegt eigentlich vor dem aus ❺, für ❺ wurde die Prüfung jedoch vorab ausgeführt, und es wurde bereits eine Reservierung getätigt. Daher gibt die ATP-Prüfung für ❻ eine Nichtverfügbarkeit aus, obwohl der Bestand zu dem Zeitpunkt vorhanden wäre. Um dieses Problem zu lösen, gibt es zwei Lösungsansätze. In jedem Fall müssen weitere Materialzugänge eingeplant werden (durch Eigen- oder Fremdfertigung). Ideal wäre es, alle benötigten Zugänge bis ❻ zu realisieren. Bei Engpässen könnte es jedoch sinnvoll sein, die Reservierungen noch einmal umzudisponieren, um ❻ zu erfüllen und so etwas Zeit zu gewinnen, um bis ❺ weitere Zugänge realisieren zu können.

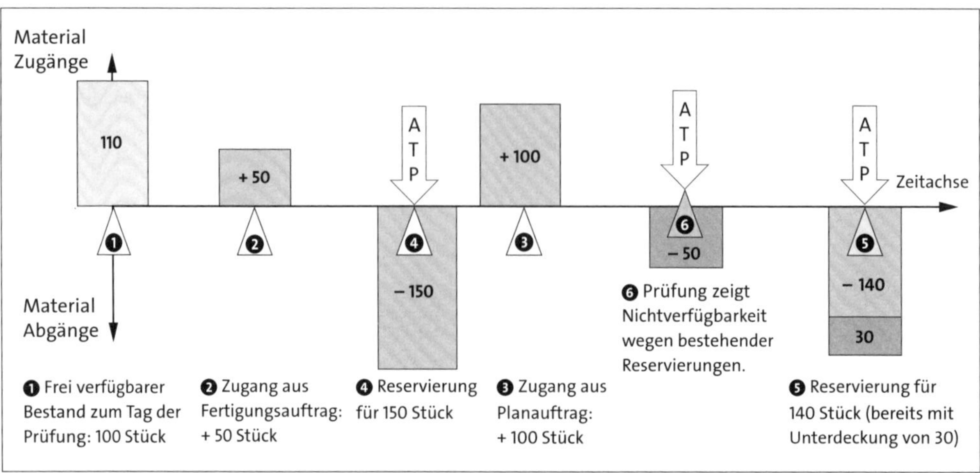

Abbildung 4.32 Verfügbarkeitsprüfung zum Material

Kapazitätsverfügbarkeitsprüfung

Bei der *Kapazitätsverfügbarkeitsprüfung* werden nicht die Mengen der Materialien geprüft, sondern die aus der Menge der zu bearbeitenden Produkte resultierenden Kapazitätsbelegungen an den betroffenen Arbeitsplätzen. Sie erinnern sich, dass wir unseren Arbeitsplätzen Kapazitäten in Form von Formeln, Zeit- und Stückangaben zugewiesen haben, die die verfügbare Kapazität in Menge pro Zeit definieren.

Über die Vorgänge eines Fertigungsauftrags bekommen Sie nun die Information über die zu fertigende Menge an dem zugewiesenen Arbeitsplatz. Ebenso bekommen wir die Termindaten aus dem Fertigungsauftrag. Daraus ergeben sich die Kapazitätsbedarfe in Menge pro Zeit. Zwei Größen in der gleichen Einheit (Menge pro Zeit) lassen sich nun prima miteinander vergleichen. Das geschieht im SAP-System zum Glück automatisch in der Kapazitätsverfügbarkeitsprüfung. Dabei werden auch die Kapazitätsbedarfe anderer Fertigungsaufträge am selben Arbeitsplatz berücksichtigt. In den Stammdaten des Arbeitsplatzes muss dafür das Kennzeichen **Relevant für Kapazitätsterminierung** gesetzt werden. Das SAP-Standardprofil, das dafür im Customizing der Verfügbarkeitsprüfung als Gesamtprofil für die Kapazitätsverfügbarkeitsprüfung hinterlegt ist, lautet SAPSFCG013. Sie können hier jedoch auch ein eigenes hinterlegen. Sofern fehlende Kapazitäten ermittelt werden, wird dem Auftrag der Status **FKAP** (fehlende Kapazität) hinzugefügt.

Sammelbearbeitung von Fertigungsaufträgen

Für die Kapazitätsverfügbarkeitsprüfung im Kontext der Sammelverarbeitung von Fertigungsaufträgen müssen Sie diese Prüfung im Fertigungssteuerungsprofil über das Gesamtprofil und das Kennzeichen **Kapazität bestätigen** aktivieren.

FHMI-Verfügbarkeitsprüfung

Auch für *Fertigungshilfsmittel* kann eine Verfügbarkeitsprüfung ausgeführt werden. Diese verläuft technisch etwas anders, da das System davon ausgeht, dass Fertigungshilfsmittel verfügbar sind, solange sie nicht per Status gesperrt sind. In der Regel sind Fertigungshilfsmittel im Lager vorrätig und werden bei Unterschreitung des Mindestbestands schlicht neu beschafft. Wenn Sie über die Transaktion MM01 ein eigenes Material für ein Fertigungshilfsmittel angelegt haben, weil dieses vielleicht so kostbar ist, dass es den Aufwand rechtfertigt, können Sie zusätzlich auch den frei verfügbaren Bestand überprüfen. Wenn ein Fertigungshilfsmittel nicht verfügbar ist, wird im Auftrag der Status **FFHM** (fehlendes Fertigungshilfsmittel) ergänzt.

Kapazitätsplanung

Die *Kapazitätsplanung* befasst sich mit der optimalen Auslastung der Produktionskapazitäten. Der Kapazitätsplaner stellt dafür sicher, dass die verfügbaren Arbeitsplätze weder zu stark noch zu schwach beansprucht werden. Hierfür spielt die Reihenfolge der Zuordnung der Fertigungsaufträge eine wichtige Rolle. Es können z. B. Zeitersparnisse realisiert werden, wenn zwei aufeinanderfolgende Aufträge die gleichen Arbeitsplatzbedingungen erfordern. Dadurch könnten z. B. das Abrüsten des ersten und das Rüsten des Folgeauftrags eingespart werden. Gerade bei Arbeitsplätzen mit sehr aufwendigem Werkzeugwechsel (wie z. B. im Presswerk) kann das sogar eine ganze Schicht an gesparter Kapazität bedeuten. Für die Kapazitätsauswertung und den Kapazitätsabgleich stehen die folgenden Werkzeuge zur Verfügung:

- Werkzeuge der Kapazitätsplanung
  - Auftragsinformationssystem
  - grafische Plantafel
  - tabellarische Plantafel
  - Massenplanung
- Werkzeuge der Produktions- und Feinplanung
  - Feinplanungstafel (kontinuierlich)
  - Ressourcenplantafel (periodenorientiert)
  - parallele Materialbedarfs- und Kapazitätsplanung
  - Planungsheuristiken
  - Pegging
  - Optimierungsverfahren

Für die umfangreichere *Produktions- und Feinplanung* muss zunächst die erweiterte Planung für das Material freigeschaltet werden. Hierfür gibt es in den Materialstammdaten dann eine eigene Sicht. Auch die betroffenen Arbeitsplätze müssen für die erweiterte Planung gekennzeichnet sein. Bevor die kurzfristige Detailplanung ausgeführt wird, empfiehlt es sich, zuvor eine lang- und mittelfristige Kapazitätsplanung anhand von Planaufträgen durchzuführen. Wie die Produktions- und Feinplanung im Detail funktioniert, erfahren Sie in Kapitel 11, »Produktions- und Feinplanung (Detailed Scheduling, PP/DS)«. Ebenso gibt es weitere Informationen in Kapitel 10, »Kapazitätsplanung«.

Ein wichtiger Punkt, der allerdings noch im Rahmen der Auftragsabwicklung genannt werden sollte, ist die Möglichkeit, Kapazitäten zu splitten. Über *Mengensplits* können Teilmengen eines Fertigungsauftrags von mehreren Einzelkapazitäten parallel bearbeitet werden. Somit können Sie die Produktion bei hinreichenden Einzelkapazitäten beschleunigen. Auch eine asynchrone Abarbeitung an verschiedenen Einzelkapazitäten ist möglich.

Über den *Vorgabewertsplit* können Sie einen Vorgang, der in mehrere Teilaufgaben unterteilt ist, gleichzeitig an mehreren Einzelkapazitäten ausführen. Die beiden Splitarten sind dabei untereinander kombinierbar. Abbildung 4.33 zeigt den Mengensplit durch parallele Bearbeitung und zeitlich versetzte Bearbeitung.

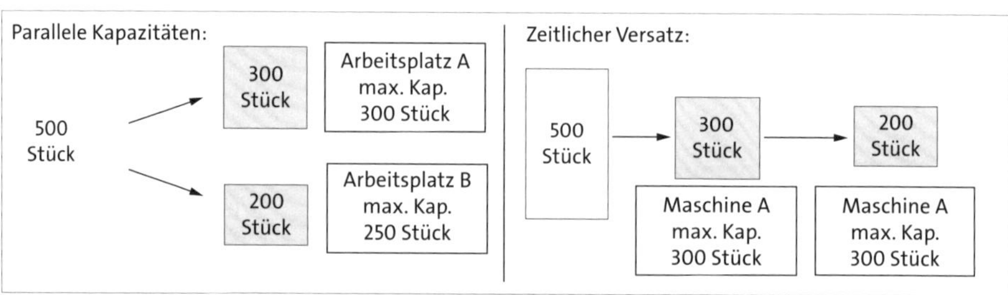

Abbildung 4.33 Paralleler und versetzter Mengensplit

4.2.4 Auftragsfreigabe

Verwendete Transaktionen

- CO01 (Fertigungsauftrag anlegen)
- CO02 (Fertigungsauftrag ändern)
- CO03 (Fertigungsauftrag anzeigen)
- CO05N (Fertigungsaufträge freigeben)
- CO27 (Kommissionierliste)
- MF60 (Materialbereitstellungsliste)
- MIGO (Warenbewegungen)
- COOIS (Fertigungsauftragsinformationssystem)
- CO46 (Auftragsfortschrittsbericht)

Die *Auftragsfreigabe* ist ein wichtiger Meilenstein für die Fertigung mit Fertigungsaufträgen. Mit der Freigabe erhält der Fertigungsauftrag den Status **FREI** (freigegeben). Ab der Freigabe können die operativen Arbeitsschritte der Produktion beginnen. Alle Schritte bis hierher waren planerischer Natur. Die Freigabe ist unbedingt erforderlich, damit die tatsächliche Fertigung der Erzeugnisse beginnen darf. Ob die Auftragsfreigabe automatisch oder manuell erfolgt, wird im Fertigungssteuerungsprofil festgelegt. Die manuelle Freigabe wird über die Transaktion CO02 oder CO03 in der Auftragsübersicht über die Schaltfläche **Freigeben Auftrag** ausgelöst. Ebenso ist es möglich, Fertigungsaufträge über die Transaktion CO05N per *Massenverarbeitung* freizugeben. Nun werden die geplanten Daten in die Produktion weitergegeben. Der Fertigungssteuerer plant die Prozesse und Vorgaben für die Auftragsfreigabe ein.

Abbildung 4.34 zeigt, wo wir uns zum Zeitpunkt der Auftragsfreigabe im Gesamtkontext der Fertigung und Planung befinden.

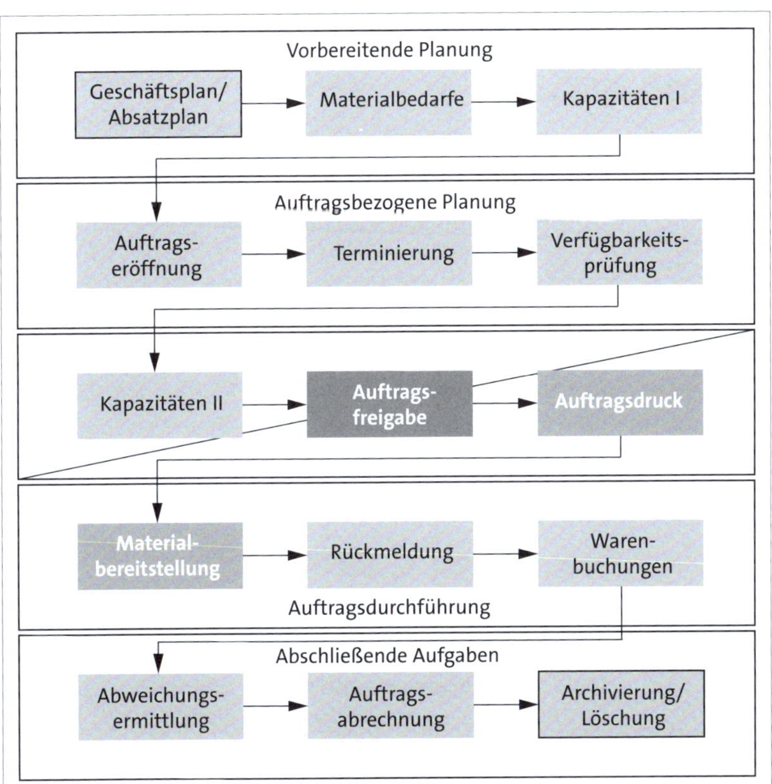

Abbildung 4.34 Gesamtprozess der Planung und Fertigung – Auftragsfreigabe

Die Freigabe markiert den Übergang von den planerischen Aktivitäten zur Umsetzung und Fertigungssteuerung. Über die Statusverwaltung wird eine Bearbeitungsreihenfolge für die Fertigungsaufträge implementiert. Mit der Auftragsfreigabe werden diese betriebswirtschaftlichen Vorgänge ermöglicht:

- Druck der Auftragspapiere
- Erzeugen von Steueranweisungen
- Materialbereitstellung der Komponenten
- Warenausgänge der Komponenten (sofern keine retrograde Entnahme vorliegt)
- Bearbeitung der Vorgänge
- Rückmeldung der Vorgänge oder des Auftrags
- Wareneingänge der Fertigungserzeugnisse
- Auftragsabrechnung

Das über den Fertigungssteuerer oder das Material zugeordnete Fertigungssteuerungsprofil übernimmt dabei die Steuerung dieser Aspekte:

- EWM Integration
- (automatische) Auftragsterminierung
- (automatisches) Drucken von Arbeitspapieren
- Verknüpfung der Dokumente zum Material oder zur Stückliste
- Erzeugen von Steueranweisungen zur Ausführung der Fertigung

Fortschrittskontrolle

Während der Verarbeitung der Fertigungsaufträge stehen Ihnen Funktionen zum Monitoring bereit. Über das Auftragsinformationssystem können Sie per Transaktion COOIS Ihre Plan- und Fertigungsaufträge überwachen. Den Auftragsfortschrittsbericht können Sie über die Transaktion CO46 aufrufen.

EWM Integration

Mit der Funktion **Synchron auf Lagerplatz buchen** definieren Sie, wie Ihr System mit einem Embedded EWM interagiert. In dieser Einstellung geben Sie an, ob Warenbewegungen von oder zu einem EWM synchron gebucht werden oder nicht. Weiterhin können Sie definieren, dass die synchrone Buchung nur für Wareneingänge oder Warenausgänge oder beides durchgeführt werden soll. Eine synchrone Buchung der Warenbewegungen bedeutet, dass die Bestandsmengen im Nachlagerplatz der Lagerverwaltung und im Lagerort der Bestandsführung parallel aktualisiert werden. Wenn die Warenbewegungen nicht synchron gebucht werden, werden sie vom System asynchron zu einem Embedded EWM gebucht. In diesem Fall wird die Bestandmenge in der Lagerverwaltung separat geändert, z. B. beim Anlegen einer Lieferung.

Drucken der Arbeitspapiere

Sobald der Fertigungsauftrag freigegeben ist, können die *Arbeitspapiere* gedruckt werden, um das Personal über die Auftragsspezifika zu informieren. Dies geschieht meistens automatisiert und als Massenverarbeitung. Es ist jedoch auch möglich, den Druck aus einem Benutzerdialog heraus zu starten. Beispielsweise können Sie aus der Transaktion CO02 heraus den Druck veranlassen. Die Methode ist abhängig von der im Customizing eingestellten Drucksteuerung. Der *Originaldruck* druckt alle relevanten Papiere zum Auftrag entsprechend der Konfiguration in einer festgelegten Anzahl. Der Fertigungsauftrag erhält dadurch den Zusatzstatus **DRUC** (Auftragspapiere gedruckt). Nicht selten kommt es dabei vor, dass Papiere nicht korrekt gedruckt werden oder verloren gehen. Dann muss der Fertigungssteuerer die entsprechenden Papiere manuell im System als *Nachdruck* starten.

Materialbereitstellung und Warenausgang

Wir befinden uns im Produktionsgeschehen nun knapp vor der tatsächlichen Ausführung der Arbeiten. Damit das möglich ist, muss nur noch sichergestellt werden, dass das gewünschte Material auch am richtigen Ort in der korrekten Menge zur Verarbeitung bereitsteht. Die Komponenten, die Sie für Ihr Fertigungserzeugnis umfassend konfiguriert und geplant haben, bekommen nun also ihren großen Auftritt. Es ist Zeit für die *Materialbereitstellung*, die all diese Komponenten zur Verarbeitung bereitstellt. Eng verzahnt ist hiermit auch die *Warenausgangsbuchung*. Schließlich existieren die Komponenten nach dem Fertigungsprozess nicht mehr in ihrer früheren Form, was natürlich auch in den Büchern und Beständen des Unternehmens korrekt vermerkt werden muss.

Für die Umsetzung der Materialbereitstellung und der Warenausgangsbuchungen gibt es verschiedene Möglichkeiten, die in Kapitel 13, »Produktionsnahe Logistik«, genauer betrachtet werden. Dort wird auch speziell auf die Integration zu EWM eingegangen. Die Entnahmelagerorte und Produktionsversorgungsbereiche der Komponenten werden per Vorschlagswert bereits beim Anlegen des Fertigungsauftrags ermittelt und sind dann von entscheidender Bedeutung für die logistischen Prozesse. Mit der Rückmeldung kann direkt der Warenausgang von Materialien gebucht werden. Dieses Verfahren nennt sich *retrograde Entnahme*.

Materialbereitstellung

Die Materialien werden in der Regel über *Materialentnahmescheine*, *Picklisten* oder *Kommissionierlisten* vom Mitarbeitenden direkt aus dem Lager entnommen. Alternativ können auch andere *Arbeitsanweisungen* in digitaler oder Papierform verwendet werden. Die *Materialbereitstellungsliste* gibt ebenfalls Aufschluss über Entnahmen und Umlagerungen. Falls Sie Kanban im Einsatz haben, sind natürlich auch Kanban-Karten geeignete Informationsträger.

Die genaue Implementierung der Entnahme zu den jeweiligen Materialien ist abhängig von der verwendeten Lagerverwaltung und der Bestandsführung. Die Materialbereitstellungsliste können Sie über die Transaktion MF60 aufrufen. Über die Transaktion CO27 wird die Selektion für die Kommissionierliste im Auftragsinfosystem aufgerufen. Hier können Sie z. B. die Komponenten zum Material oder zum Fertigungsauftrag auflisten lassen und kommissionieren. Wenn Sie die Komponenten markieren, können Sie die Chargen- und Bestandsfindung über **Kommissionieren** manuell starten. Die Kommissionierliste wird in Abbildung 4.35 in Form der Komponentenliste zum Auftrag im Auftragsinfosystem beispielhaft gezeigt. Über die Schaltfläche **Kommissionieren** lassen sich die Komponenten dann für den gezeigten Auftrag zusammenführen.

SAP Auftragsinfosystem: Detailliste Komponenten

Kommissionieren Auffrischen Objekt ändern Objekt anzeigen Einzelstatus Langtext Mehr

Auftrag	Material	Pos.	BedTermin	BedMenge	EntMng	BME	Materialkurztext	Charge	Folge	Vrg	RPos	Werk	LOrt	Typ	Status
1000460	BG_DECK_001	0010	16.07.2020	1	0	ST	Skateboard Deck		0	0010	1	1010			FREI
	HF_ACHSE_001	0020	16.07.2020	2	0	ST	Skateboard Achse		0	0010	2	1010			FREI
	HF_LAGER_001	0030	16.07.2020	8	0	ST	Kugellager langsam		0	0010	3	1010			FREI
	HF_ROLLE_001	0040	16.07.2020	4	0	ST	Rolle weich blau		0	0010	4	1010			FREI

Abbildung 4.35 Transaktion CO27 – Kommissionierliste

Die Ermittlung des Entnahmelagerorts kann über den Arbeitsplatz, die Stücklistenposition, den Materialstamm, die Fertigungsversion oder die Chargenfindung erfolgen. Die Dispositionsgruppe zum Produkt gibt dabei Auskunft, ob die Fertigungsversion für diese Bestimmung verwendet werden kann. Diese Stammdaten geben Aufschluss über den zu verwendenden Entnahmelagerort:

- Arbeitsplatz: Produktionsversorgungsbereich
- Stücklistenposition: Produktionslagerort, Produktionsversorgungsbereich
- Materialstamm: Produktionslagerort, Produktionsversorgungsbereich
- Fertigungsversion: Entnahmelagerort, empfangender Lagerort
- Chargenfindung
- Rückmeldung per retrograder Entnahme: Bestandsfindung

Chargenverwaltung

Die Chargenverwaltung wird in diesem Buch in Kapitel 6, »Prozessfertigung«, genauer erklärt.

Warenausgang

Der *Warenausgang* bildet den Verbrauch der Komponenten im Bestand ab. Dass wir Komponenten bei der Produktion verbrauchen, scheint offensichtlich, doch wie vermittelt man dem SAP-System die tatsächlichen Verbräuche? Es gibt hier verschiedene Möglichkeiten. Wenn Sie im Customizing der betroffenen Arbeitsplätze das automatische Buchen des Warenausgangs für Komponenten im Steuerschlüssel gesetzt haben, müssen Sie sich nicht manuell um die Ausführung kümmern. Bei der retrograden Entnahme geschieht die Warenausgangsbuchung mit der Rückmeldung anhand der rückgemeldeten Daten. Dennoch ist es nützlich, zu wissen, was dort im Hintergrund geschieht. Wenn Sie mit einem Embedded EWM arbeiten, muss das System einen Lagerplatz für die Warenausgangsbuchung ermitteln. Der Lagerplatz wird im Regelkreis der Materialnummer und des Produktionsversorgungbereichs hinterlegt.

Wenn Sie den Warenausgang manuell buchen wollen oder müssen, können Sie dies über die Transaktion MIGO tun. Wählen Sie hier in den Drop-down-Feldern unterhalb der Menüleiste die Optionen **Warenausgang** und dann **Auftrag**, und geben Sie Ihre Auftragsnummer (z. B. »1000460«) ein. Zum angezeigten Beleg- und Buchungsdatum können Sie anschließend für die aufgelisteten Komponenten den Warenausgang erfassen. Wählen Sie dafür die Schaltfläche mit der fortlaufenden Nummer der gewünschten Komponente aus. Auf den unteren Registerkarten finden Sie daraufhin die Detailinformationen zum Material, zur zu buchenden Menge (die Sie ändern können) und unter **Wo** die Angaben zu Werk und Lagerort, den Sie hier manuell angeben können. Die Standardangabe bei **Bewegungsart** ist hier **261**. Stellen Sie sicher, dass Sie alle Komponenten, die Sie buchen möchten, in der Positionsübersicht per Checkbox in der Spalte **OK** markiert haben. Mit einem Klick auf **Buchen** wird der Warenausgang vollzogen. Wie in Abbildung 4.36 zu sehen ist, löst die Warenausgangsbuchung dabei einige Funktionen im System aus:

- Aktualisierung der Buchhaltung durch einen Buchhaltungsbeleg
- Aktualisierung des Bestands durch einen Materialbeleg
- Erstellung eines Kostenrechnungsbelegs
- Aktualisierung von Verbrauchswerten
- Berechnung und Aktualisierung der Ist-Kosten des Auftrags
- Abbau der Reservierungen
- Druck oder Vermerk eines Warenausgangsbelegs

Es kann Prozesse geben, die negative Bestände erforderlich machen. Das kommt z. B. vor, wenn Sie ein Material entnehmen oder verkaufen, das physisch bereits auf Lager liegt, jedoch aus Prozessgründen erst später per Wareneingang verbucht werden kann. Das Kennzeichen **Neg. Bestd.** wird im Materialstamm gesetzt, um negative Bestände zu erlauben. Wenn Sie negative Bestände erlauben, müssen Sie darauf Acht geben, dass keine negativen Bestände während der Inventur, der monatlichen Abrechnung oder gar zum Bilanzstichtag vorliegen. Um organisatorische Vorgänge und die Lagerlogistik einfacher abzustimmen, kann das Mittel der negativen Bestände eine komfortable Lösung sein. Falls möglich, sollten Sie aber zunächst versuchen, dies auf anderem Wege zu lösen. Beispielsweise könnten Sie zunächst versuchen, Ihre Prozesse so umzustellen, dass keine negativen Bestände vorkommen können oder müssen. Das mag schwieriger zu lösen sein, ist jedoch auch deutlich sicherer gegenüber Fehlern an den genannten Stichtagen.

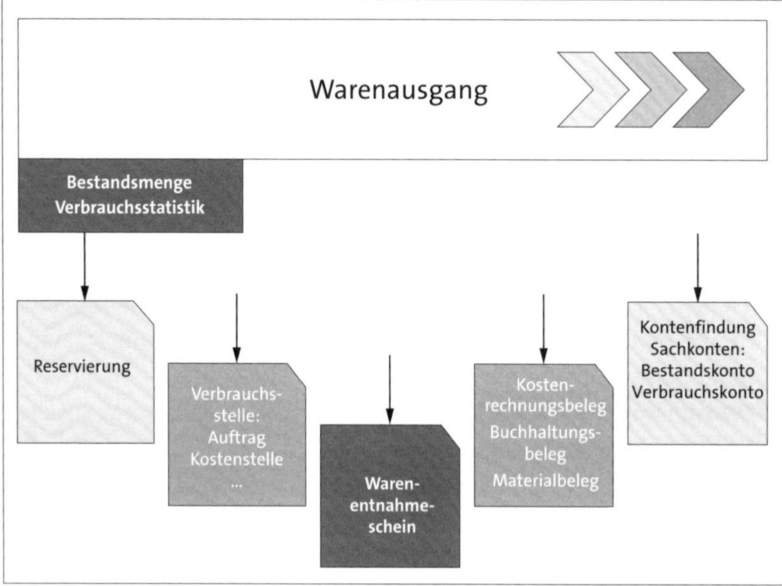

Abbildung 4.36 Warenausgang der Komponenten

4.2.5 Rückmeldung

Verwendete Transaktionen

- CO11N (Lohn-Rückmeldeschein)
- CO12 (Sammelerfassung)
- CO19 (Zeitereignis)
- CO1F (Fortschrittsrückmeldung)
- CO1V (Schnellerfassung Lohn-Rückmeldeschein)
- CO15 (Auftragsrückmeldung)
- CO13 (Rückmeldung stornieren)
- CO14 (Rückmeldung anzeigen)

Die *Rückmeldung* ist der wichtigste Punkt bei der Erfassung der Ist-Daten aus der Produktion. Man kann anhand der Rückmeldedaten den Fortschritt der Herstellung ablesen und Warenbuchungen sowie Kosten und Abweichungen erfassen. Letztlich, nach der Endrückmeldung eines Fertigungsauftrags, kann dieser auch abgeschlossen und gemäß der Residenzzeiten seiner zugrunde liegenden Auftragsart gelöscht und archiviert werden. Abbildung 4.37 zeigt, dass wir uns damit schon dem Ende des Lebenszyklus eines Fertigungsauftrags und damit unseres betrachteten Gesamtprozesses nähern.

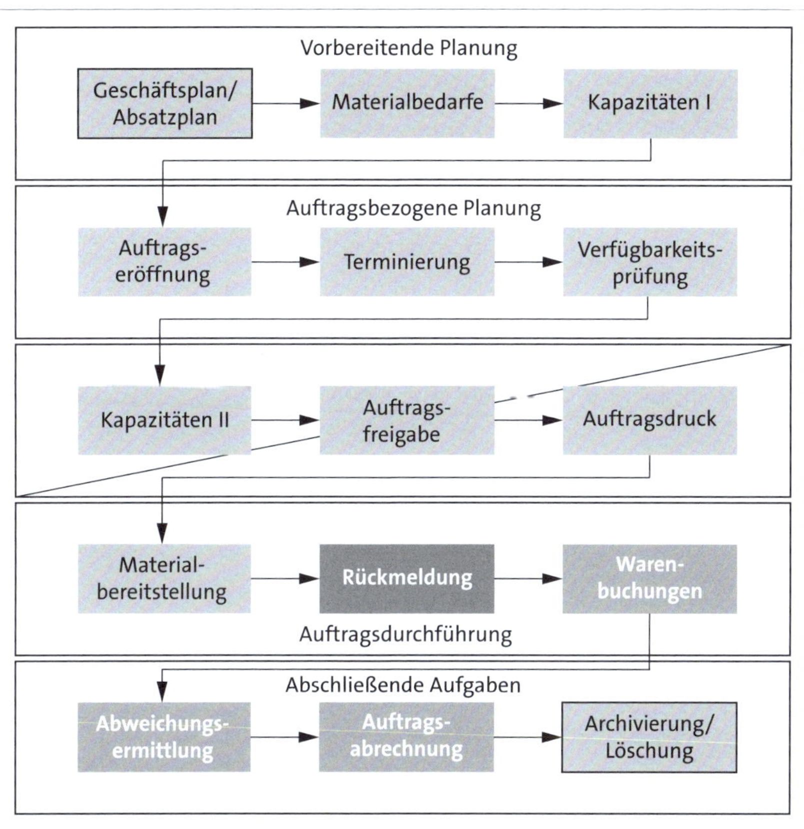

Abbildung 4.37 Gesamtprozess der Planung und Fertigung – Rückmeldung

Die Rückmeldung versorgt das SAP-System mit sehr wichtigen Informationen. Während bislang nur Plan-Daten und Soll-Werte im System existierten, gibt die Rückmeldung nun Aufschluss über die tatsächlichen Ist-Werte. Erst jetzt zeigt sich, wie gut die Planung war und ob die kalkulierten Mengen, Zeitpläne und Kosten auch eingehalten werden können. Abbildung 4.38 zeigt die tatsächliche Herstellung der Erzeugnisse als Blackbox. Wir geben Informationen aus der Produktionsplanung hinein und erhalten erst mit der Rückmeldung wieder Informationen zurück.

Diese können dann im SAP-System zu Reporting-Zwecken mit den Soll- und Plan-Werten abgeglichen werden und bilden auch die Grundlage für die mengen- und wertmäßige Buchung der beeinflussten Bestände. Durch die Rückmeldung erhalten wir also eine Fortschrittskontrolle für unsere Fertigung. Um stets ein aktuelles Bild der erbrachten Leistungen und verursachten Kosten zu haben, ist es daher wichtig, die Rückmeldung möglichst zeitnah in das System einzugeben.

Eine Rückmeldung kann auf verschiedene Arten ausgeführt werden. Von der manuellen Rückmeldung durch die Anwenderin oder den Anwender über automatisierte Rückmeldungen auf Basis vordefinierter Faktoren bis hin zu Rückmeldungen aus Fertigungsleitsystemen über Schnittstellen sind alle Möglichkeiten den eigenen Prozessen entsprechend denkbar. Dank SAP Fiori gibt es auch Apps zur mobilen Anwendung, über die Rückmeldungen erfasst und unkompliziert ans SAP-System übermittelt werden können.

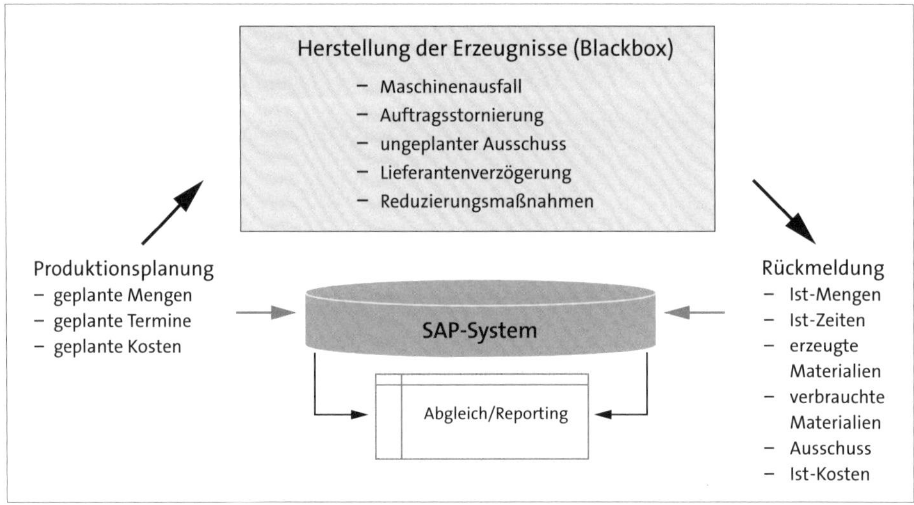

Abbildung 4.38 Funktion der Rückmeldung

Der Umfang der Rückmeldung kann auf Basis einzelner Vorgänge oder ganzer Fertigungsaufträge geschehen. Die sogenannte *Auftragsrückmeldung* erfolgt auf Auftragskopfebene und gilt für den gesamten Auftrag. Die Auftragsrückmeldung ist nur so lange möglich, wie noch keine Rückmeldung zu einem einzelnen Vorgang des Auftrags vorliegt. Die *Vorgangsrückmeldung* ermöglicht dagegen eine schrittweise Rückmeldung je Vorgang, bis schließlich alle Vorgänge und damit auch der Fertigungsauftrag abgeschlossen sind. Der Vorgangssteuerschlüssel gibt dabei an, ob eine Rückmeldung auf Vorgangsebene vorgesehen ist. Aufträge und Vorgänge können auch teilrückgemeldet werden. Die jeweiligen Status zur *Endrückmeldung* (**RÜCK**) oder *Teilrückmeldung* (**TRÜC**) werden zum Vorgang und auf Auftragskopfebene vermerkt. Die folgenden Transaktionen stehen Ihnen für die Rückmeldung zur Verfügung:

- Rückmeldungen zum Vorgang:
  - CO11N (Lohn-Rückmeldeschein)
  - CO12 (Sammelerfassung)
  - CO19 (Zeitereignis)
  - CO1F (Fortschrittsrückmeldung)
  - CO1V (Schnellerfassung Lohn-Rückmeldeschein)
- Rückmeldungen zum Auftrag:
  - CO15 (Auftragsrückmeldung)
- für Auftrags- und Vorgangsebene:
  - CO13 (Rückmeldung stornieren)
  - CO14 (Rückmeldung anzeigen)

Egal, wie die Rückmeldung letztlich erfasst wird, es werden dadurch einige wichtige Funktionen im System ausgelöst. Abbildung 4.39 zeigt, dass diese Funktionen an die Rückmeldung gekoppelt sind:

- Übernahme der Ist-Daten in den Fertigungsauftrag (Mengen, Termine, Leistungen)
- Statusvergabe **RÜCK** für Vorgänge und Fertigungsaufträge
- Wareneingang der Erzeugnisse
- eventueller Warenausgang der Komponenten bei retrograder Entnahme
- eventuelle Qualitätsmeldungen bei Ausschuss oder Nacharbeit
- Bestandsaktualisierung
- Abbau von Kapazitätsbedarfen
- Erstellen von Materialbelegen
- Ermittlung der Ist-Kosten
- Erfassung von Personaldaten
- Aktualisierung von Statistiken

In den Stammdaten des Arbeitsplatzes finden Sie auf der Registerkarte **Kapazitäten** die Steuerung für den Kapazitätsabbau. Dies ist relevant für die Berechnung der Restkapazitätsbedarfe bei Teilrückmeldungen. Der Abbau kann über eine Formel geschehen oder proportional zur rückgemeldeten Leistung. Ebenso kann definiert werden, dass bereits bei einer Teilrückmeldung die Kapazitätsbedarfe vollständig abgebaut werden dürfen oder eben erst bei einer Endrückmeldung. Auf den Kapazitätsabbau in der erweiterten Planung hat dies keinen Einfluss.

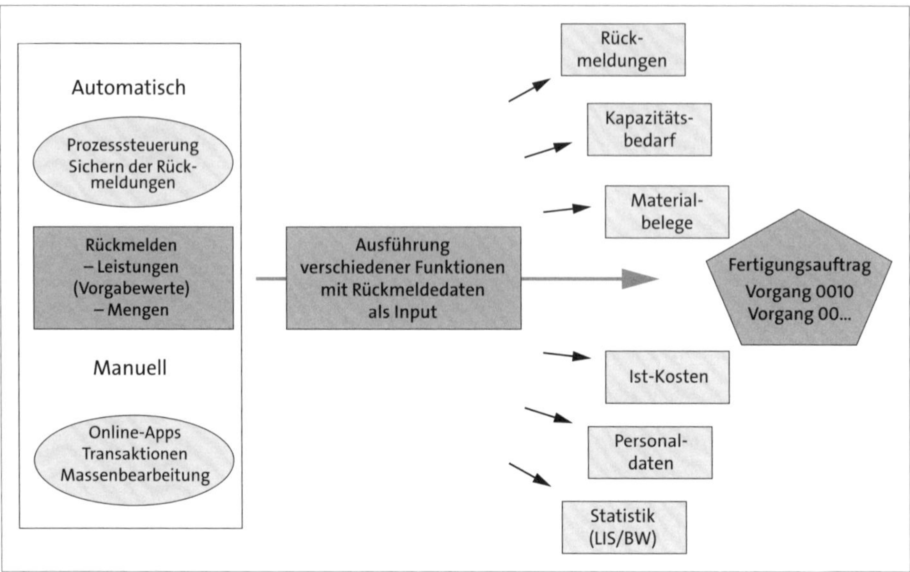

Abbildung 4.39 Übersicht der Rückmeldung

Der *Wareneingang* markiert den Punkt, an dem ein gefertigtes Material in den Bestand und die Bücher des Unternehmens aufgenommen wird. Abbildung 4.40 zeigt die beim Wareneingang parallel ausgeführten Funktionen:

- Aktualisierung der Buchhaltung durch einen Buchhaltungsbeleg
- Aktualisierung des Bestands durch einen Materialbeleg
- Erstellung eines Kostenrechnungsbelegs
- Fortschreibung der Liefermenge im Auftrag
- Aktualisierung des Auftragsstatus
- Entlastung des Auftrags
- Buchung des Wareneingangs
- Bewertung des Wareneingangs
- gegebenenfalls Druck oder Vermerk des Wareneingangsbelegs

Der Wareneingang aus der Fertigung wird entweder automatisch mit der Rückmeldung oder manuell durch die Anwenderin bzw. den Anwender gebucht. Wenn Sie den Wareneingang automatisch buchen möchten, können Sie dies im Steuerschlüssel der Vorgänge oder im Fertigungssteuerungsprofil einstellen, das wiederum im Materialstamm dem Fertigungserzeugnis zugewiesen wird.

Wenn Sie den Wareneingang der Erzeugnisse manuell buchen wollen oder müssen, dann können Sie das analog zum Warenausgang der Komponenten über die Transaktion MIGO tun. Wählen Sie dafür in den Drop-down-Feldern unterhalb der Menüleiste die Optionen **Wareneingang** und dann **Auftrag**, und geben Sie dann Ihre Auftragsnummer (z. B. 1000460) ein. Zum angezeigten Beleg- und Buchungsdatum können Sie so für die aufgelisteten Auftragspositionen den Warenausgang erfassen. Wählen Sie dafür die Schaltfläche mit der fortlaufenden Nummer der gewünschten Auftragsposition aus. Auf den unteren Registerkarten finden Sie daraufhin die Detailinformationen zum Material, zur zu buchenden Menge (die Sie ändern können) und unter **Wo** zu Werk und Lagerort, den Sie hier manuell ändern können. Die Standardangabe bei **Bewegungsart** ist hier **101**. Stellen Sie sicher, dass Sie alle Positionen, die Sie buchen möchten, in der Positionsübersicht per Checkbox in der Spalte **OK** markiert haben.

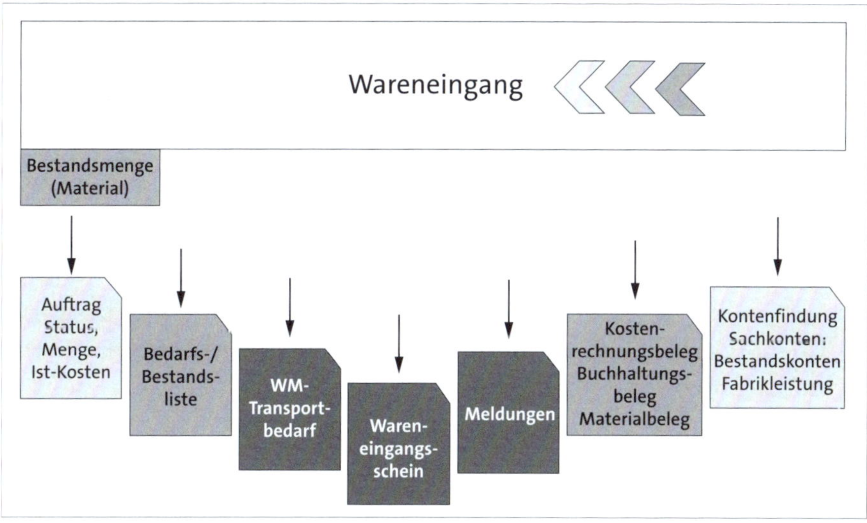

Abbildung 4.40 Wareneingang der Erzeugnisse

Auf der Registerkarte **Auftragsdaten** können Sie darüber hinaus angeben, ob das Kennzeichen **Endlieferung Auftragspos.** gesetzt werden soll. Damit bestätigen Sie alle ausgewählten Positionen des Fertigungsauftrags als vollständig bedient. Wenn Sie das Kennzeichen setzen, werden die eventuell noch offenen Restmengen auf null gesetzt. Das bedeutet, dass Sie dem System mitteilen, dass aus diesem Fertigungsauftrag zu der markierten Position keine weiteren Wareneingänge zu erwarten sind. Mit einem Klick auf **Buchen** wird der Wareneingang dann vollzogen.

Im Kopf des Fertigungsauftrags wird über das Kennzeichen **Wareneingang** angegeben, ob ein Wareneingang erfolgen soll. Den Lagerort für den Wareneingang entnimmt das System dem Vorschlagswert aus der Materialstammdatensicht der Arbeitsvorbereitung. Auch die Vorschläge zur Prüfung der Liefertoleranzen stammen aus der Arbeitsvorbereitungssicht. Dort kann auch eine Bestandsart hinterlegt werden. Dies wird gewählt, falls der Fertigungsauftrag oder die Angabe aus der Wareneingangsbuchung nichts anderes angeben. Für gewöhnlich wird in den frei verwendbaren Bestand gebucht. Es kann aber unter Umständen erforderlich sein, dass ein Fertigungserzeugnis zunächst in den Sperr- oder Qualitätssicherungsbestand gebucht wird.

Abhängig von der Materialart des Produkts und der Kontierung des Fertigungsauftrags kann der Wareneingang auch unbewertet erfolgen. Hierfür kann ein Kennzeichen im Fertigungsauftragskopf gesetzt werden. Wenn keine weiteren Wareneingänge aus einer Fertigungsauftragsposition zu erwarten sind, wird das Kennzeichen **Endlieferung Auftragspos.** gesetzt. Dies kann per Customizing als automatischer Vorgang eingestellt werden, sobald die volle Auftragsmenge geliefert ist. Falls Sie eine Stornierung vornehmen müssen und weitere Wareneingänge nach Setzen des Endlieferkennzeichens buchen wollen, müssen Sie dieses erst wieder löschen.

Das System schlägt beim Buchen des Wareneingangs automatisch die offene Menge des Auftrags vor. Diesen Vorschlag kann man jedoch anpassen. Das System prüft dabei auf *Über-* und *Unterlieferung*. Wenn Sie mit der Rückmeldung unterhalb der Soll-Menge abzüglich der Unterlieferungstoleranz liegen, wird das System eine Warnmeldung ausgeben und die Rückmeldung nur als Teilrückmeldung speichern. Falls Sie die unbegrenzte Überlieferung nicht aktiviert haben, sind Überlieferungen, die die Soll-Menge zuzüglich der Überlieferungstoleranz überschreiten, nicht zulässig. Der Status **TGLI** für Teillieferungen und **GLFT** für eine vollständige Lieferung wird im Fertigungsauftrag vermerkt.

Abbildung 4.41 zeigt ein Beispiel für das Setzen von Über- und Unterlieferungsgrenzen anhand einer Auftragsmenge von 100 Einheiten.

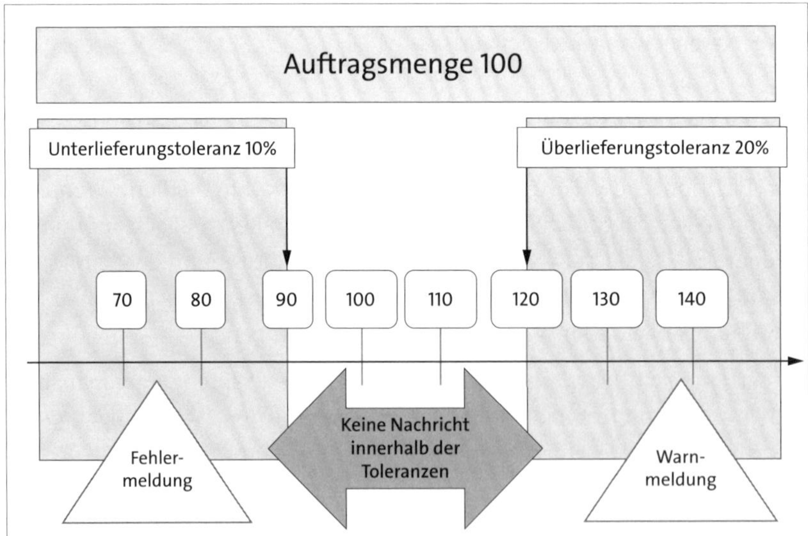

Abbildung 4.41 Grenzen der Über- und Unterlieferung

Sie können per Schwellenwert angeben, ab wie viel Prozent eine Warn- oder Fehlermeldung ausgegeben werden soll. Die Fehlermeldung verhindert eine Buchung mit zu großer Über- oder Unterlieferung. Die Warnmeldung lässt die Buchung dagegen noch zu. Die Grenzen für Über- und Unterlieferung können unabhängig voneinander definiert werden.

4.2.6 Abschließende Prozesse

Verwendete Transaktionen

- CO02 (Fertigungsauftrag ändern)
- COA2 (Archivadministration)

Nachdem die Fertigung vollzogen ist und die Ist-Daten wie Gut- und Ausschussmengen oder die Kosten bekannt sind, kann nun eine Auswertung der Plan- und Ist-Werte erfolgen. Dies geschieht in der *Abweichungsermittlung* und hat den Zweck, die zukünftigen Prozesse effizienter und vor allem kostengünstiger umzusetzen. Manchmal ist es darüber hinaus notwendig, dass *Nacharbeiten* durchgeführt werden, um ungenau gefertigte Erzeugnisse doch noch der Gutmenge zurechnen zu können. Ein Auftrag kann schließlich nach erfolgter Abrechnung abgeschlossen werden. Hierbei ist zu beachten, dass dieser dann nicht mehr verändert werden kann. Wenn der Auftrag schließlich abgerechnet und abgeschlossen ist, gibt es eine Residenzzeit, in der der Auftrag noch für eventuelle Anliegen im System zur Verfügung steht. Letztlich können alte Fertigungsaufträge nach Ablauf dieser Zeit archiviert und gelöscht werden.

Nacharbeit

Produkte, die nicht dem Mindeststandard an Qualität entsprechen, können unter Umständen noch nachbearbeitet werden, um letztlich doch noch der Gutmenge zugeschrieben werden zu können. Um das systemseitig abzubilden, können Sie einzelne Vorgänge manuell im Auftrag ergänzen oder vordefinierte *Nacharbeitsvorgänge* über einen Standardarbeitsplan einbinden. Sie haben außerdem die Möglichkeit, einen eigenen Fertigungsauftrag für die Nacharbeit anzulegen. Dafür legen Sie diesen ohne Material an (denn das haben Sie ja praktisch bereits vorliegen). Die entstehenden Kosten kontieren Sie dann auf den ursprünglichen Fertigungsauftrag.

Abweichungsermittlung

Die *Abweichungsermittlung* verwendet den Fertigungsauftrag (oder einen Produktkostensammler) als Basis der Auswertung. Die Ergebnisse können mit der Auftragsabrechnung an die Ergebnis- und Marksegmentrechnung (CO-PA) übergeben werden. Wie bereits erwähnt, ist der Controlling-Bereich in diesem Buch nur gering vertreten, daher sei an dieser Stelle noch einmal auf das Buch »Controlling in SAP S/4HANA« verwiesen. Bei der Abweichungsermittlung werden diese Werte miteinander verglichen:

- Soll-Kosten im Vergleich zu den (bereinigten) Ist-Kosten eines Auftrags
- Belastung durch Kosten zum Auftrag und Entlastung durch Wareneingangsbuchungen zum Auftrag
- Ermittlung und Bewertung der Ausschussabweichung
- Ermittlung von Produktionsabweichungen
- Ermittlung von Dispositionsabweichungen
- Zuordnung der Abweichungen in Kategorien
- Ableitung der Entstehung von Abweichungen

Durch die Abweichungsermittlung können Rückschlüsse auf die Effizienz der Planung gezogen werden. Damit bietet diese Gegenüberstellung der Plan- und Ist-Werte eine wertvolle Informationsquelle zur Prozessoptimierung.

Auftragsabrechnung

Die WIP-Ermittlung (Work-in-Progress), die *Auftragsabrechnung* und die Abweichungsermittlung werden in der Regel vom Controlling konfiguriert und im Rahmen der Kostenträgerrechnung periodisch als Hintergrundjobs ausgeführt. Nach Abschluss der Abrechnung der Ist-Kosten wird der Fertigungsauftrag entlastet. Das ist notwendig, um einen abgeschlossenen Fertigungsauftrag löschen zu können. Gesteuert wird dies über das Abrechnungsprofil. Die Be- und Entlastung des Fertigungsauftrags hängt von der gewählten Art der Kostenträgerrechnung ab. Diese kann auftrags- oder produktbezogen erfolgen. Abbildung 4.42 zeigt die Be- und Entlastung der auftragsbezogenen Kostenträgerrechnung. Sie wird meist verwendet, wenn eine Kombination dieser Kriterien vorliegt:

- Kostenauswertung auf Basis des jeweiligen Auftrags
- geringe Produktstabilität (häufiger Wechsel des Produkts)
- Einzelfertigung
- auftragsbezogene Losfertigung
- Sonderfertigung
- Kundenauftragsfertigung
- flexible Fertigungsumgebung
- hohe Rüstkosten
- Kuppelproduktion

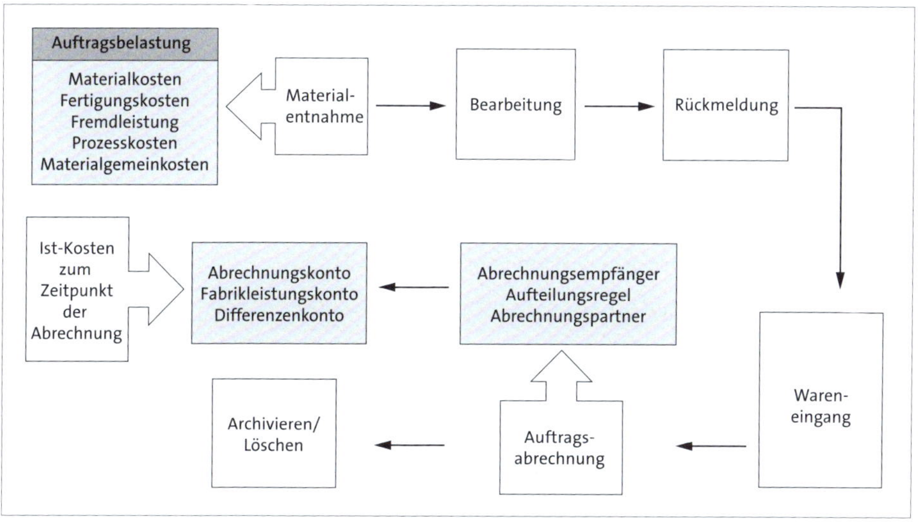

Abbildung 4.42 Auftragsbezogene Kostenträgerrechnung in der diskreten Fertigung

Das Verrechnungsschema ordnet die Kosten zwischen der Belastungskostenart (also dem Fertigungsauftrag) und der Entlastungskostenart (also dem Kostenempfänger) zu. Differenzen werden auf entsprechende Differenzkonten gebucht oder korrigieren den Verrechnungspreis.

Die produktbezogene Kostenträgerrechnung findet häufig bei der Lagerfertigung sowie der Serien- oder Massenfertigung Anwendung. Ein Produktkostensammler dient hier der Be- und Entlastung durch die anfallenden Kosten. Der einzelne Fertigungsauftrag bedarf somit keiner Kostensegmente oder Abrechnungsvorschriften. Die Kosten der Fertigungsaufträge werden auf Produktkostensammler gebucht. Die Controlling-Funktionen im Sinne der Kostenverrechnung erfolgen dann periodisch auf Basis des Produktkostensammlers.

Abschluss des Fertigungsauftrags

Ein fertig bearbeiteter Fertigungsauftrag wird schließlich abgeschlossen. Das geschieht über den Auftragsstatus. Aus der Transaktion CO02 heraus können Sie zu diesem Zweck den Status **TABG** (technisch abgeschlossen) oder **ABGS** (abgeschlossen) setzen. Folgen Sie dafür dem Menüpfad **Mehr • Funktionen • Bearbeitung einschränken • Abschließen/Technisch abschließen**. Der gesetzte Status kann über den gleichen Menüpfad wieder zurückgenommen werden. Die jeweiligen Status erklären wir nun noch einmal genauer.

Fertigungsauftrag technisch abschließen (Status TABG)

Der Status **TABG** (technisch abgeschlossen) beendet den Fertigungsauftrag im logistischen Kontext. Sie verwenden diesen Status, um einen Auftrag zu beenden, obwohl er noch offene (Kapazitäts-)Bedarfe und Reservierungen hat. Dafür kann es unterschiedliche Gründe geben, wichtig ist jedoch, dass Sie diese Dinge damit erreichen:

- Der Auftrag ist nicht mehr relevant für die Disposition und wird nicht mehr berücksichtigt (denn er wird beendet).
- Bestehende Reservierungen werden gelöscht.
- Bestehende Kapazitätsbedarfe werden gelöscht.
- Bestehende Bestellanforderungen werden gelöscht.
- Auftrag und Vorgänge erhalten den Status **TABG**.
- Auftrag und Vorgänge können nicht mehr geändert werden (es sei denn, der Status wird dafür vorübergehend zurückgenommen).
- Warenbewegungen und Rückmeldungen sind noch möglich, da sich noch letzte Erzeugnisse im Fertigungsprozess befinden können.

Wenn Sie den Status **TABG** zurücknehmen wollen, können Sie die Transaktion CO02 (Fertigungsauftrag ändern) verwenden und den Status über den Menüpfad **Mehr • Funktionen • Bearbeitung einschränken • Technisch Abschließen zurücknehmen** wieder rückgängig machen.

Fertigungsauftrag abschließen (Status ABGS)

Damit der Status **ABGS** (abgeschlossen) gesetzt werden kann, muss ein Auftrag zunächst den Status **FREI** (freigegeben) oder **TABG** (technisch abgeschlossen) haben. Zudem muss anders als beim Setzen des **TABG**- für den **ABGS**-Status sichergestellt sein, dass keine Rückmeldungen mehr erfolgen, der Auftragssaldo null beträgt und keine offenen Bestellanforderungen, Bestellungen oder Obligos mehr bestehen. Erst dann können Sie den Auftrag abschließen, ohne dass der Status zu späteren Korrekturen wieder zurückgenommen werden muss. Falls Sie überlegen, diesen Status automatisch monatlich per Job setzen zu lassen, empfehlen wir Ihnen, sich intensiv mit Ihrer Controlling-Abteilung zu beraten. Hier gibt es häufig Unklarheiten über den Lebenszyklus eines Fertigungsauftrags und den damit verbundenen Status und häufig auch Ausnahmen, die das Zurücknehmen des Status erforderlich machen. Dabei hilft im Prinzip nur die Erfahrung einer Person, die schon länger in Ihrem Unternehmen ist, oder schlichtes Ausloten des Zyklus für den Joblauf. Ist der Status gesetzt, erreichen Sie damit Folgendes:

- Der Auftrag ist nicht mehr relevant für die Disposition und wird nicht mehr berücksichtigt (denn er wird beendet).
- Es können keine weiteren Kosten gebucht werden.
- Rückmeldungen sind nicht mehr gestattet.
- Warenbewegungen sind nicht mehr gestattet.
- Auftrag und Vorgänge erhalten den Status **ABGS**.

- In einem Auftragsnetz vererbt sich dieser Status auch auf untergeordnete Aufträge.
- Auftrag und Vorgänge können nicht mehr geändert werden (es sei denn, der Status wird dafür vorübergehend zurückgenommen).
- Die Löschvormerkung kann gesetzt werden.

Wenn Sie den Status **ABGS** zurücknehmen wollen, können Sie die Transaktion CO02 (Fertigungsauftrag ändern) verwenden und den Status über den Menüpfad **Mehr • Funktionen • Bearbeitung einschränken • Abschließen zurücknehmen** wieder rückgängig machen.

Archivierung/Löschung

Ein Fertigungsauftrag trägt umfangreiche Informationen mit sich und benötigt somit verhältnismäßig viele Datenbankressourcen. Aus diesem Grund legt man eine Zeitspanne fest, die zur Aufbewahrung der Fertigungsaufträge gilt. Nach Ablauf dieser Frist (*Residenzzeit*) werden die abgeschlossenen Fertigungsaufträge *archiviert* und *gelöscht*.

Die Residenzzeiten werden im Customizing zur Auftragsart definiert. Bevor ein Auftrag gelöscht werden kann, muss er einige Bedingungen erfüllen. Es dürfen keine offenen Verbindlichkeiten, Rückmeldungen oder Funktionsvormerkungen bestehen, und der Kostensaldo muss ausgeglichen sein (gleich null). Er muss zudem den Status **GLFT** (geliefert) und **ABGS** (abgeschlossen) vorweisen, damit man ihn zum Löschen vormerken kann. Damit erhält er den Status **LÖVM** (Löschvormerkung). Nun kann nach Ablauf der ersten Residenzzeit das *Löschkennzeichen* gesetzt werden, womit er den Status **LÖKZ** erhält. Nach Ablauf der zweiten Residenzzeit wird der Auftrag dann archiviert und aus der Datenbank gelöscht. In Abbildung 4.43 sehen Sie diesen Ablauf noch einmal in der beschriebenen Reihenfolge.

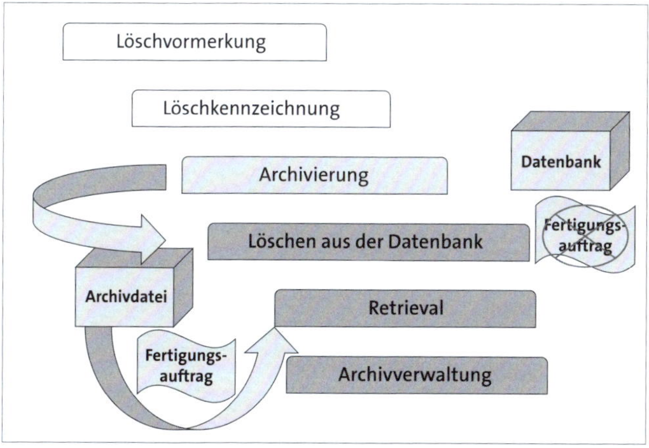

Abbildung 4.43 Archivierung eines Fertigungsauftrags

Löschen und Archivieren sind einzeln oder als Massenverarbeitung möglich. Durch eine Retrieval-Funktion können bereits gelöschte und archivierte Aufträge wieder angezeigt werden. Es ist jedoch nicht möglich, diese Daten automatisiert zurück in das System zu übertragen. Die *Archivadministration* stellt eine Indexliste bereit, um archivierte Aufträge anzuzeigen und zu organisieren. Sie erreichen sie über die Transaktion COA2.

Kapitel 5
Serienfertigung

Darf es auch ein wenig mehr sein? Wenn Sie die richtig großen Mengen produzieren möchten, dann sind Sie bei der Serienfertigung richtig. Sie gibt sich nicht mit einzelnen Fertigungsaufträgen zufrieden. Menge pro Zeit ist hier das Maß der Dinge.

Wird ein Produkt in großen Mengen hergestellt, ohne dass dafür häufige Umrüstungen an den Maschinen oder Arbeitsplätzen notwendig sind, so bietet es sich an, die *Serienfertigung* als Fertigungsart zu verwenden. Die Grundlage hierfür bilden die Produktionspläne, die Mengen und Zeitspannen zur Fertigung eines Produkts beinhalten. Aus der Einteilung der Plan-Mengen zur Fertigung der Erzeugnisse ergibt sich in der Regel ein Materialfluss zwischen den einzelnen Fertigungsstationen oder Fertigungslinien innerhalb der Produktion.

Dieses Kapitel zur Serienfertigung zeigt Ihnen zunächst die Spezialisierung der Stammdaten für diese Fertigungsart. Hier werden speziell die nötigen Eigenschaften des Materials, des Serienfertigungsprofils sowie der Fertigungslinien und Linienpläne erläutert. Die Durchführung der Serienfertigung wird danach mit praktischen Hinweisen erklärt. Auf die Besonderheiten dieser Fertigungsart, wie z. B. die vereinfachte Ist-Daten-Erfassung gehen wir dabei genauer ein. Im Rahmen dieser Fertigungsart spielt die Materialbereitstellung häufig eine besondere Rolle, da die Materialversorgung der Komponenten nicht abreißen darf. In Kapitel 13, »Produktionsnahe Logistik«, gehen wir auf verschiedene Bereitstellungsverfahren wie Kanban oder Just-In-Time ein. Wir umschreiben nun die generellen Optionen der jeweiligen Stationen bei der Implementierung und Durchführung der mengen- und periodenorientierten Fertigung.

Da es in der Praxis jedoch beliebig viele Prozesse geben kann, die auf unterschiedlichste Weise in SAP abgebildet werden könnten, ist es schwer möglich, alle Einstellungen bis in Detail zu zeigen. Wir verwenden jedoch ein typisches Beispiel, um das grundsätzliche Vorgehen zu zeigen. In diesem Zusammenhang gehen wir wieder auf unsere Prozesskette der Eigenfertigung für das bereits in der diskreten Fertigung (siehe das gleichnamige Kapitel 4) verwendete Skateboard des fiktiven Unternehmens Fun-Sport AG ein. Dieses Mal betrachten wir jedoch nicht das Custom-, sondern das Standardmodell, das in rauen Mengen produziert werden soll. Abbildung 5.1 zeigt die Produktgruppe des Bereichs Skateboards. Mit der Fertigung des Standardmodells befinden wir uns im mittleren Abschnitt und verwenden die Serienfertigung.

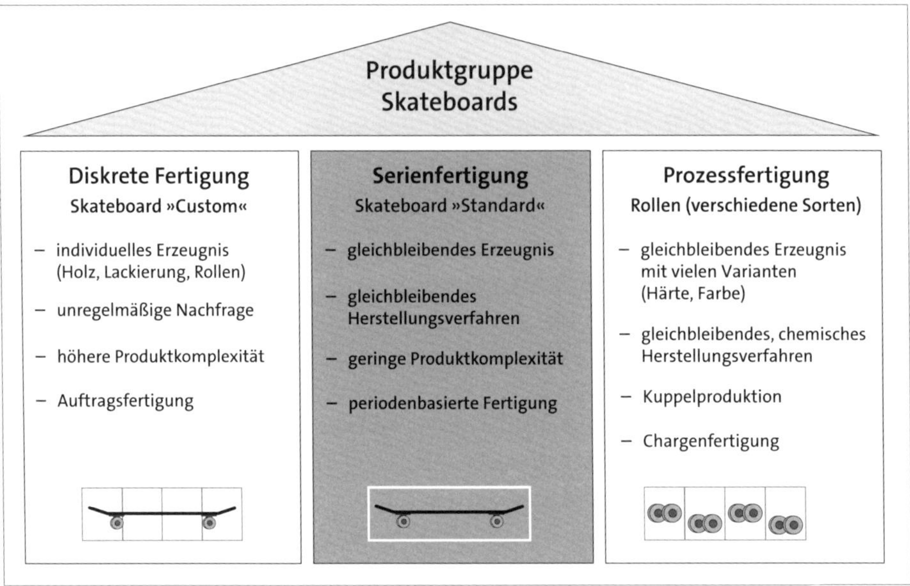

Abbildung 5.1 Beispielunternehmen Fun-Sport AG – Serienfertigung für das Skateboard-Modell »Standard«

Auswahl der Fertigungsart

In Kapitel 1, »Produktionsplanung mit SAP S/4HANA«, werden die speziellen Merkmale der Fertigungsarten der diskreten Fertigung, der Prozessfertigung und der Serienfertigung verglichen. Daraus können Sie weiterführend ableiten, ob die Serienfertigung das geeignete Instrument für Ihren Fertigungsprozess ist.

Integration der Serienfertigung

Die Serienfertigung arbeitet mit vielen automatisierten Schritten und einer Art pauschaler Verrechnung der Kosten. Damit das reibungslos funktionieren kann und auf sehr große Mengen gerechnet keine sich aufstauenden Fehlkalkulationen entstehen können, ist bei der Implementierung eine besonders enge Integrationsbeziehung zu den Geschäftsbereichen der Materialwirtschaft sowie des Controllings notwendig. Die meisten der im Folgenden gezeigten Ausprägungen der Konfigurationen werden Sie nicht im Alleingang bestimmen können oder wollen. Selbst wenn wir in unserem Beispiel Annahmen verwenden und darauf aufbauend Entscheidungen fällen, die in sich logisch sind, kann es sein, dass in Ihrem Unternehmen andere Annahmen oder

Anforderungen an den Gesamtprozess vorliegen. Wie in allen Implementierungsprojekten gilt daher: Kommunikation ist alles! Lieber einmal zu viel nachfragen als einmal zu wenig.

5.1 Spezielle Stammdaten der Serienfertigung

Die Konfiguration der Serienfertigung beinhaltet einige grundlegende Unterschiede im Vergleich zur diskreten Fertigung. Da wir nun gleichbleibende Produktionsbedingungen vorfinden, wollen wir die wiederkehrenden Arbeitsschritte möglichst automatisieren, um so wertvolle Arbeitszeit einzusparen. Diese Konfigurationen werden wir uns dafür im weiteren Verlauf genauer ansehen:

- Materialstammdaten
- Serienfertigungsprofil
- Terminierungsparameter
- Rückmeldungseinstellungen
- Fertigungslinien
- Linienpläne
- Fertigungsversionen

Da das Ziel in der Verschlankung der Prozesse liegt und auch die Produktkomplexität in der Serienfertigung im Vergleich zu der Prozess- oder Werkstattfertigung eher gering ausfällt, gestaltet sich auch die Konfiguration der Serienfertigung vergleichsweise unkompliziert. Darüber hinaus bietet der *Serienfertigungsprofil-Assistent* (Customizing-Transaktion OSPT) eine ansprechende Möglichkeit, viele Konfigurationen in einem geführten Dialog mit Erklärungen einzurichten.

Reihenfolge der Konfigurationen

Es ist einfacher, die Stammdaten zu konfigurieren, wenn man sie in der richtigen Reihenfolge pflegt. Dadurch haben Sie dann bereits die Informationen gepflegt, die Sie im nächsten Schritt benötigen. Durch die starke Verknüpfung unter den Stammdaten ist die Reihenfolge nicht immer sofort offensichtlich. Wir beginnen mit dem Serienfertigungsprofil und werden dann über die Materialstammdaten zu den Grundlagenkonfigurationen der Fertigungslinien und Linienpläne gelangen.

Abbildung 5.2 zeigt die Reihenfolge der Stammdaten in den Kästen auf der linken Seite, in der wir unsere Einstellungen zur Serienfertigung vornehmen wollen. Welche Transaktionen dafür verwendet werden sowie wesentliche Einstellungspunkte stehen in den Kästen auf der rechten Seite.

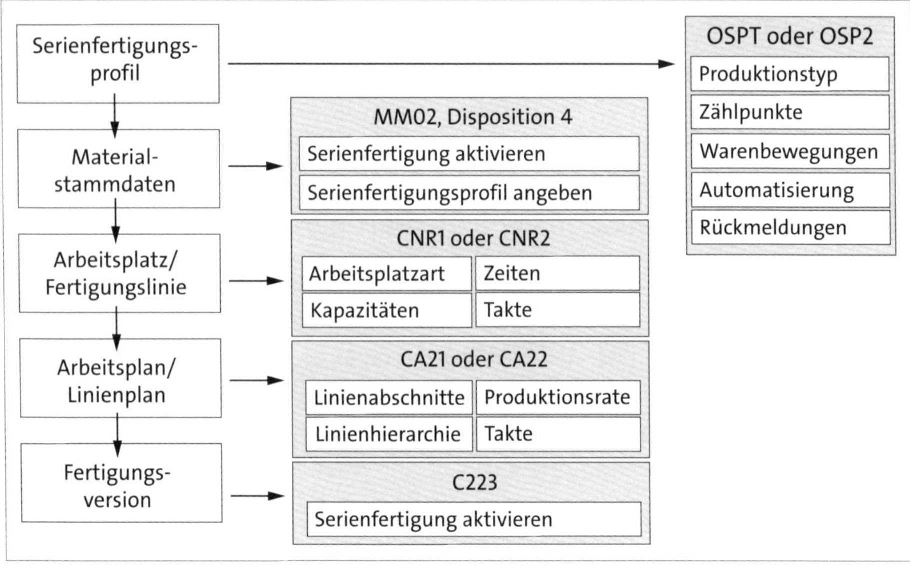

Abbildung 5.2 Stammdaten und Transaktionen der Serienfertigung

5.1.1 Serienfertigungsprofil

Verwendete Transaktionen

- OSP2 (Gesamtpflege des Serienfertigungsprofils – Profilübersicht)
- OSPT (Serienfertigungsprofil-Assistent)
- OPKC (Prozesssteuerschlüssel)
- OSPX (Bestandsfindungsgruppen und -regeln)
- OMCY (Suchschema ändern)
- OMJJ (Bewegungsarten ändern)

Das *Serienfertigungsprofil* ist die Grundlage für viele periodische Funktionen in der Fertigung. Dabei wird auch eingestellt, ob die Datenerfassung im Dialog oder zu einem definierten Zeitpunkt automatisiert erfolgen soll.

Warenbewegungen, Bestandsänderungen und Chargenbestimmungen sowie Rückmeldungen sind hier die zentralen Stellschrauben. Die Customizing-Transaktion OSP2 zeigt Ihnen die bestehenden Profile und ermöglicht Ihnen, diese zu pflegen oder ein neues Profil anzulegen. Wenn Sie das bisher noch nicht so oft getan haben, stellt SAP Ihnen einen geführten Dialog mit Erklärungen zu den einzelnen Schritten bereit. Den *Serienfertigungsprofil-Assistenten* finden Sie über die Customizing-Transaktion OSPT. Wir wollen für unser Beispiel einmal die Konfiguration eines Serienfertigungsprofils über den Assistenten durchgehen.

Tipps und Tricks im Serienfertigungsprofil-Assistenten

Über die Schaltfläche **Bedeutung/Erklärung** erhalten Sie Informationen über die Funktionalität der Einstellungsmöglichkeiten des aktuell sichtbaren Bereichs. Über die Schaltfläche **Empfehlung/Vorschlag** rufen Sie Systemempfehlungen zu den gezeigten Einstellungsoptionen auf.

Produktionstyp

Eine grundlegende Entscheidung treffen Sie gleich zu Anfang bei der Konfiguration des Serienfertigungsprofils. Stellen Sie über den *Produktionstyp* ein, ob Sie im Sinne der Lagerfertigung (Make-to-Stock, MTS) oder im Sinne der Auftragsfertigung (Make-to-Order, MTO) produzieren wollen. Diese Entscheidung wird die im Folgenden angezeigten Konfigurationsoptionen beeinflussen. Sie haben die Option, ein zuvor angelegtes Profil zu kopieren. Das kann im Einzelfall deutlich komfortabler sein, wenn Sie nur ein paar Änderungen zu einem bestehenden Profil einstellen müssen. In unserem Skateboard-Beispiel werden wir ganz klassisch ein Profil für die Lagerfertigung anlegen (siehe Abbildung 5.3).

Abbildung 5.3 Customizing-Transaktion OSPT (Serienfertigungsprofil-Assistent) – Wahl des Produktionstyps

Zählpunkte

Zur Erfassung der Ist-Daten können *Zählpunkte* eingerichtet werden. Darüber können Verbrauchs- und Bestandswerte ermittelt werden. Für das Reporting ist hierbei eine möglichst zeitnahe Datenerfassung wichtig, um Informationen stets auf der Basis aktueller Zahlen zu berechnen. Der Zählpunkt ist damit einem Meilenstein im Arbeitsplan vergleichbar. Es muss selbstverständlich kein Zählpunkt eingerichtet werden, falls doch, kann jedoch zusätzlich angegeben werden, ob der Zählpunkt obligatorisch oder optional ist. Für unser Beispiel stellen wir einen obligatorischen Zählpunkt ein.

Wenn Sie den Warenausgang per retrogerader Entnahme möglichst zeitnah zur tatsächlichen Verwendung der Komponenten implementieren möchten, ist ein *obliga-*

torischer Zählpunkt sinnvoll, zu dem dann eine Rückmeldung ausgeführt wird. Auch die Berechnung der unfertigen Materialien kann hierdurch gleich eine Aktualisierung erfahren.

Einen *optionalen Zählpunkt* kann man z. B. verwenden, wenn man die Rückmeldung gesondert zu einem definierten Zeitpunkt ausführen möchte und die Warenbewegungen unabhängig von diesem Zählpunkt bucht. Der Zählpunkt dient weiterhin der Ermittlung der Zahlen unfertiger Materialien. Die Funktion kann nach Bedarf ausgeführt werden. Auch ungeplante Ausschussmengen können über diese Funktion bei Bedarf erfasst werden. Diese Einstellung ist also vor allem für zusätzliche Informationsgewinnung sinnvoll, auch wenn der eigentliche Prozess keinen Zählpunkt benötigen würde.

Wir wollen für unser Beispiel obligatorische Zählpunkte verwenden und wählen dies, wie in Abbildung 5.4 zu sehen, aus.

Abbildung 5.4 Customizing-Transaktion OSPT (Serienfertigungsprofil-Assistent) – Wahl der Verwendung von Zählpunkten

Automatischer Wareneingang

Der *Wareneingang* (WE) gibt dem System die Information, dass eine bestimmte Anzahl an Produkten in der Fertigung hergestellt worden ist. Normalerweise werden Warenbewegungen nur im Zusammenhang mit einer Endrückmeldung gebucht. Mit der Einstellung **kein automatischer WE** müssten wir dann eine manuelle Wareneingangsmeldung erfassen. Da wir jedoch obligatorische Zählpunkte verwenden, können wir auch zwischendurch bereits automatische Warenbewegungen ausführen. Wir wählen für unser Beispiel also aus, dass wir automatische Warenbewegungen benötigen. Da für die Verwendung obligatorischer Zählpunkte der normale Wareneingang nicht vorgesehen ist (wozu hätte man dann die Zählpunkte?), wählen wir **Automatischer WE** aus. Dabei ist jedoch zu beachten, dass Vorgänge, die nach dem letzten Zählpunkt liegen, immer noch manuell per Wareneingangsmeldung erfasst werden müssten, so wir denn welche hätten. Bei der Verwendung von zusätzlichen Produktionsleitsystemen wird in der Regel die retrograde Entnahme zum automatischen Wareneingang gebucht. Hier empfiehlt es sich, einen Zählpunkt am letzten Arbeitsplatz der Fertigungslinie für die Rückmeldung zu verwenden.

Zählpunktmeldungen

Sie können Zählpunktmeldungen auch mit dem Kanban-Produktionsverfahren kombinieren. Damit können die Vorgänge, die Kanban verwenden, auf der Ebene der Zwischenstufen unseres Fertigungserzeugnisses überwacht werden. Immer wenn dann ein Kanban den Status »voll« erhält, wird automatisch eine Zählpunktmeldung erfasst. Wir verwenden jedoch kein Kanban-Modell für unser Beispiel. Wir wählen **Zählpunktmeld. ohne Kanban** aus, wie in Abbildung 5.5 zu sehen.

Abbildung 5.5 Customizing-Transaktion OSPT (Serienfertigungsprofil-Assistent) – Wahl der Verwendung von Zählpunktmeldungen

Leistungsbuchungen

Es ist möglich, die erfassten *Leistungen* bei der Rückmeldung auch auf einen Produktkostensammler zum Material zu übertragen. Solche Leistungen sind z. B. die Maschinen und/oder Personenzeiten aus dem Linienplan. Das Controlling kann hieraus Auswertungen zu Zeit und Kosten gewinnen. Aus Buchhaltungs- und Bestandssicht sind diese Daten jedoch nicht relevant und somit nicht verpflichtend zu erfassen. In unserem Beispiel benötigen wir keine Weiterleitung dieser Informationen an das Controlling.

Entkopplung bei der Rückmeldung

Um bei der Verwendung umfangreicher Stücklisten oder bei Kundenaufträgen mit vielen Einzelpositionen die Performance des Systems besser zu nutzen, gibt es die Möglichkeit, einige Funktionen der Rückmeldung zu *entkoppeln* und getrennt per Hintergrundjob laufen zu lassen. Das ist vor allem dann sinnvoll, wenn große Datenmengen verarbeitet werden müssen und einige Informationen nicht sofort benötigt werden. Sie müssen beachten, dass Bestandsdaten bei einer Entkopplung je nach Einplanungsperiode der Jobs nur periodenaktuell (z. B. tagesaktuell) vorliegen. Wenn das kein Problem darstellt und Sie Performanceengpässe zu beklagen haben, können Sie die wichtigen Funktionen direkt zur Rückmeldung verarbeiten, während andere Informationen z. B. täglich außerhalb der Hauptarbeitszeiten gesammelt und automatisch verarbeitet werden. Diese Optionen gibt es bei der Entkopplung:

- Wareneingänge sofort und Warenausgänge sowie Leistungsbuchungen später
- Wareneingänge sofort und aggregierte Warenausgänge sowie aggregierte Leistungsbuchungen später
- Verteilung der Buchungen auf mehrere Server

Um die Last auf den Systemservern besser zu verteilen, wählen Sie **Rückmeldung entkoppeln**. Für unser Beispiel wollen wir jedoch **Rückmeldung nicht entkoppeln** wählen (siehe Abbildung 5.6).

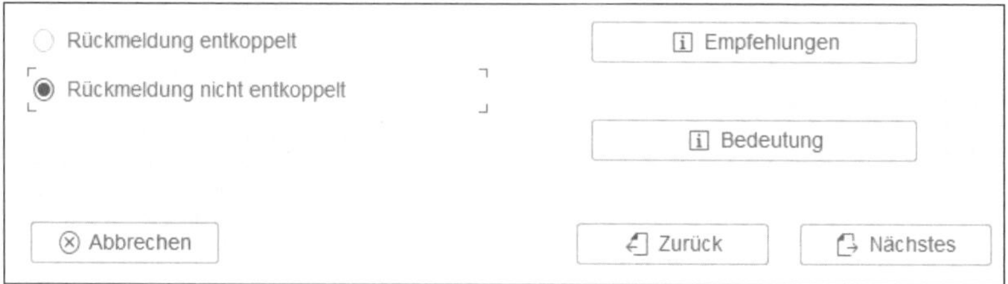

Abbildung 5.6 Customizing-Transaktion OSPT (Serienfertigungsprofil-Assistent) – Entscheidung über entkoppelte Rückmeldung

Wenn Sie sich für die Entkopplung entschieden haben, werden Sie im Anschluss aufgefordert, den Rückmeldeprozess festzulegen. Im Feld **Prozesssteuerung** geben Sie den zu verwendenden *Prozesssteuerschlüssel* ein. Zu diesem wird über die Customizing-Transaktion OPKC definiert, ob die Verbuchung im Dialog oder im Hintergrund geschehen soll und welche Teile entkoppelt werden sollen (Leistungsverrechnung, Warenausgänge, Aggregation). Über die Schaltfläche **Customizing** gelangen Sie zur Übersicht der Prozesssteuerschlüssel für die Serienfertigung. Hier können Sie direkt einen Schlüssel auswählen.

Retrograde Entnahme

Neben dem Wareneingang benötigt das System noch die Information, welche Materialien in welchen Mengen zur Herstellung unserer Produkte verbraucht worden sind. Das geschieht über den *Warenausgang*. Wenn wir beide Warenbewegungen gleichzeitig buchen und das System anhand der Menge des Wareneingangs den Verbrauch der Materialien für den Wareneingang berechnet, spricht man von *retrograder Entnahme*. Wir wollen in unserem Fall den Wareneingang und den Warenausgang gleichzeitig buchen.

Einstellung der retrograden Entnahme

Damit ein Material retrograd entnommen werden kann, müssen Sie dies entweder im Materialstammsatz, im Arbeitsplatz oder im Arbeitsplan erlauben. Im Materialstammsatz ist die Einstellung dann sinnvoll, wenn Sie ein Material immer retrograd entnehmen wollen. Im Arbeitsplan dagegen bedeutet die Einstellung, dass Sie ein Material nur manchmal retrograd entnehmen wollen, nämlich immer dann, wenn ein bestimmter Arbeitsplan Verwendung findet. Das System kontrolliert dabei zunächst die Einstellung im Arbeitsplan und dann im Materialstamm. Sie können im Materialstamm aber auch angeben, dass die retrograde Entnahme über den Arbeitsplatz des jeweiligen Vorgangs bestimmt wird. Dann wird z. B. an einer Fertigungslinie, die dafür vorgesehen ist, retrograd entnommen, während diese Funktion an anderen Fertigungslinien nicht zur Verfügung steht.

Fixierungslogik im Planungstableau

Wenn Sie Planaufträge im Planungstableau anlegen, haben Sie in der Regel bereits genaue Vorstellungen, was Sie dort einplanen möchten. Um nun zu verhindern, dass diese Aufträge eventuell durch Planungsläufe der Bedarfsplanung verändert werden, *fixieren* Sie die Planaufträge. Dafür können Sie hier einstellen, nach welcher Logik diese Fixierung stattfinden soll. Sie können die Planaufträge änderbar lassen, dann wählen Sie **Planaufträge nicht fixieren**. In der Regel werden in der Serienfertigung jedoch fixierte Planaufträge verwendet, sodass diese entweder über den hinterlegten Fixierungshorizont oder schlicht immer als fixiert gelten. In unserem Beispiel wählen wir **Planaufträge immer fixieren** aus (siehe Abbildung 5.7).

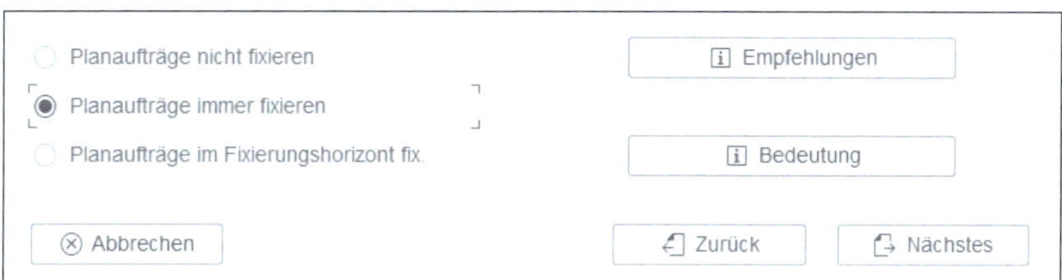

Abbildung 5.7 Customizing-Transaktion OSPT (Serienfertigungsprofil-Assistent) – Entscheidung über Fixierung der Planaufträge

Bestandsfindung

Die *Bestandsfindung* wird zu der Kombination aus Werk, Bestandsfindungsgruppe und Bestandsfindungsregel definiert. Die *Bestandsfindungsgruppe* wird im Materialstamm hinterlegt, während die *Bestandsfindungsregel* bei entsprechender Auswahl dieser Option im Serienfertigungsprofil angegeben wird. Über die Bestandsfindung werden verfügbare Bestände in eine Reihenfolge gebracht, anhand derer sie verarbeitet werden. Diese Reihenfolge kann auf Preis-, Datums- oder Mengenbasis bestimmt werden. Wir verwenden keine Bestandsfindung für unser Beispiel, da uns die Aus- und Einlagerungsstrategie unserer Lagertypen genügt.

Bestandsfindungsregel

Wenn Sie sich für die *automatische Bestandsfindung* entschieden haben, werden Sie im darauffolgenden Eingabebild zur Eingabe der zu verwendenden Bestandsfindungsregel aufgefordert. Die Schaltfläche **Zuordnungsübersicht** zeigt Ihnen dann an, welche Serienfertigungsprofile welche Bestandsfindungsregel verwenden. Über die Schaltfläche **Customizing** gelangen Sie in die Customizing-Transaktion OSPX, wo Sie Bestandsfindungsgruppen und -regeln definieren können. Besprechen Sie im Zweifel mit einer Vertreterin oder einem Vertreter der Materialwirtschaft, welche Regel zur Bestandsfindung verwendet werden soll.

Chargenfindung

Analog zur Angabe der Bestandsfindung kann nun auch die *automatische Chargenfindung* konfiguriert werden. Falls Sie außerhalb der Serienfertigung keine Chargenfindung verwenden oder falls Sie in diesem Profil von der allgemeinen Chargenfindung abweichen wollen, ist es sinnvoll, hier ein eigenes Suchschema einzustellen. Wenn Sie sich dafür entscheiden, werden Sie im Folgebild zur Eingabe eines *Chargensuchschemas* aufgefordert. Andernfalls wird die Chargenfindung so angewendet, wie sie für die allgemeine Chargenfindung konfiguriert wurde. Voraussetzung für die Verwendung der Chargenfindung ist natürlich, dass das entsprechende Material überhaupt chargenpflichtig ist. Zur Vereinfachung unseres Beispiels verwenden wir hier die Option **kein eigenes Chargensuchschema**.

Chargenverwaltung

Die Chargenverwaltung wird in diesem Buch im Rahmen von Kapitel 6, »Prozessfertigung«, genauer erklärt.

Chargensuchschema

Die Chargenfindung verwendet *Strategiesätze* zur Ermittlung der richtigen Charge. Diese werden durch die im Chargensuchschema angegebene Reihenfolge der Strategiearten bestimmt. Über die Schaltfläche **Customizing** gelangen Sie in die Customizing-Transaktion OMCY, wo Sie ein Suchschema definieren können. Hier sind bei **Verwendung** bereits die Chargenfindung und bei **Applikation** die Bestandsführung voreingetragen, sodass Sie direkt bei der Rubrik **Schemata** zur Chargenfindung landen. Wenn Sie hier Änderungen vornehmen oder ein neues Schema definieren möchten, sprechen Sie dafür am besten mit den Kolleginnen oder Kollegen aus der Materialwirtschaft. Dort wird man weitere Details zu den benötigten Konditionsarten kennen, die für die Chargenfindung verwendet werden sollen.

Produktionsplanabbau

Über die Einstellungen zum Produktionsplanabbau im Serienfertigungsprofil wird eingestellt, welche Planauftragsmengen oder Einteilungsmengen beim Buchen der Rückmeldungen reduziert werden sollen. Sie können z. B. nur solche Mengen zur Reduzierung verwenden, die mit einer bestimmten Fertigungsversion produziert werden. Für den *Produktionsplanabbau* gibt es diese Einstellungsmöglichkeiten:

- Es werden keine Reduzierungen gebucht.
- Es werden Planaufträge oder Produktionseinteilungen aus der Zuordnung der Fertigungsversion reduziert.
- Es werden Planaufträge oder Produktionseinteilungen aus der Zuordnung der Fertigungsversion reduziert und auch solche ohne Zuordnung einer Fertigungsversion.
- Es werden alle Planaufträge oder Produktionseinteilungen zum Material reduziert.

In unserem Beispiel wollen wir alle Planaufträge oder Planeinteilungen zum Material reduzieren und setzen die Einstellung dafür auf **alle**, wie in Abbildung 5.8 zu sehen ist.

Abbildung 5.8 Customizing-Transaktion OSPT (Serienfertigungsprofil-Assistent) – Entscheidung über Abbau von Planaufträgen

Abbauhorizont

Der *Abbauhorizont* gibt den Reduzierungszeitraum an. Dieser entspricht der Anzahl an Tagen, die vom System bei der Reduzierung berücksichtigt werden sollen. Liegt ein Planauftrag oder eine Produktionseinteilung außerhalb dieses Horizonts, wird die dortige Menge nicht berücksichtigt. Im Fall von Überproduktion können so die im Abbauhorizont liegenden Plan-Mengen um die mehrproduzierten Teile reduziert werden. Wir geben für unser Beispiel drei Tage als Abbauhorizont vor.

Erzeugung von Planaufträgen bei der Stornierung einer Rückmeldung

Wenn Sie eine Rückmeldung vornehmen oder diese automatisch vorgenommen wird, werden Ist-Daten erfasst und Planaufträge reduziert. Was geschieht jedoch, wenn eine

Rückmeldung *storniert* werden muss? Dann werden die Ist-Daten revidiert, und die geplanten Mengen stimmen nicht mehr. Hier kann nun eingestellt werden, ob resultierend aus den revidierten Daten die Planaufträge erneut erzeugt werden, ob dies keinen weiteren Einfluss auf die Planaufträge hat oder ob dies in der Materialbedarfsplanung berücksichtigt werden soll. So können z. B. neue Planaufträge mit den Mengen der stornierten Wareneingänge eines Tages erstellt werden. Alternativ kann automatisch nach der Stornierung eine einstufige Einzelplanung der Materialbedarfsplanung erfolgen, die den aktuellen Bedarf neu ermittelt und so die stornierten Mengen bei der Erstellung neuer Planaufträge berücksichtigt. Wenn Sie sich gegen das Erzeugen von Planaufträgen entscheiden, werden die offenen Bedarfe schlicht beim nächsten regulären Bedarfsplanungslauf ermittelt und berücksichtigt. In den meisten Fällen geschieht das täglich und ist damit ausreichend. Wir halten unser Beispiel so simpel wie möglich und wählen keine der Optionen zum Erzeugen von Planaufträgen bei der Stornierung von Rückmeldungen aus.

Fehlerkorrektur bei retrograder Entnahme

Retrograde Entnahme ist in vielen Fällen praktisch. Doch was geschieht, wenn die Daten hier einmal korrigiert werden müssen? Falls Sie ein Produktionsleitsystem zur Betriebsdatenerfassung verwenden, können Sie Dialogschritte in Ihrem Prozess nicht gebrauchen. Dann wird die Rückmeldung im Hintergrund ausgeführt, und auch die Korrektur soll dann nicht als Dialog stattfinden. Wenn Sie **keine Korrektur im Dialog** oder **Korrektur im Dialog optional** wählen, sollten Sie im Folgebild angeben, dass Rückstände aus retrograder Entnahme als Nachbearbeitungssätze protokolliert werden. Ansonsten gehen Informationen über Rückstände verloren. Wenn die Korrektur im Dialog dagegen obligatorisch ist, wird die Anwenderin bzw. der Anwender im Dialogfenster manuell die Daten korrigieren müssen, um die Buchungen durchführen zu können. Solche Fehler können auftreten, wenn ein Komponentenbestand im System vom realen Lagerbestand abweicht oder ein falscher Lagerort hinterlegt ist. Für unser Beispiel wollen wir die manuelle Korrektur unserer Daten und wählen daher **Korrektur im Dialog erforderlich** (siehe Abbildung 5.9).

Abbildung 5.9 Customizing-Transaktion OSPT (Serienfertigungsprofil-Assistent) – Entscheidung über dialoggesteuerte Korrektur

Nachbearbeitungssätze

Wenn Sie bei der Art der Fehlerkorrektur bei retrograder Entnahme keine oder eine optionale Korrektur gewählt haben, werden Sie im Folgebild aufgefordert, anzugeben, ob *Nachbearbeitungssätze* zu Positionen mit entsprechenden Fehlern erzeugt werden sollen. Dabei können entweder keine oder nur kumulierte oder kumulierte und Einzel-Nachbearbeitungssätze erzeugt werden. Ohne Protokollierung der Rückstände werden auch keine Rückstandsbuchungen erzeugt. In diesem Fall sollten die fehlerhaften Buchungen sofort per Dialog korrigiert werden, da ansonsten wichtige Informationen schlicht verloren gehen.

Kumulierte Rückstände können nur über die Serienfertigung nachbearbeitet werden. Wenn Rückmeldungen storniert werden, werden jedoch keine kumulierten Rückstände angepasst. Die Einzelnachbearbeitung kann gemeinsam mit Rückständen aus Fertigungsaufträgen nachbereitet werden. Das kann bei großem Aufkommen jedoch Performancenachteile mit sich bringen.

Bewegungsarten bei Lagerszenario

Die *Bewegungsarten* werden von der Materialwirtschaft definiert und sind hier bereits als Vorschlagswerte hinterlegt. Es kann jedoch sein, dass Sie eigene Bewegungsarten für Ihr Profil verwenden möchten, die Sie zuvor im Customizing der Materialwirtschaft über die Customizing-Transaktion OMJJ neu definiert haben. In diesem Fall geben Sie hier die jeweilige Bewegungsart für diese Ereignisse ein (in Klammern steht jeweils die Standardbewegungsart):

- Warenausgang (261)
- Wareneingang (131)
- Ausschuss (551)
- Nebenprodukt (531)
- Warenausgangsstorno (262)
- Wareneingangsstorno (132)
- Ausschussstorno (552)
- Nebenproduktstorno (532)

Bewegungsarten sind ein zentrales Steuerungsinstrument für die Buchung von Beständen sowohl aus logistischer als auch aus Buchhaltungssicht. Sprechen Sie mit Ihren Kolleginnen und Kollegen aus der Materialwirtschaft und der Finanzbuchhaltung, wenn Sie hier neue Bewegungsarten definieren möchten.

Abschluss des Serienfertigungsprofil-Assistenten

Zum Schluss geben Sie einen alphanumerischen vierstelligen **Schlüssel** ein, der Ihr Profil identifiziert. Wir nennen unser Beispiel »ZS01« für unsere Skateboard-Serienfertigung. Daneben fügen Sie eine **Beschreibung** ein, die Ihnen auch in Zukunft aussagekräftig vermittelt, was dieses Profil auszeichnet. Über die Schaltfläche **Zusammenfassung** können Sie noch einmal Ihre Eingaben überprüfen. Wenn Sie ein bestehendes Profil als Vorlage gewählt haben, können Sie hier auch die beiden Profile miteinander abgleichen. Speichern Sie nun das Profil. Sie können es jederzeit wieder ändern, falls dies erforderlich ist. Dazu können Sie jedoch nicht den Assistenten verwenden, sondern müssen die Customizing-Transaktion OSP2 nutzen. Hier markieren Sie dann das entsprechende Profil und klicken auf **Detail**. Dann können Sie die eben benannten Einstellungen zentral über die Registerkarten **Steuerungsdaten1**, **Steuerungsdaten2** und **Bewegungsarten** ändern.

5.1.2 Materialstammdaten

Verwendete Transaktionen

- MM01 (Material anlegen)
- MM02 (Material ändern)
- MM03 (Material anzeigen)
- Es gibt gleichnamige SAP-Fiori-Apps dazu.

Über die Transaktion MM02 gelangen Sie in die *Materialstammdaten*. Hier geben Sie das Material Ihres Fertigungserzeugnisses (im Beispiel »SF_STAN_001« für unser Skateboard-Modell Standard) sowie ein Werk ein (im Beispiel »1010«). Uns interessiert vor allem die Sicht **Disposition 4**. Ein Material, das für die Serienfertigung aktiviert werden soll, muss hier das Kennzeichen **Serienfertigung erlaubt** erhalten. Dadurch erst können Sie in der Fertigungsversion eines solchen Materials das Kennzeichen **Serienfertigung für Version erlaubt** setzen. Darüber hinaus muss auch ein Serienfertigungsprofil angegeben werden. Dieses haben wir ja bereits angelegt und können es so direkt in das Eingabefeld **SerienfertProfil** eintragen. Dieses Vorgehen ist sehr komfortabel, da über das Serienfertigungsprofil bereits ein Großteil der notwendigen Konfigurationen zentral verwaltet wird und hier nur noch die Verknüpfung zum Material hergestellt werden muss. Falls Sie die retrograde Entnahme in Ihrem Fertigungsprozess für dieses Material vorgesehen haben und dies generell auf Materialebene festlegen wollen (dass dieses Material also immer mit der retrograden Entnahme gebucht wird), können Sie in der Sicht **Disposition 4** das Kennzeichen **retrograde Entnahme** setzen.

In den Sichten **Kalkulation** und **Buchhaltung** müssen darüber hinaus der Materialpreis und die Preissteuerung angegeben werden. Es kann dabei ein fixer Standardpreis angegeben oder eine Ermittlung vorgeschrieben werden (z. B. als gleitender Durchschnittspreis).

5.1.3 Stücklisten

Verwendete Transaktionen

- CS01 (Stückliste anlegen)
- CS02 (Stückliste ändern)
- CS03 (Stückliste anzeigen)
- SAP-Fiori-App **Stücklisten pflegen** (App-ID F1813)

Mit der Transaktion CS01 legen Sie eine *Stückliste* an. Mittels der Transaktion CS02 kann diese später wieder geändert werden. Mit der Rolle **Stücklistenbearbeiter** können Sie auch die SAP-Fiori-App **Stücklisten pflegen** verwenden (App-ID F1813).

Für unser Beispiel möchten wir eine einfache Stückliste für unser Fertigungserzeugnis SF_STAN_001 (Skateboard-Modell Standard) verwenden. Abbildung 5.10 zeigt diese Stückliste und die von uns im Beispiel verwendeten Komponenten, die für jedes unserer Skateboards vom Modell Standard die gleichen sein sollen. Aufgrund der Mengenangaben zu den Komponenten wird der Komponentenverbrauch auf Basis der Stückliste berechnet. Wenn Sie in Transaktion CS01 oder CS02 eine Position der Stückliste markieren und auf **Position** klicken, gelangen Sie zur Übersicht dieser Position. Auf der Registerkarte **Status/Langtext** können Sie einen Produktionslagerort oder einen Produktionsversorgungsbereich angeben, der später zur Entnahme der Komponenten bei der Rückmeldung verwendet wird. Sie tragen hier einen Produktionslagerort ein (z. B. »101A«) und navigieren über **Nächste Position** durch alle weiteren Positionen der Stückliste, um die Entnahmelagerorte zu hinterlegen.

Stücklisten in der Serienfertigung

Wir werden die Stücklisten für die Serienfertigung nicht noch einmal gesondert betrachten, weil sie in der Serienfertigung genauso angelegt werden und funktionieren wie in der diskreten Fertigung. In Kapitel 3, »Stammdaten in der Produktion«, finden Sie allgemeine Informationen zu Stücklisten. Wie Sie eine Stückliste anlegen können, sehen Sie am Beispiel aus Kapitel 4, »Diskrete Fertigung«.

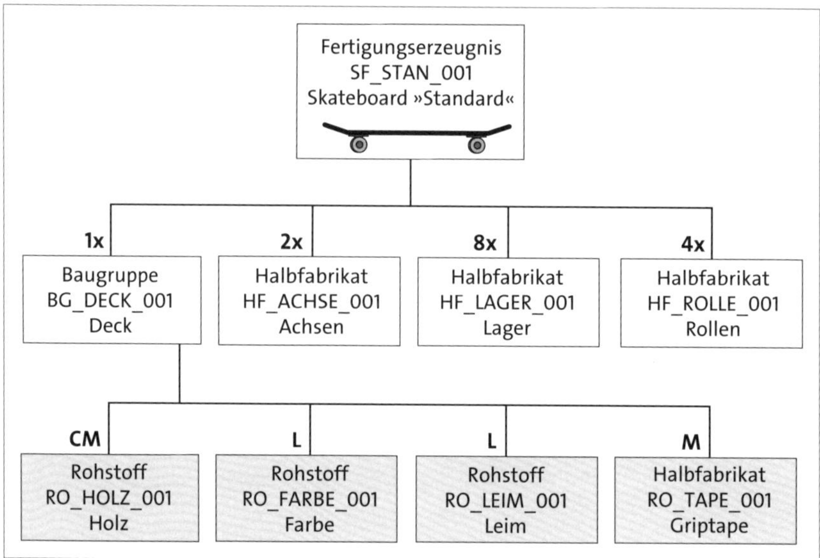

Abbildung 5.10 Stückliste für das Skateboard-Modell »Standard«

5.1.4 Planungstableau

Verwendete Transaktionen

- MF50 (Planungstableau)
- Menüpfad: **Produktion • Serienfertigung • Planung • Planungstableau • Einstiegsparameter pflegen**
- Menüpfad: **Produktion • Serienfertigung • Planung • Planungstableau • Zeilenauswahl pflegen**

Das *Planungstableau* ist ein nützliches Werkzeug in der Serienfertigung. Sie können darüber einen Produktionsplan darstellen und die operativen Produktionsmengen planen. Die Aufbereitung der Informationen zu Zeiten und Mengen von Materialien und Fertigungslinien erfolgt periodenorientiert, da auch die Serienfertigung an sich perioden- und mengenorientiert ausgerichtet ist. Der Fertigungsplaner überprüft mittels des Planungstableaus die Kapazitätsauslastung an den Fertigungslinien, um die Kapazitätsverfügbarkeit für die Produktion einschätzen zu können. Darauf aufbauend können Produktionsmengen direkt geändert und den Fertigungslinien zugeteilt werden. Auch die Abwicklung von Produktionsmengen mit Schichteinteilungen ist hier umsetzbar. Über die Transaktion MF50 gelangen Sie in das Einstiegsbild zum Planungstableau.

Einstiegsparameter

Über den Customizing-Pfad **Produktion • Serienfertigung • Planung • Planungstableau • Einstiegsparameter pflegen** können Sie die *Einstiegsparameter* des Planungstableaus (Transaktion MF50) festlegen. Der Selektionshorizont gibt den Betrachtungszeitraum an. Der Einstieg mit Fertigungslinie, Arbeitsplatzhierarchie oder Disponent sowie die Darstellung der Dispositionsabschnitte können vorgegeben werden. Darüber hinaus können Sie Vorgaben für die Verwendung der Durchlaufterminierung oder der Sequenzplanung machen. Es können noch weitere feinere Einstellungen vorgenommen werden. Diese Einstellungen definieren jedoch nur die Standardvorbelegung im Einstiegsbild des Planungstableaus und können dort jederzeit wieder geändert und über die Schaltfläche **Benutzereinstellungen** personalisiert gespeichert werden.

Zeilenauswahl

Über den Customizing-Pfad **Produktion • Serienfertigung • Planung • Planungstableau • Zeilenauswahl pflegen** können Sie die *Zeilen definieren*, die Sie im Planungstableau angezeigt bekommen möchten. Die Reihenfolge und Sichtbarkeit können Sie im Planungstableau über **Sicht • Einstellungen** wieder ändern. Setzen Sie im Customizing die entsprechenden Häkchen für Ihre präferierte Anzeige der Zugänge, Bedarfe, Informationszeilen sowie der Darstellung der Führungspalte.

5.1.5 Materialbereitstellungsliste

Verwendete Transaktionen

- MF60 (Materialbereitstellungsliste)
- SAP-Fiori-App **Materialien für die Produktion bereitstellen** (App-ID MF60)
- Menüpfad: **Produktion • Serienfertigung • Materialbereitstellung • Steuerungsdaten für Materialbereitstellungsliste festlegen**

Die *Materialbereitstellungliste* (Transaktion MF60) dient als Werkzeug zur innerbetrieblichen Versorgung der Produktion mit den benötigten Materialien. Hierüber werden also keine Fremdbezüge oder Eigenfertigungen gesteuert, sondern die bestehenden Bestände von den entsprechenden Lagerplätzen zu den Versorgungsbereichen der Produktion umgelagert. Dafür kann die Bestandssituation am Produktionslagerort aus der Materialbereitstellungsliste heraus geprüft werden. Für Komponenten mit Fehlmengen wird dann Nachschub erzeugt. Die typische Bewegungsart für diese Umlagerung ist die Bewegungsart **311**. Es ist über das Customizing nun möglich, eine zuvor selbst konfigurierte Bewegungsart und ein selbst konfiguriertes Suchschema für Bestände und Chargen zuzuordnen. Der Customizing-Pfad hierfür lautet: **Produktion • Serienfertigung • Materialbereitstellung • Steuerungsdaten für Materialbereitstellungsliste festlegen**.

Verfügen Sie über die die Rolle **Werker – Serienfertigung**, so steht Ihnen im SAP Fiori Launchpad die SAP-Fiori-App **Materialien für die Produktion bereitstellen** (App-ID MF60) zur Verfügung. Das in Abbildung 5.11 dargestellte Startbild der App zeigt, dass sie analog zur Transaktion MF60 genutzt werden kann.

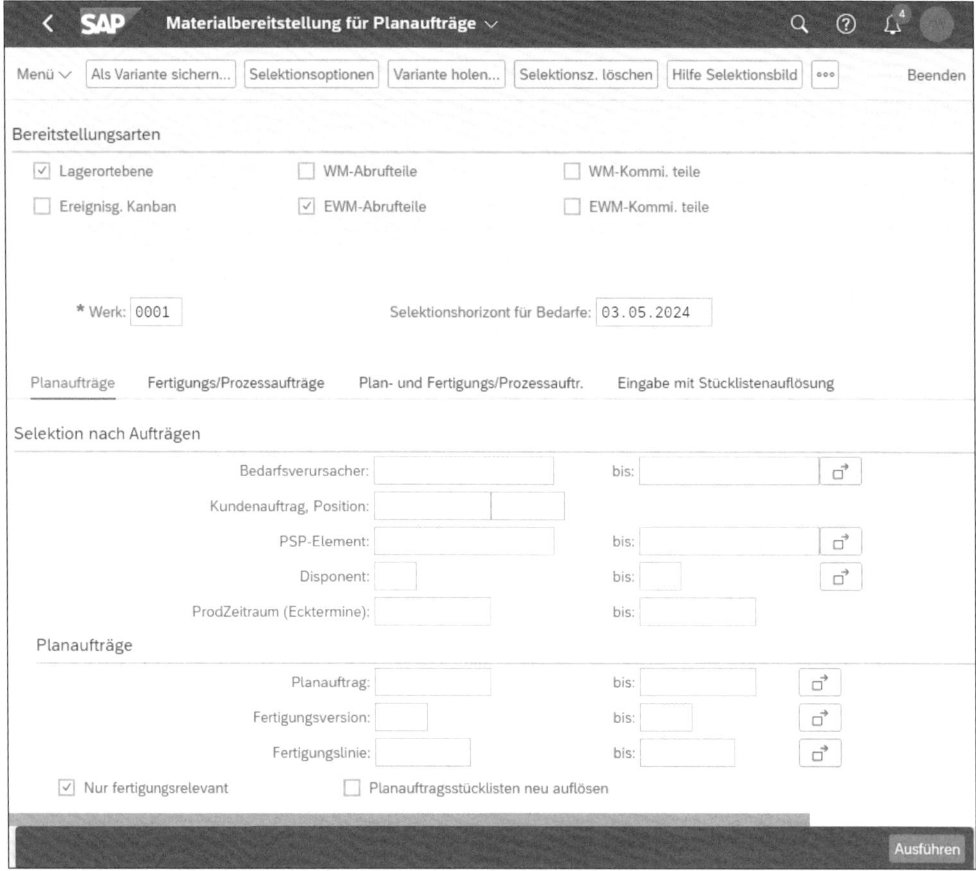

Abbildung 5.11 Die SAP-Fiori-App »Materialien für die Produktion bereitstellen«

Sie benötigen das Feld **Werk** als Pflichtfeld und sollten mindestens ein weiteres Selektionskriterium z. B. **Disponent** und **ProdZeitraum** (Ecktermine der geplanten Produktion) oder die konkrete Auftragsnummer zusätzlich als Filter verwenden, da es bei sehr großen Mengen an Ergebnissen zu einem Fehler bei der Anzeige kommen kann und darüber hinaus auch keine übersichtliche Abarbeitung der Ergebnisse mehr möglich ist. In der Ergebnisliste können Sie die offene Fehlmenge der einzelnen Positionen (Komponenten) zu den relevanten Planaufträgen einsehen und die Bereitstellungsmenge manuell eintragen oder über die Funktion **Nachschubvorschläge** automatisch die Mengen eintragen lassen.

Mit einem Klick auf die Schaltfläche **Verfügbarer Bestand** prüfen Sie, ob die Bereitstellung für die jeweilige Position ad-hoc ausgeführt werden kann. Der Status gibt derweil an, ob eine Fehlmenge vorhanden ist und nicht genug Nachschub eingetragen wurde, um diese zu decken. Wurde Nachschub für eine Position eingetragen (also Nachschubelemente erzeugt), aber dieser noch nicht systemseitig verarbeitet, so ist der Status gelb (**Nachschub wird erzeugt**). Über einen Klick auf die Schaltfläche **Nachschubelemente** öffnet sich ein weiterer Bereich mit den bereitstellungrelevanten Positionen. Über einen Klick auf **Bereitst.** können Sie die Bereitstellung anstoßen.

In der Serienfertigung wird in der Regel mit Planaufträgen gearbeitet. Es ist jedoch ebenso möglich, die SAP-Fiori-App **Materialien für die Produktion bereitstellen** in der diskreten Fertigung oder der Prozessfertigung zu verwenden. Auf die Materialbereitstellung gehen wir in Kapitel 13, »Produktionsnahe Logistik«, genauer ein.

5.1.6 Globale Einstellungen für die Rückmeldung

Über den Customizing-Pfad **Produktion • Serienfertigung • Istdatenerfassung • Grundeinstellungen für Rückmeldung und LIS pflegen** (LIS steht für *Logistikinformationssystem*) können Sie globale Einstellungen für die Rückmeldung festlegen. Sie können hier angeben, ob die Serienauftrags- oder Planauftragsnummer mit in der Rückmeldung erfasst wird und aus welchem Zeitraum die Planzahlen für die Fortschreibung der Statistiken verwendet werden sollen. Auch die synchrone Verbuchung von Sammelrückmeldungen können Sie hier einstellen. Dann werden die einzelnen Einträge der Sammelrückmeldung direkt verbucht und die betroffenen Materialien und Komponenten nur für kurze Zeit im System für die Verarbeitung durch andere Programme gesperrt. Das ist umso sinnvoller, je mehr Einträge in der Sammelrückmeldung stehen, verlangt aber mehr Performance vom System.

5.1.7 Arbeitsanweisung

Der Customizing-Pfad **Produktion • Grunddaten • Liniendesign • Arbeitsanweisungen** führt Sie zur Definition von Vorlagen für *Arbeitsanweisungen* zu Vorgängen eines Linienplans. Auch für Normalarbeitspläne und Prüfpläne können hier Vorlagen erstellt werden. Diese Arbeitsanweisungen sind natürlich druckbar und können diese Bestandteile in Ihrer konfigurierten Ausprägung enthalten:

- Deckblatt mit Vorgangsübersicht
- Tabellen mit Vorgangsdaten
- Tabellen mit Komponentenzuordnungen

- Tabellen mit Fertigungshilfsmitteln
- Tabellen mit Prüfmerkmalen
- Grafiken
- Informationen zu einzelnen Feldern des Linienplans
- Informationen aus dem Plankopf

Konfiguration der Arbeitsanweisungen

Das Erstellen und Drucken von Dokumenten aus einem SAP-System heraus ist immer mit einigen Einstellungen verbunden. Lesen Sie die zu diesem Customizing-Punkt hinterlegte Dokumentation im Performanceassistenten Schritt für Schritt durch. Hier wird das nötige Vorgehen recht ausführlich beschrieben.

5.1.8 Terminierungsparameter für Planaufträge

Die *Terminierungsparameter* für Planaufträge können über den Customizing-Pfad **Produktion • Serienfertigung • Planung • Terminierungsparameter • Planaufträge festlegen** eingestellt werden. Alternativ gelangen Sie über die Customizing-Transaktion OPU5 dorthin. Hier stellen Sie für die Kombination aus Werk, Auftragsart und Fertigungssteuerer einen Eintrag für die Terminierungsparameter ein. Per Doppelklick auf die entsprechende Zeile oder über das Markieren einer Zeile und einen Klick auf **Detail** gelangen Sie in das Konfigurationsmenü für Ihre Terminierungsparameter. Das Kenneichen **LFP** zeigt an, ob auch Daten für die Langfristplanung gepflegt sind. Um diese zu sehen, markieren Sie die entsprechende Zeile und klicken doppelt auf **Langfristplanung/Simulation**. Auch hier gelangen Sie wieder per Doppelklick auf die Zeile oder per Markierung einer Zeile und Klick auf **Detail** in das Konfigurationsmenü.

Konfiguration der Terminierungsparameter

Wenn Sie in der Customizing-Transaktion OPU5 auf **Konfigurationshilfe** klicken, erhalten Sie eine Beschreibung der möglichen Konfigurationen. Diese bleibt auch geöffnet, wenn Sie in die Detailansicht abspringen.

5.1.9 Fertigungslinien

Verwendete Transaktionen

- CNR1 (Arbeitsplatz anlegen)
- CNR2 (Arbeitsplatz ändern)

- CNR3 (Arbeitsplatz anzeigen)
- SAP-Fiori-App **Arbeitsplatz ändern** (App-ID CR02)
- SAP-Fiori-App **Arbeitsplätze verwalten** (App-ID F6175)

Eine *Fertigungslinie* ist eine Vereinfachung aufeinanderfolgender Fertigungsstationen, die zur Reduzierung des Aufwands technisch gesehen wie ein Arbeitsplatz behandelt werden. Die Fertigungslinie wird somit in der Regel als einzelner Arbeitsplatz einer Fließ- oder Serienfertigung eingerichtet. Eine Fertigungslinie kann aus mehreren Arbeitsplätzen bestehen, die den Arbeitsablauf in *Takte* unterteilen und anhand einer *Linienhierarchie* strukturiert sind. Das ist jedoch nur notwendig, wenn Sie entweder die Taktterminierung der Sequenzplanung oder die Durchlaufterminierung über den Arbeitsplan verwenden möchten und die Kapazitätsplanung auf mehreren Linienabschnitten durchführen. Wenn Sie eine Fertigungslinie einrichten wollen, müssen Sie in der Transaktion CNR2 in der Sicht **Grunddaten** des Arbeitsplatzes die Arbeitsplatzart **Linie** auswählen oder einen neuen Arbeitsplatz mit dieser Arbeitsplatzart mithilfe der Transaktion CNR1 anlegen.

Bei der SAP-Fiori-App **Arbeitsplatz ändern** (App-ID CR02) handelt es sich um eine fiorisierte Fassungen der Transaktion CR02 aus der diskreten Fertigung. Dafür wird die Rolle **Produktionsingenieur – Diskrete Fertigung** benötigt. Es ist sinnvoll, diese Rolle einer Person mit Stammdaten-Verantwortung in der Serienfertigung zuzuweisen, da sich die diskrete und die Serienfertigung einige Stammdatenobjekte teilen. Die SAP-Fiori-App **Arbeitsplätze verwalten** (App-ID F6175) kombiniert die Funktionen der früheren Transaktionen CR01, CR02 und CR03 und befähigt Anwender somit zum Anzeigen, Anlegen und Bearbeiten von Arbeitsplätzen. Klickt man hier auf **Anlegen**, so gelangt man in das aus Kapitel 3, »Stammdaten in der Produktion«, bekannte Einstiegsbild. Für die Serienfertigung legen wir dann im Bereich **Grunddaten** einen Arbeitsplatz mit der Arbeitsplatzart **0007** an (**Fertigungslinie**). Ab hier verhält es sich gleich zum im Folgenden beschriebenen Prozess der Transaktion CNR2 (Arbeitsplatz ändern), die speziell für Fertigungslinien gedacht ist.

Die Fertigungslinie kann in mehrere *Linienabschnitte* unterteilt werden, die wiederum mehrere Arbeitsplätze gemäß der *Taktanzahl* des Abschnitts beinhalten können. Für jeden Linienabschnitt muss dann jeweils ein Arbeitsplatz hinterlegt werden. Das Gesamtkonstrukt kann über die Linienhierarchie abgebildet werden. Sie können aber auch nur einen Arbeitsplatz für eine Fertigungslinie einrichten.

Wir wollen für unser Beispiel zum Werk »1010« einen Arbeitsplatz »MON_ST_1« mit der Arbeitsplatzart Fertigungslinie »0007« anlegen. Es folgt die Pflege der Registerkarten:

- **Grunddaten**
- **Vorschlagswerte**
- **Kapazitäten**
- **Terminierung**
- **Kalkulation**

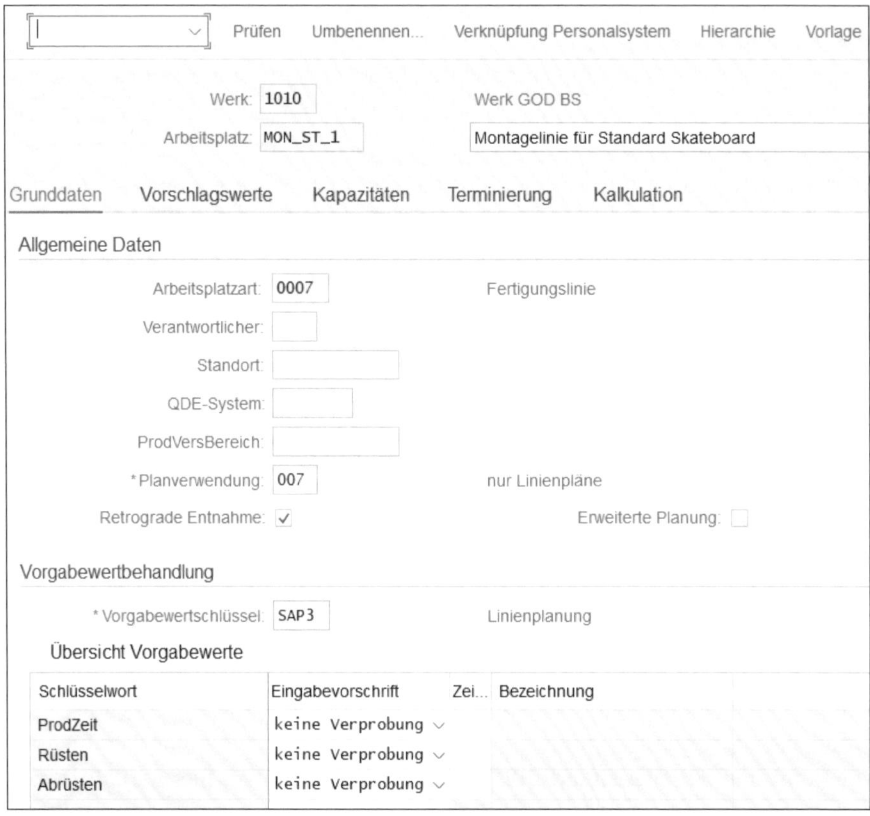

Abbildung 5.12 Transaktion CNR2 (Arbeitsplatz ändern) – Grunddaten der Fertigungslinie

Abbildung 5.12 zeigt die Sicht der **Grunddaten**. Was in den Sichten in unserem Beispielfall jeweils genau zu tun ist, erfahren Sie in den folgenden Abschnitten.

Grunddaten

Zunächst benötigt der Arbeitsplatz unter **Grunddaten** eine gute Beschreibung, z. B. »Montagelinie für XY«. Bei der Angabe **Planverwendung** tragen wir für unser Beispiel »007« für Linienpläne ein. Auch hier können Sie das Kennzeichen **Retrograde Entnahme** aktivieren. Das gilt jedoch nur, wenn Sie zuvor im Materialstamm angegeben haben, dass die Entscheidung über die retrograde Entnahme über den Arbeitsplatz zum jeweiligen Vorgang getroffen werden soll. Alternativ hätte man im Materialstamm die retrograde Entnahme für das Material im Allgemeinen aktivieren können. Und die dritte Angabe im Arbeitsplan – bzw. in unserem Fall im Linienplan –, die wir machen müssen, ist diese: Im Feld **Vorgabewertschlüssel** tragen wir »SAP3« für die Linienplanung ein.

Vorschlagswerte

Die *Vorschlagswerte* bieten wieder den Komfort, dass hier die bereits im Vorfeld definierten Schlüssel angegeben und an dieser Stelle somit viele wichtige Konfigurationsschritte eingespart werden können. Die Angabe im Feld **Steuerschlüssel** gibt wie auch bei einem gewöhnlichen Arbeitsplatz in der diskreten Fertigung Aufschluss darüber, ob Rückmeldungen und Terminierungen an diesem Arbeitsplatz vorgesehen sind oder ob es sich um Fremdbearbeitung handelt. Wir geben hier unseren bereits im Vorfeld definierten Schlüssel »ZP02« ein. Da wir die Rückmeldung mit Zählpunkten einrichten wollen, muss in unserem Steuerschlüssel bei **Rückmeldung** eine »1« für die Meilensteinrückmeldung eingetragen sein. (In Kapitel 3, »Stammdaten in der Produktion«, haben wir erklärt, wie ein solcher Steuerschlüssel über die Customizing-Transaktion OP00 angelegt werden kann.) Über **Vorlagenschlüssel** können Vorgangsbeschreibungen zum speziellen Fall eines Vorgangs mit der Vorlage des Arbeitsplatzes erstellt werden. Die jeweiligen Kennzeichen können Sie hier noch zusätzlich setzen, wenn Sie eine Änderung dieser Vorschlagswerte in der weiteren Planung verbieten wollen.

Kapazitäten

Analog zum gewöhnlichen Arbeitsplatz wird auch bei der Fertigungslinie auf der Registerkarte **Kapazitäten** eine Kapazitätsart angegeben. Das unterscheidet sich nicht von der Einstellung in der diskreten Fertigung. Wir wählen für unser Beispiel bei **Kapazitätsart** »001« (für *Maschine*). Im Kopf zur Arbeitsplatzkapazität geben wir neben einem Kurztext (im Beispiel »Montageroboter«) eine **Kapazitätsplanergruppe** an (hier »011«). Die Basismengeneinheit soll »H« (für *Stunde*) sein. Der Nutzungsgrad soll bei uns wie aus dem Bilderbuch 100 % betragen. Hier sollte am besten ein Erfahrungswert eingetragen werden, der die tatsächliche Verfügbarkeit widerspiegelt. Alternativ kann auch direkt die Verfügbarkeit der Kapazität (z. B. in Stunden) gemäß der Erfahrung aus der Praxis angepasst eingetragen werden. Die Anzahl der verfügbaren Einzelkapazitäten soll »5« sein, da wir fünf Montageroboter an unserer Linie parallel arbeiten lassen können. Pausen benötigen unsere Roboter nicht, aber den Beginn und das Ende unseres Standardangebots an Kapazität wollen wir mit »06:00:00« (**Beginnzeit**) und »18:00:00« (**Endezeit**) angeben, da unsere Maschinen täglich von 6 bis 18 Uhr laufen. Die Einsatzzeit von zwölf Stunden wird dann automatisch ermittelt, während die Kapazität insgesamt 60 Stunden beträgt.

Wenn Sie im Bereich **Planungsdetails** das Kennzeichen **Relevant für Kapazitätsterminierung** setzen, wird die Belastung der Kapazität berücksichtigt. Das bedeutet, dass die Kapazitätsterminierung nicht nur das Angebot von 60 Stunden, sondern auch eine eventuelle Überlastung von z. B. 10 % berücksichtigt. Dann würden hier 66 Stunden Kapazität anfallen (z. B. durch längeren Betrieb der Maschinen). Das Kennzeichen **Langfristplanung** bewirkt, dass die Kapazität unserer Fertigungslinie in den Simulationen der langfristigen Planung berücksichtigt wird. Spezielle Informationen zur alten Langfristplanung finden Sie in Abschnitt 7.3.6, »Übergabe der SOP-Daten an die Langfristplanung«. Zur neuen Form der Langfristplanung (Predictive MRP) finden Sie weitere Informationen dagegen in Kapitel 9, »Materialbedarfsplanung (MRP)«.

Im Bereich **Übersicht** der Sicht **Kapazitäten** geben wir in unserem Beispiel als Formel zur Berechnung der Kapazitätsbedarfe der Aktivität **Bearbeiten** noch »SAPR06« an. Diese Formel ist eine SAP-Standardformel für Maschinenkapazitäten in der Fertigung. Bei der Angabe der Formeln kann die [F4]-Hilfe verwendet werden. Dort muss eine geeignete Formel ausgewählt werden, die die Bedarfe abbilden kann. Dabei muss sichergestellt sein, dass in der Customizing-Transaktion OP54 für diese Formel das Kennzeichen **KapaBedarfe Arbeitsplatz** gesetzt ist. Das ist wichtig, damit später Kapazitätsbedarfe im Planungstableau bearbeitet werden können.

Arbeitsplatzkapazität

Wenn Sie in der Transaktion CR02 (Arbeitsplatz ändern) in der Sicht **Kapazitäten** weiter nach unten scrollen, sehen Sie einige Schaltflächen. Wenn Sie auf die Schaltfläche mit dem Hutsymbol und der Aufschrift **Kapazität** klicken, gelangen Sie wieder in die Kopfdatenansicht der Arbeitsplatzkapazität. Hier können Sie außerdem Konstanten für die verwendete Formel definieren und die Formeln auch testen.

Terminierung

Es folgt die Registerkarte **Terminierung**. Die Kapazitätsart der Terminierungsbasis ist wieder »001« (für Maschine). Hier können außerdem SAP-Standardformeln oder auch eigene Formeln für die Dauer einzelner Aktivitäten pro Vorgang hinterlegt werden.

Kalkulation

Auf der Registerkarte **Kalkulation** müssen Sie für die Integration in die Kostenträgerrechnung des Controllings eine Kostenstelle angeben, die zur Leistungsverrechnung in Ihrem Kostenrechnungskreis verwendet werden soll. Sie können hier genau eine Kostenstelle verwenden, denn es ist zwar möglich, dass mehrere Arbeitsplätze dieselbe Kostenstelle haben, andersherum darf ein Arbeitsplatz jedoch nicht mehreren Kostenstellen zugewiesen werden. Stimmen Sie sich hierfür mit den Kolleginnen und Kollegen aus dem Controlling ab. Wenn zur Kostenstelle der Fertigungslinie Leistungsarten durch das Controlling hinterlegt sind, können diese den einzelnen Leistungen in der Spalte **Leistungsart** zur späteren Kostenverrechnung mitgegeben werden.

Nachdem Sie nun alle Informationen in den Stammdaten des Arbeitsplatzes eingetragen haben, können Sie sie speichern, damit die neue Fertigungslinie im System angelegt wird.

5.1.10 Linienplan

Verwendete Transaktionen

- CA21 (Linienplan anlegen)
- CA22 (Linienplan ändern)
- CA23 (Linienplan anzeigen)

In der Serienfertigung kann eine spezielle Form des Arbeitsplans verwendet werden, der als *Linienplan* Produktionsraten (Menge pro Zeit) statt fixer Losgrößen verwaltet. Alternativ wäre es jedoch auch möglich, Normalarbeitspläne zu verwenden. Für die Serienfertigung wird eine Menge eines Materials definiert, die in einer vorgegebenen Zeit gefertigt werden soll. Der Linienplan bildet dies ab und stellt damit die Grundlage für die Durchlaufterminierung in der Serienfertigung. Der Plan legt zudem fest, welche Arbeitsschritte in welcher Reihenfolge und in welcher Zeit durchlaufen werden. Ein Linienplan beinhaltet also wie ein Normalarbeitsplan auch *Vorgänge*. Häufig verwendet man in der Serienfertigung nur einen Vorgang, da man die Arbeitsabläufe nicht wirklich über den Plan abbildet, sondern diesen eher als organisatorisches Gerüst verwendet. Falls man eine Linienhierarchie, also mehrere Arbeitsplätze, im Einsatz hat, kann man jedoch auch mehrere Vorgänge definieren, denen dann die *Linienabschnitte* zugeordnet werden.

Ein Arbeitsplatz steht dabei für einen *Takt*. Generell betrachtet besteht Fließbandproduktion aus der (automatisierten) Abfolge verschiedener, oft kleinteiliger Arbeitsschritte. Da hier immer dieselben Arbeitsschritte ausgeführt werden, bedarf es für gewöhnlich keiner Rüstzeiten, denn es muss ja kein Werkzeug gewechselt werden. Man würde eher von Wartungsarbeiten sprechen, wenn dann ein Werkzeug aufgrund von Verschleiß umgerüstet werden muss. Ein immer gleicher Arbeitsschritt wird also immer in der gleichen Zeit erledigt (bzw. in einer Durchschnittszeit basierend auf Erfahrungswerten), und das Werkstück wird an die nächste Bearbeitungsstation weitergegeben. Dieses rhythmische Arbeiten bildet den Takt. Wenn der Arbeitsschritt z. B. 5 Minuten benötigt, dann haben Sie auf Stundenbasis eine *Taktzahl* von 12. Den Linienabschnitten können Sie neben den Arbeitsplätzen auch noch Fertigungshilfsmittel zuordnen. Und Sie haben beim Anlegen der einzelnen Vorgänge die Möglichkeit, zunächst einen Dummy-Arbeitsplatz zu hinterlegen.

[»]

Serienfertigung von Materialien mit hohem Materialkostenanteil

Es ist nicht zwingend erforderlich, einen Linienplan zu definieren. Wenn Sie keine Fertigungsleistungen buchen wollen, weil diese z. B. in Relation zu den Materialkosten unbedeutend sind und Sie zudem keine Durchlauf-/Kapazitätsplanung durchführen möchten, können Sie diesen Konfigurationsschritt einsparen.

Über die *Linienhierarchie* strukturieren Sie die Linienabschnitte und Takte im Linienplan. Diese Linienhierarchie kann im *Linienplankopf* angegeben werden. Wenn Sie eine ratenbasierte Fertigung implementieren möchten, benötigen Sie eine Linienhierarchie, in die Sie die Raten eintragen müssen. Einen Linienplan benötigen Sie dafür nur, wenn Sie auch eine Kalkulation ermöglichen möchten.

Vorgangsfolgen, die parallel zur Hauptlinie durchlaufen werden, können über *Zuführungslinien* abgebildet werden. Durch den Einsatz von Zuführungslinien kann die Durchlaufzeit über die Parallelisierung von Arbeitsschritten verkürzt werden. Dabei gibt es auch schachtelbare Möglichkeiten. Das Anlegen einer oder mehrerer paralleler Folgen als Zuführungslinien ist eine Möglichkeit. Das Anlegen paralleler Folgen zu einer Zuführungslinie, die wiederum eine parallele Folge zur Hauptlinie darstellt, ist eine weitere Möglichkeit. Sie können also auch Zuführungslinien zu Zuführungslinien anlegen.

[»]

Retrograde Entnahme

Wir haben für unser Beispiel im Serienfertigungsprofil die retrograde Entnahme aktiviert. Nun müssen wir diese Einstellung noch im Arbeitsplan (hier als Linienplan) vornehmen, damit unsere Materialien auch entsprechend gebucht werden dürfen. Würden wir alternativ das Kennzeichen im Materialstamm setzen, wäre immer eine retrograde Entnahme für das Material anzuwenden. Da wir die Materialien für unser Beispiel aber auch noch für die diskrete Fertigung verwenden und dort andere Prozesse vorgesehen haben, stellen wir die retrograde Entnahme für unser Beispiel nicht im Materialstamm ein.

Linienplan anlegen

Mit der Transaktion CA21 legen wir nun einen Linienplan an. (Mit der Transaktion CA22 kann er danach noch geändert werden.) Für unser Beispiel wählen wir im Einstiegsbild das Material »SF_STAN_001« und das Werk »1010« aus und geben im Feld **Stichtag** den Tag an, ab dem unser Linienplan zur Verfügung stehen soll. Nach der Bestätigung mit [↵] gelangen wir in die Ansicht der Kopfdaten zum Linienplan.

[+]

Optimierung der Performance bei stark belasteten Systemen

Wenn Sie für den Arbeitsplan nur einen Vorgang anlegen, mit dem Sie die Produktionsrate der Fertigungslinie definieren, benötigt die Terminierung am wenigsten Systemressourcen. Daher sollten Arbeitspläne im Fall eines im Allgemeinen stark belasteten Systems so schlank wie möglich gehalten werden. Wenn Ihr System jedoch hinreichend skaliert ist, besteht mit SAP S/4HANA in der Regel keine Notwendigkeit für eine gezielte Performanceoptimierung in diesem Bereich. Im Vorgang können Sie dann den Steuerschlüssel für die Terminierung hinterlegen.

Kopfdaten zum Linienplan

Der Plangruppenzähler unseres Linienplans steht auf **1**, da wir keine bestehende Plangruppe angegeben haben. Somit wird der Plan nicht hochgezählt, sondern ist eben der erste in einer neuen Plangruppe, die uns gemäß der Einstellung im Nummernkreis beim Speichern automatisch zugeteilt werden wird. Wir geben bei **Verwendung** »1« (für *Fertigung*) ein. Den Wert im Feld **Gesamtstatus** würde man zunächst bei »1« (für *angelegt*) belassen, bis alle Eingaben korrekt vorgenommen und von entsprechenden Stellen freigegeben worden sind. Für unser Beispiel geben wir aber einfach gleich »4« (für *freigegeben allgemein*) ein, da keine Prüfungen durchgeführt werden und wir den Plan im Anschluss an unsere Konfiguration direkt für die Serienfertigung verwenden wollen. Bei **Planungsarbeitsplatz** geben wir die jüngst definierte Fertigungslinie »MON_ST_1« ein. Hier sollte im Prinzip der Arbeitsplatz genannt werden, der aufgrund seiner Kapazität den Engpass für die Taktzahl darstellt. Wir haben jedoch in unserem Beispiel nur einen definiert, daher ist dieser auch unser Taktgeber. Der Linienplan soll für jede Losgröße verfügbar sein, also geben wir bei **Losgröße von** »1« und bei **Losgröße bis** »99999999« Stück ein.

Vorgangsdaten zum Linienplan

Wie bereits erwähnt, umfassen die meisten Linienpläne nur einen Vorgang. Im Vorgang geben Sie den Arbeitsplatz, also die Fertigungslinie, Vorgabewerte zur Produktionsrate (z. B. in Stück pro Stunde) und den Steuerschlüssel an. Dieser Schlüssel steuert einige Größen, in der Serienfertigung haben jedoch nur folgende Einfluss auf den Fertigungsprozess:

- Terminierung
- Ermittlung der Kapazitätsbedarfe
- Kalkulation
- Prüfmerkmale
- Rückmeldung/Zählpunktabwicklung

In manchen Fällen ist es äußerst sinnvoll, mehr als einen Vorgang zu verwenden. Wenn Sie mehrere Vorgänge definieren, können Sie diese Dinge umsetzen:

- Über nicht terminierte Vorgänge (Einstellung per Steuerschlüssel) können Sie Arbeitsanweisungen an den Fertigungsarbeiter ausgeben lassen.
- Über terminierte Vorgänge können Sie Zählpunktrückmeldungen während des Fertigungsprozesses erfassen. Damit ermöglichen Sie ein differenzierteres Controlling und können außerdem auch Zwischenerzeugnisse festhalten.
- Über terminierte Vorgänge können Sie die Kapazitätsplanung im Planungstableau über mehrere Arbeitsplätze an einer Fertigungslinie realisieren. Hierfür benötigen Sie eine definierte Linienhierarchie.

Wir wollen uns an das schlanke Minimalprinzip der Serienfertigung halten und legen für unser Beispiel nur einen Vorgang an. Diesem ordnen wir unseren Arbeitsplatz (die Fertigungslinie) »MON_ST_1« zu. Nachdem wir die Eingabe mit [↵] bestätigt haben, werden direkt einige Angaben aus unserer Fertigungslinie (wie z. B. der Steuerschlüssel »ZP02«) in den Vorgang übernommen.

Per Doppelklick auf die Vorgangsnummer gelangen Sie in die Detailansicht zum Vorgang. Falls noch keine Vorschlagswerte zur Herstellungszeit aus der Konfiguration zur Fertigungslinie übernommen wurden, können Sie hier noch die Produktionszeit (**ProdZeit**) sowie die Zeit für das Rüsten und Abrüsten eintragen. Abbildung 5.13 zeigt den Beispielvorgang in der Vorgangsübersicht.

Material SF_STAN_001 Skateboard Modell SPIGrZ. 1

Folge: 0 Montage

Vorgangsübersicht

Vrg	UVrg	Re...	R...	ArbPlatz	N...	Steu...	K...	B...	L...	F...	Kurztext Vorgang	F...	Basi...	Mg...	Spl...	M...	ProdZeit	Einh.	Rüsten
0010				MON_ST_1		ZP02					Montage der Komponenten	✓	1	ST			0,250	H	

Abbildung 5.13 Transaktion CA22 (Linienplan ändern) – Vorgangsübersicht

Über die Schaltfläche **Arbeitsplatz** können Sie in die Transaktion CR03 zum Anzeigen der Arbeitsplatzdaten abspringen. Mit einem Klick auf **Pläne** gelangen Sie wieder in die Linienplanübersicht. Parallele Folgen können Sie über die Schaltfläche **Folgen** definieren und anpassen. Mit einem Klick auf **Allokation** wird die Komponentensicht geöffnet, von wo aus Sie die Komponentenzuordnung zu Ihren Vorgängen ändern oder über **Stüli** weiter in die Stückliste abspringen können. Über die Schaltfläche **FHM** können Sie dem angezeigten Vorgang Fertigungshilfsmittel zuordnen. Abschließend müssen alle Eingaben noch gespeichert werden.

Ein Vorgang kommt an sich mit relativ wenigen gepflegten Feldern aus und ist dank der Vorgaben aus Stückliste und Arbeitsplatz häufig schon funktionsfähig. Dennoch bietet die Vorgangsübersicht noch eine Vielzahl an zusätzlichen Eingabeoptionen. Verwenden Sie hier die F1-Hilfe für Detailinformationen zu den einzelnen Feldern.

5.1.11 Fertigungsversion

Verwendete Transaktionen

- C223 (Fertigungsversion Massenpflege)
- SAP-Fiori-App **Fertigungsversionen bearbeiten** (App-ID F2568)
- MF36 (Serienplanung Planungs-IDs ändern)

Wie bereits in Kapitel 3, »Stammdaten in der Produktion«, beschrieben, umfasst die *Fertigungsversion* eine Kombination verschiedener Stammdaten, die für ein Material in einem definierten Zeithorizont gültig sind. Im Fall der Serienfertigung wird hier das Kennzeichen **Serienfertigung für Version erlaubt** gesetzt. Bei Entfernen dieses Kennzeichens prüft das System zunächst, ob noch Planaufträge, Prüflose oder noch nicht abgerechnete Produktkostensammler zu der Fertigungsversion existieren. In einer Fertigungsversion kombiniert man diese Stammdatenkonfigurationen:

- Stücklistenalternative
- Arbeitsplan oder Linienplan
- Fertigungslinie
- empfangender Lagerort
- Vorschlagsentnahmelagerort

Über die Transaktion C223 gelangen Sie in die *Massenpflege der Fertigungsversionen*. Abbildung 5.14 zeigt die Selektionskriterien und die Ergebnistabelle sowie die Schaltflächenleiste zur Bearbeitung der einzelnen Fertigungsversionen.

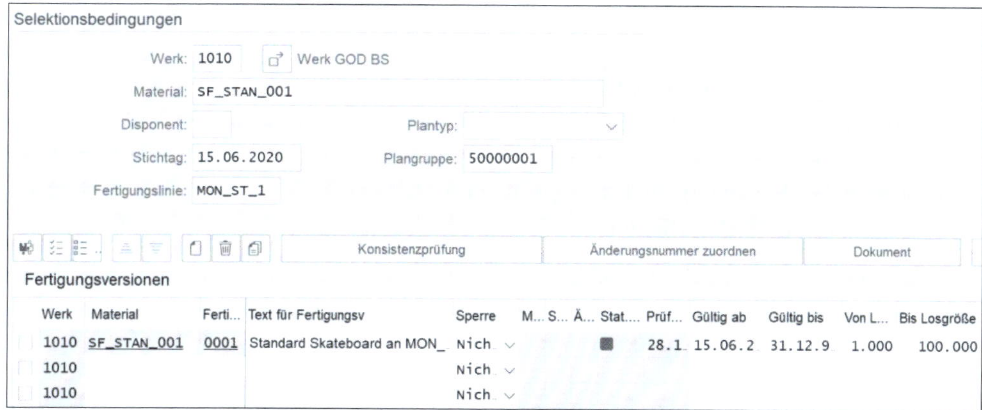

Abbildung 5.14 Transaktion C223 (Fertigungsversion Massenpflege)

In dieser Übersicht werden alle verfügbaren Fertigungsversionen zur Kombination Werk und Material angezeigt. Sie können die Detailpflege der einzelnen Fertigungsversionen öffnen, indem Sie die gewünschte Version markieren und auf die Schaltfläche **Detailansicht** klicken oder indem Sie per Doppelklick auf eine Version vorwärts navigieren.

Über die Schaltfläche [ ] (**Fertigungsversion anlegen**) oder per direkter Eingabe in eine leere Zeile der Tabelle lässt sich eine neue Fertigungsversion anlegen. Wir wollen für unser Beispiel die Fertigungsversion »0001« für das Werk »1010« und unser Serienfertigungsmaterial »SF_STAN_001« anlegen. Ein Kurztext beschreibt dazu die prägnanten Merkmale unserer Fertigungsversion (z. B. »Standard Skateboard an MON_ST_001«). Dazu geben wir im Feld **Mindestlosgröße** »1000« Stück und im Feld **Maximale Losgröße** »100000« Stück an. Bei **Stichtag** für die Gültigkeit der Fertigungsversion legen wir den 15.06.2020 fest (in der Spalte **Gültig ab**), und das Datum in der Spalte **Gültig bis** setzen wir auf den 31.12.9999, da wir noch kein Ende für die Gültigkeit absehen können.

Der verwendete Plantyp ist **Linienplan**, die Plangruppe unseres zuvor angelegten Linienplans ist die »50000001«, und der Plangruppenzähler dazu lautet »1«. Die Angabe im Feld **Stücklistenalternative** ist ebenfalls »1«, denn wir haben nur eine Stückliste für unser Material angelegt, und auch der Wert bei **Stücklistenverwendung** lautet »1« (für *Fertigung*). Wichtig ist, dass wir nun auch das Kennzeichen **Serienfertigung erlaubt** setzen. Im Feld **Fertigungslinie** geben wir die von uns zuvor eingerichtete Fertigungslinie »MON_ST_001« an.

Als *Planungs-ID* für das aggregierte Auswerten von Fertigungsversionen tragen wir »STAN_SB« in das Feld **Planungs-ID** ein. Damit können wir später alle Fertigungsversionen mit dieser Planungs-ID (in unserem Beispiel alle Fertigungsversionen zu Standard-Skateboards) gemeinsam im Planungstableau organisieren. Die Planungs-ID kann über die Transaktion MF36 gepflegt werden.

Zum Schluss können Sie die Fertigungsversion mit einem Klick auf die Schaltfläche **Prüfen** prüfen. Ist der Prüfstatus bei **Plan** und **Stückliste** grün, klicken Sie auf **Änderungen sichern und Bild schließen**, um die Fertigungsversion anzulegen. Wenn Sie nun das nächste Mal die Transaktion C223 aufrufen, die zuvor in der Fertigungsversion hinterlegten Daten in das Selektionsbild eingeben und auf **Weiter** klicken, erhalten Sie die eben angelegte und geprüfte Fertigungsversion als Ergebnis und könnten diese dann weiterbearbeiten.

Anstelle der Transaktion C223 kann die SAP-Fiori-App **Fertigungsversionen bearbeiten** verwendet werden. Für die Nutzung wird die Rolle **Produktionsingenieur – diskrete Fertigung** benötigt.

Prüfung der Fertigungsversion

Die Konsistenzprüfung der Fertigungsversion ist nicht zwingend erforderlich, um die Fertigungsversion in der Produktion zu verwenden. Es gibt jedoch eine Hilfestellung, um versehentliche Fehleingaben in Bezug auf Losgrößen und Gültigkeitszeiträume frühzeitig zu entdecken und zu beheben. Die Prüfung dauert nur wenige Sekunden, und die Zeit sollten Sie sich nehmen.

5.1.12 Produktkostensammler

Verwendete Transaktionen

- KKF6N (Produktkostensammler anlegen/ändern/anzeigen)
- SAP-Fiori-App **Produktkostensammler anlegen** (App-ID KKF6M)
- SAP-Fiori-App **Produktkostensammler bearbeiten** (App-ID KKF6N)

Der *Produktkostensammler* tut genau das, was sein Name verspricht. Darin werden alle anfallenden Kosten der Fertigung zu einem Material in Buchungsperioden untergliedert gesammelt. Darunter fallen diese Kosten:

- Materialkosten
- Fertigungsleistungen
- Gemeinkosten

Die *Buchungsperioden* folgen für gewöhnlich einem monatlichen Rhythmus, während die *Planungsperioden* der Fertigung (aus dem Planungstableau) häufig engmaschiger sind (Periode pro Schicht/Tag/Woche). Diese Perioden müssen also nicht übereinstimmen.

Der Produktkostensammler gilt nicht nur je Material, er kann auch noch an der Fertigungsversion ausgerichtet werden. Die versionsgenaue Kostensammlung gilt dann pro Kombination aus Fertigungsversion und Material. Damit können z. B. die Kosten verschiedener Fertigungslinien unterschieden werden, auch oder gerade, wenn sie das gleiche Material fertigen. Den Produktkostensammler definieren Sie über die Customizing-Transaktion KKF6N. Wenn Sie mehr als einen Produktkostensammler für ein Material angeben, hinterlegen Sie die entsprechenden Fertigungsversionen im Produktkostensammler.

Um die SAP-Fiori-Apps **Produktkostensammler anlegen** (App-ID KKF6M) und **Produktkostensammler bearbeiten** (App-ID KKF6N) im SAP Fiori Launchpad verwenden zu können, benötigen Sie die Rolle **Produktionscontroller**.

5.2 Prozesse der Serienfertigung

In diesem Teil des Kapitels behandeln wir Geschäftsprozesse und Funktionen in der Serienfertigung. Dafür haben wir zuvor die relevanten Konfigurationen und Vorbereitungen getroffen. Wie Sie bereits in Kapitel 1, »Produktionsplanung mit SAP S/4HANA«, in der Übersicht über die Fertigungsarten gelernt haben, wird die *Serienfertigung* für Produktionsszenarien verwendet, die eine hohe Produktstabilität und meist auch eine eher geringere Produktkomplexität aufweisen. In jedem Fall bleiben die Produktionsbedingungen über einen langen Zeitraum gleich, sodass die Produktion in Mengen pro Zeit (also in Raten) eingeplant werden kann.

Wir wollen nun die Prozesse der alltäglichen Arbeit genauer vorstellen. Dazu gehören die Verteilung der Produktionseinteilungen auf die Fertigungslinien, das Erstellen von Produktionslisten, die Materialbereitstellung, die Rückmeldung sowie die Handhabung von Stornierungen und Nacharbeit.

5.2.1 Prozessübersicht

Nachdem alle Konfigurationen geleistet wurden, wollen wir uns nun um die Fertigungsprozesse kümmern. Der mengen- und periodenorientierten Fertigung geht eine ähnliche Planung voraus wie der diskreten Fertigung mit Planaufträgen. In der Serienfertigung werden die Mengen der einzelnen Planungsperioden vorgegeben. Diese Planung funktioniert über die gleichen Werkzeuge wie bei der diskreten Fertigung. Im Fall der Serienfertigung wird häufig ein Absatz- oder Geschäftsplan erstellt, der auf Erfahrungswerten aus der Vergangenheit und Prognosemodellen für zukünftige Ereignisse und Einflussgrößen basiert (als Grundlage für die Lagerfertigung). Auch umfangreiche Kundenaufträge mit Massenbestellungen können hier Berücksichtigung finden (als Grundlage für die Kundenauftragsfertigung). Zudem können Kundenaufträge und Lagerbestände auch miteinander verrechnet werden.

Wie in Abbildung 5.15 zu sehen ist, beginnen wir in unserem Gesamtprozess (Plan-to-Produce, Pl2P) auch bei der Serienfertigung mit der Materialbedarfs- und Kapazitätsplanung. Lediglich die zu berücksichtigenden Faktoren wie Stammdaten, Mengen- und Kostenermittlung müssen an die Voraussetzungen der Serienfertigung angepasst werden. Wie diese Werkzeuge der Kapazitäts-, Materialbedarfs- und Absatzplanung funktionieren, wird in Kapitel 9, »Materialbedarfsplanung (MRP)«, und Kapitel 10, »Kapazitätsplanung«, gesondert beschrieben. Daher wollen wir hier direkt bei den Besonderheiten der mengen- und periodenorientierten Feinplanung einsteigen.

Wie zum Teil auch in der diskreten Fertigung werden in der Serienfertigung *Planaufträge* verwendet. Die aus den Planaufträgen resultierenden *Produktionseinteilungen* dienen als Grundlage zur Bestimmung der Mengen und Termine für die Fertigung.

Produktionseinteilungen sind technisch gesehen eine andere Auftragsart als Planaufträge. An dieser Stelle wird also keine Umsetzung der Planaufträge in Fertigungsaufträge benötigt. Das ist so, weil die sich wiederholende Fertigung gleichartiger Produkte über einen längeren Zeitraum nicht die differenzierten Einstellungen eines Fertigungsauftrags erfordert (alle Fertigungsaufträge würden nahezu gleich aussehen). Daher spart man sich diesen Schritt in der Serienfertigung. Stattdessen gibt es eine definierte *Planungsperiode*, in der Sie für Ihre *Fertigungslinien* Produktionseinteilungen statt Einzellosen vorgeben. Der Listendruck Ihrer Planaufträge genügt als Legitimation für die Fertigung. Doch damit beginnen die Vereinfachungen der Produktionsverwaltung erst.

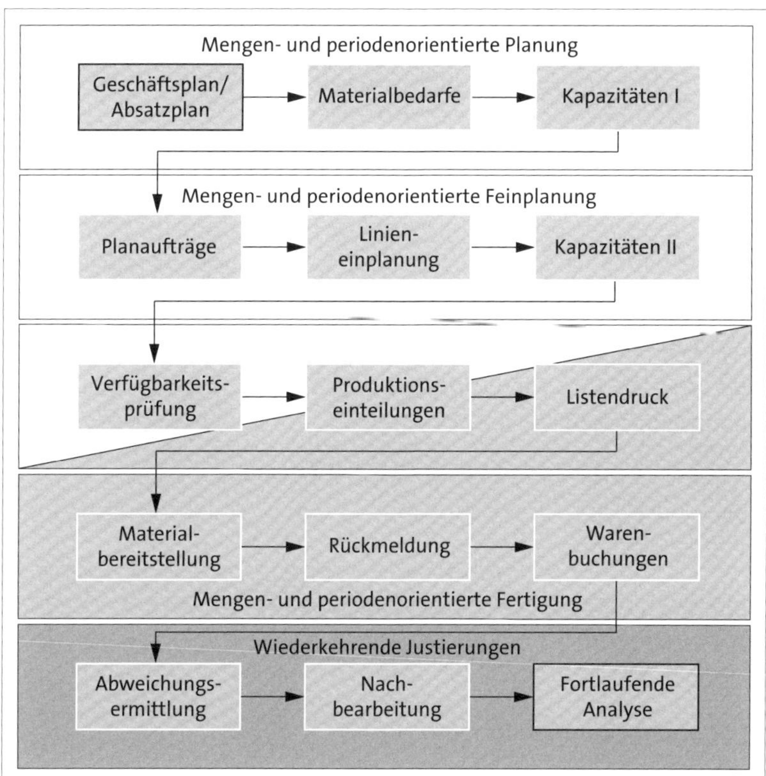

Abbildung 5.15 Plan-to-Produce-Prozess in der Serienfertigung

Die wesentlichen Vorteile der Verschlankung des Verwaltungsaufwands liegen in der Fertigungsdurchführung. Hier erfolgen die Materiabereitstellung, die Rückmeldungen sowie die Buchungen von Warenbewegungen und Kosten stark automatisiert und vor allem standardisiert. Da die Produktion fließend verläuft, werden Komponenten anonym bereitgestellt, und Rückmeldungen können z. B. am Ende einer Schicht aggregiert erfasst werden. Die Konfiguration der entsprechenden Schritte haben wir in diesem Kapitel bereits gemeinsam vollzogen.

Zwei weitere Unterschiede zwischen der diskreten und der Serienfertigung bestehen noch in der Verarbeitung der aus den Rückmeldungen gewonnenen Informationen und den abschließenden Arbeiten. Während die Abweichungsermittlung und die Kostenverrechnung dort in der Regel auf Basis der einzelnen Fertigungsaufträge erfolgen, haben wir nun einen fortlaufend geführten Kontrollprozess, der sich an den Werten der Planungsperioden orientiert und die Kosten auf Produktkostensammler bucht. Auch die organisatorische Verwaltung wie bei der Archivierung und Löschung der Fertigungsaufträge fällt hier weg. Zusammenfassend kann der Ablauf in der Serienfertigung so beschrieben werden:

- Die fortlaufend erzeugten (quasi unendlichen) Bedarfe aus der Bedarfsplanung werden in Planaufträgen gegliedert.
- Die Linienbelegung teilt die Mengen der Planaufträge gemäß den verfügbaren Kapazitäten in Produktionseinteilungen auf.
- Die Verfügbarkeit der Komponenten wird geprüft.
- Die Produktionsliste (Mengen, Termine, Linien) und die Arbeitsanweisungen werden gedruckt.
- Die Materialbereitstellung erfolgt (verbrauchsgesteuert, plangesteuert (bedarfsgesteuert) oder per Kanban).
- Das Material wird an den Linien gefertigt.
- Rückmeldungen werden über Zählpunkte oder über andere aggregierte Formen getätigt. Auch Abweichungen werden erfasst.
- Es werden eventuelle Nachbearbeitungen eingeplant.
- Die Produktion wird periodisch fortlaufend über einen Produktkostensammler abgerechnet.

Natürlich ist die Serienfertigung nicht immer haargenau so implementiert, wie es hier beschrieben ist, es wäre aber ein typischer Ablauf.

5.2.2 Planaufträge und Planeinteilungen

Verwendete Transaktionen

- MD11 (Planauftrag anlegen)
- MD12 (Planauftrag ändern)
- MD13 (Planauftrag anzeigen)
- MD04 (Bedarfs-/Bestandsliste)
- MF50 (Planungstableau)
- SAP-Fiori-App **Planaufträge verwalten** (App-ID F4170)

Bei der Lagerfertigung werden Planaufträge aus der Programmplanung heraus erzeugt. Bei der Kundenauftragsfertigung werden Planaufträge mit Kundenauftragsbezug angelegt. Beides kann auch kombiniert verwendet werden. Die vorgelagerten Planungsaufgaben werden wir in Kapitel 8, »Programmplanung«, und Kapitel 9, »Materialbedarfsplanung (MRP)«, noch genauer beschreiben.

An dieser Stelle beginnen wir unser Serienfertigungsbeispiel, indem wir über die Transaktion MD11 einen Planauftrag im Feld **Planauftragsprofil** mit der Angabe »LA« zur Lagerfertigung manuell anlegen. Mit der Transaktion MD12 kann dieser Planauftrag weiterhin bearbeitet werden, und mittels der Transaktion MD13 können Sie ihn sich anzeigen lassen. (Planaufträge, die aus der Materialbedarfsplanung hervorgegangen sind, ändert man am besten nur über die Transaktion MD04 für eine Material- und Werkskombination in der Bedarfs-/Bestandsliste.) Wir geben im Folgebild der Transaktion MD11 unser zu fertigendes Serienfertigungsmaterial »SF_STAN_001« und einen Dispositionsbereich (in unserem Fall »1010«) ein. Die Auftragsmenge soll »10.000« Stück bei einer Ausschussmenge von »100« betragen.

Häufig liegt ein Zieldatum vor, das sich am Lieferdatum für bekannte Kundenbestellungen orientiert, die entweder aus dem frei verwendbaren Lagerbestand oder einem eigenen Kundensonderbestand planmäßig abgehen werden. Dann würde man ein Enddatum angeben und mittels Rückwärtsterminierung einen spätesten Startzeitpunkt ermitteln. In unserem Beispiel wollen wir schlicht unseren Lagerbestand wieder auf ein gewisses Maß auffüllen und planen die Produktion im Feld **Start** am folgenden Produktionstag ein (hier beispielhaft der »16.06.2020«). Dazu verwenden wir die Vorwärtsterminierung. Die von uns eingerichtete Fertigungsversion ist die »0001«.

Im Bereich **Fixierung** können wir noch angeben, ob unser Planauftrag fixiert werden soll und damit nicht mehr durch automatische Planungsläufe verändert werden kann. Wir setzen das Kennzeichen **Planauftrag** analog zu unseren Einstellungen im Serienfertigungsprofil. Häufig ist es sinnvoll, das Kennzeichen zu verwenden, wenn man z. B. korrigierend manuell eingreift und diese Korrektur der Produktionsmengen nicht wieder überholt werden soll. Über das Kennzeichen **Komponenten** könnten wir zusätzlich auch die Stücklistenauflösung zu unserem Material fixieren, damit diese bei folgenden Planungsläufen nicht mehr neu aufgelöst wird und so zukünftige Änderungen an der Stückliste keinen weiteren Einfluss auf die Planung unseres Planauftrags haben. Wir können nun auch die Kapazitätsbedarfe fixieren, um die aktuell geplante Beanspruchung der Kapazitäten in Hinsicht auf Umfang und Termine für unseren Planauftrag nicht mehr änderbar zu machen. Das könnten wir nicht, wenn wir den Auftrag an sich nicht fixiert hätten. Das Kennzeichen **Umsetzungskenn.** setzen wir nicht, da unser Planauftrag direkt in Planeinteilungen umgewandelt und daraus kein Fertigungsauftrag umgesetzt wird. Durch einen Klick auf **Planauftrag terminieren** werden die Produktionstermine errechnet, und wenn wir anschließend auf

Speichern klicken, erhalten wir die Meldung **Planauftrag 993 wird angelegt**. Sollte es bei der Terminierung Probleme geben, können Sie über den Menüpfad **Mehr • Springen • Terminierungsprotokoll** in die Fehlerprotokollierung der Terminierung gelangen und dort die Ursache herausfinden. Abbildung 5.16 zeigt die Sicht **Kopf** der Kopfdaten zum Planauftrag in der Transaktion MD12.

Die Zuteilung der zu fertigenden Mengen auf die jeweiligen Fertigungsversionen (und damit auf die Fertigungslinien) erfolgt über das Planungstableau mittels der Transaktion MF50. Wenn ein Planauftrag einer Fertigungslinie zugeordnet wurde, erhält er die Auftragsart **Produktionseinteilung** und ist nach SAP-Standardeinstellung damit fixiert.

Neben den beschriebenen Wegen kann auch über das Planungstableau ein neuer Planauftrag angelegt werden.

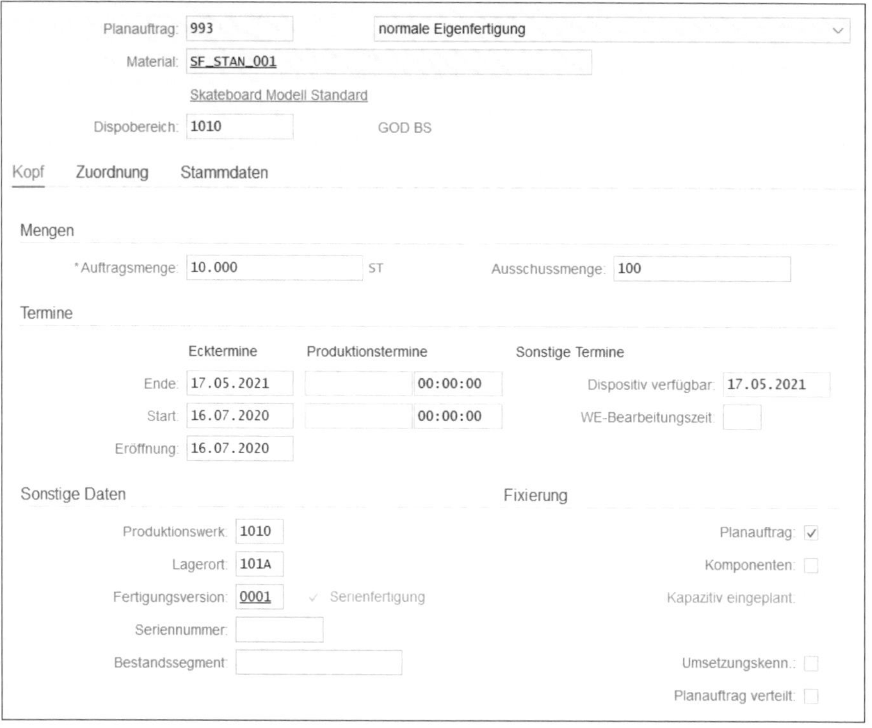

Abbildung 5.16 Transaktion MD12 (Planauftrag ändern) – Kopfdaten

Wenn Sie über die Rolle **Produktionsplaner** verfügen, können Sie in der SAP-Fiori-App **Planaufträge verwalten** (App-ID F4170) über vielfältig anpassbare Filteroptionen die relevanten Planaufträge filtern. Die Ergebnisse können Sie sich in der Ergebnisliste anzeigen lassen. Auch die Ergebnisliste ist Fiori-typisch konfigurierbar. Mit einem Klick auf die jeweilige Zeile werden Details zum Planauftrag wie z. B. die enthaltenen Komponenten angezeigt. Markieren Sie eine Zeile, können Sie den ausgewählten

Planauftrag entsprechend der im Materialstamm hinterlegten Beschaffungsart umsetzen (siehe Abbildung 5.17).

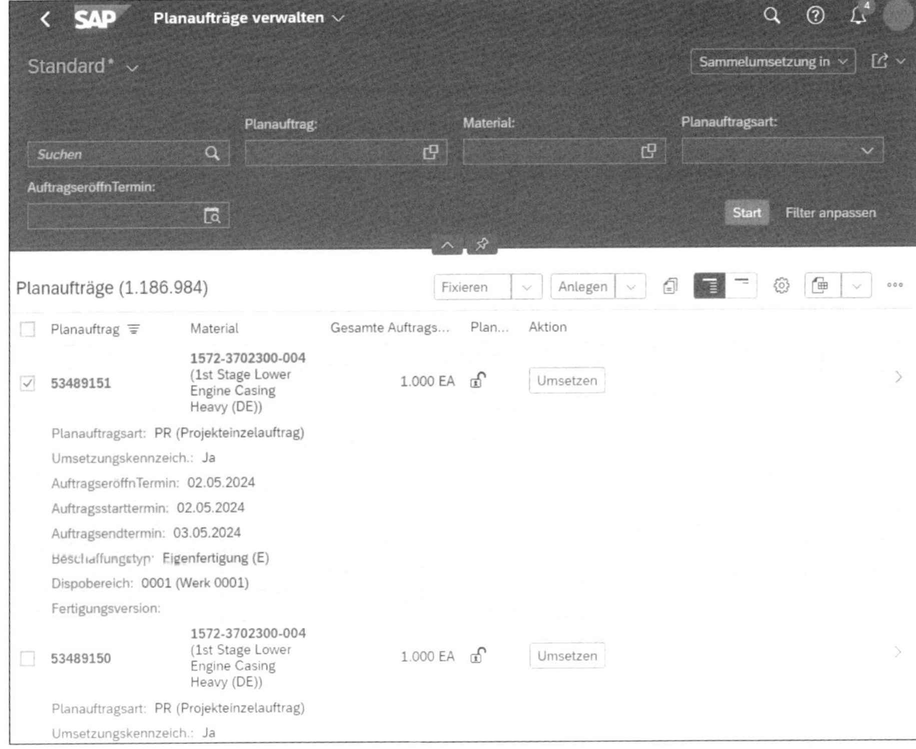

Abbildung 5.17 Die SAP-Fiori-App »Planaufträge verwalten«

Die Funktion **Umsetzen** bietet dazu eine Auswahl möglicher Umwandlungen, da ein Material auch für beides (Fremdbeschaffung und Eigenfertigung) zugelassen sein kann. Umsetzen ist dabei der SAP-spezifische Begriff zur Umwandlung eines Planauftrags. Fremdbeschaffte Materialien werden in Bestellanforderungen überführt, während Materialien mit der Beschaffungsart Eigenfertigung in Fertigungs- oder Prozessaufträge überführt werden können. Auch das Fixieren eines Planauftrags kann auf ähnliche Weise durchgeführt werden, um Änderungen an den Planungsdaten durch nachfolgende Planungsläufe zu verhindern.

5.2.3 Planungstableau

Verwendete Transaktionen

- MF50 (Planungstableau [Änderungsmodus])
- MF52 (Planungstableau [Anzeigemodus])

- MF57 (Dispositionsliste)
- SAP-Fiori-App **Serienfertigung verwalten** (App-ID MF50)

Das *Planungstableau* ermöglicht Ihnen einen Überblick über und eine Bearbeitungsplattform für die Produktionsmengen. Sie können damit die Verfügbarkeit der Produkte und die Kapazitätsauslastung der Fertigungslinien einsehen und bei weiterem Bedarf neue Planaufträge aus dem Tableau heraus anlegen. Im Kontext der jeweiligen Planungsperioden können die Produktionsmengen den Fertigungslinien zugeteilt oder die automatisch zugeteilten Einteilungen korrigiert werden. Alle Änderungen werden erst dann verbindlich wirksam, wenn Sie diese speichern. Dadurch können Sie vorab ein wenig ausprobieren, ohne dass dies sofort direkten Einfluss auf den weiteren Produktionsprozess hat. Im Allgemeinen stehen über das Planungstableau diese Funktionen zur Verfügung:

- Produktionsmengen den Fertigungslinien zuordnen
- Produktionsmengen ändern
- Produktionsmengen neu anlegen
- Linienauffüllung durch Mengenanpassung an die Produktionsrate
- Kapazitätsauslastung der Fertigungslinien überwachen
- Bestandsreichweite überwachen
- Produktion unter Überlast durch Zusatzaufträge veranlassen
- überfällige fixierte Planaufträge verschieben
- mehrstufige Mengen- und Kapazitätsplanung über eine Arbeitsplatzhierarchie oder über die Selektion der Komponenten und Enderzeugnisse zusammen mit dem Kennzeichen **Aktualisierung der Komponentenbedarfe**
- Darstellung zum Drucken oder für weitere Auswertungen in Microsoft Excel exportieren

Verwendung des Planungstableaus für weitere Fertigungsarten

Das Planungstableau kann mit eingeschränkter Funktionalität auch für Fertigungsaufträge der diskreten Fertigung und Prozessaufträge der Prozessfertigung verwendet werden. Diese können aus dem Planungstableau heraus umgesetzt werden, und auch ein Absprung in die jeweiligen Auftragsdaten ist per Doppelklick möglich.

Selektionsbild

Wenn Sie die Transaktion MF50 aufrufen, gelangen Sie in das *Selektionsbild* des Planungstableaus, wie es in Abbildung 5.18 zu sehen ist. Hier müssen Sie zunächst ein

Werk oder einen Dispositionsbereich eingeben. Anschließend können Sie wählen, welche Fertigungslinie oder Arbeitsplatzhierarchie Sie sehen wollen. Mit der Planungs-ID können Sie Fertigungsversionen gruppieren. Damit können Sie in dieser Auswahl z. B. alle Fertigungsversionen zu verschiedenen Materialien anzeigen, die an der gleichen Fertigungslinie produziert werden. Mithilfe der Angaben in den Feldern **Disponent**, **Material**, **Produktgruppe**, **Klasse** oder **Klassenart** kann alternativ die Anzeige der Daten eingegrenzt werden.

Auf der Registerkarte **Zeitraum** im Bereich **Zusätzliche Selektionen** können Sie dann noch den anzuzeigenden Zeitraum sowie die Dimension der Periode angeben. Die Registerkarte **Terminierung** lässt die Wahl zwischen Feinplanung und Sequenzplanung. Wenn Sie die Feinplanung verwenden, wird auf Basis der Produktionsraten des Arbeits- oder Linienplans eine Durchlaufterminierung angewendet. Die Auswertung des Kapazitätsangebots der Fertigungslinie(n) wird hier ebenfalls berücksichtigt, sofern das Kennzeichen **Kapazitätsplanung** gesetzt ist. Des Weiteren können Sie angeben, welche Termine als Ausgangsbasis für die Terminierung verwendet werden sollen (Ecktermine werden auf Tagesbasis angegeben und Produktionstermine genauer auf Uhrzeitbasis) und welche Terminierungsart anzuwenden ist (vorwärts, rückwärts, beides).

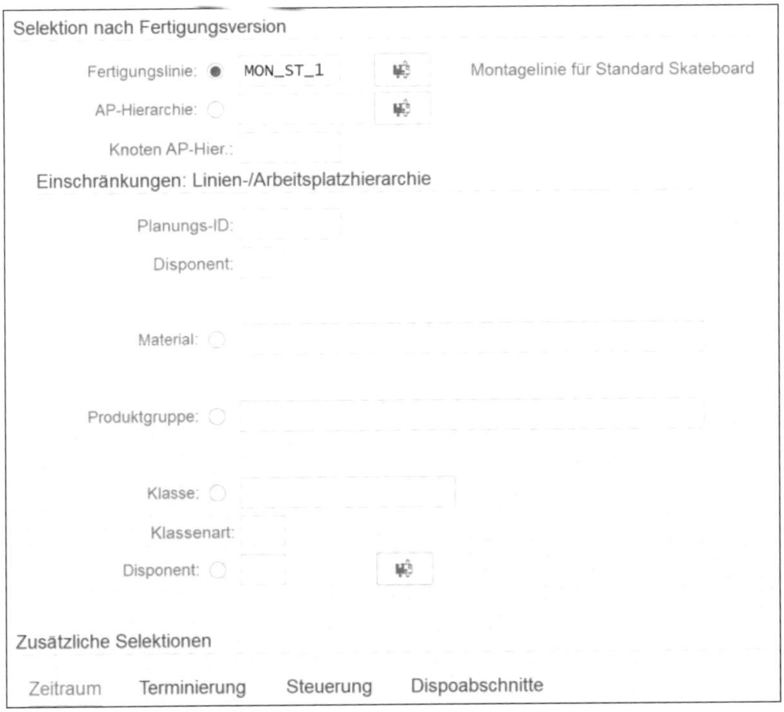

Selektion nach Fertigungsversion

Fertigungslinie: MON_ST_1 Montagelinie für Standard Skateboard

AP-Hierarchie:

Knoten AP-Hier.:

Einschränkungen: Linien-/Arbeitsplatzhierarchie

Planungs-ID:

Disponent:

Material:

Produktgruppe:

Klasse:

Klassenart:

Disponent:

Zusätzliche Selektionen

Zeitraum | Terminierung | Steuerung | Dispoabschnitte

Abbildung 5.18 Transaktion MF50 (Planungstableau) – Selektionsbild

Terminierung im Planungstableau

Wenn Sie die Produktion zu Beginn einer Schicht oder eines Tages einplanen wollen, empfiehlt sich die Vorwärtsterminierung auf Basis von Produktionsterminen.

Übersicht

Wenn Sie die Selektionsparameter im Einstiegsbild gepflegt haben, gelangen Sie über **Ausführen** in die Übersicht der Kapazitäts- und Materialdaten. In Abbildung 5.19 sehen Sie im oberen Bereich die Fertigungslinie unseres Beispiels und ihre Auslastung in Prozent. Die obere Anzeige, **Kapazitätsdaten-gesamt**, wird hier in Kapazitätsbedarf und Kapazitätsangebot unseres hinterlegten Serienfertigungs-Arbeitsplatzes aufgeteilt. Für diese Darstellung haben wir die Anzeigeperiode auf Tagesbasis gewählt.

Kapazitätsdaten-gesamt	EH	fällig	DO 16.07.20	FR 17.07.20	MO 20.07.20
MON_ST_1/001 Montagelinie	%		20	20	20
Bedarf - Montageroboter	H		12	12	12
Angebot - Montageroboter	H		60	60	60

Materialdaten	EH	fällig	DO 16.07.20	FR 17.07.20	MO 20.07.20
SF_STAN_001 Skateboard Mo	***				
Verfügbare Menge	ST	250	250	250	250
Σ Summe Bedarfe	ST				
0001 MON_ST_1	ST				
nicht zugeordnet	ST				

Abbildung 5.19 Transaktion MF50 (Planungstableau) zu unserem Beispiel

In der unteren Hälfte sehen Sie die Materialdaten. Wir haben für diese Darstellung im Selektionsbild nach unserem Material »SF_STAND_001« gefiltert. Sie sehen die verfügbare Gesamtmenge des Materials und die Bereitstellung durch unsere Fertigungslinie parallel zur oberen Tabelle auf Basis derselben Tage und Perioden.

Über den Menüpfad **Mehr • Benutzereinstellungen** können Sie die Zeilenauswahl sowie das Periodenraster, die Spaltenbreite und weitere Darstellungs- und Terminierungsparameter ändern. Die als Standard gesetzte Konfiguration wird damit individuell für den Benutzer angepasst und kann wiederum auch als Standardansicht gespeichert werden. Neben dem Kapazitätsangebot und dem Kapazitätsbedarf können Sie so z. B. die Reichweite oder die verfügbare Menge eines Materials in einer Zusatzzeile anzeigen lassen.

[«]

Erweiterung des Planungstableaus

Sie können eine SAP-Erweiterung für das Planungstableau aktivieren. Der User Exit PTRM0001 kann verwendet werden, um die Führungsspalte (Textspalte) des Planungstableaus zu verändern. Diese Änderung betrifft sowohl das Planungstableau im Änderungsmodus (Transaktion MF50) als auch im Anzeigemodus (Transaktion MF52) und nach Dispositionslisten (Transaktion MF57). Hier können Sie also frei definierte Inhalte implementieren. Sprechen Sie hierfür mit Ihrer IT und einer ABAP-Entwicklerin oder einem ABAP-Entwickler.

Kapazitätsbedarfe

Das Planungstableau zeigt pro Fertigungslinie und Periode den *Kapazitätsbedarf*, das *Kapazitätsangebot* sowie die resultierende *Kapazitätsbelastung* an. Dadurch lässt sich Über- oder Unterlastung schnell erkennen und nach Möglichkeit ausgleichen. Es kann vorkommen, dass Planaufträge parallel in einer Periode liegen. Über die *grafische Plantafel* kann dann innerhalb dieser Periode eine Reihenfolge der Aufträge vorgegeben werden. Während die Zuordnung über das Planungstableau recht grob ausfällt, kann die Einplanung über die grafische Plantafel auf Basis der Produktionstermine mit uhrzeitgenauer Einlastung erfolgen. Im Planauftrag wird dann das Kennzeichen **Planauftrag ist kapazitiv eingeplant** gesetzt. Die Kapazitätsbedarfe werden anhand von Formelschlüsseln des Arbeitsplatzes und Vorgabewerten des Arbeitsvorgangs sowie durch die Anwendung von Produktionssplits ermittelt.

Abbildung 5.20 zeigt einen Bulk an Kapazitätsbedarfen in einer Woche. Würden Sie die Anzeigeperiode auf **Tag** stellen, würden Sie sehen, dass der gesamte Bedarf eines Auftrags sogar nur auf einen einzelnen Tag fällt. Wenn die Kapazitäten in der Fertigungslinie und die Vorgangsdauern im Linienplan gepflegt und der Planauftrag korrekt terminiert wurden, dürfte so eine Überlastung um das Zehnfache der eigentlichen Kapazität an sich nicht vorkommen.

Kapazitätsdaten-gesamt	EH	W 27 (29.06)	W 28 (06.07)	W 29 (13.07)
MON_ST_1/001 Montagelinie	%		1250	
Bedarf - Montageroboter	H		3750	
Angebot - Montageroboter	H	300	300	300

Abbildung 5.20 Transaktion MF50 (Planungstableau) – Überlastung der Kapazität

Wenn Sie solche Phänomene sehen, bietet es sich an, die gesamte Kette noch einmal rückwärts zu prüfen. Wenn alle Einstellungen korrekt sind, kann im Planungstableau eine Gleichverteilung der Bedarfe realisiert werden. Abbildung 5.21 zeigt die Bedarfe des nun neu terminierten Planauftrags verteilt über den gesamten Zeitraum bis zum Produktionsende/Eckende an.

Die Linie hat nun jedoch eine Unterlastung von 60 %. Das bedeutet, dass Sie weitere Planaufträge auf der Linie einplanen können. Sollte die Linie verschiedene Materialien produzieren können, müssen Sie darauf achten, dass sich die Kapazitätszeiträume nicht überschneiden. Hier sollte ein Planauftrag zunächst mit 100 % Kapazität bedient werden, bevor der Planauftrag eines anderen Materials eingeplant wird. Über die Schaltfläche **Grafische Plantafel** können Sie die Einplanung der Aufträge auf der Fertigungslinie genauer justieren. (Für mehr Informationen zur Verwendung der grafischen oder tabellarischen Plantafel lesen Sie bitte Abschnitt 10.3.3, »Kapazitätsterminierung«. Dort wird dieses Werkzeug ausführlich behandelt.)

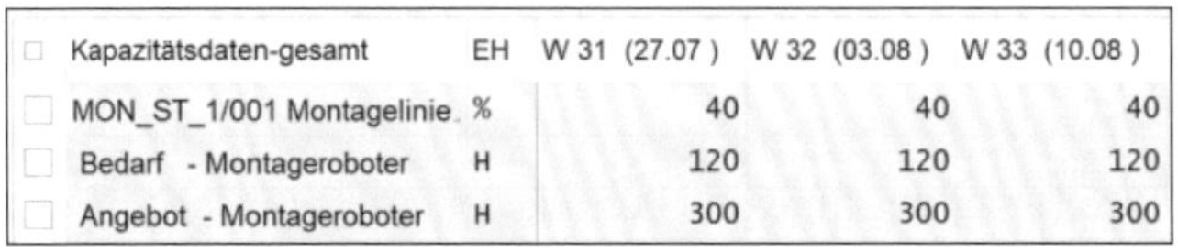

Kapazitätsdaten-gesamt	EH	W 31 (27.07)	W 32 (03.08)	W 33 (10.08)
MON_ST_1/001 Montagelinie	%	40	40	40
Bedarf - Montageroboter	H	120	120	120
Angebot - Montageroboter	H	300	300	300

Abbildung 5.21 Transaktion MF50 (Planungstableau) – Verteilung der Kapazitätsbedarfe

Über das Einstiegsbild der SAP-Fiori-App **Serienfertigung verwalten** (App-ID MF50) gelangen Sie in die Fiori-Ansicht des Planungstableaus. Es beinhaltet den gleichen Funktionsumfang wie das Planungstableau der Transaktion MF50, ist aber durch die modernere Optik und die Integration der SAP-Fiori-App in das SAP Fiori Launchpad insgesamt angenehmer zu benutzen. Abbildung 5.22 zeigt hier beispielhaft einen Ausschnitt. Die Ähnlichkeit zur Abbildung 5.19 ist direkt erkennbar. Angenehm ist hier, dass die Schaltflächen beschriftet sind und somit die Bedienung speziell für Einsteigende insgesamt leichter ist.

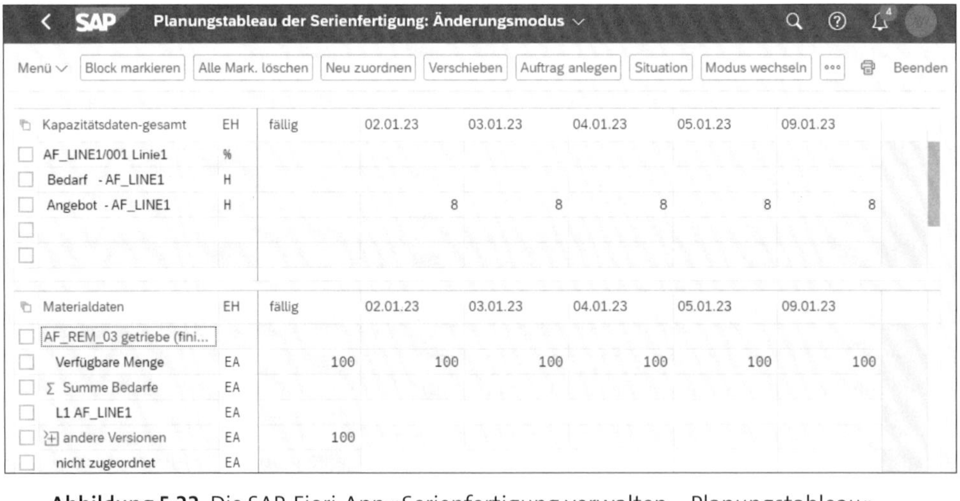

SAP Planungstableau der Serienfertigung: Änderungsmodus

Menü | Block markieren | Alle Mark. löschen | Neu zuordnen | Verschieben | Auftrag anlegen | Situation | Modus wechseln | Beenden

Kapazitätsdaten-gesamt	EH	fällig	02.01.23	03.01.23	04.01.23	05.01.23	09.01.23
AF_LINE1/001 Linie1	%						
Bedarf - AF_LINE1	H						
Angebot - AF_LINE1	H		8	8	8	8	8

Materialdaten	EH	fällig	02.01.23	03.01.23	04.01.23	05.01.23	09.01.23
AF_REM_03 getriebe (fini...							
Verfügbare Menge	EA	100	100	100	100	100	100
Σ Summe Bedarfe	EA						
L1 AF_LINE1	EA						
andere Versionen	EA	100					
nicht zugeordnet	EA						

Abbildung 5.22 Die SAP-Fiori-App »Serienfertigung verwalten – Planungstableau«

Abbildung 5.23 zeigt schematisch eine unregelmäßige Verteilung der Kapazitätsbedarfe, sodass an manchen Stellen eine Überlast und an anderen eine Unterlast erscheint. Mittels der grafischen Plantafel kann nun eine Korrektur vorgenommen werden, sodass möglichst eine Vollauslastung (jedoch keine Überlastung) zu jeder Zeit gegeben ist.

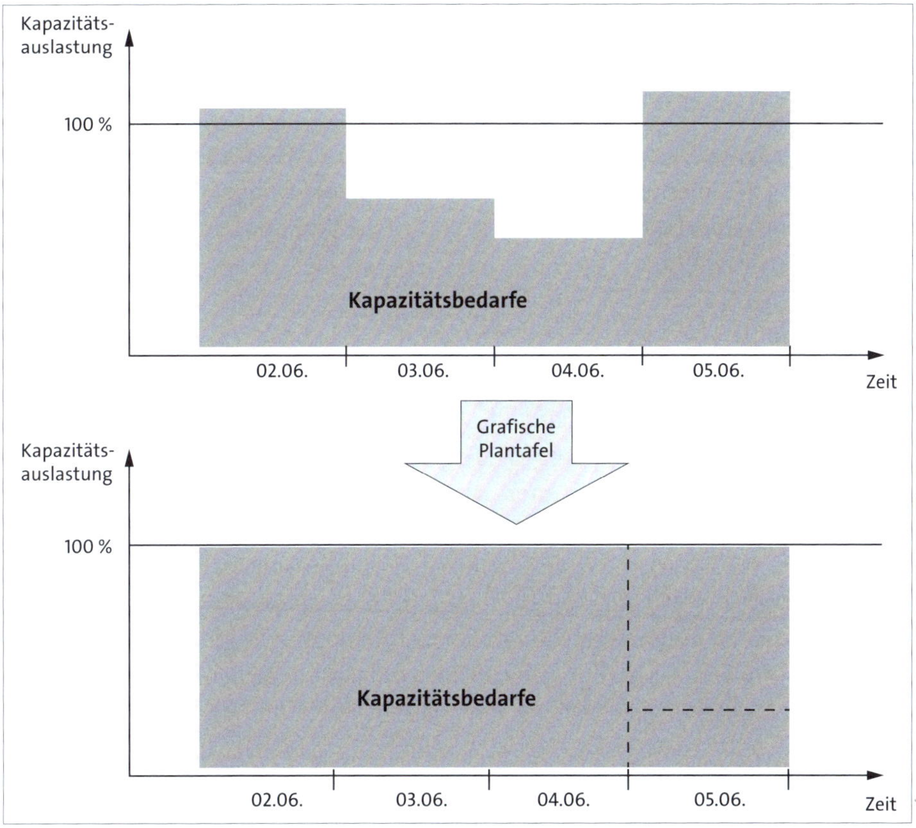

Abbildung 5.23 Kapazitätsglättung mithilfe der grafischen Plantafel

Fortschreibung der Planzahlen

Wenn Sie die Statistikfortschreibung der Planzahlen manuell ausführen möchten, können Sie dies über die Transaktion MF27 tun. In dieser Transaktion benötigen Sie nur das Werk und die Fertigungslinie(n), um die Fortschreibung anzustoßen.

5.2.4 Drucken von Arbeitspapieren

Verwendete Transaktionen

- MF51 (Produktionsliste der Serienfertigung)
- MF60 (Materialbereitstellungsliste)

- MD04 (Bedarfs-/Bestandsliste)
- MD05 (Dispositionsliste)
- LDE1 (Arbeitsanweisungen über Linienhierarchie)
- OLDPS (Vorlagen für Arbeitsanweisungen)
- Menüpfad: **Produktion • Grunddaten • Liniendesign • Arbeitsanweisungen**

Die Serienfertigung ist zwar auf möglichst schlanke Prozesse ausgelegt. Dennoch gibt es natürlich auch hier die Option, gewisse Dokumente zu Steuerungs- oder Übersichtszwecken zu drucken. Die wichtigsten Arbeitspapiere und Druckfunktionen stellen wir Ihnen deshalb in diesem Abschnitt vor.

Produktionsliste

Über die Transaktion MF51 gelangen Sie zur *Produktionsliste* der Serienfertigung. Sie haben im Einstiegsbild mannigfaltige Auswahlmöglichkeiten für die Darstellung der Liste. Abbildung 5.24 bis Abbildung 5.26 zeigen einige Möglichkeiten der Darstellung. Sie müssen entscheiden, welche Informationsaufbereitung für Ihre Produktionsprozesse am sinnvollsten ist. Die Grundvoraussetzung ist dabei die Angabe des Dispositionsbereichs oder Werks, eines Betrachtungszeitraums sowie die Eingrenzung auf eine Fertigungslinie oder eine Arbeitsplatzhierarchie. Sie können natürlich auch eine Arbeitsplatzhierarchie anlegen, die als obersten Knotenpunkt das gesamte Werk abbildet. Dann erhalten Sie bei der Auswahl dieser Hierarchie ab dem obersten Knotenpunkt eine Produktionsliste über alle integrierten Linien Ihres Werks.

Die weiteren Auswahlmöglichkeiten sind Entweder-oder-Entscheidungen, die Sie zu diesen Bereichen treffen müssen:

- **Terminierung**: Hier geben Sie an, ob Sie für die Produktion an der angegebenen Linie die Sequenzplanung verwenden. Falls nicht, ist die Feinplanung die richtige Wahl.
- **Details zur Sequenzplanung**: Wenn Sie die Sequenzplanung verwenden, können Sie hier einstellen, ob die Termine des Zugangs zur Linie oder des Abgangs von der Linie die für Ihre Darstellung interessanten Termine sind.
- **Ausgabeart**: Hier geben Sie an, ob die Listenaufbereitung nach Aufträgen oder nach Perioden (Tag/Schicht) gegliedert sein soll. Damit legen Sie fest, wie die Positionszeilen Ihrer Liste gegliedert sein sollen. Abbildung 5.24 und Abbildung 5.26 sind nach Aufträgen gelistet, während Abbildung 5.25 nach Perioden geführt wird.
- **Terminart**: Abhängig von der Ausgabeart können Sie hier angeben, ob Ecktermine (Tagesbasis) oder Produktionstermine (uhrzeitgenau) angezeigt werden sollen. Wenn Sie zuvor die Ausgabeart auf **Periodenweise** gesetzt haben oder die Schicht als Periode verwenden, müssen Sie hier Produktionstermine auswählen, um eine

sinnvolle Ansicht zu erhalten. In Abbildung 5.24 und Abbildung 5.26 wird die Liste auf Eckterminbasis, in Abbildung 5.25 hingegen auf Basis von Produktionsterminen angezeigt.

- **Sortierung 1**: Hier stellen Sie ein, ob die übergeordnete Gruppierung Ihrer Ausgabezeilen anhand des Materials oder anhand der Linie geschehen soll. Abbildung 5.24 und Abbildung 5.25 zeigen die Gruppierung nach Material, während die Darstellung in Abbildung 5.26 nach Linien gruppiert ist.
- **Sortierung 2**: Hier geben Sie an, ob die Starttermine oder die Endtermine für die Sortierung verwendet werden sollen.
- **Weitere Auswahlkriterien**: Die Häkchen, die Sie hier setzen können, schränken das Ergebnis der angezeigten Aufträge weiter ein. Ein Kennzeichen dient dem sofortigen Drucken ohne vorherige Bildschirmanzeige (das spart einen Arbeitsschritt). Die Auswahlmöglichkeiten sind hier selbsterklärend.

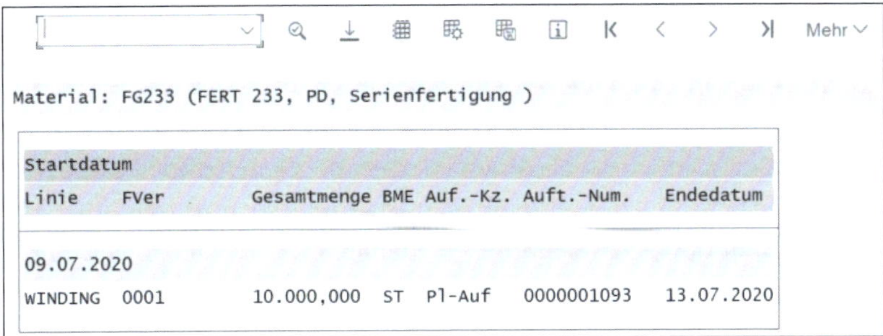

Mehr

Material: FG233 (FERT 233, PD, Serienfertigung)

Startdatum Linie	FVer	Gesamtmenge	BME	Auf.-Kz.	Auft.-Num.	Endedatum
09.07.2020 WINDING	0001	10.000,000	ST	Pl-Auf	0000001093	13.07.2020

Abbildung 5.24 Transaktion MF51 – Anzeige der Produktionsliste nach Material und Aufträgen sortiert mit Eckterminen

Mehr

Material: FG233 (FERT 233, PD, Serienfertigung)

Startdatum Linie	FVer	Gesamtmenge	BME	Auf.-Kz.	Auft.-Num.	Startzeit	Endedatum	Endezeit
13.07.2020 WINDING	0001	4.800,000	ST	Pl-Auf	0000001093	07:00:00	13.07.2020	16:00:00
14.07.2020 WINDING	0001	4.800,000	ST	Pl-Auf	0000001093	07:00:00	14.07.2020	16:00:00
15.07.2020 WINDING	0001	400,000	ST	Pl-Auf	0000001093	07:00:00	15.07.2020	07:45:00

Abbildung 5.25 Transaktion MF51 – Anzeige der Produktionsliste nach Material und Perioden (Tag) sortiert mit Produktionsterminen

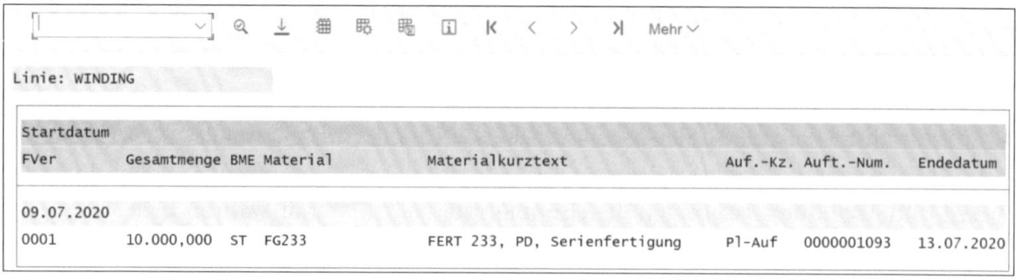

Mehr

Linie: WINDING

Startdatum							
FVer	Gesamtmenge	BME	Material	Materialkurztext	Auf.-Kz.	Auft.-Num.	Endedatum
09.07.2020							
0001	10.000,000	ST	FG233	FERT 233, PD, Serienfertigung	Pl-Auf	0000001093	13.07.2020

Abbildung 5.26 Transaktion MF51 – Anzeige der Produktionsliste nach Linie und Aufträgen sortiert mit Eckterminen

Arbeitsanweisung

Über die Transaktion LDE1 können Sie die *Arbeitsanweisungen* über die Linienhierarchie drucken. Damit können Sie z. B. schrittweise formulierte Arbeitsanleitungen für das Produktionspersonal ausgeben. Wenn Sie Ihre Vorlage sowie das Werk und ein Material ausgewählt haben, können Sie den Druck über **Ausführen** starten. Die Vorlagen für die Arbeitsanweisungen werden über die Customizing-Transaktion OLDPS gepflegt. Nach dem Ausführen wird die Arbeitsanweisung in Microsoft Word geöffnet und kann dort wie gewohnt noch bis direkt vor dem Drucken manuell bearbeitet werden. Sie starten den tatsächlichen Druckvorgang dann aus Word heraus. Über den Customizing-Pfad **Produktion • Grunddaten • Liniendesign • Arbeitsanweisungen** können Sie sich den ausführlichen Text zur Konfigurationshilfe anzeigen lassen. Hier steht ausführlich beschrieben, wie Sie eine Arbeitsanweisung einrichten können.

Materialbereitstellungsliste

Über die Transaktion MF60 gelangen Sie in die *Materialbereitstellungsliste*. Nachdem Sie Ihre Auswahl auf dem Einstiegsbild getroffen haben, gelangen Sie in die Anzeige der Materialbereitstellungsliste. Hier können Sie über den Menüpfad **Mehr • MatBer-Liste • Drucken** den Druck Ihrer Liste auslösen.

Bedarfs-/Bestandsliste

In der Transaktion MD04 zur *Bedarfs-/Bestandsliste* müssen Sie zunächst die Selektion für Material und Werk oder Dispositionsbereich im Startbild eingeben. Anschließend wird Ihnen die entsprechende Liste ausgegeben. Hier haben Sie direkt eine Schaltfläche (**Drucken**) sowie den Menüpfad **Mehr • Liste • Drucken**, um den Druck zu starten.

Dispositionsliste

In der Transaktion MD05 zur *Dispositionsliste* müssen Sie zunächst die Selektion für Material und Werk oder Dispositionsbereich im Startbild eingeben. Anschließend wird Ihnen die entsprechende Liste ausgegeben. Hier haben Sie direkt eine Schaltfläche (**Drucken**) sowie den Menüpfad **Mehr • Dispoliste • Drucken**, um den Druck zu starten.

5.2.5 Materialbereitstellung

Verwendete Transaktionen

- MF60 (Materialbereitstellungsliste)
- MF63 (Übersicht zur Bereitstellungssituation)
- MDVP (Sammelverfügbarkeitsprüfung)

Bei der *Materialbereitstellung* geht es darum, die zur Fertigung benötigten Komponenten im *Produktionsversorgungsbereich* oder *Entnahmelagerort* zur richtigen Zeit in ausreichender Menge bereitzustellen. In der Serienfertigung geschieht dies in der Regel mit Bezug auf eine Periode oder einen Zeithorizont (z. B. pro Schicht, pro Tag oder pro Woche). Typisch ist hier auch, dass die Bereitstellung aufgrund des periodischen Bezugs dafür ohne Bezug zu einem konkreten Auftrag erfolgt. Eine Ausnahme kann hier die Kundenauftragsfertigung sein. Die Warenausgänge der Komponenten werden analog dazu auch meistens periodenbasiert gebucht und nur bei Kundenauftragsfertigung mit konkretem Bezug zu einem Planauftrag. Die Materialbereitstellung kann plangesteuert erfolgen, wenn erwartete Verbräuche als Basis verwendet werden.

Das wichtigste Werkzeug in diesem Kontext ist die *Materialbereitstellungsliste*. Von hier aus kann der Nachschub ausgelöst werden. Die Bewegungsart 311 ist dabei die SAP-Standardbewegungsart für Umlagerungen dieser Art. Ebenso ist über die Materialbereitstellungsliste ersichtlich, bei welchen Komponenten Engpässe vorliegen. Alternativ kann die Materialbereitstellung auch verbrauchsgesteuert umgesetzt werden, wenn die tatsächlichen Verbräuche die Ausgangsbasis bilden. Auch Kanban ist prinzipiell ein solches verbrauchsgesteuertes Verfahren, das allerdings noch ein paar Besonderheiten mitbringt. Diese Punkte werden wir uns nun genauer ansehen. Die verschiedenen Bereitstellungsverfahren behandeln wir in Kapitel 13, »Produktionsnahe Logistik«.

Bereitstellungssituation

Mit der Transaktion MF63 gelangen Sie in die Übersicht zur *Bereitstellungssituation* für Planaufträge. Zur Kombination aus Werk und Selektionshorizont können Sie sich die Bereitstellungssituation anzeigen lassen. Allein **Werk** ist dabei ein Pflichteingabefeld. Es steht Ihnen im Einstiegsbild eine Vielzahl an Such- und Filtermöglichkeiten zur Verfügung. Sie können auch über die angebotenen Registerkarten entscheiden, ob neben den Planaufträgen ebenfalls Fertigungs- und Prozessaufträge bei der Listung berücksichtigt werden sollen. Wenn Sie hier regelmäßige Kontrollen ausführen möchten, ist es sehr zu empfehlen, die einmal eingegebenen Selektionsparameter über **Als Variante sichern...** zu speichern. So ersparen Sie sich die wiederholte Eingabe der Selektionskriterien in die doch recht umfangreiche Eingabemaske.

Über die Schaltfläche **Globale Einstellungen** auf dem Einstiegsbild gelangen Sie in die Konfiguration des Werkzeugs. Auf der Registerkarte **Allgemein** können Sie Voreinstellungen tätigen, die Einfluss darauf nehmen, wie sich die letztlich in der Übersicht angezeigten Mengen zusammensetzen. Nutzen Sie die [F1]-Hilfe, um sich über die Funktion der einzelnen Felder zu informieren. Die Registerkarte **Dialogsteuerung** gibt Ihnen die Möglichkeit, die Nachschubvorschläge automatisch im Hintergrund oder im Anwendungsdialog umzusetzen. Beachten Sie, dass die Umsetzung dieser Einstellungen in der Materialbereitstellungsliste erfolgt und nicht in der Übersicht zur Bereitstellungssituation. Auf der Registerkarte **Druck** wird schließlich ausgewählt, welche Liste angezeigt oder eventuell sogar sofort gedruckt werden soll. Die globalen Einstellungen können auch zur Einstellung in der Transaktion MF60 verwendet werden.

Je nach Konfiguration dieses Werkzeugs sehen Sie dann zur Kombination aus Werk und Material den Entnahmelagerort, den verfügbaren Bestand, Bedarfe, Mengen der Materialbereitstellungliste, Fehlmengen und andere Informationen in einer Übersicht. Abbildung 5.27 zeigt beispielhaft, wie so eine Übersicht aussehen kann. Sie sehen hier zwei Materialien mit jeweils einer Fehlmenge von 10.000 Stück.

Werk Material		Materialkurztext		EntnLO		
Verfügb. Bestand	Nettobedarfsmenge		Fehlmenge	BerMg	Verbl.Fehlmenge	ME
Bedarfsverursacher	Materialkurztext			BedTermin		
1010 RM233-1		RAW233-1, PD, KANBAN, Umlagerung		101B		
0	10.000		10.000	0	10.000	ST
FG233	FERT 233, PD, Serienfertigung			13.07.2020		
1010 RM233-2		RAW233-2, ND, KANBAN, Lieferpläne		101E		
0	10.000		10.000	0	10.000	ST
FG233	FERT 233, PD, Serienfertigung			13.07.2020		

Abbildung 5.27 Transaktion MF63 – Übersicht der Bereitstellungssituation

Über den Menüpfad **Mehr • Liste** können Sie diese Liste drucken, exportieren oder als E-Mail versenden. Über **Mehr • Bearbeiten** können Sie Berechnungen ausführen lassen und weitere Filter setzen. Mit **Mehr • Einstellungen** besteht außerdem die Möglichkeit, das Layout sowie die Spalten und weitere visuelle Elemente zu konfigurieren. Über **Mehr • Einstellungen • Grundliste** wird die initiale Ansicht wiederhergestellt. Viele der genannten Funktionen sind auch über die Schaltflächen in der Menüleiste verfügbar. Wenn Sie einen Eintrag markieren und auf die Schaltfläche [🔍] klicken, gelangen Sie in die Auflistung aller Informationen zur markierten Position.

Materialbereitstellungsliste

Der Nachschub von einem Nachschublagerort zu einem Entnahmelagerort wird über die *Materialbereitstellungsliste* (Transaktion MF60) angestoßen. Hier sehen Sie zunächst das gleiche Einstiegsbild wie zuvor in der Transaktion MF63. Nutzen Sie auch hier wieder die [F1]-Hilfe, um gute Beschreibungen zu den Selektionsoptionen zu erhalten, indem Sie ein Feld anklicken und die Taste [F1] drücken. Sie können auch hier über die angebotenen Registerkarten entscheiden, ob neben den Planaufträgen auch Fertigungs- und Prozessaufträge berücksichtigt werden sollen, und auch die Option der Speicherung Ihrer Eingaben als Variante ist hier gegeben.

Wenn Sie nun Ihre Filter im Selektionsbild gesetzt haben und auf **Ausführen** klicken, gelangen Sie in die Anzeige der Materialbereitstellungliste zu Ihren ausgewählten Bedingungen. Abbildung 5.28 zeigt das Beispiel, das wir zuvor auch in der Transaktion MF63 genutzt haben. Sie sehen vier Positionen mit Unterdeckung. Die erste Position haben wir hier für das Beispiel markiert, und über die Funktion **Nachschubvorschläge** wurde vom System ein Nachschubvorschlag von 10.000 Stück generiert. Anschließend haben wir die untere Detailansicht zur markierten Position über die Funktion **Nachschubelemente** geöffnet. Sie sehen dort, dass eine Umlagerung des Materials in benötigter Menge in unserem Werk zu unserem Entnahmelagerort vorgeschlagen wurde.

Abbildung 5.28 Transaktion MF60 (Materialbereitstellungsliste) – Unterdeckung und Nachschubvorschlag

Über einen Klick auf die Schaltfläche **Chargen-/Bestandsfindung** kann bei korrekt eingestellter Bestandsfindung automatisch ein Nachschublagerort ermittelt werden. Sollte dies für Ihr Material nicht möglich sein, können Sie in der Spalte **NSchEl** (**Nach-**

schubelement) manuell einen Nachschublagerort eingeben. Markieren Sie die Zeile mit dem Nachschubelement, und klicken Sie auf die Schaltfläche **Bereitst.** zum Bereitstellen der Materialien. Das Symbol in der Spalte **Status** springt bei diesem Vorgehen in der obersten Zeile unserer Beispiel-Materialbereitstellungsliste bei der Erzeugung eines Nachschubvorschlags von Rot auf Gelb und mit der Bereitstellung schließlich von Gelb auf Grün. Klicken Sie auf **Sichern**, um Ihre Tätigkeiten zu speichern. Für Umbuchungen wird ein Materialbeleg erstellt, den Sie über die Transaktion MIGO erneut aufrufen können, um sich die Details der Warenbewegung anzeigen zu lassen. Wenn Sie die Materialbereitstellungliste nun erneut aufrufen, hängt das Erscheinen der bereits bereitgestellten Position in Ihrer Liste davon ab, ob Sie in den globalen Einstellungen das Häkchen bei **Nur Fehlmengen anzeigen** gesetzt haben.

Verfügbarkeitsprüfung

Über die Transaktion MDVP gelangen Sie zur *Sammelverfügbarkeitsprüfung*. Damit ersparen sich Produktionsplanerinnen und -planer, für jeden Planauftrag eine einzelne Verfügbarkeitsprüfung ausführen zu müssen. Sie haben hier im Selektionsbild gleich eine ganze Batterie an Selektionsoptionen, über die Sie die Auswahl der zu untersuchenden Verfügbarkeiten einschränken können. Ohne Eingabe von Selektionswerten ermittelt das System schlicht alle Planaufträge. Das Layout gibt dabei an, wie das Ergebnis optisch für Sie aufbereitet werden soll.

Wahlweise können statt des Layouts auch *Profile* zur visuellen Aufbereitung angegeben werden. Die Profile selbst können wiederum über die Customizing-Transaktion OPVP erstellt oder geändert werden. Die einzelnen Schaltflächen leiten Sie dafür zu den relevanten Customizing-Tabellen, wo Sie sowohl für die Auftrags- als auch für die Komponentensicht neue Profile über die jeweils unterste Schaltfläche anlegen können. Beachten Sie dabei, dass kundeneigene Profile auch im Kundennamensraum liegen und somit das Präfix Z oder Y tragen müssen. Diese Profile legen Sie dann nach Bedarf auch in den Tabellen **Feldauswahl**, **Gruppierkriterien** und **Sortierkriterien** an. Per Auswahl des Profils und mit einem Doppelklick auf die Ordnerauswahl jeweils links von der Tabelle im Abschnitt **Dialogstruktur** gelangen Sie dann zu den Einstellungen der konkreten Ausprägungen. Beachten Sie, dass auch hier die Customizing-Einstellungen transportpflichtig sind.

Nachdem Sie auf dem Selektionsbild Ihre Eingaben getätigt haben, gelangen Sie über **Ausführen** in die ausgewählte Sicht der Sammelverfügbarkeitsprüfung. Sie finden hier wieder die gewohnten Funktionen zur Detailansicht, Sortierung, Filterung, zum Drucken und Exportieren sowie zum Einstellen des Layouts. Das Layout, das Sie aktuell aufgebaut haben, können Sie hier auch als neues Layout speichern und in der Eingabemaske später wiederverwenden.

Die Einträge, die Sie prüfen wollen, können Sie nun markieren, und über die Funktion **Auftrag** (die linke Schaltfläche) oder über die Tastenkombination [Strg] + [F3] wird dann eine (neue) Verfügbarkeitsprüfung ausgeführt. In der Spalte **RC** findet sich ein Schlüssel zum Ergebnis der Verfügbarkeitsprüfung:

- **01**: Auftrag vollständig bestätigt
- **02**: Auftrag nicht vollständig betätigt
- **06**: Auftrag hat keine Materialkomponenten.
- **07**: Verfügbarkeitsprüfung beim aktuellen Auftragsstatus nicht erlaubt
- **08**: Auftrag wurde nicht geprüft (war zum Zeitpunkt der Prüfung durch einen anderen Benutzer gesperrt).
- **09**: Auftrag konnte nicht geprüft werden (sonstige Gründe).

Über die Schaltfläche **Fehlteile** gelangen Sie in die Listung der Komponenten mit Unterdeckung. Dort können Sie wiederum über **Alle Komponenten** auch die Komponenten mit bestätigten Mengen einblenden. Die Schaltfläche **Auftrag** in der Mitte öffnet den ausgewählten Planauftrag in der Transaktion MD12 zur Bearbeitung, und die rechte Schaltfläche, die auch mit **Auftrag** beschriftet ist, öffnet den ausgewählten Auftrag per Transaktion MD13 nur im Anzeigemodus.

5.2.6 Rückmeldung und Warenbewegungen

Verwendete Transaktionen

- MFBF (Rückmeldung Serienfertigung)
- MF12 (Belegprotokollinformation)
- MF42N (Sammelerfassung von Rückmeldungen)
- MF41 (Rückmeldung belegbezogen stornieren)
- MF4R (Zählpunkte zurücksetzen)
- MB51 (Materialbelegliste)
- MF70 (entkoppelte Rückmeldung)
- COGI (Nachbearbeitung von Fehlersätzen aus automatischen Warenbewegungen)
- MF47 (Nachbearbeitung von Komponenten zur Linie)
- OPK5 (Abweichungsursachen)
- SAP-Fiori-App **Serienfertigung rückmelden** (App-ID MFBF)
- SAP-Fiori-App **Serienfertigungsrückmeldung stornieren** (App-ID MF41)
- SAP-Fiori-App **Serienfertigungswarenbewegungen nachbearbeiten** (App-ID MF47)

Die Art und Weise, wie eine *Rückmeldung* ausgeführt wird und welche Funktionen damit verbunden sind, wird im Serienfertigungsprofil festgelegt. Dazu gehören diese Kriterien:

- Zeitpunkt des Wareneingangs des Erzeugnisses
- Zeitpunkt des Warenausgangs der Komponenten
- automatische oder manuelle Rückmeldung
- Verwendung von Zählpunkten
- Anwendung der retrograden Entnahme
- Kopplung/Entkopplung von Aktivitäten zur Rückmeldung
- Abbau von Produktionsplänen und deren Kapazitätsbedarfen
- Verbuchung der Produktionskosten
- Statistikfortschreibung im Logistikinformationssystem (LIS)

Die Konfiguration des Serienfertigungsprofils haben wir in Abschnitt 5.1.1, »Serienfertigungsprofil«, betrachtet. Anhand dieser langen Liste sehen Sie, wie umfassend die Einflussmöglichkeiten durch die Konfiguration der Rückmeldung auf den Fertigungsprozess sind.

Manuelle Rückmeldung

Die manuelle Rückmeldung zur Serienfertigung erfolgt über die Transaktion MFBF. Hier haben Sie die Option, Rückmeldungen für die Lagerfertigung, die Kundenauftragsfertigung oder die Produktionslosfertigung zu tätigen. Für alle drei Fertigungsstrategien steht Ihnen die Baugruppenmeldung zur Verfügung. Für die Lagerfertigung können Sie alternativ auch die Komponentenrückmeldung und die Leistungsmeldung verwenden.

Die *Leistungsmeldung* ermöglicht es, Leistungen separat vom Wareneingang der Erzeugnisse zu buchen. Dadurch kann Mehrverbrauch einzeln gemeldet werden. Über die Schaltfläche **Leistungsausschuß** können Sie darüber hinaus in eine separate Ausschussmeldung wechseln.

Die *Komponentenmeldung* trennt den Warenausgang der Komponenten vom Wareneingang der Erzeugnisse. Sie können außerdem über **Komp.ausschuß** den Mehrverbrauch durch Komponentenausschuss in einer eigenen Meldung erfassen.

Mit der *Baugruppenmeldung* können Gutmengen von Baugruppen oder Fertigungserzeugnisse rückgemeldet werden. Hier werden neben dem Wareneingang der Erzeugnisse auch die Warenausgänge der Komponenten retrograd mit rückgemeldet. Wenn Sie eine Zählpunktlogik im Serienfertigungsprofil definiert haben, weil Sie zeitnah zur Produktion Ist-Daten erfassen und Komponentenverbräuche zeitig im Bestand realisieren wollen, müssen Sie das Häkchen bei **Zählpunktmeldung** setzen. Außerdem werden Produktionseinteilungen bzw. Planaufträge reduziert, Kosten auf den Produktkostensammler gebucht und statistische Fortschreibungen ausgelöst. Wenn Sie hier Mehrverbrauch an Komponenten erfassen wollen, gelingt dies entweder über die Schaltfläche **Buchen mit Korrektur** oder per gesonderter Erfassung über eine Komponentenrückmeldung. Über die Schaltfläche **Ausschuß** können Sie analog zur Gutmengenmeldung eine Ausschussmeldung absetzen.

Die *Ausschussmeldungen* können alle mit einer Begründung versehen werden. Die Abweichungsursachen werden über die Customizing-Transaktion OPK5 konfiguriert.

Abbildung 5.29 zeigt beispielhaft, wie eine *Zählpunktmeldung* aussehen kann. Wenn Sie nun also eine manuelle Zählpunktrückmeldung zum Planauftrag erfassen wollen, wählen Sie die Option **Baugruppenmeldung** und geben die zu erfassende Gutmenge in die Felder **Meldemenge** und **Mengeneinheit** ein.

Abbildung 5.29 Transaktion MFBF (Rückmeldung der Serienfertigung)

In unserem Beispiel liegt eine Lagerfertigung vor, daher geben wir auf der Registerkarte **Lagerfert.** das Material und die fertigungsspezifischen Daten an. Wir setzen in unserem Fall auch das Kennzeichen **Zählpunktmeldung**, da wir dies über das Serienfertigungsprofil so vorgegeben haben. Außerdem haben wir hier die Möglichkeit, die empfangende Charge für unser Erzeugnis direkt ins Feld **Empfang. Charge** einzutragen, falls diese nicht automatisch ermittelt werden soll.

Mit einem Klick auf **Buchen** wird nun die Rückmeldung erfasst. Sollte das System hierbei keine Entnahmelagerplätze der Komponenten oder bei Chargenpflicht keine Chargen ermitteln können oder sollten Sie diese schlicht anpassen wollen, so können diese Daten noch manuell in der Gutmengenmeldung ergänzt werden. Auch der initial auf Basis der Stückliste errechnete Komponentenverbrauch kann hier noch korrigiert werden.

Abbildung 5.30 zeigt beispielhaft, wie eine *Gutmengenmeldung* aussehen kann. Mit **Buchen** schließen Sie die Rückmeldung ab, und es werden Wareneingangs- und Warenausgangbelege erzeugt. Den Detaildaten zur Produktionsmenge in der Transaktion MF50 können wir nun entnehmen, dass die rückgemeldete Menge unseres Planauftrags um die Gutmenge reduziert wurde. Auch die Ausschussmenge wurde anteilig reduziert.

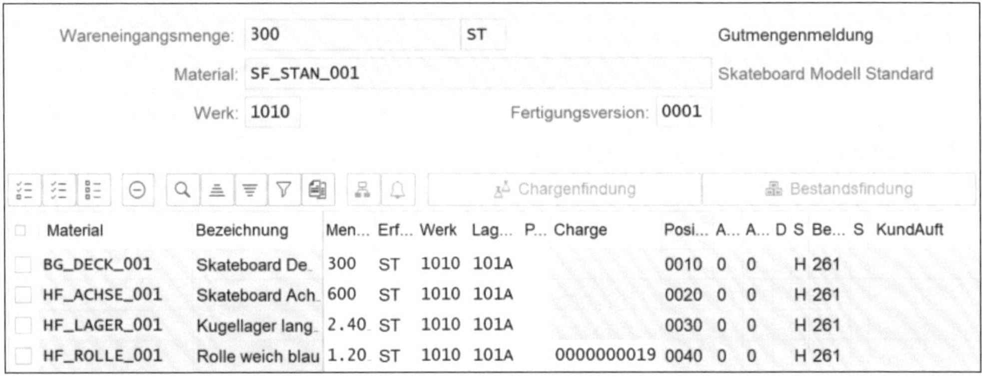

Abbildung 5.30 Transaktion MFBF – Gutmengenmeldung

Aus der Transaktion MFBF können Sie über die Schaltfläche **Belege** in die *Belegprotokollinformation* (Transaktion MF12) abspringen und sich auf Basis umfangreicher Selektionsoptionen Ihre Materialbelege anzeigen lassen.

Im SAP Fiori Launchpad finden Sie für die Rolle **Werker – Serienfertigung** eine SAP-Fiori-App, um Rückmeldungen zur Serienfertigung anzulegen. Die Funktionalität der SAP-Fiori-App **Serienfertigung rückmelden** (App-ID MFBF) entspricht Transaktion MFBF. Abbildung 5.31 zeigt hier exemplarisch den Aufbau der SAP-Fiori-App. Wir finden die zuvor beschriebenen Elemente hier wieder.

Es liegt an Ihnen, ob Sie lieber die SAP-Fiori-App oder die klassische GUI-Transaktion verwenden möchten. In manchen Unternehmen gibt es jedoch Fiori-First-Ansätze, um Ihnen das Wechseln zwischen zwei stark unterschiedlichen Benutzeroberflächen und Log-in-Verfahren zu ersparen.

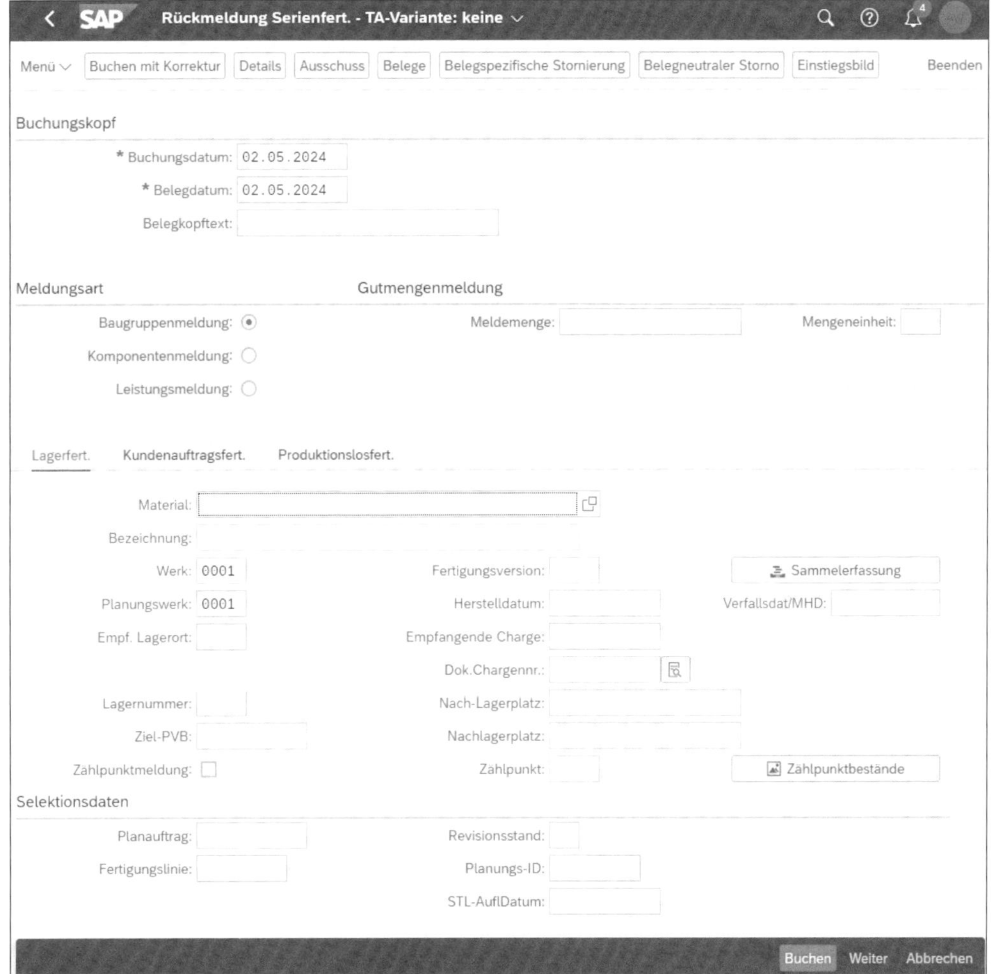

Abbildung 5.31 SAP-Fiori-App »Rückmeldung Serienfertigung«

Sammelrückmeldung

Für Baugruppenrückmeldungen (Gutmengen- und Ausschussmeldungen) kann über die Transaktion MF42N eine *Sammelerfassung von Rückmeldungen* ausgeführt werden. Auch hier werden Komponentenverbräuche analog zur Baugruppenrückmeldung über die Transaktion MFBF anhand der Menge über die Stückliste ermittelt. Sie haben auch wieder die Option, Mehrverbräuche über **Buchen mit Korrektur** zu erfassen. Sie geben hier Ihre Rückmeldedaten nicht in einzelne Felder, sondern in Zeilen einer Tabelle ein. Mit einem Klick auf **Buchen** werden dann alle Rückmeldungen in einem Zug verbucht.

Stornierung

Ausnahmen bestätigen die Regel. Hin und wieder kommt es vor, dass Rückmeldungen storniert werden müssen. Aus der Rückmeldung zur Serienfertigung (Transaktion MFBF) können Sie in die *Stornierung der Rückmeldung* abspringen. Über **Belegneutraler Storno** können Sie die Rückmeldung korrigieren, indem neue Wareneingangs- und Warenausgangsbelege gebucht werden, die die Bestände um die angegebene Menge und die entsprechende Stücklistenmenge der Komponenten berichtigen. Das ist vor allem dann sinnvoll, wenn Ihnen kein explizit falsch gebuchter Beleg vorliegt und Sie vielmehr die Mengen über eine ganze Schicht oder einen ganzen Tag hinweg korrigieren wollen.

Wenn Sie stattdessen eine Stornierung anhand eines bestehenden Belegs durchführen wollen, weil genau dieser Beleg fehlerhaft ist, gelangen Sie über **Belegspezifische Stornierung** in die Transaktion MF41 (Rückmeldung belegbezogen stornieren). Natürlich können Sie die Transaktion MF41 auch direkt aufrufen oder die etwas hübschere, aber funktional gleiche SAP-Fiori-App **Serienfertigungsrückmeldung stornieren** (App-ID MF41) verwenden.

Im Einstiegsbild der Transaktion können Sie entweder direkt einen Beleg eingeben oder aber über Selektionsoptionen die Suche nach dem oder den Belegen einschränken. Schließlich hat man nicht immer die passende Belegnummer parat oder oft auch nur Informationen zu Werk, Material, User und/oder Zeitraum des fehlerhaften Belegs. Wenn Sie nicht genügend oder gar keine Einschränkung treffen, kann die Belegliste sehr lang und unübersichtlich werden. Für diesen Fall können Sie einstellen, ab wie vielen Treffern zunächst ein Dialogfenster erscheinen soll, das auf eine lange Bearbeitungszeit hinweist und die Option bietet, die Suche weiter einzugrenzen. Über einen Klick auf **Ausführen** wird die Ergebnisliste der Belege selektiert und angezeigt. In der Ergebnisliste können Sie sich nun die Beleginformationen per Doppelklick auf einen Beleg anzeigen lassen. Klicken Sie auf einen Beleg, und wählen Sie den Menüpfad **Mehr • Rückmeldung stornieren**, um die Stornierung des Belegs auszuführen. Danach sehen Sie einen Pfeil im Beleg (⮌), der Ihnen zeigt, dass die Stornierung im Beleg vermerkt wurde. Eine Teilstornierung, bei der nicht die gesamte Belegmenge storniert wurde, hat ebenfalls ein eigenes Symbol (–). Abbildung 5.32 zeigt, wie eine ganze Zeile eines stornierten Rückmeldebelegs aussieht.

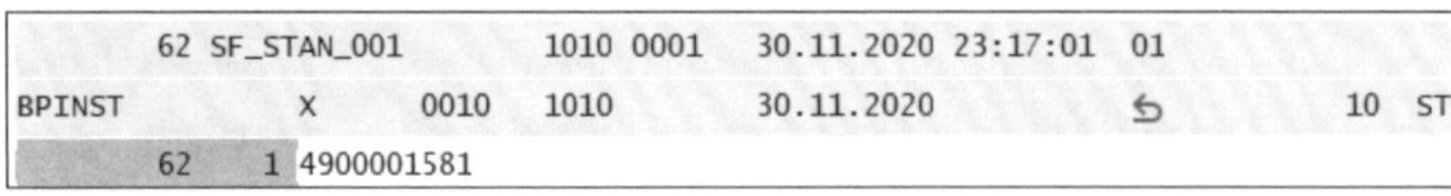

62 SF_STAN_001			1010 0001	30.11.2020 23:17:01	01			
BPINST	X	0010	1010	30.11.2020		⮌	10	ST
62	1	4900001581						

Abbildung 5.32 Transaktion MF41 (Rückmeldung belegbezogen stornieren) – stornierter Beleg

Zählpunktrückmeldungen können über die Transaktion MF4R storniert werden. Vom Einstiegsbild können Sie über die Schaltfläche **ZPktübersicht** in die Anzeige der

Übersicht der Zählpunktrückmeldungen springen. Hier können Sie wieder über Selektionsparameter steuern, welche Zählpunktrückmeldungen Sie sehen möchten. Dabei ist das Feld **Werk** ein Pflichteingabefeld, und über **Ausführen** wird die Liste erzeugt. Mit den Informationen aus der Übersicht fällt es gegebenenfalls leichter, im Einstiegsbild der Transaktion MF4R das richtige Beleg- und Buchungsdatum einzutragen. Weitere Eingrenzungsmöglichkeiten sind Material, Fertigungslinie und Fertigungsversion. Wenn Sie auf **Buchen** klicken, werden die relevanten Zählpunkte zurückgesetzt.

Die Buchungen und auch die Stornierungen können Sie sich über die Transaktion MB51 in der Materialbelegliste samt Bewegungsart und Belegnummern anzeigen lassen. Per Doppelklick auf einen Beleg oder mittels der Markierung eines Belegs und mit einem Klick auf die Schaltfläche **Materialbeleg** werden die Belegdetails angezeigt. Sie können aus der Transaktion MB51 auch in die Bestandsübersicht des Materials (Transaktion MMBE) oder über die Schaltfläche **Rechnungswesenbeleg** in die Kostenrechnungsbelege abspringen. Sie können den Erfolg Ihrer Stornierung aber z. B. auch im Anschluss über die Bedarfs-/Bestandsliste kontrollieren (Transaktion MD04).

Entkoppelte Rückmeldung

Über die Transaktion MF70 können Sie die Funktionen der Rückmeldung entkoppelt ausführen. Das ist speziell dann sinnvoll, wenn Sie täglich sehr große Mengen an Buchungen ausführen und Ihr System z. B. tagsüber weniger belasten und über Nacht besser auslasten wollen. Dazu muss im Serienfertigungsprofil eingestellt sein, dass die entkoppelte Rückmeldung zulässig ist. Dann können Sie die Warenausgänge der Komponenten getrennt von den bereits erfolgten Wareneingängen der Erzeugnisse per Hintergrundjob einplanen und buchen lassen.

In der Transaktion MF70 können Sie dies auch manuell ausführen. Sie können hier wählen, welche Buchungen nun zu bestehenden Rückmeldungen mit Wareneingängen ausgeführt werden sollen. Zur Auswahl stehen die entkoppelten Prozesse der Warenausgangbuchungen und Buchungen von Fertigungsleistungen. Warenausgangsbuchungen erfolgen dann für die verbrauchten Komponenten entsprechend der Stücklistenauflösung und anhand der gefertigten Menge des Erzeugnisses. In der Lagerfertigung erfolgt das nur anhand der Stückliste; in der Kundenauftragsfertigung wird hier noch zwischen den einzelnen Planaufträgen differenziert, um eine bessere Zuordnung zu ermöglichen. Wenn dazu eine Aggregation im Serienfertigungsprofil hinterlegt ist, erfolgt die Buchung je Komponente über alle Verbräuche als kumulierter Posten. Auch die Sekundärbedarfe der Komponenten werden mit der Buchung abgebaut. Die Buchung der Fertigungsleistungen erfolgt analog ohne Bezug zum Planauftrag für die Lagerfertigung und mit Bezug zum Planauftrag für die Kundenauftragsfertigung. Auch hier können Leistungen wieder aggregiert verbucht werden.

Nachdem nun klar ist, was gebucht werden soll, müssen noch die entkoppelt zu buchenden Fälle selektiert werden. Das einzige Pflichtfeld ist hier das Feld **Werk**. Gibt man nichts weiter ein, wird also auf Werksebene alles selektiert, was per Serienfertigungsprofil für die entkoppelte Rückmeldung zugelassen ist und noch zu buchende Leistungen und Komponentenverbräuche aufweist.

Über die Schaltfläche **Einstellungen** werden weitere technische Optionen zur Performanceoptimierung bei der Durchführung der Buchungen angezeigt. Wenn Ihr SAP-Basis-Team z. B. RFC-Verbindungen zu weiteren Applikationsservern hergestellt hat, können die Buchungen über das Kennzeichen **Prozesse parallelisieren** auf mehreren Applikationsservern ausgeführt werden. Fragen Sie in Ihrer IT-Abteilung nach, ob das bei Ihnen möglich ist, falls Sie bei der Einplanung der Hintergrundjobs feststellen, dass diese unverhältnismäßig lange dauern.

Nachbearbeitung von Fehlersätzen aus automatischen Warenbewegungen

Mit der Transaktion COGI (Nachbearbeitung von Fehlersätzen aus automatischen Warenbewegungen) können Sie über das Einstiegsbild angeben, welche fehlerhaften Warenbewegungen aufgelistet werden und wie diese Liste dargestellt werden soll. Über **Ausführen** wird die Liste schließlich gemäß Ihrer Selektion erstellt. Wenn Sie nun eine Zeile markieren, können Sie sich über **Fehler anzeigen** die Fehlernachricht anzeigen lassen.

Retrograde Entnahme

Für die Nachbearbeitung von Fehlersätzen aus der retrograden Entnahme von Komponenten muss im Serienfertigungsprofil das Kennzeichen **zusätzlich Einzelnachbearbeitungssätze erzeugen** gesetzt sein.

Beschreibung des Fehlers

Über **Hilfe** wird Ihnen der beschreibende Langtext angezeigt, den Sie sonst auch mit der Kombination aus den Spalten **AGeb** (Arbeitsgebiet) und **Nr.** (Nummer) über die Nachrichtenpflege per Transaktion SE91 finden. Das gilt natürlich nur, sofern auch ein Langtext hinterlegt ist. Bei kundeneigenen Nachrichten ist dies häufig leider nicht der Fall.

Wenn Sie eine Zeile (also eine fehlerhafte Warenbewegung) markieren, stehen Ihnen zudem noch diese Funktionen zu Verfügung:

- **Ändern Detail** ermöglicht es Ihnen, die Daten der Warenbewegung noch anzupassen und sie erneut zu buchen. Eventuell fehlten nur Bestände für eine Entnahmebuchung einer Komponente. Wenn der Bestand wieder gefüllt ist, kann die Buchung erneut ausgeführt werden. War sie erfolgreich, erscheint eine entsprechende Erfolgsmeldung, und der Eintrag verschwindet aus der Liste. Vergessen Sie nicht, Ihre Änderungen mit **Sichern** zu speichern, damit sie auch im System wirksam werden.

- **Löschen** dient dazu, die fehlerhafte Warenbewegung zu entfernen. Stellen Sie zuvor sicher, dass der Eintrag wirklich nicht mehr benötigt wird, weil eventuelle Korrekturmaßnahmen bereits ausgeführt wurden.
- Über **Material** springen Sie in die Transaktion MM03 zur Anzeige der Materialdaten ab.
- Über **Bestand** springen Sie in die Bestandsliste zum Material per Transaktion MMBE ab.

Korrekturen von Fehlern bei automatischen Warenbewegungen sind selten ein wirklich systematisches Problem. Denn wenn es regelmäßig auftaucht, würde man entsprechende Maßnahmen einleiten, um die Fehler bereits im alltäglichen Prozess zu reduzieren. Häufig sind besondere Faktoren wie eine unbewusst falsch benutzte Anwendung durch die Urlaubsvertretung der Grund. Hier gibt es im Prinzip zwei Lösungsansätze zur Prozessoptimierung. Einmal kann man die potenziellen Urlaubsvertretungen schulen, oder man unternimmt einmal mehr den Extraaufwand, die besondere Konstellation der Fehlbedienungshandlungen programmseitig durch eine ABAP-Programmiererin oder einen ABAP-Programmierer eliminieren zu lassen.

Nachbearbeitung für Komponenten zur Linie

Für die Nachbearbeitung von Komponenten zur Linie steht die Transaktion MF47 zur Verfügung. Hier können Rückstände aus der retrograden Entnahme nachbearbeitet werden. Sie müssen hier zunächst die Pflichtfelder **Werk** sowie **Belegdatum** und **Buchungsdatum** füllen. Weitere Selektionsfelder können die Listung der Ergebnisse weiter einschränken, falls nötig. Mit **Ausführen** starten die die Selektion. Es werden nun alle Baugruppen oder Erzeugnisse angezeigt, die zu den Auswahlkriterien passen und zu denen aus vorherigen Rückmeldungen noch Materialbewegungen zu Komponenten fehlen.

Über das Markieren einer Baugruppe und das Klicken auf **Nachbearbeitungssätze ändern** werden die Komponenten zur Baugruppe angezeigt. Jetzt können Verfügbarkeiten geprüft und Korrekturen vorgenommen werden. Über **Buchen** werden die nachbearbeiteten Warenbewegungen schließlich verbucht. Analog zur Transaktion COGI werden so Komponentenbestände zu Komponentenverbräuchen und Produktionskosten zu Kosten des Fertigungserzeugnisses umgemünzt.

In Abbildung 5.33 ist beispielhaft eine Liste von Warenbewegungen zu erkennen, die nachträglich erneut verarbeitet werden müssen. Wenn, wie im Beispiel gezeigt, bei der ursprünglichen Buchung ein Fehler aufgetreten ist, können Sie die Buchung erneut starten, sobald der Fehler behoben ist. Auf diese Weise gehen die für die Finanzbuchhaltung und das Controlling wichtigen Verrechnungen nicht verloren. In der Abbildung sehen Sie, dass die Liste in der SAP-Fiori-App stark an das klassische Layout der GUI-Transaktion COGI erinnert.

Abbildung 5.33 Die SAP-Fiori-App »Serienfertigungswarenbewegungen nachbearbeiten«

5.2.7 Nachgelagerte Prozesse/fortlaufende Prüfungen und Auswertungen

In Kapitel 4, »Diskrete Fertigung«, haben wir an diesem Punkt des Kapitels das Ende des Lebenszyklus eines Fertigungsauftrags sowie die Auftragsabrechnung betrachtet. In der Serienfertigung verhält es sich etwas anders, da es hier in der Regel eben keine fertigungsauftragsbezogene Produktion gibt. Stattdessen wird die Produktion auf Produktkostensammler abgerechnet und periodenweise ausgewertet. Wir wollen uns nun daher noch ansehen, wie es sich mit der Abrechnung und dem Berichtswesen in der Serienfertigung verhält.

Produktionsabrechnung (Kostenträgerrechnung)

Die Abrechnung der Produktion benötigt einen Träger für die Kosten: ein Objekt, das es ermöglicht, die Wirtschaftlichkeit der eigenen Herstellung zu überprüfen. Dazu wird die *produktbezogene Kostenträgerrechnung* angewendet. Die finanziellen Auswirkungen der Produktion setzen sich aus dem Verbrauch von Komponenten und Fertigungshilfsmitteln sowie aus Kosten für erbrachte Leistungen zusammen. Diese Kosten können klar einem *Produktkostensammler* zugeschrieben werden, der die Kosten für eine gefertigte Menge innerhalb einer definierten Periode repräsentiert.

Dazu kommen Zuschläge für die Umlage der Gemeinkosten, die nicht unmittelbar auf die hergestellten Mengen zurückzuführen sind. Diese Zuschläge erfolgen in der Regel nicht je Warenbewegung, sondern einmal am Ende einer *Abrechnungsperiode*. Das Controlling muss daher für die Erzeugnisse einen Produktkostensammler anlegen und die Leistungsabrechnung sowie die Materialkalkulation vorgeben und freigeben. Diese Elemente bilden die Grundlage zur Abrechnung der Fertigung. Bei der Rückmeldung werden nun also alle Kosten dem Produktkostensammler zugewiesen. Dabei kann es einen Produktkostensammler pro Material oder pro Fertigungsversion zu einem Material geben. Zum Beispiel könnten über die Produktkostensammler je Fertigungsversion die Kosten verschiedener Fertigungslinien mit demselben Erzeugnis getrennt voneinander ausgewertet werden.

Während der Abrechnung werden Abweichungen der Soll- und Ist-Kosten ermittelt. Dieser Schritt entlastet den Produktkostensammler, der durch die Wareneingänge und die Bewertung der hergestellten Erzeugnisse auch einen positiven Gegenwert zu den Kosten hervorbringt. Die Zuwächse der bewerteten Materialien werden Materialbestandskonten gutgeschrieben, während die Kosten auf Abrechnungskonten verbucht werden. Da wir nicht mit Fertigungsaufträgen arbeiten, die über einen begrenzten Zeitraum gültig sind und deren Plan-Kosten daher recht passend zu den Ist-Kosten kalkuliert werden können, muss diese Abrechnung regelmäßig/periodisch wieder erfolgen. Es kann ja sein, dass sich im Laufe der Zeit die verbauten Komponenten ändern oder die Gemeinkosten aus diversen Gründen steigen oder sinken. Eine fortlaufende Überprüfung der Wirtschaftlichkeit ist daher eine unbedingte Voraussetzung.

Abbildung 5.34 zeigt, wie Planungsperioden zu den Einteilungen in der Produktion und Buchungsperioden zur Verrechnung der Fertigungskosten mittels eines materialspezifischen Produktkostensammlers parallel verlaufen können, jedoch nicht dasselbe Zeitintervall aufweisen müssen.

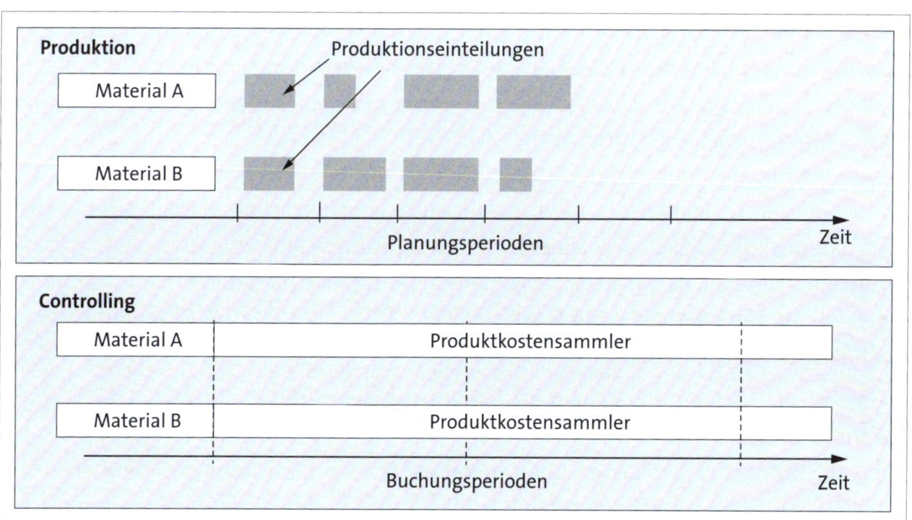

Abbildung 5.34 Buchungs- und Planungsperioden bei der Kostenverrechnung von Produktionseinteilungen auf Produktkostensammler

Während die Produktion hier in kürzeren Perioden plant (z. B. in Wochen), erfolgt die Abrechnung und somit die Entlastung der Produktion über den Produktkostensammler eventuell in einem anderen Zyklus (z. B. monatlich).

Belegprotokollinformationen

Sie können sich die Beleginformationen im Belegprotokoll zu Ihren Warenbewegungsbelegen über die Transaktion MF12 (Belegprotokollinformationen) ansehen. Zunächst haben Sie die Möglichkeit, die Liste der anzuzeigenden Belege anhand eines umfangreichen Selektionsbilds einzugrenzen. Wenn Sie nicht genügend oder gar keine Einschränkungen treffen, kann die Belegliste sehr lang und unübersichtlich werden. Für diesen Fall können Sie einstellen, ab wie vielen Treffern zunächst ein Dialogfenster erscheinen soll, das auf eine lange Bearbeitungszeit hinweist und die Option bietet, die Suche weiter einzugrenzen. Über **Ausführen** wird die Ergebnisliste der Belege selektiert und angezeigt. In der Ergebnisliste können Sie sich nun den Materialbeleg per Doppelklick auf einen Beleg anzeigen lassen. Die Darstellung der Liste lässt sich wie gewohnt über **Aktuelle Anzeigevariante** und **Layout auswählen** konfigurieren. Sie können die Liste über den Menüpfad **Mehr • Liste** auch wieder drucken, exportieren oder versenden. Ebenfalls können Sie über **Mehr • Rückmeldung stornieren** die Rückmeldung zu den angezeigten Belegen stornieren.

Zählpunktstatistik

In der Transaktion MCRM können Sie sich eine *Zählpunktstatistik* anzeigen lassen. Geben Sie zunächst die begrenzenden Faktoren im Selektionsbild ein, und klicken Sie dann auf **Ausführen**. Sie erhalten zu den vorgegebenen Selektionskriterien eine Auswertung der Zählpunktrückmeldungen. Diese können Sie dann noch mit unterschiedlichen Optionen anzeigen lassen. Beispielsweise können Sie sich die rückgemeldeten Gut- und Ausschussmengen im angegebenen Zeitraum anzeigen lassen. Diese Auswertung kann unter **Aufriss wechseln** je Disponent, Fertigungslinie, Fertigungsversion, Material, Serienauftrag, Werk, Zählpunkt und Datum aufbereitet werden. Über **Hierarchieaufriss** können Sie die Aufrissebenen schachteln und die Darstellung damit weiter auffächern. Diese Darstellung können Sie versenden oder als lokale Datei exportieren. Über **Grafik** wird die Auswertung als Balkendiagramm aufbereitet. Über den Menüpfad **Mehr • Top N** können Sie z. B. die n größten Rückmeldungen aus der Spalte der Gutmengen hervorheben.

Probieren Sie auch einmal die Funktionen unter **Mehr • Bearbeiten** aus. Hier können Sie unter anderem eine ABC-Analyse über die Daten ausführen, die Sie wiederum auch als Grafik anzeigen lassen können, oder sich eine Summenkurve darstellen lassen. Da Sie hier nur Werte selektieren und technisch oder visuell aufbereiten lassen, können Sie hier einfach einmal alles ausprobieren und die für Sie passenden Darstellungen und Auswertungen zusammenstellen. Mit der Funktion **Sichern als** können Sie Ihre Zählpunktstatistik dann speichern.

Kapitel 6
Prozessfertigung

Die Prozessfertigung ist das Werkzeug für die komplexen Abläufe in der chemischen Produktion. Hier bilden Rezepte die Grundlage für die Verarbeitung. Die Anwendung ähnelt im Kern der diskreten Fertigung. Es gibt jedoch eine Vielzahl zusätzlicher Möglichkeiten, um den oft detaillierteren Produktionsabläufen gerecht zu werden.

Die Produktionsprozesse der *Prozessfertigung* sind denen der diskreten Fertigung in einigen Bereichen sehr ähnlich. Es gibt jedoch eine detailliertere Aufschlüsselung der Herstellungsschritte und eine ausgeprägte Zusatzfunktion der Prozesssteuerung. Die Prozessfertigung findet man verstärkt in der Chemie-, Pharma- und Nahrungsmittelindustrie. Hier werden im Gegensatz zu den anderen beiden Hauptfertigungsarten keine einzelnen Erzeugnisse hergestellt, sondern zusammenhängende oder flüssige Mengen, die für den Verkauf portioniert werden.

Die Stammdaten der Prozessfertigung unterscheiden sich teilweise deutlich von denen der diskreten Fertigung oder der Serienfertigung. So basiert die Herstellung der Enderzeugnisse z. B. auf *Planungsrezepten* statt Arbeitsplänen und erfordert in der Regel eine Chargenpflicht sowie besondere Qualitätsanforderungen. Auch in der Durchführung von Prozessaufträgen sind spezielle Anwendungskenntnisse, wie z. B. im Bereich der Prozessmeldungen oder der *Execution Steps* (XSteps), erforderlich. Dieses Kapitel zur Prozessfertigung geht daher speziell auf die Anforderungen an die Stammdaten ein und vermittelt darauf aufbauend die Besonderheiten bei der Durchführung der Prozessfertigung.

[+]

Weiterführende Literatur

Dieses Buch zeigt die unterschiedlichen Fertigungsarten, um Ihnen einen Überblick über die Möglichkeiten in der Produktionsplanung zu geben. Es gibt ein eigenständiges Buch speziell für die Prozessfertigung in SAP S/4HANA. Dort sind die Prozesse und Konfigurationen auf fast 600 Seiten ausführlicher beschrieben, als es uns hier in nur einem Kapitel möglich ist. Das Buch »Produktionsplanung mit SAP S/4HANA in der Prozessindustrie« ist für alle zu empfehlen, die tiefer in dieses Thema eintauchen möchten (Rheinwerk Verlag 2021).

Wir nutzen wie in den vorangegangenen Kapiteln zur diskreten Fertigung und zur Serienfertigung wieder unser Beispiel der frei erfundenen Fun-Sport AG. In diesem Kapitel werden Rollen für unsere Skateboards gefertigt. Diese Rollen werden aus einer Mischung von Kunststoffgranulaten an einer Spritzgussmaschine hergestellt. Damit nutzen wir ein einfaches, anschauliches Beispiel für die Grundlagen der Prozessfertigung. In der Praxis sind die Verfahren und Fertigungsanlagen in der Prozessfertigung deutlich komplexer, was den Rahmen dieses Buchs aber sprengen würde.

Abbildung 6.1 zeigt den Aufbau unseres Beispiels für die Produktgruppe Skateboards. Da das Herstellungsverfahren der Rollen immer gleich bleibt und gleichzeitig viele unterschiedliche Varianten des Fertigungserzeugnisses (oder in unserem Beispiel der eigengefertigten Komponente für das Skateboard) aus verschiedenen Zusammensetzungen unterschiedlicher Granulate hergestellt werden, handelt es sich um einen klassischen Fall der Prozessfertigung. Es besteht darüber hinaus die in der Prozessfertigung typische Chargenpflicht, da unsere Rollen sicherheitsrelevante Teile für unser Sportprodukt sind und wir einen Rückverfolgungsnachweis für die Komponenten benötigen.

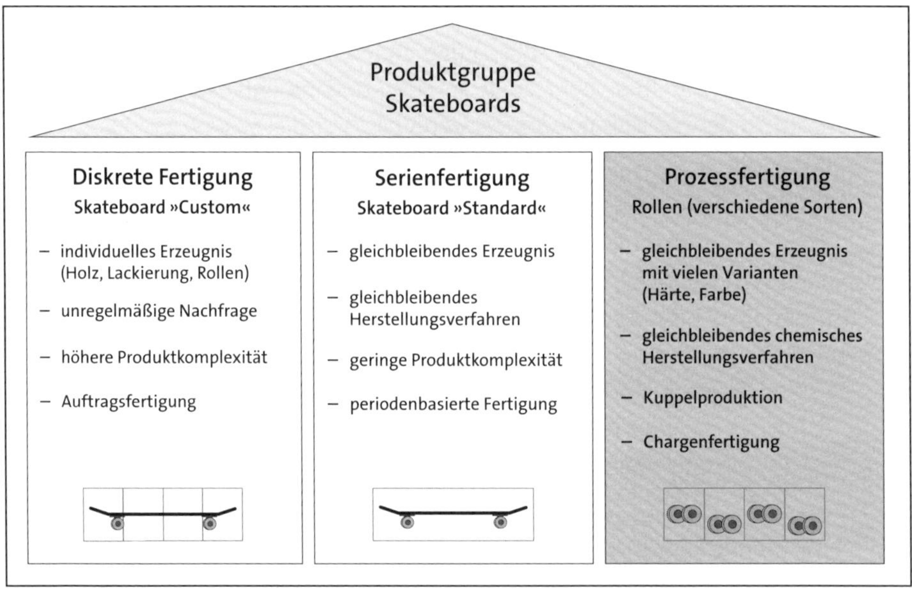

Abbildung 6.1 Beispielunternehmen Fun-Sport AG – Prozessfertigung für die Herstellung von Kunststoffrollen

[»]

Auswahl der Fertigungsart

In Kapitel 1, »Produktionsplanung mit SAP S/4HANA«, werden die speziellen Merkmale der Fertigungsarten der diskreten Fertigung, der Prozessfertigung und der Serienfertigung verglichen. Daraus können Sie ableiten, ob die Prozessfertigung das geeignete Instrument für Ihren Fertigungsprozess ist.

6.1 Spezielle Elemente der Prozessfertigung

Die Konfiguration der Prozessfertigung ähnelt der diskreten Fertigung. Wir arbeiten hier auch mit einem starkem Bezug zu einem Produktionsauftrag, der im Umfeld der Prozessfertigung *Prozessauftrag* genannt wird. Das unterscheidet die Prozessfertigung von der Serienfertigung, die wiederum die Fertigung von den Produktionsaufträgen losgelöst ausführen kann und soll. Einige Gebiete sind in der Prozessfertigung deutlich stärker ausgeprägt als in den anderen Fertigungsarten. Im Bereich der Prozesskoordination und der Stammdaten gibt es z. B. die XSteps und die Chargenverwaltung. Beide Teile könnten auch in anderen Fertigungsarten verwendet werden, da sie jedoch mit besonderer Intensität in der Prozessfertigung genutzt werden, werden wir sie auch hier in diesem Rahmen näher begutachten.

Die einzelnen Fertigungsarten haben einige Gemeinsamkeiten, aber natürlich auch ganz eigene Besonderheiten. Stücklisten sind z. B. in allen Fertigungsarten ähnlich, Arbeitsplätze funktionieren ein wenig anders und werden auch entsprechend anders benannt. Der Bereich, in dem sich die Prozessfertigung stark von den anderen Fertigungsarten abhebt, ist die *Prozesskoordination*. Darunter fallen Steuerrezepte, Prozessmeldungen, XSteps und Herstellanweisungen sowie Prozessvorgaben. Diese Elemente wollen wir uns daher genauer ansehen.

Die Hauptarbeit bei der Konfiguration liegt im Bereich der Prozesskoordination. Für die Grundeinstellung der Prozesse und Auftragsarten, die in der Prozessfertigung genauso ausfallen wie in der diskreten Fertigung, lesen Sie bitte die Konfigurationen in diesen Kapiteln nach:

- Definition der Auftragsart – Kapitel 3, »Stammdaten in der Produktion«
- Bildaufbau der Rückmeldungen – Kapitel 4, »Diskrete Fertigung«

Abbildung 6.2 zeigt eine mögliche Reihenfolge der Konfigurationsschritte zu den Stammdaten in der Prozessfertigung. In der Praxis kann diese Reihenfolge nicht immer eingehalten werden, da einige Informationen bereits vorher oder gleichzeitig eingepflegt werden. Das ist kein Problem, aber die richtige Reihenfolge macht die Konfiguration oft einfacher, da Vorgänger-Nachfolger-Beziehungen der Konfigurationsschritte berücksichtigt werden.

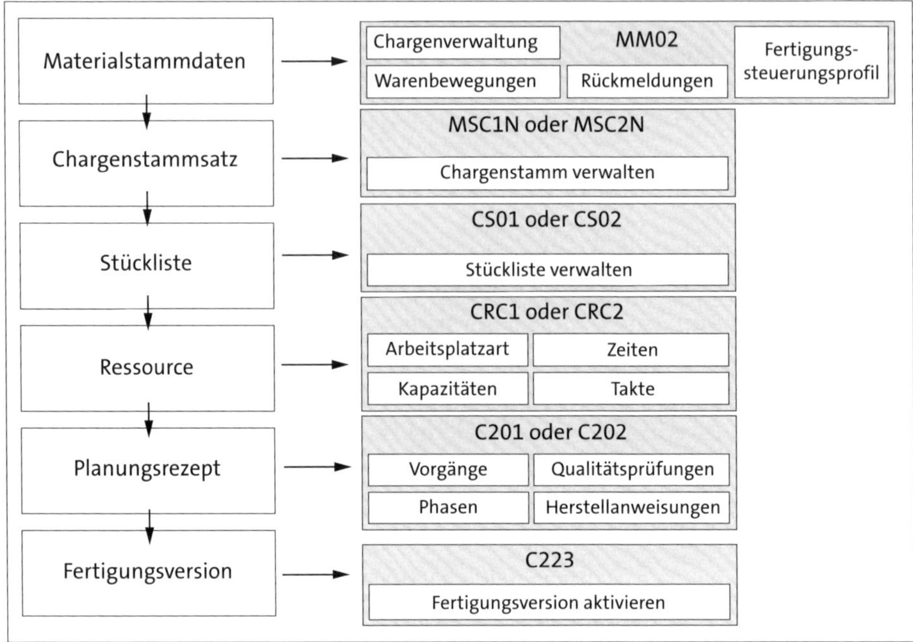

Abbildung 6.2 Stammdaten und Transaktionen der Prozessfertigung

6.1.1 Materialstammdaten

Verwendete Transaktionen

- MM01 (Materialstamm anlegen)
- MM02 (Materialstamm ändern)
- MM03 (Materialstamm anzeigen)

Wie bereits in Kapitel 3, »Stammdaten in der Produktion«, beschrieben, werden die *Materialstammdaten* über die Transaktion MM02 bearbeitet. Sie haben in besagtem Kapitel bereits die einzelnen Sichten kennengelernt. Nun wollen wir uns auf die Sichten und Felder fokussieren, die eine besondere Bedeutung im Kontext der Prozessfertigung haben.

Disposition 2

Das Feld **Retrograde Entnahme** der Sicht **Disposition 2** kennen Sie bereits aus dem Kontext der Serienfertigung. Wenn das Material eine Komponente ist, deren Verbrauch rückwirkend (also als Entnahme des Materials aus dem Bestand) gebucht werden soll, nämlich gleichzeitig zur Rückmeldung des hergestellten Erzeugnisses, dann setzen Sie hier dieses Kennzeichen. Dabei können Sie entscheiden, ob das Material (also die Komponente) immer retrograd entnommen werden soll (Eingabe **1**) oder ob weitere Angaben im verarbeitenden Arbeitsplatz darüber entscheiden sollen (Eingabe **2**). Da in der Prozessfertigung häufig fließende Produktionsverfahren zum Einsatz kommen, kann diese Reduzierung des organisatorischen Buchungsaufwands durchaus sinnvoll sein.

Das Kennzeichen **Kuppelprodukt** gibt an, ob das Material ein Kuppelprodukt ist, das parallel bei der Fertigung eines anderen Erzeugnisses anfällt.

Die *Chargenerfassung* ist ein wichtiger Bestandteil in der Prozessfertigung. Wir können hier Einstellungen zur Chargenzuordnung von Komponenten (nicht von Fertigungserzeugnissen) tätigen. Um zu erfahren, welche Einstellungen möglich sind, können Sie das Feld **Chargenerfassung** anklicken und die Taste [F1] für den Hilfetext verwenden.

Sie können auch einen *Produktionslagerort* vorgeben. Sofern Ihr Material ein Fertigungserzeugnis oder ein eigengefertigtes Halbfabrikat ist, werden dort die Materialzugänge aus der Produktion gebucht. Handelt es sich hingegen um eine Komponente, so werden dort die Materialabgänge gebucht. Das Feld **Produktionslagerort** findet sich auch in der Sicht der Arbeitsvorbereitung wieder.

Im Abschnitt **Terminierung** können Sie Terminierungsparameter für das Material vorgeben. Diese Parameter werden analog zur diskreten Fertigung für die Terminierung des Produktionsauftrags verwendet (hier ein Prozessauftrag).

So weit haben wir die grundlegenden Materialstammdaten beschrieben. Weitere Konfigurationen, die engen Bezug zur Anwendung in einem gewissen Kontext haben (z. B. Felder in der Sicht **Erweiterte Planung**), lassen sich am besten direkt anhand der jeweiligen Themen erklären. Dazu werden in den einzelnen Kapiteln (z. B. Kapitel 11, »Produktions- und Feinplanung (Detailed Scheduling, PP/DS)«) weitere Informationen zielgenau bereitgestellt.

Disposition 3

Über das Feld **Verfügbarkeitsprüfung** in der Sicht **Disposition 3** geben Sie vor, welche Prüfgruppe verwendet wird. Damit bestimmen Sie gleichzeitig die darin definierten Einstellungen der Notwendigkeit und der Art und Weise der Prüfung. Dieses Feld ist z. B. dann wichtig, wenn das Material eine Komponente ist und die Komponentenverfügbarkeit im Prozessauftrag geprüft wird.

Disposition 4

Im Feld **KompAusschuß (%)** der Sicht **Disposition 4** geben Sie den erwarteten Ausschussanteil einer Komponente in Prozent an. Dieser Wert beruht in der Regel auf Erfahrungswerten und dient der Korrektur der in der Materialdisposition berechneten Mengen, indem Ausschuss bereits durch die Einplanung von mehr Material bei der Stücklistenauflösung kompensiert wird.

Über die Schaltfläche **FertVersion** können Sie in die Übersicht der bestehenden Fertigungsversionen abspringen. Mehr Informationen zu Fertigungsversionen folgen in Abschnitt 6.1.6, »Fertigungsversionen«, und sind auch nachzulesen in Kapitel 3, »Stammdaten in der Produktion«.

Arbeitsvorbereitung

Wenn die Basismengeneinheit nicht der Mengeneinheit der Fertigung entspricht, dann kann im Feld **Fertigungs-ME** der Sicht **Arbeitsvorbereitung** eine andere Einheit eingegeben werden, die im Rahmen der Produktion die Basismengeneinheit übersteuert.

Den Fertigungssteurer geben Sie im gleichnamigen Feld an. Ihm kann bereits ein Fertigungsteuerungsprofil zugeordnet sein. Andernfalls können Sie dieses im Feld **Fertigungsst. Profil** hinterlegen. Damit geben Sie eine ganze Reihe von Konfigurationen zum Produktionsprozess vor. Die Rolle **Fertigungssteuerer** wird in Kapitel 2, »Organisationsdaten in der Produktion«, erklärt. Die Details zum Fertigungssteuerungsprofil finden Sie in Kapitel 3, »Stammdaten in der Produktion«.

Die Schaltfläche **FertVersion** hat die gleiche Funktion wie in der Sicht **Disposition 4**.

Das Feld **ProdLagerort** ist das gleiche wie in der Sicht **Disposition 2**.

Wenn ein Fertigungserzeugnis immer erst zur Prüfung in den Prüfbestand gebucht werden soll (ohne Verwendung von Prüflosen), setzen Sie das Kennzeichen **Q-Bestand**.

Das Feld **Chrg. erfassen** ist das gleiche wie in der Sicht **Disposition 2**. Das Feld **Charg-Verw** gibt an, ob ein Material chargenpflichtig ist. Zusätzlich können Sie das Kennzeichen **ChrgProt erford** setzen, um ein Chargenprotokoll für Ihr Material anzulegen. Damit wird die Freigabe des Materials erst möglich, nachdem das Chargenprotokoll genehmigt wurde.

Im Abschnitt **Toleranzdaten** geben Sie die prozentuale Menge an, um die der Wareneingang zu einem Prozessauftrag unter- oder überschritten werden darf.

6.1.2 Chargenverwaltung

Verwendete Transaktionen

- MSC1N (Chargenstammsatz anlegen
- MSC2N (Chargenstammsatz ändern

- MSC3N (Chargenstammsatz anzeigen
- MSC4N (Änderungen anzeigen
- CL02, BMC1, BMC2, BMC3 (Klassen verwalten)
- CT04, CT01, CT02, CT03 (Merkmal verwalten)
- MB57 (Chargenverwendungstabelle)
- COB1, COB2, COB3 (Chargensuchstrategie für Prozess-/Fertigungsauftrag)
- OPLG (Chargensuchschema)
- Menüpfad: **Logistik Allgemein • Chargenverwaltung • Chargenfindung und Chargenprüfung • Strategiearten/Definieren des Chargensuchschemas**

Per Definition ist eine *Charge* eine Teilmenge mit eindeutigen Spezifikationen oder Eigenschaften. Wenn Sie die Menge aller Teile eines Materials nach gewissen Kriterien unterscheiden (wie z. B. dem Zeitraum der Fertigung oder der Verwendung desselben Rohmaterials), dann ist jede dieser Einteilungen eine Charge. In der Bestandsführung werden alle Chargen wieder zusammengeführt.

Chargenstammsatz

Zur Definition und Verwaltung einer Charge werden die relevanten Kriterien im *Chargenstammsatz* hinterlegt. Über die Transaktion MSC1N können Chargen angelegt werden. Über die Transaktion MSC2N können Sie bereits existierende Chargen bearbeiten. Eines der wichtigsten Felder für Materialien, die der Haltbarkeit unterliegen, ist das Feld **Herstelldatum**. Mithilfe dieses Datums wird im System das Verfallsdatum errechnet.

Über das Feld **Chargenzustand** kann angegeben werden, ob eine Charge im frei verwendbaren Bestand liegt und somit direkt weiterverarbeitet werden kann oder ob sie z. B. zunächst als Sperrbestand für eine notwendige Prüfung im Qualitätssicherungsbestand verbleiben muss. Sie haben im Chargenstammsatz zusätzlich die Option, im Feld **Nächste Prüfung** ein Datum für eine zyklisch wiederkehrende Prüfung einer Charge per Job anzulegen. Auch ein Zertifizierungsdatum, wann die Charge durch eine sachkundige Person freigegeben wurde, kann im Feld **Zertifiziert am** hinterlegt werden.

Natürlich können Sie auch Informationen zum Lieferanten und seiner Bezeichnung für die Charge hinterlegen, wodurch die Kette der Rückverfolgbarkeit bis zum Lieferanten reicht. Chargen können zudem klassifiziert werden, um sie mittels Suchhilfen und Gruppierungen leichter finden und auswerten zu können. Jede Änderung am Chargenstammsatz wird protokolliert und kann auf der Registerkarte **Änderungen** eingesehen werden. Das gewährleistet die Revisionssicherheit für Chargen, die der Nachweispflicht unterliegen.

Änderungen an Chargen nachvollziehen

Sie können Änderungen an einer Charge über die Transaktion MSC4N verfolgen. Das ist wichtig, da Chargen oft einen Nachweis- oder sogar Beweischarakter für die Fertigung haben und daher keine Änderung ohne Nachweis bleiben darf. Sie sehen in Abbildung 6.3 beispielhaft einen Auszug aus der Transaktion MSC4N. Dafür haben wir nach dem Material HF_ROLLE_001 und einer ausgewählten Charge (hier 0000000019) gesucht und uns im Bild der Änderungsbelege die Details zum ersten Beleg anzeigen lassen. So kann gezielt nach Chargen gesucht und herausgefunden werden, wer wann was verändert hat.

Material: HF_ROLLE_001
Charge: 0000000019

Änderungsbeschrbg	Feld	Merk.	Abltg	alter Wert	neuer Wert	Datum	Uhrzeit	Benutzer	TCode	Belegnr
Charge angelegt	◉	○	○			02.07.2020	15:46:16	BPINST	MIGO	53142
Charge in Werk 1010 angelegt	◉	○	○			02.07.2020	15:46:16	BPINST	MIGO	53142

Abbildung 6.3 Transaktion MSC4N – Details eines Änderungsbelegs einer Charge anzeigen

Merkmale verwalten

Die Merkmalspflege wird uns noch häufiger in diesem Kapitel begegnen. Das SAP-Klassifizierungssystem ist eine anwendungsübergreifende Komponente und nahezu überall im Einsatz. So auch bei der Definition von *Merkmalen* zu Chargen. In diesem Fall ist die Standardmerkmalgruppe, an der wir uns orientieren können, PPPI_03 (Merkmale für Materialfluss zw. Aufträgen). Hierüber finden Sie in der F4-Hilfe zum Merkmal eine Auswahl an möglichen Merkmalen, die zur Chargenfindung und Chargenvergabe infrage kommen. Sie können jedoch auch ganz eigene Merkmale anlegen und in Klassen zusammenführen, um die Chargenverwaltung für Ihre Zwecke sinnvoll einzusetzen. Hierfür gibt es die Transaktionen CT01 bis CT03 mit den gewohnten Funktionsunterscheidungen. Die Transaktion CT04 hingegen fasst diese Funktionen (Anlegen, Ändern und Anzeigen) zusammen und ist somit für manche die angenehmere Art zu arbeiten.

Klassen verwalten

Für die Definition und Pflege von *Klassen* zur eigenen Chargenfindung können Sie die Transaktionen BMC1, BMC2 und BMC3 zum Anlegen, Ändern und Anzeigen von Klassen zur Charge verwenden. Hier ist die Klassenart 023 (Charge) bereits vorbelegt. Die gleiche Funktionalität ohne Vorbelegung der Klassenart finden Sie in der allgemeinen Klassenverwaltung über die Transaktion CL02. Mit dem SAP-Klassifizierungssystem befinden wir uns in einem weiteren komplexen Umfeld. Neben der Zuordnung zur Klassenart 023 ist es noch wichtig zu wissen, dass Sie über Schlagwörter die Begriffe eingeben können, über die Sie später Ihre Chargenklasse suchen und finden wollen. Auf der Registerkarte **Merkmale** ordnen Sie dann die zuvor definierten

Merkmale Ihrer Klasse zu. Diese Merkmale und deren Werte definieren die Eigenschaften Ihrer Klasse, die wie eine Hülle die Merkmale in einem fachspezifischen Kontext zusammenhält.

Materialstamm

Im Materialstamm auf einer der Sichten **Arbeitsvorbereitung** oder **Disposition 2** geben Sie das Kennzeichen **Chargenerfassung** an (über die Transaktion MM02). Darüber wird zur Kombination aus Komponente (Material) und Werk festgelegt, wie die Chargenfindung erfolgen soll. Sie können hier aus vier Möglichkeiten wählen:

- Bleibt das Kennzeichen **Chargenerfassung** leer, erfolgt keine Chargenerfassung vor dem Warenausgang der Komponente (es sei denn, Sie geben diese manuell vorab an). Hierüber können Sie z. B. bei der retrograden Entnahme angeben, welche Charge der Komponente verwendet wurde. Damit ist die Materialmengenberechnung jedoch nicht mehr chargenabhängig vorab möglich.
- Setzen Sie das Kennzeichen **Chargenerfassung** auf **1**, wird spätestens zur Auftragsfreigabe eine Charge für die Komponente verlangt. Sie können die Charge dabei manuell eingeben oder die Chargenfindung manuell starten.
- Wenn Sie das Kennzeichen **Chargenerfassung** auf **2** setzen, wird die Charge zur Komponente in der angeschlossenen Lagerverwaltung ermittelt und an den Prozessauftrag übermittelt. Sie geben diese also nicht mehr im Prozessauftrag an, sie wird stattdessen durch die Lagerverwaltung ergänzt.
- Mit **3** geben Sie an, dass die Chargenfindung zur Auftragsfreigabe automatisch erfolgt.

Welche Einstellung Sie wählen sollten, hängt davon ab, wie automatisiert und wie zuverlässig Ihre Chargenfindung ausgerichtet ist. Eine manuelle Eingabe oder zumindest eine menschliche Kontrolle der automatischen Chargenfindung kann sicherer sein, wenn das Personal entsprechend sensibilisiert ist. Wenn Ihr System jedoch wie ein Uhrwerk läuft und Sie sich immer auf die sorgfältig konfigurierte Chargenfindung verlassen können, dann ist es vielleicht günstiger, die Chargenfindung automatisch bei der Auftragsfreigabe auszuführen.

Chargensuchschema

Über das *Chargensuchschema* werden alle Strategiearten zusammengefasst, die zu einer Kombination aus Werk und Auftragsart gelten. Es wird in den werksspezifischen Parametern zur Auftragsart hinterlegt. Das SAP-Standard-Suchschema für Prozessaufträge ist »CO0001«. Über die Customizing-Transaktion OPLG können Sie auch eigene Schemata anlegen. Hier geben Sie die Bezeichnung und einen Schlüssel ein. Der Schlüssel muss im Kundennamensraum liegen (also mit »Z« oder »Y« beginnen). Markieren Sie die Zeile, und klicken Sie auf **Steuerung**. Hier können Sie nun die Strategiearten im Feld **KArt** (Konditionsart) angeben und über das Feld **Stufe** in eine Prioritätenreihenfolge bringen.

Chargensuchstrategieart

Im Fall eines Prozessauftrags können Sie im Chargensuchschema die *Chargensuchstrategiearten* für Prozessaufträge hinterlegen. Es gibt jedoch auch Strategiearten und Suchschemata für andere Bereiche (wie Fertigungsaufträge). Über den Customizing-Pfad **Logistik Allgemein • Chargenverwaltung • Chargenfindung und Chargenprüfung • Strategiearten** und wenn Sie dem Pfad noch folgen bis **Definieren des Chargensuchschemas** gelangen Sie jeweils zur Pflege der möglichen Strategiearten und Schemata.

In der Konfiguration der Strategiearten legen Sie den Schlüssel für die Strategieart und eine Bezeichnung an und gelangen per Doppelklick in die Detailsicht. Sie können hier zur Klassenart 023 (Charge) einzelne Klassen zur Selektion angeben und auch über die Schaltfläche **Pflege** in die Klassenverwaltung per Transaktion CL02 abspringen.

Die Sortierreihenfolge kann nach der Chargennummer (FIFO-Prinzip, First In – First Out) oder nach dem MHD (Mindesthaltbarkeitsdatum) oder nach ganz eigenen Kriterien erfolgen. Auch hier können Sie eine Sortierreihenfolge per Absprung über die Schaltfläche **Pflege** in die Transaktion CU71 verwalten. Über das Feld **Mengenvorschlag** wird die Mengenverteilung der Bedarfsmenge vorgegeben. Dies geschieht, indem man hier eine Formroutine auswählt, also ein kleines Programm, das die Mengen der Zusammensetzung der in das Erzeugnis einfließenden Chargen berechnet. Im Bereich **Mengenvorschlag** gibt es dazu die Schaltfläche **Pflege**, die Sie in die Auswahl der Formroutinen zur Berechnung des Mengenvorschlags führt. Per Doppelklick auf eine Formroutine gelangen Sie in deren Quelltext. Hier können ABAP-Entwicklerinnen und ABAP-Entwickler also Programmierungen vornehmen. Damit lassen sich sehr feine und beliebig komplexe Mengenberechnungen umsetzen. Sie geben außerdem an, welches Dynpro (Feld **Bildnummer**) und welcher Menü- und Funktionsleistenaufbau (Feld **Status**) verwendet und wie mit Chargensplits verfahren werden soll.

Chargensuchstrategie

Über die Transaktionen COB1 und COB2 wird eine *Chargensuchstrategie* für Prozess-/Fertigungsaufträge angelegt bzw. geändert. Über die Funktion **Strategieinfo** auf dem Einstiegsbild der Transaktion können Sie sich Suchstrategien, selektiert nach Werk, Auftragsart, Material und Gültigkeit, anzeigen lassen. Sie geben ansonsten im Einstiegsbild den Schlüssel für die gewünschte **Strategieart** an. Von dieser Strategieart ist es abhängig, welche Felder bereits vorbelegt sind und welche Sie pflegen müssen oder noch ändern können. Daraufhin werden zu dieser ausgewählten Strategieart die Angaben der hinterlegten Schlüsselkombination in den jeweiligen Pflichtangabefeldern eingetragen. Das kann z. B. die Kombination aus Auftragsart, Werk und (Produktions-)Material sein.

In der folgenden Tabelle werden dann die Komponentenmaterialien zugeordnet. Per Doppelklick auf ein Material gelangen Sie in die Detailansicht. Hier gibt es die Funktion **Sortierung**, um wieder eine Sortierregel zu hinterlegen, und die Funktion **Selektionskriterien** zur Auswahl relevanter Chargen anhand von Klassenzuordnungen. In der Detailsicht können Sie diese Einstellungen vornehmen:

- Im Feld **Selektionsart Chfdg** wird definiert, ob die Selektionskriterien der Chargensuchstrategie Anwendung finden und ob diese manuell geändert werden dürfen.
- Mit der Angabe **Anz. Chargensplits** wird die maximal zulässige Anzahl von Chargensplits vorgegeben.
- Wenn Sie das Kennzeichen **Änderung erlaubt** setzen, kann die Anwenderin bzw. der Anwender die vorgegebene Anzahl der maximalen Chargensplits noch manuell ändern.
- Mit dem Kennzeichen **Überlieferg. erlaubt** wird festgelegt, dass der ursprüngliche Mengenvorschlag überschritten (überliefert) werden darf. Wenn z. B. die Restmenge einer Charge nicht mehr für den weiteren Einsatz infrage kommt, kann diese dann buchungstechnisch als mitverbraucht behandelt werden.
- Das Kennzeichen **Dialog Chargenfindung** setzen Sie, wenn Sie Anwenderinnen und Anwendern die Möglichkeit geben wollen, das Ergebnis der Chargenfindung und der Mengenverteilung noch einmal manuell zu überarbeiten.
- Im Feld **Mengenvorschlag** wird die Mengenverteilung der Bedarfsmenge vorgegeben. Sie haben hier die Auswahl zwischen verschiedenen Verteilungsfunktionen. Diese wurden zuvor über die Chargensuchstrategieart definiert. Im Standardansatz **top-down** z. B. wird in der Reihenfolge der möglichen verfügbaren Chargen von der ersten hin zur letzten die Bedarfsmenge abgedeckt.
- Über das Feld **Anzeige ME** wird die Mengeneinheit zur Chargenfindung vorgegeben. Es gibt die Mengeneinheit der Materialbasismenge oder die Belegmenge zur Auswahl.

Weiterführende Literatur

Es gibt zur Konfiguration und Anwendung von Chargen und Klassifizierungen sehr viel zu erklären. So viel sogar, dass es ein eigenes Werk dazu gibt. Sollte dies also eine Ihrer Haupttätigkeiten sein, so empfiehlt es sich, hier noch speziell das 600 Seiten starke Buch »Chargenverwaltung mit SAP« (Rheinwerk Verlag 2013) zurate zu ziehen. Dort finden Sie diese und viele weitere Inhalte sehr ausführlich beschrieben: Chargenstamm und -nummernvergabe, Klassifizierung, Chargenableitung, Chargenfindung, Chargenzustandsverwaltung, Mindesthaltbarkeitsabwicklung, Integration mit den Logistikkomponenten, Dokumentations-, Ursprungs- und WIP-Chargen, chargenspezifische Mengeneinheiten, Chargenverwendungsnachweis, Planungsprozesse u. v. m.

6.1.3 Stückliste

Verwendete Transaktionen

- CS01 (Stückliste anlegen)
- CS02 (Stückliste ändern)
- CS03 (Stückliste anzeigen)

Die *Stückliste* wird in der Prozessfertigung genauso angelegt wie in den anderen Fertigungsarten auch. Für unser Beispiel wollen wir eine Variantenstückliste verwenden, da wir für die verschiedenen Halbfabrikate unterschiedliche Materialnummern verwenden. Wir haben zwar für alle Rollen, die später als Komponenten in unseren Skateboards verbaut werden, die gleichen Grundkomponenten, die nur in anderer Menge gemischt werden, und könnten somit theoretisch eine Mehrfachstückliste verwenden, aber wir wollen die unterschiedlichen Halbfabrikate in großen Losen zur Lagerfertigung herstellen, sodass es sinnvoll ist, die unterschiedlichen Ausprägungen als eigenständige Materialien zu führen. Mit der Variantenstückliste können wir den gleichen Aufbau der Komponenten wiederverwenden und die Kombination der Mengen entsprechend anpassen.

Abbildung 6.4 zeigt die Stückliste zur Variante 1 (der blauen und weichen Rolle). Die Halbfabrikate mit den Materialnummern HF_ROLLE_001 bis HF_ROLLE_006 gehören zu je einer Variante. Diese Materialnummern resultieren also aus der hier verwendeten Variantenstückliste und bilden die Varianten 1 bis 6 ab. Mit der Transaktion CS01 legen wir eine Stückliste mit jeweils einer Variante für unsere Materialien HF_ROLLE_001 bis HF_ROLLE_006 an.

Die erste Stückliste zu HF_ROLLE_001 erstellen wir noch ganz regulär als einfache Stückliste mit den Komponenten RO_GRAN_BLAU und RO_WEICH. Die weiteren Materialien legen wir dann als Variante an. Wenn wir auf dem Einstiegsbild die entsprechenden Angaben zu Material, Werk und Verwendung gemacht haben, klicken wir dafür auf **Variante anl. Zu ...** und tragen im folgenden Pop-up-Fenster das Material ein, zu dem wir eine Variante anlegen möchten. Wir ändern die Komponentenzusammensetzung und speichern die Variante. Mittels der Transaktion CS02 können wir die Stücklisten später wieder ändern.

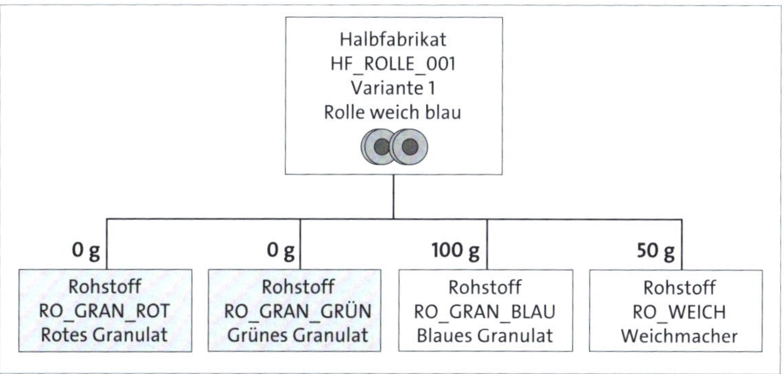

Abbildung 6.4 Stückliste des Halbfabrikats HF_ROLLE_001 (Variante 1 der Rolle: weich, blau)

[«]

Stücklisten in der Prozessfertigung

Wir werden die Stücklisten für die Prozessfertigung nicht noch einmal gesondert betrachten, weil sie genauso angelegt werden und funktionieren wie in der diskreten Fertigung. In Kapitel 3, »Stammdaten in der Produktion«, finden Sie allgemeine Informationen zu Stücklisten. Wie Sie eine Stückliste anlegen können, sehen Sie am Beispiel aus Kapitel 4, »Diskrete Fertigung«.

6.1.4 Ressource

Verwendete Transaktionen

- CRC1 (Ressource anlegen)
- CRC2 (Ressource ändern)
- CRC3 (Ressource anzeigen)
- CR24 (Ressourcennetzwerk anlegen)
- CR25 (Ressourcennetzwerk bearbeiten)
- CR26 (Ressourcennetzwerk anzeigen)
- OP40 (Ressourcenart definieren)
- OP42 (Vorschlagsressource definieren)
- OP45 (Planverwendung definieren)
- OP19 (Vorgabewertschlüssel Formeln definieren)
- OP7B (Parameter für Vorgabewertschlüssel definieren)
- OP00 (Steuerschlüssel definieren)
- CA10 (Vorlagenschlüssel definieren)
- SAP-Fiori-App **Ressourcen bearbeiten** (App-ID F6176)

In der Prozessfertigung werden *Ressourcen* analog zu den Arbeitsplätzen in der diskreten Fertigung verwendet. Angelegt wird der Stammdatensatz für eine Ressource mittels der Transaktion CRC1, während die Transaktion CRC2 zum Ändern und die Transaktion CRC3 zum Anzeigen des Ressourcenstammsatzes verwendet wird.

Im Einstiegsbild der Transaktion CRC1 geben Sie das Werk und die neue Ressource an. Sie müssen zudem eine Ressourcenart angeben, die für die weitere Feldauswahl der Konfigurationsmöglichkeiten relevant ist. Wir nehmen für unser Beispiel wieder das Werk 1010 und nennen unsere Ressource »GUSS_001« (für unsere Spritzgussmaschine zur Rollenproduktion). Im Feld **Ressourcenart** wählen wir »0008« (für *Prozesseinheit*). Über die Customizing-Transaktion OP40 könnte man vorab auch eine eigene Ressourcenart definieren. Im Kopf der Ressource geben Sie nun noch einen Text ein, der die Ressource beschreibt (in unserem Fall »Spritzgussmaschine 1«).

Sie gelangen nun zu den bereits bekannten Registerkarten der Arbeitsplatzstammdaten. In Kapitel 3, »Stammdaten in der Produktion«, und auch in Kapitel 4, »Diskrete Fertigung«, finden Sie weitere Informationen zur Konfiguration von Arbeitsplätzen. Wir wollen an dieser Stelle nur noch auf die Besonderheiten der Prozessfertigung eingehen.

Zur Pflege der PP-PI-Ressourcen stehen Ihnen verschiedene SAP-Fiori-Apps zur Verfügung. Abbildung 6.5 zeigt beispielhaft eine Liste von Ressourcen in der SAP-Fiori-App **Ressourcen bearbeiten** (App-ID F6176). Auch hier kann die Liste wieder Fiori-typisch über die Filterfunktion verfeinert werden. So erhalten Sie schnell eine Übersicht über alle wichtigen Ressourcen.

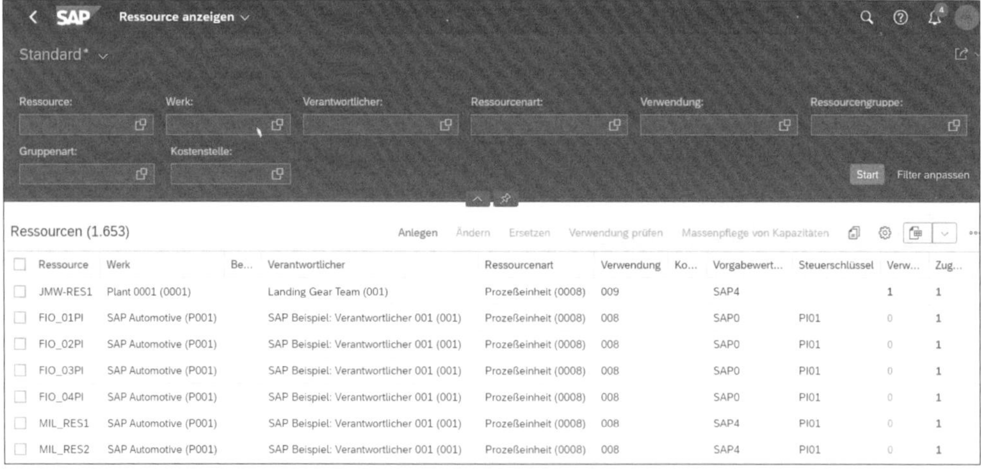

Ressource	Werk	Be...	Verantwortlicher	Ressourcenart	Verwendung	Ko...	Vorgabewert...	Steuerschlüssel	Verw...	Zug...
JMW-RES1	Plant 0001 (0001)		Landing Gear Team (001)	Prozeßeinheit (0008)	009		SAP4		1	1
FIO_01PI	SAP Automotive (P001)		SAP Beispiel: Verantwortlicher 001 (001)	Prozeßeinheit (0008)	008		SAP0	PI01	0	1
FIO_02PI	SAP Automotive (P001)		SAP Beispiel: Verantwortlicher 001 (001)	Prozeßeinheit (0008)	008		SAP0	PI01	0	1
FIO_03PI	SAP Automotive (P001)		SAP Beispiel: Verantwortlicher 001 (001)	Prozeßeinheit (0008)	008		SAP0	PI01	0	1
FIO_04PI	SAP Automotive (P001)		SAP Beispiel: Verantwortlicher 001 (001)	Prozeßeinheit (0008)	008		SAP0	PI01	0	1
MIL_RES1	SAP Automotive (P001)		SAP Beispiel: Verantwortlicher 001 (001)	Prozeßeinheit (0008)	008		SAP4	PI01	0	1
MIL_RES2	SAP Automotive (P001)		SAP Beispiel: Verantwortlicher 001 (001)	Prozeßeinheit (0008)	008		SAP4	PI01	0	1

Abbildung 6.5 Die SAP-Fiori-App »Ressourcen bearbeiten«

Eine neue Ressource legen Sie über einen Klick auf die Schaltfläche **Anlegen** an. Markierte Einträge können Sie über die Schaltfläche **Ändern** bearbeiten. Auch die Verwendungsprüfung und die Massenpflege von Kapazitäten können über die gleichnamigen Schaltflächen aus der SAP-Fiori-App **Ressourcen bearbeiten** aufgerufen werden. Die App bietet somit den Funktionsumfang der Transaktionen CRC1, CRC2 und CRC3 in einer übersichtlichen Anwendung.

Die Berechtigungen zum Nutzen der SAP-Fiori-App **Ressourcen bearbeiten** sind in der Rolle **Produktionsingenieur – Prozessfertigung** enthalten. Im Folgenden beschreiben wir, was alles zur Pflege der PP-PI-Ressourcen notwendig ist. Wir orientieren uns hierbei an der Transaktion CRC1. Die Inhalte sind jedoch auch in der SAP-Fiori-App pflegbar.

Anlegen von Ressourcen

Mit der Customizing-Transaktion OP42 können Sie Vorschlagsressourcen anlegen. Dort können Sie analog zur Transaktion CRC1 zur Kombination aus Werk und Arbeitsplatzart Einstellungen für die Stammdaten auf den Registerkarten **Grunddaten**, **Vorschlagswerte**, **Terminierung**, **Kapazitäten** und **Kalkulation** einer Ressource als Vorlage eingeben und speichern. Mit diesen Vorschlagseinstellungen können Sie dann über die Transaktion CRC1 immer wieder Ressourcen erstellen, die Sie nur noch anpassen, aber nicht mehr völlig neu konfigurieren müssen, da bei der Auswahl der Ressourcenart/Arbeitsplatzart und des Werks dann immer die Werte aus der Vorlage als initiale Einstellung übernommen werden.

Grunddaten

Geben Sie in der Sicht **Grunddaten** eine verantwortliche Person für die Stammdatenpflege Ihrer Ressource an. Wenn Sie diese Daten anlegen, sind Sie das in der Regel selbst. Über die Angabe im Feld **Verantwortlicher** kann in Auswertungen und in der Selektion von Änderungsbelegen gefiltert werden. Wenn Sie ein externes Qualitätssystem anschließen möchten, können Sie bei **QDE-System** die logische Bezeichnung für ein Fremdsystem angeben. Dieses muss jedoch zuvor von Ihrem SAP-Basis-Team eingerichtet und über das Customizing angelegt werden. Sie schaffen somit eine Schnittstelle von einem Fremdsystem zur SAP-Qualitätssicherung und können das Fremdsystem auch Prüfvorgänge übernehmen lassen. Im Feld **Planverwendung** geben Sie »008« (für Prozessaufträge und Planungsrezepte) an. Eine Planverwendung kann auch über die Customizing-Transaktion OP45 zuvor angelegt werden. Im Feld **Vorgabewertschlüssel** bietet SAP uns für die Prozessfertigung »SAP4« als vorkonfigurierte Einstellung für die Aktivitäten der Phasen an. Dieser Schlüssel stellt Vorgabewerte für Formeln zur Ermittlung der Durchlaufzeit und der Kapazitätsbedarfe bereit. Über die Customizing-Transaktion OP19 kann ein Vorgabewertschlüssel selbst konfiguriert werden. Die Parameter werden zuvor in der Customizing-Transaktion OP7B angelegt.

Vorschlagswerte

Als Steuerschlüssel für die Phasen aus unserem Planungsrezept bietet uns SAP bereits eine Auswahl für die Prozessfertigung an. Sie können zwischen **PI01** bis **PI03** wählen oder einen eigenen Steuerschlüssel über die Customizing-Transaktion OP00 anlegen. Wir haben, wie in Kapitel 3, »Stammdaten in der Produktion«, beschrieben, einen eigenen Schlüssel für unsere Prozessfertigung angelegt, in dem wir unsere Vorgaben zur Terminierung, Kalkulation und Kapazitätsplanung eingepflegt haben, und verwenden hier daher »ZPI1«. Auch für Ressourcen gilt, dass alle Vorschlagswerte mit Referenzkennzeichen (**RefKz**) verbindlich und nicht änderbar in den Prozessauftrag und das Rezept übernommen werden. Ohne diese Kennzeichen sind es nur optionale Vorschläge, die bei Zuordnung der Ressource zu einem Planungsrezeptvorgang automatisch übernommen werden.

Der Vorlagenschlüssel ermöglicht es, Textbausteine zu definieren, die dann automatisch eingesetzt werden. Per Customizing-Transaktion CA10 können hierfür Texte hinterlegt werden, die dann bei Zuordnung der Ressource im Vorgang eines Planungsrezepts automatisch in das Feld **Bezeichnung** übernommen werden.

Kapazitäten

Wie auch bei der Fertigungslinie und dem Arbeitsplatz geben Sie bei der Ressource auf der Registerkarte **Kapazitäten** eine Kapazitätsart an. Wir wählen »008« für unsere Spritzgussmaschine als Prozesseinheit. Wie in den vorangegangenen Kapiteln geben wir für unsere Kapazitätsart wieder eine verantwortliche Kapazitätsplanergruppe, eine Kapazitäts-Basismengeneinheit, den Start und das Ende sowie den Nutzungsgrad und die Anzahl der Einzelkapazitäten an der Ressource an. Wir wählen zudem auch wieder das Kennzeichen **relevant für Kapazitätsterminierung**. Wenn Sie eine eigene Formel zur Ermittlung der Kapazitätsbedarfe einrichten möchten, können Sie diese über die Customizing-Transaktion OP21 definieren und dann in den Kapazitätsdaten der Ressource mit einem Klick auf die Schaltfläche (**Formel anzeigen**) im Feld **Formel sonst. KB** zuordnen. Bei der Verwendung der Formeln in der Ressource muss beachtet werden, dass alle verwendeten Formelparameter im Planungsrezept und dem daraus resultierenden Prozessauftrag auch bewertet werden. Das können Sie sicherstellen, indem Sie alle relevanten Parameter im Vorgabewertschlüssel einpflegen.

Terminierung

Auf der Registerkarte **Terminierung** geben Sie ebenfalls wieder die für die Durchlaufzeit relevante Kapazitätsart an (in unserem Fall ist das nur die eine, nämlich »008«).

Kalkulation

Die Sicht **Kalkulation** muss wieder anhand der Vorgaben aus dem Controlling befüllt werden. Hier ist mindestens die Angabe im Feld **Kostenstelle** erforderlich. Auch Leistungsarten aus dem Vorgabewertschlüssel werden hier den Kostenparametern der Ressource zugeordnet. Auf Basis der zu den Leistungsarten hinterlegten Tarifen werden später die Kosten der Leistungsrückmeldung zum Prozessauftrag berechnet. Das Hinterlegen von Formeln zur Kalkulation ermöglicht die Berechnungen für die Auftragskalkulation des Prozessauftrags oder die Produktkalkulation über das Planungsrezept je nach vorgegebener Kostenrechnungsart. Wenn Sie jetzt speichern, ist die Ressource angelegt.

Ressourcennetzwerk

Für die Prozessfertigung können Sie ein *Ressourcennetzwerk* anlegen. Damit verbinden Sie mehrere Ressourcen in einer vorgegebenen Reihenfolge. Sie können in der Transaktion CRC1 oder CRC2 über den Menüpfad **Mehr • Springen • Netz • Einordnungen** die bestehenden Einordnungen sehen und über **Mehr • Springen • Netz • Einordnung Detail** eine neue Zuordnung treffen. Alternativ können Sie ein Ressourcennetzwerk über die Transaktion CR24 anlegen und per Transaktion CR25 bearbeiten.

Nachdem Sie die Kopfdaten gepflegt haben, können Sie über ein Pop-up-Fenster per Klick auf die Schaltfläche **Ressource** die erste verfügbare Ressource Ihrem Netzwerk hinzufügen. Über einen Klick auf **Neue Zuordnung** können Sie im Anschluss weitere Zuordnungen von Ressourcen hinzufügen. Über beide Wege ist es auch möglich, sich eine grafische Darstellung des Netzes anzeigen zu lassen. Dort können Sie über einen Klick auf **Verbinden** die einzelnen Ressourcen in der gewünschten Reihenfolge verbinden. Abbildung 6.6 zeigt beispielhaft, wie das grafische Zuordnungstool aussieht.

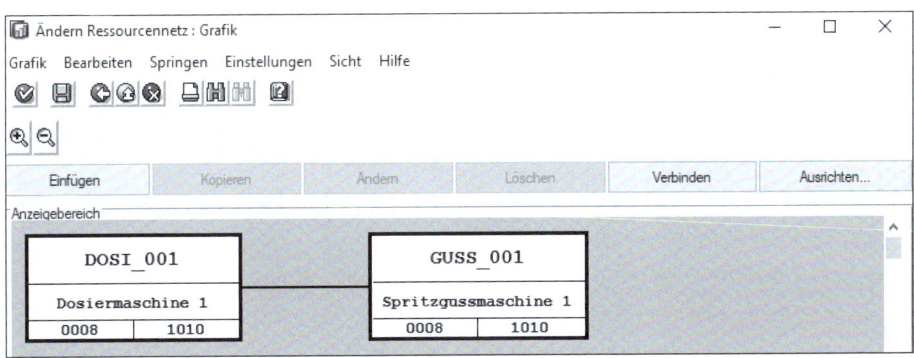

Abbildung 6.6 Transaktion CR25 – grafische Darstellung des Ressourcennetzwerks

Ressourcenauswahl

Über die *Ressourcenauswahl* können Sie die Parameter definieren, anhand derer das System die am besten geeignete Ressource zum Prozessauftrag auswählt. Dabei werden die Bedingungen aus dem Vorgang des Planungsrezepts mit den Eigenschaften der Ressource automatisch vom System abgeglichen. Über die Transaktion CL02 muss dafür eine Arbeitsplatzklasse (Klassenart 019) angelegt werden, der die entsprechenden Merkmale zugeordnet werden. Diese Klasse wird dann den entsprechenden Ressourcen über die Transaktion CRC2 als Klassifizierung zugeordnet. Andernfalls wird die Ressourcenauswahl ohne Selektionskriterien erfolgen. In jedem Fall benötigt diese Funktion jedoch eine Zuordnung eines Ressourcennetzwerks im Kopf des Planungsrezepts sowie die Zuordnung der Selektionskriterien im Vorgang des Planungsrezepts über die Transaktion C202. Für einen eröffneten Prozessauftrag kann die Ressourcenfindung manuell über die Transaktion COR2 aus der Vorgangsübersicht per Markierung eines Vorgangs und den Menüpfad **Mehr • Vorgang • Funktionen zur Phase • Ressourcenauswahl** ausgeführt werden. Die Auswahl aus den möglichen Ressourcen erfolgt manuell.

6.1.5 Planungsrezept

Verwendete Transaktionen und Fiori-Applikationen

- C201 (Planungsrezept anlegen)
- C202 (Planungsrezept ändern)
- C203 (Planungsrezept anzeigen)
- OPN1 (Planungsrezeptprofil)
- OP46 (Planstatus)
- SAP-Fiori-App **Planungsrezepte verwalten** (App-ID F5426)

Das *Planungsrezept* ist gewissermaßen der Arbeitsplan der Prozessfertigung. Im Planungsrezept werden die Komponenten und Ressourcen (analog zu den Arbeitsplätzen im Arbeitsplan) den einzelnen Vorgängen zugeordnet. Das Planungsrezept unterscheidet sich dabei in einigen Punkten vom Arbeitsplan der diskreten Fertigung.

Struktur des Planungsrezepts

Der Aufbau des Planungsrezepts ist typisch für SAP-Elemente. Es gibt einen Kopf mit innerhalb des Rezepts vorgangsübergreifend gültigen Informationen und dazugehörende Vorgänge. Auf der Vorgangsebene findet die kapazitive Planung statt. Diese Vorgänge sind jeweils in *Phasen* untergliedert, die den Arbeitsablauf innerhalb der Vorgänge noch einmal feiner unterteilen. Phasen entsprechen funktional etwa den Aktivitäten der Vorgänge in der diskreten Fertigung, können jedoch noch intensiver zur Informationsverwaltung der Ermittlung von Kosten, Terminen und Kapazitätsbedarfen verwendet werden.

Ein Vorgang kann beliebig viele Phasen haben, benötigt aber immer mindestens eine. Die Vorgänge werden an den zugeordneten Primärressourcen ausgeführt, diese definieren den Arbeitsplatz oder die Maschine, an der gefertigt wird. Zusätzlich können den Vorgängen Sekundärressourcen zugeordnet werden, die weitere zur Produktion benötigte Funktionen bereitstellen. Es ist darüber hinaus möglich, den Phasen und Vorgängen Prüfmerkmale zuzuordnen, die zur Überprüfung während des laufenden Fertigungsprozesses verwendet werden. Für die Prozesskoordination besteht die Möglichkeit, im Planungsrezeptkopf XSteps zu hinterlegen oder den einzelnen Phasen Prozessvorgaben zuzuteilen. Abbildung 6.7 zeigt die Inhalte eines Planungsrezepts schematisch.

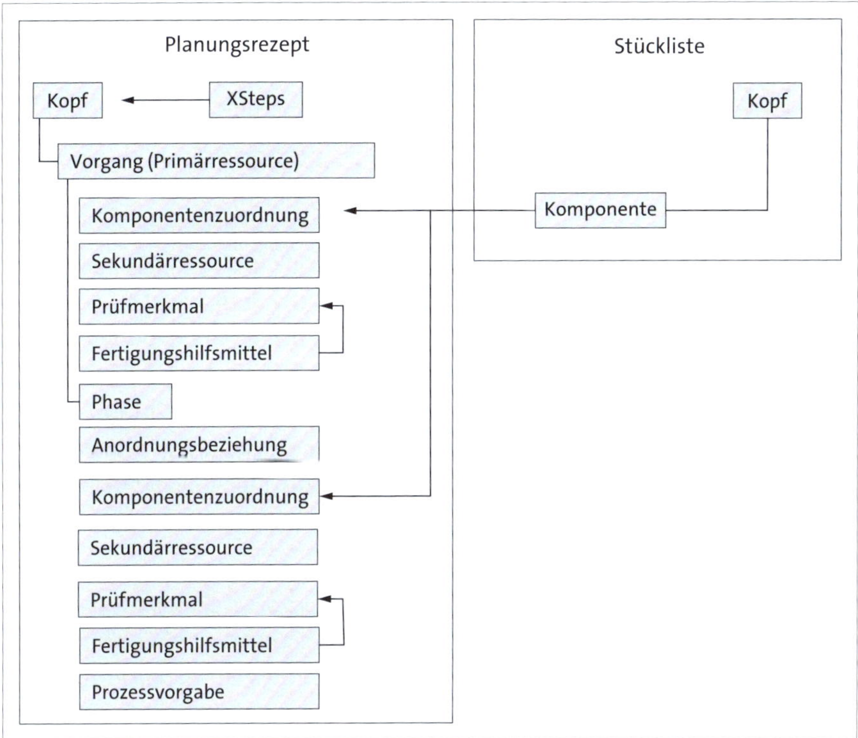

Abbildung 6.7 Aufbau eines Planungsrezepts

Planungsrezeptprofil

Wenn Sie ein Planungsrezept anlegen möchten, benötigen Sie zunächst ein *Planungsrezeptprofil*. Darüber können Sie angeben, ob das Planungsrezept Prozessvorgaben oder XSteps verwenden soll. Standardmäßig bietet Ihnen SAP die Profile PI01 für die Verwendung von Prozessvorgaben und PI01_XS zur Verwendung von XSteps an. Über die Customizing-Transaktion OPN1 (Profile Planungsrezepte) können Sie über die Schaltfläche **Profil/Rezept** eine Übersicht der bestehenden Planungsrezeptprofile aufrufen. Per Doppelklick auf ein Planungsrezeptprofil oder indem Sie es markieren und auf **Detail** klicken, können Sie es ändern.

Über einen Klick auf **Neue Einträge** lassen sich auch neue Profile anlegen. Es bietet sich dabei an, ein bestehendes Profil zu markieren und per **Kopieren als...** zu kopieren, um nur relevante Inhalte anpassen zu müssen. Sie müssen dabei einen alphanumerischen Schlüssel und eine kurze Beschreibung angeben. Der **Steuerschlüssel** liefert wieder die Informationen zu Terminierung, zum Druck und zur Rückmeldung auf Vorgangsebene. Im Feld **Schrittweite** geben Sie die Intervallgröße zwischen einzelnen Vorgängen an. Das ist wichtig, wenn Sie viele Abstufungen darunter implementieren müssen. Beispielsweise könnten die ersten beiden Vorgänge 0010 und 0020 oder aber 0100 und 0200 sein. Auch die Schrittweite der Prozessvorgaben (**Schrittw. ProzVorg**) und der Prozessvorgabemerkmale (**Schrittw. PVMerkmal**) können Sie hier analog einstellen. Sie können auch Benutzerfelder in das Planungsrezept aufnehmen. Die Auswahl dieser Felder erfolgt dann über den **Feldschlüssel**.

Die Anordnungsbeziehung der Vorgänge kann auf unterschiedliche Weise dargestellt werden. Im Feld **AOB-Sicht** geben Sie an, wie die Anordnung erfolgen soll, und im Feld **Auflösung** können Sie einstellen, wie weit die Anzeige verknüpfter Netzpläne reichen soll. Im Abschnitt **AOB Grafik** geben Sie zudem an, dass Sie die Netzplandarstellung für ein Planungsrezept wünschen, indem Sie »PI01« für das Feld **Gruppe** wählen. Sie vergeben hier im Feld **Name** auch einen Namen für die Grafik und ob Sie die Vorgänge und Phasen beim Aufrufen der Netzplangrafik mit kleinem, mittlerem oder großem Knoten sehen wollen. Das hat Einfluss darauf, wie viele Informationen Ihnen zum jeweiligen Knoten angezeigt werden (Knoten können Vorgänge oder Phasen sein). Sie stellen damit nur die erste Ansicht beim Aufrufen ein, die Darstellung kann in der Anwendung in die jeweils andere Ausprägung geändert werden.

Die wichtigste Einstellung tätigen Sie im Feld **Prozessvorgabenpflege**. Hier geben Sie an, ob die Verwendung von Prozessvorgaben oder XSteps vorgesehen ist. Dabei ist zu beachten, dass Prozessvorgaben nur noch über XSteps gepflegt werden können, sobald zum Planungsrezept ein XStep-Baum existiert, eine Rückkehr zu den Prozessvorgaben ist dann nicht mehr möglich. Durch die Eingabe von **XSTEPS** können Prozessvorgaben nur noch mittels XSteps gepflegt werden, der Default-Wert **Prozessvorgaben** macht dies auch ohne XSteps möglich. Über **XSTEPS OPTIONAL** gilt so lange die Bedingung der Einstellung **Prozessvorgaben**, bis ein XStep-Baum zum Planungsrezept angelegt wird. Speichern Sie Ihre Eingabe, um das Planungsrezeptprofil anzulegen.

Planungsrezept anlegen

Über die Transaktion C201 können Sie Planungsrezepte neu anlegen oder auf Basis einer Vorlage definieren. Im Einstiegsbild müssen Sie dazu das Material, das Werk und das Planungsrezeptprofil angeben (in unserem Beispiel wählen wir das Material HF_ROLLE_001, das Werk 1010 und das Planungsrezeptprofil PI01). Da wir noch keine Rezeptgruppe haben, wird diese beim Anlegen des ersten Rezepts automatisch vergeben (in unserem Fall wird es die 50000001 sein).

Im folgenden Bild sehen Sie den Rezeptkopf, dort steht somit auch direkt der Wert **1** im Feld **Rezept**. Tragen Sie einen beschreibenden Kurztext ein, damit Sie später noch wissen, welches Planungsrezept hier vorliegt. Die Felder **Status**, **Verwendung** und **Planergruppe** befüllen Sie analog zum Vorgehen bei der diskreten Fertigung mit **4** (für *allgemein freigegeben*), **1** (für *Fertigung*) und der verantwortlichen Planergruppe. Bitte beachten Sie, dass diese Eingaben für unser Beispiel funktionieren. Ihre Prozesse geben eventuell andere Konfigurationen vor. Im Feld **Ressourcennetz** geben wir unser angelegtes Netz »ROLLEN_001« an, das entsprechende Werk wird dazu automatisch vom System ermittelt.

Auf der nächsten Registerkarte **Vorgänge** können Sie nun die Vorgänge konfigurieren. Vorgang 1 soll für unser Beispiel das gravimetrische Dosieren der Granulate sein. Synchrones Zugeben der Granulate nach Gewicht in einem rezepturkonformen Massestrom ermöglicht die Dosierung und Mischung in einem einzigen Vorgang und sogar in nur einer Phase. Das Herstellen einer homogenen Masse ohne aktive Mischung ist dadurch selbst dann möglich, wenn unterschiedliche Schütteigenschaften vorliegen. Wir ordnen dem ersten Vorgang die Ressource DOSI_001 zu.

Vorgang 2 soll der Spritzguss sein, dem wir unsere Spritzgussmaschine GUSS_001 als Ressource zuweisen. Falls Sie einen Text per Vorlagenschlüssel in der Customizing-Transaktion CA10 definiert haben, können Sie diesen in den Vorgang schreiben, um den Textbaustein automatisch in die Bezeichnung des Vorgangs zu übernehmen. Alternativ können Sie den Vorlagenschlüssel auch bereits in der Ressource angeben, dann wird er von dort übernommen. Zum ersten Vorgang (0010) fügen wir zwei Phasen hinzu, die Dosierung an sich (0011) und eine Prüfung der korrekten Befüllung (0012). Wir geben den Steuerrezeptempfänger mit an und setzen das Kennzeichen für die Definition als Phase. Das Kennzeichen **Phase** können Sie setzen, um eine Position als Phase zu definieren, die dann dem übergeordneten Vorgang angehängt wird. Hierüber können Sie für einen Empfänger Vorgabewerte und Prozessvorgaben definieren. Der übergeordnete Vorgang ist in unserem Beispiel Vorgang 0010. Sie könnten hier die Phase 0012 markieren und über die Schaltfläche **Prüfmerkmal** ein Merkmal für unsere Prüfung zu dieser Phase hinterlegen.

Für den gesamten ersten Vorgang (0010) wollen wir eine Herstellanweisung zur Einstellung der richtigen Dosierung und zur Durchführung der Prüfung übertragen. Dafür markieren wir den Vorgang 0010 und klicken auf die Schaltfläche **Prozessvorgaben**. Nun können zum Vorgang Prozessvorgaben hinterlegt und diese über die Schaltfläche **Prozessvorgabe prüfen** überprüft oder mit der Schaltfläche **Herstellanweisung simulieren** getestet werden. Über die Schaltfläche **Assistent** erhalten Sie Hilfe bei der Einrichtung der Prozessvorgaben.

Per Doppelklick auf die Phasen gelangen Sie in das Detailbild. Hier hinterlegen Sie auf der Registerkarte **Vorgabewerte** die Dauer für die Phase. Gemäß den Einstellungen im verwendeten Steuerschlüssel wird diese Dauer zur Terminierung und zur Berechnung der Kapazitätsbedarfe verwendet. (In Kapitel 3, »Stammdaten in der Produktion«, haben wir bereits beschrieben, welche Einstellungen im Steuerschlüssel vorgenommen werden können.) Wiederholen Sie dieses Vorgehen für die Phasen des zweiten Vorgangs (0020).

Als Nächstes klicken Sie auf die Registerkarte **Materialien**. Sie werden per Pop-up-Fenster gebeten, zunächst die Informationen zur Fertigungsversion anzugeben. Wir geben die neue Fertigungsversion an (»0001«) und wählen die Stücklistenalternative aus. Da wir eine Variantenstückliste verwenden, lautet die Angabe im Feld **Stücklistenalternative** »1«. Auch die Angabe im Feld **Stücklistenverwendung** ist »1« (für Fertigung). Wenn Sie das Bild speichern und schließen, wird gleichzeitig die Fertigungsversion angelegt. Sie sehen nun die Materialien der verwendeten Stückliste. Auch hier gilt: Solange Sie keine andere Zuordnung vornehmen, werden die Komponenten dem ersten Vorgang des Rezepts automatisch zugeordnet. Ändern können Sie dies, indem Sie die entsprechende Komponente markieren und auf die Schaltfläche (**Zuordnung anlegen**) klicken. Daraufhin können Sie einen anderen Vorgang oder eine Phase angeben.

Materialmengenberechnung

Für die Materialbereitstellung in der Prozessindustrie ist es oft wichtig, die korrekten Chargen der zu verwendenden Komponenten zu finden. Hinzu kommt, dass einige Materialien Substitute haben können, die z. B. bei Mehrfachstücklisten relevant sein können, wenn ein Material durch ein anderes ersetzt wird. Hier kann in der chemischen Industrie ein anderes Mischverhältnis erforderlich sein. Beispielsweise könnte ein zuckerhaltiges Getränk auch in einer Version ohne Zucker hergestellt werden. Hier würde man dann ein Süßungsmittel verwenden, das in deutlich kleinerer Dosierung als der Zucker beigemischt werden muss. Selbst unter den Süßstoffen kann es wiederum je Charge kleine Schwankungen geben, die mittels Klassifizierung der Charge festgehalten und zur Abmischung berücksichtigt werden müssen. Hierfür ermittelt dann die *Materialmengenberechnung* die korrekte Menge des Alternativmaterials.

Im Planungsrezept können Materialmengen anhand von Formeln berechnet werden. Durch die Errechnung der Komponentenmengen für eine gegebene Menge des Ertragsmaterials wird auch gleichzeitig das Mischverhältnis bestimmt. Über die Verrechnung von Materialien entscheiden dabei maßgeblich die in der Charge angegebenen Werte der hinterlegten Merkmale. Die Berechnung über Formeln ist immer dann sinnvoll, wenn die Ausgangsbedingungen der Produktion nicht konstant sind. So kann es sein, dass z. B. die Wirkstoffkonzentration einer Komponente von Charge zu Charge schwankt. Dann muss über die Chargenmerkmale eine Anpassung des Mischverhältnisses berechnet werden. Ebenso könnte es sein, dass die Ausgangsmengen der Komponenten eines natürlichen Produkts schwanken und die anderen Komponenten an diesen schwankenden Input angepasst werden müssen. Auf der Registerkarte **Materialien** (mit der Auflistung der Komponenten aus der Stückliste) der Transaktion C202 oder C201 finden Sie direkt unter der Schaltfläche (**Stückliste**) die

Schaltfläche (**Materialmengenberechnung**) zur Materialmengenberechnung. Wenn Sie daraufklicken, werden die Mengen und Einheiten jedes Vorgangs/jeder Phase (Typ »OP«) und jedes Materials (Typ »MT«) in einer Liste angezeigt. Sie können nun die Formeldefinition über die Operatoren der Grundrechenarten sowie einige Sonderfunktionen und die Objekte der Liste anlegen.

Wenn Sie einen Doppelklick auf ein Objekt der Liste ausführen, wird es als Referenz dieser Art in die Formel übernommen: [Zeile, Spalte]. Die Spalte gibt dabei an, ob es sich um die Material- oder Vorgangsmenge (Spalte 1), den Phasenausschuss (Spalte 2) oder ein Zwischenergebnis von Material- oder Vorgangsmengen (Spalte 3) handelt. Abbildung 6.8 zeigt hier die Tabelle, deren Spalten **1 Menge**, **2 Phasenausschuss** und **3 Zwischenergebnis** für die Verwendung in der Formel per Doppelklick verfügbar sind.

Z...	Objektbeschreibung	Typ	Posit...	F...	V	1:Meng...	Einh.	2:Phasena...	Einh.	3:Zwische...
1	HF_ROLLE_001	MT	0000	fx	-	1,000	ST		ST	
2	..RO_GRAN_BLAU	MT	0010			100,000	G		G	
3	..RO_WEICH	MT	0020			50,000	G		G	
4	Gravimetrisches Dosi...	OP	0010			0,167	KG		KG	
5	..Dosierung	OP	0012			20,000	ST		ST	
6	..Prüfung	OP	0013			20,000	ST		ST	
7	Spritzguss	OP	0020			1,000	ST		ST	
8	..Einschmelzen	OP	0021			20,000	ST		ST	
9	..Gießen	OP	0022			20,000	ST		ST	
10	..Aushärten und Ausg...	OP	0023			20,000	ST		ST	

Abbildung 6.8 Transaktion C202 – Materialmengenberechnung

Planstatus

Über die Customizing-Transaktion OP46 werden die *Planstatus* gepflegt. Hier können Sie bei Bedarf auch einen eigenen Status anlegen. Im Planungsrezept stehen standardmäßig wieder vier Planstatus zur Auswahl:

- **1** – Angelegt
- **2** – Freigegeben für Auftrag
- **3** – Freigegeben für Kalkulation
- **4** – Freigegeben allgemein

Diese Statusverwaltung sichert das Planungsrezept vor unsachgemäßer Verwendung. Wenn Sie ein Planungsrezept z. B. gerade erst anlegen und es noch nicht fertiggestellt haben, setzen Sie den Status auf **1**, damit es nicht verwendet werden kann. Wenn Sie ein Planungsrezept nur für Produktionszwecke freigeben wollen, wählen Sie Status **2**. Für Kalkulationszwecke wählen Sie analog Status **3**. Status **4** ermöglicht beide Verwendungen. Darüber hinaus wird bei den Status **2** bis **4** auch eine Konsistenzprüfung durchlaufen.

Die Transaktionen Planungsrezept anlegen (C201), ändern (C202) und anzeigen (C203) sind auch als Äquivalent in SAP Fiori zu finden. Der Funktionsumfang ist gleich, aber die Anwenderoberfläche moderner. Zusätzlich steht Ihnen die SAP-Fiori-App **Planungsrezepte verwalten** (App-ID F5426) zur Verfügung. Diese neue App bietet den großen Vorteil, dass man direkt aus der Übersicht aller relevanten Planungsrezepte in ein bestimmtes Rezept springen kann, um es anzuzeigen oder zu bearbeiten. Außerdem können Sie in dieser App neue Planungsrezepte anlegen. Auf diese Weise haben Sie eine viel bessere Übersicht in der täglichen Arbeit. Über einen Klick auf die Schaltfläche **Anlegen** gelangen Sie in die SAP-Fiori-App **Planungsrezept anlegen** (siehe Abbildung 6.9).

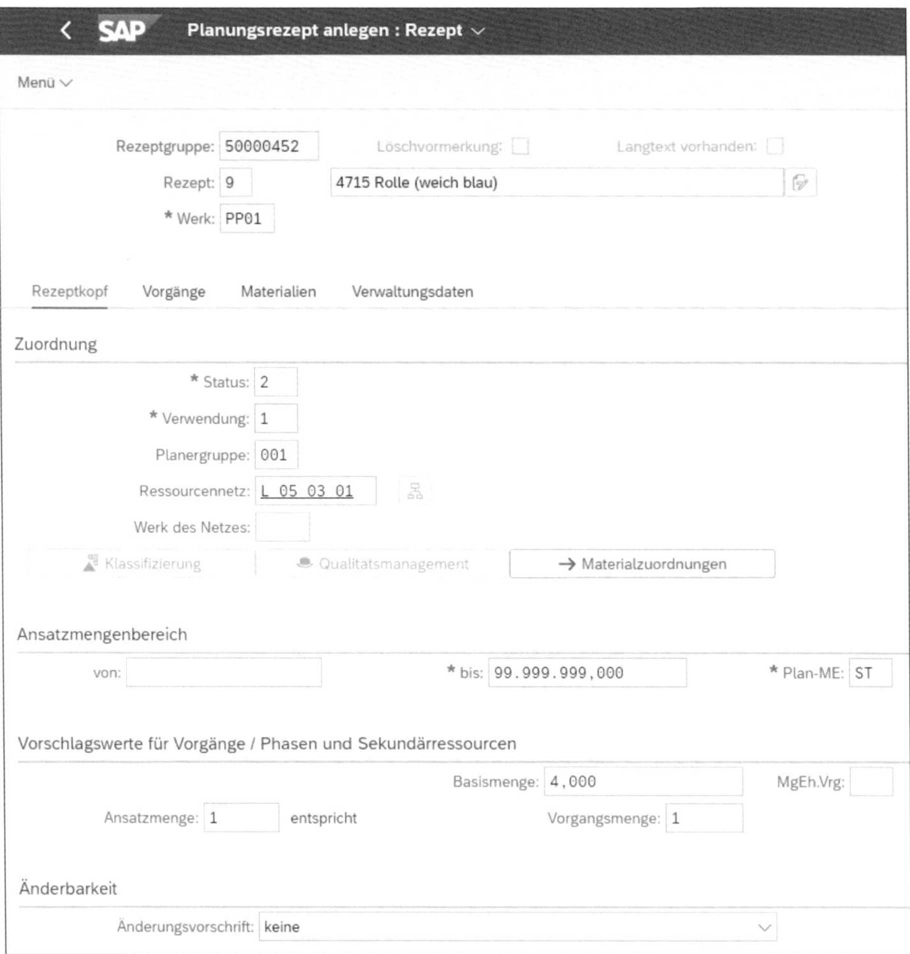

Abbildung 6.9 Die SAP-Fiori-App »Planungsrezept anlegen«

Die genannten SAP-Fiori-Apps sind u. a. verfügbar für die folgenden Rollen:

- **Produktionsingenieur – Prozessfertigung**
- **Werker – Prozessfertigung**
- **Fertigungssteuerer -Prozessfertigung**

6.1.6 Fertigungsversionen

Verwendete Transaktion

- C223 (Fertigungsversionen pflegen)

Die *Fertigungsversion* stellt in der Prozessfertigung die Kombination aus Planungsrezept (analog zum Arbeitsplan) und Stückliste dar. Die Fertigungsversionen sind dabei wie üblich gültig je Werk, Losgröße und Gültigkeitszeitraum. Sie verwenden wie zuvor auch in den Fertigungsarten die Transaktion C223 zur Pflege und zum Anlegen von Fertigungsversionen. Dabei ist die einzige Besonderheit, dass für die neue Fertigungsversion der Plantyp **Planungsrezept** verwendet wird. (Mehr Details dazu finden Sie in Kapitel 4, »Diskrete Fertigung«, und in Abschnitt 3.7, »Fertigungsversionen«.)

Absprungmöglichkeiten zur Pflege der Fertigungsversionen gibt es darüber hinaus im Bereich der Materialstammdaten und in der Konfiguration von Planungsrezepten und Stücklisten. Abbildung 6.10 zeigt schematisch, dass die Fertigungsversion zu einem Material die Stückliste für die Informationen zu den benötigten Komponenten und das Planungsrezept mit den Informationen zum Produktionsablauf zusammenführt. Über diese Verbindung wird auch die Komponentenzuordnung zu den Vorgängen und Phasen des Planungsrezepts ermöglicht.

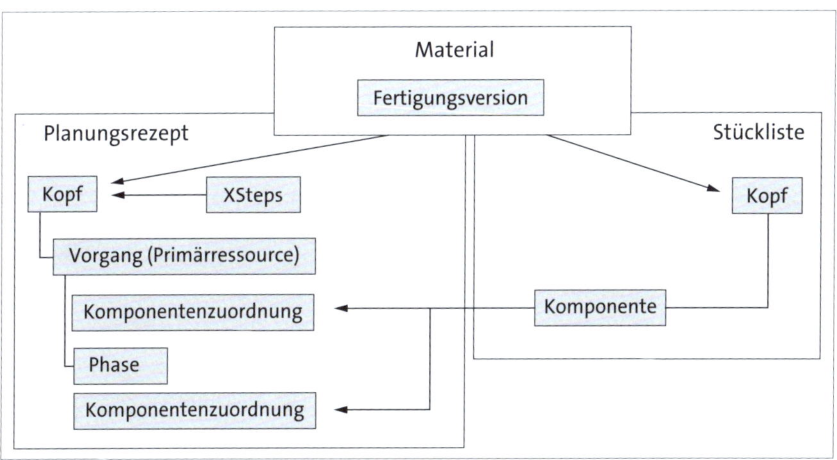

Abbildung 6.10 Verknüpfungen über die Fertigungsversion

6.1.7 Prozessauftrag

Verwendete Transaktionen

- COR1 (Prozessauftrag anlegen)
- COR2 (Prozessauftrag ändern)
- COR3 (Prozessauftrag anzeigen)
- SAP-Fiori-App **Prozessaufträge bearbeiten** (App-ID F4587)

Der *Prozessauftrag* ist das Pendant der Prozessfertigung zum Fertigungsauftrag der diskreten Fertigung. Er hat die gleichen Grundfunktionen und dient der Informationshaltung der produktionsrelevanten Daten. Zudem wird er im Sinne der auftragsbezogenen Kostenträgerrechnung für die Erfassung der Produktionskosten verwendet. Wir wollen uns im Folgenden ansehen, wie so ein Prozessauftrag aufgebaut ist und welche Besonderheiten er im Vergleich zum Fertigungsauftrag bietet.

Struktur von Prozessaufträgen

Der Aufbau eines Prozessauftrags entspricht dem klassischen SAP-Schema mit einem Auftragskopf für auftragsweit geltende Angaben und Positionen für z. B. Kuppelprodukte. Dazu beinhaltet die Vorgangsliste weitere Detailinformationen aus dem Planungsrezept. Materialien der Stückliste des herzustellenden Materials und Ressourcen (analog zu Arbeitsplätzen) werden den Vorgängen zugeordnet. So weit stimmt der Aufbau des Prozessauftrags noch mit dem eines Fertigungsauftrags aus der diskreten Fertigung überein. Einige Besonderheiten gibt es jedoch, so werden die einzelnen Vorgänge noch weiter in Phasen untergliedert. Dieses Konzept ist dabei deutlich ausgeprägter als die Unterteilung der Vorgänge in Aktivitäten, wie es in der diskreten Fertigung der Fall ist. Neben den Primärressourcen, die den Vorgängen zugeordnet werden, können sowohl auf Vorgangs- als auch auf Phasenebene noch zusätzliche Sekundärressourcen zugeordnet werden. Auch die Komponentenzuordnung kann auf Ebene eines Vorgangs oder einer Phase geschehen. Eine weitere Besonderheit findet sich in den Prozessvorgaben, die auf Vorgangsebene implementiert werden. Alternativ dazu können XSteps zur Erstellung von Herstellanweisungen im Auftragskopf hinterlegt werden.

Abbildung 6.11 zeigt die Verbindungen der Informationen, die im Auftragskopf und in den Auftragsvorgängen oder Phasen hinterlegt werden. Im Auftragskopf befinden sich alle auftragsweit gültigen Informationen zum Material, das gefertigt werden soll. Wenn Sie XSteps verwenden, so befinden sich auch die Verbindungen zu diesen im Auftragskopf. Wenn Sie hingegen Prozessvorgaben ohne XSteps verwenden, so finden Sie diese wiederum auf der Ebene der Vorgänge. Die Abfolge der Vorgänge und Phasen sowie viele Detailinformationen stammen aus dem Planungsrezept. Der Prozessauftrag bündelt über die Fertigungsversion, die Stückliste, das Planungsrezept und letztlich die Auftragskopfangaben alle notwenigen Informationen, damit die Fertigung ausgeführt werden kann. Damit sind auch die Verknüpfungen der Einzelinformationen vollständig gegeben. So sind die Komponentenzuordnungen zu Phasen und Vorgängen und deren Materialmengenberechnung auch abhängig von den verwendeten Ressourcen und Auftragsmengen.

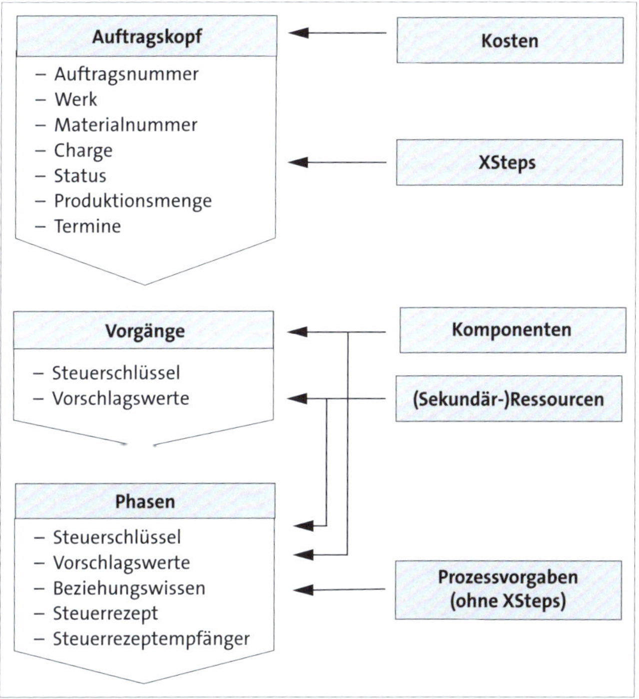

Abbildung 6.11 Schema des Prozessauftrags

Die SAP-Fiori-App **Prozessaufträge bearbeiten** (App-ID F4587) ist ein neues sehr nützliches Werkzeug. Die SAP-Fiori-App steht für die Rolle **Fertigungssteuerer – Prozessfertigung** zur Verfügung. Um die App nutzen zu können, müssen Anwenderinnen und Anwender in einem ersten Schritt ihre Zuständigkeit einstellen. In Abbildung 6.12 sehen Sie die dafür zu verwendende Ansicht.

Mit den Filteroptionen können Sie eine sinnvolle Vorauswahl der Prozessaufträge treffen. In der Spalte **Status des Zuständigkeitsbereichs** wählen die Anwenderinnen und Anwender die passende Konstellation aus Werk und Fertigungssteuerer aus. Der grüne Haken zeigt, dass die Zuständigkeit eingestellt ist.

In Abbildung 6.13 sehen Sie die SAP-Fiori-App **Prozessaufträge bearbeiten**. Über einen Klick auf das Icon des Users (oben rechts im Bild) gelangt man zu den App-Einstellungen. Dort lässt sich die Zuständigkeit initial einstellen und später anpassen.

Abbildung 6.12 Die SAP-Fiori-App »Prozessaufträge bearbeiten« – Zuständigkeitsbereich des Fertigungssteuerers einstellen

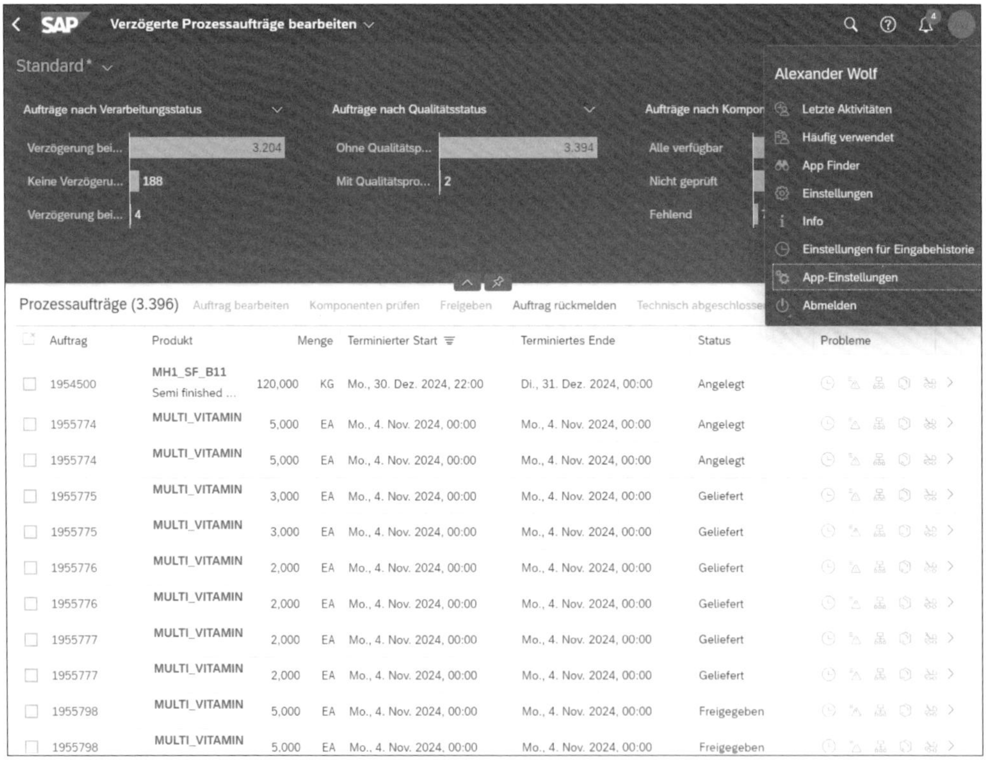

Abbildung 6.13 Die SAP-Fiori-App »Prozessaufträge bearbeiten«

Die Einstellung bildet die Grundlage für die Auswertung der Prozessaufträge, die in die im Kopfbereich angezeigte Statistik einfließt. Neben der nützlichen quantitativen Übersichtsfunktion der Balkendiagramme dienen diese gleichzeitig als Filter, um die Kategorien separat in die darunter angezeigte Ergebnisliste zu laden. Sie können mit der App alle Prozessaufträge der eigenen Zuständigkeit auf einmal auflisten. Alternativ können Sie sie abhängig von der Zugehörigkeit zu den einzelnen Kategorien, nach Verarbeitungsstatus (in Relation zur geplanten Zeit), nach Qualitätsstatus oder nach Komponentenverfügbarkeit filtern.

Indem Sie das Kennzeichen in der ersten Spalte setzen, können Sie einen Auftrag in der Liste bearbeiten, freigegeben, rückmelden oder abschließen. Auch die Verfügbarkeit der Komponenten kann von dort aus geprüft werden. Von dieser zentralen Übersicht aus gelangen Sie in die jeweiligen SAP-Fiori-Apps für die genannten Funktionen. Beispielsweise kommen Sie über einen Klick auf die Schaltfläche **Auftrag rückmelden** zur Rückmeldung von Prozessaufträgen.

6.2 Prozesskoordination

Die *Prozesskoordination* stellt einen erheblichen Mehrwert der Prozessfertigung dar. Weil dieser Bereich so umfangreich ist, stellen wir ihn hier ausführlich vor. In diesem Abschnitt werden Werkzeuge bereitgestellt, die für die Kommunikation aus SAP zum Subsystem verwendet werden (wie Herstellanweisungen und Prozessvorgaben), und solche, die für die Rückmeldung aus der Produktion an das SAP-System Anwendung finden (Prozessmeldungen). Abbildung 6.14 zeigt die Reihenfolge, in der wir die notwendigen Einstellungen vornehmen wollen.

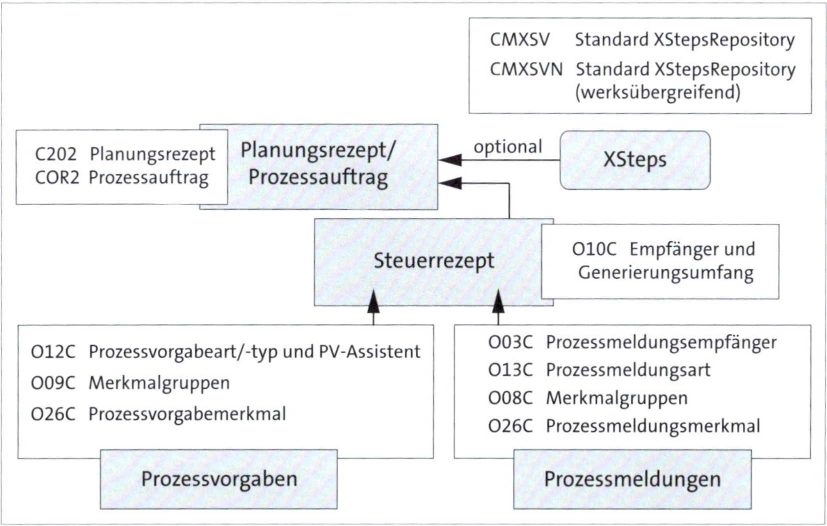

Abbildung 6.14 Konfigurationen und Transaktionen der Prozesskoordination

Dabei können einige Elemente parallel oder alternativ im Produktionsprozess verwendet werden. Wie die Interaktion im Detail aussieht und welche Konfigurationsmöglichkeiten hierfür existieren, folgt nach einer kurzen Vorstellung der relevanten Elemente der Prozesskoordination.

6.2.1 Übersicht

Um einen Überblick darüber zu bekommen, wofür die im Folgenden verwendeten Begriffe der Prozesskoordination stehen und wie sie zusammenhängen, wollen wir diese zunächst kurz vorstellen. Abbildung 6.15 zeigt dabei die Verbindung der einzelnen Elemente zueinander in einer vereinfachten Darstellung.

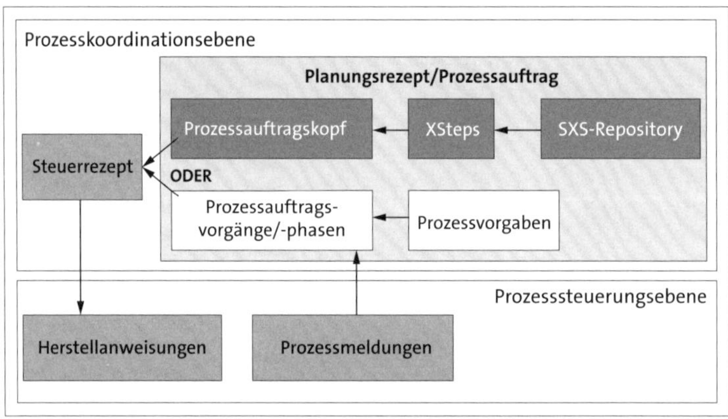

Abbildung 6.15 Prozesskoordination mit vertikaler Integration der Produktionssteuerung

Der Prozessauftrag bildet die Basis für die Generierung eines *Steuerrezepts*. Dieses Rezept beinhaltet die Informationen über die Art und Weise der Kommunikation mit den Produktionssystemen. Hierfür wird ein Steuerrezeptempfänger (also eine Herstellanweisung oder ein Subsystem) angegeben, der die Prozessvorgaben gemäß Steuerrezept aus dem SAP-System erhält. Umgekehrt meldet dieser wiederum Prozessmeldungen an den Prozessmeldungsempfänger (also die Verarbeitung in einem SAP-System) zurück. Das Steuerrezept beinhaltet in diesem Kontext die nötigen Antworten auf die berühmten W-Fragen (Wer sendet was wie wann und an wen?).

Über *Herstellanweisungen* werden produktionsrelevante Informationen an die ausführenden Systeme übertragen. Die Herstellanweisung fasst die Prozessvorgaben gewissermaßen zusammen und überträgt diese als semantische Einheit. Die einzelnen Inhalte können Eingabefelder für Verbräuche oder Qualitätsprüfergebnisse, Berechnungen, Prozesshinweise oder Verfahrensschritte sein. Auch Absprünge in andere Transaktionen können bei systeminternen Herstellanweisungen oder RFCs (Remote Function Calls) realisiert werden. Der Adressat dieser Anweisungen kann eine Person (eher eine Rolle) oder eine Maschine sein. Die Herstellanweisung kann sowohl als Eingabe- als auch als Ausgabeformular verwendet werden. Dadurch können Informationen auch im Rahmen dieser Anweisung erfasst werden.

Mittels *Prozessmeldungen* werden Informationen aus der Produktion in ein SAP-System gesendet. Diese Meldungen liefern z. B. Informationen zu Verbräuchen oder aber auch Ergebnissen aus Prüfungen während des Produktionsprozesses. Hier ist der Informationsfluss also entgegengesetzt zu dem der Prozessanweisungen. Der Sender dieser Meldungen kann dabei eine Person oder eine Maschine sein.

Prozessvorgaben werden den Vorgängen des Planungsrezepts oder Prozessauftrags zugewiesen und definieren die per Herstellanweisung zu übertragenden Informationen.

XSteps (Execution Steps) sind gewissermaßen die Weiterentwicklung der Prozessvorgaben. Sie können mehrere Ebenen an Informationen und Zuordnungen zu Objekten wie Phasen, Vorgängen oder Aufträgen in einem strukturierten XStep-Baum gliedern. XSteps zeichnen sich durch ein hohes Maß an Wiederverwendbarkeit aus, da sie zentral in einem eigenen Repository angelegt werden und somit immer wieder für neue Prozessaufträge verwendet werden können. Diese Ausführungsschritte werden in einer hierarchischen Struktur angelegt und werden anders als Prozessvorgaben nicht den Vorgängen, sondern dem Kopf eines Planungsrezepts oder Prozessauftrags angehängt.

Erstellen von Prozessmeldungen und Prozessvorgaben

In einer neuen SAP-Auslieferung ist das Referenzwerk 0001 enthalten. Hier gibt es bereits eine Vielzahl an Standardprozessmeldungen und Prozessvorgaben, die Sie in Ihr eigenes Werk kopieren können. Folgen Sie hierzu dem Customizing-Pfad **Produktion Prozessindustrie • Stammdaten • Standardeinstellungen**.

In dieser Reihenfolge lassen sich Kopien am besten ausführen:

- Customizing-Transaktion O23C für vordefinierte Merkmale
- Customizing-Transaktion O22C für vorkonfigurierte Prozessmeldungsarten
- Customizing-Transaktion CO60_VM für Anzeigevarianten der Herstellanweisungen
- Customizing-Transaktion O20C zum Kopieren der Elemente der Prozesskoordination zwischen den Werken

6.2.2 Prozessvorgaben

Verwendete Transaktionen

- O26C oder CT04 (Merkmale verwalten)
- O12C (Prozessvorgabearten definieren)

- O09C (Merkmalgruppen Prozessvorgabearten zuordnen)
- O20C (Kopieren zwischen Werken)
- Menüpfad: **Produktionsplanung Prozeßindustrie • Prozeßkoordination • Prozeßvorgaben • Prozeßvorgabemerkmale • Merkmalgruppen für Prozeßvorgaben definieren • Merkmalgruppe definieren**

Mit *Prozessvorgaben* können Sie Informationen zur Produktion an Mitarbeitende der Fertigung oder eine Maschine senden. Diese Informationen können dann entweder manuell oder von einer Maschine voll automatisiert verarbeitet werden. Das Feld der Prozessvorgaben ist komplex. Wir wollen das Thema daher anhand seiner einzelnen Bestandteile erklären. Dazu sehen wir uns zunächst an, welche Typen, Arten und Merkmale von Prozessvorgaben generell vorhanden sind.

Der Aufbau einer Prozessvorgabe lässt sich wie folgt beschreiben: Die einzelnen Datenfelder in einer Prozessvorgabe werden durch die *Prozessvorgabemerkmale* definiert. Welche dieser Datenfelder in einer Prozessvorgabe vorhanden sind und wie diese strukturiert sein sollen, das wird über die *Prozessvorgabeart* bestimmt. Der *Prozessvorgabetyp* bestimmt, welche Aufgabe die Prozessvorgabe haben soll.

Wenn Sie eine Prozessvorgabe verwenden möchten, hinterlegen Sie diese im Planungsrezept oder im Prozessauftrag. Bei der Umsetzung eines Planungsrezepts werden auch die Prozessanweisungen in den Prozessauftrag übernommen. Einer Phase aus Planungsrezept oder Prozessauftrag können Sie zudem einen Steuerrezeptempfänger zuweisen. Damit ordnen Sie der Phase auch gleich automatisch generierte Prozessvorgaben zu. Angelegt werden Prozessvorgaben über die Customizing-Transaktion O12C. Hier können Sie neue Prozessvorgabearten anlegen oder bestehende bearbeiten. Über die Zuordnung des Prozessvorgabetyps wird die grundsätzliche Ausrichtung bestimmt. Über das Markieren einer Prozessvorgabeart und einen Doppelklick auf **Merkmale/Prozeßvorgabeart** können Sie dann Prozessvorgabemerkmale zuordnen. Auch die Prozessvorgabemerkmale können Sie dafür selbst konfigurieren, wenn die Standardmerkmale nicht Ihren Zwecken genügen.

Kopieren von Einstellungen der Prozesskoordination zwischen Werken

Wenn Sie Einstellungen für ein Werk konfiguriert haben und diese genauso in einem anderen Werk benötigen, müssen Sie nicht alles neu konfigurieren. Sie können stattdessen über die Customizing-Transaktion O20C per **Kopieren von Werk** und **Kopieren nach Werk** angeben, dass Sie diese Konfigurationen übernehmen möchten:

- Prozessmeldungsarten
- Meldungsempfänger
- Merkmalgruppen für Meldungen

- Prozessvorgabearten
- Merkmalgruppen für Vorgaben
- Steuerrezeptempfänger

Abbildung 6.16 zeigt, wie Sie vorgehen müssen, wenn Sie die Konfiguration von Prozessvorgabearten auf der Merkmalsebene beginnen möchten. Zunächst bedarf es einer Merkmalgruppe, die auch für die Verwendung für Prozessvorgaben freigegeben ist. Als Nächstes legen Sie das konkrete Merkmal an, das Sie dann der Gruppe zuordnen müssen. Nun befinden Sie sich wieder in der Konfiguration der Prozessvorgabeart, wo Sie das neue Merkmal zuordnen können. Lassen Sie uns das ganze Vorgehen im Folgenden noch einmal im Detail betrachten.

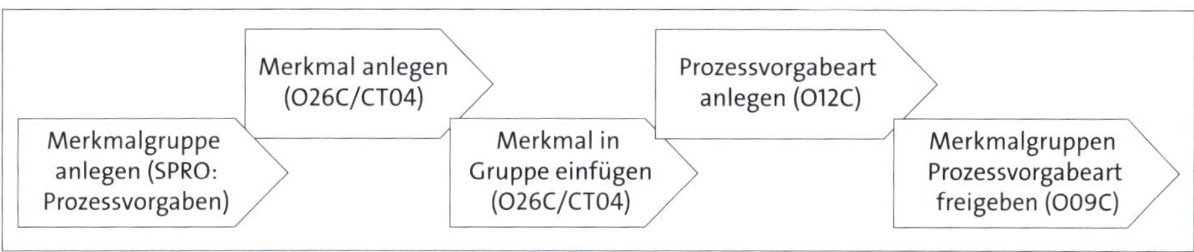

Abbildung 6.16 Schritte zur Konfiguration von Prozessvorgabearten

Merkmalgruppen

Sie müssen nicht zwingend alles neu anlegen. Im SAP-Standard gibt es bereits *Merkmalgruppen* für:

- Prozessvorgabemerkmale (PPPI_01)
- Prozessmeldungen (PPPI_02)
- Merkmale für Materialfluss zwischen Aufträgen (PPPI_03)
- Merkmale für spezielle Anwendungen (PPPI_04)

Über den Customizing-Pfad **Produktionsplanung Prozeßindustrie • Prozeßkoordination • Prozeßvorgaben • Prozeßvorgabemerkmale • Merkmalgruppen für Prozeßvorgaben definieren** können Sie unter **Merkmalgruppe definieren** eigene Gruppen anlegen. In der Customizing-Transaktion O08C geben Sie anschließend zunächst das zu betrachtende Werk an und gelangen dann in die Übersicht der bestehenden Merkmalgruppen zu Prozessmeldungen. Hier können Sie Ihre neue Gruppe dann der Verwendung für Prozessmeldungen hinzufügen. Analog verhält es sich in der Customizing-Transaktion O09C für die Merkmalgruppen zu Prozessvorgaben.

Prozessvorgabemerkmale

Es gibt im SAP-System eine Vielzahl an Standardmerkmalen für *Prozessvorgabemerkmale* und Prozessmeldungen. Sie können aber auch eigene definieren. So können Sie auch individuell für Ihren Prozess die nötigen Felder in Herstellanweisungen und Prozessmeldungen aufnehmen. Zudem werden auch die RFC-Zielsysteme über Prozessvorgabemerkmale zugeordnet. Die Customizing-Transaktion O25C ist hier für die Definition und Transaktion O26C für die Pflege der Merkmale zu verwenden. Die Transaktion ist der Transaktion CT04 zum Anlegen und Pflegen von Standardmerkmalen im SAP-Klassifizierungssystem sehr ähnlich. Für einfache Merkmale können Sie auch die Transaktion CT04 verwenden. Hier können Sie also auch ein eigenes Merkmal anlegen und z. B. Ihrer Merkmalgruppe zuordnen. Wenn Sie anschließend in der Customizing-Transaktion O12C eine Prozessvorgabeart markieren und links im Menübaum doppelt auf **Merkmale/Prozeßvorgabeart** klicken, gelangen Sie in die Merkmalszuordnung zur Vorgabeart. Die Merkmale können nach der Zuordnung zu einer Merkmalgruppe anhand ihrer Nummer der Prozessvorgabeart zugeordnet werden. Dabei werden die Kennzeichen **T**, **A** und **W** mit übergeben. Sie geben Auskunft über die vorgesehene Art der Bewertung des Merkmals. Bewertung meint in diesem Kontext wörtlich die Vergabe eines Werts für das Merkmal:

- **T** steht für die Bewertung des Merkmals als Langtext.
- **A** bedeutet, dass das Merkmal automatisch bewertet werden kann.
- **W** besagt, dass ein Wert bereits vorab vergeben wird.

Sofern Merkmalswerte zum Merkmal gepflegt sind, können Sie in der Spalte **Merkmalwert** eine Auswahl treffen. Abbildung 6.17 zeigt die Customizing-Transaktion O12C am Beispiel einer kundeneigenen Prozessvorgabeart mit kundeneigenem Merkmal.

Abbildung 6.17 Customizing-Transaktion O12C (Merkmale/Prozeßvorgabeart ändern) – Zuordnung der Merkmale

Wenn Sie ein eigenes Merkmal anlegen (Transaktion O25C) oder eines bearbeiten (Transaktion O26C), müssen Sie zunächst einen Namen vergeben. Die Beachtung des Namensraums sorgt hier für eine bessere Übersicht über eigene und SAP-Standardmerkmale, da kundeneigene Merkmale so immer mit »Z« oder »Y« beginnen. Sie geben an, ab wann das Merkmal gültig sein soll, und neben einer aussagekräftigen Bezeichnung müssen Sie dann noch auf der Registerkarte **Basisdaten** die zugehörige Gruppe im Feld **Merkmalgruppe** angeben. Sie können auch über die Schaltfläche

(**Dokumentation zur Bezeichnung**) noch einen beschreibenden Langtext für die Verwendung und Bedeutung des Merkmals hinterlegen.

Der Status entscheidet über die Verwendbarkeit des Merkmals. **Freigegeben** bedeutet, dass es verwendet werden darf. Zudem können Sie eine Berechtigungsprüfung über die Zuordnung einer **Berechtigungsgruppe** implementieren. Dadurch kann dieses Merkmal z. B. in einer Prozessmeldung nur mit hinreichender Berechtigung der Anwenderin oder des Anwenders ausgefüllt werden. Im Abschnitt **Formatangaben** müssen dann noch Angaben zur Art des Merkmals gemacht werden. Es könnte sich bei dem Datentyp dabei um ein Datumsfeld oder ein Zeichenfeld handeln. Bei Letzterem müssen Sie zusätzlich die Länge und die Unterscheidung von Groß- und Kleinschreibung mitangeben.

Auf der Registerkarte **Werte** können Sie dann einen Wert für Ihr Merkmal hinterlegen. Das kann ein Vorschlags- oder ein Festwert sein. Das Kennzeichen **Zusätzliche Werte** ermöglicht die Bewertung des Merkmals auch mit Werten, die nicht auf der Registerkarte **Werte** angegeben sind. Ebenso können Sie den Wert abhängig vom Beziehungswissen kennzeichnen. Dann müssen Sie unten im Bild die Schaltfläche (**Beziehungswissen**) anklicken und dort für Ihr Merkmal eine Beziehungsart (Vorbedingung, Aktion, Prozedur etc.) und eine entsprechende Beziehungskomponente eintragen. Dadurch wird die Bewertung Ihres Merkmals abhängig von den Ergebnissen aus der Beziehungsart. Im Beziehungseditor kann darüber hinaus (z. B. für Prozeduren) eine eigene Logik ausprogrammiert werden. Fragen Sie im Zweifel in Ihrer IT-Abteilung oder bei einem IT-Dienstleister nach Unterstützung in diesem Bereich. Zusätzlich können Dokumente oder eine Dokumentation zu jedem Wert hinterlegt werden.

Die Registerkarte **Einschränkungen** dient der Verknüpfung mit ausgewählten Klassenarten. Merkmale werden im SAP-Klassifizierungssystem Klassenarten zugeordnet, um die Verwendung der Merkmale zu beschränken. Sie müssen hier jedoch keine Klassenart angeben, wenn Sie Ihr Merkmal für Prozessmeldungen oder Prozessvorgaben verwenden möchten. Ohne eine Einschränkung ist das Merkmal für alle Klassenarten verfügbar.

Prozessvorgabetypen

Sehen wir uns zunächst an, welche *Prozessvorgabetypen* es gibt und wozu diese Typen verwendet werden können. Abbildung 6.18 zeigt eine Übersicht der Typen 0 bis 7. Diese Typen werden standardmäßig von SAP vorgegeben. Die Typen 1 bis 3 sind jeweils zur Kommunikation mit externen Systemen geeignet. Der Typ 5 ist zusätzlich an die Qualitätssicherung gekoppelt. Die Typen 2, 3 und 4 dienen der Erfassung von Daten per Meldung in das SAP-System. Die einzelnen Typen werden im Folgenden noch genauer beschrieben. Letztlich dienen alle Prozessvorgabetypen der Kommunikation zwischen der Ebene der Prozesskoordination (im SAP-System) und der Ebene der Prozesssteuerung (per Herstellanweisung oder externem Prozesssteuerungssystem). Alle Typen können für browserbasierte Herstellanweisungen genutzt werden. Bis auf Typ 0 sind alle Typen zudem für ABAP-List-basierte Herstellanweisungen zulässig (diese Form der Darstellung gilt jedoch schon länger als veraltet).

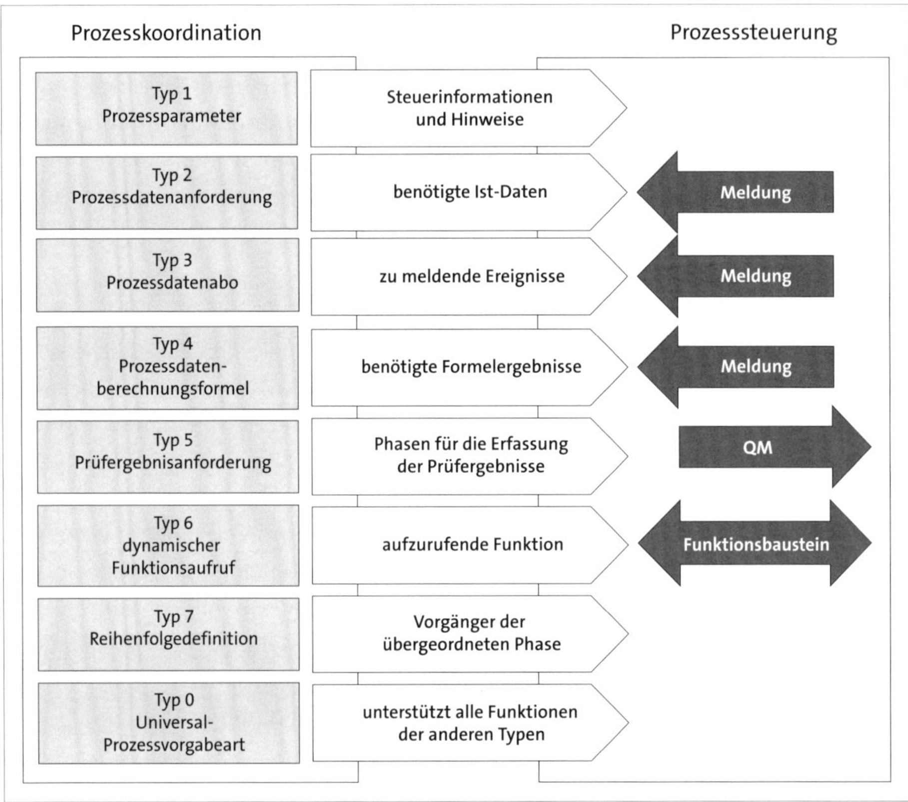

Abbildung 6.18 Übersicht über die Prozessvorgabetypen

Wenn Sie eine Prozessvorgabe im Planungsrezept oder im Prozessauftrag anlegen wollen, müssen Sie dafür eine Prozessvorgabeart angeben. Diese definieren Sie mithilfe des Prozessvorgabe-Assistenten (PV-Assistent) in der Customizing-Transaktion O12C. Dabei geben Sie für die Vorgabeart einen alphanumerischen Schlüssel, eine beschreibende Bezeichnung und einen Prozessvorgabetyp an. Dieser Prozessvorgabetyp dient der technischen Umschreibung der Funktion Ihrer Prozessvorgabeart. Sie können diese Prozessvorgabetypen vergeben:

- **Typ 0: Universal-Prozessvorgabeart**
  Die Universal-Prozessvorgabeart unterstützt alle Funktionen der anderen Typen. Sie können hier also sowohl Informationen per Herstellanweisung anzeigen lassen als auch Prozessmeldungen anfordern oder dynamische Funktionsaufrufe auslösen. Den Typ 0 können Sie jedoch nicht mit dem PV-Assistenten anlegen.

- **Typ 1: Prozessparameter**
  Prozessparameter werden verwendet, um Informationen zur automatischen Verarbeitung an die Prozesssteuerung zu übergeben oder um Informationen per Herstellanweisung bereitzustellen. Dieser Typ ist der simpelste von allen.
- **Typ 2: Prozessdatenanforderung**
  Prozessdatenanforderungen dienen der Rückmeldung von Ist-Daten aus der Prozesssteuerung. Hierbei wird eine Prozessmeldung verwendet, deren Art und Inhalt über die Prozessdatenanforderung eingestellt wird.
- **Typ 3: Prozessdatenabo**
  Prozessdatenabos dienen ähnlich wie Prozessanforderungen der Rückgabe von Ist-Daten ins SAP-System. Hier wird diese Rückmeldung jedoch durch Ereignisse, wie z. B. Verbrauchsbuchungen, ausgelöst. Dadurch, dass diese Abos abhängig von den auflösenden Events sind, können sie nicht in Herstellanweisungen verwendet werden. Dafür bieten sie jedoch eine automatisierte Rückmeldung anhand definierter Kriterien der Prozessmeldung.
- **Typ 4: Prozessdatenberechnungsformel**
  Prozessdatenberechnungsformeln verwenden eine Prozessmeldungsart und eben Formeln, um einen Wert über eine Herstellanweisung berechnen und an das SAP-System zurücksenden zu lassen.
- **Typ 5: Prüfergebnisanforderung**
  Prüfergebnisanforderungen werden verwendet, wenn Ergebnisse von Qualitätsprüfungen bei der Ausführung eines Prozessauftrags erhoben und an das SAP-System übermittelt werden sollen. Über eine Herstellanweisung kann somit zu einzelnen oder mehreren Phasen (Merkmal PPPI_PHASE) sowie Vorgängen (Merkmal PPPI_OPERATION) eine Verbindung ins Qualitätsmanagement hergestellt werden, um dort die benötigten Werte zu erfassen.
- **Typ 6: Dynamischer Funktionsaufruf**
  Dynamische Funktionsaufrufe ermöglichen der Fertigungsmitarbeiterin bzw. dem Fertigungsmitarbeiter die Nutzung eines Aufrufs eines Funktionsbausteins über die Herstellanweisung. Dieser Aufruf wird über eine Schaltfläche ausgelöst und kann vorab durch SAP-ABAP-Entwicklungsteams nahezu beliebig belegt werden. Beispielsweise könnten Sie die Materialmengenberechnung, die Erfassung eines Warenausgangs oder selbst entwickelte Funktionen dort hinterlegen. Damit erreichen Sie eine deutliche Steigerung Ihrer Möglichkeiten für die Umsetzung Ihrer Geschäftsprozesse. Die Implementierung kann jedoch beliebig komplex werden, sodass Sie sich mit einer Entwicklerin oder einem Entwickler absprechen sollten.
- **Typ 7: Reihenfolgedefinition**
  Reihenfolgedefinitionen dienen der Vorgabe einer Reihenfolge. Beispielsweise können Sie darüber festlegen, dass zunächst gewisse Bedingungen erfüllt sein

müssen, bevor die Herstellanweisung ausgeführt werden kann. Dabei können die Anordnungsbeziehungen aus dem Prozessauftrag per Generierung in die Reihenfolgendefinition übernommen werden, was wiederum bewirkt, dass zunächst die Prozessvorgaben der Vorgängerphasen abgeschlossen sein müssen, bevor die darauffolgenden aktiv werden.

Die Auswahl der richtigen Prozessvorgabeart ist davon abhängig, welches Ziel Sie erreichen wollen. Im Idealfall können Sie dann einen der vordefinierten Typen verwenden. Sollte jedoch keiner dieser Typen Ihren Ansprüchen genügen, so können Sie noch den etwas aufwendigeren Weg gehen und mit der Universal-Prozessvorgabeart vom Typ 0 arbeiten.

Prozessvorgabearten

Prozessvorgabearten werden über die Customizing-Transaktion O12C angelegt und gepflegt. Sie tragen dafür einen Schlüssel für Ihre Meldungs-/Vorgabeart in der Spalte **VorgArt** ein. Dazu formulieren Sie eine treffende Bezeichnung. Über die Zuordnung des Prozessvorgabetyps in der Spalte **Proz.Vorgabetyp** wird die grundsätzliche Funktion der Prozessvorgabe bestimmt. Der vorangegangene Abschnitt hat diese Funktionen beschrieben. Typ 0, der universell einsetzbar ist und somit alle Funktionen ermöglicht, zeigt nicht direkt, welche Funktion dahintersteht. Hier hilft eine aussagekräftige Bezeichnung. Über das Markieren einer Prozessvorgabeart in Kombination mit einem Doppelklick auf **Merkmale/Prozeßvorgabeart** können Sie dann Prozessvorgabemerkmale zuordnen. Mit Ausnahme der Prozessvorgabearten des Typs 0 können Sie alle anderen per Markierung und Klick auf die Schaltfläche **PV-Assistent** einrichten. Je nachdem, welchen Typ Sie für die Prozessvorgabe gewählt haben, gelangen Sie dann in ein entsprechend geführtes Konfigurationsmenü.

6.2.3 XSteps

Verwendete Transaktionen

- CMXSV (Standard-XStep-Repository)
- CMXSVN (Standard-XStep-Repository [werksübergreifend])
- C201 (Planungsrezept anlegen)
- C202 (Planungsrezept ändern)
- COR1 (Prozessauftrag anlegen)
- COR2 (Prozessauftrag ändern)

Execution Steps (kurz *XSteps*) können sowohl für die Prozessfertigung als auch für die diskrete Fertigung eingesetzt werden. Der Bereich, in dem sie häufiger verwendet werden, ist jedoch die Prozessfertigung, weshalb wir sie hier in diesem Kontext betrachten wollen. Im SAP-System wird für wiederkehrende Dinge häufig ein Repository verwendet – so auch hier. Man kann über XSteps Produktionsschritte konfigurieren, die dann als eine Art Schablone immer wieder verwendet werden können. Diese Schablonen kann man dann in verschiedene Planungsrezepte oder Prozessaufträge übernehmen. Man kann XSteps anwendungsbezogen oder anwendungsübergreifend (*Standard-XSteps*) verwenden. Das Standard-XSteps-Repository verwaltet die wiederverwendbaren Standard-XSteps, während anwendungsbezogene XSteps direkt im Planungsrezept oder Prozessauftrag angelegt werden. Im Folgenden schauen wir uns an, wie anwendungsübergreifende Standard-XSteps konfiguriert werden. Die Verwendung anwendungsbezogener XSteps erklären wir im Anschluss kurz und thematisieren sie auch in Abschnitt 6.3.2, »Auftragseröffnung«, noch einmal.

Standard-XSteps-Repository

Im *Standard-XSteps-Repository* (SXS-Repository) können Sie über die Transaktion CMXSV (werksabhängiges Repository) oder CMXSVN (werksübergreifendes Repository) eigene Execution Steps anlegen und diese wie Bausteine oder Schablonen immer wieder verwenden. Das ist zwar zunächst ein höherer Aufwand, wird aber mit jeder Wiederverwendung der Bausteine wirtschaftlicher und bietet eine zentrale Verwaltung und Pflege für die Prozesskoordination.

Dabei geben Sie zunächst an, für welches Werk Sie XSteps bearbeiten wollen, oder Sie verwenden das werksübergreifende Repository. Wenn Sie Ihr SAP-S/4HANA-System neu aufsetzen, ist das Menü vermutlich leer. Über den Link *https://partner.store.sap.com/* können Sie eine XSteps-Standardbibliothek als XML-Datei herunterladen. Diese wird von SAP bereitgestellt. Sie können aber auch genauso Ihre XSteps aus einem Vorgängersystem exportieren und im Repository über den Menüpfad **Mehr • XSteps • Importieren** in Ihr neues System laden. Dazu sollten Sie vorab (im Kontextmenü) per Rechtsklick auf den Ordner **Standard-XSteps** und Auswahl der Option **Anlegen** im Kontextmenü einen neuen Ordner hinzufügen, in den Sie dann die XML-Daten laden. Ebenso können Sie auch manuell neue Standard-XSteps hinzufügen, indem Sie mit der rechten Maustaste auf Ihren neuen Ordner klicken und per **Anlegen • Standard XStep** einen neuen XStep definieren. Sie fügen Ihrem XStep per Doppelklick eine Beschreibung und eine Version sowie einen Gültigkeitszeitraum hinzu und können sodann über die folgenden Registerkarten weitere Informationen ergänzen:

- Auf der Registerkarte **Allgemein** sehen Sie die Bezeichnung, den Status des Steuerrezepts sowie die Verwaltungsdaten. Hier geben Sie aber auch den Empfängertyp (z. B. externes System oder Herstellanweisung) und den Empfänger an. Der Empfänger kann dann ein externes System oder eine Herstellanweisung sein.
- Die Registerkarte **Parameter** wird nun mit allen Angaben und Werten befüllt, die Sie für Ihre Berechnungen oder Datenerfassung benötigen. Dazu geben Sie bei

Name eine Prozessvorgabeart (aus der Transaktion O12C) ein und wählen ein dort zugeordnetes Prozessvorgabemerkmal aus. Das Kennzeichen **Tabellarischer Wert** gibt an, ob die Datenerfassung in einer Tabelle erfolgt.

- Auf der Registerkarte **Bewertung** können Sie den definierten Parametern Werte und Symbole zuordnen. Die Eingabemöglichkeiten orientieren sich dabei an dem zugrunde liegenden Prozessvorgabemerkmal.
- Auf der Registerkarte **Empfänger** können Sie schließlich die verfügbaren externen Systeme oder eine Herstellanweisung als Empfänger eintragen. Wählen Sie hierfür einfach die passende Zuordnung aus dem Menü **Verfügbare Empfänger**.

Sollten bei der Konfiguration Fehler auftreten, so werden diese direkt unten im Konfigurationsfenster angezeigt.

Prozessvorgaben für XSteps

Zurück im Menübaum der Transaktion CMXSV können Sie per Rechtsklick auf einen XStep und **Anlegen • Prozessvorgabe** eine Prozessvorgabe zum XStep anlegen. Per Doppelklick auf die neu angelegte Prozessvorgabe öffnet sich auch hier ein Konfigurationsfenster.

Auf der Registerkarte **Allgemein** geben Sie eine aussagekräftige **Bezeichnung** für die neue Prozessvorgabe ein. Zudem werden hier der **Vorgabetyp** und die **Vorgabeart** aus der entsprechenden Konfiguration (Transaktion O12C) eingetragen. Wenn Sie eine Vorgabeart eintragen, erscheint der Vorgabetyp als Drop-down-Auswahl.

Unter **Merkmale** können die per Transaktion O25C angelegten Merkmale mit einer Freigabe für Prozessvorgaben eingetragen werden. Klicken Sie hierfür auf das Symbol (**Anlegen**), und nutzen Sie die [F4]-Hilfe, um sich die verfügbaren Merkmale anzeigen zu lassen. Mit dem Kennzeichen **Bewertet** können Sie dann pro Merkmal angeben, ob es bereits einen Wert beinhalten soll. Hier können Sie dann im Feld **Wert** mittels der [F4]-Hilfe die in der Transaktion O26C auf der Registerkarte **Werte** hinterlegten Werte zum Merkmal auswählen oder gegebenenfalls eigene Werte eingeben (sofern das Kennzeichen **Zusätzliche Werte** gesetzt wurde). Abbildung 6.19 zeigt hier per [F4]-Hilfe die für unser Beispiel verfügbaren Merkmale an, die dann der Prozessvorgabe unseres XSteps im Repository zugeordnet werden können.

Wenn Sie im Menübaum der Transaktion CMXSV einen Rechtsklick auf Ihre Prozessvorgabe des XSteps ausführen, können Sie im Kontextmenü über **Anlegen • Ausgabe** bzw. **Anlegen • Eingabe** bzw. **Anlegen • Steuerung** verschiedene Elemente zur Prozessvorgabe hinzufügen. Bei Ausgabewerten geben Sie an, welche Inhalte in welchem Format angezeigt werden sollen. Für die Eingabeparameter gibt es neben der Merkmalszuordnung noch die Möglichkeit, Vorschlagswerte mitzugeben. Sie können zudem eine Eingabewertprüfung implementieren und eine Fehlerbehandlung, falls diese Prüfung fehlschlägt. Dann könnte z. B. ein Eingabewert, der mittels einer Formel überprüft und für falsch befunden wurde, nur von Anwenderinnen und Anwendern mit entsprechender Berechtigung mit deren Signatur dennoch akzeptiert werden.

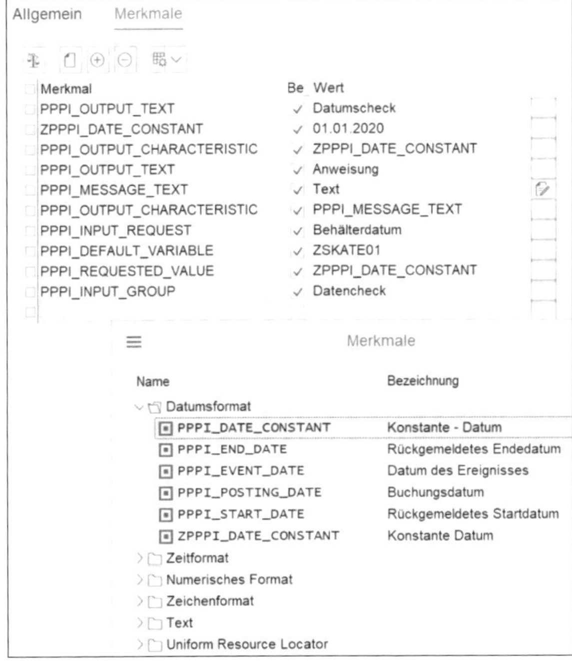

Abbildung 6.19 Transaktion CMXSV (Repository für versionierte Standard-XSteps) – Merkmale zu Prozessvorgaben hinzufügen per F4-Hilfe

Es können überdiese viele Elemente und Informationen eingebunden werden. Beispielsweise können Gefahrstoffzeichen als Bildformat oder Websites zur Informationsübertragung verwendet werden. Sie können gerne etwas experimentieren und mittels Simulation das Ergebnis betrachten. Wenn Sie z. B. eine Eingabe umrechnen oder über eine Berechnung validieren wollen, können Sie eine Berechnung aus den Steuerfunktionen einfügen, mit der Sie angeben, welches Merkmal und welcher Parameter berechnet werden sollen. Bei **Ereignis** tragen Sie dann das auslösende Ereignis ein, z. B. PARAMETER_CHANGED, um die Berechnung immer dann zu starten, wenn eine Änderung am Eingabefeld des Parameters vorgenommen wurde. Sie können bei den Eingaben die F4-Hilfe verwenden. Ohne ein Ereignis muss die Berechnung manuell aus der Herstellanweisung gestartet werden.

Wenn alles konfiguriert ist, können Sie die Version per Rechtsklick im Kontextmenü über **Status ändern** freigeben. Es erfolgt eine Prüfung, die Sie auffordert, eventuelle Fehler zu beheben. Danach ist Ihr Standard-XStep einsatzbereit. Sie können zudem Ihre Eingaben testen, indem Sie den XStep oder die Prozessvorgabe per Rechtsklick und **Simulieren** oder mit der Taste F8 einmal in einer Testumgebung ausführen.

Abbildung 6.20 zeigt eine beispielhafte Konfiguration eines Standard-XSteps zur Erstellung einer Herstellanweisung für eine Prozessvorgabe, die der Anlagenführerin bzw. dem Anlagenführer das Prüfen wichtiger Prozessauftragsdaten ermöglicht. Man sieht an diesem übersichtlichen Beispiel schön die Ergebnisse der in diesem Abschnitt bereits vorgestellten Bearbeitungsschritte. Es wurde zunächst ein eigener Ordner **GOD spezial XSteps** angelegt, in dem nun nach und nach alle relevanten XSteps (wie z. B. **GOD_PI_Auftrag_Check**) angelegt werden können. Die Versionsnummer ist hier **1**. Dazu wird automatisch der XStep-Baum generiert. Dort geben Sie an, ob Sie eine Arbeits-/Herstellanweisung oder eine Kommunikation zu einem externen System wünschen, und legen eine Prozessvorgabe für Ihre Herstellanweisung an. Die Elemente der Prozessvorgabe sind dann wiederum darunter zu sehen (hier unter **Datencheck**). Zu guter Letzt sehen Sie die Ein- und Ausgabefelder der Prozessvorgabe. Das Symbol für die Ausgabeparameter ist (hier bei **Datumscheck** und **Anweisung** zu sehen), die Eingabeparameter erkennen Sie am Symbol (wie bei **Eingabe Datum**), und die Steuerungsparameter haben das Symbol (wie bei **Validierungsrechnung**).

Objekt	Beschreibung
Standard-XSteps	Repository für versionierte Standard XSteps
GOD spezial XSteps	GOD spezial XSteps
GOD_PI_Auftrag_Check	Spezial PP-PI XStep zum Auftragscheck
1	Version 1: In Bearbeitung; Gültigkeitszeitraum: 25.09.2020 - 31.12.9999
Standard XStep GOD_PI_Auftrag_Check, V1	XStep-Baum
Arbeits-/Herstellanweisung	Werk , Steuerrezeptempfänger , Adresse
GOD Prozessvorgabe	Universal-Prozeßvorgabeart (ZSKATE01)
Datencheck	
Datumscheck	
Anweisung	
Eingabe Datum	
Validierungsrechnung	BERECHNUNG ZUR PARAMETERVALIDIERUNG

Abbildung 6.20 Transaktion CMXSV (Standard-XSteps-Repository)

In der Simulation würde das Ergebnis dann z. B. so aussehen wie in Abbildung 6.21. Das geht zwar auch noch deutlich schöner, aber so bekommen Sie einen ersten Eindruck von der Optik einer Prozessanweisung. Wenn die Simulation die Felder viel zu klein oder viel zu groß anzeigt, können Sie wie in Ihrem Browserfenster bei gedrückter [Strg]-Taste durch Scrollen des Mausrads hinein- und herauszoomen.

Startbedingung Step Jobauswahl Eigene Jobs Job Wizard Job-Repository

Allgemeine Angaben

Jobname: ZPP_PI_STEUERREZEPT
Jobklasse: C
Status: geplant
Ausführungsziel: vhcals4hci_S4H_00

E-Mail Benachrichtigung
Spoollisten-Empfänger

Abbildung 6.21 Transaktion CMXSV (Standard-XSteps-Repository) – Simulation der Prozessanweisung

Anwendungsübergreifende und Standard-XSteps

Anwendungsübergreifende XSteps funktionieren im Prinzip genauso wie Standard-XSteps. Der Unterschied ist der, dass sie nicht im Repository angelegt, sondern stattdessen direkt im Planungsrezept oder Prozessauftrag definiert werden. Wenn Sie in der Transaktion C201 oder C202 auf den Menüpunkt **XSteps** klicken, gelangen Sie in die Übersicht der anwendungsbezogenen XSteps Ihres Planungsrezepts. Über die Transaktion COR1 oder COR2 gelangen sie analog zur Konfiguration der XSteps in den Prozessauftrag.

Umschalten von Prozessanweisungen zu XSteps

Sie können in einem Planungsrezept (oder Prozessauftrag) entweder Prozessvorgaben oder XSteps (die wiederum Prozessvorgaben in sich tragen können) verwenden. Sie können nicht beides parallel verwenden, und Sie können auch nicht beliebig zwischen den Optionen wechseln.

Ob Sie überhaupt XSteps verwenden können, ist abhängig von der Einstellung im Planungsrezeptprofil (Customizing-Transaktion OPN0 oder OPN1). Im Abschnitt **Prozesskoordination** finden Sie hier das Feld **Prozessvorgabenpflege**. Ist dort **Prozessvorgaben** eingestellt, können Sie nur diese im Planungsrezept verwenden (keine XSteps). Wurde hier **XSTEPS** ausgewählt, können die Prozessvorgabe-Schaltflächen im Planungsrezept nicht angewählt werden, dafür gibt es im Menü zusätzlich den Punkt **XSteps**. Einzig wenn im Profil **XSTEPS OPTIONAL** ausgewählt wurde, können Sie genau einmal entscheiden, was Sie im Planungsrezept verwenden möchten.

Wenn Sie in einem Planungsrezept die Einstellung von Prozessvorgaben zu XSteps ändern, werden alle zuvor gepflegten Prozessvorgaben ungültig. Zudem ist eine Rückkehr von XSteps zu Prozessvorgaben für dieses Planungsrezept dann nicht mehr möglich. Die Option, dass man beim Anlegen eines Planungsrezepts (Transaktion C201) frei wählen kann, ob man XSteps oder Prozessvorgaben verwenden möchte, ist sicherlich in einigen Fällen sehr sinnvoll. Man sollte nur nicht bestehende Planungsrezepte unbedacht umstellen und speichern. Darum erhält man auch Warnmeldungen, die einen auf den Verlust eventuell angelegter Prozessvorgaben hinweisen, sobald man das erste Mal auf den Menüpunkt **XSteps** klickt.

6.2.4 Prozessmeldungen

Verwendete Transaktionen

- O26C oder CT04 (Merkmale verwalten)
- O13C (Prozessmeldungsarten definieren)
- O08C (Merkmalgruppen zu Prozessmeldungsarten zuordnen)

- O03C (Prozessmeldungsempfänger definieren)
- Menüpfad: **Produktionsplanung Prozeßindustrie • Prozeßkoordination • Prozeßmeldungen • Prozeßmeldungsmerkmale • Merkmalgruppen für Prozeßmeldungen definieren • Merkmalgruppe definieren**

Das Prinzip von Meldungen, die Informationen in das SAP-System tragen, ist bereits im Vorgängersystem erprobt und findet Anwendungen in vielen Formen und Geschäftsbereichen. In der Prozessfertigung verwendet der Prozessoperator (in Gestalt einer Person oder Maschine) die *Prozessmeldung*, um die im SAP-System benötigten Informationen aus dem Fertigungsprozess zu übermitteln. Beispielsweise könnte eine Anlagenführerin per Herstellanweisung die Information erhalten, dass sie die tatsächlichen Materialverbräuche herausfinden und eintragen soll. Über die Prozessmeldung wird diese Information dann zurück ins System übertragen, wodurch die Ist-Verbräuche bekannt sind und entsprechende Warenausgänge gebucht und Abweichungsermittlungen mit Informationen versorgt werden können. Über die Prozessmeldungsart werden dafür die Prozessmeldungsmerkmale und der Empfänger bestimmt. Die Merkmale sind analog zu denen der Prozessvorgaben wieder in Merkmalgruppen eingeteilt und transportieren die einzelnen Datenfelder.

Es gibt eine Vielzahl von SAP-Standard-Prozessmeldungen, die Sie verwenden können. Alternativ können auch eigene Meldungen angelegt werden. Vom Prinzip ähnelt das Anlegen von Prozessmeldungsarten beginnend auf der Merkmalsebene dem Vorgehen beim Anlegen von Prozessvorgabearten. Auf Merkmalsebene werden sogar die gleichen Transaktionen verwendet. Einige Einstellungen müssen natürlich angepasst werden. Abbildung 6.22 zeigt die Schritte zum Anlegen einer Prozessmeldungsart.

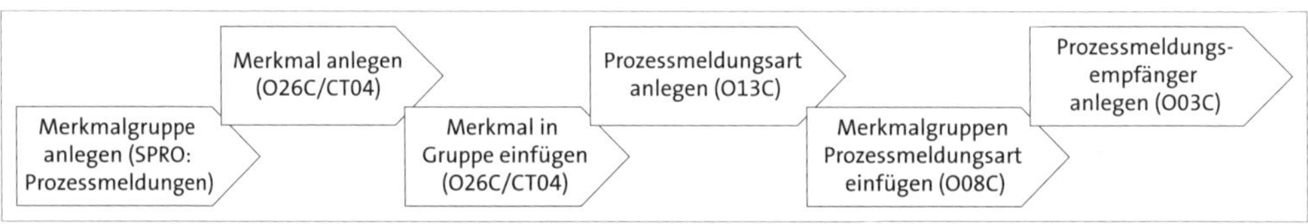

Abbildung 6.22 Schritte zum Anlegen einer Prozessmeldungsart

Ersteinrichtung eines Werks mit Standard-Sets

Wenn Sie ein Werk initial einrichten, können Sie über die Customizing-Transaktion O24C SAP-Standard-Sub-Sets zu Prozessmeldungen, Meldungsempfängern und Merkmalgruppen für Ihr Werk einrichten. Sie geben dafür Ihr Werk an und welches Set Sie übernehmen möchten. Für Fertigungsaufträge geben Sie dazu im Feld **Customizing-**

kontext »PP« ein, und für Prozessaufträge lassen Sie das Feld leer. Dann können Sie über das Markieren einer Zeile und die Funktion **Anzeigen** sehen, welche Objekte kopiert werden können. Wenn Sie nun die Funktion **Kopieren** ausführen, werden Sie darauf hingewiesen, dass bestehende gleichnamige Objekte überschrieben werden. Nach dem Kopieren erhalten Sie eine Erfolgsmeldung. Nun sind die Objekte auch in Ihrem neuen Werk verfügbar.

Anlegen eines Prozessmeldungsmerkmals

Über die Transaktionen O25C und O26C werden die *Prozessmeldungsmerkmale* verwaltet. Hierüber wurden auch bereits die Prozessvorgabemerkmale definiert. Die Prozessmeldungsmerkmale sind jedoch der Merkmalgruppe Prozessmeldungsmerkmale zugeordnet. Auch hier können Sie alternativ die Transaktion CT04 verwenden. Mehr Details finden Sie im analog gültigen Unterabschnitt »Prozessvorgabemerkmale« in Abschnitt 6.2.2, »Prozessvorgaben«.

Prozessmeldungsart

Über die Customizing-Transaktion O13C können Sie *Prozessmeldungsarten* je Werk pflegen und anlegen. Sie vergeben dafür einen Schlüssel für die **Prozessmeldungsart** (zur besseren Unterscheidung sollten eigene Schlüssel mit »Z« oder »Y« beginnen) sowie eine treffende Bezeichnung und können das Kennzeichen **SndA** (bei mehreren Empfängern) setzen, wenn Sie im Fehlerfall die Meldung an keinen Empfänger senden wollen. Andernfalls wird im Fehlerfall an alle Empfänger gesendet.

Wenn Sie nun einen Eintrag markieren und auf **Merkmale/Meldungsarten** klicken, können Sie der Prozessmeldungsart Merkmale aus der Gruppe der Prozessmeldungsmerkmale zuordnen und das Kennzeichen **Ob** setzen, wenn diese obligatorisch für die Prozessmeldung sein sollen. Der Text im Feld **Bezeichnung** sollte verraten, was dort genau für ein Wert erwartet wird.

Über den Menüeintrag **Empfänger/Meldungsarten** können Sie anschließend den oder die Meldungsempfänger bei **Empf** eintragen. Sie fügen auch hier wieder eine treffende Beschreibung hinzu. Die Felder **Typ**, **Bezeichnung** und **Empfängeradresse** werden dann automaisch befüllt. (Lesen Sie zur Konfiguration des Meldungsempfängers den nächsten Abschnitt.) Wenn Sie hier einen Empfänger auswählen und auf **Merkmale/empfspez. Zielfelder** klicken, können Sie Ihrer Prozessmeldungsart noch Merkmale zu empfängerspezifischen Zielfeldern zuordnen. Diese Einstellung erfolgt pro Empfänger. Hier sind nur die Merkmale verfügbar, die der Prozessmeldungsart zuvor zugeordnet wurden.

Prozessmeldungsempfänger

Den *Prozessmeldungsempfänger* können Sie über die Customizing-Transaktion O03C pflegen. Dafür geben Sie dem Empfänger einen alphanumerischen Schlüssel im Feld **Empf**, tragen im Feld **Bezeichnung** einen Namen ein und geben zudem im Feld **Typ** einen Typ an, der Aufschluss darüber gibt, wie die eingehende Meldung verarbeitet werden soll. Eine Möglichkeit ist Typ **01** (»Empfänger ist Funktionsbaustein«), dann würde ein Funktionsbaustein die erfassten Daten aus der Meldung verarbeiten müssen.

Ebenso müssen Sie die Empfängeradresse hinterlegen. Diese ist abhängig vom ausgewählten Typ. Wenn Sie wie hier im Beispiel Typ **01** gewählt haben und im Feld **Empfängeradresse** die F4-Hilfe verwenden, werden Ihnen z. B. zahlreiche Funktionsbausteine vorgeschlagen. Hier wäre in diesem Fall also ein Name eines Funktionsbausteins einzutragen. Bei den anderen Typen können Sie ebenfalls mit der F4-Hilfe arbeiten, wenn Sie die Adresse nicht direkt wissen. Abbildung 6.23 zeigt eine schematische Übersicht. Mögliche Typen für Prozessmeldungsempfänger sind:

- **01** – Funktionsbaustein im SAP-System
- **02** – externe Funktion (Funktionsbaustein per RFC-Aufruf in einem anderen System)
- **03** – SAPoffice-User bekommt eine SAP-Mail
- **04** – ABAP-Tabelle
- **05** – SAP Alert Management gegebenenfalls mit SMS- oder E-Mail-Benachrichtigung

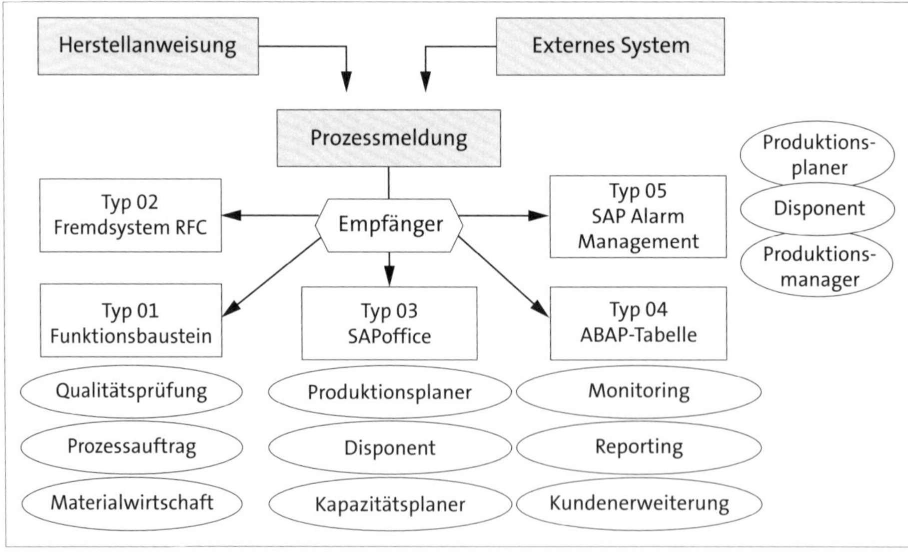

Abbildung 6.23 Prozessmeldungsempfänger

Das Kennzeichen **Einzelverarbeitung** können Sie setzen, wenn Sie jede Meldung für den Empfänger einzeln verarbeiten möchten. Das ist dann sinnvoll, wenn Sie komplexe Verbuchungen vornehmen (wie Warenbewegungen), die sonst für gewöhnlich per Dialogtransaktion laufen. Hier minimieren Sie dadurch das Risiko, dass alle komplexen Vorgänge abgebrochen werden, sobald nur einer fehlschlägt. Per Markieren eines Empfängers und Klicken auf **Zielfelder/Meldungsempfänger** können Sie dann Prozessmeldungsmerkmale eingeben.

Die Anwendung der Prozessmeldung erfolgt schließlich, wenn z. B. die Anlagenführerin ihre Eingaben getätigt hat und die Herstellanweisung abschließt. Dann werden die eingetragenen Daten als Prozessmeldung zurück an den Prozessmeldungsempfänger gesendet. Das kann, falls nötig, auch durch die Verwendung einer digitalen Signatur der Anwenderin bzw. des Anwenders abgesichert werden. Dabei können verschiedene Stufen der Absicherung implementiert werden: Vom Aktivieren über das Ändern des Status bis hin zur Überprüfung bei jeder einzelnen Eingabe der Herstellanweisung oder auch bei Grenzwertüberschreitung beim Abschluss einer Phase kann alles mit einer obligatorischen Signatur versehen werden.

6.2.5 Steuerrezeptempfänger

Verwendete Transaktionen

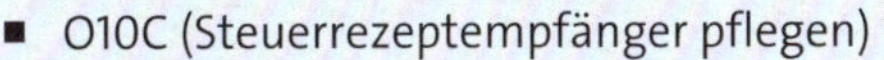

- O10C (Steuerrezeptempfänger pflegen)

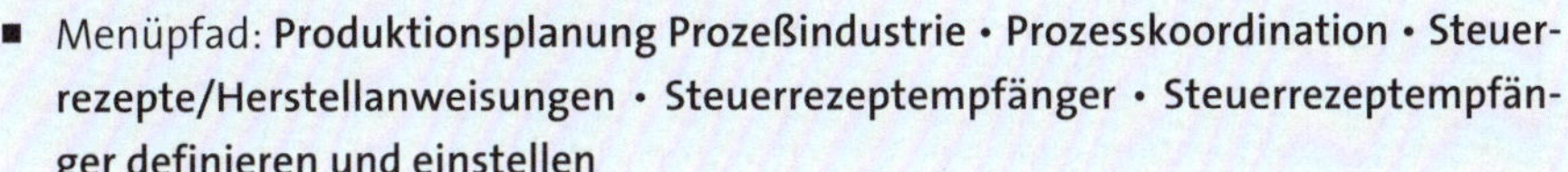

- Menüpfad: **Produktionsplanung Prozeßindustrie • Prozesskoordination • Steuerrezepte/Herstellanweisungen • Steuerrezeptempfänger • Steuerrezeptempfänger definieren und einstellen**

Das Steuerrezept wird generiert, sobald der Prozessauftrag freigegeben wird. Das geschieht manuell oder automatisch, wenn es über die auftragsabhängigen Parameter so festgelegt wurde und die Generierung der Prozessvorgaben entsprechend konfiguriert ist. Durch diese Generierung werden die Herstellanweisungen an die Anlagenführerin bzw. den Anlagenführer weitergeleitet, damit diese die zur Produktion wichtigen Informationen lesen und erfassen und somit auch an das SAP-System rückmelden können. Das Steuerrezept benötigt dafür einen *Steuerrezeptempfänger*, an den das Rezept versendet werden soll. Das kann ein externes System oder eine Herstellanweisung sein. Der Inhalt, der für eine Maschine oder eine Anwenderin bzw. einen Anwender versendet werden soll, wird über die Prozessvorgabe definiert. Die Prozessmeldung ist das Gegenstück dazu und liefert Informationen aus der Fertigung in das SAP-System. Eine Prozessmeldung benötigt dafür einen Prozessmeldungsempfänger. Dieses ganze Gerüst wird im Steuerrezept zusammengehalten.

Der Steuerrezeptempfänger enthält die technische Verbindung zur Übertragung des Steuerrezepts. Er wird im Prozessauftrag oder Planungsrezept je Phase zugeordnet. Dabei kann es für jede Phase ein eigenes Steuerrezept geben.

Über die Customizing-Transaktion O10C oder den Customizing-Pfad **Produktionsplanung Prozeßindustrie • Prozesskoordination • Steuerrezepte/ Herstellanweisungen • Steuerrezeptempfänger • Steuerrezeptempfänger definieren und einstellen** können Sie pro Werk Steuerrezeptempfänger anlegen und alle weiteren Einstellungen für Ihre Steuerrezeptempfänger tätigen. Sie müssen beim Anlegen oder Pflegen eines Steuerrezeptempfängers im Feld **Arbeitsbereich** eine Angabe zu Ihrem Arbeitsbereich (Werk) machen. Anschließend gelangen Sie in die Konfigurationsmaske. Hier vergeben Sie im Feld **StE** einen alphanumerischen Schlüssel. Damit wird der Empfänger später in Herstellanweisungen hinterlegt. Der Text im Feld **Bezeichnung** soll bei der späteren Auswahl helfen und gut beschreiben, was diesen Empfänger ausmacht.

Sie hinterlegen zudem eine **Empfängeradresse** – bei externen Systemen wird es eine RCF-Verbindung sein (pflegbar per Transaktion SM59), während bei **Herstellanweisungen** eine Bezeichnung der Bearbeitungsgruppe eingetragen wird.

Auch den **Empfängertyp** legen Sie noch fest. Insgesamt gibt es vier Typen von Steuerrezeptempfängern:

- **1** – ABAP-Liste Herstellanweisung
- **2** – externes System wird durch SAP angesprochen
- **3** – externes System spricht SAP an
- **4** – Browserherstellanweisung

Jeweils zwei davon eignen sich zur Übertragung von Informationen innerhalb des SAP-Systems (Typ **1** und Typ **4**), und zwei sind für die Informationsweitergabe an Fremdsysteme vorgesehen (Typ **2** und Typ **3**). In letzterem Fall werden die Prozessvorgaben im Steuerrezept konsolidiert und an das Drittsystem gesendet.

Gegebenenfalls setzen Sie noch das Kennzeichen **SortMat** für die Sortierung der Prozessvorgaben nach Material (wenn gesetzt) oder nach Prozessvorgabeart (wenn nicht gesetzt). In der Sicht **Steuerrezeptempfänger pflegen Detail** heißt dasselbe Kennzeichen übrigens **Gen. PV nach Mat. Sortieren**.

Per Doppelklick oder indem Sie eine Zeile markieren und auf **Detail** klicken, gelangen Sie nun in die Detailsicht. Hier können noch weitere Einstellungen vorgenommen werden. Welche das genau sind, ist abhängig vom **Empfängertyp**. In den Details können Einzelheiten zur Protokollierung und zur Signatur hinterlegt werden. Verwenden Sie hier die [F1]-Hilfe zu den jeweiligen Feldern, um eine Beschreibung der Feldfunktion zu lesen. Abbildung 6.24 zeigt die Ansicht der Details zum Steuerrezeptempfänger der Customizing-Transaktion O10C.

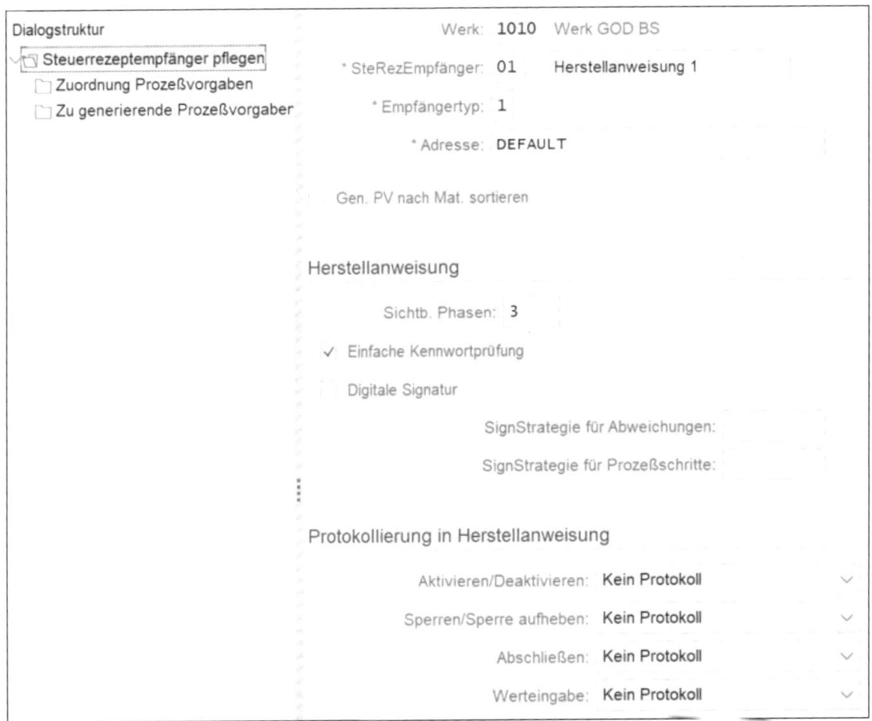

Abbildung 6.24 Customizing-Transaktion O10C (Steuerrezeptempfänger pflegen) – Detailsicht

Wenn Sie nun (zurück in der Übersicht) Ihren Steuerrezeptempfänger markieren und auf **Zuordnung Prozeßvorgaben** klicken, können Sie hier die Prozessvorgabearten samt treffender Bezeichnung hinterlegen, die bei der Kommunikation mit dem Empfänger zur Verfügung stehen sollen. Dies geht jedoch nur bei den Empfängertypen **2** und **3** (also nur für externe Systeme). Die hier angegebenen Prozessvorgabearten können dann im Prozessauftrag oder im Planungsrezept verwendet werden.

Unter **Zu generierende Prozeßvorgaben** geben Sie schließlich die Prozessvorgaben an, die für diesen Empfänger tatsächlich erzeugt werden sollen. Sie vergeben hier in den Feldern **Position** und **Reihenfolge** jeweils eine Zahl, um die Position und die Reihenfolge der Prozessvorgaben festzulegen. Dazu wählen Sie die zulässige Prozessvorgabeart aus und geben den Generierungsumfang an. Im Feld **Filter** kann der Umfang der zu generierenden Objekte noch weiter eingeschränkt werden. Dafür gibt es ein Programm, dessen Varianten des Selektionsbilds entscheidend für diese Filterfunktion sind. Konfigurieren Sie eine Variante für das Programm RCOCRPVG (Filterprogramm über Variante), oder verwenden Sie eine bestehende Variante. Der Generierungsumfang beschreibt, für welche Fälle die Prozessvorgabeart Anwendung findet:

- **00** – nur eine Prozessvorgabe
- **01** – für alle Reservierungen
- **02** – für alle Auftragspositionen
- **03** – für alle Reservierungen und Auftragspositionen
- **04** – für alle Prüfmerkmale
- **05** – für alle Vorgänger
- **06** – für alle Nachfolger
- **07** – für alle Vorgabewerte
- **08** – für alle variablen Leistungen von Phasen

Nachdem nun Steuerrezeptempfänger, Prozessvorgaben und Prozessmeldungen konfiguriert sind, sind die wichtigsten Schritte in der Konfiguration der Prozesskoordination abgeschlossen.

6.2.6 Hintergrundjobs

Verwendete Transaktionen

- SM36 (Jobs anlegen)
- SM37 (Jobs verwalten)

Wenn Aufgaben regelmäßig ausgeführt werden müssen und dabei immer nach einem sich wiederholenden Muster ablaufen, bietet es sich an, einen *Hintergrundjob* zur Abarbeitung dieser repetitiven Aufgaben einzuplanen. Hintergrundjobs werden über die Transaktion SM36 angelegt und mittels Transaktion SM37 verwaltet. Das Senden von Steuerrezepten an Steuerrezeptempfänger oder auch das Zusenden von Prozessmeldungen kann z. B. in einem periodisch laufenden Job automatisiert werden.

Wenn Sie einen Job zum Versenden von Steuerrezepten einstellen wollen, können Sie das z. B. wie folgt tun. Über die Transaktion SM36 vergeben Sie im Feld **Jobname** eine Bezeichnung für den Hintergrundjob (z. B. »ZPP_PI_STEUERREZEPT«). Im Feld **Jobklasse** geben Sie die Priorität des Jobs vor. Jobs der Klasse **A** werden vor allen anderen Jobs bevorzugt. Wenn Sie einen sehr engen Zeitraum für Ihren Job vorsehen (z. B. alle fünf Minuten), dann ist es besser, die Klasse **B** oder gar **C** zu wählen, um die Systemressourcen etwas zu schonen. Diskutieren Sie das am besten mit Ihren Kolleginnen und Kollegen aus der IT-Abteilung. (Das Programm RCOCB006, das wir im Folgenden einplanen werden, ist im SAP-System grundsätzlich für die Klasse **C** vorgesehen.) Die Angabe bei **Ausführungsziel** entspricht der SAP-Instanz, auf der Sie arbeiten; in der Regel ist das Ihr Produktivsystem.

Klicken Sie nun auf den Menüpunkt **Startbedingung**. Hier können Sie wählen, wann der Job starten soll. Wenn der Job z. B. regelmäßig einmal pro Stunde laufen soll, können Sie bei **Datum/Uhrzeit** den geplanten Start als erste Ausführungszeit für den Job angeben, dann das Kennzeichen **Job periodisch ausführen** setzen und über die Schaltfläche **Periodenwerte** den Menüeintrag **Stündlich** auswählen. Somit wird dann ein Job angelegt, der zu Ihrer angegebenen Zeit startet und ab dann immer genau um eine Stunde versetzt erneut ausgeführt wird, bis Sie ihn wieder stoppen oder ein Stoppzeitpunkt per **kein Start nach** erreicht ist. Sie sichern die Eingaben mit einem Klick auf das Symbol (**Sichern**).

Klicken Sie als Nächstes im Hauptbild auf den Menüpunkt **Step**. Hier geben Sie nun das Programm an, das Sie in Ihrem Job ausführen lassen möchten. Für das Selektieren und Versenden erzeugter, aber noch nicht versendeter Steuerrezepte müssten Sie hier das Programm RCOCB006 eingeben. Andere Programme haben andere Funktionen, z. B. ließen sich mit der Einplanung des Programms RCOCB004 stattdessen Prozessmeldungen per Job versenden.

Vorsicht vor dem Ausführen eines Jobs

Erkundigen Sie sich zur Sicherheit bei Ihrer IT-Abteilung, oder fragen Sie erfahrene Personen in Ihrem Team. Tun Sie das sogar unbedingt, wenn Sie noch nicht vertraut mit dem Anlegen von Jobs sind! Wenn der Job erst einmal läuft, gibt es meistens kein Zurück mehr, Sie sollten sich daher absolut sicher sein, was dieser Job leistet.

In manchen Fällen haben Jobs Eingabemasken, dann ist es sinnvoll, eine Eingabevariante zur erstellen und diese im Feld **Variante** ebenfalls mit anzugeben. Sie gelangen nach dem Sichern über das Symbol (**Sichern**) in die Ansicht **Steplistenüberblick**. Mit der Taste F3 gelangen Sie wieder zurück in das Hauptmenü der Transaktion SM36. Wenn Sie alle Einstellungen getätigt, überprüft und sich vergewissert haben, dass alles so weit in Ordnung ist, klicken Sie auf **Sichern**, und der Job wird mit dem Status **Freigegeben** angelegt. Abbildung 6.25 zeigt das Hauptbild der Transaktion SM36, über die Sie einen Hintergrundjob anlegen können.

Abbildung 6.25 Transaktion SM36 (Job definieren) – Anlegen eines Hintergrundjobs

Sie können Ihren Job nun über den Jobnahmen, den Sie für ihn vergeben haben, mittels der Transaktion SM37 aufrufen und anzeigen lassen. Über einen Klick auf **Ausführen** gelangen Sie in die Anzeige **Jobübersicht** mit allen Informationen zu Ihrem Hintergrundjob.

6.2.7 Cockpit der Prozessfertigung

Verwendete Transaktionen

- COPOC (Prozessfertigungs-Cockpit starten)
- O06S (Definition Prozessfertigungs-Cockpit)

Über die Customizing-Transaktion O06S können Sie Ihr *Cockpit der Prozessfertigung* definieren. Geben Sie dafür in dem Pop-up-Fenster das Werk an, für das das Cockpit angelegt werden soll. In der Konfigurationsübersicht müssen Sie dann einen Schlüssel für Ihr Cockpit und eine Bezeichnung eingeben.

Markieren Sie dann die neue Zeile. Sie können nun über den Menübaum auf der linken Seite Prozessvorgabearten und Prozessvorgabemerkmale dieser Prozessvorgabearten Ihrem Cockpit zuordnen, sodass dieses Ihnen stets die neuesten Informationen liefern kann. Denken Sie daran, das Cockpit zu speichern und zu aktivieren, um es später über die Transaktion COPOC verwenden zu können.

Abbildung 6.26 zeigt einen Ausschnitt aus der Customizing-Transaktion O06S. Sie sehen hier das neu angelegte Cockpit GODPIC mit der Bezeichnung »GOD PI Cockpit«, das über die Schaltflächen unten im Bild geprüft, aktiviert und simuliert werden kann (von links nach rechts). Beim Aktivieren wird parallel eine Prüfung ausgeführt und das Protokoll mit Meldungen angezeigt, sofern Fehler auftreten. Andernfalls erhalten Sie die Erfolgsmeldung »Cockpit wurde gesichert und erfolgreich generiert«.

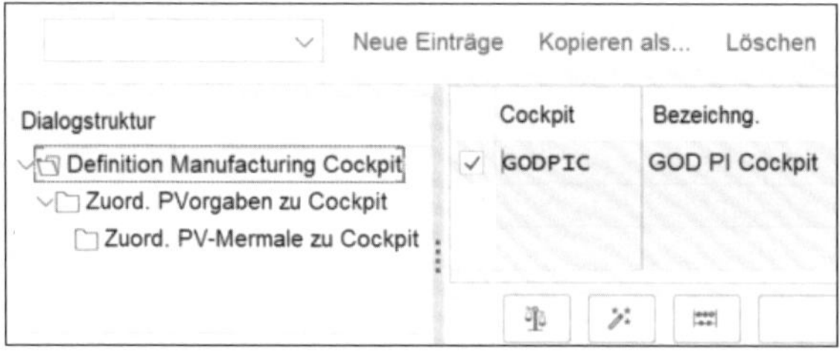

Abbildung 6.26 Customizing-Transaktion O06S (Cockpit der Prozessfertigung definieren)

Über die Transaktion COPOC gelangen Sie in das Cockpit der Prozessfertigung, das Sie z. B. an einem Fertigungsterminal browserbasiert verwenden können. Über die Eingabe von Werk und Schlüssel des Cockpits können Sie mit einem Klick auf **Start Cockpit** das jeweilige Cockpit aufrufen.

Voraussetzung der Zuordnung von PV-Merkmalen

Damit Sie die Merkmale in der Transaktion O06S Ihrem Cockpit hinzufügen können, müssen diese dafür zugelassen sein. Prüfen Sie im Zweifel die folgenden Customizing-Einstellungen:

- Transaktion O26C: Ist das Merkmal vorhanden? Hat es den Status **Freigegeben**? Welcher Merkmalgruppe ist es zugeordnet?
- Customizing-Pfad: **Produktionsplanung Prozeßindustrie • Prozeßkoordination • Prozeßvorgaben • Prozeßvorgabemerkmale • Merkmalgruppen für Prozeßvorgaben definieren • Freigeben für Prozeßvorgaben**. Ist die Merkmalgruppe hier aufgeführt?

Verwendung von SAP-Fiori-Apps statt des Cockpits

Das Cockpit der Prozessfertigung ist im Prinzip eine alte Art der Darstellung browserbasierter Inhalte. Die Möglichkeit, dieses Cockpit zu konfigurieren und zu verwenden, existiert auch in SAP S/4HANA noch. Im Rahmen der SAP-Fiori-App-Entwicklung kann jedoch auch ein nutzer- bzw. rollenbasiertes Dashboard erstellt werden, das deutlich schöner, übersichtlicher und mobil nutzbar ist. Es lohnt sich, hier die bestehenden Prozesse zu überdenken und gegebenenfalls statt der Verwendung der Cockpits für die Prozessfertigung SAP-Fiori-Apps zu implementieren, die den Anwenderinnen und Anwendern eine optisch ansprechende und genauso sichere Anwenderoberfläche bieten. Die Verwendung von SAP-Fiori-Apps kann je nach Ausprägung jedoch auch etwas initialen Entwicklungsaufwand bedeuten. Lassen Sie sich hierzu beraten, und entscheiden Sie auf Grundlage der aktuell verfügbaren Technologien, was Sie in Zukunft nutzen wollen.

6.3 Prozesse der Prozessfertigung

Die Prozessfertigung (PP-PI) ist spezialisiert auf die Verarbeitung von Materialien, die in flüssiger Form, gasförmig oder in einer Art von Vermengung vorliegen und durch den Fertigungsprozess in einen oft völlig neuen Zustand der Mischung oder weiterer Eigenschaften und teilweise sogar in einen ganz neuen Stoff transformiert werden. Die Komplexität der Herstellungsverfahren bewirkt dabei, dass viele Industriezweige eine gute Integration des Chargen- und Qualitätsmanagements benötigen. Neben den bereits benannten Unterschieden dieser Fertigungsart in den Stammdaten und den zusätzlichen Optionen der Prozesskoordination bietet PP-PI daher auch ein starkes und revisionssicheres Management zur Protokollierung und Dokumentation der Herstellung. Speziell in der Chemie-, Nahrungsmittel- und Pharmaindustrie sind dies zwingende Voraussetzungen.

6.3.1 Prozessübersicht

Die Durchführung der Produktion in der Prozessindustrie orientiert sich am Lebenszyklus des Prozessauftrags. Es gibt in der Vorbereitung planerische Tätigkeiten, die mit der Auftragseröffnung eingeleitet werden. Mit der Auftragsfreigabe ist die Planung abgeschlossen, und der Teil der durchzuführenden Aufgaben wird durchlaufen. Die Rückmeldung markiert hier die letzte Aufgabe in der Durchführung. Darauf folgen die nachgelagerten Aufgaben, um den Auftrag abschließen zu können. Der Plan-to-Produce-Prozess (P2P) ist hier dem der diskreten Fertigung sehr ähnlich. Abbildung 6.27 zeigt den End-to-End-Prozess als grobe Übersicht.

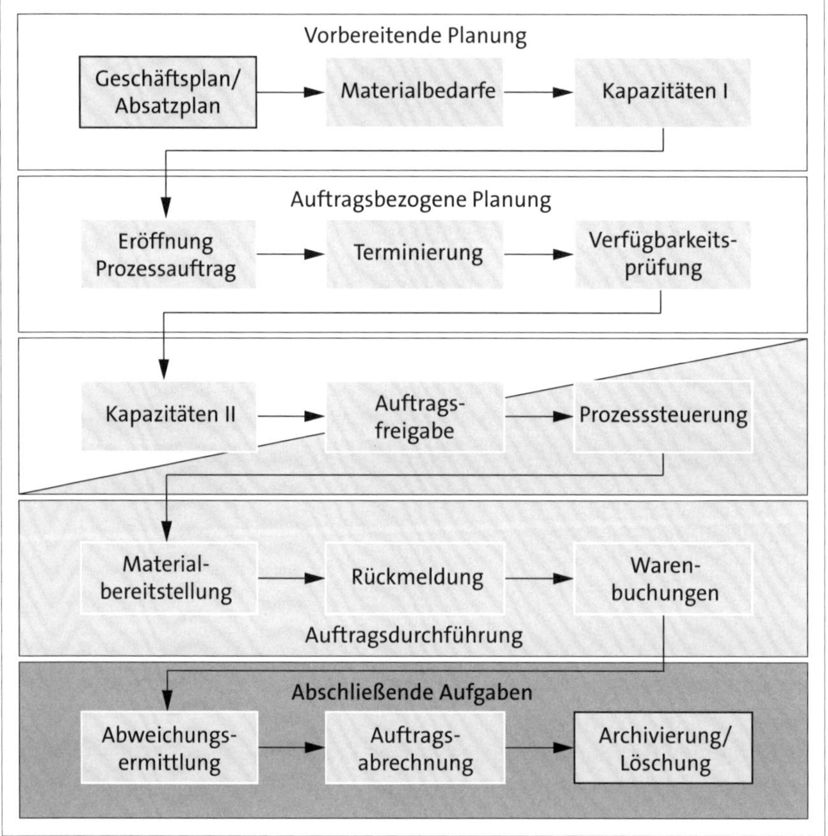

Abbildung 6.27 Plan-to-Produce-Prozess in der Prozessfertigung

Es gibt jedoch einen großen Unterschied in der Ausprägung der Prozesskoordination bzw. Prozesssteuerung. Aus diesem Grund wollen wir in diesem Kapitel nicht zu stark auf die Themen eingehen, die wir bereits in Kapitel 4, »Diskrete Fertigung«, ausführlich erklärt haben. Darunter fallen der Aufgabenbereich der auftragsbezogenen Planung, Rückmeldung und Warenbewegungen sowie die abschließenden Aufgaben. In diesem Kapitel konzentrieren wir uns nun verstärkt auf die Aufgaben der Prozesskoordination und die Besonderheiten der Prozessaufträge.

6.3.2 Auftragseröffnung

Verwendete Transaktionen

- COR1 (Prozessauftrag anlegen mit Material)
- COR2 (Prozessauftrag ändern)
- COR3 (Prozessauftrag anzeigen)
- COR4 (prozessauftragsabhängige Parameter ändern)
- CORO (Prozessauftrag anlegen ohne Material)
- COR7 (Prozessauftrag anlegen mit Planauftrag)
- COR8 (Sammelumsetzung von Planaufträgen)

Mit der *Auftragseröffnung* werden je nach Konfiguration verschiedene Funktionen automatisch oder manuell ausgelöst. So kann sowohl bei der Eröffnung als auch später bei der Freigabe eine Verfügbarkeitsprüfung für die Komponenten automatisch oder manuell ausgeführt werden. Wenn nicht genügend Komponenten verfügbar sind, wird nur eine Teilmenge des Auftrags bestätigt. Bei der Verwendung von Ressourcen, die auch für andere Fertigungserzeugnisse gebraucht werden, ist es oft sinnvoll, die konkrete Ressource für die Abarbeitung des Auftrags direkt mit anzugeben, sodass in der Kapazitätsplanung die Einplanung gezielt vorgenommen werden kann. Da die Nachweispflicht der verwendeten Komponenten sowie die Rückverfolgbarkeit des Fertigungserzeugnisses eine sehr wichtige Rolle spielen, werden oft bereits bei der Auftragseröffnung oder später zur Auftragsfreigabe die zu verwendenden Komponentenchargen angegeben. Dies erleichtert auch die Planung der Materialverbräuche, die Materialmengenberechnung und die Materialbereitstellung, weil die jeweiligen Chargen bereits feststehen. Auch die Charge des Fertigungserzeugnisses wird gegebenenfalls direkt mit angegeben. Andernfalls müsste eine Charge spätestens zur Rückmeldung vergeben werden. Der Prozessauftrag erhält durch die Eröffnung den Status **EROF** (Auftrag eröffnet).

Abbildung 6.28 zeigt, wo wir uns zum Zeitpunkt der Prozessauftragseröffnung im Gesamtprozess befinden. Es folgen die Schritte Terminierung, Verfügbarkeitsprüfung und Kapazitätsterminierung oder Kapazitätsprüfung, um letztlich alle Angaben zu validieren und die darauffolgende Auftragsfreigabe vorzubereiten.

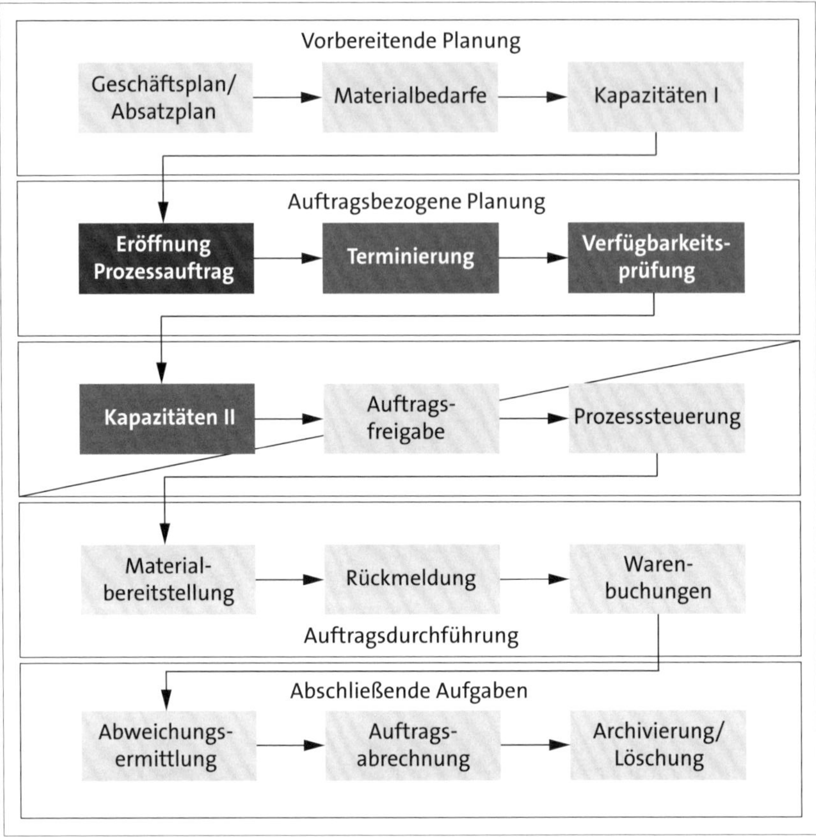

Abbildung 6.28 Gesamtprozess der Prozessfertigung – Auftragseröffnung

Prozessauftrag anlegen

Der *Prozessauftrag* ist das zentrale Element für die Prozessfertigung. Wie bereits im Zusammenhang mit der diskreten Fertigung beschrieben, kann auch für die Prozessfertigung das Anlegen von Aufträgen aus Planaufträgen erfolgen. Das Vorgehen ist analog. Wenn Sie einen Prozessauftrag mit Materialbezug manuell anlegen möchten, verwenden Sie dafür die Transaktion COR1 und zum Bearbeiten eines bereits existierenden Auftrags die Transaktion COR2. Für das manuelle Anlegen eines Auftrags ohne Materialbezug steht die Transaktion CORO zur Verfügung. Das Anlegen mit Materialbezug dient der Produktion dieses Materials, das Anlegen ohne Materialbezug kann genutzt werden, wenn die Ressourcenkapazitäten geblockt und Kosten ohne einen tatsächlichen Fertigungsanlass abgebildet werden sollen (z. B. bei der Reinigung einer Anlage).

Wir wollen nun einen Prozessauftrag mit Material anlegen und verwenden dafür die Transaktion COR1. Auf dem Startbild müssen Sie nun zuerst die Materialnummer des Materials angeben, das Sie fertigen wollen. In unserem Beispiel ist das das Halbfabrikat Kunststoffrolle blau (HF_ROLLE_001). Dazu geben wir im Feld **Produktionswerk** das Werk 1010 an. Würden Sie in einem anderen Werk produzieren als in jenem, in dem Sie auch die Planungswerte hinterlegt haben, müssten Sie auch noch ein **Planungswerk** angeben. Wir geben außerdem die Auftragsart PI01 im Feld **Prozessauftragsart** an. Über die Transaktion COR4 können Sie die auftragsabhängigen Parameter zur Prozessauftragsart ändern. Wir erinnern an Kapitel 3, »Stammdaten in der Produktion«, in dem wir erklärt haben, wie man eigene Auftragsarten anlegen kann. Über die Customizing-Transaktion CORN könnten Sie auch andere Auftragsarten definieren, die Sie nun zum Einsatz bringen könnten. Alternativ kann die Prozessauftragsart im Fertigungssteuerungsprofil zum Material hinterlegt sein, dann müssten Sie hier keine Prozessauftragsart angeben. Das Feld **Prozessauftrag** können wir für unser Beispiel aufgrund der automatischen Nummernvergabe aus unseren Parametern leer lassen. Bei der Einstellung mit externer Nummernvergabe müssten Sie hier eine Nummer für den Auftrag angeben. Da wir jedoch die interne Nummernvergabe verwenden, wird unserem Auftrag beim Speichern (also beim Anlegen) automatisch eine Nummer aus dem definierten Nummernkreis vergeben. In Kapitel 4, »Diskrete Fertigung«, haben wir bereits erklärt, wie Nummernkreise für Fertigungsaufträge (und analog für Prozessaufträge) funktionieren und wo man sie einstellt. Klicken Sie auf **Weiter**.

Sie gelangen nun zur Datensicht **Allgemeine Daten**. Hier ist zunächst die Angabe der Gesamtmenge des zu fertigenden Materials wichtig. Unsere Rolle wird in Stück gemessen, und wir wollen 4.000 Rollen produzieren. Da wir von 3 % Ausschuss ausgehen, geben wir die Gesamtmenge mit »4120« und den Ausschuss mit »120« Stück an. Wir nutzen die Vorwärtsterminierung und wollen so früh wie möglich starten, also wählen wir bei **Terminierung Art** die Option **Vorwärts** aus und geben bei **Termine** im Feld **Start** das Tagesdatum ein. Sollten die Terminierungsparameter zur Kombination Auftragsart-Werk-Fertigungssteuerer bei Ihnen fehlen, können Sie diese in der Customizing Transaktion OPUZ nachpflegen oder eine andere Auftragsart für Ihr Werk wählen.

Abbildung 6.29 zeigt die Transaktion COR2, die man verwendet, um die Daten zu einem bestehenden Prozessauftrag zu ändern. Sie sehen hier eine Vielzahl an Registerkarten und Eingabefeldern. Einige davon werden durch vorausgehende Kundenaufträge oder durch die Umsetzung aus einem Planauftrag bereits vorbelegt. Andere Felder müssen Sie manuell ergänzen. Das hängt davon ab, wie stark automatisiert Ihr Planungsprozess ist.

Nun wechseln Sie als Nächstes zur Registerkarte **Zuordnung**. Hier sehen Sie, dass der Eintrag im Feld **Fertigungssteuerungsprofil** bereits aus den Materialstammdaten übernommen wurde. Wenn das bei Ihnen nicht so ist, sollten Sie hier eines angeben. Geben Sie hier auch das Profitcenter ein, das für die Kosten des Auftrags belastet werden soll.

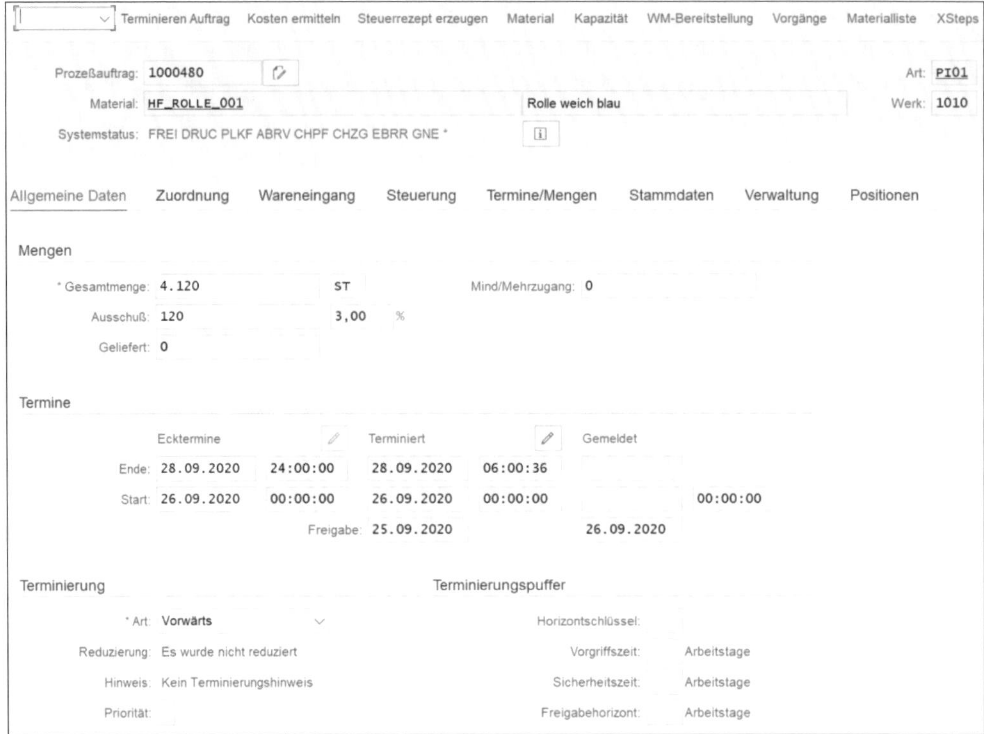

Abbildung 6.29 Transaktion COR2 (Prozessauftrag ändern) – Registerkarte »Allgemeine Daten«

Auf der Registerkarte **Wareneingang** geben Sie die Einstellungen für die Erfassung der Erzeugnisse mit. Wenn Sie Materialien haben, die z. B. aus Sicherheitsgründen zunächst überprüft werden müssen, dann können Sie angeben, dass die Bestandsart der erfassten Erzeugnisse zunächst im Qualitätsbestand liegen soll. Wir wählen für unser Beispiel bei **Bestandsart** die Option **Frei verwendbar**, um die Halbfabrikate direkt weiterverarbeiten zu können. Die Wareneingangsbearbeitungszeit beträgt bei uns null Arbeitstage. Die zulässigen Werte in den Feldern **Überlieferung** bzw. **Unterlieferung** geben wir jeweils mit »10« Prozent an. Wir produzieren nur für unser eigenes Lager und verbauen die Halbfabrikate regelmäßig weiter, sodass wir eine gewisse Toleranz der Mengen aus dem Prozessauftrag abfedern können. Dazu geben wir den Lagerort an, in den wir das Material buchen wollen, und auch gleich die Charge, für die unser Auftrag produzieren soll. Ist der Auftrag chargenpflichtig, erhält er den Status **CHPF** (Auftrag chargenpflichtig). Sobald eine Charge zugeordnet wurde, kommt der Status **CHZG** (Chargen vollständig zugeordnet) hinzu.

Auf der Registerkarte **Steuerung** sind die Schemata und Schlüssel aus Ihren auftragsabhängigen Parametern bereits übernommen. Sprechen Sie mit Ihrem Controlling, falls hier noch Einträge im Bereich **Kalkulation** fehlen. Für die Terminierung achten

Sie darauf, dass Sie über das Kennzeichen **Kapazitätsbedarf** Kapazitätsbedarfe für den Auftrag ermitteln.

Wechseln Sie auf die Registerkarte **Termine/Mengen**. Wenn Sie die Funktion **Terminieren Auftrag** im Menü ausführen, können Sie sehen, wann Ihr Auftrag startet und endet. Außerdem können Sie direkt noch die Funktion **Kapazität** ausführen, um eine Kapazitätsterminierung zu veranlassen und zu prüfen, ob die benötigten Ressourcen für Ihren Auftrag frei sind. Über die Funktion **Materialliste** können Sie sich die notwendigen Komponenten ansehen. Hier können Sie auch gleich die Chargenfindung für die Komponenten und eine Verfügbarkeitsprüfung ausführen, falls diese Schritte nicht automatisch ausgeführt werden sollen. Die Konfiguration der automatischen Prüfungen kann pro Auftragsart und Werk über die Customizing-Transaktion OPJK eingestellt werden. Sie sehen dann bei der Verfügbarkeitsprüfung einen Bestätigungsvorschlag, über den Sie die Verfügbarkeit Ihrer Komponenten einsehen können. Wenn Sie nun auf **Kopf** klicken, gelangen Sie zurück zur Ansicht der Kopfdaten des Auftrags.

Auf der Registerkarte **Stammdaten** überprüfen Sie nun noch einmal, ob Sie die richtige Fertigungsversion, Rezeptgruppe und Stückliste verwenden. Diese Informationen wurden automatisch aus der in den Stammdaten des Halbfabrikats hinterlegten Fertigungsversion entnommen.

Die Registerkarte **Verwaltung** wird Sie nach dem Klick auf **Sichern** als den Benutzer anzeigen, der den Auftrag erfasst hat. Auf der Registerkarte **Positionen** können Sie nun noch einmal die Positionen Ihres Prozessauftrags einsehen. In unserem Fall ist es genau eine für unser Halbfabrikat. Wenn Sie Ihre Eingaben sichern, wird auch gleich der Prozessauftrag angelegt. Sie erhalten eine Erfolgsmeldung mit der Nummer des neuen Auftrags (hier »1000480«).

XSteps

XSteps ist ein Eigenname und eine Kurzform für *Execution Steps*. Man kann XSteps anwendungsbezogen oder anwendungsübergreifend verwenden. Das Standard-XSteps-Repository (Transaktion CMXSV bzw. CMXSVN) verwaltet die wiederverwendbaren Standard-XSteps, während anwendungsbezogene XSteps direkt im Planungsrezept oder Prozessauftrag angelegt werden. (Die Funktionsweise der XSteps und des Standard-XSteps-Repositorys haben wir bereits in Abschnitt 6.2.3, »XSteps«, genauer erklärt.)

Die Standard-XSteps werden versioniert und müssen für die Produktion freigegeben werden. Im Prozessauftrag kann dann eine Referenz auf diese XSteps eingetragen werden, die bei der Auftragsfreigabe die aktuelle Version des XSteps in den Auftrag kopiert. Mit dieser Kopie wird dann operativ gearbeitet, sodass der originale XStep weiterhin bestehen bleibt und im Repository (z. B. für eine neue Version) verändert werden kann, ohne dass dies Einfluss auf die Kopie im freigegebenen Auftrag hat. In einem XStep-Baum können einzelne XSteps hierarchisch angeordnet werden. Wir sehen uns nun an wie man anwendungsübergreifende XSteps (Standard-XSteps) und anwendungsbezogene XSteps in den Fertigungsprozess einbeziehen kann.

XSteps im Prozessauftrag anlegen

Die Grundvoraussetzung, damit Sie überhaupt XSteps verwenden können, ist die Einstellung im Planungsrezeptprofil (Customizing-Transaktion OPNO oder OPN1). Wie bereits in Abschnitt 6.2.3, »XSteps«, beschrieben, kann hier eingestellt werden, ob entweder Prozessvorgaben oder XSteps verwendet werden sollen. Beachten Sie auch den Hinweis zur Einstellung **XSTEPS OPTIONAL** im genannten Abschnitt.

Wenn Sie nun XSteps in Ihrem Prozessauftrag hinterlegen wollen, können Sie in der Transaktion COR1 oder in Transaktion COR2 die Menüoption **XSteps** anklicken und gelangen darüber zur Übersicht der XSteps für Ihren Auftrag. Wenn Sie bereits im Planungsrezept XSteps hinterlegt haben, sollten Sie diese Konfiguration nun hier finden. Das Anlegen von XSteps ist im Planungsrezept und Prozessauftrag gleich zu handhaben. Abschnitt 6.2.3, »XSteps«, beschreibt das Vorgehen genauer. Es gibt jedoch noch eine Besonderheit bei der Handhabung von anwendungsübergreifenden XSteps (also Standard-XSteps) aus dem SXS-Repository und anwendungsspezifischen XSteps, die direkt im Auftrag oder Rezept angelegt werden.

Abbildung 6.30 zeigt die Pflege der XSteps aus der Bearbeitung des Prozessauftrags über die Transaktion COR2. Sie sehen hier die in Abschnitt 6.2.3, »XSteps«, vorgestellten Elemente wie XSteps, Herstellanweisungen und Prozessvorgaben. In diesem Fall sind sie jedoch konkret dem Prozessauftrag zugeordnet (hier mit der Auftragsnummer 1000500). Wie an dieser Stelle mit anwendungsbezogenen und anwendungsübergreifenden XSteps umgegangen wird, beschreiben wir im Folgenden noch einmal genauer.

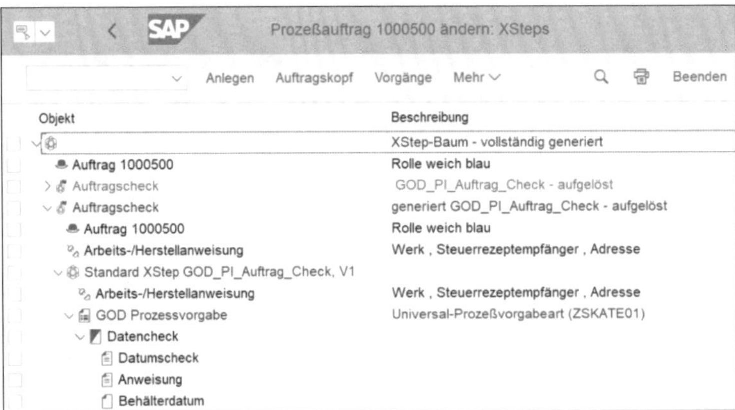

Abbildung 6.30 Transaktion COR2 (Prozessauftrag ändern) – Pflege der XSteps zum Prozessauftrag

Anwendungsübergreifende XSteps

Standard-XSteps haben den Vorteil, dass sie mit neutralen Parametern einmal angelegt werden und dann für viele Stammdatenobjekte wie Planungsrezepte oder auch Prozessaufträge verwendet werden können, indem man die Parameter entsprechend den jeweiligen Anforderungen bewertet. Wenn Sie Standard-XSteps aus dem Repository verwenden möchten, klicken Sie per Rechtsklick auf einen XSteps-Baum-Knotenpunkt und wählen im Kontextmenü **Anlegen • SXS-Referenz**. Es wird dadurch ein neuer Knotenpunkt erzeugt, der erst einmal nur **<Neue SXS-Referenz>** heißt. Per Doppelklick auf diese Referenz öffnet sich dann das Konfigurationsfenster.

Hier ist es sinnvoll, zunächst eine **Bezeichnung** zu vergeben, die Aufschluss über den Zweck des XSteps geben sollte. Im Feld **Anwendungskontext** sehen Sie bereits, dass Ihr Auftrag hinterlegt wurde. Als Nächstes wechseln Sie zur Registerkarte **Referenz**. Hier wählen Sie nun aus Ihrem SXS-Repository den gewünschten XStep per Doppelklick aus. Im Feld **Aktuelle Zuordnung** erscheint dann der ausgewählte XStep. Gegebenenfalls können Sie nun auf der Registerkarte **Bewertung** noch Merkmale mit Werten versorgen, das hängt davon ab, ob der XStep dies verlangt bzw. ermöglicht. Auf der Registerkarte **Generierung** steht Ihnen dann die im Customizing hinterlegte Auswahl an Generierungsumfängen zur Verfügung. Wählen Sie per Doppelklick aus, wofür der XStep Anwendung finden soll, dann sehen Sie Ihre Auswahl wieder im Feld **Aktuelle Zuordnung**. Analog verfahren Sie auf der Registerkarte **Empfänger**, wo Sie ein externes System oder eine Herstellanweisung auswählen, die dann auch wieder im Feld **Aktuelle Zuordnung** eingeblendet wird.

Die Registerkarte **Kontext** zeigt Ihnen nun, welcher Auftrag und welcher Vorgang oder welche Phase mit Ihrem XStep verbunden werden kann. Wählen Sie hier aus, wo Sie den XStep anhängen möchten, daraufhin sehen Sie Ihre Auswahl ebenfalls wieder im Feld **Aktuelle Zuordnung**. Wenn Sie alles ausgewählt haben, schließen Sie das Konfigurationsfenster einfach und sehen Ihre Einstellungen im Hauptfenster unter Ihrer Referenz. Klicken Sie auf **Sichern**, um die Konfigurationen zu übernehmen. Sie können diese Einstellungen noch bearbeiten, sofern der Auftrag nicht freigegeben und das Steuerrezept nicht genehmigt bzw. erzeugt wurden.

Sobald die Referenz gespeichert ist, haben Sie einen XStep zur Verfügung, der sich automatisch mit anpasst, wenn die Vorlage für die Referenz im Repository geändert wird. Damit können Sie Änderungen einmal vornehmen und haben gleich alle relevanten Planungsrezepte und Prozessaufträge mit aktualisiert. Das reduziert den Wartungsaufwand enorm. Wenn Sie nun wollen, dass von der Referenz eine Kopie angelegt wird, dass also Ihre Einstellungen ab dann nicht mehr von Änderungen im Repository beeinflusst werden, führen Sie einen Rechtsklick auf Ihre Referenz aus, und wählen Sie im Kontextmenü **Auflösen**. Nach dem Auflösen ist der XStep eine unabhängige Kopie des Originals. Das ist meistens dann sinnvoll, wenn Sie sicher sind, dass Sie zu den gegebenen Einstellungen produzieren wollen (also eher im Prozessauftrag bei der Freigabe). Sie können zuvor ebenfalls über den Kontextmenüeintrag **Simulieren** Ihren XStep simulieren, um sich das Ergebnis einmal anzeigen zu lassen, oder ihn über den Eintrag **Prüfen** überprüfen, um eventuelle Fehlermeldungen abarbeiten zu können.

Werksübergreifendes Repository

Wenn Sie Standard-XSteps als Referenz in Ihrem Planungsrezept oder Prozessauftrag angeben möchten, haben Sie die Wahl, ob Sie diese aus dem werksspezifischen Repository (Transaktion CMXSV mit Angabe des Werks) oder aus dem werksübergreifenden Repository (Transaktion CMXSVN) holen wollen. Auch wenn beide Transaktionen prinzipiell gleich sind und jeweils ein Repository für Standard-XSteps bereitstellen, so handelt es sich dabei nicht um dasselbe Repository. Wenn Sie also das werksübergreifende Repository erstmals aktiviert haben, wird nicht automatisch das Repository des angegebenen Werks übernommen. Sie müssen zunächst ein XStep-Repository eines Werks, dessen Repository Sie übernehmen wollen, per Rechtsklick und **SXS-Repository exportieren** als XML-Datei speichern und diese Datei dann im werksübergreifenden Repository ebenfalls per Rechtsklick und **SXS-Repository importieren** einfügen. Sie sollten nun nur noch das werksübergreifende Repository verwenden, da Sie die XSteps von dort in jedem Werk verwenden können und neue XSteps aus einzelnen Werken ansonsten erst wieder ex- und importieren müssten.

Anwendungsbezogene XSteps

Anwendungsbezogene XSteps werden direkt im Prozessauftrag oder im Planungsrezept angelegt. Damit können sie nicht in anderen Rezepten oder Aufträgen verwendet werden. Dieses Vorgehen ist also im Prinzip nur dann sinnvoll, wenn man sich sicher ist, dass man diese Konfiguration nur genau einmal benötigen wird. Ansonsten ist es komfortabler, sich einmal die Mühe im Repository zu machen und später nur noch Referenzen zu verwenden.

Das Anlegen von anwendungsbezogenen XSteps erfolgt auf die gleiche Weise, wie Sie auch XSteps im Repository anlegen würden. Lesen Sie dazu bitte das Vorgehen beim Anlegen von XSteps im Repository in Abschnitt 6.2.3, »XSteps«, nach und verfahren Sie analog. Einzig die Zuordnung des Auftrags, der Phase oder des Vorgangs müssen Sie zusätzlich auf der Registerkarte **Kontext** noch angeben. Den anwendungsbezogenen XStep müssen Sie nach dem Anlegen nicht auflösen. Es liegt keine Referenz in das Repository vor, damit ist Ihr XStep bereits eigenständig und reagiert nur auf Einstellungsänderungen, die Sie direkt im XStep vornehmen. Sie können diese XSteps jedoch auch prüfen und simulieren.

6.3.3 Auftragsfreigabe

Verwendete Transaktionen

- COR2 (Prozessauftrag ändern)
- COR5 (Prozessauftrag freigeben)

Wir befinden uns nun am Übergang der Planungs- und Vorbereitungstätigkeiten zur Fertigungsausführung. Mit der *Auftragsfreigabe* werden alle bisher geplanten Informationen bestätigt und an die nun folgenden Fertigungsschritte weitergeleitet. Sofern die Freigabe nicht automatisiert erfolgt, kann ein Prozessauftrag über die Transaktion COR2 aufgerufen und mit der Funktion **Freigeben** aus dem Menü freigegeben werden. Wenn bei der Freigabe Fehler auftreten, können Sie das Freigabeprotokoll über den Menüpfad **Mehr • Springen • Protokolle • Zur Freigabe** aufrufen. Dort können Sie Detailinformationen zu den Fehlern einsehen. Außerdem ist es möglich, nur einzelne Vorgänge oder Phasen freizugeben. Wählen Sie hierfür den Menüeintrag **Vorgänge**. Markieren Sie dann die relevanten Vorgänge oder Phasen, und klicken Sie auf das Symbol (**Phase/Vorgang freigeben**). Die Transaktion COR5 ermöglicht eine Sammelfreigabe von Prozessaufträgen.

Abbildung 6.31 zeigt, wo wir uns nun im Gesamtprozess der Fertigung befinden. Als nächste große Schritte werden neben dem Auftragsdruck die Materialien bereitgestellt und die umfassenden Aktivitäten der Prozesssteuerung gestartet.

Es kann eingestellt werden, dass ein Prozessauftrag nach dem Anlegen auch gleich automatisch freigegeben wird. Der Prozessauftrag erhält dadurch den Status **FREI** (Auftrag freigegeben). Mit der Freigabe eines Prozessauftrags kann dann wiederum der Druck der Auftragspapiere automatisiert angestoßen werden. Gleichzeitig kann ein Steuerrezept erzeugt werden, um die Herstellanweisungen zu generieren. Es lässt sich also einiges automatisieren, um Arbeitszeit zu sparen. Bei der Automatisierung von Arbeitsschritten sollte jedoch immer darauf geachtet werden, dass die Prüfung der notwendigen Voraussetzungen dann auch automatisch mit erfolgt und fehlerhafte Vorgänge im Zweifel abgebrochen oder zur Bearbeitung im Anwendungsdialog erzeugt werden. Die Freigabe kann natürlich auch manuell per Einzel- oder Sammelfreigabe erfolgen (Transaktion COR2 oder COR5).

Insgesamt hängen diese Aktivitäten an der Freigabe des Prozessauftrags:

- Fixierung der Auftragsdaten
- Kapazitäts-, Verfügbarkeitsprüfung und Terminierung (jeweils optional)
- Generierung und Drucken der Fertigungspapiere (automatisch oder per Transaktion COPI)
- automatische oder manuelle Chargenzuordnung

- Materialmengenberechnung auf Basis der Chargenzuordnung
- Materialbereitstellung der Komponenten zum Auftrag
- Generieren und Versenden von Steuerrezepten für Herstellanweisungen und Prozessleitsysteme je Steuerrezeptempfänger
- Initialisierung der Kommunikationswege für Herstellanweisungen per Onlinedialog mit dem Anwender
- Initialisierung der Kommunikationswege zu Prozessleitsystemen
- Initialisierung eventueller Qualitätskontrollen und Monitoring-Tools

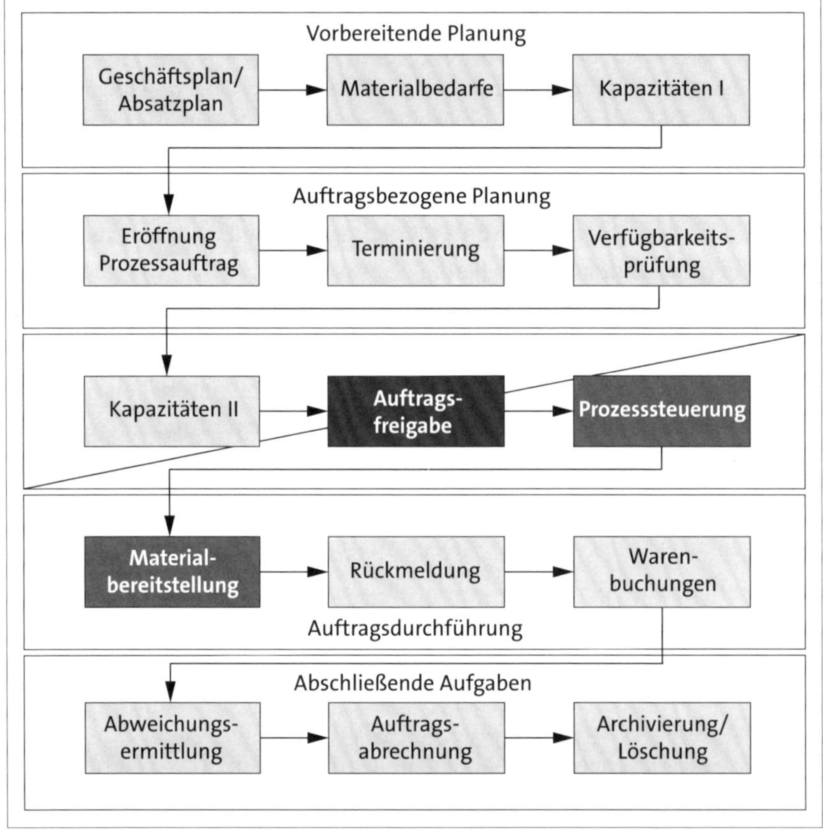

Abbildung 6.31 Gesamtprozess der Prozessfertigung – Auftragsfreigabe

Die Freigabe des Prozessauftrags markiert den Start für die Umsetzung der bisher so ausführlich geplanten Produktionsaktivitäten. Die tatsächliche Wertschöpfung im Sinne der Produktion von Gütern geschieht in dem Prozessabschnitt zwischen Auftragsfreigabe und Auftragsrückmeldung. Sie sehen daran, wie umfangreich die Aufgaben vor der eigentlichen Fertigung sind.

Drucken

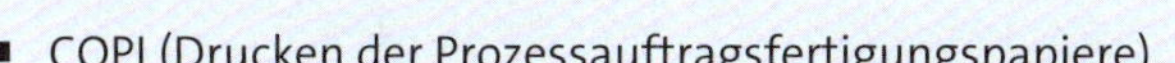

Verwendete Transaktionen

- COPI (Drucken der Prozessauftragsfertigungspapiere)
- CB85 (Drucksteuerung Prozessfertigung) – analog zu Transaktion OPK8 für Serien- und Diskrete Fertigung
- OPKP (Fertigungssteuerungsprofil)

Mit der Auftragsfreigabe können die *Auftragspapiere* gedruckt werden. Dabei können Materiallisten, Warenentnahmescheine, Steueranweisungen, Laufkarten, Arbeitsanweisungen, Lohn- und Rückmeldescheine, Prüfanweisungen und noch weitere Dokumente an den Auftrag angehängt werden. Es werden jedoch immer mehr Informationen digital übermittelt, sodass immer weniger Papier tatsächlich in der Produktion im Umlauf ist. Spezielle Terminals und mobile Endgeräte ermöglichen hier immer bessere Rückmelde- und Informationsprozesse, sodass die Prozessmeldung im Vergleich zum Rückmeldeschein auf Papier zunehmend die Prozesse bestimmt. Auch Warenentnahmescheine sind häufig über eine Schnittstelle zu einem Warehouse-Management-System als Onlineversion (z. B. auf einem Terminal eines Flurförderzeugs) implementiert.

Die Customizing-Transaktion CB85 zeigt Ihnen die Listen (also die Druckdokumente), die Sie markieren und über den Eintrag **Referenzauftragsarten** verschiedenen Formularen und Druckprogrammen zuweisen können. SAP bietet hier einige Voreinstellungen, Sie können aber auch eigene Listen hinzufügen. Wenn Sie mehr über die Drucksteuerung erfahren möchten, können Sie diese Informationen in Abschnitt 4.2.4, »Auftragsfreigabe«, nachlesen. Inhaltlich gibt es für das Drucken der Standardlisten bereits eine Zuordnung zu deren Druckprogrammen und Skripten. Sie können im Übrigen per Vorwärtsnavigation (Doppelklick) aus der Customizing-Transaktion heraus direkt abspringen. Tabelle 6.1 zeigt die Zuordnung der Druckprogramme und Formulare zu den jeweiligen Listen.

Listenname	SAPscript-Formular	Druckprogramm
Objektliste	PPPI_JOB-CTRTICK	PPPIDRPV
Steuerkarte	PPPI_JOB-CTRTICK	PPPISTEU
Laufkarte	PPPI_JOB-TICKET	PPPILAUF
Versuchsetikett	TMS_TRIAL_PO	RMXTP_PRINT_TRIAL_PO
Materialbereitstellungsliste	PPPI_PICK-LIST	PPPIMBRL

Tabelle 6.1 Druckprogramme und Formulare zu Standardlisten

Listenname	SAPscript-Formular	Druckprogramm
Warenentnahmeschein	PPPI_GOOD-ISS-SL	PPPIWARS
Lohnschein	PPPI_TIME-TICKET	PPPILOHN
Rückmeldeschein	PPPI_CONF-TICKET	PPPIRUEC

Tabelle 6.1 Druckprogramme und Formulare zu Standardlisten (Forts.)

Das Drucken geschieht meistens automatisiert und als Massenverarbeitung. Es ist jedoch auch möglich, den Druck aus einem Benutzerdialog heraus zu starten. Beispielsweise können Sie den Druck aus der Transaktion COR2 heraus veranlassen. Sie können dafür den Druckmodus über den Menüpfad **Mehr • Prozessauftrag • Einstellungen • Druck-Modus...** noch ändern. Es gibt die Optionen **Online** (also per Anzeige im Anwendungsdialog), **Verbuchung** (nach dem Speichern ohne Anzeige) und **Hintergrund** (ohne Anzeige). Wenn Sie die Einstellungen grundsätzlich ändern müssen, können Sie diese über die Customizing-Transaktion CB85 aus der Drucksteuerung anders vorbelegen.

Eine Möglichkeit, gleich für mehrere Prozessaufträge den Druck gesammelt zu starten, bietet die Verwendung der Transaktion COPI. Die Methode ist abhängig von der im Customizing eingestellten Drucksteuerung. Der Originaldruck druckt alle relevanten Papiere zum Auftrag entsprechend der Konfiguration in einer festgelegten Anzahl. Der Prozessauftrag erhält dadurch den Zusatzstatus **DRUC** (Auftragsdokumente gedruckt). Nicht selten kommt es dabei vor, dass Papiere nicht korrekt gedruckt werden oder verloren gehen. Dann müssen die entsprechenden Papiere manuell im System als Nachdruck gestartet werden.

Die Angaben im Steuerschlüssel der Vorgänge und Phasen des Prozessauftrags geben Aufschluss darüber, was alles gedruckt werden soll. Das gilt auch für den Druck von Rückmeldungen und Lohnscheinen. Diese müssen explizit als zu drucken gekennzeichnet sein. Im Steuerschlüssel wird auch angegeben, ob eine Rückmeldung für den Vorgang vorgesehen ist. Im Vorgang wird dann noch hinterlegt, wie viele Lohn- und Rückmeldescheine gedruckt werden sollen. Den Steuerschlüssel konfiguriert man im Customizing über die Transaktion OPJ8. Grundsätzlich werden die Parameter der Listen und Scheine zum Drucken über die Drucksteuerung (Transaktion CB85) bestimmt. Über die Transaktion SP02 können Sie sich Ihre erzeugten Listen und Papiere in Form sogenannter *Spoolaufträge* (Druckaufträge) anzeigen lassen.

Des Weiteren kann im Fertigungssteuerungsprofil das automatische Drucken der Auftragspapiere bei der Freigabe mithilfe des Kennzeichens **Druck durchführen** aktiviert werden (Customizing-Transaktion OPKP). Für die Hintergrundverarbeitung müssen Sie noch einen Hintergrundjob (wieder über die Transaktion SM36) einplanen. Dieses Mal müssen Sie im Step das Programm PPPRBTCH (Programm zum

Batchdruck der Fertigungspapiere) angeben. Sie planen den Job wieder periodisch ein, und dieser startet dann alle zum Drucken vorgemerkten Druckvorgänge der Fertigungspapiere.

[+]

Information über Druckeinstellungen

Wenn Sie den Report PPCO85EI (z. B. über die Transaktion SE38) ausführen, erhalten Sie zur Kombination aus Benutzer, Auftragsart, Werk, Disponent und Transaktion die Informationen über die bei Ihnen im Customizing hinterlegten Druckeinstellungen. So fällt die Suche nach eventuellen Fehlern in der Druckkonfiguration eventuell leichter und wird übersichtlicher.

Weiterführende Literatur

Der Bereich des Druckens ist so umfangreich, dass es sogar hierfür ein eigenes Buch gibt: »Drucken mit SAP« (ISBN 978-3-8362-2170-2, SAP PRESS 2010).

Herstellanweisungen

Verwendete Transaktionen

- CO60 und CO60XT (Herstellanweisung suchen)
- CO55 (Arbeitsvorrat bearbeiten)
- CO64 (Arbeitsvorrat abschließen)
- CO67 (Arbeitsvorrat prüfen)
- CO53XT (Steuerrezeptmonitor)

Die Stammdaten, die dem Prozessauftrag zugrunde liegen, beinhalten auch die Informationen über Steuerrezepte und damit verbundene *Herstellanweisungen*. Diese Anweisungen sind anders als die Auftragspapiere nicht für den Ausdruck vorgesehen, sondern entwickeln ihre Stärke in der elektronischen Darstellung und Erfassung von Informationen. Somit kann prinzipiell eine Fertigung ohne »Papierkram« realisiert werden. Das reduziert nicht nur die Kosten von Papier und Drucker, es hat vor allem den großen Vorteil, dass Papiere nicht verloren gehen und Eingaben von der Anwenderin bzw. dem Anwender direkt überprüft werden können. Zudem muss niemand mehr vielleicht unleserliche Handschriften in das System einpflegen.

Nicht zuletzt ist eine elektronische Signatur eine sichere Möglichkeit, die Ausführung in der Fertigung einer verantwortlichen Person zuzuschreiben. Eine System-ID mit Passwort oder eine Sicherheitskarte kann immer genau zugeordnet werden. Aufgrund einiger gesetzlichen Auflagen kann es jedoch in manchen Fällen immer noch erforderlich sein, auch ein unterschriebenes Papier bereitzustellen.

Herstellanweisungen sind mithilfe von SAP-Standardbausteinen nahezu frei definierbar und bieten eine ABAP-Listen- oder eine Weboberfläche. Sie können sie im Rahmen von XSteps anlegen oder Prozessvorgaben konfigurieren, die dann für Herstellanweisungen im Planungsrezept oder Prozessauftrag verwendet werden. (Lesen Sie zur Konfiguration von Herstellanweisungen Abschnitt 6.2, »Prozesskoordination«.) Wenn die Auftragsfreigabe erteilt wird, werden alle Steuerrezepte und Herstellanweisungen für die jeweiligen Steuerrezeptempfänger generiert. Sie werden sodann an die Empfänger gesendet. Das Senden kann per Hintergrundjob oder manuell erfolgen. Beim Empfänger werden die Herstellanweisungen bearbeitet. Das bedeutet, dass die Prozessvorgaben für das Zielsystem oder die Anlagenführerin/den Anlagenführer bereitgestellt werden und dass diese die Prozessmeldungen mit Rückmeldewerten befüllen und an das SAP-System zurücksenden können. Ist die Herstellanweisung dann abgeschlossen, sind darin keine Änderungen mehr möglich. Zuletzt werden die Prozessmeldungen vom SAP-System empfangen und angepasst an die jeweilige Art der Weiterverarbeitung der Informationen an die entsprechenden Stellen im System weitergegeben. Abbildung 6.32 zeigt den Ablauf noch einmal schematisch.

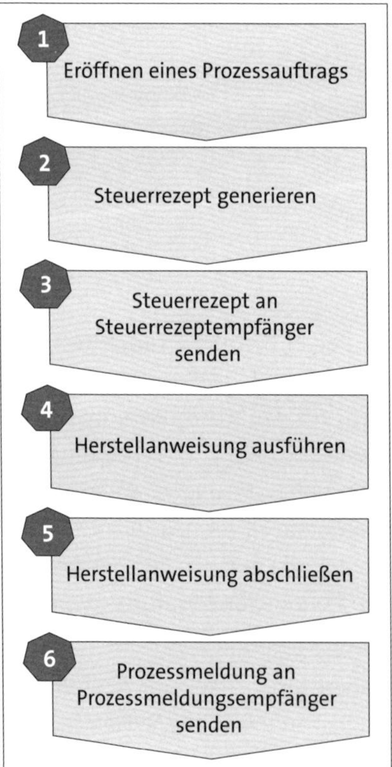

Abbildung 6.32 Ablauf in der Prozesskoordination

Die Herstellanweisung kann also je nach Konfiguration gleich zwei wichtige Aufgaben erfüllen. Zum einen leitet sie die Anlagenführerin bzw. den Anlagenführer in der Fertigung mit möglichst gut erklärten Arbeitsanweisungen durch die anfallenden Aufgaben und unterstützt sie bzw. ihn somit in der Ausübung der Fertigungstätigkeiten.

Zum anderen dient sie als Rückmeldemaske wichtiger Informationen aus der Fertigung per Prozessmeldung. Die Anweisungen und Meldungen können dabei entweder je Auftrag einmal oder sogar auf Vorgangs- oder Phasenebene sehr detailliert und prozessnah eingestellt und bearbeitet werden. Im Generierungsumfang haben Sie dies zuvor festgelegt. Es gibt dabei je nach Prozessmeldungsempfänger die Möglichkeit, Informationen aus der Fertigung an die Produktionsplanung, die Qualitätssicherung, die Instandhaltung oder die Materialwirtschaft zurückzumelden. Auch ein Absprung in SAP-Transaktionen kann in der Herstellanweisung implementiert werden. Generell können die folgenden Funktionen mittels Herstellanweisungen abgedeckt werden:

- umfassende Informationsanzeige für die Bedienung von Anlagen in Text und Bild
- Anzeige wichtiger Dokumente
- (Teil-)Rückmeldung von Chargen, Leistungen, Zeiten, Mengen, Warenbewegungen u. v. m. auf Phasen-, Vorgangs- oder Auftragsebene
- Berechnung von Ein- und Ausgabewerten mittels Logiken oder Formeln
- spezielle Verarbeitung von Fertigungsinformationen über Funktionsbausteine
- Absprung in andere relevante Funktionen aus der Fertigung, der Instandhaltung, der Warenwirtschaft oder der Qualitätssicherung
- Signaturfunktion für die Bestätigung von Arbeitsschritten oder Eingaben
- Eingabe von Prüfergebnissen
- Trigger für das Auslösen von Ereignissen für weitere betriebswirtschaftliche Vorgänge

Wir zeigen Ihnen im Folgenden, wie man Herstellanweisungen bearbeitet. Dazu verwenden wir die gängigen Transaktionen.

Herstellanweisungen bearbeiten

Zum Aufrufen bereits erzeugter Herstellanweisungen gibt es verschiedene Transaktionen. Diese Transaktionen unterscheiden sich durch die voreingestellten Selektionsoptionen, die die Anwendung für Anwenderinnen und Anwender überschaubarer machen sollen. Sie können jedoch in jeder dieser Transaktionen über die Funktion **Alle Selektionen** im Menü alle Felder auf der Maske einblenden lassen. Das Programm hinter den folgenden Transaktionen ist nämlich dasselbe:

- Transaktion CO60 dient der Suche nach erzeugten Herstellanweisungen. Hierfür können diese anhand vieler Kriterien selektiert werden. Das Selektionsbild ist dennoch übersichtlich gestaltet, und die Kriterien sind verständlich beschrieben. Wenn Sie keine sorgfältige Eingrenzung durch die Selektionskriterien vornehmen, wird die Suche nach Erreichen der maximalen Ergebnisanzahl automatisch beendet. Diese Anzahl wird im Feld **Max. Anz. D. Herstellanw.** angegeben. Die Auswahl **kein Test**, **Test** oder **Alle** lässt nur Herstellanweisungen aus zum Test erzeugten Steuerrezepten oder nur produktive oder alle selektieren.

- Transaktion CO60XT dient ebenfalls der Suche nach bereits erzeugten Herstellanweisungen. Hier gibt es jedoch eine erweiterte Suchfunktion, mit der auch Herstellanweisungen je **Auftragsart** und **Auftragstyp** selektiert werden können. Prinzipiell ist es auch möglich, XSteps und somit Herstellanweisungen in Fertigungsaufträgen zu verwenden. Diese könnte man mittels der Transaktion CO60XT nun selektieren und bearbeiten.
- Transaktion CO55 selektiert zu einer überschaubaren Kriterienauswahl nur den Arbeitsvorrat der Herstellanweisungen, die von einer bestimmten Bearbeitergruppe in einem bestimmten Werk noch bearbeitet werden müssen.
- Transaktion CO64 selektiert zu einer überschaubaren Kriterienauswahl nur den Arbeitsvorrat der Herstellanweisungen, die von einer bestimmten Bearbeitergruppe in einem bestimmten Werk noch abgeschlossen werden müssen.
- Transaktion CO67 selektiert zu einer überschaubaren Kriterienauswahl nur den Arbeitsvorrat der Herstellanweisungen, die von einer bestimmten Bearbeitergruppe in einem bestimmten Werk noch geprüft werden müssen.

Wenn Sie Ihre Selektion eingegeben haben und auf **Ausführen** klicken, wird Ihnen die Ergebnisliste in tabellarischer Form angezeigt. Hier haben Sie nun eine gute Übersicht über alle relevanten Informationen zu der jeweiligen Herstellanweisung. Sie sehen z. B. den Status der Herstellanweisung und eventueller Prozessmeldungen sowie die Zuordnungen von Material und Prozessauftrag. Im S4-Theme sehen Sie zweimal den Menüpunkt **Herstellanweisung** – Abbildung 6.33 zeigt diese Problematik des neuen SAP-Themes exemplarisch. Dieses Theme zeigt die neuen Schaltflächen und Funktionen meistens nicht mehr als Symbole, sondern mit einer Textaufschrift. In manchen Transaktionen (wie hier in der Transaktion CO60) werden dadurch jedoch Schaltflächen oder Funktionen mit dem gleichen Text angezeigt. Das wird vielleicht in einem der folgenden Releases noch behoben. So lange kann man sich mit dem Tooltip per Mouse over behelfen. (Wenn Sie in Ihrem SAP-Logon ein anderes Theme eingestellt haben, ist die Darstellung eventuell etwas präziser.) Die linke Schaltfläche dient dem Anzeigen der ausgewählten Herstellanweisung [F2] und die rechte von beiden deren Bearbeitung [F5].

Abbildung 6.33 Transaktion CO60 (Herstellanweisung suchen) – mehrere Funktionen mit gleicher Benennung

Mit einem Klick auf **Liste auffrischen** wird die Ergebnisliste neu selektiert, sodass neu hinzugekommene Herstellanweisungen mit angezeigt und veränderte entsprechend aktualisiert angezeigt werden. Wenn Sie nun nähere Informationen über verbundene Objekte einsehen möchten, gelangen Sie über das Menü **Mehr • Umfeld • Prozessauftrag** zur Übersicht über den dazugehörigen Prozessauftrag. Analog verhält es sich mit dem Menüpunkt **Mehr • Umfeld • Steuerrezeptmonitor** für den Absprung zur Übersicht der Steuerrezepte und dem Absprung zu den jeweiligen Prozessmeldungen über **Mehr • Umfeld • Meldungsmonitor**.

Status der SAP-Herstellanweisungen

Wie viele Objekte im SAP-System haben auch Herstellanweisungen einen *Status*, der Aufschluss darüber gibt, an welchem Punkt ihres Lebenszyklus sie sich gerade befinden. Der Status nimmt dabei Einfluss auf den zugeordneten Prozessauftragsstatus. Dort wird nach Erzeugen des Steuerrezepts für die Herstellanweisung der Zusatzstatus **SREZ** (Steuerrezept erzeugt) gesetzt. Je nachdem, ob die Herstellanweisung letztlich abgeschlossen oder verworfen wird, wird dieser Status dann durch **Sren** (Steuerrezept beendet) oder **SRvw** (Steuerrezept verworfen) ersetzt. Die Herstellanweisung selbst durchläuft diese Status:

- Den Status **neu** erhält sie, wenn sie ganz neu angelegt wurde und noch keine Bearbeitung stattgefunden hat.
- Den Status **in Bearbeitung** erhält sie, sobald erste Eingaben getätigt wurden.
- Der Status **abgeschlossen** wird gesetzt, wenn die bearbeitete Herstellanweisung abgeschlossen wird.
- Den Status **verworfen** erhält sie, wenn eine neu angelegte Herstellanweisung doch nicht ausgeführt werden soll.
- Der Status **abgebrochen** wird gesetzt, wenn bereits eine Bearbeitung vorlag, die Herstellanweisung dann aber doch nicht abgeschlossen werden soll.

Für den Status der Herstellanweisung gibt es nicht die typischen Abkürzungen, wie Sie sie aus dem Status von Fertigungs- oder Prozessauftrag kennen. Hier wird der Status wie in der oben gezeigten Liste ausgeschrieben.

Steuerrezept erzeugen

Wie Sie Hintergrundjobs für die Prozesskoordination einplanen können, sehen Sie in Abschnitt 6.2.6, »Hintergrundjobs«. Wenn Sie ein Steuerrezept manuell generieren wollen, können Sie dies aus der Transaktion COR2 heraus tun. Über den Menüpfad **Mehr • Prozessauftrag • Funktionen • Steuerrezept** können Sie das Steuerrezept erzeugen. (Sie können dies dort auch zunächst testen.) Wenn das Steuerrezept erfolgreich generiert wurde, erhalten Sie eine Erfolgsmeldung. Über das Fertigungssteuerungsprofil (Customizing-Transaktion OPKP), das Sie dem Material in der Sicht **Arbeitsvorbereitung** zuweisen können, können Sie zudem einstellen, dass das Steuerrezept automatisch mit der Freigabe des Prozessauftrags generiert wird. Abbildung 6.34 zeigt schematisch, in welchem Kontext das Steuerrezept erzeugt und gesendet wird. Über die Transaktion CO53XT gelangen Sie dann in den Steuerrezeptmonitor. Dort können Sie alle Steuerrezepte mit ihrem Status und gegebenenfalls je Datum, Empfänger oder je Auftrag gefiltert einsehen.

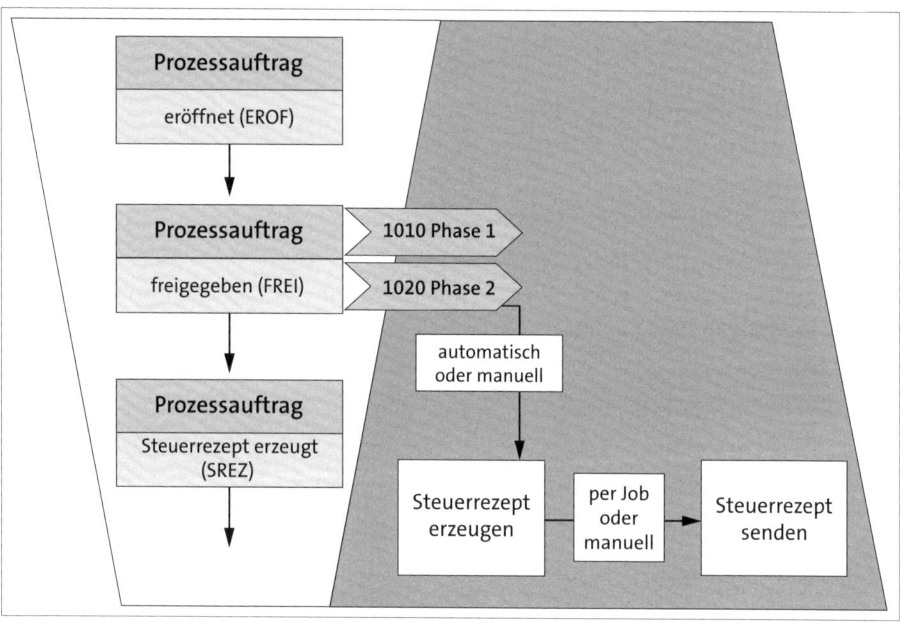

Abbildung 6.34 Erzeugung des Steuerrezepts bei der Auftragsfreigabe

Fehlerhafte Herstellanweisung erneut erzeugen

Beim Generieren des Steuerrezepts wird die Herstellanweisung mit erzeugt. Wenn Sie eine Herstellanweisung bereits gesendet haben, diese jedoch fehlerhafte Informationen beinhaltet, können Sie über die Transaktion CO67 (Arbeitsvorrat für Herstellanweisungen) eine neue Herstellanweisung erzeugen, um den Fehler zu beheben. Darüber können Sie sogar die Herstellanweisungen, die bereits abgeschlossen sind, anzeigen und löschen. Eine Erfolgsmeldung bestätigt die Löschung. Wenn dadurch Werte aus einer Prozessmeldung verloren gehen, können Sie eine neue Prozessmeldung manuell anlegen. Wählen Sie dazu im Anschluss die Transaktion CO57 aus, und geben Sie das entsprechende **Werk** sowie die **Prozessmeldungsart** an. Mit der Prozessmeldungsart PI_CRST können Sie mittels der Nummer des Prozessauftrags und der Nummer des zuvor gelöschten Steuerrezepts den Status dieses gelöschten Steuerrezepts auf **00007 Steuerrezept verworfen** setzen. Wenn Sie diese Eingabe speichern, wird eine neue Prozessmeldung angelegt. Über die Transaktion CO54XT geben Sie nun die Prozessauftragsnummer mit der Prozessmeldungsart PI_CRST ein und klicken auf **Weiter**. Sie benötigen nun die Nummer der neu angelegten Prozessmeldung. Geben Sie diese ein, und klicken Sie auf das Symbol (**Senden**). In der Transaktion CO53XT geben Sie als Nächstes das Werk, die Empfängeradresse und die Prozessauftragsnummer ein. Klicken Sie anschließend auf **Steueranweisungen/-rezepte**. Auf dem Steuerrezeptmonitor markieren Sie jetzt das Steuerrezept und löschen es. Der Status wird auf **Steuerrezept verworfen** gesetzt. Der Prozessauftrag erhält dadurch zunächst den Status **SRvw**. Nun können Sie wieder in die Transaktion COR2 zurückkehren und dort eine neue Herstellanweisung für den betroffenen Prozessauftrag erzeugen.

Chargenfindung

Verwendete Transaktionen

- MSC3N (Charge anzeigen)
- MBC3 (Chargensuchstrategie für Bestandsführung anzeigen)
- COB3 (Chargensuchstrategie für Prozess-/Fertigungsauftrag anzeigen)
- CT03 (Merkmal anzeigen)
- BMC3 (Selektionsklasse anzeigen)
- CU72 (Sortierregel anzeigen)
- MB56 (Chargenverwendung anzeigen)
- BMBC (Chargen-Cockpit)
- MB5M (MHD-Liste)
- QA07 (periodische Prüfungen von Chargen im QM)
- COEBR (Chargenprotokoll)

Für die Materialbereitstellung in der Prozessindustrie ist es oft wichtig, dass die korrekten Chargen der zu verwendenden Komponenten vorher gefunden werden. Speziell im Bereich der Lebensmittel- und Pharmaindustrie spielen Chargen eine sehr bedeutende Rolle, da hier verschärfte gesetzliche Anforderungen zur Chargenpflicht bestehen. Auch für die Materialmengenberechnung ist z. B. die korrekte Menge eines Alternativmaterials von den Klassifizierungskriterien der Charge abhängig. Über die *Chargenfindung* können Sie beim Erstellen oder beim Freigeben des Prozessauftrags Komponenten über diese Kriterien auswerten und so automatisch zur Entnahme ermitteln lassen.

Dies kann automatisch erfolgen oder manuell aus der Transaktion COR2 angestoßen werden. In der Transaktion COR2 wählen Sie dazu eine Komponente aus der Materialliste und klicken auf die Schaltfläche zur Chargenfindung. Wenn in der Transaktion COB3 zur Chargensuchstrategie das Kennzeichen **Dialog Chargenfindung** gesetzt ist, erscheint dann ein Anwendungsdialog, in dem Sie noch weitere manuelle Eingriffe vornehmen können. Ansonsten läuft die Chargenfindung im Hintergrund ab und stellt die gefundenen Chargen direkt in der Belegposition ein. Wenn im Prozessauftrag keine Chargenfindung eingestellt ist, kann diese auch noch über die Materialwirtschaft erfolgen. Zu guter Letzt gibt es auch immer noch die Option, die Komponenten erst retrograd zu entnehmen (und dann auch erst die verwendeten Chargen anzugeben), und auch dieser Vorgang kann manuell (z. B. über die Rückmeldung) oder automatisch oder über eine Prozessmeldung erfolgen.

Die Art der Chargenfindung ist ganz davon abhängig, welche Funktionen der Charge zukommen sollen. Generell kann eine Charge diese Aufgaben erfüllen:

- qualitative Materialklassifikation zur Abgrenzung nach Merkmalsausprägungen eines Materials
- Mindesthaltbarkeit für vergängliche Materialien
- Materialfindung anhand von definierten Kriterien
- Verwendungsnachweis über verwendete Komponenten
- Finden von Ersatzstoffen anhand definierter Kriterien
- Materialmengenberechnung für Komponenten
- Verfügbarkeitsprüfung der Komponenten (integriert)

Die Chargenfindung können Sie aus der Materialliste der Transaktion COR2 heraus für eine markierte Zeile der Komponenten über die Schaltfläche (**Chargenfindung durchführen**) manuell starten. Gemäß den Selektions- und Sortiervorgaben aus dem Customizing werden dann die gefundenen Chargen aufgelistet. Der Eintrag unter **Splitmenge** gibt Aufschluss über die Aufteilung der Bedarfsmengen auf die jeweiligen Chargen unter Berücksichtigung der Mengenverteilung und der maximalen Chargensplits aus dem Customizing. Die Angabe unter **Offene Menge** besagt, wie viele Bedarfe nicht gedeckt werden konnten. Wenn Sie diese Angaben in die Belegpositionen übernehmen, wird im Fall eines Chargensplits für jeden Split eine eigene Zeile angelegt.

Im Rahmen der Chargenfindung kann in der Prüfungssteuerung der Verfügbarkeitsprüfung auch eine automatische Prüfung nach ATP-Logik für Komponenten hinterlegt sein. Damit wird sichergestellt, dass Komponenten der Charge auch zum Bedarfstermin verfügbar sein werden. Abhängig vom Status des Prozessauftrags wird dann die im Materialstamm hinterlegte Prüfgruppe für eine Materialverfügbarkeitsprüfung herangezogen. Sie können auch aus der Sicht **Materialliste** der Transaktion

COR2 heraus eine Komponentenposition markieren und die Verfügbarkeitsprüfung manuell mit einem Klick auf die Schaltfläche (**Verfügbarkeit prüfen**) starten. Der **Bestätigungsvorschlag** zeigt Ihnen dann das Ergebnis. Über die Funktion **ATP-Mengen** sehen Sie darüber hinaus eine detailliertere Aufschlüsselung in der Sicht **Verfügbarkeitsübersicht**. Nach der Chargenfindung und Verfügbarkeitsprüfung kann die Materialbereitstellung erfolgen. Abbildung 6.35 zeigt die Materialliste aus dem verwendeten Beispiel. Sie sehen hier auch noch einmal die Aneinanderreihung der verschiedenen Schaltflächen.

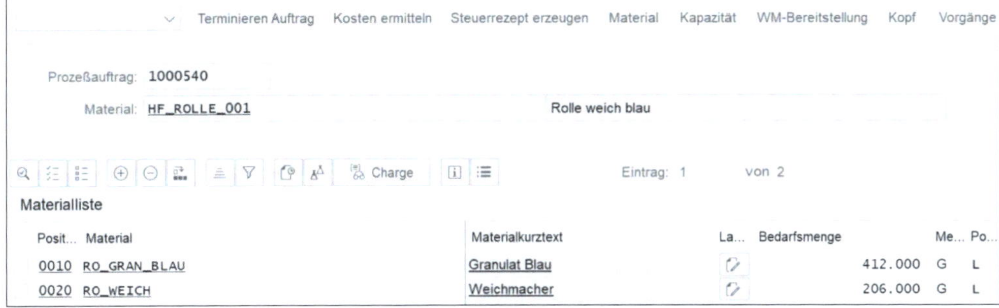

Abbildung 6.35 Transaktion COR2 (Prozessauftrag ändern) – Materialliste

Materialbereitstellung

Verwendete Transaktionen

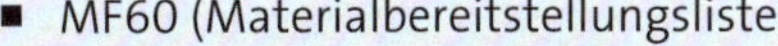

- MF60 (Materialbereitstellungsliste)
- COIK (Kommissionierliste)
- COR2 (Prozessauftrag bearbeiten)
- MIGO (Materialbelege und Warenbewegungen)

Mit der Auftragsfreigabe werden auch die Komponenten aus dem Lager angefordert. Die konkrete Ausprägung dieser Anforderung ist abhängig davon, ob Sie die Komponente MM (Lagerortebene) mit oder ohne zusätzliches Warehouse-Management-System (Lagerplatzebene) verwenden. Die *Materialbereitstellungsliste* können Sie über die Transaktion MF60 aufrufen. Über die Transaktion COIK wird die Selektion für die *Kommissionierliste* im Auftragsinfosystem aufgerufen. Hier können Sie z. B. die Komponenten zum Material oder zum Fertigungsauftrag auflisten lassen und kommissionieren.

Sie können die Komponenten per Kommissionierliste zum Prozessauftrag ausgeben lassen. Die Selektionsmöglichkeiten sind bei dieser Liste sehr ausgeprägt, sodass Sie eine sehr feine Auswahl der relevanten Ergebnisse realisieren können. Die Ergebnisliste zu einem Auftrag zeigt die Auftragsnummer, das jeweilige Komponentenmaterial, den Bedarfstermin sowie den Entnahmelagerort, die Charge, die Bedarfsmenge, die bereits entnommene Menge und die Mengeneinheit. Abbildung 6.36 zeigt beispielhaft einen Ausschnitt aus einer Kommissionierliste. Mit jedem Warenausgang wird die entnommene Menge größer.

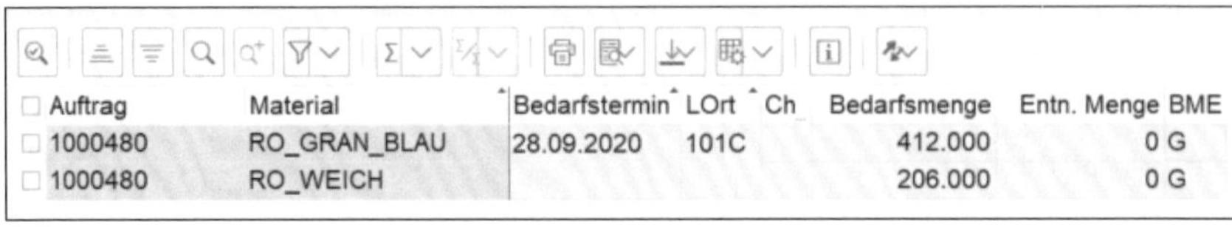

Auftrag	Material	Bedarfstermin	LOrt	Ch	Bedarfsmenge	Entn. Menge	BME
1000480	RO_GRAN_BLAU	28.09.2020	101C		412.000	0	G
1000480	RO_WEICH				206.000	0	G

Abbildung 6.36 Transaktion COIK (Kommissionierliste)

Die Ermittlung des Entnahmelagerorts kann über die Ressource, die Stücklistenposition, den Materialstamm, die Fertigungsversion oder die Chargenfindung erfolgen. Die Dispositionsgruppe zum Produkt gibt dabei darüber Auskunft, ob die Fertigungsversion für diese Bestimmung verwendet werden kann. Diese Stammdaten geben Aufschluss über den zu verwendenden Entnahmelagerort:

- Ressource: Produktionsversorgungsbereich
- Stücklistenposition: Produktionslagerort; Produktionsversorgungsbereich
- Materialstamm: Produktionslagerort; Produktionsversorgungsbereich
- Fertigungsversion: Entnahmelagerort; empfangender Lagerort
- Chargenfindung
- Rückmeldung per retrograder Entnahme: Bestandsfindung

Mit der Materialbereitstellung bahnt sich der Warenausgang der Komponenten an. Denn das bereitgestellte Material wird verbraucht, und das muss entsprechend in Beständen und Buchhaltung vermerkt werden.

Warenausgang

Der *Warenausgang* bildet den Verbrauch der Komponenten im Bestand ab. Es gibt hier verschiedene Möglichkeiten der Umsetzung. Wenn Sie im Customizing der betroffenen Ressourcen das automatische Buchen des Warenausgangs für Komponenten im Steuerschlüssel gesetzt haben, müssen Sie sich nicht manuell um die Ausführung kümmern. Auch bei der *retrograden Entnahme* geschieht die Warenausgangsbuchung bei der Rückmeldung anhand der rückgemeldeten Daten. Den Warenausgang können Sie außerdem über Prozessmeldungen anstoßen. Die Meldungsart hierfür ist PI_CONS. (Mehr Informationen hierüber finden Sie im folgenden Abschnitt 6.3.4, »Rückmeldung und Warenbewegungen«.) Wenn Sie den Warenausgang manuell buchen wollen oder müssen, können Sie dies über die Transaktion MIGO tun. Wählen Sie hier unterhalb der Menüleiste in den Drop-down-Feldern die Optionen **Warenausgang** und **Auftrag**, und geben Sie dann Ihre Auftragsnummer ein.

Zum angezeigten Beleg- und Buchungsdatum können Sie anschließend für die aufgelisteten Komponenten den Warenausgang erfassen. Wählen Sie dafür die Schaltfläche mit der fortlaufenden Nummer der gewünschten Komponente aus. Daraufhin finden Sie auf den Registerkarten im unteren Teil des Bildschirms die Detailinformationen zum Material (Registerkarte **Material**), zur zu buchenden Menge (Registerkarte **Menge**) und die Angaben zu Werk und Lagerort (auf der Registerkarte **Wo**). Die Standardangabe im Feld **Bewegungsart** ist Bewegungsart 261. Stellen Sie sicher, dass Sie alle Komponenten, die Sie buchen möchten, in der Positionsübersicht per Checkbox in der Spalte **OK** markiert haben. Mit einem Klick auf **Buchen** wird der Warenausgang vollzogen. Kapitel 4, »Diskrete Fertigung«, behandelt das Thema Warenausgang der Komponenten noch etwas ausführlicher.

Genehmigung

Wenn Ihr Auftrag zur Freigabe einer *Genehmigung* bedarf, dann haben Sie eine weitere Kontrollmöglichkeit in Ihrem Prozess, die Sie über die Transaktion COR1 oder COR2 umsetzen können. Dafür muss im Customizing des Prozessauftrags auf der Registerkarte **Stammdaten** der auftragsabhängige Parameter **Genehmigung erforderlich** gesetzt sein. Zu guter Letzt kann die berechtigte Person (z. B. ein Mitglied des Produktionsplanungsteams) die Genehmigung für den Prozessauftrag erteilen. Sprechen Sie hierfür mit der verantwortlichen Person für das SAP Berechtigungsmanagement, um die Rollen und Berechtigungen an die jeweiligen Anwenderinnen und Anwender zu übergeben. Im Menü über **Mehr • Prozessauftrag • Funktionen • Genehmigung** können Sie dann für den Auftrag eine Einzelgenehmigung erteilen oder auch zurücknehmen. Der Prozessauftrag bekommt dadurch den Status **GNE** (Genehmigung erteilt). Nach der Genehmigung sind keine Änderungen mehr an den Stammdaten erlaubt, ohne die Genehmigung vorher zurückzunehmen. Sie muss dann neu erteilt werden, bevor eine Freigabe möglich ist. Nach der Rücknahme hat der Auftrag den Status **GNZG** (Genehmigung zurückgenommen) und auch wieder **GNNE** (Genehmigung nicht erteilt). Ist die Genehmigung schließlich endgültig erteilt, kann der Prozessauftrag über das Menü mittels **Freigabe** freigegeben werden.

6.3.4 Rückmeldung und Warenbewegungen

Für die *Rückmeldung* in der Prozessfertigung gibt es verschiedene Möglichkeiten. Zum einen können Rückmeldungen über die Meldungen zu Herstellanweisungen von der Anwenderin bzw. dem Anwender aus der Fertigung oder über Prozessleitsysteme erfolgen. Zum anderen können auch automatische Rückmeldungen oder manuelle Rückmeldungen per Transaktion ausgeführt werden. Die Rückmeldung zum Prozessauftrag gibt dem System die Ist-Informationen zu Mengen, Zeiten, Leistungen und somit auch zu Kosten zurück. Damit kann im Reporting und in der Abrechnung die tatsächliche Verbrauchs- und Kostenlage mit den Plan-Daten abgeglichen und verbucht werden. Durch die Rückmeldung werden auch die Wareneingänge für die Erzeugnisse gebucht. Das nimmt Einfluss auf die Bestandführung und die Bewertung. Die Rückmeldung schließt den ausführenden Teil des Lebenszyklus eines Prozessauftrags ab. Nach der Endrückmeldung können die Abweichungsermittlung der Ist- zu den Plan-Daten und die Auftragsabrechnung erfolgen. Sofern noch keine Endrückmeldung (also für den gesamten Auftrag) vorliegt, kann über Teilrückmeldungen (zu einer Teilmenge des Auftrags) bereits ein Bild des Bearbeitungsfortschritts eines Prozessauftrags ermittelt werden. Auch in Teilrückmeldungen können Mengen, Zeiten und Leistungen erfasst werden, die dann gemäß der Vorgabe aus dem Customizing die Bedarfe abbauen und so z. B. eingeplante Kapazitäten wieder als verfügbar melden. Abbildung 6.37 zeigt, dass mit der Rückmeldung im Gesamtkontext des Plan-to-Produce-Prozesses die Auftragsdurchführung beendet ist und wir die abschließenden Aufgaben einläuten können.

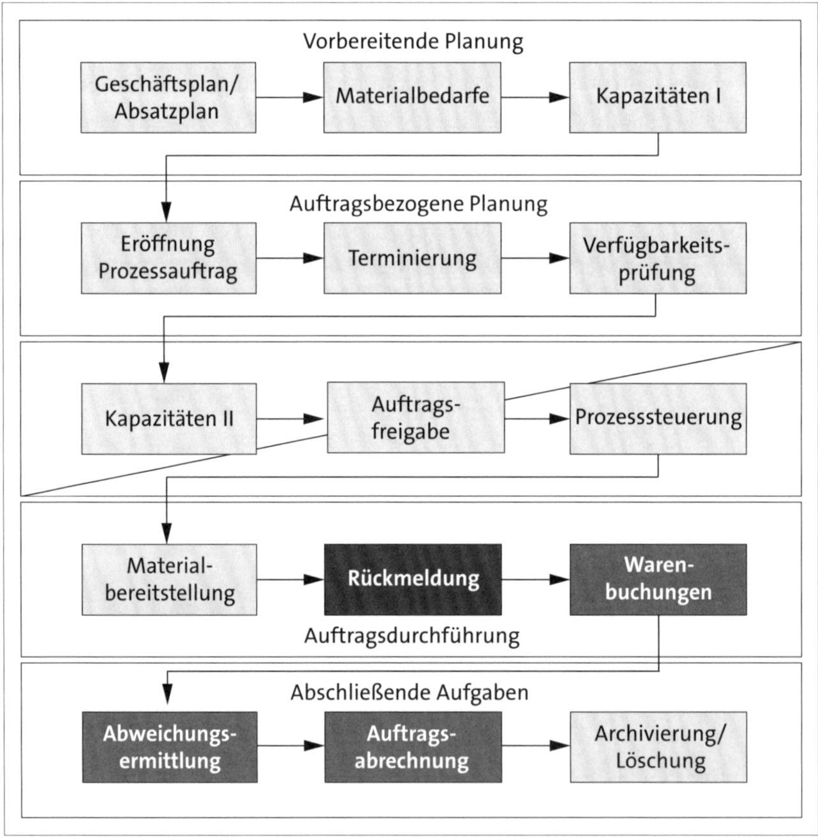

Abbildung 6.37 Gesamtprozess der Prozessfertigung – Rückmeldung

Rückmeldung erfassen

Verwendete Transaktionen

- CORK (Rückmeldung erfassen zum Auftrag)
- CORS (Rückmeldung stornieren)
- CORT (Rückmeldung anzeigen)
- CORR (Rückmeldungen per Sammelerfassung)
- COR6N (Lohn-Rückmeldeschein)
- CORZ (Rückmeldung zum Zeitereignis)
- OPK4 (Parameter der Auftragsrückmeldung definieren)
- OPK5 (Abweichungsursachen definieren)

Die Rückmeldung verläuft größtenteils vergleichbar zur Rückmeldung in der diskreten Fertigung. Es gibt jedoch eigene Transaktionscodes und die zusätzliche Möglichkeit, eine Rückmeldung zur Phase zu erfassen. Über die Transaktion CORK können Sie *Rückmeldungen zum Prozessauftrag* erfassen (siehe Abbildung 6.38). Dabei können Sie unter **Rückmeldeart** z. B. eine einfache Mengenrückmeldung als **Teilrückmeldung** oder eine **Endrückmeldung** erfassen. Das Kennzeichen **Ausbuchen Reservierungen** dient dem Löschen noch offener Reservierungen von Komponenten bei einer Endrückmeldung. Es ist außerdem möglich, eine Rückmeldung automatisch als Rückmeldung zu behandeln, sobald die rückgemeldete Menge größer oder gleich der Plan-Menge ist. Die Rückmeldeparameter pro Werk und Auftragsart sind hierfür die relevante Customizing-Einstellung (Customizing-Transaktion OPK4).

Abbildung 6.38 Transaktion CORK (Rückmeldung zum Prozessauftrag)

Im Bereich **Istdaten** geben Sie die gefertigte Menge (im Feld **Rück.Gutmenge**) sowie den Ausschuss (im Feld **Rück.Ausschuß**) auf Auftragsebene an. Bei einer Abweichung von den Plan-Mengen geben Sie zudem einen Grund für diese Abweichung an (**Abweich.Ursache**). Abweichungsursachen haben Sie zuvor über die Customizing-Transaktion OPK5 konfiguriert. (Weitere Informationen dazu können Sie in Kapitel 4, »Diskrete Fertigung«, nachlesen.) Auch ein von der Terminierung abweichendes Start- und Enddatum (in den Feldern **Start Durchführ.** bzw. **Ende Durchführ.**) kann hier erfasst werden. Dies ist die einfachste Art der Erfassung von Rückmeldungen. Je nach Customizing werden bei Teilrückmeldungen auch bereits Komponentenverbräuche und Leistungen per retrograder Entnahme verbucht. Das geschieht proportional zur rückgemeldeten Menge der Erzeugnisse oder gemäß vorgegebener Formeln. Ebenso können auch Kapazitätsbedarfe bei Teilrückmeldungen proportional oder formelbasiert abgebaut und vorzeitig frei werdende Ressourcen über eine eventuelle Neuterminierung der Kapazitätsbedarfe wieder verfügbar gemacht werden. Dies wird in den Stammdaten der Ressource und im Fertigungssteuerungsprofil sowie im Steuerschlüssel festgelegt. Lesen Sie hierzu weitere Informationen in Kapitel 3, »Stammdaten in der Produktion«, nach.

In der Transaktion CORK wird Ihnen angezeigt, wie hoch die bisher rückgemeldete Gut- und Ausschussmenge ausfällt und welche Mengen laut Prozessauftrag geplant sind. Bei einer Teilrückmeldung erhält der Prozessauftrag den Status **TRÜC** (Teilrückgemeldet). Eine Endrückmeldung hingegen setzt den Status **RÜCK** (Endrückgemeldet), der für nachgelagerte Prozesse einen wichtigen Schritt im Lebenszyklus des Prozessauftrags darstellt. Wenn ein Auftrag endrückgemeldet wird und keine weiteren Wareneingänge zu erwarten sind, wird der Status **GLFT** (Geliefert) gesetzt. Über die Funktion **Warenbewegungen** können Sie aus der Transaktion CORK in eine Übersicht der offenen Warenbewegungen der Komponenten zum Auftrag abspringen. Im Feld **Menge** steht dabei die noch zu verbrauchende Menge (bei retrograder Entnahme), während im Feld **Bedarfsmenge** die ursprünglich eingeplante Bedarfsmenge steht. In den Parametern zur Rückmeldung (Customizing-Transaktion OPK4) können Sie bei **Warenbewegungen** das Kennzeichen **Alle Komponenten** setzen, um sich hier alle Komponenten unabhängig von der Entnahmeart anzeigen zu lassen. Wenn Sie keine retrograde Entnahme für die Komponente vorgesehen und das Kennzeichen nicht gesetzt haben, ist hier auch keine Mengenangabe für die Komponente hinterlegt. Sie können auch weitere Einträge für Komponenten hier hinzufügen, wenn Sie diese außerplanmäßig zum Auftrag verbraucht haben.

Einstellung der retrograden Entnahme

Damit ein Material retrograd entnommen werden kann, müssen Sie dies entweder im Materialstammsatz (auf der Sicht **Disposition 2** im Feld **Retrogr. Entnahme**), in der Ressource oder im Planungsrezept erlauben. Im Materialstammsatz ist die Einstellung dann sinnvoll, wenn Sie ein Material immer retrograd entnehmen wollen. Im Planungsrezept dagegen bedeutet die Einstellung, dass Sie ein Material nur manchmal retrograd entnehmen wollen. Nämlich immer dann, wenn ein bestimmtes Planungsrezept Verwendung findet. Das System kontrolliert dabei zunächst die Einstellung im Planungsrezept und dann im Materialstamm. Sie können im Materialstamm aber auch angeben, dass die retrograde Entnahme über die Ressource des jeweiligen Vorgangs/der jeweiligen Phase bestimmt wird. Dann wird z. B. an einer Ressource, die dafür vorgesehen ist, retrograd entnommen, während diese Funktion an anderen Ressourcen nicht zur Verfügung steht. Im Prozessauftrag kann diese Einstellung (retrograde Entnahme ja oder nein) noch einmal manuell angepasst werden, solange noch keine Entnahmebuchungen für die Komponente vorliegen.

Sie haben zudem die Möglichkeit, über den Menüpfad **Mehr • Rückmeldung • Stornieren** eine bereits erzeugte Rückmeldung wieder zu stornieren. Sie werden dann in die Transaktion CORS zur Stornierung weitergeleitet.

[«]

Verwendung von SAP-Fiori-Apps statt Prozessmeldungen

Rückmeldungen lassen sich hervorragend über SAP-Fiori-Apps umsetzen. Da die SAP-Fiori-Apps browserbasiert laufen (ebenso wie manche Herstellanweisungen) und bestens für den mobilen Einsatz geeignet sind, werden diese Apps mit entsprechender Umrüstung die meisten Prozessmeldungen aus den bisher verwendeten Herstellanweisungen nach und nach ersetzen können.

Herstellanweisungen abschließen

Wenn alle erforderlichen Eingaben getätigt und alle Prozessmeldungen erfolgreich versendet wurden und die Bearbeitung einer Herstellanweisung abgeschlossen werden soll, muss festgelegt sein, ab wann eine Herstellanweisung als abgeschlossen gilt. Üblicherweise kann man dafür im Menü der Herstellanweisung die Funktion **Abschließen** verwenden. Es gibt aber auch die Option, über das Customizing zum Steuerrezeptempfänger zu hinterlegen, dass eine Herstellanweisung automatisch abgeschlossen wird, wenn diese final mittels einer digitalen Signatur unterzeichnet wird. Durch das Abschließen der Herstellanweisung wird im Prozessauftrag der Status **Sren** (Steuerrezept beendet) hinzugefügt. Folgende Transaktionen können Sie zur Suche und Bearbeitung von Herstellanweisungen verwenden:

- CO60 und CO60XT (Herstellanweisung suchen)
- CO55 (Arbeitsvorrat bearbeiten)
- CO64 (Arbeitsvorrat abschließen)
- CO67 (Arbeitsvorrat prüfen)

Wenn eine Herstellanweisung nicht zu Ende bearbeitet werden soll, kann sie im Menü (Transaktion CO60 oder CO60XT) über die Funktion **Herstellanweisung verwerfen** unwirksam gemacht werden, bevor sie bearbeitet wurde. Ist bereits eine Bearbeitung erfolgt, muss die Herstellanweisung ebenfalls aus dem Menü heraus abgebrochen werden. Der Status **SRvw** (Steuerrezept verworfen) wird dann im Prozessauftrag hinzugefügt. Das Steuerrezept kann nun erneut erzeugt werden.

Chargenverwendung

Die Verwendung der einzelnen Chargen können Sie sich über die Transaktion MB57 (Chargenverwendung aufbauen) anzeigen lassen. Abbildung 6.39 zeigt beispielhaft einen Ausschnitt einer Chargenverwendungstabelle. Sie sehen hier in den einzelnen Spalten für **Werk**, **Material** und **Charge** den zugehörigen Auftrag oder Einkaufsbeleg sowie den Materialbeleg, der für die Wareneingangs- oder Warenausgangsbuchung verwendet wurde. Auch sehen Sie die Menge, die ab- oder zugegangen ist. Mit der Materialbelegnummer können Sie sich bei Bedarf alle Details zur Warenbewegung über die Transaktion MIGO (**Anzeigen • Materialbeleg**) anzeigen lassen.

Chargenverwendungstabelle aufbauen

Neu erzeugte Chargenverwendungssätze: 0
Vorhandene Chargenverwendungssätze: 49

Werk	Material	Charge	Auftrag	Einkaufsbeleg	Materialbeleg	MJahr	Menge Ein
1010	HF_ROLLE_001	0000000019			4900001532	2020	2.000 ST
	HF_ROLLE_001	0000000019	700060		4900001552	2020	1.200- ST
	HF_ROLLE_001	0000000019	700060		4900001553	2020	40- ST
	HF_ROLLE_001	0000000019	700060		4900001554	2020	200 ST
	HF_ROLLE_001	0000000019	700060		4900001555	2020	120- ST
	HF_ROLLE_001	0000000019	700060		4900001557	2020	120 ST

Abbildung 6.39 Transaktion MB57 (Chargenverwendungstabelle)

Prozessmeldungen

Verwendete Transaktionen

- CO57 (Prozessmeldung manuell anlegen)
- CO69 (Prozessmeldung automatisch anlegen)
- CO54XT (Prozessmeldungsmonitor)

Für die Rückmeldung von Prozessdaten zu einem Prozessauftrag können auch *Prozessmeldungen* verwendet werden. Diese haben eine Integration in die Geschäftsbereiche der Materialwirtschaft, Produktion und Qualitätssicherung und werden somit konsistent verarbeitet. Es gibt bereits im SAP-Standard eine Auswahl an vordefinierten Meldungsarten mit dazu passenden Meldungsempfängern, um diese Meldungen auch adäquat zu verarbeiten. Tabelle 6.2 zeigt eine Auswahl der betriebswirtschaftlichen Vorgänge, die über die jeweiligen Meldungsarten und Empfänger abgedeckt werden (siehe das SAP Help Portal).

Betriebswirtschaftlicher Vorgang	Meldungsart	Empfänger
Buchen eines Warenausgangs	PI_CONS	PI04
Buchen eines Wareneingangs	PI_PROD	PI03
Anlegen von Chargen	PI_BT_CR	PI14
Bewerten von Chargenmerkmalen	PI_BT_CL	PI14
Rückmelden von Prüfergebnissen an das Qualitätsmanagement	PI_QMSMR	PI06
Rückmelden von Zeitereignissen zu den Phasen eines Prozessauftrags	PI_PHSTPI_PHACT	PI05PI11
Rückmelden von Zeitereignissen zu den Sekundärressourcen eines Prozessauftrags	PI_SRSTPI_SRACT	PI05PI11
Aktualisieren des Benutzerstatus eines Vorgangs oder einer Phase im Prozessauftrag	PI_OPUSTPI_PHUST	PI10
Aktualisierung des Steuerrezeptstatus	PI_CRST	PI02
Aktualisieren der Auftragsstatus gemäß dem Steuerrezeptstatus	PI_CRST	PI09
Lohnscheinrückmeldung zu den Phasen eines Prozessauftrags	PI_PHCON	PI15
Lohnscheinrückmeldung zu den Sekundärressourcen eines Prozessauftrags	PI_SRCON	PI15
Rückmelden von Instandhaltungsdaten an die Instandhaltung	PI_PMMD	PI16
Buchen von Materialflüssen zwischen Prozessaufträgen	PI_MFLOW	PI12

Tabelle 6.2 Prozessmeldungen mit entsprechenden Meldungsarten und Empfängern

Prozessmeldung erzeugen

Eine Prozessmeldung kann von einer Herstellanweisung oder einem externen Prozessleitsystem automatisch angelegt werden. Über die Transaktion CO69 (Prozessmeldung automatisch anlegen) können Sie Kriterien definieren, bei deren Erfüllung automatisch Prozessmeldungen ausgelöst werden. Der Auslöser kann ein Ereignis oder schlicht ein Zeitintervall sein. In Ausnahmesituationen kann es jedoch vorkommen, dass Prozessmeldungen manuell erzeugt werden müssen. Hier verwenden Sie dann die Transaktion CO57 (Prozessmeldung manuell anlegen). Dort tragen Sie das Werk und die Prozessmeldungsart ein und pflegen die Werte im darauffolgenden Bild. Im Prozessmeldungsmonitor, von wo aus sie versendet werden können, werden die manuell angelegten Prozessmeldungen schließlich angezeigt. Auch bei der Pflege von Eingabefeldern in einer Herstellanweisung kann das Ergebnis per automatisch erzeugter Prozessmeldung an das SAP-System zurückgesendet werden. Um Prozessmeldungen zu testen, gibt es die Möglichkeit, diese im Testmodus zu erzeugen. Dann werden sie nicht an Empfänger zur Weiterverarbeitung gesendet und stattdessen nur simuliert.

Der Monitor für Prozessmeldungen (Transaktion CO54XT) ermöglicht die Kontrolle und Verarbeitung der Prozessmeldungen. Aus dem Monitor heraus können Meldungen versendet, geändert und auch gelöscht werden. Hier wird schnell deutlich, ob die Meldungen beim Empfänger angekommen sind oder ob Fehler vorliegen und in welchem Verarbeitungsstatus sich die Meldungen befinden. Die Prozessmeldungsprotokolle geben detaillierten Aufschluss. Dabei können Details zu Inhalt und Struktur sowie zum Protokoll eingesehen werden. Die Anzeige der Informationen kann als Liste von Meldungen oder als Detailbild zu einer Meldung erfolgen. Wie auch bei einer gewöhnlichen Rückmeldung können Prozessmeldungen Felder zur Rückmeldung von Mengen, Leistungen und vielen weiteren Daten verwenden. Auch die Buchung von Warenbewegungen wie der Wareneingang der Erzeugnisse und der Warenausgang retrograd entnommener Komponenten ist durch Prozessmeldungen möglich. Tabelle 6.2 zeigte bereits eine Auswahl möglicher Funktionen. Bei der Konfiguration von Herstellanweisungen und Prozessmeldungen können aber auch Schaltflächen implementiert werden, die einen Absprung in Funktionen der Qualitätsprüfung ermöglichen. Dadurch können Prüfungen ausgeführt und Prüfergebnisse erfasst werden. Die Prozessmeldung kann dafür auch automatisch erfasste Werte zurückgeben und somit der Kontrolle und Überwachung automatisierter Prozessfertigungsschritte dienen.

Prozessmeldungen automatisch anlegen

Über die Transaktion CO69 wird definiert, unter welchen Bedingungen Prozessmeldungen automatisch angelegt werden. Hierfür werden Varianten konfiguriert, die bei einem auslösenden Ereignis oder in einem vorgegebenen Zeitintervall das Erzeugen einer zu hinterlegenden Prozessmeldungsart starten. In der Transaktion sehen Sie dabei zunächst eine Übersicht der automatisiert startenden Meldungen mit deren Variantennamen und beschreibenden Kurztexten. Der Inhalt des Felds **Status** gibt dabei an, ob die Meldung aktiv oder angehalten ist. Im Feld **Variantenname** tragen Sie den Schlüssel für die Variante ein, während Sie im Feld **Kurztext** möglichst treffend den Zweck dieser Variante beschreiben sollten. Bei **Startbedingung** können Sie zwischen **Ereignisgesteuerter Start**, **Periodischer Start**, **Manueller Einzelstart** und **Start** nicht erlaubt wählen. Wenn Sie den periodischen Start einstellen, müssen Sie noch eine Periode in Minuten, Stunden, Tagen oder Wochen vorgeben. Beim ereignisgesteuerten Start muss entsprechend ein Ereignis aus dem Repository hinterlegt werden. Nutzen Sie die [F4]-Hilfe, um die verfügbaren Ereignisse zu selektieren. Bei der Einstellung **Start nicht erlaubt** wird die Variante zwar angelegt, aber nicht ausgeführt.

Bei **Meldungsart** geben Sie vor, welche Prozessmeldung Sie erzeugen wollen. Über das Kennzeichen **Testzwecke** kann noch eine Simulation statt einer tatsächlichen Verarbeitung realisiert werden. Wenn Sie die Meldungsart angegeben haben und die Variante mit einem Klick auf **Sichern** speichern, werden die Prozessmeldungsmerkmale geladen, die Sie nun je nach Einstellung in der Prozessmeldungsart bewerten können oder (wenn obligatorisch) müssen.

Zurück in der Übersicht können Sie nun Ihre Prozessmeldung markieren und über die Funktion **Starten** gemäß den eingestellten Vorgaben in Betrieb nehmen. Dadurch wird automatisch ein Hintergrundjob angelegt. Sollten nicht alle obligatorischen Merkmale korrekt eingestellt sein oder andere Fehler vorliegen, wird die Variante zwar als Job angelegt, aber aufgrund eines Fehlers nicht korrekt ausgeführt. Über die Funktion **Protokoll** können Sie dann zum jeweiligen Eintrag die Historie und die Status der vergangenen Jobläufe einsehen. Diese Historie bleibt so lange erhalten, wie Sie es in der Variante eingestellt haben. Wenn Sie die Variante wieder ändern möchten, müssen Sie diese dafür zunächst anhalten. Abbildung 6.40 zeigt einen Ausschnitt der Transaktion CO69 zum automatischen Anlegen von Prozessmeldungen mit den beschriebenen Funktionen und Feldern.

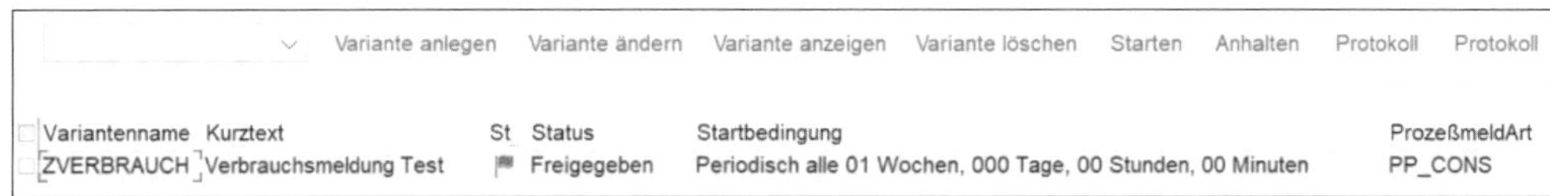

Abbildung 6.40 Transaktion CO69 (automatisches Anlegen von Prozessmeldungen)

Prozessmeldungsmonitor

Mit der Transaktion CO54XT gelangen Sie in den *Prozessmeldungsmonitor*. Hier haben Sie alle Informationen zu den erzeugten Prozessmeldungen. Sie können verschiedene Selektionskriterien eingeben und sich alle dazu relevanten Prozessmeldungen anzeigen lassen. Das Feld **Werk** ist dabei obligatorisch zu befüllen. Darüber hinaus können Sie den zu betrachtenden Zeitraum der Erstellung der Prozessmeldung für die Selektion und den Status der anzuzeigenden Meldungen eingrenzen. Das ermöglicht eine gute grobe Filterung der Masse an existierenden Meldungen. Nicht umsonst gibt es das Feld **Max Anz. d. Meldungen**, das eine Maximalanzahl der Treffer vorgibt, bei der die Selektion beendet und nur die angegebene Anzahl an Ergebnissen ausgegeben wird. Das Feld setzt das Limit initial bei »500« Meldungen. Erfahrungsgemäß ist eine deutlich größere Menge auch nicht zielführend, zumal sehr viele Informationen geladen und mit menschlichem Auge ausgewertet werden müssten. Da lohnt es meist, die Selektionskriterien noch einmal zu überdenken und gezielter zu suchen. Wenn es noch gezielter sein soll, können Sie auch nach Absender (aus der Transaktion CO69) und Auftrag (per Auftragsnummer) suchen und die Ergebnisse zusätzlich über das Feld **Prozeßmeldungsart** eingrenzen.

Die Ergebnisliste zeigt die gemäß den Selektionskriterien relevanten Ergebnisse in einer Tabelle. Gleich im ersten Feld gibt ein Symbol Aufschluss über den Status der Meldung. Die möglichen Symbole sind (**zu versenden**), (**gesendet**) und (**abgebrochen**). Sie sehen hier auch neben dem Werk und der Meldungsnummer, um welche Prozessmeldungsart es sich handelt, wer sie wann angelegt hat und ob es sich um einen Test handelt. Auch der zugehörige Prozessauftrag wird direkt mit angegeben. Per Doppelklick auf eine Zeile gelangen Sie in die Detailansicht und mit der Taste F3 wieder zurück. Der Monitor bietet Ihnen dabei diese Funktionen:

- Anzeige der existierenden Meldungen und deren Verarbeitungsstatus
- Anzeige des ausführlichen Meldungsprotokolls
- Anzeige des Protokolls der transaktionalen RFC-Verbuchungen
- Anzeige der Meldungsinhalte
- Ändern von Meldungen (solange sie noch nicht versendet wurden)
- Versenden von Meldungen
- Starten des Sendejobs für alle noch zu versendenden Meldungen des Werks
- Löschen von Meldungen

Nun wurden die Informationen aus der Fertigung an das SAP-System zurückgegeben. Diese Informationen sind im Rahmen der Warenein- und Warenausgänge bereits in der Buchhaltung und der Bestandsführung verbucht worden. Doch es gibt auch noch nachgelagerte Prozesse, die die Informationen aus der Fertigung verarbeiten. Diese beschreiben wir im nächsten Abschnitt.

6.3.5 Nachgelagerte Prozesse

Verwendete Transaktionen

- COR2 (Prozessauftrag ändern)
- COAC (Auftragsarchivierung)

Nachdem der Prozessauftrag vollständig endrückgemeldet wurde, kann der Auftragsabschluss abgewickelt werden. Dazu gehört die Abweichungsermittlung. Hier werden Plan- und Ist-Daten verglichen und Abweichungen ermittelt. Auch die Auftragsabrechnung, die den Prozessauftrag entlastet und die Kosten und Werte der Erzeugnisse in die Ergebnisrechnung einfließen lässt, ist Teil der finalen Auftragsabwicklung. Der Prozessauftrag als Kostenträger übergibt hier sozusagen seine Werte an die Finanzbuchhaltung und das Controlling. Wenn eine Rückverfolgbarkeit der Materialien notwendig ist, können zudem ein Chargenprotokoll und ein Auftragsprotokoll angelegt werden. Der Auftrag wird schließlich abgeschlossen, und gemäß den je Auftragsart vorgegebenen Residenzzeiten wird dann das Löschkennzeichen gesetzt und die Archivierung ausgeführt.

Abweichungsermittlung

Die *Abweichungsermittlung* verwendet den Prozessauftrag als Basis der Auswertung. Die Ergebnisse können mit der Auftragsabrechnung an die Ergebnis- und Marksegmentrechnung (CO-PA) übergeben werden. Mit dieser Durchführung erhält der Prozessauftrag den Status **ABWE** (Abweichungen ermittelt). Bei der Abweichungsermittlung werden diese Werte miteinander verglichen:

- Soll-Kosten im Vergleich zu den (bereinigten) Ist-Kosten eines Auftrags
- Belastung durch Kosten zum Auftrag und Entlastung durch Wareneingangsbuchungen zum Auftrag
- Ermittlung und Bewertung der Ausschussabweichung
- Ermittlung von Produktionsabweichungen
- Ermittlung von Dispositionsabweichungen
- Zuordnung der Abweichungen in Kategorien
- Ableitung der Entstehung von Abweichungen

Über die Abweichungsermittlung können Rückschlüsse auf die Qualität der vorausgegangenen Planung gezogen werden. Abweichungen können durch veränderte Preise oder gar einen gänzlich veränderten Materialeinsatz auf der Einsatzseite entstehen. Demgegenüber steht die Verrechnungsseite, auf der falsche Berechnungen oder falsche Annahmen als Berechnungsbasis als Ursache für eine Abweichung der Ist- von den Plan-Daten infrage kommen.

Auftragsabrechnung

Die *Auftragsabrechnung* und die Abweichungsermittlung werden in der Regel vom Controlling konfiguriert und im Rahmen der Kostenträgerrechnung periodisch als Hintergrundjobs ausgeführt. Nach Abschluss der Abrechnung der Ist-Kosten wird der Prozessauftrag entlastet und der Saldo auf null gebracht. Gesteuert wird dies über das Abrechnungsprofil. Das Verrechnungsschema ordnet dabei die Kosten der Belastungskostenart (also den Prozessauftrag) der Entlastungskostenart (also dem Kostenempfänger) zu. Differenzen werden auf entsprechende Differenzkonten gebucht oder korrigieren den Verrechnungspreis.

Abschluss des Prozessauftrags

Das Abschließen des Prozessauftrags geschieht wie beim Fertigungsauftrag in der diskreten Fertigung über den Auftragsstatus. Aus der Transaktion COR2 heraus können Sie zu diesem Zweck den Status **TABG** (technisch abgeschlossen) oder **ABGS** (abgeschlossen) setzen. Folgen Sie dafür dem Menüpfad **Mehr • Prozessauftrag • Funktionen • Bearbeitung einschränken • Abschließen/Technisch abschließen**. Der gesetzte Status kann über den gleichen Menüpfad wieder zurückgenommen werden. Natürlich kann das Setzen der Status auch an vorausgegangene betriebswirtschaftliche Vorgänge oder Ereignisse gekoppelt werden, sodass der jeweilige Status automatisch gesetzt wird. Die jeweiligen Status erklären wir nun noch einmal genauer.

Prozessauftrag technisch abschließen (Status TABG)

Der Status **TABG** (technisch abgeschlossen) beendet den Prozessauftrag im logistischen Kontext. Dafür dürfen keine Steuerrezepte mehr in Bearbeitung sein. Das Setzen des Status hat diese Auswirkungen:

- Der Auftrag wird nicht mehr für die Disposition berücksichtigt.
- Bestehende Reservierungen werden gelöscht.
- Bestehende Kapazitätsbedarfe werden gelöscht.
- Bestehende Bestellanforderungen werden gelöscht.
- Auftrag und Vorgänge erhalten den Status **TABG**.
- Auftrag und Vorgänge können nicht mehr geändert werden (es sei denn, der Status wird dafür vorübergehend zurückgenommen).
- Warenbewegungen und Rückmeldungen sind noch möglich, da sich noch letzte Erzeugnisse im Fertigungsprozess befinden können.

Der Status **TABG** lässt sich über die Transaktion COR2 (Prozessauftrag ändern) manuell wieder zurücknehmen.

Prozessauftrag abschließen (Status ABGS)

Damit der Status **ABGS** (abgeschlossen) gesetzt werden kann, muss ein Auftrag zunächst den Status **FREI** (freigegeben) oder **TABG** (technisch abgeschlossen) haben. Zudem muss anders als beim Setzen des **TABG**- für den **ABGS**-Status sichergestellt sein, dass keine Rückmeldungen mehr erfolgen, der Auftragssaldo null beträgt und keine offenen Bestellanforderungen, Bestellungen oder Obligos mehr bestehen. Erst dann können Sie den Auftrag abschließen, ohne dass der Status für spätere Korrekturen wieder zurückgenommen werden muss. Ist der Status gesetzt, bewirkt das Folgendes:

- Es können keine weiteren Kosten gebucht werden.
- Rückmeldungen sind nicht mehr gestattet.
- Warenbewegungen sind nicht mehr gestattet.

- Auftrag und Vorgänge erhalten den Status **ABGS**.
- In einem Auftragsnetz vererbt sich dieser Status auch auf untergeordnete Aufträge.
- Auftrag und Vorgänge können nicht mehr geändert werden (es sei denn, der Status wird dafür vorübergehend zurückgenommen).
- Die Löschvormerkung kann gesetzt werden.

Der Status **ABGS** (abgeschlossen) lässt sich über die Transaktion COR2 (Prozessauftrag ändern) manuell wieder zurücknehmen.

Archivierung/Löschung

Ein Prozessauftrag trägt umfangreiche Informationen in sich und benötigt somit verhältnismäßig viele Datenbankressourcen. Aus diesem Grund legt man eine Zeitspanne fest, die zur Aufbewahrung der Aufträge gilt. Nach Ablauf dieser Frist (*Residenzzeit*) werden die abgeschlossenen Prozessaufträge archiviert und gelöscht.

Die Residenzzeiten werden im Customizing zur Auftragsart definiert. Bevor ein Auftrag gelöscht werden kann, muss er einige Bedingungen erfüllen. Er muss die Status **GLFT** (geliefert) und **ABGS** (abgeschlossen) vorweisen, damit man ihn zum Löschen vormerken kann. Damit erhält er den Status **LÖVM** (Löschvormerkung). In der Transaktion COR2 folgen Sie dafür dem Menüpfad **Mehr • Prozessauftrag • Funktionen • Löschvormerkung • Setzen**. Nun kann nach Ablauf der ersten Residenzzeit das *Löschkennzeichen* gesetzt werden, womit der Auftrag den Status **LÖKZ** (Löschkennzeichen) erhält. Nach Ablaufen der zweiten Residenzzeit wird der Auftrag dann archiviert und aus der Datenbank gelöscht.

Löschen und Archivieren sind einzeln oder als Massenverarbeitung möglich. In der *Auftragsarchivierung* (Transaktion COAC) können Sie über eine Selektionsvariante Prozessaufträge auswählen, die dann automatisiert im Hintergrund mit Löschvormerkung oder Löschkennzeichen versehen und schließlich nach der verstrichenen Residenzzeit auch archiviert werden sollen. Durch eine Retrieval-Funktion können bereits gelöschte und archivierte Aufträge wieder angezeigt werden. Es ist jedoch nicht möglich, diese Daten automatisiert zurück in das System zu übertragen.

Kapitel 7
Absatz- und Produktionsgrobplanung

Die Balance zwischen der betriebswirtschaftlichen Absatzoptimierung und der Produktionskapazität unter Berücksichtigung der gegebenen Rahmenbedingungen ist das Einsatzgebiet der Absatz- und Produktionsgrobplanung (engl. Sales and Operations Planning, SOP). Ziel ist es, einen realistischen Produktionsplan für die mittlere und lange Frist zu erstellen.

SAP Integrated Business Planning (IBP) ist eine neue SAP-Cloud-Lösung für die unternehmensweite Planung und Optimierung von Geschäftsprozessen. Es integriert Funktionen für Bedarfsplanung, Bestandsoptimierung und Lieferkettenmanagement.

IBP soll die älteren Lösungen im Bereich Sales and Operations Planning (SOP) ersetzen. Dieses Kapitel bietet eine kurze Einführung in IBP. Gleichzeitig werden die noch nutzbaren älteren Werkzeuge behandelt, um deren Anwendungsmöglichkeiten darzustellen.

[+]

Weiterführende Literatur

Wenn Sie sich auf das Thema SAP Integrated Business Planning for Supply Chain spezialisieren möchten, können wir Ihnen ein Werk empfehlen, das mit über 600 Seiten Fachwissen alle Fragen beantworten kann: »SAP Integrated Business Planning« (Rheinwerk Verlag 2020).

Die Planungswerkzeuge der Absatz- und Produktionsgrobplanung (*Standard-SOP* und *flexibles SOP*) bieten die Möglichkeit, die Mengen für die zu verkaufenden Produktarten für einen mittel- bis langfristigen Planungshorizont zu berechnen. Hierfür können historische Absatzzahlen als Ergänzung zur Ergebnisplanung für die Berechnung der neuen Absatzmengen herangezogen werden. Die in der Absatzplanung bestimmten zukünftigen Mengen der Produkte berücksichtigen noch keine vorhandenen Bestände oder verfügbaren Kapazitäten, dies folgt erst in der Produktionsgrobplanung. Man kann so über verschiedene Was-wäre-wenn-Analysen den Absatz und die Produktion simulieren und den letztlich für optimal befundenen Stand der zu erzeugenden Materialbedarfe für die Erzeugnisse an die Materialbedarfsplanung weitergeben.

In diesem Kapitel wollen wir die einzelnen Schritte zur Konfiguration und Durchführung der Absatz- und Produktionsgrobplanung vorstellen und erklären.

[»]

Lauffähigkeit von SOP auf einem SAP-S/4HANA-System

Die Verwendung von SOP ist in SAP S/4HANA weiterhin möglich. Das im System integrierte und bereits aus SAP ERP bekannte SOP ist jedoch nicht mehr als primäres Werkzeug in diesem Bereich vorgesehen. Für diesen Zweck ist nun SAP IBP das bevorzugte Tool von SAP.

Mit dem Release SAP S/4HANA 2020 wurden erste standardisierte Schnittstellen zur Cloud-Lösung SAP IBP eingeführt. Während die Implementierung damals vielerorts noch diskutiert wurde, ist SAP IBP heute bereits weit verbreitet. Es kann sein, dass Ihr SAP-S/4HANA-System zunächst einen Fehler erzeugt, wenn Sie eine Planung im Sinne des »alten« SOP anlegen möchten (Meldung: »Internal error: 047 in routine Planning Coding«). In diesem Fall sollte Ihr IT-Support den SAP-Hinweis 2695838 (Syntax Error in Generated Program MMCP6xyz) implementieren, um die benötigten Transaktionen lauffähig zu bekommen. SAP-Hinweise finden Sie über diesen Link: *https://launchpad.support.sap.com/*.

7.1 SAP Integrated Business Planning for Supply Chain

SAP bietet mit SAP Integrated Business Planning for Supply Chain eine umfassende, cloudbasierte Lösung für Absatz- und Produktionsplanung an. Dieser integrierte Ansatz ermöglicht eine transparente Datenverfolgung über alle End-to-End-Prozesse hinweg. Bei der Nutzung von SAP IBP for Supply Chain im SOP-Kontext werden kundeneigene Entwicklungen, Erweiterungen und Modifikationen des alten SOP nicht mehr berücksichtigt und sind somit unwirksam. Dennoch sprechen die vielfältigen Analysemöglichkeiten, das moderne Design und die erheblich verbesserten Reporting-Funktionen deutlich für eine Umstellung. Die neue SOP-Lösung von SAP ist Bestandteil der Cloud-Lösung *SAP Integrated Business Planning for Supply Chain*. Diese beinhaltet insgesamt sechs Module:

- Absatz- und Produktionsplanung, engl. Sales and Operations Planning (S&OP)
- Prognosen und Bedarfssteuerung; engl. Forecast and Demand Management
- Bestandsplanung und -optimierung; engl. Inventory Management and Optimization
- Reaktions- und Beschaffungsplanung; engl. Response and Supply Planning
- Bedarfsorientierte Wiederbeschaffung; eng. Demand-driven replenishment
- Steuerung der Logistikkette; engl. Supply Chain Visibility via Supply Chain Control Tower

Mit der Komponente zur Steuerung der Logistikkette (bereitgestellt durch den *SAP Supply Chain Control Tower*) wird eine übergreifende Visualisierung für Monitoring- und Alarmfunktionen ermöglicht. Das gesamte Lieferantennetzwerk kann mithilfe visualisierter Lieferketten einfacher verwaltet und besser auf disruptive Ereignisse vorbereitet werden. Ein verbessertes Verständnis der Ursachen für dringende Versorgungsengpässe ermöglicht es, ein effektives Warnsystem mit KI-Unterstützung zu etablieren. Ein Playbook kann zudem als Lösungshelfer mit Erfahrungswerten und Best Practices erstellt werden. Insgesamt wird die Interaktion mit den Partnern innerhalb der Lieferketten dadurch effizienter und zielgerichteter. Hier zeigt sich die volle Stärke der SAP-HANA-Performance in Kombination mit modernen Charts, Analysefunktionen und intuitiven Anwendungsoberflächen. Das Modul ist ein elementarer Bestandteil von SAP Integrated Business Planning for Supply Chain und damit eine Pflichtkomponente. Durch dieses Modul erhalten Sie eine fundierte Entscheidungsunterstützung über die gesamte Supply Chain hinweg. Hierüber werden Echtzeitanalysen des aktuellen Stands in der Lieferkette angezeigt sowie Einflüsse von Änderungen in der Planung auf Basis von Echtzeitdaten simuliert und prognostiziert.

Absatz- und Produktionsplanung (S&OP) ist die moderne Art der Absatz- und Produktionsplanung mit SAP. Dieses Modul kann das bisherige SOP in SAP ablösen und durch den hohen Integrationsgrad in der Lieferkette stärker automatisierte und optimierte Absatz- und Produktionsprognosen herleiten. Szenarioanalysen bieten dabei eine Vielzahl an Vergleichsoptionen unterschiedlicher Was-wäre-wenn-Analysen samt deren Auswirkung auf umliegende Prozesse. Auch die Materialwirtschaft sowie die Finanzbuchhaltung und das Controlling sind stark mit SAP IBP for Sales and Operations verknüpft und ermöglichen so ein vollumfängliches Management der Absatz- und Produktionsplanung. Die Planungsmöglichkeiten sind hier noch flexibler als in dem bisherigen flexiblen SOP, das noch aus dem Vorgängersystem SAP ERP stammt.

Prognosen und Bedarfssteuerung bietet leistungsfähige statistische Prognosemethoden des Demand Sensing und erleichtert das Management der Bedarfserfassung. So können z. B. historische, Bedarfsplanungs-, Vertriebsprognose- und Marketingprognose-Kennzahlen über den zu planenden Zeitraum hinweg in die optimale Berechnung einfließen und auf ansprechende Art und Weise visualisiert werden. Die Verarbeitung der Kennzahlen zur Erstellung eines Konsenses der Prognosen in der Bedarfsplanung erfolgt in einer für Anwenderinnen und Anwender vertrauten Umgebung von Microsoft Excel. Von einem Konsens spricht man hier, wenn die Prognosen aus verschiedenen Abteilungen zusammengeführt werden und daraus eine Version zur tatsächlichen Planung resultiert. Die Ergebnisse können anschließend im Fiori-Design sowohl als Übersicht auf einem Dashboard als auch als einzelne Charts mit höherem Detaillevel angezeigt werden.

Für gewöhnlich kann mit diesen Mitteln ein neues Produkt vor der Markteinführung segmentiert und statistischen Zeitreihenauswertungen unterzogen werden. Darauf aufbauend wird ein Prognosemodell gewählt und abteilungsübergreifend mit den genannten Kennzahlen eine Prognose erarbeitet. Diese Prognose spiegelt den Konsens der verschiedenen Teilhabenden aus Vertrieb, Beschaffung, Marketing und weiteren Abteilungen wider. Die Stakeholder prüfen und korrigieren die Prognose. Schließlich kann die Beschaffung aus den Prognosen die Bedarfe für die Produktion ableiten.

Mit der *Bestandsplanung und -optimierung* kann der Bestand über mehrstufige Prozesse selbst in komplexen Produkt- und Bestandsumgebungen optimiert werden. Dabei gilt es, eine Balance zwischen Pufferbeständen zur Absicherung gegen Versorgungsunsicherheiten und Kosteneffizienz in der Bestandsführung zu finden. Mehr Risiken abzufedern und gleichzeitig die Kosten zu senken, ist ein ambitioniertes Ziel, das nur durch intelligente Planung erreicht werden kann.

Die *Reaktions- und Beschaffungsplanung* bildet die Beschaffungsplanung unter Berücksichtigung von Kapazitäts- und Materialrestriktionen ab und optimiert die Reaktionszeiten auf unvorhergesehene Ereignisse. Über priorisierte Beschaffungspläne kann die operative Planung selbst für Produkte mit hoher Fertigungstiefe und mehrstufigen Stücklisten Algorithmus-gestützt direkt Einfluss auf die Versorgungslage nehmen.

Abbildung 7.1 zeigt diese Module als Bestandteile der Lösung SAP Integrated Business Planning for Supply Chain.

Ebenso ist zu erkennen, dass Anwenderinnen und Anwender mit SAP Integrated Business Planning for Supply Chain drei verschiedene Arten moderner Anwendungsoberflächen zur Verfügung stehen. Eine Möglichkeit ist die Verwendung von SAP-Fiori-Apps für mobile Endgeräte, eine weitere Lösung ist die Arbeit in einer Microsoft-Excel-Umgebung mit visuell bestens aufbereiteten Analyse- und Tabellenfunktionen. Die dritte Möglichkeit ist die Verwendung der browserbasierten Webanwendungen.

SAP Integrated Business Planning for Supply Chain ist eine Cloud-Lösung, die zwar selbst auf der SAP-HANA-Plattform basiert, aber dennoch als Zusatzlösung implementiert werden muss. Um hier den Integrationsaufwand möglichst gering zu halten und eine Vielzahl an Systemen als Datenquellen zu ermöglichen, sollen zukünftig sichere und vereinheitlichte Datenschnittstellen bereitgestellt werden, die mit wenig Konfigurationsaufwand die relevanten Daten aus allen gängigen SAP-Systemen empfangen, verarbeiten und zurücksenden können.

Sie können dann z. B. ein SAP-ERP- oder auch ein SAP-S/4HANA-System mit dieser Cloud-Lösung verbinden. Aber auch ein SAP-CRM-System, SAP Advanced Planning and Optimization (SAP APO) oder SAP Business Warehouse (SAP BW) können an die

IBP-Schnittstelle angeschlossen werden. Damit ermöglicht SAP Integrated Business Planning for Supply Chain eine umfassende Analyse aller Datenquellen.

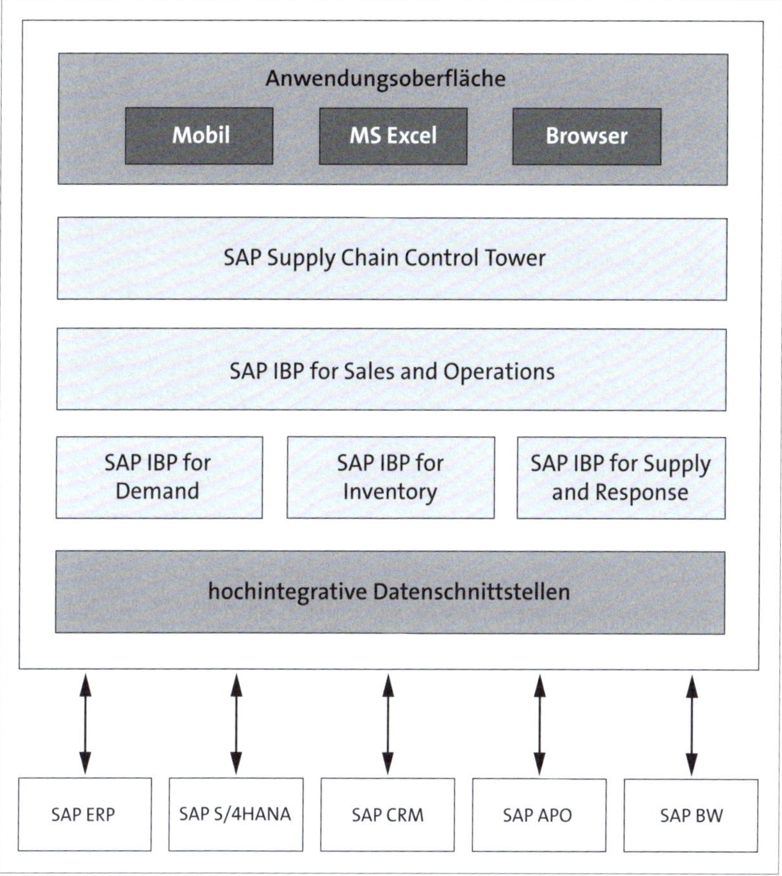

Abbildung 7.1 SAP Integrated Business Planning for Supply Chain als Cloud-Lösung

7.2 Konfiguration der Absatz- und Produktionsgrobplanung

Die *Absatz- und Produktionsgrobplanung* kann als Standard-SOP ausgeführt werden, wenn die damit zur Verfügung stehenden Planungsumfänge für Ihre Zwecke ausreichend sind. Der große Vorteil ist hierbei, dass man kaum Konfigurationen vornehmen muss. Wenn Sie hingegen eine eigene Planung im Sinne des flexiblen SOP nutzen möchten, haben Sie zwar deutlich mehr Gestaltungsmöglichkeiten, Sie müssen aber auch erheblich mehr Zeit in die Konfiguration stecken. Wir wollen uns nun die einzelnen Bestandteile der Konfiguration des SOP und die zugehörigen Transaktionen nacheinander ansehen. Abbildung 7.2 zeigt eine Übersicht der benötigten Transaktionen und deren Zusammenspiel.

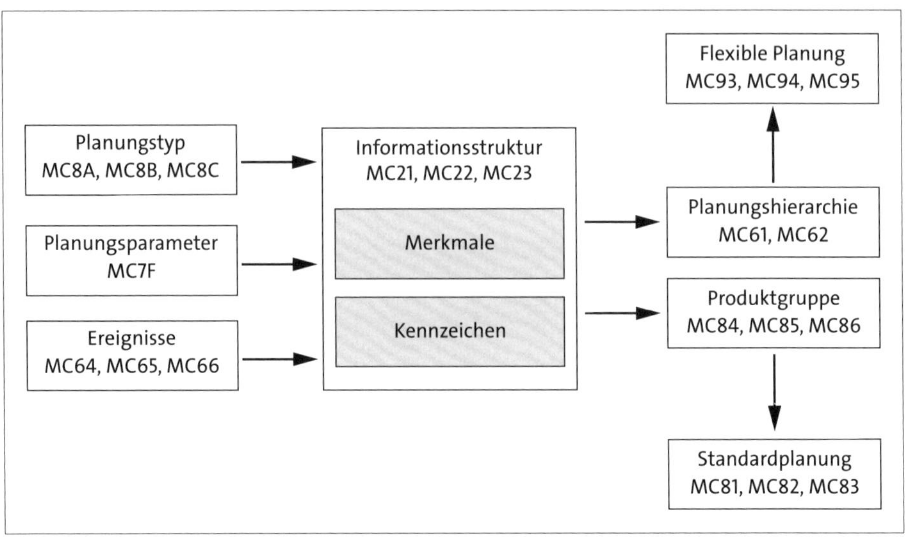

Abbildung 7.2 Bestandteile der Absatz- und Produktionsgrobplanung

7.2.1 Informationsstrukturen

Verwendete Transaktionen

- MC21 (Informationsstrukturen anlegen)
- MC22 (Informationsstrukturen ändern)
- MC23 (Informationsstrukturen anzeigen)

Im SOP verwenden wir *Informationsstrukturen*, um einer Reihe definierter *Merkmale* (das sind die Planungsebenen, wie z. B. Produktgruppe) relevante *Kennzahlen* (wie z. B. Absatzmengen) zuzuweisen. Über die Customizing-Transaktion MC21 können diese Strukturen angelegt, per Transaktion MC22 geändert und über die Transaktion MC23 angezeigt werden. Dabei können Sie nur eigene Informationsstrukturen außerhalb des SAP-Namensraums anlegen und ändern. Die Strukturen S000 bis S500 sind ausschließlich für Änderungen durch SAP reserviert.

Über den Customizing-Pfad **Logistik Allgemein • Logistik-Informationssystem (LIS) • Logistics Data Warehouse • Datenbasis • Informationsstrukturen** gelangen Sie ebenfalls zu dieser Customizing-Transaktion. Zusätzlich finden Sie im Pfad des Customizing-Menüs noch eine ausführliche Konfigurationshilfe, die einen näheren Blick lohnt. Die Informationsstruktur für das Standard-SOP ist S076, Sie sehen sie in Abbildung 7.3. Der Name im Feld **Info-Struktur** ist der Schlüsselwert, mit dem diese Informationsstruktur stets zugeordnet werden kann. Auch hier gehört dazu wieder eine treffende Beschreibung. Im Feld **Applikation** geben Sie an, ob die Struktur für Vertrieb, Einkauf oder Fertigung relevant sein soll. Die Fertigung hat hier den Wert **04**; da wir uns jedoch im Rahmen der Absatzplanung noch auf dem Gebiet des Vertriebs befinden, verwendet das Standard-SOP hier den Eintrag **01** (für Vertrieb). Im Feld **Typ der Info-Str.** können Sie je Applikation einen Typ für die Struktur angeben, der sich direkt auf die Verarbeitung der zu verwendenden Datengrundlage auswirkt. Lesen Sie hierzu auch die [F1]-Hilfe zu diesem Feld.

Mit dem Kennzeichen **Planung möglich** geben Sie an, ob die Struktur in dem flexiblen SOP verwendet werden kann. Sie können dieses Kennzeichen nach dem Anlegen der Struktur nicht wieder zurücknehmen. Die Funktionsschaltflächen **Merkmale auswählen...** und **Kennzahlen auswählen...** dienen der Erweiterung der Informationsstruktur und sind hier in der Transaktion MC23 für die Anzeige ausgegraut und ohne Funktion.

Wenn Sie eine eigene Struktur anlegen, können Sie darüber die möglichen Elemente hinzufügen. Im Feld **Einh** wird aus den zur Verfügung stehenden Einheiten eine ausgewählt, die für die Berechnung der Kennzahl verwendet werden soll. Das Kennzeichen **SKz** gibt an, ob eine Kennzahl kumuliert werden kann, was wiederum für einige Funktionen wie die ABC-Analyse notwendig ist. Das Kennzeichen **FKz** fixiert die Werte der Kennzahlen.

Unter **Merkmale** geben Sie die Hierarchie der Planungsebenen vor. Im Beispiel aus Abbildung 7.3 planen wir also auf erster Ebene je Produktgruppe/Material.

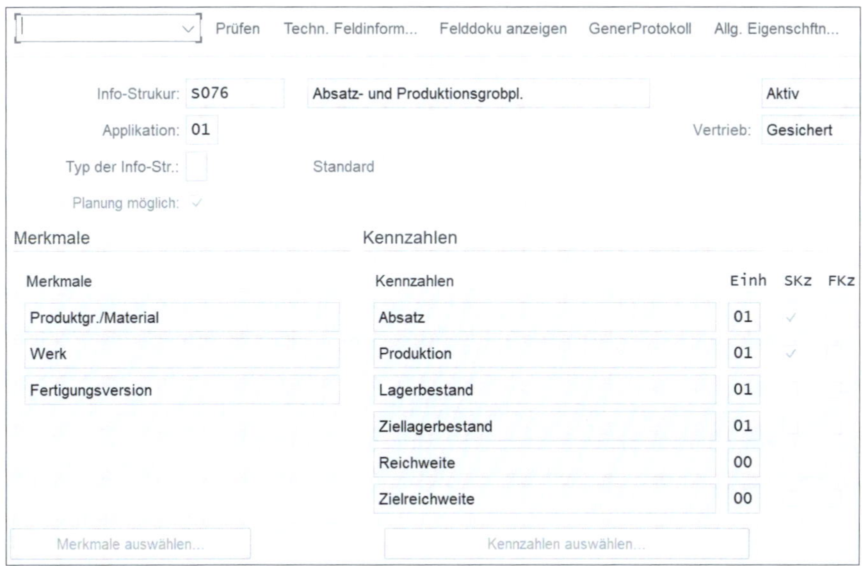

Abbildung 7.3 Customizing-Transaktion MC23 – Anzeige der Standard-SOP-Informationsstruktur S076

Die zweite Ebene wird je Werk und die dritte je Fertigungsversion unterteilt. Zu jeder Ausprägung dieser Ebenen können dann die Kennzahlen ermittelt und zur Auswertung sowie zum Vergleichen verwendet werden. Hier würden also je Material je Werk und je Fertigungsversion der Absatz, die Produktionsmenge, der Lagerbestand etc. ermittelt werden.

Wenn Sie in der Transaktion ein Feld mit einem Merkmal oder einer Kennzahl auswählen und oben auf **Felddoku anzeigen** klicken, gelangen Sie zur inhaltlichen Beschreibung des ausgewählten Elements. Wenn Sie stattdessen **Techn. Feldinform...** wählen, erhalten Sie zum ausgewählten Element die Angaben, in welchem Tabellenfeld die Daten tatsächlich im System hinterlegt sind. Über die Funktion **Prüfen** können Sie Ihre eigenen Strukturen überprüfen lassen und sich im Nachgang das Protokoll dazu ansehen. Darüber erkennen Sie eventuelle Konfigurationsfehler oder Verbesserungspotenziale. Per Doppelklick auf die jeweiligen Protokolleinträge erhalten Sie zu vielen Meldungen zusätzlich eine gute Beschreibung.

Wurde die neu angelegte oder veränderte Struktur über **Mehr • Info-Struktur • Generieren** erzeugt, erhält sie den Status **Aktiv**. Zudem kann dann das Generierungsprotokoll mit einem Klick auf **GenerProtokoll** eingesehen werden. Wenn die Struktur noch nicht aktiv verwendbar sein soll, können Sie sie analog vorerst nur sichern und damit den Status **Gesichert** setzen.

7.2.2 Planungsparameter

Verwendete Transaktionen

- MC7F (Planungsparameter zu Infostrukturen definieren)
- OPU4 (Terminierungsparameter festlegen)

Über den Customizing-Pfad **Produktion • Absatz- und Produktionsgrobplanung (SOP) • Stammdaten • Parameter für Infostrukturen und Kennzahlen einstellen** gelangen Sie zur Customizing-Transaktion MC7F für die Einstellung der *Planungsparameter*. Über diesen Pfad haben Sie außerdem die Möglichkeit, sich die Konfigurationshilfe anzeigen zu lassen. Hier finden Sie bereits einige Beschreibungen zur Verwendung der Planungsparameter. Im Einstiegsbild wählen Sie aus einer Tabelle die Nummer der zu bearbeitenden Informationsstruktur aus. Sie können hier auch eigene Infostrukturen anlegen, indem Sie z. B. eine bestehende Infostruktur kopieren und nach Ihren Wünschen verändern. Über die Parameter werden verschiedene Einstellungen für das SOP definiert.

Im Feld **Tabelle** steht der Name der Informationsstruktur, die im Logistikinformationssystem hinterlegt wird. Im Feld **Planungsart** können Sie zwischen **Delta-Pla-**

nung, **Konsistente Planung** oder **Stufenplanung** wählen. Manchmal wird in diesem Kontext statt von »Planungsart« auch von »Planungsmethode« gesprochen.

Bei der *Delta-Planung* erfolgt eine automatische Aggregation der Daten, es werden also Änderungen von einer unteren auf die darüberliegende Ebene weitergegeben. Umgekehrt geschieht dies jedoch nicht, eine automatische Disaggregation von Änderungen auf einer höheren auf die darunterliegenden Ebenen erfolgt also nicht. Bei der *konsistenten Planung* werden die Daten nur auf der untersten Ebene gespeichert und für die übergeordneten Planungsebenen aggregiert. Die Planung kann dabei auf allen Ebenen erfolgen, die Daten bleiben immer konsistent. Die *Stufenplanung* hingegen speichert alle Daten auf der jeweiligen Planungsebene selbst. Damit bleiben Änderungen zunächst auf der Stufe, auf der die Eingabe erfolgte. Man kann also auf jeder Stufe ein eigenes Planungsszenario haben, das nicht konsistent zu den anderen Ebenen sein muss. Erst mit der Ausführung einer Aggregation auf übergeordnete oder einer Disaggregation auf untergeordnete Ebenen werden die Zahlen wieder konsistent.

Zudem kann ein **Planungswerk** eingestellt werden, wenn eine Produktgruppe z. B. werksübergreifend geplant werden oder wenn die im Grobplanungsprofil hinterlegte Infostruktur ohne die Planungsebene Werk arbeiten soll.

Im Bereich **Planungseinheiten** geben Sie an, welche Mengeneinheit als Berechnungsbasis und welche Währung für die Statistik verwendet werden soll. Auch die Ermittlung von Werten der Produkte kann hier über die Angabe bei **Kurstyp** bestimmt werden. Es könnte ja sein, dass ein Produkt saisonalen Schwankungen unterliegt und daher z. B. ein Durchschnittswert ermittelt werden muss.

Bei der Angabe **Planungsperiodizitäten** sprechen Sie am besten mit einer Kollegin oder einem Kollegen des Controllings darüber, welche Perioden und Geschäftsjahresvarianten hier eingetragen werden sollen und für welchen Zeitraum die generierte Struktur aktiv in Verwendung bleiben soll. Über den **Fabrikkalender** geben Sie an, welche Tage als Arbeitstage gewertet werden. Wenn Sie z. B. werksübergreifend planen wollen, jedoch für Ihre Werke unterschiedliche Feiertage und somit andere Arbeitstage gelten, können Sie hier einen eigenen Kalender angeben, der z. B. alle oder nur die gemeinsamen Arbeitstage bestmöglich abbildet.

Wenn Sie einen Kapazitätsabgleich für Ihre Infostruktur vorsehen, müssen Sie in den Parametern eine Kennzahl bei **Kapazitätskennzahl** eintragen, die als Basis genommen werden soll, um die Kapazitätsbedarfe für Ihre Planung zu ermitteln. Sie können die [F4]-Hilfe verwenden, um sich die Auswahl der möglichen Kennzahlen anzeigen zu lassen. Logisch sinnvoll ist hier die Verwendung der Produktionsmengen über das Kennzeichen **PRODU**. Bitte beachten Sie, dass bei einer Ersteinrichtung von SOP in einem neuen Werk zunächst die Terminierungsparameter für den Ressourcenabgleich über die Customizing-Transaktion OPU4 eingestellt werden müssen. Hier benötigen Sie für die gewünschte Kombination aus Werk und Fertigungssteuerer die Vorgabe der **Selektions-ID** für die Wahl der Arbeitspläne sowie die Kennzeichen **Terminierung** und **Kapazitätsbedarfe erzeugen**.

Des Weiteren gibt es verschiedene Kennzeichen zur Verarbeitung der Planung und Performanceoptimierung im Bereich **Systemparameter**. Nutzen Sie hier die [F1]-Hilfe, um sich die guten Beschreibungen des jeweiligen Kennzeichens anzeigen zu lassen. Abbildung 7.4 zeigt die beschriebenen Parameter der Detailsicht im Customizing der Planungsparameter zu den Informationsstrukturen (hier am Beispiel der Struktur S076).

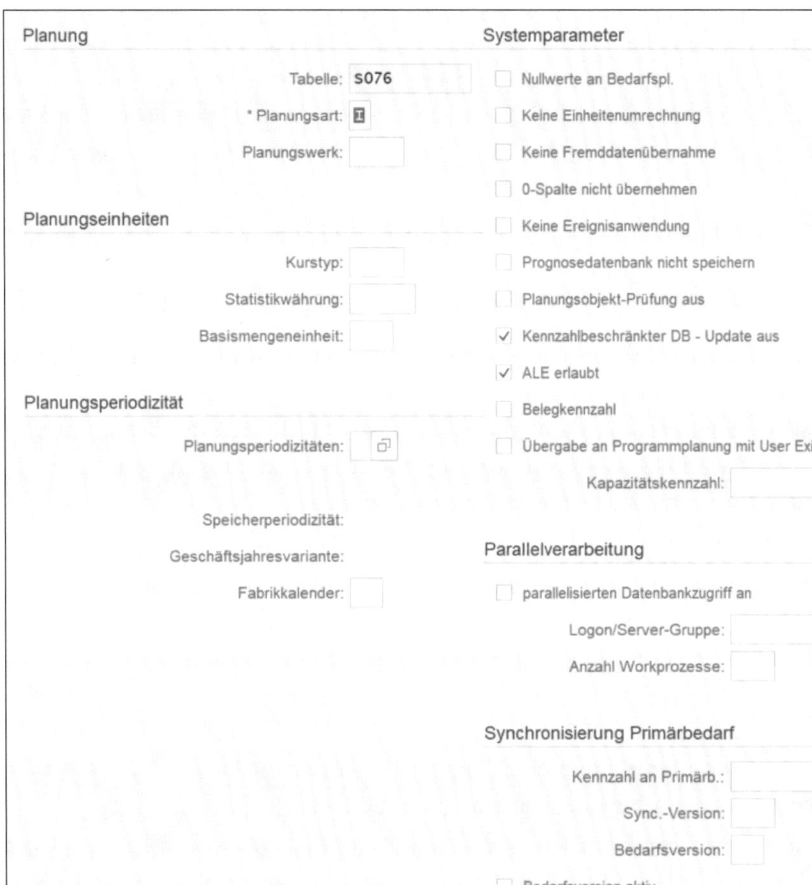

Planung
Tabelle: S076
* Planungsart: I
Planungswerk:

Planungseinheiten
Kurstyp:
Statistikwährung:
Basismengeneinheit:

Planungsperiodizität
Planungsperiodizitäten:
Speicherperiodizität:
Geschäftsjahresvariante:
Fabrikkalender:

Systemparameter
☐ Nullwerte an Bedarfspl.
☐ Keine Einheitenumrechnung
☐ Keine Fremddatenübernahme
☐ 0-Spalte nicht übernehmen
☐ Keine Ereignisanwendung
☐ Prognosedatenbank nicht speichern
☐ Planungsobjekt-Prüfung aus
☑ Kennzahlbeschränkter DB - Update aus
☑ ALE erlaubt
☐ Belegkennzahl
☐ Übergabe an Programmplanung mit User Exit
Kapazitätskennzahl:

Parallelverarbeitung
☐ parallelisierten Datenbankzugriff an
Logon/Server-Gruppe:
Anzahl Workprozesse:

Synchronisierung Primärbedarf
Kennzahl an Primärb.:
Sync.-Version:
Bedarfsversion:
☐ Bedarfsversion aktiv

Abbildung 7.4 Customizing-Transaktion MC7F (Planungsparameter zu Infostrukturen definieren) – Detailsicht

Wenn Sie nun zurück in das Startbild der Transaktion MC7F navigieren, dort einen Eintrag markieren und auf **Planungsparameter zu Kennzahlen** klicken, gelangen Sie zur Auswahl der in der Informationsstruktur hinterlegten Kennzahlen.

Wenn Sie hier wiederum eine Kennzahl markieren und auf **Detail** klicken, werden die Planungsvoreinstellungen zur Kennzahl angezeigt. Hier können Sie über **Prognose** angeben, dass eine automatische Prognose für diese Größe ausgeführt werden soll. Wenn Sie in der Planung später in einen anderen Betrachtungszeitraum als den initialen wechseln (z. B. von Monaten zu Wochen), dann können die Werte zu dieser Kennzahl über das Kennzeichen **Zeitliche Disaggregation anteilig** prozentual angepasst werden. Über den Eintrag bei **Aggregationsart** geben Sie an, wie die Aufbereitung der Kennzahl bei einer Verrechnung zu einer übergeordneten Ebene erfolgen soll. in den Feldern **Prüfgruppe** und **Prüfregel** geben Sie an, wie sich die Kennzahl in Bezug auf die Verfügbarkeitsprüfung und die Erzeugung von Bedarfen verhalten soll.

7.2.3 Planungsebenen

Verwendete Transaktionen

- MC84 (Produktgruppe anlegen)
- MC85 (Produktgruppe anzeigen)
- MC86 (Produktgruppe ändern)
- MC91 (Hierarchiegrafik Produktgruppe anzeigen)
- MC92 (Absatz- und Produktionsgrobplanungsübersicht als Grafik anzeigen)
- MC61 (Planungshierarchie anlegen)
- MC62 (Planungshierarchie ändern)
- MC63 (Planungshierarchie anzeigen)
- MC8U (Anteilsberechnung zur Infostruktur)
- MC9B (Anteilsermittlung unterster Knoten der konsistenten Planung)

Für das Standard-SOP erfolgt die Planung über *Produktgruppen*. Diese können auch geschachtelt werden und somit Untergruppen beinhalten. Für die Planung wird eine Stufenplanung angewendet, die immer nur eine direkte (Dis-)Aggregation von Stufe zu Stufe ermöglicht. Über die Transaktion MC84 können Produktgruppen angelegt, per Transaktion MC86 geändert und mittels der Transaktion MC85 angezeigt werden. Darüber hinaus können Sie sich eine Produktgruppengrafik über die Transaktion MC91 anzeigen lassen, um die Hierarchie der Produkte und Produktgruppenebenen für eine ausgewählte Hierarchie als Schaubild sehen zu können. Wenn Sie eine Übersicht über alle Produktgruppen sehen möchten, können Sie dafür die Transaktion MC92 verwenden.

Für das flexible SOP kann auch die konsistente Planung verwendet werden. Hierfür benötigt man eine *Planungshierarchie*, bestehend aus der Anordnung der Merkmale, die Sie bereits im Kontext der Informationsstrukturen im gleichlautenden Abschnitt

7.2.1 kennengelernt haben. Die Transaktion MC61 dient der Anlage von Planungshierarchien gemäß der Planungsparameter zur Informationsstruktur und zur Definition der Merkmalswertkombinationen. Sobald die Hierarchie besteht, können Sie diese dann über die Transaktion MC62 weiterbearbeiten und per Transaktion MC63 anzeigen lassen. Über die Angabe der **Anteilsfaktoren** teilen Sie die Zahl einer übergeordneten Ebene auf die direkt untergeordneten Ebenen in der Stufenplanung auf. Bei der konsistenten Planung können die Anteilsfaktoren als Multiplikatoren über mehrere Ebenen verwendet werden. Hier können jedoch auch Ist-Daten (per Transaktion MC8U) oder andere Vorgaben der (Dis-)Aggregation zur Planungshierarchie (per Transaktion MC9B) die Aufteilung bestimmen.

Wir zeigen Ihnen nun ein Beispiel für eine Produktgruppe, wie sie in der Transaktion MC84 angelegt werden könnte. Im Einstiegsbild werden dabei vorab ein Name und eine Kurzbeschreibung sowie das Werk und die Basismengeneinheit für diese Gruppe hinterlegt. Wenn Sie keine weiteren Produktgruppen verschachteln wollen, wählen Sie **Materialien** als nächste untere Ebene aus. Damit gelangen Sie in die Ansicht, die in Abbildung 7.5 dargestellt ist. Hier tragen Sie bei **Mitgliedsnummer** die Materialien ein, die zur Produktgruppe gehören sollen. Der Aggregationsfaktor (Spalte **Aggr.Fakt.**) wird aktuell nicht mehr verwendet. Dieser Wert ist systemseitig immer 1. Das Feld wurde aus Gründen der Abwärtskompatibilität zu älteren SAP-Versionen nicht aus der Anwendung entfernt. Der Anteilsfaktor (Spalte **Anteil (%)**) teilt die Mitglieder der Produktgruppe auf. Dabei sollten alle Anteile zusammen 100 % ergeben. Diese Angabe ist relevant für die Disaggregation in der Planung von der Ebene der Produktgruppe auf die Ebene der Mitglieder.

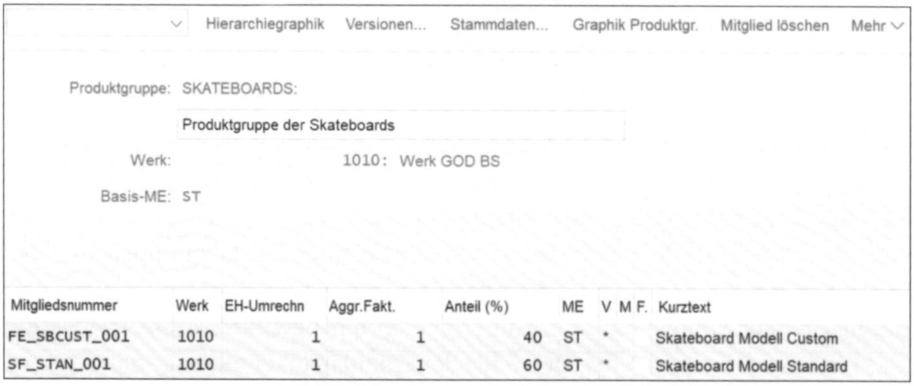

Hierarchiegraphik | Versionen... | Stammdaten... | Graphik Produktgr. | Mitglied löschen | Mehr

Produktgruppe: SKATEBOARDS:
Produktgruppe der Skateboards
Werk: 1010: Werk GOD BS
Basis-ME: ST

Mitgliedsnummer	Werk	EH-Umrechn	Aggr.Fakt.	Anteil (%)	ME	V	M	F.	Kurztext
FE_SBCUST_001	1010	1	1	40	ST	•			Skateboard Modell Custom
SF_STAN_001	1010	1	1	60	ST	•			Skateboard Modell Standard

Abbildung 7.5 Transaktion MC84 (Produktgruppe anlegen)

Über **Mitglieder zuordnen** oder indem Sie in eine leere Zeile klicken und eine Materialnummer eingeben, können Materialien der Produktgruppe zugeordnet werden. Über **Versionen...** können Sie Fertigungsversionen jeweils mit einem Aggregations- und einem Anteilsfaktor hinterlegen. Sie haben also nicht nur die Möglichkeit, Materialien in die Gruppe aufzunehmen, Sie können diese auch noch über Fertigungsversionen feiner unterteilen (z. B. für die Fertigung an verschiedenen Arbeitsplätzen). Die Funktion **Stammdaten...** zeigt Ihnen zum ausgewählten Material einige relevante Stammdateninformationen an. Die Funktion **Hierarchiegraphik** erzeugt eine visualisierte Darstellung der Hierarchie bis auf Materialebene. Damit werden auch geschachtelte Produktgruppen über die gesamte Hierarchie dargestellt. Die Produktgruppe unseres Beispiels weist keine weiter verzweigte Hierarchie auf als eine Gruppe mit den Materialien direkt darunter.

Die grafische Darstellung der Produktgruppe, die Sie mit einem Klick auf **Graphik Produktgr.** aufrufen, sehen Sie in Abbildung 7.6. Sie sehen übergeordnet die Produktgruppe und darunter die beiden Materialien als Mitglieder dieser Gruppe. In der untersten Ebene sehen Sie dann noch die hinterlegten Fertigungsversionen. Man kann auch je Material mehrere Fertigungsversionen hinterlegen und deren prozentuale Zusammensetzung der Gesamtmenge eines Materials mit vorgeben. Mit einem Klick auf **Sichern** wird die Produktgruppe schließlich angelegt.

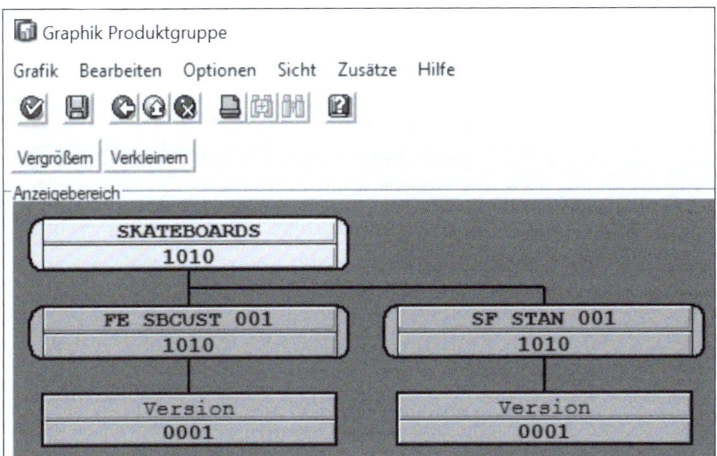

Abbildung 7.6 Transaktion MC84 – grafische Darstellung der Produktgruppe

7.2.4 Werkzeuge

Verwendete Transaktionen

- MC35 (Grobplanungsprofil anlegen)
- MC36 (Grobplanungsprofil ändern)
- MC37 (Grobplanungsprofil anzeigen)
- MC64 (Ereignis anlegen)
- MC65 (Ereignis ändern)

- MC66 (Ereignis anzeigen)
- MC8A (Planungstyp anlegen)
- MC8B (Planungstyp ändern)
- MC8C (Planungstyp anzeigen)

Mit SAP SOP haben Sie ein Planungswerkzeug, das ohne Programmierungen auskommt. Damit das möglich ist und dennoch eine gewisse Komplexität abgebildet werden kann, gibt es einige Stellschrauben, um die Grobplanung zu spezialisieren. So kann ein Grobplanungsprofil zum Ressourcenabgleich eingerichtet werden. Auch wiederkehrende oder Einzelereignisse, die Einfluss auf Ihre Kennzahlen nehmen, können Sie definieren und den gewünschten Informationsstrukturen zuordnen. Darüber hinaus können Sie eigene Planungstypen anlegen, die den Rahmen für die flexible Planung vorgeben.

Grobplanungsprofil

Das *Grobplanungsprofil* dient der Definition der Kapazitätsbedarfe zur Herstellung einer Basismenge. Diese Information ist auch in Arbeitsplänen, Linienplänen oder Planungsrezepten enthalten und wird für den Ressourcenabgleich benötigt. Der Begriff »Ressourcen« wird hier in seiner ursprünglichen Bedeutung (Materialien, Kapazitäten, Hilfsmittel, Kosten) gebraucht und nicht ausschließlich für »Ressourcen«, die Sie als Arbeitsplätze aus der Prozessfertigung kennen. In SOP verwendet man in der Regel ein Grobplanungsprofil je Material und Werk, um die Verhältnisse der Kapazitäten durch die zusammengefasste Auswertung von Arbeitsplänen für eine grobe Planung abzubilden. Wenn Sie keine Arbeitspläne selektieren oder eigene Kapazitäten hinzufügen wollen, können Sie die Kapazitätsangaben im Planungstableau beliebig manuell bearbeiten, bevor Sie das Grobplanungsprofil speichern.

Über die Transaktion MC35 wird ein neues Grobplanungsprofil angelegt. Die Transaktionen MC36 und MC37 dienen wieder dem Ändern und Anzeigen eines solchen Profils. Sie können ein Grobplanungsprofil für eine Produktgruppe und ein Werk, ein Material und ein Werk oder für eine Infostruktur anlegen. Dabei geben Sie im Profilkopf zunächst ein Zeitraster an. Das definieren Sie durch die Anzahl der Arbeitstage, um die Ressourcen im zeitlichen Rahmen anzeigen zu können. Die Angabe im Feld **Bezugsmenge** dient der Verrechnung für Ihre Planung und übernimmt die voreingestellte Basismengeneinheit automatisch aus der Arbeitsvorbereitungssicht der jeweiligen Materialstammdaten (Transaktion MM02). Im Bereich **Selektionsdaten** geben Sie ein, welche Bedingungen ein Arbeitsplan erfüllen muss, damit er für die Planung berücksichtigt werden kann.

Anschließend gelangen Sie zur *Ressourcentabelle*. Über die Schaltfläche **Profilkopf** können Sie jederzeit wieder die Kopfdaten aufrufen. In der Ressourcentabelle können Sie nun per Doppelklick auf eine leere Zeile oder indem Sie eine Zeile markieren und auf **Auswählen** klicken, Einträge für Ihr Profil erfassen oder ändern. Die dafür wählbaren Ressourcentypen können **Arbeitsplätze**, **Materialien**, **Fertigungshilfsmittel** und **Kosten** sein. Wenn Sie einen Arbeitsplatz auswählen, muss dieser in den Arbeitsplatzstammdaten (Transaktion CR02 oder CRC2) in der Sicht **Grunddaten** im Feld **Planverwendung** die Freigabe für die Grobplanung (»010«) oder alle Plantypverwendungen (»009«) haben. Je nach im Profilkopf gewähltem Raster sehen Sie dann die einzelnen Abschnitte für die gewählte Anzahl an Arbeitstagen. Die Bestimmung der Arbeitstage erfolgt dabei auf Basis des Fabrikkalenders. Hier tragen Sie Ihre Schätzung der Verbrauchswerte für die Grobplanung ein, die für den Ressourcenabgleich verwendet werden sollen. Abbildung 7.7 zeigt beispielhaft eine Ressourcentabelle für ein Grobplanungsprofil. Über **Prüfen** können Sie Ihre Eingaben validieren. Eine Stücklistenauflösung wird hier nicht unterstützt. Zu berücksichtigende Materialien müssten manuell hinzugefügt werden.

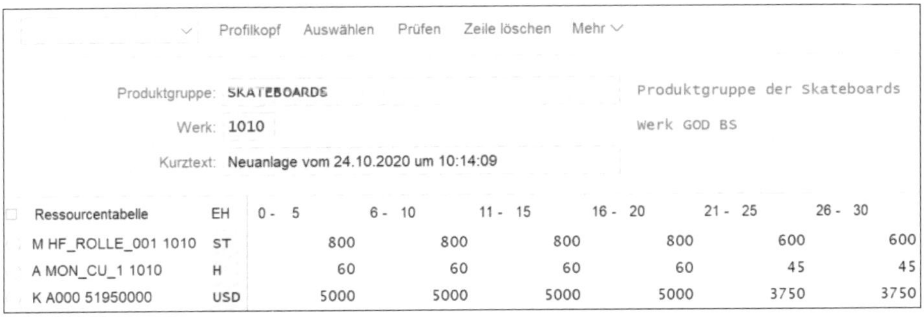

Profilkopf Auswählen Prüfen Zeile löschen Mehr

Produktgruppe: SKATEBOARDS Produktgruppe der Skateboards

Werk: 1010 Werk GOD BS

Kurztext: Neuanlage vom 24.10.2020 um 10:14:09

Ressourcentabelle	EH	0 - 5	6 - 10	11 - 15	16 - 20	21 - 25	26 - 30
M HF_ROLLE_001 1010	ST	800	800	800	800	600	600
A MON_CU_1 1010	H	60	60	60	60	45	45
K A000 51950000	USD	5000	5000	5000	5000	3750	3750

Abbildung 7.7 Transaktion MC35 (Grobplanungsprofil anlegen) – Ressourcentabelle

Ereignisse

Wenn Sie über die Transaktion MC64 ein *Ereignis* anlegen, müssen Sie für dieses zunächst eine alphanumerische **Ereignisnummer** als Schlüssel und einen beschreibenden **Kurztext** vergeben. Über die Auswahl des Ereignisstatus geben Sie an, ob das Ereignis aktiv verwendet werden kann oder zunächst nur inaktiv vorhanden ist. Die Angabe zum Ereignistyp gibt an, wie der Einfluss auf die anzuwendende Größe sein soll. Die Auswahl **kumulativ** addiert oder subtrahiert und die Auswahl **proportional** multipliziert die Ereigniswerte mit der Bezugsgröße. **Länge 1 Ereignisper.** gibt an, in welchem Rhythmus das Ereignis eintritt. Über **GeschJahresvariante** geben Sie das Geschäftsjahr an, das die Buchungs- und Sonderperioden beinhaltet. Abbildung 7.8 zeigt das Einstiegsbild der Transaktion MC64.

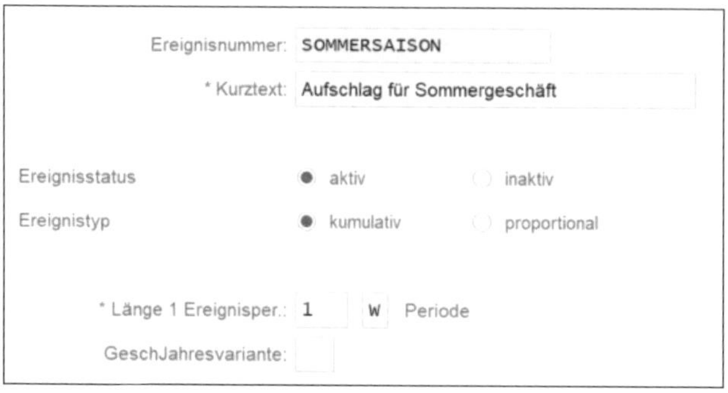

Ereignisnummer: SOMMERSAISON
* Kurztext: Aufschlag für Sommergeschäft

Ereignisstatus: aktiv / inaktiv
Ereignistyp: kumulativ / proportional

* Länge 1 Ereignisper.: 1 W Periode
GeschJahresvariante:

Abbildung 7.8 Transaktion MC64 (Ereignis anlegen)

Im Folgebild können Sie dann angeben, welchen Einfluss das Ereignis in den n folgenden Perioden hat. Bei kumulativen Ereignissen wird hier eine positive oder negative Zahl eingetragen, die direkt auf die Kennzahl addiert oder bei negativer Eingabe von ihr subtrahiert wird. Bei einem proportionalen Ereignis wird hier der Prozentsatz eingetragen, der auf die Kennzahl angewendet werden soll. Über **Zuordnung** geben Sie an, auf welche Infostruktur dieses Ereignis Einfluss nehmen soll. Darüber gelangen Sie in die Detaileinstellungen, wo Sie angeben, auf welche Kennzahl der Infostruktur das Ereignis Auswirkungen hat. Über **Zuordnungen** können Sie sehen, in welchen Infostrukturen und für welche Kennzahlen das Ereignis eingesetzt wird. Über die Transaktionen MC65 und MC66 können Sie bestehende Ereignisse ändern und anzeigen.

Planungstypen

Über die Transaktion MC8A können Sie *Planungstypen* (oder Makros) anlegen. Die Transaktionen MC8B und MC8C dienen wieder dem Ändern und Anzeigen. In der Regel legen Sie für eine flexible Planung zunächst eine Planungshierarchie und dann einen Planungstyp an. Über den Planungstyp wird dann das Planungstableau präpariert. Hierüber werden auch Ereignisse zugewiesen und Makros aufgezeichnet. Der Planungstyp ist somit der Dreh- und Angelpunkt zur Einstellung des Planungstableaus. Dadurch können für Planerinnen und Planer mehrere Vorlagen für eine Planung mit jeweils eigenen Perspektiven auf das gleiche Planungsproblem oder aber auch unterschiedliche Planungsvorhaben bereitgestellt werden.

Abbildung 7.9 zeigt beispielhaft, wie ein Aufbau für ein Planungstableau gemäß Planungstyp jeweils zur Infostruktur S076 für Absatz- und Produktionsmengen und zur Infostruktur S093 für einen Kapazitätsabgleich aussehen kann. Wenn Sie nun also ein flexibles SOP anlegen und die Planungstypen ZSKATE oder ZSKATE2 verwenden, würden die hier hinterlegten Ansichten in SOP zur Verfügung stehen.

Über die Funktion **Plantypinfo...** gelangen Sie wieder in die Ansicht der Einstellungen aus dem initialen Bild, wo Sie neben der Bezeichnung des Planungstyps auch den Planungshorizont und die Verwendung von Makros sowie die weiteren Vorgaben zur

Darstellung hinterlegt haben. Mit den Schaltflächen **Zeilen löschen**, **Zeilen einfügen** oder **Zeilen anhängen** können Sie dem Planungstableau neue Zeilen hinzufügen oder bestehende Zeilen entfernen. Über **Struktur** können Sie Ihrem Tableau eine Auswahl der für die Infostruktur vorgesehenen Kennzahlen zuordnen. Diese werden später in der Planung zur Verfügung stehen. Über **Ereignis** können für die Infostruktur definierte Ereignisse mit in das Tableau aufgenommen werden. Mit **Ist-Daten** und **Ist-Daten Vorjahr** fügen Sie jeweils zur ausgewählten Kennzahl eine Zeile mit Ist-Werten ein, durch die ein Vergleich ermöglicht wird. Über **Zeilenattribute** können Angaben zu Metaeigenschaften der Zeile gemacht werden. Soll die Zeile nur zur Ausgabe von Informationen dienen oder auch eingabebereit sein, oder werden hier Summen gebildet, und wie soll die Zeile benannt sein? All diese Dinge können Sie hier anpassen.

Abbildung 7.9 Customizing-Transaktion MC8A (Planungstyp anlegen) – flexibles SOP für Absatz- und Produktionsmengen sowie zum Kapazitätsabgleich

Per **Mitglied** schalten Sie von der übergreifenden Kopfansicht zur Ansicht der einzelnen Gruppenmitglieder um. Über die Schaltfläche **Kopf** gelangen Sie von dort aus wieder zurück in die Ansicht der Kopfdaten. Im Menü können Sie zudem Makros aufzeichnen und in Ihren Planungstyp integrieren. Hierzu klicken Sie auf **Mehr • Makro** und wählen die jeweilige Funktion aus.

7.3 Prozesse der Absatz- und Produktionsgrobplanung

Wir wollen uns den Ablauf der Absatz- und Produktionsgrobplanung ansehen, indem wir Ihnen zunächst eine Übersicht über den Gesamtprozess geben und im Anschluss in die Handhabung der verschiedenen SOP-Planungsmöglichkeiten eintauchen.

7.3.1 Prozessübersicht

Den Anfang in der *Absatz- und Produktionsgrobplanung* macht die Absatzplanung, die zum einen oft aus historischen Absatzzahlen – oder bei neueren Produkten und Märkten aus Marktanalysen – und zum anderen aus der Ergebnisrechnung (CO-PA) abgeleitet wird. Mit einer groben Vorgabe für die Mengen der jeweiligen Produkte der einzelnen Produktgruppen wird nun die optimale Umsetzung in Form von Produktionsbedarfen ermittelt. Dafür werden die Bestandszahlen und die Kapazitätsdaten gemäß den Vorgaben aus dem Grobplanungsprofil mit in die Berechnung eingebunden.

Abbildung 7.10 zeigt schematisch, dass SOP das Bindeglied zwischen der Absatzplanung aus dem Vertrieb und der Programmplanung aus der Fertigung ist. Dabei werden auf dieser Ebene noch keine Terminierungen auf der Grundlage von Arbeitsplänen und auch noch keine mehrstufigen Bedarfsermittlungen auf der Basis von Stücklisten ausgeführt. Während Wertbeträge als Vorgaben zur Erreichung neuer Umsätze und Mengenangaben aus Analysen den Input für SOP liefern, sind die SOP-Ergebnisse wiederum die Vorgaben für die Programmplanung, die dann die konkreten Planprimärbedarfe ermittelt und an die Materialbedarfsplanung weitergibt. In der Materialbedarfsplanung werden nun die genauen Bedarfe für die Produktion (von Fertigungserzeugnissen und eigengefertigten Halbfabrikaten) und die Beschaffung (von Rohstoffen und eingekauften Halbfabrikaten) bestimmt und terminiert.

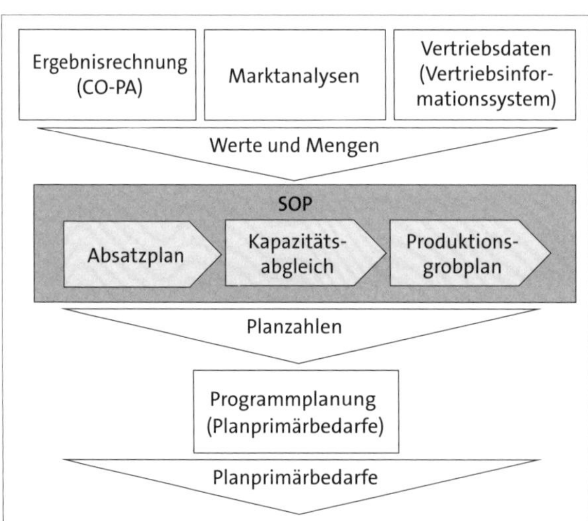

Abbildung 7.10 Integration der Absatz- und Produktionsgrobplanung

Im ersten Teil des SOP wird also der Absatzplan unter Berücksichtigung von Erfahrungswerten, Ereignissen und Prognosen erstellt. Der Highlevel-Kapazitätsabgleich prüft dann die generelle Machbarkeit des Absatzplans anhand der aggregierten Kapazitäten.

Ein völlig unrealistischer Absatzplan würde damit kenntlich gemacht werden, wodurch dann entweder eine Überarbeitung des Absatzplans oder eine Anpassung der Rahmenbedingungen in der Produktion erfolgen muss. Die hieraus ermittelten Bedarfe der Erzeugnisse werden wiederum in Form eines Produktionsgrobplans festgehalten und an die nächste Planungsebene weitergegeben.

Für SAP SOP gibt es ein Standardwerkzeug, das SAP bereits einsatzbereit mitliefert. Das *Standard-SOP* ermöglicht eine Planung der Primärbedarfe auf Basis der Produktgruppenhierarchie. Das bedeutet, dass die Planungsebenen von Produkten und übergeordneten Produktgruppen für das SOP vorgegeben sind.

Möchten Sie auf anderen Ebenen planen, so besteht die Möglichkeit, eine eigene Planung frei zu konfigurieren. Bei dieser Methode spricht man von dem *flexiblen SOP*. Für das flexible SOP müssen jedoch zunächst einige Einstellungen vorgenommen werden. Diese können sehr umfangreich ausfallen, da man vom Bildschirmaufbau des Planungstableaus über die Verwendung der Planzahlen und der Infostruktur bis hin zum Planungstyp alles frei konfigurieren kann. Tabelle 7.1 zeigt die Eigenschaften des Standard- und des flexiblen SOP in einer Gegenüberstellung.

Standard-SOP	Flexibles SOP
Standardplanungstableau	frei definierbares Planungstableau
Produktgruppenhierarchie	individuelle Planungshierarchie
feste Infostruktur	individuelle Infostruktur
Stufenplanung	Stufenplanung oder konsistente Planung

Tabelle 7.1 Abgleich Standard-SOP und flexibles SOP

Nachdem die Konfigurationen vorab getätigt worden sind, möchten wir nun beispielhaft eine Planung anlegen, ausführen und an die Programmplanung übergeben. Dafür sehen wir uns das Planungstableau genauer an und probieren die Funktionen des Ressourcenabgleichs sowie der Aggregation und Disaggregation aus.

7.3.2 Planung anlegen

Verwendete Transaktionen

- MC81 (Planung zur Produktgruppe anlegen)
- MC82 (Planung zur Produktgruppe ändern)
- MC83 (Planung zur Produktgruppe anzeigen)
- MC87 (Planung zum Material anlegen)

- MC88 (Planung zum Material ändern)
- MC89 (Planung zum Material anzeigen)
- MC93 (flexible Planung anlegen)
- MC94 (flexible Planung ändern)
- MC95 (flexible Planung anzeigen)
- MC78 (Version kopieren)
- MC80 (Version löschen)

Zum Anlegen einer Planung gibt es verschiedene Möglichkeiten. Dabei liegt der Hauptunterschied im Planungsbezug in Form einer Produktgruppe, eines Materials oder einer anderen freien Planung und in der vorkonfigurierten Ausführung der Planung durch den verwendeten Planungstyp, den Sie bei der Anlage einer neuen flexiblen Planung mit angeben müssen.

Betrachten wir einmal das *Planungstableau* unabhängig von der Ausführung der Planung. Sie können im Einstiegsbild einen Planungstyp auswählen. Für das Standard-SOP stehen dabei diese drei Typen zur Auswahl:

- SOPKAPA – Planung von Produktgruppen
- SOPKAPAM – Planung von Materialien
- SOPDIS – zweistufige Planung von Planungshierarchien

Sie können auch weitere eigene Planungstypen für die flexible Planung verwenden. Die Konfiguration der vorab vorgestellten Elemente, z. B. der Informationsstruktur und der Parameter, steht Ihnen frei.

Wenn Sie eine neue *Produktionsgrobplanung* über die Transaktion MC81 anlegen wollen, werden Sie aufgefordert, zunächst eine Produktgruppe und ein Werk anzugeben, für die Sie die Planung einrichten wollen. Über die Transaktionen MC82 und MC83 können Sie diese dann wieder ändern oder anzeigen. Sollte es bereits eine Planungsversion geben, werden Sie danach in einem Pop-up-Fenster aufgefordert, eine neue Planungsversion einzutragen. Andernfalls würden Sie eine bestehende ändern. In Abbildung 7.11 sehen Sie nun das Planungstableau, in das Sie Ihre Werte für die Kennzahlen eintragen können.

Über die Funktion **Mehr • Bearbeiten • Absatzplan erstellen** können Sie die Absatzzeile auf der Grundlage von historischen Daten oder Prognosedaten oder weiteren Datenvorschlägen aus dem Logistikinformationssystem oder Controlling füllen lassen. Über **Mehr • Bearbeiten • Produktionsplan erstellen** werden dann analog zu den Absatzzahlen die Produktionsmengen eingetragen. Mit **Mehr • Springen • Anfangslagerbestand** kann dazu ein Anfangsbestand eingetragen werden, der infolgedessen mit in die Berechnung einfließt. Die Felder der Zeilen **Lagerbestand** und **Reichweite** werden aus den Absatz- und Produktionsmengen automatisch berechnet. Die Angaben bei **Ziellagerbestand** und **Zielreichweite** der Mengen im Lager bei einem approximierten Absatz geben in Kombination mit den berechneten Werten Aufschluss über die voraussichtliche Sicherheit zur Bedienung von Kundenaufträgen aus dem Bestand. Wenn wie in Abbildung 7.11 Abweichungen oder gar Negativbestände in der Planung zu erkennen sind, sollte die Planung dahingehend optimiert werden, dass eine Bedienung der voraussichtlichen Auftragslage gewährleistet werden kann. Über die Funktion **Verteilen** kann ein markierter Bereich entsprechend einer Auswahl an Operatoren und Werten je Kennzahl bearbeitet werden. Nutzen Sie am besten die [F4]-Hilfe, um einen Überblick über die recht große Auswahl an Operatoren zu erhalten. Damit können Sie zusätzliche Werte Ihrer Kennzahlen über den Zeitraum der markierten Spalte automatisch verrechnen lassen.

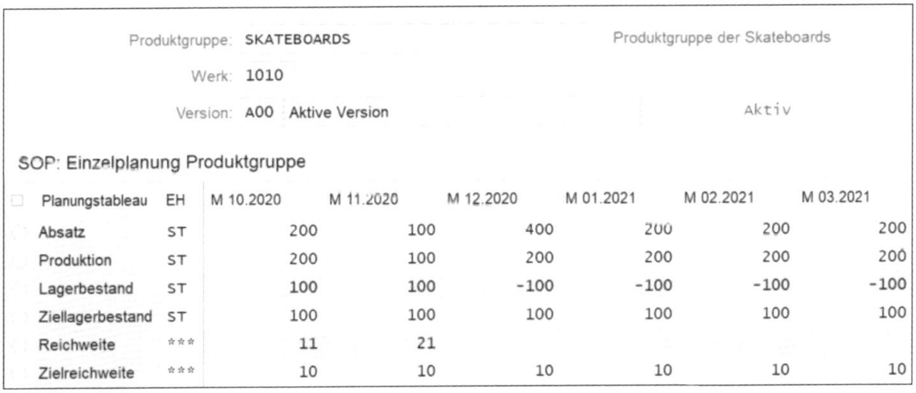

Produktgruppe: SKATEBOARDS Produktgruppe der Skateboards
Werk: 1010
Version: A00 Aktive Version Aktiv

SOP: Einzelplanung Produktgruppe

Planungstableau	EH	M 10.2020	M 11.2020	M 12.2020	M 01.2021	M 02.2021	M 03.2021
Absatz	ST	200	100	400	200	200	200
Produktion	ST	200	100	200	200	200	200
Lagerbestand	ST	100	100	-100	-100	-100	-100
Ziellagerbestand	ST	100	100	100	100	100	100
Reichweite	***	11	21				
Zielreichweite	***	10	10	10	10	10	10

Abbildung 7.11 Transaktion MC81 (oder analog MC93) zum Anlegen einer neuen Planung

Abbildung 7.12 zeigt den markierten Bereich **M 02.2021** (also den Februar 2021) in unserer Produktionsgrobplanung in der Transaktion MC94 und das Eingabefenster **Verteilungsfunktionen**. In diesem Beispiel wollen wir für diesen ausgewählten Zeitraum den Absatz halbieren, die Produktion um 100 Stück erhöhen und somit den Ziellagerbestand gleich 300 setzen. Das kommt einer Verdoppelung der Zielreichweite gleich.

Darum geben wir zu den Kennzahlen die jeweiligen Verrechnungswerte und den entsprechenden Operator an. Per Klick auf **Verteilen...** werden die hier gezeigten Werte dann mit den Werten der Kennzahlen aus dem selektierten Bereich verrechnet.

Die Funktion **Merkmal** erzeugt eine Grafik zu den Werten aus der Planung. Abbildung 7.13 zeigt hier beispielhaft ein Säulendiagramm für den Absatz und ein 3-D-Diagramm, in dem alle Kennzahlen parallel dargestellt sind. Abbildung 7.14 zeigt analog dazu die einzelnen Kennzahlen zusammen in einem Liniendiagramm.

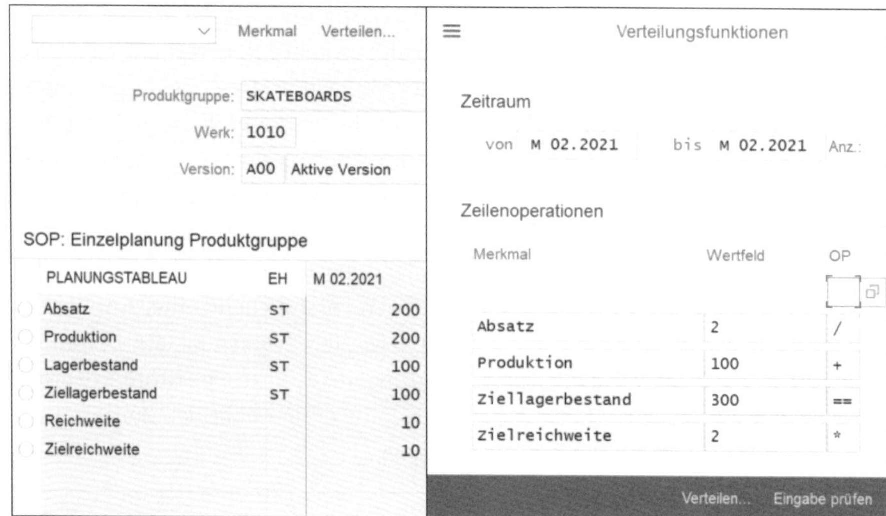

Abbildung 7.12 Transaktion MC94 (Produktionsgrobplanung ändern) – Anwendung der Verteilungsfunktionen

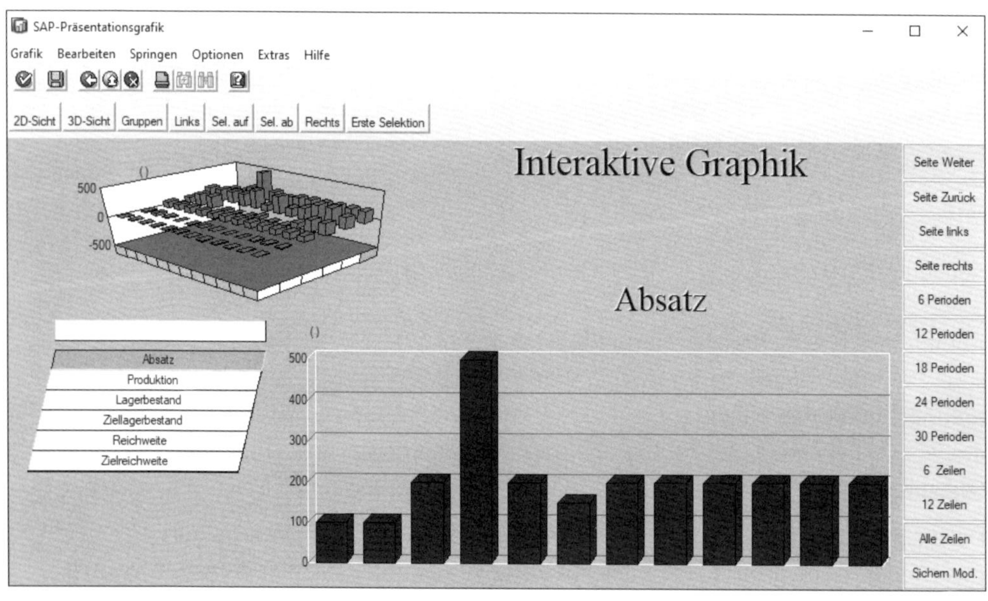

Abbildung 7.13 Säulendiagramm der Kennzahlen (generiert aus der Transaktion MC81)

Die beiden Abbildungen der grafischen Aufbereitung sind noch auf einem sehr alten Stand des Designs. SOP mittels SAP Integrated Business Planning for Supply Chain bietet hier natürlich einen ganz anderen Stand an hochwertigen Visualisierungen, SAP-Fiori-Apps und Statistiken. Allein für die übergreifende Planung und die technisch deutlich überlegenen Auswertungen lohnt es sich, über die Nutzung von SAP

Integrated Business Planning for Supply Chain nachzudenken. Jedoch deckt SAP Integrated Business Planning for Supply Chain weit mehr als die Absatz- und Produktionsgrobplanung ab und sollte möglichst vollumfänglich eingesetzt werden, um den größtmöglichen Nutzen zu erzielen.

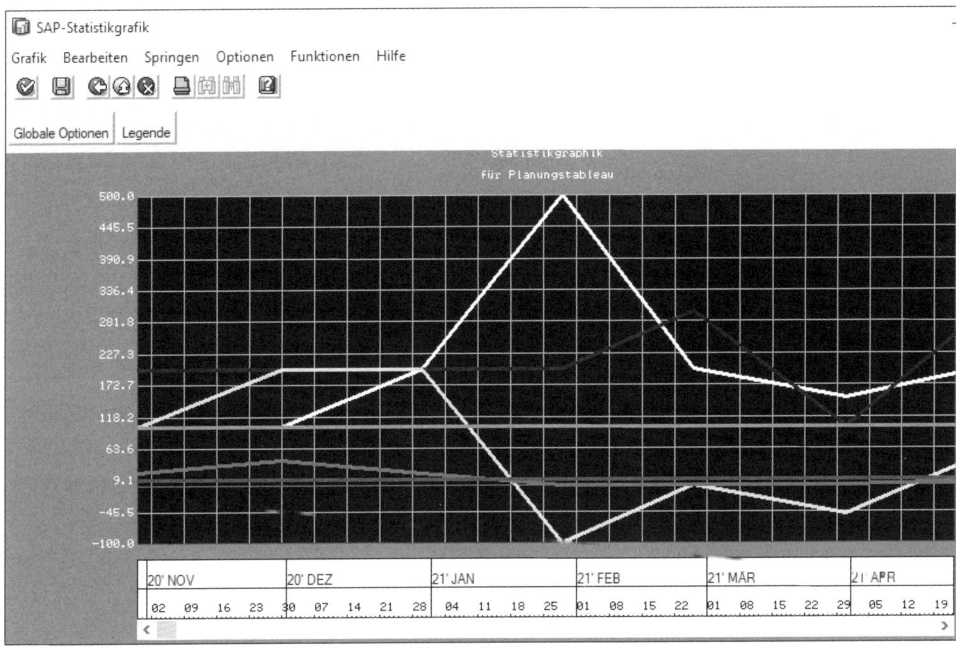

Abbildung 7.14 Liniendiagramm der Kennzahlen (generiert aus der Transaktion MC81)

7.3.3 Planung bearbeiten

Verwendete Transaktionen

- MC76 (Auflösen Produktionsgrobplan)
- MC77 (Anzeigen Produktionsgrobplan)
- MC88 (Kapazitätsabgleich aus Planung heraus aufrufen)
- MD47 (Planungssituation für Produktgruppen)

Sobald eine Planung angelegt ist, können noch weitere Bearbeitungen ausgeführt werden. Die Planwerte können z. B. von der obersten Planungsebene auf die darunterliegenden disaggregiert oder umgekehrt aggregiert werden. Je nach Planungsmethode (konsistente Planung oder Stufenplanung) werden dadurch die anderen Ebenen mit beeinflusst. Auch der Ressourcenabgleich kann für die jeweilige Planung ausgeführt werden, bevor schließlich die Übergabe der Planzahlen an die Programmplanung erfolgt.

Disaggregation

Das Planungstableau haben Sie bereits beim Anlegen einer Planung kennengelernt. Nun können Sie eine Planung auf Basis von Produktgruppen über die Transaktion MC76 noch auf die jeweiligen Gruppenmitglieder der Produktgruppe übertragen. Dies geschieht durch *Disaggregation* der Planwerte auf Gruppenebene. Für diesen Prozess geben Sie auf dem Einstiegsbild zunächst die Produktgruppe und das Werk an und wählen die zu bearbeitende Version aus. Sie bekommen nun die Produktgruppenmitglieder angezeigt, wie Sie sie in den Transaktionen MC84 und MC85 angelegt haben. An dieser Stelle können Sie noch einmal manuell den Anteilsfaktor für die Anteile der Mitglieder an der Gruppe ändern. Zusätzlich können Sie nun die Optionen zur Disaggregation anpassen. Das bedeutet, dass Sie die initialen Planzahlen aus der angelegten Planung nun anhand verschiedener Optionen für die Gruppenmitglieder überarbeiten können. Mit dem Kennzeichen **Absatzpläne erstellen** wird das automatische Erstellen der Absatzpläne eines jeden Gruppenmitglieds auf Basis der Disaggregation der Produktions- oder der Absatzzahlen der Gruppe angestoßen. Des Weiteren kann auch der Ziellagerbestand mit disaggregiert werden. Die Zielreichweite wird hingegen nicht aufgeteilt, sondern auf Wunsch von der Gruppen- auf die Mitgliedsebene übernommen. Die Produktionszahlen können ebenfalls von den Planzahlen im Planungskopf auf die einzelnen Mitglieder übertragen werden. Dazu gibt es die folgenden Optionen zur Verrechnung:

- Ausrichtung an der Lagerbilanz
- Ausrichtung an der Zielreichweite
- Ausrichtung am Ziellagerbestand
- Ausrichtung am Nulllagerbestand
- Ausrichtung am Absatz

Ein mögliches Ergebnis dieser ersten Verrechnung der Planzahlen sehen Sie in Abbildung 7.15. Hier sind im oberen Bereich die Planzahlen der Ebene der Produktgruppe zu sehen, wie sie in der Transaktion MC81 bzw. MC93 als Planung angelegt wurde. Darunter sehen Sie die gemäß Anteilsfaktor (aus der Transaktion MC62) aufgeschlüsselten Werte je Produktgruppenmitglied. Konkret sind das in diesem Beispiel die Materialien FE_SBCUST_001 und ST_STAN_001 sowie weitere Erzeugnisse, die aber im Screenshot nicht mehr zu erkennen sind.

Im Planungstableau gibt es wieder einige Funktionen, die Sie bereits aus Abschnitt 7.3.2, »Planung anlegen«, kennen. So z. B. die Funktion **Merkmal** zum Anzeigen von Grafiken oder die Funktion **Verteilen...** zum Überarbeiten der Planzahlen. Hierbei werden nun jedoch nicht nur die Zahlen auf der Kopfebene der Planung überarbeitet oder angezeigt, auch die Zahlen auf den darunterliegenden Ebenen können geändert werden. Mit einem Klick auf **Kopf** werden nur noch die Kopfplandaten angezeigt. Analog werden per Klicken auf **Mitglied** nur die Plan-Daten eines Mitglieds angezeigt, die mittels der Schaltflächen **Voriges Mitglied** und **Nächstes Mitglied** durchgeblättert werden können. Über die Funktion **Alle Mitglieder** gelangen Sie schließlich zur Übersicht aller Plandaten zurück. Die Funktion **Makro...** ermöglicht für die markierten Spalten verschiedene automatisierte Verrechnungsfunktionen zur Aggregation und Disaggregation, um die Werte über die verschiedenen Ebenen hinweg abzustimmen.

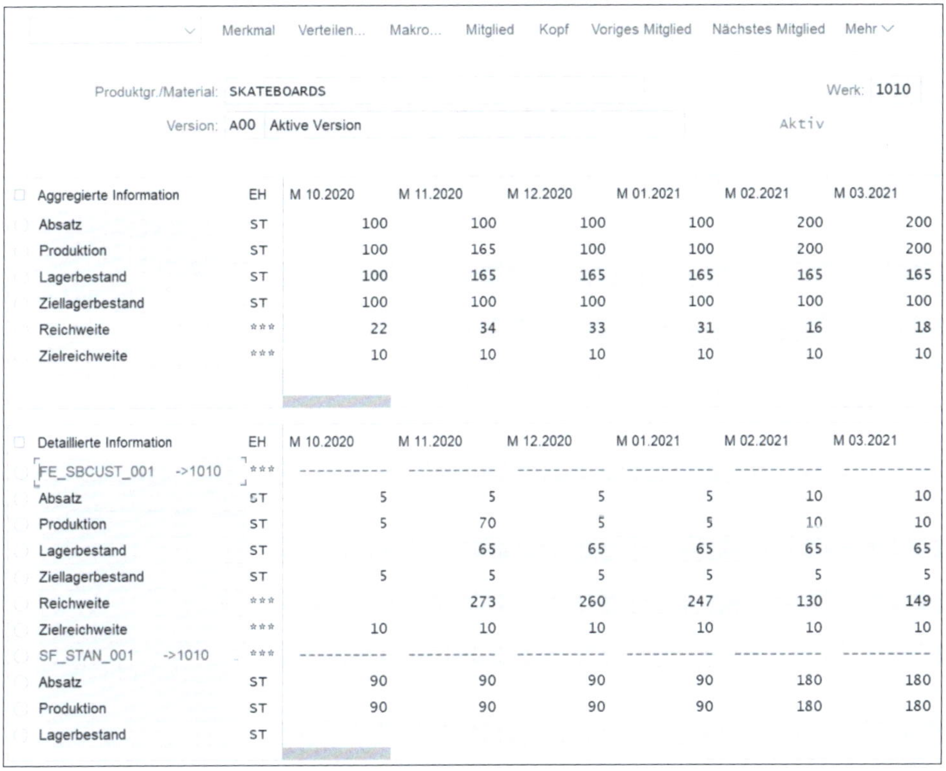

Merkmal Verteilen... Makro... Mitglied Kopf Voriges Mitglied Nächstes Mitglied Mehr

Produktgr./Material: SKATEBOARDS Werk: 1010
Version: A00 Aktive Version Aktiv

Aggregierte Information	EH	M 10.2020	M 11.2020	M 12.2020	M 01.2021	M 02.2021	M 03.2021
Absatz	ST	100	100	100	100	200	200
Produktion	ST	100	165	100	100	200	200
Lagerbestand	ST	100	165	165	165	165	165
Ziellagerbestand	ST	100	100	100	100	100	100
Reichweite	***	22	34	33	31	16	18
Zielreichweite	***	10	10	10	10	10	10

Detaillierte Information	EH	M 10.2020	M 11.2020	M 12.2020	M 01.2021	M 02.2021	M 03.2021
FE_SBCUST_001 ->1010	***	----------	----------	----------	----------	----------	----------
Absatz	ST	5	5	5	5	10	10
Produktion	ST	5	70	5	5	10	10
Lagerbestand	ST		65	65	65	65	65
Ziellagerbestand	ST	5	5	5	5	5	5
Reichweite	***		273	260	247	130	149
Zielreichweite	***	10	10	10	10	10	10
SF_STAN_001 ->1010	***	----------	----------	----------	----------	----------	----------
Absatz	ST	90	90	90	90	180	180
Produktion	ST	90	90	90	90	180	180
Lagerbestand	ST						

Abbildung 7.15 Transaktion MC76 – Disaggregation der Planzahlen von der Ebene der Produktgruppe auf die Ebene der Produktgruppenmitglieder

Ressourcenabgleich

Der Ressourcenabgleich ermöglicht direkt auf der Ebene des SOP eine erste Einschätzung der Realisierbarkeit der geplanten Absatz- und Produktionsmengen. Über das Grobplanungsprofil wird angegeben, wie die Angebotsseite des *Ressourcenabgleichs* im SOP definiert werden soll. Die Bedarfsseite richtet sich nach den Werten der als Basis zugeordneten Kennzahl (z. B. **Produktion**). Der Begriff »Ressourcen« wird hier in seiner ursprünglichen Bedeutung (Materialien, Kapazitäten, Hilfsmittel, Kosten) gebraucht und nicht für »Ressourcen«, die wir als Arbeitsplätze aus der Prozessfertigung kennen. Voraussetzungen für den Kapazitätsabgleich sind:

- In der Customizing-Transaktion MC7F ist im Feld **Kapazitätskennzahl** eine Kennzahl eingegeben, deren Werte aus dem Planungstableau die Basis für die Bedarfsseite der

Kapazitäten darstellt. Es bietet sich an, hier den Wert der Produktion zu verwenden, dafür würde man hier »PRODU« eintragen.

- Wenn ein Arbeitsplan für ein Material verwendet werden soll, muss ein entsprechender Normalarbeitsplan, Linienplan oder ein Planungsrezept vorliegen. Alternativ kann ein Grobplanungsprofil verwendet werden.
- Die Produktgruppe/die Planungshierarchie/das Material muss für den Kapazitätsabgleich die gleichen Planungsebenen haben wie im Grobplanungsprofil.
- Der Planungstyp muss die Kennzahlen für einen Kapazitätsabgleich im Planungstableau vorsehen.

Über die Transaktion MC88 können Sie nun zur Planung der Kombination aus Material und Werk den Kapazitätsabgleich der Produktionsgrobplanung einsehen. Dies geht sowohl für aktive als auch für inaktive Versionen Ihrer Grobplanung. Über den Menüpfad **Mehr • Sichten • Kapazitätssituation • Grobplanung • Einblenden** wird zum Material der Planung die Ressourcenbelastung angezeigt.

7.3.4 Übergabe der SOP-Daten an die Programmplanung

Verwendete Transaktionen

- MC74 (Übergabe an Programmplanung [Material])
- MC75 (Übergabe an Programmplanung [Produktgruppe])

Aus dem Planungstableau der verschiedenen Transaktionen heraus kann über die Funktion **Mehr • Zusätze • Überg. Programmpla.** die Übergabe der Planwerte an die Programmplanung angestoßen werden. Alternativ kann diese Übergabe auch direkt über die Transaktion MC74 (ausgehend von einer Materialplanung) oder MC75 (ausgehend von einer Produktgruppenplanung) ausgelöst werden.

In Abbildung 7.16 sehen Sie, welche Angaben bei der Übergabe an die Programmplanung über die Transaktion MC75 relevant sind. Sie geben hier die Produktgruppe (in der Transaktion MC74 wäre es das Material) und das Werk an. Dazu wählen Sie die aktive Version der zugrunde liegenden Informationsstruktur. Sie geben im Bereich **Übergabestrategie und -zeitraum** zudem bei **von** und **bis** den Zeitraum an, für den Sie die Planung einsetzen wollen, und wählen, welche Daten Sie nun übergeben wollen.

Dabei können Sie aus den Absatz- oder den Produktionswerten wählen, welche Werte jeweils je Material Ihrer Produktgruppe oder gemäß der Verteilung der Kopfplandaten (aus der Ebene der Produktgruppe) an die Gruppenmitglieder übergeben werden können. Über das Kennzeichen **Verbuchung dunkel** geben Sie an, dass das System diese Übertragung im Hintergrund ausführt. Sie können unter **Angaben zum Primärbedarf** im Feld **Bedarfsart** zudem noch die konkrete Bedarfsart vorgeben, die Sie bedienen wollen, und eine Version vergeben. Über die Version können mehrere Szenarien aus SOP, Prognose und Langfristplanung in der Programmplanung differenziert werden. Letztlich entscheidet hier das Setzen des Kennzeichens **Aktiv** darüber, ob die übertragenen Primärbedarfe dispositiv in der Planung berücksichtigt werden sollen (Häkchen gesetzt) oder ob die Übertragung nur dem Abgleich von Szenarien dienen soll (Häkchen nicht gesetzt). Mit einem Klick auf **Übergabe ausführen** wird schließlich der Übergabeprozess gestartet. Bei der flexiblen Planung werden zur Übergabe der Daten jeweils eine Material- und eine Werksebene in der Planungshierarchie benötigt.

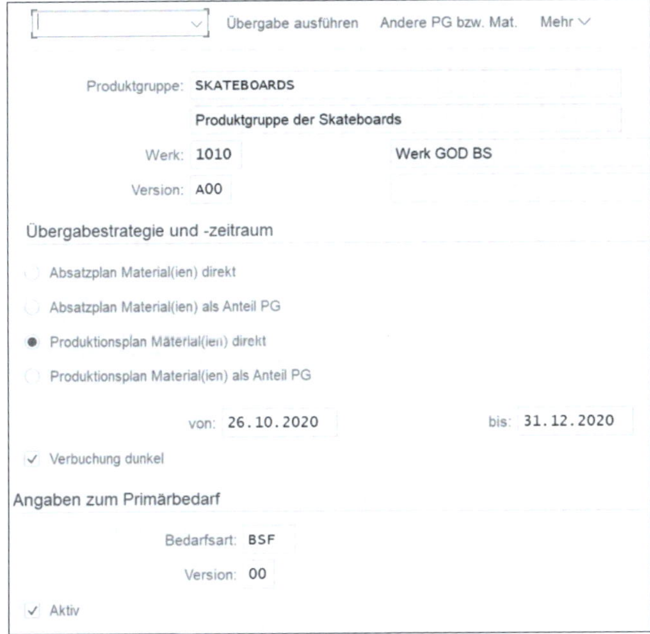

Abbildung 7.16 Transaktion MC75 – Übergabe der Plandaten an die Programmplanung

7.3.5 Massenplanung

Verwendete Transaktionen

- MC8D (Planungsvormerkung anlegen)
- MC8E (Planungsvormerkung ändern)
- MC8F (Planungsvormerkung löschen)
- MC8I (Planungsvormerkung prüfen)
- MC8G (Hintergrundjob einplanen für selektierte Planungsobjekte)
- MC8T (Aktivitäten der Batchplanung ändern)

Sie können in SAP SOP verschiedene Planungen für unterschiedliche Planungshierarchien und Produktgruppen ausführen. Das kann bei einer großen Produktpalette schnell sehr mühsam werden. Darum gibt es auch hier wieder die Funktion der *Massenplanung*. Über die Transaktion MC8D können Sie eine solche Massenplanung für das SOP anlegen. Die Transaktionen MC8E und MC8F dienen wieder dem Ändern und Anzeigen. Zusätzlich gibt es hier noch die Möglichkeiten, eine angelegte Massenplanung über die Transaktion MC8F zu löschen oder sie per Transaktion MC8I zu prüfen. Wenn Sie eine Massenplanung angelegt, fertig überarbeitet und geprüft haben, starten Sie die Einplanung als Hintergrundjob über die Transaktion MC8G. In der Transaktion SM37 können Sie dann Ihre eingeplanten Jobs verwalten und überprüfen.

Wenn Sie mittels der Transaktion MC8D eine SOP-Massenplanung anlegen möchten, werden Sie zunächst aufgefordert, eine alphanumerische Nummer (**Batchlauf-Nr.**) und im Feld **Jobname** einen Namen für den Hintergrundjob anzugeben. Über die Nummer können Sie die Massenplanung später in der Transaktion MC8G einplanen. Mit **Ausführen** navigieren Sie jeweils weiter in das nächste Eingabefenster. Im Folgebild geben Sie an, für welche Version und welche Infostruktur Sie die Massenplanung vornehmen möchten.

Nach dem Klick auf **Ausführen** werden Sie nun gefragt, welcher Planungstyp und welche Variante des Massenplanungsjobs verwendet werden sollen. Wenn Sie eine neue Variante anlegen möchten und keine bestehende verwenden wollen, klicken Sie im Pop-up-Fenster der Variantennachfrage auf **Abbrechen**. Sie werden dann aufgefordert, eine neue Variante anzulegen. Die Bildzuordnung dient der Angabe, für welche Eingabebilder Sie Werte für Ihre Variante vorgeben wollen. In unserem Fall gibt es nur ein Selektionsbild mit der Nummer **1000**. Sie können also dieses einzelne oder alle Selektionsbilder wählen. In der Folge wird das Selektionsbild angezeigt, in dem Sie nun die Eingaben pflegen und diese Eingaben als neue Variante speichern. Abbildung 7.17 zeigt beispielhaft, wie so eine Selektionsvorgabe für eine Variante in der Transaktion MC8D aussehen kann.

Unter **Merkmale** geben Sie ein, für welche Materialien oder Produktgruppen unsere Massenverarbeitung ausgeführt werden soll. Die Felder **Werk** und **Fertigungsversion** schränken die Planung für die angegebenen Produktgruppen oder Materialien jeweils weiter ein. Unter **Aggregationsebene** geben Sie vor, für welche Zuordnung die Mengen der einzelnen Materialien zur Planung auf oberster Ebene zusammengefasst werden sollen. Im Bereich **Planungslaufinformationen** werden noch einmal die bereits festgelegten Attribute der Massenplanung angezeigt.

Im Feld **Planungsaktivität** wird angegeben, was genau mit der Ausführung der Massenplanung geschehen soll. Eine *Planungsaktivität* können Sie über die Transaktion MC8T definieren. Hier könnten z. B. Makros ausgeführt oder Daten an die Programmplanung übergeben werden. Im Prinzip können Sie sämtliche Schritte, die Sie ansonsten bei der Bearbeitung einer Planung manuell ausführen, hier für alle Treffer Ihrer Selektion automatisieren.

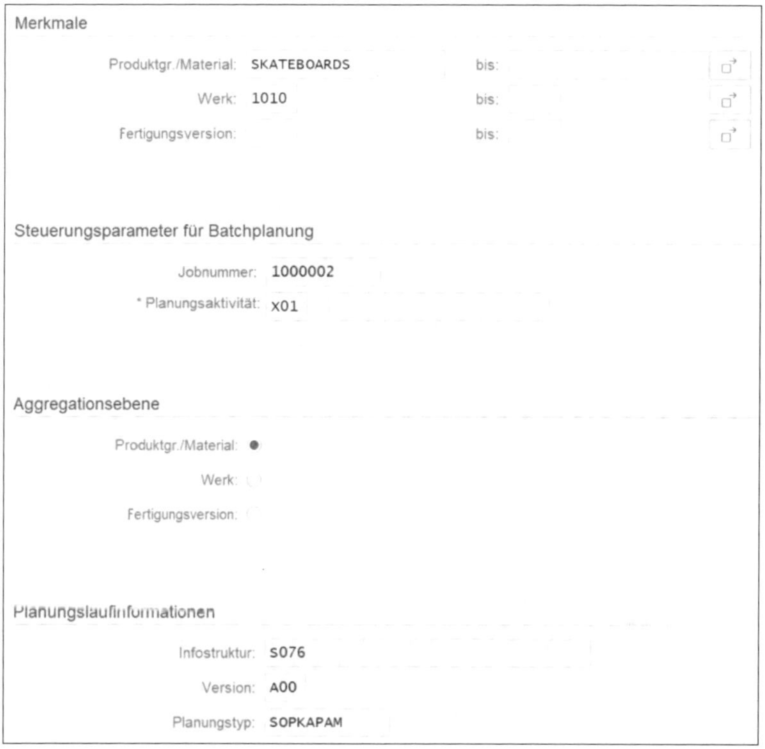

Merkmale

Produktgr./Material: SKATEBOARDS bis:

Werk: 1010 bis:

Fertigungsversion: bis:

Steuerungsparameter für Batchplanung

Jobnummer: 1000002

* Planungsaktivität: X01

Aggregationsebene

Produktgr./Material: ●

Werk: ○

Fertigungsversion: ○

Planungslaufinformationen

Infostruktur: S076

Version: A00

Planungstyp: SOPKAPAM

Abbildung 7.17 Transaktion MC8D (Planungsvormerkung anlegen) – Variante zur Massenplanung anlegen

Sie können für eine Aktivität die folgenden Konfigurationen mit angeben, die Sie im Customizing unter dem Pfad **Produktion • Absatz- und Produktionsgrobplanung (SOP) • Funktionen • Massenverarbeitung** pflegen können. Nutzen Sie in diesem Pfad auch die Customizing-Beschreibung zu den jeweiligen Punkten für mehr Informationen zum Hintergrund dieser Elemente:

- **Makro** – zur Durchführung automatischer Bearbeitungen in der SOP (Transaktion MC8A)
- **Übergabeprofil** – zur Übergabe der SOP-Daten an die Langfristplanung oder die Programmplanung (Customizing-Pfad **Produktion • Absatz- und Produktionsgrobplanung (SOP) • Funktionen • Massenverarbeitung • Übergabeprofile pflegen**)
- **Kopierprofil** – zum Kopieren von Daten zwischen Informationsstrukturen innerhalb des SOP (Customizing-Pfad **Produktion • Absatz- und Produktionsgrobplanung (SOP) • Funktionen • Massenverarbeitung • Kennzahlen zwischen Infostrukturen kopieren • Kopierprofile pflegen**)

- **Prognoseprofil** – zum Erstellen von Prognosen zur Generierung von Daten für die Absatz- und Produktionsgrobplanung (Customizing-Pfad **Produktion • Absatz- und Produktionsgrobplanung (SOP) • Funktionen • Prognosen**)

Wegen der Zuordnung von Profilen in und der Definition der Funktion der Massenplanung durch die Planungsaktivität kommt dieser Angabe in der Transaktion MD8D eine tragende Rolle zu.

7.3.6 Übergabe der SOP-Daten an die Langfristplanung

Die *Langfristplanung* bietet Möglichkeiten zur Simulation der zukünftigen Bedarfe, die wiederum mit in die Materialbedarfsplanung einfließen können. Die Datenlage von SOP, die regulär zur Programmplanung übermittelt wird, kann auch optional um eine Analyse der Langfristplanung ergänzt werden. Dort können die Bedarfe aus dem SOP als Grundlage verwendet werden, um darauf aufbauend weitere Analysen mittels Stücklistenauflösungen und mehrstufigen Bedarfssimulationen in unterschiedlichen Szenarien auszuführen.

Umstellung der Langfristplanung auf Predictive MRP

SAP bietet mit *Predictive MRP* eine neue und vollumfängliche Simulation im Sinne der Langfristplanung, die mit SAP S/4HANA ausgeliefert wird. Wir beschreiben dieses neue Feature in Kapitel 9, »Materialbedarfsplanung (MRP)«. Die Langfristplanung steht jedoch zunächst auch weiterhin in SAP S/4HANA zur Verfügung. Wenn Sie eine Migration auf SAP S/4HANA planen, sollten Sie hierauf einen besonderen Fokus bei der Umstellung legen. Dabei sollten Sie sowohl im Greenfield- als auch im Brownfield-Ansatz die Vorteile von Predictive MRP berücksichtigen.

Die Übergabe der SOP-Daten an die Langfristplanung ist technisch etwas aufwendiger als die Übergabe an die Programmplanung und erfordert das Wissen aus Abschnitt 7.3.5, »Massenplanung«, zur Massenverarbeitung im SOP. Zur Übergabe der Daten als Planprimärbedarfe an die Langfristplanung müssen diese Schritte ausgeführt werden:

- Anlegen des Planungstyps per Transaktion MC8A
- Definition des Übergabeprofils über den Customizing-Pfad **Produktion • Absatz- und Produktionsgrobplanung (SOP) • Funktionen • Massenverarbeitung • Übergabeprofile pflegen**
- Festlegen der Planungsaktivität per Transaktion MC8T
- Anlegen einer Definition für einen Übergabejob per Transaktion MC8D

- Übergabe der SOP-Daten an die Langfristplanung per Transaktion MC8G
- Überprüfung der kopierten Daten per Transaktion MD63 (Planprimärbedarfe anzeigen)

Die Langfristplanung eignet sich für kurz-, mittel- sowie langfristige Simulationen der Produktionsplanung gleichermaßen. Es werden in diesem Werkzeug die Bedarfs- und Kapazitätsplanung für verschiedene Versionen des Produktionsprogramms durchlaufen, um frühzeitig eventuelle Engpässe identifizieren zu können. So lassen sich unterschiedliche Szenarien simulieren, die entsprechende Bedarfe ermitteln. Die bevorzugte Version der Langfristplanung kann schließlich in die operative Materialbedarfsplanung übernommen werden. Alternativ kann so auch die Wirkung des Ausbaus der Produktionskapazitäten simuliert werden.

Planungsszenarien

Verwendete Transaktionen

- MS31 (Planungsszenario anlegen)
- MS32 (Planungsszenario ändern)
- MS33 (Planungsszenario anzeigen)
- MS29 (Bestandsberechnung zum Planungsszenario)

Planungsszenarien dienen in der Langfristplanung der Simulation möglicher Materialbedarfsplanungsszenarien. Hier werden Bewegungsdaten wie Bestände, Zugänge und Bedarfe ohne operative Auswirkungen geplant, um die Ergebnisse gegeneinander abzuwägen und schließlich die Parameter der besten Lösung für die operative Materialbedarfsplanung zu verwenden. Über die Transaktion MS31 werden Planungsszenarien angelegt. Die Transaktionen MS32 und MS33 dienen wieder der Änderung und Anzeige. Im SAP-Standard sind bereits drei Standardszenarien vordefiniert, die jeweils eigene Parameter zur Simulation beinhalten:

- Langfristplanung
- Bruttolangfristplanung
- Simulation für die kurze Frist

Die *Bruttolangfristplanung* dient im Prinzip nur der Kostenermittlung zur Budgetierung der langfristigen Produktion und rechnet z. B. ohne Ausschussmengen und ermittelt somit die Bruttomengen ohne Abzüge eventueller Fehlproduktion. Die *Simulation für die kurze Frist* berücksichtigt hingegen fixierte Zugänge und Kundenaufträge. Die langfristige Planung kommt in der Regel mit Planprimärbedarfen aus, da diese auch ohne konkret vorliegende Aufträge die geschätzten oder prognostizierten Absätze decken sollen. Auch die Verwendung von Anfangsbeständen ist in allen drei Szenarien jeweils anders geregelt. In der kurzen Frist wird z. B. mit dem tatsächlichen Werksbestand gerechnet, während die Bruttoplanung ohne Anfangsbestand rechnet. Für die Planung der langen Frist kann zudem über die Transaktion MS29 vorab ein durchschnittlicher Bestand errechnet und verwendet werden. Sie können ein Standardszenario auch als Vorlage für ein eigenes Szenario verwenden und nach Ihren Bedürfnissen anpassen. Beachten Sie jedoch, dass die Parameter nach der Freigabe des Planungsszenarios nicht mehr geändert werden können. Per Freigabe eines Planungsszenarios (über **Freigeben u. sichern**) werden Planungsvormerkungen erstellt, die Sie über die Transaktion MS21 einsehen können. Nach der Freigabe können Sie die Parameter des Planungsszenarios nur noch ändern, wenn Sie die Freigabe dafür wieder zurücknehmen.

Anwendung der Langfristplanung

Verwendete Transaktionen

- MS01 (Planungslauf Langfristplanung)
- MS02 (Einzelplanung – mehrstufig)
- MS03 (Einzelplanung – einstufig)
- MS11 (Simulationsauftrag anlegen)
- MS65 (Langfristbedarf anzeigen)
- MSBT (Planungslauf im Hintergrund)

Die Langfristplanung verwendet die *Werkzeuge* der Materialbedarfsplanung, weshalb wir auch die Predictive-MRP-Themen in Kapitel 9, »Materialbedarfsplanung (MRP)«, behandeln. Die Transaktionen zur Anwendung der einzelnen Planungsszenarien der »alten« Langfristplanung haben wir im Kasten zu Ihrer Information genannt, sie werden aber nicht weiter beschrieben.

Auswertung der Langfristplanung

Verwendete Transaktionen

- MS04 (Bedarfs-/Bestandsliste Langfristplanung)
- MS05 (Dispositionsliste Langfristplanung)
- MS44 (Planungssituation Material Langfristplanung)
- MS47 (Planungssituation Produktgruppe Langfristplanung)
- CM38 (Kapazitätsbedarf Arbeitsplätze Langfristplanung)
- MFS0 (grafische Plantafel Langfristplanung)

Nachdem Sie eine Simulation in der Langfristplanung ausgeführt haben, können Sie die Werkzeuge der Materialbedarfs- und Kapazitätsplanung verwenden, um sich die Ergebnisse anzeigen zu lassen. Manche Transaktionen sind dabei für alle Szenarien gleichermaßen nutzbar, während andere einen klaren Bezug zu einem der Planungsszenarien haben. Mehr Informationen zur Handhabung der Transaktionen finden Sie in Kapitel 9, »Materialbedarfsplanung (MRP)«, Kapitel 10, »Kapazitätsplanung«, sowie in Kapitel 5, »Serienfertigung«.

Übergabe der Daten

Verwendete Transaktionen

- MD62 (Aktivieren der neuen Planprimärbedarfsversion)
- MS64 (Kopieren der neuen Planprimärbedarfsversion)
- MD43 (interaktive Materialbedarfsplanung (fixierte Planaufträge))

Die Langfristplanung kann ohne dispositiven Einfluss ausgeführt werden. Es gibt jedoch auch die Möglichkeit, aus der Langfristplanung heraus fixierte Planaufträge und Planprimärbedarfe in die operative Planung zu übernehmen.

Kapitel 8
Programmplanung

Die Programmplanung in SAP S/4HANA dient der Identifikation relevanter Bedarfe. Hierbei können sowohl Planprimärbedarfe als auch Kundenbedarfe relevant sein. Als Steuerungskriterien kommen Strategien, Bedarfsklassen sowie Bedarfsarten zur Anwendung.

Die *Programmplanung* wird im SAP-System auf Grundlage von Planprimärbedarfen und Kundenbedarfen erstellt. Die Aufgabe der Programmplanung besteht in der Festlegung von Bedarfsmengen und der Ermittlung von Lieferterminen für Enderzeugnisse, Baugruppen und Rohstoffe.

Planprimärbedarfe (auch *Vorplanungsbedarfe* genannt) sind temporäre Platzhalter und dienen einer planerischen Vorwegnahme eines realen, zukünftigen Kundenbedarfs. Sie stellen die Vorplanung (den Forecast) dar, die das Ergebnis einer vorgelagerten Absatz- und Produktionsgrobplanung ist.

Kundenbedarfe wiederum können in diesem Zusammenhang sowohl Kundenbedarfe als auch Service- und Instandhaltungsaufträge sowie Projektbedarfe und Umlagerungsbedarfe aus anderen Lokationen sein. Hier fließen also Informationen aus vorangegangenen Prozessen der Produktionsplanung (z. B. dem SAP Sales and Operations Planning, SOP, oder der flexiblen Planung) und aus Kundenaufträgen (unter anderem aus dem Vertrieb) zusammen. Anhand einer Planungsstrategie für das jeweilige Enderzeugnis (z. B. Lager- oder Kundeneinzelfertigung) werden Bedarfsmengen und Liefertermine für Baugruppen und Komponenten ermittelt, die in das Endprodukt einfließen. In Abschnitt 1.4, »Planungswerkzeuge der SAP-Produktionsplanung«, haben wir Ihnen in einer Gesamtübersicht die Produktionsplanungsabläufe vorgestellt. Dieses Kapitel gibt Ihnen nun einen Überblick über ausgewählte *Planungsstrategien* und zeigt auf, wie die Programmplanung Unternehmensbedürfnissen angepasst werden kann.

Abbildung 8.1 liefert einen Überblick ausgewählter Standardplanungsstrategien, die in den folgenden Abschnitten besprochen werden. Die Planungsstrategien lassen sich dahingehend unterscheiden, ob sie im Rahmen einer Lagerfertigung oder einer Kundeneinzelfertigung Anwendung finden. Des Weiteren wird damit die Ebene der Planung festgelegt, d. h., ob eine Vorplanung auf dem Kopfprodukt oder auf der Komponente erfolgt. Jede dieser Ausprägungen wird über die Planungsstrategie repräsentiert.

	Lagerfertigung	Kundeneinzelfertigung
Kopfprodukt	10 – anonyme Lagerfertigung 11 – Bruttoplanung 30 – Losfertigung 40 – Vorplanung mit Endmontage	20 – Kundeneinzelfertigung 82 – Montageauftragsabwicklung
Komponente	70 – Vorplanung auf Baugruppenebene 59 – Vorplanung auf Dummy-Baugruppenebene	50 – Vorplanung ohne Endmontage 60 – Vorplanung mit Vorplanungsmaterial

Abbildung 8.1 Programmplanung in SAP S/4HANA

8.1 Planprimärbedarfe

Ein *Bedarf* ist eine zu einem bestimmten Zeitpunkt in einem Werk benötigte Menge eines Materials. Ein Bedarf kann somit z. B. als Bedarf aus dem Bereich Service, als Umlagerungsbedarf aus einem anderen Werk, als Kundenbedarf aus dem Vertrieb oder auch als Planprimärbedarf aus einer vorangegangenen Planung auftreten. *Planprimärbedarfe* sind Lagerbedarfe, die das Ergebnis einer vorgeschalteten Absatz- und Produktionsgrobplanung sein können. Diese Bedarfe können jedoch auch aus anderen SAP-Planungslösungen stammen (z. B. aus SAP Integrated Business Planning for Supply Chain, einer cloudbasierten Planungssoftware für das Supply Chain Management). Auch die manuelle Anlage und Pflege von Planprimärbedarfen ist möglich.

Diese Art von Bedarfen wird allgemein auch als *Vorplanung* bezeichnet. Die Vorplanung wird in der Lagerfertigung mit dem Ziel eingesetzt, die Beschaffung der betroffenen Materialien einzuleiten, ohne auf konkrete Kundenaufträge warten zu müssen. Sie können somit auch als temporärer Platzhalter für zukünftige Kundenaufträge angesehen werden. Kundenaufträge ersetzen dann je nach Planungsstrategie die Planprimärbedarfe, d. h., sie werden mit ihnen verrechnet.

Der Einsatz von Planprimärbedarfen ermöglicht es, Lieferzeiten zu verkürzen und die zur Herstellung des (End-)Produkts notwendigen Produktionsressourcen durch vorausschauende Planung gleichmäßig auszulasten.

In welcher Form Planprimärbedarfe die Planung beeinflussen und ob sich diese Bedarfe mit zukünftigen Kundenaufträgen verrechnen, wird durch ihre Bedarfsklasse gesteuert, die sich wiederum unter anderem aus der *Planungsstrategie* ableiten lässt. Diese Vorgehensweise, die Ihnen vielleicht schon aus SAP ERP Central Component (SAP ECC) bekannt ist, kommt in SAP S/4HANA in gleicher Weise zum Einsatz.

8.2 Planungsstrategien

Verwendete Transaktionen

- OMP1 (Bedarfsarten ändern) – Produktion
- OVZH (Bedarfsarten ändern) – Vertrieb
- OMPO (Bedarfsklassenpflege Planprimärbedarfe ändern) – Produktion
- OVZG (Bedarfsklassen ändern) – Vertrieb
- MM02 (Material ändern)

Unter Planung versteht man im Allgemeinen »die gedankliche Vorwegnahme zukünftigen Handelns durch Abwägen verschiedener Handlungsalternativen und Entscheidungen für den günstigsten Weg« (siehe Wöhe, »Einführung in die Allgemeine Betriebswirtschaftslehre«, 15. Auflage 1984, S. 125). Im Rahmen der Produktions- und Programmplanung wird hierdurch folgende zentrale Frage beantwortet: Welche Bedarfe sollen in welcher Menge von welcher Bezugsquelle zu welchem Termin gedeckt werden? Die Programmplanung fokussiert dabei auf den ersten Aspekt, nämlich die Identifikation relevanter Bedarfe. Dabei steht im Vordergrund, welche Bedarfe gedeckt werden sollen/müssen und wie diese Bedarfe zu interpretieren sind. Diese in erster Näherung recht triviale Fragestellung gewinnt bei genauerer Betrachtung recht schnell an Komplexität. Bei der Identifikation relevanter Bedarfe lassen sich zwei ganz grundsätzlich unterschiedliche Ansätze unterscheiden: die anonyme Produktion von Waren auf Lager (Lagerfertigung) sowie die kundenspezifische Fertigung auf Basis eines (realen) Kundenauftrags (Kundeneinzelfertigung).

Bei der *Lagerfertigung* besteht die Option, das Auftreten eines Kundenbedarfs abzuwarten und erst dann die Planung/Produktion anzustoßen. Diese Vorgehensweise würde sicherstellen, dass alle hergestellten Produkte auch abgesetzt werden können. Sie hätte jedoch gegebenenfalls zur Konsequenz, dass der Kunde auf seine Lieferung tendenziell länger warten muss und auf einen anderen Anbieter zurückgreift, wenn die Produktionszeit über alle Fertigungsstufen länger ist als die vom Kunden akzeptierte Lieferzeit. Um das zu vermeiden, müsste eine Fertigung schon vor Auftreten eines Kundenauftrags und ohne einen direkten Bezug zu einem Kundenauftrag erfolgen. Der erzeugte Bestand wird anonym auf Lager gefertigt, und aus diesem können sich dann (alle) Kundenaufträge bedienen.

Grundsätzlich anders verläuft die *Kundeneinzelfertigung*: Sie erfolgt kundenspezifisch und setzt einen (konkreten) Kundenauftrag als Trigger voraus. Die einzelnen Planungsstrategien für die Lager- und die Kundeneinzelfertigung werden im Folgenden noch genauer vorgestellt (siehe Abschnitt 8.2.1, »Strategien für die Lagerfertigung«, und Abschnitt 8.2.2, »Strategien für die Kundeneinzelfertigung«).

Welcher Ansatz im Unternehmen verfolgt wird, kann unternehmensspezifisch festgelegt und bei Bedarf für jede Material-Werks-Kombination unter Verwendung einer (passenden) Planungsstrategie gezielt definiert werden. Die Planungsstrategie wird der Material-Werks-Kombination über die Planungsstrategiegruppe im Materialstamm in der Sicht **Disposition 3** zugewiesen. Sowohl die *Planungsstrategiegruppe* als auch die *Planungsstrategie* sind (im Standard) über einen zweistelligen numerischen Schlüssel abgebildet, der im Customizing definiert und dem Material im Materialstamm zugewiesen wird.

Die *Planungsstrategiegruppe* enthält dabei immer eine Hauptstrategie und kann null bis sieben Nebenstrategien besitzen. Die Hauptstrategie ist diejenige, die das SAP-System im Rahmen einer automatischen Planung (Planungslauf) anwendet. Die Nebenstrategien können, so weit vorhanden, durch die Planerin bzw. den Planer manuell ausgewählt werden, indem sie oder er im Bedarfselement eine alternative Bedarfsart verwendet.

Dieser Zusammenhang soll an folgendem Beispiel noch einmal kurz beschrieben werden. Für das Material T-F125 ist vorgesehen, Bedarfe aus dem Lagerbestand zu bedienen, der auf der Basis einer Vorplanung erzeugt wurde. Dieses Systemverhalten wird über die Verwendung der Planungsstrategie 40 sichergestellt, die wiederum durch Zuweisung der Strategiegruppe 40 in der Sicht **Disposition 3** angewendet wird.

Verfolgen Sie hingegen das Ziel, einen Bedarf eventuell abweichend hiervon (z. B. bei nicht ausreichendem Lagerbestand) in Form einer Kundeneinzelfertigung zu decken, wäre dies nur über die Zuweisung der Strategie(gruppe) 20 möglich. Ständige Änderungen an dieser sensiblen Stelle würden jedoch schnell zu einem planerischen Chaos führen.

Ein eher praktikabler Ansatz wäre hier die Verwendung der Strategiegruppe 41, die zwei verschiedene Planungsstrategien umfasst: die Hauptstrategie 40 und die (Neben-)Strategie 20 (siehe Abbildung 8.2).

Bei Verwendung dieser Planungsstrategiegruppe geht das System beim Auftreten eines Bedarfs von einer Lagerfertigung aus, da standardmäßig immer die Hauptstrategie zur Anwendung gelangt. Die *Nebenstrategien* spielen aber auch eine wichtige Rolle. Durch manuelle Zuweisung dieser (optionalen) Strategien kann das Planungsverhalten beeinflusst werden (siehe Abbildung 8.3).

Hierbei wird die Strategie jedoch nicht direkt im Bedarfselement geändert. Die Änderung der Strategie wird über eine Änderung der Bedarfsart vorgenommen. Anzahl und Art der alternativen Bedarfsarten sind über die Nebenstrategien limitiert.

Allgemein steuern die *Planungsstrategien* dabei unter anderem das Verhältnis zwischen Planprimärbedarfen/Vorplanungsbedarfen und zukünftigen Kundenbedarfen.

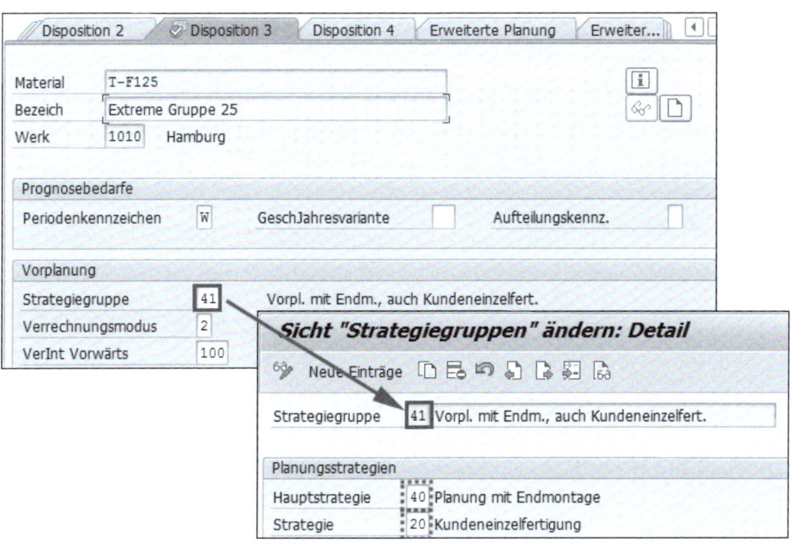

Abbildung 8.2 Strategiegruppe 41 – Hauptstrategie 40 und Nebenstrategie 20

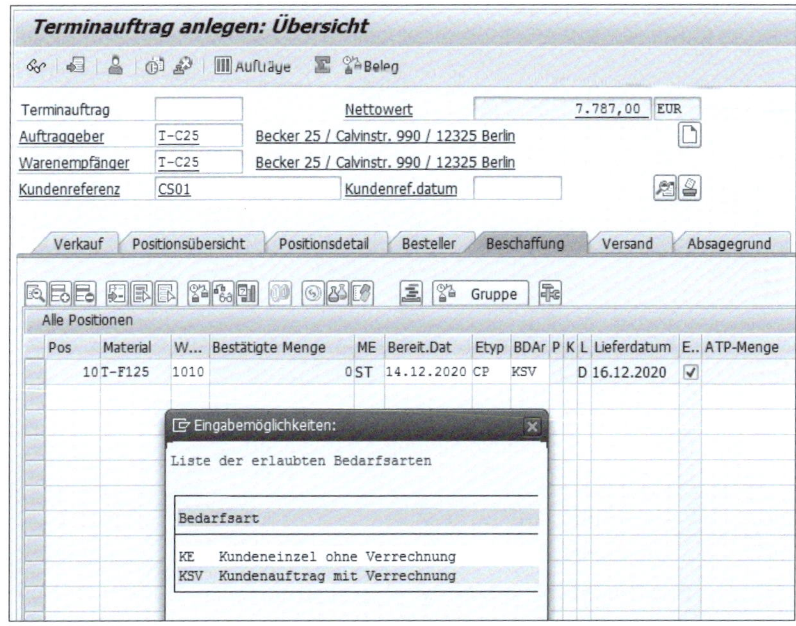

Abbildung 8.3 Änderung der Planungsstrategie durch alternative Bedarfsarten

Die eigentliche Steuerung erfolgt dabei in der zugeordneten *Bedarfsklasse*, diese wird wiederum über eine *Bedarfsart* ermittelt (siehe Abbildung 8.4). Eine Kundenauftragsposition für ein Material mit der oben exemplarisch ausgewählten Planungsstrategie **40** weist die Bedarfsart **KSV** auf. Diese Bedarfsart ist im Customizing der Anwendung der **Bedarfsklasse 050** zugeordnet. Die Bedarfsklasse wiederum enthält die steuernden Parameter. Das Gleiche gilt für den Planprimärbedarf. Hier wird die Bedarfsart **VSF** ermittelt, die der **Bedarfsklasse 101** zugeordnet ist. Für Vorplanungsbedarfe und Kundenbedarfe existieren in der Standardauslieferung somit unterschiedliche Bedarfsarten und Bedarfsklassen.

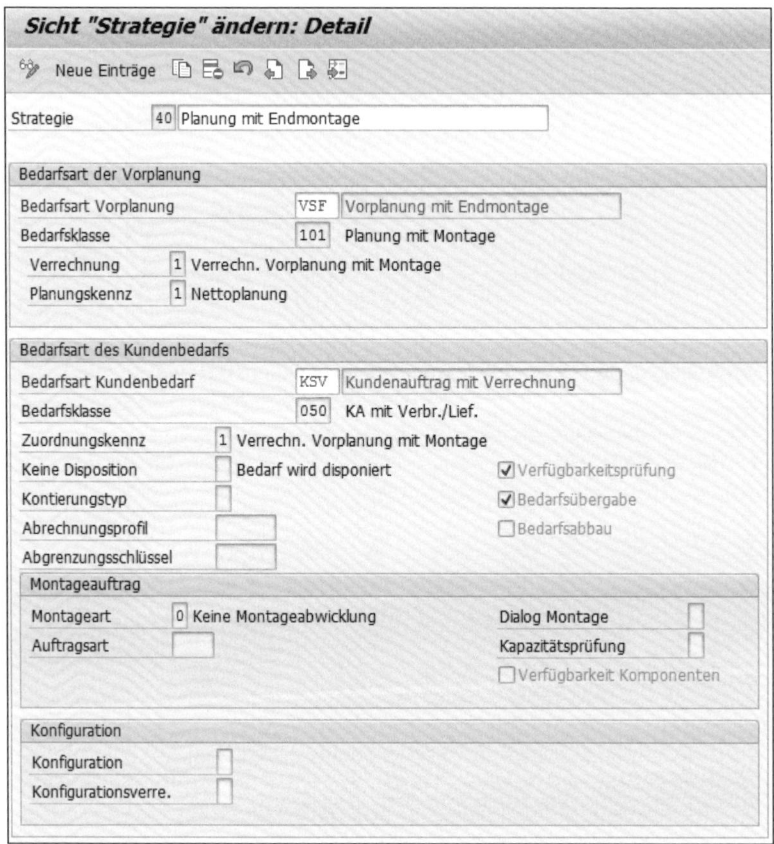

Abbildung 8.4 Beispiel für den Aufbau einer Planungsstrategie (40)

Da dieses Thema auch im Hinblick auf die nachstehend betrachteten Planungsstrategien von zentraler Bedeutung ist, soll es an dieser Stelle noch einmal detailliert dargestellt werden. Ziel eines jeden Bedarfs, sowohl Vorplanungsbedarf als auch Kundenbedarf, ist die *Ermittlung einer Bedarfsklasse*, die je nach Bereich (Vorplanung und Kundenbedarf) unterschiedliche Steuerungsparameter enthält (die Customizing-Transaktion hierfür ist OMPO; der Customizing-Pfad lautet **Produktionsplanung • Programmplanung • Planprimärbedarf • Bedarfsarten/Bedarfsklassen • Bedarfsklassen pflegen**). Die wichtigsten Steuerungsparameter für Bedarfsklassen der Produktion sehen Sie in Abbildung 8.5.

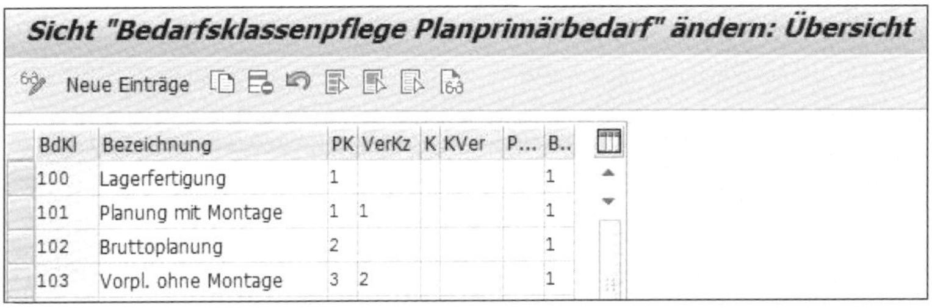

Sicht "Bedarfsklassenpflege Planprimärbedarf" ändern: Übersicht

Neue Einträge

BdKl	Bezeichnung	PK	VerKz	K	KVer	P...	B..
100	Lagerfertigung	1					1
101	Planung mit Montage	1	1				1
102	Bruttoplanung	2					1
103	Vorpl. ohne Montage	3	2				1

Abbildung 8.5 Steuerungsparameter der Bedarfsklassen der Produktionsplanung

Im Einzelnen handelt es sich dabei um die folgenden Parameter:

- **Planungskennzeichen (PK)**

  Hiermit wird gesteuert, ob es sich um einen Bedarf im Rahmen einer Netto-, Brutto- oder Einzelplanung handelt.

- **Verrechnungskennzeichen (VerKz)**

  Hier erfolgt die Festlegung, ob und wie sich Planprimärbedarfe mit Kundenbedarfen verrechnen, indem der Bedarfsklasse genau eine Verrechnungsstrategie zugeordnet wird.

- **Konfiguration im Sinne einer Variantenkonfiguration (K)**

  Steuert, ob die Konfiguration für die Bedarfsklasse möglich bzw. zwingend erforderlich ist.

- **Kennzeichen Bedarfsabbau (PAb)**

  Steuert den Abbau von Planprimärbedarfen für Kundenbedarfe, die als Verkauf ab Lager geplant sind.

Die wichtigsten Steuerungsparameter für *Bedarfsklassen des Vertriebs* werden im Customizing des Vertriebs definiert (die Customizing-Transaktion ist OVZG; der Customizing-Pfad lautet hier **Vertrieb • Grundfunktionen • Verfügbarkeitsprüfung und Bedarfsübergabe • Bedarfsübergabe • Bedarfsklassen definieren**) und sind weitaus komplexer (siehe Abbildung 8.6).

Die wichtigsten Parameter für Bedarfsklassen des Vertriebs sind diese:

❶ **Verfügbarkeit**

Wenn dieses Kennzeichen aktiviert ist, triggert es bei Anlage eines Kundenbedarfs eine Verfügbarkeitsprüfung.

❷ **Bedarfsübergabe**

Die Aktivierung dieses Kennzeichens ist die Voraussetzung dafür, dass ein Bedarf an die Materialbedarfsplanung übergeben und von ihr berücksichtigt wird.

❸ **ZuordnungsKz**

Das Zuordnungskennzeichen ist das Pedant zum Verrechnungskennzeichen der Produktion und legt fest, ob und wie sich Planprimärbedarfe mit Kundenbedarfen verrechnen.

❹ **Keine Dispo.**

Hiermit wird gesteuert, ob ein Bedarf disponiert wird oder nicht bzw. ob er nur angezeigt wird.

❺ **Konfiguration**

Dieses Kennzeichen ist das Pendant zum Kennzeichen **Konfiguration** in der Bedarfsklasse der Produktion.

❻ **Montageart**

Hierüber wird die Montageart festgelegt, inklusive vielfältiger Detaileinstellungen im Hinblick auf die Steuerung der Montage.

❼ **KontierTyp**

Über den Kontierungstyp wird die Einstellung hinsichtlich der Verrechnung der im Rahmen der Produktion angefallenen Kosten vorgenommen.

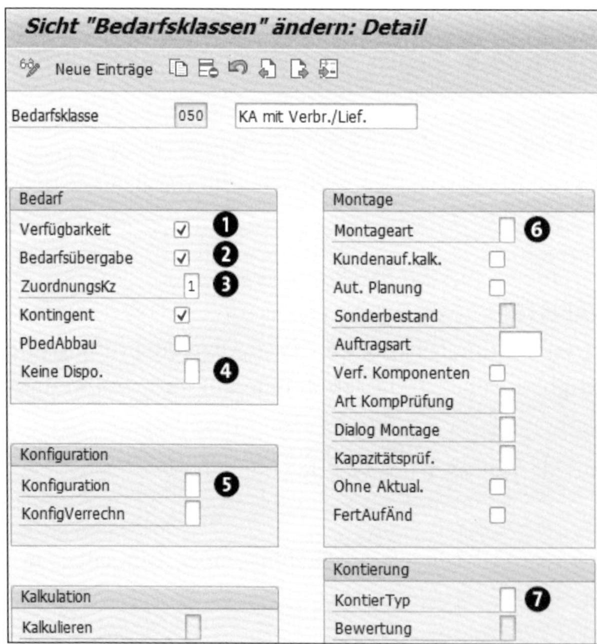

Abbildung 8.6 Steuerungsparameter der Bedarfsklassen des Vertriebs

Bedarfsklassen stellen *die* Steuerungsebene für die Programmplanung dar und beeinflussen über die Planungsstrategie das Verhältnis zwischen Vorplanung und eingehenden Kundenaufträgen. Die Bedarfsklassen können in der Planungsstrategie selbst nicht hinterlegt werden, sondern werden über die *Bedarfsart* ermittelt. Die Zuordnung zwischen Bedarfsart und Bedarfsklasse ist eine n:1-Zuordnung, d. h., optional können auch mehrere Bedarfsarten einer Bedarfsklasse zugeordnet werden. Der Wechsel von einer ermittelten Haupt- zu einer eventuell vorhandenen Nebenstrategie erfolgt über eine Änderung der Bedarfsart in der Kundenauftragsposition bzw. im Vorplanungsbedarf. Hier werden, wie eingangs beschrieben, die Bedarfsarten alternativer Strategien zur Auswahl angezeigt. Die Zuordnung der Bedarfsarten zu den Bedarfsklassen erfolgt im Customizing der Produktion über die Transaktion OMP1 bzw. im Customizing des Vertriebs über die Transaktion OVZH.

Die Definition und Verwendung von kundeneigenen Parametern (sowohl für Strategien als auch für Bedarfsarten und -klassen) ist möglich und in der Praxis weit verbreitet. Bei deren Definition ist jedoch zwingend darauf zu achten, dass die oben beschriebenen Zuordnungskennzeichen logisch schlüssig sind, d. h., dass die Verrechnung und der Abbau der Vorplanungsbedarfe konsistent sind! Bei den vorausgelieferten Strategien ist dies der Fall, daher ist dringend zu empfehlen, kundeneigene Definitionen basierend auf einer Kopie einer in der Standardauslieferung vorhandenen Strategie auszuprägen.

Als erstes Fazit lässt sich somit schon an dieser Stelle festhalten, dass das Thema der Identifikation planungsrelevanter Bedarfe eine gewisse Komplexität beinhaltet. Neben der grundsätzlichen Festlegung, ob es sich um eine Lager- bzw. Kundeneinzelfertigung handeln soll, wird anhand der Planungsstrategie ebenfalls definiert, ob das Enderzeugnis (Kopfprodukt) oder die Baugruppe (Komponente) vorgeplant wird.

Planungsstrategien stellen den Kern der Steuerung der Programmplanung dar und werden in Abschnitt 8.2.1, »Strategien für die Lagerfertigung«, und Abschnitt 8.2.2, »Strategien für die Kundeneinzelfertigung«, noch detaillierter beschrieben. Alle im weiteren Verlauf beschriebenen Strategien basieren auf den Einstellungen eines SAP-Standard-Systems und können bei Bedarf dort nachvollzogen werden. Welche Planungsstrategien im Unternehmen zum Einsatz kommen, hängt sehr vom zu erstellenden (End-)Erzeugnis und der vorherrschenden Marktsituation ab. Daneben besteht auch immer die Möglichkeit, eigene, kundenspezifische Planungsstrategien im Y- und Z-Namensraum einzurichten.

Die Ermittlung der zu verwendenden Planungsstrategien erfolgt systemintern. Dabei prüft das System zunächst den Inhalt des Felds **Strategiegruppe** in der Sicht **Disposition 3** der Materialstammdaten (Transaktion MM02). Da dieses Feld jedoch nur ein »Kann«-Feld und kein »Muss«-Feld darstellt, besteht die Möglichkeit, dass dieses Feld im Materialstamm leer (initial) ist. In diesem Fall versucht das System auf einem alternativen Weg eine Strategie(gruppe) zu ermitteln. Dabei folgt es einer im System hart codierten Reihenfolge:

1. Strategiegruppe (Sicht **Disposition 3**) aus dem Materialstamm
2. Dispositionsgruppe (Sicht **Disposition 1**) aus dem Materialstamm, die über das Customizing zu einer Strategiegruppe führt
3. Materialart des Materials, das bei Anlage ausgewählt und über das Customizing einer Dispositionsgruppe zugeordnet ist

Die Priorität bei der Ermittlung der Strategie erfolgt zwingend von 1. nach 3. Verwendet wird die Strategie mit der höchsten Priorität.

8.2.1 Strategien für die Lagerfertigung

Im Rahmen der Lagerfertigung werden Materialien auf Lager produziert, auch wenn zum Zeitpunkt der Planung noch keine Kundenaufträge hierfür existieren. Das Hauptziel einer Planung besteht jedoch weiterhin darin, eine ausgeglichene Bedarfs- und Bestandssituation herbeizuführen. Hier kommen nun die *Planprimärbedarfe* zum Zuge, unter deren Verwendung eine Produktion/Beschaffung schon dann durchgeführt werden kann, wenn noch kein konkreter Kundenauftrag vorliegt. Dies kann sowohl für das Enderzeugnis als auch für Baugruppen (Baugruppenvorplanung) angewendet werden. Bei einer Baugruppenvorplanung wird dabei nicht das Enderzeugnis selbst produziert, sondern die Baugruppen, die für eine spätere Montage des Enderzeugnisses verwendet werden sollen.

Folgende Strategien der Lagerfertigung gelangen in Unternehmen häufig zum Einsatz und sollen deshalb an dieser Stelle genauer beschrieben werden:

- Planungsstrategie 10 – anonyme Lagerfertigung
- Planungsstrategie 11 – Bruttoplanung
- Planungsstrategie 40 – Vorplanung mit Endmontage
- Planungsstrategie 30 – Losfertigung
- Planungsstrategie 70 – Vorplanung auf Baugruppenebene
- Planungsstrategie 59 – Vorplanung auf Dummy-Baugruppenebene

Die *Planungsstrategie 10 – anonyme Lagerfertigung* (siehe Abbildung 8.7) ist eine mögliche Strategie zur Planung einer Massenfertigung mit dem Fokus auf einer möglichst geglätteten Produktion. Hierbei wird die Planung/Fertigung lediglich durch Planprimärbedarfe ausgelöst. Eingehende Kundenaufträge werden in der Bedarfs-/Bestandsliste angezeigt, beeinflussen die Planung jedoch nicht, d. h., sie sind dispositiv nicht wirksam. Diese Planungsstrategie findet typischerweise bei der Herstellung von Massenwaren, wie z. B. Konsumgütern oder Normteilen, Anwendung.

Da Kundenaufträge bei Verwendung dieser Strategie nicht planungsrelevant sind, erfolgt bei Anlage der Kundenaufträge in diesem Fall auch keine Verrechnung/Reduzierung der Planprimärbedarfe. Wird der Kundenauftrag beliefert, so bedient er sich aus dem verfügbaren Bestand gemäß der (kumulativen) ATP-Menge. Um eine zuvor ausgeglichene Bedarfs-/Bestandssituation, die sich durch den Warenausgang nicht geändert hat, auch im SAP-System zu gewährleisten, wird in diesem Fall der älteste verfügbare Planprimärbedarf reduziert.

Bezeichnung	Anonyme Lagerfertigung
Planungsstrategie	10
Betriebswirtschaftlicher Hintergrund	Massenfertigung ohne Kundenbezug
Ziel der Planungsstrategie	Gewährleistung einer geglätteten Fertigung
Trigger	Vorplanung/Planprimärbedarf
Anwendungsbeispiel	Normteile, Autoreifen, Seife
Verrechnung/Abbau Planprimärbedarf	Es erfolgt keine Verrechnung des Kundenauftrags mit dem Planprimärbedarf. Abbau des Planprimärbedarfs durch Warenausgang des Kundenauftrags
Besonderheit	Die Planung/Produktion erfolgt nur auf Basis von Planprimärbedarfen. Kundenaufträge werden in der Bedarfs-/Bestandsliste angezeigt, sind jedoch nicht planungsrelevant.

Abbildung 8.7 Planungsstrategie 10 – anonyme Lagerfertigung

Sollten die Kundenauftragsmengen die Vorplanung übersteigen, ist es nicht möglich, diese zu bestätigen und/oder zu beliefern. Des Weiteren wird in diesem Fall systemseitig auch kein weiteres Deckungselement automatisch angelegt, da Kundenaufträge gemäß der Planungsstrategie 10 nicht bedarfswirksam sind. In diesem Fall muss der Disponent manuell in den Prozess eingreifen und einen Planprimärbedarf anlegen/erhöhen.

Bei allen hier für die Lagerfertigung ausgewählten Planungsstrategien erzeugt das System grundsätzlich ein Bedarfsdeckungselement in Höhe der Unterdeckung, d. h., ein bestehender Lagerbestand wird berücksichtigt. Die *Planungsstrategie 11 – Bruttoplanung* stellt dabei eine Ausnahme dar. Im Fall einer Unterdeckung generiert das System ein Bedarfsdeckungselement, wobei es eventuell existierende Lagerbestände ignoriert. Eine mögliche Anwendung ist z. B. die Produktion von Granulat in der chemischen Industrie. Dieses Produkt wird häufig in einem festen Los produziert.

Bei allen anderen in diesem Buch behandelten Planungsstrategien sind Kundenaufträge neben den Planprimärbedarfen (zusätzlich) bedarfswirksam, so z. B. auch bei der *Planungsstrategie 40 – Vorplanung mit Endmontage* (siehe Abbildung 8.8). Die Planungsstrategie 40 ist eine sinnvolle Strategie, um auf sich ändernde Nachfragesituationen schnell zu reagieren, ohne das Elementarziel eines möglichst geglätteten Produktionsverlaufs zu gefährden.

Bezeichnung	Vorplanung mit Endmontage
Planungsstrategie	40
Betriebswirtschaftlicher Hintergrund	Herstellung von Produkten in Serie mit der Möglichkeit, schnell und flexibel auf sich ändernde Kundenwünsche zu reagieren
Ziel der Planungsstrategie	Schnelle Reaktion auf sich ändernde Kundennachfrage unter Realisierung eines möglichst geglätteten Produktionsverlaufs
Trigger	Vorplanung/Planprimärbedarf UND Kundenaufträge
Anwendungsbeispiel	Konsumgüter mit unterschiedlichen Ausprägungen (z. B. Duschgel in verschiedenen Sorten)
Besonderheit	Eingehende Kundenaufträge verrechnen sich mit der Vorplanung und reduzieren diese direkt. Ist die Summe der Kundenbedarfe größer als die Vorplanung, so wird die Differenz bedarfswirksam.

Abbildung 8.8 Planungsstrategie 40 – Vorplanung mit Endmontage

Die Planung wird bei dieser Planungsstrategie ausgelöst durch Vorplanungsbedarfe/ Planprimärbedarfe, die auch hier zu einem möglichst geglätteten Produktionsverlauf führen (sollten). Zusätzlich sind bei dieser Strategie jedoch auch Kundenaufträge bedarfswirksam und gehen in die Planung mit ein, indem sie sich mit bestehenden Vorplanungsbedarfen verrechnen. Die Art der Verrechnung, aktiviert über die Bedarfsklasse, wird über den Verrechnungsmodus und das Verrechnungsintervall gesteuert (Einstellungen im Materialstamm auf der Sicht **Disposition 3**, siehe Abbildung 8.9).

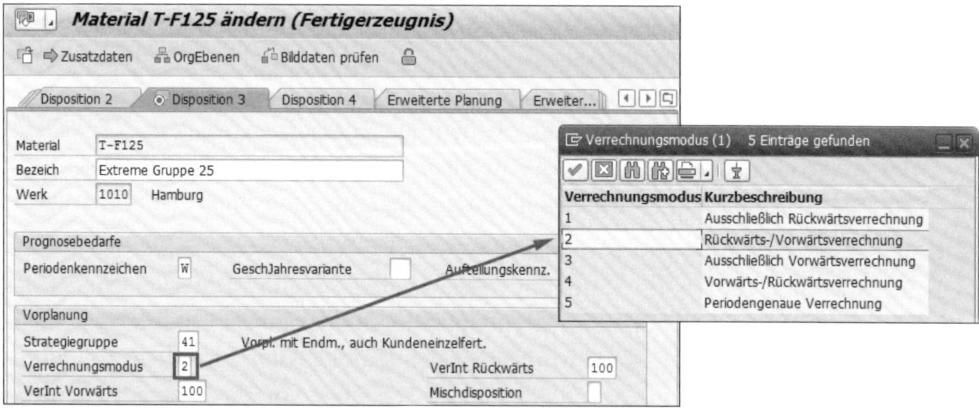

Abbildung 8.9 Verrechnung von Vorplanungsbedarfen

Dabei können sich die Kundenaufträge entweder nur mit den Vorplanungsbedarfen in der Vergangenheit (Modus 1) oder Zukunft (Modus 3) oder sowohl mit zukünftigen als auch vergangenen Vorplanungsbedarfen (Modus 2 bzw. Modus 4) verrechnen. Basis für die Verrechnung ist immer das Materialbereitstellungsdatum der Auftragsposition. Diese Vorgehensweise erfolgt analog zur Lösung in SAP ECC. Neu in SAP S/4HANA ist hingegen die *periodengenaue Verrechnung* (Modus 5). Damit steht nun eine Möglichkeit zur Verfügung, einen Bedarf mit den Planprimärbedarfen einer bestimmten Periode zu verrechnen, unabhängig von der exakten Lage des Bedarfs innerhalb der Periode. Dazu ein Beispiel: Ein Kundenauftrag hat ein Materialbereitstellungsdatum zum 28. Juli des Jahres, soll sich aber nur gegen Vorplanungen aus dem Juli verrechnen. Bei einem Verrechnungsintervall von zehn Tagen vorwärts/rückwärts würde sich dieser Bedarf gegebenenfalls mit einer Vorplanung aus dem August verrechnen, was nicht gewünscht sein könnte.

Die Planungsstrategie 40 eignet sich unter anderem für die Planung von Produkten (Fertigerzeugnissen), die wiederholt in größeren Serien produziert werden. Zudem soll aufgrund von vorliegenden Marktgegebenheiten eine kurzfristige Anpassung der Planung optional möglich sein.

Ein besonderer Fall innerhalb der Lagerfertigung würde eintreten, wenn dieses Fertigerzeugnis auch in einem Set (als eigene Materialnummer) mit anderen Komponenten verkauft wird und für dieses Erzeugnis gegebenenfalls Bedarfe als Ersatzteile auftreten. Hier muss darauf geachtet werden, dass die Ersatzteilbedarfe (Kundenauftragspositionen) die Vorplanung für das Fertigerzeugnis nicht konsumieren (kannibalisieren). Dieser besondere Anwendungsfall lässt sich durch die *Planungsstrategie 30 – Losfertigung* abbilden (siehe Abbildung 8.10).

Bezeichnung	Losfertigung
Planungsstrategie	30
Betriebswirtschaftlicher Hintergrund	Neben der Herstellung des Produkts als Fertigerzeugnis aufgrund von Planprimärbedarfen sollen Ersatzteilbedarfe »on top« geplant werden.
Ziel der Planungsstrategie	Sicherstellung der Versorgungssicherheit an Fertigerzeugnissen und zusätzliche Versorgung des Marktes mit Ersatzteilen
Trigger	Vorplanung für das Fertigerzeugnis UND Kundenaufträge für Ersatzteilbedarfe
Anwendungsbeispiel	Verschleißteile im Automotive-Bereich (z. B. Anlasser oder Lichtmaschinen)
Besonderheit	Kundenbedarfe gehen »on top« in die Planung mit ein.

Abbildung 8.10 Planungsstrategie 30 – Losfertigung

Die Planungsstrategie 30 eignet sich immer dann, wenn neben den Vorplanungsbedarfen für die Fertigung parallel Bedarfe aus dem Vertrieb (z. B. aus dem Bereich Ersatzteilversorgung) auftreten. Diese Bedarfe sind in der Produktionsplanung noch nicht enthalten. Hier erzeugt das System im Rahmen einer Bedarfsplanung einen bzw. mehrere Planaufträge, die die Kundenbedarfe zuzüglich der Vorplanungsbedarfe decken. Ziel dieser Planungsstrategie ist die Sicherstellung einer Bedarfsdeckung beider Nachfragesegmente, Primärbedarf und Ersatzteilbedarf. Als Trigger für die Planung kommen sowohl Vorplanungsbedarfe als auch Kunden(ersatzteil)bedarfe in Betracht, wie sie z. B. im Automotive- oder Hightech-Umfeld auftreten.

An dieser Stelle lässt sich ein weiteres Zwischenfazit ziehen: Die *eine* Planungsstrategie gibt es nicht, und es gibt weder gute noch schlechte Planungsstrategien. Es gibt nur zum Geschäftsprozess passende oder nicht passende Strategien.

Alle bisher betrachteten Strategien haben gemeinsam, dass sie im Rahmen der Lagerfertigung das Endprodukt planen. Diese Vorgehensweise könnte insbesondere für Variantenfertiger zu suboptimalen Ergebnissen führen. Im Fall eines variantenreichen Produkts (z. B. eines Laptops), das aus vielen Gleichteilen und nur wenigen produktspezifischen Teilen besteht, ist eine Planung des Fertigerzeugnisses nicht zu empfehlen, da dieses zu folgendem (stark vereinfachten) Ergebnis führen würde:

- potenzieller Bedarf der aktuellen Periode: 1.000 Laptops
- Anzahl der Varianten: 6 Varianten

Bei einer Planung auf Enderzeugnisebene würde dies dazu führen, dass 6.000 Stück von allen Gleichteilen geplant/beschafft werden würden, obwohl der Bedarf innerhalb der Periode nur 1.000 Stück beträgt.

Um auch dieses Businness-Szenario abbilden zu können, gibt es die *Planungsstrategie 70 – Vorplanung auf Baugruppenebene* (siehe Abbildung 8.11). Diese Strategie wird den Komponenten (Baugruppen) zugewiesen, die für eine spätere Lagerfertigung des Enderzeugnisses vorab geplant/beschafft/produziert werden sollen, bevor ein Bedarfselement auf Enderzeugnisebene existiert.

Bezeichnung	Vorplanung auf Baugruppenebene
Planungsstrategie	70
Betriebswirtschaftlicher Hintergrund	Aufgrund produktspezifischer Gegebenheiten (z.B. einer großen Variantenvielfalt) ist eine Vorhersage der Bedarfe auf Enderzeugnisebene nicht oder nur sehr schwer möglich. Der Gesamtbedarf hingegen ist recht gut prognostizierbar.
Ziel der Planungsstrategie	Zur Reduzierung der Durchlaufzeit (Fertigungsdauer) werden die Komponenten (Baugruppen) schon vorab geplant/beschafft. Die Endmontage des Fertigerzeugnisses erfolgt jedoch erst bei Auftritt des Kundenauftrags.
Trigger	Vorplanungsbedarfe zu Planung/Beschaffung der Baugruppe, Kundenauftrag als Trigger der Endmontage
Anwendungsbeispiel	Produktion variantenreicher Produkte (z. B. Laptops)
Besonderheit	Die Verrechnung der Vorplanung auf Baugruppenebene erfolgt durch die Zuweisung der Strategiegruppe 70 und der Verwendung des Mischdispositionskennzeichens »1«.

Abbildung 8.11 Planungsstrategie 70 – Vorplanung auf Baugruppenebene

Dabei wird das Ziel verfolgt, durch eine vorgezogene Beschaffung von Baugruppen und/oder Komponenten die Gesamtdurchlaufzeit zu reduzieren, ohne das Risiko eines Bestandsaufbaus auf Enderzeugnisebene einzugehen.

Ein Bedarfsdeckungselement zur Deckung eines zukünftigen Kundenbedarfs entsteht dann durch die Endmontage des Fertigerzeugnisses, das sich wiederum aus den vorgeplanten Mengen auf Baugruppenebene bedient und mit der Vorplanung verrechnet wird. Somit ist eine zeitnahe Deckung des Bedarfs auf Enderzeugnisebene möglich, auch unter Vermeidung umfangreicher Lagerbestände auf Baugruppen- bzw. Komponentenebene.

Voraussetzung hierfür sind die Zuweisung der Planungsstrategie 70 auf Komponentenebene *und* die Zuweisung des Mischdispositionskennzeichens **1 – Baugruppenvorplanung mit Endmontage**. Letzteres ist der Trigger für diese Funktionalität, dient hierbei als Ein-/Ausschalter und ist auf der Sicht **Disposition 3** zu finden.

Die *Planungsstrategie 59 – Vorplanung auf Dummy-Baugruppenebene* ähnelt sehr der Planungsstrategie 70. Im Gegensatz zur Strategie 70 ist jedoch in Strategie 59 aufgrund des Dummy-Charakters der Baugruppe kein Bestand für die Baugruppe vorhanden. Hier erfolgt eine virtuelle Bündelung von Komponenten für die darunterliegende Dispositionsstufe.

8.2.2 Strategien für die Kundeneinzelfertigung

Im Gegensatz zur Lagerfertigung, bei der, wie oben beschrieben, sowohl Kundenaufträge als auch Vorplanungsbedarfe Grundlage der Planung sein können, stellen bei der Kundeneinzelfertigung lediglich Kundenbedarfe den Trigger für die Planung dar. Eventuell vorhandene Verrechnungsparameter spielen hierbei keine Rolle und werden, falls im Materialstamm vorhanden, bei Verwendung dieser Strategien ignoriert. Jeder Kundenauftrag, genauer gesagt jede Kundenauftragsposition, wird einzeln geplant und in einem separaten Abschnitt in der aktuellen Bedarfs-/Bestandsliste verwaltet. Es erfolgt keine Nettobedarfsrechnung, weder zwischen den einzelnen Kundenaufträgen noch mit dem anonymen Lagerbestand. Die produzierten Mengen sind unter den einzelnen Kundenaufträgen nicht austauschbar, die gefertigten Mengen werden bestandsmäßig direkt für den einzelnen Kundenauftrag (im Kundeneinzelbestand) verwaltet.

Auch für die Kundeneinzelfertigung gibt es eine Vielzahl von Strategien. Folgende Strategien kommen in Unternehmen häufig zum Einsatz und sollen deshalb an dieser Stelle genauer beschrieben werden:

- Planungsstrategie 20 – Kundeneinzelfertigung
- Planungsstrategie 50 – Vorplanung ohne Endmontage
- Planungsstrategie 60 – Vorplanung mit Vorplanungsmaterial
- Planungsstrategie 82 – Montageabwicklung mit Fertigungsaufträgen

Als Trigger zur Anwendung der Kundeneinzelfertigung dient die *Planungsstrategie 20 – Kundeneinzelfertigung* (siehe Abbildung 8.12).

Bezeichnung	Kundeneinzelfertigung
Planungsstrategie	20
Betriebswirtschaftlicher Hintergrund	Die Planung und Fertigung erfolgt für jeden Kundenauftrag/jede Kundenauftragsposition separat. Jede Kundenauftragsposition erzeugt ihren eigenen Kundenauftragspositionsbestand, der fest mit der Kundenauftragsposition verbunden ist.
Ziel der Planungsstrategie	Abbildung kundenspezifischer Produktion
Trigger	Kundenauftrag (Vorplanungsbedarfe können im Rahmen einer Kundeneinzelfertigung nicht angelegt werden.)
Anwendungsbeispiel	Herstellung von Sonderanfertigung für Kunden (z. B. Zahnkrone) Chargenvorgaben im Kundenauftrag
Besonderheit	Ein Tausch der Bestände zwischen den Auftragspositionen ist nicht möglich/zulässig bzw. bedingt weitere Prozessschritte.

Abbildung 8.12 Planungsstrategie 20 – Kundeneinzelfertigung

Sie steuert auf Kopfebene (Primärbedarf), ob der Bedarf in Form einer Kundeneinzelfertigung erfolgen soll. Die Nettobedarfsrechnung findet für jede Kundenauftragsposition einzeln statt, zwischen verschiedenen Kundenauftragspositionen gibt es keinen Austausch. Auch die Beschaffungselemente, d. h. die Planaufträge und/oder Bestellanforderungen, werden mit Bezug zum Kundenauftrag angelegt und im Kundeneinzelabschnitt geführt. Dieser direkte Bezug bleibt auch im Fertigungsauftrag erhalten. Fertigungs- und Beschaffungskosten werden gezielt für jeden Kundenauftrag in einem Abrechnungsauftrag oder Projekt auf Kundenauftragspositionsebene verwaltet.

Die Steuerung der Sekundärbedarfe, also die Steuerung auf Baugruppen- bzw. Komponentenebene, wird nicht über deren Strategiegruppe abgeleitet. Vielmehr erfolgt ihre Behandlung gemäß der Einstellung im Einzel-/ Sammelkennzeichen unter anderem im Materialstamm auf der Sicht **Disposition 4**. Dabei kennt das Einzel-/Sammelkennzeichen drei Ausprägungen:

- **blank**: Einzel- und Sammelbedarf
- **1**: ausschließlich Einzelbedarf
- **2**: ausschließlich Sammelbedarf

Diese Einstellung betrifft nur die Handhabung von Sekundärbedarfen, Primärbedarfe werden immer gemäß der Planungsstrategie(gruppe) gesteuert. Des Weiteren ist sie auch nur bei Sekundärbedarfen im Rahmen einer Kundeneinzelfertigung relevant.

Für den Fall, dass auf Baugruppenebene hier **1** (ausschließlich Einzelbedarf) eingestellt ist, wird der Sekundärbedarf eines Kundeneinzelbedarfs ebenfalls in einem

Kundeneinzelsegment verwaltet. Die Verwendung von **2** (ausschließlich Sammelbedarf) hat zur Folge, dass Sekundärbedarfe dieses Materials/dieser Baugruppe für verschiedene Bedarfe zusammen produziert bzw. beschafft werden. Mit der Ausprägung **blank** orientiert sich der Bedarf an dem ihm übergeordneten Bedarfssegment. Im Fall der Verwendung von **blank** wird also ein Bedarf aus einem Kundeneinzelsegment wiederum in einem Kundeneinzelsegment in der Baugruppe abgesetzt, während im Fall eines Sammelbedarfs Bedarfsdecker gemeinsam produziert würden. Hierbei gibt es noch eine weitere Besonderheit: Erfolgt die Bedarfsdeckung für einen Sekundärbedarf im Sammelsegment, so werden alle weitergehenden Bedarfe in den darunterliegenden Stücklistenstufen ebenfalls im Sammelsegment geführt, unabhängig von deren Einstellung im Einzel-/Sammelkennzeichen.

Tendenziell ist davon auszugehen, dass die Planung/Produktion in einem Kundeneinzelbedarfsszenario eine höhere Durchlaufzeit benötigt als eine entsprechende Lagerfertigung, da erst die Anlage des Kundenbedarfs den Beschaffungsprozess triggert. Das Anlegen eines Kundenauftrags ist der Anstoß für die Planung über alle Stücklistenstufen des Enderzeugnisses.

Zur Verkürzung dieser Zeitspanne ist unter Verwendung der *Planungsstrategie 50 – Vorplanung ohne Endmontage* (siehe Abbildung 8.13) möglich, die Baugruppen/Komponenten für ein Enderzeugnis, das später in Form einer Kundeneinzelfertigung erfolgen soll, schon vorab, d. h. vor Anlage eines realen Kundenauftrags, zu produzieren/beschaffen.

Bezeichnung	Vorplanung ohne Endmontage
Planungsstrategie	50
Betriebswirtschaftlicher Hintergrund	Die Produktion/Beschaffung von Komponenten für eine Kundeneinzelfertigung wird erst bei Bedarfsauftritt getriggert. Bei einer komplexen Stücklistenstruktur kann dies zu langen Durchlaufzeiten führen.
Ziel der Planungsstrategie	Zur Reduzierung der Durchlaufzeit eines Kundenauftrags im Rahmen einer Kundeneinzelfertigung werden Baugruppen für diesen Kundenauftrag schon vorab beschafft.
Trigger	Vorplanungsbedarf auf Enderzeugnisebene, der durch das Absetzen von Sekundärbedarfen auf Baugruppenebene deren Produktion/Beschaffung anstößt
Anwendungsbeispiel	Laptop-Produktion mit Händlerlogo auf dem Gehäuse
Besonderheit	Die Einstellung sowohl der Strategie als auch des Mischdispositonskennzeichens erfolgt auf Kopfproduktebene.

Abbildung 8.13 Planungsstrategie 50 – Vorplanung ohne Endmontage

Obwohl es sich um eine vorzeitige Produktion der Baugruppen handelt, ist der Trigger für deren Produktion/Beschaffung ein Vorplanungsbedarf auf Enderzeugnisebene. Aufgrund der Strategie 50 im Enderzeugnis führt dies in der Bedarfs-/Bestandsliste zu einem Bedarf in einem separaten Bedarfssegment »Vorplanung ohne

Montage« und somit zu einer Unterdeckung in diesem Segment. Eine nachfolgende Bedarfsplanung würde diesen Bedarf unter Generierung eines Planauftrags decken und somit wieder eine ausgeglichene Bedarfs-/Bestandssituation herbeiführen. Die Besonderheit hierbei liegt in der Erstellung eines VP-Planauftrags (*Vorplanungsplanauftrag*), einem rein planerischen Element, das nicht in einen Fertigungsauftrag umgewandelt werden kann. Dieser Vorplanungsplanauftrag dient lediglich der Absetzung von Sekundärbedarfen. Er kann eine Planung auf untergeordneten Stücklistenstufen anstoßen und somit deren Beschaffung zur Verwendung im Rahmen einer zukünftigen Kundeneinzelfertigung sicherstellen.

Wie die hierbei erzeugten Sekundärbedarfe gedeckt werden, hängt wiederum vom hinterlegten Einzel-/Sammelkennzeichen auf den untergeordneten Ebenen ab. Unter Verwendung der Einstellung **2** (ausschließlich Sammelbedarf) wird die Produktion direkt angestoßen, d. h., es wird im Rahmen des oben genannten Planungslaufs z. B. ein LA-Planauftrag (LA = Lagerauftrag) angelegt, der sofort in einen Fertigungsauftrag umgesetzt werden kann. Besitzt die Baugruppe hingegen die Einstellung **1** (ausschließlich Einzelbedarf), erfolgt die Deckung des Sekundärbedarfs auch hier unter Generierung eines VP-Planauftrags, der wiederum nur dazu dient, die Planung seiner untergeordneten Stücklistenstufen anzustoßen. Damit besteht die Möglichkeit, die Bevorratungsebene der Planung über die komplette Stücklistenstruktur flexibel festzulegen.

Die Strategie 50 dient der Beschaffung untergeordneter Stücklistenebenen für eine spätere Kundeneinzelfertigung. Im Fall der Anlage eines Kundenauftrags prüft das System anhand der Verrechnungsparameter auf der Sicht **Disposition 2** im Materialstamm, ob sich dieser Kundeneinzelbedarf mit einem existierenden Vorplanungsbedarf verrechnen kann. Der Kundenbedarf erhält über die Strategie 50 die Bedarfsart KEV (Kundeneinzel mit Verrechnung). Ist dies der Fall, generiert das System ein neues Kundeneinzelsegment innerhalb des Werkssegments der Bedarfs-/Bestandsliste und reduziert den Vorplanungsbedarf auf Kopfebene direkt (Stichwort: Verrechnung).

Das Ergebnis ist eine Kundenauftragsposition in einem Kundeneinzelbedarfssegment innerhalb der Bedarfs-/Bestandsliste, die dort zu einer Unterdeckung führt. Ein nachfolgender Planungslauf generiert nun einen Planauftrag zur Deckung dieses Kundeneinzelbedarfs und bedient sich dabei aus den vorgeplanten Mengen auf Baugruppen-/Komponentenebene. Im Rahmen dieser Planung wird dann auch der existierende Planauftrag im Segment Vorplanung ohne Montage angepasst (reduziert).

Die Strategie 82 stellt eine gewisse Besonderheit dar. Dabei wird analog zur Planungsstrategie 20 ein entsprechender Kundenauftrag über ein Bedarfsdeckungselement im Kundeneinzelsegment erzeugt, der jedoch direkt, ohne einen separaten Planungslauf, gedeckt wird. Hierbei dürfen jedoch keine kapazitativen Engpässe vorliegen, die den Verfügbarkeitstermin des Fertigungsauftrags auf einen späteren Termin verschieben, da im Rahmen der Verwendung dieser Strategie der Bestätigungstermin bzw. die Bestätigungsmenge direkt an den Kundenauftrag vererbt wird.

Diese Strategie kommt häufig bei der Abwicklung von Bulk-Materialien zum Einsatz. Dabei wird das Material in der Regel in einer größeren Menge in ein Silo produziert, und für dessen kundenspezifische Abfüllung werden dann Fertigungsaufträge generiert.

8.3 Abbau von Planprimärbedarfen

Verwendete Transaktionen

- MD74 (Primärbedarf Reorganisation – Bedarfsanpassung (PBED))
- MD75 (Primärbedarf Reorganisation – Alte Bedarfssätze löschen)
- MD76 (Primärbedarf Reorganisation – Historie und Primärbedarf löschen)

Planprimärbedarfe/Vorplanungsbedarfe stellen temporäre Platzhalter für zukünftige Kundenaufträge dar. Planprimärbedarfe werden in der Regel bei Warenausgangsbuchung der Kundenaufträge in SAP S/4HANA abgebaut. Eine Ausnahme stellt die Planungsstrategie 11 – Bruttoplanung dar. Hier führt ein Wareneingang zum Beschaffungselement (Fertigungsauftrag oder Bestellung) zum Abbau des Planprimärbedarfs.

Eine Verrechnung und somit der Abbau des Planprimärbedarfs erfolgt jedoch nur in dem Fall, dass sich der Bedarf mit seinem Bedarfstermin (Materialbereitstellungsdatum) über den Verrechnungsmodus innerhalb des Verrechnungshorizonts befindet. Weicht der Kundenbedarf vom Planprimärbedarf aufgrund veränderter Marktgegebenheiten ab, könnte es sein, dass der Planprimärbedarf nicht vollständig konsumiert wird. Da sich der Vorplanungsbedarf mit voranschreitender Zeit aus dem Verrechnungshorizont bewegt, ist ein Abbau durch einen Warenausgang für einen Kundenauftrag nicht mehr möglich. Hier wäre dann eine Anpassung der Vorplanungsbedarfe über eine Einstellung innerhalb der Dispositionsgruppe im Customizing notwendig (siehe dazu Abschnitt 9.9, »Steuerung der Werksparameter und Dispositionsgruppen«). Alternativ könnte auch eine Reorganisation nicht mehr notwendiger Planprimärbedarfe über die Transaktionen MD74 (Bedarfsanpassung), MD75 (Reorganisation) und MD76 (Löschen der Historie) erfolgen. Es ist des Weiteren kundenseitig zu prüfen, ob eine Anpassung dieser Art nicht über einen regelmäßigen Systemjob getriggert werden kann. Details zu den dabei auszuführenden Programmen und weiteren Empfehlungen können Sie bei Bedarf dem SAP-Hinweis 135807 entnehmen.

Die Planung dient der Bereitstellung von Produkten für zukünftige Kundenbedarfe. Sie stellt die Zugangssicht im Gesamtprozess dar. Wie die hierbei erzeugten Bestände bzw. geplanten Zugänge verwendet werden, entscheidet nicht die Planung. Die Verwendung der Mengen liegt in der Hoheit der Verfügbarkeitsprüfung, deren Grundlagen wir in Abschnitt 8.4, »Verfügbarkeitsprüfung«, betrachten.

8.4 Verfügbarkeitsprüfung

Im Rahmen der *Verfügbarkeitsprüfung* prüft das System (automatisch), ob ein Bedarf zu einem Wunschtermin bestätigt werden kann. Auch diese Thematik scheint in erster Näherung trivial zu sein. Bei genauerer Betrachtung kann aber auch dieses Thema deutlich an Komplexität gewinnen.

Als Erstes rückt die Frage des Termins in den Vordergrund. Damit ein Produkt termingerecht beim Kunden zur Verfügung steht, muss in der Regel ein Transport zum Kunden erfolgen (Ausnahme: der Kunde ist Selbstabholer). Des Weiteren muss die Ware zuvor kommissioniert und gegebenenfalls verpackt werden. Auch Zeiten für die Transportdisposition sind zu berücksichtigen. Alle diese Zeiten können in einem SAP-System hinterlegt werden (in der Route, im Materialstamm und im Customizing) und werden im Rahmen einer Rückwärtsterminierung automatisch mit dem Ziel herangezogen, das sogenannte *Materialbereitstellungsdatum* zu ermitteln. Das Materialbereitstellungsdatum ist dabei als der Zeitpunkt zu interpretieren, zu dem ein Material seitens der Produktion spätestmöglich zur Verfügung stehen muss, damit der gewünschte Liefertermin eingehalten werden kann. Es ist somit die Schnittstelle zwischen Produktion und Vertrieb.

Ein weiterer Komplexitätstreiber ist die Tatsache, dass eine isolierte Betrachtung einzelner Kundenauftragspositionen zu keinem sinnvollen Ergebnis führt. Im Rahmen einer Verfügbarkeitsprüfung überprüft das SAP-System, ob ein neuer Bedarf unter Berücksichtigung schon bestehender Bedarfe ausreichend kumulierte ATP-Mengen (*Available-to-Promise*) findet, um diesen Bedarf termingerecht zu decken. Dabei versucht das SAP-System, den Bedarf zum spätestmöglichen Zeitpunkt zu decken, also zu dem Termin, der eine wunschgemäße Lieferung an den Kunden gewährleistet (Materialbereitstellungsdatum). Ist dies aufgrund von bestehenden alternativen Bedarfen nicht möglich, sucht das System automatisch nach Elementen, die zu einem früheren Zeitpunkt zur Verfügung stehen. Welche Elemente (z. B. Plan- und/oder Fertigungsaufträge, Bestellanforderungen, Bestellungen etc.) hierbei Verwendung finden, ist über den Prüfumfang gesteuert. Er wird im Customizing des SAP-Systems definiert.

Der zugrunde liegende *Prüfumfang* wird, wie in Abbildung 8.14 dargestellt, wiederum aus zwei Parametern abgeleitet: der *Prüfgruppe* aus dem Materialstamm (Sicht **Ver-**

trieb: allg./Werk bzw. **Disposition 3**) sowie einer *Prüfregel*, die im SD-Umfeld fest »verdrahtet« ist. Sie besitzt für einen Kundenauftrag den Wert »A« und wechselt für eine Lieferung automatisch zu »B« (analog im Rahmen einer Kundeneinzelfertigung: »AE« zu »BE«). Somit steht ein sehr flexibles Instrument zur Verfügung.

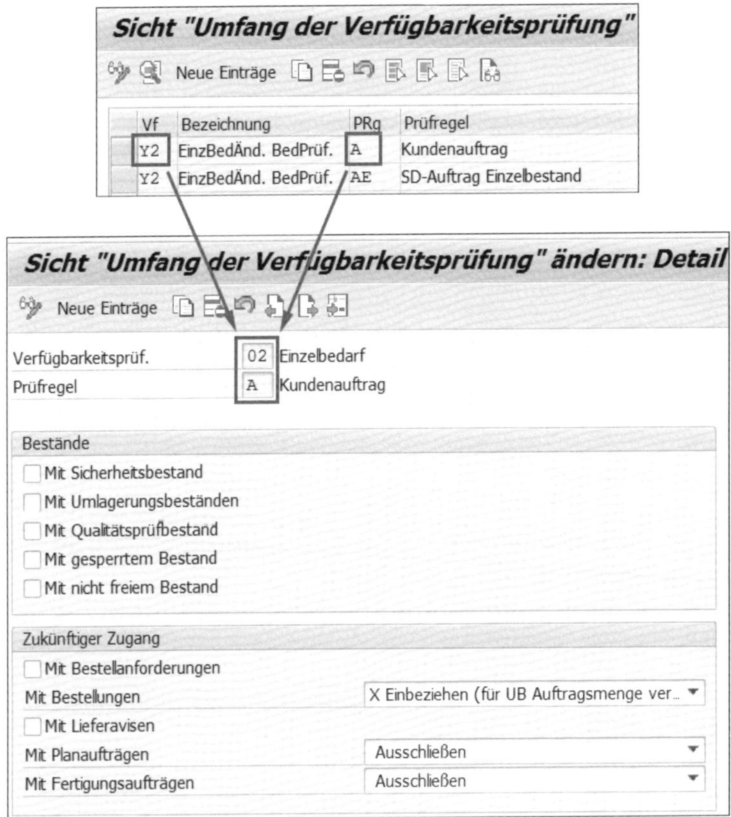

Abbildung 8.14 Prüfumfang in der Verfügbarkeitsprüfung

Neben dem Aspekt des Prüfumfangs gibt es noch einen zweiten Steuerungsparameter, der die Art der Prüfung festlegt. Eine Verfügbarkeitsprüfung kann nämlich optional mit einer Prüfung gegen Vorplanung und/oder gegen Kontingente durchgeführt werden. Eine Kontingentierung ist eine periodenabhängige Zuteilung von Produkten für bestimmte Kunden oder Regionen. Im Rahmen der Verfügbarkeitsprüfung bestätigt das System dabei nur die Menge, die sowohl über die ATP-Prüfung als auch über ein Kontingent abgedeckt ist. Eine Prüfung unter Berücksichtigung einer Vorplanung erfolgt analog, wobei hier die Festlegung einer periodenabhängigen Zuteilung auf Werksebene umgesetzt wird.

Auch diese Steuerung erfolgt in der *Bedarfsklasse*, die zuvor schon für die Produktionsplanung (Bedarfsübergabe, Verrechnung von Kundenbedarfen mit Planprimärbedarfen etc.) eine zentrale Bedeutung hatte (siehe Abschnitt 8.2, »Planungsstrategien«). Hier bestand die Möglichkeit, die Bedarfsklasse über die Bedarfsart auf der Basis von Planungsstrategiegruppen, Dispositionsgruppen und/oder Materialart festzulegen. Bei eingehender Betrachtung bedeutet das jedoch, dass für eine bestimmte Material-Werks-Kombination immer nur genau eine spezielle Steuerung hinterlegt werden kann, da es sich um Einstellungen auf den Dispositionssichten handelt, die immer einen Material-Werks-Bezug haben. Diese Limitation ist aus Sicht der Produktionsplanung akzeptabel, aus Sicht der Verfügbarkeitsprüfung jedoch unzureichend, da sie die notwendige Flexibilität in der Kundenauftragsabwicklung nicht abbildet. Eine typische Anforderung ist die Abbildung eines prozessualen Zusammenhangs, d. h., je nach Art des Kundenauftrags (Eilauftrag, Standardauftrag, Nachfüllauftrag etc.) sollte es die Möglichkeit einer Variation der Verfügbarkeitsprüfung geben. Ein prozessualer Zusammenhang kann durch den Positionstyp des SD-Auftrags hergestellt werden, der wiederum an der SD-Auftragsart hängt.

Als Konsequenz daraus ergänzen wir die am Ende von Abschnitt 8.2, »Planungsstrategien«, beschriebene Prioritätenreihenfolge bei der Bedarfsartenfindung um zwei weitere Ebenen:

1. Strategiegruppe (Sicht **Disposition 3**) aus dem Materialstamm
2. Dispositionsgruppe (Sicht **Disposition 1**) aus dem Materialstamm, die über das Customizing zu einer Strategiegruppe führt
3. Materialart des Materials, das bei Anlage ausgewählt und über das Customizing einer Dispositionsgruppe zugeordnet ist
4. Positionstyp des Kundenauftrags in Verbindung mit dem Dispositionsmerkmal des Materials
5. Positionstyp des Kundenauftrags

Mit der Ergänzung der Sequenz ist somit auch den Anforderungen aus dem Bereich Vertrieb Genüge getan, wobei die Suchreihenfolge weiterhin hart codiert bleibt. Als Konsequenz daraus kommen die vertriebsspezifischen Steuerungen erst dann zum Einsatz, wenn planungsseitig keine entsprechenden Parameter hinterlegt wurden.

Ein solches Szenario ist in der Praxis allerdings kaum vorzufinden, was bedeuten würde, dass die Steuerungen auf den Ebenen 4 und 5 nie zum Einsatz kämen. Um auch für diesen Fall eine entsprechende Lösung bereitzustellen, gibt es im Customizing des Vertriebs im Bereich **Bedarfsübergabe** die Option **Bedarfsart über Positionstyp und Dispositionsmerkmal ermitteln** (siehe Abbildung 8.15).

In der zugehörigen Customizing-Tabelle, die alle zulässigen Kombinationen aus Positionstyp und Dispomerkmalen enthält, kann man unter Verwendung der Einstellung **1** in der Spalte **Q** (wie »Quelle« oder »Herkunft der Bedarfsart bei der Bedarfsartenermittlung«) die oben beschriebene Suchreihenfolge entkoppeln.

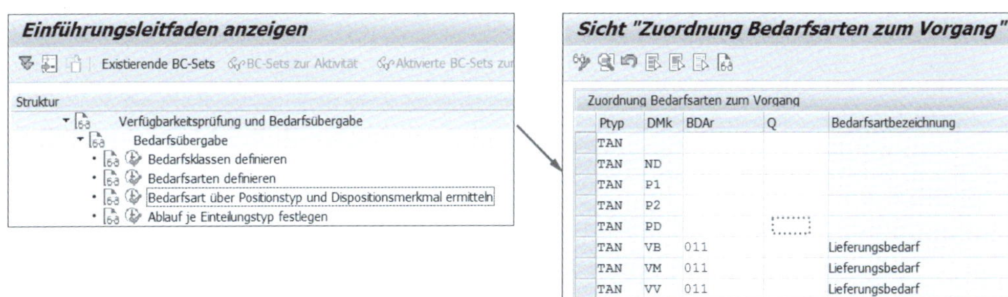

Abbildung 8.15 Bedarfsartenermittlung Verfügbarkeitsprüfung

Wenn Sie hier für bestimmte Kombinationen aus Positionstyp und Dispomerkmal **1** hinterlegen, hat das zur Folge, dass für Kundenbedarfspositionen, die im Kundenauftrag zu diesem Positionstyp führen, die Ermittlung der Bedarfsart nur gemäß der Ebenen 4 und 5 der oben genannten Sequenz, also auf der Basis von Positionstyp und Dispomerkmal, erfolgt.

Steuerung über den Einteilungstyp

Der Vollständigkeit halber sei an dieser Stelle noch erwähnt, dass die Verfügbarkeitsprüfung und Bedarfsübergabe auch noch durch den im Vertrieb verwendeten *Einteilungstyp* beeinflusst werden kann. Dabei stellt der Einteilungstyp allerdings einen reinen »Ausschalter« dar, d. h., eine vorgesehene Verfügbarkeitsprüfung kann über den Einteilungstyp ausgeschaltet werden. Ein »Einschalten« bei deaktivierter Verfügbarkeitsprüfung in der Bedarfsklasse ist nicht möglich!

Abschließend bleibt festzuhalten, dass die Identifikation relevanter Bedarfe komplex und variabel ist. Gesteuert wird sie vornehmlich durch die Einstellungen in der Bedarfsklasse, die über die Strategiegruppe ermittelt wird. Alternativ zur Pflege expliziter Planungsstrategiegruppen für jede einzelne Material-Werks-Kombination kann eine Ermittlung auch auf allgemeinerer Ebene über die Dispositionsgruppe bzw. die Materialart erfolgen. Wichtig ist, dass mit der Festlegung einer Strategie auch das Verhalten der Verfügbarkeitsprüfung, also der Verwendungsseite beeinflusst wird. Planung und Verfügbarkeitsprüfung sind sozusagen »zwei Seiten einer Medaille«. Diesbezügliche Einstellungen sollten demnach immer gemeinsam von Planung und Vertrieb festgelegt werden.

Kapitel 9
Materialbedarfsplanung (MRP)

Während die Programmplanung in SAP S/4HANA zur Identifikation relevanter Bedarfe dient, kommt der Materialbedarfsplanung (MRP) die Aufgabe zu, diese Bedarfe zu decken. Dafür steht in SAP S/4HANA neben der herkömmlichen MRP-Planung nun mit MRP Live eine weitere, neue Planungsfunktion zur Verfügung.

Die Hauptaufgabe der *Materialbedarfsplanung* (Material Requirements Planning, MRP) besteht in der Sicherstellung der Verfügbarkeit aller zur Herstellung des Enderzeugnisses notwendigen Komponenten. Des Weiteren sorgt die Materialbedarfsplanung für eine termingerechte Bereitstellung.

Die Materialbedarfsplanung ist ein systeminterner Prozess, der weitestgehend im Hintergrund abläuft. Für das Verständnis dieses Prozesses und für eine eventuell notwendige Analyse ist es jedoch sehr hilfreich, die hierbei vom System durchgeführten Schritte zu kennen und zu verstehen.

In Abbildung 9.1 ist der gesamte Prozess dargestellt, und wir werden die einzelnen Schritte in den folgenden Abschnitten von Anfang bis Ende genau erläutern.

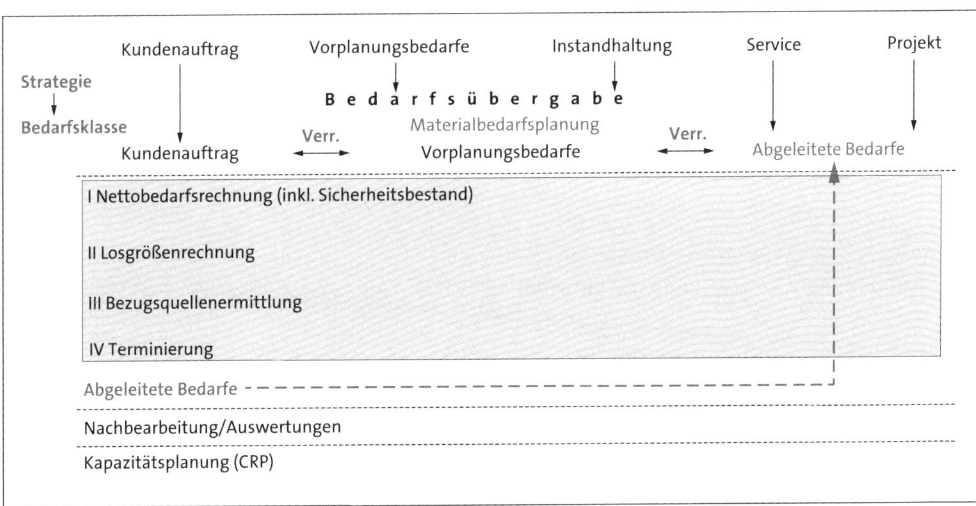

Abbildung 9.1 Produktionsplanung mit SAP S/4HANA

9.1 Dispositionsverfahren

Wie wir im Rahmen der Programmplanung bereits ausgeführt haben, beantwortet die Produktions- und Programmplanung die folgende zentrale Frage:

- Welche Bedarfe sollen in
- welcher Menge von
- welcher Bezugsquelle zu
- welchem Termin gedeckt werden?

Den ersten Teil dieser zentralen Fragestellung zu beantworten, d. h., welche Bedarfe überhaupt relevant sind, ist Aufgabe der Programmplanung, die wir ausführlich in Kapitel 8, »Programmplanung«, beschrieben haben. Im Rahmen der Produktionsplanung geht es nun um die Deckung dieser identifizierten Bedarfe.

Wir betrachten nun die Prozesse, die während einer Planung systemseitig im Hintergrund durchgeführt werden, im Detail. In Abbildung 9.2 ist der weiße Kasten noch leer, doch wir füllen ihn Stück für Stück, und am Ende des Prozesses (und dieses Kapitels) enthält dieser Bereich die systemtechnischen Schritte der Planung.

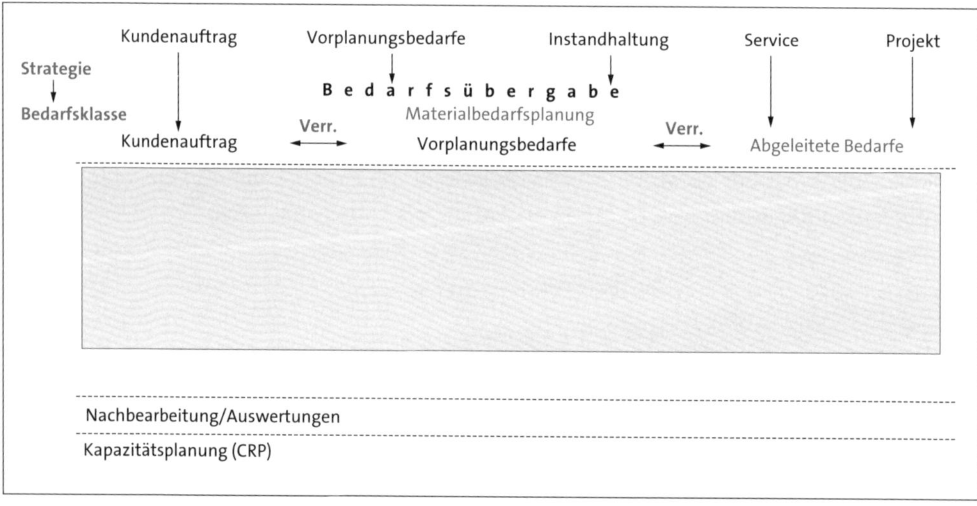

Abbildung 9.2 Produktionsplanung mit S/4HANA – Ausgangspunkt

Ausgangspunkt und somit Voraussetzung für die Durchführung einer Produktionsplanung ist eine *Unterdeckungssituation*, d. h., ohne bestehende Unterdeckung wird keine Bedarfsplanung durchgeführt und es werden auch keine (nicht notwendigen) Zugangselemente angelegt. Die Unterdeckung dient somit als Anstoß für die *Dispositionsrechnung*. Identifiziert das System eine Unterdeckungssituation, generiert es ein entsprechendes Zugangselement auf Basis der in den Dispositionssichten der

Materialstammdaten (Transaktion MM02) hinterlegten Einstellungen. Notwendige Voraussetzungen dafür sind ein gültiges Dispomerkmal und ein gültiger Materialstatus, der eine Planung des Materials nicht unterdrückt (siehe Abbildung 9.3). Beide Einstellungen sind Bestandteil der Sicht **Disposition 1**.

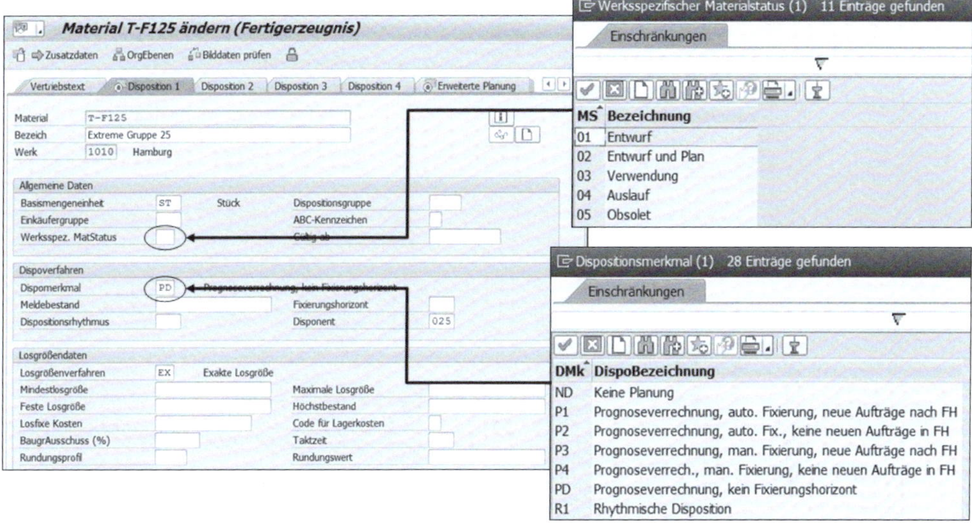

Abbildung 9.3 Voraussetzung zur Durchführung einer Bedarfsplanung

Grundsätzlich kann eine Unterdeckung entweder über eine verbrauchsgesteuerte oder durch eine plangesteuerte Disposition gedeckt werden. Gesteuert wird dies über das im Feld **Dispomerkmal**. Bei der *verbrauchsgesteuerten Disposition* wird eine Planung und somit eine Produktion/Beschaffung bei Erreichen eines im Materialstamm fest hinterlegten Meldebestands ausgelöst. Trigger für dieses Verfahren ist zum Beispiel das Dispomerkmal **VB** (❶ in Abbildung 9.4) in Verbindung mit einem Meldebestand ❷ und einem Höchstbestand ❸. Beide Parameter sind ebenfalls im Materialstamm in der Sicht **Disposition 1** zu hinterlegen.

Eine Auffüllung bis zum Höchstbestand führt in der Regel jedoch zu aktuell nicht benötigtem Lagerbestand, da sich im Melde- und Höchstbestand die aktuelle Bedarfssituation nicht widerspiegelt. Somit ist dieses Planungsverfahren vornehmlich zur Planung nicht so wertvoller (Schütt-)Güter geeignet. Genau dieser Aspekt steht im Fokus der in SAP S/4HANA neu bereitgestellten Lösung *Demand-Driven Replenishment*, die wir ausführlich in Kapitel 12, »Demand-Driven Replenishment (DDR)«, beschreiben.

Im Rahmen einer *plangesteuerten Disposition*, auf die wir uns in diesem Kapitel konzentrieren, verhält sich das System grundsätzlich anders. Ist die dispositiv verfügbare Menge (auf Tagesebene) kleiner als null, spricht man von einer Unterdeckungssituation. Die Bedarfsplanung reagiert auf Unterdeckungssituationen mit dem Anlegen neuer Beschaffungsvorschläge, die in Abhängigkeit von der Beschaffungsart tagesgenau generiert werden. Die dabei vom System im Hintergrund durchgeführten systemtechnischen Schritte stellen wir in den folgenden Abschnitten ausführlicher dar.

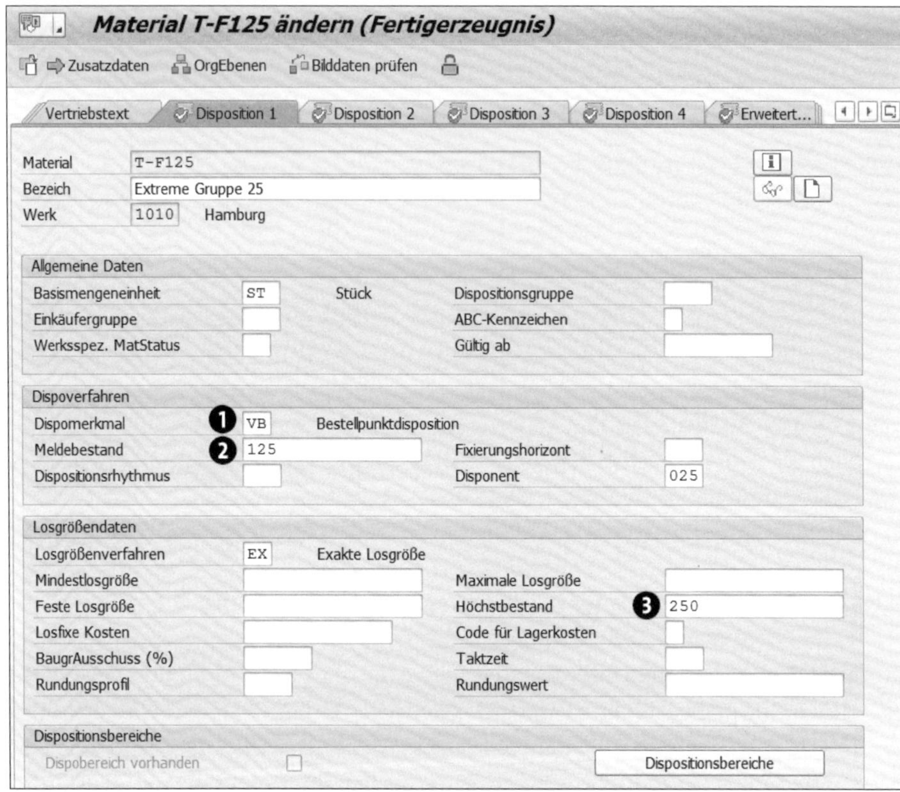

Abbildung 9.4 Verbrauchsgesteuerte Planung – Bestellpunktdisposition

9.2 Nettobedarfsrechnung und Sicherheitsbestandsplanung

Verwendete Transaktion

- Menüpfad: **Produktion • Bedarfsplanung • Planung • Dispositionsrechnung • Reichweitenprofil festlegen (dynamischer Sicherheitsbestand)**

Ein Nettobedarf ist, wie eingangs beschrieben, Voraussetzung für die Durchführung einer Bedarfsplanung. Hierbei wird ein gegebenenfalls vorhandener *Bestand* zuzüglich fester Zugänge, wie zum Beispiel Bestellungen und/oder Fertigungsaufträge und fixierte Bestellanforderungen bzw. fixierte Planaufträge, innerhalb des Umterminierungshorizonts den bestehenden *Bedarfen* (Kundenaufträge, Planprimärbedarfe, Sekundär- und Umlagerungsbedarfe, Reservierungen etc.) zuzüglich eines gegebenenfalls hinterlegten Sicherheitsbestands gegenübergestellt. Aus Sicht der Planung stellt der *Sicherheitsbestand* keinen Bestand, sondern einen Bedarf dar, und zwar einen Bedarf zum Zeitpunkt »heute«. Die Entscheidung, wie dieser Bestand verwendet wird, obliegt der Verfügbarkeitsprüfung.

Ist die dispositiv verfügbare Menge kleiner als null, spricht man von einer *Unterdeckung*. Die Bedarfsplanung reagiert auf Unterdeckungssituationen mit dem Anlegen von Beschaffungsvorschlägen. Die dabei vorgeschlagene Beschaffungsmenge basiert auf dem Losgrößenverfahren, das im Materialstamm in der Sicht **Disposition 1** hinterlegt ist.

Ein Charakteristikum der Bedarfsplanung ist, dass das System in diesem Fall ein Beschaffungselement erzeugt, um (mindestens) die Menge, um die der dispositiv verfügbare Bestand unterschritten ist, zu beschaffen/produzieren. Ein eventuell in der Sicht **Disposition 2** hinterlegter *Sicherheitsbestand* vermindert die dispositiv verfügbare Menge. Die Bedarfsplanung füllt dabei jede (noch so geringe) Unterdeckung zum entsprechenden Termin wieder auf. Dieses Systemverhalten kann eventuell zu vielen kleinen Zugangselementen führen, da der Sicherheitsbestand von statischer Natur ist. Verfolgt man hingegen das Ziel, nicht jede kleinste Unterschreitung des Sicherheitsbestands direkt wieder auszugleichen, besteht neben der Nutzung eines alternativen Losgrößenverfahrens (zum Beispiel einer festen Losgröße oder einer Mindestlosgröße) die Möglichkeit der Verwendung eines *teilweise verfügbaren* Sicherheitsbestands, der auf Ebene einer Dispositionsgruppe definiert werden kann. Er stellt eine prozentuale Menge dar, bezogen auf das Niveau des Sicherheitsbestands, der im Materialstamm angegeben ist. Erst bei Unterschreitung des verfügbaren Anteils des Sicherheitsbestands erfolgt die Generierung eines neuen Bestellvorschlags. Mit diesem Bestellvorschlag wird eine Auffüllung (mindestens) bis zum Sicherheitsbestand initiiert. Diese Vorgehensweise kann zu (kleineren) Überdeckungen führen, unterdrückt jedoch die Generierung kleinster Beschaffungsvorschläge.

Aber auch diese Art der Sicherheitsbestandsplanung ist statisch. Verfolgt man hingegen das Ziel, dass sich der Sicherheitsbestand an die Bedarfssituation anpassen sollte, ist die Verwendung eines *dynamischen*, also bedarfsorientierten Sicherheitsbestands zu überprüfen. Ziel dieses Konzepts ist es, dass sich der Sicherheitsbestand an der Bedarfssituation orientiert. Bei einer Erhöhung des Bedarfs in der Zukunft soll auch der Sicherheitsbestand steigen, eine Reduzierung der Bedarfe hingegen soll zu einer Senkung des Sicherheitsbestands führen. Wichtig ist, dass die Basis hierbei immer nur zukünftige Bedarfe sind. Auch diese Restriktion wird mit der Anwendung von Demand-Driven Replenishment (siehe Kapitel 12) eliminiert.

Umgesetzt werden kann diese Anforderung mit der *Reichweitenrechnung*, in der ein dynamischer Sicherheitsbestand bestimmt wird. Im Rahmen jeder Planung überprüft das System, ob die verfügbare Menge unter dem Mindestbestand liegt. Ist dies der Fall, erzeugt das System einen Beschaffungsvorschlag, um die verfügbare Menge mindestens bis zum Sollbestand (dynamischer Sicherheitsbestand) aufzufüllen. Ein eventuell zusätzlich hinterlegter statischer Sicherheitsbestand und der dynamische Sicherheitsbestand addieren sich. Im Gegensatz zu dem zuvor beschriebenen statischen Sicherheitsbestand errechnet sich der dynamische Sicherheitsbestand auf Grundlage des durchschnittlichen Tagesbedarfs multipliziert mit der Sollreichweite.

Die Anzahl der Perioden, über die die Durchschnittsbestimmung durchgeführt wird, ist im Reichweitenprofil im Customizing definiert (Menüpfad **Produktion • Bedarfsplanung • Planung • Dispositionsrechnung • Reichweitenprofil festlegen [dynamischer Sicherheitsbestand]**) und dann dem Materialstamm in der Sicht **Disposition 2** zugewiesen (siehe Abbildung 9.5).

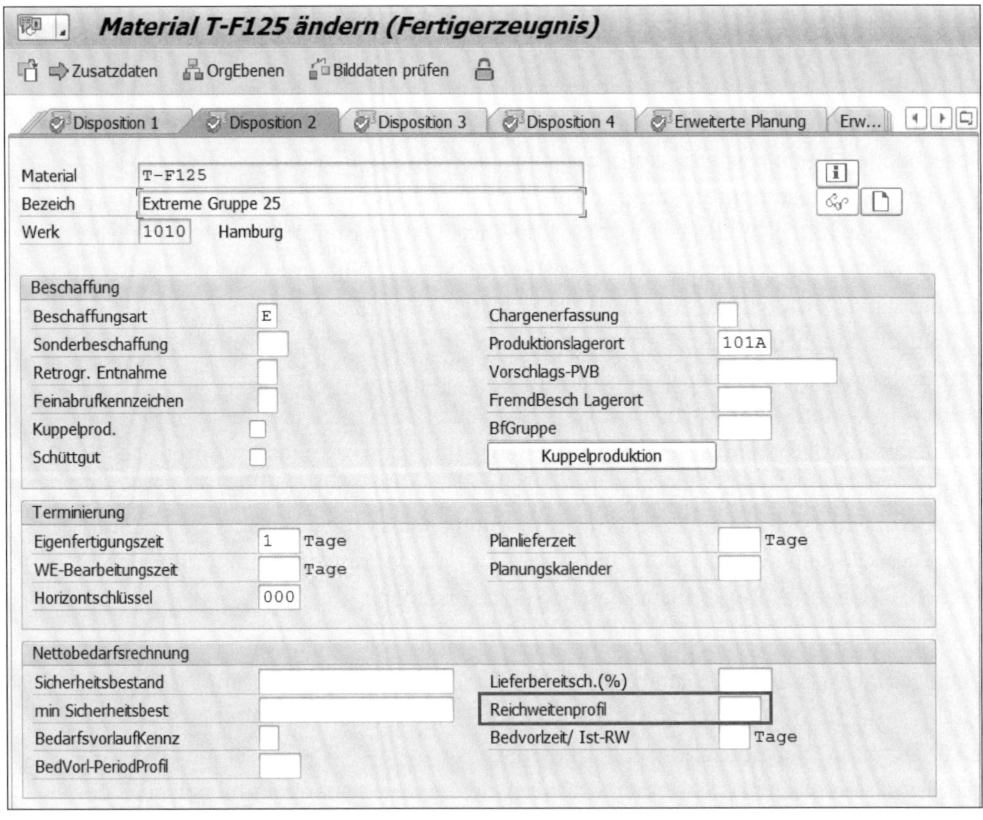

Abbildung 9.5 Definition und Verwendung eines Reichweitenprofils (optional)

Für jede Periode erfolgt die Berechnung eines durchschnittlichen Tagesbedarfs. Des Weiteren werden im Customizing Mindest- bzw. Sollreichweite als Anzahl von Tagen angegeben, in der ein Material noch mindestens verfügbar sein soll. Durch Multiplikation des durchschnittlichen Tagesbedarfs mit den im Customizing vorgegebenen

Werten für Mindest-, Soll- und Maximalreichweite ermittelt das System dann einen Mindest-, Soll- und Maximalbestand, der im Rahmen der Planung Berücksichtigung findet (siehe Abbildung 9.6).

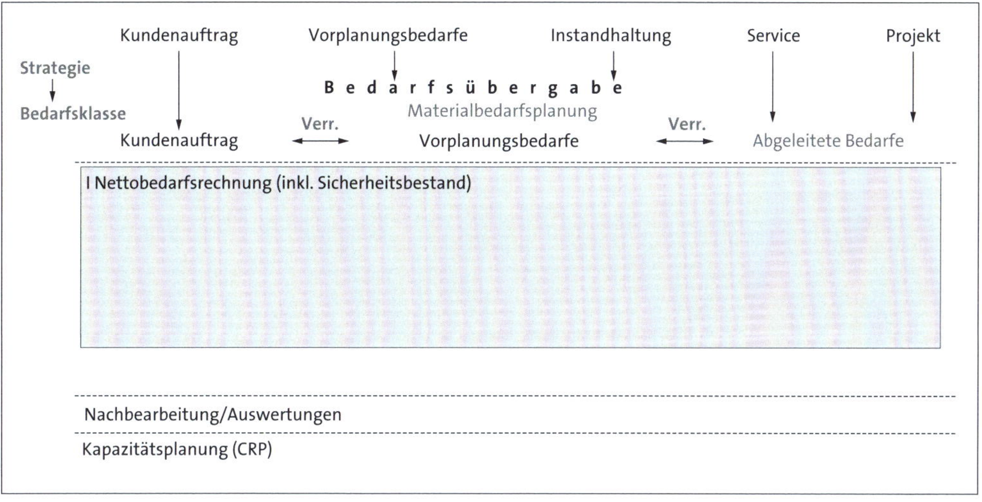

Abbildung 9.6 Materialbedarfsplanung Schritt 1: Nettobedarfsrechnung

Unabhängig davon, ob und – wenn relevant – welche Art der Sicherheitsbestandsplanung durchgeführt werden soll, steht am Ende dieses Prozessschritts die zu einem bestimmten Termin (mindestens) zu deckende Menge fest. Es könnte jedoch durchaus sein, dass das System im Rahmen einer Produktion/Beschaffung alternative Mengen vorschlägt. Dies wird maßgeblich über das Losgrößenverfahren beeinflusst, das den nächsten systemtechnischen Schritt innerhalb der Bedarfsplanung darstellt.

9.3 Losgrößenrechnung

Verwendete Transaktion

- OMI4 (Losgröße)

Basierend auf den Ergebnissen der Nettobedarfsrechnung, bei der die Unterdeckungsmengen zum jeweiligen Bedarfstermin ermittelt wurden, erfolgt nun die systemseitige Berechnung der Beschaffungsvorschläge. Dafür stehen unterschiedliche Losgrößenverfahren zur Verfügung, die im Customizing (über **Produktion • Bedarfsplanung • Planung • Losgrößenrechnung** oder über die Customizing-Transaktion OMI4) definiert und dem Materialstamm in der Sicht **Disposition 1** zugewiesen werden (siehe Abbildung 9.7).

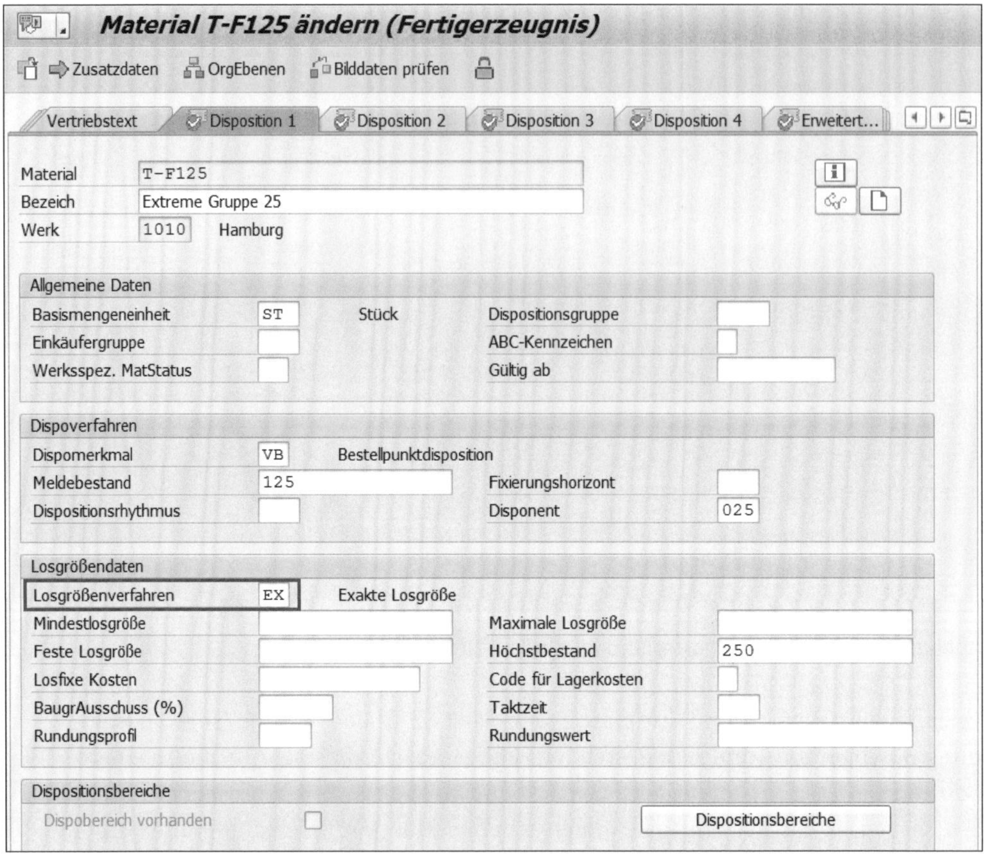

Abbildung 9.7 Losgrößenverfahren in der Planung

Es besteht zudem die Möglichkeit zur Definition/Anlage und Nutzung eigener Losgrößenverfahren. *Losgrößenverfahren* lassen sich in statische Losgrößenverfahren, periodische Losgrößenverfahren sowie Optimierungsverfahren unterteilen. Daneben lassen sich weitere Restriktionen abbilden, wie zum Beispiel Mindestlosgröße, maximale Losgröße sowie Rundungswerte und Rundungsprofile. Letztere werden ebenfalls im Customizing definiert und dann dem Materialstamm optional zugewiesen. Die möglichen anwendbaren Restriktionen werden dabei durch das Losgrößenverfahren beeinflusst.

Zu den *statischen Losgrößenverfahren* gehören die Verfahren **EX – Exakte Losgröße**, **FX – Feste Losgröße** und **HB – Auffüllen bis zum Höchstbestand**. Bei der Verwendung des Verfahrens **EX – Exakte Losgröße** generiert das System pro Tag maximal einen Bedarfsdecker, der exakt die Unterdeckungsmenge deckt. Dies kann jedoch dazu führen, dass zu jedem Tag ein (kleiner) Planauftrag generiert wird, was im Allgemeinen nicht wünschenswert ist.

Deshalb steht alternativ auch das Verfahren **FX – Feste Losgröße** zur Verfügung. Im Fall einer Unterdeckung wird unter Umständen ein Zugangselement mit einer höheren Menge als lediglich die Unterdeckung erzeugt. Um dieses Verfahren einsetzen zu können, müssen Sie in der Sicht **Disposition 2** neben dem Verfahren **FX – Feste Losgröße** noch eine feste Losgröße festlegen. Auf diese Weise können zum Beispiel Verpackungseinheiten und/oder produktionsspezifische Gegebenheiten (Gussform mit einer festen Anzahl an zu produzierenden Einzelteilen) im System abgebildet werden.

Eine weitere Option ist das Verfahren **HB – Auffüllen bis zum Höchstbestand**. Dabei wird systemseitig ein Zugangselement angelegt, das bei Unterdeckung zur Erreichung des im Materialstamm hinterlegten Höchstbestands führt. In dem Fall, dass die Unterdeckungsmenge eines Tages größer als der Höchstbestand ist, erzeugt das System einen Zugang in Höhe der Unterdeckungsmenge. Eine ausgeglichene Bestands-/Bedarfssituation hat Vorrang vor dem Losgrößenverfahren.

Periodische Losgrößenverfahren kommen oft zum Einsatz, wenn Bedarfe in wiederkehrenden Intervallen auftreten. Hierbei fasst das System die Beschaffung/Produktion innerhalb des Zeitabschnitts (Periode) zusammen und deckt diese mit einem Zugangselement. Welcher Termin (Bedarfstermin, Periodenanfang, Periodenende) dabei zugrunde gelegt wird, kann im Customizing des Losgrößenverfahrens beeinflusst werden.

Zu den periodischen Losgrößenverfahren zählt auch die Möglichkeit, auf Basis »frei definierbarer Perioden« zu planen. Sie erfolgt durch die Definition eines Planungskalenders im Customizing, der dem Material in der Sicht **Disposition 2** zugewiesen wird und dessen Verwendung mit dem Losgrößenverfahren **PK – Planung nach Planungskalender** aktiviert wird. Der dabei entstehende Zugang kann auf den Periodenanfang, das Periodenende oder auf den Termin des ersten Bedarfs gelegt werden, ebenfalls abhängig von der Konfiguration des Losgrößenverfahrens im Customizing der Anwendung.

Als dritte Gruppe innerhalb der Losgrößenverfahren stehen die *optimierenden Losgrößenverfahren* zur Verfügung. Hierbei wird die Menge zum Zeitpunkt der ersten Unterdeckung aus der Nettobedarfsrechnung als Mindestzugangsmenge vorgegeben und sukzessiv versucht, alle weiteren Unterdeckungen mit einer Losgröße zu decken, bis anhand des Kostenkriteriums das dem Verfahren zugrunde liegende Kostenoptimum erreicht ist. Dafür stehen wiederum verschiedene Verfahren zur Verfügung, die aufgrund ihrer Komplexität hier nur kurz erwähnt und bei Bedarf detaillierter analysiert werden sollten:

- **Stückperiodenausgleich**

  Zusammenfassung aufeinanderfolgender Bedarfsmengen, bis die Summe der Lagerkosten gleich denen der losgrößenfixen Kosten ist

- **Gleitende wirtschaftliche Losgröße**

  Zusammenfassung aufeinanderfolgender Bedarfsmengen, bis die Gesamtkosten pro Stück ein Minimum bilden
- **Dynamische Planungsrechnung**

  Generierung eines Zugangselements auf der Basis eines Unterdeckungstermins, bis die zusätzlich anfallenden Lagerkosten größer als die losgrößenfixen Kosten sind
- **Losgrößenverfahren nach Groff**

  Zusammenfassung der Bedarfsmengen zu einem Los, so lange, bis der Anstieg der durchschnittlichen Lagerkosten pro Periode größer ist als die Verringerung der losgrößenfixen Kosten pro Periode

Neben den drei genannten Gruppen von Losgrößenverfahren besteht die Möglichkeit zur Verwendung spezieller Losgrößenverfahren. Hierzu können neben einer Splittungsquote ❶ und einer Überlappung ❷ auch noch spezielle Losgrößenberechnungen für Kundeneinzelfertigung festgelegt werden (siehe Abbildung 9.8 und Abbildung 9.9). Gesteuert werden diese Verfahren ebenfalls über die Einstellungen zum Losgrößenverfahren im Customizing der Anwendung (über **Produktion • Bedarfsplanung • Planung • Losgrößenrechnung** oder die Customizing-Transaktion OMI4).

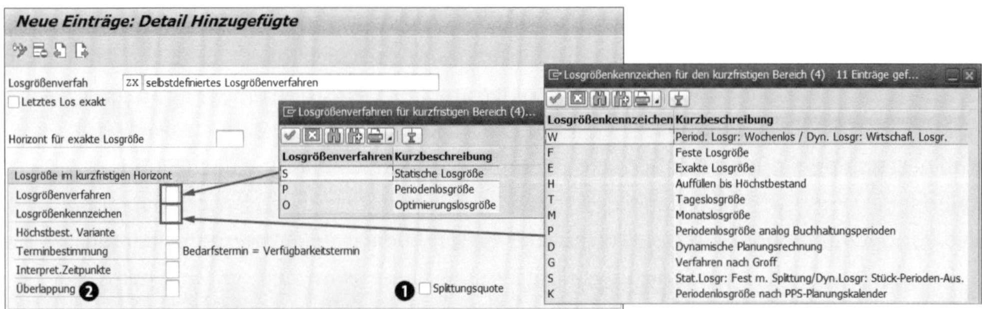

Abbildung 9.8 Selbst definierte, kundenspezifische Losgrößenverfahren – 1

Bei Nutzung einer Splittungsquote können die Beschaffungselemente auf mehrere Bezugsquellen (intern/extern) aufgeteilt werden. Bei Verwendung einer Überlappung erfolgt die Aufteilung der Bedarfsdeckungsmengen in Teilmengen, die in regelmäßigen, sich überlappenden Abständen auftreten.

Die *Kundeneinzelfertigung* – oder genauer gesagt *Kundenauftragspositionseinzelfertigung* – verfolgt das Ziel, für jede Kundenauftragsposition ein separates Deckungselement zu generieren. Materialbestände, die darüber generiert werden, können nur für diese Auftragsposition verwendet werden. Aus diesem Grund ist in der Regel bei allen Losgrößenverfahren im Customizing hinterlegt, dass bei einer Kundeneinzelfertigung die Exakte Losgröße ❸ zum Einsatz kommt.

Ende des kurzfristigen / Beginn des langfristigen Horizonts

Perkz Langfristlosgr	☐	Initialwert	Anzahl Perioden ☐

Losgröße im langfristigen Horizont ❹

Langfr. Losvf.	☐		Periodenanzahl ☐
Losgrößenkennzeichen	☐		
Terminbestimmung	☐	Bedarfstermin = Verfügbarkeitstermin	☐ Prüfen Min Losgröße
Interpret.Zeitpunkte	☐		☐ Prüfen Max Losgröße
Überlappung	☐		☐ Splittungsquote

Losgröße KdEinzel ❸ ☐ Exakte Losgröße ☐ Unterlief.-Tol.

Abbildung 9.9 Selbst definierte, kundenspezifische Losgrößenverfahren – 2

Eine letzte Besonderheit im Rahmen der Losgrößenverfahren besteht in der Möglichkeit zur Hinterlegung einer *Langfristlosgröße* ❹ (Feld **Perkz Langfristlosgr**), die optional von der Losgröße des ausgewählten Verfahrens (im kurzfristigen Bereich) abweichen kann. Dafür ist neben der Definition, welches Verfahren im Langfristbereich zur Anwendung kommen soll, auch die Festlegung notwendig, wann der kurzfristige Bereich endet und der Langfristhorizont beginnt. Beides erfolgt im Customizing des entsprechenden Losgrößenverfahrens und eröffnet die Möglichkeit, im Rahmen einer Bedarfsplanung zu einer gewissen Vorausschau auf zukünftige relevante Planungsmengen zu gelangen.

Die Losgrößenrechnung stellt den zweiten systemtechnischen Schritt der Bedarfsplanung dar (siehe Abbildung 9.10), an deren Ende als Ergebnis die Ermittlung derjenigen Menge steht, die produziert/beschafft werden soll.

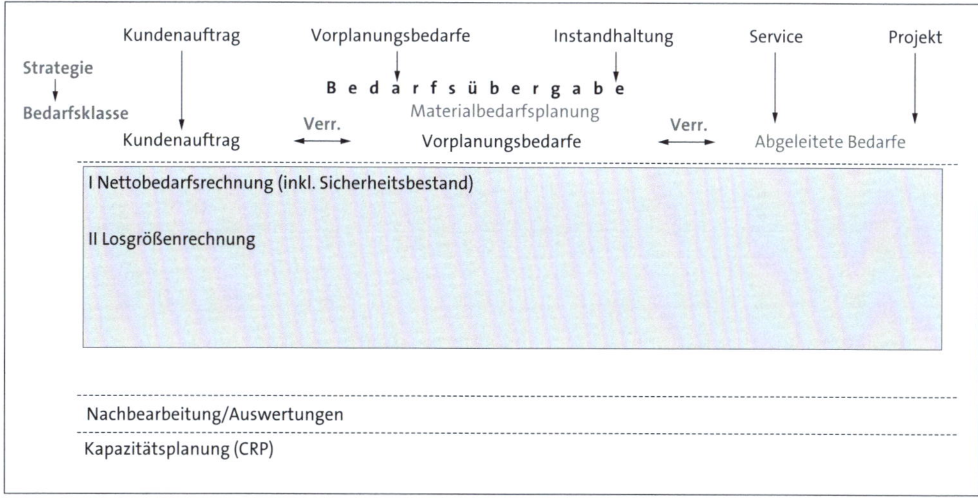

Abbildung 9.10 Materialbedarfsplanung Schritt 2: Losgrößenrechnung

Von welcher Bezugsquelle die Beschaffung durchgeführt wird, steht im Fokus des dritten systemtechnischen Schritts, der Bezugsquellenfindung.

9.4 Bezugsquellenfindung

Verwendete Transaktionen

- MD14 (Planauftrag umsetzen in BestAnf.)
- MD15 (Sammelumsetzung Planaufträge in BestAnf.)
- CO40 (Fertigungsauftrag anlegen)
- CO41 (Sammelumsetzung Planaufträge)
- COR7 (Prozeßauftrag anlegen)
- COR8 (Sammelumsetzung Planaufträge)
- Menüpfad: **Produktion • Bedarfsplanung • Stammdaten • Sonderbeschaffungsart festlegen**

Ziel der Bezugsquellenfindung ist die Ermittlung einer geeigneten Bezugsquelle zur Deckung des zuvor identifizierten Bedarfs. Ausgangspunkt einer Bezugsquellenfindung ist die im Materialstamm in der Sicht **Disposition 2** hinterlegte *Beschaffungsart* (❶ in Abbildung 9.11).

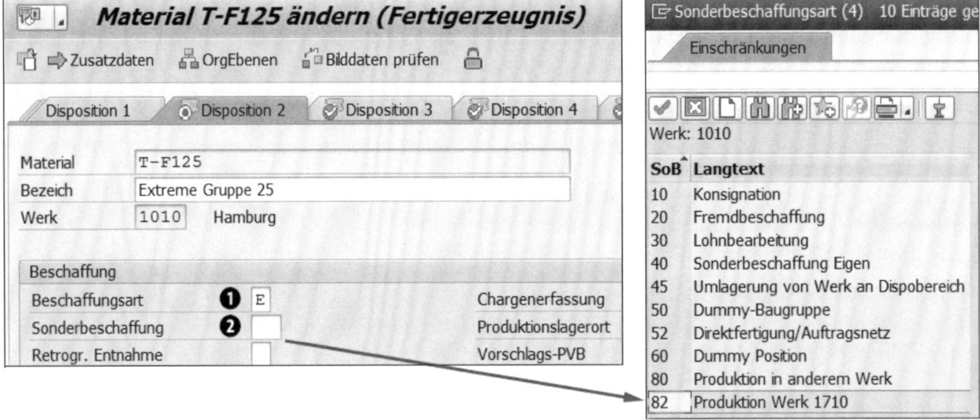

Abbildung 9.11 Beschaffungsarten und Sonderbeschaffungsarten

Durch die Beschaffungsart wird festgelegt, ob ein Zugang durch Eigenfertigung oder Fremdbeschaffung erfolgen soll. Eine mögliche Quotierung kann zudem genutzt werden, um eine Bedarfsdeckung auf mehrere Bezugsquellen (Lieferanten und/oder

Fertigungslinien) zu verteilen. Die Beschaffungsart wird durch die Materialart im Customizing vorbelegt und ist dort änderbar. Bei den Beschaffungsarten stehen drei Ausprägungen mit folgender Wirkungsweise zur Verfügung:

- **E** – Eigenfertigung
- **F** – Fremdbeschaffung
- **X** – beide Beschaffungsarten

Mit der Auswahl **E** geht das System von einer Eigenfertigung aus und generiert einen Planauftrag als Bedarfsdeckungselement. Die Verwendung des Parameters **F** führt zur Anlage einer Bestellanforderung, die dann im weiteren Prozessablauf in eine Fremdbeschaffung (zum Beispiel einer Bestellung) umgewandelt werden kann.

Sind für das Material über die Beschaffungsart **X** beide Beschaffungsarten zulässig, so wird *nicht* die kostentechnisch günstigere oder terminlich schnellere Bezugsquelle ausgewählt. In diesem Fall wird systemseitig (nur) ein Planauftrag erstellt, da dieser sowohl in einen Produktionsauftrag als auch in eine Bestellanforderung umgewandelt werden kann. Die Entscheidung, in welcher Form ein Planauftrag umgesetzt wird, hängt von der verwendeten Transaktion ab: Die Transaktionen MD14/MD15 für die Umsetzung eines Planauftrags in eine Bestellanforderung, die Transaktionen CO40/CO41 für die Umsetzung in einen Fertigungsauftrag bzw. die Transaktionen COR7/COR8 für die Umsetzung in einen Prozessauftrag.

Als weiterer, optionaler Parameter steht neben der Beschaffungsart die Verwendung einer *Sonderbeschaffungsart* ❷ zur Verfügung, die die Beschaffungsart konkretisiert. Sonderbeschaffungsarten, in der Praxis oft als *SOBSL* bezeichnet (dies ist der technische Name des Datenfelds), werden im Customizing definiert (über **Produktion • Bedarfsplanung • Stammdaten • Sonderbeschaffungsart festlegen**) und dem Material in der Sicht **Disposition 2** zugeordnet. Die Sonderbeschaffungsart, unter deren Verwendung zum Beispiel sowohl eine Produktion in einem anderen Werk (Eigenfertigung) als auch eine Umlagerung aus einem anderen Werk (Fremdbeschaffung) initiiert werden kann, enthält ebenfalls eine Beschaffungsart (**E** oder **F**), die bei Abweichung die im Materialstamm befindliche Beschaffungsart übersteuert. Weicht die Beschaffungsart im Materialstamm von der Beschaffungsart der Sonderbeschaffungsart ab, erhalten Anwenderinnen und Anwender nur eine Warnmeldung im Rahmen der Materialstammpflege.

Die Ermittlung der Beschaffungsart beantwortet somit die dritte Fragestellung, von welcher Bezugsquelle der Bedarf gedeckt werden soll (siehe Abbildung 9.12). Somit steht jetzt nur noch die Festlegung des Zeitpunkts aus, zu dem die Bedarfsdeckung erfolgen soll bzw. erfolgen muss. Diese Aufgabe übernimmt die Terminierung.

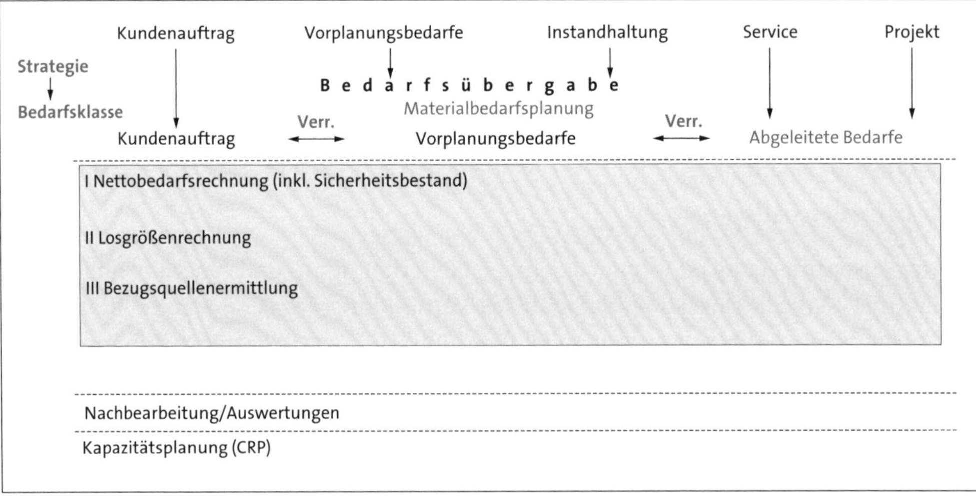

Abbildung 9.12 Materialbedarfsplanung Schritt 3: Bezugsquellenermittlung

9.5 Terminierung

Verwendete Transaktionen

- MM02 (Material ändern)
- CA96 (Aktualisierung MatStamm)
- OPU5 (Terminierung Planaufträge ändern)

Eine Terminierung ist sowohl für Eigenfertigung als auch für Fremdbeschaffung auf der Basis im System hinterlegter Zeitelemente möglich. Im Rahmen einer Eigenfertigung wird dabei die komplette Stücklistenstruktur berücksichtigt. Das Ziel der Terminierung ist es, Start- und Endtermine aller zur Erstellung des Endprodukts notwendigen Baugruppen/Rohstoffe zu ermitteln. Bei eigengefertigten Teilen wird hierzu die Eigenfertigungszeit herangezogen, bei fremdbeschafften Teilen die Lieferzeit im Materialstamm bzw. im Einkaufsinfosatz.

Zur Terminierung stehen grundsätzlich zwei unterschiedliche Terminierungsarten zur Verfügung, die Eckpunktterminierung und die Durchlaufterminierung. Beiden Terminierungsarten gemeinsam ist, dass es sich grundsätzlich um eine mehrstufige Rückwärtsterminierung handelt, vom Bedarfstermin des Enderzeugnisses über die Termine aller Baugruppen bis hin zu den Terminen der Rohstoffe/Zukaufteile. Die Terminierungsarten weisen jedoch einen unterschiedlichen Detaillierungsgrad auf.

Die *Eckpunktterminierung* ist die (Standard-)Terminierungsart für Planaufträge. Sie ermittelt tagesgenaue Ecktermine aller Beschaffungselemente auf Basis hinterlegter

Stammdaten im Materialstamm (Transaktion MM02). Als Basis werden die Eigenfertigungszeit bzw. die Planlieferzeit aus dem Materialstamm herangezogen. Bei dieser Vorgehensweise besteht keine Möglichkeit, Kapazitätsbedarfe zu berücksichtigen.

Des Weiteren ist bei Verwendung der Eigenfertigungszeit aus der Sicht **Disposition 2** zu beachten, dass diese Zeitdauer losgrößenunabhängig ist. Sie stellt somit die Fertigungsdauer dar, die für alle Produktionsmengen identisch ist. Zur Konkretisierung dieser eher ungenauen Zeitangabe besteht die Möglichkeit, die Eigenfertigungszeit über den Arbeitsplan auf Basis einer bestimmten, frei zu wählenden Losgröße, berechnen zu lassen und diese Dauer in den Materialstamm zu übertragen. Die Berechnung erfolgt über die Terminierungsfunktion, die wiederum über das Menü **Zusätze** im Arbeitsplan aufgerufen werden kann (siehe Abbildung 9.13).

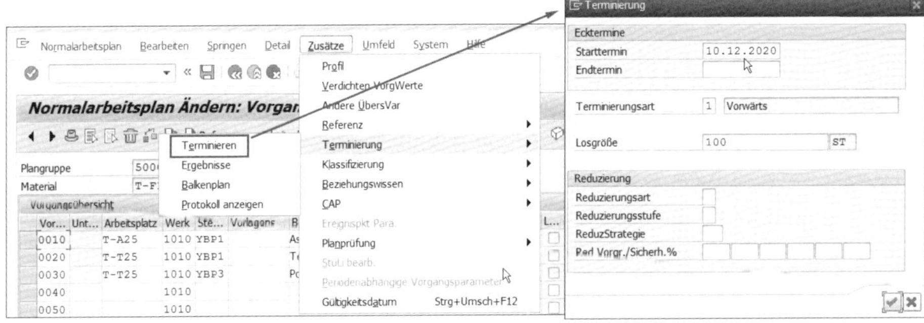

Abbildung 9.13 Systemseitige Berechnung der Terminierungsparameter

Ob und zu welchem Zeitpunkt ein Update der Ergebnisse im Materialstamm erfolgt, wird dann über die Transaktion CA96 (Aktualisierung MatStamm) gesteuert, wie in Abbildung 9.14 zu sehen.

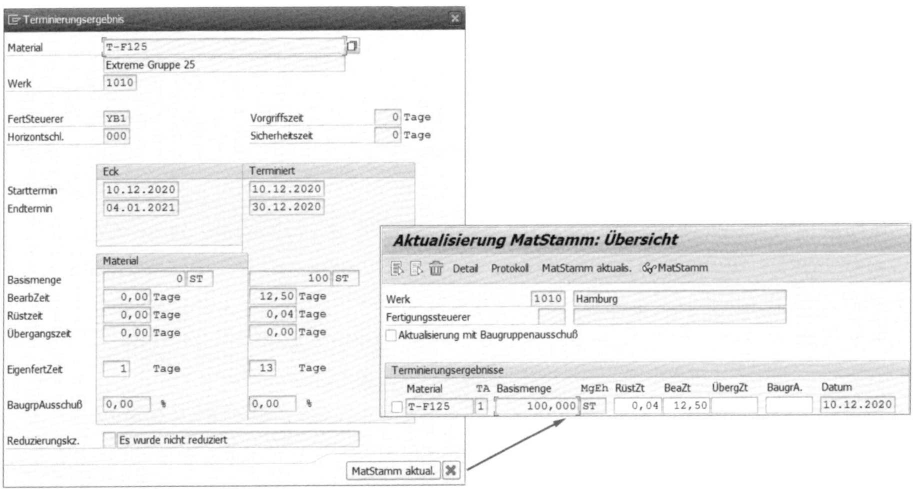

Abbildung 9.14 Aktualisierungsvormerkung Stammdaten

Erfolgte eine Aktualisierung im Materialstamm, würden also die berechneten Daten in der Sicht **Arbeitsvorbereitung** übernommen, entstünden inkonsistente Stammdaten. Um dies zu vermeiden, führt eine Pflege/Aktualisierung der Daten vom Arbeitsplan in die Sicht **Arbeitsvorbereitung** automatisch zu einer Löschung der Eigenfertigungszeit in der Sicht **Disposition 2**. Im Gegensatz zu einer hier hinterlegten Zeitdauer für die Eigenfertigung, die keinerlei Mengenbezug besitzt, wurden die Daten in der Sicht **Arbeitsvorbereitung** auf Basis einer konkreten Losgröße berechnet und stellen somit ein wesentlich konkreteres Ergebnis dar. Jedoch werden auch hier die exakten Terminierungsdaten aus dem Arbeitsplan nicht allumfänglich berücksichtigt, da dieser bei einer Eckpunktterminierung nicht berechnet wird. Vielmehr erfolgt eine anteilsbezogene Ermittlung der Zeitdauern auf der Basis der in der Sicht **Arbeitsvorbereitung** hinterlegten Zeitdauern. Das Ergebnis dieser Berechnung ist somit immer noch nicht genau, aber ausreichend für die Terminierung von Planaufträgen.

Alternativ kann auch für die Terminierung von Planaufträgen eine (konkrete) Durchlaufterminierung festgelegt werden. Führt die Eckpunktterminierung zu einem Eckstarttermin in der Vergangenheit, so kann über eine Einstellung im Customizing gesteuert werden, dass das System in diesem Fall den Eröffnungshorizont aus dem **Horizontschlüssel** in der Sicht **Disposition 2** ignoriert und direkt in eine Vorwärtsterminierung mit dem Ziel übergeht, realistische Terminierungsergebnisse zu erhalten.

Müssen Sie exakte Zeitdauern verwenden, kann bei Bedarf auf eine alternative Terminierungsart zurückgegriffen werden, die *Durchlaufterminierung*. Im Gegensatz zur Eckpunktterminierung erfolgt die Durchlaufterminierung immer auf der Basis (sekundengenauer) Produktionsstart- und -endtermine und berechnet dabei auch die Vorgangstermine. Diese Terminierungsart wird standardmäßig für Fertigungsaufträge verwendet und berechnet dabei auch Kapazitätsbedarfe.

Produktionstermine

Welche der beiden Terminierungsarten angewendet wurde, lässt sich im Nachgang zu einer Planung aus dem Planauftrag ableiten. Nur im Fall einer Durchlaufterminierung weist der Planauftrag Produktionstermine auf.

Das Ergebnis einer Durchlaufterminierung könnte sein, dass die dabei ermittelten Produktionstermine nicht eingehalten werden können, da diese zu kurzfristig sind. In diesem Fall reagiert das System wie folgt: Ein Verzug des Deckungselements führt nicht direkt zu einer Verschiebung des Bedarfselements, zum Beispiel eines Kundenauftrags. Vielmehr erhält die Planerin bzw. der Planer in diesem Fall eine Ausnahmemeldung, die signalisiert, dass das System auf Basis der hinterlegten Stammdaten keinen machbaren Produktionsplan anlegen konnte. In diesem Fall müsste ein manueller Eingriff erfolgen.

Eine weitere Möglichkeit zur Realisierung einer termingerechten Bedarfsdeckung ist die Nutzung eventuell vorhandener Pufferzeiten, wie zum Beispiel des Eröffnungshorizonts aus dem Horizontschlüssel der Sicht **Disposition 2** (siehe Abbildung 9.15). Die Verwendung eines Horizontschlüssels mit entsprechenden Zeiten wie Eröffnungshorizont (**ErHor**), Sicherheitszeit (**SichZeit**), Vorgriffszeit (**VorgZeit**) sowie dem Freigabehorizont (**FreHz**) hat zur Folge, dass die Zugangselemente gegebenenfalls früher als benötigt disponiert werden. Man könnte dies auch als einen zeitlichen Sicherheitsbestand zur Vermeidung einer verspäteten Bedarfsdeckung ansehen.

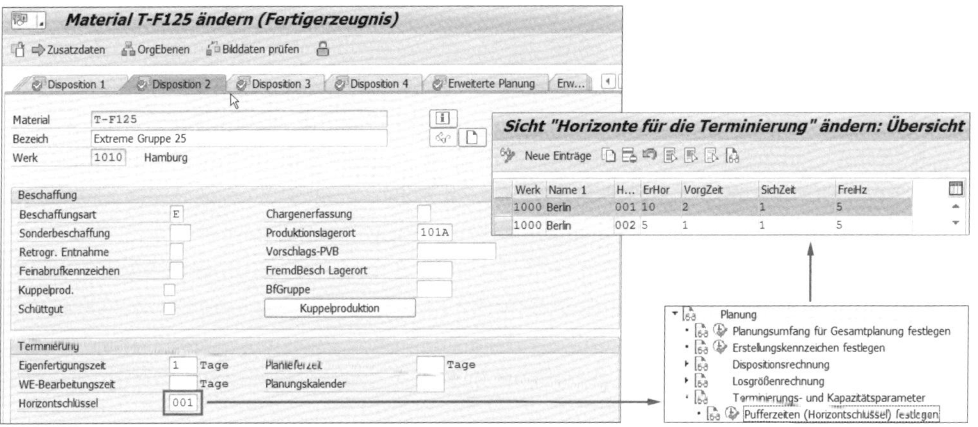

Abbildung 9.15 Eckpunktterminierung und Horizontschlüssel

Ob diese zeitlichen Puffer verwendet werden, kann man in einem (durchlaufterminierten) Planauftrag direkt erkennen. Im Gegensatz zu einem eckpunktterminierten Planauftrag hat dieser Planauftrag neben Produktionsterminen eine weitere Sicht **Feinterminierung** (siehe Abbildung 9.16).

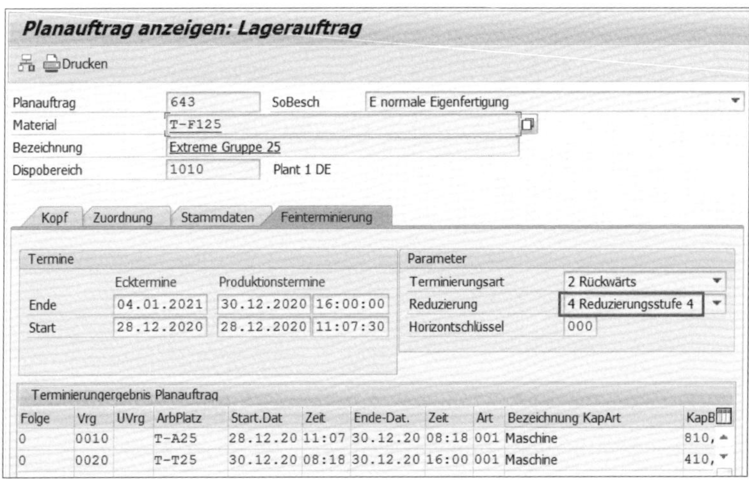

Abbildung 9.16 Reduzierungsstrategien für Planaufträge

Diese Sicht weist neben den genauen, vorgangsbezogenen Start- und Endterminen der Vorgänge im Bereich **Parameter** Informationen zu einer möglichen Reduzierung auf, und die genutzte Reduzierungsstufe wird angezeigt.

Dies ist jedoch nur dann der Fall, wenn eine Nutzung der Reduzierung notwendig und zulässig ist. Die Zulässigkeit einer Reduzierung wird wiederum im Customizing der Anwendung über **Produktion • Bedarfsplanung • Planung • Terminierungs- und Kapazitätsparameter • Terminierungsparameter Planaufträge festlegen** (siehe Abbildung 9.17) oder per Customizing-Transaktion OPU5 definiert. Hier kann für Kombinationen aus Werk, Auftragsart und Fertigungssteuerer detailliert hinterlegt werden, inwieweit solche Pufferzeiten systemseitig automatisch reduziert werden dürfen. Dazu wird auf Basis der Reduzierungsstufen **S1** bis **S6** die prozentuale Höhe der möglichen Reduzierung festgelegt. Ist eine Reduzierung notwendig und möglich, reduziert das System zunächst alle Pufferzeiten gemäß Reduzierungsstufe **S1**. Führt diese immer noch zu einer verspäteten Bedarfsdeckung, wird die Reduzierungsstufe **S2** zur Reduzierung der Vorgriffs- und Sicherheitszeit herangezogen. Diese sukzessive Reduzierung der Pufferzeiten wird so lange fortgesetzt, bis eine termingerechte Bedarfsdeckung oder die hier definierte maximale Reduzierungsstufe erreicht ist. Kann eine termingerechte Bedarfsdeckung auch dadurch nicht realisiert werden, wird der Planauftrag verspätet erstellt. Eine entsprechende Ausnahmemeldung weist die Planerin bzw. den Planer darauf hin.

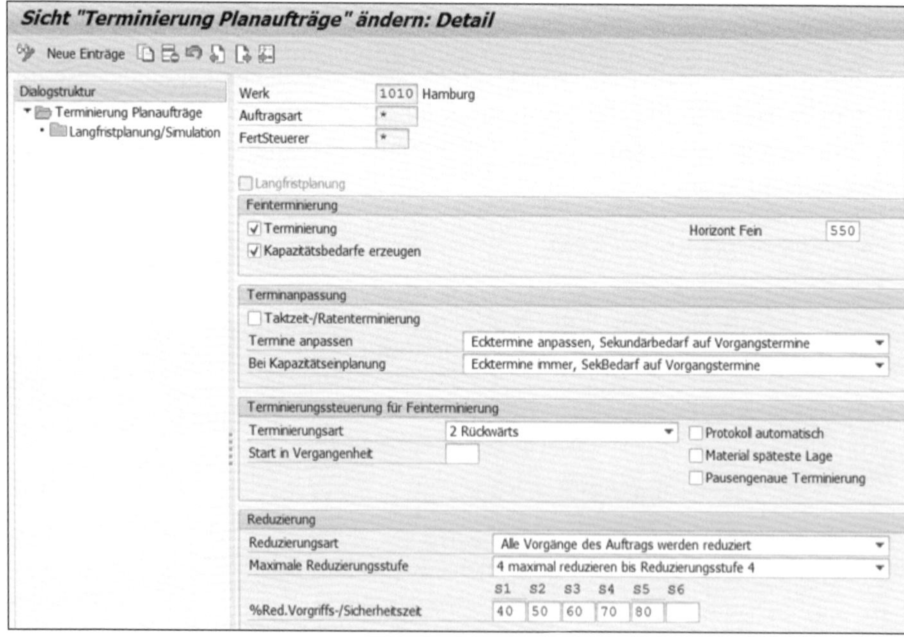

Abbildung 9.17 Maximale Reduzierungsstufen festlegen

Ein Ausnahmefall ist die vorgangsgenaue Bereitstellung von Komponenten. Normalerweise werden gemäß der Komponentenallokation im Arbeitsplan alle Komponenten zum Bedarfstermin des ersten Vorgangs terminiert. Bei zeitintensiven Arbeitsvorgängen kann das dazu führen, dass eine Komponente, die erst bei Endmontage benötigt wird, gegebenenfalls (zu) frühzeitig beschafft/produziert wird. Um dies zu verhindern, kann im Arbeitsplan und/oder in der Stückliste eine Zuordnung der Komponente zu einem Vorgang erfolgen, die eine vorgangsgenaue Bereitstellung nach sich zieht.

Mit Abschluss des Prozessschritts der Terminierung (siehe Abbildung 9.18) sind nun alle relevanten Bedarfe für das Kopfmaterial einer Stückliste mit einem Bedarfsdeckungselement versehen.

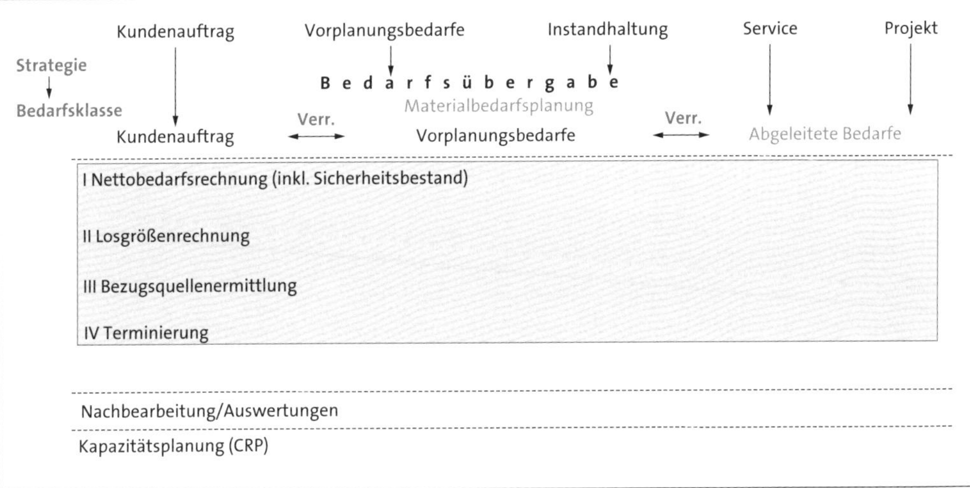

Abbildung 9.18 Materialbedarfsplanung Schritt 4: Terminierung

Systemseitig erfolgt nun die Berechnung und Absetzung von Sekundärbedarfen auf die nächste Stücklistenstufe (Dispostufe) des Kopfmaterials. Die systemseitige Handhabung dieser Sekundärbedarfe erfolgt hierbei nicht gemäß der hinterlegten Strategie(gruppe), sondern gemäß den Einstellungen des Einzel-/Sammelkennzeichens in der Sicht **Disposition 4**, das im Rahmen einer Kundeneinzelfertigung auf übergeordneter Stücklistenstufe entscheidet, ob auch der Sekundärbedarf separat über ein Kundeneinzelsegment oder im Werkssegment geplant werden soll. Wurde die übergeordnete Stücklistenstufe im Werkssegment geplant, erfolgt auch die Planung aller darunter befindlichen Dispostufen im Werkssegment. Im Rahmen ihrer Planung erfolgt wiederum eine Prüfung, ob auf dieser Stufe Vorplanungsbedarfe für die Baugruppen bestehen und ob diese geplanten Mengen ausreichen, um den Sekundärbedarf zu decken. Ist dies der Fall für alle Sekundärbedarfe dieser Dispostufe, so ist die

Bedarfsplanung abgeschlossen. Ist dies nicht der Fall, so erfolgen auf dieser Stufe wiederum eine Losgrößenberechnung, die Ermittlung der Bezugsquelle sowie eine Terminierung gemäß Terminierungsparameter im Planungslauf. Im Anschluss daran werden erneut Sekundärbedarfe abgesetzt, und es erfolgt die Planung der nächsten Dispostufe analog. Die Planung der letzten Dispostufe stellt das Ende der Bedarfsplanung dar (siehe Abbildung 9.19).

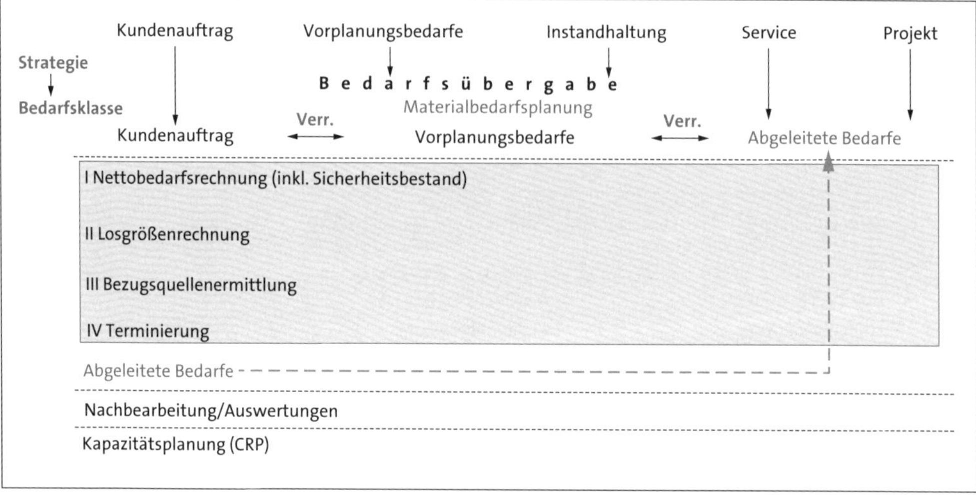

Abbildung 9.19 Materialbedarfsplanung über alle Dispositionsstufen

Somit sind nun alle relevanten Bedarfe über die komplette Stücklistenstruktur in der richtigen Menge und unter Verwendung der richtigen Bezugsquelle zum (hoffentlich) richtigen Termin geplant worden. Ist Letzteres nicht der Fall, erzeugt das System für das entsprechende Deckungselement eine Ausnahmemeldung. Diese Ausnahmemeldungen können als Trigger für eine notwendige manuelle Nachbearbeitung angesehen werden, auf die die Planerin bzw. der Planer über die Meldung hingewiesen wird.

Der oben beschriebene Planungsprozess kann sowohl interaktiv als auch im Planungslauf ausgeführt werden, der im nächsten Abschnitt betrachtet wird.

9.6 Durchführung des Planungslaufs

Verwendete Transaktionen

- MD01 (MRP Planungslauf)
- MD01N (MRP Live)
- MD02 (Einzelplanung – mehrstufig)

- MD_MRP_FORCE_CLASSIC (Informationen und Einstellungen für Materialien in MRP on HANA)
- OMDQ (Dispositionsmerkmale ändern)

Die vorangegangenen Schritte werden im Rahmen einer Bedarfsplanung systemseitig im Hintergrund ausgeführt. Die Ausführung dieser Planung kann dabei als Einzelplanung oder als Gesamtplanung (Planungslauf) unter Verwendung des klassischen Codings oder auf Basis des SAP-HANA-Codings ausgeführt werden.

9.6.1 Planungslauf in SAP S/4HANA unter Verwendung des klassischen MRP

Aufgrund der Laufzeit einer Bedarfsplanung erfolgt diese in der Regel in Form einer Gesamtplanung als Hintergrundjob. Es besteht jedoch auch die Möglichkeit, die Planung sowohl online (über alle planungsrelevanten Materialien) als auch nur für ausgewählte Materialien in Form einer Einzelplanung durchzuführen. Diese Einzelplanung kann dabei wiederum als einstufige bzw. mehrstufige Einzelplanung durchgeführt werden. Bei einer einstufigen Einzelplanung erfolgt nur die Planung des Kopfmaterials, alle notwendigen Baugruppen und Rohstoffe werden unabhängig von deren Bedarfssituation nicht mit geplant. Die hierbei erzeugten Planungsergebnisse haben somit nur bedingte Aussagekraft und eignen sich insbesondere zur Simulation von geänderten/angepassten Planungsstrategien, die auf dem Kopfprodukt vorgenommen wurden. Ein weiterer (Ausnahme-) Anwendungsfall ist die Planung eines Kopfprodukts, dessen gesamte Komponenten über eine verbrauchsgesteuerte Disposition fremdbeschafft werden. Ein Vorteil der Einzelplanung (einstufig/mehrstufig) besteht darin, dass die Laufzeit dieser Art der Planung sehr kurz ist.

Die Reduzierung der Laufzeit der Planung steht auch bei allen nachfolgenden Parametern im Vordergrund. Damit eine Planung jedoch überhaupt durchgeführt werden kann, ist es neben der Existenz von (relevanten) Bedarfen notwendig, dass die Bedarfsplanung aktiviert und eine Planungsvormerkdatei systemseitig aufgebaut wurde. Des Weiteren sind zumindest Werksparameter für die Planung zu definieren. Alle diese notwendigen Einstellungen erfolgen im Customizing von SAP S/4HANA.

Im Rahmen der Aktivierung der Bedarfsplanung erzeugt das System die *Planungsvormerkdatei*. Die Aufgaben der Planungsvormerkdatei sind die Dokumentation von planungsrelevanten Änderungen seit dem letzten Planungslauf und die Sortierung aller im System angelegten und planungsrelevanten Materialien gemäß ihrer Dispositionsstufe. Beide Parameter haben großen Einfluss auf die Laufzeit einer Bedarfsplanung. Zur Reduzierung der Laufzeit einer Bedarfsplanung ist die Anzahl der zu planenden Materialien möglichst zu minimieren. Andererseits ist es jedoch unbedingt erforderlich, diejenigen Materialien zu planen, die eine dispositive Änderung seit dem letzten Planungslauf erfahren haben. Die Planungsvormerkdatei verfolgt genau dieses Ziel, nämlich dispositionsrelevante Veränderungen zu dokumentieren.

Eine weitere wichtige Aufgabe der Planungsvormerkdatei ist wie gesagt die Sortierung aller planungsrelevanten Materialien gemäß ihrer *Dispositionsstufe* (Dispostufe), die hier nur angezeigt wird und nicht änderbar ist. Was bedeutet die Dispositionsstufe, wo wird sie ermittelt/gepflegt und welche Funktion hat sie?

Die Bedarfsplanung verfolgt das Ziel einer Deckung aller relevanten Bedarfe innerhalb einer möglichst reduzierten Laufzeit. Diesem Ziel folgend sollte ein Material, wenn die Notwendigkeit dazu besteht, möglichst nur einmal geplant werden, frühestens zu dem Zeitpunkt, zu dem alle möglichen Bedarfe (Kundenbedarfe, Vorplanungsbedarfe, aber auch Sekundärbedarfe) identifiziert wurden. Die Dispositionsstufe dient der Vermeidung einer wiederholten Planung innerhalb eines Planungslaufs, indem das Material nach seiner Planung im Rahmen des Planungslaufs weitere Sekundärbedarfe von übergeordneten Materialien/Baugruppen erhält. Die Dispostufe ist die tiefste Stufe, in der ein Material über allen im System definierten Stücklistenstrukturen auftritt. Dabei zählt das System die Dispostufe vom Wert her hoch, je niedriger das Material in diesen Strukturen vorkommt. Die Dispostufe eines Materials ist somit immer größer als die Dispostufe aller seiner Vorgänger in allen Stücklistenstrukturen. Im Rahmen einer Bedarfsplanung gemäß Dispostufe führt das System eine Planung erst zu dem Zeitpunkt aus, zu dem alle Sekundärbedarfe für das Material vorliegen. Somit werden suboptimale Situationen aus Sicht der Performance, dass ein Material gegebenenfalls mehrfach geplant werden muss, vermieden.

Da bei der Ermittlung dieser Stufe alle im System befindlichen Stücklisten zugrunde gelegt werden und bei jeglicher Änderung einer Stückliste eine (manuelle) Prüfung erfolgen müsste, ob eine Anpassung der Dispositionsstufe notwendig ist oder nicht, wird diese Stufe systemseitig ermittelt/ aktualisiert. Erhält ein Material aufgrund einer neuen Stückliste eine höhere Dispostufe, so wird dieses Ergebnis im Materialstamm in den Grunddaten (Information zum Material) fortgeschrieben. Die Fortschreibung erfolgt jedoch nur in dem Fall, dass die dort existierende Dispositionsstufe (von ihrem Wert) niedriger ist, d. h., die Löschung einer Stückliste führt nicht zu einem Zurücksetzen einer vorhandenen Dispostufe.

Die Kennzeichen zur Erstellung von Bestellanforderungen, Lieferplänen und Dispolisten können im Einstiegsbild des Planungslaufs (Transaktion MD01) sowie in der Dispogruppe hinterlegt werden (siehe Abbildung 9.20). Dabei haben die Einstellungen, die auf dem Einstiegsbild im Rahmen einer Gesamtplanung festgelegt wurden, nur Vorschlagscharakter. Sie gelangen zur Anwendung, wenn keine Erstellungskennzeichen über die Dispogruppe gefunden werden. Gänzlich anders verhält sich das System bei einer Einzelplanung (einstufig/mehrstufig), zum Beispiel über Transaktion MD02. Hierbei kommen ausschließlich die Einstellungen des Einstiegsbilds dieser Transaktion zum Tragen.

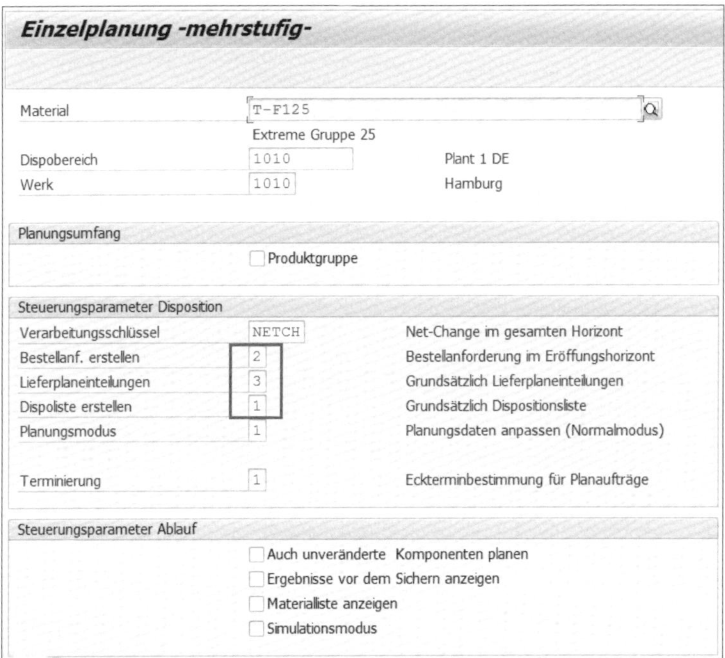

Abbildung 9.20 Erstellungskennzeichen im klassischen Planungslauf

Ein weiterer wichtiger Parameter ist der sogenannte *Planungsmodus*. Er wird in der Planungsvormerkdatei für ein Material gesetzt, kann jedoch bei Bedarf im Einstiegsbild des Planungslaufs übersteuert werden. Der Planungsmodus steuert, wie bestehende Beschaffungsvorschläge, die nicht fixiert sind, im nächsten Planungslauf behandelt werden sollen. Hierbei gibt es die Optionen, vorhandene Planungsdaten anzupassen, Stücklisten und Arbeitspläne neu aufzulösen bzw. vorhandene Planungsdaten zu löschen und neu anzulegen.

Der vielleicht wichtigste Parameter im Rahmen der Planung betrifft den Umfang des Planungslaufs, der über *Verarbeitungsschlüssel* gesteuert wird. Folgende Ausprägungen sind hier wählbar: **NETCH**, **NETPL** oder **NEUPL** (siehe Abbildung 9.21).

Das **Net-Change-Verfahren (NETCH)** umfasst nur Materialien, die seit dem letzten Planungslauf eine planungsrelevante Änderung erfahren haben. Dies wird über die Planungsvormerkdatei gesteuert. Die Definition eines Planungshorizonts grenzt den Planungsumfang zusätzlich zeitlich ab (**NETPL**). Die Länge des Planungshorizonts sollte mindestens den Zeitraum umfassen, in dem Kundenaufträge eingehen, und er sollte mindestens die Lieferfristen und die Gesamtdurchlaufzeiten aller Materialien abdecken. Im Rahmen der Systemeinführung sowie bei Dateninkonsistenzen sollte eine vollständige Planung (**NEUPL**) ausgeführt werden. Eine solche Planung kann nur im Rahmen eines Planungslaufs erfolgen, die interaktive Ausführung einer Einzelplanung ist ausgeschlossen.

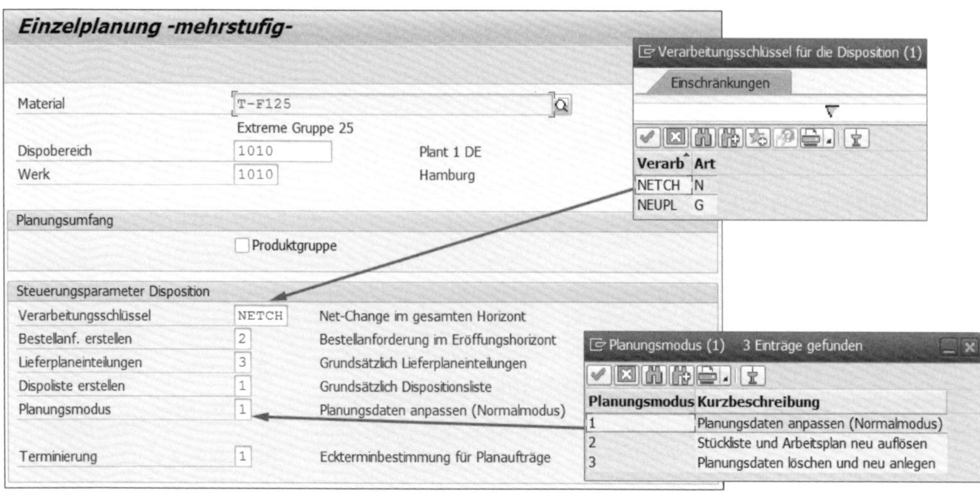

Abbildung 9.21 Verarbeitungsschlüssel und Planungsmodus

Eine Planung unter Verwendung der Verarbeitungsschlüssel NETCH/NETPL wird auch als *Veränderungsplanung* bezeichnet, d. h., sie wird nur dann durchgeführt, wenn sich seit der letzten (erfolgreichen) Planung eine dispositive Veränderung ergeben hat, die eine Planung bedingt. Ziel dieser Vorgehensweise ist die Schonung der Systemperformance. Die *Planungsvormerkdatei* enthält grundsätzlich alle Materialien, die für einen Planungslauf relevant sind. Sobald ein Materialstamm mit Dispositionsdatenbildern und einem gültigen Dispositionsmerkmal angelegt wird, erfolgt die automatische Aufnahme dieses Materials in die Planungsvormerkdatei (siehe Abbildung 9.22). Die Protokollierung einer dispositiven Veränderung ist Aufgabe der Planungsvormerkdatei, einer sehr flachen Datei mit nur begrenzten Einträgen.

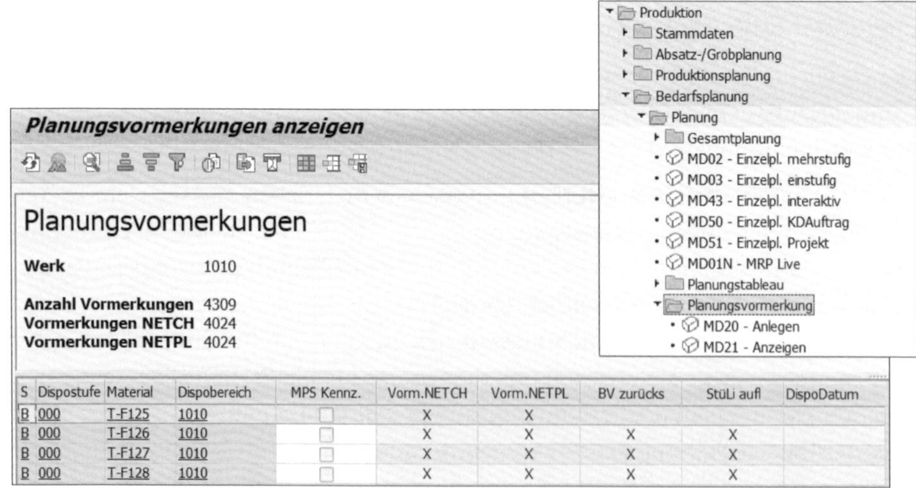

Abbildung 9.22 Planungsvormerkdatei der klassischen Planung

Sobald eine dispositive Änderung stattfindet, wird diese in der Planungsvormarkdatei festgehalten. Dabei wird neben dem zeitlichen Aspekt, einer Änderung im Planungshorizont (NETPL) oder außerhalb (NETCH), protokolliert, ob es sich (zusätzlich) um eine Änderung der Stückliste handelt, die eine erneute Auflösung der Stückliste (Kennzeichen **StüLi aufl**) auch für bestehende Planaufträge notwendig macht. Analog erfolgt die Verwendung des Kennzeichens **Beschaffungsvorschläge zurücksetzen** (**BV zurücks**) bei fremdbeschafften Materialien.

Das Kennzeichen **MPS** (*Master Production Schedule*) dient der Identifikation von Leitteilen, die durch Zuweisung eines entsprechenden Dispomerkmals (M0 bis M4) im Materialstamm in der Sicht **Disposition 1** erfolgt. Ein letzter Parameter ist das **Dispo-Datum**, das nur bei rhythmischer Disposition Relevanz hat. Hierbei sowie bei plangesteuerter Disposition in Verbindung mit rhythmischer Disposition wird zusätzlich zur Planungsvormerkung auch das Dispositionsdatum gelesen. Das Dispositionsdatum wird aus dem Planungskalender übernommen und legt fest, wann das Material geplant werden soll.

Auch die Verwendung der Planungsvormerkdatei dient der Schonung der Systemperformance, da im Rahmen einer Planung nur diejenigen Materialien zur Planung selektiert werden, die eine disporelevante Veränderung aufweisen und somit eine Planung benötigen. Das Zusammenspiel zwischen dispositiver Änderung, Planungslauf und dem Zurücksetzen der Planungsvormerkung ist unabhängig vom Verarbeitungsschlüssel, der im Rahmen der Planung verwendet wird, und erfolgt nach folgendem Schema: Bei Ausführung der Bedarfsplanung selektiert das System alle Materialien, die eine Planungsvormerkung gemäß dem verwendeten Verarbeitungsschlüssel besitzen, und führt hierfür eine Planung durch. Der dadurch aktualisierte Produktionsplan wird fortgeschrieben, und die Planungsvormerkung wird zurückgesetzt.

Wie eingangs beschrieben, gibt es neben dem Verarbeitungsschlüssel NETCH/NETPL auch noch den Verarbeitungsschlüssel NEUPL, der vornehmlich bei erstmaliger Verwendung sowie bei eventuellen Dateninkonsistenzen Anwendung findet. Ein typischer Ausnahmefall, der eine Verwendung dieses Verarbeitungsschlüssels in Verbindung mit der Planungsvormerkdatei notwendig macht, ist folgende Situation: Nach erfolgreicher Durchführung eines Bedarfsplanungslaufs unter Verwendung des Verarbeitungsschlüssels NETCH/NETPL entsteht ein neuer Bedarf zum Beispiel durch Anlage eines Kundenauftrags außerhalb des Planungshorizonts. Dieser wird bei Verwendung des Verarbeitungsschlüssels NETPL nicht berücksichtigt und bleibt somit ungedeckt. Unter der Annahme, dass für dieses Material nach der NETPL-Planung keinerlei dispositive Änderungen erfolgen, würde der Bedarf mit fortschreitender Zeit von außerhalb in den Planungshorizont »hineinlaufen« und somit zu einer Unterdeckung innerhalb des Planungshorizonts führen, die im Rahmen einer NETPL-Planung Relevanz hätte. Dabei ist jedoch zu beachten, dass das reine »Hineinlaufen«

eines Bedarfs von außerhalb des Horizonts in den Planungshorizont keine dispositive Änderung und somit keine Planungsvormerkung nach sich zieht. Zur Vermeidung einer solchen Situation sollte während der Woche eine Veränderungsplanung und regelmäßig (zum Beispiel am Wochenende) ein NEUPL-Planungslauf durchgeführt werden.

Alternativ besteht die Möglichkeit, im Customizing des Dispositionsmerkmals (Transaktion OMDQ) das Kennzeichen **regelmäßige Disposition** zu setzen. Dieses führt unter Berücksichtigung des maximalen Dispositionsintervalls aus dem Customizing der Dispositionsgruppe automatisch zu einem Eintrag des nächsten Dispositionsdatums in der Planungsvormerkdatei. Spätestens bei Erreichen dieses Datums nimmt das Material unabhängig von den anderen Einstellungen in der Planungsvormerkdatei automatisch an der Disposition teil.

9.6.2 Planungslauf in SAP S/4HANA mit MRP Live

Mit der Implementierung von SAP S/4HANA steht neben dem herkömmlichen Planungslauf auch die Möglichkeit zur Verfügung, diese Planung direkt in SAP S/4HANA durchzuführen. Hierfür wurde die neue Funktion *MRP Live* zur Verfügung gestellt, die unter Verwendung der Transaktion MD01N interaktiv ausgeführt werden kann.

Die Handhabung der Transaktion MD01N erfolgt analog zur Handhabung der Transaktion MD02 (Einzelplanung mehrstufig), wie in Abschnitt 9.6.1, »Planungslauf in SAP S/4HANA unter Verwendung des klassischen MRP«, beschrieben. Als Selektionsparameter stehen **Werk**, **Material**, **Produktgruppe** und **Disponent** zur Verfügung (siehe Abbildung 9.23).

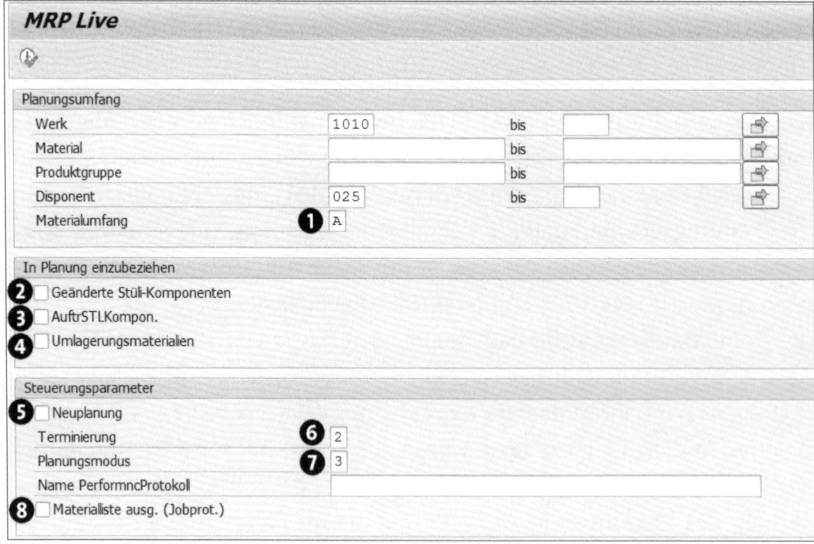

Abbildung 9.23 Konfigurationsmöglichkeiten MRP Live

Der *Materialumfang* dient der Steuerung, ob alle Teile in die Planung mit einbezogen werden oder ob die Planung auf MRP-Teile und/oder MPS-Teile beschränkt wird. Das Kennzeichen **Materialumfang** ❶ wird somit zur Steuerung einer optionalen Leitteileplanung verwendet, die in SAP S/4HANA zur Verfügung steht. Details zur Leitteileplanung sind Bestandteil des Abschnitt 9.7.1, »Leitteileplanung«, und sollen daher an dieser Stelle nicht genauer betrachtet werden.

Für die weitere Konfiguration der Planung unter Verwendung von MRP Live bestehen die in Abbildung 9.23 gezeigten Optionen:

- **Geänderte Stücklistenkomponenten**

  Mit Aktivierung des Kennzeichens **Geänderte Stüli-Komponenten** ❷ plant das System nur die Stücklistenkomponenten, die durch den aktuellen Planungslauf eine Veränderung erfahren haben, bei denen also die Sekundärbedarfe geändert wurden. Unveränderte Stücklistenkomponenten werden im Planungslauf nicht berücksichtigt. Dabei werden jedoch auch diejenigen Stücklistenkomponenten geplant, die in anderen Werken angelegt sind, die gegebenenfalls wiederum nicht Bestandteil des Planungsumfangs sind.

- **Auftragsstücklistenkomponente**

  Die Option **AuftrSTLKompon.** ❸ hat zur Folge, dass das System die Komponenten in allen Auftragsstücklisten der eingeplanten Materialien mit plant, selbst wenn sich der Komponentenbedarf nicht geändert hat. Hierbei werden allerdings Komponenten aus anderen Werken (Stichwort: Sonderbeschaffungsart) nicht automatisch mitgeplant. Es werden nur Komponenten im selben Werk als Ausgangsmaterial berücksichtigt.

- **Umlagerungsmaterialien**

  Mit Aktivierung der Option **Umlagerungsmaterialien** ❹ werden zusätzlich zu den im Planungslauf selektierten Materialien die Materialien in ihrem Lieferwerk mit geplant, soweit diese zur Bedarfsdeckung gemäß Sonderbeschaffungsart umgelagert werden sollen und sofern während des aktuellen MRP-Laufs dispositionsrelevante Änderungen in den Lieferwerken vorgenommen wurden. Dabei ist es unerheblich, ob die Entnahmewerke im Planungsumfang enthalten sind.

- **Neuplanung**

  Die Nutzung der Option **Neuplanung** ❺ führt zu einer Neuplanung aller im Planungslauf involvierten Materialien unabhängig davon, ob seit dem letzten Planungslauf eine dispositive Änderung stattgefunden hat. Bei Nicht-Aktivierung führt das System eine automatische Veränderungsplanung durch.

- **Terminierung**

  Über **Terminierung** ❻ legen Sie fest, ob für die selektierten Materialien neben den Eckterminen auch Durchlauftermine sowie Kapazitätsbedarfe ermittelt werden sollen. Dabei verfolgt SAP S/4HANA die Vorgehensweise analog der Planung mit dem klassischen MRP.

- **Planungsmodus**

  Auch die Selektion **Planungsmodus** ❼ ist angelehnt an die Optionen des klassischen MRP. Es besteht die Möglichkeit, während eines Planungslaufs die Planungsdaten anzupassen oder Plan-Daten zu löschen und neu anzulegen, was zu komplett neuen Bedarfsdeckern (neue Planauftragsnummern) führt.

  Eine dritte Option aus dem klassischen MRP, die Option **2 – Stückliste und Arbeitsplan neu auflösen**, steht in SAP S/4HANA hingegen nicht mehr zur Verfügung. SAP S/4HANA löst die Stückliste und den Arbeitsplan bei jeder Planung grundsätzlich neu auf.

- **Materialliste ausgeben (Jobprotokoll)**

  Eine Aktivierung der Option **Materialliste ausg. (Jobprot.)** ❽ bewirkt, dass das System im Fall einer Hintergrundplanung eine Liste aller in MRP Live geplanten Materialien erstellt (*Spoolliste*). Dabei werden alle geplanten Materialien und die Meldungen, die während der Ausführung von MRP Live erstellt wurden, in der Spoolliste angezeigt.

Im Rahmen einer interaktiven Planung wird die Spoolliste, die wichtige Informationen enthält und die wir nachfolgend genauer betrachten, immer nach Abschluss des (interaktiven) Planungslaufs angezeigt (siehe Abbildung 9.24).

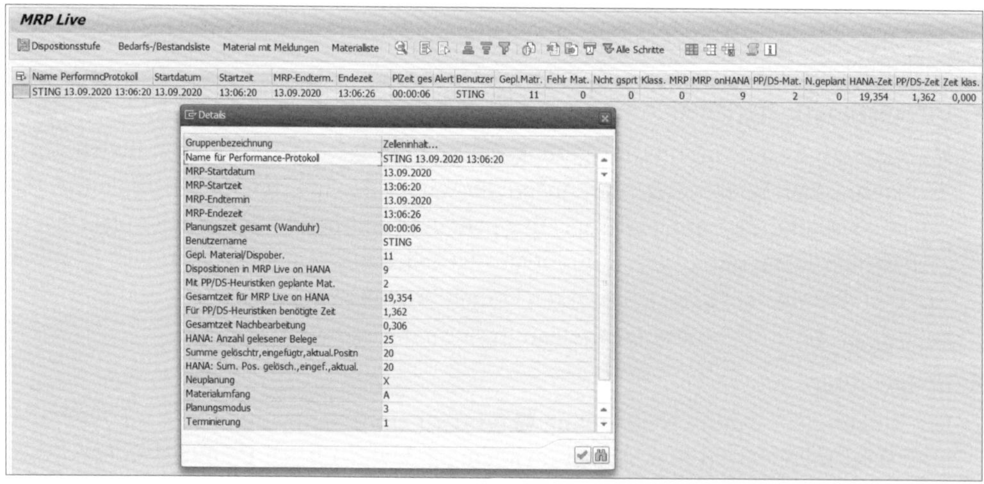

Abbildung 9.24 Performanceprotokoll einer interaktiven MRP-Live-Planung

Neben Start- und Endterminen der aktuellen Planung sowie der Information, welche Benutzerin bzw. welcher Benutzer die Planung durchgeführt hat, sind in der Spoolliste, die über einen Doppelklick auf das Performance-Protokoll aufzurufen ist, folgende weiteren Informationen enthalten:

- **Geplante Materialien**

  Die Gesamtzahl der geplanten Materialien wird noch einmal unterteilt dargestellt als Anzahl der Materialien, die mit MRP Live in SAP S/4HANA geplant wurden, und der Materialien, die unter Verwendung einer PP/DS-Heuristik in PP/DS geplant wurden. Genau an dieser Stelle wird die zentrale Funktion von MRP Live sichtbar. Nur die Planung unter Verwendung von MRP Live ist in der Lage, beide Planungsfunktionalitäten, also sowohl die Planung unter Verwendung der MRP-Logik als auch die Verwendung von PP/DS-Heuristiken, die in Abschnitt 11.3.3, »PP-Heuristiken und Ablaufheuristiken«, noch ausführlich beschrieben werden, zu vereinen. MRP Live ist somit die Voraussetzung zur Integration von PP/DS in SAP S/4HANA mit dem Ziel eines gemeinsamen Planungslaufs!

- **Gesamtzeit für MRP Live on HANA**

  In den Details zur Gesamtzeit der Planung, in die man über einen Doppelklick in der jeweiligen Spalte navigieren kann, erhalten Sie weitere Informationen hinsichtlich der Dauer der Planung, aufgesplittet nach Dispostufen (siehe Abbildung 9.25).

MRP Live

DSt	Schritt	Zu pl.Ma...	Gepl.Ma...	Fehlr Ma...	Startdatum	MRP-Startzeit	Abgel.Zeit	Σ	Verbr.Zeit	Zeit Stamm
000	Erweiterte Planung	2	2	0		00:00:00	00:00:00		1,362	0,000
000	Vorbereitung	0	0	0	13.09.2020	13:06:20	00:00:00		0,000	0,000
000	MRP Live on HANA	2	2	0	13.09.2020	13:06:20	00:00:01		3,263	0,133
001	Vorbereitung	0	0	0	13.09.2020	13:06:21	00:00:00		0,000	0,000
001	MRP Live on HANA	3	3	0	13.09.2020	13:06:21	00:00:03		7,676	0,204
001	Nachbearbeitung	0	0	0	13.09.2020	13:06:24	00:00:00		0,094	0,000
002	Vorbereitung	0	0	0	13.09.2020	13:06:24	00:00:00		0,000	0,000
002	MRP Live on HANA	4	4	0	13.09.2020	13:06:24	00:00:02		8,415	0,548
002	Nachbearbeitung	0	0	0	13.09.2020	13:06:26	00:00:00		0,303	0,000
								•	**21,113**	

Abbildung 9.25 MRP-Live-Performanceprotokoll – Dispositionsstufen

Bei Betrachtung dieses Protokolls wird auf den ersten Blick ersichtlich, dass die Planung unter Verwendung von SAP S/4HANA anscheinend erheblich länger dauert als die Planung bei Verwendung des klassischen MRP. Wie ist dieses Phänomen zu erklären, zumal die Planung unter Verwendung von MRP Live eine untertätige Planung mit kurzen Laufzeiten sicherstellen soll?

Im Rahmen der Entwicklung der MRP-Live-Funktionalität wurde diese Planungslogik komplett neu programmiert, und sie basiert auf mehr als 15.000 Zeilen neuen Codings. Im Rahmen einer MRP-Live-Planung muss dieser Code einmalig eingelesen werden, unabhängig von der Anzahl der zu planenden Materialien. Die dabei benötigte Zeit (Latenzzeit) schlägt bei einer sehr geringen Anzahl zu planender Materialien deutlich zu Buche. Sie kann in speziellen Konstellationen sogar dazu führen, dass die herkömmliche Planung unter Verwendung des klassischen MRP aus Performancesicht von Vorteil ist.

Dieses Phänomen wird gerne auch mit dem Beispiel eines Mähdreschers verdeutlicht. Bei einem genügend kleinen Feld, das abgeerntet werden soll, kann es zeitlich von Vorteil sein, dieses Feld unter Verwendung handwerklicher Werkzeuge zu bearbeiten und die Ernte in eine nahe gelegene Mühle zur Weiterverarbeitung zu verbringen. Die manuelle Ernte kann schneller durchgeführt werden, als mit einem großen Erntefahrzeug zum Feld zu fahren, um es dann abzuernten, da die hierbei verwendete Zeit für die »Anreise« anteilsmäßig stark ins Gewicht fällt. Bei zunehmender Größe des Felds minimiert sich deren Anteil jedoch, und die Vorteile der Verwendung des Erntefahrzeugs treten sehr schnell in den Vordergrund. Dieses sehr plastische Beispiel lässt sich bestens auf unsere Planung übertragen. Aus diesem Grund besteht die klassische Planungslogik auch weiterhin, jedoch mit der funktionalen Einschränkung, dass bei ihrer Verwendung die Anwendung der PP/DS-Funktionalitäten nicht möglich ist.

Welche Art der Planung das System während des Planungslaufs ausgeführt hat, kann unter Verwendung des Performanceprotokolls im Feld **Schritt** noch einmal nachvollzogen werden. Es stellt eine Anzeige auf dem *MRP Dispatcher* dar, der über die Transaktion MD_MRP_FORCE_CLASSIC aufgerufen werden kann (siehe Abbildung 9.26).

MRP Live

DSt	Material	Disp.	Werk	Information	Quelle des Abgangs	MRP-Datum	Uhrz. MRP	MRP Live	Klassisch	PP/DS	Immer klas
000	T-F125	025	1010	Erfolgreich geplant	MRP Live on HANA	13.09.2020	13:06:21	☑	☐	☐	☐
000	T-F225	025	1010	Geplant wird Produ...	Erweiterte Planung	13.09.2020	13:06:21	☐	☐	☑	☐
000	T-F325	025	1010	Geplant wird Produ...	Erweiterte Planung	13.09.2020	13:06:21	☐	☐	☑	☐
000	T-SPC125	025	1010	Erfolgreich geplant	MRP Live on HANA	13.09.2020	13:06:21	☑	☐	☐	☐
001	T-R125	025	1010	Erfolgreich geplant	MRP Live on HANA	13.09.2020	13:06:23	☑	☐	☐	☐
001	T-S125	025	1010	Erfolgreich geplant	MRP Live on HANA	13.09.2020	13:06:23	☑	☐	☐	☐
001	T-S225	025	1010	Erfolgreich geplant	MRP Live on HANA	13.09.2020	13:06:24	☑	☐	☐	☐
002	T-R225	025	1010	Erfolgreich geplant	MRP Live on HANA	13.09.2020	13:06:26	☑	☐	☐	☐
002	T-R325	025	1010	Erfolgreich geplant	MRP Live on HANA	13.09.2020	13:06:25	☑	☐	☐	☐
002	T-R425	025	1010	Erfolgreich geplant	MRP Live on HANA	13.09.2020	13:06:25	☑	☐	☐	☐
002	T-R525	025	1010	Erfolgreich geplant	MRP Live on HANA	13.09.2020	13:06:26	☑	☐	☐	☐

Abbildung 9.26 MRP-Live-Performanceprotokoll – Dispatcher

MRP Live ist darauf ausgelegt, die Materialbedarfsplanung für eine große Menge Materialien in einer oder sogar mehreren Lokationen schnell durchzuführen. Die Verbesserung der Performance in MRP Live für SAP S/4HANA hängt im Vergleich zur klassischen MRP-Anwendung von folgenden Faktoren ab:

- verwendete MRP-Funktionen
- Anzahl der zu planenden Materialien
- Anzahl der nicht zu planenden Materialien
- Anzahl der Dispositionsstufen

Ob ein Material im MRP-Live-Lauf für SAP HANA berücksichtigt werden kann, hängt von den Funktionen ab, die für das Material im Materialstamm hinterlegt wurden. Der MRP-Live-Lauf führt ein neues Planungsverfahren aus, das in SAP S/4HANA implementiert wurde. Dieses neue Planungsverfahren unterstützt noch nicht alle Planungsfunktionen, die in der klassischen MRP-Anwendung verfügbar sind. Welche Verfahren im aktuellen Release noch keine Unterstützung finden, ist unter anderem in der aktuellen Simplification List dokumentiert, die zu jedem Release herausgegeben und im SAP-Portal bereitgestellt wird. Wenn für das zu planende Material keine solche Funktion verarbeitet werden muss, wird das Material in MRP Live für SAP S/4HANA berücksichtigt. Wenn für das zu planende Material eine bestimmte Funktion verarbeitet werden muss, die von SAP HANA noch nicht unterstützt wird, wird das Material automatisch im klassischen Planungslauf berücksichtigt.

Gesteuert wird dieser Aspekt ebenfalls über den MRP Dispatcher (Transaktion MD_MRP_FORCE_CLASSIC). Auf der Basis der im System konfigurierten und genutzten Prozesse prüft das System eine mögliche Planung in SAP S/4HANA und setzt den entsprechenden Parameter dort automatisch.

Sollte hingegen aufgrund kundenspezifischer Anforderungen (zum Beispiel einer Erweiterung des bestehenden Codings in ABAP) die Planung eines bestimmten Materials weiterhin im klassischen Coding erfolgen, obwohl die genutzten Funktionen auch in SAP S/4HANA zur Verfügung stehen, so kann dieses über den Parameter **Klass. MRP** ❶, der eine Planung in klassischer Materialbedarfsplanung triggert, übersteuert werden (siehe Abbildung 9.27).

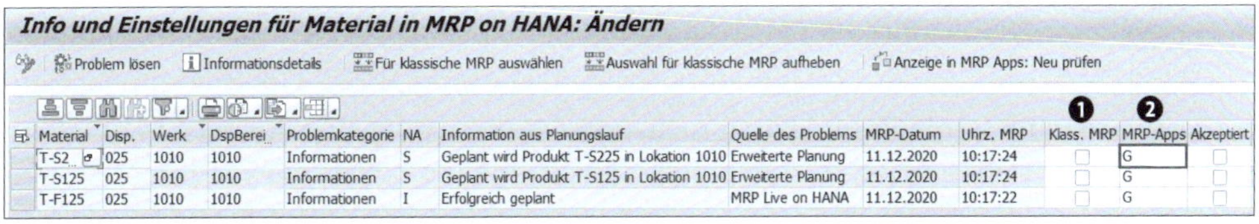

Info und Einstellungen für Material in MRP on HANA: Ändern

Problem lösen | Informationsdetails | Für klassische MRP auswählen | Auswahl für klassische MRP aufheben | Anzeige in MRP Apps: Neu prüfen

Material	Disp.	Werk	DspBerei	Problemkategorie	NA	Information aus Planungslauf	Quelle des Problems	MRP-Datum	Uhrz. MRP	Klass. MRP ❶	MRP-Apps ❷	Akzeptiert
T-S2	025	1010	1010	Informationen	S	Geplant wird Produkt T-S225 in Lokation 1010	Erweiterte Planung	11.12.2020	10:17:24		G	
T-S125	025	1010	1010	Informationen	S	Geplant wird Produkt T-S125 in Lokation 1010	Erweiterte Planung	11.12.2020	10:17:24		G	
T-F125	025	1010	1010	Informationen	I	Erfolgreich geplant	MRP Live on HANA	11.12.2020	10:17:22		G	

Abbildung 9.27 MRP Live und Dispatcher

Ein weiteres Thema, das über den MRP Dispatcher gesteuert wird, betrifft die Festlegung, ob ein Material in den SAP-Fiori-Apps für die Materialbedarfsplanung (MRP) angezeigt wird ❷. Beim ersten Zugriff auf die MRP-Apps führt das System automatisch eine Prüfung durch, um festzustellen, ob ein Material in der App angezeigt werden kann. Hierbei können folgende Parameter zum Einsatz kommen:

- **Initial** – Das Material wurde noch nicht geprüft.
- **G** – Die automatische Prüfung hat ermittelt, dass dieses Material in den MRP-Apps angezeigt wird.
- **B** – Die automatische Prüfung hat ermittelt, dass dieses Material nicht in den MRP-Apps angezeigt wird.
- **Y** – Benutzerübersteuerung: Das Material soll in MRP-Apps angezeigt werden.
- **N** – Benutzerübersteuerung: Das Material soll nicht in MRP-Apps angezeigt werden.

Technisch können alle Materialien in den Apps angezeigt werden, und, falls erforderlich, können Sie die Einstellungen **Y** und **N** verwenden, um die automatischen Systemeinstellungen zu übersteuern. Das System stellt den Eintrag **B** ein für Materialien, die Funktionen erfordern, die von den MRP-Apps nicht unterstützt werden. Zu diesen Funktionen gehören:

- Summenbedarfe
- Verteilungsschlüssel gemäß Fertigungsversion
- Verteilungsschlüssel gemäß Komponentenbedarf
- inkompatibler Prognosebedarf
- veraltete Lohnbearbeitungslogik
- tageszeitbezogene Sicherheitszeit

Die Laufzeit des klassischen Planungsverfahrens über MRP Live und über die klassische MRP-Anwendung ist gleich. Daher ist der Performancevorteil von MRP Live umso geringer, je größer der Anteil der Materialien ist, die aufgrund der genutzten Funktionen im klassischen Planungsverfahren geplant werden müssen.

Wie oben beschrieben, kann bei der Verwendung von MRP Live das »Mähdrescherphänomen« auftreten. Technisch betrachtet ergibt sich die Laufzeit von MRP Live aus der vom HANA-Optimierer benötigten Zeit zur Optimierung des MRP-Codes plus der zur Verarbeitung des Codes benötigten Zeit. Die vom HANA-Optimierer benötigte Zeit ist ein fester Wert und hängt nicht von der Anzahl der zu planenden Materialien ab. Nach Beendigung des Lesevorgangs beansprucht die Planung auch einer großen Anzahl von Materialien die SAP-HANA-Performance relativ wenig. In der klassischen MRP-Anwendung muss kein SAP-HANA-Code optimiert werden. Daher kann die Planung in der klassischen MRP-Anwendung tatsächlich schneller sein, wenn nur wenige Materialien zu planen sind. In der klassischen MRP-Anwendung verlängert sich jedoch die Laufzeit mit jedem weiteren Material deutlich gegenüber MRP Live für SAP S/4HANA. Nach allgemeiner Einschätzung verschiebt sich der Vorteil bei etwa 100 Materialien von einem zum anderen.

Des Weiteren wird die Laufzeit einer Planung auch von der Anzahl der nicht zu planenden Materialien beeinflusst. Nicht geplant werden Materialien mit einem Löschkennzeichen oder mit einem Materialstatus, der keine Materialbedarfsplanung zulässt. Dennoch werden für solche Materialien Planungsvormerkungen für den Fall angelegt, dass das Löschkennzeichen oder der Materialstatus zurückgesetzt wird. Da eine Planungsvormerkung gesetzt, aber niemals zurückgesetzt wird (nur ein erfolgreicher MRP-Lauf setzt Planungsvormerkungen zurück), muss jeder MRP-Lauf diese Materialien immer wieder prüfen.

Unabhängig davon, ob eine Bedarfsplanung unter Verwendung der klassischen MRP-Planung oder mit MRP Live durchgeführt wurde, sind das Ergebnis Bedarfsdecker in Form von Planaufträgen und/oder Bestellanforderungen. Diese werden systemseitig basierend auf den hinterlegten Stammdaten bestmöglich generiert. Dabei kann es jedoch vorkommen, dass die Bedarfsdecker verspätet, d. h. mit einem Bereitstellungsdatum terminlich nach dem Bedarf, angelegt werden. Dieses würde zu einer entsprechenden Ausnahmemeldung führen, die der Planerin bzw. dem Planer anzeigt, dass sie oder er hier tätig werden muss.

9.7 Optionale Planungsfunktionen

Verwendete Transaktionen

- MD02 (Einzelplanung – mehrstufig)
- MD03 (Einzelplanung – einstufig)
- MD04 (Aktuelle Bedarfs-/Bestandsliste)
- MD41 (Einzelplanung – mehrstufig)
- MS02 (Langfristplanung Einzelplanung – mehrstufig)
- MS04 (Langfristplanung: Aktuelle Bedarfs-/Bestandsliste)
- MS31 (Planungsszenario anlegen)
- MD61 (Planprimärbedarf anlegen)
- MD62 (Planprimärbedarf ändern)
- MD63 (Planprimärbedarf anzeigen)
- Menüpfad: **Produktion • Produktionsplanung • Programmplanung • Planprimärbedarf • Versionen von Planprimärbedarfen definieren**

Neben den bereits beschriebenen Möglichkeiten gibt es noch weitere Planungsansätze, die optional sind. Die Leitteileplanung kommt recht selten zum Einsatz, wir wollen sie aber der Vollständigkeit halber dennoch mit aufnehmen. Die Langfristplanung hingegen wird gerne und häufig verwendet.

9.7.1 Leitteileplanung

Ziel der *Leitteileplanung* ist es, die zu planenden Materialien in Gruppen zu unterteilen: in wichtige und ganz wichtige Materialien oder in die Materialien, die in hohem Maße die Wertschöpfung des Unternehmens beeinflussen oder kritische Ressourcen belegen und daher mit erhöhter Aufmerksamkeit geplant werden sollen. Ein anderer Fokus dieses Ansatzes ist, dass man zuerst die kritischen Teile plant und die Ergebnisse dieser Planung nicht sofort an die Materialien der darunterliegenden Stücklistenstufen weitergibt, damit bei der Planung der abhängigen Materialien (unkritische Teile) und der Kaufteile keine Unruhe entsteht.

Das wesentliche Manko dieser Vorgehensweise ist jedoch, dass zumindest im Rahmen einer interaktiven Einzelplanung zwei Planungen unter Verwendung separater Transaktionen (MD41 und MD03) durchgeführt werden müssen. Mit der Transaktion MD41 werden die kritischen Leitteile geplant, die Verwendung der Transaktion MD02 sorgt für eine Bedarfsdeckung der unkritischen Materialien, der *Nichtleitteile*. Als Indikator, ob ein Material im Rahmen einer Leitteileplanung oder in der Planung der MRP-Teile geplant wird, dient das Dispomerkmal. Während für die MRP-Teile die Dispomerkmale PD bzw. P1 bis P4 verwendet werden, kommen bei den Leitteilen die Dispomerkmale M0 bis M4 (M = Master) zum Einsatz.

Der Aufwand einer zusätzlichen Planung für Nichtleitteile kann durch die Aufnahme der Nichtleitteile in einem Leitteile-Planungslauf eliminiert werden (Option **Bearbeiten MRP-Teile**). Diese Option steht jedoch nur im Planungslauf zur Verfügung. Die Leitteileplanung wird eher selten angewendet und soll daher an dieser Stelle auch nicht weiter betrachtet werden.

9.7.2 Langfristplanung

Die *Langfristplanung* (Long Term Planning, LTP) erfreut sich größerer Beliebtheit und einer verbreiterten Anwendung. Sie ist wie die Leitteileplanung eine Option in Form einer Simulation und kann als eine Art Paralleluniversum zur aktiven Planung angesehen werden (siehe Abbildung 9.28). Sie stellt die Möglichkeit einer strategischen Planung dar, unter deren Verwendung alternative Szenarien simuliert werden können.

Die Simulation eines Produktionsprogramms erfolgt über sämtliche Stücklistenstufen. Auch eine Abstimmung der Kapazitäten auf ein geplantes Produktionsprogramm in der Zukunft ist möglich, da im Rahmen dieser Planung (unter Verwendung der Terminierungsart **2 – Durchlaufterminierung und Kapazitätsplanung**) Kapazitätsbedarfe ermittelt und in einer nachfolgenden Kapazitätsplanung auf Machbarkeit hin geprüft werden. Dabei können auch wichtige Indikatoren in Hinblick auf eine Kostenstellenplanung gewonnen werden. Letztlich können die Ergebnisse der Langfristplanung auch als Vorausschau für den Einkauf und das Bestands-Controlling genutzt werden.

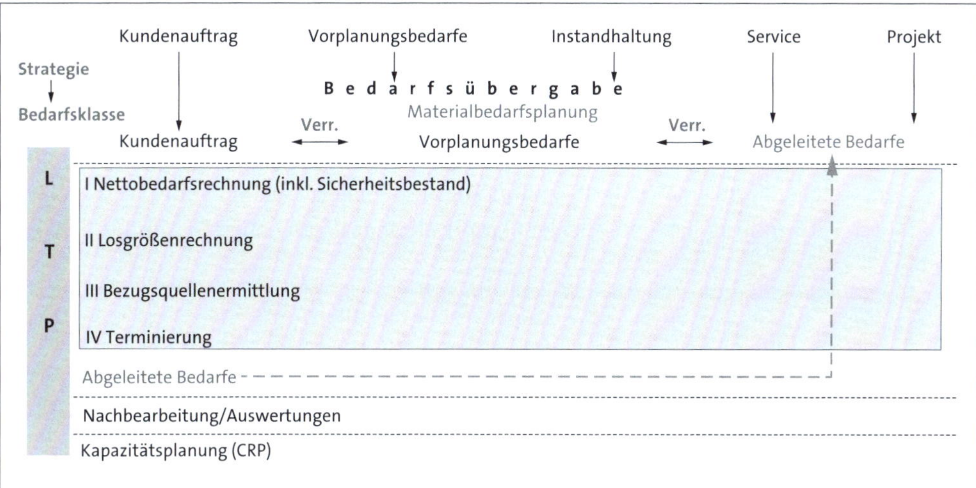

Abbildung 9.28 Integration der Langfristplanung in die Produktionsplanung

Eine der Grenzen der Langfristplanung hingegen stellt die Tatsache dar, dass diese Planung in einem separaten, simulativen Planungsraum stattfindet, d. h., die Langfristplanung führt nicht (direkt) zu operativen Ergebnissen. Ihr Fokus liegt eher auf dem Vergleich optionaler Planungsszenarien und deren Auswertungen. Hinzu kommt, dass die Anwendung der Langfristplanung die Existenz eines oder mehrerer simulativer Planungsräume voraussetzt, die zusätzlich definiert werden müssen.

In der Langfristplanung werden zukünftige Produktionsprogramme zunächst simulativ im Rahmen einer Bedarfsplanung berechnet. Hierdurch können Kapazitätsbedarfe, der Leistungsartenbedarf der Kostenstellen und der Bedarf an Kaufteilen berechnet werden. Voraussetzung dafür ist die Definition eines oder mehrerer Planungsräume, die als Szenario auf der Basis der Daten in der operativen Planung angelegt werden. Zur Anlage eines Langfristplanungsszenarios (Transaktion MS31) steht eine Vielzahl von Parametern zur Verfügung.

Beim Anlegen des Planungsszenarios ist zunächst zu entscheiden, wofür dieses Szenario verwendet werden soll (Langfristplanung, Bruttoplanung oder kurzfristige Simulation) oder ob die Parameter auf Basis eines alternativen Szenarios kopiert werden sollen. In der Ansicht **Planungsszenario anlegen – Steuerungsdaten** (siehe Abbildung 9.29) kann dann optional festgelegt werden, dass bei dem Szenario nur Planprimärbedarfe innerhalb eines bestimmten Zeitraums betrachtet werden. Dies geschieht über den Planungszeitraum für Planprimärbedarfe. Damit besteht eine Möglichkeit, die Langfristplanung auch hinsichtlich des Zeithorizonts von den Daten einer operativen Planung abzugrenzen.

Im Bereich darunter wird festgelegt, welche Daten aus der operativen Umgebung der Langfristplanung zugrunde gelegt werden sollen. Hierzu zählen sowohl der Anfangsbestand der operativen Planung als auch die Verwendung von Kundenaufträgen, Fixierungshorizont, Kunden- und Projekteinzelfertigung sowie die Nutzung schon vorhandener (fixierter) Zugänge. Auch ist es möglich, neben der Normalkapazität alternative Kapazitätsangebote (Minimal-/Maximalkapazität) zu nutzen.

Besteht die Anforderung zur Einbeziehung von Planprimärbedarfen, so ist festzulegen, welche Planprimärbedarfsversion zugrunde gelegt werden soll. Dies geschieht unter Verwendung der Schaltfläche **Planprimärbedarf** ganz oben in Abbildung 9.29.

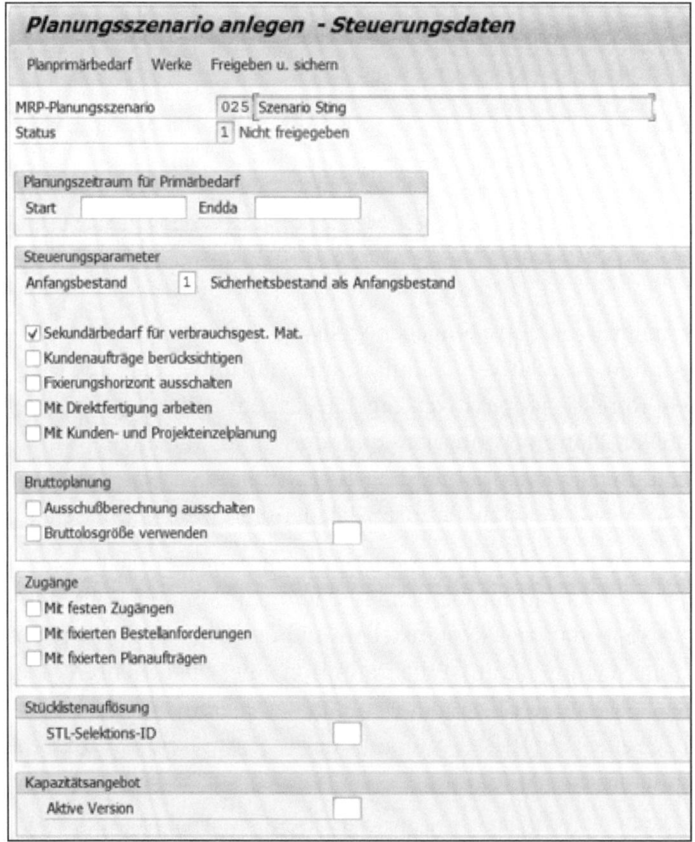

Abbildung 9.29 Anlage eines Langfristplanungsszenarios

Neben der manuellen Anlage/Pflege der Planprimärbedarfe besteht hier die Möglichkeit, die Planprimärbedarfe aus der operativen Absatz- und Produktionsgrobplanung bzw. der flexiblen Planung zu nutzen. Wenn eine der beiden vorgenannten Planungsfunktionen nicht (nur) in die operative Planung, sondern (auch) in eine Version abweichend der Version »00« freigegeben wird, stehen die Planprimärbedarfe dort zur Verfügung und können einem Langfristszenario zugeordnet werden (siehe Abbildung 9.30). Voraussetzung dafür ist die Existenz einer Version ungleich der im Standard ausgelieferten Versionen »00« (Bedarfsplan) oder »01« pMRP (Predictive MRP), die im Customizing angelegt werden muss (über **Produktion • Produktionsplanung • Programmplanung • Planprimärbedarf • Versionen von Planprimärbedarfen definieren**).

Abbildung 9.30 Planprimärbedarfszuordnung Langfristplanung

Neben der Festlegung der Werke, für die eine Langfristplanung erfolgen soll, stellt die Aktivierung des Szenarios den Abschluss dar. Dieses geschieht über die beiden Schaltflächen **Werke** und **Freigeben u. Sichern**. Hierbei wird systemseitig eine versionsspezifische Planungsvormerkdatei mit entsprechenden Vormerkungen aufgebaut. Dies kann sowohl im Hintergrund als auch sofort geschehen. Eine nachträgliche Änderung des Szenarios ist nur durch eine vorherige Deaktivierung möglich. Die Szenarien nutzen dabei immer die Einstellungen der Materialien und Werke der operativen Planung, was eine gewisse Einschränkung der Simulationsmöglichkeiten darstellt.

Nach der erfolgreichen Ausführung der vorgenannten Schritte kann nun eine Planung im simulativen Umfeld erfolgen. Dazu stehen Ihnen alle in Abschnitt 9.6.1, »Planungslauf in SAP S/4HANA unter Verwendung des klassischen MRP«, beschriebenen Möglichkeiten zur Verfügung. Sie können sowohl über das Menü der Langfristplanung oder analog über die Transaktionen der operativen Planung aufgerufen werden, wobei bei letzterer Variante das »D« in der Transaktion durch ein »S« für *Simulation* ersetzt wird (beispielsweise wird die Transaktion MD04 in der operativen Planung zu MS04 in der Langfristplanung; analog wird MD02 zu MS02). Ausnahmen stellen dabei die Transaktionen MD61/MD62 und MD63 zur Bearbeitung von Planprimärbedarfen dar, die es nicht als Transaktionen MS61/MS62 und MS63 gibt. Vielmehr kann hier durch Verwendung der Version und des Kennzeichens **Aktiv** entschieden werden, in welchem Umfeld der Planprimärbedarf genutzt werden soll.

Die nachfolgende Verwendung der Langfristplanung (in optional unterschiedlichen Versionen) erfolgt sodann analog zu der in Abschnitt 9.6.1, »Planungslauf in

SAP S/4HANA unter Verwendung des klassischen MRP«, beschriebenen Vorgehensweise. Dabei stehen neben der Auswahl des zu planenden Szenarios weitestgehend alle bekannten Steuerungsparameter der operativen Planung zur Verfügung. Einzig die Möglichkeit zur Nutzung der Parameter hinsichtlich der Anlage von Bestellanforderungen und Lieferplaneinteilungen gibt es hier nicht. Diese Elemente werden lediglich im Rahmen der operativen Planung erzeugt.

Den Abschluss der Langfristplanung bildet die Auswertung der Planungsergebnisse, die auch analog zur operativen Planung erfolgt. Im Rahmen der Langfristplanung ist dann noch zu entscheiden, was mit den hierbei erzeugten Planungsdaten im weiteren Verlauf geschehen soll. Diese können als Simulationen im System weiter bestehen oder auch durch Löschen beseitigt werden. Darüber hinaus können die hierbei simulierten Daten durch Aktivierung auch in der operativen Planung genutzt werden. In diesem Fall steht eine weitere Option zur Verfügung: Es ist möglich, lediglich die simulativen Planprimärbedarfe in die operative Planung zu überführen oder zusätzlich auch fixierte Planaufträge sowie fixierte Bestellanforderungen. Dies kann insbesondere dann sinnvoll sein, wenn diese beiden Elemente unter Verwendung der Plantafel in der simulativen Umgebung schon detailliert bearbeitet wurden. Dabei ist jedoch zu beachten, dass Planaufträge in der simulativen Umgebung gegebenenfalls unter optionaler Verwendung von Langfriststücklisten/Langfristarbeitsplänen angelegt wurden, die von den operativen Stammdaten abweichen. Da diese Elemente aufgrund ihrer Fixierung von jeglicher weiteren operativen Planung ausgeschlossen sind, könnte dies eventuell zu Problemen führen, wenn die in den Langfriststücklisten/Langfristarbeitsplänen durchgeführte Veränderung zum Termin in der operativen Planung dann doch nicht erfolgt. Aus diesem Grund kann eine Übergabe der Planprimärbedarfe und deren Planung auf der Basis der in der operativen Planung hinterlegten Stammdaten die sicherere Variante sein. Die optionale Übergabe der Planprimärbedarfe an die aktive Planung bedeutet den Abschluss der Langfristplanung.

Eine weitere Möglichkeit zur Verwendung einer Langfristplanung unter Nutzung von SAP S/4HANA stellt die mit Release 1909 neu bereitgestellte Funktionalität Predictive MRP (pMRP) dar, die wir zur Abrundung des Themas Langfristplanung abschließend kurz beschreiben werden.

9.8 Predictive MRP

Verwendete SAP-Fiori-Apps

- SAP-Fiori-App **pMRP-Simulationserstellung einplanen** (App-ID F4685)
- SAP-Fiori-App **pMRP-Simulationen verarbeiten** (App-ID F4687)

Predictive MRP (pMRP) ist eine neu zur Verfügung stehende Funktionalität für die Mittel- und Langfristplanung. Das Ziel von Predictive MRP ist es, Kapazitätsengpässe frühzeitig im Planungsprozess zu identifizieren und zu beheben. Dabei kann die Funktion neben der Produktion auch für den Bereich Beschaffung sowie für den internen Materialfluss zwischen den Werken des eigenen Netzwerks verwendet werden. Sie stellt den Nachfolger der klassischen Langfristplanung dar, die im vorherigen Abschnitt beschrieben wurde, jedoch mit weitergehenden Funktionalitäten.

Die vorausschauende Material- und Ressourcenplanung soll potenzielle Kapazitätsprobleme identifizieren und mögliche Lösungen so früh wie möglich auf Grundlage vereinfachter Anforderungen bewerten. Dabei kommt ein ebenfalls vereinfachter Materialbedarfsalgorithmus zum Einsatz. Auf Basis der hierbei ermittelten Resultate sollen Produktionsplanerinnen und -planer besser in die Lage versetzt werden, Entscheidungen über geänderte Bedingungen zu treffen, beispielsweise in Bezug auf Ressourcenpläne, eine mögliche vorweggenommene Produktion oder eine alternative Fremdbeschaffung. Abbildung 9.31 gibt Ihnen einen ersten Überblick über den Prozess.

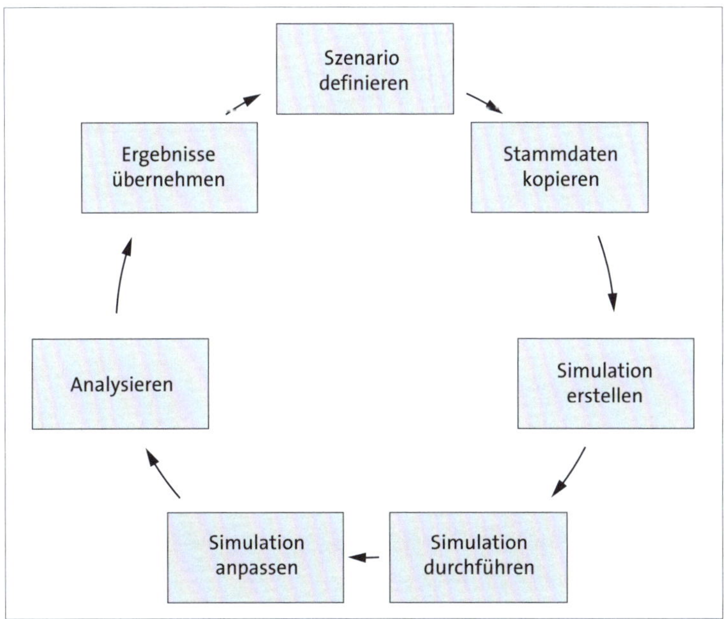

Abbildung 9.31 Predictive MRP im Überblick

Der Prozess beginnt mit der Definition eines Simulationsszenarios. Dies erfolgt SAP-Fiori-basiert über eine der beiden SAP-Fiori-Apps **pMRP-Simulationserstellung einplanen** (App-ID F4685) und **pMRP-Simulationen verarbeiten** (App-ID F4687) (siehe Abbildung 9.32). Diese Apps sind über die Standardrolle SAP_BR_PRODN_PLNR dem Bereich **Bedarfsorientierte Wiederbeschaffung** zugeordnet.

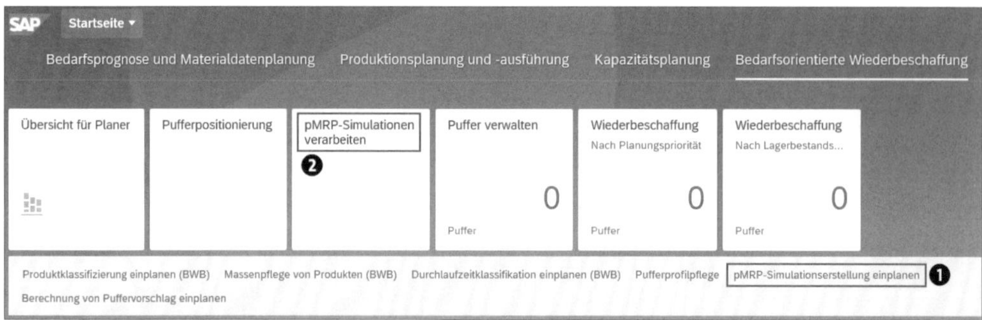

Abbildung 9.32 Fiori-Apps zur Anwendung von pMRP

Die Verwendung der Apps erfolgt wie erwähnt chronologisch gemäß dieser Reihenfolge:

❶ pMRP-Simulationserstellung einplanen

❷ pMRP-Simulationen verarbeiten

Unter Verwendung der ersten SAP-Fiori-App **pMRP-Simulationserstellung einplanen** wird festgelegt, welche Daten, die auf der aktiven Materialbedarfsplanung (MRP) basieren, als Referenzdaten dienen. Die hierbei zugrunde liegenden Daten müssen mindestens folgenden Umfang aufweisen:

- Materialien
- Stücklisten
- Arbeitsplätze
- Arbeitspläne
- Fertigungsversionen
- Planprimärbedarfe

Auf Basis dieser Daten ist es möglich, identifizierte Kapazitätsprobleme auszuwerten, mögliche Änderungen an den Kapazitäten durchzuführen oder auch eine mehrstufige Stücklistenauflösung zu simulieren mit dem Ziel, eine vorgezogene Produktion der Komponenten zu initiieren. Auch eine beschleunigte Bedarfsdeckung durch Auswahl einer alternativen Bezugsquelle ist möglich.

Analog zur Langfristplanung werden in der pMRP-Planung keine Daten in der produktiven Umgebung angelegt oder geändert. Die Anlage der Daten für diese Simulation erfolgt über einen Job unter Verwendung der Jobvorlage **Anlegen von pMRP-Daten über Arbeitsplatz** (siehe Abbildung 9.33).

Neben der Auswahl der Jobvorlage können die aus anderen Anwendungen bekannten allgemeinen Optionen, wie zum Beispiel **Start sofort**, und optional **Wiederholungsmuster definiert** (zum Beispiel Einzellauf, regelmäßiger Lauf) verwendet werden. Im unteren Teil der App erfolgt dann die inhaltliche Festlegung, wie in Abbildung 9.34 zu sehen.

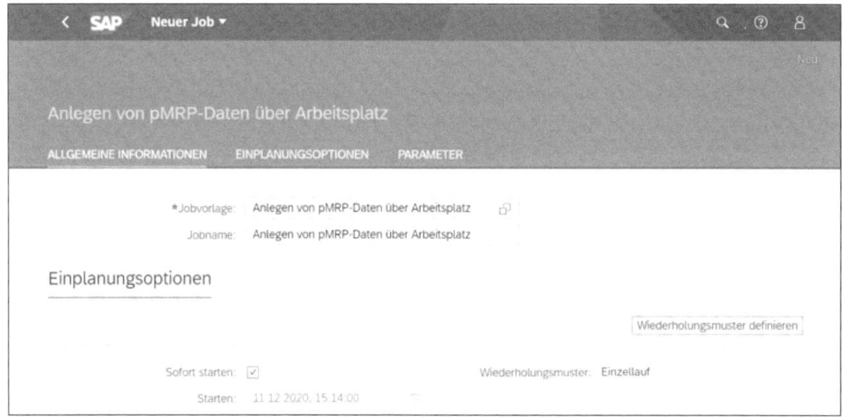

Abbildung 9.33 Jobparameter in der App »Anlegen von pMRP-Daten« – Teil 1

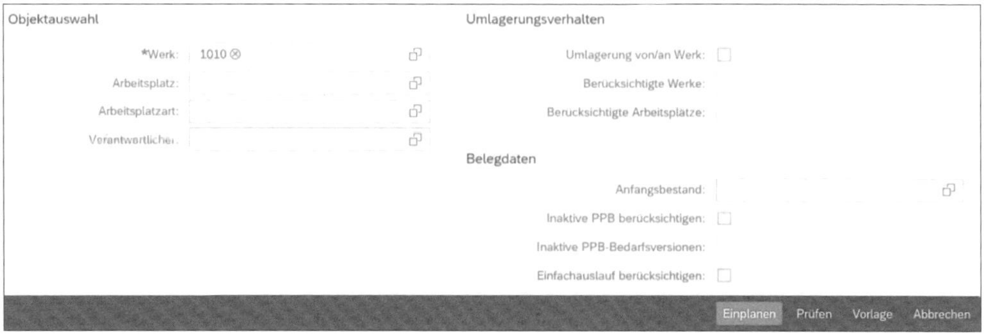

Objektauswahl
*Werk: 1010
Arbeitsplatz:
Arbeitsplatzart:
Verantwortlicher:
Umlagerungsverhalten
Umlagerung von/an Werk:
Berücksichtigte Werke:
Berücksichtigte Arbeitsplätze:
Belegdaten
Anfangsbestand:
Inaktive PPB berücksichtigen:
Inaktive PPB-Bedarfsversionen:
Einfachauslauf berücksichtigen:
Einplanen Prüfen Vorlage Abbrechen

Abbildung 9.34 Jobparameter in der App »Anlegen von pMRP-Daten« – Teil 2

Dabei kann die Selektion **Werk** (Pflichtfeld) optional noch um die Verwendung von **Arbeitsplatz**, **Arbeitsplatzart** und **Verantwortlicher** ergänzt werden. Auch besteht die Möglichkeit, Materialien, Stücklisten und Arbeitspläne hinsichtlich ihres Status einzugrenzen. Das Gleiche gilt für die einzubeziehenden Werke möglicher Umlagerungsszenarien. Auch kann die Nutzung eventuell bestehender Bewegungsdaten (Bestand, inaktive Planprimärbedarfe) festgelegt werden.

Sie müssen sicherstellen, dass eine Simulationsversion 01 existiert, in der die zugrunde liegenden Planprimärbedarfe für pMRP angelegt werden, und folgende Scope- und anwendungsabhängigen Jobkataloge aktivieren:

- SAP_SCM_PMRP_CREATE_MA
- SAP_SCM_PMRP_CREATE_WC
- SAP_SCM_PMRP_CREATE_MATCOMP (nur für Releases neuer als 1911)

Außerdem ist zu beachten, dass die Nutzung von pMRP eine Deaktivierung der erweiterten Planung voraussetzt.

Das Ergebnis eines pMRP-Laufs ist eine mehrstufige Materialsimulation, in der vorhandene Kapazitätsüberlastungen schnell ersichtlich werden. Ein ähnliches Ergebnis kann auch aus der Langfristplanung hervorgehen. Hingegen besteht unter Verwendung der traditionellen Langfristplanung keine Möglichkeit einer simulativen Erhöhung des Kapazitätsangebots, wie sie in pMRP angeboten wird. Ist eine kurzfristige Anpassung des Kapazitätsangebots nicht möglich, kann eine entsprechende Anpassung natürlich auch auf der Bedarfsseite vorgenommen werden. Diese Anpassung wird systemseitig durch die Möglichkeit einer kontinuierlichen Auswertung auf der Basis des genutzten Modells unterstützt.

Eine optionale Freigabe stellt den Abschluss dieses Prozesses dar. Dabei werden die Daten in die obligatorische Planungsversion 01 freigegeben, von wo aus sie in die operative Planung übernommen werden könnten.

9.9 Steuerung der Werksparameter und Dispositionsgruppen

Verwendete Transaktionen

- OPPQ (Werksparameter Bedarfsplanung) – Produktion
- OMI8 (Werksparameter Bedarfsplanung) – Materialwirtschaft
- OPPR (Dispositionsgruppe) – Produktion
- OPPZ (Dispositionsgruppe) – Materialwirtschaft

Bei der Festlegung, welche Parameter im Rahmen einer Planung zugrunde gelegt werden, gibt es unterschiedliche Definitionsebenen. So kann eine Planung sowohl auf der Basis der Parameter im Materialstamm erfolgen als auch basierend auf Parametern aus der Dispositionsgruppe, die dem Material optional zugewiesen werden kann. Ergänzt werden könnten die beiden vorgenannten Steuerungsebenen um eine Steuerung auf der Basis von Werksparametern.

Damit stehen hier drei Steuerungsebenen zur Verfügung, die eine effiziente Ausgestaltung mit möglichst geringem Aufwand zum Ziel haben, ohne die Möglichkeit zu verlieren, Ausnahmen detailliert festzulegen. Um dies zu gewährleisten, folgt das System bei Ermittlung der relevanten Parameter nach der in SAP weit verbreiteten Logik »vom Speziellen zum Allgemeinen«, welche insbesondere auch im Rahmen der Preisfindung zugrunde liegt. Zuerst überprüft das System die Parameter aus dem Materialstamm, bevor es auf die Parameter der Dispositionsgruppe zurückgreift. Wird das System auf diesen beiden Ebenen nicht fündig, legt es die Einstellungen auf Werksparametern zugrunde. Die fest codierte Prioritätenreihenfolge lautet somit:

Materialstamm → Dispositionsgruppe → Werksparameter

Ist eine Ermittlung auf keiner dieser Ebenen möglich, kann dies, wie zum Beispiel bei der Ermittlung einer Planungsstrategiegruppe, zu einem Fehler führen, der nicht übersprungen werden kann. Deshalb ist, soweit nichts anderes dagegenspricht, zu empfehlen, zumindest auf Werksebene Basiseinstellungen zu hinterlegen, die als »doppelter Boden« einen Planungsabbruch aufgrund fehlender Stammdateneinstellungen verhindern.

In der Sicht **Werksparameter pflegen** (Customizing-Transaktion OPPQ im Bereich Produktion oder Transaktion OMI8 im Bereich Materialwirtschaft) werden die grundsätzlichen Einstellungen hinsichtlich der Steuerung der Bedarfsplanung vorgenommen (siehe Abbildung 9.35). Hierzu gehören unter anderem die Festlegung von Nummernkreisen (zum Beispiel für Planaufträge, Bestellanforderungen, Sekundärbedarfe etc.).

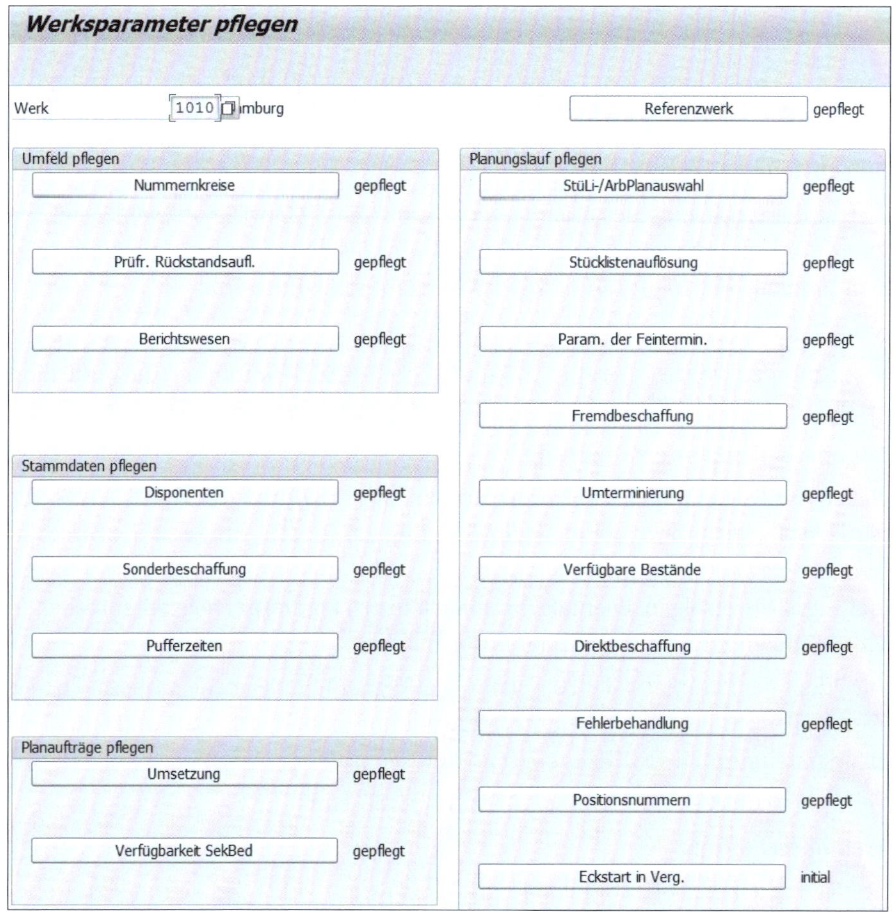

Abbildung 9.35 Customizing-Transaktion OPPQ – Definition und Pflege von Werksparametern der Bedarfsplanung

Zur Steuerung von Planaufträgen ist im Bereich **Planaufträge pflegen** die grundsätzliche Einstellung zu treffen, welche Auftragsart bei einer Umsetzung eines Planauftrags in einen Fertigungsauftrag bzw. in einen Prozessauftrag verwendet wird. Hier wird zudem über eine Prüfgruppe für die Verfügbarkeitsprüfung gesteuert, welche Elemente (Zugänge/Abgänge) im Rahmen der Prüfung beachtet werden.

In Bezug auf die zu verwendenden Stammdaten erfolgt an dieser Stelle im Customizing im Bereich **Stammdaten pflegen** die Definition von Sonderbeschaffungsarten und Disponentennummer. Bei **Disponenten** kann optional ein Empfänger (einer Nachricht) hinterlegt werden, der im Fall eines Wareneingangs für ein Fehlteil (bezogen auf die Disponentennummer) informiert wird.

Die **Disponenten** dienen zudem als zentrales Selektionskriterium zum Beispiel bei der Verwendung von Dispolisten. Dabei muss eine Disponentennummer nicht zwingend genau einer Person entsprechen, sie kann vielmehr zur logischen Gruppierung von Materialien herangezogen werden, wobei einer Person mehrere Disponentennummern zugewiesen sein können.

Bezüglich des Planungslaufs werden im Bereich **Planungslauf pflegen** schließlich folgende Festlegungen getroffen:

- **Stücklisten-/Arbeitsplanauswahl**

  Ziel ist die Ermittlung der »richtigen« Stückliste bei Mehrfachauswahl. Über die Zuordnung einer Stücklistenselektions-ID wird festgelegt, welche Stücklistenverwendung mit welcher Priorität im Planungslauf selektiert wird.

- **Stücklistenauflösung**

  Festlegung, zu welchem Termin (Eckstart-, Eckend-, Seriennummer) die Auflösung erfolgt

- **Parameter der Feinterminierung**

  Neben der Festlegung der Terminierungsart und -richtung (rückwärts, vorwärts, aktuelles Datum) kann hier eine Hinterlegung der Reduzierungsstufen mit ihren Parametern Reduzierungsart, Reduzierungsstufe (in %) und der maximalen Reduzierungsstufe erfolgen. Ebenfalls optional können an dieser Stelle entsprechende Einstellungen für die Langfristplanung erfolgen.

  Die Pflege der Parameter der Feinplanung erfolgt auf Werksebene, wobei auch hier die Möglichkeit besteht, diese unter Verwendung einer Auftragsart und eines Fertigungssteuerers zu spezifizieren. Die Prioritätenreihenfolge ist:

  Fertigungssteuerer → Auftragsart → Werksparameter

- **Fremdbeschaffung**

  Festlegung einer Default-Einkäufergruppe sowie der Möglichkeit zur Hinterlegung einer Bearbeitungszeit für den Einkauf zur Umsetzung von Bestellanforderungen in eine Bestellung

- **Umterminierung**

  Hier kann grundsätzlich festgelegt werden, in welchem Horizont welche fixierten Elemente (zum Beispiel Planaufträge, Fertigungsaufträge, Bestellanforderungen etc.) bei der Umterminierung berücksichtigt werden sollen.

- **Verfügbarer Bestand/Direktbeschaffung**

  An dieser Stelle kann gesteuert werden, welche Bestände in die Nettobedarfsrechnung mit einbezogen werden (Umlagerungsbestand, gesperrter Bestand, nicht freier Bestand) und zu welchem Zeitpunkt eine Direktbeschaffung erfolgt.

- **Positionsnummer**

  Festlegung der Positionsnummern für Bestellanforderungen und Umlagerungsreservierungen

- **Eckstart in der Vergangenheit**

  Definition, ob im hinterlegten Werk ein Planauftrag mit einem Eckstart-Termin in der Vergangenheit zulässig ist

Diese auf Werksebene definierten Festlegungen können auf der Ebene der Dispositionsgruppe noch weiter spezifiziert werden (siehe Abbildung 9.36). Hierzu zählen insbesondere folgende Einstellungen:

- **Verrechnung/Anpassung**

  Festlegung eines globalen Verrechnungsmodus mit Verrechnungsintervall sowie Einstellung zur Anpassung (nicht mehr notwendiger) Planprimärbedarfe.

- **Umterminierungs- und Fixierungshorizont**

  Der Umterminierungshorizont ist Teil des Planungsbereichs, in dem im Rahmen der Nettobedarfsrechnung geprüft wird, ob fixierte oder feste Zugangselemente (Bestellungen, Fertigungsaufträge, fixierte Planaufträge etc.) zeitlich vorgezogen werden sollen. Der Umterminierungshorizont wird in Arbeitstagen gerechnet.

  Ein hier definierter Fixierungshorizont kann optional noch mit einem Roll-forward-Horizont versehen werden, der einen Zeitraum definiert, in dem selbst fixierte Planaufträge gelöscht werden, die zeitlich vor dem festgelegten Roll-forward-Horizont liegen.

Auf der Basis der Dispositionsgruppen, die im Rahmen eines Planungslaufs berücksichtigt werden, können weitere wichtige Einstellungen getroffen werden. Dazu zählen beispielswiese:

- Festlegung des prozentualen Anteils eines Sicherheitsbestands in der Materialbedarfsplanung
- Festlegung eines abweichenden Auflösungstermins für Stücklisten und Arbeitspläne (abweichend von den Werksparametern)

- Erstellungskennzeichen für die Disposition, die steuern, zu welchem Zeitpunkt (zum Beispiel grundsätzlich oder nur in besonderen Fällen) Bestellanforderungen, Dispolisten oder Lieferplaneinteilungen erstellt werden
- Möglichkeit einer Übersteuerung der Einstellung von Eckstartterminen in der Vergangenheit auf Basis von Dispositionsgruppen

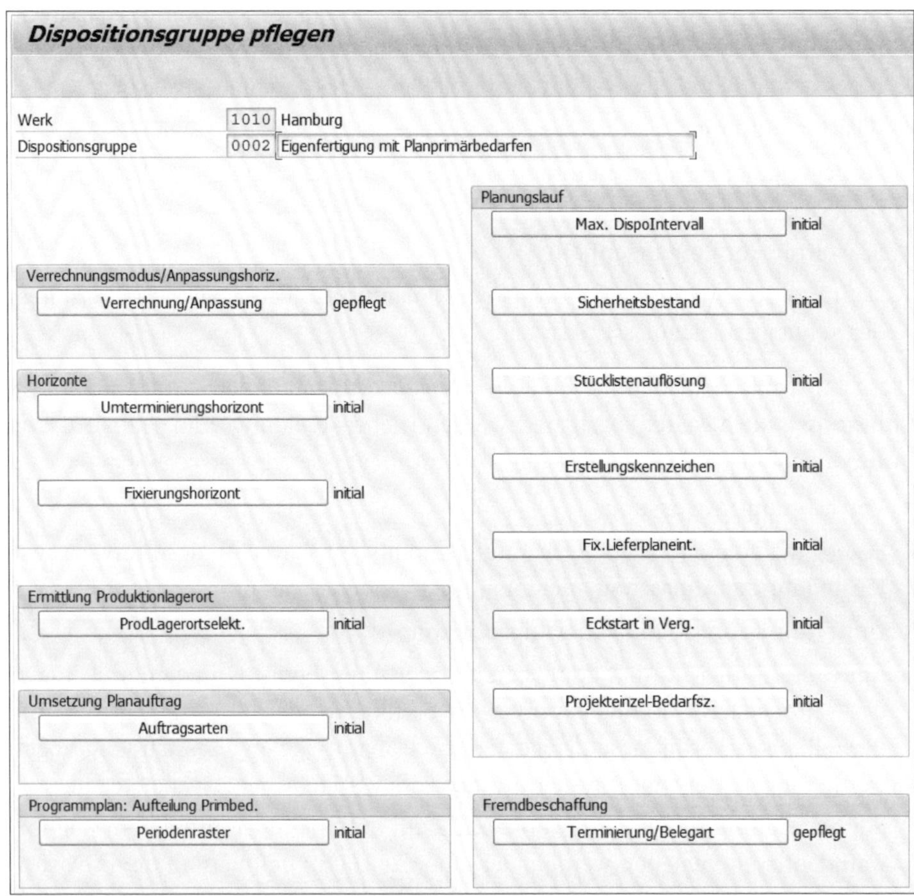

Abbildung 9.36 Customizing-Transaktion OPPR – Definition und Pflege von Dispogruppenparametern der Bedarfsplanung

Eine weitere, allgemeinere Steuerungsebene besteht in der Materialart, die aus SAP-R/2-Zeiten stammt und in diesem Umfeld eine wichtige Steuerungsebene darstellt. Aus Kompatibilitätsgründen ist sie auch heute noch existent. Auch diese Ebene kann durch Zuordnung einer Materialart zu einer Dispositionsgruppe weiterhin Verwendung finden, d. h., über die Materialart wird eine Dispogruppe gefunden, deren Einstellungen dann verwendet werden.

Kapitel 10
Kapazitätsplanung

Die Materialbedarfsplanung und die Ausführung der Fertigung sind elementare Bestandteile der Produktionsplanung. Doch erst die Kapazitätsplanung ermöglicht eine effiziente Produktion und das Vermeiden von Flaschenhalseffekten an den ausführenden Arbeitsplätzen. Auch Kapazitätsbedarfe und Kapazitätsangebot wollen in einem gut geschmierten Produktionsgetriebe geplant und optimiert werden.

Die Kapazitätsplanung hat im gesamten SAP-Kontext viele Einsatzgebiete. Der Kapazitätsabgleich wird z. B. im Vertrieb, in der Instandhaltung, dem Projektsystem und natürlich auch in der Produktion verwendet. In der Produktionsplanung und -steuerung lässt sich die Kapazitätsplanung durch verschiedene Brillen betrachten. In der Absatz- und Produktionsgrobplanung (SOP) wird z. B. ein langfristiger Blick auf die Kapazität gelegt. Die hierfür verwendeten Grobplanungsprofile enthalten die entsprechenden Einstellungen dazu. Diese betrachten wir jedoch in Kapitel 7, »Absatz- und Produktionsgrobplanung«, gesondert. Auch für die mittelfristigen Sichten der Langfristplanung und der Materialbedarfsplanung sowie für die kurze Frist in der Feinplanung haben jeweils eigene Kapitel geschrieben (Kapitel 9, »Materialbedarfsplanung (MRP)«, und Kapitel 11, »Produktions- und Feinplanung (Detailed Scheduling, PP/DS)«.

An dieser Stelle sehen wir uns einmal allgemein an, welche Auswertungs- und Planungsmöglichkeiten die Kapazitätsplanung im Produktionskontext bietet. Die Konfiguration erfolgt dabei für alle drei großen Fertigungsarten (Diskrete Fertigung, Serien- und Prozessfertigung) über die gleichen Strukturen und Profile. Einzig die Verwendung einzelner Optionen ist zum Teil nicht für alle Fertigungsarten gleich wirksam.

Weiterführende Literatur

Die Kapazitätsplanung ist ein komplexes Feld, das speziell in den neuen SAP-S/4HANA-Funktionen noch weiter in die Tiefe geht. Wenn Sie es ganz genau wissen möchten, wenn Sie SAP IBP in Kombination nutzen und wenn Sie sich in diesem Gebiet spezialisieren wollen, können wir Ihnen dieses weiterführende und fast 900 Seiten starke Werk empfehlen: »Kapazitätsplanung mit SAP« (Rheinwerk Verlag 2020).

10.1 Prozessübersicht

Die *Kapazitätsplanung* ist immer dann sinnvoll, wenn ein Unternehmen eine große Produktpalette oder viele Varianten eines Produkts herstellt, bei denen Produktionskapazitäten geteilt werden. Bei einem immer gleichbleibenden Produkt am immer gleichen Arbeitsplatz (wie es in der Serienfertigung vorliegt), ist die Kapazitätsplanung aber auch ein wichtiger Bestandteil für die Festlegung und Planung von Produktionseinteilungen aus Planaufträgen.

Bei der Produktion mit Fertigungsaufträgen ist es eher sinnvoll, die Kapazitätsplanung intensiv zu verwenden, um neben den Auslastungen auch die Liefertermine und Lagerbestände der diversifizierten Produkte auszubalancieren. Grundsätzlich ist die Kapazitätsplanung bei der Einplanung von Fertigungsaufträgen eine eher kurzfristig ausgelegte Planung. Das liegt daran, dass sich geplante Produktionsmengen und Aufträge sowie die tatsächliche Verfügbarkeit von Mensch und Maschine zum Zeitpunkt der Ausführung der geplanten Produktionsschritte oft durch unvorhergesehene Einflüsse noch kurzfristig ändern können. Beispielsweise kann ein Maschinenschaden oder eine Stornierung eines Kundenauftrags die geplanten Kapazitätsbedarfe erhöhen oder senken. Das lässt sich meistens nicht mittel- oder langfristig vorhersagen. Dennoch ist es theoretisch möglich, eine Kapazitätsplanung nicht nur für Fertigungs-, sondern auch für Planaufträge aus der Materialbedarfsplanung durchzuführen. Man sollte diese in der kurzen Frist dann gegebenenfalls noch einmal überprüfen.

Die zentralen Werkzeuge der Kapazitätsplanung sind die *grafische* oder wahlweise die *tabellarische Plantafel*. Darüber können auch automatisch eingeplante Aufträge noch einmal manuell korrigiert werden. Die Kapazitätsplanung terminiert die Vorgänge anhand der Angaben aus Arbeitsplan, Fertigungsauftrag und Arbeitsplatz sowie auf Grundlage verschiedener Customizing-Einstellungen. Wenn für einen Auftrag nicht hinreichend Kapazitäten verfügbar sind, prüft das System, ob noch eine Umterminierung für eine andere Periode möglich ist. Dabei wird die Bewertung des Kapazitätsbedarfs eines Fertigungsauftrags mit der Kapazitätsverfügbarkeit der vorgesehenen Arbeitsplätze verglichen.

Der Auslöser für eine Kapazitätseinplanung kann je nach Einstellung entweder die Eröffnung oder die Freigabe eines Fertigungsauftrags sein. Sie können konfigurieren, was geschehen soll, wenn eine Kapazitätsunterdeckung vorliegt. Wenn nicht genügend Kapazitäten zur Verfügung stehen, wird je nach Konfiguration also kein Fertigungsauftrag angelegt oder freigegeben. Es lässt sich aber auch einstellen, dass der Auftrag trotzdem oder nur mit manueller Bestätigung angelegt oder freigegeben werden darf.

10.2 Konfiguration

Um die Kapazitätsplanung im Rahmen der Produktionsplanung ausführen zu können, müssen wir uns zunächst die notwendigen Konfigurationen ansehen. Wir stellen Ihnen die standardmäßig verfügbaren Einstellungen vor, und weisen Sie darauf hin, ob und an welchen Stellen Sie auch eigene Konfigurationen ganz nach den Anforderungen Ihrer Prozesse einrichten können.

Wir wollen uns nun drei Abschnitte ansehen, die zum Abgleich, zur Auswertung und zur Terminierung von Kapazitäten benötigt werden. Die Profile des Kapazitätsabgleichs, der erweiterten Auswertung und der Kapazitätsterminierung sind eng miteinander verzahnt, sodass sie sich nicht immer voneinander trennen lassen. Dieser Block an Konfigurationen ist jedoch sehr umfangreich. Für eine bessere Übersicht haben wir daher die Profile für den Kapazitätsabgleich mit der erweiterten Auswertung von den Voraussetzungen für die Kapazitätsterminierung getrennt. Die Plantafeln werden damit auch erst im Kontext der Kapazitätsterminierung beschrieben, obwohl sie auch bereits für den Kapazitätsabgleich verwendet werden. Damit wird hier sinngemäß die didaktische Trennung zwischen Informationsgewinnung und aktivem Eingreifen vorgenommen. Während der Kapazitätsabgleich Informationen bereitstellt, ist die Kapazitätsterminierung ein Prozess bei der Einplanung von Vorgängen an Arbeitsplätzen und hat somit eingreifenden Charakter. Lesen Sie die Abschnitte am besten nacheinander, um ein zusammenhängendes Bild zu erhalten.

10.2.1 Profile der Kapazitätsauswertung

Verwendete Customizing-Transaktionen

- OPA2 (Auswahlprofil definieren)
- OPA3 (Einstellungsprofil definieren)
- OPA4 (Listenprofil definieren)
- OPA5 (Grafikprofil definieren)
- OPA6 (Gesamtprofil Kapazitätsauswertung definieren)
- OPA7 (Spaltenbezeichnung definieren)
- OPDT (Listenvarianten definieren)
- CMS1, CSM2, CMS3 (Auswahl-Sets definieren)
- CMV1, CMV2, CMV3 (Variablen definieren)

Für die *Kapazitätsauswertung* gibt es eine ganze Reihe an Profilen, die miteinander kombiniert werden können und zum Teil müssen. Einige Profile tragen die gleichen Namen wie die Profile aus der erweiterten Auswertung (siehe Abschnitt 10.2.2, »Profile des Kapazitätsabgleichs und der erweiterten Auswertung«). Es handelt sich jedoch nicht um dieselben Profile.

Die doch recht komplexe »Einstellungslandschaft« kann durch die Aufteilung eines Gesamtprofils in Unterprofile in überschaubare Teilmengen gegliedert werden. Diese Unterprofile sollten möglichst treffend benannt werden, denn dann können sie leicht für die Zusammenstellung von Gesamtprofilen wiederverwendet werden, ohne dass man bei jedem Gesamtprofil über eine wahre Tapete an Eingabefeldern stolpert. Mit anderen Worten können Sie so in einem Gesamtprofil ein bereits vorab konfiguriertes Unterprofil (z. B. ein bestimmtes Auswahlprofil) verwenden und müssen nicht alle Einstellungen aller Profile in einer Transaktion konfigurieren. Das mag auf den ersten Blick überkomplex wirken, und Sie glauben vielleicht, dass Sie die unzähligen Unterprofile niemals durchblicken werden. Aber wäre es nicht viel unübersichtlicher, wenn Sie alle Einstellungen in nur einer Transaktion angeben müssten? Ein Unterprofil, aus dessen Bezeichnung seine Funktion erkennbar ist, ist hier deutlich komfortabler.

Auswahlprofil

Über die Customizing-Transaktion OPA2 können Sie die *Auswahlprofile* konfigurieren. Ein Auswahlprofil wird verwendet, um die Selektionsparameter (Auftrag, Arbeitsplatz, Kapazitätsart) für die relevanten Kapazitätsbedarfe vorzugeben. Dafür wird es einem Gesamtprofil zugeordnet. Das Auswahlprofil gibt dann eine Default-Auswahl der verfügbaren Selektionsparameter an, jedoch kann während der Kapazitätsauswertung auch manuell ein anderes Auswahlprofil ausgewählt werden. In unserem Beispiel wird das SAP-Standardauswahlprofil SAPSFCA010 dem Gesamtprofil SAPSFC010 zugewiesen. Im Auswahlprofil haben Sie diese Konfigurationsmöglichkeiten:

- **Arbeitsplatz-Set**: Gibt an, welche Kriterien zur Auswahl der relevanten Arbeitsplätze verwendet werden sollen.
- **Auftrags-Set**: Gibt an, nach welchen Kriterien relevante Aufträge zur Kapazitätsplanung selektiert werden.
- **Kapazitätsart-Set**: Gibt an, nach welchen Kriterien relevante Kapazitätsarten für die Kapazitätsplanung ausgewählt werden sollen.
- **Einstiegs-Set**: Gibt den Aufbau des Einstiegsbilds zur Kapazitätsplanung an.
- **Selektionszeitraum**: Dient der Einstellung der Auflösung (Tage, Wochen, Monate, Jahre) sowie des Start- und Enddatums, die vom Selektionsdatum n Tage in die Vergangenheit (Startdatum) und m Tage in die Zukunft (Enddatum) gesetzt werden.

Abbildung 10.1 zeigt aus der Customizing-Transaktion OPA2 die Detailsicht des SAP-Standardauswahlprofils SAPSFCA010.

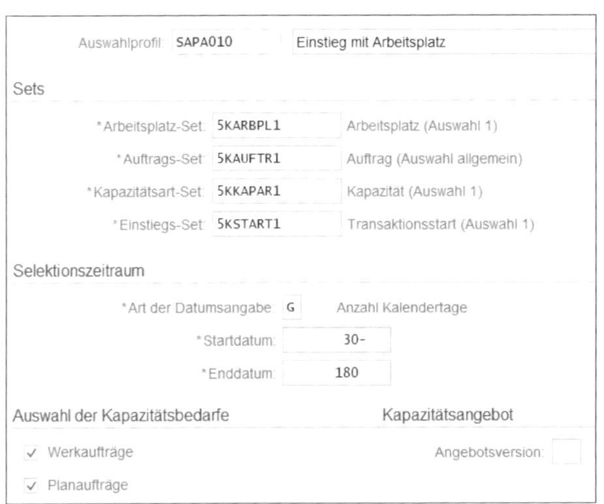

Abbildung 10.1 Customizing-Transaktion OPA2 – Darstellung des SAP-Standardauswahlprofils SAPSFCA010

Über die Transaktion CMS1 können Sie *Auswahl-Sets* anlegen. Per Transaktion CMS2 können Sie bestehende Sets ändern und sie mittels der Transaktion CMS3 anzeigen. Diese Sets geben die Initialbelegung der Selektionsparameter auf dem Einstiegsbild der Kapazitätsplanung an. Wenn Sie im Auswahl-Set Variablen anstelle von Festwerten hinterlegen möchten, können Sie diese als *&[Variablenname]* eingeben. Diese Variablen lassen sich über die Transaktionen CMV1, CMV2 und CMV3 in gewohnter Funktion verwalten.

Einstellungsprofil

Die Customizing-Transaktion OPA3 dient der Verwaltung von *Einstellungsprofilen*. Sie können hier eigene Profile anlegen oder bestehende Profile kopieren und Ihren Bedürfnissen anpassen. Das Einstellungsprofil hat die Aufgabe, die Darstellungsart von Kapazitätsangeboten und Kapazitätsbedarfen zu definieren. Außerdem kann hierüber eingestellt werden, ob ein Ändern von Aufträgen, Arbeitsplätzen oder Kapazitäten aus der Auswertung heraus möglich ist. Wenn Sie ein eigenes Profil anlegen, haben Sie diese Einstellungsmöglichkeiten:

- Definition des Periodenrasters sowie des Auswertungszeitraums
- Darstellung der Kapazitätsbedarfe und Kapazitätsangebote
- Einheiten für die dargestellten Größen
- Darstellung von Soll-Kapazitätsbedarfen (Gesamtbedarfe je Vorgang)
- Darstellung von Restkapazitätsbedarfen und Rückstandseinlastung (offene Kapazitätsbedarfe aus der Vergangenheit)

- Verdichtung der Kapazitäten nach Arbeitsplatzhierarchie (zur Betrachtung von Produktionsbereichen)
- Darstellung der Kapazitätsbedarfe von periodenübergreifenden Vorgängen

Das Einstellungsprofil (z. B. das SAP-Standardprofil SAPB020) wird später dem Gesamtprofil (z. B. SAPSFC010) zugewiesen.

Listenprofil

Listenprofile stellen Sie über die Customizing-Transaktion OPA4 ein. Das Standardlistenprofil ist SAPC010. Es wird dem Gesamtprofil zugeordnet (z. B. SAPSFC010). Sie können zwischen einigen von SAP vorkonfigurierten Profilen wählen oder ein eigenes neu anlegen. Im Feld **Kapazitätsdetailliste** geben Sie ein weiteres Unterprofil für die *Listenvariante für die Kapazitätsdetailliste* an (siehe weiter unten). Im Feld **Variable Übersicht** geben Sie das Unterprofil für die *Listenvariante der variablen Übersicht* an (siehe ebenfalls unten). Sie stellen hier auch die Bedingungen für einen Excel-Export der Liste ein. Zum Beispiel können Sie eine Kapazitätsdetailliste als Schablone für den Export mitgeben und die Benennung und den Speicherort fix hinterlegen oder per Dialog abfragen lassen. Abbildung 10.2 zeigt die Detailsicht der Customizing-Transaktion OPA4 mit den Einstellungen zum SAP-Standardlistenprofil SAPC010.

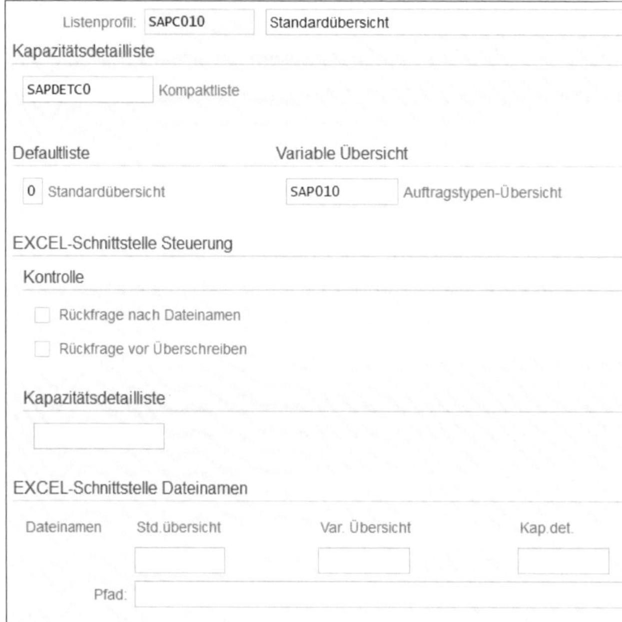
Listenprofil: SAPC010 Standardübersicht
Kapazitätsdetailliste
SAPDETC0 Kompaktliste
Defaultliste
0 Standardübersicht
Variable Übersicht
SAP010 Auftragstypen-Übersicht
EXCEL-Schnittstelle Steuerung
Kontrolle
Rückfrage nach Dateinamen
Rückfrage vor Überschreiben
Kapazitätsdetailliste
EXCEL-Schnittstelle Dateinamen
Dateinamen Std.übersicht Var. Übersicht Kap.det.
Pfad:

Abbildung 10.2 Customizing-Transaktion OPA4 – Darstellung des SAP-Standardlistenprofils SAPC010

Die *Listenvariante für die Kapazitätsdetailliste* für das Listenprofil können Sie über die Customizing-Transaktion OPDT konfigurieren. Hier können Sie zu den SAP-Standardvarianten (wie z. B. SAPDETCO – Kompaktliste) auch eigene Varianten anlegen. Wenn Sie einen Eintrag markieren und auf **Detail** klicken, gelangen Sie in das Profil für die Listenvariante mit diesen Einstellungsoptionen für die initiale Aufbereitung von Listen.

- Darstellung von Absolut- oder Prozentwerten
- Sortierung auf- oder absteigend
- Verwendung der Originalspaltenbreite
- Absatz beim Übergang zwischen Gruppen in der Liste
- Änderbarkeit des Profils zur Listenvariante
- Unterprofil zur Feldauswahl
- Unterprofil zu den Sortierkriterien
- Unterprofil zu den Gruppenkriterien

Die *Listenvariante für die variable Übersicht* für das Listenprofil editieren Sie über die Customizing-Transaktion OPB1. Hier können Sie zu den SAP-Standardvarianten auch eigene hinzufügen. Wenn Sie eine Variante markieren und links im Menü auf **Definition – Listenvarianten** doppelklicken, gelangen Sie in die Konfiguration der jeweiligen Variante. Hier geben Sie schließlich die anzuzeigenden Spalten mit einigen zusätzlichen Attributen wie der Überschrift, der Reihenfolge und der Spaltenbreite zur Variante an. Wenn Sie nun auch noch die hier auswählbaren Spalten selbst editieren möchten, können Sie dies in der Customizing-Transaktion OPA7 tun. Auch hier können Sie eigene Spalten anlegen oder eine bestehende Spalte markieren und sie über **Definition von Spalten** editieren. Die Sets, die Sie hier hinterlegen können, definieren Sie wiederum mittels der Transaktionen CMS1 bis CMS3 (genauso wie die Auswahl-Sets).

Grafikprofil

Das *Grafikprofil* konfigurieren Sie mit der Customizing-Transaktion OPA5. Es wird später einem Gesamtprofil zugeordnet (z. B. SAPSFC010). Das Grafikprofil gibt die initiale Aufbereitung der Grafiken bei der Kapazitätsauswertung an. Sie können während der Kapazitätsauswertung ein anderes Grafikprofil manuell auswählen. In diesem Profil stellen Sie die Lage der Vorgänge sowie die Darstellung der Vorgangsabschnitte (z. B. Rüsten, Bearbeiten, Abrüsten) im Gantt-Diagramm ein. Auch die Sortierreihenfolge der Vorgänge zum Arbeitsplatz im Gantt-Diagramm wird hier festgelegt. Darüber hinaus geben Sie hier vor, ob Sie Prozentwerte in der Kapazitätsdetailgrafik sehen wollen und ob die Standardübersichtsgrafik als Säulen-, Balken- oder Liniendiagramm erscheinen soll.

Gesamtprofil der Kapazitätsauswertung

Das *Gesamtprofil* wird über die Customizing-Transaktion OPA6 konfiguriert. Ein SAP-Standardprofil, das Sie hier finden können, ist SAPSFC010. Es zeigt die Grundlast am Arbeitsplatz für einen Zeithorizont von acht Wochen, aufbereitet als Standardliste mit Säulendiagramm. Dafür bündelt es die Einzelprofile für die grafische Aufbereitung und die Darstellung der Listen (per Grafik- und per Listenprofil) sowie ein Einzelprofil zur Festlegung der Auswahlkriterien der zu berücksichtigenden Kapazitätsbedarfe (Auswahlprofil) und ein Einzelprofil für weitere Verarbeitungsoptionen während der Kapazitätsplanung (Einstellungsprofil). Abbildung 10.3 zeigt hier beispielhaft das Gesamtprofil SAPSFC010 mit der Zuordnung der bereits vorgestellten Unterprofile.

Gesamtprofil: SAPSFC010 Arbeitsplatz Grundlast

Unterprofile

*Auswahlprofil:	SAPSFCA010	Arbeitsplatz/Grundlast
*Einstellungsprofil:	SAPB020	Wochen (8)
*Listenprofil:	SAPC010	Standardübersicht
*Grafikprofil:	SAPD030	Übersicht mit Säulen, Gantt sp. Lage

Abbildung 10.3 Customizing-Transaktion OPA6 – Darstellung des SAP-Standardgesamtprofils SAPSFC010

Mit einem Gesamtprofil ist es also möglich, ein gut durchdachtes Konzept für alle Einzelprofile anzulegen und dieses dann mit nur noch einer Angabe (nämlich der des Gesamtprofils) für die weitere Verwendung zuzuweisen. Beispielsweise gibt es ein Gesamtprofil für die Serienfertigung namens SAPREP01, das die gleichen Einstellungen wie das Gesamtprofil SAPSFC010 aufweist, mit der Ausnahme, dass im Auswahlprofil hier speziell Linien als Arbeitsplätze selektiert werden.

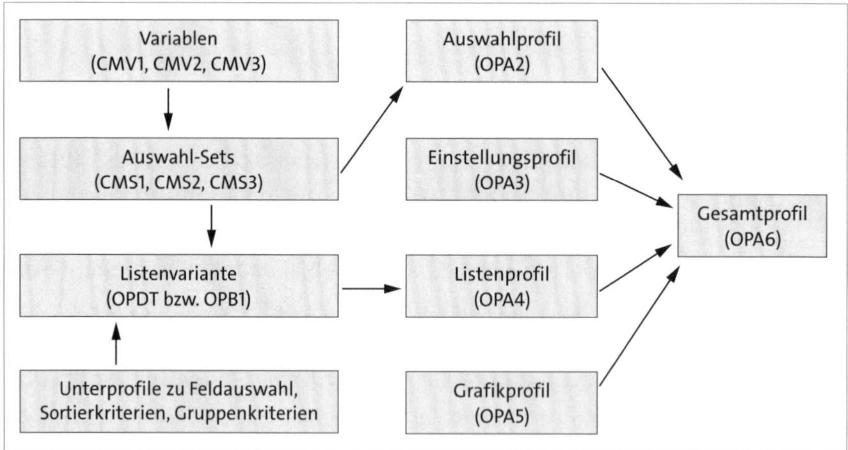

Abbildung 10.4 Zusammensetzung der Profile zur Kapazitätsauswertung mit Transaktionen

Sie können Gesamtprofile komplett neu anlegen oder kopieren und Ihren Bedürfnissen anpassen, wenn Sie eigene Einstellungen bevorzugen. Abbildung 10.4 zeigt noch einmal die Zusammensetzung der Profile von der Erstellung der Variablen bis hin zum Gesamtprofil mit den jeweiligen Transaktionen.

10.2.2 Profile des Kapazitätsabgleichs und der erweiterten Auswertung

Verwendete Customizing-Transaktionen

- OPDE (Steuerungsprofil definieren)
- OPD1 (Selektionsprofil definieren)
- OPD2 (Zeitprofil definieren)
- OPD3 (Auswertungsprofil definieren)
- OPD4 (Periodenprofil definieren)
- OPDH (Listenprofil definieren)
- OPDQ (Tabellarisches Plantafelprofil definieren)
- OPDJ (Layout der tabellarischen Darstellung)
- OPG0 (Grafisches Plantafelprofil definieren)
- OPDB (Strategieprofil definieren)
- OPD0 (Gesamtprofil [Kapazitätsabgleich] definieren)

Der Kapazitätsabgleich über die erweiterten Auswertungen und die Plantafeln bietet umfangreiche Konfigurationsmöglichkeiten. Wir wollen uns einmal die einzelnen Profile ansehen, um zu verstehen, was wo eingestellt werden kann und wie alles zusammenspielt.

Steuerungsprofil

Das *Steuerungsprofil* ist relevant für den Kapazitätsabgleich und die erweiterte Auswertung. Es wird über die Customizing-Transaktion OPDE konfiguriert. Dort können Sie ein neues Profil anlegen oder ein bestehendes Profil ändern. Die Standardprofile heißen SAP___C001 bis SAP___C006 und bieten bereits vorkonfigurierte und gut verwendbare Einstellungen. Die Standardprofile können nicht verändert werden, Sie können sie aber als Kopiervorlage verwenden. Wenn Sie eigene Einstellungen vornehmen möchten, haben Sie hier folgende Möglichkeiten:

- *Präsentationsart* mit verschiedenen Optionen:
  - tabellarische Plantafel
  - grafische Plantafel
  - keine Präsentation
  - Kapazitätsverfügbarkeitsprüfung

  - grafische Plantafel parallel zu anderen Präsentationen
  - erweiterte Auswertung
- Die *Aufbereitungsart* der Datenaufbereitung (periodengerastert, zeitkontinuierlich, periodisch-zeitkontinuierlich)
- Verwendung des *Plantafelmodus* mit Zwischenspeichern (lesen Sie hierzu die F1-Hilfe des Felds **eingesch. Plan.**)
- Angabe, welcher Wert aus dem Vorgabewertschlüssel als *Rüstvorgabewert* verwendet werden soll
- Die Angabe zum *Sperrverhalten* besagt: Entweder werden nur Aufträge für andere parallele Bearbeitungen gesperrt, die gerade bearbeitet werden, oder auch schon Aufträge, die nur angezeigt werden.
- Angabe, welcher *GUI-Status* verwendet werden soll. Der GUI-Status ist ein Begriff aus dem SAP-Bildaufbau der Anwendungsoberfläche und beschreibt Einstellungen zur Verwendung der Menüleiste, des Kontextmenüs (per Rechtsklick), der Symbolleisten sowie der Funktionstasten. Sie können hier je einen Status für den Anzeige- und einen für den Änderungsmodus hinterlegen.
- Angabe zur *Sortierung* der Ergebniszeilen in der Plantafel (mit dem Kennzeichen **Sortierung** werden neue Einträge automatisch korrekt in der Sortierreihenfolge eingebunden, anstatt dass sie einfach hinten angehängt werden)
- Angabe eines *Parameters* für eine automatische Folgeverarbeitung per Joblauf nach dem Beenden der Plantafel

Die Customizing-Dokumentation zur Konfiguration des Profils ist sehr ausführlich und bietet gute weitere Erklärungen zu diesen Punkten. Sie können sie im Menü über den Eintrag **Konfigurationshilfe** aufrufen. Abbildung 10.5 zeigt die Detailsicht des SAP-Standardsteuerungsprofils SAP___C004 aus der Customizing-Transaktion OPDE.

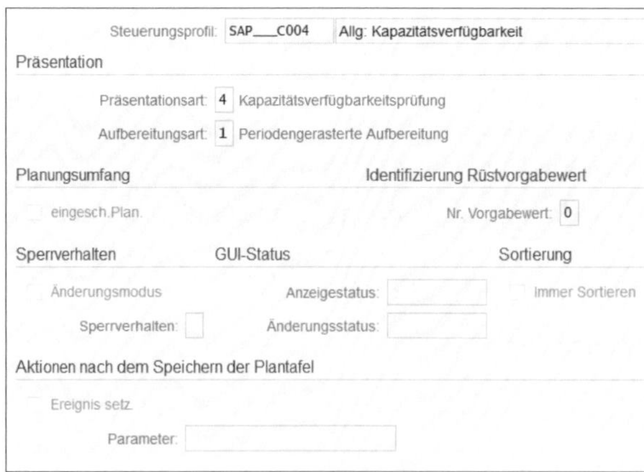

Abbildung 10.5 Customizing-Transaktion OPDE – Detailsicht des SAP-Standardsteuerungsprofils SAP___C004

Selektionsprofil

Das *Selektionsprofil* ist relevant für den Kapazitätsabgleich und die erweiterte Auswertung. Es wird über die Customizing-Transaktion OPD1 konfiguriert. Dort können Sie ein neues Profil anlegen oder ein bestehendes Profil ändern. Zahlreiche Standardprofile bieten bereits vorkonfigurierte und gut verwendbare Einstellungen. Die Standardprofile können nicht verändert werden, Sie können sie aber als Kopiervorlage verwenden. Wenn Sie eigene Einstellungen vornehmen möchten, haben Sie hier folgende Optionen:

- Das *Objekt-Set* legt fest, welche Datenobjekte Sie auf dem Selektionsbild der erweiterten Auswertung und des Kapazitätsabgleichs zur Selektion der Kapazitätsangebote und Kapazitätsbedarfe als Suchobjekte verwenden wollen.
- Das *Filter-Set* schränkt die Objekte des Objekt-Sets bei der Selektion anhand von Vorschlags- oder Festwerten ein.
- Über die *Bedarfsgruppierung* können Sie Bedarfsgruppen von Kapazitäten und Arbeitsplätzen bestimmen. Informationen zur Konfiguration einer Bedarfsgruppierung finden Sie in der [F1]-Hilfe zum Feld **Bedarfsgruppierung**.
- Der *Markierschlüssel* ist für die Kennzeichnung der Vorgänge in der grafischen Plantafel anhand bestimmter Selektionskriterien verantwortlich. Er wird wie der Sortierschlüssel über die Customizing-Transaktion CY40 definiert
- Über die Kennzeichen der *Auftragstypen* legen Sie fest, zu welchen Aufträgen Kapazitätsbedarfe ermittelt werden sollen.
- Mit den Kennzeichen der *Kapazitätsbedarfsarten* legen Sie fest, ob Ist-, Soll- und/ oder Restkapazitätsbedarfe in der erweiterten Auswertung angezeigt werden sollen.
- In der *Auswahl der Kapazitäten* wird vorgegeben, ob bei der Selektion eines Arbeitsplatzes aus einer Hierarchie automatisch die anderen dort enthaltenen Arbeitsplätze mitselektiert werden sollen. Auch kann hier bestimmt werden, dass die Planung auf der Ebene von Einzelkapazitäten (Maschinen, Personen) erfolgen soll.
- Über die *Kapazitätsangebotsversion* (Normalangebot, Minimalangebot, Maximalangebot) definieren Sie, welche Version der Ausprägung der Kapazität verwendet werden soll. Sofern hier nichts angegeben wird, wird automatisch die Version gewählt, die in den Kopfdaten einer Kapazität eines Arbeitsplatzes hinterlegt ist.

Das Selektionsprofil definiert die Objekte, die in der Kapazitätsverfügbarkeitsprüfung berücksichtigt werden sollen. Das sind ähnlich dem Auswahlprofil der Kapazitätsauswertung auch hier die Kapazitätsangebote der Arbeitsplätze und die Kapazitätsbedarfe der Grundlast. Abbildung 10.6 zeigt die Customizing-Transaktion OPD1 mit der Detailsicht des SAP-Standardauswahlprofils SAPSFCS001.

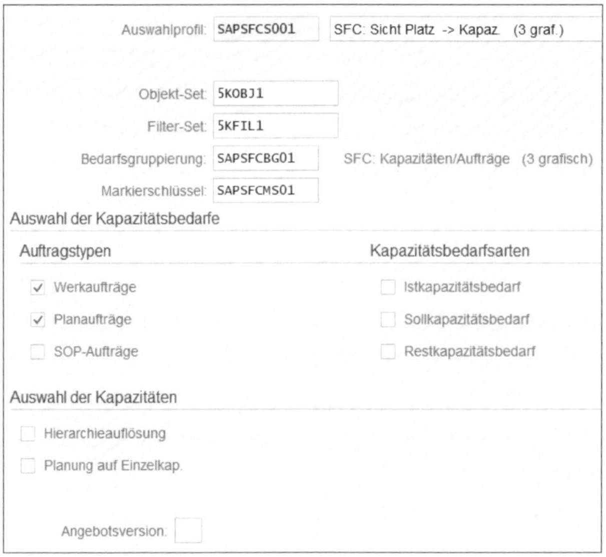

Auswahlprofil: SAPSFCS001 SFC: Sicht Platz -> Kapaz. (3 graf.)

Objekt-Set: 5KOBJ1

Filter-Set: 5KFIL1

Bedarfsgruppierung: SAPSFCBG01 SFC: Kapazitäten/Aufträge (3 grafisch)

Markierschlüssel: SAPSFCMS01

Auswahl der Kapazitätsbedarfe

Auftragstypen / Kapazitätsbedarfsarten

- [x] Werkaufträge
- [x] Planaufträge
- [ ] SOP-Aufträge
- [ ] Istkapazitätsbedarf
- [ ] Sollkapazitätsbedarf
- [ ] Restkapazitätsbedarf

Auswahl der Kapazitäten

- [ ] Hierarchieauflösung
- [ ] Planung auf Einzelkap.

Angebotsversion:

Abbildung 10.6 Customizing-Transaktion OPD1 – Detailsicht des SAP-Standardauswahlprofils SAPSFCS001

Zeitprofil

Das *Zeitprofil* ist relevant für den Bearbeitungszeitraum im Kapazitätsabgleich und der erweiterten Auswertung. Es wird über die Customizing-Transaktion OPD2 konfiguriert. Dort können Sie ein neues Profil anlegen oder ein bestehendes Profil ändern. Die Standardprofile heißen SAP___Z001 bis SAP___Z007 und bieten bereits vorkonfigurierte und gut verwendbare Einstellungen. Die Standardprofile können nicht verändert werden, Sie können sie aber als Kopiervorlage verwenden. Sie können die folgenden eigenen Einstellungen zu den einzelnen Zeiträumen vornehmen:

- *Eingabeart* des jeweiligen Zeitraums für die Eingabe eines konkreten Werts, z. B.:
  - Kalendertag
  - Kalenderwoche
  - Anzahl Tage
  - Anzahl Wochen
  - etc.
- *Zeitintervall* in Einheiten der Eingabeart bei der Betrachtung, ausgehend vom Tagesdatum mit dem Startdatum x Einheiten in der Vergangenheit und y Einheiten in der Zukunft

Dabei können diese Einstellungen jeweils für die folgenden Zeiträume definiert werden:

- Der *Datenbankzeitraum* bestimmt das Zeitintervall, für das Kapazitätsbedarfe von der Datenbank selektiert werden.
- Der *Auswertungszeitraum* definiert das Zeitintervall innerhalb des Datenbankzeitraums, für das die gelesenen Daten aufbereitet und angezeigt werden sollen.
- Der *Planungszeitraum* definiert das Zeitintervall im Kapazitätsabgleich für die systemseitige Planung und manuelle Planung. Es liegt innerhalb des Auswertungsintervalls und verhindert das Verschieben von Vorgängen jenseits seiner Intervallgrenzen.
- Die *Rückstandseinlastung* legt das Datum fest, zu dem Rückstände zugeordnet werden.

An dieser Stelle sei noch einmal darauf hingewiesen, dass der Datenbankzeitraum durch die Selektion der Datenbasis den Rahmen für das Zeitprofil vorgibt. Sie können nur innerhalb des Datenbankzeitraums einen Auswertungszeitraum definieren und wiederum nur innerhalb des Auswertungszeitraums einen Planungszeitraum angeben. Abbildung 10.7 zeigt als ein Beispiel das SAP-Standardzeitprofil SAP___Z001 aus der Customizing-Transaktion OPD2.

Zeitprofil: SAP___Z001 Allg: kurzfristig (1 Monat)

Datenbanklesezeitraum

Eingabeart: J Anzahl Kalendermonate Startdatum: -3

Enddatum: 3

Auswertungszeitraum

Eingabeart: G Anzahl Kalendertage Startdatum: 10-

Enddatum: 30

Planungszeitraum

Eingabeart: G Anzahl Kalendertage Startdatum: 10-

Enddatum: 30

Rückstandseinlastung

Eingabeart: G Anzahl Kalendertage RückstDatum: 0

Abbildung 10.7 Customizing-Transaktion OPD2 – Detailsicht des SAP-Standardzeitprofils SAP___Z001

Auswertungsprofil

Das *Auswertungsprofil* ist relevant für die periodenorientierte Planung im Kapazitätsabgleich und in der erweiterten Auswertung. Es wird über die Customizing-Transaktion OPD3 konfiguriert. Sie können hier ein neues Profil anlegen oder ein bestehendes Profil ändern. Sie können die folgenden eigenen Einstellungen vornehmen:

- Das Kennzeichen **Maßeinheit aus Kapazität** legt fest, dass die Einheit des Kapazitätsangebots aus der Kapazität übernommen wird. Wenn dieses Kennzeichen nicht gesetzt ist, wird stattdessen die Einheit verwendet, die im Feld **KapazitEinheit** hinterlegt ist.
- Über das Kennzeichen **Angebot Einzelkap.** kann eingestellt werden, dass alle Einzelkapazitäten (Maschine, Person) im Kapazitätsangebot der übergeordneten Kapazität zusammengeführt werden.
- Im Abschnitt **Hierarchie** können Sie ein Werk und einen Hierarchienamen angeben, um zu bestimmen, ob die Kapazitätsangebote und/oder Kapazitätsbedarfe zur Hierarchie verdichtet werden sollen. Lesen Sie hierzu die F1-Hilfen der Felder, um zu entscheiden, ob eine statische Verdichtung (im Arbeitsplatz) oder eine dynamische Verdichtung (hier per Kennzeichen) für Ihre Zwecke sinnvoller ist. Bedenken Sie, dass eine Verdichtung der Bedarfe auch die Verdichtung der Angebote benötigt, um einen sinnvollen Abgleich zu ermöglichen.

Das Standardprofil ist SAP___A001; es bietet bereits vorkonfigurierte und gut verwendbare Einstellungen. Standardprofile können nicht verändert werden, Sie können sie aber als Kopiervorlage verwenden.

Periodenprofil

Das *Periodenprofil* ist relevant für den Kapazitätsabgleich und die erweiterte Auswertung. Es wird über die Customizing-Transaktion OPD4 konfiguriert. Dort können Sie ein neues Profil anlegen oder ein bestehendes Profil ändern. Das Periodenprofil muss in ein Gesamtprofil integriert werden, wenn Sie im dazugehörigen Steuerungsprofil bei der Aufbereitungsart **Periodengerasterte Aufbereitung** ausgewählt haben. Sie können folgende eigene Einstellungen vornehmen:

- Über die *Periodenart* geben Sie die Einheit für das im Auswertungszeitraum (aus dem Zeitprofil) anzuwendende Periodenraster an. Mit der *Periodendauer* geben Sie die Anzahl der Einheiten pro Raster an. Beispielsweise könnten Sie so einstellen, dass ein Raster fünf Tage oder eine Woche umfassen soll.
- Im Abschnitt **PPS Planungskalender** geben Sie dazu den *Planungskalender* eines Werks an, der die Basis der Perioden für die Kapazitätsplanung bildet.

Die Standardprofile SAP___P001 bis SAP___P003 bieten bereits vorkonfigurierte und gut verwendbare Einstellungen. Standardprofile können nicht verändert werden, Sie können sie aber als Kopiervorlage verwenden. Das SAP-Standardperiodenprofil SAP___P001 ist in Abbildung 10.8 zu sehen.

Abbildung 10.8 Customizing-Transaktion OPD4 – Detailsicht des SAP-Standard Periodenprofils SAP___P001

Listenprofil

Das *Listenprofil* für den Kapazitätsabgleich und die erweiterte Auswertung wird über die Customizing-Transaktion OPDH konfiguriert. Es fasst die Unterprofile der Kapazitätsbedarfsliste, der Standardübersicht sowie der Kapazitätsdetailliste zusammen. Die Unterprofile werden wiederum über die folgenden Customizing-Transaktionen verwaltet:

- OPDL (Kapazitätsbedarfsliste)
- OPDK (Standardübersicht)
- OPDM (Kapazitätsdetailliste)

Die Customizing-Transaktionen verfügen jeweils über eine *Konfigurationshilfe*, die Sie über den gleichnamigen Eintrag im Menü aufrufen können. Hier wird jeweils detailliert beschrieben, welche Einstellungen Sie vornehmen können.

Profil der tabellarischen Plantafel

Wenn Sie im Steuerungsprofil (Customizing-Transaktion OPDE) des Gesamtprofils (Customizing-Transaktion OPDO) der erweiterten Auswertung als Präsentationsart **Tabellarische Plantafel** ausgewählt haben (siehe den Unterabschnitt »Steuerungsprofil« in diesem Abschnitt), wird das *Profil der tabellarischen Plantafel* (Customizing-Transaktion OPDQ) benötigt. Es beinhaltet alle Einstellungen für die Verwendung der tabellarischen Plantafel für einen bestimmten Zweck. Entsprechend finden Sie hier eine Reihe von SAP-Standardprofilen zur Auswahl. Diese können Sie wieder als Vorlage verwenden, um eigene Profile anzulegen. Wenn Sie ein Profil markieren und auf **Detail** klicken, gelangen Sie zur Konfiguration. Neben dem Schlüssel und der Bezeichnung sind hier vor allem die Zuweisung einer Layout-ID und die Angabe zu den anzulegenden Bedarfen wichtig. Im Feld **Layout-ID** geben Sie eine Konfiguration für ein Layout der tabellarischen Darstellung an. Dieses Layout wird in der Customizing-Transaktion OPDJ angelegt. Die Erstellung eines eigenen Layouts ist einigermaßen komplex. Sie geben damit vor, welche Informationen Sie für Arbeitsplätze und Vorgänge etc. sehen wollen. In der Transaktion OPDJ haben Sie im Menü über **Mehr •**

Konfigurationshilfe zwar eine erklärende Beschreibung über die Einstellungsmöglichkeiten, es ist aber vermutlich sinnvoller, sich eines der von SAP standardmäßig mitgebrachten Layouts zu bedienen. Die hier verfügbaren Layout-IDs sind genau die Werte, aus denen Sie dann in der Transaktion OPDQ wählen können.

Das Feld **Anzuzeigende Bedarfe** bestimmt, ob nur eingeplante, nur nicht eingeplante oder alle Bedarfe für die tabellarische Anzeige berücksichtigt werden sollen. Das Kennzeichen **Kennz. Breite** können Sie setzen, um eine breitere Ausgabe der Plantafel zuzulassen. Bei heutigen Monitoren ist das eigentlich immer ohne Weiteres möglich. Im Feld **Formel fr. Kapa.** geben Sie an, wie die freien Kapazitäten berechnet werden sollen. Bei **EinplanZeit** können Sie eine Uhrzeit hinterlegen, zu der ein Vorgang eingeplant werden soll, wenn er aus seiner ursprünglich terminierten Einplanungsperiode verschoben und somit umgeplant werden soll. Das SAP-Standardprofil SAPSFCR001 für die tabellarische Plantafel ist in Abbildung 10.9 zu sehen.

Abbildung 10.9 Customizing-Transaktion OPDQ – Detailsicht des SAP-Standardprofils SAPSFCR001 für die tabellarische Plantafel

Profil der grafischen Plantafel

Wenn Sie im Steuerungsprofil (Customizing-Transaktion OPDE) des Gesamtprofils (Customizing-Transaktion OPDO) der erweiterten Auswertung als Präsentationsart **Grafische Plantafel** ausgewählt haben (siehe den Unterabschnitt »Steuerungsprofil« in diesem Abschnitt), wird das *Profil der grafischen Plantafel* benötigt. Der Einstieg mit der Vergabe von Schlüssel und Bezeichnung ist noch analog zum Customizing des tabellarischen Plantafelprofils. Für das Profil der grafischen Plantafel verwenden Sie jedoch die Customizing-Transaktion OPGO.

Hier fassen Sie alle Unterprofile zur Aufbereitung der Daten in der grafischen Plantafel zusammen. Das sieht erst einmal nach vielen weiteren Verzweigungen und viel Komplexität aus. Es gibt hier jedoch zu jedem Eintrag eine Schaltfläche auf der rechten Seite, die in die jeweilige Konfiguration verzweigt. Damit ist es möglich, das jeweilige Unterprofil exakt auszuwählen. Sie können darüber sogar ein neues Unterprofil anlegen und direkt verwenden. Das erleichtert das Customizing an dieser Stelle enorm. Abbildung 10.10 zeigt die Customizing-Transaktion OPGO mit den benannten Schaltflächen und den im Folgenden noch erklärten Einstellungsmöglichkeiten.

Abbildung 10.10 Customizing-Transaktion OPGO (Plantafelprofil ändern) – Einstellungsmöglichkeiten des Profils der grafischen Plantafel

Probieren Sie die Schaltflächen aus, um sich ein Bild von den dahinterliegenden Optionen zu machen; dadurch lernt man das Customizing hier am besten zu verstehen. Sie können diese Unterprofile vorgeben:

- Im Feld **Teilbildfolge** geben Sie bis zu acht Informationssichten an, die Sie in Ihrer Ansicht sehen möchten.
- Das Feld **Layout-ID** bündelt die jeweils vorgesehenen Aufbereitungsschlüssel, die wiederum die einzelnen Informationsfelder und deren Reihenfolge definieren.
- Auch die grafische Plantafel hat einen Tabellenbereich, dessen Zeilenauswahl Sie über eine Zeilenrepräsentationsauswahl im Feld **ZReprásAuswahl** angeben.
- Über das Feld **Maßst.Zeitachse** (Maßstab Zeitachse) geben Sie ein Profil mit, das den Planungszeitraum und die dafür vorgesehene Länge in der Grafik vorgibt. Dazu wird hierüber angegeben, wie Zeiten vor und nach dem Planungszeitraum (also der Auswertungsvorlauf und Auswertungsnachlauf) in Relation zum Planungszeitraum dargestellt werden sollen.
- Per **GrafObjTypausw** wird angegeben, wie die Balken in der Grafik, die die Kapazitätsbedarfe repräsentieren, aussehen sollen. Hierbei geht es um das optische Erscheinungsbild.

- **RepräsentProfil** gibt an, wie die Kapazitätsbedarfe angezeigt werden sollen. Hierbei geht es weniger um die Optik als um die Logik. Sie können z. B. aus Sicht der Einzelkapazitäten oder vorgangs- oder auftragsweise dargestellt werden.
- Über **AchsRepräAusw** wird angegeben, wie die Achsen im Diagramm skaliert und optisch dargestellt werden sollen.
- Mit **KurvRepräAusw** wird angegeben, wie die Kurve im Diagramm optisch dargestellt werden soll.

Das Grafikprofil ist für alle anderen Belange der Darstellung der grafischen Plantafel zuständig. Wenn Sie über die Schaltfläche **Grafikprofil** in die Konfiguration abspringen, stehen Ihnen einige Profile zur Auswahl. Sie können hier die Standardgruppen verwenden oder eigene anlegen; den eigenen Gruppen können Sie dann weitere Elemente hinzufügen. Das Ganze ist jedoch sehr komplex und kann unter Umständen Programmabbrüche zur Folge haben, wenn man die Einstellungen nicht korrekt ausführt. Lassen Sie sich hier lieber beraten, falls Sie diese Konfiguration von Grund auf neu gestalten wollen.

Wenn Sie in den Profilen der Gruppen wiederum in die Detailansicht verzweigen, finden Sie weitere Unterprofile vor, über die Sie alles bis ins Detail einstellen. Speziell das *Optionsprofil* bietet elementare Einstellungen zu Formatierung, Größe und Anzeige von Funktionsschaltflächen:

- Die *Formgruppe* bestimmt auf Feldebene die optische Formatierung der Felder dieser Gruppe über sogenannte *Formdefinitionen*. Hier wird es etwas kryptisch. Idealerweise suchen Sie sich die passende Gruppe aus den bereits bestehenden aus und erstellen keine eigenen Formdefinitionen, wenn Sie hier keine Beraterin oder keinen erfahrenen Kollegen zur Seite haben.
- Analog dazu wird die Farbgebung auf Feldebene durch die *Farbgruppe* über *Farbdefinitionen* zum jeweiligen Feld der Gruppe definiert. Die Einstellungen hier sind recht intuitiv.
- Die *Grafikelementgruppe* gibt an, welche grafischen Objekte in Ihrer Ansicht vorhanden sein sollen. Hier definieren Sie Kästen, Linien und Symbole in Form, Farbe und Position.
- Die *Teilbildgruppe* gibt schließlich an, welche einzelnen Bildabschnitte in Ihrer Darstellung zusammengeführt werden sollen.

Für gewöhnlich sind die SAP-Standardprofile ausreichend, und Sie sind nicht gezwungen, alles selbst einzustellen. Lassen Sie sich daher nicht von der Flut an Profilen abschrecken. Wenn Sie einzelne Details ändern möchten, können Sie zunächst nach der richtigen Stelle in dieser Customizing-Transaktion suchen und die Details dann gezielt ändern. Die **Prüfen**-Schaltfläche in der Detailansicht eines Plantafelprofils hilft hier, das jeweils ausgewählte Profil genauer zu untersuchen und somit zu überprüfen, ob die Einstellungen wie gewollt vorliegen. Per Klick auf diese Schaltfläche gelangen Sie in eine Übersicht mit Details zu den im Profil hinterlegten Unterprofilen. Per Doppelklick auf einen Eintrag oder indem Sie einen Eintrag markieren und auf **Auswählen** klicken, können Sie Sicht für Sicht immer eine Ebene tiefer in die jeweiligen Einstellungen verzweigen. So gelangen Sie von den Einstellungen des grafischen Plantafelprofils in die Einstellungen der jeweiligen Unterprofile und sehen deren Ausprägungen. Sie können jeden Eintrag bis auf die unterste Ebene verzweigen und sehen dann den konkret hinterlegten Konfigurationswert.

Gesamtprofil des Kapazitätsabgleichs

Das *Gesamtprofil* ist relevant für den Kapazitätsabgleich und die erweiterte Auswertung. Es wird über die Customizing-Transaktion OPDO konfiguriert. Dort können Sie ein neues Profil anlegen oder ein bestehendes Profil ändern. Zahlreiche Standardprofile bieten bereits vorkonfigurierte und gut verwendbare Einstellungen. Wenn Sie eigene Profile anlegen möchten, benötigen Sie vorab die gewünschten Unterprofile. Im Gesamtprofil können auch noch Unterprofile hinterlegt werden, die wir erst im nächsten Abschnitt 10.2.3, »Voraussetzungen der Kapazitätsterminierung«, behandeln. Der Übergang der Aufgaben der Profile ist fließend; wir haben diese nur aus Gründen der Übersichtlichkeit in zwei Bereiche eingeteilt.

Diese Profile geben Sie dann in der Konfiguration des Gesamtprofils an, wobei einige obligatorisch sind und andere optional:

- Auswahlprofil (obligatorisch)
- Steuerungsprofil (obligatorisch)
- Zeitprofil (obligatorisch)
- Auswertungsprofil (obligatorisch)
- Strategieprofil (steuert die Einplanung von Vorgängen)
- Periodenprofil (zur periodengerasterten Aufbereitung)
- Profil der grafischen Plantafel
- Profil der tabellarischen Plantafel
- Listenprofil (wenn kein Profil hinterlegt ist, werden automatisch SAP-Standardprofile verwendet)

Abbildung 10.11 zeigt den Zusammenhang der Profile für den Kapazitätsabgleich noch einmal schematisch. Sie sehen in dieser Übersicht auch gleich die jeweilige Customizing-Transaktion.

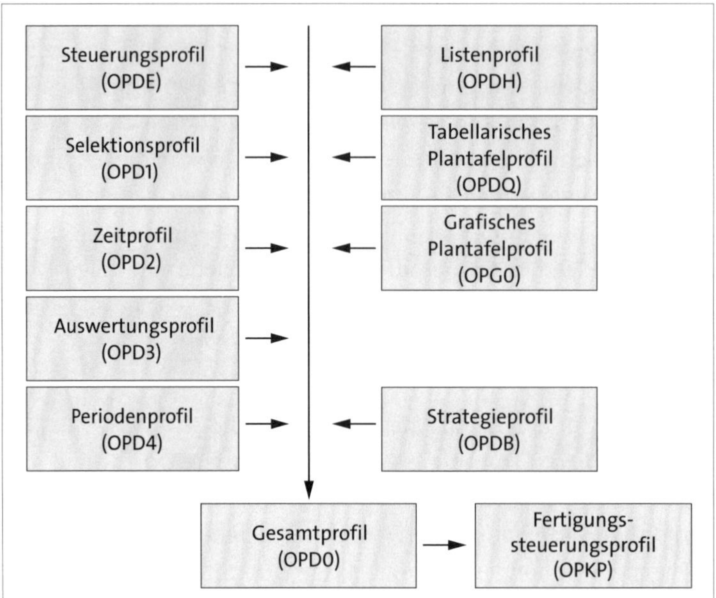

Abbildung 10.11 Darstellung der Zusammensetzung der Profile zum Kapazitätsabgleich mit Transaktionen

10.2.3 Voraussetzungen der Kapazitätsterminierung

Verwendete Transaktionen

- CNR2 (Arbeitsplätze und Fertigungslinien bearbeiten)
- CRC2 (Ressourcen bearbeiten)
- CA02 (Arbeitsplan bearbeiten)
- C202 (Planungsrezept bearbeiten)
- OP00 (Steuerschlüssel definieren)
- OP21 (Formeln definieren)
- OP17 (Formelparameter definieren)
- OPDB (Strategieprofil definieren)
- Menüpfad: **Produktion • Kapazitätsplanung • Vorgänge • Kapazitätsbedarf • Verteilung • Verteilungsschlüssel definieren**

Die Voraussetzungen für die *Kapazitätsterminierung* (quasi als Durchlaufterminierung mit zusätzlicher Berücksichtigung der Kapazitäten) bei der Einplanung von Vorgängen auf Arbeitsplätzen liegen in der korrekten Konfiguration verschiedener Stammdaten und Profile. In Kapitel 3, »Stammdaten in der Produktion«, haben wir die meisten dieser Stellschrauben bereits benannt. Hier wollen wir sie noch einmal zusammen betrachten, um Ihnen eine zentrale Übersicht über die verschiedenen Baustellen zu bieten. Die notwendigen Einstellungen finden Sie in diesen Bereichen:

- Im Steuerschlüssel des Arbeitsplatzes bzw. Arbeitsplans müssen die Kennzeichen **Terminieren** und **Kapazitätsbedarfe ermitteln** gesetzt sein.
- Die Terminierungsbasis muss im Arbeitsplatz als Kapazitätsart mit Formeln hinterlegt sein.
- Das Kennzeichen **Relevant für Kapazitätsterminierung** muss in den Arbeitsplatzstammdaten gesetzt sein.
- Im Arbeitsplan müssen die Vorgangsdaten zur Berechnung der Kapazitätsbedarfe hinterlegt sein.
- Die Mengen aus dem Fertigungs-, Prozess- oder Planauftrag sind die Multiplikatoren für die Kapazitätsberechnung.
- Der Verteilungsschlüssel bestimmt die Aufteilung von Kapazitäten auf verschiedene Perioden bei periodenübergreifenden Vorgängen.
- Im Strategieprofil sind die Einstellungen zur Einplanung hinterlegt.
- Die Profile zur grafischen oder tabellarischen Plantafel sind gemäß ihrer Verwendung gepflegt.

Im Folgenden gehen wir auf diese Punkte noch einmal spezifisch ein und erklären, wo die Einstellungen genau vorgenommen werden müssen.

Steuerschlüssel (Arbeitsplatz und Arbeitsplan)

Ein *Steuerschlüssel* wird über die Customizing-Transaktion OPOO konfiguriert und über die Stammdaten zum Arbeitsplatz mit den Transaktionen CNR1 und CNR2 für Arbeitsplätze und Fertigungslinien sowie mit den Transaktionen CRC1 und CRC2 für Ressourcen auf der Registerkarte **Vorschlagswerte** als Vorschlagswert für Vorgänge angegeben, die diesem Arbeitsplatz zugewiesen werden. Wird der Steuerschlüssel wiederum in einem Arbeitsplan (Transaktionen CA01, CA02) oder in einem Planungsrezept (Transaktionen C201, C202) einem Vorgang (im Fall der diskreten Fertigung) oder einer Phase (im Fall der Prozessfertigung) zugeordnet, gilt der dort hinterlegte Steuerschlüssel für eben diesen Vorgang oder diese Phase. Sie können über den Steuerschlüssel unter anderem diese für die Kapazitätsplanung relevanten Aktionen einstellen:

- Das Kennzeichen **Terminieren** gibt an, ob ein zugeordneter Arbeitsplatz oder Vorgang oder eine zugeordnete Phase terminierungsrelevant ist. Dazu werden die Vorgabewerte (Start und Ende) aus Vorgang oder Phase und die Formeln aus dem Arbeitsplatz/der Ressource berücksichtigt.
- Das Kennzeichen **Kapazitätsbedarfe ermitteln** legt fest, ob eine solche Berechnung für den Arbeitsplatz, die Vorgänge oder die Phasen erfolgen soll. Die Berechnung

erfolgt auch wieder auf Grundlage der Vorgabewerte (Dauer) und der Formeln aus dem Arbeitsplatz/der Ressource.

Der Steuerschlüssel wird aus den Daten des Arbeitsplatzes in den Arbeitsplan übernommen, wenn Sie einen Arbeitsplatz einem Vorgang zuordnen. Wenn Sie den Steuerschlüssel dann im Arbeitsplan ändern, gilt der neue Steuerschlüssel aus dem Arbeitsplan. Mit anderen Worten, wenn im Arbeitsplan und im Arbeitsplatz jeweils andere Steuerschlüssel stehen, wird letztlich der aus dem Arbeitsplan verwendet.

Kapazitäten (Arbeitsplatz)

In der Kopfansicht der *Arbeitsplatzkapazität* finden Sie das Kennzeichen **Relevant für Kapazitätsplanung**. Damit werden das Kapazitätsangebot und die Kapazitätsbelastung dieser Kapazität bei der Kapazitätsterminierung und der Kapazitätsverfügbarkeitsprüfung berücksichtigt.

Die Formeln zur Berechnung der Kapazitätsbedarfe für das Rüsten, die Bearbeitung und das Abrüsten können Sie auf der Registerkarte **Kapazitäten** der Arbeitsplatzstammdaten hinterlegen (z. B. über die Transaktion CR02). Hier können Sie auch angeben, dass diese Formel per Anwendung auf die Restkapazität zur Berechnung des Abbaus der Kapazitätsbedarfe verwendet werden soll. Alternativ können Kapazitätsbedarfe vollständig bei Teil- oder Endrückmeldung oder proportional zur Leistung abgebaut werden. Die Formeln selbst können Sie über die Customizing-Transaktion OP21 definieren. Hier geben Sie auch an, ob die jeweilige Formel für die Terminierung (Dauer) oder für die Berechnung der Kapazitätsbedarfe am Arbeitsplatz oder für andere Belange verwendet werden darf. Die verfügbaren Formelparameter definieren Sie in der Customizing-Transaktion OP17. Letztlich bestimmen die Vorgangsdaten aus dem Arbeitsplan die Werte zur Berechnung der Kapazitätsbedarfe, die Formeln im Arbeitsplatz dienen der Anpassung der Werte an die Gegebenheiten der Arbeitsplatzkapazität. Beispielsweise könnte bei einer älteren Maschine (Arbeitsplatz A) eine deutlich längere Rüst- und Bearbeitungszeit anfallen als bei einer neueren Maschine (Arbeitsplatz B). Der Vorgang desselben Arbeitsplans würde damit an Arbeitsplatz A länger benötigen als an Arbeitsplatz B. Wenn Sie keine Formel hinterlegen, wird der Kapazitätsbedarf des jeweiligen Vorgangsabschnitts auf null gesetzt. Das ist z. B. sinnvoll, wenn keine Rüstzeiten erforderlich sind. Dann geben Sie bei **Formel Rüsten** auch keine Formel an.

Vorgangswerte (Arbeitsplan)

Der Vorgang des Arbeitsplans wird für die jeweiligen Kapazitäten der Arbeitsplätze eingeplant und liefert die Inhalte für die Variablen aus den Formeln der Arbeitsplatzkapazitäten. Wie diese Werte skaliert werden, hängt letztlich mit den konkreten Zahlen aus dem Auftrag zusammen, der auf Basis des Arbeitsplans erzeugt wird. Die *Vor-*

gangswerte bilden sozusagen den Adapter zwischen den Auftragsdaten und den Arbeitsplatzdaten.

Mengen (Fertigungsauftrag)

Die *Auftragsmenge* des Fertigungs-, Prozess- oder Planauftrags bestimmt maßgeblich die Ausprägung der Kapazitätsbedarfe. Über Umrechnungen auf Basis der benötigten Kapazität aus dem Vorgang oder der Phase pro Menge und der durch den Auftrag gegebenen Menge können die jeweiligen Kapazitätsbedarfe je Vorgang oder Phase ermittelt werden. Diese werden dann (gegebenenfalls wieder über Umrechnungen) mit den verfügbaren Kapazitäten der Arbeitsplätze, Linien oder Ressourcen abgeglichen. Die Auftragsmenge wirkt damit wie ein Multiplikator auf die Kapazitätsbedarfe. Bei einem Vorgang, der z. B. 10 Minuten pro Stück vorsieht, würde der Kapazitätsbedarf proportional zur Stückmenge steigen. Bei der Herstellung einer homogenen Masse könnte es hingegen einen kleineren Effekt haben, wenn die Menge nur geringfügig geändert wird. Ein Mischwerk könnte z. B. für die doppelte Menge nur die 1,5-fache Zeit benötigen. Hier spielt oft ein Limit der Kapazität einer Ressource eine wesentliche Rolle. Bei der Überschreitung der maximal an einer Ressource bearbeitbaren Menge müsste dann nämlich direkt eine weitere Ressource eingeplant werden oder eine Wiederholung des Vorgangs mit Teilmengen erfolgen. Das würde bei einer geringen Anhebung der Auftragsmenge unter Umständen eine Verdoppelung der Kapazitäten an den Ressourcen bedeuten. Für eine optimale und ausgeglichene Produktion gibt es ja schließlich die Kapazitätsplanung, also werden genau solche Fälle hierdurch vermieden.

Verteilungsschlüssel

Der *Verteilungsschlüssel* wird im Einstellungsprofil der Kapazitätsauswertung und im Auswertungsprofil des Kapazitätsabgleichs der erweiterten Auswertung hinterlegt. Kapazitätsbedarfe eines Vorgangs, dessen Ausführung sich über mehrere Tage erstreckt, werden über diesen Schlüssel auf die betrachteten Perioden verteilt. Für die zeitkontinuierliche Aufbereitung ist dies nicht notwendig, da das System dann automatisch eine Gleichverteilung der Kapazitätsbedarfe über die gesamte Dauer des Vorgangs vornimmt. Bei einer Aufbereitung anhand eines Periodenrasters muss die Verteilung jedoch definiert werden. Der Verteilungsschlüssel ist somit relevant für die Kapazitätsauswertung, den Kapazitätsabgleich, die tabellarische Plantafel, die Absatz- und Produktionsgrobplanung sowie für die Kapazitätsplanung in der Serienfertigung. Die Konfiguration des Verteilungsschlüssels beinhaltet eine Verteilungsfunktion und eine Verteilungsstrategie. Über den Customizing-Pfad **Produktion • Kapazitätsplanung • Vorgänge • Kapazitätsbedarf • Verteilung** lassen sich der Verteilungsschlüssel, die Verteilungsfunktion und die Verteilungsstrategie einstellen.

Im Verteilungsschlüssel selbst werden neben einer treffenden Bezeichnung nur die Verteilungsfunktion und die Verteilungsstrategie angegeben. Die Verteilungsstrategie definiert die Lage der Kapazitätsbedarfe (orientiert an den frühesten oder spätesten Terminen), die Art der Verteilung (diskret oder kontinuierlich) und die Basis der Verteilung (Verteilung nach Fabrikkalender, gregorianischem Kalender oder nach der Einsatzzeit). Natürlich bedarf auch die Verteilungsfunktion einer guten Beschreibung. Dazu wird hier die Verteilung der Bedarfe und der Dauer in Prozentwerten angegeben. Dafür legt man fest, bei welchem Prozentsatz der Dauer eines Vorgangs wie viel Prozent des Kapazitätsbedarfs eingelastet werden sollen. Sowohl der prozentuale Bedarf als auch die prozentuale Dauer sind unabhängig vom Kapazitätsangebot festgelegt.

Sie geben den Verteilungsschlüssel bei der Kapazitätssicht der Stammdaten im Arbeitsplatz im Feld **Verteilung** an (z. B. per Transaktion CR02). Wenn Sie hier keinen Eintrag vornehmen, wählt das System automatisch den Standardverteilungsschlüssel SAP000. Außerdem können Sie den Verteilungsschlüssel in der Kapazitätsauswertung über das Menü **Einstellungen • Allgemeines ...** mit der Schaltfläche **Standardverteilung** je Kapazitätsart ändern. Abbildung 10.12 zeigt beispielhaft die standardmäßig verfügbaren Verteilungsschlüssel aus der [F4]-Hilfe in den Einstellungen zur Verteilung je Kapazitätsart aus der Transaktion CM01 (Kapazitätsauswertung Standardsicht).

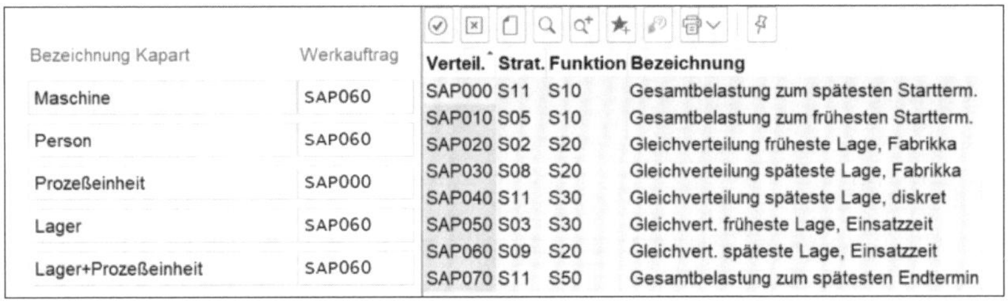

Bezeichnung Kapart	Werkauftrag
Maschine	SAP060
Person	SAP060
Prozeßeinheit	SAP000
Lager	SAP060
Lager+Prozeßeinheit	SAP060

Verteil.	Strat.	Funktion	Bezeichnung
SAP000	S11	S10	Gesamtbelastung zum spätesten Startterm.
SAP010	S05	S10	Gesamtbelastung zum frühesten Startterm.
SAP020	S02	S20	Gleichverteilung früheste Lage, Fabrikka
SAP030	S08	S20	Gleichverteilung späteste Lage, Fabrikka
SAP040	S11	S30	Gleichverteilung späteste Lage, diskret
SAP050	S03	S30	Gleichvert. früheste Lage, Einsatzzeit
SAP060	S09	S20	Gleichvert. späteste Lage, Einsatzzeit
SAP070	S11	S50	Gesamtbelastung zum spätesten Endtermin

Abbildung 10.12 Standardverteilungsschlüssel in der Transaktion CM01

Strategieprofil

Das *Strategieprofil* ist relevant für die Einsatzplanung im Kapazitätsabgleich mittels der tabellarischen oder grafischen Plantafel. Für die erweiterte Auswertung hat dieses Profil keinen Effekt. Es wird über die Customizing-Transaktion OPDB konfiguriert. Dort können Sie ein neues Profil anlegen oder ein bestehendes Profil ändern. Es gibt hier zahlreiche Standardprofile, die bereits vorkonfigurierte und gut verwendbare Einstellungen bieten. Die Standardprofile sollten nicht verändert werden, Sie können sie aber als Kopiervorlage verwenden. Wenn Sie eigene Einstellungen vornehmen möchten, haben Sie dafür verschiedene Möglichkeiten. Im Abschnitt **Terminierungssteuerung** gibt es diese Einstellungsoptionen:

- Das Kennzeichen **Kapazitätsterminierung** muss gesetzt werden, wenn Sie wollen, dass das System beim Einplanen eine Kapazitätsterminierung ausführt.
- Setzen Sie das Häkchen bei **Einplanung zum frühsten Zeitpunkt**, damit das System bei automatischer Einplanung den frühestmöglichen Termin im Planungszeitraum sucht. Es sucht dafür immer mit der Planungsrichtung vorwärts und startet ganz am Anfang des Planungszeitraums.
- Das Kennzeichen **Einplanen zur bestmöglichen Rüstlage** findet in der grafischen Plantafel oder in der tabellarischen Plantafel mit periodisch-zeitkontinuierlicher Aufbereitung Anwendung. Damit werden Vorgänge zu bestehenden Vorgängen eingeplant, sodass anhand der Rüstübergangswerte in der Rüstmatrix die Rüstzeiten möglichst kurz gehalten werden. Es müssen dafür Vorgänge in die bestehende Planung eingefügt werden können, weshalb das Kennzeichen **Vorgang einfügen** ebenso gesetzt werden muss. Auch muss nach dem Einplanen eine automatische Rüstzeitanpassung erfolgen.
- Das Kennzeichen **Termineingabe bei Einplng.** erzeugt in der Plantafel bei der Funktion **Einplanen** ein Dialogfenster, in das die Anwenderin bzw. der Anwender eine Zeit und einen Arbeitsplatz eintragen muss. In diesem Fall muss die Einplanung manuell erfolgen und wird nicht mehr automatisch ausgeführt.
- Über das Setzen des Kennzeichens **Planungsrichtung vorwärts** wird bei der automatischen Einplanung ein möglicher Termin vom Anfang des Planungszeitraums an in Richtung Zukunft gesucht. Ohne das Kennzeichen sucht das System zeitlich gesehen rückwärts.
- Mit dem Setzen des **Kennzeichens Planungsrichtung wechseln** wird bei der automatischen Einplanung zunächst in Richtung der sonstigen Vorgaben zur Planungsrichtung nach freien Kapazitäten gesucht. Ist diese Suche nicht erfolgreich, wird dann noch einmal in der anderen Richtung gesucht. Dafür darf jedoch nicht gleichzeitig das Kennzeichen **Vorgang einfügen** gesetzt sein.
- Mit dem Kennzeichen **Planung in Nichtarbeitszeiten** werden Vorgänge unabhängig von Arbeitstagen im Kalender, der Einsatzzeit und dem Nutzungsgrad auf Kapazitäten eingeplant.
- Das Kennzeichen **Vorgang einfügen** ermöglicht das Einfügen von Vorgängen in bereits bestehende Einplanungen. Dafür werden die nachfolgenden Vorgänge in ihrer bestehenden Reihenfolge auf der Zeitachse weiter nach hinten verschoben.
- Über das Kennzeichen **Lücken schließen** werden nachfolgende Vorgänge in ihrer bestehenden Reihenfolge entlang der Zeitachse rückwärts verschoben, sobald ein Vorgang entfernt wurde und somit eine Lücke in der Belegung der Kapazitäten entsteht.

Im Abschnitt **Prüfungen** in der Transaktion OPDB können Sie diese Dinge einstellen:

- Das Kennzeichen **Abbruch der Einplanung bei Fehler** bricht die Einplanung eines Auftrags ab, sobald ein Fehler auftritt. Fehler können die Nichtverfügbarkeit von Kapazitäten oder Materialien sein. Alle Meldungen werden darüber hinaus im Protokoll der Kapazitätsterminierung festgehalten.
- Mit dem Kennzeichen **Abbruch bei Umpl. Mit FertVers** wird vor dem Umplanen eines Planauftrags zunächst geprüft, ob die Fertigungsversion auch die Ziellinie (Arbeitsplatz in der Serienfertigung) zulässt. Dafür muss das Kennzeichen **Umplanen mit Fertigungsversion** ebenfalls gesetzt sein.
- Mit dem Setzen der Kennzeichen **VorgPuffer** (Vorgangspuffer), **VorgrZeit** (Vorgriffszeit) oder **SicherhZeit berücksichtigen** (Sicherheitszeit) können Sie angeben, dass Vorgänge innerhalb dieser Pufferzeiten eingeplant werden dürfen. Die Pufferzeiten resultieren aus der Auftragsterminierung und können so bei hoher Last mit als produktive Zeit eingeplant werden.

Im Abschnitt **Weitere Steuerungsoptionen** finden Sie des Weiteren diese Konfigurationen:

- Mit dem Kennzeichen **Gesamte Kapazitätsbelastung** werden Überlasten einzelner Perioden auch in Folgeperioden berücksichtigt. Damit werden nachfolgende Perioden in der Höhe der Überlast geblockt und können für die Zeit, die rechnerisch benötigt wird, um die gesamten Kapazitätsbedarfe zu decken, nicht weiter eingeplant werden.
- Das Kennzeichen **Umplanen mit Fertigungsversion** ist relevant für die Einplanung von Planaufträgen aus der Serienfertigung. Hierbei wird die Fertigungsversion des Planauftrags angepasst, wenn ein bereits auf eine Linie zur Fertigungsversion eingeplanter Planauftrag auf eine neue Linie umgeplant wird und diese nicht in der vorangegangenen Fertigungsversion enthalten ist. Es erfolgt auch eine Neuterminierung mit dem Arbeitsplan der neuen Fertigungsversion. Zu beachten ist dabei, dass die Linien nicht mehr als einem Vorgang des jeweiligen Arbeitsplans zugeordnet sein dürfen.
- Im Feld **EinplngsReihenfolge** geben Sie einen Aufbereitungsschlüssel ein. Diese Aufbereitungsschlüssel können über die Customizing-Transaktion CY39 definiert werden. Hier geben Sie aus einer langen Reihe möglicher Felder diejenigen an, nach denen Sie die Reihenfolge der Einplanung ausrichten möchten, und bilden dann eine Reihenfolge aus ihnen (z. B. als Erstes der Arbeitsplatz, als Zweites die Kapazitätsart etc.).
- Das Feld **Einplanung Eigenbearbeitung** ist für die Terminfestlegung in Netzplänen und Instandhaltungsaufträgen relevant.
- Im Feld **Rüstinitialzustand** kann ein Schlüssel eingegeben werden, der Aufschluss über den Startzustand eines Arbeitsplatzes gibt. Diese Angabe ist wichtig, wenn Sie

die Kennzeichen zu den verschiedenen Rüstoptionen verwenden wollen. Der Rüstartenschlüssel wird dabei als Vorschlagswert aus dem Arbeitsplatz in den Arbeitsplan übernommen. Die Rüstfamiliengruppe im Vorgang des Arbeitsplans fasst die Rüstfamilienschlüssel zusammen, die wiederum das Kriterium für die Reihenfolgenplanung im Kapazitätsabgleich sind und über eine Rüstmatrix zur Bewertung des Rüstinitialzustands berücksichtigt werden. Das Thema Rüstmatrix ist recht komplex. Sie können die folgenden Customizing-Transaktionen verwenden und dort die jeweilige Konfigurationshilfe lesen, wenn Sie hier mehr Details benötigen:

- Customizing-Transaktion OPCI über die Auswahl **Rüstartenschlüssel** oder direkt per Customizing-Transaktion OP38 (Rüstartenschlüssel ändern)
- Customizing-Transaktion OPCI über die Auswahl **Rüstfamiliengruppe** oder direkt über die Customizing-Transaktion OP43 (Rüstfamiliengruppe ändern)
- Customizing-Transaktion OPDA (Rüstmatrix definieren)
- Die Rüstarten können im Customizing-Pfad zum Arbeitsplan bzw. Planungsrezept definiert werden.

Im Abschnitt **Wartezeit** finden Sie diese Konfiguration:

- Im Feld **Behandlung der Wartezeit** wird festgelegt, ob diese Pufferzeit schlicht minimal gehalten werden soll oder ob sie anhand der Reduzierungsstufe (aus dem Profil) und der Reduzierungsstrategie (aus dem Vorgang) definiert wird. Die Wartezeit liegt zwischen dem frühesten und spätesten terminierten Start eines Vorgangs und ist häufig eine Pufferzeit, die im Bedarfsfall reduziert werden kann, wenn z. B. bei der Kapazitätsterminierung neue Vorgänge hinzukommen und die Kapazitäten eine höhere Auslastung erfahren.

Die beschriebenen Kennzeichen und Einstellungen sind nicht immer für alle Bereiche der Kapazitätsplanung relevant. Tabelle 10.1 zeigt die Kennzeichen, die nur für einen Teil der Bereiche Anwendung finden.

Kennzeichen	Grafische Plantafel	Tabellarische Plantafel	Grafische Plantafel und tabellarische Plantafel mit periodischzeitkontinuierlicher Aufbereitung
Kapazitätsterminierung	X	X	–
Einplanung zum frühsten Zeitpunkt	X	–	–
Einplanen zur bestmöglichen Rüstlage	–	–	X
Termineingabe bei Einplng.	X	X	–

Tabelle 10.1 Verwendung der Kennzeichen aus der Kapazitätsplanung

Kennzeichen	Grafische Plantafel	Tabellarische Plantafel	Grafische Plantafel und tabellarische Plantafel mit periodischzeitkontinuierlicher Aufbereitung
Planungsrichtung vorwärts	X	X	–
Planungsrichtung wechseln	X	X	–
Planung in Nichtarbeitszeiten	X	–	–
Vorgang einfügen	–	–	X
Lücken schließen	–	–	X
Abbruch der Einplanung bei Fehler	X	X	–
Abbruch bei Umpl. mit FertVers	X	X	–
Gesamte Kapazitätsbelastung	–	X	–
Umplanen mit Fertigungsversion	X	X	–
EinplngsReihenfolge	X	–	–
Rüstinitialzustand	–	–	X

Tabelle 10.1 Verwendung der Kennzeichen aus der Kapazitätsplanung (Forts.)

Im Abschnitt **Einplanungsfunktionen** können schließlich noch Funktionen aktiviert werden, die beim Einplanen von Vorgängen auf Kapazitäten automatisch ausgeführt werden sollen:

- **Bilden der Einplanungsreihenfolge** bewirkt, dass mehrere in einem Lauf einzuplanende Vorgänge in einer dem Schlüssel entsprechenden Reihenfolge berücksichtigt werden. Wenn diese Funktion aktiviert ist, kann zudem ein User Exit per Transaktion CMOD aktiviert und verwendet werden (CYP0001). In diesem User Exit können ABAP-Entwicklerinnen und ABAP-Entwickler beliebige Sortierkriterien implementieren, um die Reihenfolge der einzuplanenden Vorgänge zu bestimmen.
- **Vorgangsreihenfolge im Auftrag beachten** wirkt sich auf Plan- und Fertigungsaufträge aus, indem die Vorgänge eines Auftrags nur in genau ihrer Reihenfolge im Auftrag eingeplant werden können.
- Mit **Vorgangsterminprüfung** startet eine automatische Überprüfung der einzuplanenden Vorgänge. Beim Einplanen wird dann geprüft, ob der Vorgang innerhalb der Auftragsecktermine eingeplant werden kann, wobei auch Pufferzeiten berück-

sichtigt werden. Ebenso wird geprüft, ob Überlappungen von Vorgänger- und Nachfolgervorgängen vorliegen und diese zulässig oder notwendig sind. Diese Aktion ist erforderlich, wenn die Pufferkennzeichen Anwendung finden sollen.

- **Ändern Fertigungsversion bei Fehler** bewirkt bei Planaufträgen, dass bei einem Fehler in der Einplanung die als Nächstes folgende Fertigungsversion ausgewählt wird. Dadurch wird der Auftrag neu terminiert und kann dann gegebenenfalls auf einer anderen Linie eingeplant werden.
- **Mittelpunktterminierung** lässt die Aufträge, deren Vorgänge eingeplant wurden, neu terminieren, sodass sie im Mittelpunkt der vorgesehenen Zeitspanne liegen.
- **Rüstzeitoptimierung** ermöglicht das Einplanen einer Gruppe von Vorgängen, die anhand ihrer Rüstzeitmatrix der Vorgänge und des Rüstinitialzustands aus dem Strategieprofil mit einer optimal kurzen Gesamtrüstzeit eingeplant werden können. Hierbei wird immer die Einstellung **Planungsrichtung vorwärts** angewendet. Die Einplanung zur bestmöglichen Rüstlage sowie zum frühesten Zeitpunkt und die Termineingabe bei Einplanung sind hiermit nicht kombinierbar.

Abbildung 10.13 zeigt einen Ausschnitt der Customizing-Transaktion OPDB, mit der Sie das Strategieprofil konfigurieren können.

Abbildung 10.13 Strategieprofil der Kapazitätsterminierung

10.3 Ausführung

Verwendete Transaktionen

- CM01 (Kapazitätsauswertung Standardübersicht)
- CM02 (Kapazitätsauswertung Kapazitätsdetail)
- CM07 (Kapazitätsauswertung variable Sicht)
- CM21 (Grafische Plantafel)
- CM22 (Tabellarische Plantafel)
- CM40 (Massenplanung Kapazitätsabgleich)
- CM50 (Kapazitätsauswertung Arbeitsplatzsicht)
- CM52 (Kapazitätsauswertung Auftragssicht)

Schauen wir uns nun an, wie einige der Kapazitätsplanungswerkzeuge in der Anwendung aussehen. Dazu haben wir eine Vorauswahl getroffen, die die Werkzeuge der Kapazitätsauswertung, des Kapazitätsabgleichs und damit verbunden der Kapazitätsterminierung beinhaltet.

10.3.1 Kapazitätsauswertung

Verwendete Transaktionen

- CM01 (Kapazitätsauswertung Arbeitsplatzsicht: Belastung)
- CM02 (Kapazitätsauswertung Arbeitsplatzsicht: Aufträge)
- CM03 (Kapazitätsauswertung Arbeitsplatzsicht: Vorrat)
- CM04 (Kapazitätsauswertung Arbeitsplatzsicht: Rückstand)
- CM05 (Kapazitätsauswertung Arbeitsplatzsicht: Überlast)
- CM07 (Kapazitätsauswertung variabel)
- SAP-Fiori-App **Arbeitsplatzkapazität verwalten** (App-ID F3289)

Die *Kapazitätsauswertung* bietet eine Reihe von Funktionen, die sich vor allem in der Sicht auf die Datengrundlage unterscheiden. Der Vollständigkeit halber haben wir im obigen Kasten einmal alle aufgezählt, bevor wir uns gezielt Beispiele ansehen. Die Handhabung ist bei diesen Werkzeugen gemeinhin gleich.

Neben der variablen Auswertung (Transaktion CM07), die über die variable Auswahl von Profilen gesteuert ist, gibt es auch noch die Standardauswertungen zur Kapazitätsauslastung (Transaktion CM01) und die Auswertung mit Kapazitätsdetails (Transaktion CM02). Sie können zwischen diesen Auswertungen über den Menüpfad **Mehr • Springen** wechseln. Wir wollen uns diese drei Auswertungen nun genauer ansehen.

Standardübersicht

Die *Standardauswertung* zeigt die Kapazitätsbedarfe zu den Kapazitätsverfügbarkeiten auf Basis jeweils unterschiedlicher Auswahlkriterien. Sie geben diese beim Start der Transaktion CM01 an, um die Auswahlliste zu definieren, anhand derer schließlich die Ergebnisse berechnet werden. Welche Auswahlmöglichkeiten Sie hier sehen, hängt vom hinterlegten Auswahlprofil ab, das Sie bereits in Abschnitt 10.2.1, »Profile der Kapazitätsauswertung«, kennengelernt haben. Wenn Sie andere Auswahlparameter wünschen, kann es helfen, über den Menüpfad **Mehr • Planung • Profile • Auswahlprofil...** ein anderes Auswahlprofil zu verwenden. Hier können Sie im Übrigen auch alle anderen Profile des Gesamtprofils ändern. Wir wählen z. B. SAPA010, um unser Beispielwerk 1010 oder einen Beispielarbeitsplatz MON_ST_1 für die Auswahlliste zu verwenden.

Bei großen Auswertungsumfängen können Sie die Auswertung im Hintergrund ausführen lassen oder die Liste auch direkt drucken. Dies gelingt über die Menüpfade **Mehr • Planung • Hintergrundverarbeitung** bzw. **Mehr • Planung • Drucken**. Mit der Schaltfläche **Weiter** wird die Auswertung mit anschließender Anzeige der Ergebnisliste gestartet. Die Standardübersicht zeigt die aggregierten Kapazitätsbedarfe und Verfügbarkeiten sowie die Auslastung auf Wochenbasis und pro Arbeitsplatz und Kapazitätsart. Abbildung 10.14 zeigt unseren Beispielarbeitsplatz, der in KW 38 eine deutliche Überlast aufzeigt, obwohl die Gesamtkapazität über den betrachteten Zeitraum ausreichend ist. Hier muss nun die Ursache ermittelt werden.

Arbeitsplatz MON_ST_1 Montagelinie für Standard Skat Werk 1010
Kapazitätsart 001 Montageroboter

Woche	Bedarf	Angebot	Belast.	freie Kap.	Einh.
38.2020	1.046,00	120,00	872 %	926,00-	H
39.2020	120,00	300,00	40 %	180,00	H
40.2020	120,00	300,00	40 %	180,00	H
41.2020	120,00	300,00	40 %	180,00	H
42.2020	120,00	300,00	40 %	180,00	H
43.2020	120,00	300,00	40 %	180,00	H
44.2020	120,00	300,00	40 %	180,00	H
45.2020	120,00	300,00	40 %	180,00	H
46.2020	120,00	300,00	40 %	180,00	H
47.2020	120,00	300,00	40 %	180,00	H
Gesamt >>>	2.126,00	2.820,00	75 %	694,00	H

Abbildung 10.14 Deutliche Überlast am Arbeitsplatz in der Standardübersicht (Transaktion CM01)

Wenn Sie eine Zeile markieren und auf **Kapadetail/Periode** klicken, öffnet sich eine Detailansicht. Sie sehen nun, dass in der KW 38 zwei Verursacher für die Lastspitze verantwortlich sind. Da das Material und der Arbeitsplatz aus unserer Serienfertigung stammen, sehen Sie jedoch keinen Eintrag in der Spalte **Auftrag**. Wählen Sie über die Funktion **Felder ausw ...** noch eine zusätzliche Spalte für unsere Detailansicht, nämlich die Spalte **Planauftrag**. Nun erkennen Sie den Übeltäter und können nachsehen, welcher Planauftrag nicht korrekt eingelastet wurde oder ob bei den verwendeten Stammdaten fehlerhafte Einträge vorliegen.

Abbildung 10.15 zeigt das Ergebnis der eben beschriebenen Ausführung. Indem Sie eine Zeile markieren und auf **Auftragskopf** klicken, können Sie in den jeweiligen (Plan-)Auftrag navigieren.

Auffrischen Auftragskopf Felder ausw... Download Mehr

Werk	1010	Werk DE
Arbeitsplatz	MON_ST_1	Montagelinie für Standard Skateboard
Kapazitätsart	001	Maschine

Woche	P	BedVerurs	Material	BedMng	Bedarf	fr.Start	SpätEndZt	Auftrag	Planauftr.
Summe					1.046 H				
38.2020		994	SF_STAN_001	5.000 ST	482 H	24.07.2020	17.12.2020		994
38.2020		1193	SF_STAN_001	8.080 ST	564 H	16.07.2020	16.03.2021		1193

Abbildung 10.15 Verursacher der Überlast in der »Standardübersicht: Detail« (Transaktion CM01)

Übersicht Kapazitätsdetails

Der Einstieg in die Auswertung mit *Kapazitätsdetails* (Transaktion CM02) lässt sich ebenso vorab einstellen wie in Transaktion CM01. Die Anzeige der Ergebnisliste ist jedoch ausführlicher. Mit unseren Einstellungen sehen Sie hier z. B. direkt den Bedarfsverursacher (siehe Abbildung 10.16). Die Funktionen sind die gleichen wie bei der **Standardübersicht: Detail**, die Aufbereitung der Liste können Sie jedoch anhand der hinterlegten Profile anders gestalten. Sie sehen in unserem Beispiel direkt, dass beide Planaufträge in der KW 38 jeweils zu viele Stunden gleichzeitig als Bedarf beanspruchen. Da nun bereits mehrere Planaufträge mit einer fehlerhaften Bedarfsverteilung vorliegen, sollten Sie hier die Gemeinsamkeiten suchen. Wenn beide Aufträge im selben Zeitraum das gleiche Erzeugnis fertigen und am selben Arbeitsplatz gefertigt werden sollen, liegt es nahe, dass auch beide den gleichen Arbeitsplan verwenden. Sie sollten in diesem Beispiel nachsehen, ob an Arbeitsplatz oder Arbeitsplan jüngst Änderungen vorgenommen worden sind, und prüfen, ob diese eventuell zu dieser ungleichmäßigen Einteilung führen. Ebenso sollten Sie die Terminierung der Aufträge überprüfen.

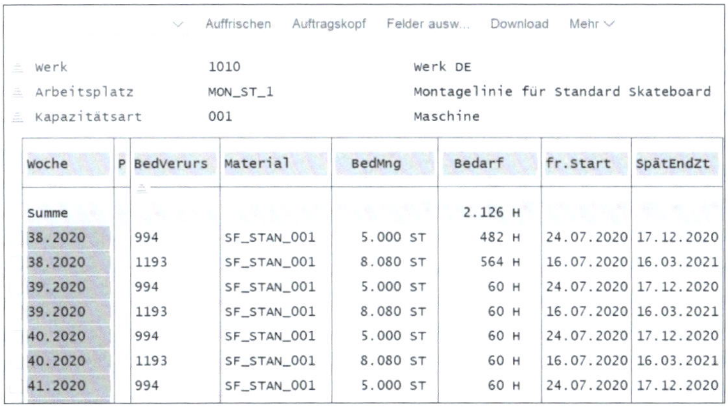

Auffrischen Auftragskopf Felder ausw... Download Mehr

Werk	1010	Werk DE
Arbeitsplatz	MON_ST_1	Montagelinie für Standard Skateboard
Kapazitätsart	001	Maschine

Woche	P	BedVerurs	Material	BedMng	Bedarf	fr.Start	SpätEndZt
Summe					2.126 H		
38.2020		994	SF_STAN_001	5.000 ST	482 H	24.07.2020	17.12.2020
38.2020		1193	SF_STAN_001	8.080 ST	564 H	16.07.2020	16.03.2021
39.2020		994	SF_STAN_001	5.000 ST	60 H	24.07.2020	17.12.2020
39.2020		1193	SF_STAN_001	8.080 ST	60 H	16.07.2020	16.03.2021
40.2020		994	SF_STAN_001	5.000 ST	60 H	24.07.2020	17.12.2020
40.2020		1193	SF_STAN_001	8.080 ST	60 H	16.07.2020	16.03.2021
41.2020		994	SF_STAN_001	5.000 ST	60 H	24.07.2020	17.12.2020

Abbildung 10.16 Deutliche Überlast am Arbeitsplatz in der Detailansicht (Transaktion CM02)

Variable Übersicht

Wir wollen nun auch noch einen Blick in die Auswertung mittels der *variablen Übersicht* (Transaktion CM07) werfen. Das ist eine komfortable Lösung, wenn Sie wie in unserem Beispiel als Standardauswertung z. B. Ihre Fertigungsaufträge auswerten und nun jedoch einen Fall haben, in dem Sie die Serienfertigung betrachten wollen. Die variable Übersicht ist im Prinzip gleich aufgebaut wie die Standardauswertung, mit dem Unterschied, dass Sie hier vorab variabel ein beliebiges Gesamtprofil und somit praktisch eine ganz andere Art der Informationsselektion und -aufbereitung angeben können. Auswahl und Darstellung sind also anders, während die Funktionen in der SAP-Menüleiste identisch sind.

Wählen Sie im Einstieg ein Gesamtprofil aus. Für unseren Fall bietet sich hier das Gesamtprofil SAPPISPLAF für Planaufträge an. Nach einem Klick auf **Weiter** geben Sie unseren Planauftrag an. Starten Sie die Auswertung, sehen Sie auch hier eine Überlast beim ausgewählten Planauftrag mit einem Peak im September 2020 (siehe Abbildung 10.17).

SAP-Fiori-App »Arbeitsplatzkapazität verwalten«

Die Kapazitäten und Auslastungen der Arbeitsplätze können von Mitarbeitenden der Kapazitätsplanung mit der SAP-Fiori-App **Arbeitsplatzkapazität verwalten** (App-ID F3289) überwacht werden. Sie können hierbei gezielt ausgewählte Arbeitsplätze betrachten und auch den Betrachtungshorizont verändern. Sie sehen hier zu jedem Arbeitsplatz die Lastspitze in Prozent, das Datum der ersten eintretenden Überlastung sowie den Gesamtkapazitätsbedarf und bereits überfällige Kapazitäten. Anhand der Auslastung können Sie die optimale Balance zwischen Bedarf und Verfügbarkeit austarieren. Abbildung 10.18 zeigt beispielhaft die Auslastung von zwei Arbeitsplätzen in der Tabellenübersicht der SAP-Fiori-App.

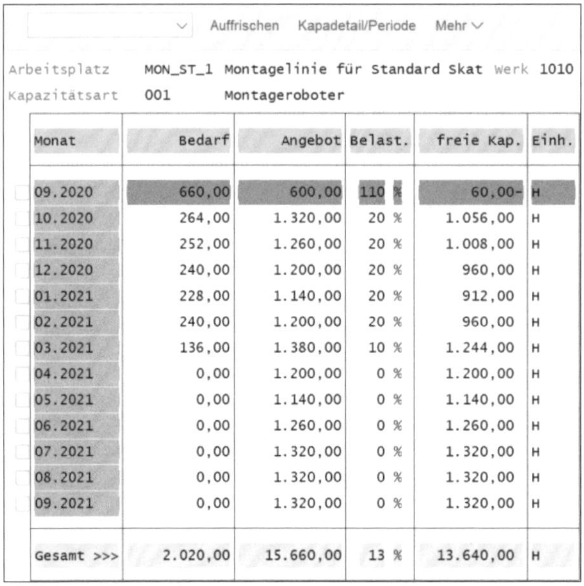

Auffrischen Kapadetail/Periode Mehr

Arbeitsplatz MON_ST_1 Montagelinie für Standard Skat Werk 1010
Kapazitätsart 001 Montageroboter

Monat	Bedarf	Angebot	Belast.	freie Kap.	Einh.
09.2020	660,00	600,00	110 %	60,00-	H
10.2020	264,00	1.320,00	20 %	1.056,00	H
11.2020	252,00	1.260,00	20 %	1.008,00	H
12.2020	240,00	1.200,00	20 %	960,00	H
01.2021	228,00	1.140,00	20 %	912,00	H
02.2021	240,00	1.200,00	20 %	960,00	H
03.2021	136,00	1.380,00	10 %	1.244,00	H
04.2021	0,00	1.200,00	0 %	1.200,00	H
05.2021	0,00	1.140,00	0 %	1.140,00	H
06.2021	0,00	1.260,00	0 %	1.260,00	H
07.2021	0,00	1.320,00	0 %	1.320,00	H
08.2021	0,00	1.320,00	0 %	1.320,00	H
09.2021	0,00	1.320,00	0 %	1.320,00	H
Gesamt >>>	2.020,00	15.660,00	13 %	13.640,00	H

Abbildung 10.17 Überlast in der variablen Übersicht (Transaktion CM07)

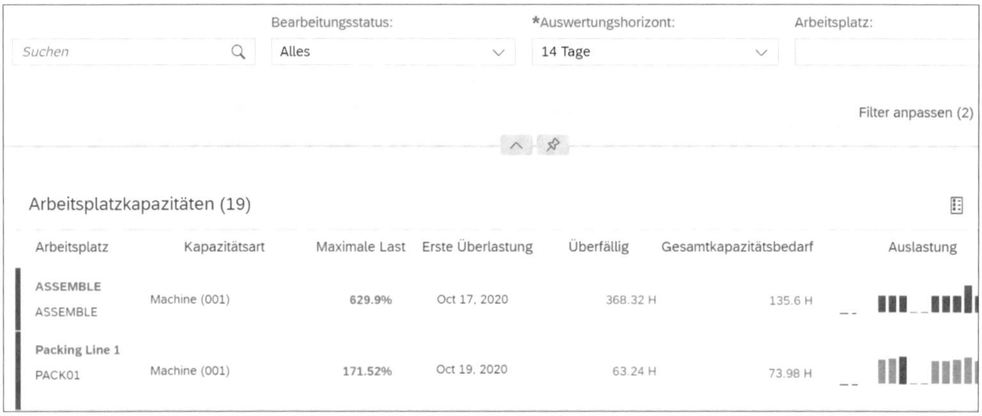

Suchen | Bearbeitungsstatus: Alles | *Auswertungshorizont: 14 Tage | Arbeitsplatz:

Filter anpassen (2)

Arbeitsplatzkapazitäten (19)

Arbeitsplatz	Kapazitätsart	Maximale Last	Erste Überlastung	Überfällig	Gesamtkapazitätsbedarf	Auslastung
ASSEMBLE ASSEMBLE	Machine (001)	629.9%	Oct 17, 2020	368.32 H	135.6 H	
Packing Line 1 PACK01	Machine (001)	171.52%	Oct 19, 2020	63.24 H	73.98 H	

Abbildung 10.18 Ausschnitt der SAP-Fiori-App »Arbeitsplatzkapazität verwalten«

Zur Verwendung der App wird die Rolle **Produktionsplaner** benötigt. Während wir zuvor verschiedene Transaktionen verwendet haben, um die Kapazität unter verschiedenen Gesichtspunkten auszuwerten, haben wir mit der SAP-Fiori-App ein zentrales Werkzeug zur Überwachung von Überlastsituationen und Rückständen an überfälligen Aufträgen. Darüber hinaus kann die Sicht auf die Arbeitsplatzkapazitätsauslastung pro Schicht, Tag oder Woche oder im Durchschnitt über einen Auswertungshorizont hinweg angezeigt werden. Neben dem Abgleich von Kapazitätsangebot und -bedarf können ebenfalls für den Arbeitsplatz relevante Vorgänge mit Kapazitätsinformationen angezeigt und bei Bedarf neu geplant werden.

10.3.2 Kapazitätsabgleich und erweiterte Auswertungen

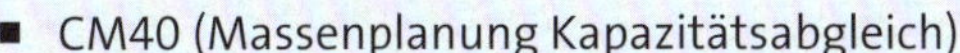

Verwendete Transaktionen

- CM40 (Massenplanung Kapazitätsabgleich)
- CM50 (Erweiterte Auswertung: Arbeitsplatzsicht)
- CM51 (Erweiterte Auswertung: Einzelkapazitätssicht)
- CM52 (Erweiterte Auswertung: Auftragssicht)
- CM53 (Erweiterte Auswertung: Projektsicht nach PSP-Element/ Vorgang)
- CM54 (Erweiterte Auswertung: Projektsicht nach Version)
- CM55 (Erweiterte Auswertung: Arbeitsplatzsicht nach Version)
- CM56 (Erweiterte Auswertung: PI-Ressourcensicht)
- CM57 (Erweiterte Auswertung: PI-Auftragssicht)

Die *erweiterten Auswertungen*, die SAP als Transaktion zur Verfügung stellt, bieten eine umfassendere Analysefunktion für die bisher genannten Auswertungen.

Wir wollen uns die Transaktionen CM40 und CM50 im Folgenden einmal genauer ansehen. Zum Abgleich der Kapazitäten wird hier das Kapazitätsangebot dem Kapazitätsbedarf gegenübergestellt. Das Kapazitätsangebot richtet sich nach den Angaben, die an einem Arbeitsplatz zur Verfügung stehen. Der Arbeitsplatz kann dabei mehrere Kapazitäten parallel anbieten und ist auf Basis einer vorgegebenen Menge je Zeitintervall definiert. (Diese Einstellungen können Sie in Kapitel 3, »Stammdaten in der Produktion«, noch einmal nachlesen.) Der Kapazitätsbedarf hingegen ist das Resultat der im Vorgang des Fertigungsauftrags angegebenen Mengen, die am jeweiligen Arbeitsplatz verarbeitet werden sollen.

Der *Kapazitätsabgleich* läuft grob skizziert wie folgt ab:

1. Ermittlung des Kapazitätsangebots
2. Ermittlung der Kapazitätsbedarfe
3. Abgleich der ermittelten Werte
4. Kapazitätsterminierung zur Einplanung der Vorgänge an den Arbeitsplätzen
5. Gewährleistung der Kapazitätsverfügbarkeit für ein gegebenes Zeitintervall

Damit dieser Abgleich reibungslos funktionieren kann, müssen das Customizing und die relevanten Stammdaten korrekt gepflegt sein. Lesen Sie am besten Abschnitt 10.2.2, »Profile des Kapazitätsabgleichs und der erweiterten Auswertung«, sowie Abschnitt 10.2.3, »Voraussetzungen der Kapazitätsterminierung«, einmal nacheinander durch, falls Sie in diesem Bereich unsicher bei der Korrektheit Ihrer Konfigurationen sind.

Erweiterte Kapazitätsauswertung

Die *erweiterte Kapazitätsauswertung* dient der Gewinnung von Informationen über das Verhältnis von Kapazitätsbedarfen und Kapazitätsangebot. Dafür werden erweiterte Anzeigefunktionen bereitgestellt, die auch Ist-Kapazitätsbedarfe, gesplittete Bedarfe und solche aus der Absatz- und Grobplanung (Sales and Operations Planning, SOP) darstellen können. Ihnen stehen diese Sichten der erweiterten Auswertungen zur Verfügung:

- CM50 (Arbeitsplatzsicht)
- CM51 (Einzelkapazitätssicht)
- CM52 (Auftragssicht)

Abbildung 10.19 zeigt beispielhaft eine erweiterte Auswertung aus der Arbeitsplatzsicht in Tagen. Sie erkennen hier eine deutliche Überlast, da offensichtlich viel zu viele Bedarfe an nur einem Tag verortet sind. Wenn die Bedarfe derart komprimiert eingeplant vorliegen, sollten Sie die Dauer der Vorgänge in Ihrem Arbeitsplan und die Formeln der Dauern und Bedarfe im beplanten Arbeitsplatz kontrollieren. Vermutlich hat sich hier ein Fehler eingeschlichen.

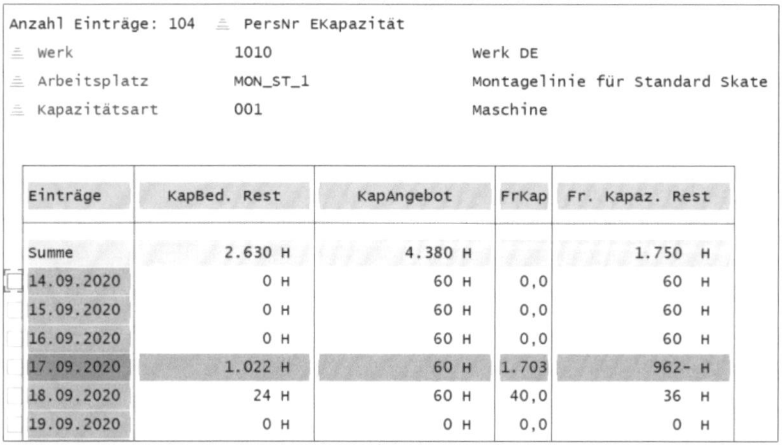

Anzahl Einträge: 104 PersNr EKapazität
Werk 1010 Werk DE
Arbeitsplatz MON_ST_1 Montagelinie für Standard Skate
Kapazitätsart 001 Maschine

Einträge	KapBed. Rest	KapAngebot	FrKap	Fr. Kapaz. Rest
Summe	2.630 H	4.380 H		1.750 H
14.09.2020	0 H	60 H	0,0	60 H
15.09.2020	0 H	60 H	0,0	60 H
16.09.2020	0 H	60 H	0,0	60 H
17.09.2020	1.022 H	60 H	1.703	962- H
18.09.2020	24 H	60 H	40,0	36 H
19.09.2020	0 H	0 H	0,0	0 H

Abbildung 10.19 Deutliche Überlast am Arbeitsplatz in der erweiterten Kapazitätsauswertung der Arbeitsplatzsicht (Transaktion CM50)

Abbildung 10.20 zeigt, wie eine Einplanung aussehen sollte, wenn hinreichend Zeit für die Fertigung eingeplant und die Formeln und Dauern sowie die Auftragsmengen korrekt eingestellt sind. Im Beispiel wurde durch die Korrektur der Einstellungen in Arbeitsplatz und Arbeitsplan mit anschließender Neuterminierung des Planauftrags eine ausgeglichene Verteilung der Bedarfe auf den gesamten zur Verfügung stehenden Zeitraum bis zum Bedarfstermin realisiert. Wir sehen nun eine gleichmäßige Aufteilung der Bedarfe auf die Kapazität des Arbeitsplatzes über alle Werktage unseres Werkskalenders hinweg. Der Auftrag startet nun zudem erst am 19.10.2020, da hier die Rückwärtsterminierung vom Bedarfstermin der Erzeugnisse des Auftrags das Maß vorgibt.

Eine andere Option wäre es, bei hier nur 40 % Auslastung eine andere Strategie und somit ein anderes Strategieprofil in der Einplanung zu verwenden. Damit könnten die Bedarfe für eine hundertprozentige Auslastung der Kapazität vom Tagesdatum an eingeplant werden. So würde eine Vorwärtsterminierung vom aktuellen Tagesdatum aus Sinn ergeben.

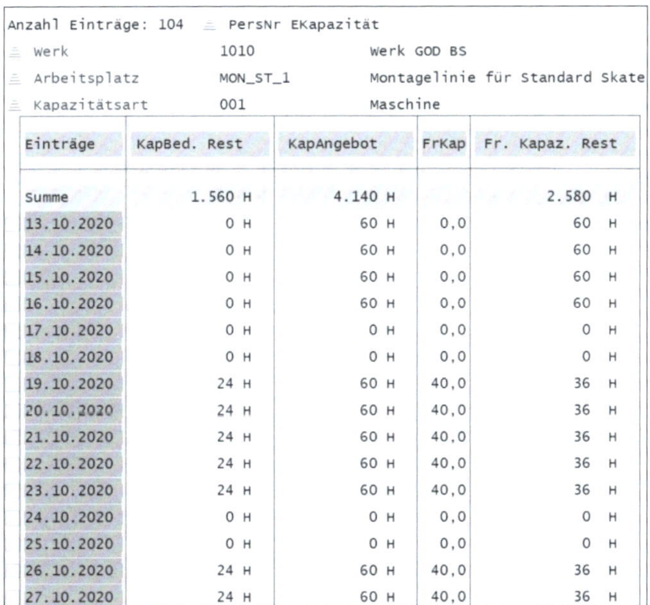

Anzahl Einträge: 104 PersNr EKapazität

Werk 1010 Werk GOD BS

Arbeitsplatz MON_ST_1 Montagelinie für Standard Skate

Kapazitätsart 001 Maschine

Einträge	KapBed. Rest	KapAngebot	FrKap	Fr. Kapaz. Rest
Summe	1.560 H	4.140 H		2.580 H
13.10.2020	0 H	60 H	0,0	60 H
14.10.2020	0 H	60 H	0,0	60 H
15.10.2020	0 H	60 H	0,0	60 H
16.10.2020	0 H	60 H	0,0	60 H
17.10.2020	0 H	0 H	0,0	0 H
18.10.2020	0 H	0 H	0,0	0 H
19.10.2020	24 H	60 H	40,0	36 H
20.10.2020	24 H	60 H	40,0	36 H
21.10.2020	24 H	60 H	40,0	36 H
22.10.2020	24 H	60 H	40,0	36 H
23.10.2020	24 H	60 H	40,0	36 H
24.10.2020	0 H	0 H	0,0	0 H
25.10.2020	0 H	0 H	0,0	0 H
26.10.2020	24 H	60 H	40,0	36 H
27.10.2020	24 H	60 H	40,0	36 H

Abbildung 10.20 Erweiterte Kapazitätsauswertung der Arbeitsplatzsicht nach korrekter Einstellung und erneuter Einplanung (Transaktion CM50)

Der Auftrag wäre dann einige Zeit vor seinem Fälligkeitstermin fertig. Falls dies nicht zu hohe Lagerkosten verursacht, könnte man auf diese Weise Kapazitäten in der mittleren Frist freihalten, um neue, noch unbekannte Aufträge bedienen zu können.

Massenplanung Kapazitätsabgleich

Der *Kapazitätsabgleich* kann auch per Massenverarbeitung als Job eingeplant werden. Hierfür wird über die Transaktion CM40 angegeben, welche Parameter für den jeweiligen Batchplanungslauf verwendet werden sollen. Folgende Parameter sind dabei relevant:

- Der **Jobname** hält die Parameter zusammen und kann auch wieder zum erneuten Anpassen der Parameter verwendet werden. Alle hier getätigten Einstellungen werden unter diesem Namen gespeichert. Mit diesem Namen kann ein entsprechender Job schließlich eingeplant und ausgeführt werden.

- Bei **Bearbeitungsmodus** geben Sie an, ob Sie einen Job anlegen oder (wenn der Name bereits vergeben ist) den Job ändern oder aber löschen wollen.
- Im Feld **Gesamtprofil** geben Sie das entsprechende Gesamtprofil für den Kapazitätsabgleich an. Sehen Sie sich hierzu noch einmal die Konfiguration dieses Profils in Abschnitt 10.2.2, »Profile des Kapazitätsabgleichs und der erweiterten Auswertung«, an.
- Mit dem Kennzeichen **Selektion neu definieren** müssen Sie beim ersten Ausführen des Jobs die Selektionsobjekte neu angeben. Dies kann hilfreich sein, wenn Sie eine ganz bestimmte Auswahl tätigen wollen, ohne dass Sie das Selektionsprofil ändern oder ein neues anlegen müssen.
- Im Bereich **Aktion** müssen Sie festlegen, ob die selektierten Objekte eingeplant, ausgeplant oder per User Exit verarbeitet werden sollen. Was genau im User Exit geschieht, kann dabei frei durch eine ABAP-Entwicklerin bzw. einen ABAP-Entwickler definiert werden.

Im Bereich **Aufruf der Funktion** geben Sie an, was geschehen soll, wenn Sie auf **Ausführen** klicken:

- Über **Parameter sichern** werden die neuen Einstellungen nur gespeichert, der Job wird nicht ausgeführt.
- **Hintergrund-Job einplanen** ermöglicht Ihnen, den Job nicht sofort, sondern zu einer von Ihnen festgelegten Zeit zu starten.
- Alternativ wählen Sie **Hintergrund-Job sofort ausführen**. Hintergrundjobs haben den Vorteil, dass sie in einem separaten Verarbeitungsprozess starten, sodass Sie in Ihrem geöffneten Modus einfach weiterarbeiten können.
- Über **Job sofort online ausführen** wird der Job in Ihrem geöffneten Modus gestartet, d. h., Sie können erst weiterarbeiten, wenn der Job beendet wurde.

Der Vorteil beim sofortigen Onlineausführen ist, dass Sie den Ablauf im Dialog sehen und je nach Einstellungen (und User Exit) noch manuell eingreifen können. Außerdem haben Sie im Dialogmodus die Möglichkeit, das Kennzeichen **Fehlerprotokoll zeigen** anzuhaken, sodass Ihnen das Protokoll direkt nach der Ausführung angezeigt wird. Bei Hintergrundjobs müssten Sie den Job zunächst über die Transaktion SM37 suchen und sich dann dort das Protokoll anzeigen lassen.

10.3.3 Kapazitätsterminierung

Verwendete Transaktionen

- CM21 (Grafische Plantafel: Arbeitsplatzsicht)
- CM22 (Tabellarische Plantafel: Arbeitsplatzsicht)

- CM27 (Grafische Plantafel: Einzelkapazitätssicht)
- CM28 (Tabellarische Plantafel: Einzelkapazitätssicht)
- CM31 (Grafische Plantafel: Auftragssicht)
- CM23 (Tabellarische Plantafel: Auftragssicht)
- SAP-Fiori-App **Kapazitätsplantafel** (App-ID F3951)
- SAP-Fiori-App **Kapazitätsauslastung ermitteln** (App-ID F1523)

Das zielgenaue Einplanen von Aufträgen zur optimalen Verteilung der Kapazitätsbedarfe auf die verfügbaren Kapazitäten wird bei vielen Aufträgen und großen Fertigungswerken schnell sehr mühsam und unübersichtlich. Um dem Kapazitätsplaner die Arbeit etwas zu erleichtern, gibt es die grafische und die tabellarische Plantafel. Für diese Werkzeuge stehen unterschiedliche Transaktionen zur Verfügung, die jeweils eine andere Sicht und somit eine andere Herangehensweise an die Arbeit mit den Plantafeln ermöglichen. Diese Transaktionen haben wir im vorangegangenen Kasten aufgelistet.

Wie die Einplanung mittels der Transaktionen CM21 und CM22 funktioniert und wie die *Kapazitätsterminierung* dabei hilft, die Planungsschritte zu automatisieren, zeigen wir Ihnen jetzt.

Ablauf der Kapazitätsterminierung

Die Durchlaufterminierung berücksichtigt die Dauer von Vorgängen aus dem Arbeitsplan und die Menge des Fertigungsauftrags oder der Planeinteilung. Damit kann man berechnen, wann ein Auftrag starten muss und wie die einzelnen Vorgänge zeitlich liegen. Es können jedoch auch mehrere Aufträge gleichzeitig dieselben Arbeitsplätze beanspruchen, wenn z. B. unterschiedliche Fertigungserzeugnisse zumindest für einzelne Vorgänge denselben Arbeitsplatz benötigen. Hier kommt die Kapazitätsterminierung ins Spiel, die auch die Auslastung der Arbeitsplätze berücksichtigt. Bei der Kapazitätsterminierung wird zunächst eine Durchlaufterminierung ausgeführt, woraufhin dann für jeden Vorgang, jeden Untervorgang und jede Phase geprüft wird, ob die benötigten Arbeitsplätze oder Ressourcen zur terminierten Zeit auch verfügbar sind. Ist das der Fall, erfolgt die Einplanung des Vorgangs. Andernfalls wird der Vorgang gemäß Strategie- und Zeitprofil auf einen anderen Termin verschoben.

Einplanung

Sie können nur solche Arbeitsplätze mit Vorgängen beplanen, bei denen das Kennzeichen **Relevant für Kapazitätsterminierung** gesetzt ist. Der Vorgang erhält mit der Einplanung den Status **EIGP** (eingeplant). Durch eine erneute Kapazitätsterminierung kann der Vorgang wieder umgeplant werden. Ohne eine Einplanung eines Vorgangs (z. B. weil das Kennzeichen im Arbeitsplatz nicht gesetzt ist) wird dieser infinit terminiert. Er wird dann also mit Terminen versehen, ohne dass eventuelle Kapazitätsbedarfe anderer Vorgänge im Kontext betrachtet und bei der Terminierung berücksichtigt werden. Die Einplanungsfunktionen, die in der grafischen und der tabellarischen Plantafel zur Verfügung stehen, haben wir Ihnen bereits im Unterabschnitt »Strategieprofil« in Abschnitt 10.2.3, »Voraussetzungen der Kapazitätsterminierung«, vorgestellt. Je nach Konfiguration werden diese automatischen Funktionen ausgeführt:

- Bilden der Einplanungsreihenfolge
- Vorgangsreihenfolge im Auftrag beachten
- Vorgangsterminprüfung
- Ändern Fertigungsversion bei Fehler
- Mittelpunktterminierung
- Rüstzeitoptimierung

Besonders große Produktionsmengen in der Serienfertigung

Wenn Sie in der grafischen oder der tabellarischen Plantafel stets die Meldung erhalten, dass nicht genügend Kapazitäten im Planungshorizont verfügbar sind, obwohl die Kapazität noch zu 0 % belastet ist, gehen Sie noch einmal in das Startbild der jeweiligen Transaktion und stellen unter **Zeitprofil** einen größeren Planungshorizont ein. Damit sollte die Fehlermeldung behoben sein.

Splitten und Zuordnen

Es gibt auch die Möglichkeit, Kapazitätsbedarfe nach Menge, Zeit oder Teilaufgaben zu splitten. Über *Mengensplits* können Teilmengen eines Fertigungsauftrags von mehreren Einzelkapazitäten parallel bearbeitet werden. Somit können Sie die Produktion bei hinreichend vielen Einzelkapazitäten beschleunigen. Auch eine asynchrone Abarbeitung an verschiedenen Einzelkapazitäten ist möglich. Über den *Vorgabewertsplit* können Sie einem Vorgang andere Vorgabewerte mitgeben, die Mengen werden dann an der Kapazität übernommen. Die Differenz kann gleichzeitig an mehreren Einzelkapazitäten ausgeführt werden. Die beiden Splitarten sind dabei untereinander kombinierbar. Ausführen kann man dies aus der Bearbeitung des Auftrags und über die Plantafel.

Grafische Plantafel

Die *grafische Plantafel* zeigt Ihnen visuell aufbereitet alle Informationen zur Kapazitätsterminierung. Sie können auch hier Vorgänge auf Arbeitsplätzen einplanen. Sie verwenden dafür die Transaktion CM21. Mithilfe der grafischen Plantafel können die einzelnen Kapazitäten an den Arbeitsplätzen uhrzeitgenau durch Kapazitätsbedarfe belegt werden. Die Bedarfe werden dabei entlang einer Zeitachse in ihrer Bearbeitungsreihenfolge dargestellt. Die Gegenüberstellung der Kapazitätsbedarfe und des Kapazitätsangebots auf derselben Zeitachse ermöglicht einen schnellen und intuitiven visuellen Abgleich.

Abbildung 10.21 zeigt dies beispielhaft anhand eines eingeplanten und eines noch ausgeplanten Auftrags für das Erzeugnis ST_STAN_001 und den Arbeitsplatz MON_ST. In der Abbildung ist ebenfalls zu sehen, wie der Zeitraum vor dem konfigurierten Planungshorizont in komprimierter Form angezeigt wird. Diese Art der Darstellung können Sie im Profil der grafischen Plantafel einstellen (siehe dazu auch Abschnitt 10.2.2, »Profile des Kapazitätsabgleichs und der erweiterten Auswertung«).

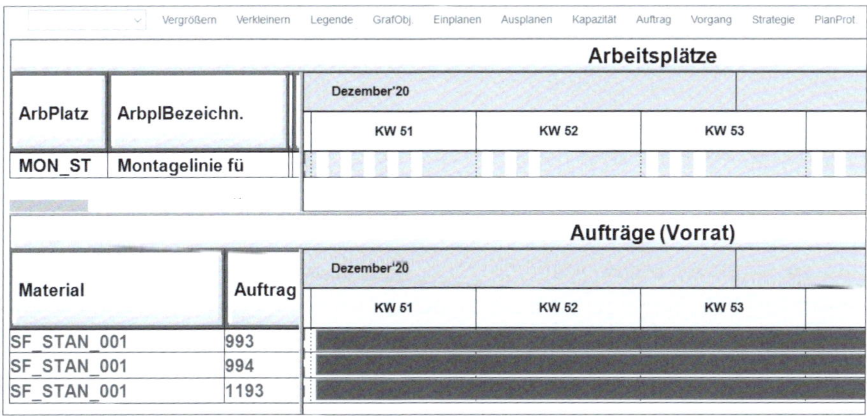

Abbildung 10.21 Ansicht des Kapazitätsangebots (oben) und der Kapazitätsbedarfe (unten) in der grafischen Plantafel (Transaktion CM21)

Wenn Sie nun einen Bedarf manuell einplanen wollen, müssen Sie ihn nur im von Ihnen vorgesehenen Zeitabschnitt ablegen. Markieren Sie dafür den Auftrag im unteren Bildbereich bei **Aufträge (Vorrat)**, er wird dadurch farbig hervorgehoben. Ziehen Sie ihn per Drag-and-drop auf die freie Kapazität des Arbeitsplatzes im oberen Bildabschnitt bei **Arbeitsplätze**. Die hellen Flächen in der Zeile des Arbeitsplatzes (siehe Abbildung 10.22) sind die freien Kapazitäten. Die grauen Flächen sind die Nichtarbeitszeiten, z. B. Wochenenden oder Feiertage oder wie hier im Beispiel auch an Werktagen die Zeiten außerhalb der Arbeitszeiten unserer verwendeten Personalkapazität.

Würden mehrere Arbeitsplätze infrage kommen, so wären im oberen Bild mehrere Zeilen zu sehen. Analog verhält es sich bei mehreren Aufträgen, die jeweils eine Zeile im unteren Bildteil bekämen (siehe Beispiel in Abbildung 10.21). Die verwendete Planungsstrategie aus dem Strategieprofil wird nun beim Einplanen auf den Einplanungsvorgang angewendet. Die Konfiguration des Strategieprofils wurde bereits in

Abschnitt 10.2.3, »Voraussetzungen der Kapazitätsterminierung«, vorgestellt. Über den Menüpfad **Mehr • Einstellungen • Strategie ...** können Sie das Strategieprofil sowohl aus der grafischen als auch aus der tabellarischen Plantafel heraus ändern. Alternativ können Sie auch [F7] drücken. Über den Menüpfad **Mehr • Bearbeiten • Zeitachse posit. auf** können Sie die Zeitachse verschieben, um Einblicke vor und nach dem aktuellen Betrachtungszeitraum zu erhalten.

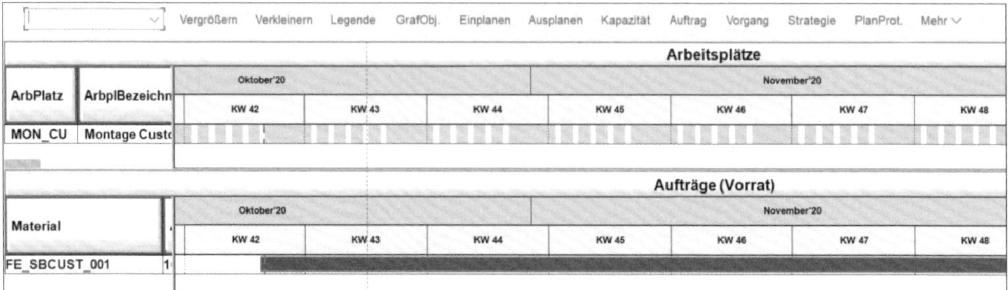

Abbildung 10.22 Vorgang zur Fertigung eines Materials zu einem Auftrag im nicht eingeplanten Zustand (Transaktion CM21)

In Abbildung 10.23 sehen Sie das Ergebnis des eingeplanten Auftrags. Sie sehen auch, dass der Vorrat an Aufträgen nun leer ist (keine Zeile mehr vorhanden). Im oberen Bildteil sind die belegten Kapazitäten nun nicht mehr weiß, sondern rot eingefärbt.

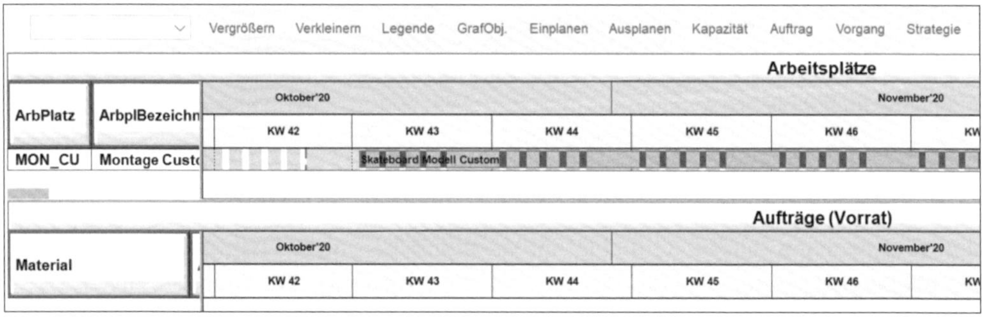

Abbildung 10.23 Vorgang zur Fertigung eines Materials zu einem Auftrag im eingeplanten Zustand (Transaktion CM21)

Es kann jedoch sein, dass diese Kapazität nicht zu 100 % belegt ist. Das sieht man wiederum am besten in der tabellarischen Ansicht. Wenn Vorgänge gemäß den Einstellungen am Arbeitsplatz parallel eingeplant werden dürfen, könnten Sie hier also noch einen zweiten Auftrag hinzufügen. Das kann z. B. sinnvoll sein, wenn Ihr Arbeitsplatz ein bestimmtes Erzeugnis oder Halbfabrikat fertigt, das in verschiedenen Weiterverarbeitungsschritten Verwendung findet, oder wenn Sie gleichzeitig eine moderate Lagerfertigung und einen zusätzlichen Kundenauftrag bedienen wollen. Wenn Sie hingegen unterschiedliche Materialien am selben Arbeitsplatz am gleichen Tag im Wechsel fertigen wollen, müssen Sie eventuelle Rüst- und Abrüstzeiten beachten.

Tabellarische Plantafel

Die *tabellarische Plantafel* zeigt gesammelte Informationen der Kapazitätsbedarfe und Kapazitätsangebote für einen ausgewählten Zeitraum. Hier können Sie die Kapazitätsbelastung der Arbeitsplätze sehen und Vorgänge für Arbeitsplätze einplanen. Wir verwenden hierfür die Transaktion CM22. Darin erhalten Sie Detailinformationen zu eingeplanten und noch offenen Kapazitätsbedarfen und zum Kapazitätsangebot eines Arbeitsplatzes. Alternativ können Sie sich aber auch die Kapazitäten verschiedener Arbeitsplätze parallel anzeigen lassen. Die Ansichten lassen sich im Menü über **Sicht wechseln** ändern.

Abbildung 10.24 zeigt den zuvor in der grafischen Plantafel eingeplanten Bedarf nun in der Ansicht der tabellarischen Plantafel. Sie sehen auch hier die Aufteilung der Informationen in Kapazitätsbedarfe im unteren Bildteil und Kapazitätsangebote des Arbeitsplatzes im oberen Bildteil. Die Periode ist auf Tagesrhythmus eingestellt, und zur Anzeige vorgesehen sind das Kapazitätsangebot der Periode (**KapAngebot**), die bereits für die jeweilige Periode eingeplanten Bedarfe (**Eingeplant**) samt Anteilsberechnung in Prozent und analog der Kapazitätsbedarfsvorrat (**KapBedVorrat**) aus noch nicht eingeplanten Bedarfen der Periode. Diese Aufbereitung der Informationen wird in der Layout-ID des tabellarischen Plantafelprofils festgelegt.

Einplanen   Einplanen   Ausplanen   Planung   Strategie   Sicht wechseln   Auftrag   Mehr

ArbPlatz	KapArt	ArbPlBezeichnung	KapaBezeichnung	AnzEinzKap
MON_CU_1	002	Montage Custom 1	Montage der Cust	5

1 / 1

Periode:	19.10.2020		20.10.2020		21.10.2020		22.10.2020		23.10.2020	
KapAngebot:	35,0		35,0		35,0		35,0		35,0	
Eingeplant:	7,0	20%	7,0	20%	7,0	20%	7,0	20%	7,0	20%
KapBedVorrat:	0,0	0%	0,0	0%	0,0	0%	0,0	0%	0,0	0%

Bedarfe

Ges.Bed:	Spl	Material	Prio	Auftrag	Vorga	ArbPlatz	Kap	Vorgangsmenge	RüstRest	BearReSp
250,5	0	FE_SBCUS		1000520	0010	MON_CU_1	002	500,000	0,500	250,000

Abbildung 10.24 Ansicht des Kapazitätsangebots und der Kapazitätsbedarfe in der tabellarischen Plantafel (Transaktion CM22)

Sie sehen in der Abbildung auch die Funktion **Einplanen**, einmal für das automatische und einmal für das manuelle Einplanen. Beim manuellen Einplanen kann man noch ein gezieltes Datum und eine Uhrzeit mitgeben, das automatische Einplanen übernimmt diese Zuweisung gemäß den Customizing-Vorgaben selbst. Mit der Funktion

Ausplanen wird eine vorhandene Einplanung wieder zurückgenommen. Für das Ein- und Ausplanen markieren Sie den gewünschten Bedarfsverursacher im unteren Bildteil und die Periode oder gleich den Arbeitsplatz als solchen und klicken auf **Einplanen** bzw. **Ausplanen**.

Über die Funktion **Planung** wird das Planungsprotokoll aufgerufen, das eventuelle Fehlermeldungen anzeigt. Der Menüpunkt **Strategie** öffnet das hinterlegte Strategieprofil. Hier können Sie direkt Änderungen vornehmen, was Ihnen für eine schnelle Anpassung den Absprung in das Customizing erspart. Wenn Sie eine Bedarfszeile markieren und auf **Auftrag** klicken, gelangen Sie in die Transaktion zum Ändern des Auftrags. Bei Fertigungsaufträgen ist das die Transaktion CO02, bei Planaufträgen die Transaktion MD12 und bei Prozessaufträgen die Transaktion COR2. Auch das erleichtert durch eine geführte Navigation die Einstellungen zur optimalen Einplanung. Mit einem Klick auf **Zurück** oder durch Drücken der Taste [F3] gelangen Sie dann wieder in die tabellarische Plantafel.

SAP-Fiori-App »Kapazitätsplantafel«

Mit der Rolle **Produktionsplaner** können Sie die SAP-Fiori-App **Kapazitätsplantafel** (App-ID F3951) nutzen. Sie sehen in Abbildung 10.25 beispielhaft einige Arbeitsplätze (jeweils eine Zeile) über einen Zeitraum von einer Woche. Die grünen Balken symbolisieren Vorgänge aus Aufträgen, die den Arbeitsplätzen zugeordnet werden können. Sind mehrere Vorgänge (aus verschiedenen Aufträgen) parallel (in Überschneidung) für den Arbeitsplatz angelegt, so können diese auch in weiteren Zeilen separat angezeigt werden.

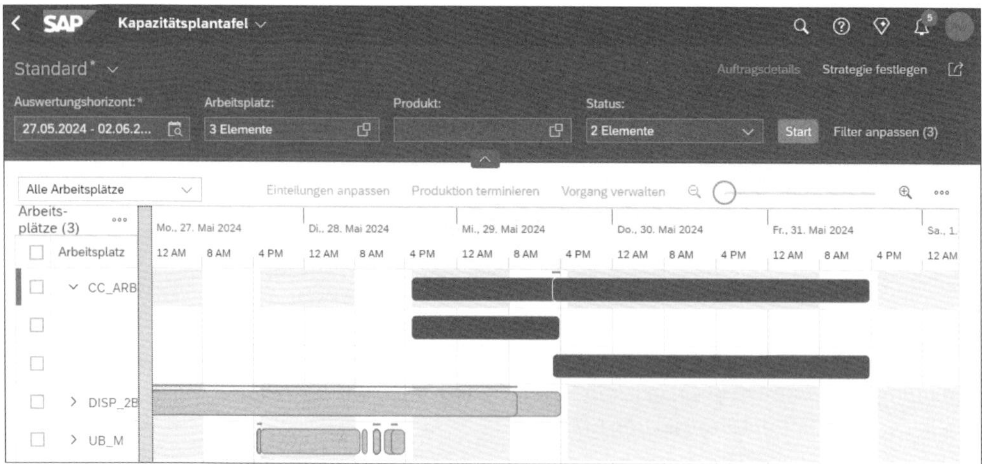

Abbildung 10.25 Die SAP-Fiori-App »Kapazitätsplantafel«

Markieren Sie einen Vorgang, können Sie in die Auftragsdetails abspringen oder die Vorgangsinfos anzeigen lassen. Klicken Sie auf einen Arbeitsplatz, werden verschiedene Absprungmöglichkeiten (z. B. Arbeitsplatz ändern oder Arbeitsplatzkapazität verwalten) geboten.

Über die Funktion **Strategie festlegen** können Sie einstellen, welche Terminierung in der Plantafel ausgeführt werden soll (vorwärts oder rückwärts; mit oder ohne schließen von Lücken). Im Drop-down Menü oben rechts lassen sich entweder alle Arbeitsplätze oder Pacemaker-Arbeitsplätze anzeigen.

Über Pacemaker-Arbeitsplätze können Aufträge, die zu diesem Arbeitsplatz und Vorgang gehören, mit der Funktion **Produktion terminieren** neu eingeplant werden. Wird ein Vorgang auf einem Pacemaker-Arbeitsplatz ausgewählt, kann dieser abhängig von der gewählten Strategie neu eingeplant werden. Über einen Klick auf **Gefilterte Vorgänge** werden alle im Diagramm angezeigten Vorgänge selektiert.

SAP-Fiori-App »Kapazitätsauslastung ermitteln«

Nach der Auswahl des Zuständigkeitsbereichs in den App-Einstellungen können Sie mit der Rolle **Produktionsplaner** die SAP-Fiori-App **Kapazitätsauslastung ermitteln** (App-ID F1523) verwenden. Mit dem Auswertungsprofil werden die zu überwachenden Ressourcen eingestellt und mit dem Auswertungshorizont die zeitliche Eingrenzung vorgegeben. Darüber hinaus können auch hier wieder die fioritypischen Filterfunktionen genutzt werden, um die angezeigte Ergebnismenge der Ressourcen einzugrenzen.

Die resultierende Übersicht zeigt schnell, bei welchen Ressourcen Engpässe vorliegen. Über die Sortierfunktion können die Ressourcen nach verschiedenen Lastkriterien in die gewünschte Reihenfolge gebracht werden (z. B. das jüngste Überlastdatum zuerst oder nach der höchsten Überlast absteigend). Klicken Sie auf eine Zeile, gelangen Sie in die Detailsicht (siehe Abbildung 10.26).

Sie sehen, dass für den ersten und den vierten Tag im betrachteten 14-Tage-Horizon eine deutliche Überlast angezeigt wird. Die beiden Tage dazwischen sind Wochenendtage, an denen nicht produziert und somit gemäß Werkskalender auch nichts eingeplant wird.

In unserem Beispiel liegt die Überlast an parallel eingeplanten Planaufträgen, welche noch nicht umgesetzt wurden. In der App wird über diese Ansicht hinaus noch die Möglichkeit geboten, die betroffenen Aufträge über die Funktion **Bearbeiten** umzuplanen, zu fixieren oder auszuplanen, um die Auslastung möglichst gleichmäßig auf 100 % zu verteilen. Eine andere Möglichkeit wäre es, die Planaufträge in Fertigungs- oder Prozessaufträge umzusetzen und dabei neu zu terminieren oder im Falle von Materialien, die auch neben der Eigenfertigung auch zur Fremdbeschaffung zugelassen sind, Bestellungen anzulegen. Neben der hier gezeigten Auslastungssicht kann auch eine Materialsicht (wenn mehrere Materialien an einer Ressource verarbeitet werden), eine Unterteilung der Last nach Auftragsarten oder eine Ansicht unterteilt nach Aktivitäten (wie Rüsten, Produzieren und Abrüsten) gewählt werden. Auch über das zusammenlegen von Aufträgen, die dieselben (Ab-)Rüstaktivitäten haben, kann Zeit gespart und somit Kapazität gewonnen werden.

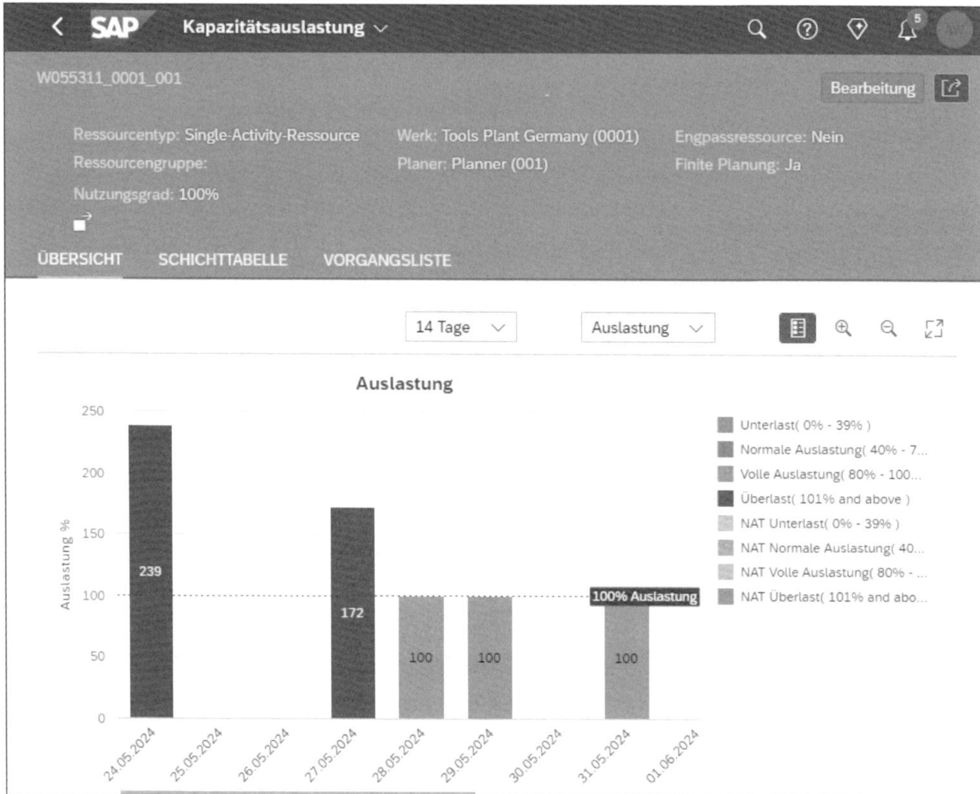

Abbildung 10.26 Die SAP-Fiori-App »Kapazitätsauslastung ermitteln«

Kapitel 11
Produktions- und Feinplanung (Detailed Scheduling, PP/DS)

Die Produktions- und Feinplanung (Detailed Scheduling) in SAP S/4HANA (PP/DS) ist die Planungslösung, mit der Mengen- und Kapazitätsbedarfe simultan geplant werden können. Ihre Verwendung führt zu einer direkt umsetzbaren Lösung.

Mit *Embedded PP/DS in SAP S/4HANA* (im Folgenden der Einfachheit halber kurz als *SAP S/4HANA PP/DS* bezeichnet) wird eine Lösung innerhalb von SAP S/4HANA bereitgestellt, die neben der Erzeugung von Bedarfsdeckern (Planaufträgen und/oder Bestellanforderungen) auch die Auftragstermine sowie die Ressourcenbelegungen berücksichtigt.

11.1 Einführung

SAP S/4HANA PP/DS kann als ein paralleler Planungsraum innerhalb der Gesamtlösung angesehen werden, in dem optional eine integrierte Produktions- und Feinplanung durchgeführt werden kann (siehe Abbildung 11.1).

Die Nutzung der PP/DS-Funktionalität führt zu einem Produktionsprogramm, das anschließend in der Fertigung realisiert wird. Auf diese Möglichkeiten sind wir in Kapitel 8, »Programmplanung«, Kapitel 9, »Materialbedarfsplanung (MRP)«, und Kapitel 10, »Kapazitätsplanung«, ausführlich eingegangen. Bei ausreichenden Kapazitäten stellt diese Methode eine geeignete Strategie zur Erstellung eines Produktionsplans dar.

Eine wesentliche Restriktion besteht in dem zugrunde liegenden Kapazitätsangebot. Die Produktionsplanung in SAP S/4HANA geht von einem unbeschränkten Kapazitätsangebot aus. Im Rahmen einer nachgelagerten Kapazitätsplanung wird das erstellte Programm auf seine Machbarkeit hin geprüft. Sollte der Produktionsplan aufgrund unzureichender Kapazitäten nicht realisierbar sein, wird er zur Anpassung von der Kapazitätsplanung an die Produktionsplanung zurückgegeben oder manuell im Rahmen der Kapazitätsplanung nachbearbeitet. Ein im Verlauf angepasster Produktionsplan würde so lange das gleiche Prozedere durchlaufen, bis er mit den zur Verfügung stehenden Kapazitäten realisierbar ist (*Sukzessivplanung*).

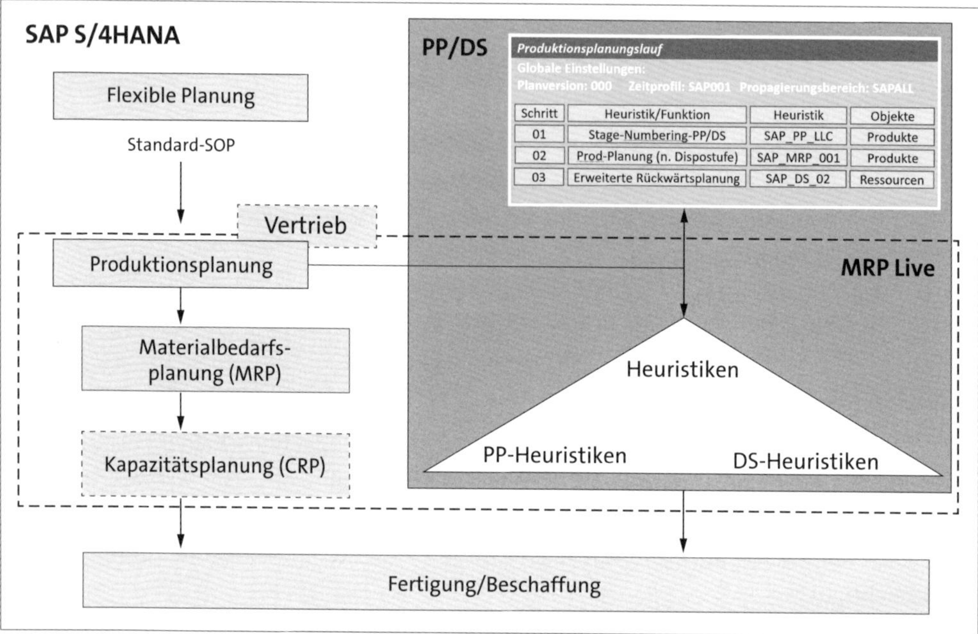

Abbildung 11.1 Produktions- und Feinplanung in SAP S/4HANA

Der (historische) Grund für diese Vorgehensweise ist die Tatsache, dass eine simultane Bedarfs- und Kapazitätsplanung in SAP ECC aufgrund zu komplexer Berechnungsmethoden nicht in einer akzeptablen Zeit durchgeführt werden konnte. Somit war die Erstellung eines machbaren Plans in SAP ECC nur mit einem mehr oder minder großen manuellen Aufwand möglich. Dieser Aufwand vergrößert sich mit steigender Komplexität des gesamten Herstellungsprozesses (Anzahl der zu planenden Dispositionsstufen) und gegebenenfalls mehrfacher kapazitativer Engpässe exponentiell.

Im Laufe der Zeit wurde die Forderung nach einer Lösung immer lauter, die beide Aspekte (simultan) berücksichtigt. Aufgrund der vorherrschenden technischen Systemstruktur wurde die Entwicklung einer erweiterten Produktionsplanung in ein separates System, basierend auf einem liveCache, ausgelagert. Der liveCache ist dabei auch eine Datenbank, die sich jedoch im Hauptspeicher der Lösung befindet. Es wurde also eine objektbasierte Erweiterung eines MaxDB-Datenbanksystems ausgeliefert, die speziell für das Verwalten komplexer Objekte entwickelt worden ist.

Zu den komplexen Objekten zählte zu Beginn insbesondere die in logistischen Lösungen wie SAP Supply Chain Management (SCM) oder SAP Advanced Planning and Optimization (SAP APO) verwendete Funktionalität der Produktions- und Feinplanung, kurz *PP/DS* (*Production Planning and Detailed Scheduling*). Neben der Produktions- und Feinplanung wurden folgende weitere Planungslösungen in diesem Umfeld bereitgestellt:

- **Demand Planning (DP)**

  Das Demand Planning (SAP-APO-Absatzplanung), kurz DP, ist ein Pendant zur Absatz- und Produktionsgrobplanung (SAP Sales and Operations Planning, SOP bzw. flexible Planung) aus SAP ECC, das ebenfalls für eine Prognose zukünftiger Nachfrage genutzt werden kann. Neben der Berücksichtigung zahlreicher verschiedener Kausalfaktoren stehen im Rahmen der SAP-APO-Absatzplanung verschiedenste statistische Prognoseverfahren und erweiterte Makrotechniken zur Verfügung. Auch Promotions- bzw. Prognosekorrekturen können hiermit problemlos abgebildet werden.

- **Supply Network Planning (SNP)**

  Supply Network Planning, kurz SNP, ist eine Lösung zur Planung eines Netzwerks. Ausgehend von einem Absatzplan (z. B. aus dem Demand Planning) ermittelt SNP einen zulässigen kurz- bis mittelfristigen Plan zur Deckung der geschätzten Absatzmengen. Dieser Plan deckt sowohl die Bedarfe, die mit einem Transportmittel zwischen zwei Werken transportiert werden müssen (z. B. vom Distributionszentrum zum Kunden oder vom Produktionswerk zum Distributionszentrum), als auch die zu produzierenden und zu beschaffenden Mengen.

  SNP stellt somit eine Lösung dar, die neben den eigenen Werken bei Bedarf auch Kunden und Lieferantenbestände/-bedarfe mitberücksichtigen kann. Für sie gibt es somit kein Pendant in SAP ECC, das ausschließlich die Planung auf Werksebene ermöglicht.

- **Global ATP (gATP)**

  Auch die Verfügbarkeitsprüfung in SAP APO – *Global ATP* (Global Available-to-Promise) – ist eine funktionale Erweiterung von SAP ECC. Alle in SAP ECC verfügbaren Funktionen wurden in SAP APO als sogenannte Basisfunktionen bereitgestellt. Daneben bestand die Möglichkeit zur Nutzung erweiterter Funktionen. Hierzu gehörten insbesondere eine regelbasierte Verfügbarkeitsprüfung (Ausweitung der Verfügbarkeitsprüfung auf ausgewählte Werke, basierend auf bei Bedarf hochkomplexen Regelwerken), der optionale Anstoß einer Produktion durch Aufruf des integrierten PP/DS im Rahmen der Verfügbarkeitsprüfung (Capable-to-Promise, CTP) sowie die Bereitstellung einer (event-) gesteuerten Rückstandsbearbeitung.

Für solche Lösungen müssen große Mengen von Daten ständig erreichbar und änderbar sein. Mit der SAP-liveCache-Technologie können Datenstrukturen und Datenströme (wie Netzwerke und Beziehungen) leichter und effektiver abgebildet werden.

Im Gegensatz zu einer MaxDB befinden sich bei einer SAP-liveCache-Datenbankinstanz bei optimaler Konfiguration alle Daten, auf die das Datenbanksystem zugreifen muss, im Hauptspeicher. Dieser Aspekt ist ein weiterer Grund dafür, dass die genannten Lösungen in einem SAP-ECC-System nicht angeboten wurden.

Eine wie in diesem Szenario verteilte Systemlandschaft hingegen stellte hohe Ansprüche an die Schnittstelle zwischen den beiden Systemen SAP SCM und SAP ECC. Diese (Echtzeit-)Schnittstelle, das sogenannte *Core Interface* (CIF), wurde aufgrund des damit ständigen Datenaustauschs notwendig. Auch im Hinblick auf die Datensicherung und das Einspielen von Updates stieg die Komplexität, sodass kundenseitig der Wunsch bestand, dass die in SCM-PP/DS zur Verfügung gestellte Funktionalität auch in einer SAP-ECC-Lösung bereitgestellt wird.

SAP S/4HANA stellt eine neue Architektur dar. Diese Architektur wurde vom Hasso-Plattner-Institut und der Stanford University mit dem Ziel entwickelt, die Analyse großer Datenmengen in Echtzeit zu gewährleisten. Somit lag ein erstes Einsatzgebiet im Bereich des Business Warehouse, einer Lösung zur Analyse (sehr) großer Datenmengen. Basierend auf den hierbei gewonnenen Erfahrungen stellte sich nun die Frage, ob mit der Verwendung einer SAP-HANA-Datenbank in einem SAP-ECC-System die seinerzeit aus Performancegründen ausgelagerte Funktionalität von SCM/SAP APO wieder zurück integriert werden kann. Diese Lösung, die ein Vorläufer von SAP S/4HANA ist, wurde unter dem Begriff *ECC on HANA* bekannt. Sie stellte alle eingangs genannten SAP-APO-Komponenten nun innerhalb eines ECC-Systems zur Verfügung, jedoch mit immer noch redundanten Datenstrukturen. Dies ist einer der Gründe, die zur Entwicklung der komplett neuen Lösung SAP S/4HANA führten.

Im Rahmen der Entwicklung wurde entschieden, die Funktionen der Bereiche SCM-DP und SCM-SNP in einer neuen, cloudbasierten Lösung bereitzustellen, *SAP Integrated Business Planning for Supply Chain*, die dabei ein Tool für eine bereichsübergreifende Echtzeitplanung und -analyse der gesamten Lieferkette darstellt. Die beiden SAP-APO-Lösungen, PP/DS und Global ATP, sollten hingegen wieder in SAP S/4HANA integriert werden, wobei hier unterschiedliche Ansätze verfolgt wurden. So war es möglich, das vorhandene Coding der Lösung SCM-PP/DS innerhalb eines SAP-S/4HANA-Systems weiterhin zu verwenden. Dies ist auch der Grund dafür, dass die Transaktionen zum Aufruf der PP/DS-Funktionalität alle mit /SAPAPO/ beginnen.

Es ist jedoch zu betonen, dass es sich bei der Produktions- und Feinplanung für SAP S/4HANA nicht um einen Rechtsnachfolger der PP/DS-Komponente von SAP SCM handelt. Für den Bereich SCM-gATP hingegen hat SAP sich entschieden, eine adäquate Funktionalität als *Advanced ATP* (aATP) neu zu entwickeln.

Um die PP/DS-Funktionalität nutzen zu können, muss sie im Customizing der Basiseinstellungen zur erweiterten Planung aktiviert werden.

11.2 Materialstammdatenintegration und Core Interface

Verwendete Transaktionen

- MM02 (Material ändern)
- SMQR (qRFC-Monitor)
- CFC9 (Zielsystemunabhängige Einstellungen im CIF ändern)
- CURTOADV_CREATE (Übertragung von Produktionsdatenstrukturen: PP/DS auf ERP)

Aufgrund der im vorherigen Abschnitt beschriebenen Vorgehensweise kann Embedded PP/DS als »Extension« innerhalb einer SAP-S/4HANA-Lösung angesehen werden. Die Entscheidung, ob ein Material gemäß der Philosophie in SAP S/4HANA oder in der erweiterten PP/DS-Lösung geplant wird, erfolgt weiterhin über ein integriertes Core Interface. Dies bedeutet, dass für die Nutzung der PP/DS-Funktionalität auch in SAP S/4HANA ein CIF-Customizing über die Grundeinstellungen für den Aufbau der Systemlandschaft notwendig ist. Das Gleiche gilt für die aus SCM/SAP APO bekannten CIF-Queues (Transaktion SMQR). Hingegen ist das Pflegen einer Verteildefinition oder von Veröffentlichungstypen nicht mehr notwendig, da PP/DS Bestandteil von SAP S/4HANA ist.

Die Planung in SAP S/4HANA-PP/DS beruht auf den (Stamm-)Daten von SAP S/4HANA. Das heißt, diese Daten werden PP/DS in SAP S/4HANA zur Verfügung gestellt. Aufgrund der Nutzung des PP/DS-Codings innerhalb von SAP S/4HANA erfolgt weiterhin die in Abbildung 11.2 dargestellte Integration der Stammdaten.

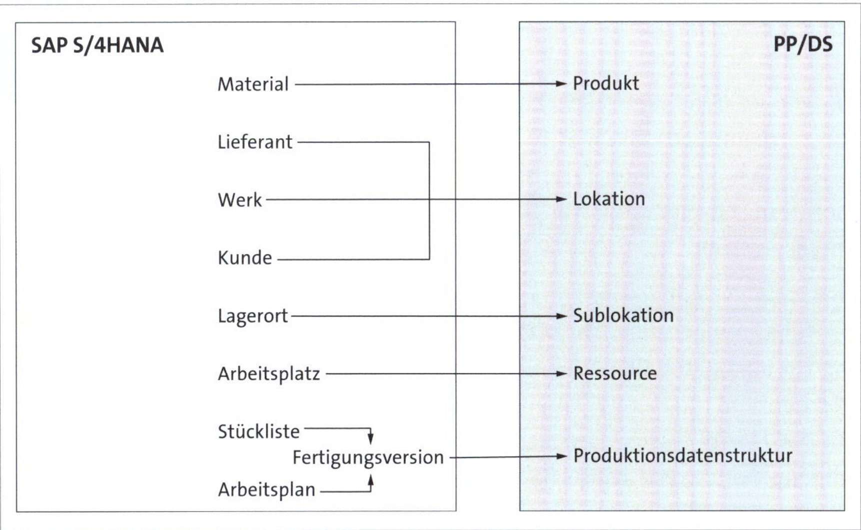

Abbildung 11.2 Stammdatenintegration von PP/DS und SAP S/4HANA

Während in der Datenstruktur, d. h. der Zuordnung der Stammdaten von SAP S/4HANA zu PP/DS, keine Veränderungen stattgefunden haben, erfolgt die eigentliche Durchführung der Übertragung grundsätzlich unterschiedlich.

Für die Übertragung von Werken, Lieferanten und Kunden in SAP S/4HANA als Lokation ins PP/DS wird weiterhin ein Integrationsmodell ❶ gemäß der Vorgehensweise in einem SCM-PP/DS-Szenario benötigt. Das Gleiche gilt für Produktionsversorgungsbereiche, Kontrakte, Lieferpläne und Einkaufsinfosätze. Hinzu kommt eine geringere Anzahl materialunabhängiger Objekte, wie z. B. Klassen, Merkmale, Rüstgruppen etc. Für alle sonstigen Stammdaten erfolgt die Übertragung durch eine Aktivierung des Felds **Erweiterte Planung** im jeweiligen Stammdatum (siehe Abbildung 11.3).

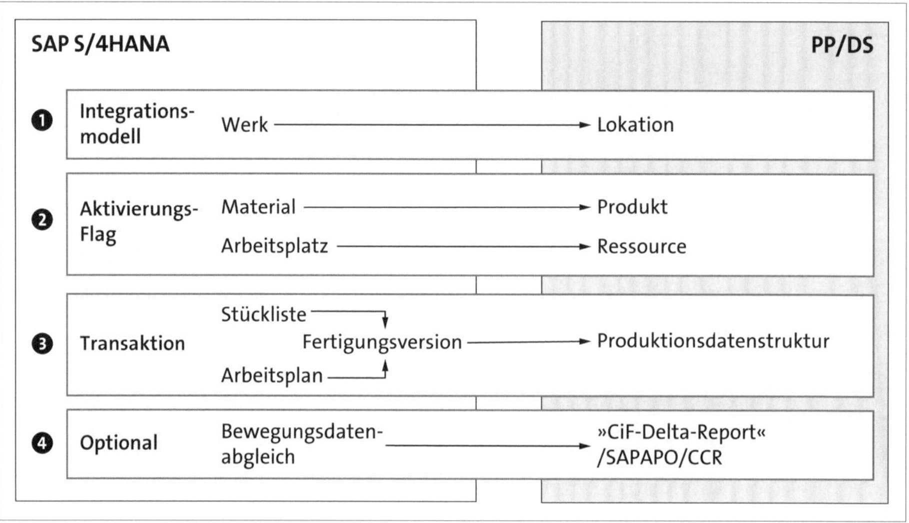

Abbildung 11.3 Reihenfolge bei Aktivierung der erweiterten Planung

Änderungen an den Stammdaten des Lokationsprodukts können lediglich auf der neu zur Verfügung gestellten Sicht **Erweiterte Planung** im SAP-S/4HANA-Materialstamm durchgeführt werden (Transaktion MM02). Hiermit besteht nun eine eindeutige Zuordnung der Verantwortlichkeit, die einer potenziellen Stammdateninkonsistenz entgegenwirkt.

Auf der Basis eines Integrationsmodells für das Werk zur Übertragung als Lokation in PP/DS erfolgt im nächsten Schritt ❷ eine Aktivierung des Kennzeichens **Erweiterte Planung** für alle Materialien, die zukünftig in PP/DS geplant werden sollen. Dieses Kennzeichen wird für die relevanten Materialien auf der gleichnamigen (neuen) Sicht im Materialstamm gesetzt. Das Sichern dieser Änderung führt zu einer sofortigen Übertragung durch systeminterne Generierung und Aktivierung im Hintergrund. Analog erfolgt eine Übertragung der Arbeitsplätze als Ressource. Hierzu wird eine Aktivierung im Bereich der Grunddaten zum Arbeitsplatz vorgenommen. Damit ist die Existenz von Materialien und Arbeitsplätzen in PP/DS gewährleistet.

Bei der Übertragung der Arbeitsplätze als Ressourcen in PP/DS gibt es eine weitere Besonderheit. Auch in einem SAP-S/4HANA-PP/DS-Szenario gibt es unterschiedliche Optionen, um das Kapazitätsangebot zur Planung zu definieren, in PP/DS oder in SAP S/4HANA:

- **Pflege in PP/DS**

  Die Pflege des Kapazitätsangebots erfolgt in PP/DS. Aus SAP S/4HANA werden lediglich die Kopfdaten der Arbeitsplatzkapazitäten übergeben (für die eine Änderungsübertragung möglich ist). Über dieses Pauschalangebot hinausgehende Angebotsintervalle werden in PP/DS gepflegt. Hierbei kann in der SAP-S/4HANA-Arbeitsplatzkapazität oder über die Transaktion CFC9 definiert werden, ob die SAP-APO-Ressourcen als Single- oder Multiressource angelegt werden sollen.

- **Pflege in SAP S/4HANA**

  Alternativ ist eine vollständige Pflege des Kapazitätsangebots auch in SAP S/4HANA möglich. Hier angelegte Angebotsintervalle werden also für die Planung in PP/DS herangezogen (Kennzeichen **Externe Kapazität**). Gegebenenfalls in PP/DS gepflegte Angebotsintervalle spielen für die Planung keine Rolle, allenfalls eventuell hinterlegte Ausfallzeiten werden berücksichtigt. Auch für dieses Vorgehen sind die Ressourcen für die erweiterte Planung zu aktivieren. In diesem Fall, und nur dann, erscheint in den Kopfdaten der Kapazitätsart eine weitere Schaltfläche: **APO-Ressource**. Hier können Einstellungen, wie z. B. eine Relevanz für die Kapazitätsplanung, ein Finitheitsgrad und weitere PP/DS-relevante Parameter, festgelegt werden. Die Ressourcendaten sind relevant für die Planung der Auftragstermine unter Berücksichtigung der Arbeitszeiten und des Kapazitätsangebots der Ressourcen. Sie haben somit insbesondere in der Feinplanung eine hohe Relevanz.

  Hinsichtlich der Nutzung der Ressource unterscheidet man zwischen Single-Activity- und Multi-Activity-Ressourcen: Während an einer *Single-Activity-Ressource* (z. B. einer konventionellen Drehmaschine) zu einem Zeitpunkt nur eine Aktivität durchgeführt werden kann, können an einer *Multi-Activity-Ressource* (z. B. einem großen Härteofen) mehrere Aktivitäten gleichzeitig durchgeführt werden. Auch dieser Aspekt rückt im Rahmen der Feinplanung noch einmal in den Mittelpunkt der Betrachtung.

Im nächsten Schritt ❸ müssen nun die Fertigungsversionen, eine (konsistente!) Kombination aus Stückliste und Arbeitsplan, aus SAP S/4HANA in PP/DS übertragen werden. Ein (optionaler) Konsistenzscheck unterstützt Sie dabei. Abweichend von der bisherigen Vorgehensweise erfolgt diese Übertragung nicht durch das Setzen eines Aktivierungskennzeichens. Die Übertragung der Fertigungsversion als Produktionsdatenstruktur (PDS) erfolgt unter Verwendung der Transaktion CURTOADV_CREATE (PDS-Übermittlung [PP/DS]), die im Bereich der Stammdaten in SAP S/4HANA zu finden ist. Dabei ist neben der Planversion 000 optional eine Eingrenzung der zu übertragenden Materialien sowie eine absolute Übertagung bzw. eine Änderungsübertragung möglich. Nach Durchführung der Übertragung informiert ein Protokoll über deren Erfolg.

Die Auswahl der zugrunde liegenden Bewegungsdaten in einem SAP-S/4HANA-PP/DS-Szenario wird nicht über Aktivierungskennzeichen, sondern über den Bereich **Einstellungen für Datenübertragung** gesteuert, der in den Basiseinstellungen im Customizing zu finden ist.

Als letzter Schritt ❹ zur Nutzung der erweiterten Planung kann nun noch ein *Konsistenzcheck* hinsichtlich vorhandener Bewegungsdaten durchgeführt werden. Dieser optionale Check dient dem Abgleich der Bewegungsdaten aus SAP S/4HANA mit denen in PP/DS. Hiermit kann ein gegebenenfalls vorhandener Datenschiefstand behoben werden. Ein solcher Schiefstand entsteht insbesondere dadurch, dass im Vorfeld der Aktivierung der Materialien für die erweiterte Planung schon Bewegungsdaten (Bestände, Bedarfe, Zugänge) in SAP S/4HANA bestanden. Diese werden bei erstmaliger Aktivierung der Materialien nicht mit abgeglichen. Ein Datenaustausch nach erfolgter Aktivierung ist hingegen sichergestellt.

Damit haben Sie nun alle notwendigen Schritte zur Nutzung der PP/DS-Funktionalität in SAP S/4HANA durchgeführt.

11.3 Ziele und Ablauf der Planung

Verwendete Transaktionen

- MM02 (Material ändern)
- /SAPAPO/CURTO_EDIT (Produktionsdatenstruktur ändern)
- CURTOADV_CREATE (Übertragung von Produktionsdatenstrukturen: PP/DS auf ERP)
- /SAPAPO/CDPS0 (Feinplanungstafel)
- Menüpfad: **Erweiterte Planung • Feinplanung • Heuristiken in der Feinplanung**
- Menüpfad: **Erweiterte Planung • Feinplanung • Einstellungen zur Feinplanungstafel**

Aus rein betriebswirtschaftlicher Sicht ist die Planung in SAP S/4HANA und PP/DS identisch. Ziel beider Planungsansätze ist die Deckung relevanter Bedarfe zum Bedarfstermin.

11.3.1 Bedarfsstrategien

Ob ein Bedarf für die Planung relevant ist, wird in der Bedarfsstrategie von PP/DS definiert. Diese lässt sich wiederum aus der Planungsstrategie von SAP S/4HANA ableiten: Es besteht ein festes Mapping zwischen den (Standard-)Planungsstrategien in SAP S/4HANA und den Bedarfsstrategien in PP/DS. Während der technische Schlüssel in beiden Lösungen unterschiedlich ist, hilft eine Orientierung an der Beschreibung der Strategien, die jeweils identisch sind. Als grobe Orientierung hilft des Weiteren die *Minus-20-Regel*. Das heißt, der PP/DS-Strategieschlüssel entspricht dem SAP-S/4HANA-Strategieschlüssel minus 20 (siehe Abbildung 11.4).

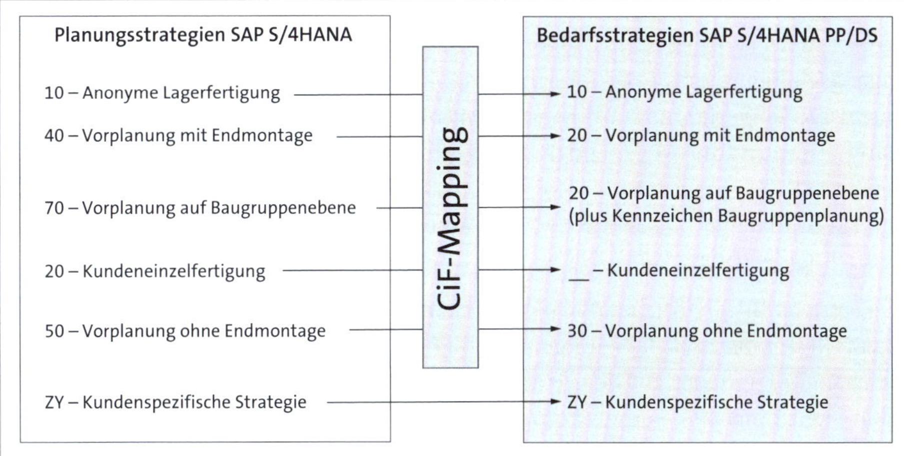

Abbildung 11.4 Mapping-Strategien in SAP S/4HANA und PP/DS

Eine Ausnahme von dieser »Regel« stellt die Strategie 10 dar, die in diesem Kontext zur nicht zulässigen »–10« würde und somit weiterhin als Strategie 10 abgebildet wird. Die andere Ausnahme ist die Strategie 70, die in die Bedarfsstrategie 20 plus ein Baugruppenkennzeichen umgeschlüsselt wird.

Die vorgenannte Logik ist in der Schnittstelle fest codiert, trifft jedoch nur für die Standardstrategien zu. Kundenspezifische Strategien im Y- und Z-Namensraum, die auch weiterhin verwendet werden können, werden 1 : 1 übertragen. Bei einer Aktivierung einer Material-Werks-Kombination für die erweiterte Planung wird dieses Mapping vom System angewendet.

Des Weiteren ist mit dem Mapping sichergestellt, dass die Bedarfe gemäß Ihrer Planungsstrategie sowohl in SAP S/4HANA als auch in PP/DS adäquat geplant werden und die Verrechnung in beiden Lösungen übereinstimmt.

11.3.2 Nettobedarfsrechnung und Losgrößenberechnung

Wie in SAP S/4HANA ist auch in PP/DS die Existenz einer Unterdeckung Voraussetzung für den Anstoß einer Planung. Das heißt, ohne vorhandene Unterdeckung führt auch SAP S/4HANA PP/DS keine Veränderungsplanung durch.

Der erste Schritt ist somit auch hier die *Nettobedarfsrechnung*. Dabei wird ein Abgleich zwischen dem dispositiv verfügbaren Bestand, einschließlich fester Zugänge (Bestellungen, Fertigungsaufträge, fixierte Planaufträge, fixierte Bestellanforderungen etc.), und den Bedarfen zuzüglich des Sicherheitsbestands durchgeführt. Wird im Rahmen dieses Abgleichs festgestellt, dass der Bestand zuzüglich fester Zugänge nicht ausreicht, um die relevanten Bedarfe (inklusive eines optionalen Sicherheitsbestands) zu decken, liegt eine Unterdeckung vor. Zu deren Beseitigung erzeugt PP/DS Zugangselemente unter Berücksichtigung des zugeordneten Losgrößenverfahrens. Das Losgrößenverfahren stammt aus dem Lokationsprodukt, was wiederum aus dem Materialstamm von SAP S/4HANA befüllt wird. Eine Änderung des Losgrößenverfahrens in SAP S/4 HANA führt analog der Einstellungen in der Änderungsübertragung von Stammdaten (Transaktion CFC9) zu einer sofortigen Anpassung der Losgrößeneinstellung in PP/DS.

Aus betriebswirtschaftlicher Perspektive ist die Produktionsplanung in SAP S/4HANA identisch mit der erweiterten Planung in PP/DS. Beide Planungen beruhen auf den gleichen Stammdaten, die der »Hoheit« von SAP S/4HANA unterliegen. Aus technischer Sicht hingegen werden komplett unterschiedliche Strukturen genutzt. Während sich der zugrunde liegende Planungsalgorithmus bei einer Planung in SAP S/4HANA im Coding von SAP S/4HANA befindet, erfolgt die Planung in PP/DS basierend auf Heuristiken, die im Customizing definiert und im Rahmen der Planung ausgeführt werden. Heuristiken stellen den Kern der Planungsfunktionalität in PP/DS dar und werden deshalb im darauf folgenden Abschnitt genauer betrachtet (siehe dazu auch den SAP-Standard und die Systemdokumentation).

In den Vorgänger-Releases bis einschließlich SAP S/4HANA 2022 wurde ein Sicherheitsbestands in SAP S/4HANA und SAP S/4HANA-PP/DS unterschiedlich gehandhabt. In SAP S/4HANA wurden entsprechende Konfigurationen im Materialstamm in der Sicht **MRP2** durchgeführt. Hierzu zählten insbesondere die in Abbildung 11.5 dargestellten Optionen.

Der (statische) **Sicherheitsbestand** ❶ gibt die Menge an, die das System zusätzlich zu den bestehenden Bedarfen decken soll, um einen zukünftigen, unerwartet hohen Bedarf zu befriedigen. Beim statischen Sicherheitsbestand (SB) handelt es sich um eine fixe Sicherheitsbestandsmenge, die im Laufe der Zeit nicht variiert. Ihre Höhe wird aus dem Materialstamm abgeleitet und bei der Planung berücksichtigt. Sicherheitsbedarfe sind aus Sicht der Planung immer zusätzliche Bedarfe. Beim statischen Sicherheitsbestand handelt es sich zudem um den (zeit)kritischsten Sicherheitsbestand, da er einen Bedarf für den heutigen Tag darstellt.

Sicherheitsbestand: 0 ST ❶
Reichweitenprofil: ❹
Minimaler Sicherheitsbestand: 0 ST ❷
Bedarfsvorlaufkennzeichen: Bedarfsvorlauf nicht berüc...
Bedarfsvorlaufzeit: 0 TAG ❸
Bedarfsvorlaufzeit Periodenprofil:
Lieferbereitschaftsgrad Lager: 0 %

Abbildung 11.5 Optionen der Sicherheitsbestandsplanung in SAP S/4HANA

Der *Minimale Sicherheitsbestand* ❷ stellt eine Teilmenge des Sicherheitsbestands dar. Er definiert die untere Grenze des Sicherheitsbestands, die niemals unterschritten werden soll (eiserner Bestand).

Die *Bedarfsvorlaufzeit* ❸ ist ein zeitlicher Sicherheitsbestand. Er bewirkt, dass Bedarfe in der Bedarfsplanung um die hier hinterlegte Anzahl an Arbeitstagen terminlich vorgezogen werden.

Das *Reichweitenprofil* ❹ ist im Customizing definiert. Es beinhaltet die Parameter zur Berechnung eines dynamischen Sicherheitsbestands. Hierbei handelt es sich um eine statistische Berechnung des Sicherheitsbestands auf Basis durchschnittlicher Tagesbedarfe.

Bis zum SAP S/4HANA Release 2022 erfolgte die Anwendung von Sicherheitsbeständen im PP/DS grundlegend anders. Ihr lag die Verwendung der Service-Heuristik SAP_PP_018 (Erzeugung von Sicherheitsbeständen im LC) zugrunde. Die hier berücksichtigten Sicherheitsbestände wurden dynamisch ermittelt.

Mit SAP S/4HANA Release 2023 wurde die Funktionalität der Sicherheitsbestandsplanung erweitert und gleichzeitig eine Angleichung dieser Funktionalität in PP/DS vorgenommen. Dieser erweiterte Funktionsumfang steht jedoch nur im SAP-Fiori-Umfeld (On-Premise- oder Cloud-Edition) zur Verfügung.

Auf der Basis der in **Disposition 2** hinterlegten Parameter für die Sicherheitsbestandsplanung erfolgte automatisch eine Übertragung der Konfiguration in die Sicht **Erweiterte Planung**. Die Zuordnung der Einstellungen folgte dabei der in Tabelle 11.1 dargestellten Logik.

Dispositions-merkmal	Sicherheits-bestand (Dispo 2)	Bedarfs-vorlaufszeit (Dispo 2)	Kennzeichen »Automatische Ermittlung« (Erweiterte Planung	PP/DS-Sicher-heitsbestands-methode (automatisch ermittelt)
nicht relevant	leer	leer	aktiv	leer
nicht relevant	gefüllt	leer	aktiv	SB
nicht relevant	leer	gefüllt	aktiv	SZ
nicht relevant	gefüllt	gefüllt	aktiv	SB
verbrauchs-gesteuert	nicht relevant	nicht relevant	aktiv	leer

Tabelle 11.1 Automatische Ermittlung der PP/DS-Sicherheitsbestandsmethode

Die Ermittlung der PP/DS-Sicherheitsbestandsmethode auf der Basis der Felder **Sicherheitsbestand** und **Bedarfsvorlaufzeit** aus dem Materialstamm (Sicht **Disposition 2**) wird vom System durchgeführt.

Unabhängig vom verwendeten Dispositionsmerkmal wird die PP/DS-Sicherheitsbestandsmethode **SB** (Sicherheitsbestand aus Lokationsprodukt) im Materialstamm der erweiterten Planung hinterlegt, wenn sowohl ein Sicherheitsbestand als auch eine Bedarfsvorlaufzeit im Materialstamm auf der Sicht **Disposition 2** hinterlegt sind. Dies trifft auch dann zu, wenn der Sicherheitsbestand gepflegt wurde, die Bedarfsvorlaufzeit jedoch initial ist. Wenn der Sicherheitsbestand initial ist und die Bedarfsvorlaufzeit gepflegt wurde, verwendet das System automatisch die PP/DS-Sicherheitsbestandsmethode **SZ** (Sicherheitsreichweite aus Lokationsprodukt).

Diese Parameter werden automatisch in die Sicht **Erweiterte Planung** übertragen. Wie Sie in Abbildung 11.6 sehen können, ist aufgrund des aktivierten Parameters **Sicherheitsbestandsmethode – automatischen Ermittlung** (**SicherBestMethoden-Ermittl.**) die SB-Methode übertragen worden und nicht editierbar. Durch das Entfernen dieses Parameters besteht die Möglichkeit, die SB-Methode nachträglich zu editieren.

Nach erfolgter Auswahl einer zeitabhängigen Methode erscheint das Material in der SAP-Fiori-App **Zeitabhängige Bestände pflegen** (App-ID F5726). Schon mit SAP S/4HANA Release 2022 wurde die SAP-Fiori-App F5726 neu eingeführt. Sie ermöglicht eine Pflege zeitabhängiger Bestände und wird in der Materialbedarfsplanung berücksichtigt. Das Konzept der zeitabhängigen Bestände beruht auf einem Ansatz, der mit SAP S/4HANA 2021 eingeführt wurde. Dort war die Pflege der zugrunde liegenden Lagerbestände jedoch nur mit der API (Application Programming Interface) `API_PROD_TIMEDPDNTSTCK_SRV` möglich.

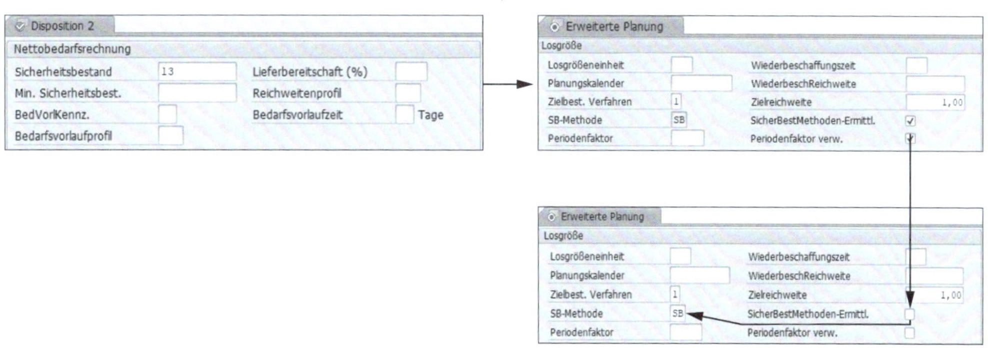

Abbildung 11.6 Automatische Ermittlung der SB-Methode und Eingriffsmöglichkeiten

Mit Verwendung der SAP-Fiori-App **Zeitabhängige Bestände pflegen** haben Sie die Möglichkeit, einen zeitabhängigen Sicherheitsbestand und/oder eine zeitabhängige Reichweite für Materialien aus Ihrem Zuständigkeitsbereich zu definieren. Diesen Sicherheitsbestand bzw. diese Sicherheitsreichweite wird unter Beachtung des zugrunde liegenden Zeitintervalls von der Materialbedarfsplanung berücksichtigt.

Sie haben die Möglichkeit, für jedes Material Gültigkeitsintervalle mit unterschiedlichen Sicherheitsbestandsmengen zu definieren und den Sicherheitsbestand im Laufe der Zeit anzupassen. Auf diese Weise kann dynamisch auf unterschiedliche Bedarfe reagiert werden. Dies kann z. B. der Fall sein, wenn ein höherer Bedarf für ein Material in bestimmten Zeiträumen erwartet wird und wenn das Risiko von Fehlmengen reduziert werden soll. Im Vordergrund steht dabei immer das Ziel, dass Sie Materialien in ausreichender Menge lagerhaltig vorhalten, um diese über die Zeiträume zu decken.

Abbildung 11.7 SAP-Fiori-App »Zeitabhängige Bestände pflegen«

Wenn Sie die SAP-Fiori-App **Zeitabhängige Bestände pflegen** das erste Mal aufrufen, kann es sein, dass keine Materialien angezeigt werden, wie Sie in Abbildung 11.7 erkennen können. Ein Grund kann zum einen eine fehlende MRP-Einstellung in der SAP-Fiori-App sein (Zuordnung des Disponenten zu einem Zuständigkeitsbereich), wie in Abbildung 11.8 dargestellt.

Abbildung 11.8 SAP-Fiori-App »Mein Zuständigkeitsbereich«

Ein weiterer Grund könnte in der fehlenden Zuweisung einer Sicherheitsbestandsmethode liegen, die bei der Materialbedarfsplanung berücksichtigt werden soll.

MRP-Sicherheitsbestandsmethode und deren Nutzung

Es ist wichtig, zwischen Sicherheitsbeständen für die Planung in SAP S/4HANA und Sicherheitsbeständen für die erweiterte Planung in PP/DS zu unterscheiden.

Die notwendigen Einstellungen und Möglichkeiten der Verwendung von Sicherheitsbeständen während der Planung in SAP S/4HANA wurden schon ausführlich in Abschnitt 9.2, »Nettobedarfsrechnung und Sicherheitsbestandsplanung«, beschrieben.

Für die Anwendung der Sicherheitsbestandsplanung im PP/DS-Umfeld gibt es zwei Option: Sie können diese Konfiguration zum einen im SAP GUI unter Verwendung der Transaktion MM02 tätigen. Zum anderen haben Sie die Option, die Pflege mithilfe der zur Verfügung stehenden SAP-Fiori-Apps **Material ändern** (App ID MM02) oder mit der SAP-Fiori-App **Produktstammdaten verwalten** (App ID F1602) durchzuführen. Unabhängig davon, welche SAP-Fiori-App Sie auswählen, erfolgt ein Datenabgleich zwischen beiden Ansichten.

Zeitabhängiger Sicherheitsbestand (MB)

Zum Anwenden einer zeitabhängigen Sicherheitsbestandsplanung stehen Ihnen mehrere Optionen zur Verfügung. Eine Option ist das Verfahren *Zeitabhängiger Sicherheitsbestand* (MB).

Um einen Sicherheitsbestand in der MRP-Planung zu berücksichtigen, ist es zunächst erforderlich, dass Sie eine geeignete Sicherheitsbestandsmethode auswählen. Die Auswahl erfolgt über die Zuweisung der Methode im Materialstamm. Wie eingangs beschrieben kann diese Zuweisung sowohl im SAP GUI als auch unter Verwendung der SAP-Fiori-App **Produktstamm verwalten** (App ID F1602) erfolgen (siehe Abbildung 11.9).

Abbildung 11.9 Zuweisung der zeitabhängigen Sicherheitsbestandsmethode

Abzugrenzen vom statischen Sicherheitsbestand ist die Methode **Zeitabhängiger Sicherheitsbestand** (MB): Der zeitabhängige Sicherheitsbestand (MB) erlaubt es Ihnen, benutzerdefinierte Zeitintervalle anzulegen und einen (separaten) Wert für den Sicherheitsbestand in jedem Intervall zu hinterlegen.

Beim Erstaufruf der SAP-Fiori-App **Zeitabhängige Bestände pflegen** (App-ID F5726) kann es sein, dass keine Materialien angezeigt werden. Nach Zuweisung der Sicherheitsbestandsmethode als **SB-Methode** im Materialstamm auf der Sicht **Erweiterte Planung** erscheint das Material in der SAP-Fiori-App mit der MRP-Sicherheitsbestandsmethode **MB (Zeitabhängiger Sicherheitsbestand).** Damit ist es möglich, zeitabhängige Bestände zu hinterlegen. Wie Sie in Abbildung 11.10 erkennen können, enthält die SAP-Fiori-App **Zeitabhängige Bestände pflegen** (App-ID F5726) in diesem Fall einen entsprechenden Hinweis.

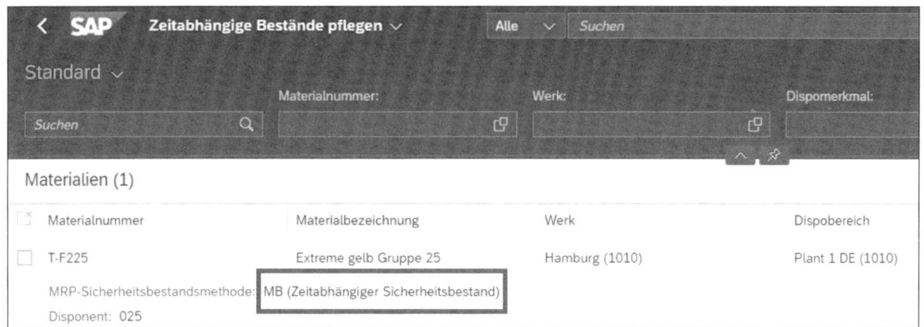

Abbildung 11.10 Einstieg in die SAP-Fiori-App »Zeitabhängige Bestände pflegen«

Wenn Sie die SAP-Fiori-App **Zeitabhängige Bestände pflegen** aufrufen, wird eine Liste von Materialien dargestellt, deren Inhalt auf der Zuordnung des Benutzer zu einem Verantwortungsbereich *und* der zugewiesenen MRP-Sicherheitsbestandsmethode beruht. Diese SAP-Fiori-App ist der zentrale Einstiegspunkt für die Pflege und Überprüfung aller für ein Material definierten Intervalle.

Von hier aus kann durch einfaches Klicken in die Detailsicht eines angezeigten Materials navigiert werden (siehe Abbildung 11.11).

T-F225
Extreme gelb Gruppe 25

Werk: Hamburg (1010)
Dispobereich: Plant 1 DE (1010)
Dispositionsmerkmal: Prognoseverrechnung, kein Fixierungshorizont (PD)
PP/DS-Sicherheitsbestandsmethode : Kein Sicherheitsbestand
PP/DS-Ziellagerbestandsverfahren: Zielreichweite aus Produktstamm

Bearbeiten

Gültigkeitsintervalle

Gültigkeitsintervalle (4) Standard | Intervall hinzufügen | Intervall löschen | Intervalle hochladen

Von-Datum	Bis-Datum	Sicherheitsbestand	Meldebestand	Sollbestand	Maximalbestand	Sicherheitsreichweite	Zielreichweite
06.05.2024	18.07.2024	0 ST	0 ST	0 ST	0 ST	0,00 T	0,00 T
19.07.2024	31.07.2024	12 ST	0 ST	0 ST	0 ST	0,00 T	0,00 T
01.08.2024	31.12.2024	8 ST	0 ST	0 ST	0 ST	0,00 T	0,00 T
01.01.2025	31.12.9999	20 ST	0 ST	0 ST	0 ST	0,00 T	0,00 T

Abbildung 11.11 Gültigkeitsintervalle zeitabhängiger Sicherheitsbestände

Das heißt, es wurden bereits mehrere zeitbezogene Intervalle mit variierendem Sicherheitsbestand für das entsprechende Material definiert. Über einen Klick auf die Schaltfläche **Intervall hinzufügen** können Sie Intervalle mit abweichenden Beständen hinzufügen.

Um das Verhalten des Systems zu verifizieren, werden zwei neue Intervalle, eines vom 01.01.2025 bis zum 31.01.2025 mit einem Sicherheitsbestand über 20 Stück und ein weiteres Intervall vom 01.02.2025 bis zum 20.02.2025 mit einem Sicherheitsbestand über 15 Stück, zugrunde gelegt. Diese werden in der zur jeweiligen Periode zugeordneten Spalte **Sicherheitsbestand** dargestellt (Abbildung 11.12).

T-F225
Extreme gelb Gruppe 25

Werk: Hamburg (1010)
Dispobereich: Plant 1 DE (1010)
Dispositionsmerkmal: Prognoseverrechnung, kein Fixierungshorizont (PD)
PP/DS-Sicherheitsbestandsmethode : Kein Sicherheitsbestand
PP/DS-Ziellagerbestandsverfahren: Zielreichweite aus Produktstamm

Bearbeiten

Gültigkeitsintervalle

Gültigkeitsintervalle (6) Standard | Intervall hinzufügen | Intervall löschen | Intervalle hochladen

Von-Datum	Bis-Datum	Sicherheitsbestand	Meldebestand	Sollbestand	Maximalbestand	Sicherheitsreichweite	Zielreichweite
06.05.2024	18.07.2024	0 ST	0 ST	0 ST	0 ST	0,00 T	0,00 T
19.07.2024	31.07.2024	12 ST	0 ST	0 ST	0 ST	0,00 T	0,00 T
01.08.2024	31.12.2024	8 ST	0 ST	0 ST	0 ST	0,00 T	0,00 T
01.01.2025	31.01.2025	20 ST	0 ST	0 ST	0 ST	0,00 T	0,00 T
01.02.2025	20.02.2025	15 ST	0 ST	0 ST	0 ST	0,00 T	0,00 T
21.02.2025	31.12.9999	20 ST	0 ST	0 ST	0 ST	0,00 T	0,00 T

Abbildung 11.12 Zusätzliche Gültigkeitsintervalle zeitabhängiger Sicherheitsbestände

Sie sehen daraufhin, dass vorhandene Intervalle automatisch an das neu angelegte Intervall angepasst wurden.

Daraus ergibt sich folgende Planungssituation: Zwei Intervalle erscheinen, das erste vom 01.01.2025 bis zum 31.01.2025 mit einem Sicherheitsbestand von 20 Stück, und ein weiteres Intervall vom 01.02.2025 bis zum 20.02.2025, hier mit einem Sicherheitsbestand von 15 Stück. Im Anschluss an diesen Gültigkeitszeitraums wird das ursprüngliche Intervall ab dem 21.02.2025 mit einem Sicherheitsbestand von 20 Stück wieder aktiv.

Die zusätzlichen Bedarfe führen zu einer aktuellen Planungssituation, die Sie unter Verwendung der SAP-Fiori-App **Bedarfs-/Bestandsliste prüfen** (App-ID MD04) oder alternativ über die Transaktion MD04 im Backend-System analysieren können. Eine weitere Option steht Ihnen mit der SAP-Fiori-App **Materialdeckung bearbeiten** zur Verfügung. Bei der Nutzung der SAP-Fiori-App **Bedarfs-/Bestandsliste prüfen** (App ID F0247A) werden drei Zeilen angezeigt, die den zeitabhängigen Sicherheitsbestand und die daraus folgende Unterdeckungen signalisieren (siehe Abbildung 11.13).

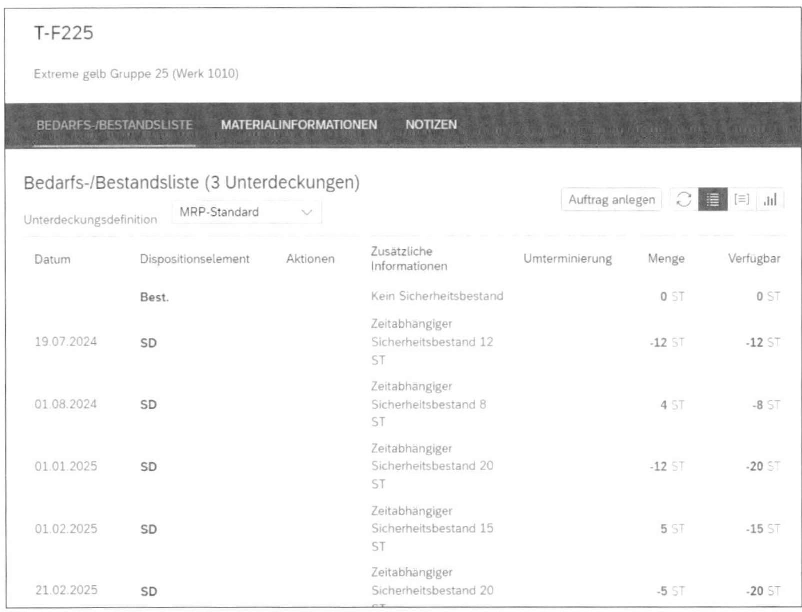

T-F225

Extreme gelb Gruppe 25 (Werk 1010)

BEDARFS-/BESTANDSLISTE MATERIALINFORMATIONEN NOTIZEN

Bedarfs-/Bestandsliste (3 Unterdeckungen)

Unterdeckungsdefinition MRP-Standard

Auftrag anlegen

Datum	Dispositionselement	Aktionen	Zusätzliche Informationen	Umterminierung	Menge	Verfügbar
	Best.		Kein Sicherheitsbestand		0 ST	0 ST
19.07.2024	SD		Zeitabhängiger Sicherheitsbestand 12 ST		-12 ST	-12 ST
01.08.2024	SD		Zeitabhängiger Sicherheitsbestand 8 ST		4 ST	-8 ST
01.01.2025	SD		Zeitabhängiger Sicherheitsbestand 20 ST		-12 ST	-20 ST
01.02.2025	SD		Zeitabhängiger Sicherheitsbestand 15 ST		5 ST	-15 ST
21.02.2025	SD		Zeitabhängiger Sicherheitsbestand 20		-5 ST	-20 ST

Abbildung 11.13 Ergebnis geänderter Sicherheitsbestände in der Bedarfs-/Bestandsliste

In Abbildung 11.13 erkennen Sie die aktuelle Bedarfs-/Bestandsliste für das Material T-F225 im Werk 1010. Die erste Zeile zeigt, dass zum aktuellen Datum weder ein Bestand noch ein Bedarf vorliegt. Am 19.07.2024 wird der erste zeitabhängige Sicherheitsbestand planungsrelevant und führt zu einer negativen dispositiven Menge von 12 Stück.

Die zweite Zeile, am 01.08.2024, zeigt eine positive Menge von 4 Stück an, da sie die Differenz zwischen dem Sicherheitsbestand in der vorherigen Periode und dem reduzierten Sicherheitsbestand in der neuen Periode (8 Stück) anzeigt.

Die dritte Zeile, am 01.01.2025, zeigt eine negative Menge von 12 Stück an, da sie wiederum die Differenz zwischen dem Sicherheitsbestand der vorherigen Periode und der neuen Periode anzeigt. In dieser Periode erhöht sich der Sicherheitsbestand von 8 Stück auf 20 Stück.

Eine Reduzierung des Sicherheitsbestands am 01.02.2025 um 5 Stück führt zu einer entsprechenden Reduzierung der Unterdeckung zu diesem Zeitpunkt. Final erhöht sich zum 21.02.2025 der Sicherheitsbestand dann wieder auf 25 Stück, was sich auch in einer entsprechend veränderten Unterdeckung (20 Stück) zu diesem Zeitpunkt widerspiegelt.

Eine nachgelagerte Materialbedarfsplanung für das betreffende Material würde dazu führen, dass termin- und mengengerecht Planaufträge angelegt werden, um die durch den Sicherheitsbestand verursachten Unterdeckungen zu beheben. Die verfügbare Menge am Ende der Bedarfs-/Bestandsliste beträgt dann null (siehe Abbildung 11.14).

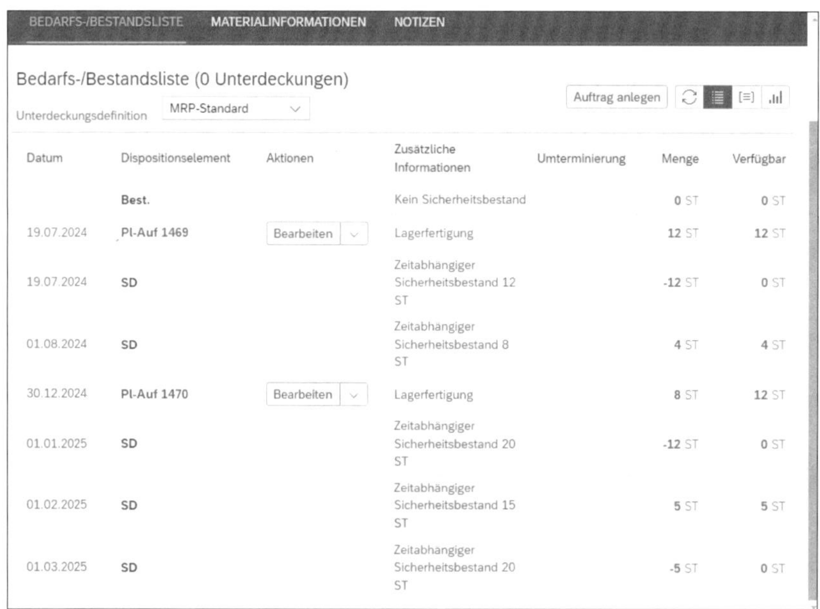

Datum	Dispositionselement	Aktionen	Zusätzliche Informationen	Umterminierung	Menge	Verfügbar
	Best.		Kein Sicherheitsbestand		0 ST	0 ST
19.07.2024	Pl-Auf 1469	Bearbeiten	Lagerfertigung		12 ST	12 ST
19.07.2024	SD		Zeitabhängiger Sicherheitsbestand 12 ST		-12 ST	0 ST
01.08.2024	SD		Zeitabhängiger Sicherheitsbestand 8 ST		4 ST	4 ST
30.12.2024	Pl-Auf 1470	Bearbeiten	Lagerfertigung		8 ST	12 ST
01.01.2025	SD		Zeitabhängiger Sicherheitsbestand 20 ST		-12 ST	0 ST
01.02.2025	SD		Zeitabhängiger Sicherheitsbestand 15 ST		5 ST	5 ST
01.03.2025	SD		Zeitabhängiger Sicherheitsbestand 20 ST		-5 ST	0 ST

Abbildung 11.14 Ausgeglichene Bedarfs-/Bestandsliste

Zeitabhängige Reichweite (MZ)

Mit der Verwendung einer *Zeitabhängigen Reichweite* (MZ) haben Sie eine weitere Option zur Berücksichtigung zeitabhängiger Sicherheitsbestände. Diese kommt durch die Zuweisung der entsprechenden Sicherheitsbestandsmethode in der Sicht **Erweiterte Planung** für ein erweitert geplantes Material zur Anwendung (siehe Abbildung 11.15).

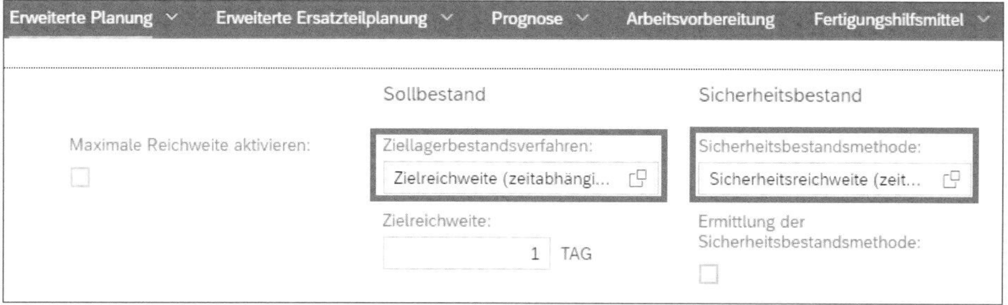

Abbildung 11.15 Zuweisung zeitabhängiger Reichweite

Mit der Option der **Zielreichweite (zeitabhängig)** in Verbindung mit der **Sicherheitsreichweite (zeitabhängig)** im Materialstamm (Sicht **Erweiterte Planung**) wird anstelle eines Festwerts für den Sicherheitsbestand ein Zeitintervall definiert. Mit diesem Zeitintervall legen Sie fest, wie viele Bedarfstage durch den Sicherheitsbestand gedeckt werden sollen. Hier rückt also anstatt der quantitativen eine zeitliche Betrachtung in den Vordergrund.

SAP-Fiori-App **Zeitabhängige Bestände pflegen** zeigt Puffermengen zur Deckung von Bedarfen in Abhängigkeit ihrer Sicherheitsreichweite und der Zielreichweite an, die für einen bestimmten Zeitraum gepflegt wurden. Puffer für zeitabhängige Reichweiten werden dynamisch verwendet. Die Beschaffung oder Produktion wird in der Regel automatisch angestoßen.

Durch die Zuweisung der zeitabhängigen Reichweite (siehe Abbildung 11.15) steht nun auch dieses Material in der SAP-Fiori-App als Auswahl zur Verfügung (siehe Abbildung 11.16).

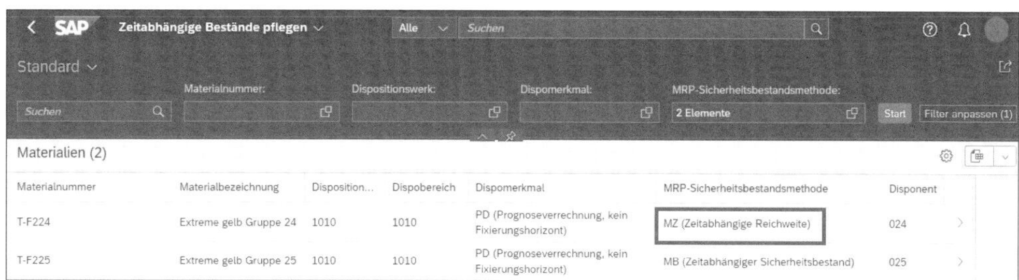

Abbildung 11.16 Zeitabhängige Bestände pflegen – zeitabhängige Reichweite

Die Sicherheitsreichweite dient als Mindestpuffer, der eingehalten werden muss. Wenn der Bestand unter den für die Sicherheitsreichweite definierten Puffer fällt, stößt das System automatisch die Beschaffung oder Produktion an. Der Lagerbestand wird bis zu dem für die Zielreichweite definierten Puffer aufgefüllt.

Aus der SAP-Fiori-App **Zeitabhängige Bestände pflegen** können Sie per Mausklick in eine Detailsicht navigieren. Hier nehmen Sie die Datenpflege vor.

Das Startdatum (**Von-Datum**) ist obligatorisch und darf nicht in der Vergangenheit liegen. Die Reichweite kann zeitlich beschränkt werden. Wie Sie in Abbildung 11.17 erkennen können, ermöglicht Ihnen diese SAP-Fiori-App, periodenbezogene Sicherheitsbestände für zukünftige Perioden zu definieren.

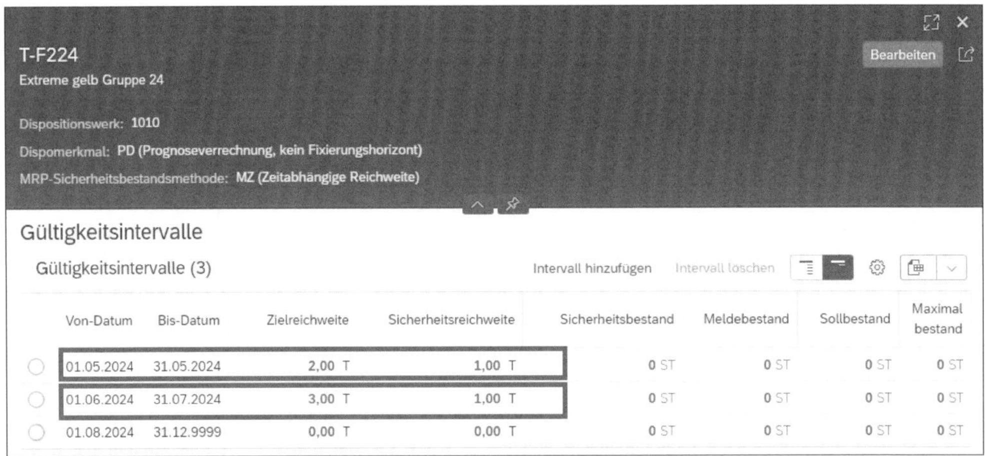

Abbildung 11.17 Periodengenaue Festlegung von Ziel-/Sicherheitsreichweite

Unser Beispiel können Sie anhand von Abbildung 11.17 wie folgt interpretieren: Zum aktuellen Datum (heute) ist kein Sicherheitsbestand vorgesehen. Im Zeitraum vom 01.05.2024 bis zum 31.05.2024 ist eine Zielreichweite von 2 Tagen und eine Sicherheitsreichweite von 1 Tag vorgesehen. Für den Folgezeitraum vom 01.06.2024 bis 31.07.2024 erhöht sich die Zielreichweite von 2 auf 3 Tage.

Die Sicherheitsreichweite bleibt konstant bei 1 Tag. Ab dem 01.08.2024 sinken beide Reichweiten wieder auf null.

Analog zum Systemverhalten bei zeitabhängigen Sicherheitsbeständen erfolgt auch hier die Berücksichtigung einer zeitabhängigen Reichweite nur dann, wenn Bedarfe für das Material im System vorhanden sind. Dabei kann es sich sowohl um bedarfswirksame Kundenauftragspositionen als auch um (aktive) Vorplanungsbedarfe handeln. In unserem Beispiel gehen wir von der in Abbildung 11.18 dargestellten Bedarfssituation aus, die auf Vorplanungsbedarfen basiert.

Sie erkennen, dass die Planprimärbedarfe bedarfswirksam sind und zu einer Unterdeckung von in insgesamt 1.100 Stück zum 08.07.2024 führen.

Abbildung 11.18 Aktuelle Planungssituation

Diese Planungssituation einer Unterdeckung würde spätestens im Rahmen des nächsten Planungslaufs vom System identifiziert und ausgeglichen. Damit im Rahmen dieser Planung neben den Bedarfen auch die hinterlegten Zielreichweiten berücksichtigt werden, ist eine Aktivierung der Berücksichtigung von Sicherheitsbeständen Voraussetzung. Diese Aktivierung führen Sie im Planversionsmanagement im PP/DS durch. Für die Berücksichtigung des Sicherheitsbestands stehen Ihnen wie in Abbildung 11.19 dargestellt, folgende Optionen zur Verfügung:

- **2 – virtuelle Sicherheitsbestandselemente berücksichtigen**
- **3 – Sicherheitsbestandsbedarfe in SAP Livecache berücksichtigen**

Wählen Sie im Feld **Berücksichtigung Sicherheitsbestand** keine Option aus (Feld bleibt initial), bleiben Sicherheitsbedarfselemente unberücksichtigt.

Die beschriebene Konfiguration des Modell- und Planversionsmanagements erfolgt in den Stammdaten der erweiterten Planung oder unter Verwendung der Transaktion /n/SAPAPO/MVM.

Damit Sicherheitsbestände im Rahmen der Planung im PP/DS berücksichtig werden, muss die Berücksichtigung des Sicherheitsbestands in den Planversionsdaten als notwendige Einstellung aktiviert werden. Dies geschieht unter Zuordnung des Parameters **3 – Sicherheitsbestandsbedarfe in SAP Livecache berücksichtigen** (siehe Abbildung 11.19).

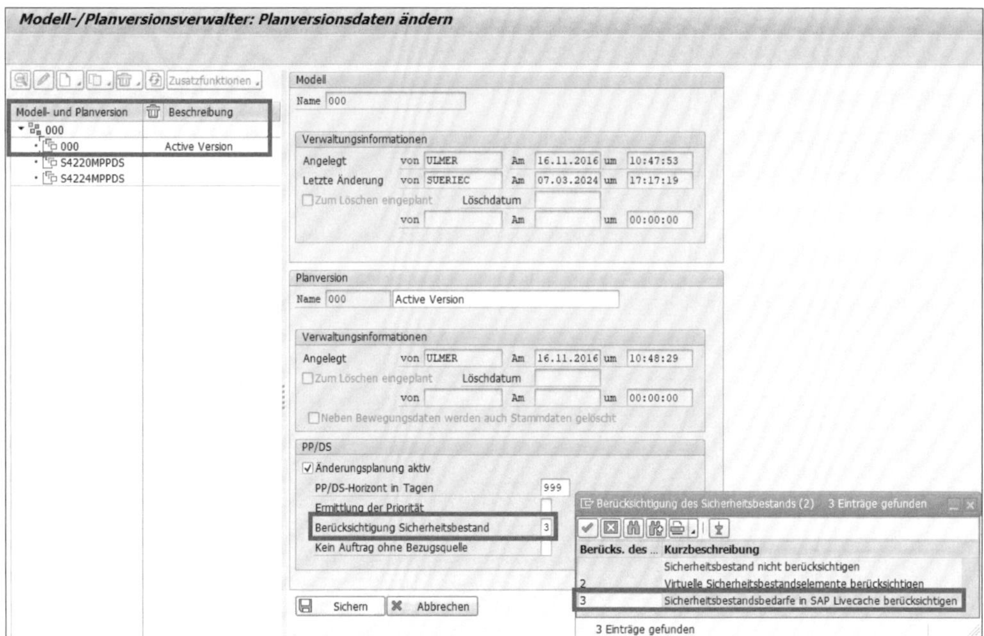

Abbildung 11.19 Einstellungen im Modell-/Planversionsmanagement im PP/DS

Auch hier macht die existierende Unterdeckung eine Planung erforderlich, in dessen Rahmen mengen- und termingenaue Deckungselemente (Planaufträge) erzeugt werden. Dabei wurden die ersten beiden Bedarfe, die innerhalb des Gültigkeitszeitraums der zeitabhängigen Reichweite liegen, als Bedarfsdecker (Planaufträge) mit einem Tag Vorlaufzeit erstellt.

11.3.3 PP-Heuristiken und Ablaufheuristiken

Grundsätzlich lassen sich Heuristiken hinsichtlich ihrer Verwendung in *Produktionsplanungsheuristiken* (PP-Heuristiken) und *Feinplanungsheuristiken* (DS-Heuristiken) unterteilen. Ergänzt werden diese beiden Gruppen durch *Serviceheuristiken*, die die PP-Heuristiken und die DS-Heuristiken unterstützen (siehe Abbildung 11.20). Heuristiken und Heuristikprofile können Sie über den Customizing-Pfad **Erweiterte Planung • Feinplanung • Heuristiken in der Feinplanung** konfigurieren. Dort finden Sie über einen Klick auf die Schaltfläche (**Dokumentation zur IMG Aktivität**) weitere Informationen.

Heuristiken der Produktionsplanung: Produktheuristiken

Die Planungen in PP/DS basieren auf *Heuristiken*. Die Heuristiken für die Produktionsplanung werden verwendet, um Produkte in der interaktiven Planung oder im Produktionsplanungslauf zu planen. So erfolgt z. B. bei der interaktiven Planung eines Lokationsprodukts die Ausführung einer Heuristik, die im Customizing des Planungsverfahrens hinterlegt ist.

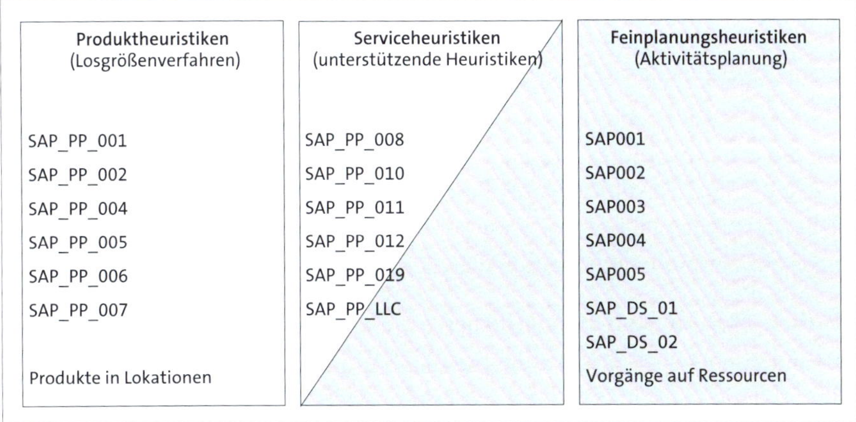

Abbildung 11.20 Auswahl der hier betrachteten Heuristiken

Das zu verwendende Planungsverfahren wird über die Sicht **Erweiterte Planung** ins Lokationsprodukt übertragen. Diese Einstellung kann optional durch Hinterlegung einer Heuristik im Lokationsprodukt wiederum über die Pflege des Materialstamms in SAP S/4HANA übersteuert werden. Die im Standard im Materialstamm zu hinterlegenden Heuristiken beginnen alle mit dem Präfix SAP_PP, wobei »PP« der Indikator für eine Produktheuristik ist.

Produktheuristiken (PP-Heuristiken) sind eine Gruppe von Heuristiken, bei denen der Planungsfokus auf dem Produkt liegt. Sie stellen vornehmlich Losgrößenverfahren dar. Die Anwendung eines Losgrößenverfahrens ist somit nicht »hart codiert«, sondern erfolgt über die Auswahl einer (PP-)Heuristik. Dazu wird der im Customizing der Heuristik hinterlegte Algorithmus mit den entsprechenden Parametern ausgeführt. Dieser Algorithmus ist dabei nichts anderes als der Aufruf eines Funktionsbausteins. Zur Lösung bestimmter Planungsprobleme stehen Standardalgorithmen zur Verfügung. Optional ist auch eine Verwendung kundenspezifischer Heuristiken mit der Nutzung alternativer Funktionsbausteine möglich.

Die PP-Strategien zeigen eine weitere Besonderheit: Neben den Grundeinstellungen und den Parametern zur Losgröße gibt es für diese Art Heuristiken zusätzlich die Registerkarte **Strategie**. Im Rahmen eines Produktionsplanungslaufs werden die Heuristiken mit den hier spezifizierten Strategieeinstellungen verwendet.

Da Heuristiken den Kern der Steuerung einer PP/DS-Planung darstellen, werden wir im Folgenden einige Beispiele für Produktheuristiken detailliert betrachten (siehe dazu auch den SAP-Standard und die Systemdokumentation).

SAP_PP_001 – Auftrag manuell ändern

Die Heuristik SAP_PP_001 verwendet das System bei einer manuellen Änderung eines Zugangselements in der Auftragssicht oder der Produktplantafel. Der Algorithmus führt eine Änderung des Zugangselements durch (z. B. die Änderung der Menge, des Termins oder der Bezugsquelle). Bestimmte Änderungen bedingen dabei eine Neuauflösung des Auftrags.

Bei einer interaktiven Änderung eines Zugangselements führt das System die gewünschte Änderung (z. B. die Mengenänderung, die Umplanung auf den neuen Termin oder die Bezugsquellenänderung) durch. Zusätzlich erzeugt das System Planungsvormerkungen auf Komponentenebene gemäß den hier hinterlegten Einstellungen.

SAP_PP_002 – Planung von Standardlosen

Mit der Heuristik SAP_PP_002 kann eine Beschaffungsplanung durchgeführt werden, um vorhandene Produktbedarfe zu decken. Die Heuristik kann dabei neue Zugänge erzeugen. Um die Beschaffungsmengen bestimmen zu können, verwendet die Heuristik das Standardlosgrößenverfahren und die Losgrößeneinstellungen aus dem Lokationsproduktstamm oder aus den Heuristikeinstellungen, abhängig von den Einstellungen auf der Registerkarte **Losgröße** (Kennzeichen **Losgröße aus Heuristik verwenden**). Dies bedeutet, dass eine optional im Lokationsprodukt vorhandene Einstellung die Einstellung aus der Heuristik übersteuert.

Der Aufruf der Heuristik erfolgt im Rahmen eines Produktionsplanungslaufs oder durch Verwendung der interaktiven Planung. Die Heuristik bietet zudem die Option, eine interaktive Bezugsquellenfindung zu nutzen. Die Terminierung der neu anzulegenden Aufträge basiert auf den Einstellungen der Registerkarte **Strategie**. Hierbei berücksichtigt die Heuristik folgende Bedingungen:

- fixierte Pegging-Beziehungen – feste Zuordnung von Beständen zu einem Bedarf
- Reifezeit und Haltbarkeit, falls diese Parameter verwendet und in den Heuristikeinstellungen festgelegt wurden
- Sicherheitsbestand, sofern er in der Planversion vorgesehen ist und die Auswahl einer entsprechenden Sicherheitsbestandsmethode durchgeführt wurde

Pegging

Unter *Pegging* versteht man die Zuordnung geeigneter und vorhandener Produktzugänge und Produktbestände zu einem Produktbedarf, die diesen Bedarf decken können. Pegging organisiert den Materialfluss über alle Stücklistenstufen. Das Pegging kann dabei dynamisch oder fix sein.

Da die Heuristik SAP_PP_002 von zentraler Bedeutung ist und oft angewendet wird, wollen wir ihre Funktionsweise hier noch einmal verdeutlichen. Die Heuristik führt für die durch die Nettobedarfsrechnung identifizierten ungedeckten Bedarfe eine Beschaffungsmengenberechnung durch. Dabei verarbeitet sie die ungedeckten Bedarfe gemäß der Reihenfolge des eingestellten Sortierverfahrens. Um die Beschaffungsmengen für einen Bedarf zu berechnen, verwendet die Heuristik das Losgrößenverfahren aus dem Lokationsproduktstamm. Bei der Bestimmung der Beschaffungsmengen berücksichtigt die Heuristik einen eventuellen Baugruppenausschuss, die minimale Losgröße, die maximale Losgröße, die Rundungsparameter sowie ausgewählte Ziellagerbestandsverfahren. Bei der Verwendung periodischer Losgrößenverfahren kann mit dem Kennzeichen **Vergangenheitsbedarfe zusammenfassen** festgelegt werden, ob die Heuristik ungedeckte Bedarfe, die in der Vergangenheit oder im Fixierungshorizont liegen, als einen Gesamtbedarf behandelt oder – wie beim periodischen Losgrößenverfahren üblich – die Bedarfe periodenweise zusammenfasst.

Bei Zugangsmengen, die die Heuristik für einen ungedeckten Bedarf berechnet und die diesen Bedarf überschreiten, verrechnet die Heuristik den Überschuss mit den nächsten Bedarfen.

Die Heuristik führt auf Basis der Beschaffungsmengen und der Wunschverfügbarkeitstermine eine Bezugsquellenermittlung durch. Abhängig von der im Produktstamm eingestellten Beschaffungsart und der Existenz entsprechender Bezugsquellen (Transportbeziehungen oder PP/DS-Pläne) erzeugt der Algorithmus Fremdbeschaffungs- oder Eigenfertigungsaufträge.

Die Heuristik plant jeden neu angelegten Auftrag auf die Ressourcen ein. Sie geht hierbei vom Wunschverfügbarkeitstermin des Auftrags aus. Dabei muss das System einen Auftrag so einplanen, dass der Verfügbarkeitstermin *nach* einem optionalen PP/DS-Fixierungshorizont liegt. Im Fall eines Fremdbeschaffungsauftrags ist der frühestmögliche Verfügbarkeitstermin der Planungszeitpunkt plus die Wiederbeschaffungszeit. Zu welchem Termin das System einen Auftrag tatsächlich einplanen kann, hängt von der Ressourcenverfügbarkeit und von der verwendeten Feinplanungsstrategie ab, die in Abschnitt 11.3.5, »Terminierung«, noch genauer beschrieben werden. Bei ungünstigen Strategieeinstellungen oder großen Losen kann es daher vorkommen, dass das System einen Auftrag nur verspätet oder gar nicht einplanen kann. Hier erfolgt dann auch eine entsprechende Systemmeldung.

Die Heuristik führt kein Pegging durch. Folgende Pegging-Parameter aus dem Lokationsproduktstamm werden daher nicht berücksichtigt: Unter- und Überlieferungstoleranz, Pegging-Intervall, Gesamtauftragsmenge und Gesamtbestand.

SAP_PP_004 – Planung von Standardlosen in drei Horizonten

Unter Verwendung des Algorithmus SAP_PP_004 können bis zu drei verschiedene Horizonte mit verschiedenen Losgrößenverfahren geplant werden. Dabei berücksichtigt der Algorithmus auch Produktaustauschbarkeit.

Als Horizonte können im Allgemeinen ein Kurzfristhorizont, ein Mittelfristhorizont und ein Langfristhorizont verwendet werden, die nahtlos aufeinanderfolgen, wobei der Kurzfristhorizont zum Starttermin der Heuristik beginnt. Für die Dauer des Kurzfristhorizonts und des Mittelfristhorizonts wird in den Heuristikeinstellungen eine Periodenart mit einer Periodenanzahl hinterlegt. Die Periodenanzahl schließt die aktuelle Periode, in der die Heuristik startet, mit ein.

An den Mittelfristhorizont schließt sich der Langfristhorizont an, der nicht begrenzt werden kann. In diesem Horizont verarbeitet der Algorithmus alle ungedeckten Bedarfe.

Bei Anwendung von nur einem bzw. zwei Horizonten sind für die nicht verwendeten Horizonte keine Angaben notwendig.

Für jeden Horizont besteht somit die Möglichkeit, eines der folgenden Losgrößenverfahren für diesen Algorithmus zu verwenden:

- das Losgrößenverfahren aus dem Lokationsproduktstamm
- die exakte Losgröße
- das periodische Losgrößenverfahren

Bei Anwendung des periodischen Losgrößenverfahrens sollten die Periodendefinitionen und die Horizontdefinitionen aufeinander abgestimmt sein. Falls eine Periode über das Ende eines Horizonts reicht, wird sie abgeschnitten. In diesem Fall fasst der Algorithmus nur die Bedarfe für den Teil der Periode zusammen, der noch im Horizont liegt.

SAP_PP_005 – Stück-Perioden-Ausgleich

Bei der Heuristik SAP_PP_005 werden die Rüst- und Lagerkosten bei der Berechnung der Losgröße berücksichtigt (Beschaffungskosten und Bestandskosten auf der Registerkarte **Beschaffung** im Produktstamm). Ab dem Datum der Materialunterdeckung werden aufeinanderfolgende Bedarfe so lange in einem Los gesammelt, bis die Gesamtlagerkosten die Rüstkosten übersteigen. Losgrößenparameter werden bei diesem Verfahren berücksichtigt. Das *Groff-Verfahren* (Heuristik SAP_PP_013) funktioniert analog.

SAP_PP_006 – Least-Unit-Cost-Verfahren: Fremdbeschaffung

Die Heuristik SAP_PP_006 wird verwendet, um Bestellmengen unter Berücksichtigung von Bedarfen, Lagerkosten und Lieferanten zu optimieren (*Least-Unit-Cost-Verfahren*). Das System berücksichtigt die verschiedenen Lieferzeiträume und Rabattstufen der Lieferanten und ermittelt für jeden Lieferanten die Kosten pro Einheit, wobei auch die Lagerkosten beachtet werden (bei statischen und periodischen Losgrößenverfahren werden die Rabattstufen ebenfalls berücksichtigt, nicht aber im optimierenden Verfahren SAP_PP_005). Die Losgrößen werden auf Basis von optimalen Rabattstufen und Kosten pro Einheit bestimmt.

SAP_PP_007 – Bestellpunktdisposition

Die Heuristik SAP_PP_007 führt für Lokationsprodukte eine Bestellpunktdisposition durch; sie erzeugt Beschaffungsvorschläge, wenn der verfügbare Bestand eines Lokationsprodukts unter den Meldebestand des Lokationsprodukts fällt. Der verfügbare Bestand ist die Summe aus Lokationsbestand und Zugängen für das Lokationsprodukt. Der Meldebestand ist im Lokationsproduktstamm festgelegt.

Aus Performancegründen sollte eine Bestellpunktdisposition im Allgemeinen im bestandsführenden System durchgeführt werden, d. h. in SAP S/4HANA. Wenn allerdings die Produkte, die mit einer Bestellpunktdisposition geplant werden sollen, z. B. wichtige Ressourcen belasten, die in PP/DS finit geplant werden, kann man hierfür die Bestellpunktdisposition in PP/DS anwenden. Folgende Szenarien sind jedoch ausgeschlossen:

- Kundeneinzelfertigung
- konfigurierbare Produkte
- eine Quotierungsheuristik
- die Planung mit Produktaustauschbarkeit

Neben den oben exemplarisch beschriebenen Produktheuristiken gibt es noch zwei weitere Gruppen von Heuristiken, nämlich Ablaufheuristiken (Produktionsplanungslaufe) und Serviceheuristiken, die wir in den folgenden Abschnitten erläutern werden. Hinzu kommen noch die Heuristiken des Detailed Schedulings (DS), die im Rahmen der Feinplanung in Abschnitt 11.3.6, »Werkzeuge der DS-Planung (Reihenfolgeplanung)«, genauer beschrieben werden.

Heuristiken zur Prozesssteuerung: Ablaufheuristiken

Ausgehend von einer Unterdeckung und der Festlegung, welches Losgrößenverfahren zur Deckung dieser Fehlmenge eingesetzt werden soll, wird nun die Reihenfolge der Planung ermittelt. Hierfür stehen die sogenannten *Ablaufheuristiken* zur Verfügung, also Heuristiken für den Produktionsplanungslauf, die ausschließlich zur Prozesssteuerung eingesetzt werden. Bei der Planung einzelner Produkte wird dabei die gegebenenfalls im Produktstamm hinterlegte Heuristik ausgeführt. Ohne Angabe einer Heuristik im Materialstamm verwendet das PP/DS-System die im Planungsverfahren voreingestellte Heuristik. Für die Prozesssteuerung gibt es derzeit nur eine Heuristik, SAP_MRP_001 (Produktplanung [Komp. nach Dispostufe]), die auch auf dem Einstiegsbild des Produktionsplanungslaufs angegeben werden kann.

Bei Verwendung der Prozessheuristik SAP_MRP_001 werden die Produkte grundsätzlich in der Reihenfolge ihrer Dispositionsstufen geplant. Wenn ein Planauftrag für eine Komponente erst zu einem Zeitpunkt nach dem Sekundärbedarf angelegt werden kann, wird er mit einem Alert versehen. Die Verspätung wird nicht nach oben propagiert: Der Planauftrag für das Enderzeugnis A bleibt termingerecht. Daher treten Termin-Alerts hier in der Regel auf Komponentenebene auf. Dieses Verfahren ist sehr schnell und kann vor allem für Massenanwendungen genutzt werden.

Die früher verfügbare und gegebenenfalls aus SCM/SAP APO bekannte Heuristik SAP_MRP_002 (Komponenten planen sofort) wurde zur Abbildung eines sogenannten *CTP-Prozesses* (*Capable-to-Promise*) genutzt. Dabei wurde für einen ungedeckten Bedarf unter Auflösung der Stückliste eine Planung aller relevanten Komponenten direkt im Rahmen der Auftragserfassung durchgeführt. Mögliche Termin-Alerts traten auf Kopfproduktebene auf. Dieses Verfahren gibt es aber in SAP S/4HANA PP/DS derzeit (noch) nicht. Neue Aufträge in SAP S/4HANA PP/DS werden über die *infinite Planung* mit der Heuristik SAP_MRP_001 angelegt. Dieser Aspekt ist von zentraler Bedeutung. Das Zusammenspiel der verschiedenen Parameter soll aus diesem Grund noch einmal genauer beschrieben werden.

Basierend auf einer Unterdeckung wird eine Planung in PP/DS getriggert. Nun ermittelt das System als Erstes das Planungsverfahren, das im Lokationsprodukt hinterlegt ist. Das Planungsverfahren wiederum enthält eine Heuristik, die zur Anwendung gelangt. Die Planung wird dann systemseitig unter Beachtung des relevanten Strategieprofils ausgeführt. Das *Strategieprofil* ist Bestandteil der Globalen Einstellungen der erweiterten Planung. Es wird der Anwendung (Interaktive Planung, Integrierte DS-Plantafel, Planungslauf etc.) über den Bereich **Globale Parameter und Vorschlagswerte** im Customizing der Anwendung zugeordnet. Neben den im Standard angebotenen Profilen besteht die Möglichkeit zur Definition eigener Strategieprofile. Profile können grundsätzlich mehrere Feinplanungsstrategien enthalten, d. h. mehrere Sätze unterschiedlicher Strategieeinstellungen. Misslingt die Ein- oder Umplanung mit einer Strategie, kann das System auf die nächste Strategie ausweichen etc. Über das Kennzeichen **aktiv** wird die Verwendbarkeit gesteuert und über die Reihenfolge die Priorität der Auswahl. Die aktive Strategie mit der kleinsten Nummer hat hierbei die höchste Priorität.

Die Einplanungsreihenfolge ist eine weitere strategieübergreifende Einstellung im Strategieprofil. Hierzu zählt auch die Einstellung hinsichtlich alternativer Modi, die optional durch die Anwendung alternativer Folgen im Arbeitsplan von SAP S/4HANA entstehen. Die hier hinterlegte Einstellung gilt für alle Strategien, die im Strategieprofil definiert wurden. Im Bereich der sonstigen Parameter ist zu hinterlegen, ob generell eine Planung in Nichtarbeitszeiten (in der Feinplantafel) zulässig und ob die Ersetzung auf die Niedrigste Moduspriorität beschränkt werden soll. Bei Verwendung alternativer Folgen in PP/DS wird die Moduspriorität systemseitig analog zur Reihenfolge der Übertragung vergeben. Das bedeutet, dass die Stammfolge immer die Priorität A hat, die erste alternative Folge die Priorität B etc. Mit der Verwendung des Kennzeichens **Niedrigste Moduspriorität** kann die Ersetzung limitiert werden.

[«]

Exkurs: Arbeitsplan in SAP S/4HANA und Integration in PP/DS

Mit SAP S/4HANA steht die Produktionsdatenstruktur (PDS) zur Abbildung einer Fertigungsversion in PP/DS zu Verfügung. Das Produktionsprozessmodell (PPM) gibt es nicht mehr. Einstellungen im Rahmen des PDS befinden sich in der Hoheit von SAP S/4HANA, d. h., das PDS kann nur dort erstellt bzw. geändert werden. Dabei stellt die genannte Moduspriorität eine Ausnahme dar. Sie gehört zu den wenigen Parametern, die in der PDS in PP/DS bei Bedarf geändert werden müssen, da sie in SAP S/4HANA nicht bekannt ist. Hierfür, und nur hierfür, gibt es die Transaktion /SAPAPO/CURTO_EDIT (Produktionsdatenstruktur ändern) in den Stammdaten der erweiterten Planung.

Die Standardstrategieprofile SAP001 und SAP002 sind die beiden elementaren Profile für die PP/DS-Planung in unserem Kontext. Das Strategieprofil SAP002 ist ein Strategieprofil zur Ausführung einer infiniten Planung. Bei Anwendung dieses Profils versucht das System, einen Vorgang infinit zum Wunschtermin ein-/umzuplanen. Eventuell bestehende Ressourcenbelastungen werden dabei nicht berücksichtigt. Das bedeutet, dass ein Vorgang selbst dann eingeplant wird, wenn zu diesem Zeitpunkt die Ressource nicht in ausreichendem Maße zur Verfügung steht. Die Planungsrichtung (vorwärts oder rückwärts bzw. vorwärts mit Umkehr oder rückwärts mit Umkehr), die bei der Ein-/Umplanung angewendet wird, muss hier ebenfalls hinterlegt werden.

Neben den allgemeinen Strategieparametern für den Primärbedarf kann ein Planungsmodus für die abhängigen Vorgänge definiert werden. Auch ist es möglich, Einstellungen in Hinblick auf eine zeitliche Anordnungsbeziehung der abhängigen Elemente sowie eine Beachtung einer möglichen Pegging-Funktionalität dieser Elemente zu aktivieren. Das Strategieprofil ist somit ein sehr wichtiger Parameter für die Festlegung, in welcher Form die Planung durchgeführt wird. Sie definiert somit das *Wie* der Planung.

Wie eingangs erwähnt, wird über das Planungsverfahren im Lokationsprodukt festgelegt, *wann* die Planung eines Produkts erfolgt. Häufig kommt hier das Verfahren **4 – Planung im Planungslauf** zur Anwendung. Dadurch wird im Rahmen einer Planung die hier hinterlegte Heuristik SAP_PP_002 (Planung von Standardlosen) angewendet. Diese Heuristik, die das *Was* der Planung festlegt, verwendet das Standardlosgrößenverfahren und die Losgrößeneinstellungen aus dem Lokationsproduktstamm oder das Verfahren aus den Heuristikeinstellungen. Beeinflusst werden kann dies wiederum über die Aktivierung des Kennzeichens **Losgrößeneinstellung aus der Heuristik verwenden**, das in der Heuristik auf der Registerkarte **Losgröße** gesetzt werden kann. Wie das System bei der Terminierung der neu anzulegenden Aufträge vorgeht, ist auf der Registerkarte **Strategie** festgelegt.

Nachdem somit nun das Was, das Wann und das Wie der Planung beschrieben wurde, bleibt nun noch, den zeitlichen Aspekt der oben genannten Planungsfunktionen festzulegen, d. h. die Reihenfolge der Planung. Dies erfolgt unter Verwendung der oben beschriebenen Ablaufheuristik SAP_MRP_001 (Produkt-Planung [Komp. nach Dispostufe]). Hier erfolgt eine Planung der (relevanten) Bedarfe gemäß ihrer Dispostufe. Die genaue Vorgehensweise erklären wir in Abschnitt 11.4, »Der PP/DS-Planungslauf und MRP Live«.

Zusammenfassend lässt sich an dieser Stelle festhalten: Ein existierender (Netto-)Bedarf wird gemäß dem Planungsverfahren im Lokationsprodukt geplant. Dabei wird die dem Planungsverfahren zugeordnete Heuristik unter Beachtung der Einstellungen im Strategieprofil (in)finit ausgeführt. Die Reihenfolge der Planung wird über die Ablaufheuristik bestimmt (siehe Abbildung 11.21).

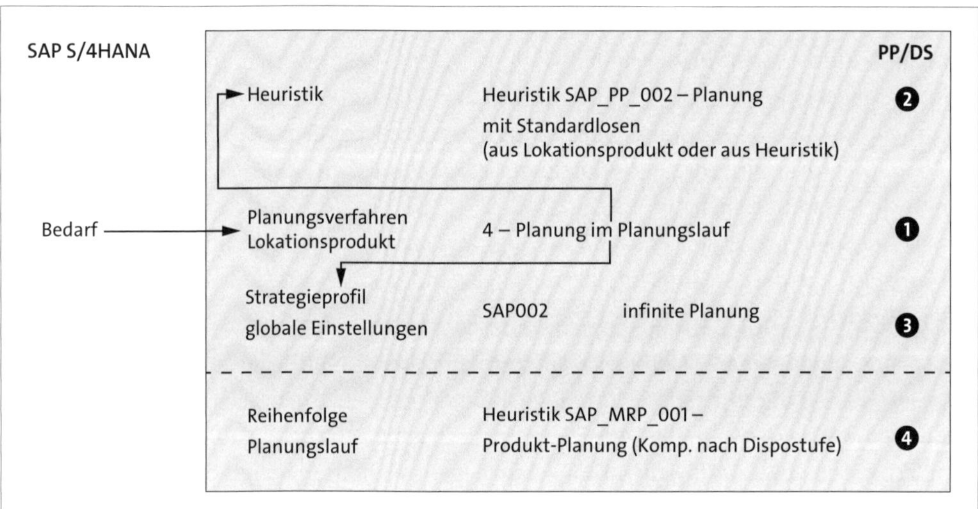

Abbildung 11.21 Planungsverfahren, Strategien, Heuristik

Unterstützende Heuristiken: Serviceheuristiken

Die *Serviceheuristiken* stellen nach den PP- und Ablaufheuristiken eine dritte Gruppe von Heuristiken dar und unterstützen die Anwendung anderer PP- oder DS-Heuristiken. Eine isolierte Anwendung dieser Heuristiken ist weniger sinnvoll. Wir wollen hier eine Auswahl von Serviceheuristiken nennen und kurz beschreiben. Eine genauere Beschreibung ihres Einsatzgebiets erfolgt dann in Abschnitt 11.4, »Der PP/DS-Planungslauf und MRP Live« (siehe dazu auch den SAP-Standard und die Systemdokumentation).

SAP_PP_008 – Neuterminierung: Bottom-up für Konti-IO

Die Heuristik SAP_PP_008 wird bei kontinuierlichen oder diskreten Bedarfen und Zugängen angewendet. In dem Fall, dass durch eine Planung Zugänge gegenüber ihren zugehörigen Bedarfen verschoben wurden und somit eventuell nicht mehr termingerecht gedeckt werden, versucht diese Heuristik, alle Bedarfe so weit umzuterminieren, dass diese gedeckt werden. Dabei ist die Anwendung auf Sekundärbedarfe aus Umlagerung und Eigenfertigung beschränkt. Vorplanungsbedarfe und Kundenaufträge bleiben von der Heuristik unberührt. Das Ziel ist die Ermittlung eines Optimums für alle Komponenten auf der gleichen Stufe.

SAP_PP_010 – Neuterminierung: Top-down

Falls durch eine Planung die Zugänge eines Produkts gegenüber den Bedarfen zeitlich verschoben sind und somit einige Bedarfe eventuell nicht mehr termingerecht gedeckt werden können, versucht die Heuristik SAP_PP_010, alle Zugänge so weit umzuterminieren, dass diese die gegebenen Bedarfe decken. Bestände werden durch diese Heuristik nicht verschoben. Die Heuristik führt dabei eine Rückwärtsterminierung durch und plant die Aufträge infinit ein.

Die Heuristik kann für eine einstufige und mehrstufige Top-down-Planung eingesetzt werden. Sie führt für das ausgewählte Lokationsprodukt eine einstufige Planung durch. Bei mehrstufiger Ausführung in Verbindung mit einer Ablaufheuristik, wie z. B. der MRP-Heuristik SAP_MRP_001, kann sie in den Heuristikeinstellungen als Alternative eingetragen werden

Die Heuristik SAP_PP_010 geht so vor: Zunächst werden alle bestehenden Bedarfselemente in Bedarfselemente mit fixierten Pegging-Beziehungen und Bedarfselemente mit nicht fixierten Pegging-Beziehungen sortiert. Anschließend ordnet das System die Zugangselemente entsprechend der chronologischen Reihenfolge den Bedarfen zu, wobei fixierte Pegging-Beziehungen berücksichtigt werden.

Nachdem die Heuristik ermittelt hat, welche Bedarfe durch vorhandene Zugänge gedeckt werden können und welche nicht, versucht sie, die Bedarfstermine der Bedarfe von PP/DS-Aufträgen (und damit auch die Aktivitäten, denen die Bedarfselemente zugeordnet sind) wie folgt zu verschieben: Wenn ein Bedarf gedeckt werden kann, versucht die Heuristik, den Bedarfstermin auf den spätesten Zugangstermin der Zugänge zu verschieben, die sie dem Bedarf zugeordnet hat. Die Verschiebung ist aber nur dann erlaubt, wenn die Richtung, in die der Bedarfstermin verschoben werden soll (Richtung Zukunft oder Richtung Vergangenheit), laut den Heuristikeinstellungen zulässig ist.

Die Heuristik SAP_PP_010 darf einen Bedarfstermin grundsätzlich nur dann verschieben, wenn der Propagierungsbereich, der Status des betroffenen PP/DS-Auftrags und der Planungszeitraum dies erlauben, wenn also:

- das Hauptprodukt des PP/DS-Auftrags im Propagierungsbereich liegt
- der PP/DS-Auftrag nicht den Status **Termin fixiert**, **Angefangen**, **Teilrückgemeldet**, **Endrückgemeldet**, **Teilgeliefert** oder **Endgeliefert** hat

Ob die Heuristik für eine Komponente den berechneten Bedarfstermin realisieren kann, hängt auch davon ab, ob die Heuristik die Aktivität, die der Komponente zugeordnet ist, entsprechend umplanen kann. Der berechnete Bedarfstermin stellt einen Wunschbedarfstermin dar, von dem ausgehend die Heuristik in Richtung Zukunft nach einem möglichen Einplanungstermin für die Aktivität sucht. Für die Umplanung der Aktivität gibt es folgende Einschränkungen:

- Die Heuristik darf die Aktivität, der das Bedarfselement zugeordnet ist, frühestens auf den Planungszeitpunkt (plus/minus Offset aus den Strategieeinstellungen) umplanen.
- Die Heuristik muss die eingestellte Feinplanungsstrategie beachten und gegebenenfalls auch die Aktivitäten umplanen, zu denen zeitliche Anordnungsbeziehungen bestehen. (Pegging-Beziehungen beachtet die Heuristik nicht.) Wenn die Heuristik die abhängigen Aktivitäten nicht umplanen kann, plant sie auch die unabhängige Aktivität nicht um. Auch hier empfiehlt sich, eine infinite Feinplanungsstrategie zu verwenden.

Des Weiteren kann in den Heuristikeinstellungen festgelegt werden, ob und wie sich der Status für die verschobenen PP/DS-Aufträge ändern soll:

- Der PP/DS-Auftrag bekommt den Status.
- Die Heuristik plant den PP/DS-Auftrag ein oder aus oder behält den Einplanungsstatus bei.

Bei Anwendung der Heuristik SAP_PP_010 ist jedoch zu beachten, dass Zugänge, die von der Heuristik aus Restriktionsgründen unberührt bleiben, zu Unterdeckungen bei den entsprechenden Bedarfen führen.

SAP_PP_019 – Fixieren von Pegging-Beziehungen

Die Heuristik SAP_PP_019 zum Fixieren von Pegging-Beziehungen kann sowohl einstufig als auch mehrstufig ausgeführt werden, indem sie in einen MRP-Lauf eingebunden wird. In diesem Fall dient sie dazu, den Materialfluss über alle Dispositionsstufen hinweg abzubilden. Die fixierten Pegging-Beziehungen werden dabei beginnend mit den Primärbedarfen mehrstufig angelegt. Das Ergebnis ist eine Pegging-Struktur.

Die Vorgehensweise bei Anlage fixierter Pegging-Beziehungen erfolgt gemäß den Heuristikeinstellungen. Dabei werden die folgenden Schritte durchlaufen:

1. Selektion der Pegging-Bereiche der vorgegebenen Produkte
2. Bestimmung des Pegging-Horizonts gemäß den Heuristikeinstellungen
3. Anlegen fixierter Pegging-Beziehungen gemäß der in der Heuristikeinstellung vorgegebenen Methode:

- Bei dynamischem Pegging werden für die bereits vorhandenen dynamischen Pegging-Beziehungen im Pegging-Horizont fixierte Pegging-Beziehungen angelegt.
- Bei Chargen werden die Bedarfs- und Zugangselemente, die mit der gleichen Chargennummer versehen sind und im Pegging-Horizont liegen, über fixiertes Pegging miteinander verbunden. Die Zugänge werden nach dem Verfügbarkeitstermin sortiert. Die Bedarfe werden nach dem Bedarfstermin sortiert, d. h., die Reihenfolge, in der die Bedarfselemente den vorhandenen Beständen und Zugangselementen zugeordnet werden, ist abhängig vom jeweiligen Bedarfstermin. Das System legt die fixierten Pegging-Beziehungen unter Beachtung der Zuordnungsstrategie **Rechtzeitige Zugänge verwenden** an.
- Bei benutzerdefinierten Einstellungen können die Kriterien selbst festgelegt werden, nach denen das System fixierte Pegging-Beziehungen anlegen soll.

Bestimmte Prozesse, wie z. B. der Optimierer, erfordern eine temporäre mehrstufige Fixierung, die nach Abschluss wieder gelöscht werden soll. Für das mehrstufige Löschen von fixen Pegging-Beziehungen kann die Heuristik SAP_PP_011 verwendet werden.

SAP_PP_011 – Löschen von Pegging-Beziehungen

Mit der Heuristik SAP_PP_011 können fixierte Pegging-Beziehungen gelöscht werden. Die Heuristik, die im Planungslauf angewendet werden kann, fokussiert auf das Produkt, was eine Verwendung von Produkten, Lokationen und dem Produktionsplaner als Selektionsoptionen ermöglicht. Das Kennzeichen **Mit Planungsvormerkung** wird dabei jedoch nicht berücksichtigt.

Das System selektiert die fixierten Pegging-Beziehungen entsprechend den ausgewählten Produkten und gemäß den Heuristikeinstellungen:

- Sie können (müssen aber nicht) hier nun auswählen, welche fixierten Pegging-Beziehungen gelöscht werden sollen (nur automatisch fixierte, nur manuell fixierte, automatisch und manuell fixierte Pegging-Beziehungen).
- Unter Verwendung des Pegging-Horizonts kann der Zeitraum festgelegt werden, in dem das System fixierte Pegging-Beziehungen löschen soll. Eine fixierte Pegging-Beziehung kann jedoch nur dann gelöscht werden, wenn der Bedarfs-/Verfügbarkeitstermin des Bedarfs- und des Zugangselements innerhalb des Pegging-Horizonts liegt. Wenn das System aufgrund von fehlenden Parametern keinen Horizont ermitteln kann, ist eine Ausführung der Heuristik für das gewünschte Lokationsprodukt nicht möglich. Dann wird eine entsprechende Systemnachricht ausgegeben.

Im Rahmen einer Reihenfolgeplanung spielt die Priorität der Aufträge eine wichtige Rolle. Dabei ist es möglich, die Priorität des Zugangselements mit der Priorität des Bedarfselements zu verknüpfen.

SAP_PP_012 – Ändern von Auftragsprioritäten

Wenn Zugänge und Bedarfe geändert oder neu angelegt werden, führt das System automatisch ein dynamisches Pegging durch, bei dem es die Zugänge den Bedarfen neu zuordnet. Danach können Zugangs- und Bedarfselemente mit unterschiedlichen Auftragsprioritäten durch eine Pegging-Beziehung verknüpft sein. Die Heuristik SAP_PP_012 dient der Anpassung der Prioritäten von Zugangselementen an die Prioritäten der zugeordneten Bedarfselemente.

Dabei bestimmt der Algorithmus für jedes Zugangselement die Bedarfselemente, denen das Zugangselement über eine fixierte oder eine dynamische Pegging-Beziehung zugeordnet ist. Anschließend ermittelt der Algorithmus die höchste Auftragspriorität (den niedrigsten numerischen Prioritätswert) der zugeordneten Bedarfselemente und ordnet diese Auftragspriorität dem Zugangselement zu.

SAP_PP_LLC – Stage-Numbering-Algorithmus für PP/DS

Die Heuristik SAP_PP_LLC dient der Ermittlung der Dispositionsstufen der ausgewählten Lokationsprodukte. Die Dispostufen ergeben sich aus den Positionen der Lokationsprodukte in den relevanten Stücklisten (Fertigungsstrukturen). Ein Enderzeugnis hat in der Regel die Dispositionsstufe 0, die Komponenten haben die Dispositionsstufen 1, 2, 3 etc., abhängig von der tiefsten Stücklistenebene, in der sie vorkommen.

Dispositionsstufen definieren, in welcher Reihenfolge Produkte geplant werden (zuerst Produkte mit Dispositionsstufe 0, dann Produkte mit Dispositionsstufe 1 etc.). In der Produktions- und Feinplanung (PP/DS) wird eine dispositionsstufenweise Planung z. B. mit der Standardheuristik SAP_MRP_001 durchgeführt. Um einen Planungslauf für die dispostufenweise Planung von Produkten zu definieren, legt man einen Produktionsplanungslauf an, der im ersten Bearbeitungsschritt die Berechnung der Dispositionsstufen z. B. mit der Standardheuristik SAP_PP_LLC durchführt und dessen zweiter Bearbeitungsschritt die MRP-Heuristik aufruft.

Im Rahmen einer Produktionsplanung in SAP S/4HANA PP/DS gibt es zwei Möglichkeiten:

- **Die Dispositionsstufe wird aus SAP S/4HANA übernommen**

  Bei dieser Option ist zu beachten, dass die Dispositionsstufen nur bei Initialübertragung der Lokationsprodukte von SAP S/4HANA nach SAP S/4HANA PP/DS übertragen werden. Es erfolgt keine Änderungsübertragung. Ändern sich im Laufe der Zeit die Dispositionsstufen in SAP S/4HANA, werden diese Änderungen nicht mehr nach SAP S/4HANA PP/DS übertragen. Die hinterlegten Dispositionsstufen wären somit inkorrekt.

- **Die Dispositionsstufe wird in SAP S/4HANA PP/DS neu ermittelt**

  Die Dispositionsstufen gelten global für alle Planversionen eines Supply-Chain-Modells. Auch bei dieser Option ergibt sich die Dispostufe eines für die Dispostufenberechnung ausgewählten Lokationsprodukts aus einer Analyse der Fertigungsstrukturen, in denen das Lokationsprodukt enthalten ist. Im Gegensatz zur werksbezogenen Dispostufenberechnung in SAP S/4HANA betrachtet der Algorithmus die Fertigungsstrukturen jedoch lokationsübergreifend. Dazu zieht der Algorithmus alle PP/DS-Bezugsquellen eines Lokationsprodukts heran, die folgende Bedingungen erfüllen:

  - Die Bezugsquellen sind im Supply-Chain-Modell der Planversion enthalten, die für den Produktionsplanungslauf genutzt werden soll.
  - Die Bezugsquellen sind zu einem bestimmten Datum gültig. Standardmäßig ist das geforderte Gültigkeitsdatum der Bezugsquellen das aktuelle Datum. In den Heuristikeinstellungen kann man unter Verwendung eines Offsets festlegen, dass die Bezugsquellen zu einem früheren oder späteren Datum gültig sein müssen.
  - Die Bezugsquellen entsprechen der planversionsunabhängigen Beschaffungsart des Lokationsprodukts.
  - Bei einem fremdbeschafften Produkt berücksichtigt der Algorithmus also nur Bezugsquellen für Fremdbeschaffung, bei einem eigengefertigten Produkt nur Bezugsquellen für die Eigenfertigung.

Das System geht bei der Berechnung der Dispostufe für ein Produkt vom Initialwert der Dispostufe aus, also von der Dispostufe, die das Produkt vor Beginn der Dispostufenberechnung hat. Der Dispostufenwert kann durch die Dispostufenberechnung also nicht kleiner werden.

Grundsätzlich können Sie zwischen einer lokationsübergreifenden und einer lokationsinternen Neuermittlung der Dispostufen wählen. Vom gewählten Verfahren hängt ab, wie der Algorithmus die Dispostufen umgelagerter Produkte im Lieferwerk einbezieht:

- **Lokationsübergreifende Neuermittlung**

  Wenn ein Lokationsprodukt in der bestellenden Lokation die Dispostufe n hat, hat das entsprechende Lokationsprodukt in der Lieferlokation mindestens die Dispostufe n + 1. (»Mindestens« bedeutet: Wenn das Lokationsprodukt in einer anderen Fertigungsstruktur eine noch höhere Dispostufe hat, verwendet der Algorithmus natürlich die höhere Dispostufe.) Die Komponenten dieses Lokationsprodukts haben im Lieferwerk mindestens die Dispostufe n + 2. Der Algorithmus zählt daher die Dispostufen über die Lokationsgrenzen hinweg hoch. Diese Art der Dispostufenberechnung verwendet man bei einer mehrstufigen bzw. lokationsübergreifenden Planung eines Produkts in der Supply Chain.

- **Lokationsinterne Neuermittlung**

  Für eine umgelagerte Komponente setzt der Algorithmus die Dispostufe im Lieferwerk wieder auf den Initialwert. Diese Art der Dispostufenberechnung wird bei einer lokationsweisen Planung verwendet.

- **Verarbeitung von Zyklen**

  Wenn der Algorithmus bei der Ermittlung der Bezugsquellen *Zyklen* feststellt (eine Lokation ist für ein Lokationsprodukt sowohl Lieferlokation als auch bestellende Lokation), wird eine entsprechende Meldung ausgegeben. Abhängig von den Heuristikeinstellungen sichert das System die bis zum Auftreten des Zyklus ermittelten Dispostufen.

- **Anzeige der Dispostufen**

  Dispositionsstufen zeigt das System in der planversionsspezifischen Planungsvormerkungsdatei in PP/DS an. Die Planungsvormerkungsdatei können Sie aus dem Untermenü der Produktionsplanung unter **Planung** aufrufen.

Die vorgenannten Serviceheuristiken stellen nur einen kleinen Ausschnitt der in einem Standard-SAP-S/4HANA-PP/DS-System vorhandenen Serviceheuristiken dar. Einen Überblick über alle im Standard verfügbaren Serviceheuristiken bietet die Programmdokumentation zu SAP S/4HANA PP/DS .

Analog zur Vorgehensweise in SAP S/4HANA sind hier somit die Fragen beantwortet, welche Mengen eines Produkts gedeckt werden müssen (Nettobedarfsmenge zuzüglich eines optionalen Sicherheitsbestands) und welche Mengen gedeckt werden sollen (Anwendung eines Losgrößenverfahrens unter Verwendung einer PP-Heuristik). Wie eine dabei identifizierte Unterdeckung nun behoben werden soll, betrachten wir im folgenden Abschnitt genauer.

11.3.4 Beschaffungsarten und Sonderbeschaffungsarten

Grundsätzlich kann ein offener Bedarf durch eine Produktion (Eigenfertigung) oder durch eine Beschaffung (Fremdbeschaffung) gedeckt werden. Optional können Sonderformen der Bedarfsdeckung, gesteuert über eine Sonderbeschaffungsart, eingesetzt werden. Hierzu gehören unter anderem *Produktion im anderen Werk* (Eigenfertigung) und *Umlagerung aus einem anderen Werk* (Fremdbeschaffung).

Welche Form der Produktion/Beschaffung zur Deckung eines relevanten Bedarfs durchgeführt wird, hängt von der Beschaffungsart ab, die im Materialstamm auf der Sicht **Disposition 2** hinterlegt ist. Dabei wird **E** für die Eigenfertigung eines Materials und **F** für dessen Fremdbezug verwendet, unabhängig davon, in welcher Sprache die

Systemanmeldung erfolgte. (Auch bei der englischsprachigen Anmeldung steht **E** für »Eigenfertigung« und nicht für »External«!)

Bei Verwendung einer Fremdbeschaffung muss es Einkaufsinfosätze und Rahmenverträge geben, die aus SAP S/4HANA über ein aktives Integrationsmodell – und nicht über ein Aktivierungskennzeichen – übertragen werden. Von SAP S/4HANA übergebene Lieferpläne, Kontrakte und Einkaufsinfosätze werden in PP/DS als *Fremdbeschaffungsbeziehungen* eingerichtet. Eine Fremdbeschaffungsbeziehung ist produktspezifisch und wird einer *Transportbeziehung* zugeordnet. Transportbeziehungen werden in SAP S/4HANA PP/DS automatisch angelegt, sobald Daten aus SAP S/4HANA übergeben werden. Die Fremdbeschaffungsbeziehung enthält also die vertraglichen Details der Beziehung zwischen einer Quelllokation (Lieferant als Geschäftspartner oder Lieferwerk) und einer Ziellokation (Werk).

Bei einer Planung mit dem Standardplanungsverfahren **4 – Planung im Planungslauf** erzeugt das System bei einer bestehenden Unterdeckung automatisch ein *Zugangselement*. Das Zugangselement ist in erster Näherung abgeleitet von der Beschaffungsart aus dem Materialstamm/Lokationsprodukt. Existieren mehrere Beschaffungsalternativen, wählt das PP/DS die Alternative mit der höchsten Priorität und den geringsten Kosten aus, die das Material rechtzeitig oder mit der geringsten Verzögerung liefern kann. Wenn ein Lieferplan, ein Einkaufsinfosatz oder ein Kontrakt selektiert wird, erzeugt das System automatisch eine Bestellanforderung mit Bezug zum entsprechenden Objekt. Wenn für ein Produkt Quotierungen festgelegt worden sind, ordnet das System die Bedarfe gemäß den gepflegten Quotierungen automatisch dem jeweiligen Lieferanten zu. Die Umsetzung hierbei erzeugter Bestellanforderungen kann entweder interaktiv (z. B. in der Produktsicht) oder per Massenumsetzung erfolgen. Im Rahmen einer Massenumsetzung werden nur Aufträge ausgewählt, deren Eröffnungstermin sich in der Vergangenheit befindet.

Im Fall einer Eigenfertigung ermittelt das System die relevante Produktionsdatenstruktur auf der Basis einer passenden Fertigungsversion aus, die in SAP S/4HANA obligatorisch ist. Die Fertigungsversion wird von SAP S/4HANA unter Verwendung der Transaktion CURTOADV_CREATE (PDS-Übermittlung [PP/DS]) an PP/DS übertragen und dort als Produktionsdatenstruktur (PDS) abgebildet. Diese Transaktion ist in den Stammdaten der Produktion zu finden (**PDS für erweiterte Planung**). In der PDS sind alle zur Terminierung einer Eigenfertigung notwendigen Daten enthalten.

11.3.5 Terminierung

Im Rahmen der Produktionsplanung in SAP S/4HANA stellt die Terminierung den abschließenden (systemtechnischen) Schritt einer Planung dar. Ziel ist dabei die Ermittlung der Fertigungstermine und Kapazitätsbedarfe für alle Vorgänge innerhalb eines Auftrags.

Durchlaufterminierung

Die Terminierung stellt den abschließenden (systemtechnischen) Schritt einer Planung dar. Nach Ermittlung der »richtigen« Menge sowie der »richtigen« Bezugsquelle geht es nun um die Bestimmung des »richtigen« Termins. Hierfür stehen in SAP S/4HANA zwei unterschiedliche Terminierungsarten zur Verfügung: die (tagesgenaue) *Eckpunktterminierung* sowie eine (uhrzeitgenaue) *Durchlaufterminierung*. Die SAP-S/4HANA-PP/DS-Lösung kennt nur die genaue Durchlaufterminierung.

Beide Terminierungen folgen demselben Grundprinzip: Basierend auf dem Ergebnis der berechneten Losgröße wird die (obligatorische) PDS aufgelöst. Im Rahmen des Planungslaufs werden sodann die Termine der Planaufträge berechnet. Diese Berechnung erfolgt mehrstufig rückwärts: Die Sekundärbedarfstermine der Planaufträge werden auf die Bereitstellungstermine der zugehörigen Vorgänge verschoben. Dadurch wird die vorgangsgerechte Planung der Materialbereitstellungen sichergestellt. Hinzu kommt noch eine (optionale) Wareneingangsbearbeitungszeit, die bei Aktivierung der erweiterten Planung systemseitig aus dem Materialstamm in SAP S/4HANA in das Lokationsprodukt von SAP S/4HANA PP/DS kopiert wird. Insofern ähneln sich die beiden Vorgehensweisen auch hier. Grundsätzlich verschieden ist hingegen die systemtechnische Abwicklung der Terminierung in SAP S/4HANA PP/DS.

Das Thema Terminierung stellt den Übergang von der Produktionsplanung hin zur Feinplanung dar, also von PP zu DS (siehe Abbildung 11.22).

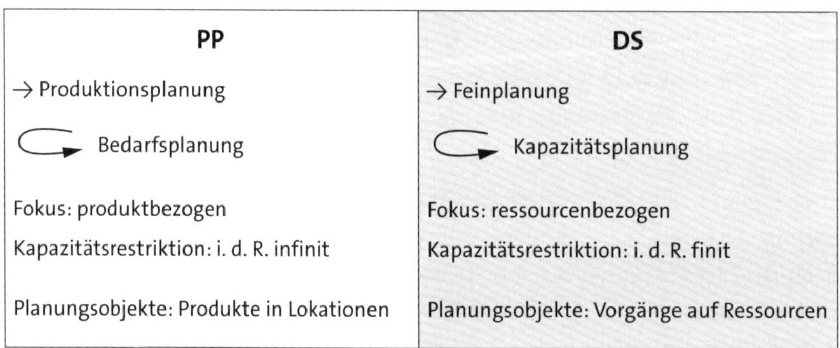

Abbildung 11.22 Übergang von der Produktions- zur Feinplanung (von PP nach DS)

Bei diesem Übergang erfolgt ein kompletter Wechsel der Betrachtungsweise einer (identischen) Planungssituation. Während die Produktionsplanung auf eine Planung von Produkten in Lokationen fokussiert, betrachtet die Kapazitätsplanung Vorgänge (verschiedener) Produkte auf einer Ressource. Zudem basiert die Produktionsplanung in der Regel auf der Annahme unendlicher (infiniter) Ressourcen, wobei die Feinplanung in der Regel auf der Basis realer Ressourcen (finit) erfolgt. Anders ausgedrückt: Die Produktionsplanung kann als eine Art Bedarfssammler bezeichnet werden, während die Feinplanung nun die Aufgabe besitzt, diese Bedarfe in einen machbaren Produktionsplan zu transferieren.

Wie oben beschrieben, wird im Rahmen der Terminierung die PDS mehrstufig rückwärts aufgelöst. Dabei werden Aktivitätsdauer, Unterbrechbarkeit von Aktivitäten, minimale Zeitabstände (z. B. Reife) und maximale Zeitabstände (z. B. Haltbarkeit) zwischen Aktivitäten in die Berechnung miteinbezogen. Die so berechneten Kapazitätsbedarfe werden dann dem Kapazitätsangebot gegenübergestellt, das vom Arbeitsplatz in SAP S/4HANA an die Ressource in SAP S/4HANA PP/DS vererbt wurde. Hier sind die Arbeitszeiten und Nicht-Arbeitszeiten hinterlegt, die entweder in PP/DS definiert sind (keine externen Kapazitäten) oder aus SAP S/4HANA stammen (externe Kapazitäten). Ob es sich also bei einer Ressource um eine nicht externe oder eine externe Kapazität handelt, hängt davon ab, in welcher Lösung von SAP S/4HANA das Kapazitätsangebot definiert wurde. Die Betrachtung erfolgt immer aus Sicht des PP/DS. Somit handelt es sich bei einem Arbeitsplatz, dessen Arbeitszeiten in SAP S/4HANA festgelegt wurden, um eine externe Ressource. Deren Zeiten können sowohl durch die Verwendung eines hinterlegten Nutzungsgrads als auch durch eine mögliche parallele Belegung einer Ressource durch mehrere Aktivitäten (z. B. parallele Nutzung eines Härteofens zur gleichzeitigen Wärmelbehandlung von x Komponenten) beeinflusst werden. Letzterer Fall wird in PP/DS als *Multi-Activity-Ressource* bezeichnet (in der Regel infinit), eine einfach belegbare Ressource analog als *Single-Activity-Ressource* (in der Regel finit). Eine zulässige Überlast auf einer Ressource kann über einen Prozentwert im Arbeitsplatz von SAP S/4HANA gedeckelt werden.

Eine weitere Dimension in der Feinplanung stellen die oben schon beschriebenen Heuristiken und Strategien dar, die ebenfalls eine finite oder infinite Planung triggern. Eine *infinite Planung* bedeutet, dass die Planung auf Basis unendlicher Kapazitäten erfolgt. Bei einer *finiten Planung* hingegen werden Kapazitäten berücksichtigt. Während diese Einstellung in der Strategie über den Planungsmodus (**Infinite Planung** oder die finiten Planungsmodi **Vorgang einfügen**, **Vorgang einrütteln**, **Vorgang hinten anfügen**) gesteuert wird, ist dies in der Heuristik nicht so einfach ersichtlich. Hier erfolgt die Entscheidung hinsichtlich einer finiten bzw. infiniten Handhabung auf der Basis eines Finitheitsgrads.

Sowohl eine finite als auch eine infinite Planung kann somit auf einer Ressource durchgeführt werden, die ebenfalls finit oder infinit sein kann (siehe Abbildung 11.23). Im Rahmen einer infiniten Planung ist eine Überlast auf einer finiten Ressource als Planungsergebnis zulässig. Die Planerin bzw. der Planer wird je nach Konfiguration über einen Alert darüber informiert. Dieser Alert zeigt schon bei Ausführung dieser Planung an, dass eine Umsetzung im Rahmen einer Feinplanung aus aktueller Sicht zu einer Problemsituation führen würde. Es erfolgt jedoch keine automatische Umplanung, da es sich ja um eine infinite Planung handelt. Anders verhält sich das System bei der Anwendung einer finiten Strategie auf einer finiten Ressource. Auch hier kommt es zu einem Alert, und zusätzlich erfolgt eine automatische Umplanung.

	Infinite Strategie	**Finite Strategie**
Infinite Ressource	keine Umplanung kein Alert	keine Umplanung kein Alert
Finite Ressource	keine Umplanung Alert	Umplanung Alert

Infinite Planung: Alert bei Überlast auf finiter Ressource, keine Umplanung

Finite Planung: Alert und Umplanung bei Überlast auf einer finiten Ressource

Abbildung 11.23 Verhalten finiter und infiniter Ressourcen bei Überlast

Das bedeutet, dass das Verhalten einer Ressource im Rahmen einer Planung davon abhängig ist, ob es sich um eine finite oder infinite Ressource handelt. Eine finite Ressource würde sich dabei grundsätzlich finit verhalten und somit eine Überlast nicht zulassen. Es kann jedoch auch der Wunsch nach einer differenzierteren Betrachtungsweise bestehen.

Eine solche Betrachtungsweise wäre unter anderem, dass Ressourcen sich je nach aufrufender Anwendung unterschiedlich verhalten sollen. Ein Beispiel: Die Planung eines Produkts in der Produktsicht soll generell infinit erfolgen, während das gleiche Lokationsprodukt in der Feinplantafel ausschließlich finit geplant werden soll. Hier kommt der zuvor genannte *Finitheitsgrad* ins Spiel. Beim Finitheitsgrad handelt es sich lediglich um einen vierstelligen (technischen) Schlüssel, der sowohl einer Heuristik bzw. Strategie als auch einer Ressource zugewiesen werden kann (siehe Abbildung 11.24 und Abbildung 11.25).

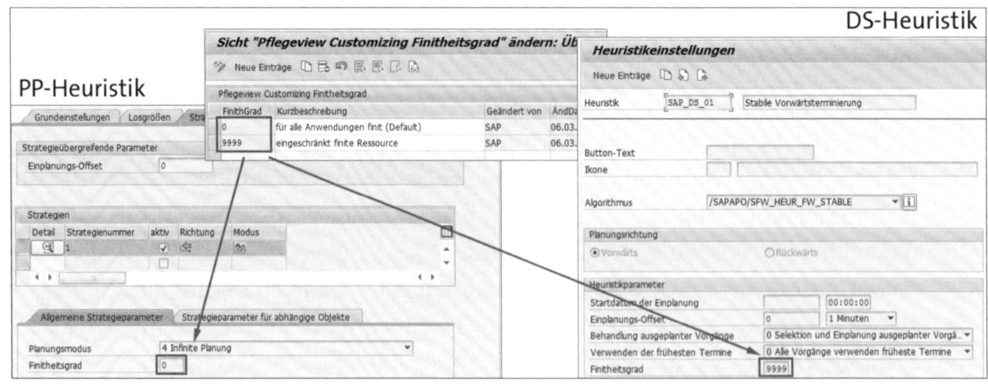

Abbildung 11.24 Finitheitsgrad – Definition und Zuordnung zur Heuristik

Der Finitheitsgrad ist ein Vergleichswert. Bei Anwendung einer Heuristik/Strategie auf einer Ressource verhält er sich wie folgt: Bei Aufruf einer Heuristik wird der Finitheitsgrad der Heuristik, wie oben dargestellt, ermittelt. Das Gleiche gilt für die Ressource: Auch sie hat einen Finitheitsgrad.

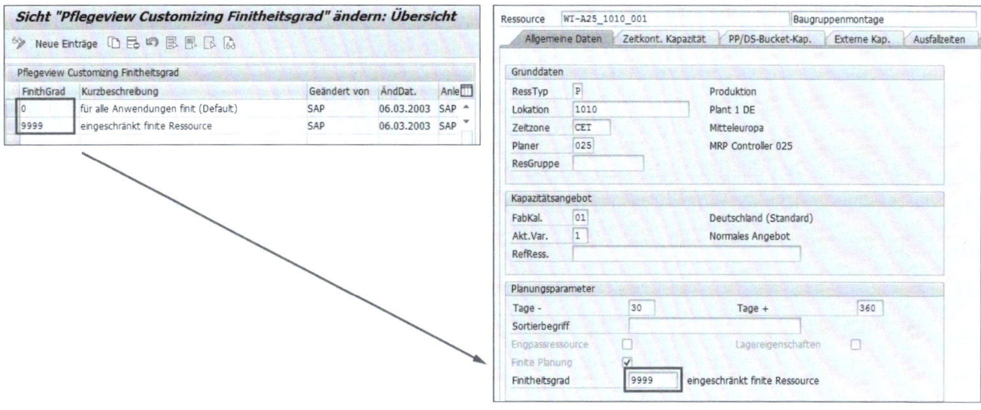

Abbildung 11.25 Finitheitsgrad – Definition und Zuordnung zur Ressource

Dieser ist initial oder enthält einen im Customizing definierten (vierstelligen) Schlüssel. Bei Ausführung einer Planung wird nun der Finitheitsgrad der Ressource mit dem Finitheitsgrad der aufrufenden Applikation verglichen (siehe Abbildung 11.26). Ist der Finitheitsgrad der aufrufenden Applikation kleiner ❶ als der Grad der Ressource ❷, so verhält sich die Ressource bei der Planung infinit. Ist er größer oder gleich, wird die Ressource finit geplant.

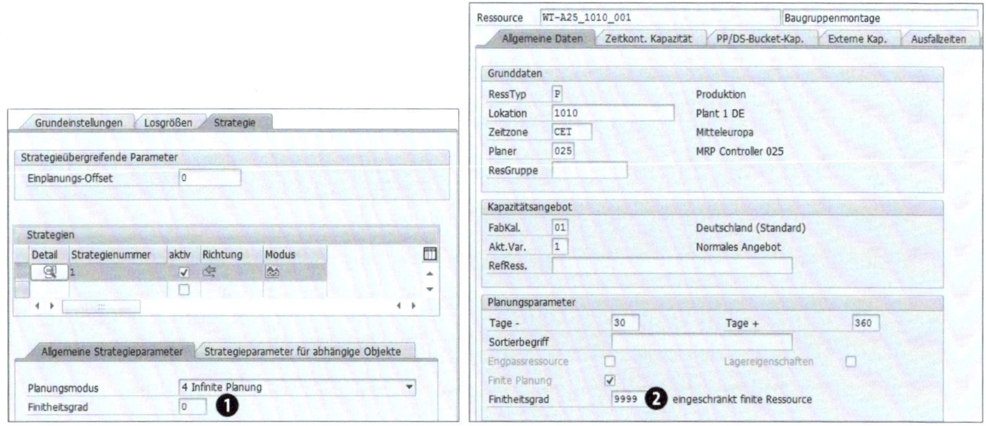

Abbildung 11.26 Vergleich der Finitheitsgrade: (in)finite Planung

In der Standardauslieferung gibt zwei Finitheitsgrade, **0** und **9999**, jeweils als Maximalausprägung. Weitere Finitheitsgrade zur detaillierten Aussteuerung können kundenseitig jederzeit im Customizing ergänzt werden. Mit der Verwendung unterschiedlicher Finitheitsgrade besteht somit eine sehr gute Möglichkeit zur differenzierten Aussteuerung der Ressourcen.

Im Rahmen der Feinplanung rücken nun die DS-Strategien in den Mittelpunkt. Eine detaillierte Beschreibung aller verfügbaren DS-Strategien würde jedoch auch hier den Rahmen sprengen. Aus diesem Grund betrachten wir im nächsten Abschnitt exemplarisch ausgewählte Feinplanungsheuristiken.

Feinplanungsheuristiken (DS-Heuristiken)

Auch für die Feinplanung von Vorgängen wird im Standard eine Vielzahl von Heuristiken angeboten. Die hier beschriebenen Heuristiken werden häufig verwendet, stellen aber auch in diesem Fall keine abschließende Betrachtung dar.

Der Übergang von der Produktions- zur Feinplanung ist, wie schon weiter oben im Unterabschnitt »Durchlaufterminierung« in Abbildung 11.22 gezeigt, eine komplette Änderung der Sichtweise: Während die Produktionsplanung auf die Planung von Produkten in Lokationen fokussiert, stehen im Rahmen der Feinplanung Vorgänge auf Ressourcen im Vordergrund. Vorgänge zu unterschiedlichen Produkten können dabei auf einer Ressource gefertigt werden. Feinplanungsheuristiken fokussieren auf Vorgänge und Ressourcen und haben allgemein zum Ziel, einen »machbaren« Produktionsplan zu erstellen. Sie können die folgenden Heuristiken verwenden (siehe dazu auch den SAP-Standard und die Systemdokumentation).

SAP001 – Reihenfolgeplanung

Die Feinplanungsheuristik SAP001 für die Reihenfolgeplanung dient der Umplanung ausgewählter Vorgänge in einer beliebigen Einplanungsreihenfolge, sowohl in der Feinplanungsplantafel als auch im Planungslauf. Das System plant die Vorgänge aus und plant sie anschließend unter Berücksichtigung der zugrunde liegenden Strategieeinstellungen in der gewünschten Reihenfolge wieder ein. Dabei wird der frühestmögliche Einplanungstermin für die Vorgänge aus dem späteren Termin der beiden folgenden Termine zugrunde gelegt:

- der aktuelle Zeitpunkt plus/minus die Offset-Zeit
- der Beginn des Planungszeitraums

In dem Fall, dass ein Vorgang auf einer Ressource in der Vergangenheit liegt, müsste unter Verfolgung des Ziels eines machbaren Plans eine Umplanung erfolgen. Hierzu kann unter anderem die folgende Heuristik SAP002 angewendet werden.

SAP002 – Rückstandsauflösung

Auch der Feinplanungsalgorithmus SAP002 kann sowohl in der Feinplanungsplantafel als auch im Planungslauf verwendet werden. Das System verfolgt das Ziel, den Rückstand auf ausgewählten Ressourcen aufzulösen, d. h., die Vorgänge umzuplanen, die vor dem aktuellen Zeitpunkt (plus/minus Offset-Zeit) liegen. In diesem Rahmen plant das System die Vorgänge aus und plant sie anschließend wieder ein.

Bei Anwendung in der Feinplanungstafel werden dabei nur die Ressourcen umgeplant, die zuvor markiert wurden. Dabei legt das System auch hier die Strategieeinstellungen der verwendeten Heuristik zugrunde, und es gelten die gleichen Regeln hinsichtlich des frühestmöglichen Einplanungstermins wie bei der Heuristik SAP001.

Neben der Reihenfolgeplanung und der Rückstandsauflösung besteht des Weiteren die Möglichkeit, eine manuelle Festlegung der Reihenfolge von Vorgängen durchzuführen.

SAP003 – manuelle Reihenfolgeplanung

Im Gegensatz zu den vorgenannten Heuristiken kann die Heuristik SAP003 nur manuell in der Feinplantafel verwendet werden. Ziel ist die Umplanung einer Gruppe ausgewählter Vorgänge in einer beliebigen Einplanungsreihenfolge. Die Reihenfolge der Vorgänge wird bei Aufruf der Heuristik manuell auf einer grafischen Listenoberfläche eingestellt. Diese Listenoberfläche ist in zwei Bildbereiche aufgeteilt, zwischen denen Vorgänge per Drag-and-drop verschoben werden können. Im linken Bereich kann die Liste der umzuplanenden Vorgänge in der gewünschten Reihenfolge sortiert werden.

Abhängig vom Kennzeichen **Ausplanen** in den Heuristikeinstellungen hat der rechte Bildbereich unterschiedliche Funktionen:

- Ist das Kennzeichen **Ausplanen** nicht aktiviert, kann der rechte Bildbereich als Arbeitsbereich und Zwischenablage genutzt werden. Die hier abgelegten Vorgänge werden auch nicht umgeplant.
- Bei Aktivierung des Kennzeichens **Ausplanen** enthält der rechte Bildbereich alle ausgeplanten Vorgänge. Durch das Verschieben eines ausgeplanten Vorgangs vom rechten in den linken Bereich plant die Heuristik diesen in der angegebenen Reihenfolge ein. Analog werden Vorgänge bei Verschiebung aus dem linken Bereich in den rechten Bereich von dieser Heuristik ausgeplant.

Auf Basis der erzeugten Vorgangsliste kann die Planung unter Verwendung der Schaltfläche **Planung ausführen** oder durch Drücken der Taste [F8] gestartet werden. Sie erfolgt auch hier unter Beachtung der Strategieeinstellungen in der Heuristik. Es gilt die oben genannte Logik hinsichtlich des frühestmöglichen Einplanungstermins.

Beachten Sie, dass diese Heuristik nicht für eine Massenplanung verwendet werden kann.

SAP004 – Durchlaufzeitreduzierung

Unter Verwendung der Heuristik SAP004 kann eine Reduzierung der Durchlaufzeit von Aufträgen erfolgen, die Vorgänge auf den ausgewählten Ressourcen haben. Das

System fixiert die ausgewählten Ressourcen und damit alle Vorgänge, die auf diesen Ressourcen liegen. Ausgehend von jedem fixierten Vorgang plant es die anderen Vorgänge des betroffenen Auftrags so um, dass sich möglichst kleine Zeitabstände zwischen den Vorgängen des Auftrags einstellen.

Das System führt eine Umplanung unter Beachtung der hinterlegten Strategieeinstellungen durch. Der frühestmögliche Einplanungstermin der Vorgänge verhält sich wie gewohnt.

SAP_DS_01 – stabile Vorwärtsterminierung

Die Verwendung der Heuristik SAP_DS_01 zielt auf die Erstellung eines machbaren Produktionsplans im kurzfristigen Horizont. Dabei kann die Heuristik ausgehend von der Feinplanungsplantafel aufgerufen oder in einen Planungslauf eingebunden werden. Diese Heuristik dient der Beseitigung folgender planerischer Störungen über mehrere Produktionsstufen:

- Rückstand
- Kapazitätsüberlasten
- Verletzung von Minimalabständen
- Verletzung von Gültigkeitsintervallen von Aufträgen

Des Weiteren kann sie auf der Basis selektierter, zu planender Vorgänge eingesetzt werden. Die Selektion erfolgt durch Auswahl einzelner Vorgänge (z. B. in der Feinplanungsplantafel) und dem Start der Heuristik. Alternativ kann eine Anwendung auch auf Basis einer Selektion von Ressourcen beruhen. Dabei werden alle eingeplanten Vorgänge innerhalb des Planungshorizonts ausgewählt. Diese Option steht sowohl in der Feinplanungsplantafel als auch im Produktionsplanungslauf zur Verfügung.

Bei einer interaktiven Verwendung innerhalb der Feinplanungsplantafel können beide Möglichkeiten verwendet und auch kombiniert werden. Hierfür markieren Sie die entsprechenden Ressourcen bzw. Vorgänge. Bei einer Anwendung außerhalb der Feinplanungsplantafel kann eine Selektion nur über Ressourcen erfolgen.

Aus den selektierten Vorgängen wird über Anordnungs- und Pegging-Beziehungen ein Netz aufgebaut. Alle Objekte, die sich im Inneren dieses Netzes befinden, werden durch die Heuristik geplant. Ein voreingestellter Propagierungsbereich wird nicht verlassen. Dazu ein Beispiel: Die Auswahl eines Vorgangs zu einem Auftrag für ein Halbfabrikat führt zur Aufnahme aller Vorgänge dieses Auftrags in das Netz. Darüber hinaus werden die über Pegging verbundenen Bestellanforderungen für Rohstoffe und Vorgänge der Aufträge für das Endprodukt propagiert.

Die Terminierung der Vorgänge ist ein zweiter Aspekt der Heuristik. Zur Einplanung der Vorgänge im propagierten Netz wird eine mehrstufige Vorwärtsterminierung durchgeführt. Dabei werden in der Regel zuerst Vorgänge von Aufträgen geplant, die

Halbfabrikate erzeugen, und anschließend die Aufträge für die Endprodukte. Es werden folgende Bedingungen berücksichtigt:

- die Kapazität der Ressource
- der frühestmögliche Einplanungstermin (resultierend aus dem Planstart der bereits geplanten Ressourcen)
- Gültigkeitsintervalle von Aufträgen
- Planlieferzeiten für Rohstoffe

In dem Fall, dass ein Auftrag aufgrund dieser Bedingungen nicht terminiert werden kann, wird er mit dem Status **Ausgeplant** auf seinem frühesten Termin eingelastet und muss manuell nachbearbeitet werden. Ein solcher Fall führt zu einem entsprechenden Eintrag im Planungsprotokoll.

Optional können zur Terminierung von Vorgängen noch folgende Parameter verwendet werden:

- Behandlung ausgeplanter Vorgänge
- Verwenden der frühesten Termine

In einem Nachbearbeitungsschritt plant die Heuristik Bestellanforderungen so spät wie möglich ein (Kompaktplanung von Bestellanforderungen). Daneben ist bei Anwendung dieser Heuristik zu beachten, dass Termine von Planprimärbedarfen und Kundenaufträgen verletzt werden können. Auch besondere Bedingungen in der Feinplanung, wie z. B. Blöcke, Synchronisation oder Produktionskampagnen, werden von der Heuristik nicht berücksichtigt.

Terminlich fixierte Objekte können nur manuell umterminiert werden, und das dynamische Pegging, das zum Startzeitpunkt der Heuristik existiert und die Abhängigkeiten zwischen den Planungsobjekten dokumentiert, wird vom System nach der Ausführung der Heuristik neu berechnet.

SAP_DS_02 – erweiterte Rückwärtsplanung

Die Heuristik SAP_DS_02 stellt das Gegenstück zur stabilen Vorwärtsterminierung SAP_DS_01 dar. Die erweiterte Rückwärtsplanung führt eine mehrstufige finite Planung durch, um in einem kurzfristigen Horizont einen kapazitiv abgestimmten Produktionsplan zu erstellen. Dabei orientiert sich die Heuristik an den Wunschterminen der Kundenauftragspositionen.

Diese Heuristik, die sowohl interaktiv als auch im Produktionsplanungslauf verwendet werden kann, führt keine Reihenfolgenbildung durch, sondern sucht primär nach freien Kapazitäten für die einzuplanenden Aufträge. Auch hier gibt es folgende optionale Einstellungen:

- Behandlung ausgeplanter Vorgänge
- Auswahl alternativer Modi
- Berücksichtigung der Rüstreihenfolge
- Berücksichtigung von Auftragsprioritäten

Auftragsprioritäten, die das PP/DS gemäß der Einstellung in der Planversion vergibt, werden mithilfe des Peggings an die Zugangselemente vererbt. Um bestimmte Aufträge herauszufiltern, kann in den Heuristikeinstellungen eine Auftragspriorität hinterlegt werden. Das System ermittelt dann die Zugangselemente, die mit dieser oder einer kleineren Auftragspriorität versehen sind, und plant dann nur diese Aufträge um. Die übrigen Aufträge werden ausgeplant.

Bei der Einplanung kann die Heuristik die »Heute-Linie« nicht berücksichtigen. Aus diesem Grund plant das System bei nicht ausreichender freier Kapazität auf der Ressource die Vorgänge, für die nicht genügend Kapazität vorhanden ist, in der Vergangenheit ein. Um diesen Rückstand aufzulösen, kann die Heuristik SAP_DS_01 herangezogen werden, die oben bereits beschrieben wurde.

Wie an dieser Stelle schon sehr deutlich wird, sind Heuristiken mächtige Instrumente zur Ausprägung einer Planung. Die Möglichkeiten ihrer (sinnvollen) Kombination ist Thema von Abschnitt 11.4, »Der PP/DS-Planungslauf und MRP Live«.

11.3.6 Werkzeuge der DS-Planung (Reihenfolgeplanung)

Die im vorangegangenen Abschnitt ausführlich beschriebenen Heuristiken können vielfältig eingesetzt werden, unter anderem in einem Planungslauf, der in der Regel nächtlich durchgeführt wird (siehe Abschnitt 11.4, »Der PP/DS-Planungslauf und MRP Live«). Der Fokus dieses Abschnitts liegt auf der Anwendung der Heuristiken innerhalb der interaktiven Feinplanung. Dafür steht eine Feinplanungstafel originär aus SCM/PP/DS zur Verfügung; ergänzt wurde diese Funktionalität um entsprechende SAP-Fiori-Apps. Beide Möglichkeiten sollen hier beschrieben und auch voneinander abgegrenzt werden.

PP/DS-Feinplanungstafel

Die *PP/DS-Feinplanungstafel* (Transaktion /SAPAPO/CDPSO) ist ein zentrales Werkzeug der interaktiven Kapazitätsplanung. Sie ist in mehrere Teilbilder aufgeteilt, die von der Anwenderin bzw. dem Anwender beim Einstieg in die Plantafel selektiert werden können. Dabei ist zu beachten, dass hier die Teilbilder ausgewählt werden, die *nicht* angezeigt werden sollen. Alle Teilbilder fokussieren auf den zeitlichen Aspekt, der in der Plantafel grafisch dargestellt wird. Hierzu gehören unter anderem die Belegung der Vorgänge auf Ressourcen, deren aktuelle Auslastung wie auch die Pegging-Situationen zwischen den Vorgängen. Im Customizing können Sie die Feinplanungstafel über den Pfad **Erweiterte Planung • Feinplanung • Einstellungen zur Feinplanungstafel** konfigurieren.

Die Feinplanungstafel wird durch die Alert-Funktionalität unterstützt, d. h., bei einem hinterlegten Alert-Profil (z. B. im Benutzerprofil im Einstieg zur Plantafel) werden Anwenderinnen und Anwender durch entsprechende Alerts direkt auf Problemsituationen aufmerksam gemacht. Zur Verifizierung der Alerts gibt es eine Auswertung, die über das Menü **Zusätze** aufgerufen werden kann. Es werden Auswertungen hinsichtlich folgender Objekte angeboten:

- **Aufträge**

  Ausgabe einer Liste aller Aufträge, die innerhalb des Anzeigezeitraums auf den selektierten Ressourcen bearbeitet werden
- **Vorgänge**

  Ausgabe einer Liste aller Vorgänge, die innerhalb des Anzeigezeitraums auf den selektierten Ressourcen bearbeitet werden
- **Produktionsübersicht**

  Ausgabe einer Liste, in der Mengen und Status von Produkten innerhalb des Anzeigezeitraums aufgelistet sind, z. B. Mengen eines Produkts, die freigegeben oder rückgemeldet sind
- **WIP-Liste**

  Ausgabe einer Liste, die für ausgewählte Ressourcen auftragsinterne WIP-Bestände des Auftragsprodukts anzeigt, das von einem zum nächsten Vorgang weitergereicht wird
- **Ressourcenauslastungsliste**

  Darstellung der zuvor selektierten Ressourcen und deren Auslastungsgrad innerhalb der Periode (inklusive einer Blockanzeige der Ressourcenauslastung, deren Sortierung sowie eines »Downloads« dieser Ergebnisse zur weiteren Verarbeitung/Analyse in Excel)

Somit bietet die Selektion der mit Alerts versehenen Ressourcen und deren detaillierte Analyse unter Nutzung der Ressourcenauslastungsliste eine gute Möglichkeit, die dringlichsten Problemsituationen zu identifizieren.

Für die Analyse und Bearbeitung von Ressourcen-Alerts bietet sich das Ressourcenteilbild in der Feinplanungstafel an (siehe Abbildung 11.27). Zur Reduzierung der Komplexität dieser Sicht ist zu empfehlen, sie auf die Ressourcen zu beschränken, die einen Alert haben. Dies kann über die Funktion **Ressourcen ersetzen** in der Feinplanungstafel erfolgen. Es bedeutet, dass die nicht selektierten Ressourcen im Ressourcenteilbild nicht mehr angezeigt, bei einer Umplanung jedoch sehr wohl mitgeplant werden. Es handelt sich also um einen reinen Anzeigefilter. Der Aufruf der Feinplanungstafel (Zeitleiste) erfolgt zum aktuellen Datum/zur aktuellen Uhrzeit. Eine mögliche Navigation in die Vergangenheit/Zukunft wird über das Zeitprofil begrenzt, das bei Einstieg in die Plantafel ausgewählt wurde.

Die Feinplanungstafel weist graue und weiße Bereiche auf – die grauen Bereiche sind Nichtarbeitszeiten, die weißen Bereiche Arbeitszeiten. Diese Bereiche berechnet das System automatisch auf Basis der Informationen in der Ressource. Die im linken Teilbild angezeigten Alerts (rote Ausrufezeichen) sind ein Signal für eine bestehende Überlast auf der Ressource. Die Feinplanungstafel ist sehr kontextmenüintensiv. Über das Markieren der Ressource und die Auswahl der Option **Beginnen mit dem ersten Graphikelement** kann wahlweise zum ersten Grafikobjekt (z. B. Planauftrag) in der Feinplanungstafel navigiert werden.

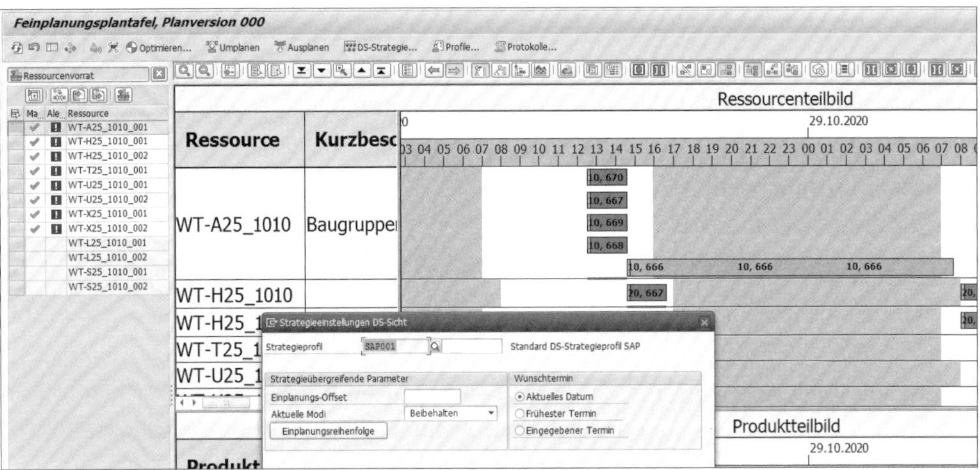

Abbildung 11.27 Transaktion /SAPAPO/CDPS0 (Einstieg in die Feinplanungstafel) – initialer Aufruf

Eine grüne Linie, wie sie z. B. unter der Position 20 des Planauftrags 666 zu sehen ist, deutet auf eine Mehrfachbelegung hin. Diese kann, wie bei Position 10 des gleichen Auftrags, durch Auswahl der Option **Mehrfachbelegung anzeigen** expandiert werden. Optional können in der Feinplanungstafel einzelne Planaufträge in Form einer interaktiven Planung verschoben werden. Wird ein Planauftrag dabei nur minimal verschoben, würde eine Mehrfachbelegung theoretisch bestehen bleiben. Da in dieser Plantafel die Planung jedoch nicht mehr nach dem Strategieprofil SAP002 (infinite Planung), sondern gemäß den globalen Einstellungen mit dem Strategieprofil SAP001 (finite Planung) erfolgt, wäre das ein nicht zulässiges Ergebnis. Somit plant das System den Auftrag automatisch gemäß der im Strategieprofil hinterlegten Strategie (Angaben im Bereich **Allgemeine Strategieparameter**) finit ein, indem es die nächste passende Lücke (**Lücke suchen**) in der Zukunft (**Vorwärtsplanung**) auswählt.

Das oben dargestellte Ergebnis ist dabei wie folgt zu interpretieren: Der Vorgang 10 des Planauftrags 666 beginnt genau zu dem Zeitpunkt, zu dem die Bearbeitung eines auf der Ressource befindlichen Planauftrags beendet ist. Ein grüner Abschnitt des Planauftrags deutet auf eine Rüstzeit hin, die ebenfalls beachtet wird. Da der Planauftrag erst um 14:33 Uhr beginnt (diese Information gewinnt man durch einen Doppelklick auf den Planauftrag), kann seine Bearbeitung erst um 07:37 Uhr am Folgetag beendet werden. Der türkisfarbene Balken bedeutet dabei nicht, dass der Auftrag in der Nichtarbeitszeit bearbeitet wird. Er ist dahingehend zu interpretieren, dass die Bearbeitung um 14:33 Uhr beginnt, bis zum Schichtende um 16:00 Uhr bearbeitet und dann am nächsten Morgen um 07:00 Uhr fortgesetzt wird.

Über das Kontextmenü zum Planauftrag wird eine Vielzahl an Bearbeitungsmöglichkeiten angeboten. Alternativ ist ein Aufruf dieser Funktionen sowohl über die Menüs der Feinplanungstafel als auch über die Icons in der Kopfzeile der Plantafel möglich. Es handelt sich um alle Möglichkeiten der manuellen (Nach-)Bearbeitung, die in der Praxis nach einem Planungslauf durchgeführt werden können. Über die Option **Umplanen**, die über das Menü **Funktionen** oder direkt über die gleichnamige Schaltfläche im Kopf der Feinplanungstafel aufgerufen werden kann, erzeugt das System automatisch (»mit nur einem Klick«) einen machbaren Plan, sofern gemäß Kapazitätsangebot und Strategieeinstellungen möglich (siehe Abbildung 11.28). Die hierbei nicht selektierten Ressourcen werden auch mitgeplant.

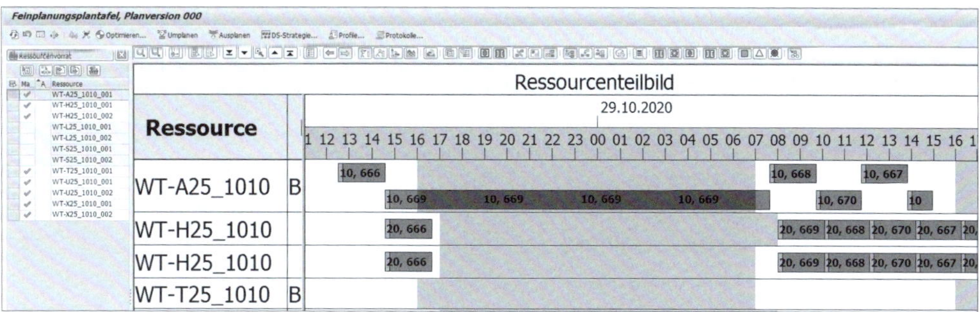

Abbildung 11.28 Ergebnis einer Feinplanung in der Feinplanungstafel

SAP-Fiori-basierte Feinplanungstools

Neben der oben beschriebenen Feinplanungstafel können auch SAP-Fiori-basierte Feinplanungstools in SAP S/4HANA genutzt werden, und zwar die Apps **Kapazitätsauslastung ermitteln** sowie **Fertigungsplantafel**. Mit ihnen steht Ihnen ebenfalls eine Vielzahl interaktiver Planungsmöglichkeiten zur Verfügung. Der Einstieg in die Bearbeitung kann über die Auswertung der bestehenden Kapazitätsauslastung erfolgen. Dafür wird die App **Kapazitätsauslastung ermitteln** genutzt (siehe Abbildung 11.29). Über die Zuordnung der Planernummer in den Kopfdaten des Arbeitsplatzes in SAP S/4HANA werden der Planerin oder dem Planer hier nur die Ressourcen angezeigt, für die sie oder er zuständig ist.

Optional steht Ihnen eine Vielzahl weiterer Spalten zur Verfügung, um Sie bei der Analyse der aktuellen Planungssituation zu unterstützen. Aus dieser Übersicht lässt sich sofort erkennen, dass es sich in unserem Beispiel um eine Auslastung von bis zu 156 % auf dem Lackierroboter handelt.

Kapazitätsauslastung ermitteln

Standard

Auswertungsprofil: * SAP-Standard-Kapazitätsausla... | Auswertungshorizont: * 28 Tage

Start | Filterleiste ausblenden | Wiederherstellen | Filter (19)

Ressourcen (6)

Ressource	Ressourcenstillstand	Maximum	Minimum	Durchschnitt	Erste Überlast	Erste Unterlast	Auslastung
WT-A25_1010_001 Baugruppe 001		322 %	0 %	25 %	24.04.2024	09.04.2024	
WT-H25_1010_001 Schweissroboter 001		0 %	0 %	0 %		09.04.2024	
WT-N25_1010_001 Alternative Lackererei 001		0 %	0 %	0 %		09.04.2024	
WT-T25_1010_001 Test 001		219 %	0 %	13 %	25.04.2024	09.04.2024	
WT-U25_1010_001 Prufstand 001		0 %	0 %	0 %		09.04.2024	
WT-X25_1010_001 Lackierroboter X 001		251 %	0 %	16 %	26.04.2024	09.04.2024	

Abbildung 11.29 SAP-Fiori-App »Kapazitätsauslastung ermitteln«

Über die Navigation mit der Schaltfläche erfolgt der direkte Einstieg in die grafische Analyse und Lösung des Planungsproblems. Neben dem Aufruf der Ressourcenplantafel aus dem Einstiegsbild der App **Kapazitätsauslastung ermitteln** ist auch eine direkte Navigation zur App **Fertigungsplantafel** möglich (siehe Abbildung 11.30). Dies erfolgt durch Markierung der Ressourcen und Betätigen der Schaltfläche **Fertigungsplantafel** unten rechts in der App. Bei Aufruf ist diese Plantafel leer. Ein Klick auf **Start** führt zum Refresh und zum Laden der Daten in die Plantafel.

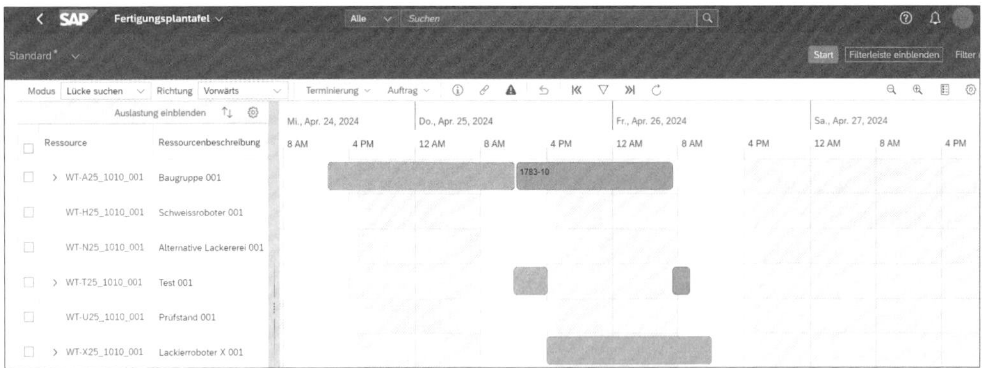

Abbildung 11.30 Einstieg in die Fertigungsplantafel

Schon auf den ersten Blick ist erkennbar, dass hier im Fall von verwendeten Single-Ressourcen eine Problemsituation besteht. Sowohl die orangefarben markierte Belegung auf der Ressource als auch das Zeichen vor der Ressource deuten auf eine Mehrfachbelegung hin. Details können nach der Expansion des Elements mit einem Klick auf eingesehen werden (siehe Abbildung 11.31).

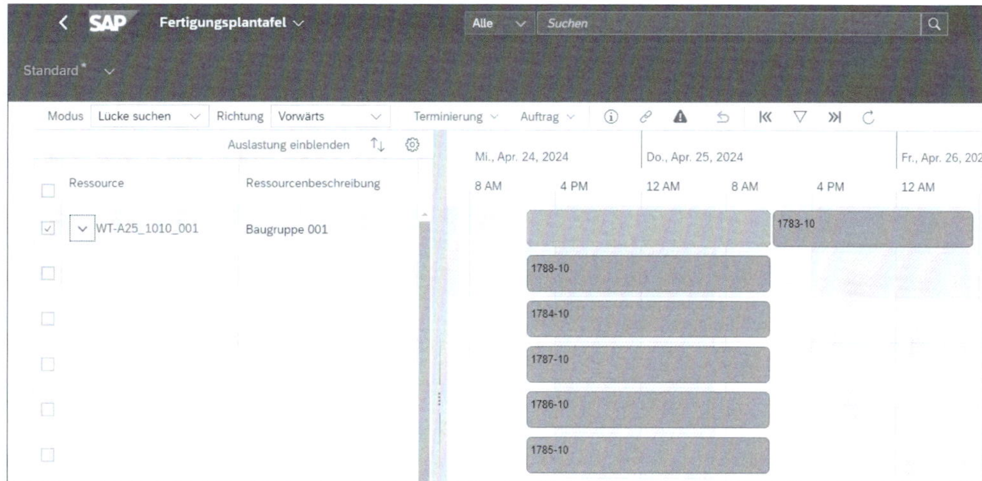

Abbildung 11.31 Problemsituation im Detail

Analog zur Vorgehensweise in SAP S/4HANA PP/DS stehen auch hier umfangreiche Funktionalitäten zur Lösung des Planungsproblems zur Verfügung. Da es sich um eine SAP-Fiori-App handelt, kann diese Umplanung auf jedem Endgerät durchgeführt werden. Neben einer manuellen Planung per Drag-and-drop können diverse Planungsfunktionalitäten verwendet werden, die auch in der Feinplanungstafel von SAP S/4HANA PP/DS zur Verfügung stehen. Die wichtigsten Funktionen sind in der Übersicht in Abbildung 11.32 dargestellt.

Neben der Festlegung, nach welcher Methode/nach welchem Modus das System einen Planauftrag einplanen soll (**Lücke suchen**, **Vorgang einfügen**, **infinite Planung**) kann die Planerin bzw. der Planer die Planungsrichtung ändern (**Vorwärts**, **Rückwärts**). Daneben stehen diverse Möglichkeiten im Rahmen der Terminierung zur Verfügung, indem Vorgänge umgeplant, ausgeplant, fixiert und unterbrochen werden können. Zusätzlich können diverse Heuristiken in der Plantafel ausgeführt werden. Ist eine Lösung des Planungsproblems auch dadurch nicht möglich, kann die Planerin bzw. der Planer einen neuen Auftrag direkt aus der Plantafel erzeugen/löschen bzw. durch die Änderung des Planauftrags oder einen Wechsel der Bezugsquelle einen machbaren Plan erzeugen.

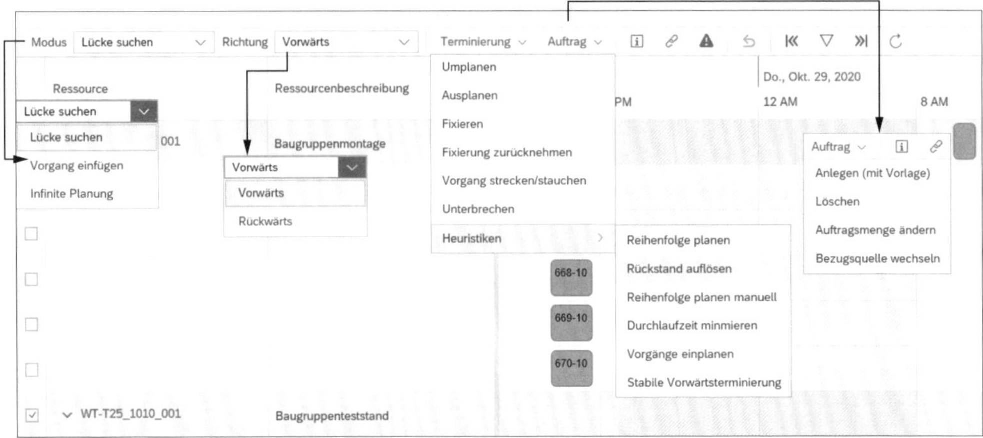

Abbildung 11.32 Ausgewählte Funktionen der SAP-Fiori-App »Fertigungsplantafel«

Alle Funktionen werden dabei durch die Möglichkeit einer direkten Analyse der neuen Planungssituation via Alerts unterstützt. Auch können Sie sich Anordnungsbeziehungen einblenden lassen, die die Abhängigkeit der Elemente untereinander anzeigen.

Mit der Funktion **Information zu einem Auftrag**, deren Aufruf über das Icon erfolgt, wird in SAP Fiori eine weitere Sicht geöffnet. Hier werden systemseitig vielfältige Informationen zum selektierten Vorgang bereitgestellt.

11.4 Der PP/DS-Planungslauf und MRP Live

Verwendete Transaktionen

- MD01 (MRP-Planungslauf)
- MD01N (MRP Live)
- /SAPAPO/CDPSB0 (Produktionsplanungslauf)
- /SAPAPO/RRP_NETCH (Planungsvormerkungen)

Die Planung in SAP S/4HANA und die Planung in SAP S/4HANA PP/DS können mit separaten Planungsläufen durchgeführt werden. In SAP S/4HANA steht ein mehrstufiger Planungslauf unter Verwendung der Transaktion MD01 zur Verfügung. Hingegen werden die PP/DS-relevanten Bedarfe mit einem separaten und unabhängigen Planungslauf unter Verwendung der Transaktion /SAPAPO/CDPSB0 bearbeitet. Zur Sicherstellung einer konsistenten und übergreifenden Bedarfsdeckung besteht die Möglichkeit der Verwendung der neuen Funktionalität MRP Live, die über die Transaktion MD01N aufgerufen wird. MRP Live ist die Voraussetzung für die Anwendung von Embedded PP/DS in SAP S/4HANA, weil es beide »Planungswelten« vereint.

11.4.1 Feinplanung im Rahmen des Planungslaufs

Identifiziert das System eine Unterdeckung, wird diese im Rahmen einer Planung bearbeitet. Das kann durch eine interaktive (manuelle) Planung oder – und dies ist der Standardfall – durch einen Planungslauf erfolgen (siehe Abbildung 11.33). Auf Basis der zugrunde liegenden Stammdaten und der Systemkonfiguration in PP/DS werden relevante Planungsdaten von SAP S/4HANA über die interne Schnittstelle an PP/DS übertragen. Hier erfolgt nun eine automatische Produktionsplanung mit dem Ziel einer Bedarfsdeckung.

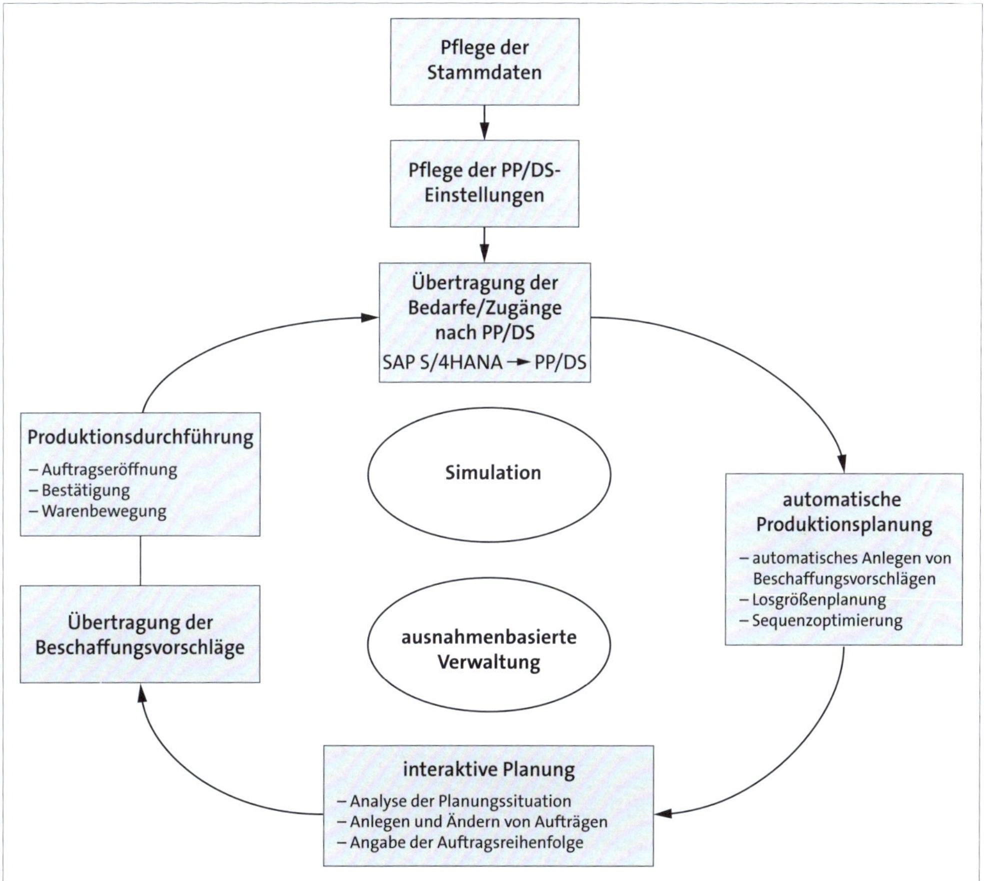

Abbildung 11.33 Planungsprozess in SAP S/4HANA im Überblick

Hinsichtlich der Vorgehensweise unterscheidet sich ein Produktionsplanungslauf in SAP S/4HANA und in SAP S/4HANA PP/DS jedoch erheblich. In SAP S/4HANA kann ein (regelmäßiger) MRP-Lauf eingeplant und durchgeführt werden. Im Anschluss daran erfolgt, wie eingangs beschrieben, in der Regel eine Kapazitätsplanung zur Überprüfung dessen Umsetzbarkeit. Gegebenenfalls muss eine (manuelle) Anpassung der Bedarfe in der Produktionsplanung erfolgen. Das dabei erzeugte Produktionsprogramm wird dann einer weiteren Kapazitätsplanung unterzogen (*Sukzessiv-Planungsmodell*).

Eine Option zur Lösung dieses Problems besteht in der Verwendung eines mehrstufigen Planungslaufs in SAP S/4HANA PP/DS. Dazu werden für diesen Planungslauf mehrere Schritte hintereinandergeschaltet, die das System sukzessiv ausführt. Das Ergebnis eines vorgelagerten Schritts ist die (neue) Ausgangssituation des folgenden Schritts. Die Ausführung kann als Hintergrundjob oder auch interaktiv erfolgen – Letzteres ist die Ausnahme. Hierbei kommen dann ausgewählte Heuristiken zum Einsatz, die bereits in Abschnitt 11.3.3, »PP-Heuristiken und Ablaufheuristiken«, und Abschnitt 11.3.5, »Terminierung«, ausführlich beschrieben wurden.

Der Planungslauf in SAP S/4HANA PP/DS kann, wie in Abbildung 11.34 zu sehen, grundsätzlich in drei Bereiche unterteilt werden: globale Parameter ❶, die für alle Schritte gelten, anzuwendende Heuristiken/Funktionen ❷ und eine Selektion von (Planungs-)Objekten ❸, auf die die Heuristiken/Funktionen angewendet werden.

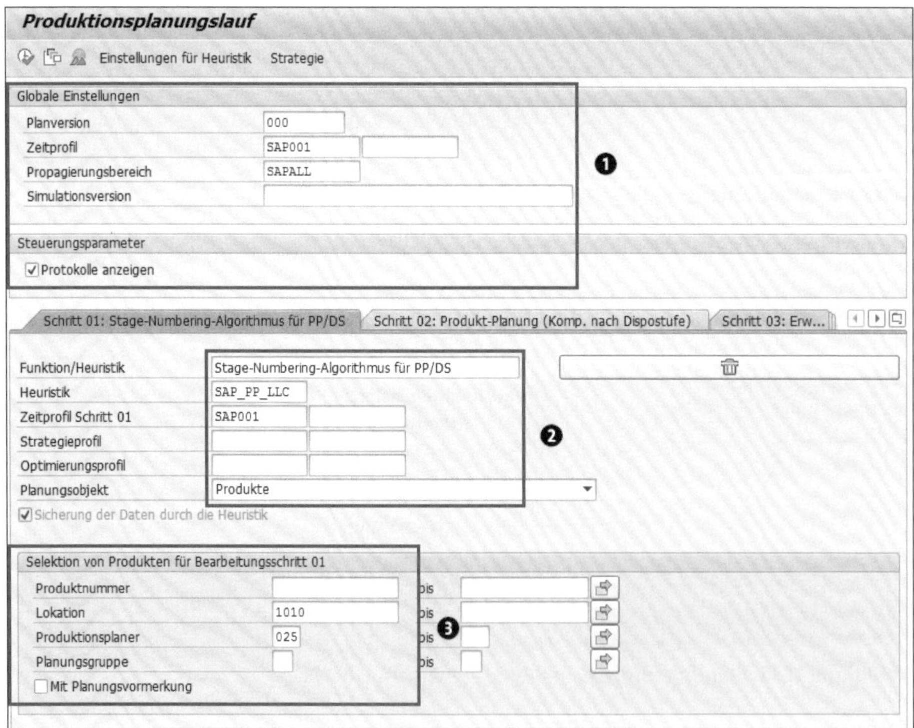

Abbildung 11.34 Parameter im PP/DS-Planungslauf – Überblick

Bei der Erstellung eines Planungslaufs sind, wie in Abbildung 11.35 dargestellt, im ersten Schritt grundsätzliche Parameter (**Globale Einstellungen**) festzulegen. Diese Parameter werden bei allen Schritten des zugrunde liegenden Planungslaufs angewendet.

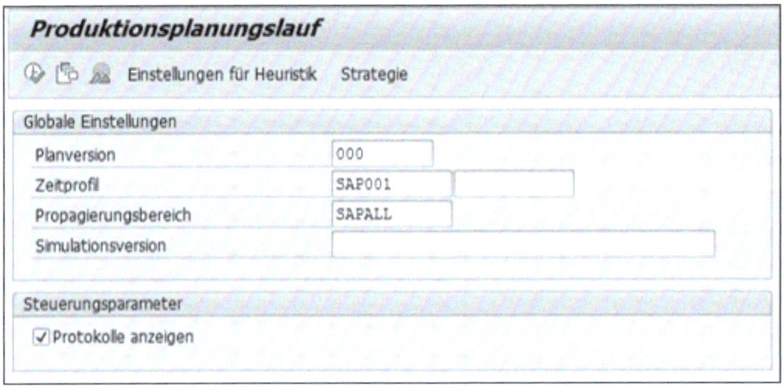

Abbildung 11.35 Globale Parameter des Planungslaufs

Dazu gehören die Auswahl unter **Planversion**, die Zuweisung bei **Zeitprofil**, die Festlegung im Feld **Propagierungsbereich** sowie bei Bedarf ein Eintrag bei **Simulationsversion**:

- **Planversion**

  Mit der Auswahl der Planversion erfolgt die Festlegung, ob die aktuellen Daten in der Produktivumgebung geplant werden sollen oder ob die Planung in Form einer Simulation auf einer Kopie dieser Daten erfolgt. Durch die Aktivierung der erweiterten Planung für Materialien im Materialstamm und für Ressourcen im Arbeitsplatz erfolgt eine Übertragung immer in die aktive Version von SAP S/4HANA PP/DS. Auf Basis dieser aktiven Version kann eine Kopie hiervon in den Stammdaten des Planversionsmanagements erstellt werden.

- **Zeitprofil**

  Mit dem Zeitprofil wird der Zeitraum der Planung festgelegt. Es werden nur Bedarfe geplant, die sich innerhalb dieses Zeitraums befinden. Neben den im Standard ausgelieferten Zeitprofilen ist die Erstellung eigener Profile im Customizing der Feinplanungsplantafel in der Auftragssicht möglich. Mit der Festlegung eines negativen Startdatums kann sichergestellt werden, dass die Planung auch ungedeckte Bedarfe in der Vergangenheit berücksichtigt.

- **Propagierungsbereich**

  Der Propagierungsbereich steuert die Zuständigkeit einer Planerin oder eines Planers für bestimmte Produkte und Ressourcen. Er legt fest, welche Produkte und Ressourcen jemand planen darf. Der Propagierungsbereich kann z. B. in den Profilen der Feinplanungstafel hinterlegt werden.

- **Simulationsversion**

  Mit der optionalen Zuweisung einer Simulationsversion wird eine Produktionsplanung im simulativen Umfeld ausgeführt.

- **Protokolle anzeigen**

  Es besteht zudem die Option der Aktivierung einer Protokollierung des Planungslaufs. Diese Protokolle bieten eine sehr gute Basis für die Analyse des im Hintergrund durchgeführten Planungslaufs.

Diese globalen Parameter stellen die Grundlage der auszuführenden Planungsfunktionen dar. Welche (Kombinationen von) Heuristiken/Funktionen dabei angewendet werden, wird, wie in Abbildung 11.36 dargestellt, in den Schritten zum Planungslauf festgelegt.

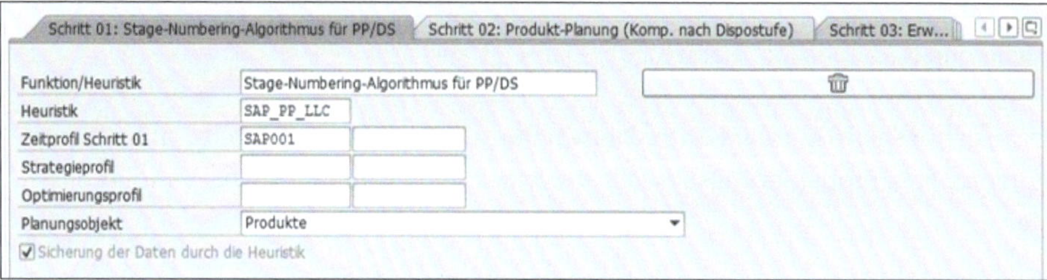

Abbildung 11.36 Schritte des Planungslaufs – Heuristiken/Funktionen

Hier erfolgt die Zuweisung von Heuristiken, die das »Herzstück« der Planung darstellen. Neben Heuristiken können auch Funktionen zur Anwendung gelangen. (Eine mögliche Funktion wäre eine Optimierung.)

Abschließend ist, wie in Abbildung 11.37 dargestellt, noch eine Selektion von Planungsobjekten zu hinterlegen, auf die die Heuristik/Funktion anzuwenden ist.

Selektion von Produkten für Bearbeitungsschritt 01

Produktnummer		bis	
Lokation	1010	bis	
Produktionsplaner	025	bis	
Planungsgruppe		bis	

Mit Planungsvormerkung

Abbildung 11.37 Selektion der Planungsobjekte

Die Ausprägung eines Produktionsplanungslaufs in SAP S/4HANA PP/DS ist genauso vielfältig wie die zur Verfügung stehenden Heuristiken einerseits und die bestehenden Kundenanforderungen andererseits. Ein mögliches Setup für einen *Planungslauf* kann wie folgt aussehen (siehe hierzu auch SAP-Hinweis 518556):

1. **SAP_PP_LLC – Stage-Numbering-Algorithmus für PP/DS**

   Eine Dispostufenermittlung wird für die im Planungslauf verwendeten Lokationsprodukte ausgeführt. Die Ermittlung der Dispostufe kann durch die Verwendung von Selektionsparametern eingegrenzt werden.

   Ergebnis dieses Schritts: Neuermittlung der Dispostufe

2. **SAP_MRP_001 – Produktplanung (Komp. nach Dispostufe)**

   Mit Verwendung der MRP-Planung SAP_MRP_001 erfolgt eine Planung analog zur Vorgehensweise in SAP S/4HANA, die an die Verarbeitung in SAP ECC angelehnt ist. Die Komponenten werden bei Bedarf gemäß ihrer (zuvor bestimmten) Dispostufe geplant, von der numerisch niedrigsten Stufe bis zur höchsten Stufe, wobei eine Planung der nächsthöheren Stufe erst dann durchgeführt wird, wenn die Planung aller niedrigeren Stufen beendet ist.

   Das Instrument zur Sicherstellung dieser Vorgehensweise ist die Planungsvormerkdatei in SAP S/4HANA PP/DS, die mit der Transaktion /SAPAPO/RRP_NETCH (Planungsvormerkungen anzeigen) im Anzeigemodus aufgerufen werden kann. Die Art der Planungsvormerkung wird über das Feld **Planungsvormerkung für PP/DS** gesteuert. Wenn dieses Feld einen Eintrag enthält, liegt für das Lokationsprodukt eine Planungsvormerkung für die Produktions- und Feinplanung (PP/DS) vor. Damit kann gezielt eine Veränderungsplanung getriggert werden. Das System setzt eine Planungsvormerkung automatisch, wenn für das Lokationsprodukt seit dem letzten Produktionsplanungslauf eine planungsrelevante Änderung eingetreten ist. Alternativ können in der Planungsvormerkdatei Planungsvormerkungen auch manuell gesetzt werden. Welche planungsrelevanten Ereignisse zum Setzen einer Planungsvormerkung führen, wird wiederum im Customizing des PP-Planungsverfahrens festgelegt.

   Ergebnis dieses Schritts: Deckung aller innerhalb des Zeitprofils befindlichen Bedarfe auf der Basis unendlicher Kapazitäten

3. **SAP_DS_01 – Stabile Vorwärtsterminierung**

   Wie oben ausführlich beschrieben, zielt die Heuristik SAP_DS_01 auf die Erstellung eines machbaren Produktionsplans im kurzfristigen Horizont ab. Eine Anwendung dieser Heuristik kann insbesondere dann sinnvoll sein, wenn die Heuristik SAP_DS_02 (erweiterte Rückwärtsplanung) zu einer Anlage von Deckungselementen in der Vergangenheit führt.

   Ergebnis dieses Schritts: Erzeugung eines (machbaren) Produktionsplans unter Beachtung realer Kapazitäten

   Als ein weiterer optionaler Schritt kann nun noch eine Optimierung des (machbaren) Produktionsplans erfolgen. Die Optimierung wird, unabhängig davon, ob sie im Planungslauf oder interaktiv ausgeführt wird, immer auf Basis eines zugrunde liegenden Optimierungsfensters ausgeführt. Dabei werden nur Elemente innerhalb dieses Fensters optimiert. Das heißt, dass Bedarfe, die innerhalb dieses Fensters liegen, berücksichtigt werden, Bedarfsdecker dieser Bedarfe außerhalb jedoch nicht. Zur Vermeidung dieses unerwünschten Systemverhaltens kann vor der Optimierung noch eine Fixierung der Bedarfe mit ihren Bedarfsdeckern erfolgen, die nach Abschluss der Optimierung wieder aufgelöst wird. Somit könnten folgende Schritte optional ergänzt werden:

4. **SAP_PP_019 – Fixieren von Pegging-Beziehungen**

   Es wird eine fixierte Pegging-Struktur über alle Dispositionsstufen hinweg erzeugt.

   Ergebnis dieses Schritts: Erzeugung einer fixierten Pegging-Struktur als Service für eine nachfolgende Optimierung

5. **Optimierung**

   Bei der Optimierung handelt es sich um eine Funktion, die als zusätzlichen Parameter ein Optimierungsprofil mit vielfältigen Einstellungsmöglichkeiten bedingt. Hierzu stehen mehrere vordefinierte Profile zur Verfügung – auch eine kundenspezifische Ausprägung ist möglich.

   Ergebnis dieses Schritts: Erzeugung eines machbaren, optimierten und fixierten Produktionsplans unter Berücksichtigung realer Kapazitäten sowie Inkaufnahme von Verspätungen gemäß den hinterlegten Rüst- und Verspätungskosten

6. **SAP_PP_011 – Löschen von Pegging-Beziehungen**

   Hiermit werden die in Schritt 4 erzeugten Pegging-Beziehungen wieder gelöscht.

   Ergebnis dieses Schritts: ein optimierter Produktionsplan

Das Ergebnis wäre somit eine Deckung aller relevanten Bedarfe von Materialien, die in SAP S/4HANA PP/DS geplant werden. Hingegen würden die Sekundärbedarfe an Baugruppen und/oder Rohstoffen, deren Planung weiterhin in SAP S/4HANA erfolgt, ungedeckt bleiben. An dieser Stelle rückt nun die neue Funktonalität MRP Live (Transaktion MD01N) in den Vordergrund.

11.4.2 Der Planungslauf in SAP S/4HANA PP/DS und MRP Live

Wie im vorangegangenen Abschnitt deutlich wurde, ist die Planung in SAP S/4HANA PP/DS ein umfassendes Planungsinstrument zur simultanen Planung von Bedarfen und Kapazitäten mit optionaler Optimierung. Dabei werden alle Elemente, die für eine erweiterte Planung selektiert wurden, berücksichtigt. Materialien und Arbeitsplätze, die nicht ausgewählt wurden (das Feld **Erweiterte Planung** ist hier deaktiviert!), werden über den Planungslauf in SAP S/4HANA PP/DS nicht geplant. Hier kommt nun die in SAP S/4HANA komplett neu entwickelte Funktion *MRP Live* zur Anwendung.

Die Verwendung von MRP Live führt zu einer deutlich verbesserten Performance im Vergleich zu einer Planung in SAP ECC. MRP Live ermöglicht somit eine Ausführung des Planungslaufs in deutlich kürzeren Zyklen. Hinzu kommt die Möglichkeit, die Funktionalitäten von SAP S/4HANA PP/DS innerhalb einer MRP-Live-Planung zu verwenden. Dies bedeutet, dass MRP Live die Voraussetzung für einen übergreifenden Planungslauf in SAP S/4HANA und SAP S/4HANA PP/DS unter Verwendung von PP/DS-Funktionalitäten ist. Dabei sind folgende Restriktionen zu beachten (siehe SAP-Hinweis 2382787):

> *»Alle nachgelagerten Materialien sollten für die erweiterte Planung relevant sein, wenn sie zusammen mit MRP Live geplant werden. Die Datenmodellierung sollte demnach wie folgt gewählt sein: Sobald ein Material auf einer Stücklistenebene PP/DS-relevant ist (relevant für die erweiterte Planung), dann sollten auch die Materialien über dieser Stücklistenebene PP/DS-relevant (relevant für die erweiterte Planung) sein. Damit wird gewährleistet, dass auch Sekundärbedarfe im SAP liveCache oder in der PP/DS enthalten sind. Die Berechnung der Dispositionsstufe erfolgt für alle Materialien in SAP S/4HANA durch MRP Live, unabhängig davon, ob diese Materialen relevant für die erweiterte Planung sind oder nicht. Daher muss jeder spezifische Prozess, der eine andere Dispositionsstufenberechnung verwendet, unabhängig geplant werden (z. B. Planung mit Planungspaket, Austauschbarkeit, Planung mit Kuppelprodukten oder Planung mit Planungsprodukt). Lokationen, die Lagerort-Dispositionsbereichen (Lokationstyp 1007) und Lohnbearbeitungs-Dispositionsbereichen (Lokationstyp 1050) entsprechen, werden geplant, bevor die Planung der entsprechenden Werkslokationen erfolgt. MRP Live unterstützt die Planung mit Umlagerung zwischen Dispositionsbereichen nicht.«*

Diese Vorgehensweise setzt die Verwendung einer speziellen Heuristik voraus, die im Lokationsprodukt hinterlegt werden kann. Eine Anwendung eines PP/DS-Planungslaufs mit mehreren Schritten ist somit nicht abgedeckt. Das folgende, an ein SCM-/SAP-APO-Szenario angelehnte Vorgehen könnte zur Lösung dieses Sachverhalts führen: Dafür gilt auch hier die obige Annahme/Restriktion, dass das »Kopfmaterial« PP/DS-relevant sein muss. Zur Identifikation der PP/DS-Relevanz könnte die Verwendung eines speziellen MRP-Planers genutzt werden, der sich aus dem Disponenten von SAP S/4HANA herleitet. Als Alternative steht im Standard auch die Produktgruppe zur Verfügung.

Die Planung der Materialien erfolgt in zwei separaten Planungsläufen (siehe Abbildung 11.38). Im ersten Schritt erfolgt eine Planung der Materialien, die unter Verwendung eines mehrstufigen Planungslaufs in SAP S/4HANA PP/DS geplant werden. Danach erfolgt die Ausführung einer MRP-Live-Planung. Hier müssen die Materialien des Planungslaufs in SAP S/4HANA PP/DS exkludiert werden, damit deren (optimierte) Planungsergebnisse von dieser Planung unberührt bleiben. Sie sind die Basis für die dann durchzuführende MRP-Planung in SAP S/4HANA.

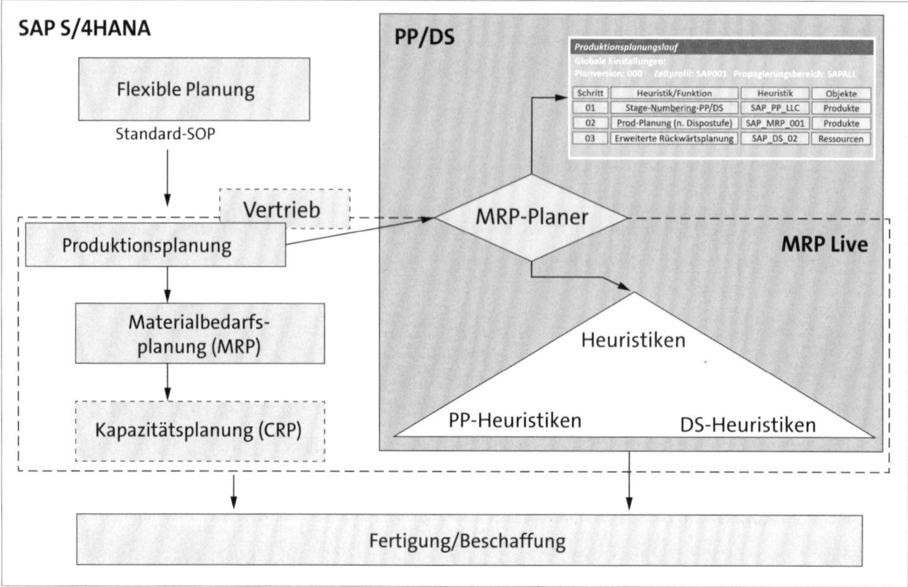

Abbildung 11.38 Produktionsplanung in SAP S/4HANA PP/DS und MRP Live

11.5 Reporting und Monitoring

Im Bereich der Produktionsplanung stehen zur Auswertung mehrere Instrumente zur Verfügung. Die beiden meistgenutzten Instrumente sind die Dispoliste und die App **Materialdeckung**, das Pendant im SAP-S/4HANA-Fiori-Umfeld. Weitere Apps zur Auswertung sind Kapitel 14, »Monitoring und Reporting«, zu entnehmen.

11.5.1 Die Dispoliste

Die *Dispoliste* ist der zentrale morgendliche Einstiegspunkt einer Planerin bzw. eines Planers. Wie in Abbildung 11.39 ersichtlich, gibt die Dispoliste das Ergebnis der letzten Planung wieder. Aufgabe der Dispoliste ist es, einen schnellen Überblick über die Planungssituation, basierend auf dem letzten Planungslauf, zu bieten. Dazu dient auch die Verwendung von Ampeln, die benutzerspezifisch konfiguriert werden können. Die Dispoliste liefert Ihnen des Weiteren eine Übersicht darüber, wie viele Meldungen auf Basis einer Ausnahmegruppe für ein bestimmtes Material vorliegen. Wann eine entsprechende Meldung generiert wird, ist fest im Programmcode hinterlegt. Bezeichnung der Meldungsnummer sowie deren Zuordnung zu einer Ausnahmegruppe können kundenseitig festgelegt werden.

Veränderungen, die zwischen zwei Planungsläufen vorgenommen werden (z. B. aufgrund manueller Anpassungen), werden in der Dispositionsliste nicht berücksichtigt. Daher trägt die Dispoliste, die in ihrem Aufbau weitestgehend identisch mit der Bedarfs-/Bestandsliste ist, neben einem Bearbeitungskennzeichen auch noch eine Zeitangabe. Diese Zeitangabe (Datum und Uhrzeit, hier: 22.12.2020, 15:42 Uhr) spiegelt den Zeitpunkt ihrer Erstellung wider.

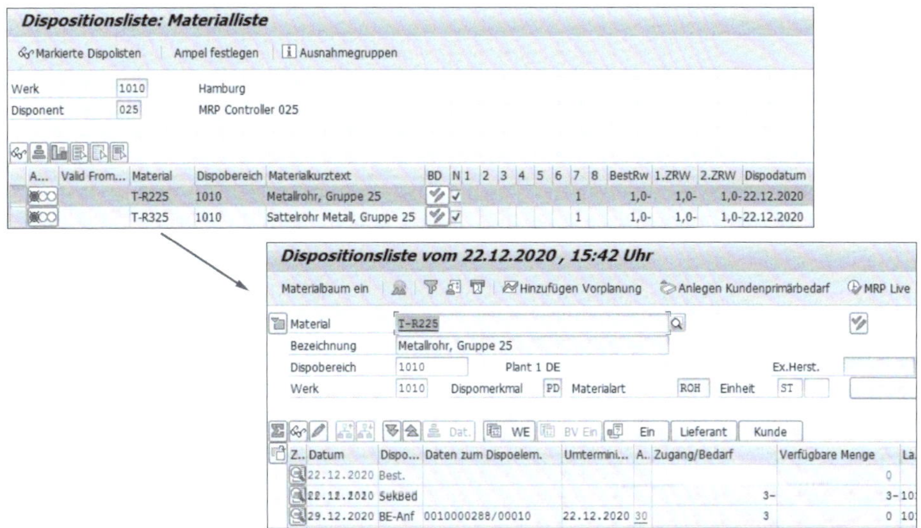

Abbildung 11.39 Dispositionslisten

Eine weitere Option zur Gewinnung eines schnellstmöglichen Überblicks ist die Festlegung und Verwendung von Ampeln. Diese können den kundenspezifischen Anforderungen in Bezug auf Reichweiten und Ausnahmegruppen angepasst werden. Auch ein Absprung aus der Dispoliste in die Dispoliste eines einzelnen Materials zur detaillierten Analyse, wie in Abbildung 11.39 dargestellt, ist möglich. Im Rahmen dieser Analyse kann das Planungsproblem gegebenenfalls gelöst werden oder im ungünstigeren Fall weiter bestehen. Unabhängig davon haben Sie über das Bearbeitungskennzeichen die Möglichkeit, das Material als bearbeitet zu markieren. Als Konsequenz daraus wird das Material mit dem entsprechenden Kennzeichen an das Ende der Liste gestellt. Auch ein Herausfiltern bei (Neu-)Aufruf der Liste über Selektionskriterien ist möglich.

Die aktuelle Bedarfs-/Bestandsliste ist das Pendant zur Dispoliste. Sie enthält alle Bestands-, Zugangs- und Abgangsveränderungen, die inzwischen stattgefunden haben. Zu beachten ist, dass auch die aktuelle Bedarfs-/ Bestandsliste nur einen Snapshot des letzten Aufrufs darstellt. Im Gegensatz zur Dispoliste verfügt die aktuelle Bedarfs-/ Bestandsliste jedoch über eine Möglichkeit zur Auffrischung. Mit dem Vergleich von Dispositionsliste und aktueller Bedarfs-/Bestandsliste ist es möglich, die Auswertungen gegenüberzustellen, also die Situation nach dem letzten Planungslauf im Vergleich zur aktuellen Bedarfs-/Bestandssituation zu überprüfen.

Die Dispoliste und die Bedarfs-/Bestandsliste sind weitestgehend identisch aufgebaut. Somit gilt die folgende Beschreibung für beide Listen:

- Links befindet sich (optional) in Form eines Baums der Arbeitsvorrat des Disponenten.
- Über der Liste befindet sich der Kopf mit der Materialnummer. Zusätzlich lassen sich über die Kopfdetails weitere Informationen anzeigen.
- Die Liste selbst enthält die einzelnen Dispositionselemente und die entsprechenden verfügbaren Mengen. Benutzerspezifische Einstellungen ermöglichen das Anpassen der Listen an die persönlichen Bedürfnisse. Diese werden im Customizing der Bedarfsplanung (im Bereich **Auswertungen**) festgelegt und gelten für beide Listen.

Die aktuelle Bedarfs-/Bestandsliste bietet eine Vielzahl an Anzeigeoptionen: Es kann mit unterschiedlichen Terminen (Verfügbarkeitstermin oder Wareneingangstermin, mit/ohne Bedarfsvorlaufzeit), mit Anzeigefiltern und Einleseregeln sowie mit einer Anzeige der Ergebnisse in Periodensummenanzeige gearbeitet werden u. v. m. Auch ist die Beeinflussung der Anzeige über persönliche Einstellungen möglich. **Periodensumme** ist eine Anzeigeform in den Auswertungen von Bedarfs-/Bestandsliste und Dispositionsliste, die die Planungsergebnisse periodisch zusammenfasst. Sie basiert auf den im Customizing-Schritt **Periodenanzeige für Periodensummen festlegen** getroffenen Festlegungen, welche Periodizitäten in der Anzeige der Periodensummen dargestellt werden sollen. Die hier markierten Periodizitäten werden in der Periodensummenanzeige auf verschiedenen Karteikarten angezeigt.

Optional kann ein Navigationsprofil verwendet werden. Es ermöglicht in Ergänzung zu den persönlichen Favoriten einen Absprung in (benutzerspezifisch definierte) Funktionen. Der Aufruf unterliegt einer Berechtigungsprüfung. Auch auf Materialebene ist die Bearbeitung der Liste mit einer Vielzahl von Funktionen möglich. Aus der aktuellen Bedarfs-/Bestandsliste kann eine Analyse der Kapazitätssituation erfolgen. Dazu werden je Arbeitsplatz und Kapazitätsart das Kapazitätsangebot, der materialunabhängige Gesamtkapazitätsbedarf und der Kapazitätsbedarf dieses Materials periodenweise ausgewiesen. Überlastsituationen werden farbig hervorgehoben. Voraussetzung dafür ist jedoch, dass Planaufträge im Rahmen der letzten Planung feinterminiert wurden. Nur ein feinterminierter Planauftrag (Planung mit Terminierungskennzeichen **2**) erzeugt Kapazitätsbedarfe.

Über die Kopfdetails können Sie sich eine Übersicht ausgewählter Stamm- und Bewegungsdaten zum jeweiligen Material anzeigen lassen. Diese Daten sind thematisch zu einzelnen Bildern zusammengefasst. Welche Bilder in den Auswertungen der Bedarfsplanung angezeigt werden, wird über das Dispositionsmerkmal gesteuert. Hierzu werden die Bildfolgen mit einem Schlüssel versehen, der dann dem Dispositionsmerkmal zugeordnet wird. Damit ist es z. B. möglich, für die Auswertung von verbrauchsgesteuerten Materialien andere Stammdaten anzuzeigen als für plangesteuerte Materialien. Auch zusätzliche Sichten (z. B. **Anzeige eines Gesamtverbrauchs**) können über das Customizing zur Anwendung hinzugefügt werden.

11.5.2 Die »Dispoliste« in SAP S/4HANA – die SAP-Fiori-App »Materialdeckung ermitteln«

Dispolisten werden im Rahmen einer Planung in SAP S/4HANA bei Verwendung der Transaktionen MD01 (Planung im Planungslauf) und MD02 (Einzelplanung mehrstufig) optional erzeugt. Die Planung mit MRP Live (Transaktion MD01N) erzeugt hingegen keine Dispolisten.

Dispolisten werden verwendet, um Materialien mit Problemen schnell zu finden. Sie sind jedoch nur eine Momentaufnahme der Materialzugangs- und Materialbedarfssituation zum Zeitpunkt des letzten MRP-Laufs. Dieser Snapshot ist oft veraltet. Mit SAP S/4HANA hingegen können Bedarfs-/ Bestandslisten mit hoher Geschwindigkeit gelesen werden. Hierzu kann z. B. die SAP-Fiori-App **Materialdeckung ermitteln: Netto- und Einzelabschnitte** verwendet werden (siehe Abbildung 11.40).

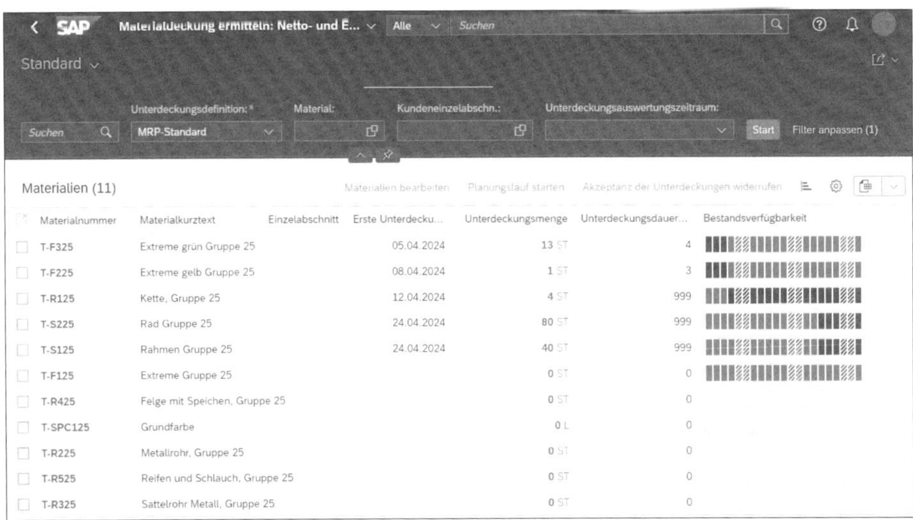

Abbildung 11.40 SAP-Fiori-App »Materialdeckung ermitteln: Netto- und Einzelabschnitte«

Diese App ermittelt die relevanten Daten basierend auf benutzerspezifischen Selektionen für Materialien mit verspäteten Lieferproblemen in Echtzeit. Unter Verwendung der Transaktion MD_MRP-FORCE_CLASSIC können zudem stammdatenbezogene Probleme (z. B. keine Fertigungsversion gefunden) angezeigt werden. Somit sind veraltete Dispositionslisten in SAP S/4HANA nicht mehr erforderlich.

Kapitel 12

Demand-Driven Replenishment (DDR)

Unter Demand-Driven Replenishment versteht man eine neue Art von verbrauchsgesteuerter Materialplanung in SAP S/4HANA. Sie beruht auf einem Konzept des Demand Driven Institute.

Nach einer kurzen Einführung in das Thema Demand-Driven Replenishment (DDR) betrachten wir insbesondere dessen Phasen, bestehend aus der Positionierung von Bestandspuffern (*Buffer Positioning*, siehe Abschnitt 12.2), der Festlegung von Puffermengen (*Buffer Sizing*, siehe Abschnitt 12.3), der Planung der Nachschubsteuerung (*Replenishment Planning*, siehe Abschnitt 12.4) sowie deren Durchführung (*Replenishment Execution*, siehe Abschnitt 12.5). Die dabei zugrunde liegenden Puffer werden dynamisch und kontinuierlich angepasst (*Dynamic Adjustment*).

12.1 Einführung

Verwendete Transaktion

- MM02 (Material ändern)

Wie in den vorangegangenen Kapiteln schon ausführlich beschrieben, besteht das Hauptziel der Planung darin, relevante Bedarfe zu identifizieren und deren Deckung mengen- und zeitgerecht zu realisieren. Dabei ist es möglich, Produkte (plangesteuert) auf der Basis vorgeplanter Mengen zu produzieren oder die verbrauchten Mengen der Vergangenheit zugrunde zu legen (verbrauchsgesteuert). Diese beiden grundsätzlich unterschiedlichen Ansätze werden im SAP-System zunächst über das *Dispositionsmerkmal* im Materialstamm gesteuert. Sowohl für die verbrauchsgesteuerte als auch für die plangesteuerte Disposition mit und ohne Fixierung stehen diverse Dispomerkmale zur Verfügung, die im Customizing definiert werden und durch Zuweisung im Materialstamm Verwendung finden.

Während die *plangesteuerte Disposition* auf Planprimärbedarfen beruht, die sich aus den Umsätzen/Absatzzahlen vorangegangener Perioden ableiten, und zusätzlich bestehende Kundenaufträge mit einbezieht, verfolgt die *verbrauchsgesteuerte Disposition* (siehe Abbildung 12.1) das Ziel, unter Beachtung der Verbrauchswerte der Vergangenheit mithilfe von Prognosen oder statistischen Verfahren auf den zukünftigen Bedarf zu schließen. Den Verfahren der verbrauchsgesteuerten Disposition ist gemeinsam, dass sie ohne Bezug zu einem Produktionsplan stehen. Die Nettobedarfsrechnung wird dabei nicht durch einen Primär- oder Sekundärbedarf angestoßen, sondern entweder durch die Unterschreitung eines festgelegten Bestellpunkts (Meldebestand) oder durch Prognosebedarfe, die aus Vergangenheitsverbräuchen errechnet wurden.

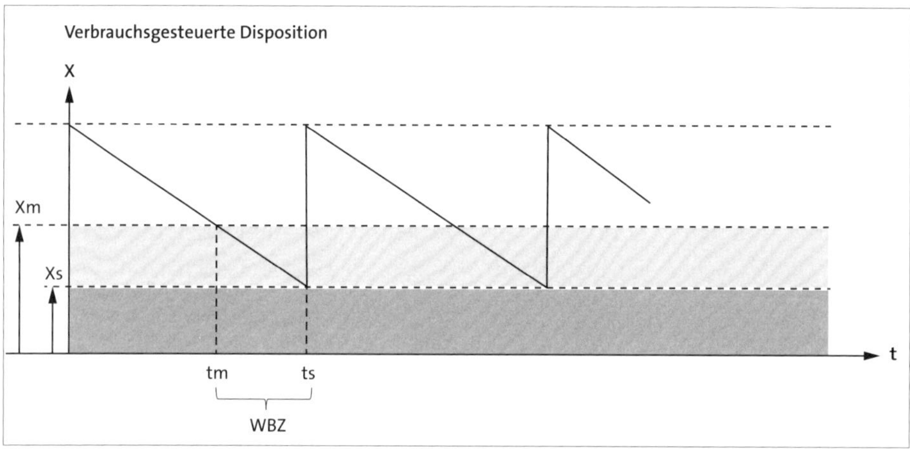

Abbildung 12.1 Idealtypischer Ablauf einer verbrauchsgesteuerten Disposition

Als Konsequenz daraus wird die Bevorratung auch ohne konkreten Bedarf (z. B. Kundenauftrag) durchgeführt und dabei ein Material auf Lager bevorratet. Den Trigger zum Anstoß der Planung bildet somit das Dispomerkmal in Verbindung mit der festgelegten Menge eines Melde- bzw. Höchstbestands. Diese drei Steuerungsparameter werden im SAP-System im Materialstamm in der Sicht **Disposition 1** gepflegt (Transaktion MM02). Ihre Funktion und Wirkungsweise dient dem weiteren Verständnis und wird hier am Beispiel der Bestellpunktdisposition kurz beschrieben.

Auslöser der Beschaffung/Produktion im Rahmen einer Bestellpunktdisposition ist die Unterschreitung eines Meldebestands **Xm**, d. h., die Summe aus Werksbestand und festen Zugängen unterschreitet diese vorab definierte Grenze. Die Aufgabe des *Meldebestands* bei dieser Art der Planung ist die Deckung des zu erwartenden durchschnittlichen Materialbedarfs während der Wiederbeschaffungszeit. Seine Höhe leitet sich dabei wiederum von den folgenden Faktoren ab:

- Sicherheitsbestand
- durchschnittlicher Verbrauch
- Wiederbeschaffungszeit

Und wie interagieren diese Faktoren? Dem *Sicherheitsbestand* **Xs** kommt die Aufgabe zu, sowohl den Materialmehrverbrauch während der Wiederbeschaffungszeit als auch den Zusatzbedarf bei einer eventuellen Lieferverzögerungen abzudecken. Der Sicherheitsbestand ist daher Bestandteil des Meldebestands. Für die Festlegung des Sicherheitsbestands sind folgende Werte wichtig:

- bisheriger Verbrauch oder zukünftiger Bedarf
- Termintreue des Lieferanten bzw. der Fertigung
- Lieferbereitschaftsgrad, der erreicht werden soll
- Abweichung vom erwarteten Bedarf bzw. Prognosefehler

Im Hinblick auf die Festlegung von Melde- und Sicherheitsbestand lassen sich bei der Bestellpunktdisposition wiederum zwei Verfahren unterscheiden: die manuelle und die maschinelle Bestellpunktdisposition.

Bei der *manuellen Bestellpunktdisposition* werden der Meldebestand ❶ (Sicht **Disposition 1**) und der Sicherheitsbestand ❷ (Sicht **Disposition 2**) wie in Abbildung 12.2 manuell im Materialstamm hinterlegt.

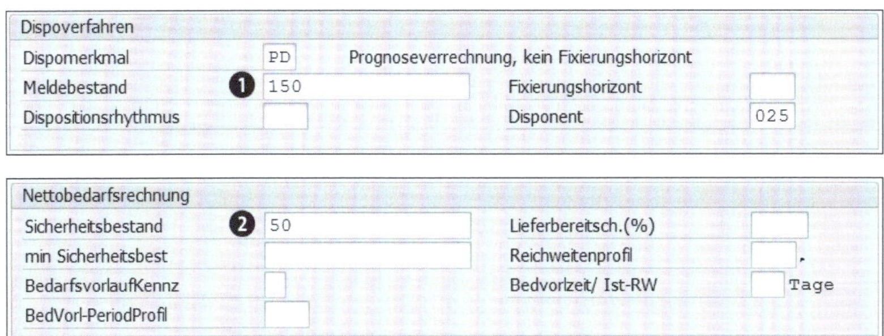

Abbildung 12.2 Melde- und Sicherheitsbestand im Materialstamm

Bei der *maschinellen Bestellpunktdisposition* hingegen werden Meldebestand und Sicherheitsbestand durch das integrierte Prognoseprogramm bestimmt: Anhand der bisherigen Materialverbrauchswerte ermittelt das Programm die Prognosewerte für den zukünftigen Bedarf. Daraus werden abhängig vom angestrebten Lieferbereitschaftsgrad und der Wiederbeschaffungszeit des Materials der Meldebestand und der Sicherheitsbestand errechnet. Diese Mengen sind unabhängig von der Art ihrer Festlegung im Materialstamm auf den Sichten **Disposition 1** und **Disposition 2** hinterlegt. Somit ist die Anpassung des Melde- und Sicherheitsbestands vom Zyklus der Prognose und deren Genauigkeit abhängig. Für diese Art der Planung stehen in SAP S/4HANA die vorgenannten, schon aus SAP ERP Central Component (SAP ECC) bekannten Verfahren zur Verfügung.

In Ergänzung zu diesen (altbekannten) Verfahren wurde in SAP S/4HANA zusätzlich ein weiteres, umfangreiches Planungsverfahren bereitgestellt: die *bedarfsgesteuerte*

Materialbedarfsplanung, auch *Demand-Driven Replenishment* (DDR) genannt. Worin besteht aber nun die Innovation bei dieser Art der Bedarfsplanung?

Die Materialbedarfsplanung (*Material Requirements Planning*, MRP) gibt es seit über 50 Jahren. Dieses Verfahren kann als Motor der Wirtschaft in der Nachkriegszeit bezeichnet werden und fungiert aktuell immer noch als Herzstück vieler ERP-Systeme. MRP liegt eine recht einfache Logik zugrunde: Basierend auf einem Produktionsplan (*Master Production Schedule*, MPS) werden die Stücklisten aufgelöst. Auf jeder Stücklistenebene führt das System eine Nettobedarfsrechnung in Verbindung mit einer Losgrößenberechnung durch und berechnet daraufhin die Termine für die Beschaffung/Produktion. Eine solche Vorgehensweise, die auch als *mehrstufige Rückwärtsterminierung* bezeichnet wird, erfolgt vom Endprodukt rückwärts über alle Dispositionsstufen (Baugruppen) bis hin zum Rohstoff.

Im Wesentlichen handelt es sich somit um das perfekte Just-In-Time-System (JIT), das Ziel eines Bestands von null auf jeder Ebene verfolgend. Sie war früher, zu Zeiten, in denen Kapazitäten in der Fertigung keinen potenziellen Engpass darstellten, die bevorzugte Strategie. Heutzutage gibt es in der Regel jedoch ausreichend Kapazitätsreserven, und die Entscheidung, was in welchem Umfang wo und zu welchem Termin produziert werden soll, ist kritischer denn je. Erschwerend kommt hinzu, dass in den ursprünglichen MRP-Lösungen die komplette Planung auf einem starren Produktionsplan, also auf der Basis geplanter Bedarfe, und auf nicht realen Bedarfen beruhte.

Gerade das aktuelle Logistik- und Lieferkettenmanagement entpuppt sich als weitaus volatiler, unsicherer, komplexer und mehrdeutiger denn je zuvor (diese erschwerten Rahmenbedingungen für die Unternehmensführung werden oft unter dem Akronym VUCA zusammengefasst: *Volatile, Uncertain, Complex, Ambiguous*). Eine nahezu unendliche Vielfalt an Produkten, aus denen Kundinnen und Kunden wählen können, vielfältige und globalisierte Bezugsquellen sowie die Komplexität bei der Herstellung eines Produkts, bei dem das Outsourcing eine immer wichtigere Rolle spielt, sind nur einige der neuesten Herausforderungen in der Welt der Lieferketten. Dieser Trend geht einher mit stetig kürzeren Produktlebenszyklen und vom Markt geforderten reduzierten Lieferzeiten. Um diesen Anforderungen gerecht zu werden, bedarf es neuer Lösungsansätze.

Wie eingangs beschrieben, beruht das Demand-Driven Replenishment (DDR) auf der Lösung Demand-Driven Material Requirements Planning (DDMRP) des Demand Driven Institute. In Kooperation mit dem Demand Driven Institute wurde die dem DDMRP zugrunde liegende Planungslogik in SAP S/4HANA integriert und wird zukünftig Schritt für Schritt unter der Bezeichnung Demand-Driven Replenishment (DDR) weiterentwickelt.

Ein wesentlicher Unterschied zwischen den verbrauchsgesteuerten Verfahren in SAP ECC und in Demand-Driven Replenishment besteht darin, dass in DDR die Planung ausschließlich auf der Basis von (realen) Verbräuchen der Vergangenheit beruht. Prognosen an zukünftigen Materialbedarfen gehen in die Planung nicht mit ein! Das Ziel ist es, einen verlässlichen Materialfluss unter Verwendung von Puffern an strategischen Punkten innerhalb der gesamten Supply Chain zu gewährleisten. Diese Puffer dienen dazu, Bedarfsschwankungen abzufangen und dem sogenannten *Bullwhip-Effekt* (oder auch *Peitscheneffekt*) entgegenzuwirken.

Der Bullwhip-Effekt beschreibt die Auswirkungen von Nachfrageschwankungen entlang mehrstufiger Lieferketten in der Logistik. Dieser Effekt kann durch Störungen auf der Beschaffungsseite z. B. durch Lieferverzögerungen und/oder -ausfälle nochmals verstärkt werden. Die Schwankungen sind dabei umso größer, je weiter sich die Lieferkette vom Endkunden hin zum Hersteller eines Produkts bewegt. Zudem verstärkt sich dieser Effekt, je geringer die Kommunikation(squalität) zwischen den einzelnen Mitgliedern dieser Kette ist. Ein stetiger und verlässlicher Informationsfluss über die gesamte Supply Chain ist somit ein weiteres wesentliches Element zur Reduzierung von Schwankungen.

Zum Ausgleich dieser (Rest-)Schwankungen versucht man an neuralgischen Stellen, sogenannten *Entkopplungspunkten* (*Decoupling Points*), Puffer in der Supply Chain aufzubauen. Hierbei tritt die besondere Art der Pufferfestlegung in den Vordergrund. Durch eine dynamische und kontinuierliche Anpassung der Puffer (*Dynamic Adjustment*) ist eine fortlaufende Anpassung der Puffer an sich ständig ändernde Einflüsse gewährleistet. Die Puffer werden regelmäßig neu bestimmt und bilden in Verbindung mit zu berechnenden Entkopplungspunkten die Basis für den späteren, optimierten Nachschub in Form von Nachfüllaufträgen.

Abbildung 12.3 gibt einen schematischen Überblick über den Gesamtprozess des Demand-Driven Replenishment, der als Basis für die folgenden Ausführungen dient. Wie hier zu sehen ist, erfolgt die Planung in verschiedenen Phasen:

1. **Analytics**

   Analyse und Festlegung der Positionierung von Puffern, basierend auf ABC-, XYZ- und PQR-Analysen

2. **Buffer Positioning**

   Festlegung strategischer, dynamischer Pufferprofile, basierend auf der Wiederbeschaffungszeit innerhalb der Entkopplungspunkte in der Supply Chain

3. **Buffer Sizing**

   Berechnung von Puffermengen, basierend auf der Nettobedarfsmenge innerhalb der Entkopplungspunkte

4. **Replenishment Planning**

   Generierung von Nachschubaufträgen zur Deckung der aktuellen Bedarfe innerhalb der Entkopplungspunkte

5. **Replenishment Execution**

   Überprüfung der Versorgungssituation auf Basis des vorhandenen Lagerbestands

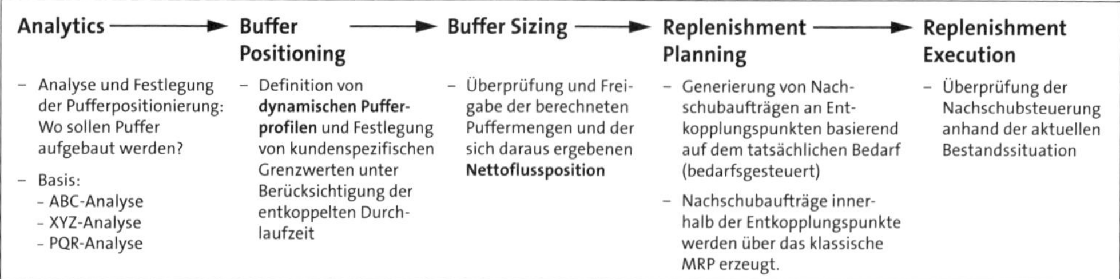

Abbildung 12.3 Prozess des Demand-Driven Replenishment

Somit lässt sich schon an dieser Stelle Folgendes zusammenfassen, bevor wir zu den Details dieser Lösung kommen:

- Demand-Driven Replenishment (DDR) ist die SAP-Lösung, die unter Verwendung von SAP S/4HANA die Umsetzung der DDMRP-Strategie im Unternehmen unterstützt.
- DDR beinhaltet eine strategische Pufferpositionierung unter Berücksichtigung berechneter Entkopplungspunkte.
- DDR basiert auf kontinuierlich neu berechneten Puffergrößen.
- DDR ist ein weiterer Schlüssel, um den Kundenservice stetig zu verbessern.

In den folgenden Abschnitten nehmen wir nun die oben schematisch dargestellten einzelnen Phasen des Prozesses in den Fokus.

12.2 Buffer Positioning – strategische Entkopplung des Materialflusses

Verwendete Transaktionen

- MB51 (Materialbelegliste)
- SE16 (Data Browser)
- SE16N(Allgemeine Tabellenanzeige)

In *Phase 1* des DDR-Prozesses werden strategische, dynamische Pufferprofile basierend auf der Wiederbeschaffungszeit innerhalb der Entkopplungspunkte in der Supply Chain festgelegt. Ziel der strategischen Entkopplung des Material- und Informationsflusses ist es, die Lieferketten innerhalb einer Supply Chain autark und somit weniger anfällig gegen mögliche Störungen zu gestalten. Dabei wird jedoch nicht jedes Material innerhalb einer Stückliste entkoppelt. An welcher Stelle eine Entkopplung durchgeführt wird, hängt von vielfältigen Kriterien ab. So unterstützt ein Puffer an einem Distributionscenter (Entkopplungspunkt) die Lieferfähigkeit in Richtung Endkunde/Endkundin. Entkopplungspunkte an Baugruppen hingegen führen zu einer Beruhigung in Richtung Endmontage. Strategische Bestände an den Entkopplungspunkten innerhalb einer Supply Chain schützen vorgelagert Akteure vor den Auswirkungen nachgelagerter, schwankender Kundennachfrage. Grundsätzlich verfolgt man dabei das Ziel, ein höchstmögliches Niveau an Kundeservice (intern und extern) bei geringstmöglichem Bestand zu realisieren. Auch der Informationsfluss soll entkoppelt werden, indem nur die relevanten Informationen innerhalb der Supply Chain weitergegeben werden. Diese Vorgehensweise soll darüber hinaus dem oben beschriebenen Bullwhip-Effekt (Peitscheneffekt) entgegenwirken.

Dabei sollte die Höhe des Bestands so gewählt werden, dass er zur Erfüllung der Kundenbedarfe ausreicht, ohne gleichzeitig größere Mengen an Lagerbestand aufzubauen. Hohe Lagerbestände ziehen neben Lagerkosten und Kapitalbindung auch noch die Gefahr potenzieller Verluste aufgrund einer Überschreitung des Verfallsdatums nach sich. An dieser Stelle kommen die dynamisch berechneten Puffer zum Einsatz. Innerhalb einer entkoppelten Supply Chain dienen sie einer Beruhigung der Supply Chain und fördern die Stabilität selbst bei Bedarfsschwankungen, die sich ansonsten exponentiell auswirken würden. Ihnen kommt somit eine strategische Bedeutung zu. Sie reduzieren die Reaktionszeit bei Schwankungen, die insbesondere für diejenigen Branchen relevant sind, in denen eine schnelle Reaktionszeit aufgrund von kurzen Vorlaufzeiten im Lieferungsprozess erwartet wird. Ein zentraler Punkt für die Entkopplung des Materialflusses stellt dabei die Festlegung dar, an welchen Punkten des Liefernetzwerks der Materialfluss entkoppelt werden soll.

Das Demand-Driven Replenishment (DDR) ist eine erweiterte Form der Verbrauchssteuerung in SAP S/4HANA. Diese beruht wie auch schon die Verbrauchssteuerung in SAP ECC auf den Parametern Sicherheitsbestand, Meldebestand und Höchstbestand. Aber was ist an dieser Lösung nun neu?

Zunächst einmal stehen für das Demand-Driven Replenishment in SAP S/4HANA mehrere HMTL5-basierte SAP-Fiori-Apps zur Verfügung. Sie lassen sich in Konfigurations- bzw. Einrichtungs-Apps und operative Apps unterteilen (siehe Abbildung 12.4).

Ausgangspunkt des Demand-Driven Replenishment und somit auch einer Entkopplung des Materialflusses ist eine *Produktklassifizierung*. Im Rahmen der Produktklassifizierung kommen die schon bekannten und bewährten Verfahren der ABC-Analyse und der XYZ-Analyse zum Einsatz. Die hierbei ermittelten Klassifikationen werden dann noch einmal einer PQR-Analyse unterworfen.

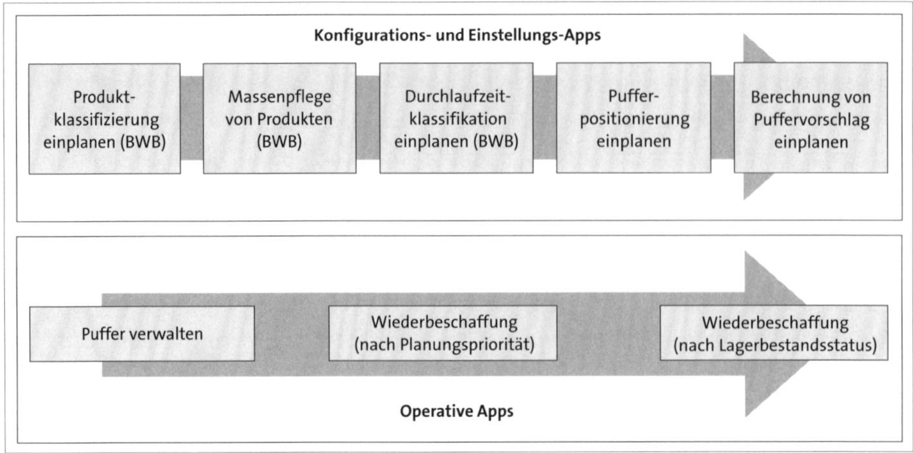

Abbildung 12.4 SAP-Fiori-Apps für die bedarfsorientierte Wiederbeschaffung

Bei der *ABC-Analyse* wird die Wertigkeit des Verbrauchs einer Material-Werks-Kombination auf der Basis des historischen Bedarfs im Verhältnis zu anderen Materialien ermittelt. Ergebnis dieser Analyse ist die Einteilung aller Materialien in die drei Gruppen A, B und C:

- **A-Materialien**

  Im Verhältnis zu allen analysierten Materialien haben A-Materialien den höchsten Verbrauchswert.

- **B-Materialien**

  Materialien der Gruppe B haben einen geringeren Anteil am Gesamtverbrauchswert als die A-Materialien.

- **C-Materialien**

  C-Materialien haben den geringsten Anteil am Gesamtverbrauchswert bezogen auf alle Materialien.

Das zweite Verfahren, das für die Vorhersage des zukünftigen Bedarfs herangezogen wird, ist die *XYZ-Analyse*. Dabei werden die Material-Werks-Kombinationen hinsichtlich ihrer Vorhersagbarkeit klassifiziert. Hier unterscheidet man folgende Gruppen:

- **X-Materialien**

  X-Materialien weisen einen konstanten Verbrauch in der Vergangenheit auf. Man geht davon aus, dass der zukünftige Bedarf sehr gut prognostiziert werden kann und sich Puffer auf diese Weise weitestgehend reduzieren lassen.

- **Y-Materialien**

  Materialien der Klasse Y weisen eine höhere Veränderung ihres Verbrauchs in der Vergangenheit auf. Eine fehlerfreie Vorhersage ihrer zukünftigen Bedarfe ist anspruchsvoller und eine Abweichung von dieser Prognose somit wahrscheinlicher. Den Auswirkungen der Abweichung versucht man mit höheren Pufferbeständen entgegenzuwirken.

- **Z-Materialien**

  Materialien aus der Gruppe Z weisen die geringste Vorhersagefähigkeit auf, da ihre zukünftigen Bedarfe den größten Schwankungen unterliegen.

Als drittes und letztes Klassifizierungsmerkmal wird die Verwendungshäufigkeit einer Material-Werks-Kombination im System analysiert. Diese wird anhand der Anzahl der Verwendung einer spezifischen Material-Werks-Kombination über alle Stücklisten im System ermittelt und als *PQR-Klassifikation* (Stücklistenverwendungs-Klassifikation) dokumentiert. Es gibt folgende Gruppen:

- **P-Materialien**

  P-Materialien weisen eine sehr hohe Anzahl von Verwendungen im Verhältnis zu allen Stücklisten im System auf.

- **Q-Materialien**

  Zu dieser Kategorie gehören Materialien mit einer mittleren Anzahl von Verwendungen.

- **R-Materialien**

  R-Materialien weisen eine sehr niedrige Anzahl von Verwendungen über alle Stücklisten im System auf.

Mit diesen Angaben besteht nun die Möglichkeit, eine Planung auf der Basis einer Klassifizierung unter Berücksichtigung der Wertigkeit, der Varianz und der Verwendungshäufigkeit in SAP S/4HANA durchzuführen. Aber wie erfolgt nun diese Klassifizierung in DDR konkret?

Wie in Abschnitt 12.1, »Einführung«, beschrieben, basiert die Planung im Demand-Driven Replenishment auf der Basis realer Kundenbedarfe und nicht auf der Basis von Planprimärbedarfen. Aus diesem Grund ist die Existenz von Materialverbräuchen eine Voraussetzung zur Durchführung einer Planung in DDR. Dabei wird im ersten Schritt eine Produktklassifizierung in Form einer ABC-, XYZ- und PQR-Klassifikation durchgeführt. Hierfür nutzen Sie die SAP-Fiori-App **Produktklassifizierung einplanen (BWB)**. Die Produktklassifizierung ist ein (Hintergrund-)Job, der einmalig durchgeführt und/oder auch regelmäßig eingeplant werden kann. Die Häufigkeit der Ausführung des Jobs hängt vom Umfang der Veränderungen ab. Als Selektionsparameter stehen dabei zum einen das Pflichtfeld **Werk** zur Auswahl, und für eine weitere Eingrenzung standardmäßig optional die folgenden Selektionsparameter:

- Produkt und Produktgruppe
- Dispositionsbereich
- Disponent

Ein weiteres Pflichtfeld ist **Anzahl Tage (vergangene)**. Darüber wird ein Zeitraum festgelegt, auf dessen Basis die Klassifizierung durchgeführt wird (Analysezeitraum). Weitergehend sind nun noch Schwellenwerte für die Festlegung von ABC-, XYZ- und PQR-Klassifikationen notwendig, die kundenspezifisch definiert werden müssen. Die komplette Berechnung erfolgt dabei SAP-Fiori-basiert im Hintergrund. An dieser Stelle weisen wir darauf hin, dass das Demand-Driven Replenishment eine Lösung ist, die ausschließlich im SAP-Fiori-basierten Frontend-System zur Verfügung steht. Die ermittelten Ergebnisse werden jedoch im Backend-System in Tabellen fortgeschrieben und bei einer Planung (im Frontend) berücksichtigt. Eine der Tabellen, wenn nicht die zentrale, ist dabei die Tabelle PPH_DD_PRODUCT, die über die Transaktionen SE16 oder SE16N überwacht werden kann.

Um einen stärkeren Praxisbezug herzustellen, möchten wir ein stark vereinfachtes Beispiel zugrunde legen und schrittweise erklären. Die Basis ist ein Endprodukt, das die in Abbildung 12.5 dargestellte sehr vereinfachte Stammdatenstruktur aufweist.

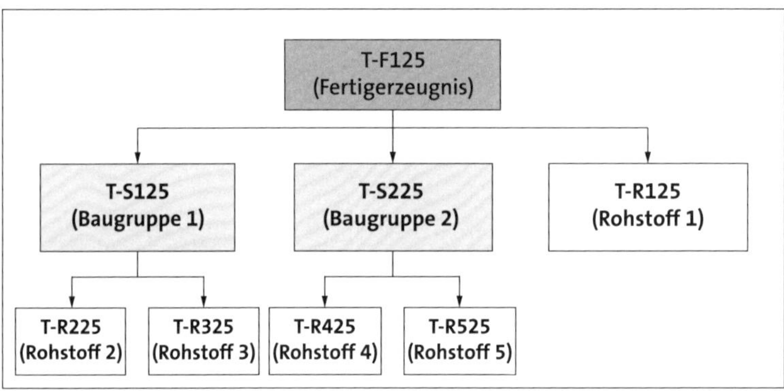

Abbildung 12.5 Beispielstückliste für unser Endprodukt

Im vorliegenden Beispiel gehen wir von folgender Situation aus: Sowohl die Baugruppe 1 (T-S125) als auch der Rohstoff 2 (T-R225) sollen verbrauchsgesteuert geplant werden. Die aktuelle Bestands- und Verbrauchssituation für das Material T-S125 sehen Sie in Tabelle 12.1, die aktuelle Bestands- und Verbrauchssituation für den Rohstoff T-R225 in Tabelle 12.2.

Datum	Material	Bestand	Verbrauch
Initialbestand	T-S125	10.010	
heute – 5 Arbeitstage			3.500
Heute – 8 Arbeitstage			2.500
heute		4.010	

Tabelle 12.1 Aktuelle Bestands-/Verbrauchssituation für das Material T-S125

Datum	Material	Bestand	Verbrauch
Initialbestand	T-R225	10.000	
heute – 5 Arbeitstage			3.500
heute – 8 Arbeitstage			2.500
heute		4.000	

Tabelle 12.2 Aktuelle Bestands-/Verbrauchssituation für den Rohstoff T-R225

Diese Ausgangssituation, die die Voraussetzung für das DDR ist, lässt sich im SAP-S/4HANA-Backend unter Verwendung der Materialbelegliste (Transaktion MB51) nachvollziehen (siehe Abbildung 12.6).

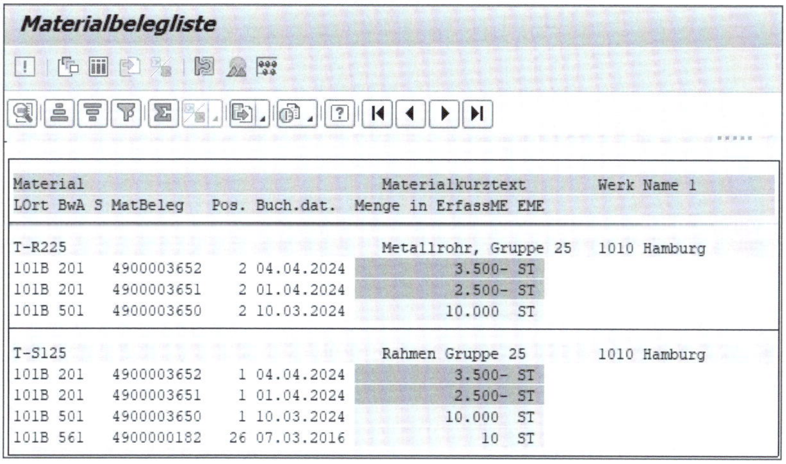

Materialbelegliste

```
Material                                        Materialkurztext      Werk Name 1
LOrt BwA S MatBeleg    Pos. Buch.dat.  Menge in ErfassME EME

T-R225                                          Metallrohr, Gruppe 25  1010 Hamburg
101B 201   4900003652    2 04.04.2024          3.500- ST
101B 201   4900003651    2 01.04.2024          2.500- ST
101B 501   4900003650    2 10.03.2024         10.000  ST

T-S125                                          Rahmen Gruppe 25       1010 Hamburg
101B 201   4900003652    1 04.04.2024          3.500- ST
101B 201   4900003651    1 01.04.2024          2.500- ST
101B 501   4900003650    1 10.03.2024         10.000  ST
101B 561   4900000182   26 07.03.2016             10  ST
```

Abbildung 12.6 Aktuelle Bestands- und Verbrauchssituation

Der aktuell verfügbare Bestand für T-S125 beträgt 4.010 Stück, für T-R225 sind es 4.000 Stück. Auf Basis dieser Verbräuche kann SAP S/4HANA nun eine Produktklassifizierung vornehmen (den ersten Schritt der Pufferpositionierung), die als Job im SAP-S/4HANA-Frontend, und nur dort, ausgeführt werden kann. Der Job basiert dabei auf den oben beschriebenen Schwellenwerten, die kundenspezifisch evaluiert und festgelegt werden müssen. Im vorliegenden Beispiel folgen wir bei der Festlegung der Schwellenwerte für die ABC-Werteklassifikation dem in der Theorie üblichen Ansatz, dass den »A-Teilen« ca. 70 % des Verbrauchswerts zugeordnet werden können, den »B-Teilen« ca. 20 % und den »C-Teilen« der Rest (10 %). Diese Werte stellen keine allgemeingültigen Werte dar, sondern dienen in diesem Beispiel nur der Veranschaulichung. Die Berechnung der Verbrauchswerte erfolgt auf Basis der Verbräuche, bewertet mit dem Standard- oder Durchschnittspreis aus der Sicht **Buchhaltung 1**.

Auch die Werte der XYZ-Klassifikation, die die Vorhersagegenauigkeit widerspiegeln, werden nachfolgend beispielhaft festgelegt. Eine kundenspezifische Anpassung ist möglich und nötig. In unserem Beispiel ist festgelegt, dass ein Variationskoeffizient von bis zu 0,1 als niedrig, von 0,1 bis 0,2 als mittel und über 0,2 als hoch eingestuft wird.

Das Gleiche gilt für die PQR-Klassifikation, die die Stücklistenverwendungs-Klassifikation repräsentiert und die Anzahl der Stücklisten widerspiegelt, in der eine bestimmte Material-Werks-Kombination im System verwendet wird. Da im vorliegenden System nur wenige Stücklisten zu den verwendeten Materialien existieren, wird angenommen, dass Materialien, die zwei Verwendungen aufweisen, als Q-Materialien identifiziert werden und Materialien mit mehr als zwei Verwendungen als R-Materialien. All diese (kundenspezifischen) Werte sind sodann in der SAP-Fiori-App **Produktklassifizierung einplanen (BWB)** zu hinterlegen (siehe Abbildung 12.7).

Abbildung 12.7 Produktklassifizierung – Jobdetails

Kundenspezifische Werte

Die kundenspezifische Festlegung dieser Werte unter Nutzung der SAP-Fiori-App **Pufferprofilpflege** ist seit Release 1709 möglich. Bis Release 1610 waren diese Werte auf Tabellenebene im Backend-System (fest) hinterlegt.

Die Ergebnisse der Klassifizierung sind weder im Frontend- noch im Backend-System direkt ersichtlich, werden jedoch in der Tabelle PPH_DD_PRODUCT protokolliert, die bis zu diesem Zeitpunkt noch keine Einträge aufweist. Nach Abschluss des vorgenannten Jobs beinhaltet die Tabelle unter anderem die in Abbildung 12.8 dargestellten Werte, die die Entscheidungsgrundlage dafür sind, ob die Materialien verbrauchsgesteuert geplant werden sollen oder nicht.

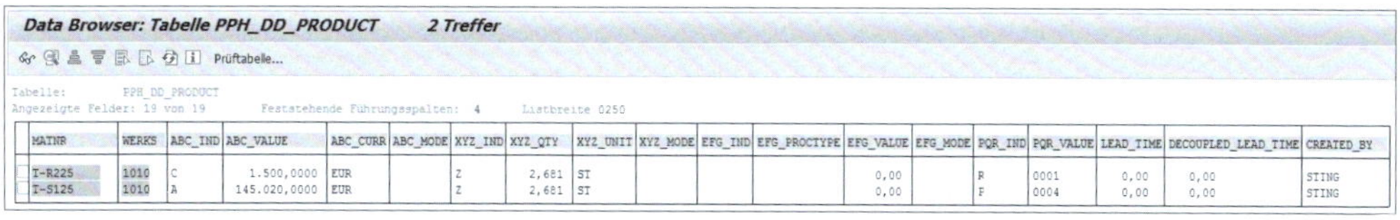

Data Browser: Tabelle PPH_DD_PRODUCT **2 Treffer**

Prüftabelle...

Tabelle: PPH_DD_PRODUCT
Angezeigte Felder: 19 von 19 Feststehende Führungsspalten: 4 Listbreite 0250

MATNR	WERKS	ABC_IND	ABC_VALUE	ABC_CURR	ABC_MODE	XYZ_IND	XYZ_QTY	XYZ_UNIT	XYZ_MODE	EFG_IND	EFG_PROCTYPE	EFG_VALUE	EFG_MODE	PQR_IND	PQR_VALUE	LEAD_TIME	DECOUPLED_LEAD_TIME	CREATED_BY
T-R225	1010	C	1.500,0000	EUR		Z	2,681	ST				0,00		R	0001	0,00	0,00	STING
T-S125	1010	A	145.020,0000	EUR		Z	2,681	ST				0,00		P	0004	0,00	0,00	STING

Abbildung 12.8 Ergebnis der Produktklassifizierung

Für die Werteklassifikation »ABC« wurde gemäß der gängigen Standardliteratur eine 70/20/10-Verteilung festgelegt. Bewertet man den Verbrauch von jeweils 6.000 Stück innerhalb des Betrachtungszeitraums mit dem Standardpreis aus der Sicht **Buchhaltung 1**, ergibt sich für das Material T-S125 ein Wert von 145.020 €, was einem Umsatzanteil von ca. 99 % entspricht, und für das Material T-R225 ein Wert von 1.500 € gleichbedeutend mit einem Umsatzanteil von ca. 1 %. Damit handelt es sich bei dem Material T-S125 um ein klassisches A-Teil, während das Material T-R225 ein typisches C-Teil ist. Beide Materialien weisen den gleichen Abweichungskoeffizienten *CV* auf, der sich wie in Abbildung 12.9 berechnet.

Abweichungskoeffizient: $CV = \partial / \mu$

$$\partial = \frac{\sqrt{\sum (x-\mu)^2}}{(n-1)} \qquad \mu = \frac{(3.500 + 2.500)}{15} = \frac{6.000}{15} = 400$$

$$\partial = \frac{\sqrt{\sum 13 \times (0-400)^2 + (3.500-400)^2 + (3.500-400)^2}}{(15-1)}$$

$$\partial = \sqrt{1.072{,}38}$$

$CV = \partial / \mu = 1.072{,}38 / 400 = 2{,}68$

∂ = Standardabweichung
μ = Stichprobenmittelwert

Abbildung 12.9 Ergebnisverifizierung Abweichungskoeffizient

Als Erstes berechnet das System den Stichprobenmittelwert nach der oben dargestellten Formel. Dabei wird die Summe der Verbräuche durch die Anzahl der Tage im Betrachtungszeitraum **Anzahl Tage (vergangene)** geteilt. Bei Verbräuchen von 3.500 Stück und 2.500 Stück über einen Betrachtungszeitraum von 15 Tagen ergibt dieses einen Stichprobenmittelwert von 400 Stück pro Tag.

Im nächsten Schritt berechnet das System den Abweichungskoeffizienten *CV*, indem die Wurzel aus der Abweichung vom Mittelwert zum Quadrat durch die Anzahl der

Tage im Betrachtungszeitraum –1 geteilt wird. Gemäß unserem Beispiel führt dieses zu folgendem Zwischenergebnis:

$$CV = \frac{\partial}{\mu} = \frac{1072{,}38}{400} = 2{,}68$$

Auf der Basis des berechneten Abweichungskoeffizienten und dem in der SAP-Fiori-App **Produktklassifizierung einplanen (BWB)** hinterlegten Parameter für die Angabe **Schwellenwerte für Variabilitätsklassifikation (XYZ)** klassifiziert das System beide Materialien als Z-Materialien. Das sind Materialien, deren Bedarf unregelmäßig auftritt, Schwankungen enthält und deren Vorhersagbarkeit niedrig ist.

Analog geht das System im Rahmen der PQR-Analyse vor. Während das Material T-R225 nur in einer Stückliste Verwendung findet und somit gemäß unserer gewählten Klassifikation ein R-Teil ist, wird das Material T-S125 in vier Stücklisten verwendet, was gemäß der Vorgabe **Schwellenwerte für Stücklistenverwendungs-Klassifikation (PQR)** eine P-Klassifikation ergibt (siehe Abbildung 12.10).

Material T-S125:	Standardpreis:	6.000 × € 24,17/Stück =	€ 145.020,–	[99%]	2,68	**A-Teil**	**P-Teil**	**Z-Teil**
Material T-R225:	Standardpreis:	6.000 × € 0,25/Stück =	€ 1.500,–	[1%]	2,68	**C-Teil**	**R-Teil**	**Z-Teil**
		Summe =	€ 146.520,–					

Schwellenwerte für ABC-Klassifikation	**Schwellenwerte für Stücklisten-verwendungs-Klassifikation**	**Schwellenwert empirischer Variationskoeffizient**
A-Teile: 70 %	P-Teile: 3 Stück	X-Teile: 1.0
B-Teile: 20 %	Q-Teile: 2 Stück	Y-Teile: 2.0
C-Teile: 10 %	R-Teile: 1 Stück	Z-Teile: > 2.0

Abbildung 12.10 Interpretation der ABC-/PQR-/XYZ-Klassifikation

Basierend auf diesem Ergebnis ist sodann kundenseitig zu entscheiden, welche Produkte weiterhin plangesteuert und welche Produkte zukünftig verbrauchsgesteuert im Demand-Driven Replenishment geplant werden sollen. Darüber hinaus ist das Ergebnis der Klassifizierung ein entscheidender Parameter zur Ermittlung von sogenannten *Pufferprofilen*, die die wesentlichen Parameter zur Festlegung der zu bevorratenden Puffer darstellen und im weiteren Verlauf noch detailliert beschrieben werden. Zusätzlich zu dieser eher technischen Betrachtungsweise spielen bei der Festlegung auch noch »weiche Faktoren« eine wichtige Rolle, z. B. die Toleranzzeit der Kundinnen und Kunden sowie die Analyse von Produkten, die sich im Gesamtprozess auf dem kritischen Pfad befinden.

Mit der Zuweisung eines neuen Dispomerkmals **D1 – Bedarfsgesteuerte Wiederbeschaffung, Fixierungsart -1-** wird entschieden, dieses Material zukünftig nach der Planungslogik des Demand-Driven Replenishment zu planen. Hierfür steht auch ein neues Losgrößenverfahren **H1 – Auffüllen bis Höchstbest. nach BedDeck.** zur Verfügung. Um eine Zuweisung des neuen Dispomerkmals in Verbindung mit dem neuen Losgrößenverfahren überhaupt zu ermöglichen, müssen zunächst folgende Einstellungen im System einmalig manuell hinterlegt werden:

- **Höchstbestand**
- **Meldebestand**
- **Sicherheitsbestand**
- **Horizont für Vergangenheit (in Tagen)**

Im laufenden Betrieb werden diese Werte im Rahmen der Produktklassifizierung als periodische Jobs regelmäßig neu berechnet und aktualisiert.

Zur Pflege der genannten Parameter steht im SAP-Fiori-basierten Frontend eine zweite SAP-Fiori-App zur Verfügung: **Massenpflege von Produkten (BWB)**. Wir haben zur Verdeutlichung des zugrunde liegenden Szenarios die in Tabelle 12.3 dargestellten Parameter gewählt.

	T-S125	T-R225
Dispositionsmerkmal	D1	D1
Losgrößenverfahren	H1	H1
Höchstbestand	10.000	10.000
Meldebestand	5.000	5.000
Sicherheitsbestand	100	100
Horizont für Vergangenheit (in Tagen)	30	30

Tabelle 12.3 Massenpflege Materialstamm über die SAP-Fiori-App »Massenpflege von Produkten (BWB)«

Für beide Materialien wird über das Dispomerkmal **D1** eine **Bedarfsgesteuerte Wiederbeschaffung, Fixierungsart 1** vorgesehen, die mit einem neuen Losgrößenverfahren **H1 – Auffüllen bis Höchstbestand nach Bedarfsdeckung** durchgeführt wird. Zur zukünftigen automatischen Berechnung von Sicherheits-, Melde- und Höchstbestand müssen dem System initial Werte für diese Bestände mitgegeben werden, da sie bei Verwendung des Losgrößenverfahrens **H1** Muss-Felder darstellen. Im Rahmen der ersten Planung werden sie neu berechnet und im Materialstamm aktualisiert. Die

Aktualisierung des Materialstamms erfolgt mit der Ausführung der SAP-Fiori-App **Massenpflege von Produkten (BWB)** im Frontend, wie in Abbildung 12.11 dargestellt.

Die beiden vorgenannten Schritte, also die Produktklassifizierung und die Massenpflege von Produkten, sind Voraussetzung zur Durchführung einer bedarfsorientierten Wiederbeschaffung und stellen die Basis für die darauffolgende dynamische Berechnung von Puffermengen dar.

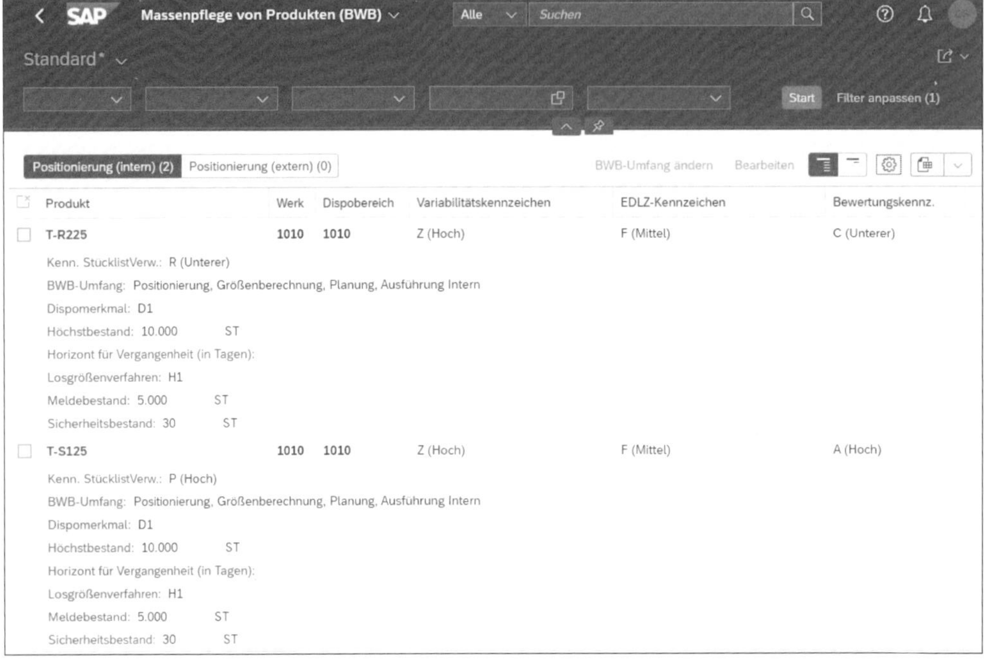

Abbildung 12.11 Massenpflege von Produkten (BWB)

Ein weiterer Parameter zur Berechnung der Puffer ist die *(entkoppelte) Durchlaufzeit* (EDLZ). Die EDLZ stellt die Summe der längsten Durchlaufzeiten von nicht gepufferten Produkten (plangesteuerten Produkten), angeführt von einem gepufferten, also bedarfsorientiert beschafften Produkt in einer Stückliste dar. Dies summiert sich zu einer kumulativen Durchlaufzeit für das gepufferte Produkt. Dieser Parameter wird mit der SAP-Fiori-App **Durchlaufzeitklassifikation einplanen (BWB)** bestimmt. Ziel dieser SAP-Fiori-App ist es, bedarfsorientiert geplante Produkte dahingehend zu klassifizieren, dass sie basierend auf ihrer entkoppelten Durchlaufzeit (EFG-Klassifikation) über ein gewähltes Zeitintervall hinweg bewertet werden.

Auf Basis der hinterlegten Wiederbeschaffungszeiten haben wir uns im vorliegenden Beispiel für folgende (identischen) Schwellenwerte entschieden, die bei Bedarf hinsichtlich Eigenfertigung, Fremdbeschaffung und Umlagerung variiert werden können (siehe Abbildung 12.12):

- E (kurz) = 2 Tage
- F (mittel) = 4 Tage
- G (lang) > 4 Tage

Die Klassifizierung der Produkte nach ihrer entkoppelten Durchlaufzeit hilft bei der Befüllung der Puffereinstellungen. Auch diese Berechnung kann und sollte bei Veränderungen als Job eingeplant werden, um eine Re-Klassifizierung der Produkte durchzuführen und deren Aktualität zu gewährleisten.

Damit sind alle für die Planung notwendigen Parameter gepflegt bzw. ermittelt worden, die für die Berechnung der Puffermengen, die im nächsten Abschnitt betrachtet wird, notwendig sind.

Zugrunde gelegte Parameter:

Anzahl Tage (vergangene): 30 Tage

EDLZ-Schwellenwerte für »Fertigen«, »Kaufen« und »Produzieren«:

E (kurz): 2 Tage

F (mittel): 4 Tage

G (lang): > 4 Tage

Material	ABC-Klassif.	ABC-Wert	XYZ-Klassif.	XYZ-Wert	PQR-Klassif.	PQR-Wert	Durchlaufzeit	Entkoppelte DLZ	EFG-Klassif.
T-S125	A	145.020	Z	2,681	P	0004	10	11	G
T-R225	C	1.500	Z	2,681	R	0001	1	10	G

Abbildung 12.12 EFG-Klassifikation

12.3 Buffer Sizing – dynamische Berechnung der Puffermengen

Das Ziel aller bis hierher berechneten Parameter ist die Bestimmung von Puffervorschlägen, die mit der nächsten anzuwendenden SAP-Fiori-App, **Berechnung von Puffervorschlägen einplanen**, durchgeführt wird und die Phase 2 im Gesamtprozess darstellt. Mit der Berechnung von Puffervorschlägen soll die Festlegung von Melde- und Höchstbestand, die im Rahmen der Massenpflege mit beispielhaft verwendeten Werten durchgeführt wurden, nun basierend auf dem realen Verbrauch innerhalb des Betrachtungshorizonts (**Anzahl Tage [vergangene]**), der in der SAP-Fiori-App **Produktklassifikation** verwendet wurde, ermittelt werden (siehe Abbildung 12.13).

Dabei geht das System wir folgt vor: Basierend auf dem im System hinterlegten Sicherheitsbestand wird der *Re-Order Point* berechnet, indem der durchschnittliche Tagesbedarf mit der entkoppelten Durchlaufzeit multipliziert wird ❶. Der hierbei ermittelte Wert, auch *TOY* (*Top of Yellow*) genannt, dient im nächsten Schritt der Ermittlung des minimalen Sicherheitsbestands, der wiederum die Basis der roten Zone darstellt. Dieser wird berechnet, indem das System den Wert TOY mit dem Durchlaufzeitfaktor multipliziert ❷.

Der so ermittelte minimale Sicherheitsbestand, multipliziert mit dem Variabilitätsfaktor ❸, der sich, wie oben beschrieben, aus der Klassifizierung ergibt, und dem Durchlaufzeitfaktor stellt die Höhe des neuen Sicherheitsbestands dar, auch *TOR (Top of Red)* genannt.

Letztlich berechnet das System noch den Maximalbestand ❹, der als *TOG* (*Top of Green*) bezeichnet wird. Hierfür hinterlegt das System das Maximum aus TOY, multipliziert mit dem Durchlaufzeitfaktor oder der minimalen Auftragsmenge (falls verwendet), bzw. den durchschnittlichen Tagesbedarf, multipliziert mit der Zyklusdauer.

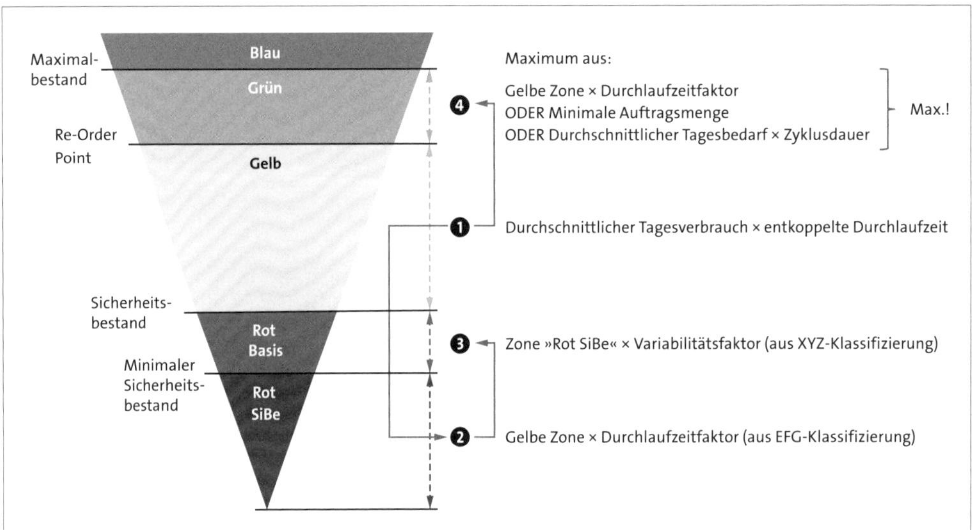

Abbildung 12.13 Berechnung von Puffervorschlägen

Aufgrund der Komplexität dieser Berechnung soll das Ergebnis auch noch einmal an unserem Beispiel nachvollzogen werden. Auf der Basis der zugrunde liegenden Verbräuche wurden, wie oben beschrieben, systemseitig folgende Parameter berechnet/ermittelt:

- **Beschaffungsart**: Eigenfertigung (**M**-Fertigen)
- **Variabilität**: 2,681 (**Z**-Hoch)
- **Entkoppelte Durchlaufzeit**: 11 Tage (**G**-Lang)

Diese Daten führen dazu, dass gemäß den Pufferprofildetails, die über die Transaktion PPH_DD_BUF_PROF kundenspezifisch im Backend-System gepflegt werden können, folgende weitere Steuerungsfaktoren zur Anwendung kommen (siehe Abbildung 12.14):

- **Variabilitätsfaktor**: 0,80
- **Durchlaufzeitfaktor**: 0,30

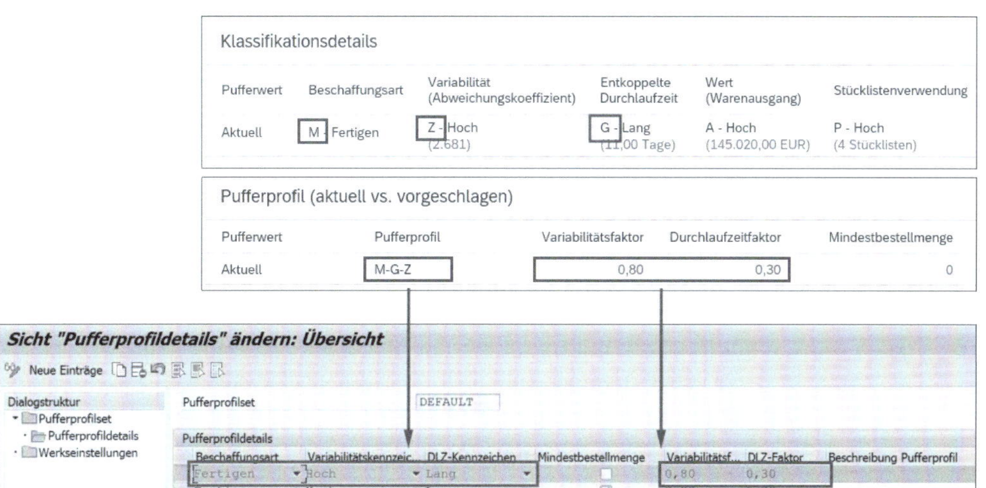

Abbildung 12.14 Analyse DDR – Buffer Sizing

Die Berechnung der Zonen, also die Ermittlung von minimalem Sicherheitsbestand, Sicherheitsbestand, Re-Order Point und Maximalbestand, wollen wir am Beispiel der Baugruppe T-S125 nachvollziehen (siehe Abbildung 12.15).

		Parameter:		**Durchlaufzeitfaktor: 0,30**				**Variabilitätsfaktor: 0,80**	
Gelbe Zone	=	durchschnittlicher Tagesverbrauch	×	Durchlaufzeit des Puffers	/	Anzahl Tage (vergangene)			
	=	3.000	×	11	/	15	= 2.200	Gelbe Zone =	2.200
Rote Zone Zone »Rot SiBe«	=	Gelbe Zone	×	Durchlaufzeitfaktor					
	=	2.200	×	0,30			= 660		
	=	Zone »Rot SiBe«	×	Variabilitätsfaktor				Rote Zone =	1.188
	=	660	×	0,8			= 528		
Grüne Zone	=	Gelbe Zone	×	Durchlaufzeitfaktor					
	=	2.200	×	0,30			= 660 ->	Grüne Zone =	660

Abbildung 12.15 Beispiel für Berechnung der Pufferzonen (Baugruppe T-S125)

Im vorliegenden Beispiel gab es zwei Verbräuche: einen Verbrauch über 2.500 Stück und einen Verbrauch über 3.500 Stück. Damit beträgt der durchschnittliche Tagesverbrauch 3.000 Stück. Über die Anzahl der betrachteten Tage (vergangene) und unter Berücksichtigung der Durchlaufzeit dieses Puffers ergibt sich eine Menge von 2.200 Stück (= 3.000 × 11 / 15) für Top of Yellow (TOY), was gleichzeitig dem Re-Order Point entspricht und als Ausgangswert für die rote Zone dient.

Die *rote Zone* unterteilt sich in eine rote Zone des Sicherheitsbestands und eine Zone für den minimalen Sicherheitsbestand (»Rot SiBe«), die wiederum vom Durchlaufzeitfaktor und dem Variabilitätsfaktor abhängen.

Der *minimale Sicherheitsbestand* ist die Höhe des Bestands, der benötigt wird, um den durchschnittlichen Tagesbedarf über die entkoppelte Durchlaufzeit unter Beachtung des Durchlaufzeitfaktors aus der EFG-Klassifikation zu decken. Dieser Bestand sollte zur Gewährleistung des Geschäftsbetriebs zu jeder Zeit vorhanden sein. Damit aber auch auftretende Bedarfsschwankungen, die über den Variabilitätsfaktor aus der XYZ-Klassifikation abgebildet werden, gedeckt werden können, berechnet das System auf der Basis der roten Zone des Sicherheitsbestands schließlich die Summe des Sicherheitsbestands, also Top of Red (TOR), in unserem Beispiel 1.188 Stück (660 Stück + 528 Stück). Dieser Wert wird in das Backend-System übertragen und dort als Sicherheitsbestand im Materialstamm auf der Sicht **Disposition 2** verwendet.

Die Summe aus Sicherheitsbestand (TOR) und durchschnittlichem Tagesverbrauch über die entkoppelte Durchlaufzeit (TOY) stellt den Re-Order Point dar und beträgt im vorliegenden Beispiel 3.388 Stück (2.200 Stück + 1.188 Stück). Dieser wird wiederum bei der Ermittlung des Maximalbestands berücksichtigt, indem der Re-Order Point ins Verhältnis zum Durchlaufzeitfaktor gesetzt wird und somit zum Maximalbestand von 4.048 Stück (3.388 Stück + 2.200 Stück × 0,3).

Dies führt in unserem Beispiel also nun zu folgendem Ergebnis:

- Sicherheitsbestand = 1.188 Stück
- Re-Order Point = 2.200 Stück
- Maximalbestand = 4.048 Stück

Damit sind nun alle Elemente berechnet, unter deren Beachtung SAP S/4HANA im Rahmen des Demand-Driven Replenishment den Nachschub innerhalb der Entkopplungspunkte durchführt.

12.4 Replenishment Planning – Nachschubplanung innerhalb der Entkopplungspunkte

Verwendete Transaktion

- PPH_DD_BUF_PROF (Pufferprofilset ändern)

Ziel einer *Nachschubplanung*, auch *Replenishment Planning* genannt, ist es, eine Wiederbeschaffung rechtzeitig anzustoßen, um Bestandsunterdeckungen und mögliche Verzögerungen in der Produktion oder in Kundenaufträgen zu vermeiden. Sie stellt die Phase 3 des Gesamtprozesses dar. Dabei wird die Planerin bzw. der Planer durch eine weitere SAP-Fiori-App, **Wiederbeschaffung nach Planungspriorität**, unterstützt. Sobald der Bestand, z. B. durch einen weiteren Warenausgang, so weit reduziert wird und unter den Meldebestand, also den Re-Order Point (TOY), fällt, erhält die Planerin oder der Planer eine Information in Form eines Alerts in der SAP-Fiori-App.

Die Details zu diesem Alert enthalten neben wichtigen Planungsparametern, wie z. B. das Dispomerkmal und Einstellungen zum hinterlegten Losgrößenverfahren, auch Informationen hinsichtlich des Lagerbestands und der *Nettoflussposition*. Die Nettoflussposition umfasst den Lagerbestand, also jene Bestandsmengen, die vom Planungslauf als verfügbar angesehen werden. Beispielhaft bedeutet dies, dass Kundenkonsignationen hier nicht mit einfließen. Des Weiteren werden alle Zugänge in Form von Bestellungen berücksichtigt, die bestellt, aber noch nicht verfügbar sind. Dieser (planerischen) Menge werden alle heutigen und vergangenen Bedarfe, wie z. B. offene Reservierungen für Produktionsaufträge (abhängiger Bedarf), Abrufeinteilungen (Vertrieb), Auslieferungen, offene Kundenauftragsmengen, Bedarf aus Umlagerungsaufträgen, Umlagerungsreservierungen (Bewegungsart 541) und Umlagerungseinteilungen, gegenübergestellt.

Ausgeschlossen und somit unbeachtet bleiben folgende offenen Bedarfe (Vergangenheit): Reservierungen für Planaufträge (abhängiger Bedarf), Planprimärbedarfe und Bedarfe aus Umlagerungsbestellanforderungen.

Übertragen auf das zugrunde liegende Beispiel überschreitet die verfügbare Lagermenge in Höhe von 4.010 Stück den Meldebestand von 3.388 Stück. Somit besteht hier für die Planerin bzw. den Planer keine Notwendigkeit zum Handeln.

Ein weiterer Verbrauch in Höhe von z. B. 630 Stück für den aktuellen Tag würde zu einer Änderung der Nettoflussmenge und zu einer Unterschreitung des Meldebestands führen. Überfällige, offene Bedarfe hätten die gleiche Auswirkung. Die Planerin bzw. der Planer wird durch einen Alert darauf aufmerksam gemacht. Die aktuelle Nettoflussposition über 3.388 Stück entspricht (nur) 83 % des geplanten Höchstbestands. Das System berechnet die Vorschlagsmenge eines Zugangs aus der Differenz zwischen Höchstbestand und Nettoflussmenge, den die Planerin oder der Planer ebenfalls über die SAP-Fiori-App generieren kann. Alternativ erfolgt die Bedarfsdeckung im Rahmen einer Bedarfsplanung, z. B. unter Verwendung von MRP Live. Im Rahmen von MRP Live erzeugt dann das System ein Zugangselement zum Auffüllen auf den Höchstbestand, zeitlich hinter der entkoppelten Durchlaufzeit.

Mit Demand-Driven Replenishment (DDR) in SAP S/4HANA steht somit eine neue Planungsphilosophie zur Verfügung, die unter Verwendung eines neuen Dispomerkmals und eines neuen Losgrößenverfahrens auf der Basis von Bedarfen und Verbräuchen in der Vergangenheit Sicherheits-, Melde- und Höchstbestände für Materialien berechnet und den Nachschub anstößt.

Zukünftige Bedarfe hingegen bleiben im Rahmen dieses Planungsverfahrens bewusst unberücksichtigt. Dieses Systemverhalten könnte bei Auftreten eines kurzfristigen großen Kundenauftrags jedoch zu einer Unterdeckung führen. Um das zu vermeiden, können Bedarfe, die ein bestimmtes Volumen überschreiten und sich im definierten Horizont (Spitzenhorizont) befinden, als *qualifizierter Spitzenbedarf* in die Planung mit einbezogen werden, auch wenn dieser erst in der Zukunft relevant wird. Ein solcher Bedarf würde dann auch im Rahmen der Nettoflussgleichung berücksichtigt. Bei der Berechnung des qualifizierten Spitzenbedarfs berücksichtigt das System die offenen zukünftigen Mengen der aggregierten täglichen Bedarfe. Eine qualifizierte Spitze ist ein zukünftiger Tagesbedarf, der über der Spitzenschwelle und innerhalb des Spitzenhorizonts liegt.

Diese beiden Faktoren, also die Spitzenschwelle und der Spitzenhorizont, werden über ein Pufferprofilset kundenspezifisch unter Verwendung der Transaktion PPH_DD_BUF_PROF hinterlegt. Hier können auf Werksebene Default-Werte für eine Spitzenhorizontkonstante und einen Spitzenhorizont-Durchlaufzeitmultiplikator sowie einen Bedarfsspitzen-Grenzwertfaktor hinterlegt werden. Letzterer dient der Identifikation von Bedarfsspitzen in Bezug auf den im Material hinterlegten Sicherheitsbestand.

Und wie spielen diese Faktoren hier zusammen? Bei der Berechnung des Bedarfsspitzenhorizonts wird der Spitzenhorizont-EDLZ-Multiplikator mit der entkoppelten Durchlaufzeit multipliziert und zu der Spitzenhorizontkonstante addiert. Zukünftige Kundenbedarfe werden sodann als qualifizierte Spitzenbedarfe in der Planung berücksichtigt, wenn diese innerhalb des Bedarfsspitzenhorizonts fallen und die Höhe des Sicherheitsbestands multipliziert mit dem Bedarfsspitzen-Grenzwertfaktor übersteigen. Ist das der Fall, würde das System im Rahmen der bedarfsorientieren Wiederbeschaffung auch für einen zukünftigen (Kunden-)Bedarf einen Bedarfsdecker generieren.

12.5 Replenishment Execution – Ausführung und Überprüfung des Nachschubs

Der Schritt Replenishment Execution stellt die Phase 4 und gleichzeitig den Abschluss des Demand-Driven Replenishment dar. Sie ist dafür verantwortlich, dass die zuvor geplanten Mengen nun beschafft, produziert oder umgelagert werden. Hierfür stehen zwei Möglichkeiten zur Umsetzung zur Verfügung: Zum einen kann das Replenishment im Rahmen einer Expresslieferung (*Expedited Shipment*) oder standardmäßig durch den MRP-Lauf z. B. in Form von MRP Live durchgeführt werden.

Unabhängig von der Art der Ausführung würde das System im Fall einer Unterschreitung des (dynamisch berechneten) Meldebestands eine Auffüllung auf den Höchstbestand veranlassen. Das Ergebnis wäre dann eine Bestellanforderung, eine Umlagerungsbestellanforderung oder ein Planauftrag, abhängig von der Beschaffungsart (inklusive Sonderbeschaffungsart) gemäß der Einstellung im Materialstamm auf der Sicht **Disposition 2**.

Kapitel 13
Produktionsnahe Logistik

Produktionsplanung ist eine Seite der Medaille, aber irgendwie müssen die Komponenten für die Produktion auch noch zur richtigen Zeit an den richtigen Ort gelangen, um letztlich etwas produzieren zu können. An dieser Stelle kommt die produktionsnahe Logistik zum Einsatz.

Nachdem Sie die Produktion unter Berücksichtigung der vorhandenen Kapazitäten und Kundenwünsche geplant haben, muss der Plan in die Tat umgesetzt werden. Dafür sind die passenden Materialien und Komponenten zur richtigen Zeit am richtigen Ort erforderlich. In SAP S/4HANA gibt es dafür verschiedene Möglichkeiten. Das gilt vor allem, wenn Sie Extended Warehouse Management in SAP S/4HANA (Embedded EWM) einsetzen. Mit direkten Warenbewegungen können Sie den Warenausgang sowohl in der Bestandsführung als auch im EWM verbuchen. Dieses Vorgehen hat gegenüber dem Einsatz eines dezentralen EWM den Vorteil, dass die Bestände in EWM stets mit den Beständen in der Bestandsführung der Materialwirtschaft (MM-IM) übereinstimmen.

Um Embedded EWM mit der Produktionsplanung zu integrieren, müssen sogenannte synchrone Warenbewegungen mit PP aktiviert und verwendet werden. In Abschnitt 13.1 schauen wir uns die Einstellungsmöglichkeiten in den Bereichen Serienfertigung, diskrete Fertigung und Prozessfertigung sowie Kanban an. Einen speziellen Prozess für die Bereitstellung von Material für Fertigungsaufträge stellen wir mit der Produktionsmaterialanforderung in Abschnitt 13.2 vor. Ein deutlich jüngeres und sehr mächtiges Werkzeug für die Just-In-Time-Bereitstellung in der Produktion betrachten wir in Abschnitt 13.3, »JIT-Produktionsversorgung der nächsten Generation«, (auch als NJIT bekannt). Auf dieses neue Werkzeug folgt ein echter Klassiker in der Bereitstellung. In Abschnitt 13.4 zeigen wir die Bereitstellung mit Kanban.

13.1 Synchrone Warenbewegungen (Integration mit Embedded EWM)

Verwendete Transaktionen und Customizing-Pfade

- OPKP (Fertigungssteuerungsprofil für diskrete Fertigung definieren)
- CO11N (Lohn-Rückmeldeschein zum Fertigungsauftrag erfassen)
- CA01 (Arbeitsplan anlegen)
- CS01 (Materialstückliste anlegen)
- CR01 (Arbeitsplatz anlegen)
- PK05 (Produktionsversorgungsbereich ändern)
- C223 (Fertigungsversion Massenpflege)
- Customizing-Pfad: **Produktion • Serienfertigung • Steuerung • Serienfertigungsprofile festlegen**
- Customizing-Pfad: **Produktion • Fertigungssteuerung • Stammdaten • Fertigungssteuerungsprofil für diskrete Fertigung definieren**
- Customizing-Pfad: **SCM Extended Warehouse Management • Extended Warehouse Management • Schnittstellen • ERP-Integration • Produktion • SAP-ERP-Auftragsarten auf SAP-EWM-Belegart abbilden**
- Customizing-Pfad: **SCM Extended Warehouse Management • Extended Warehouse Management • Schnittstellen • ERP-Integration • Produktion • SAP-ERP-Auftragsarte auf SAP-EWM-Positionsart abbilden**
- Customizing-Pfad: **Produktion • KANBAN • Nachschubstrategien • Umlagerungsstrategien festlegen**

Unter einer *synchronen Warenbewegung* versteht man die gleichzeitige Erstellung der Lageraufgabe in EWM und des Materialbelegs in MM-IM. Die Verwendung synchroner Warenbewegungen bietet einige Vorteile und wird daher von SAP empfohlen. Bei komplexen Lagerprozessen mit prozessorientierter Lagersteuerung können Sie jedoch auch asynchrone Warenbewegungen mit Lieferungen verwenden, so werden die komplexen Vorgänge im EWM-Lager nicht ständig, sondern nur bei sinnvollen Events (also beispielsweise dem Abschluss einer Reihe von Lagerprozessen) in den S/4HANA Core gespiegelt.

Zu den Vorteilen der synchronen Buchungen zählen unter anderem das Wegfallen der Lieferbelege zwischen EWM und S/4HANA Core und der komplexen Kommunikation zwischen MM-IM und EWM. Durch die synchrone Buchung entstehen überdies keine Bestandsunterschiede zwischen MM-IM und EWM, da das SAP-System im Fehlerfall keine Buchung vornimmt. Somit werden Anwenderinnen und Anwender direkt auf ein Problem aufmerksam gemacht. Denn bei der Arbeit mit Lieferbelegen kann es vorkommen, dass ein Problem erst viel später erkannt wird, da das System die Buchungen in MM-IM oder EWM weiter durchführt. Die Folge ist, dass die Bestände immer weiter voneinander abweichen.

Um die synchronen Warenbewegungen nutzen zu können, müssen das Produktionswerk und der Lagerort einem EWM-Lagerort zugeordnet sein.

Im Folgenden werden die verschiedenen Einstellungsmöglichkeiten der Fertigungsarten näher betrachtet. Daraufhin folgt ein Beispiel, in dem die verschiedenen Bereitstellungarten durchlaufen werden.

13.1.1 Warenbewegungen der Serienfertigung

Im Bereich der Serienfertigung wird die synchrone Warenbewegung durch das *Serienfertigungsprofil* gesteuert und kann dort aktiviert oder deaktiviert werden. Die Konfiguration des Serienfertigungsprofils finden Sie im zentralen Customizings Ihres SAP-System unter dem folgenden Pfad: **Produktion • Serienfertigung • Steuerung • Serienfertigungsprofile festlegen.**

13

Um die synchronen Warenbewegungen in der Serienfertigung zu aktivieren, setzen Sie das Kennzeichen **Synchron auf Lagerpl. Buchen (ein. EWM)** (siehe Abbildung 13.1). Wenn dieses Kennzeichen gesetzt ist, ist die Funktion für dieses Profil aktiv.

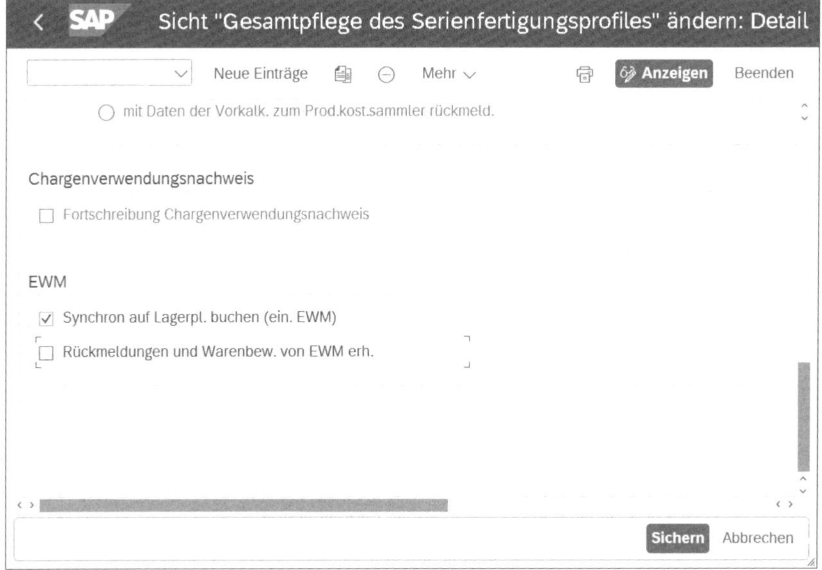

Abbildung 13.1 Serienfertigungsprofil für die EWM-Integration

Ist diese Funktion aktiv, werden die Warenbewegungen von oder zu einem EWM synchron gebucht. Die Bestandsmengen werden sowohl im Nachlagerplatz von EWM als auch im MM-IM-Lagerort parallel aktualisiert. Sie müssen die Funktion aktivieren, wenn Komponenten in einem Serienfertigungsprozess von Embedded EWM verwaltet und retrograd entnommen werden. Asynchrone Buchungen unterstützen die retrograde Entnahme in der Serienfertigung nicht.

Wenn Sie in Ihrem Unternehmen mehrere Serienfertigungsprofile verwenden, sollten Sie darauf achten, dass sie entweder bei allen aktiv oder inaktiv sind. Mit aktiver Funktion können Sie EWM-verwaltete Lagerorte für folgende Prozesse in der Serienfertigung verwenden:

- Endrückmeldung
- Zählpunktrückmeldung
- Entkoppelte Rückmeldung
- Belegneutrale Stornierung
- Belegbezogene Stornierung

Die synchronen Warenbewegungen sind auch bei Verwendung der folgenden BAPIs aus dem Bereich der Serienfertigung möglich:

- BAPI_REPMANCONF1_CREATE_MTS
- BAPI_REPMANCONF1_CREATE_MTO
- BAPI_REPMANCONF1_CANCEL

13.1.2 Warenbewegungen der diskreten und Prozessfertigung

Für die diskrete Fertigung und Prozessfertigung wird die synchrone Warenbewegung im Fertigungssteuerungsprofil definiert. Die Konfiguration des Profils finden Sie über die Customizing-Transaktion OPKP oder im zentralen Customizing Ihres SAP-Systems unter folgendem Pfad: **Produktion • Fertigungssteuerung • Stammdaten • Fertigungssteuerungsprofil für diskrete Fertigung definieren**.

Wie Sie in Abbildung 13.2 sehen können, gibt es im Bereich **Transport** mehrere Einstellungsmöglichkeiten im Drop-down-Menü **Synchron auf Lagerplatz buchen**. Die folgenden Optionen stehen Ihnen zur Verfügung:

- **Niemals**
  Wenn Sie nicht mit Synchronen Warenbewegungen arbeiten wollen, dann wählen Sie **Niemals** aus. Mit dieser Einstellung werden Lieferbelege erzeugt und die Asynchronen Buchungen durchlaufen.
- **1 Nur Wareneingang**
  Im Gegensatz zur vollständig synchronen Serienfertigung kann die Funktion in der diskreten Fertigung auch nur für einen Teil des gesamten Prozesses genutzt werden. Dies kann nur für den Wareneingang eingestellt werden, wenn also aus

der Produktion Fertigungserzeugnisse hervorgehen. Hier werden für den Warenausgang Lieferbelege erzeugt, um die Buchung asynchron ausführen zu können.

- **2 Nur Warenausgang**
  Ebenso ist es möglich, nur die Warenausgänge der in das Fertigungserzeugnis einfließenden Komponenten synchron zu buchen. Hier werden für den Wareneingang Lieferbelege erzeugt, um die Buchung asynchron ausführen zu können.
- **3 Wareneingang und Warenausgang**
  Möchte man die Warenbewegungen im EWM und im S/4HANA Core stets gleich wissen, so stellt man Wareneingang und Warenausgang ein. Damit werden neu erzeuge Fertigungserzeugnisse und jüngst verbrauchte Komponenten direkt in beiden Bereichen gleichzeitig aktualisiert.

Abbildung 13.2 Fertigungssteuerungsprofil für die EWM Integration

Für die diskrete Fertigung steht Ihnen auch die erweiterte Produktionsintegration zur Verfügung. Diesen Prozess betrachten wir in Abschnitt 13.2, »Produktionsmaterialanforderung«, näher. Dabei wird die Belegart »Produktionsmaterialanforderung« (PMA) genutzt und erzeugt. Zur Integration zwischen EWM und PP ist ein Mapping zwischen PP-Auftragsart und der Belegart in Ihrem System notwendig.

Die Konfiguration des Mappings finden Sie im zentralen Customizing Ihres SAP-Systems unter folgendem Pfad: **SCM Extended Warehouse Management • Extended Warehouse Management • Schnittstellen • ERP-Integration • Produktion • SAP-ERP-Auftragsarte auf SAP-EWM-Belegart abbilden**.

Wie Sie in Abbildung 13.3 erkennen, wird die Standard PP-Auftragsart PP01 mit der Belegart »PMR Produktionsmaterialanforderung« verknüpft. Das ist der zentrale Punkt, an dem Sie in Ihrem System einstellen, welche Belegart angelegt und damit welche Prozesse ausgeführt werden können, wenn ein Fertigungsauftrag dieser Auftragsart mit Materialbereitstellung im EWM bearbeitet wird. Außerdem haben Sie in der Konfiguration die Möglichkeit, eine Unterscheidung zwischen verschiedenen Business-Systemen und/oder Lagernummern vorzunehmen. Wenn Sie beispielsweise kein Embedded EWM benutzen, sondern ein dezentrales, dann wird die Information benötigt, aus welchem Business-System (also aus welcher SAP-Instanz und aus welchem Mandanten) der Auftrag stammt. Auf der gegenüberliegenden Seite kann es mehrere Lagernummern im EWM geben, die wiederum in sich geschlossene Prozesse haben können. Da kann es Sinn ergeben, die Belegart nur in bestimmten Lagernummern zu verbinden. In unserem Beispiel benutzen wird (wie häufig in der Praxis anzutreffen) ein Embedded EWM mit nur einer Lagernummer. Folglich müssen wir hier nicht weiter differenzieren.

Abbildung 13.3 Customizing der Produktionsmaterialanforderung zur Auftragsart

Sie müssen im nächsten Schritt die Auftragsart auf eine Positionsart mappen. Die Konfiguration finden Sie unter folgendem Pfad: **SCM Extended Warehouse Management • Extended Warehouse Management • Schnittstellen • ERP-Integration • Produktion • SAP-ERP-Auftragsarte auf SAP-EWM-Positionsart abbilden**.

In Abbildung 13.4 sehen Sie die möglichen Einstellungen der Positionsart im Feld **PosArt**. Auf Positionsebene können Sie entscheiden, ob die Komponenten für einen Auftrag auftragsübergreifend (**PCCO**) oder auftragsspezifisch (**PCSO**) bereitgestellt werden. In unserem Beispiel entscheiden wir uns für die auftragsspezifische Bereitstellung (**PCSO**), da die Komponenten gezielt für einen Auftrag kommissioniert und bereitgestellt werden. Während oder nach Beendigung des Fertigungsprozesses können Sie für die Komponenten (auftragsspezifisch oder auftragsübergreifend) durch die Transaktion CO11N den Verbrauch buchen.

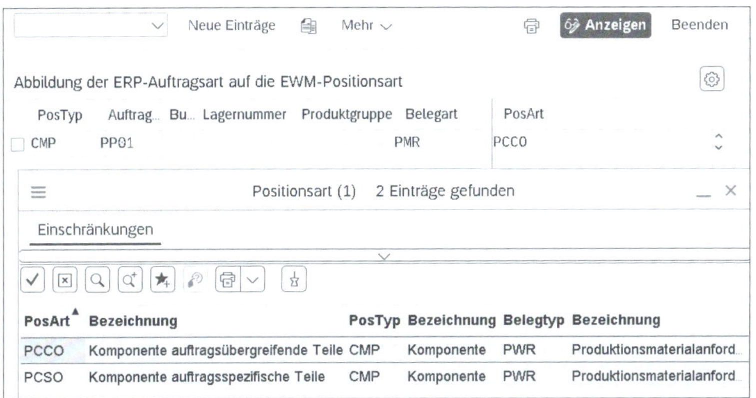

Abbildung 13.4 Customizing der Produktionsmaterialanforderung zur Positionsart

Sie können mit EWM-geführten Lagerorten folgende Prozesse in der diskreten Fertigung verwenden:

- Lohnscheinrückmeldung
- Zeitereignisrückmeldung
- Auftragsrückmeldung
- Sammelerfassung für Rückmeldungen
- Fortschrittsrückmeldung (nur diskrete Fertigung)
- Nachbearbeitung der Fehlersätze von Warenbewegungen

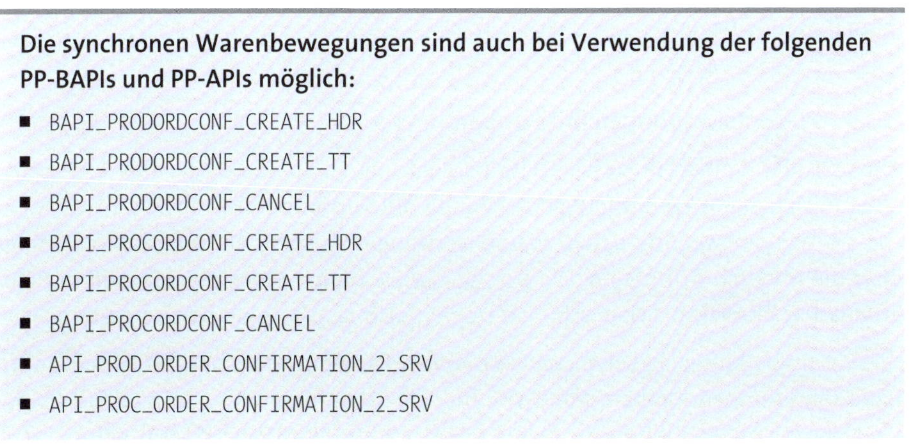

Die synchronen Warenbewegungen sind auch bei Verwendung der folgenden PP-BAPIs und PP-APIs möglich:

- BAPI_PRODORDCONF_CREATE_HDR
- BAPI_PRODORDCONF_CREATE_TT
- BAPI_PRODORDCONF_CANCEL
- BAPI_PROCORDCONF_CREATE_HDR
- BAPI_PROCORDCONF_CREATE_TT
- BAPI_PROCORDCONF_CANCEL
- API_PROD_ORDER_CONFIRMATION_2_SRV
- API_PROC_ORDER_CONFIRMATION_2_SRV

13.1.3 Warenbewegungen der JIT-Produktionsversorgung der nächsten Generation

Die *Just-In-Time-Abwicklung* (JIT) wird in der Regel in der verarbeitenden Industrie eingesetzt, um eine effiziente, bedarfs- und verbrauchsgesteuerte Produktion und

Logistik entlang der gesamten Lieferkette zu gewährleisten. Dabei geht es darum, durch präzise Lieferabrufe und Echtzeitdaten den Materialfluss zu steuern, sodass Materialien genau zum Produktionszeitpunkt geliefert werden, wodurch Lagerkosten reduziert werden können. Im Rahmen der sogenannten *JIT-Produktionsversorgung der nächsten Generation* (nachfolgend *NJIT* genannt) wird ein JIT-Abruf vom Produktionsversorgungsbereich an das Lager oder den externen Lieferanten gesendet, um den Materialnachschub anzufordern.

Bei der JIT-Produktionsversorgung wird zwischen Mengenabrufen und produktionssynchronen Abrufen unterschieden:

- **Produktionssynchroner Abruf**
  Produktionssynchrone Abrufe werden zum Beispiel für Fahrzeugplanaufträge genutzt, um die benötigten Komponenten pro Fahrzeug bereitzustellen.
- **Mengenabruf**
  Der Mengenabruf stellt immer eine definierte Menge im PVB bereit.

Der produktionssynchrone Abruf und der Mengenabruf geben unter anderem die Menge, das Datum, die Uhrzeit, den PVB, den Nachlagerort, die Material- und Partnerinformationen sowie den Lieferplan für jedes angeforderte Material an.

Die in Abschnitt 13.3, »JIT-Produktionsversorgung der nächsten Generation«, beschriebenen Funktionen können nur im Zusammenspiel mit Embedded EWM genutzt werden. Zusätzlich werden auch Abläufe im bestandsgeführten Umfeld (IM-Ebene) durch NJIT unterstützt. So ist es zum Beispiel möglich, Materialien aus einem bestandsgeführten Quelllagerort in einen bestandsgeführten oder mit EWM verwalteten PVB umzulagern.

13.1.4 Warenbewegungen mit Kanban

Auch für die Kanban-Prozesse Fremdbeschaffung (z. B. Mengenabrufe), Eigenfertigung mit Planaufträgen und Eigenfertigung mit Fertigungsaufträgen kann die synchrone Warenbewegung aktiviert und verwendet werden. Die Integration erfolgt über die Nachschubstrategie. Die Konfiguration finden Sie unter folgendem Pfad: **Produktion • KANBAN • Nachschubstrategien • Umlagerungsstrategien festlegen**.

Wie Sie in Abbildung 13.5 sehen, gibt es mehrere Konfigurationsmöglichkeiten zur Integration zwischen Kanban und EWM. Im Feld **Steuerungsart** definieren Sie, ob die Umlagerung mit Elementen aus dem S/4HANA Core, EWM oder WM ausgeführt werden soll und ob Reservierungen vorab verwendet werden und eine Vorplanung resultierend aus einem MRP-Lauf verwendet werden soll. Die Einstellung **8 Umlagerung mit Lageraufgabe** ermöglicht eine vereinfachte Verarbeitung zwischen Kanban und dem Embedded EWM.

Abbildung 13.5 Synchrone Warenbewegungen in Umlagerungsstrategien

Direkt mit der Statusänderung der Kanban-Behälter können so EWM-Lageraufgaben angelegt und bestätigt werden. Bei der Steuerungsart **A Umlagerung mit Lageranforderung** wird statt einer Lageraufgabe zunächst eine Lageranforderung erzeugt. Diese Strategie ermöglicht eine komplexe Verarbeitung zwischen Kanban und Embedded EWM. Hierbei können Lageraufgaben gebündelt zu mehreren Lageranforderungen angelegt werden und bietet somit mehr Flexibilität als eine einfache direkte Anlage. Bei Bedarf kann mit Steuerungsart **7 Lieferung aus einem EWM-gesteuerten Lagerort** die Funktion der Lieferung verwendet werden. Hier wird zusätzlich zunächst ein Lieferbeleg erstellt, der daraufhin erst zum Erstellen einer Lageranforderung verwendet wird, die wiederum Lageraufgaben zum tatsächlichen Transport in sich vereint.

13.1.5 Stammdatenaufbau

Die bisher beschriebenen Funktionen der Materialbereitstellung mit synchroner Buchung können weitestgehend parallel genutzt werden. Die Nutzung von NJIT schließt nicht die Nutzung eines klassischen Kanban aus. Kanban ist durch das erprobte Pull-Prinzip bei der Bereitstellung für typische Prozesse optimal, wo klare Ereignisse wie »Kiste ist leer« definiert werden können, um Nachschub zu ordern. Es ist intuitiv und schnell zu konfigurieren. NJIT ist mit den in Abschnitt 13.3, »JIT-Produktionsversorgung der nächsten Generation«, erklärten Funktionen dagegen noch mächtiger und kann einige Kanban-Funktionen durch Mengenabrufe ersetzen. Es ist aber durch die vielfältigen Konfigurationsmöglichkeiten deutlich komplexer in der Implementierung. Darüber hinaus benötigen beide Verfahren eigene Regelkreise, was zu doppeltem Pflegeaufwand in verschiedenen SAP-Fiori-Apps führen kann. Dabei muss auch differenziert werden, welche PVBs mit welchem Verfahren versorgt werden sollen. In der Praxis hat es sich daher bewährt, die Komplexität zu reduzieren und den Fokus auf ein Verfahren zu setzen. Hier müssen Sie entscheiden, welche Methode am besten zu Ihren Prozessen passt.

Im Folgenden sehen Sie anhand eines Beispiels den Teil des Stammdatenaufbaus, den PMA, NJIT und Kanban bei der Verwendung von Fertigungsaufträgen gemeinsam haben.

Die Materialien wurden bereits von der zuständigen Person im Unternehmen angelegt. Es soll ein Batteriesystem mit fünf verschiedenen Komponenten hergestellt werden. Die Stückliste für das Kopfmaterial BATSYS001, angelegt in der Transaktion CS01, sehen Sie in Abbildung 13.6.

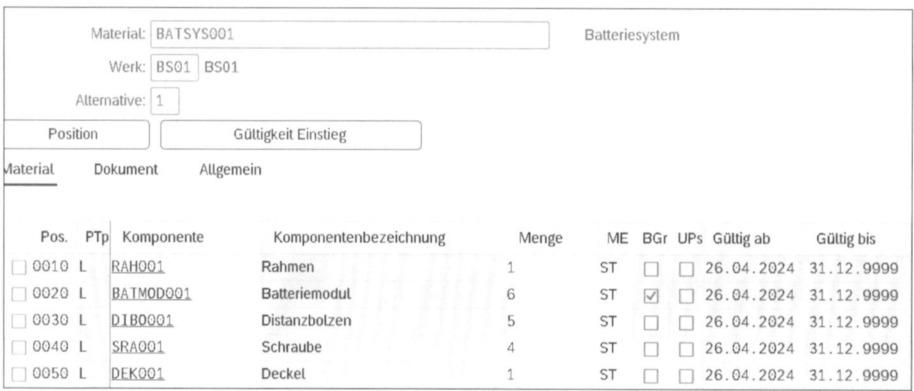

Pos.	PTp	Komponente	Komponentenbezeichnung	Menge	ME	BGr	UPs	Gültig ab	Gültig bis
0010	L	RAH001	Rahmen	1	ST	☐	☐	26.04.2024	31.12.9999
0020	L	BATMOD001	Batteriemodul	6	ST	☑	☐	26.04.2024	31.12.9999
0030	L	DIBO001	Distanzbolzen	5	ST	☐	☐	26.04.2024	31.12.9999
0040	L	SRA001	Schraube	4	ST	☐	☐	26.04.2024	31.12.9999
0050	L	DEK001	Deckel	1	ST	☐	☐	26.04.2024	31.12.9999

Abbildung 13.6 Stückliste für das Batteriesystem

Es werden fünf Komponenten benötigt:

- Rahmen RAH001 (Menge 1)
- die Baugruppe Batteriemodul BATMOD001 (Menge 6)
- Distanzbolzen DIBO001 (Menge 5)
- Schraube SRA001 (Menge 4)
- Deckel DEK001 (Menge 1)

Der Rahmen und das chargengeführte Batteriemodul werden auftragsspezifisch durch die Produktionsmaterialanforderung bereitgestellt. Durch die Funktionen der NJIT-Lösung wird der Distanzbolzen verbrauchsgesteuert und die Schraube bedarfsgesteuert bereitgestellt. Der Deckel soll durch klassisches Kanban mit Lageranforderung der Produktion zugeführt werden.

In der Transaktion CA01 wurde ein Normalarbeitsplan mit vier Vorgängen angelegt. In Abbildung 13.7 sehen Sie die vier Vorgänge, die mit dem Steuerschlüssel PP01 als Meilensteine deklariert wurden. Wie in Abschnitt 3.6, »Arbeitspläne und Planungsrezepte«, beschrieben, zeigt die Vorgangsübersicht alle Arbeitsschritte für das Erzeugnis im Feld **Material** sowie die jeweils zugeordneten Arbeitsplätze und das Produktionswerk. Die Verwendung des Steuerschlüssels und eines Vorlagenschlüssels können Sie im genannten Kapitel nachschlagen.

Abbildung 13.7 Arbeitsplan des Batteriesystems

Für jeden Vorgang wurde ein Arbeitsplatz in der Transaktion CR01 angelegt. Das heißt, es sind insgesamt vier Arbeitsplätze MON_BA01 bis MON_BA04 angelegt worden. In Abbildung 13.8 sehen Sie die Registerkarte **Grunddaten** des Arbeitsplatzes MON_BA01. Für den Prozess der Materialbereitstellung wurde für jeden Arbeitsplatz ein PVB im Feld **ProdVersBereich** hinterlegt. Dafür wurden in der Transaktion PK05 die PVBs MON_PSA_01 bis MON_PSA_04 angelegt.

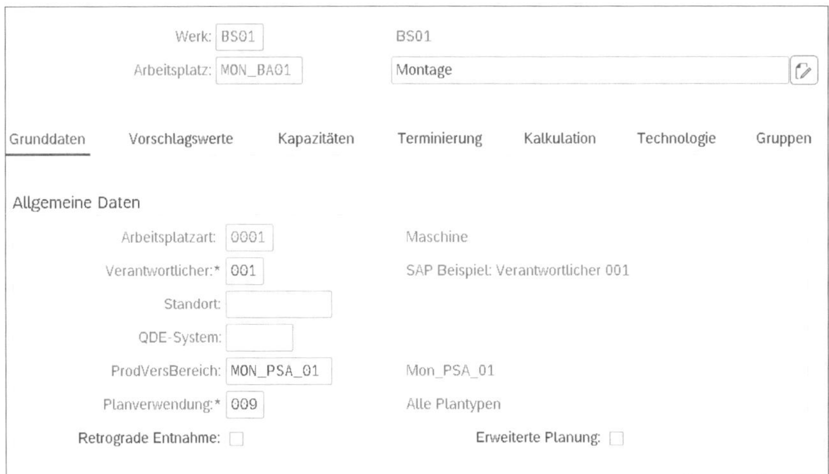

Abbildung 13.8 Arbeitsplatz mit PVB

Da die Komponenten während der Fertigung nicht alle am ersten Vorgang 0010 benötigt werden, wurde eine Allokation im Arbeitsplan vorgenommen (siehe Abbildung 13.9). Die Komponenten RAH001 und BATMOD001 werden am Vorgang 0010 benötigt. Die weiteren drei Komponenten teilen sich auf die folgenden Vorgänge auf. Wie Sie in der Abbildung auch sehen können, wird in diesem Beispiel die retrograde Entnahme in der Allokation der Komponenten über das gleichnamige Kennzeichen gesteuert (hier nur abgekürzt als **R...** zu sehen). Für die Anlage eines Auftrags ist noch eine Fertigungsversion für Arbeitsplan und Stückliste in der Transaktion C223 angelegt worden.

Abbildung 13.9 Allokation der Komponenten

In Abbildung 13.10 sehen Sie die Komponentenübersicht eines ersten Fertigungsauftrags für das Beispiel. Das Batteriemodul ist chargengeführt, und die Charge 245043 soll für diesen Auftrag bereitgestellt und verbraucht werden.

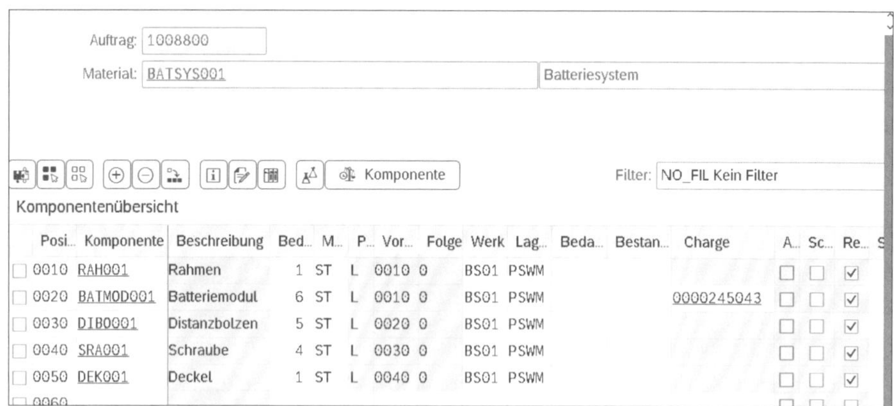

Abbildung 13.10 Charge in Fertigungsauftrag

13.2 Produktionsmaterialanforderung

Verwendete Transaktionen

- LPK1 (Anlegen Regelkreis Lagerverwaltung)
- LPK2 (Ändern Regelkreis Lagerverwaltung)
- LPK3 (Anzeigen Regelkreis Lagerverwaltung)
- /SCWM/PSASTAGE (PVB-Zuordnung zu Lagerplatz nach Verfügungsberechtigtem ändern)
- CO02 (Fertigungsauftrag ändern)
- /SCWM/PMR (Produktionsmaterialanforderung pflegen)

Innerhalb der erweiterten Produktionsintegration mit EWM wird die Versorgung der Produktion mit Komponenten und der Eingang von Fertig- oder Halbfertigteilen durch die *Produktionsmaterialanforderung* (PMA) gesteuert und durchgeführt. Die PMA ist ein Beleg, der alle lagerrelevanten Daten für einen Auftrag (Fertigungsauftrag oder Prozessauftrag) enthält. Sie verwenden die Produktionsmaterialanforderung für die Planung und Überwachung der Komponentenbereitstellung und Verbrauchsbuchung in der Produktion.

13.2.1 Regelkreis für PMA

Um im SAP-System eine PMA anlegen zu können, wird ein Regelkreis benötigt. Dieser Regelkreis wird in der Transaktion LPK1 angelegt, in der Transaktion LPK2 geändert und in der Transaktion LPK3 angezeigt. Im Gegensatz zu Kanban- und NJIT-Regelkreisen hat dieser PMA-Regelkreis besondere Funktionsweisen. Ein Regelkreis in der Transaktion LPK1 kann ohne Materialbezug angelegt werden, also nur für einen spezifischen PVB. In unserem Beispiel werden am PVB MON_PSA_01 die Komponenten des ersten Vorgangs durch PMA bereitgestellt.

In Abbildung 13.11 sehen Sie die Anlage des Regelkreises ohne direkten Bezug zu einer Komponente. Für PMA wird im Feld **Staging-Kennzeichen** die Option **5 EWM-Bereitstellung** verwendet. Sie müssen bei der Anlage des Regelkreises eine technische Besonderheit beachten. Der Quelllagerort PSMW aus dem Feld **Lagerort** im Bereich **Quelle** muss dem Ziellagerort PSMW aus dem Feld **Lagerort** im Bereich **Ziel** entsprechen. Diese Einstellung hat nur einen technischen Hintergrund und wird im späteren Prozess nicht mehr beachtet. Das System ermittelt in EWM einen passenden Quellbestand und transferiert diesen dann zum Ziellagerplatz im Ziellagerort.

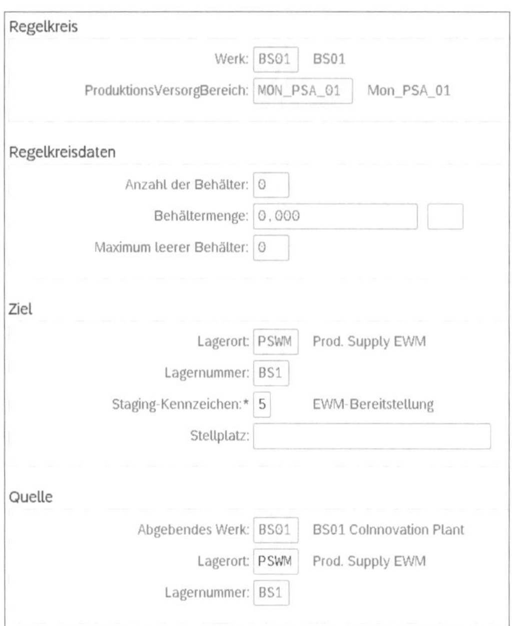

Abbildung 13.11 Regelkreis für die EWM-Bereitstellung – Regelkreisdaten

Indem Sie einen materialanonymen Regelkreis einrichten, können Sie die Zahl der neu anzulegenden Stammdaten auf ein Minimum reduzieren. Wenn die Komponenten einem Vorgang zugeordnet und der PVB dem Arbeitsplatz des Vorgangs zugewiesen sind, werden die Komponenten stets über den anonymen Regelkreis bereitgestellt. Es reicht daher aus, einen Regelkreis anzulegen und bei Bedarf die zugeordneten Komponenten anzupassen.

Für die Integration ins EWM wird außerdem der Lagerplatz zum PVB benötigt. Diese Zuordnung können Sie in der Transaktion /SCWM/PSASTAGE vornehmen. In Abbildung 13.12 sehen Sie den ins EWM replizierten PVB und die Zuweisung des Lagerplatzes MON-PSA-01-01. Einem PVB können mehrere Lagerplätze zugewiesen werden, wenn Sie dort verschiedene Komponenten bereitstellen möchten. Im Beispiel nutzen wir die Bereitstellungsmethode **3 Auftragsspezifische Bereitstellung** im Feld **Brtstll-methode**.

Von der Produktion benötigte Komponenten können Sie über die *auftragsspezifische Bereitstellung* bereitstellen. Das System erstellt dabei eine Lageraufgabe, um für jede Position der PMA das Produkt in den PVB zu verschieben. Jede Lageraufgabe hat eine Referenz auf eine einzelne PMA. Nach Quittierung der Lageraufgabe weist der Bestand im PVB eine Referenz auf die PMA-Position auf. Der Bestand ist für die referenzierte PMA-Position reserviert. Nur diese PMA kann zum Verbrauch des Bestands genutzt werden. Bei Bedarf kann die Referenz auf die PMA-Position für die Gesamtmenge des Bestands manuell freigegeben werden. Alternativ können Sie eine Teilmenge des Bestands manuell freigeben, z. B. wenn eine volle Palette von Bestand im PVB bereitgestellt wurde, aber weniger als der gesamte Bestand für diese PMA benötigt wird. Mit dieser Methode können Sie Produkte für eine bestimmte PMA bzw. für eine PMA mit bestimmten Merkmalen bereitstellen. So könnten Sie z. B. Produkte aus einer bestimmten Charge für eine PMA bereitstellen.

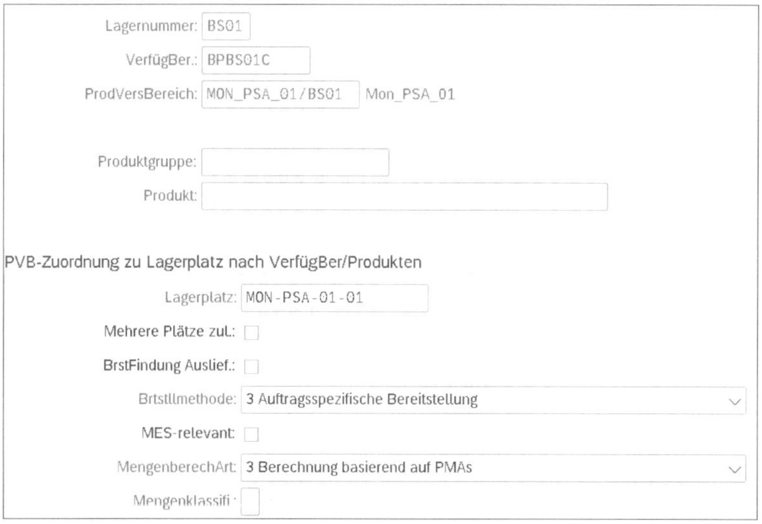

Lagernummer: BS01
VerfügBer.: BPBS01C
ProdVersBereich: MON_PSA_01/BS01 Mon_PSA_01

Produktgruppe:
Produkt:

PVB-Zuordnung zu Lagerplatz nach VerfügBer/Produkten
Lagerplatz: MON-PSA-01-01
Mehrere Plätze zul.:
BrstFindung Auslief.:
Brtstllmethode: 3 Auftragsspezifische Bereitstellung
MES-relevant:
MengenberechArt: 3 Berechnung basierend auf PMAs
Mengenklassifi:

Abbildung 13.12 Regelkreis EWM-Bereitstellung – PVB-Zuordnung

Das System fasst bei der *auftragsübergreifenden Bereitstellung* Komponenten aus mehreren PMAs zusammen und erstellt eine Lageraufgabe, um diese Materialien gesammelt an den PVB zu bringen. Die Lageraufgaben haben keine Referenz auf die PMA-Position. Das heißt, nach der Quittierung der Lageraufgabe weist der Bestand keine Referenz auf eine PMA-Position auf. Jede PMA, die eine Position mit den Komponenten beinhaltet, kann zum Verbrauch des Bestands verwendet werden. Mit dieser Methode können Sie Komponenten flexibel bereitstellen, unabhängig davon, ob sie für eine bestimmte PMA oder für mehrere PMAs benötigt werden.

Für die Mengenberechnung, definiert im Feld **MengenberechArt**, wird in diesem Beispiel die Option **3 Berechnung basierend auf PMAs** verwendet. Hierbei wird die exakte Menge aus der PMA bzw. des Auftrags für die auftragsspezifische Bereitstellung verwendet. Das SAP-System versucht, exakt die benötigte Komponentenmenge des Auftrags bereitzustellen. Sie können aber auch mit einer Mindestmenge im PVB arbeiten oder eine Bereitstellung anhand der Packspezifikation vornehmen.

13.2.2 Materialbereitstellung mit PMA

Das System erstellt eine Produktionsmaterialanforderung, sobald SAP S/4HANA die erforderlichen Auftragsinformationen an EWM übermittelt. In Abbildung 13.13 sehen

Sie in der Transaktion CO02 wie die WM-Bereitstellung manuell mit einem Klick auf **Ausführen** angestoßen wird. Schon an dem Namen WM-Bereitstellung sehen wir, dass dies eine ältere Technologie ist, die noch Warehouse-Management-Vokabular aus der alten SAP-Welt vor S/4HANA benutzt. Tatsächlich funktioniert diese Lösung aber auch mit S/4HANA und EWM heute noch, während das nicht angepasste alte Wording hier etwas Verwirrung stiften kann.

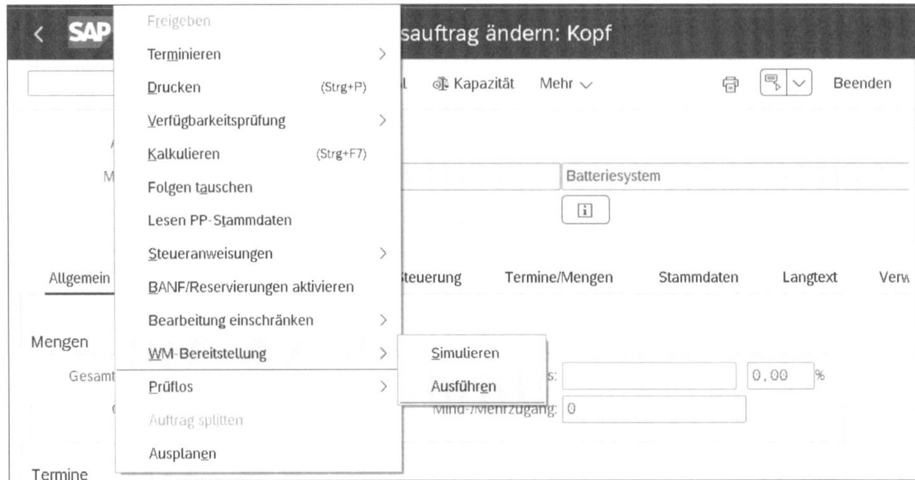

Abbildung 13.13 Fertigungsauftrag ändern – WM-Bereitstellung ausführen

Die *WM-Bereitstellung* kann auch automatisch bei der Freigabe des Fertigungsauftrags ausgelöst werden, wenn dies entsprechend konfiguriert ist. In unserem Beispiel haben wir den Start der Materialbereitstellung von der Auftragsfreigabe entkoppelt. Wird der Auftrag nach Ausführen der WM-Bereitstellung geändert, aktualisiert das System die Produktionsmaterialanforderung in EWM mit den für EWM relevanten Änderungen, z. B. einer geänderten Bereitstellungsmenge.

Beachten Sie, dass die PMA nicht direkt angelegt wird, wenn Sie die Materialbereitstellung ausführen, sondern erst wenn Sie den Auftrag gespeichert haben. Sobald der Auftrag gespeichert ist und Sie die Transaktion CO02 zum Auftrag verlassen haben, wird in EWM die PMA erzeugt.

Eine PMA enthält allgemeine Daten und Daten, die für die einzelnen Positionen gültig sind. In der Transaktion /SCWM/PMR können Sie eine PMA prüfen und ändern. In Abbildung 13.14 sehen Sie die PMA zum Auftrag 1008800. Im unteren Bereich befinden sich die beiden Positionen für den Rahmen RAH001 und die Batteriemodule BATMOD001. Für das Batteriemodul ist die Charge 245043 im Auftrag hinterlegt und in die PMA übernommen worden. Im weiteren Prozess versucht das System, einen freien Quelllagerbestand mit dieser Charge zu ermitteln und im Logistikprozess bereitzustellen.

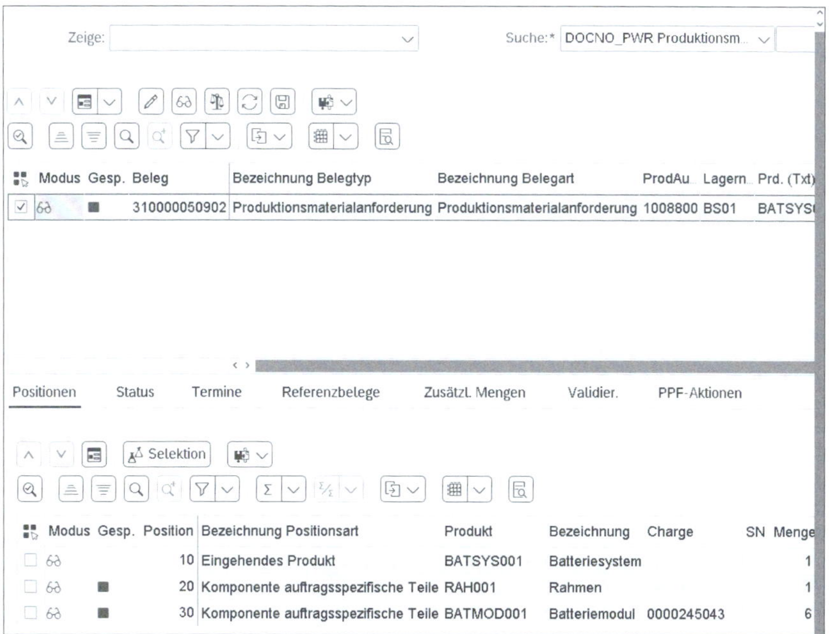

Abbildung 13.14 Detailansicht der PMA-Positionen

Da der Platz in vielen Produktionsstätten sehr begrenzt ist, ist der benötigte Zeitpunkt der Komponenten ein wichtiges Kriterium bei der Bereitstellung. In Abbildung 13.15 sehen Sie die Termine des Fertigungsauftrags, die in die PMA übernommen werden.

Abbildung 13.15 Detailansicht der PMA-Termine

Der Starttermin im Feld **Terminart** mit Startdatum und Uhrzeit der Produktion kann nun von der Logistik zur Planung der Bereitstellung verwendet werden. Zusammengefasst enthält eine PMA alle notwendigen Daten des Fertigungsauftrags, des PVBs und des Regelkreises für die Bereitstellung.

13.3 JIT-Produktionsversorgung der nächsten Generation

Die *JIT-Produktionsversorgung der nächsten Generation* (NJIT) ermöglicht es Ihnen, Komponenten durch verschiedene Verfahren entweder manuell oder vollständig automatisiert anzufordern. Der Prozess wird durch den NJIT-Regelkreis gesteuert. Ein Regelkreis ist für eine Material-PVB-Kombination definiert und eindeutig im Werk.

Die Konfiguration des NJIT finden Sie unter folgendem Pfad: **Logistics Execution • Just-In-Time-Verarbeitung (nächste Generation)**

Innerhalb des NJIT wird zwischen JIT-Kundenbelieferung und JIT-Produktionsversorgung unterschieden. Im Folgenden wird nur die JIT-Produktionsversorgung näher betrachtet. Außerdem beschränken wir uns auf die Verwendung von PP in Kombination mit Embedded EWM. Die Verwendung von NJIT ohne EWM, nur mit IM-Lagerorten, wird aufgrund der seltenen Verwendung nicht extra beschrieben.

Verwendete SAP-Fiori-Apps

- SAP-Fiori-App **JIT-Regelkreise verwalten** (App-ID F4037)
- SAP-Fiori-App **Nachschub für JIT-Regelkreise anfordern** (App-ID F4038)
- SAP-Fiori-App **Bestand umlagern für JIT-Produktionsversorgung** (App-ID F4045)
- SAP-Fiori-App **JIT-Regelkreisstatus ändern** (App-ID F4954)
- SAP-Fiori-App **JIT-Abrufe verwalten** (App-ID F4509)
- SAP-Fiori-App **JIT-Abrufe überwachen – Komponentenmaterialien** (App-ID F4453)
- SAP-Fiori-App **JIT-Abrufe überwachen – Teilegruppenmaterialien** (App-ID F4581)
- SAP-Fiori-App **Produktionsversorgung planen** (App-ID F4535)
- SAP-Fiori-App **Kommunikationsgruppen verwalten** (App-ID F4828)
- SAP-Fiori-App **JIS-Abrufe verwalten und nachbestellen** (App-ID F4829)
- SAP-Fiori-App **Wareneingang buchen** (App-ID F4974)
- SAP-Fiori-App **Anwendungsprotokolle** (App-ID F4953)
- SAP-Fiori-App **JIT-Nachschub einplanen für »Produktionsversorgung planen«** (App-ID F4955)
- SAP-Fiori-App **JIT-Produktionsversorgung – Übersicht** (App-ID F4975)
- SAP-Fiori-App **JIS-Abrufe überwachen** (App-ID F5693)

- SAP-Fiori-App **Fabrikstruktur für Montagereihenfolge überwachen** (App-ID F6458)
- SAP-Fiori-App **Montagereihenfolge-Arbeitsplan überwachen** (App-ID F6586)
- SAP-Fiori-App **Weitergereichte JIS-Abrufe verwalten** (App-ID F7703)
- SAP-Fiori-App **Weitergereichte JIS-Abrufe überwachen** (App-ID F7705)
- SAP-Fiori-App **Übersicht weitergereichte JIS-Abrufe** (App-ID F7704)

13.3.1 Regelkreis für NJIT

Zur Steuerung der Produktionsversorgung mit NJIT werden JIT-Regelkreise benötigt. Diese Regelkreise unterscheiden von den klassischen Regelkreisen aus den SAP-Lösungen für Kanban und JIT-Outbound.

Die Regelkreise für NJIT werden in der SAP-Fiori-App **JIT-Regelkreise verwalten** (App-ID F4037) angelegt. In Abbildung 13.16 sehen Sie die Applikation nach der Datenselektion für die Komponenten Distanzbolzen DIBO001 und Schraube SRA001. Diese Komponenten haben wir zuvor in Abschnitt 13.1.5, »Stammdatenaufbau«, bereits in unsere Stückliste aufgenommen. Es sind bisher jedoch noch keine Regelkreise für die beiden Komponenten angelegt worden. Über einen Klick auf die Schaltfläche **Anlegen** wird ein neuer JIT-Regelkreis angelegt. Sie können aber auch über die Schaltfläche **Kopieren** einen bestehenden Regelkreis kopieren.

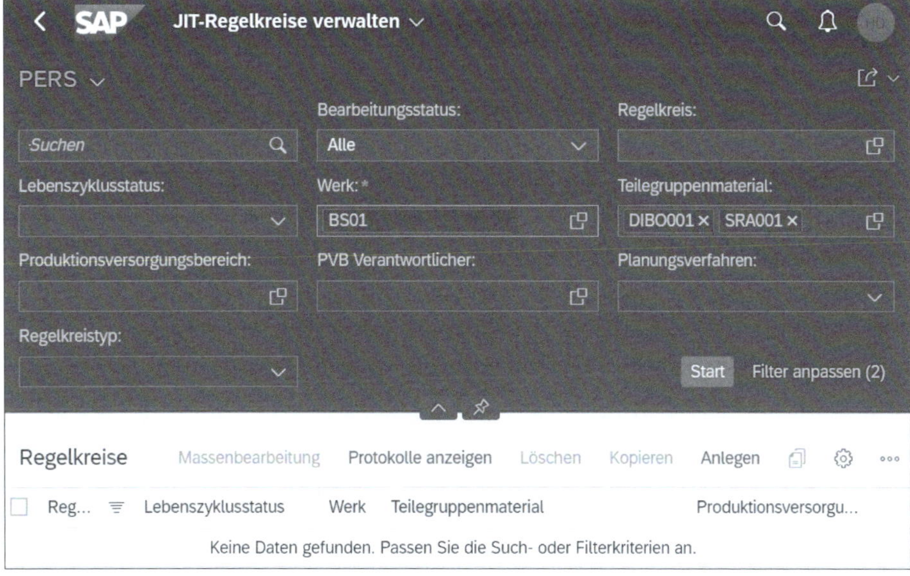

Abbildung 13.16 JIT-Regelkreise verwalten

In der SAP-Fiori-App haben Sie im oberen Bereich diverse Filteroptionen über die Schaltfläche **Filter anpassen**. Sie könne z. B. nach Regelkreistyp oder Lebenszyklusstatus filtern. Der Lebenszyklusstatus beschreibt, ob der Regelkreis für die Materialbereitstellung verwendet werden kann oder nicht. Nur Regelkreise im Status **Freigegeben** können Materialabrufe erzeugen. Die möglichen Status eines Regelkreises sind:

- **In Vorbereitung**
  Der Regelkreis ist in der Entwurfsphase und noch nicht gesichert.
- **Gesperrt**
  Der Regelkreis wurde manuell gesperrt und kann nicht mehr zum Senden von Nachschubanforderungen verwendet werden. Offene Nachschubanforderungen können normal bearbeitet werden.
- **Bereit zur Freigabe**
  Der Regelkreis wurde mit allen Konsistenzprüfungen manuell gesichert.
- **Freigegeben**
  Der Regelkreis wurde manuell freigegeben und ist für den Produktivbetrieb bereit. Das heißt, er kann zum Senden von Nachschubanforderungen verwendet werden.

In Abbildung 13.17 sehen Sie die Grunddaten des Regelkreises 6340 für den Distanzbolzen DIBO001. In einem Werk kann immer nur ein Regelkreis für eine Materialnummer-PVB-Kombination existieren. Der Regelkreis für die Materialnummer DIBO001 und den PVB MON_PSA_02 mit der Nummer 6340 ist im Werk BS01 also eindeutig. Wird die Komponente an einem andern Ort in der Produktion benötigt, können Sie einen weiteren Regelkreis mit einem anderen PVB erstellen.

Materialnummer, **Werk** und **PVB** sind Pflichtfelder und müssen in den Grunddaten hinterlegt werden. Der Nachlagerplatz muss eingeben werden, wenn der PVB-Lagerort durch EWM verwaltet wird. Des Weiteren kann beim Regelkreistyp zwischen einem Regelkreis für Mengenabrufe oder einem Regelkreis für produktionssynchrone Abrufe unterschieden werden.

Regelkreise für Mengenabrufe werden für Materialien verwendet, die in vollen Behältern bzw. immer in einer definierten Menge am Produktionsort bereitgestellt werden sollen. Produktionssynchrone Regelkreise werden verwendet, wenn die bereitgestellte Menge durch den Auftrag definiert wird. Weiterhin können Sie in den Grunddaten durch das Setzen des Kennzeichens **Externer Nachschub** festlegen, ob das Material von einem externen Lieferanten abgerufen wird.

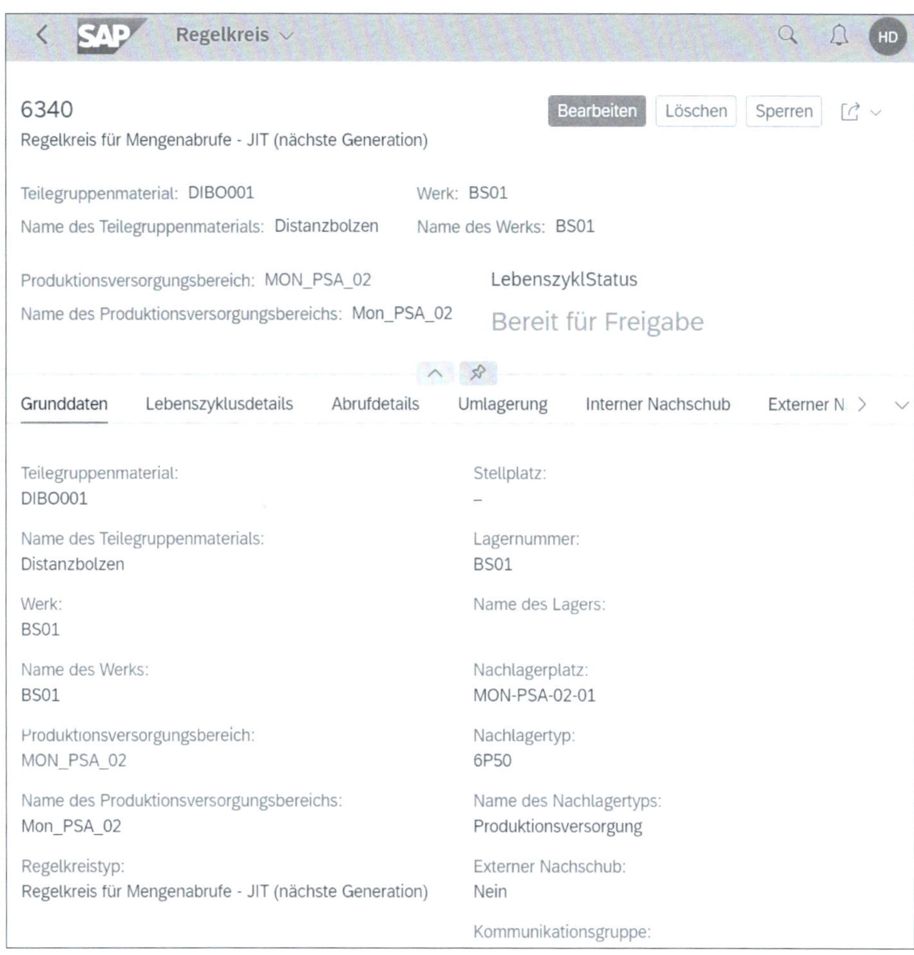

Abbildung 13.17 Grunddaten für den NJIT-Regelkreis

Nachdem die Grunddaten den generellen Rahmen des Regelkreises mit Ziel und Typ definieren, müssen noch weitere Daten hinterlegt werden. In Abbildung 13.18 sehen Sie die wichtigen Felder **Behältermenge** unter **Abrufdetails**, **Nachschubstrategie** unter **Umlagerung** und **Abgebender Lagerort** unter **Interner Nachschub**.

Die Behältermenge ist die Menge, für die ein JIT-Abruf initial angelegt wird, sie wird aber auch zur Berechnung des automatischen Nachschubs verwendet. Es wird davon ausgegangen, dass diese Menge immer durch einen Abruf in der Produktion bereitgestellt werden kann.

Abrufdetails

Behältermenge:	Behältermaterial:
60 ST	–
Anzahl der Ladungsträger:	Behältername:
1	–

Umlagerung

Nachschubstrategie:	Nachschubstrategiename:
DINT	–

Interner Nachschub

Abgebender Lagerort:	Vonlagerplatz:
AFS	–
Name des abgebenden Lagerorts:	Quell-Produktionsversorgungsbereich:
Avail. for Sale	–
Vonlagertyp:	Name des Quell-Produktionsversorgungsbereichs:
–	–
Name des Vonlagertyps:	
–	

Abbildung 13.18 Details im Regelkreis NJIT

Die Nachschubstrategie definiert den Versorgungsprozess und ist im Zusammenspiel mit einem Embedded EWM entscheidend zur Findung einer passenden Lagerprozessart. Die Lagerprozessart definiert den logistischen Ablauf im Lager und ist von entscheidender Bedeutung.

In Abbildung 13.18 sehen Sie im Feld **Abgebender Lagerort** den Lagerort **AFS**. Der abgebende Lagerort ist die Quelle für den Nachschub, und das System versucht, einen passenden Bestand in diesem Lagerort für die Bereitstellung zu ermitteln.

Im Beispiel soll der Distanzbolzen DIBO001 anhand eines definierten Bestands (Meldebestand bzw. Sicherheitsbestand) im PVB bereitgestellt werden. Hierzu ist der Bereich Planung bei der Regelkreisanlage zu verwenden. In Abbildung 13.19 können Sie das Feld **Planungsverfahren Verbrauchsgesteuerte Planung** erkennen. Je nachdem, welches Planungsverfahren Sie auswählen, werden andere Felder vom System zu einem Pflichtfeld deklariert. In unserem Beispiel wird für die *verbrauchsgesteuerte Planung* das Feld **Sicherheitsbestand** mit 60 Stück befüllt. Der Name des Planungsverfahrens verrät bereits, dass immer dann neue Materialabrufe erzeugt werden, wenn Material verbraucht wurde. Damit das System berechnen kann, wann das der Fall ist, wird die Menge an Komponenten am PVB mit der Menge an Komponenten, die bereits auf dem Weg zum PVB sind (für die also bereits Abrufe existieren), zusammengerechnet. Ist diese Summe kleiner als der Sicherheitsbestand, entsteht eine Differenz, die mit der Erstellung neuer Abrufe ausgeglichen werden soll. Die automatische Planungsfunktion wird in der Praxis als Hintergrundjob eingerichtet. Dieser erzeugt in unserem Beispiel einen Abruf, wenn die vorhandene Menge der Komponente am PVB kleiner als 60 Stück ist. Die Entnahme der Komponenten kann beispielweise retrograd erfolgen, um den Bestand durch den Fertigungsprozess zu verringern.

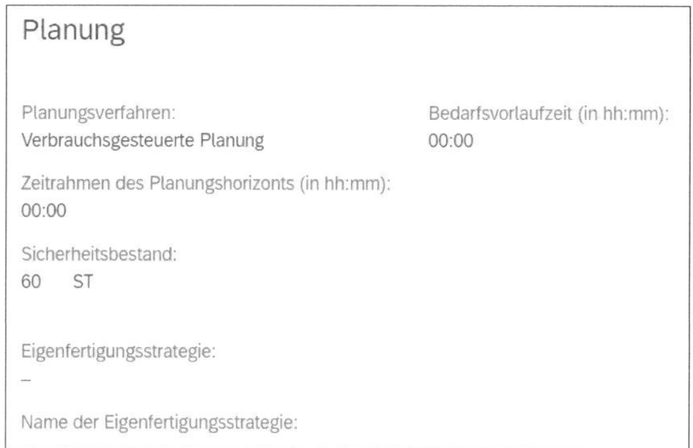

Abbildung 13.19 Planungsdaten für den NJIT-Regelkreis – Verbrauchsgesteuerte Planung

Für die Schraube SRA001 wird mit dem PVB MON_PSA_03 ein weiterer Regelkreis aufgebaut. Der Regelkreis unterscheidet sich von den grundlegenden Einstellungen zunächst nicht von dem Regelkreis für den Distanzbolzen. In Abbildung 13.20 sehen Sie aber den Unterschied, die Schraube soll bedarfsgesteuert bereitgestellt werden soll. Hierfür ist das Planungsverfahren für die Bedarfsgesteuerte Planung auszuwählen. Bei diesem Planungsverfahren müssen Sie den Zeitrahmen des Planungshorizonts hinterlegen. In diesem Zeitfenster schaut das System bei der automatischen Planung in die Zukunft und berücksichtigt die Fertigungsbedarfe. Bedarfe außerhalb des Planungshorizonts werden erst berücksichtigt, wenn sie in den Horizont gerutscht sind. Das Feld **Bedarfsvorlaufzeit** ermöglicht Ihnen eine Vorlaufzeit auf den Bedarf zu hinterlegen. In unserem Beispiel wird die Versorgungszeit 5 Minuten vor dem eigentlichen Bedarfszeitpunkt liegen.

Abbildung 13.20 Planungsdaten für den NJIT-Regelkreis – Bedarfsgesteuerte Planung

Die *bedarfsgesteuerte Planung* schaut für die Materialbereitstellung gemäß einem definierten Zeithorizont in die Zukunft und legt Materialabrufe an, um die dort anfallenden Bedarfe zu decken. Es wird also regelmäßig geprüft, wie viele Komponenten in der näheren Zukunft in der Produktion benötigt werden. Dieses Planungsverfahren berücksichtigt die Sekundärbedarfe von Plan- und Fertigungsaufträgen. Mit der Einschränkung, dass die Sekundärbedarfe von PP-REM-Planaufträgen nicht untertägig terminiert werden und somit die Bedarfe der Komponenten auf den Tagesanfang fallen. Bei diskreten Fertigungsaufträgen können die Bedarfszeitpunkte untertägig terminiert werden und sind somit besser für dieses Planungsverfahren geeignet.

Es gibt darüber hinaus noch zwei weitere Planungsverfahren. Zum einen die *taktbasierte Planung*, die in Kombination mit SAP PP-DS genutzt werden kann, um untertägig geplanten Nachschub in sequenzierter Reihenfolge von Fertigungserzeugnissen einzustellen. Taktbasierte Regelkreise betrachten Bedarfe von Planaufträgen auf einer Fertigungslinie. Hierfür müssen die Stammdaten der iPPE (ein Instrument aus dem PP-DS Umfeld) aufgebaut und verwendet werden. Das Paradebeispiel für die Verwendung der taktbasierten Planung ist die Automobilfertigung, die unter Verwendung von Planaufträgen die sekundengenaue Bereitstellung in der korrekten Reihenfolge der am Fertigungsband produzierten Fahrzeuge benötigt.

Stellen Sie als Planungsverfahren **Für Planung nicht relevant** ein, so wird es keine automatische Erzeugung von Materialabrufen geben. Mit anderen Worten können solche Regelkreise nur manuell über die im Folgenden genannte SAP-Fiori-App oder unter Verwendung der hierfür vorgesehenen O-Data-Schnittstelle ausgelöst werden, um Materialnachschub anzufordern. Manuell können Abrufe mit der SAP-Fiori-App **Nachschub für JIT-Regelkreise anfordern** (App-ID F4038) erzeugt werden.

13.3.2 Materialbereitstellung mit NJIT

Sie können, wie im vorherigen Abschnitt erwähnt, mit der SAP-Fiori-App **Nachschub für JIT-Regelkreise anfordern** manuell Abrufe für einen Regelkreis anlegen. Das können Sie unabhängig vom Planungsverfahren. Für Regelkreise mit automatischer Planung ist die SAP-Fiori-App **Produktionsversorgung planen** (App-ID F4535) verfügbar.

In der in Abbildung 13.21 gezeigten SAP-Fiori-App können Sie durch diverse Filter und Selektionen Ihren Arbeitsbereich selektieren. In der gezeigten Ansicht sehen Sie die beiden Regelkreise für den Distanzbolzen DIBO001 und die Schraube SRA001. Sie können sich weitere Felder und Informationen zu den Regelkreisen in der Ansicht anzeigen lassen. Zum Beispiel sehen Sie in der Abbildung unten die Spalten **Fehlender Bestand an der Quelle**. Im Quelllagerort der Regelkreise ist zum Zeitpunkt der Selektion kein Bestand zur Materialnummer vorhanden. Diese Information können Sie nutzen, um Maßnahmen einzuleiten damit der Komponentenbedarf der Fertigung gedeckt wird.

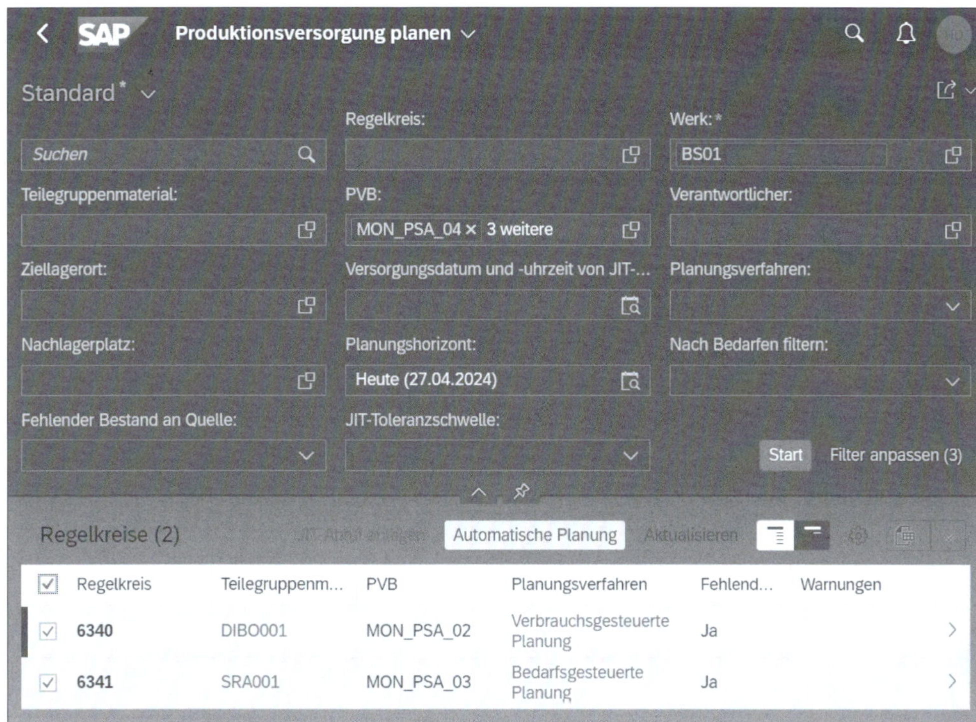

Abbildung 13.21 Produktionsversorgung planen

Wenn ein Regelkreis in der SAP-Fiori-App rot markiert ist (in unserem Beispiel ist dies Regelkreis 6340), liegt eine Unterdeckung vor. Das heißt, es müssen Abrufe als Bedarfsdecker erzeugt werden. In der SAP-Fiori-App können Sie Regelkreise markieren und durch die Funktion **Automatische Planung** einen Planungslauf für die Regelkreise starten.

Für den laufenden Betrieb können Sie diese Funktion in der SAP-Fiori-App **JIT-Nachschub einplanen** (App-ID F4955) als Hintergrundjob einplanen. Eine Alternative ist die Einplanung als Hintergrundjob in der Transaktion SM36 mit dem Programm NJIT_S2P_S2L_REPLN_PLNG.

Grundsätzlich sucht das Programm stets nach einer Unterdeckung im Regelkreis und erstellt anschließend JIT-Abrufe als Bedarfsdecker. Sekundärbedarfe der Fertigung werden untertägig im Planungshorizont als geplante Abgänge betrachtet. Sind die geplanten Abgänge im Planungshorizont größer als der vorhanden Bestand des PVBs, wird ein JIT-Abruf zur Deckung erzeugt. Bei verbrauchsgesteuerten Regelkreisen muss nur der Sicherheitsbestand unterschritten werden, um einen neuen Abruf zu generieren. Angelegte Abrufe werden als geplante Zugänge bei folgenden Planungsläufen berücksichtigt.

Beim Anlegen von JIT-Abrufen erzeugt das SAP-System zwei Belege: zum einen den JIT-Abruf und zum anderen eine Lageranforderung (WMR – Warehouse Management Request) zum JIT-Abruf im EWM. In Abbildung 13.22 sehen Sie den JIT-Abruf initial angelegt mit den relevanten Daten wie Bedarfsdatum/-uhrzeit und der Abrufmenge. Die bereitgestellten Mengen werden im Prozess durch EWM aktualisiert. So wissen Sie immer, welche Menge im Zulauf ist. Der interne Bearbeitungsstand im JIT-Abruf beschreibt den Fortschritt der Bereitstellung. Nach der Anlage befindet sich ein Abruf im internen Bearbeitungsstand **JIT-/JIS-Abruf angelegt**. Wird im EWM eine Lageraufgabe zur Lageranforderung des JIT-Abrufs angelegt, wechselt der Interne Bearbeitungsstand auf **Kommissionierung geplant**. Weitere interne Bearbeitungsstände im Prozess sind dann **Kommissionierung gestartet** oder **Kommissionierung abgeschlossen**. Der JIT-Abrufstatus wechselt nach Abschluss der Bereitstellung auf **Abgeschlossen**.

Abbildung 13.22 JIT-Abruf-Kopf

In Abbildung 13.23 können Sie die Positionsdetails des JIT-Abrufs in der Lageranforderung sehen. Das System übergibt alle relevanten Daten an EWM, wie das Produkt DIBO001, die Menge, den Nach-Lagerplatz und den PVB.

Für die Planung der Logistik übergibt das System den Versorgungszeitpunkt an EWM (siehe Abbildung 13.24 im Bereich **Termine**).

Zur Lageranforderung wird dann im EWM eine oder mehrere Lageraufgaben angelegt. Die Anlage der Lageraufgabe kann durch Wellen oder PPF-Aktionen automatisiert werden. PPF steht dabei für Post-Processing-Framework. Wir wollen an dieser Stelle nicht weiter ins Detail gehen, da die Konfiguration von PPF-Aktionen und Wellen-Management zu tief im Hoheitsgebiet der EWM-Kollegen liegt. Fragen Sie am besten Ihre EWM-Spezialistinnen oder -Spezialisten nach der idealen Konfiguration für Ihre Prozesse. Mit Abschluss der Bereitstellung und der Quittierung der letzten Lageraufgabe werden die Lageranforderung und der JIT-Abruf beendet. Das Material ist im PVB für die Produktion verfügbar.

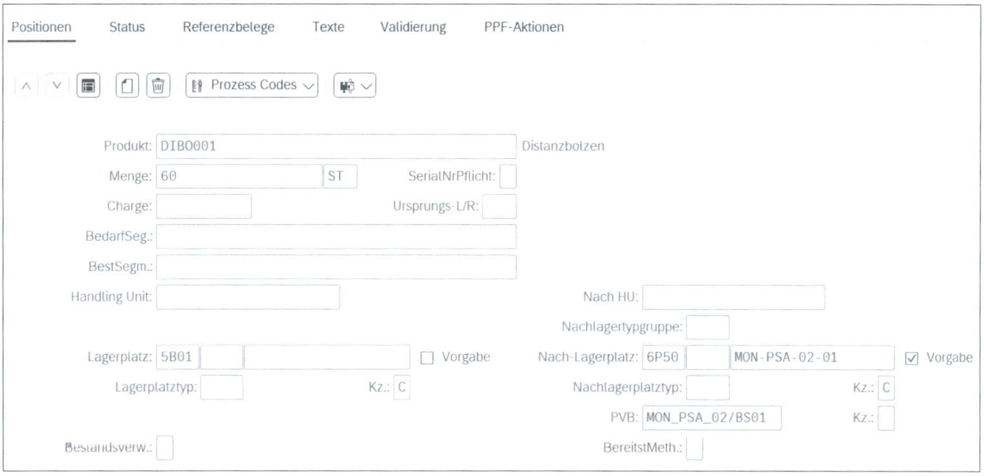

Positionen
Status
Referenzbelege
Texte
Validierung
PPF-Aktionen
Prozess Codes
Produkt: DIB0001
Distanzbolzen
Menge: 60
ST
SerialNrPflicht:
Charge:
Ursprungs-L/R:
BedarfSeg.:
BestSegm.:
Handling Unit:
Nach HU:
Nachlagertypgruppe:
Lagerplatz: 5B01
Vorgabe
Nach-Lagerplatz: 6P50
MON-PSA-02-01
Vorgabe
Lagerplatztyp:
Kz.: C
Nachlagerplatztyp:
Kz.: C
PVB: MON_PSA_02/BS01
Kz.:
Bestandsverw.:
BereitstMeth.:

Abbildung 13.23 Lageranforderung Position NJIT

Belegfluss
Status
Termine
Referenzbelege
Zus. Mengen
Texte
Serialnummern
Prozesscodes
Komm.platzdaten
Terminart Terminart Termintyp Termintyp Datum Uhrzeit Kz.
EWDAT Endetermin Lageraktivitäten PLAN Geplante(s) Datum/Zeit 27.04.2024 12:35:25

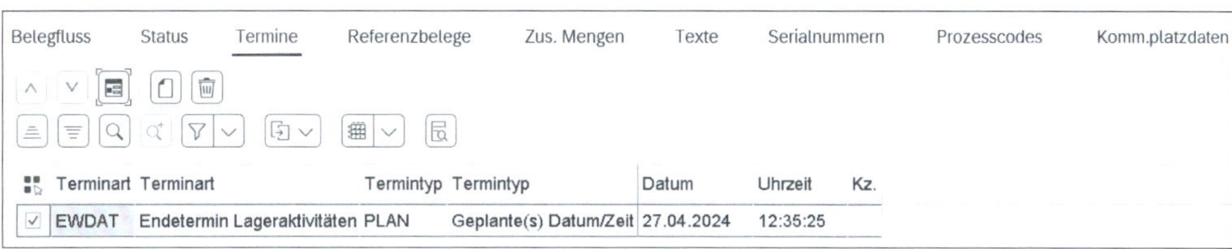

Abbildung 13.24 Lageranforderung Termine NJIT

13.4 Kanban

Verwendete Transaktionen und SAP-Fiori-Apps

- PKMC (Regelkreispflege)
- PK10 (Status Kanbantafel)
- PK12 (Kanbantafel Quellensicht)
- PK31 (Kanbankorrektur)
- PK41 (Rückmeldung)

- MF41 (Rückmeldung belegbezogen stornieren)
- SAP-Fiori-App **Kanbantafel** (App-ID F4630)

Die Fertigung mit *Kanban* ist ein verbrauchsgesteuertes Verfahren der Materialbereitstellung und auch gleichzeitig ein Werkzeug für die Rückmeldung. Beim Einsatz von Kanban wird das Material nicht mittels übergeordneter Planung in die Produktion transportiert, sondern abgerufen, wenn es gebraucht wird. Dazu wird zwischen Quelle und Produktionsversorgungsbereich ein Regelkreis mit einer festgelegten Anzahl an Kanban-Behältern angelegt. Jeder Kanban -Behälter steht für eine bestimmte Materialmenge und kann einem Behälter entsprechen.

13.4.1 Regelkreis für Kanban

Ein Regelkreis für Kanban wird in der Transaktion PKMC angelegt. In Abbildung 13.25 sehen Sie das Startbild zur Anlage eines klassischen Kanban -Regelkreises für das Material DEK001 und den PVB MON_PSA_04.

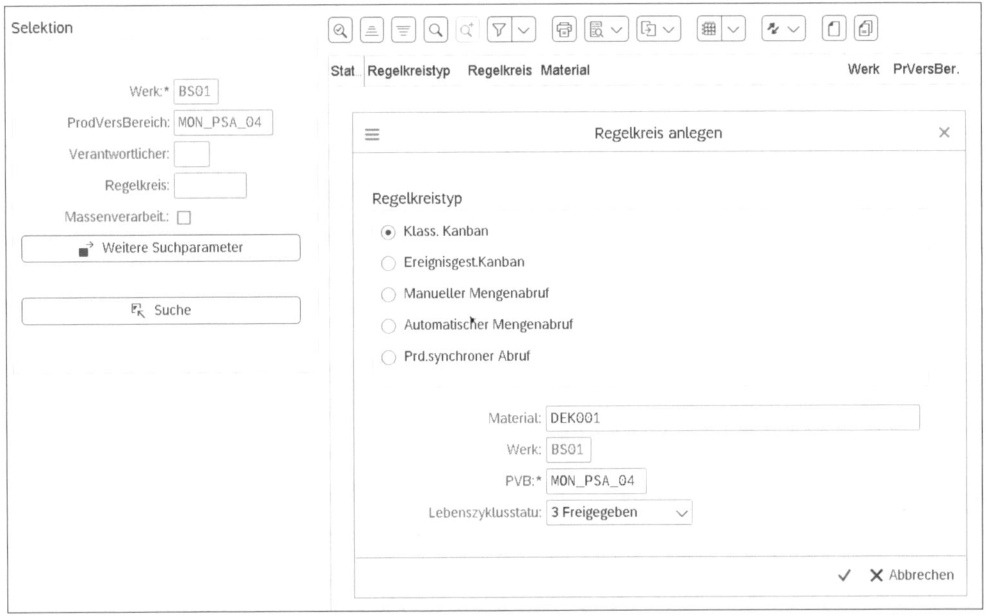

Abbildung 13.25 Kanban-Regelkreis anlegen

Da der Lagerort des PVB durch EWM verwaltet wird, müssen Sie im Bereich **Zuordnung des Nachlagerplatzes** einen Lagerplatz eintragen. Im Nachlagerplatz zum PVB wird das Material für die Produktion bereitgestellt. Er dient als Ziel der Lageranforderung und der Lageraufgaben in EWM.

In Abbildung 13.26 sehen Sie die Definition der Anzahl der Behälter für klassisches Kanban. In diesem Beispiel sollen drei Behälter mit 10 Stück pro Behälter im Umlauf sein. Entscheidend für die Steuerung und Integration ins EWM ist die gewählte Umlagerungsstrategie. Für diesen Regelkreis wird eine Strategie mit Lageranforderung gewählt.

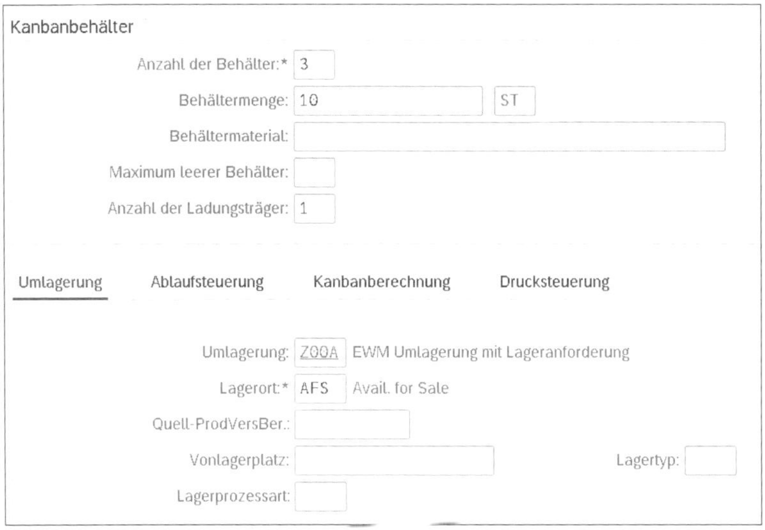

Kanbanbehälter

Anzahl der Behälter:* 3
Behältermenge: 10 ST
Behältermaterial:
Maximum leerer Behälter:
Anzahl der Ladungsträger: 1

Umlagerung | Ablaufsteuerung | Kanbanberechnung | Drucksteuerung

Umlagerung: Z00A EWM Umlagerung mit Lageranforderung
Lagerort:* AFS Avail. for Sale
Quell-ProdVersBer.:
Vonlagerplatz: Lagertyp:
Lagerprozessart:

Abbildung 13.26 Anzahl der Behälter für Kanban festlegen

13.4.2 Materialbreitstellung mit Kanban

Kanban ist eine vereinfachte Form der verbrauchsgesteuerten Materialbereitstellung. Das Ziel ist es, einen Regelkreis einzurichten, in dem der Nachschub zur jeweils nächsten Fertigungsstation immer erst dann erfolgt, wenn der tatsächliche Verbrauch dort gegeben ist. Im Bereitstellungsbereich, auch Produktionsversorgungsbereich (PVB) genannt, wird damit nicht nach Plan-, sondern nach Ist-Werten neues Material bereitgestellt, nämlich immer dann, wenn dort ein Nachschubbehälter auf **LEER** gesetzt wird. Damit werden lokale Bestände und Lagerplätze für die Zwischenlagerung von Material reduziert.

Der Nachschub innerhalb eines Kanban-Regelkreises erfolgt immer nach dem *Pull-Prinzip* und kann dabei für selbst gefertigte und fremdbeschaffte Komponenten gleichermaßen angewendet werden. Im Idealfall wird der manuelle Buchungsaufwand durch dieses Verfahren reduziert, und die Produktion kann selbst den Nachschub steuern, der wiederum ein zeitnahes Feedback zum tatsächlichen Verbrauch ermöglicht. Erfahrungen zeigen, dass durch Kanban kürzere Durchlaufzeiten und reduzierte Lagerbestände realisiert werden können. Über das Scannen eines Barcodes auf der Kanban-Karte wird automatisch die Wiederbeschaffung ausgelöst. Wenn auch die

Materialquelle bereits eine Fertigungslinie ist, kann eingestellt werden, dass dort eine neue Produktionseinteilung vorgenommen wird, sobald ein Kanban-Behälter auf »leer« gesetzt wird. Über die Rückmeldung mit Wareneingangsmeldung wird der Behälter dann wieder auf »voll« gesetzt.

Zur Anforderung von Komponenten über Kanban können Sie die SAP-Fiori-App **Kanbantafel** (App-ID F4630) nutzen. Die Kanban-Tafel für den Regelkreis für das Material DEK001 ist in Abbildung 13.27 zu sehen. Initial sind die drei Behälter im Status **Wartend** (Grau).

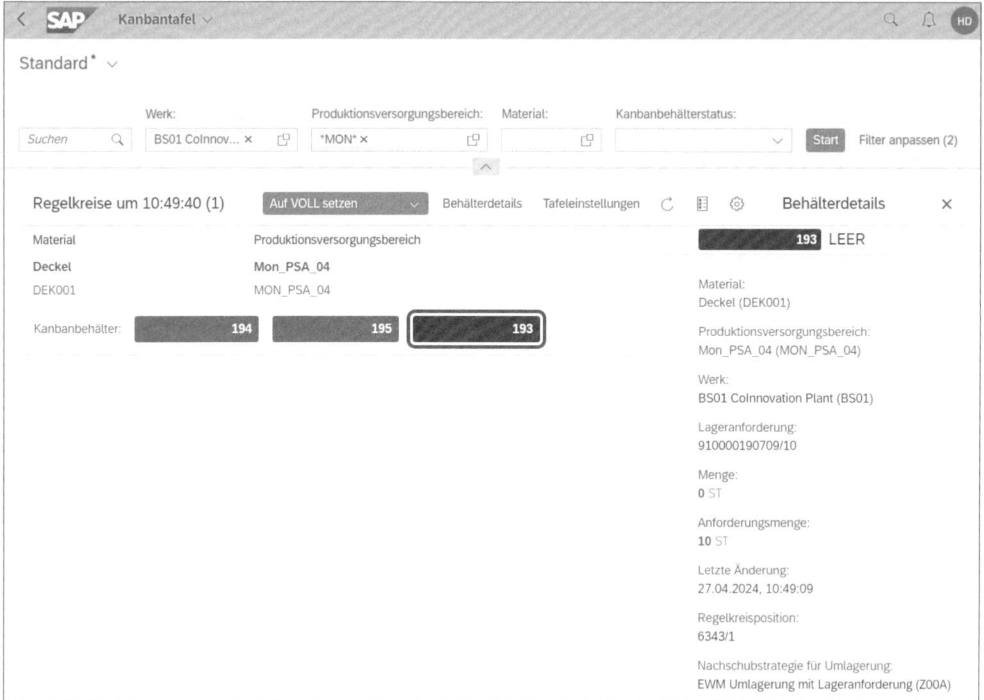

Abbildung 13.27 SAP-Fiori-App »Kanbantafel«

Um eine Lageranforderung in EWM zu erzeugen, wird der Behälter 193 auf **Leer** gesetzt. Der Behälter wird daraufhin rot in der Tafel dargestellt.

In Abbildung 13.28 sehen Sie die Lageranforderung in EWM. Die Lageranforderung beinhaltet Produkt, Menge und Ziellagerplatz. Wie auch bei den anderen vorgestellten Bereitstellungsverfahren haben wir hier wieder Elemente in beiden Welten. Im S/4HANA Core haben wir Kanban in unserer Kanban-Tafel, während die Ausführung der Bereitstellung über Belege im EWM durchgeführt und dokumentiert wird.

Abbildung 13.28 Lageranforderung für Kanban

Im EWM wird zur Lageranforderung eine Lageraufgabe angelegt und ein verfügbarer Bestand für die Bereitstellung gefunden. Mit Abschluss der Bearbeitung der Lageranforderung wird der Behälter in der Kanban-Tafel auf **Voll** (grün) gesetzt und die Komponenten stehen der Fertigung zur Verfügung.

13.4.3 Rückmeldung mit Kanban

Die bisher vorgestellten Bereitstellungsverfahren haben ihren Fokus auf der Versorgung der Produktion mit Komponenten. Doch Kanban kann auch noch am Ende der Produktion eingesetzt werden, nämlich dort, wo die Fertigungserzeugnisse entstehen. Die *Rückmeldung* gefertigter Materialien wird in Kaban über die Kanban-Tafel in der bereits genannten SAP-Fiori-App oder über die Transaktion PK10 durch das Setzen des Kanban-Status auf **voll** ausgelöst. Diese Meldung ist dabei technisch eine Zählpunktmeldung. Den aktuellen Stand können Sie über den Menüpfad **Springen • Zählpunktstand** einsehen. Ebenso ist es auch möglich, über die Transaktion PK41 eine Rückmeldung anzulegen, woraufhin der Status automatisch auf **voll** gesetzt wird. Hier sagen wir also nicht, eine Kiste ist leer, bringe mir eine neue volle. Stattdessen ist die Aussage: Meine Kiste ist voll mit fertigen Erzeugnissen, bringe mir eine neue leere. Die »Geburt« der neuen Erzeugnisse wird mittels Warneingang systemseitig in Bestandsführung und Buchhaltung erfasst.

Über das Kennzeichen **Separater Wareneingang** im Kanban-Regelkreis kann man das Setzen des Status von der Rückmeldung entkoppeln. Dann wird bei einer Rückmeldung zwar die Menge aktualisiert, und Kanban erhält eine entsprechende Kennzeichnung in der Kanban-Tafel (+), es wird jedoch nicht gleichzeitig der Status auf **voll** gesetzt. Auf der anderen Seite wird dann beim Setzen des Status **voll** keine Buchung einer Rückmeldung mehr vollzogen. Belege zur Rückmeldung können über die Transaktion MF12 angezeigt werden.

[»]

Rückmeldung der Serienfertigung (Transaktion MFBF)

Die Rückmeldung der Serienfertigung über die Transaktion MFBF kann für Kanban-Rückmeldungen leider nicht verwendet werden.

Durch die Stornierung eines Zählpunkts über die Transaktion MF12 oder MF41 wird auch der Kanban-Status zurückgesetzt, sofern dieser nach der Rückmeldung nicht mehr verändert wurde. Andernfalls behält er seinen Status, und es wird nur die Rückmeldung storniert. Auch über die Kanban-Korrektur (Transaktion PK31) kann Kanban storniert werden, dadurch wird auch gleich der letzte Zählpunkt mit storniert.

Leider können wir in einem einzigen Buch nicht alles ausführlich erklären. Damit Sie sich jedoch selbst ein Bild von den Kanban-Möglichkeiten machen können, möchten wir Ihnen noch eine kleine Starthilfe mit auf den Weg geben. Folgende Transaktionen helfen Ihnen bei der Einrichtung und Verwendung von Kanban weiter:

- OM13 definiert die Umlagerungsstrategien. Hier können Sie eine Nachschubstrategie für Kanban anlegen und auch Kanban-Druckdaten hinterlegen.
- OM16 definiert die Statusfolgen. Hier können Sie für eine Folge von Status definieren, welche Status enthalten sein sollen.
- OM17 dient der Einstellung von Aktionen beim Statuswechsel der Kanban-Behälter. Pro Folge und Statuswechsel können Sie hier angeben, was an betriebswirtschaftlichen Ereignissen geschehen soll.
- OM19 dient der Einstellung des Kanban-Berechnungsprofils.
- LPK1 ist für das Anlegen eines Regelkreises zu verwenden.
- PK00 bringt Sie direkt in das SAP-Hauptmenü, wo Sie neben Ihren Favoriten jedoch nur noch den Menübaum für Kanban-Anwendungen sehen. Das ist äußerst übersichtlich und hilfreich, wenn Sie sich ausschließlich im Kanban-Kontext bewegen wollen. Hier finden Sie auch noch weitere hilfreiche Transaktionen, die in dieser Liste nicht genannt sind. Über die Eingabe von /n oder /o im Transaktionseingabefeld gelangen Sie zurück in das gewohnte SAP-Standardmenü.
- PK01 steht speziell für das Anlegen eines Regelkreises des Typs »klassisches Kanban« oder »ereignisgesteuertes Kanban« zur Verfügung.
- PK02 dient entsprechend der Änderung dieser Regelkreise.
- PK03 dient entsprechend der Anzeige dieser Regelkreise.
- PKMC dient der Massenbearbeitung von Regelkreisen.
- PK05 ist für die Übersicht und Änderung der Produktionsversorgungsbereiche hilfreich. Man kann hier auch neue anlegen.
- PK07 ermöglicht das Erstellen eines Änderungsvorschlags für Kanban-Regelkreise.

- PK12N öffnet die Quellensicht.
- PK13N öffnet die Verbrauchersicht.
- PK17 dient dem Sammeldruck von Kanban-Karten.
- PK21 ist die Eingabemaske für einen Kanban-Impuls. Dieser Impuls wird zur manuellen Änderung eines Kanban-Status verwendet. Bevorzugt wird diese Transaktion verwendet, wenn man einen Kanban-Behälter zu einem bestimmten Material bearbeiten möchte.
- PKBC ist die Eingabemaske für einen Kanban-Impuls. Dieser Impuls wird zur manuellen Änderung eines Kanban-Status verwendet. Bevorzugt wird diese Transaktion verwendet, wenn man einen Kanban-Behälter anhand eines Barcodes bearbeiten möchte.
- PK31 bietet zur Kanban-Korrektur die Möglichkeit, den Kanban-Status und die Menge zu korrigieren.
- PK41 bietet die Funktion der Rückmeldung zu einem Material oder einem Kanban-Regelkreis.

Mit diesen Transaktionen haben Sie die wichtigsten Funktionen in einer Übersicht vorliegen. Hinzu kommen jedoch häufig auch Zusatzlösungen für die Arbeit mit mobilen Terminals auf Flurförderzeugen. Je nach Lösung gibt es hier noch weitere Transaktionen und Funktionen, die Sie idealerweise in einer gesondert verfügbaren Dokumentation zu dieser Zusatzsoftware finden.

Sie haben nun die wichtigsten Technologien im Rahmen der produktionsnahen Logistik kennengelernt. Darunter altbewährte Technologien wie Kanban und die Produktionsmaterialanforderung sowie mit NJIT eine neue und zukunftsweisende Technologie, die im Gegensatz zu den anderen Bereitstellungsverfahren ausschließlich über SAP-Fiori-Apps verwendet werden kann. Zusätzlich zur Produktionsplanung und -steuerung in den Kapiteln zuvor haben wir nun also auch noch das Thema Logistik und Produktionsversorgung behandelt. Es fehlt nicht mehr viel, und somit folgt im Anschluss nur noch ein Kapitel, das noch einmal speziell auf das Monitoring und Reporting der Produktion eingeht.

Kapitel 14

Monitoring und Reporting

Das Vertrauen in eine termingerechte Lieferung ist für viele Kundinnen und Kunden elementar bei der Kaufentscheidung. Verzögerungen sind nicht nur kostspielig, sondern können auch langfristige Folgen haben. Ohne Kenntnis des Auftragsstatus ist ein rechtzeitiges Eingreifen nicht möglich. Durch Monitoring kann proaktiv gehandelt werden, um Lieferverzögerungen zu vermeiden.

Monitoring und *Reporting* bieten im Rahmen der SAP-Produktionsplanung und -steuerung eine Vielzahl an Werkzeugen und Einstellungsmöglichkeiten. Verlässliche Informationen zur richtigen Zeit bilden die Grundlage für gute Geschäftsentscheidungen. SAP S/4HANA enthält eine ganze Reihe von Informationssystemen und Standardberichten, sodass Sie mit wenig Konfigurationsaufwand direkt loslegen können. Dieses Kapitel stellt Ihnen einige Werkzeuge und Funktionen aus dem Bereich Monitoring und Reporting vor.

Durch den Einsatz von SAP-Fiori-Apps haben wir einige Monitoring-Funktionen hinzugewonnen. Diese neuen Filter-, Such- und Übersichtsfunktionen innerhalb der nativen SAP-Fiori-Apps erweitern die Möglichkeiten der Produktionsplanung erheblich.

In den einzelnen Kapiteln dieses Buchs stellen wir immer wieder SAP-Fiori-Apps vor, die die Aufgaben der traditionellen Transaktionen übernehmen. Diese Apps können oft mithilfe von Filterkriterien eine hilfreiche Übersicht z. B. über Fertigungsaufträge und eventuelle Verzögerungen anzeigen. Diese neue Übersichtsfunktion, kombiniert mit der Möglichkeit, eigene Filtervarianten zu speichern und Kacheln auf dem SAP Fiori Launchpad anzulegen, ermöglicht ein individuelles Monitoring. Viele SAP-Fiori-Apps sind für diese Nutzung geeignet, auch wenn sie nicht explizit als analytische Apps deklariert sind.

Hinweis zur Implementierung von SAP-Fiori-Apps

In den vorherigen Kapiteln haben wir bereits SAP-Fiori-Apps vorgestellt und die notwendigen Business-Rollen benannt, die für deren Nutzung erforderlich sind. Bei manchen SAP-Fiori-Apps, z. B. **Ergebnisermittlung – Einzelposten anzeigen** (App-ID KOB8), gibt es jedoch keine vordefinierte Business-Rolle zur direkten Anzeige im SAP Fiori

Launchpad. In solchen Fällen muss die SAP-Fiori-App zunächst vom technischen Katalog zu einem Business-Katalog zugewiesen werden. Zusätzlich kann es notwendig sein, den Service zur Nutzung der SAP-Fiori-App zu aktivieren. Hierbei ist es ratsam, die interne IT-Abteilung um Unterstützung zu bitten. Weitere Informationen finden sich in der SAP Fiori Apps Reference Library: *https://fioriappslibrary.hana.ondemand.com/sap/fix/externalViewer/#.*

14.1 Grundlagen zu Reports

Reports gehören von Beginn an zu den großen Stärken eines SAP-Systems. Man könnte meinen, die SAP-Anwendungen seien um die Reportfunktionalität herum designt, so zentral ist das Thema der Berichterstattung und Auswertung. Wir befassen uns daher zuerst mit den klassischen Werkzeugen, Funktionen und Symbolen zur Bedienung der Reports. Dabei wollen wir uns auch ansehen, welche Standardreports in der Produktionsplanung zur Verfügung stehen.

14.1.1 Standardfunktionen

Sie haben in diesem Buch bereits häufiger von den Standardlisten-Funktionen gelesen. Die meisten SAP-Reports und -Anwendungen stellen diese Funktionen grundsätzlich bereit. Da die Symbole auf den Schaltflächen in allen Anwendungen immer einheitlich sind, fällt Ihnen die Navigation und Verwendung dieser Funktionen intuitiv sehr leicht. Im SAP-S/4HANA-Design sehen die Schaltflächen jedoch etwas anders aus als zuvor in SAP ERP, daher haben wir die Unterschiede in der optischen Darstellung zwischen dem klassischen und dem neuen Theme in Abbildung 14.1 zusammengefasst.

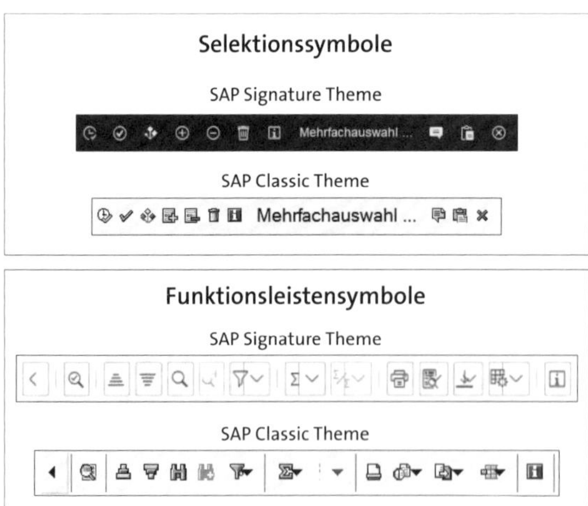

Abbildung 14.1 Gegenüberstellung der Themes SAP Signature und SAP Classic

Ganz oben sehen Sie die neuen SAP-S/4HANA-Selektionssymbole des Themes *SAP Signature* und darunter die Darstellung des Themes *SAP Classic*. Analog erfolgt im unteren Teil der Abbildung die Gegenüberstellung der Funktionsleistensymbole.

[+]

Bekannte Themes

Sie können das Layout in Ihrem SAP GUI auch in SAP S/4HANA wieder zurück auf die meisten altbekannten Themes stellen. Beachten Sie jedoch, dass wegen der höheren Auflösung der modernen Bildschirme eventuell Anpassungen bei der Vergrößerung Ihrer Bildschirmanzeige notwendig werden.

In Abbildung 14.2 sehen Sie die *Selektionssymbole*, die standardmäßig in einer Vielzahl von SAP-Anwendungen zum Einsatz kommen:

❶ **Übernehmen** (F8)

❷ **Eingabe prüfen** (↵)

❸ **Selektionsoptionen pflegen** (F2) – zur Verwendung von Operatoren wie gleich (=), ungleich (≠), größer als (>), kleiner als (<) etc.

❹ **Selektionszeile hinzufügen** (⇧ + F1)

❺ **Selektionszeile löschen** (⇧ + F2)

❻ **Gesamte Selektion löschen** (⇧ + F4)

❼ **Hilfe zum Bild** (⇧ + F4)

❽ **Mehrfachauswahl** (F6) – öffnet ein Fenster, um dort mittels weiterer Filterkriterien zutreffende Elemente für die Selektion zu identifizieren.

❾ **Import aus Textdatei** (⇧ + F11)

❿ **Import aus Zwischenablage** (⇧ + F12)

⓫ **Abbrechen** (F12)

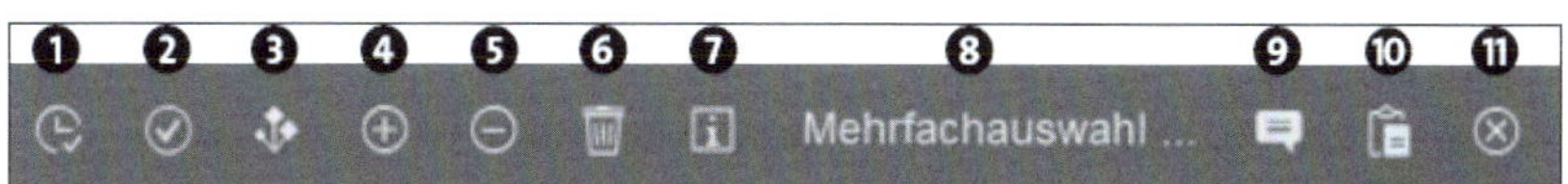

Abbildung 14.2 SAP-Standardselektionssymbole

In Abbildung 14.3 sehen Sie die *Funktionssymbole*, die in jeder ALV-Liste zur Verfügung stehen. (ALV steht für SAP List Viewer, der früher einmal ABAP List Viewer hieß, woher die Abkürzung rührt.) Der ALV bietet Ihnen Standardfunktionen, die ohne aufwendige Programmierung seitens der Entwicklung bereitgestellt werden können. Das macht den ALV zu einem sehr beliebten und weit verbreiteten Werkzeug bei SAP-Standard- und auch bei kundeneigenen Reports. Ihnen stehen diese Funktionen zur Verfügung:

⑫ **Standard ALV-Funktionen ein-/ausblenden**

⑬ **Detailansicht**

⑭ **Aufsteigend sortieren**

⑮ **Absteigend sortieren**

⑯ **Suchen**

⑰ **Weitersuchen**

⑱ **Filtern**

⑲ **Summen bilden**

⑳ **Zwischensummen bilden**

㉑ **Drucken**

㉒ **Ansichten** (ALV Grid/klassische Liste/Excel)

㉓ **Exportieren**

㉔ **Layout auswählen**

㉕ **Informationen zur Anwendung/Benutzerdokumentation**

Abbildung 14.3 SAP-Standardfunktionssymbole

14.1.2 Selektionsbild

Selektionsbilder sind überall in SAP-Anwendungen zu finden. Sie sind in der Regel das Einstiegsbild und dienen der Vorauswahl der benötigten Informationen. Das ist zum einen hilfreich, um die Laufzeit der Auswertungen deutlich zu verbessern, zum anderen dient es der Übersichtlichkeit bei der Ausgabe der Ergebnisse. Für Einsteigerinnen und Einsteiger sind die Selektionsbilder häufig leicht überfordernd, zumal sie eine Fülle an Filteroptionen darstellen.

Verwendung von Selektionsbildern

Wir möchten Ihnen ein paar allgemeingültige Hinweise zur Verwendung von Selektionen mit auf den Weg geben:

- Filtern Sie idealerweise nach Schlüsselfeldern, wie z. B. der Auftragsnummer oder einer anderen Belegnummer. Dadurch wird die Suche enorm beschleunigt.
- Filtern Sie so genau wie möglich nach dem Datum. Durch die Angabe eines möglichst kleinen Zeitraums wird die Auswertung ebenfalls enorm beschleunigt.
- Nutzen Sie die [F1]-Hilfe, um Informationen zu Bedeutung und Verwendung der einzelnen Filteroptionen zu erhalten.

- Nutzen Sie (wo möglich) die F4-Hilfe, um sich Vorschlagswerte für die Eingabe in das jeweilige Filterfeld anzeigen zu lassen.

14.1.3 Standardreports

SAP liefert eine Reihe von Ausweitungsmöglichkeiten zu verschiedenen Themengebieten der Produktionsplanung standardmäßig mit aus. Über die folgenden Menüpfade gelangen Sie zu den jeweiligen Reports:

- **Logistik • Produktion • Fertigungssteuerung • Infosystem**
- **Logistik • Produktion • Fertigungssteuerung • Infosystem • Fertigungsinformationssystem**
- **Logistik • Produktion • Fertigungssteuerung • Infosystem • Frühwarnsystem**
- **Logistik • Produktion • Serienfertigung • Auswertungen**
- **Logistik • Produktion-Prozess • Prozessauftrag • Auswertungen • Frühwarnsystem**

Die einzelnen Reports können Sie natürlich auch wie gewohnt direkt über Transaktionen aufrufen. In Abschnitt 14.2, »Informationssysteme«, und Abschnitt 14.3, »Frühwarnsystem«, beschreiben wir die wichtigsten Auswertungsmöglichkeiten im Detail. Einige weitere Auswertungsmöglichkeiten, die teilweise bereits in den vorangegangenen Kapiteln dieses Buchs beschrieben wurden und die wir deshalb hier nicht erneut behandeln werden, haben wir aber der Vollständigkeit halber noch einmal in Tabelle 14.1 aufgelistet.

Auswertung	Transaktionen	SAP-Fiori-App
Allgemeine Auswertungen	■ MD09 (verursachende Bedarfe) ■ MD04 (Bedarfsbestandsliste) ■ MMBE (Bestandsübersicht) ■ CO09 (Verfügbarkeitsübersicht) ■ CO46 (Auftragsfortschrittsbericht) ■ MD4C (mehrstufiger Auftragsbericht) ■ COOIS (Fertigungsauftragsinformationssystem)	■ Bedarfsverursacher anzeigen (App-ID MD09) ■ Bedarfs-/Bestandsliste überwachen (App-ID MD04) ■ Bestandsübersicht anzeigen (App-ID MMBE) ■ Produktverfügbarkeit überwachen (App-ID CO09) ■ Auftragsfortschritt überwachen (App-ID CO46) ■ Fertigungs-/Planaufträge überwachen (App-ID COOIS)

Tabelle 14.1 Liste klassischer Auswertungen im Produktionskontext mit Transaktionen

Auswertung	Transaktionen	SAP-Fiori-App
Produktkosten-sammler	▪ KKFB (Abweichungen) ▪ KOB8 (WIP/Ergebnis-ermittlung) ▪ KRMI (Ist-Kosten) ▪ KKBC_PKO (Detailbericht)	▪ Fertigungskostenanalyse (App-ID F1780) ▪ Abweichungen Einzelposten anzeigen (App-ID KKFB) ▪ Ergebnisermittlungs-Einzel-posten anzeigen (App-ID KOB8) ▪ Einzelposten zu Istkosten anzeigen (App-ID KRMI) ▪ Produktkostensammler analysieren (App-ID KKBC_PKO)
Auswertungen der Prozessfertigung	▪ COIF (Fertigungshinweise) ▪ COOISPI (Prozessauftrags-informationssystem) ▪ CO52 (Prozessmeldungen) ▪ DSAL (Protokoll digitale Signaturen)	▪ Prozess-/Planaufträge überwachen (App-ID COOISPI) ▪ Protokolle zur Digitalen Signatur (App-ID DSAL)

Tabelle 14.1 Liste klassischer Auswertungen im Produktionskontext mit Transaktionen (Forts.)

14.2 Informationssysteme

Informationssysteme dienen der Übersicht über den Stand der Geschäftsprozesse. Diese Systeme sind alle nach einem ähnlichen Prinzip aufgebaut. Sie bieten eine Filteroption im Einstiegsbild, um dort das Anzeigeergebnis anhand zielgerichteter Kriterien auf die relevanten Datensätze einzuschränken. Dies ist notwendig, da die Datenmengen oft sehr groß sind und auch eine gut aufbereitete Liste bei zu vielen angezeigten Datensätzen unübersichtlich werden kann.

Damit diese Einstiegs- oder Selektionsbilder nicht zu umfangreich werden, gibt es für viele Objekte ein eigenes Informationssystem. So ist beim *Auftragsinformationssystem* beispielweise vorgegeben, dass Informationen zu Fertigungsaufträgen angezeigt werden können, während das *Chargeninformationssystem* alle Informationen zu Chargen abbildet. Hier filtern Sie dann im Einstiegsbild nur noch nach chargen- bzw. fertigungsauftragsrelevanten Inhalten. Es gibt noch viele weitere Objekte, für die ein Informationssystem vorgesehen ist. Über diese Informationssysteme werden statistische Daten aus den jeweiligen Geschäftsbereichen wie Vertrieb, Einkauf oder Fertigung fortgeschrieben und bilden somit eine Datengrundlage für viele SAP-Standardwerkzeuge.

Abbildung 14.4 zeigt, dass die einzelnen Informationssysteme der Geschäftsbereiche im *Logistikinformationssystem* (LIS) zusammengefasst werden. Anders formuliert ist das Fertigungsinformationssystem, das für die Produktion vorrangig von Interesse ist, eine Teilmenge der Informationen des Logistikinformationssystems. Das jeweilige Informationssystem speist Prognosen, Planungen, Standardreports, Info-Sets und auch das Frühwarnsystem mit den nötigen Daten.

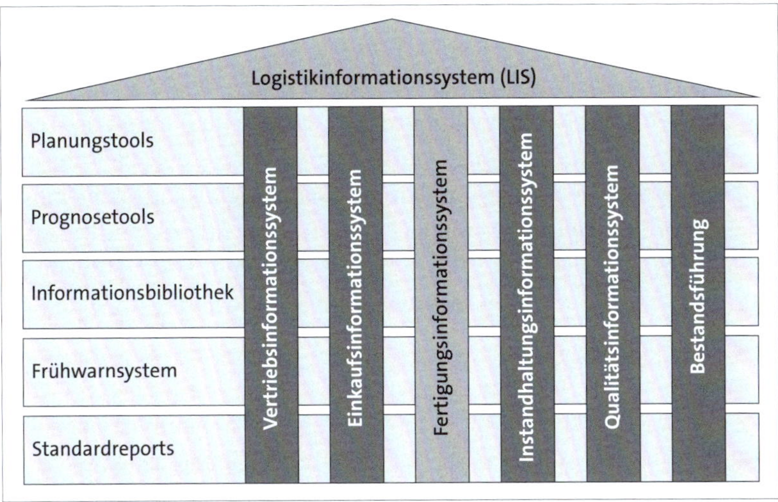

Abbildung 14.4 Aufbau der Informationssysteme

14.2.1 Auftragsinformationssystem

Mitarbeitende der Fertigungssteuerung benötigen Informationen zum aktuellen Stand in der Produktion. Das *Auftragsinformationssystem* kann hier die nötigen Informationen zu den Fertigungsaufträgen liefern. Die diskrete Fertigung verwendet die Transaktion COOIS, während die Prozessfertigung mit der Transaktion COOISPI arbeitet. Beide Transaktionen funktionieren von ihrer Anwendung her analog. Im Folgenden beschreiben wir die Verwendung daher nur anhand der Transaktion COOIS. Über diese Informationssysteme werden stets die aktuellen Daten zu ausgewählten Fertigungs- oder Prozessaufträgen aufbereitet, wodurch sie eine zielgerichtete Analyse des Status in der Produktion ermöglichen. Über die Customizing-Transaktion COISN haben Sie die Möglichkeit, Layoutprofile für ausgewählte Anwendungsfälle des Auftragsinformationssystems zu definieren.

Einstiegsbild

Das *Einstiegsbild* (auch *Selektionsbild* genannt) des Auftragsinformationssystems ist sehr komplex. Sie erinnern sich an die Transaktion CO02, in der Fertigungsaufträge geändert werden können. Hier war eine wahre Flut an Informationen verfügbar. Viele dieser Informationen können Sie nun als Filterkriterien auf der Registerkarte **Selektion** des Auftragsinformationssystems verwenden. Zum Beispiel können Sie alle Informationen zu einem oder mehreren Aufträgen, Materialien, Werken, Disponenten und vielen weiteren Kriterien anzeigen lassen. Sie können diese Filteroptionen auch kombinieren, um die Auswahl noch weiter einzuschränken. Dazu haben Sie die Wahl, ob Sie Fertigungs- oder Planaufträge oder beide Arten von Aufträgen als Ergebnis zulassen wollen.

Als Erstes muss jedoch im Feld **Liste** eine Auswahl aus dem Drop-down-Menü getroffen werden, um anzugeben, welche Art von Informationen Sie im Kontext des Fertigungsauftrags einsehen wollen. Wählen Sie **Auftragsköpfe**, so werden alle Informationen aus den Auftragsköpfen derjenigen Fertigungsaufträge als Einzelobjektliste angezeigt, die den unter **Selektion** verwendeten Filterkriterien entsprechen. Der erste Eintrag **Objektübersicht** zeigt dabei eine Besonderheit, denn mit dieser Auswahl erscheint zusätzlich die Registerkarte **Objektauswahl**, auf der Sie weitere Darstellungsoptionen hinterlegen können:

- Über das Kennzeichen **S** (für Selektion) können Sie festlegen, ob ein Objekt von der Datenbank gelesen werden soll. Damit können Sie praktisch mehrere oder sogar alle Objekte des Drop-down-Menüs aus dem Feld **Liste** gleichzeitig selektieren.
- Über **Ausbl.** können Sie dann wiederum ausgewählte Objekte von der Anzeige ausschließen.
- Über **Aufl.** wird bis zum markierten Objekt die Hierarchie der logisch übergeordneten Objekte expandiert (aufgeklappt).
- Über **Layout** können Sie wieder ein eigenes Layout je Objekt zuweisen.
- Über **Position** können Sie schließlich die Reihenfolge der Objekteinzellisten zu den von Ihnen selektierten Objekten festlegen.

In Abbildung 14.5 sehen Sie ein Beispiel für eine Objektauswahl. Wir wollen hier Auftragsköpfe (obligatorisch), Auftragspositionen und deren Komponenten selektieren. Dazu sollen alle Ebenen in der Hierarchiedarstellung auf der linken Seite angezeigt werden, wobei die Komponenten expandiert dargestellt werden sollen. Die Reihenfolge der Einzelobjektlisten der Anzeige auf der rechten Seite soll von oben nach unten die Auftragsköpfe zuerst und die Komponenten zuletzt anzeigen. Wichtig ist, dass wir jetzt auf der Registerkarte **Selektion** noch eine Filterauswahl treffen. In unserem Beispiel filtern wir nur nach dem Material FE_SBCUST_001. Mit einem Klick auf **Ausführen** werden die Selektion und die Listenaufbereitung gestartet.

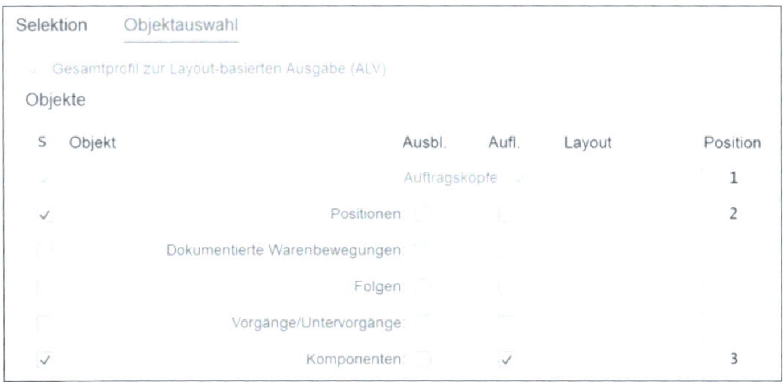

Abbildung 14.5 Transaktion COOIS – Objektauswahl

Listenaufbereitung

In Abbildung 14.6 sehen Sie dann ein beispielhaftes Ergebnis unserer Einstellungen. Auf der linken Seite sehen Sie die zuvor eingestellte Ansicht der Auftragsköpfe, Positionen und Komponenten. Rechts davon sehen Sie die jeweiligen Einzelobjektlisten untereinander. Die Abbildung zeigt nur einen Ausschnitt der mannigfaltigen Informationen.

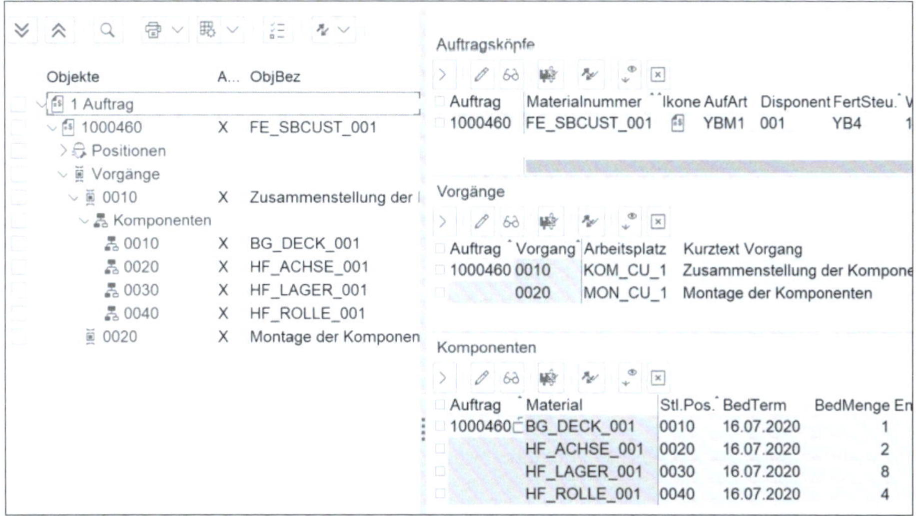

Abbildung 14.6 Transaktion COOIS – Listenanzeige

Die Einzelobjektlisten können jeweils separat über eine Funktionsleiste bearbeitet werden. Die Schaltfläche (**Standard-ALV Funktionen ein/aus**) dient dabei dem Aus- und Einklappen der Leiste. Wenn Sie nicht alle Funktionen wie in Abbildung 14.7 sehen können, können Sie so die übrigen Funktionen einblenden. Hier stehen Ihnen die gewöhnlichen Listenfunktionen von SAP zur Verfügung, die Sie bereits aus vielen weiteren Anwendungen kennen. Darüber hinaus können sie über die Schaltfläche (**Objekt ändern**) in die Transaktion CO02 zum Bearbeiten der jeweiligen Objektinformationen abspringen. Über die Schaltfläche (**Objekt anzeigen**) gelangen Sie analog in die Transaktion CO03 zum Anzeigen der Informationen. Mit der Schaltfläche (**Umfeld**) können Sie weiteren Informationen aus dem Umfeld des jeweiligen Objekts anzeigen. Sie können zudem selbst hinterlegte oder Standardnavigationsprofile für die Aufbereitung der Hierarchie und Funktionsliste auswählen, die Einzelobjektliste im Vollbild anzeigen lassen oder die Liste schließen.

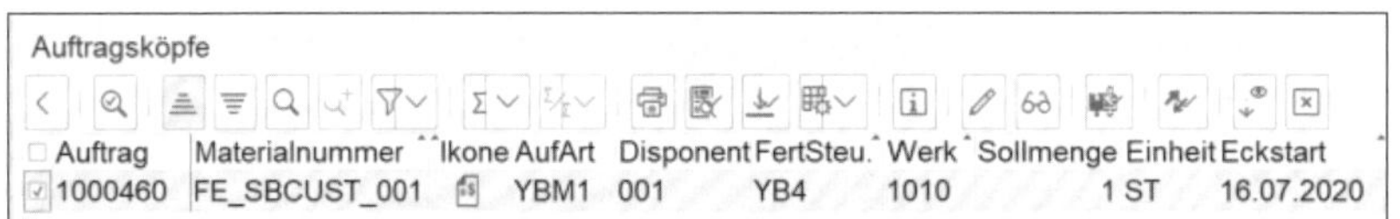

Abbildung 14.7 Transaktion COOIS – Funktionsleiste

14.2.2 Auftragsfortschrittsbericht

Über die Transaktion CO46 kann der *Auftragsfortschrittsbericht* aufgerufen werden. Die Transaktion MD4C führt analog dazu zum mehrstufigen Auftragsbericht, der letztlich ebenso in die Transaktion MD04 verzweigt, um die Bedarfs-/Bestandsliste zur Selektion anzuzeigen. Hierüber werden Informationen zum aktuellen Status der Produktion, der Beschaffung sowie der Einhaltung von Terminen angezeigt. Über die Customizing-Transaktion OPPF können Sie Profile zum Auftrags- und Auftragsfortschrittsbericht definieren.

Einstiegsbild

Im Einstiegsbild kann zwischen verschiedenen Registerkarten gewählt werden. So können Informationen zu einem oder mehreren Kundenaufträgen, zu einem Projekt oder PSP-Element oder einem Netzplan angezeigt werden. Auch die Selektion über einen Fertigungs-, Plan- oder Prozessauftrag ist möglich. Das jeweilige Objekt geben Sie auf der entsprechenden Registerkarte an, sodann können Sie über **Ausführen** die Auswertung starten.

Listenaufbereitung

Die Bedarfs-/Bestandsliste (untere Hälfte in Abbildung 14.8) mit dem Materialbaum (obere Hälfte) zeigt die Komponenten und das Erzeugnis zum selektierten Auftrag.

Somit ist ein Überblick über den Produktions- oder Beschaffungsstand möglich, der Informationen zu eventuellen Verzögerungen sowie terminlichen oder mengenmäßigen Abweichungen kenntlich macht. Die Ausnahmemeldungen geben hier Aufschluss über Gründe und Ausprägung des Verzugs. Im Customizing werden die Profile für Auftragsfortschrittsbericht gepflegt, in denen die konkrete visuelle Aufbereitung definiert wird. Neben der Anzeige der Bedarfs-/Bestandsliste können auch die Dispositionsliste oder der Vertriebsbelegfluss angezeigt werden.

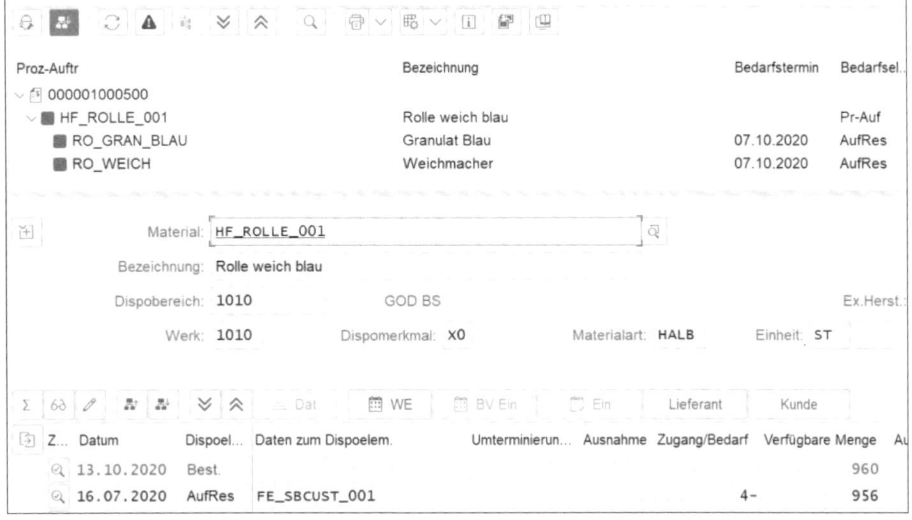

Abbildung 14.8 Transaktion CO46 (Auftragsfortschrittsbericht)

14.2.3 Fertigungsinformationssystem

Die verschiedenen Reports aus dem *Fertigungsinformationssystem* sind in ihrer Handhabung gleich aufgebaut. Auch die Funktionen und das Prinzip der vorangestellten Selektion sind bis auf die spezifischen Selektionsoptionen gleich. Aus diesem Grund schauen wir uns zunächst exemplarisch ein Einstiegsbild und eine Listenaufbereitung an. Im Anschluss werden dann nur noch die einzelnen Berichte und ihr jeweiliger Verwendungszweck benannt.

Die wichtigste Voraussetzung für die Verwendung der Berichte ist, dass Sie die Fortschreibung der Daten aus der Fertigungssteuerung in die Informationsstrukturen (Infostrukturen) eingerichtet haben. Die Fortschreibung kann je Auftragsart aktiviert oder deaktiviert werden. Werfen Sie hierfür gegebenenfalls noch einmal einen Blick in Kapitel 3, »Stammdaten in der Produktion«.

Sie können sich beispielhaft mit der Transaktion MCRM eine Zählpunktstatistik anzeigen lassen. Hier geben Sie zunächst die begrenzenden Faktoren im Selektionsbild ein und klicken dann auf **Ausführen**. Sie erhalten zu den vorgegebenen Selektionskriterien eine Auswertung des Berichtobjekts, in diesem Fall also der Zählpunktrückmeldungen. Diese können Sie dann noch auf unterschiedliche Weise anzeigen lassen, z. B. die rückgemeldeten Gut- und Ausschussmengen im angegebenen Zeitraum. Da Sie hier nur Werte selektieren und technisch oder visuell aufbereiten lassen, können

Sie einfach einmal alles ausprobieren und die für Sie passenden Darstellungen und Auswertungen zusammenstellen.

Wir wollen uns im Folgenden die Funktionen auf dem Einstiegsbild und auf der Listenaufbereitung noch einmal im Einzelnen ansehen.

Einstiegsbild

Die Selektionsparameter sind bei jedem Bericht unterschiedlich, da Sie jeweils ein anderes Objekt untersuchen möchten und dazu letztlich jeweils auch andere Filterkriterien sinnvoll sind. Beispielsweise kann das Untersuchungsobjekt ein Fertigungsauftrag oder eine Zählpunktmeldung sein. Beide bedürfen jeweils anderer Selektionskriterien und damit auch anderer Selektionsparameter im Abschnitt **Merkmale**. Im Feld **Analysezeitraum** kann jeweils noch per Datum der anzuzeigende Zeitraum eingegrenzt werden. Unter **Parameter** können Sie Ausnahmen aus dem Frühwarnsystem angeben. Diese *Selektionsfunktionen* stehen bei der Eingabe Ihrer Selektionskriterien zur Verfügung:

- **Selektionsoptionen** ([F2]) fügt der ausgewählten Zeile einen Operator hinzu, z. B. gleich (=), ungleich (≠), größer als (>), kleiner als (<) etc.
- **Selektionszeile löschen** ([⇧] + [F2]) löscht alle Einträge in einer Selektionszeile (z. B. von Material A bis Material C).
- **Alle Selektionen** ([Strg] + [F1]) zeigt alle Selektionsoptionen.
- **Ausgewählte Selektion ...** ([Strg] + [F2]) blendet wieder welche aus und sorgt so für eine bessere Übersicht.
- **Hilfe Selektionsbild** ([⇧] + [F6]) ist eine echte Hilfe, wenn Sie nachlesen möchten, wie das Selektionsbild zu verwenden ist.
- **Version auswählen** ([F6]) dient dem Laden von vorkonfigurierten Selektionsversionen.
- **Benutzereinstellungen** ([F7]) dient der Vorkonfiguration der Merkmale für den Standardaufriss, der Vorbelegung von Selektionsparametern und Aufbereitungseigenschaften sowie der Auswahl der anzuzeigenden Kennzahlen.
- **Standardaufriss** ([⇧] + [F7]) zeigt die Hierarchieebenen der verwendeten Merkmale, die für die Darstellung der aufbereiteten Ergebnisse vorgesehen sind. Beispielsweise könnte der Aufriss vom Werk über das Material, den Auftrag und das Datum gegliedert werden.
- **Ausführen** ([F8]) startet per Schaltfläche die Selektion zur getroffenen Auswahl der Selektionsparameter und öffnet die Ergebnisliste.
- **Im Hintergrund ausführen** ([F9]) startet wie die Schaltfläche **Ausführen** die Selektion zur getroffenen Auswahl der Selektionsparameter. Es wird jedoch keine Ergebnisliste angezeigt, da die Verarbeitung performanceoptimiert im Hintergrund

läuft und keine Bildschirmausgabe vorgesehen ist. Stattdessen wird direkt das Ergebnis gedruckt.

- **Ausführen und Drucken** (Strg + P oder über die Schaltfläche **Drucken**) ermöglicht Ihnen, die Ergebnisliste direkt auszudrucken.
- **Als Variante sichern** (Strg + S) speichert Ihre Auswahl für weitere Aufrufe der Transaktion. So müssen Sie nicht immer wieder aufs Neue Ihre Selektionsparameter eingeben.
- **Holen** (⇧ + F5) lädt die gespeicherten Varianten erneut.

Wenn Sie sich die Ergebnisliste anzeigen lassen, folgt die Listenaufbereitung auf das Einstiegsbild. Welche Funktionen Sie dort haben, sehen Sie im Folgenden.

Listenaufbereitung

Wenn die Selektion abgeschlossen ist und die Ergebnisliste angezeigt wird, gibt es dort die *Funktionen der Listenaufbereitung*. Sie stehen Ihnen bei allen Standardberichten gleichermaßen zur Verfügung:

- **Auswählen** (F2) dient dem Aufreißen eines markierten Werts. Hier wird automatisch die nächste Aufrissebene zum ausgewählten Eintrag angezeigt. Über die Schaltfläche (**Zurück**) oder mit F3 können Sie wieder in die vorherige Ebene zurückkehren.
- **In PC-Datei sichern** (⇧ + F8) dient der Ablage der Liste als lokale Datei. Sie können die Werte in die Zwischenablage aufnehmen und manuell in ein Dokument kopieren oder eine hübsch aufbereitete HTML- oder eine Rich-Text-Datei erzeugen. Auch eine maschinell besser lesbare Version als Text mit Tabulatoren ist möglich.
- **Senden** (Strg + F1) ermöglicht Ihnen, die aufbereitete Liste mit weiteren Anhängen zu versenden. Dabei können Sie diese Informationen wahlweise an andere SAP-User, eine Verteilerliste (z. B. von E-Mail-Adressen aus der Transaktion SO15) oder eine ganze Reihe anderer Empfänger senden.
- **Grafik** (F5) bereitet ein Diagramm der selektierten Werte auf.
- **Aufreißen nach** (F8) untergliedert die angezeigten Werte in eine neue Unterebene. Je nachdem, wie weit Sie sich dabei in der Verzweigung einer Hierarchie befinden, stehen mehr oder weniger Optionen zur Verfügung, um in eine weitere Unterebene zu wechseln.
- **Aufriss wechseln** (F7) dient der Aufbereitung je Disponent, Fertigungslinie, Fertigungsversion, Material, Serienauftrag, Werk, Berichtsobjekt und Datum. Auch hier gilt, je näher Sie mit Ihrem Aufriss den Wurzeln des Hierarchiebaums kommen, desto weniger Optionen stehen zur Verfügung.

- **Hierarchieaufriss** (Strg + F2) ermöglicht die Anzeige eines Merkmalswerts anhand einer hierarchischen Zuordnung z. B. zu Jahren, Materialklassen oder Produktgruppen. Wenn Sie diese Ansicht wählen, steht an der Stelle die Schaltfläche **Hierarchie** zur Verfügung, die den Hierarchiebaum eines ausgewählten Merkmalswerts anzeigt.
- **Zeitreihe...** (Strg + ⇧ + F4) dient dem Anzeigen der Ist-/Soll-Durchlaufzeiten.
- **Andere Infostruktur** (Strg + F4) lässt Sie eine andere Infostruktur auswählen, die dann zur Aufbereitung Ihrer Selektion verwendet wird. Hierbei müssen Sie sicherstellen, dass zu Ihrer Selektion überhaupt eine Darstellung mittels der anderen Infostruktur möglich ist, oder ansonsten besser über eine neue Selektion in die neue Struktur wechseln. Die Infostrukturen werden als Info-Sets in der Infobibliothek per Transaktion MC04 angelegt und mit der Transaktion MC05 geändert.
- **Sortieren aufsteigend** (⇧ + F5) sortiert die Liste gemäß den Werten der markierten Spalte vom kleinsten zum größten.
- **Sortieren absteigend** (⇧ + F4) sortiert die Liste gemäß den Werten der markierten Spalte vom größten zum kleinsten.
- **Top N** (F2) lässt Sie z. B. die n größten Rückmeldungen aus der Spalte der Gutmengen hervorheben. Analog können Sie die n ersten Werte eines anderen Objekts auflisten lassen.
- **Kennzahlen auswählen** (F2) zeigt den Kennzahlenvorrat zur aktuellen Liste und ermöglicht es, hier Kennzahlen herauszunehmen, umzusortieren oder hinzuzufügen.
- **Selektionsprotokoll** (Strg + F8) zeigt an, welcher User für diese Auswertung wann in welchem System mittels welcher Infostruktur und welcher Selektionskriterien wie viele Treffer erzielt hat. Das Protokoll kann ausgedruckt oder als lokale Datei exportiert werden.
- **Spalte links** (Strg + ⇧ + F10) blättert in großen Tabellen nach links.
- **Spalte rechts** (Strg + ⇧ + F11) blättert in großen Tabellen nach rechts.

Neben den Funktionen der Listenaufbereitung gibt es noch die *Funktionen zum Objekt*, die hier analog zur jeweiligen Funktion auf dem Einstiegsbild funktionieren:

- Der Menüpunkt **Bearbeiten** bietet eine Reihe von Unterfunktionen:
  - **Summenkurve ...** zeigt die markierte Statistik visualisiert als Summenkurve an.
  - **Korrelation ...** ermittelt die Korrelation zwischen zwei Merkmalen, um einen tendenziellen Zusammenhang ihrer Ausprägungen zu ermitteln.
  - **ABC-Analyse ...** gibt unter Angabe der Grenzwerte/Schranken zwischen A-, B- und C-Segmenten eine tabellarische Aufschlüsselung der statistischen Größe wieder, indem die Werte (wie z. B. rückgemeldete Mengen) aus der bereits bestehenden Liste anhand der Schranken eingeteilt werden.

- **Klassifikation** teilt die bestehende Liste anhand vordefinierter Klassifizierungsmerkmale tabellarisch nach Klassenzugehörigkeit ein.
- **Segmentierung ...** teilt die bestehende Liste tabellarisch in Segmente ein, indem zwei Größen (z. B. rückgemeldete Menge und Ausschuss) in Relation zueinander gesetzt werden.
- **Vergleiche** ermöglicht den Abgleich von Plan-/Ist-Werten oder Jahres-/Vorjahreswerten oder schlicht zweier Kennzahlen.

- **Springen** (analog zur Funktion auf dem Einstiegsbild)
- **Sicht** ermöglicht die Umgestaltung der Aufbereitung der Liste gemäß einem anderen Aufriss analog zu den Aufrissfunktionen oder zur Funktion **Top N**, hier um die Funktion **Last N** ergänzt.
- **Zusätze** (analog zur Funktion auf dem Einstiegsbild)
- **Einstellungen** ermöglicht die Aufbereitung der Spalten und des Listenkopfs sowie die Umstellung von Prozent- auf absolute Werte und die Beschriftung von Merkmalen. Die Einstellungen können auch gespeichert werden.
- **Suchen** (Strg + F) mit einem Klick auf die Schaltfläche (**Suchen nach ...**) ermöglicht die Suche nach Textelementen auf der angezeigten Liste.
- **Weitersuchen** (Strg + G) nach einem Klick auf die Schaltfläche (**Weiter suchen**) ermöglicht die Fortsetzung der Suche, um weitere Treffer anzeigen zu lassen.
- **Drucken** (Strg + P) (analog zur Funktion auf dem Einstiegsbild)
- **Sichern als** (Strg + S) speichert Ihre Statistik im aktuellen Stand.

Als Nächstes wollen wir uns ansehen, welche Standardanalysen für das Fertigungsinformationssystem zur Verfügung stehen.

Standardanalysen

Nachdem Sie nun die Standardfunktionen der Reports kennengelernt haben, möchten Sie vielleicht noch wissen, wo Sie diese Funktionen verwenden können. Wir haben Ihnen dafür die Transaktionen der Standardreports tabellarisch aufgelistet (siehe Tabelle 14.2) und jeweils das Berichtsobjekt, für das der Report ausgelegt ist, sowie die dort jeweils hinterlegte Infostruktur mit angegeben.

Transaktion	Berichtsobjekt	Infostruktur
MCP1	Vorgang	S022
MCP3	Fertigungsauftrag	S021
MCP5	Material	S023

Tabelle 14.2 Transaktionen der Standardreports

Transaktion	Berichtsobjekt	Infostruktur
MCP7	Arbeitsplatz	S024
MCRE	Materialverbrauch	S026
MCRI	Produktkosten	S027

Tabelle 14.2 Transaktionen der Standardreports (Forts.)

Serienfertigung

Speziell für die Serienfertigung gibt es einige Reports mit eigenen Transaktionen, mit deren Hilfe der schnelle Zugriff gewährleistet werden kann (siehe Tabelle 14.3).

Transaktion	Berichtsobjekt	Infostruktur
MCP6	Wareneingangsstatistik	S225
MCRM	Zählpunktstatistik	S028
MCRP	Materialverbrauch	S226
MCP9	Serienauftrag	S025
MCRK	Produktkosten	S227
MCQ.	Kanban	S029

Tabelle 14.3 Spezielle Reports für die Serienfertigung

Prozessfertigung

Auch die Prozessfertigung hat zu ausgewählten Berichtsobjekten eigene Reports mit den jeweiligen Transaktionen (siehe Tabelle 14.4).

Transaktion	Berichtsobjekt	Infostruktur
MCRU	Vorgang	S022
MCRV	Prozessauftrag	S021
MCP5	Material	S023
MCRW	Ressource	S024
MCRX	Materialverbrauch	S026
MCRY	Produktkosten	S027

Tabelle 14.4 Spezielle Reports für die Prozessfertigung

[«]

Suche nach weiteren Standardanalysen und -reports

Wenn Sie noch mehr Transaktionen im Kontext der Informationssysteme ausprobieren möchten, rufen Sie die Transaktion SE93 auf. Dort können Sie gezielt nach Transaktionen suchen. Die Standardreports beginnen allesamt mit »MC«; geben Sie daher im Feld **Transaktionscode** den Suchbegriff »MC*« ein, um die Suchergebnisse auf die Standardreports einzugrenzen, und verwenden Sie die F4-Hilfe. Zunächst werden nur die ersten 200 Treffer angezeigt. Erweitern Sie die Ergebnisliste auf bis zu 1.000 Treffer, dann bekommen Sie die Auswahl aller Analysen samt ihren Transaktionen als Ergebnis und können hieraus die richtige auswählen. Das könnte interessant sein, wenn Sie einfach mal sehen möchten, was es alles so gibt.

Wenn Sie die Kurzbeschreibungen der Transaktionen gezielt nach einem Stichwort durchsuchen, finden Sie themenbezogen schneller die richtige Transaktion. Verwenden Sie hier wieder das »Jokerzeichen« »*« (z. B. so: *Kanban*), um nach dem Suchbegriff zu selektieren, ohne darauf einzuschränken, was in der Kurzbeschreibung davor oder dahinter steht. Hier muss die Groß- und Kleinschreibung beachtet werden.

14.3 Frühwarnsystem

Mit dem *Frühwarnsystem* (FWS) überwachen Sie zentrale Geschäftsprozesse, sodass relevante Abweichungen frühzeitig erkannt und gemeldet werden können. Die Aktualisierung erfolgt dabei in Echtzeit, wodurch Warnungen unmittelbar mit dem Eintritt eines beobachteten Ereignisses oder mit Überschreitung eines Schwellenwerts an die jeweils verantwortliche Person gesendet werden. Dafür sind keine Eigenentwicklungen notwendig, da das FWS eine große Bandbreite an Konfigurationen bereitstellt. Die Warnungen können dabei aus allen Informationssystemen heraus erzeugt werden, z. B.:

- Logistikinformationssystem
- Fertigungsinformationssystem
- Einkaufsinformationssystem
- Instandhaltungsinformationssystem

Anwendungsfälle für die Implementierung einer Warnmeldung sind in der Produktionsplanung vielfältig. Da das Einsatzgebiet für FWS umfassend ist, sind nahezu alle denkbaren KPIs als Referenz und Auslöser für frühzeitige Warnmeldungen verwendbar. Man könnte z. B. diese Ursachen für Warnmeldungen abdecken:

- Ein Produkt wird deutlich mehr oder weniger auf der Basis von Kundenaufträgen gefertigt (Positiv- oder Negativtrend).
- Komponenten weisen überdurchschnittlich viele Qualitätsmängel auf.

- Es liegt ein Lieferantenverzug bei Engpasskomponenten vor.
- Der Ausschuss übersteigt einen definierten absoluten Grenzwert oder einen relativen Grenzwert (prozentual zu einer Referenzmenge).
- Ein Material bindet zu viel Kapital durch überhöhten Lagerbestand.

Im Folgenden wollen wir uns ansehen, wie man eine Analyse im Frühwarnsystem konfiguriert und ausführt.

14.3.1 Konfiguration einer Analyse

Verwendete Transaktionen

- MC=1 (Erstellen einer Ausnahme)
- MC=4 (Gruppierung der Ausnahme)
- MC=7 (Erstellen eines periodischen Analysebereichs)
- MC=B (Einplanen einer periodischen Analyse)
- MCYJ (manuellen Analysebericht ausführen)

Um im FWS eine Meldung für das Übertreten eines Schwellenwerts, für einen Trend oder einen Vergleich von Plan- und Ist-Werten einzurichten, müssen Sie eine Reihe von Konfigurationsschritten durchlaufen.

Erstellen einer Ausnahme

Mit der Definition von *Ausnahmen* (*Exceptions*) ermöglichen Sie eine Kontrolle von Merkmalen wie Materialverbräuchen und Merkmalswerten wie Stück pro Monat oder Stück pro Auftrag oder Kosten pro Auftrag. Wenn Sie hier noch eine Bedingung wie das Unterschreiten eines Schwellenwerts hinzufügen, erhalten Sie einen Auslöser und eine Kennzahl, die zusammen sofort bei Eintritt der Bedingung als wahrgewordene Ausnahme Folgeverarbeitungen auslösen können. Sie sind damit frühestmöglich beim Eintritt definierter Szenarien gewarnt.

Über die Transaktion MC=1 legen Sie eine Ausnahme/Exception an. Über die Transaktion MC=2 kann sie im Anschluss weiterbearbeitet werden, und über die Transaktion MC=3 wird sie angezeigt. Sie geben zunächst eine Informationsstruktur, einen Namen und eine beschreibende Bezeichnung an. Im Anschluss wählen Sie die benötigten Merkmale aus. Zu diesen Merkmalen hinterlegen Sie dann Merkmalswerte, sofern Sie einen Filter für das Merkmal verwenden möchten. (Ein Beispiel: Wir können das Merkmal **Material** verwenden und als Wert eine Materialnummer eintragen. Dann gilt unsere Ausnahme nur für das spezielle Material.)

Darüber hinaus benötigen Sie jetzt noch eine auslösende Bedingung (Schwellenwertanalyse, Trendanalyse oder Plan-/Ist-Vergleich) auf Basis der zu betrachtenden Kennzahlen. Dabei kann z. B. eine Kennzahl für den Materialverbrauch Ihrer Fertigungsaufträge ausgewählt werden, die an die Bedingung geknüpft wird, dass ein Soll-/Ist-Vergleich bei einer Abweichung von mehr als 10 % eine Folgeverarbeitung auslöst. Abbildung 14.9 zeigt den Abschnitt **Bedingungen** der Transaktion MC=2 (Exception ändern). Hier sehen Sie die Bedingung, dass die Wareneingangsmenge eines Materials größer als 100 Stück in einer Periode sein soll, um die Exception auszulösen.

Abbildung 14.9 Transaktion MC=2 (Exception ändern) – Bedingungen für das Auslösen einer Exception

Über die Funktion **Folgeverarbeitung** könnte dann eingestellt werden, dass eine Nachricht (per E-Mail, Verteilerliste oder Workflow) an den Fertigungssteuerer oder einen anderen Empfänger geschickt wird, der somit angehalten ist, den Zustand der Maschinen oder Rohstoffe zu prüfen. Sie können die Ausnahme in der Folgeverarbeitung für Standardanalysen und/oder periodische Analysen aktivieren. Die Farbe in der Liste ist klassisch ohne oder in Rot, Gelb oder Grün wählbar. Es heißt zwar »Frühwarnsystem«, aber man könnte hier auch Ausnahmen definieren, die eine positive Nachricht vermitteln (z. B. mehr als x Aufträge in einer Periode), und diese »positive Warnung« dann grün einfärben. Abbildung 14.10 zeigt hier noch einmal die Transaktion MC=2 (Exception ändern) bei der Einstellung der Folgeverarbeitung.

Schließlich können die Ausnahmen in Standardreports, separat als Exception-Analyse oder als periodische Analyse ausgeführt werden (siehe Abschnitt 14.3.2, »Ausführung einer Analyse«). Abbildung 14.11 zeigt die Bestandteile einer Ausnahme/Exception.

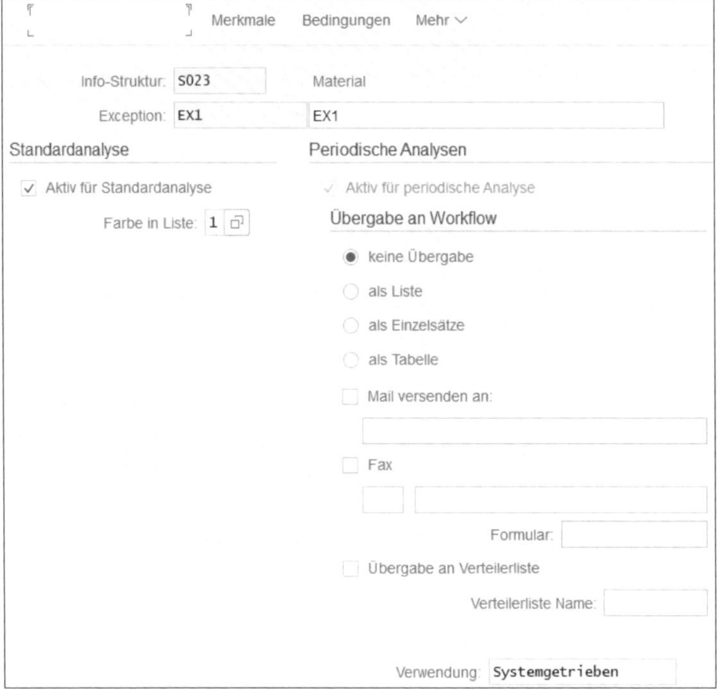

Abbildung 14.10 Transaktion MC=2 (Exception ändern) – Folgeverarbeitung für das Auslösen einer Exception

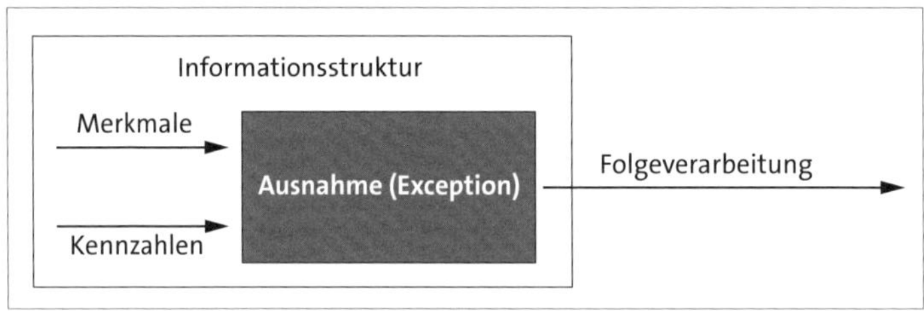

Abbildung 14.11 Konfiguration einer Ausnahme (Exception)

Gruppierung

Wenn eine einfache Exception nicht ausreicht, können Sie auch mehrere Ausnahmen gruppieren und somit komplexere Sachverhalte prüfen. Auf diese Weise können Verkettungen und weitere Bedingungen abgebildet werden. Auch eine Liste mit mehreren Ausnahmen ist so möglich. Die Gruppierung erfolgt über die Transaktion MC=4, ändern lässt sie sich über die Transaktion MC=5 und anzeigen per Transaktion MC=6.

Beim Anlegen einer Gruppe müssen Sie berücksichtigen, dass alle Ausnahmen auf die gleiche Infostruktur verweisen müssen. Diese wird beim Anlegen mit angegeben.

Andernfalls lassen sie sich nicht gruppieren. Außerdem geben Sie der Gruppierung einen Namen. Im Anschluss erfolgen die Zuordnung der einzelnen Ausnahmen und die Definition einer Folgeverarbeitung.

14.3.2 Ausführung einer Analyse

Im Rahmen der SAP-Standardwerkzeuge haben Sie die Möglichkeit, Analysen zur Untersuchung der Kennzahlen zu Ihren Berichtsobjekten auszuführen. Man unterscheidet hier zwischen Standardanalysen, Exception-Analysen und periodischen Analysen.

Standardanalyse

Eine Exception kann in einer *Standardanalyse* des Fertigungsinformationssystems mitgegeben werden. Welche Standardanalysen es gibt, haben Sie bereits in Abschnitt 14.1.3, »Standardreports«, erfahren. Hier können Sie Ihre Ausnahme als Parameter mitgeben. Die weiteren Selektionsparameter werden dann aus der Exception übernommen, können aber auch wieder manuell geändert werden. Es stehen die bereits vorgestellten Funktionen zur Verfügung.

Exception-Analysen

Standardanalysen können Exceptions beinhalten, zeigen aber zusätzlich die weiteren Informationen zum jeweiligen Berichtsobjekt. Eine *Exception-Analyse*, die Sie über die Transaktion MCYJ starten, zeigt hingegen nur die Auswertungsergebnisse in Bezug auf die vorliegende Ausnahme. Die Merkmalswerte, die zuvor beim Anlegen der Ausnahme hinterlegt wurden, können beim Ausführen dieser Analyse manuell geändert werden, falls hierzu Anlass besteht. Achten Sie bei manuellen Änderungen bitte darauf, dass die geänderten Angaben noch zum restlichen Konzept der Auswertung passen. Andernfalls kann es vorkommen, dass die Bedingung fälschlicherweise greift, wenn ein Grenzwert überschritten wurde, obwohl dies beispielweise nur durch die manuelle Vergrößerung des Betrachtungszeitraums geschehen ist, während die Bedingungsvariable nicht mit angepasst wurde.

Periodische Analysen

Periodische Analysen werden so eingeplant, dass sie die Datenbasis in einem definierten Rhythmus automatisch auf Ausnahmen überprüfen und bei Bedarf die Folgeverarbeitung auslösen, sofern diese für periodische Analysen aktiviert ist. Dabei kann eine Deltaprüfung der geänderten Daten seit dem letzten Ereignis (z. B. einer Bestandsänderung) mittels der ereignisgetriebenen Analyse durchgeführt werden. Alternativ kann über die systemgetriebene Analyse der gesamte Datenbestand überprüft werden.

Über die Transaktion MC=7 richten Sie einen system- oder ereignisgetriebenen Analysebereich ein. Per Transaktion MC=8 kann dieser wieder geändert und über die Transaktion MC=9 angezeigt werden. Damit legen Sie eine Variante zu Ihrer Ausnahme an. Geben Sie die Selektionsparameter und in den Attributen noch eine Beschreibung ein, und speichern Sie die Variante. Nun können Sie diese Variante in der Transaktion MC=B verwenden, um eine periodische Analyse einzuplanen (über die Funktion **Einplanen**). Diese Startoptionen stehen für die Analyse zur Auswahl:

- **Sofort**
- **Datum und Uhrzeit**
- **Nach Job**
- **Nach Ereignis**
- **Bei Betriebsart**
- **Arbeitstag/Uhrzeit**

14.4 SAP-Fiori-Apps für das Monitoring

SAP-Fiori-Apps

- SAP-Fiori-App Materialdeckung ermitteln (App-ID F0247A)
- SAP-Fiori-App Interne Bedarfe ermitteln (App-ID F0263)
- SAP-Fiori-App Externe Bedarfe ermitteln (App-ID F0246)
- SAP-Fiori-App Komponentenverbrauch (App-ID F2171)
- SAP-Fiori-App Ausschussursache (App-ID F2216)
- SAP-Fiori-App Materialausschuss (App-ID F2035)
- SAP-Fiori-App MRP-Kennzahlen anzeigen (App-ID F1426)
- SAP-Fiori-App Arbeitsplatzkapazität verwalten (App-ID F3289)
- SAP-Fiori-App Fertigungsplantafel (App-ID F2176)
- SAP-Fiori-App Verzögerte Fertigungsaufträge ermitteln / Verzögerte Prozessaufträge ermitteln (App-ID F0266A)

Im Folgenden stellen wir einige der vielen SAP-Fiori-Apps aus dem Umfeld der Produktion vor. Viele SAP-Fiori-Apps haben einen bestimmten Monitoring-Zweck, wie zum Beispiel die Ermittlung von verzögerten Fertigungsaufträgen. Diese werden dann übersichtlich gelistet, und mittels visueller Elemente wie Statusampeln oder Symbolen wird schließlich eine intuitiv verständliche Aussage über den aktuellen Status vermittelt. In der Regel erlauben die SAP-Fiori-Apps, dass man dann gezielt in die verwandten Apps zur Bearbeitung eines Eintrags springen kann (so wie auch in unserem Beispiel ein einfaches Navigieren in die SAP-Fiori-App **Verzögerte Ferti-**

gungsaufträge bearbeiten über die Auswahl eines Eintrags möglich ist). Ebenso haben die meisten SAP-Fiori-Apps gemeinsam, dass der ausgewertete und angezeigte Bereich durch Filteroptionen eingeschränkt und die Ergebnisliste durch Hinzufügen oder Entfernen von Spalten der Ergebnistabellen und deren Sortierung angepasst werden können. Gängige Filteroptionen sind der Zeithorizont oder die gezielte Auswahl von Untersuchungsobjekten (wie Fertigungsaufträge oder Materialien). Auch das Filtern nach der Zuständigkeit (zum Beispiel des Disponenten) oder die Einstellung einer bestimmten Unterdeckungsdefinition ist verbreitet.

14.4.1 Materialdeckung bearbeiten

Über die SAP-Fiori-App **Materialdeckung ermitteln** (App-ID F0247A) kann die Produktionsplanerin bzw. der Produktionsplaner die Materialdeckung von eigengefertigten sowie von fremdbeschafften Materialien überwachen. Je nach voreingestellter Berechnungsart zur Ermittlung der Unterdeckung (auch *Unterdeckungsdefinition* genannt) wird für ein Material eine hinreichende Bestandverfügbarkeit in Grün und eine unzureichende in Rot gekennzeichnet. Eine weitere wichtige Information ist das Datum, an dem ein Materialengpass eintreten würde, sofern keine neuen Zugänge hinzukommen. Analog dazu gibt es eine Anzeige der Anzahl der Arbeitstage bis dahin. Die Ergebnisliste der Materialien kann über verschiedene Filter zum Material, eigene Segmente oder schlicht über die Restzeit bis zum Engpass eingeschränkt werden, um stets nur die relevanten Materialien im Fokus zu haben. Damit kann man sich schnell ein Bild der Materialdeckung in seinem Zuständigkeitsbereich machen und über die Bedarfs-/Bestandsliste der SAP-Fiori-App eingreifen, um die Materialverfügbarkeit doch noch zum Zieltermin sicherstellen zu können.

Sie können die Standardberechnung der Unterdeckung sofort in der SAP-Fiori-App verwenden. Über den Customizing-Pfad **Produktion • Bedarfsplanung • Apps für die Materialbedarfsplanung** können Sie jedoch auch eine eigene Konfiguration der Berechnung der Unterdeckung vornehmen. Dazu legen Sie zunächst die Zugangs- und Bedarfsprofile für Ihre Berechnungen an, die Sie anschließend in ein Unterdeckungsprofil integrieren. Das Unterdeckungsprofil wird dann wiederum für eine oder mehrere Unterdeckungsdefinitionen verwendet, die sich zusätzlich in der Ausprägung des Bewertungszeitraums und Bewertungsumfangs unterscheiden. Falls Sie ausgewählten Benutzern spezielle Unterdeckungsprofile zuweisen wollen, können Sie dies auch hier im Customizing einstellen. So erhalten alle Anwenderinnen und Anwender die für sie relevanten Informationen zur Materialdeckung.

14.4.2 Ungedeckte interne/externe Bedarfe ermitteln

Die beiden SAP-Fiori-Apps **Interne Bedarfe ermitteln** (App-ID F0263) und **Externe Bedarfe ermitteln** (App-ID F0246) zeigen Ihnen jeweils die ungedeckten internen bzw.

externen Bedarfe in einer tabellarischen Übersicht, wie in Abbildung 14.12 zu sehen. Sie erhalten auf einen Blick die Informationen über die betreffenden Komponenten, den Bedarfstermin, eine Übersicht der offenen und Fehlmengen sowie den betreffenden Fertigungsauftrag.

Komponenten (54)

Komponente	Bedarfstermin	Mengenübersicht	Offene Menge	Fehlmenge	Bedarfsdeckungsstatus (Arbeitstage)	Betroffener Auftrag
MZ-RM-R200-01 BKR-200 Frame	10/08/2017		**41** ST	**13** ST	**725** Tage Verspätet	**Fe-Auf-1000010** MZ-FG-R200
MZ-RM-R200-01 BKR-200 Frame	10/08/2017		**49** ST	**13** ST	**725** Tage Verspätet	**Fe-Auf-1000001** MZ-FG-R200

Abbildung 14.12 Ausschnitt der SAP-Fiori-App zur Anzeige ungedeckter interner Bedarfe

Die Berechnung, ab wann eine Unterdeckung vorliegt, kann – wie bereits beschrieben – über die verwendete Unterdeckungsdefinition konfiguriert werden. In der SAP-Fiori-App **Interne Bedarfe ermitteln** sehen Sie, ob die Bedarfsmengen der eigenen Fertigungs- oder Prozessaufträge sichergestellt werden können. Die SAP-Fiori-App **Externe Bedarfe ermitteln** zeigt hingegen, welche Engpässe bei Kundenaufträgen oder geplanten Umlagerungen entstehen können. Wird eine Unterdeckung festgestellt, können Sie zur Bearbeitung der Unterdeckungen direkt aus der jeweiligen SAP-Fiori-App heraus in die Bedarfs-/Bestandsliste navigieren. Dort sehen Sie Detailinformationen zum Material und können Gegenmaßnahmen prüfen.

14.4.3 Komponentenverbrauch

Sie sehen in Abbildung 14.13 zwei Ausschnitte aus der SAP-Fiori-App **Komponentenverbrauch** (App-ID F2171) zum Monitoring des Komponentenverbrauchs.

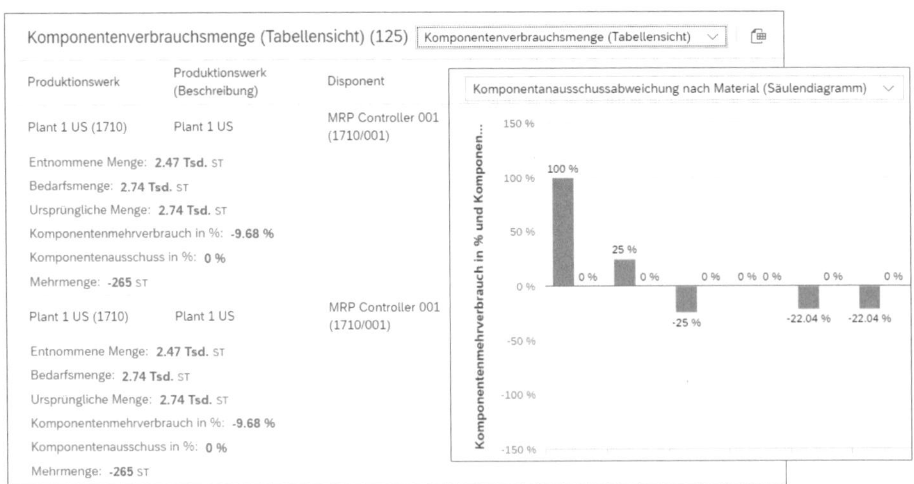

Abbildung 14.13 Zwei Ausschnitte der SAP-Fiori-App »Komponentenverbrauch«

Die SAP-Fiori-App wertet pro Werk, Disponent, Fertigungssteuerer und Material die Verbrauchsdaten aus und bietet standardmäßig visuelle Aufbereitungen als Tabelle (links) oder Säulendiagramm (rechts) an, die sich je nach Größe des Fensters oder nach Auflösung des Endgeräts für eine optimale Darstellung anpassen. Diese Darstellungen können Sie noch nach den bereits genannten verfügbaren und einigen zusätzlichen Dimensionen wie der Auftragsart oder der Berichtsperiode weiter aufgliedern. Ebenso besteht die Option, einen Excel-Export zu starten oder den Diagrammtyp zu ändern.

14.4.4 Ausschussursache

Die SAP-Fiori-App **Ausschussursache** (App-ID F2216) bietet die Möglichkeit, die Ursachen für den Ausschuss in Ihrer Fertigung anhand einer Vielzahl an Dimensionen (zum Beispiel Werk, Material, Arbeitsplatz, Abweichungsgrund, Zeit) zu analysieren und Key Performance Indicators (KPIs) anzulegen, die bei Überschreitung einen Alarm auslösen. Der Ausschuss kann außerdem in Relation zur Nacharbeit angezeigt werden. Die KPIs können Sie sich auf Ihrer Startseite als *Smart-Business-Kachel* anzeigen lassen. Das bedeutet, dass Sie die wichtigsten KPIs dieser SAP-Fiori-App schon auf Ihrer Startseite sehen können, was den Charakter eines Dashboards unterstreicht. Die Anzeige der KPIs wird kontinuierlich aktualisiert und ermöglicht Ihnen somit ein Echtzeit-Monitoring. Diese Eigenschaft haben auch viele andere SAP-Fiori-Apps, sodass Sie Ihre Startseite wie ein persönliches Monitoring-Cockpit einrichten können.

In Abbildung 14.14 sehen Sie beispielhaft drei Smart-Business-Kacheln mit Echtzeit-KPIs in der obersten Reihe. Darunter finden Sie Kacheln ohne diese Funktion, die hier nur dem Starten der SAP-Fiori-App dienen. Natürlich können Sie Ihre SAP-Fiori-Apps selbst völlig frei und völlig anders anordnen und auch andere KPIs zur Anzeige auswählen.

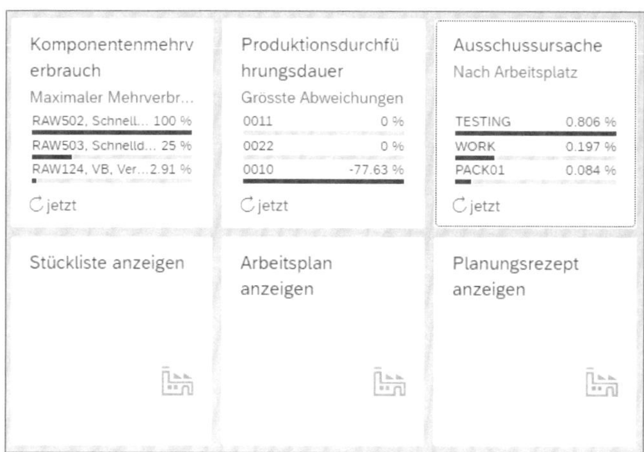

Abbildung 14.14 Ausschnitt der Startseite des SAP Fiori Launchpads

14

14.4.5 Materialausschuss

Auch der Materialausschuss lässt sich ähnlich monitoren wie der Komponentenverbrauch. Die SAP-Fiori-App **Materialausschuss** (App-ID F2035) kann wie bei der Ausschussursache selbst definierte KPIs als Smart-Business-Kachel auf Ihrer Startseite anzeigen. Sie erleichtert den Vergleich zwischen dem erwarteten und dem tatsächlich rückgemeldeten Ausschuss zu einem produzierten Material. Die Informationen lassen sich in einer Vielzahl verschiedener Diagramme darstellen. Eine interessante Darstellungsart für das Management kann hier die *Heatmap* sein. In Abbildung 14.15 sehen Sie einen Ausschnitt einer Heatmap für rückgemeldete Ausschussmengen in Prozent.

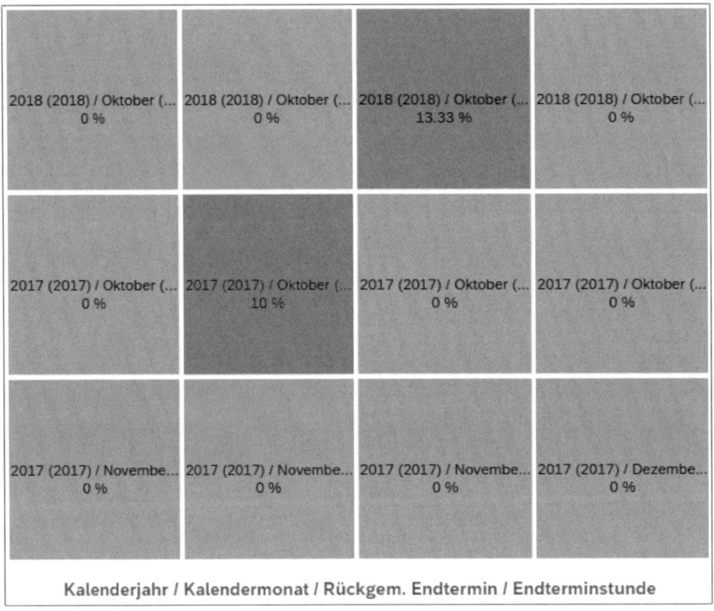

Abbildung 14.15 Ausschnitt der SAP-Fiori-App »Materialausschuss«

14.4.6 MRP-Kennzahlen anzeigen

Die Übersicht der SAP-Fiori-App **MRP-Kennzahlen anzeigen** (App-ID F1426) zeigt der Produktionsplanerin oder dem Disponenten zunächst die einzelnen Planungsläufe, die Sie sich im Detail anzeigen lassen können. In der Detailansicht sehen Sie die Einstellungen, mit denen der Planungslauf ausgeführt wurde. Auch der Fortschritt eines Planungslaufs sowie Kennzahlen zur Ausführung (geplante Materialien, fehlgeschlagene Materialien, Laufzeit) können grafisch aufbereitet eingesehen werden.

Schließlich zeigt diese SAP-Fiori-App dann auch die Ergebnisse der abgeschlossenen MRP-Planungsläufe. Wenn Sie einen solchen abgeschlossenen Lauf auswählen und die Details einsehen, erhalten Sie Informationen zu den ausgeführten Planungsschritten, den geplanten Materialien pro Dispositionsstufe sowie zur Anzahl der zu korrigierenden Aufträge. In Kapitel 9, »Materialbedarfsplanung (MRP)«, können Sie viele ausführliche Hintergrundinformationen zum Thema MRP finden.

14.4.7 MRP-Stammdatenprobleme anzeigen

Mit der SAP-Fiori-App **MRP-Stammdatenprobleme anzeigen** erhalten Sie Informationen zu Problemen eines Materials beim MRP-Planungslauf. Mit jedem Planungslauf aktualisiert sich die Ergebnisliste automatisch. Dabei können sowohl Materialien angezeigt werden, zu denen es Warn-, Fehler- oder auch Erfolgsmeldungen im letzten Lauf gab, als auch Materialien, die gar nicht geplant wurden. Beispielsweise könnte der Planungslauf für ein Material aufgrund einer fehlenden oder ungültigen Stückliste oder Fertigungsversion scheitern. Mittels dieser Informationen kann schnell Abhilfe geschaffen werden, sodass das Material schließlich doch eine zeitnahe Einplanung erfährt. Sie können die Ergebnisliste auch wieder filtern (zum Beispiel nach bestimmten Kategorien von Problemen, Material, Werk oder Disponent).

14.4.8 Arbeitsplatzkapazität verwalten

Die Kapazitäten und Auslastungen der Arbeitsplätze können von Kapazitätsplanerinnen und -planern mit der SAP-Fiori-App **Arbeitsplatzkapazität verwalten** (App-ID F3289) überwacht werden. Sie können hierbei gezielt ausgewählte Arbeitsplätze betrachten und auch den Betrachtungshorizont verändern. Sie sehen hier zu jedem Arbeitsplatz die Lastspitze in Prozent, das Datum der ersten eintretenden Überlastung sowie den Gesamtkapazitätsbedarf und bereits überfällige Kapazitäten. Anhand der Auslastung können Sie die optimale Balance zwischen Bedarf und Verfügbarkeit austarieren. Abbildung 14.16 zeigt beispielhaft die Auslastung von zwei Arbeitsplätzen in der Tabellenübersicht der SAP-Fiori-App.

Abbildung 14.16 Ausschnitt der SAP-Fiori-App »Arbeitsplatzkapazität verwalten«

14.4.9 Fertigungsplantafel

Die SAP-Fiori-App **Fertigungsplantafel** (App-ID F2176) ermöglicht die Einplanung und Optimierung der Fertigungsplanung mit Blick auf die Komponenten- und Ressourcenverfügbarkeit. Dafür können Sie sich die Auslastung über einen ausgewählten Zeitraum anzeigen lassen und Aufträge anlegen, ändern, löschen oder freigeben. Die Terminierung in dieser SAP-Fiori-App erfolgt dabei je nach Konfiguration manuell oder über Heuristiken. Die App ist für das SAP Fiori Launchpad verfügbar, aber für die Ausführung am Desktop-PC ausgelegt. Sie ist Bestandteil der Produktions- und Feinplanung (PP/DS). Wenn Sie mehr zu den Funktionen und Anwendungsbereichen von PP/DS wissen möchten, werden Sie in Kapitel 11, »Produktions- und Feinplanung (Detailed Scheduling, PP/DS)«, fündig.

14.4.10 Verzögerte Fertigungs- oder Prozessaufträge ermitteln

Sie können mit den SAP-Fiori-Apps **Verzögerte Fertigungsaufträge ermitteln / Verzögerte Prozessaufträge ermitteln** (beides in einer SAP-Fiori-App mit der App-ID F0266A) den aktuellen Status von Fertigungs- oder Prozessaufträgen in einem eingrenzbaren Umfang überwachen. Die SAP-Fiori-App verwendet eine Unterdeckungsdefinition, um die Materialbereitstellung der Aufträge zu prüfen, und zeigt darüber hinaus, ob es verspätete Vorgänge gibt. Sie können hier also den Umfang der anzuzeigenden Aufträge einschränken, die zu verwendende Unterdeckungsdefinition auswählen (falls nicht bereits im Customizing eine für Ihren User festgelegt wurde), über farbige Symbole den Status erkennen, Spalten ein- oder ausblenden und sortieren, Ihre Einstellungen zur Selektion und Anzeigeaufbereitung als Variante speichern und diese Variante auf Ihrer Startseite hinterlegen. Um den Verzögerungen entgegenzuwirken, können Sie aus der Sicht **Verzögerte Fertigungsaufträge anzeigen** in die Sicht **Verzögerte Fertigungsaufträge bearbeiten** oder **Materialdeckung bearbeiten** navigieren. Analog funktioniert die Navigation für Prozessaufträge.

Abbildung 14.17 zeigt einen Ausschnitt aus der Liste der verzögerten Aufträge. Die Symbole in der Spalte **Status** zeigen auf einen Blick (von links nach rechts), ob Materialien verspätet sind, Komponenten fehlen oder Vorgänge/Meilensteine in Verzug sind.

Status	Material	Start	Ende	Offene Menge	Auftragsstatus	Verzögerung Material (Arbeitstage)	Fehlende Komponenten
	FG126 FIN126, MTS-DI, PD, Serialnummer	03/20/2019	03/21/2019	**5** ST	In Bearbeitung		
	SG224 SEMI224, MTO, PD, Zwischenbaugruppe	11/05/2018	11/09/2018	**15** ST	Angelegt	**232**	

Abbildung 14.17 Ausschnitt der SAP-Fiori-App »Verzögerte Fertigungsaufträge anzeigen«

Abschließend können wir zusammenfassen, dass es im SAP-GUI-Umfeld noch immer die altbewährten Reports und Informationssysteme gibt, die auch für die Ansicht im SAP-Fiori-Design zur Verfügung stehen. Hinzu kommen nun die vielfältigen Möglichkeiten der Informationsaufbereitung durch SAP-Fiori-Apps. Die Übersichtlichkeit, die Filteroptionen, die browserbasierte Darstellung und visuelle Aufbereitung von Informationen, die es früher oft nur als Tabellen gab, sind dabei die großen Stärken der neuen SAP-Fiori-Apps. So wird auch das frühere Einstiegsbild einfacher Transaktionen zum Ändern der jeweiligen Objekte (z. B. zum Ändern von Fertigungsaufträgen) durch die Filteroptionen und die Ergebnisliste des Fiori-Äquivalents zum Monitoring-Werkzeug. Versionen der eigenen Filter und Tabellenaufbereitung lassen sich als eigenständige Kacheln auf der individuellen Startseite des SAP Fiori Launchpads hinterlegen und bieten so eine an die User angepasste Dashboard Funktion, ohne dass Programmieraufwand oder Customizing nötig wäre. Es war wahrscheinlich noch nie so einfach, die Produktion im Blick zu behalten wie heute durch das SAP Fiori Launchpad.

Insgesamt haben wir mit SAP Fiori eine neue Art der Verwendung der SAP-Funktionen schätzen gelernt. Dazu haben wir Planungs-, und Steuerungswerkzeuge sowie Bereitstellungsverfahren in der Logistik sowohl in der Anwendung als auch in der Pflege der Stammdaten und in vielen Customizing-Einstellungen kennengelernt. Wir hoffen, Ihnen hat der Ausflug in die Welt der Produktionsplanung und Produktionssteuerung mit SAP S/4HANA gefallen und Sie fühlen sich mit unserer Unterstützung inspiriert und informiert.

Die Autoren

Hans-Christian Damm ist seit 2015 bei SAP als SAP-Prozessberater für Produktionsplanung (PP), JIT-Produktionsversorgung der nächsten Generation (NJIT), Qualitätsmanagement (QM) und Extended Warehouse Management (EWM) tätig. Seine Tätigkeitsfelder sind dort hauptsächlich die SAP-Standard-Prozessberatung, Customizing und speziell die Schnittstelle zwischen der Produktionsplanung und der Lagerlogistik. In diesen Bereichen hat er in internationalen Rollout-Projekten verschiedene Unternehmen aus der Zulieferindustrie und aus dem Automobilbau betreut und erfolgreich SAP-Standard-Anwendungen implementiert. Er begleitete Kunden bei der Ausarbeitung von ERP-Templates und deren Rollouts sowie beim Aufbau von neuen Fertigungen und deren systemseitiger Abbildung.

Christoph Sting ist themenverantwortlicher Principle Instructor bei SAP Training rund um das Thema Produktionsplanung: die Produktionsplanung in SAP ECC, die Produktions- und Feinplanung in SAP SCM/SAP APO sowie die Produktionsplanung in SAP S/4HANA. Aktuell gibt er die Schulungen S4200, S4220, S4222 und S4224, die die Produktionsplanung sowohl in SAP S/4HANA als auch mit SAP S/4HANA PP/DS abdecken. Sein besonderes Interesse liegt auf den Gebieten der Programm- und der Feinplanung.

Alexander Wolf ist zertifizierter SAP-Berater für Produktionsplanung (PP), SAP-End-to-End-Prozesse und ABAP-Entwicklung. Seine Tätigkeitsfelder in diesem Bereich sind Programmierung, Customizing und Prozessberatung sowie Support und Transition von Kundensystemen. Dank seiner technischen Berufsausbildung als Mechatroniker für Fertigungsanlagen und seines Studiums der Wirtschaftswissenschaften und Wirtschaftsinformatik bringt er ein umfassendes Verständnis für die Integration der Produktionsprozesse in technische und betriebswirtschaftliche Abläufe mit. Er begleitet Kunden auf ihrem Weg bei der Umstellung auf SAP S/4HANA und hat bereits einige SAP-S/4HANA- und SAP-Fiori-Projekte in den Bereichen PP und produktionsnahe Entwicklung verwirklicht. Darüber hinaus hat er Erfahrungen als Gründer, Universitätsdozent, Produktmanager (Nicht-SAP-ERP-Systeme), IT-Trainer und persönlicher Karriere-Coach gesammelt. Er hat bereits in Start-ups, im Mittelstand, in Weltkonzernen und auch selbstständig als Businesspartner, Gewerbetreibender und Freiberufler gearbeitet.

Index

A

aATP ... 534
ABAP List Viewer ... 655
Abbauhorizont ... 239
ABC-Analyse ... 102, 602
Abfallprodukt ... 122, 123
Ablaufheuristik ... 557
Abrüsten ... 138
Abrüstzeit ... 204
Absatzplan ... 46
Absatz- und Produktions-grobplanung ... 46, 63, 65, 381, 385, 398
Abweichung ... 186
Abweichungsermittlung ... 186, 223, 377
Advanced ATP (aATP) ... 534
AIS → Auftragsinformationssystem (AIS)
alternative Folge ... 137
ALV ... 655
Analyse, periodische ... 673
Analytics ... 599
APO ... 104
App Finder ... 37
App → SAP-Fiori-App
Arbeitsanweisung ... 213, 247
drucken ... 274
einrichten ... 274
Vorlagen ... 274
Arbeitspapier ... 213
Arbeitsplan ... 127, 136
alternative Folge ... 137
Fertigungshilfsmittel ... 138
Kopf ... 136
Linienplan ... 140, 253
Normalarbeitsplan ... 139
Planalternativen ... 138
Planposition ... 136
Selektion ... 198
Stammfolge ... 137
Standardarbeitsplan ... 139
Teilarbeitsplan ... 139
Arbeitsplatz ... 88, 126–128, 141, 629
ändern ... 249
anlegen ... 162
Art ... 127
Bildgruppe ... 131
Feldauswahl ... 131
Formeln ... 132
Formelparameter ... 132
konfigurieren ... 129
Ortsgruppe ... 134
Stammdaten ... 130
Steuerschlüssel ... 134, 505
Terminierungsformel ... 128
Transportmatrix ... 134
Vorgabewertbehandlung ... 133
Vorgabewertschlüssel ... 133
Arbeitsvorbereitung ... 105
Archivadministration ... 228
ATP → Available-to-Promise (ATP)
Aufgabenbereich ... 80
Auftrag
Archivierung ... 227, 379
Innenauftrag ... 90
auftragsabhängige Parameter ... 173
Auftragsabrechnung ... 224, 377
Auftragsart ... 89, 170
Fertigungsauftragsart ... 91
Prozessauftragsart ... 92
Standardauftragsart ... 90
auftragsbezogene Kostenträger-rechnung ... 205
auftragsbezogene Planung ... 188
Auftragseröffnung ... 190, 193, 345
Arbeitsplanselektion ... 198
Durchlaufterminierung ... 201
Einzelumsetzung ... 198
Fehlteilliste ... 207
Fertigungsauftrag anlegen ... 193
Fertigungsauftrag umwandeln ... 198
FHMI-Verfügbarkeitsprüfung ... 209
Kapazitätsplanung ... 209
Kapazitätsverfügbarkeitsprüfung ... 208
Kundenauftrag ... 200
Materialverfügbarkeitsprüfung ... 206
Produktions- und Feinplanung ... 209
Reservierung ... 200
Sammelumsetzung ... 198
Teilumsetzung ... 199
Verfügbarkeitsprüfung ... 206
Verfügbarkeitsübersicht ... 206
Auftragsfortschrittsbericht ... 662
Einstiegsbild ... 662
Listenaufbereitung ... 662

Auftragsfreigabe 47, 211, 353
Arbeitspapiere 213
Massenverarbeitung 211
Auftragsinformationssystem (AIS) 173, 658, 659
Einstiegsbild 659
Listenaufbereitung 661
Auftragsmenge 507
Auftragspapier 355
Auftragsrückmeldung 218
Auftragsstatus
ABGS 226, 378
ABWE 377
CHPF 348
CHZG 348
DRUC 213, 356
EROF 191, 345
FFHM 209
FKAP 208
FMAT 207
FREI 211, 353
GLFT 222, 370
GNE 367
GNNE 367
GNZG 367
LÖKZ 227, 379
LÖVM 227, 379
MABS 207
NTER 202
RÜCK 218, 370
Sren 361, 371
SREZ 361
SRvw 361, 372
TABG 225, 378
TGLI 222
TRÜC 218, 370
Auftragstyp 89
Ausnahme 670
anlegen 670
Gruppierung 672
Ausschuss 677
Ausschussmeldung 281
Auswahlprofil 488
Auswahl-Set 489
Auswertung 654
Auswertungsprofil 497
automatischer Wareneingang 234
Available-to-Promise (ATP) 64, 67, 206, 434, 533
Logik 206

B

BAnf 201
Basismengeneinheit 124
Baugruppe 113
Baugruppenmeldung 280
Baugruppenrückmeldung 283
Bearbeiten 138
Bearbeitungsstation 129
Bearbeitungszeit 204
Bedarf 46, 416
Kundenbedarfe 83
ungedeckter 676
Bedarfs-/Bestandsliste drucken 274
Bedarfsart 419, 423
Bedarfsdecker 531
Bedarfsdeckung 566
bedarfsgesteuerte Materialbedarfsplanung 598
Bedarfsklasse 419, 435
der Produktion 420
des Vertriebs 421
ermitteln 420
Steuerungsparameter 420
bedarfsorientierter Sicherheitsbestand 443
bedarfsorientierte Wiederbeschaffung 66
Bedarfsplanung, Laufzeit 459
Bedarfsstrategie (PP/DS) 539
Bedarfsvorlaufzeit 541
Beispielunternehmen 151
Belegart 623
Beleginformationen 290
Belegposition 115
Belegprotokoll 290
Bereitstellung, vorgangsgenaue 457
Bereitstellungssituation 275
Berichterstattung 654
Beschaffungsart 450, 451, 566
Bestand, negativer 216
Bestandsfindung 237, 238
Bestellanforderung (BAnf) 201
Bestellpunktdisposition 597
Bewegungsart 241
Bezugsquellenfindung 450
Bildgruppe 131
Blackbox 189
Bruttolangfristplanung 411
Buchhaltungssicht 108
Buchungskreis 69, 73
Buchungsperiode 259
Buffer Positioning 595, 599

Buffer Sizing 595, 599
Bullwhip-Effekt 599, 601

C

Capable-to-Promise (CTP) 533, 558
Capacity Requirements Planning (CRP) 66
Charge 108, 297, 364
Chargenerfassung 295
Chargenfindung 363, 364
automatische 238
Strategie 173
Chargeninformationssystem 658
Chargenklassifizierung 149
Chargenpflicht 56, 292, 363
Chargensplit 364
Chargenstammsatz 109, 297
Chargensuchschema 238, 299
Chargensuchstrategie 300, 364
Chargenverwaltung 108, 142, 149, 301
Chargenzustand 109
CIF 534
Cockpit der Prozessfertigung 342
Coil 108
CONT 98
Controlling
Ergebnis- und Marktsegmentrechnung 73
internes Rechnungswesen 73
Kontenplan 73
Profitcenter 82
Core Interface (CIF) 534
Corporate Design 28
CRP 66
CTP → Capable-to-Promise (CTP)
Customizing 70, 71

D

Datenhaltung 30
Datenstruktur 30
DDMRP 598
DDR → Demand-Driven Replenishment (DDR)
Decoupling Point 599
Demand-Driven Material Requirements Planning (DDMRP) 598
Demand-Driven Replenishment (DDR) 22, 66, 441, 443, 595, 598, 599, 615
Demand Management 66
Demand Planning (DP) 533
Detailed Scheduling (DS) 104, 531
Dienstleistungen (DIEN) 98
digitaler Kern 26
diskrete Fertigung 47, 49, 87, 151
Auftragsart 170
Geschäftsvorfälle 152
Konfiguration 153
Stammdaten 88, 152, 153
Stücklisten 159
Disponent 80, 81
anlegen 82
Detailansicht 82
Disponentennummer 482
Disposition 80, 101, 440
plangesteuerte 441, 595
rhythmische 463
verbrauchsgesteuerte 441, 596
Dispositionsbereich 71, 74, 78
Lagerort-Dispositionsbereich 78, 79
Lohnbearbeiter-Dispositionsbereich ... 78, 79
Werksdispositionsbereich 78
Dispositionsliste 274, 590
Dispositionsmerkmal 472, 595
Dispositionsstufe 460, 564
DLZ → Durchlaufzeit (DLZ)
Domäne 171
DP 533
DS-Heuristik 552
DS → Detailed Scheduling (DS)
Dummy-Baugruppe 120
Durchlaufterminierung 180, 201, 452, 454, 568
Durchlaufzeit (DLZ) 181, 610
Dynamic Adjustment 595, 599
dynamischer Sicherheitsbestand 443

E

Echtzeit-Monitoring 677
Eckdatenterminierung 180
Eckendtermin (EE) 202
Eckpunktterminierung 452, 568
Eckstarttermin (ES) 202
Ecktermin 180
EDLZ 610
EE 202
Eigenfertigungszeit 452, 453
Einkaufsorganisation 77
buchungskreisübergreifende 78
Referenzeinkaufsorganisation 78
werksbezogene 78
werksübergreifende 78
Einkaufssicht 101

Einstellungsprofil ... 489
Einteilungstyp ... 437
Einzelfertigung ... 48
Einzelplanung ... 459
Einzelumsetzung ... 198
Embedded EWM ... 620
Ende
 frühestes ... 203
 spätestes ... 203
 terminiertes ... 202
Endrückmeldung ... 218
End-to-End-Prozess ... 44
Engpassmaterial ... 148
entkoppelte Durchlaufzeit (EDLZ) ... 610
entkoppelte Rückmeldung ... 285
Entkopplung ... 600
Entkopplungspunkt ... 599
Entnahme, retrograde ... 182, 213, 236, 254, 370
Ereignis ... 148
Ereignispunkt ... 186
Ergebnisbereich ... 73
Ergebnis- und Marktsegmentrechnung ... 73
Ermittlung einer Bedarfsklasse ... 420
Erweiterbarkeit ... 70
erweiterte Kapazitätsauswertung ... 519, 520
erweiterte Planung ... 104
Erweiterungskonzept ... 27
ES ... 202
Exception-Analyse ... 673
Exception → Ausnahme
Execution Step → XStep
Expedited Shipment ... 617
Expresslieferung ... 617

F

F4-Hilfe ... 91
FE ... 203
Fehlteilinformationssystem ... 207
Fehlteilliste ... 207
Feinplanung ... 46, 569
Feinplanungsheuristik ... 552
Fertigerzeugnis (FERT) ... 97
Fertigungsart ... 47, 149
Fertigungsart, Kombination ... 57
Fertigungsauftrag ... 47, 49, 89, 168, 191, 193, 454
 Abschluss ... 225
 anlegen ... 193
 Archivierung ... 227
 Art ... 91
 Aufbau ... 169
 auftragsabhängige Parameter ... 173
 Auftragsabrechnung ... 224
 auftragsbezogene Kostenträgerrechnung ... 205
 Auftragsfreigabe ... 211
 aus Planauftrag anlegen ... 198
 Intervallgruppe ... 172
 Konfiguration ... 170
 Löschung ... 227
 Nummernkreis ... 170
 Nummernkreisobjekt ... 171
 Planstatus ... 164
 Probleme ... 194
 Residenzzeit ... 227
 Stammfolge ... 169
 Vorgänge ... 169
Fertigungserzeugnis (FERT) ... 154, 155
Fertigungshilfsmittel (FHMI) ... 97, 110, 138, 154
 Verfügbarkeitsprüfung ... 176, 209
Fertigungsinformationssystem ... 663
 Einstiegsbild ... 664
 in der Prozessfertigung ... 668
 in der Serienfertigung ... 668
 Listenaufbereitung ... 665
 Selektionsfunktionen ... 664
 Standardanalysen ... 667
Fertigungslinie ... 88, 126, 129, 249, 261
 Grunddaten ... 250
 Kapazitäten ... 251
 Linienabschnitt ... 129, 249
 Linienhierarchie ... 129, 249
 Takt ... 129, 249
 Vorschlagswerte ... 251
Fertigungssteuerer ... 80, 84, 85
Fertigungssteuerung ... 47
Fertigungssteuerungsprofil ... 84, 85, 92, 147, 622
Fertigungssteuerungsprofil in der Chargenverwaltung ... 149
Fertigungsstückliste ... 115
Fertigungsversion ... 145, 146, 198, 257, 315, 630
Fertigungsversion prüfen ... 258, 259
Fertigungszeit ... 179
FERT → Fertigerzeugnis (FERT)
FHMI → Fertigungshilfsmittel (FHMI)
finite Planung ... 569
Finitheitsgrad ... 570

Fiori-App → SAP-Fiori-App
Folge, alternative ... 137
Folgeverarbeitung ... 671
Forecast → Vorplanung
Fremdbeschaffungsbeziehung ... 567
frühester Start (FS) ... 202
frühestes Ende (FE) ... 203
Frühwarnsystem (FWS) ... 669
Ausnahme ... 670
Gruppierung von Ausnahmen ... 672
FS ... 202
Funktionen auf Positionsebene ... 119
Funktionssymbole ... 655
FWS → Frühwarnsystem (FWS)

G

gATP ... 533
Genehmigung ... 367
Gesamtplanung ... 459
Gesamtprofil ... 149, 503
Gesamtprofil der Kapazitätsauswertung ... 492
Geschäftsbereich ... 27
Geschäftsplan ... 63
Geschäftsregel ... 107
Gleichteil ... 125
Global ATP (gATP) ... 533
Grafikprofil ... 491
grafische Plantafel ... 269, 523, 524
Profil ... 500
Grobplan ... 46
Grobplanung ... 45
Groff-Verfahren ... 556
GUI-Status ... 494
Gutmengenmeldung ... 282

H

Halbfabrikat (HALB) ... 97, 154, 157
Haltbarkeit ... 105
Hauptmaterial ... 122
Hauptprodukt ... 122
Hauptspeicher ... 31
Hauptstrategie ... 418
Heatmap ... 678
Herstellanweisung ... 319, 320, 357
bearbeiten ... 359
Status ... 361
Herstellungsdatum ... 109
Herstellungsverfahren ... 49
Heuristik ... 104, 552
Ablaufheuristik ... 557
Feinplanungsheuristik ... 552
Produktionsplanungsheuristik ... 552
SAP_MRP_001 ... 557
SAP_PP_002 ... 554
SAP_PP_018 ... 541
Serviceheuristik ... 552, 560
Hilfs- und Betriebsstoffe (HIBE) ... 97
Hintergrundjob ... 340, 356
Historie ... 118
Horizontschlüssel ... 181

I

infinite Planung ... 558, 569
Infobibliothek ... 666
Informationssystem ... 658
Info-Set anlegen ... 666
Infostruktur ... 663, 666
In-Memory-Technologie ... 29, 30
Innenauftrag ... 90
internes Rechnungswesen ... 73

J

JIT-Produktionsversorgung der nächsten Generation ... 636
JIT → Just-In-Time (JIT)
Just-In-Time (JIT) ... 67, 598, 625, 626, 636

K

Kalender ... 75
Kalkulation ... 205
Kalkulationssicht ... 108
Kanban ... 48, 626, 627, 646
Konfiguration ... 650
MF12 ... 650
MF41 ... 650
PK10 ... 649
PK31 ... 650
PK41 ... 649
PKMC ... 646
Pull-Prinzip ... 647
Regelkreis ... 646
Rückmeldung ... 649
Stornierung ... 650
Kanban-Behälter (CONT) ... 98
Kanban-Tafel ... 648
Kapazität ... 128, 524

Kapazitätsabgleich ... 493, 519, 521
- *Auswertungsprofil* ... 497
- *Gesamtprofil* ... 503
- *Listenprofil* ... 499
- *Periodenprofil* ... 498
- *Profil der grafischen Plantafel* ... 500
- *Profil der tabellarischen Plantafel* ... 499
- *Profile* ... 493
- *Selektionsprofil* ... 495
- *Steuerungsprofil* ... 493
- *Zeitprofil* ... 496

Kapazitätsangebot ... 269
Kapazitätsauswertung ... 487, 514
- *Auswahlprofil* ... 488
- *Auswahl-Set* ... 489
- *Einstellungsprofil* ... 489
- *erweiterte* ... 519, 520
- *Gesamtprofil* ... 492
- *Grafikprofil* ... 491
- *Listenprofil* ... 490
- *Listenvariante* ... 491
- *Profile* ... 487

Kapazitätsbedarf ... 269, 453, 454
Kapazitätsbelastung ... 269
Kapazitätsdetail ... 516
Kapazitätsplaner ... 80, 83, 84
Kapazitätsplanergruppe ... 83
Kapazitätsplanung ... 66, 80, 209, 486
- *Konfiguration* ... 487
- *Mengensplit* ... 210
- *Vorgabewertsplit* ... 210

Kapazitätsprüfung ... 46
Kapazitätsterminierung ... 149, 504, 523
Kapazitätsverfügbarkeit, kurzfristige ... 149
Kapazitätsverfügbarkeitsprüfung ... 176, 208
Klasse ... 298
Klassifizierung ... 100
Klassifizierungsmerkmal ... 603
KMAT ... 98
Kommissionierliste ... 213, 365
Komponente ... 113
Komponente, vorgangsgenaue Bereitstellung ... 457
Komponentenallokation ... 457
Komponentenmeldung ... 280
Komponentenverbrauch ... 676
Konfigurierbare Materialien (KMAT) ... 98
Konsistenzcheck ... 538
Kontenplan ... 73
Kontingentierung ... 435
Kostenrechnungskreis ... 73
Kostenrechnungssteuerung ... 92
Kostensammler ... 90
Kostenträgerrechnung
- *auftragsbezogene* ... 205
- *produktbezogene* ... 288

Kundenauftrag ... 200
Kundenauftragsfertigung ... 152
kundenauftragsorientierte Serienfertigung ... 51
Kundenauftragspositions-einzelfertigung ... 448
Kundenbedarf ... 83
Kundeneinzelfertigung ... 417, 448
Kundeneinzelfertigung, Planungs-strategien ... 429
Kuppelprodukt ... 122, 123
kurzfristige Materialverfügbarkeit ... 148

L

Ladedatum (LD) ... 203
Lagerbestand ... 601
Lagerfertigung ... 417
Lagerfertigung, Planungsstrategien ... 424
Lagernummer ... 76
Lagerort ... 71, 76
Lagerort-Dispositionsbereich ... 78, 79
Lagerplatz ... 76
Lagerposition ... 115
Lager-Serienfertigung ... 51
Lagertyp ... 76
Langfristlosgröße ... 449
Langfristplanung ... 46, 66, 410
- *Planungsszenario* ... 411
- *pMRP* ... 477
- *Werkzeuge* ... 412

LD ... 203
Least-Unit-Cost-Verfahren ... 556
Leistungseinfluss ... 129
Leistungsmeldung ... 280
Leitteileplanung ... 66, 465, 472
Lieferdatum, Wunschlieferdatum ... 203
Lieferzeit ... 452
Liegezeit ... 204
Linienabschnitt ... 129, 140
Linienhierarchie ... 129, 140
Linienplan ... 140, 254
- *Linienplankopf* ... 140, 254
- *Takt* ... 140, 253
- *Taktzahl* ... 140, 253
- *Vorgänge* ... 253

Linienplan (Forts.)
Zuführungslinie ... 140, 254
LIS → Logistikinformationssystem (LIS)
Listenaufbereitung ... 661, 662, 665
Listenprofil ... 490, 491, 499
Listenvariante ... 491
liveCache ... 532
Logistikinformationssystem (LIS) ... 173, 247, 659
Lohnbearbeiter-Dispositionsbereich ... 78, 79
Long Term Planning (LTP) ... 66, 472
Losgröße ... 49
Losgrößenverfahren ... 443, 445
optimierendes ... 446, 447
periodisches ... 446, 447
spezielles ... 448
statisches ... 446
LTP → Long Term Planning (LTP)

M

Make-to-Order (MTO) ... 54, 233
Make-to-Stock (MTS) ... 54, 233
Mandant ... 69, 72
manuelle Bestellpunktdisposition ... 597
maschinelle Bestellpunktdisposition ... 597
Massenänderung ... 95
Massenpflege ... 609
Master Planning ... 66
Master Production Schedule (MPS) ... 66, 463, 598
Material, Verwendungszweck ... 95
Materialart ... 93, 95, 484
anlegen ... 96
ID ... 96
Standardmaterialart ... 96
Materialausschuss ... 678
Materialbedarfsplanung ... 46, 66, 439, 598
Materialbereitstellung ... 213, 275
Kommissionierliste ... 213
Materialbereitstellungsliste ... 213
Materialentnahmeschein ... 213
Pickliste ... 213
Materialbereitstellungsdatum ... 434
Materialbereitstellungsliste ... 245, 274, 275, 277, 365
Materialdeckung ... 675
Materialentnahmeschein ... 213
Materialfluss, strategische Entkopplung ... 600
Material Forecast ... 66
Materialien für die Produktion bereitstellen ... 246
Materialmengenberechnung ... 312
Materialprognose ... 66
Material Requirements Planning (MRP) ... 66, 439, 598
Materialstamm ... 93, 99, 294
Materialstammdatensatz
ändern ... 95
anlegen ... 94
Anzeige ohne Änderungsfunktion ... 95
Massenänderung ... 95
Materialstückliste ... 115
Materialverfügbarkeit, kurzfristige ... 148
Materialverfügbarkeitsprüfung ... 148, 176, 206
Maximalstückliste ... 125, 160
Mehrfachstückliste ... 123
Mehr- oder Minderzugang ... 148
mehrstufige Rückwärtsterminierung ... 598
Meldebestand ... 596
Mengenabruf ... 626
Mengensplit ... 210, 524
Merkmale ... 298
Merkmalgruppe ... 323
minimaler Sicherheitsbestand ... 614
Minus-20-Regel ... 539
Modell- und Planversionsmanagement ... 551
Modul ... 27
Moduspriorität ... 558, 559
Monitoring ... 653
Echtzeit-Monitoring ... 677
SAP-Fiori-Apps ... 674
MPS → Master Production Schedule (MPS)
MRP Dispatcher ... 468, 469
MRP Live ... 66, 464, 582, 588, 617
MRP-Planungslauf ... 582
MRP → Material Requirements Planning
MTO → Make-to-Order (MTO)
MTS → Make-to-Stock (MTS)
Multi-Activity-Ressource ... 537, 569

N

Nacharbeit ... 223
Nachbearbeitungsatz ... 241
Nachfrageschwankung ... 599
Nachschubplanung ... 615
Nachschubstrategie ... 626
Nachweispflicht ... 110
Nebenprodukt ... 57, 122, 123

Nebenstrategie ... 418
negativer Bestand ... 216
Nettobedarf ... 442
Nettobedarfsrechnung ... 540
Nettoflussposition ... 615
Nichtlagerposition ... 115
Nichtleitteil ... 472
NJIT ... 626, 628, 636
automatische Planung ... 643
bedarfsgesteuerte Planung ... 641
für Planung nicht relevant ... 642
JIT-Nachschub einplanen ... 643
JIT-Regelkreise verwalten ... 637
Nachschub einplanen ... 643
Nachschub für JIT-Regelkreise anfordern ... 642
Nachschubstrategie ... 639
Produktionsversorgung planen ... 642
Regelkreis ... 637
taktbasierte Planung ... 642
verbrauchsgesteuerte Planung ... 640
Normalarbeitsplan ... 139, 629
Normalarbeitsplan anlegen ... 164
Nummernkreis ... 170
Nummernkreisintervall ... 194
Nutzungsgrad ... 163

O

Optimierung ... 30
Order-to-Cash (O2C) ... 26
Organisationsdaten ... 69, 71
Finanz-Organisationseinheiten ... 71, 72
Logistik-Organisationseinheiten ... 71, 74
Organisationsebene ... 69, 71
Organisationseinheit ... 69, 72
Finanz-Organisationseinheiten ... 71, 72
Logistik-Organisationseinheiten ... 71, 74
Ortsgruppe ... 134

P

P2P ... 26
Parameter, auftragsabhängiger ... 173
PDS ... 559
Pegging ... 554
Peitscheneffekt ... 66, 599, 601
Performance ... 255
periodengenaue Verrechnung ... 426
Periodenprofil ... 498
periodische Analyse ... 673
Phase ... 129, 137, 308
PI ... 87
Pickliste ... 213
Pipelinematerial (PIPE) ... 98
PI2P → Plan-to-Produce (PI2P)
Planalternative ... 138
Plantyp ... 138
Selektions-ID ... 138, 139
Selektionspriorität ... 138
Status ... 139
Verwendung ... 139
Planauftrag ... 46, 199, 260, 451
anlegen ... 263
Eckpunktterminierung ... 452
fixieren ... 237
Plantermine ... 199
Terminierungsparameter ... 248
Terminierungsprotokoll ... 264
plangesteuerte Disposition ... 441
Plangruppe ... 165
Planposition ... 137
Planprimärbedarf ... 46, 415, 416, 424
Planprimärbedarf abbauen ... 433
Planstatus ... 313
Plantafel ... 486, 487
grafische ... 269, 523, 524
tabellarische ... 523, 527
Plan-to-Produce (PI2P) ... 26, 44, 45, 187, 260, 344
Plantyp ... 138
Planung ... 80
auftragsbezogene ... 188
erweiterte ... 104
finite ... 569
infinite ... 558, 569
Laufzeit ... 468, 470
Planungshorizont ... 45, 524
Planungs-ID ... 258
Planungskalender ... 104
Planungslauf ... 586
Planungsmodus ... 461
Planungsperiode ... 259, 261
Planungsrezept ... 127, 136, 141, 291, 308
Chargenverwaltung ... 142
Materialmengen ... 312
Phase ... 141
Phasen ... 308
Profil ... 309
Ressource ... 141
Vorgang ... 141
XSteps ... 142

Planungsstrategie ... 415, 416, 418, 539
Planungsstrategiegruppe ... 418
Planungstableau ... 244, 264, 266
Einstiegsparameter ... 245
Erweiterung ... 269
grafische Plantafel ... 269
Kapazitätsangebot ... 269
Kapazitätsbedarf ... 269
Kapazitätsbelastung ... 269
Selektionsbild ... 266
Terminierung ... 267, 268
Planungstool ... 63
Planungsverfahren ... 104
Planungsvormerkdatei ... 459, 462
Planungsvormerkung ... 471, 587
Planversion ... 585
Plattform ... 29
PMA ... 623, 628, 631
/SCWM/PMR ... 634
/SCWM/PSASTAGE ... 632
auftragsspezifische Bereitstellung ... 632
auftragsübergreifende Bereitstellung ... 633
CO02 ... 634
LPK1 ... 631
LPK2 ... 631
LPK3 ... 631
Staging ... 631
pMRP → Predictive MRP (pMRP)
Position ... 115
Positionsart ... 624
Positionstyp ... 115
PP/DS-Feinplanungstafel ... 576
PP/DS → Production Planning and Detailed Scheduling (PP/DS)
PP-CRP ... 66
PP-Heuristik ... 552, 553
PP-MP ... 66
PP-MP-DEM ... 66
PP-MP-MF ... 66
PP-MP-MPS ... 66
PP-MRP ... 66
PQR-Klassifikation ... 603
Predictive MRP (pMRP) ... 410, 476, 477
Primärressource ... 129
PROC ... 98
Procure-to-Pay ... 26
PROD ... 98
Production Planning and Detailed Scheduling (PP/DS) ... 67, 531, 533
produktbezogene Kostenträgerrechnung 288
Produktgruppe (PROD) ... 98
Produktheuristik ... 553
Produktionsart ... 48, 49
Produktionsdatenstruktur (PDS) ... 559
Produktionseinteilung ... 260
Produktionsgrobplanung ... 400
Produktionslagerort ... 295
Produktionsliste drucken ... 272
Produktionsmaterialanforderung ... 623, 631
produktionsnahe Logistik ... 619
Produktionsplanabbau ... 239
Produktionsplanung ... 66, 568
Produktionsplanungsheuristik ... 552
Produktionsprogrammplan ... 46
Produktionssteuerung ... 47
produktionssynchroner Abruf ... 626
Produktionstermin ... 180, 454
Produktionstyp ... 233
Produktions- und Feinplanung ... 63, 67, 104, 209
Produktionsversorgungsbereich (PVB) ... 53, 111, 128, 629
Produktkalkulation ... 205
Produktklassifizierung ... 601, 605
Produktkomplexität ... 48
Produktkostensammler ... 259, 288
Produktstabilität ... 48
Profil
Auswahlprofil ... 488
Auswahl-Set ... 489
Auswertungsprofil ... 497
Einstellungsprofil ... 489
für Kapazitätsabgleich ... 493
für Kapazitätsauswertung ... 487
Gesamtprofil ... 492, 503
Grafikprofil ... 491
Listenprofil ... 490, 499
Listenvariante ... 491
Periodenprofil ... 498
Profil der grafischen Plantafel ... 500
Profil der tabellarischen Plantafel ... 499
Selektionsprofil ... 495
Steuerungsprofil ... 493
Zeitprofil ... 496
Profitcenter ... 82
Prognosesicht ... 105
Programmplanung ... 46, 66, 415
Projektfertigung ... 48
Propagierungsbereich ... 585
Protokoll anzeigen ... 586
Protokollierung ... 56

Prozessauftrag 56, 57, 89, 293, 316
abschließen 378
anlegen 346
archivieren 379
Art 92
löschen 379
Rückmeldung 369
Status 378
Prozessfertigung 47, 55, 87, 291
Cockpit 342
Fertigungsinformationssystem 668
Materialstammdaten 294
Prozesskoordination 293
Stammdaten 88
Prozesskoordination 319
Prozessmaterial (PROC) 98
Prozessmeldung 319, 321, 334, 372
Art 335
erzeugen 374
manuell anlegen 374
Merkmale 335
Merkmalgruppen 323
Prozessmeldungsempfänger 336
Prozessmeldungsmonitor 374, 375
Prozesssteuerschlüssel 236
Prozessvorgabe 319, 321, 322
anlegen 322
Art 322, 328
Merkmale 322, 323
Merkmalgruppen 323
Typ 322, 325
Prozessvorgabe-Assistent 326
Prüfgruppe 176, 434
Prüfregel 176, 435
Prüfumfang 176, 177, 434
Prüfungssteuerung 176, 178
Prüfungsvorschrift 176
Puffer 601
Puffermenge berechnen 611
Pufferprofil 608
Puffervorschlag 611
Pufferzeit 181
Pufferzeit reduzieren 455
Pull-Prinzip 53
Purchase-to-Pay (P2P) 26
PVB → Produktionsversorgungsbereich (PVB)

Q

Q2C 26
qualifizierter Spitzenbedarf 616
Qualitätsmanagement 107
Qualitätsstandard 56
Quotation-to-Cash (Q2C) 26

R

R2S 26
Rechnungswesen, internes 73
Referenzeinkaufsorganisation 78
Regelkreis 631
Reichweitenprofil 541
Reichweitenrechnung 443
Reifezeit 104
REM 87
Re-Order Point 611
Replenishment Execution 595, 600
Replenishment Planning 595, 599, 615
Reporting 653
Reports 654
Standardreports 657
Request-to-Service (R2S) 26
Reservierung 200
Residenzzeit 92, 227, 379
Ressource 88, 126, 129, 141, 304
anlegen 304, 305
finite 569
infinite 569
Primärressource 129
Ressourcennetz 129
Sekundärressource 129
Terminierungsformel 129
Ressourcenauswahl 307
Ressourcennetz 126
Ressourcennetzwerk 307
Ressourcentabelle 395
retrograde Entnahme 182, 213, 236, 254, 370
Revisionssicherheit 110, 297
rhythmische Disposition 463
Rohmaßposition 115, 119
Rohmaßvariable 119
Rohstoffe (ROH) 97, 154, 156
Rohteilformel 119
Rolle 79
Aufgabenbereich 80
betriebswirtschaftliche 80
Rollen- und Berechtigungskonzept 79
rote Zone 614
Rückmeldung 148, 182, 217, 280, 367
Auftragsrückmeldung 218
Einzelbilderfassung 185

Rückmeldung (Forts.)
Endrückmeldung 218
entkoppelte 285
erfassen 369
Erweiterung 185
globale Einstellungen 247
Konfiguration 182
Parameter 183
stornieren 284
Teilrückmeldung 218
Überlieferung 222
Unterlieferung 222
Vorgangsrückmeldung 218
Zeitpunkt 185
Rückwärtsterminierung 180
Rückwärtsterminierung, mehrstufige 598
Rüsten 138
Rüstzeit 204

S

Sales and Operations Planning (SOP) 65
Delta-Planung 389
Disaggregation 404
Ereignis 395
flexibles SOP 381, 399
Grobplanungsprofil 394
Informationsstruktur 386
konsistente Planung 389, 391
Massenplanung 408
Planung anlegen 400
Planungsaktivität 408
Planungsart 389
Planungshierarchie 391
Planungsmethode 389
Planungsparameter 388
Planungstableau 400
Planungstyp 396
Produktgruppe 391
Ressourcenabgleich 405
Standard-SOP 381, 399
Stufenplanung 389
Übergabe Programmplanung 406
Sammelumsetzung 198
Sammelverfügbarkeitsprüfung 278
SAP_DS_01
stabile Vorwärtsterminierung 574
SAP_DS_02
erweiterte Rückwärtsplanung 575
SAP_PP_001
Auftrag manuell ändern 554
SAP_PP_002
Planung von Standardlosen 554
SAP_PP_004
Planung von Standardlosen in drei Horizonten 555
SAP_PP_005
Stück-Perioden-Ausgleich 556
SAP_PP_006
Least-Unit-Cost-Verfahren: Fremdbeschaffung 556
SAP_PP_007
Bestellpunktdisposition 557
SAP_PP_008
Neuterminierung: Bottom-up für Konti-IO 560
SAP_PP_010
Neuterminierung:Top-down 561
SAP_PP_011
Löschen von Pegging-Beziehungen 563
SAP_PP_012
Ändern von Auftragsprioritäten 564
SAP_PP_019
Fixieren von Pegging-Beziehungen 562
SAP_PP_LLC
Stage-Numbering-Algorithmus für PP/DS 564
SAP (Extended) Warehouse Management 149
SAP00
Rückstandsauflösung 572
SAP001
Reihenfolgeplanung 572
SAP003
manuelle Reihenfolgeplanung 573
SAP004
Durchlaufzeitreduzierung 573
SAP Advanced Planning and Optimization (SAP APO) 104
SAP Business Technology Platform (BTP) 26
SAP Development Partner 28
SAP Fiori 32, 34
Echtzeit-Monitoring 677
Konzept 32
Smart-Business-Kachel 677
SAP-Fiori-App 28, 32, 34, 343
Abweichungen Einzelposten anzeigen 658
Arbeitsplätze verwalten 249
Arbeitsplatzkapazität verwalten 514, 517, 679
Auftragsfortschritt überwachen 657
Ausschussursache 677

SAP-Fiori-App (Forts.)
Bedarfs-/Bestandsliste prüfen 547
Bedarfs-/Bestandsliste überwachen 657
Bedarfsverursacher anzeigen 657
Berechnung von Puffervorschlägen einplanen 611
Bestandsübersicht anzeigen 657
Durchlaufzeitklassifikation einplanen (BWB) 610
Einzelposten zu Istkosten anzeigen 658
Ergebnisermittlungs-Einzelposten anzeigen 658
Externe Bedarfe ermitteln 675
Fertigungs-/Planaufträge überwachen 657
Fertigungsaufträge bearbeiten 194
Fertigungskostenanalyse 658
Fertigungsplantafel 579, 582, 680
Fertigungsvorgänge bearbeiten 196
Interne Bedarfe ermitteln 675
Kapazitätsauslastung ermitteln 523, 579
Kapazitätsplantafel 523, 528
Komponentenverbrauch 676
Massenpflege von Produkten (BWB) 610
Material ändern 544
Materialausschuss 678
Materialdeckung 590
Materialdeckung bearbeiten 547
Materialdeckung ermitteln 593, 675
Materialdeckung ermitteln: Netto- und Einzelabschnitte 593
Mein Zuständigkeitsbereich 544
MRP-Kennzahlen anzeigen 678
MRP-Stammdatenprobleme anzeigen 679
Planaufträge verwalten 264
pMRP-Simulationen verarbeiten 476, 477
pMRP-Simulationserstellung einplanen 476, 477
Produktklassifizierung einplanen (BWB) 603, 606
Produktkostensammler analysieren 658
Produktstammdaten verwalten 544
Produktverfügbarkeit überwachen 657
Protokolle zur Digitalen Signatur 658
Prozess-/Planaufträge überwachen 658
Prozessaufträge bearbeiten 317
Pufferprofilpflege 606
Ressourcen bearbeiten 304
Serienfertigung rückmelden 279
Serienfertigungsrückmeldung stornieren 279
Serienfertigungswarenbewegungen nachbearbeiten 279
Verzögerte Fertigungsaufträge ermitteln 680
Verzögerte Prozessaufträge ermitteln 680
Wiederbeschaffung nach Planungspriorität 615
Zeitabhängige Bestände pflegen 542, 545, 549
SAP Fiori Apps Reference Library 28, 39
SAP Fiori Client 38
SAP Fiori Launchpad 36
SAP-Hinweis
135807 433
2382787 589
2695838 382
518556 586
SAP Integrated Business Planning for Supply Chain 65, 382, 402
SAP IBP for Demand 382
SAP IBP for Inventory 382
SAP List Viewer (ALV) 655
SAP S/4HANA
digitaler Kern 26
Erweiterungskonzept 27
Geschäftsbereiche 27
In-Memory-Datenbank 30
Optimierung 30
Plattform 29
SAP-Fiori-Designkonzept 34
Zusatzlösungen 28
SAPUI5 Theme Designer 28, 44
SAP User Experience 32
SE 203
Segmentierungsstrategie 107
Sekundärbedarf 199
Sekundärressource 129
Selektionsbild 656, 659
Selektionsfunktion 664
Selektions-ID 138, 139
Selektionsprofil 495
Selektionssymbol 655
Sequenzplanung 272
Serienfertigung 47, 51, 87, 229, 260
Arbeitsanweisungen 274
Arbeitspapiere 272
Ausschussmeldungen 281
Baugruppenmeldung 280
Druckfunktionen 272
entkoppelte Rückmeldung 285
Fertigungsinformationssystem 668

Serienfertigung (Forts.)
Fertigungsprozesse 260
Gutmengenmeldung 282
Komponentenmeldung 280
kundenauftragsorientierte 51
Lager-Serienfertigung 51
Leistungsmeldung 280
manuelle Rückmeldung 280
Materialstammdaten 242
mit Kanban 53
Nachbearbeitung von Fehlersätzen 286
Produktionsliste 272
Produktkostensammler 288
retrograde Entnahme 254
rückmelden 282
Sammelrückmeldung 283
Stammdaten 88, 231
Stornierung der Rückmeldung 284
verwalten 270
Zählpunktmeldung 281
Zählpunktstatistik 290
Serienfertigungsprofil 149, 232, 621
Abbauhorizont 239
automatische Chargenfindung 238
automatischer Wareneingang 234
Bestandsfindung 237
Bewegungsarten 241
Entkoppelung Rückmeldung 235
Leistungen 235
Nachbearbeitungssätze 241
Planaufträge fixieren 237
Produktionsplanabbau 239
Produktionstyp 233
Rückmeldung 280
Rückstände retrograder Entnahme 240
Serienfertigungsprofil-Assistent 149
Stornierung Rückmedung 240
Warenausgang 236
Zählpunkte 233
Serienfertigungsprofil-Assistent 232
Serienfertigungsrückmeldung stornieren 284
Serviceheuristik 552, 560
Sicherheitsbestand 443, 597
bedarfsorientierter 443
Bedarfsvorlaufzeit 541
dynamischer 443
minimaler 541, 614
Reichweitenprofil 541
statischer 540
teilweise verfügbarer 443
Sicherheitsbestand aus Lokationsprodukt 542
Sicherheitsbestandsmethode 542
Sicherheitsreichweite aus Lokationsprodukt 542
Sicherheitszeit 181, 203
Sicht 93, 99
Simulation für die kurze Frist 411
Simulationsversion 586
Single-Activity-Ressource 537, 569
SNP 533
Sonderbeschaffungsart 451, 566
SOP → Sales and Operations Planning (SOP)
spätester Start (SS) 203
spätestes Ende (SE) 203
Spitzenbedarf, qualifizierter 616
Spitzenhorizont 616
Spitzenschwelle 616
Splittungsquote 448
Spoolauftrag 356
Spoolliste 466
SS 203
Stammdaten 87
allgemeine Werks- und Lagerungsdaten 107
Arbeitsplatzstammdaten 130
Arbeitsvorbereitung 105
Aufbau 627
Buchhaltungssicht 108
Chargen 108
Chargenstammsatz 109
Disposition 101
Einkaufssicht 101
erweiterte Planung 104
Fertigungshilfsmittel 110
Grunddaten 100
in der diskreten Fertigung 88, 152
in der Prozessfertigung 88
in der Serienfertigung 88, 231
Kalkulationssicht 108
Klassifizierung 100
Konfiguration 70
Materialstammdaten 93
Prognosesicht 105
Qualitätsmanagement 107
Vertriebssicht 101
Stammfolge 137, 169
Standardanalyse 673
Standardarbeitsplan 139
Standardauswertung 515
Standardreport 657

Standard-XStep 329
Standard-XSteps-Repository → SXS-Repository
Start
frühester 202
spätester 203
terminierter 202
Status 92
Steuerrezept 320, 337
Steuerrezeptempfänger 337
Steuerschlüssel 134, 162
Steuerschlüssel, Konfiguration 165
Steuerung 80
Steuerungskennzeichen 91
Steuerungsprofil 147, 493
Gesamtprofil 149
Mehr- oder Minderzugang 148
Rückmeldung 148
Serienfertigungsprofil 149
verfügbare Teilmenge bestätigen 148
Strategieprofil 508, 558, 559
Stückliste 113, 157, 302, 628
Abfallprodukt 122
Alternative 123
anlegen 159
Baugruppen 113
Belegpositionen 115
Dokumente 115
Dummy-Baugruppe 120
erweiterte Funktionen 120
Fertigungsstückliste 115
Historienpflicht 118
Komponenten 113
Kuppelprodukt 122
Lagerpositionen 115
Materialart 117
Materialstückliste 115, 159
Maximalstückliste 125, 160
Mehrfachstückliste 123
Nebenprodukt 122
Nichtlagerpositionen 115
pflegen 243
Positionstyp 115
Prioritätenfolge 117
Rohmaßpositionen 115, 119
Rohteilformel 119
Selektions-ID 117
Stücklistenalternative 123
Stücklistengruppe 125
Stücklistenkaskade 115
Stücklistenkopf 115, 160
Stücklistenpositionen 115, 160
Stücklistenstatus 118
Stücklistenverwendung 116, 117, 158
Textpositionen 115
Variantenstückliste 124
Verwendungs-Klassifikation 603
Stufenplanung 391
Sukzessivplanung 532
Sukzessiv-Planungsmodell 584
Supply Network Planning (SNP) 533
SXS-Repository 142, 329
synchrone Warenbewegung 620

T

tabellarische Plantafel 523, 527
tabellarische Plantafel, Profil 499
Takt 129, 140, 253
Taktzahl 140
Teilarbeitsplan 139
Teilmenge, verfügbare 148
Teilrückmeldung 218
Teilumsetzung 199
teilweise verfügbarer Sicherheitsbestand 443
terminierter Start (TS) 202
terminiertes Ende (TE) 202
Terminierung 46, 179, 452
Art 452
Durchlaufterminierung 180, 568
Durchlaufzeit 181
Eckdatenterminierung 180
Eckpunktterminierung 568
Fehlerprotokoll 264
Fertigungszeiten 179
Formel 129
Horizontschlüssel 181
Parameter zur Auftragsart 201
Pufferzeiten 181
Rückwärtsterminierung 180
Sicherheitszeit 181
Tagesdatum 180
Terminierungsarten 180, 452
Terminierungsparameter 180
Vorgriffszeit 181
Vorwärtsterminierung 180
TE → terminiertes Ende (TE)
Textposition 115
Top of Green (TOG) 612
Top of Red (TOR) 612
Top of Yellow (TOY) 611

Transaktion ... 34
/n/SAPAPO/MVM ... 551
/SAPAPO/CDPSO ... 538, 576
/SAPAPO/CDPSBO ... 582
/SAPAPO/CURTO_EDIT ... 538, 559
/SAPAPO/RRP_NETCH ... 582, 587
/UI5/THEME_DESIGNER ... 44
/UI5/THEME_TOOL ... 44
BMBC ... 363
BMC1 ... 297, 298
BMC2 ... 297, 298
BMC3 ... 297, 298, 363
BS02 ... 186
C201 ... 136, 141, 308, 310, 312, 328, 333, 505
C202 ... 136, 141, 308, 312, 328, 333, 504, 505
C203 ... 136, 141, 308
C223 ... 145, 146, 167, 257, 258, 315, 630
CA01 ... 136, 139, 164, 505, 629
CA02 ... 136, 139, 164, 504, 505
CA03 ... 136, 139, 164
CA10 ... 303, 306, 311
CA11 ... 136, 139
CA12 ... 136, 139
CA13 ... 136, 139
CA21 ... 136, 140, 253, 254
CA22 ... 136, 140, 253
CA23 ... 136, 140, 253
CA96 ... 452, 453
CB85 ... 355, 356
CF01 ... 93, 110
CF02 ... 93, 110
CF03 ... 93
CF10 ... 84
CF13 ... 84
CFC9 ... 535, 537, 540
CL02 ... 297, 298, 300, 307
CM01 ... 84, 508, 514–516
CM02 ... 84, 514, 516
CM03 ... 84, 514
CM04 ... 514
CM05 ... 514
CM07 ... 84, 514, 517
CM21 ... 84, 514, 522, 524
CM22 ... 84, 514, 522, 527
CM23 ... 523
CM27 ... 523
CM28 ... 523
CM31 ... 523
CM38 ... 412
CM40 ... 84, 514, 519, 521
CM50 ... 84, 514, 519, 520
CM51 ... 519, 520
CM52 ... 84, 514, 519, 520
CM53 ... 519
CM54 ... 519
CM55 ... 519
CM56 ... 519
CM57 ... 519
CMOD ... 512
CMS1 ... 487, 489, 491
CMS2 ... 487, 489, 491
CMS3 ... 487, 489, 491
CMV1 ... 487, 489
CMV2 ... 487, 489
CMV3 ... 487, 489
CMXSV ... 136, 142, 328–330, 349, 352
CMXSVN ... 328, 329, 349, 352
CNR1 ... 126, 129, 130, 248, 249, 505
CNR2 ... 126, 129, 130, 248, 249, 504, 505
CNR3 ... 126, 249
CO01 ... 84, 168, 190, 193, 210
CO02 ... 84, 168, 190, 210, 211, 213, 223, 225–227, 528, 659, 662
CO03 ... 168, 190, 210, 211, 662
CO04N ... 84
CO05N ... 84, 210, 211
CO07 ... 85
CO08 ... 190, 200
CO09 ... 175, 205, 206, 657
CO11N ... 182, 185, 216, 219, 624
CO12 ... 216, 219
CO13 ... 85, 216, 219
CO14 ... 216, 219
CO15 ... 85, 216, 219
CO19 ... 216, 219
CO1F ... 216, 219
CO1V ... 216, 219
CO24 ... 85, 205, 207
CO27 ... 85, 210, 214
CO40 ... 85, 190, 198, 450, 451
CO41 ... 85, 190, 198, 450, 451
CO46 ... 210, 212, 657, 662
CO52 ... 658
CO53XT ... 357, 362, 363
CO54XT ... 363, 372, 374, 375
CO55 ... 357, 360, 371
CO57 ... 362, 372, 374
CO60 ... 357, 359, 360, 371
CO60_VM ... 321
CO60XT ... 357, 360, 371
CO64 ... 357, 360, 371
CO67 ... 357, 360, 362, 371

Transaktion (Forts.)
CO69 ... 372–376
CO80 ... 173
CO81 ... 173
CO82 ... 168, 170
CO83 ... 173
CO84 ... 173
COA2 ... 223, 228
COAC ... 376, 379
COB1 ... 297, 300
COB2 ... 297, 300
COB3 ... 297, 363, 364
COEBR ... 363
COGI ... 279, 286, 287
COHV ... 82, 84
COIF ... 658
COIK ... 365
COISN ... 659
COMAC ... 82, 84
COOIS ... 82, 85, 210, 212, 659, 661
COOISPI ... 659
COPI ... 353, 355, 356
COPOC ... 342
COR1 ... 316, 328, 333, 345, 346, 350, 367
COR2 ... 308, 316, 328, 333, 345–347, 350, 353, 356, 362, 364, 365, 367, 376, 378, 379, 528
COR3 ... 316, 345
COR4 ... 345
COR5 ... 353
COR6N ... 369
COR7 ... 345, 450, 451
COR8 ... 345, 450, 451
CORK ... 369, 370
CORN ... 89, 92, 347
CORO ... 345, 346
CORR ... 369
CORS ... 369, 371
CORT ... 369
CORU ... 85, 106
CORZ ... 369
CR01 ... 629
CR011 ... 162
CR02 ... 252, 395, 506, 508
CR24 ... 303, 307
CR25 ... 303, 307
CR26 ... 303
CRC1 ... 126, 129, 303–305, 307, 505
CRC2 ... 126, 129, 303, 304, 307, 308, 395, 504, 505
CRC3 ... 126, 129, 303, 304
CS01 ... 113, 115, 123, 125, 157, 159, 243, 302, 628
CS02 ... 113, 115, 157, 243, 302
CS03 ... 113, 115, 157, 243, 302
CT01 ... 297, 298
CT02 ... 297, 298
CT03 ... 297, 298, 363
CT04 ... 297, 298, 321, 324, 333, 335
CU71 ... 300
CU72 ... 363
CUNI ... 119
CURTOADV_CREATE ... 535, 538, 567
CY39 ... 510
CY40 ... 495
DSAL ... 658
KKBC_PKO ... 658
KKF6N ... 259
KKFB ... 658
KOB8 ... 658
KONK ... 168, 170
KOT2_OPA ... 89, 90
KRMI ... 658
LDE1 ... 272, 274
LPK1 ... 650
MASS ... 93, 95
MB51 ... 279, 285, 600, 605
MB56 ... 363
MB57 ... 297, 372
MB5M ... 363
MBC3 ... 363
MC=1 ... 670
MC=2 ... 670, 671
MC=3 ... 670
MC=4 ... 670, 672
MC=5 ... 672
MC=6 ... 672
MC=7 ... 670, 674
MC=8 ... 674
MC=9 ... 674
MC=B ... 670, 674
MC04 ... 666
MC05 ... 666
MC21 ... 386
MC22 ... 386
MC23 ... 386, 387
MC35 ... 81, 393, 394
MC36 ... 81, 393, 394
MC37 ... 393, 394
MC61 ... 81, 391, 392
MC62 ... 81, 391, 392, 404
MC63 ... 391, 392

Transaktion (Forts.)
MC64 ... 81, 393, 395
MC65 ... 81, 393, 396
MC66 ... 394, 396
MC74 ... 81, 406
MC75 ... 81, 406
MC76 ... 403, 404
MC77 ... 403
MC78 ... 400
MC7F ... 388, 405
MC80 ... 400
MC81 ... 81, 399, 400, 404
MC82 ... 81, 399, 400
MC83 ... 399, 400
MC84 ... 391, 392, 404
MC85 ... 391, 404
MC86 ... 391
MC87 ... 81, 399
MC88 ... 81, 400, 403, 406
MC89 ... 400
MC8A ... 394, 396, 409, 410
MC8B ... 394, 396
MC8C ... 394, 396
MC8D ... 407, 408, 410
MC8E ... 407, 408
MC8F ... 407, 408
MC8G ... 407, 408, 411
MC8I ... 407, 408
MC8T ... 407, 408, 410
MC8U ... 391, 392
MC90 ... 82
MC91 ... 391
MC92 ... 391
MC93 ... 82, 400, 404
MC94 ... 82, 400
MC95 ... 400
MC9B ... 391, 392
MCP1 ... 667
MCP3 ... 667
MCP5 ... 667, 668
MCP6 ... 668
MCP7 ... 668
MCP9 ... 668
MCQ. ... 668
MCRE ... 668
MCRI ... 668
MCRK ... 668
MCRM ... 290, 663, 668
MCRP ... 668
MCRU ... 668
MCRV ... 668
MCRW ... 668
MCRX ... 668
MCRY ... 668
MCYJ ... 670, 673
MD_MRP_FORCE_CLASSIC ... 459, 468, 469, 593
MD01 ... 458, 460, 582, 593
MD01N ... 458, 464, 582, 583, 588, 593
MD02 ... 82, 458, 460, 464, 471, 475, 593
MD03 ... 82, 471, 472
MD04 ... 82, 262, 263, 272, 274, 285, 471, 475, 657, 662
MD05 ... 82, 272, 274
MD06 ... 82
MD07 ... 82
MD09 ... 657
MD11 ... 82, 262, 263
MD12 ... 82, 262–264, 279, 528
MD13 ... 262, 279
MD14 ... 450, 451
MD15 ... 450, 451
MD41 ... 471, 472
MD43 ... 82, 413
MD47 ... 403
MD4C ... 657, 662
MD61 ... 82, 471, 475
MD62 ... 82, 413, 471, 475
MD63 ... 411, 471, 475
MD73 ... 82
MD74 ... 433
MD75 ... 433
MD76 ... 433
MD8D ... 410
MDVP ... 275, 278
MF12 ... 279, 282, 290
MF27 ... 271
MF36 ... 257, 258
MF41 ... 279, 284
MF42N ... 279, 283
MF47 ... 279, 287
MF4R ... 279, 284
MF50 ... 244, 245, 262, 264–266, 282
MF51 ... 271, 272
MF52 ... 265
MF57 ... 266
MF60 ... 210, 214, 245, 271, 274–277, 365
MF63 ... 275
MF70 ... 279, 285
MFBF ... 279, 280, 282, 284
MFSO ... 412
MIGO ... 33, 85, 210, 215, 220, 278, 365, 366

Transaktion (Forts.)
MM01 ... 93, 94, 110, 155, 209, 242, 294
MM02 ... 93–95, 110, 155, 242, 294, 299, 394, 417, 423, 441, 452, 453, 535, 536, 538, 595, 596
MM03 ... 93–95, 99, 110, 155, 242, 287, 294
MM17 ... 93, 95
MMBE ... 285, 287, 657
MS01 ... 412
MS02 ... 412, 471, 475
MS03 ... 412
MS04 ... 412, 471, 475
MS05 ... 412
MS11 ... 412
MS21 ... 412
MS29 ... 411, 412
MS31 ... 411, 471, 473
MS32 ... 411
MS33 ... 411
MS44 ... 412
MS47 ... 412
MS64 ... 413
MS65 ... 82, 412
MSBT ... 412
MSC1N ... 93, 109, 296, 297
MSC2N ... 93, 109, 296, 297
MSC3N ... 93, 110, 297, 363
MSC4N ... 297, 298
O03C ... 334, 336
O06S ... 342, 343
O08C ... 323, 333
O09C ... 322, 323
O10C ... 337, 338
O12C ... 321, 322, 324, 326, 328, 330
O13C ... 333, 335
O20C ... 321, 322
O22C ... 321
O23C ... 321
O24C ... 334
O25C ... 324, 330, 335
O26C ... 321, 324, 330, 333
OLDPS ... 272, 274
OM13 ... 650
OM16 ... 650
OM17 ... 650
OM19 ... 650
OMCY ... 232, 238
OMDQ ... 459, 464
OMI4 ... 445, 448
OMI8 ... 480, 481
OMIZ ... 79
OMJJ ... 232, 241
OMP1 ... 417, 423
OMPO ... 417, 420
OMS3 ... 93, 95
OP00 ... 126, 134, 303, 306, 504, 505
OP17 ... 504, 506
OP19 ... 126, 133, 134, 162, 303, 305
OP21 ... 306, 504, 506
OP30 ... 126, 134
OP38 ... 511
OP40 ... 126, 127, 162, 303, 304
OP42 ... 303, 305
OP43 ... 511
OP45 ... 303, 305
OP46 ... 164, 165, 308, 313
OP51 ... 126, 132, 133
OP54 ... 126, 133, 134, 252
OP7B ... 133, 303, 305
OPA2 ... 487, 488
OPA3 ... 487, 489
OPA4 ... 487, 490
OPA5 ... 487, 491
OPA6 ... 487, 492
OPA7 ... 487, 491
OPB1 ... 491
OPCI ... 511
OPCM ... 134
OPD0 ... 493, 499, 500, 503
OPD1 ... 493, 495
OPD2 ... 493, 496, 497
OPD3 ... 493, 498
OPD4 ... 493, 498
OPDA ... 511
OPDB ... 493, 504, 508, 510, 513
OPDE ... 493, 494, 499, 500
OPDH ... 493, 499
OPDJ ... 493, 499
OPDK ... 499
OPDL ... 499
OPDM ... 499
OPDQ ... 493, 499
OPDT ... 487, 491
OPEB ... 136, 138, 164, 166
OPFA ... 126, 131
OPG0 ... 493, 500, 501
OPJ8 ... 165, 356
OPJ9 ... 85, 106
OPJG ... 168, 175
OPJH ... 89, 91, 168, 170
OPJJ ... 175, 178
OPJK ... 175, 176, 178, 349

Transaktion (Forts.)
- *OPJN* ... 179, 180, 201
- *OPJR* ... 134
- *OPJS* ... 179, 181
- *OPKO* ... 182, 185
- *OPK4* ... 369, 370
- *OPK5* ... 186, 279, 281, 369, 370
- *OPKC* ... 182, 183, 185, 232, 236
- *OPKP* ... 147, 355, 356, 362, 622
- *OPL8* ... 164, 167, 168, 173
- *OPLG* ... 297, 299
- *OPNO* ... 333, 350
- *OPN1* ... 308, 309, 333, 350
- *OPPF* ... 662
- *OPPQ* ... 480, 481
- *OPPR* ... 480
- *OPPZ* ... 480
- *OPU3* ... 139, 179–181
- *OPU4* ... 139, 388, 389
- *OPU5* ... 139, 179, 181, 248, 452, 456
- *OPUZ* ... 347
- *OPVP* ... 278
- *OS14* ... 113, 117, 157, 159
- *OS15* ... 113, 119
- *OS20* ... 113, 116, 157, 158
- *OS23* ... 113, 118
- *OS24* ... 113, 117, 157, 159
- *OS25* ... 113, 118
- *OS31* ... 113, 117
- *OS32* ... 113, 124
- *OSP2* ... 147, 150, 232, 242
- *OSPT* ... 147, 149, 231, 232
- *OSPX* ... 232, 238
- *OVXC* ... 77
- *OVZ2* ... 175–177
- *OVZG* ... 417, 421
- *OVZH* ... 417, 423
- *OX09* ... 76
- *OX10* ... 74
- *OX18* ... 75
- *PK00* ... 650
- *PK01* ... 650
- *PK02* ... 650
- *PK03* ... 650
- *PK05* ... 629, 650
- *PK07* ... 650
- *PK12N* ... 651
- *PK13N* ... 651
- *PK17* ... 651
- *PK21* ... 651
- *PK31* ... 651
- *PK41* ... 651
- *PKBC* ... 651
- *PKMC* ... 650
- *PPH_DD_BUF_PROF* ... 614, 616
- *QA07* ... 363
- *SE16* ... 600, 604
- *SE16N* ... 600, 604
- *SE38* ... 357
- *SE91* ... 286
- *SE93* ... 669
- *SM36* ... 182, 183, 340, 341, 356
- *SM37* ... 182, 340, 342, 408
- *SM59* ... 338
- *SMQR* ... 535
- *SNRO* ... 168, 170
- *SNUM* ... 168, 170
- *SO15* ... 665
- *SP02* ... 356

Transportbeziehung ... 567
Transportmatrix ... 134
Transportzeit ... 204
TS ... 202

U

Überlappung ... 448
Überlieferung ... 222, 301
Übersicht, variable ... 517
Unterdeckung ... 440, 441, 443, 540
Unterdeckungsdefinition ... 675
Unterlieferung ... 222
User Experience (UX) ... 32

V

variable Übersicht ... 517
Variantenstückliste ... 124, 302
- *anlegen* ... 125
- *Gleichteile* ... 125
- *Variantenteile* ... 125

Variantenteile ... 125
Veränderungsplanung ... 462
Verarbeitungsschlüssel ... 461
verbrauchsgesteuerte Disposition ... 441
Verbrauchssteuerung ... 601
Verfallsdatum ... 109
verfügbare Teilmenge bestätigen ... 148
Verfügbarkeitsprüfung ... 46, 64, 67, 103, 175, 206, 434, 443, 533
- *ATP-Logik* ... 206
- *Fertigungshilfsmittel* ... 176, 209

Verfügbarkeitsprüfung (Forts.)
- *Kapazitätsverfügbarkeit* ... 208
- *Kapazitätsverfügbarkeitsprüfung* ... 176
- *Materialverfügbarkeit* ... 206
- *Materialverfügbarkeitsprüfung* ... 176
- *Prüfgruppe* ... 176
- *Prüfregel* ... 176, 177
- *Prüfungssteuerung* ... 176, 178
- *Prüfungsumfang* ... 176, 177
- *Prüfungsvorschrift* ... 176
- *Sammelverfügbarkeitsprüfung* ... 278

Verfügbarkeitsübersicht ... 175, 206
Verkaufsorganisation ... 77
Verpackungsmaterial (VERP) ... 98
Verrechnung ... 433
Verrechnung, periodengenaue ... 426
Versandstelle ... 77
Verteilungsschlüssel ... 507
Vertriebssicht ... 101
Vertriebs- und Produktionsplanung ... 46, 65
Verwendungsschlüssel ... 116, 158
Verwendungszweck ... 95
Vorgabewertbehandlung ... 133
Vorgabewertschlüssel ... 133
Vorgabewertsplit ... 210, 524
Vorgang ... 137, 141
Vorgang, Stammfolge ... 169
Vorgangsrückmeldung ... 218
Vorgangswert ... 507
Vorgriffszeit ... 181, 203
Vorplanung ... 415, 416
Vorplanungsbedarf ... 415
Vorplanungsplanauftrag ... 432
Vorwärtsterminierung ... 180
VUCA (Volatile, Uncertain, Complex, Ambiguous) ... 598

W

Warehouse Management ... 149
Warenausgang (WA) ... 203, 215, 236, 366
- *Buchung* ... 213
- *Datum* ... 203

Wareneingang (WE) ... 202, 220
- *automatischer* ... 234
- *Datum* ... 202

Wartezeit ... 204
WA → Warenausgang (WA)
Werk ... 71, 74
Werk, Auslieferungswerk ... 77
Werksdispositionsbereich ... 78
Werkstattfertigung ... 48, 49, 151
WE → Wareneingang (WE)
Wiederbeschaffung → bedarfsorientierte Wiederbeschaffung
Work-in-Progress (WIP) ... 224
Wunschlieferdatum (WLD) ... 203

X

XStep ... 142, 291, 321, 328, 349
- *anwendungsbezogen* ... 352
- *anwendungsbezogene* ... 142
- *Anwendungskontext* ... 145
- *anwendungsübergreifend* ... 333, 351
- *auflösen* ... 351
- *Baum* ... 142
- *Bewertung* ... 144
- *Empfängertyp* ... 144
- *Generierung* ... 144
- *Parameter* ... 143
- *Parameterreferenz* ... 144
- *Prozessvorgabe* ... 330
- *Standard-XSteps* ... 329
- *SXS-Repository* ... 142, 351

XYZ-Analyse ... 602

Z

Zählpunkt ... 233
Zählpunktmeldung ... 281
Zählpunktrückmeldung stornieren ... 284
Zählpunktstatistik ... 290
zeitabhängige Reichweite (MZ) ... 548
zeitabhängiger Sicherheitsbestand (MB) ... 544
Zeitprofil ... 496, 585
Zertifizierungsdatum ... 109, 297
Zuführungslinie ... 140, 254
Zugangselement ... 567
Zusatzlösungen ... 28
Zyklus ... 566